Klemens Burg | Herbert Haf | Friedrich Wille | Andreas Meister

Höhere Mathematik für Ingenieure

Klemens Burg | Herbert Haf
Friedrich Wille | Andreas Meister

Höhere Mathematik für Ingenieure

Band I: Analysis

9., überarbeitete Auflage

Bearbeitet von
Prof. Dr. rer. nat. Herbert Haf, Universität Kassel
Prof. Dr. rer. nat. Andreas Meister, Universität Kassel

STUDIUM

VIEWEG+
TEUBNER

Bibliografische Information der Deutschen Nationalbibliothek
Die Deutsche Nationalbibliothek verzeichnet diese Publikation in der Deutschen Nationalbibliografie; detaillierte bibliografische Daten sind im Internet über <http://dnb.d-nb.de> abrufbar.

Prof. Dr. rer. nat. Klemens Burg †, geb. 1934 in Bochum. 1954 - 1956 Tätigkeit in der Industrie. 1956 - 1961 Studium der Mathematik und Physik an der RWTH Aachen. 1961 Diplomprüfung in Mathematik. 1964 Promotion, 1961 - 1973 Wiss. Ass. und Akad. Rat/Oberrat, 1970 Habilitation. 1973 - 1975 Wiss. Rat und Prof. an der Universität Karlsruhe. 1975 - 2002 Prof. für Ingenieurmathematik an der Universität Kassel. Arbeitsgebiete: Mathematische Physik, Ingenieurmathematik

Prof. Dr. rer. nat. Herbert Haf, geb. 1938 in Pfronten/Allgäu. 1956 - 1960 Studium der Feinwerktechnik-Optik am Oskar-von-Miller-Polytechnikum München. 1960 - 1966 Studium der Mathematik und Physik an der RWTH Aachen. 1966 Diplomprüfung in Mathematik. 1966 - 1970 Wiss. Ass., 1968 Promotion. 1970 - 1974 Akad. Rat/Oberrat an der Universität Stuttgart. 1968 - 1974 Lehraufträge an der Universität Stuttgart. 1974 - 2003 Prof. für Mathematik (Analysis) an der Universität Kassel. Arbeitsgebiete: Funktionalanalysis, Verzweigungstheorie, Approximationstheorie

Prof. Dr. rer. nat. Friedrich Wille †, geb. 1935 in Bremen. 1955 - 1961 Studium der Mathematik und Physik an den Universitäten Marburg, Berlin und Göttingen. 1961 Diplom, anschließend Industriepraxis. 1963 - 1968 Wiss. Mitarb. der Aerodynamischen Versuchsanstalt (AVA) Göttingen. 1965 Promotion, Leiter des Rechenzentrums Göttingen. 1968 - 1971 Wiss. Ass. der Deutschen Forschungs- und Versuchsanstalt für Luft- und Raumfahrt (DFVLR). 1970 Battelle-Institut Genf. 1971 Habilitation, 1972 Wiss. Rat und Prof. in Düsseldorf. 1973 - 1995 Prof. für Angewandte Mathematik an der Universität Kassel. Arbeitsgebiete: Aeroelastik, Nichtlineare Analysis, math. Modellierung

Prof. Dr. rer. nat. Andreas Meister, geb. 1966 in Einbeck. 1987 - 1993 Studium der Mathematik mit Nebenfach Informatik an der Georg-August-Universität Göttingen. 1993 Diplomprüfung in Mathematik. 1993 - 1996 Promotionsstipendium an der Deutschen Forschungsanstalt für Luft- und Raumfahrt in Göttingen, 1996 Promotion an der TH Darmstadt. 1996 Wiss. Mitarb. am Fraunhofer Institut für Techno- und Wirtschaftsmathematik Kaiserslautern. 1996 - 1997 Wiss. Mitarb., 1997 - 2002 Wiss. Ass. an der Universität Hamburg. 2001 Habilitation und Privatdozent am FB Mathematik der Universität Hamburg. 2002 - 2003 Hochschuldozent an der Universität zu Lübeck. Seit 2003 Prof. für Angewandte Mathematik an der Universität Kassel. Arbeitsgebiete: Numerik partieller Differentialgleichungen und Numerik linearer Gleichungssysteme.

1. Auflage 1985
9., überarbeitete Auflage 2011

Lektorat: Ulrich Sandten | Kerstin Hoffmann

Vieweg+Teubner Verlag ist eine Marke von Springer Fachmedien.
Springer Fachmedien ist Teil der Fachverlagsgruppe Springer Science+Business Media.
www.viewegteubner.de

Umschlaggestaltung: KünkelLopka Medienentwicklung, Heidelberg
Druck und buchbinderische Verarbeitung: STRAUSS GMBH, Mörlenbach
Gedruckt auf säurefreiem und chlorfrei gebleichtem Papier
Printed in Germany

ISBN 978-3-8348-1218-6

Vorwort

Theorie ohne Praxis ist leer,
Praxis ohne Theorie ist blind.

Die vorliegende »Höhere Mathematik für Ingenieure« umfaßt den Inhalt einer Vorlesungsreihe, die sich über die ersten vier bis fünf Semester erstreckt. Das Werk wendet sich hauptsächlich an Studenten der Ingenieurwissenschaften, darüber hinaus aber allgemein an alle Studierenden technischer und physikalischer Richtungen, sowie an Studenten der Angewandten Mathematik (Technomathematik, Mathematikingenieur, mathematische Physik).

Lernende und Lehrende finden mehr in diesen Bänden, als in einem Vorlesungszyklus behandelt werden kann. Die Bücher sind so gedacht, daß der Dozent — dem Aufbau der Kapitel folgend — einen »roten Faden« auswählt, der dem Studierenden den Weg in die Mathematik bahnt und ihm die Stoffülle strukturiert. Der Lehrende wird dabei seinen eigenen Vorstellungen folgen, etwa in der Auswahl der Beispiele, dem Weglassen gewisser »Seitenwege« , oder dem Betonen von Sachverhalten, die für die Fachrichtung der Hörer seiner Lehrveranstaltung wichtig sind.

Dem Studierenden sollen die Bände zur Nacharbeit und Vertiefung des Vorlesungsstoffes dienen, wie auch zum Selbststudium und zur Fortbildung. Die vielen Anwendungsbeispiele sollen ihm den Inhalt dabei lebendig machen, und zusätzliche Ausführungen sein Kernwissen abrunden. Später lassen sich die Bücher immer wieder als Nachschlagewerk verwenden. Insbesondere sind sie zur Examensvorbereitung nützlich, wie auch im Berufsleben als greifbares »Hintergrundwissen«.

Die Bände sind inhaltlich folgendermaßen gegliedert: Band I enthält die Differential- und Integralrechnung einer und mehrerer Veränderlicher, und damit den Stoff der Vorlesungen Analysis I und II. Es wurde dabei Wert auf eine sorgfältige Grundlegung, verbunden mit praktischen Anwendungen, gelegt. Band II hat die Lineare Algebra zum Thema, während Band III die Gewöhnlichen Differentialgleichungen enthält, sowie Distributionen und Integraltransformationen. Dabei wurde eine eher einfache, wenn auch genaue Darstellung gewählt, damit der Ingenieur schnell zu Anwendungen vorstoßen kann. Im Band IV folgen dann die Vektoranalysis und Funktionentheorie (komplexe Analysis) und in Band V Funktionalanalysis und partielle Differentialgleichungen.

Manche Mathematikkurse für Ingenieure beginnen mit Analysis (z.B. bei Maschinenbauern), andere mit Linearer Algebra (etwa bei Elektrotechnikern). Aus diesem Grunde wurden die Bände I und II unabhängig voneinander gestaltet, so daß man den Kurs mit jedem dieser Bände beginnen kann.

An Vorkenntnissen wird wenig vorausgesetzt. Schulkenntnisse in elementarer Algebra (Bruchrechnung, Klammerausdrücke) und Geometrie (einfache ebene und räumliche Figuren, Koordinatensystem) genügen. Grundsätzlich beginnt der vorliegende Lehrgang ganz »von vorne«, d.h. mit der Erläuterung der Zahlen, und baut darauf systematisch auf. Auf diese Weise wird auch das meiste aus der Schulmathematik in geraffter Form wiederholt. Der Leser kann daher, je nach Vorkenntnis, die Inhalte erstmalig lernen oder sein Wissen in das vorliegende Gerüst einordnen.

Durch viele Beispiele aus Technik und Naturwissenschaft wird der Anwendungsbezug besonders herausgearbeitet. Dabei liegt weitgehend das folgende *Dreischrittschema* zu Grunde:

Einführungsbeispiel $\rightarrow$ Theorie $\rightarrow$ weitere Anwendungen

Hat man ein Einführungsbeispiel zur Motivation erläutert und dann eine Lösungstheorie dazu entwickelt, so stellt sich meistens heraus (sonst wäre der Name »Theorie« fehl am Platze), daß die theoretischen Hilfsmittel auch zur Lösung weiterer Probleme, ja, auch manchmal ganzer Problemklassen, taugen. Diese brauchen mit dem Ausgangsproblem scheinbar überhaupt nicht verwandt zu sein (z.B. die Flächeninhaltsberechnung zur Motivation der Integralrechnung gegenüber der Berechnung der Leistung einer Dampfmaschine, der maximalen Höhe eines Weltraumsatelliten, dem Trägheitsmoment eines Rades oder der Wahrscheinlichkeit für die Lebensdauer eines Bauteiles. Alle genannten Probleme lassen sich mit Mitteln der Integralrechnung lösen).

Natürlich wird das obige Dreischrittschema nicht über das Knie gebrochen. Denn oft wird auch mathematisches Instrumentarium für spätere Anwendungen oder für den weiteren Ausbau der Mathematik bereitgestellt, wobei ein zu frühes Anheften an Anwendungen nicht möglich ist oder den Blick für die Gliederung der Systematik verschleiert. Denn obwohl die systematische Einführung der Mathematik nicht immer der historischen Entwicklung entspricht und ihre Abstraktion sich von der Praxis zu entfernen scheint, so hat sie doch unbestreitbare Vorteile: Sie verkürzt die Darstellung, da man Verwandtes unter einheitlichen Gesichtspunkten zusammenfassen kann, und bietet eine gute Übersicht, in der man sich beim Nachschlagen besser zurecht findet. Aus diesem Grunde wurde hier ein Mittelweg zwischen Abstraktion und Anwendung eingeschlagen: Systematisches Vorgehen, gekoppelt mit praktischen Beispielen zur Motivation und Vertiefung. Dabei wird durch viele Figuren der abstrakte Inhalt anschaulich gemacht.

Noch ein Wort zur *»mathematischen Sprache«*! Sie besteht zum größten Teil aus der Umgangssprache, ergänzt durch mathematisch klar definierte Fachausdrücke und Begriffe. Man kann sagen, die eigentliche mathematische Fachsprache »schwimmt« auf der Umgangssprache. Denn ohne die Umgangssprache wäre jede Fachwissenschaft verloren und könnte sich nicht mitteilen. Es hat sich nämlich herausgestellt, daß ein konsequentes Benutzen der exakten fachlichen Ausdrucksformen zu sprachlichen Ungetümen führen kann, so daß auf diese Weise die Sachverhalte viel schwieriger zu begreifen sind, ja, mitunter gar unverständlich zu werden drohen. Hier helfen »unscharfe« umgangssprachliche Formulierungen oft weiter und steigern die Verständlichkeit. Für das Lehren gilt nämlich der scheinbar widersprüchliche Satz: »Es ist nicht wichtig, ob sich der Lehrende stets richtig ausdrückt, sondern nur, daß im Kopf des Zuhörers das Richtige ankommt!«

Ein Beispiel soll dies stellvertretend erläutern, und zwar die Sprechweise bei Funktionen. Fachlich korrekt (und pedantisch) heißt es:
»Wir untersuchen die Funktion $f : [-1, 1] \rightarrow \mathbb{R}$ definiert durch $f(x) = \sqrt{1 - x^2}$ für alle $x \in [-1, 1]$, auf Differenzierbarkeit.«

Eine einfachere Sprechweise (wenn auch etwas unschärfer) wäre:
»Wir untersuchen die Funktion $f(x) = \sqrt{1 - x^2}$ auf Differenzierbarkeit.«

Wir können wohl davon ausgehen, daß der zweitgenannte Text vom Hörer genauso verstanden wird wie der erste, vielleicht sogar besser (insbesondere in einem Kapitel über reellwertige Funktionen einer reellen Variablen). Aus diesem Grunde werden wir uns in diesen Bänden einer einfachen Sprechweise bedienen, die der Umgangssprache nahe steht. Bei Funktionen nehmen wir uns die Freiheit heraus, Gleichungen als Ausdrücke für Funktionen zu verwenden, oder den Funktionswert $f(x)$ einfach als Funktion zu bezeichnen. Hierbei wird vorausgesetzt, daß der Leser (etwa nach Studium des Abschnittes 1.3 in Band I) mit dem abstrakten Funktionsbegriff vertraut ist. Die geschilderte Sprechweise (»pars pro toto«) hilft, sprachliche Überladung zu vermeiden. Insbesondere bei der Behandlung von Gewöhnlichen Differentialgleichungen (Band III) würde man ohne vereinfachte Ausdrucksweise zu sprachlichen Komplikationen kommen, die das Verständnis stark erschweren. Aus diesem Grunde bedienen wir uns, soweit wie möglich, umgangssprachlicher Wendungen, ohne die Präzision aus den Augen zu verlieren.

Zum Schluß bedanken wir uns bei allen, die uns bei diesem Buchvorhaben unterstützt haben. Frau Karin Lange, Herr Wolfgang Homburg und Herr Uwe Brunst haben bei Band I wertvolle Korrekturarbeiten geleistet, wofür ihnen vielmals gedankt sei. Frau Marlies Gottschalk, Frau Erika Münstedt und Frau Karin Wettig danken wir für ihre sorgfältigen Schreibarbeiten wie auch Herrn Klaus Strube für die Herstellung vieler Zeichnungen in Band II und III. Dem Verlag B.G. Teubner danken wir für seine geduldige und kooperative Zusammenarbeit in allen Phasen.

Kassel, Juli 1985 *Die Verfasser*

Vorwort zur siebten Auflage

Der Verfasser dieses Bandes, Herr Prof. Dr. Friedrich Wille, ist am 9. August 1992 verstorben. Die vorliegende Neuauflage wurde von Herbert Haf und Andreas Meister bearbeitet.

Aufgrund ihrer Bedeutung für die Anwendungen haben wir diesen Band durch zwei Abschnitte erweitert:

Zum einen durch einen konstruktiven Zugang zum Satz von Weierstraß (s. Abschn. 5.3) und zum anderen durch verschiedene praxisrelevante Algorithmen zur Berechnung von Interpolationspolynomen bzw. Splines (s. Abschn. 5.4).

Wir sind der Überzeugung, daß dieser Band dadurch an Aktualität gewonnen hat.

Ferner weisen wir darauf hin, daß unser Gesamtwerk aufgrund der Teilung von Band IV in »Vektoranalysis« und »Funktionentheorie« nunmehr aus sechs Bänden besteht.

Unser Dank gilt Herrn Dr.-Ing. Jörg Barner für die Erstellung der hervorragenden LaTeX-Vorlage und für seine sorgfältige Mitarbeit bei den Korrekturen. Nicht zuletzt danken wir dem Verlag B.G. Teubner für seine ständige Gesprächsbereitschaft und Rücksichtnahme auf Terminprobleme und Gestaltungswünsche.

Kassel, Januar 2006 *Herbert Haf, Andreas Meister*

Vorwort zur neunten Auflage

Die vorliegende Neuauflage dieses Bandes unterscheidet sich inhaltlich nur geringfügig von der vorhergehenden Auflage. Es wurden lediglich kleinere Erweiterungen und Fehlerkorrekturen vorgenommen. Unser besonderer Dank gilt dabei einem sehr aufmerksamen Leser für die gelieferten Anmerkungen.

Wir freuen uns darüber, daß eine starke Nachfrage diese Nachauflage so rasch erforderlich gemacht hat und hoffen auf eine weiterhin freundliche Aufnahme dieses Bandes durch den Leser.

Kassel, August 2010 *Herbert Haf, Andreas Meister*

Inhaltsverzeichnis

Band II: Lineare Algebra (F. Wille†, H. Haf, K. Burg†, A. Meister)

Band III: Gewöhnliche Differentialgleichungen, Distributionen, Integraltransformationen (H. Haf, A. Meister)

Gewöhnliche Differentialgleichungen

Band Vektoranalysis: (F. Wille†)

Band Funktionentheorie: (H. Haf)

Band Partielle Differentialgleichungen und funktionalanalytische Grundlagen: (H. Haf, A. Meister)

Funktionalanalysis

Partielle Differentialgleichungen

1 Grundlagen

Zahlen, Funktionen und Konvergenz sind die Grundbegriffe der Analysis. In diesem ersten Abschnitt werden sie erklärt und ihre wichtigsten Eigenschaften erläutert, damit für alles weitere ein sicheres Fundament gelegt ist. Dabei beginnen wir von ganz vorne, nämlich mit den Zahlen $1, 2, 3, \ldots$.

1.1 Reelle Zahlen

1.1.1 Die Zahlengerade

Mathematik fängt mit dem Zählen an:

$$1, 2, 3, 4, 5, \ldots, \quad \text{usw.}$$

Wir nennen diese Zahlen die *natürlichen* Zahlen. Sie entstehen, mit 1 beginnend, durch fortgesetztes Erhöhen um 1.

Der Ausdruck »natürliche Zahlen« ist sicherlich gut gewählt, denn Kinder beginnen so zu zählen und in allen Kulturen beginnt mathematisches Denken mit diesen Zahlen. Die *Anzahlen* von Äpfeln, Personen, Schiffen, Sternen, usw. lassen sich damit angeben, aber auch Telefonnummern, Personalnummern, Rechnungsnummern (leider, leider) sowie Autonummern, Hausnummern und Datumsangaben, wobei der »Anzahlaspekt« eher in den Hintergrund tritt, und wir von *Ordnungszahlen* sprechen. Auch auf Skalen finden die natürlichen Zahlen Verwendung, z.B. auf Linealen, Uhren und Thermometern.

Halt! Bei Thermometern kommt offenbar etwas neues hinzu, und zwar werden *negative Zahlen* $-1, -2, -3, \ldots$ benutzt, sowie die Null: 0. Diese Zahlen — zusammen mit den natürlichen Zahlen — nennt man ganze Zahlen. Eine ganze Zahl ist also eine natürliche Zahl oder das Negative einer natürlichen Zahl oder gleich Null.

Metermaß, Uhr und Thermometer zeigen schon, daß wir auch Zwischenwerte brauchen, daß wir von halben Metern sprechen wollen, von einer $\frac{3}{4}$-Stunde oder von $38{,}3°$ Fieber, wenn wir uns eine Grippe genommen haben.

$38{,}3$ können wir auch als $38 + \frac{3}{10}$ oder $\frac{383}{10}$ schreiben.

Es dreht sich hier um Zahlen der Form

$$\frac{a}{b}$$

wobei a, b beliebige ganze Zahlen sind, und wobei $b \neq 0$ ist. Diese Zahlen $\frac{a}{b}$ heißen *Brüche* oder *rationale* Zahlen. Ist $b = 1$, so ergeben sich dabei die ganzen Zahlen. Die ganzen Zahlen sind also spezielle rationale Zahlen.

Alle rationalen Zahlen lassen sich als »*Dezimalzahlen*«, auch »*Dezimalbrüche*« genannt, schreiben, z.B.

$$\frac{3}{5} = \frac{6}{10} = 0{,}6\,, \qquad \frac{3765}{100} = 37{,}65\,.$$

Wir gehen davon aus, daß der Leser mit Dezimalbrüchen schon bekannt ist (wie könnte er sonst Superbenzin zu 1,41 € pro Liter kaufen). Es soll daher nur einiges in Erinnerung gerufen werden.

Beginnen wir mit Beispielen für Dezimalbrüche:

$$\begin{array}{ll} 6{,}36\,; & -378{,}604325\,; \\ 0{,}0062\,; & \quad 3{,}61616161\ldots\,; \\ 1{,}414213562\ldots \quad (=\sqrt{2})\,. & \end{array} \tag{1.1}$$

Dezimalbrüche haben allgemein die Form

$$m, a_1a_2a_3a_4\ldots\,,$$

wobei m eine ganze Zahl ist und die a_1, a_2, a_3, a_4, ... Ziffern aus dem Bereich 0, 1, 2, 3, 4, 5, 6, 7, 8, 9 sind. Die Punkte rechts von a_4 deuten an, daß es mit a_5 weitergeht, dann a_6 usw., kurz, daß nach jeder dieser Ziffern stets noch eine weitere folgt.

Sind von einer Ziffer a_n an alle folgenden Ziffern Null: $a_{n+1} = 0$, $a_{n+2} = 0$, ... usw., so brechen wir die Ziffernreihenfolge bei a_n ab (z.B. $6{,}36 = 6{,}36000\ldots$) und nennen diese Dezimalbrüche *abbrechende Dezimalbrüche*. Hierbei gilt z.B.

$$6{,}36 = 6 + \frac{3}{10} + \frac{6}{100}$$

allgemein:

$$\pm m, a_1a_2\ldots a_n = \pm\left(m + \frac{a_1}{10} + \frac{a_2}{10^2} + \ldots + \frac{a_n}{10^n}\right)$$

Ein weiterer Typ ist z.B. durch

$$a = 3{,}52761616161\ldots$$

gegeben, wobei die Ziffern 61 sich fortlaufend wiederholen. Wir nennen 61 die *Periode* des Dezimalbruches und schreiben den Dezimalbruch auch

$$3{,}527\overline{61}\,.$$

Die *Periode* wird einfach überstrichen. Allgemein haben periodische Dezimalbrüche die Form

$$m, a_1a_2\ldots a_n\overline{b_1b_2\ldots b_k}\,,$$

wobei die Ziffern $b_1b_2\ldots b_k$ in dieser Reihenfolge fortlaufend aneinandergefügt werden. $b_1\ldots b_k$ heißt die *Periode* der Zahl und k ihre Periodenlänge. Es gilt:

Jede rationale Zahl kann als abbrechender oder periodischer Dezimalbruch geschrieben werden und umgekehrt.

Wir machen dies an Beispielen klar, und zwar erhalten wir

$$\frac{10}{7} = 1{,}42857142857\ldots$$

durch das bekannte Divisionsverfahren

$$\begin{array}{l} 10 : 7 = 1{,}42857142857\ldots \\ \underline{\;7\;\;} \\ \;\;30 \\ \;\;\underline{28\;\;} \\ \;\;\;\;20 \\ \;\;\;\;\underline{14\;\;} \\ \;\;\;\;\;\;60 \\ \;\;\;\;\;\;\vdots \end{array}$$

(Es muß sich hier eine Periode ergeben, da sich die Divisionsreste irgendwann einmal wiederholen müssen.)

Ist umgekehrt ein periodischer Dezimalbruch gegeben, z.B.

$$a = 3{,}527\,616161\ldots,$$

so bildet man

$$10^2 a = 352{,}761\,6161\ldots$$

(die Hochzahl 2 in 10^2 ist gleich der Periodenlänge) und subtrahiert:

$$\begin{array}{rrl} & 100a = & 352{,}761 + 0{,}000616161\ldots \\ (-) & a = & \;\;\;3{,}527 + 0{,}000616161 \\ \hline & 99a = & 349{,}234 \end{array}$$

also

$$99a = 349{,}234\,, \quad \text{d.h.} \quad a = \frac{349{,}234}{99} = \frac{349234}{99000}\,.$$

Der Leser ist hiernach sicherlich imstande, beliebige periodische Dezimalbrüche in Brüche der Form a/b zu verwandeln.

Man kann sich auch Dezimalzahlen denken, die nicht abbrechen und auch keine Periode haben. Die Zahl

$$\sqrt{2} = 1{,}414213562\ldots$$

ist von diesem Typ. Zahlen dieser Art heißen *irrationale Zahlen* (also »nichtrationale« Zahlen).
Alle besprochenen Zahlen, also alle rationalen und irrationalen, nennt man *reelle Zahlen*.

Zusammenfassung.

***natürliche Zahlen*:** $1, 2, 3, 4, 5, \ldots$

***ganze Zahlen*:** $\ldots, -3, -2, -1, 0, 1, 2, 3, \ldots$

***rationale Zahlen*:** a/b (a, b ganze Zahlen, $b \neq 0$), das sind alle abbrechenden und alle periodischen Dezimalbrüche

***irrationale Zahlen*:** nichtperiodische, nichtabbrechende Dezimalbrüche

***reelle Zahlen*:** alle Dezimalbrüche

Man kann die reellen Zahlen als Punkte einer Geraden veranschaulichen, der sogenannten *Zahlengeraden* (s. Fig. 1.1).

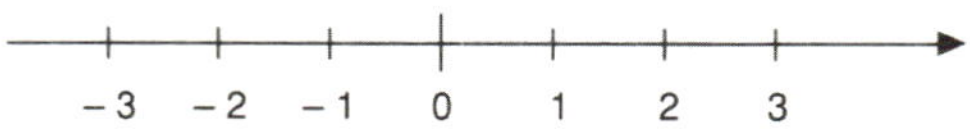

Fig. 1.1: Zahlengerade

Übung 1.1:

Verwandle die folgenden periodischen Dezimalbrüche in Brüche der Form $\frac{m}{n}$, wobei n und m natürliche Zahlen sind: (a) $5{,}7\overline{4}$; (b) $31{,}5\overline{271}$; (c) $0{,}\overline{9}$.

1.1.2 Rechnen mit reellen Zahlen

Was wäre mit den Zahlen schon anzufangen, wenn man nicht mit ihnen rechnen könnte? Wir wollen die Rechengesetze für reelle Zahlen zusammenstellen, getrennt in Grundgesetze und abgeleitete Regeln. Dabei gehen wir davon aus, daß der Leser das Rechnen mit den reellen Zahlen schon bis zu einem gewissen Grade beherrscht. Wir werden daher die folgenden Grundgesetze nicht näher begründen. Dies würde den Rahmen des Buches sprengen und ist einem konstruktiven Aufbau des Zahlensystems vorbehalten, s. Oberschelp [44].

Grundgesetze der Addition und Multiplikation.

Je zwei reelle Zahlen a und b darf man *addieren*: $a + b$, und *multiplizieren*: $a \cdot b$.[1]. $a + b$ heißt die *Summe* und $a \cdot b$ das *Produkt* von a und b. Summe $a + b$ und Produkt $a \cdot b$ sind reelle Zahlen, die eindeutig durch a und b bestimmt sind.

Für alle reellen Zahlen a, b, c gilt

(A1) $a + (b + c) = (a + b) + c$

(A2) $a + b = b + a$

(A3) für die reelle Zahl 0 gilt $a + 0 = a$

(A4) zu jeder reellen Zahl a gibt es genau eine reelle Zahl x mit $a + x = 0$. Wir schreiben dafür $x = -a$

(M1) $a \cdot (b \cdot c) = (a \cdot b) \cdot c$

(M2) $a \cdot b = b \cdot a$

(M3) für die reelle Zahl 1 gilt $a \cdot 1 = a$

(M4) zu jeder reellen Zahl $a \neq 0$ gibt es genau eine reelle Zahl y mit $a \cdot y = 1$. Wir schreiben dafür $y = \frac{1}{a}$ oder $y = a^{-1}$

(D1) $a \cdot (b + c) = a \cdot b + a \cdot c$

(D2) $0 \neq 1$

Bemerkung: Die Gesetze (A1) und (M1) heißen *Assoziativgesetz* der *Addition* bzw. *Multiplikation*, (A2) und (M2) werden entsprechend *Kommutativgesetze* genannt, während (D1) *Distributivgesetz* heißt. Die Regeln (A1) bis (D2) zusammen heißen auch die *Körperaxiome* der reellen Zahlen.

Die Assoziativgesetze (A1) und (M1) bedeuten offenbar, daß es gleichgültig ist, wie man dabei die Klammern setzt. Wir lassen sie daher auch weg und schreiben einfach $a + b + c = (a + b) + c$, $abc = (ab)c$. Entsprechend werden auch bei längeren Summen und Produkten die Klammern weggelassen.

Die *Subtraktion* zweier reeller Zahlen a, b wird durch

$$a - b = a + (-b)$$

erklärt. Man nennt die so errechnete Zahl die *Differenz* von a und b.

Entsprechend führt man die *Division* von a und b ($b \neq 0$) durch die Gleichung

$$\frac{a}{b} = a \cdot \frac{1}{b}$$

ein. Man nennt diese Zahl den *Quotienten* von a und b.

Später werden wir noch weitere Grundgesetze für die reellen Zahlen kennenlernen, und zwar die Grundgesetze der *Ordnung* (betreffend »größer« und »kleiner«) sowie die sogenannte *Vollständigkeit* und die *Archimedische Eigenschaft*.

Doch zunächst soll klar gemacht werden, daß aus den notierten Grundgesetzen der Addition und Multiplikation die üblichen *Regeln der Bruchrechnung* folgen, wie z.B. »Brüche werden multipliziert, indem man Zähler mit Zähler und Nenner mit Nenner multipliziert«, oder »zwei

1 Der Multiplikationspunkt wird auch weggelassen: $a \cdot b = ab$

Brüche werden dividiert, indem man mit dem Kehrwert des einen Bruches multipliziert« usw. Diese Regeln sind dem Leser sicher weitgehend bekannt, und er hat sie schon verwendet. Aus diesem Grunde mag der eilige Leser die folgenden Herleitungen überschlagen.

Er kann sie später nachlesen, wenn er es einmal genauer wissen möchte, z.B. wenn er gefragt wird, warum »Minus mal Minus Plus ergibt«. Dann kann er, nach kurzem Studium der folgenden Seiten antworten: »Aus den Körperaxiomen der reellen Zahlen ergibt sich dies folgendermaßen. . . «, und er wird ein ehrfürchtig staunendes Publikum hinterlassen.

Doch nun zur schrittweisen Herleitung der *Bruchrechnungs-Regeln* aus den Körperaxiomen!

Folgerung 1.1:

0 ist die einzige reelle Zahl, die $a + 0 = a$ für alle reellen Zahlen a erfüllt, und 1 ist die einzige reelle Zahl mit $a \cdot 1 = a$ für alle reellen a.

Beweis:

(i) Wäre $0'$ irgendeine reelle Zahl, verschieden von 0, die ebenfalls $a + 0' = a$ für alle reellen a erfüllt, so folgte speziell für $a = 0$: $0 + 0' = 0$. Andererseits ist aber auch $0' + 0 = 0'$, da 0 bei Addition ebenfalls nichts verändert. Somit folgt $0 = 0 + 0' = 0' + 0 = 0'$, d.h. $0'$ ist doch gleich 0, im Widerspruch zu unserer Voraussetzung $0 \neq 0'$. Daher kann es kein $0'$ der genannten Art geben, d.h. 0 ist einzige reelle Zahl mit $a + 0 = a$ für alle a.

(ii) Für 1 verläuft der Beweis entsprechend. Man hat nur 0 durch 1 und $+$ durch $\cdot$ zu ersetzen.□

Folgerung 1.2:

(Lösen einfacher Gleichungen) Für alle reellen Zahlen a, b gilt:

$$a + x = b \quad \textit{ist gleichbedeutend mit} \quad x = b - a$$

und falls $a \neq 0$:

$$a \cdot x = b \quad \textit{ist gleichbedeutend mit} \quad x = \frac{b}{a} .$$

Bemerkung: Für »*ist gleichbedeutend mit*« verwenden wir auch das Zeichen $\Leftrightarrow$. Die Aussagen erhalten damit die kürzere Form

$$a + x = b \Leftrightarrow x = b - a , \qquad a \cdot x = b \Leftrightarrow x = \frac{b}{a} \quad \text{(falls } a \neq 0\text{)}.$$

Beweis:

$a + x = b \Leftrightarrow (-a) + a + x = (-a) + b \Leftrightarrow 0 + x = b - a \Leftrightarrow x = b - a$. Entsprechend für $a \neq 0$: $a \cdot x = b \Leftrightarrow \frac{1}{a}ax = \frac{1}{a}b \Leftrightarrow x = \frac{b}{a}$. □

Folgerung 1.3:

Für alle reellen Zahlen a gilt $a \cdot 0 = 0$, $-(-a) = a$ und falls $a \neq 0$: $(a^{-1})^{-1} = a$.

Beweis:

(i) $a \cdot 0 = a \cdot 0 + (a \cdot 0 - a \cdot 0) = a \cdot (0 + 0) - a \cdot 0 = a \cdot 0 - a \cdot 0 = 0.$

(ii) $-(-a) = -(-a) + (-a) + a = 0 + a = a.$

(iii) $(a^{-1})^{-1} = (a^{-1})^{-1} a^{-1} a = 1 \cdot a = a.$ □

Folgerung 1.4:

(Vorzeichenregeln bei Multiplikationen) Für alle reellen Zahlen a und b gilt:

$$a(-b) = -ab\,, \qquad (-a)b = -ab\,, \qquad (-a)(-b) = ab\,.$$

Beweis:

$a(-b) = a(-b) + ab - ab = a(-b + b) - ab = a \cdot 0 - ab = -ab.$
Ferner $(-a)b = b(-a) = -ba = -ab,$
und schließlich $(-a)(-b) = -(a(-b)) = -(-ab) = ab.$ □

Merkregel:

»minus mal minus gleich plus« »minus mal plus gleich minus«

Folgerung 1.5:

(Additions- und Multiplikationsregeln der Bruchrechnung) Alle reellen Zahlen a, b, c, d mit $c \neq 0$ und $d \neq 0$ erfüllen die Gleichungen

$$\frac{a}{c} + \frac{b}{d} = \frac{ad + bc}{cd} \qquad \text{und} \qquad \frac{a}{c} \cdot \frac{b}{d} = \frac{ab}{cd}.$$

Beweis:

Zunächst wird die zweite Regel bewiesen: Es ist $c^{-1}d^{-1} = (cd)^{-1}$, wie man aus $(cd) \cdot (c^{-1}d^{-1}) = (cc^{-1})(dd^{-1}) = 1$ erkennt. Damit gilt

$$\frac{a}{c} \cdot \frac{b}{d} = ac^{-1}bd^{-1} = ab(cd)^{-1} = \frac{ab}{cd}\,.$$

Mit $d/d = 1$ und $c/c = 1$ folgt daraus die erste Regel:

$$\frac{a}{c} + \frac{b}{d} = \frac{a}{c} \cdot \frac{d}{d} + \frac{b}{d} \cdot \frac{c}{c} = \frac{ad}{cd} + \frac{bc}{cd} = (ad + bc)\frac{1}{cd} = \frac{ad + bc}{cd}\,.$$ □

Folgerung 1.6:

(Divisionsregel der Bruchrechnung) Für alle reellen a, b, c, d mit $b \neq 0$, $c \neq 0$, $d \neq 0$ gilt

$$\frac{a}{b} : \frac{c}{d} = \frac{ad}{bc}.$$ [2]

Beweis:
Es ist

$$\frac{a}{b} : \frac{c}{d} = (ab^{-1})(cd^{-1})^{-1} = (ab^{-1})(c^{-1}d) = (ad)(b^{-1}c^{-1}) = (ad)(bc)^{-1} = \frac{ad}{bc}\,.$$

□

Potenzieren mit natürlichen Zahlen: Zur Abkürzung schreibt man

$$a^n = \underbrace{a \cdot a \cdot \ldots \cdot a}_{n \text{ Faktoren}}\,,$$

also $a^1 = a$, $a^2 = a \cdot a$, $a^3 = a \cdot a \cdot a$ usw. a^n wird »a hoch n« ausgesprochen. Man sagt auch »a^n ist die n-te *Potenz* von a« (s. Abschn. 1.1.6).

Übung 1.2:

Löse die folgenden Gleichungen nach x auf:

$$\text{a) } 8x - 3 = 6x + 5\,, \quad \text{b) } \frac{3x-2}{4x+1} = 2\,, \quad \text{c) } \frac{5(x-2)+9}{(x+1)(x-2) - x(x+5)} = 3\,.$$

Übung 1.3:

Wo steckt der Fehler in folgender »Herleitung« ?:

$$a = b \Rightarrow 3a - 2a = 3b - 2b \Rightarrow 3a - 3b = 2a - 2b \Rightarrow 3(a-b) = 2(a-b) \Rightarrow 3 = 2\,.$$

1.1.3 Ordnung der reellen Zahlen und ihre Vollständigkeit

Ordnung muß sein! Auch bei den reellen Zahlen! Die Ordnung drückt sich dabei in der »Kleiner-« und »Größer-Beziehung« zwischen den Zahlen aus. Sie läßt sich besonders klar an der Zahlengeraden verdeutlichen:

Fig. 1.2: »Kleiner-« und »Größer-Beziehung«: $a < b$

In Fig. 1.2 sind zwei Punkte a und b markiert, die reelle Zahlen bedeuten sollen. Liegt — wie hier — a links von b, so schreiben wir:

$$a < b\,,$$

2 Schreibweise der Division mit Doppelpunkt: $x : y = x \cdot y^{-1}$

in Worten: »a kleiner als b« , oder auch umgekehrt $b > a$, in Worten: »b größer als a« .

Die Grundgesetze für diese Beziehung lauten folgendermaßen:

Grundgesetze der Ordnung:

(O1) Für je zwei reelle Zahlen a und b gilt genau eine der drei folgenden Beziehungen:

$$a < b\,, \quad a = b\,, \quad b < a\,.$$

(O2) Aus $a < b$ und $b < c$ folgt $a < c$,

(O3) Aus $a < b$ folgt $a + c < b + c$, (c beliebig reell),

(O4) Aus $a < b$ folgt $a \cdot c < b \cdot c$, wenn $0 < c$ ist.

Bezeichnungen: Statt $a < b$ schreibt man auch $b > a$, wie oben schon gesagt. a heißt genau dann *positiv*, wenn $a > 0$ gilt, und genau dann *negativ*, wenn $a < 0$. Die Ungleichung $a \geq b$, wie auch $b \leq a$, bedeutet, »a ist größer oder gleich b« oder anders gesagt: »b ist kleiner oder gleich a« .

Wir nehmen an, daß die Grundgesetze der Ordnung mit dem bisherigen Zahlenverständnis des Lesers im Einklang stehen, und begründen sie daher hier nicht weiter.

Aus den Grundgesetzen können weitere Regeln abgeleitet werden. Die wichtigsten stellen wir in der nächsten Folgerung zusammen und deuten einige Beweise kurz an. Beim ersten Lesen genügt es, sich die Regeln an Beispielen klar zu machen, um so mit ihnen umgehen zu lernen.

Folgerung 1.7:

Für alle reellen Zahlen a, b, c, d gelten die Regeln:

(a) $a > 0$ und $b > 0 \Rightarrow a + b > 0$ und $a \cdot b > 0$

(b) $a > 0 \Leftrightarrow -a < 0$

(c) $a \neq 0 \Rightarrow a \cdot a > 0$, insbesondere $1 > 0$, da $1 = 1 \cdot 1 > 0$

(d) $a < b$ und $c < d \Rightarrow a + c < b + d$

(e) $0 \leq a < b$ und $0 \leq c < d \Rightarrow 0 \leq ac < bd$

(f) $a > 0$ und $b < 0 \Rightarrow ab < 0$

(g) $a < 0$ und $b < 0 \Rightarrow ab > 0$

(h) $0 < a < b \Rightarrow 0 < \dfrac{1}{b} < \dfrac{1}{a}$

(i) $0 > a > b \Rightarrow 0 > \dfrac{1}{b} > \dfrac{1}{a}$

Beweis:

(a) Aus $a > 0$ und $b > 0$ folgt $a + b > a + 0 = a > 0$ nach (O3)[3], also wegen (O2): $a + b > 0$. Entsprechend ergibt (O4): $0 < a \Rightarrow 0 \cdot b < ab$ (da $0 < b$), also $0 < ab$.

---

3 Dabei entspricht $a < b$ in (O3) der Ungleichung $0 < b$, und c entspricht a. Folglich liefert (O3): $0 + a < b + a$, wie behauptet.

(b) $0 < a \Rightarrow 0 + (-a) < a + (-a) \Rightarrow -a < 0$.

(c) Für $a > 0$ folgt $a \cdot a > 0$ aus (a). Ist $a < 0$, so $-a > 0$, nach (b) also $a \cdot a = (-a) \cdot (-a) > 0$.

(d) $(a < b$ und $c < d) \Rightarrow (b - a > 0$ und $d - c > 0) \Rightarrow b - a + d - c > 0 \Rightarrow b + d > a + c$. Die übrigen Beweise verlaufen ähnlich und werden dem Leser für Mußestunden überlassen. □

Schließlich kommen wir zum Gesetz von der *Vollständigkeit* der reellen Zahlen. Es spiegelt unsere Vorstellung wider, daß jede reelle Zahl einem Punkt der Zahlengeraden entspricht und umgekehrt.

Zunächst denken wir uns dazu reelle Zahlen $a_1, a_2, a_3, \ldots$ sowie $b_1, b_2, b_3, \ldots$, die folgendermaßen geordnet sind:

$$a_1 \le a_2 \le a_3 \le \ldots \qquad \ldots \le b_3 \le b_2 \le b_1 .$$

Dabei entspreche jeder natürlichen Zahl n genau ein a_n und genau ein b_n. Es gilt also allgemein für jedes n:

$$a_n \le a_{n+1} \le b_{n+1} \le b_n .$$

Man sagt, die Zahlen $a_1, a_2, \ldots, b_1, b_2, \ldots$ bilden eine *Intervallschachtelung*. Wir nehmen zusätzlich an, daß die Zahlen a_n und b_n beliebig dicht »zusammenrücken«. D.h. jede noch so kleine positive Zahl ε wird von wenigstens einer Differenz $b_n - a_n$ unterschritten,

$$b_n - a_n < \varepsilon ,$$

wenn wir n nur genügend groß wählen. Unter diesen Voraussetzungen lautet das

Grundgesetz der Vollständigkeit: Es gibt genau eine reelle Zahl x, die

$$a_n \le x \le b_n$$

für alle natürlichen Zahlen n erfüllt.

Fig. 1.3 gibt eine Vorstellung von der Lage der Zahlen.

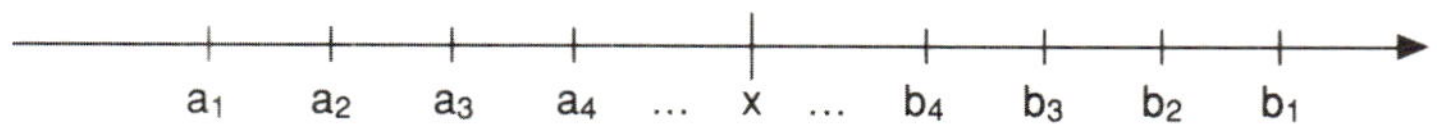

Fig. 1.3: Intervallschachtelung

x wird durch die Zahlen a_n und b_n von rechts und links »eingegrenzt« . Dies entspricht vollkommen der geometrischen Vorstellung, daß jedem Punkt der Zahlengeraden genau eine Zahl entspricht und umgekehrt.

Als letztes Grundgesetz geben wir das *Archimedische Axiom* der reellen Zahlen an. (Es läßt sich eigentümlicherweise nicht aus den vorausgehenden Grundgesetzen beweisen, obwohl es so selbstverständlich erscheint.)

Archimedisches[4] Axiom: Zu jeder reellen Zahl a, sei sie auch noch so groß, gibt es eine natürliche Zahl n, die noch größer ist: $n > a$.

Hier ist die »reziproke Formulierung« von noch größerer Bedeutung. Sie lautet

Folgerung 1.8:
Zu jeder noch so kleinen Zahl $\varepsilon > 0$ gibt es eine natürliche Zahl n mit

$$\frac{1}{n} < \varepsilon . \tag{1.2}$$

Mit anderen Worten: Die Zahlen $\frac{1}{n}$ (n natürlich) werden »beliebig klein« .

Beweis:
Zum Beweis brauchen wir die Ungleichung $1/n < \varepsilon$ nur in der Form

$$\frac{1}{\varepsilon} < n$$

zu schreiben. (Aus ihr geht (1.2) durch Multiplikation mit $\frac{\varepsilon}{n}$ hervor.) Aufgrund der Eigenschaft des Archimedes gibt es aber ein natürliches n mit $n > 1/\varepsilon$, womit alles bewiesen ist. □

Damit haben wir alle Grundgesetze der reellen Zahlen aufgezählt und die wichtigsten Rechenregeln daraus hergeleitet.

Im nächsten Abschnitt führen wir die Mengenschreibweise mit ihren einfachsten Regeln ein. Sie gestattet es, viele Dinge sehr übersichtlich und kurz zu beschreiben und ist daher sehr bequem. Ein Beispiel dazu vorweg: Der Satz »a ist eine reelle Zahl« läßt sich viel kürzer durch

$$a \in \mathbb{R}$$

ausdrücken. Dies besagt: a ist Element der Menge $\mathbb{R}$ der reellen Zahlen.

1.1.4 Mengenschreibweise

Statt von den »natürlichen Zahlen« sprechen wir auch von der »Menge der natürlichen Zahlen« . Ebenso sprechen wir von der »Menge der ganzen Zahlen« , der »Menge der rationalen Zahlen« usw. Dabei haben wir den sogenannten »naiven Mengenbegriff« vor Augen:

Naiver Mengenbegriff: Eine *Menge* ist eine Zusammenfassung verschiedener Objekte unseres Denkens oder unserer Anschauung zu einem Ganzen. Die Objekte werden die *Elemente* der Menge genannt.

Beschreibt der Buchstabe M eine Menge (z.B. die Menge aller Menschen), und ist x ein Element der Menge (ein Mensch), so schreiben wir dafür

$$x \in M$$

4 Archimedes von Syrakus (um 287 v. Chr. – 212 v. Chr.), antiker griechischer Mathematiker, Physiker und Ingenieur

(sprich: »x aus M« , oder »x ist Element von M«). Ist x dagegen ein Objekt, welches nicht zur Menge M gehört (z.B. ein Tier), so beschreibt man dies durch

$$x \notin M\,.$$

Zwei Mengen heißen genau dann *gleich*, wenn sie dieselben Elemente haben.

Beispiel 1.1:
Die folgenden Bezeichnungen sind üblich:

$\mathbb{N}$ = Menge der natürlichen Zahlen $1, 2, 3, \dots$

$\mathbb{N}_0$ = Menge der Zahlen $0, 1, 2, 3, \dots$

$\mathbb{Z}$ = Menge der ganzen Zahlen $\dots, -2, -1, 0, 1, 2, \dots$

$\mathbb{Q}$ = Menge der rationalen Zahlen $\frac{a}{b}$ (mit $a, b \in \mathbb{Z}$, $b \neq 0$)

$\mathbb{R}$ = Menge der reellen Zahlen (alle Dezimalzahlen)

$\mathbb{R}^+$ = Menge der positiven reellen Zahlen ($x \in \mathbb{R}$ mit $x > 0$)

$\mathbb{R}^-$ = Menge der negativen reellen Zahlen ($x \in \mathbb{R}$ mit $x < 0$)

$\mathbb{R}_0^+$ = Menge der nicht negativen reellen Zahlen ($x \in \mathbb{R}$ mit $x \geq 0$)

$\mathbb{R}_0^-$ = Menge der nicht positiven reellen Zahlen ($x \in \mathbb{R}$ mit $x \leq 0$)

Weitere oft benutzte Mengen reeller Zahlen sind die sogenannten *Intervalle*. Diese sind Teilstrecken der Zahlengeraden oder Halbgeraden oder $\mathbb{R}$ selbst. Genauer: Mit $[a, b]$ bezeichnen wir die Menge aller reellen Zahlen x mit $a \leq x \leq b$. Wir drücken dies kürzer aus:

$$[a, b] = \{x \in \mathbb{R} \mid a \leq x \leq b\}\,.$$

Dabei bedeutet die rechte Seite die »Menge aller $x \in \mathbb{R}$, die die Eigenschaft $a \leq x \leq b$ besitzen«.

$[a, b]$ heißt das *abgeschlossene Intervall von a bis b*. Auf der Zahlengeraden stellt dieses Intervall eine Strecke dar, s. Fig. 1.4.

Fig. 1.4: Intervall $[a, b]$

Entsprechend werden weitere Intervalle definiert. Die folgenden Schreibweisen sind nach dem Beispiel $[a, b]$ unmittelbar verständlich. Dabei gelte wieder $a < b$:

$(a, b) = \{x \in \mathbb{R} \mid a < x < b\}$ heißt *offenes Intervall* von a bis b

(die »Endpunkte« a, b gehören nicht dazu)

$[a, b) = \{x \in \mathbb{R} \mid a \leq x < b\}$ und

$$(a, b] = \{x \in \mathbb{R} \mid a < x \le b\} \quad \text{heißen } \textit{halboffene Intervalle}$$

(jeweils ein Endpunkt gehört dazu, der andere nicht).

Die bisher genannten Intervalle werden *beschränkte Intervalle* genannt. Der Vollständigkeit halber fügen wir gleich die sogenannten *unbeschränkten Intervalle* an:

$$\left.\begin{aligned}[a, \infty) &= \{x \in \mathbb{R} \mid x \ge a\} \\ (-\infty, c] &= \{x \in \mathbb{R} \mid x \le c\}\end{aligned}\right\} \quad \textit{abgeschlossene Halbgeraden} \text{ (s. Fig. 1.5)}$$

$$\left.\begin{aligned}(a, \infty) &= \{x \in \mathbb{R} \mid x > a\} \\ (-\infty, c) &= \{x \in \mathbb{R} \mid x < c\}\end{aligned}\right\} \quad \textit{offene Halbgeraden}$$

und $(-\infty, \infty) = \mathbb{R}$.

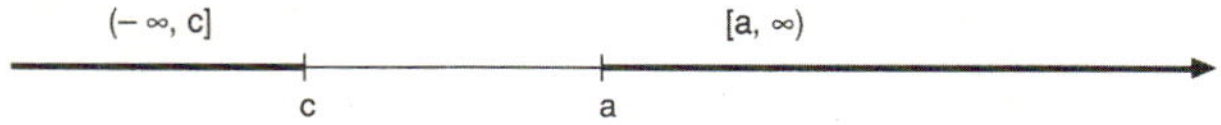

Fig. 1.5: Unbeschränkte Intervalle

Intervalle spielen im täglichen Leben schon in einfachen Fällen eine Rolle: Im Wetterbericht hören wir z.B. von Temperaturen zwischen $-2°$ bis $+1°$, was nichts anderes heißt, als daß die Temperaturangaben im Intervall $(-2, 1)$ liegen. Längenangaben wie auch Gewichte sind stets positiv, sie liegen also im Intervall $(0, \infty)$. Die Splittingtabelle der Steuer ist in Intervalle eingeteilt, die verschiedenen Steuersätzen entsprechen, usw.

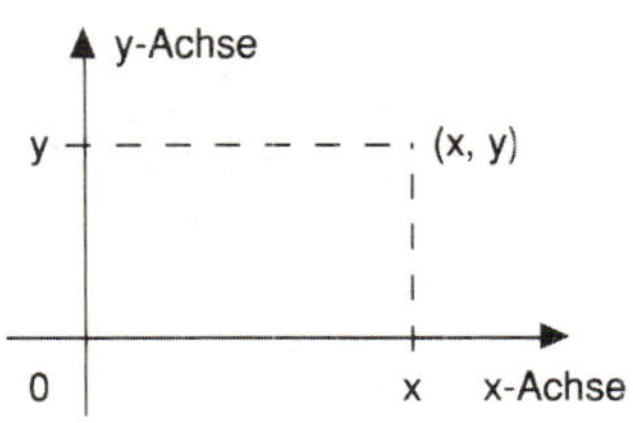

Fig. 1.6: Koordinaten

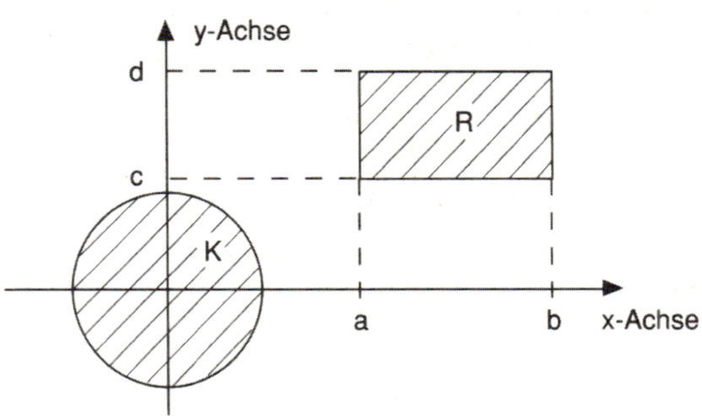

Fig. 1.7: Rechteck und Kreis

Weitere anschauliche Beispiele für Mengen sind *Punktmengen der Ebene*. Führen wir in üblicher Weise ein Koordinatensystem mit x- und y-Achse ein, so entspricht jedem Punkt der Ebene genau ein Zahlenpaar (x, y), wobei x die *x-Koordinate* heißt und y die *y-Koordinate* (s. Fig. 1.6)[5].

Wir nennen Zahlenpaare daher auch *Punkte* (der Ebene) und bezeichnen die Menge aller dieser Zahlenpaare als $\mathbb{R}^2$.

5 Aus dem Zusammenhang muß jeweils hervorgehen, ob (x, y) ein Punktepaar oder ein offenes Intervall bezeichnet.

Ein *Rechteck*, wie in Fig. 1.7 zu sehen, besteht aus allen Punkten (x, y), für die

$$a \leq x \leq b \quad \text{und} \quad c \leq y \leq d$$

gilt. Nennen wir die Menge dieser Punkte kurz R (Rechteck), so können wir schreiben

$$R = \{(x, y) \in \mathbb{R}^2 \mid a \leq x \leq b \text{ und } c \leq y \leq d\}.$$

Betrachten wir noch ein Beispiel, und zwar eine *Kreisscheibe* um $\underline{0} = (0{,}0)$ mit Radius 1, s. Fig. 1.7. Ein Punkt (x, y) liegt genau dann in dieser Kreisscheibe, wenn sein Abstand[6] von $\underline{0}$ kleiner oder gleich 1 ist. Der Abstand ist aber offenbar gleich

$$\sqrt{x^2 + y^2}$$

wie man mit dem Lehrsatz des *Pythagoras* ermittelt (s. Fig. 1.6). Damit besteht die Kreisscheibe K aus allen Punkten $(x, y) \in \mathbb{R}^2$ mit

$$x^2 + y^2 \leq 1 .$$

Diese Punktmenge läßt sich also kurz so beschreiben:

$$K = \left\{(x, y) \in \mathbb{R}^2 \,\middle|\, \sqrt{x^2 + y^2} \leq 1\right\}$$

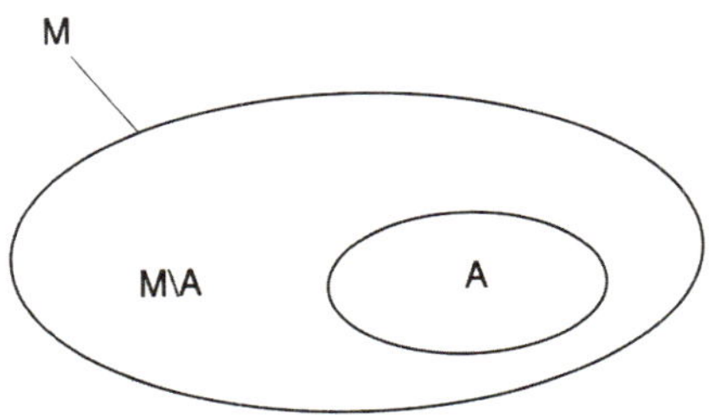

Fig. 1.8: Teilmenge A von M

Um mit Mengen bequem umgehen zu können, vereinbaren wir einige Bezeichnungen:

(a) $\{x_1, x_2, \ldots, x_n\}$ bezeichnet die Menge der Elemente $x_1, x_2, \ldots, x_n$.

(b) $\{x \mid x \text{ hat die Eigenschaft } E\}$ ist die Menge aller Elemente x mit der Eigenschaft E. $\{x \in M \mid x \text{ hat die Eigenschaft } E\}$ ist die Menge aller Elemente x aus M mit der Eigenschaft E (s. obige Beispiele).

(c) Eine Menge A heißt *Teilmenge* einer Menge M, wenn jedes Element von A in M liegt. Wir

6 Im Sinne der euklidischen Geometrie

beschreiben dies kurz durch

$$A \subseteq M \quad \text{oder} \quad M \supset A\,, \quad \text{(s. Fig. 1.8)}$$

M heißt eine *Obermenge* von A. Hier ist auch der Fall denkbar, daß $A = M$ ist (M ist also Teilmenge von sich selbst!). Ist A aber eine Teilmenge von M, die nicht gleich M ist, so nennen wir A eine *echte Teilmenge* von M und schreiben dafür

$$A \subsetneqq M \quad \text{oder} \quad M \supsetneqq A\,.$$

(d) Gilt $A \subset M$, so besteht die *Restmenge*

$$M \setminus A$$

aus allen Elementen $x \in M$, die nicht in A liegen (s. Fig. 1.8). Es kann dabei sein, daß es keine Elemente dieser Art gibt, nämlich wenn $A = M$ ist. In diesem Fall sagen wir: Die Restmenge $M \setminus A$ ist *leer*. Das führt auf folgende Vereinbarung:

(e) Mit $\emptyset$ bezeichnen wir die sogenannte *leere Menge*. Dies ist eine Menge ohne Elemente. D.h., für jedes irgendwie geartete Element x gilt $x \notin \emptyset$.

Wir können daher im Falle $A = M$ für die Restmenge $M \setminus A$ schreiben:

$$M \setminus A = \emptyset\,.$$

(f) Als *Vereinigung* zweier Mengen A und B bezeichet man die Menge aller Elemente x, die in A, in B oder in beiden Mengen liegen (s. Fig. 1.9). Sie wird symbolisiert durch

$$A \cup B$$

(g) Die *Schnittmenge* (auch *Durchschnitt* genannt)

$$A \cap B$$

zweier Mengen A, B ist die Menge aller Elemente x, die sowohl in A als auch in B liegen (s. Fig. 1.9).

Man macht sich an Fig. 1.10 leicht klar, daß folgende einfache Regeln gelten:

$$A \cup (B \cup C) = (A \cup B) \cup C$$
$$A \cap (B \cap C) = (A \cap B) \cap C$$

Es ist hier also gleichgültig, wie die Klammern gesetzt werden. Aus diesem Grunde werden

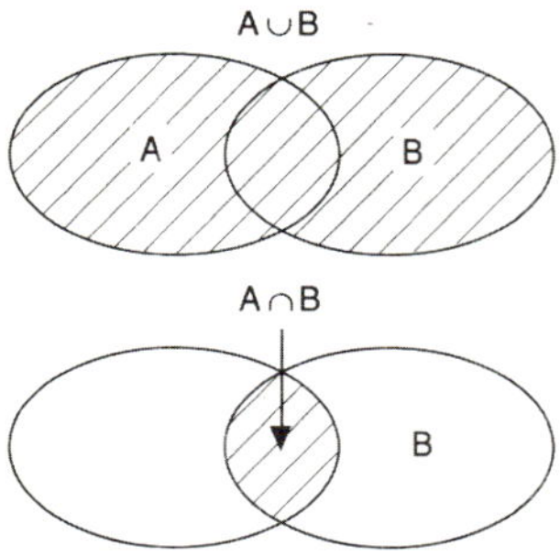

Fig. 1.9: Vereinigung und Schnittmenge

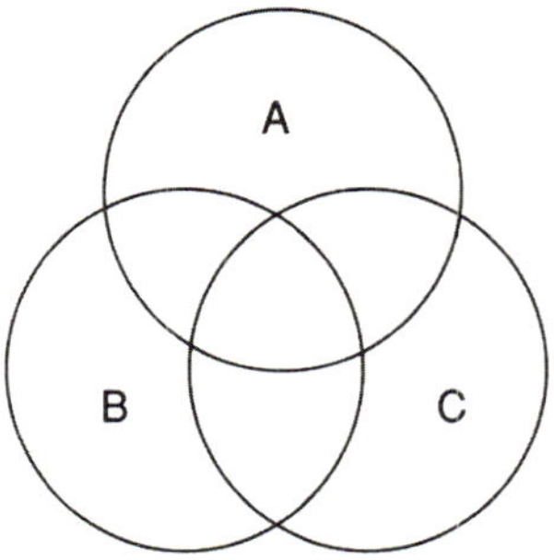

Fig. 1.10: Die Mengen A, B, C

sie auch einfach weggelassen. Ferner gilt offenbar

$$A \cup (B \cap C) = (A \cup B) \cap (A \cup C)$$
$$A \cap (B \cup C) = (A \cap B) \cup (A \cap C)$$

$$\left.\begin{aligned} M \setminus (A \cup B) &= (M \setminus A) \cap (M \setminus B) \\ M \setminus (A \cap B) &= (M \setminus B) \cup (M \setminus B) \end{aligned}\right\} \quad \text{wobei } A \subset M \text{ und } B \subset M.$$

Die ersten beiden Regeln entsprechen einem »Ausmultiplizieren« von Klammern (bei Zahlen zum Vergleich: $a \cdot (b + c) = (a \cdot b) + (a \cdot c)$), während die nächsten beiden Regeln — auch *De Morgansche*[7] *Regeln* genannt — zeigen, daß $\cup$ und $\cap$ ausgetauscht werden, wenn man von der linken zur rechten Seite der Gleichung übergeht.

(h) Schließlich nennen wir

$$(a, b)$$

das *Paar* aus den Elementen a, b. Dabei sind zwei Paare (a, b) und (c, d) genau dann *gleich*, wenn $a = c$ und $b = d$ ist. Die Reihenfolge der Elemente a, b läßt sich im Falle $a \neq b$ also nicht vertauschen: Es ist $(a, b) \neq (b, a)$. D.h. bei Paaren kommt es auf die Reihenfolge der Elemente an (im Gegensatz zu Mengen $\{a, b\}$ aus zwei Elementen, für die $\{a, b\} = \{b, a\}$ gilt).

Sind A, B Mengen, so kann man daraus die Menge aller Paare

$$(a, b) \quad \text{mit} \quad a \in A \quad \text{und} \quad b \in B$$

bilden. Sie wird mit

$$A \times B$$

bezeichnet und *Paarmenge* oder *cartesisches Produkt*[8] der Menge A, B genannt. Ist dabei

7 Augustus De Morgan (1806 – 1871), englischer Mathematiker
8 Nach René Descartes (1596 – 1650), französischer Philosoph, Mathematiker und Physiker

speziell $A = B$, so schreibt man kurz $A^2 = A \times A$. Auf diese Weise ordnet sich die schon betrachtete Menge $\mathbb{R}^2 = \mathbb{R} \times \mathbb{R}$ hier ein.

Allgemeiner kann man dieses Konzept auch auf sogenannte *n-Tupel*

$$(a_1, a_2, a_3, \ldots, a_n), \quad \text{mit } n \in \mathbb{N},$$

ausdehnen. Dabei sind $(a_1, \ldots, a_n)$ und $(b_1, \ldots, b_m)$ genau dann gleich, wenn $n = m$ ist und $a_i = b_i$ für alle $i = 1,2, \ldots, n$. Sind $A_1, \ldots, A_n$ Mengen, so beschreibt

$$A_1 \times A_2 \times \ldots \times A_n$$

die Menge aller n-Tupel $(a_1, \ldots, a_n)$ mit $a_1 \in A_1$, $a_2 \in A_2, \ldots, a_n \in A_n$. Diese Menge heißt das *cartesische Produkt* der Mengen $A_1, \ldots, A_n$. Sind alle diese Mengen gleich: $A_i = A$ für alle $i = 1, \ldots, n$, so wird das cartesische Produkt der $A_1, \ldots, A_n$ kurz A^n genannt.

Übung 1.4*:

In einem Vorortzug sind 60 % der Fahrgäste Männer, 70 % Raucher und 80 % Pendler zwischen Arbeitsstätte und Wohnung. Gibt es Fahrgäste mit allen drei Eigenschaften? Wieviel Prozent sind es mindestens?

Verwandt ist die folgende Aufgabe:

Übung 1.5:

Eine Firma stellt elektrische Geräte her, jedes dieser Geräte setzt sich aus 4 Schaltelementen A, B, C, D zusammen. Von den verwendeten Schaltelementen des Typs A arbeiten 95 % einwandfrei, vom Typ B 97 %, vom Typ C 92 % und vom Typ D 89 %. (Es handelt sich um »integrierte« Schaltungen, bei denen stets gewisse Ausfallquoten vorkommen.)

Vor dem Zusammenbau eines Gerätes ist nicht zu erkennen, welche seiner Schaltelemente fehlerhaft sind. Wieviel Prozent einwandfrei arbeitender Geräte sind mindestens zu erwarten?

1.1.5 Vollständige Induktion

Sehen wir uns noch einmal die Menge $\mathbb{N}$ der natürlichen Zahlen an! Sie ist Teilmenge der Menge $\mathbb{R}$ aller reellen Zahlen und hat folgende Eigenschaften:

(N1) 1 ist eine natürliche Zahl.

(N2) Ist n eine natürliche Zahl, so auch $n + 1$ ($n + 1$ wird auch der »Nachfolger« von n genannt).

Zweifellos gilt dies entsprechend auch für die Menge $\mathbb{Z}$ der ganzen Zahlen oder sogar für die Menge $\mathbb{R}$ aller reellen Zahlen. $\mathbb{N}$ ist aber dadurch ausgezeichnet, daß sie die »kleinste« Teilmenge von $\mathbb{R}$ mit den genannten Eigenschaften ist, d.h.: Jede Teilmenge M von $\mathbb{R}$, die 1 enthält und mit n auch stets $n + 1$, ist Obermenge von $\mathbb{N}$. Insbesondere kann M nicht echte Teilmenge von $\mathbb{N}$ sein. Es gilt also

(N3) Jede Menge M von natürlichen Zahlen, die 1 enthält und mit n stets auch $n+1$ enthält, ist gleich der Menge aller natürlichen Zahlen.

Bemerkung: Man kann (N1), (N2), (N3) als Definition der natürlichen Zahlen auffassen, zusammen mit der Tatsache, daß jede natürliche Zahl auch reelle Zahl ist.

Die Eigenschaft (N3) gestattet es uns, das Beweisverfahren der *vollständigen Induktion* durchzuführen. Wir wollen dies an einem simplen Beispiel zeigen, und zwar an der Behauptung: Es gilt

$$2^n > n \quad \text{für alle} \quad n \in \mathbb{N}.$$[9]

Niemand zweifelt daran, denn für $n = 1, 2, 3$, usw. folgt

$$2^1 > 1, \quad 2^2 = 4 > 2, \quad 2^3 = 8 > 3, \quad \text{usw.}$$

Ist dies aber schon ein Beweis? Hier müssen wir doch aufpassen, daß es uns nicht so geht wie dem Bauern, der seine Kuh für 100 Taler verkaufte. Er zählte das Geld nach, das aus einzelnen Talerstücken bestand: $1, 2, 3, 4, \ldots$, usw. Als er bei 67 angekommen war — ein für ihn wahrhaft mühsames Geschäft — da wischte er sich den Schweiß von der Stirn und sagte: »Hat es bis hierher gestimmt, so wird der Rest auch stimmen!« Sprach's und steckte das Geld in den Sack.

So geht es natürlich nicht! Zum Beweis unserer Behauptung $2^n > n$ können wir aber folgendermaßen vorgehen:

(I) Die Behauptung gilt für $n = 1$, denn es sich sicherlich $2^1 > 1$.

(II) Ist die Behauptung $2^n > n$ jedoch für ein $n \in \mathbb{N}$ richtig, so gilt sie auch für $n+1$ anstelle von n, denn es ist

$$2^{n+1} = 2 \cdot 2^n > 2 \cdot n,$$

letzteres wegen $2^n > n$. Wegen $2n = n + n \geq n + 1$ folgt daher

$$2^{n+1} > n + 1.$$

Damit ist aber alles bewiesen. Warum? Bezeichnen wir mit M die Menge aller natürlichen Zahlen, für die $2^n > n$ gültig ist, so stellen wir fest: $1 \in M$ (nach (I)) und mit $n \in M$ ist auch $n+1 \in M$ (nach (II)). Also muß M die Menge aller natürlichen Zahlen sein (nach (N3)), d.h. $2^n > n$ ist für alle natürlichen n gültig.

Entscheidend ist also, daß wir die Schritte I (Beweis für $n = 1$) und II (Schluß von n auf $n+1$) durchführen können. Das führt allgemein zu folgendem Beweisschema, welches sich von unserem Beispiel nur dadurch unterscheidet, daß die Aussage »$2^n > n$« durch $A(n)$ ersetzt wird.

Vollständige Induktion:

Für jedes natürliche n sei eine Aussage $A(n)$ definiert. Man weise nun nach,

9 Es ist $a^n = a \cdot a \cdot a \cdot \ldots \cdot a$, wobei rechts n-mal der Faktor a auftritt ($a \in \mathbb{R}, n \in \mathbb{N}$).

(I) daß $A(1)$ richtig ist, und

(II) daß aus der Annahme, daß $A(n)$ richtig ist, auch die Gültigkeit von $A(n+1)$ folgt.

Ist dies getan, so ist damit die Richtigkeit der Aussage $A(n)$ für alle natürlichen n bewiesen.

Die Schlüssigkeit des Beweisverfahrens wird genauso wie im obigen Beispiel begründet. Der Beweisschritt I heißt *Induktionsanfang*, II heißt *Induktionsschluß*.

Beispiel 1.2:
Mit dem Beweisverfahren der vollständigen Induktion wollen wir die Formel

$$1 + 2 + 3 + \ldots + n = \frac{n(n+1)}{2} \tag{1.3}$$

beweisen.

(I) *Induktionsanfang*: Für $n = 1$ ist die Formel zweifellos richtig, denn sie verkürzt sich dabei auf $1 = 1 \cdot (1+1)/2$.

(II) *Induktionsschluß*: Wir nehmen an, daß (1.3) für ein bestimmtes n gilt. Es soll gezeigt werden, daß dies auch gilt, wenn n durch $n+1$ ersetzt wird. Das sehen wir so ein: Es ist

$$1 + 2 + 3 + \ldots + n + (n+1) = \frac{n(n+1)}{2} + (n+1)$$

unter Verwendung der Gültigkeit von (1.3) für unser betrachtetes n. Die rechte Seite kann aber umgeformt werden in

$$\frac{n(n+1)}{2} + \frac{2(n+1)}{2} = \frac{(n+1)(n+2)}{2}.$$

Es gilt also

$$1 + 2 + 3 + \ldots + n + (n+1) = \frac{(n+1)(n+2)}{2},$$

d.h. in (1.3) ist n durch $n+1$ ersetzt. Damit ist alles bewiesen. □

Beispiel 1.3:
Eine bestimmte Bausparkasse teilt ihre Darlehen nach sogenannten »Bewertungszahlen« zu. Je höher die Bewertungszahl, desto eher die Zuteilung! Die Berechnung der Bewertungszahl machen wir an folgendem Beispiel klar: Ein Sparer schließt im Oktober 2002 einen Bausparvertrag über 10000 € ab. Er hat dafür monatlich eine Sparrate von 33 € zu zahlen, halbjährlich also 198 €. Stichtage für die Bewertungszahl sind der 31. März und der 30. September. Die »Bewertungszahl« ist die *Summe der Kontostände an diesen Stichtagen* in den Jahren, in denen gespart wird. Lassen wir den Zinszuwachs hier der Einfachheit halber unberücksichtigt, so ergeben sich für die ersten Jahre folgende Bewertungszahlen:

	Halbjahr	Kontostand (Gespartes)	Bewertungszahl b_n
31.3.03	1.	198	198
30.9.03	2.	$2 \cdot 198$	$198 + 2 \cdot 198$
31.3.04	3.	$3 \cdot 198$	$198 + 2 \cdot 198 + 3 \cdot 198$
30.9.04	4.	$4 \cdot 198$	$198 + 2 \cdot 198 + 3 \cdot 198 + 4 \cdot 198$

usw. Nach dem n-ten Halbjahr ist die Bewertungszahl b_n also gleich

$$b_n = 198 + 2 \cdot 198 + 3 \cdot 198 + \ldots + n \cdot 198 = (1 + 2 + \ldots + n) \cdot 198 .$$

Hier kommt die bewiesene Formel (1.3) ins Spiel. Danach folgt

$$b_n = \frac{n(n+1)}{2} \cdot 198 . \tag{1.4}$$

Wir wollen annehmen, daß das Darlehen zugeteilt wird, wenn die Bewertungszahl b_n das 2,6-fache der Bausparsumme gerade überschritten hat, wenn also

$$b_n > 26000 \geq b_{n-1}$$

gilt. Mit (1.4) folgt daraus $n = 16$, wie der Leser leicht überprüft. Nach 16 Halbjahren, also nach 8 Jahren, ist der Bausparvertrag zuteilungsreif.

Varianten zur vollständigen Induktion: (a) Gelegentlich wird anstelle von (II) der folgende Induktionsschluß durchgeführt:

(II′) Man zeigt, daß aus der Gültigkeit der Aussagen $A(1), A(2), \ldots, A(n)$ die Gültigkeit von $A(n+1)$ folgt.

(Führt man die Hilfsaussage $A^*(n)$ ein, die bedeuten soll: »Es gilt $A(k)$ für alle $k = 1, 2, \ldots, n$« , so ist für $A^*(n)$ wiederum (I) und (II) erfüllt, d.h. die Ersetzung von (II) durch (II′) ist erlaubt.)
(b) Der Induktionsanfang (I) darf auch variiert werden. Ist etwa n_0 eine ganze Zahl, und ist zu jeder ganzen Zahl $n \geq n_0$ eine Aussage $A(n)$ erklärt, so ist (I) zu ersetzen durch:

(I′) Man zeige, daß $A(n_0)$ richtig ist. Führt man anschließend den Induktionsschluß (II) durch, so ist die Gültigkeit von $A(n)$ für alle ganzen $n \geq n_0$ gezeigt.

(Um dies einzusehen, hat man $A(n)$ in der Form $A(n_0 - 1 + m)$ zu schreiben mit $m = 1, 2, 3, \ldots$. Da nach (I′) die Aussage für $m = 1$ gilt, und (II) den Schluß von m auf $m + 1$ darstellt, ist auch diese Variation erlaubt.)

Beispiel 1.4:
Es soll gezeigt werden, daß

$$2^n > n^2 \quad \text{für alle natürlichen } n \geq 5$$

gilt. Hier ist $n_0 = 5$. Der Leser führe den Beweis selbst durch.

Zur Übung beweise der Leser mit dem Beweisverfahren der vollständigen Induktion folgende Aussagen:

Übung 1.6:

Es gilt für alle $n \in \mathbb{N}$:

(a) $1^2 + 2^2 + 3^2 + \ldots + n^2 = \dfrac{n(n+1)(2n+1)}{6}$

(b) $1^3 + 2^3 + 3^3 + \ldots + n^3 = \left(\dfrac{n(n+1)}{2}\right)^2$

Übung 1.7:

(*Bernoullische*[10] *Ungleichung*) Beweise, daß für jedes reelle $x > -1$ mit $x \neq 0$ folgendes gilt:

$$(1+x)^n > 1 + nx \quad \text{für alle ganzen } n \geq 2.$$

1.1.6 Potenzen, Wurzeln, Absolutbetrag

Die Grundgesetze über Potenzen a^n und Wurzeln $\sqrt[n]{a}$ werden hier in knapper Form zusammengestellt.

Potenzen mit natürlichen Exponenten: Für beliebige reelle a, b und natürliche Zahlen n, m gilt

$$(ab)^n = a^n b^n\,, \quad a^{n+m} = a^n a^m\,, \quad (a^n)^m = a^{nm}\,, \quad 0 \leq a < b \Rightarrow 0 \leq a^n < b^n\,. \qquad (1.5)$$

(Man kann dies leicht mit vollständiger Induktion beweisen.)

n-te Wurzeln:

(a) Es sei $a \geq 0$ und n eine beliebige natürliche Zahl. Mit

$$\sqrt[n]{a} = x$$

bezeichnet man diejenige reelle Zahl $x \geq 0$, deren n-te Potenz a ergibt:

$$a = x^n\,.$$

Eine solche Zahl x existiert (wie wir später mühelos aus dem Zwischenwertsatz folgern werden, s. Abschn. 1.6.3, Beispiel 1.52). Sie ist auch eindeutig bestimmt. (Denn wäre $y \geq 0$ eine weitere Zahl mit $y^n = a$, wobei etwa $x < y$ ist, so folgte aus (1.5) $x^n < y^n$, was nicht sein kann, da $x^n = a = y^n$ ist. $\sqrt[n]{a}$ ist also eindeutig bestimmt.)

(b) Bei ungeradem n und negativem a definiert man

$$\sqrt[n]{a} = x$$

10 Jakob I. Bernoulli (1655 – 1705), schweizerischer Mathematiker und Physiker

als diejenige negative Zahl x, die $x^n = a$ erfüllt. Z.B. $\sqrt[3]{-8} = -2$. Auch sie ist eindeutig bestimmt, wie man entsprechend begründet.

(c) Ist schließlich $a < 0$ und n gerade, so ist $\sqrt[n]{a}$ im Bereich der reellen Zahlen *nicht definiert*, da es kein reelles x gibt mit $x^n = a$ (denn für alle $x \in \mathbb{R}$ gilt $x^n \geq 0$ bei geradem n).

Wir halten also fest: Für gerade n ist $\sqrt[n]{a}$ genau dann sinnvoll erklärt, wenn $a \geq 0$ ist, für ungerade n ist $\sqrt[n]{a}$ dagegen für alle reellen a definiert.

$\sqrt[n]{a}$ heißt die *n-te Wurzel* aus a. Für die zweite Wurzel aus $a \geq 0$ schreibt man bekanntlich kurz $\sqrt{a}$ und nennt dies schlicht die *Wurzel* aus a. Wir wiederholen noch einmal ausdrücklich, daß $\sqrt{a}$ stets größer oder gleich Null ist, also niemals negativ!

Berechnung von $\sqrt{a}$: Eine gute Methode zur Berechnung der Wurzel aus $a > 0$ besteht darin, nach folgender Vorschrift zu verfahren. Man wähle eine Zahl x_0 mit $x_0^2 \geq a$ (z.B. $x_0 = a$ falls $a \geq 1$, $x_0 = 1$ sonst) und berechne

$$x_{n+1} = \frac{1}{2}\left(x_n + \frac{a}{x_n}\right) \quad \text{für } n = 0,1,2,3,\ldots .$$

Die so nacheinander gebildeten Zahlen $x_0, x_1, x_2, x_3, \ldots$ kommen der Wurzel $\sqrt{a}$ schnell beliebig nahe (Begründung und Fehlerabschätzung folgen später beim Newtonschen Verfahren). Tabelle 1.1 zeigt die Berechnung von $\sqrt{2}$ mit diesem Verfahren (gerundete Werte). Ab x_4 ändern sich die Zahlen in den ersten 10 Stellen nicht mehr.

Tabelle 1.1: Zur Berechnung von $\sqrt{2}$

n	x_n
0	2,000 000 000
1	1,500 000 000
2	1,416 666 667
3	1,414 215 686
4	1,414 213 562
5	1,414 213 562

Also $\sqrt{2} \doteq 1{,}414\,213\,562$[11]

Potenzen mit rationalen Exponenten: Für beliebige natürliche Zahlen n und m vereinbart man:

a) $a^{m/n} = \sqrt[n]{a^m}$ $\begin{cases} \text{für alle reellen } a, & \text{falls } n \text{ ungerade,} \\ \text{für alle reellen } a \geq 0, & \text{falls } n \text{ gerade.} \end{cases}$

b) $a^0 = 1$, für alle reellen $a \neq 0$,

c) $a^{-m/n} = \dfrac{1}{a^{m/n}}$ $\begin{cases} \text{für alle reellen } a \neq 0, & \text{falls } n \text{ ungerade,} \\ \text{für alle reellen } a > 0, & \text{falls } n \text{ gerade.} \end{cases}$

11 $\doteq$ bedeutet: »gleich bis auf Rundungsfehler«

Damit ist insbesondere für alle positiven Zahlen a und alle rationalen Zahlen r die Potenz

$$a^r$$

erklärt.

Folgerung 1.9:

(Rechenregeln für Potenzen) Es gilt

$$(ab)^r = a^r b^r\,, \quad a^{r+s} = a^r a^s\,, \quad (a^r)^s = a^{rs} = (a^s)^r$$
$$0 \le a < b \Rightarrow 0 \le a^r < b^r$$

für alle rationalen r, s und alle reellen a, b, für die die obenstehenden Ausdrücke erklärt sind.

Die Beweise können leicht mit den vorangehenden Hilfsmitteln geführt werden.

Der *Absolutbetrag* $|x|$ einer reellen Zahl x ist definiert durch

$$|x| := \begin{cases} x\,, & \text{falls } x \ge 0 \\ -x\,, & \text{falls } x < 0. \end{cases}$$

Z.B.: $|-3| = 3$, $|7| = 7$. Für alle reellen Zahlen x, y und alle rationalen Zahlen r gelten die *Regeln*:

$$\begin{aligned} &|x+y| \le |x| + |y| && (\textit{Dreiecksungleichung}), \\ &|x-y| \ge \big||x| - |y|\big|\,, && \\ &|xy| = |x||y|\,, && \left|\frac{x}{y}\right| = \frac{|x|}{|y|} \quad \text{falls } y \ne 0, \\ &|x^r| = |x|^r && (\text{falls } x^r \text{ erklärt ist}). \end{aligned}$$

Übung 1.8:

Beweise: Für alle reellen $x > 0$, $y > 0$ und alle rationalen r, s gilt

$$\text{(a)} \quad \left(\frac{x}{y}\right)^r = \frac{x^r}{y^r}\,, \quad \text{(b)} \quad \frac{x^r}{x^s} = x^{r-s}\,, \quad \text{(c)} \quad \left(\frac{1}{x^r}\right)^s = x^{-rs}\,.$$

Übung 1.9:

Vereinfache die folgenden Ausdrücke (d.h. schreibe sie in der Form $c \cdot x^r \cdot y^s$.) Dabei ist $x > 0$, $y > 0$ vorausgesetzt:

$$\text{(a)} \quad \frac{\sqrt[3]{x^5 y^4}}{\sqrt[4]{16x^2 y^{-6}}}\,, \quad \text{(b)} \quad \sqrt[5]{x^3 \sqrt{32 y^6 \sqrt[3]{x}}}$$

1.1.7 Summenformeln: geometrische, binomische, polynomische

Sind $a_1, a_2, a_3, \ldots, a_n$ reelle Zahlen, so schreibt man die aus ihnen gebildete Summe $a_1 + a_2 + a_3 + \ldots + a_n$ auch in der Form

$$\sum_{k=1}^{n} a_k ,$$

und spricht dies so aus: »Summe der a_k für k von 1 bis n« . k heißt der Index des Summengliedes a_k. Für $n = 1,2,3$ bedeutet

$$a_1 = \sum_{k=1}^{1} a_k , \quad a_1 + a_2 = \sum_{k=1}^{2} a_k , \quad a_1 + a_2 + a_3 = \sum_{k=1}^{3} a_k , \tag{1.6}$$

ferner gilt

$$\sum_{k=1}^{n} a_k + a_{n+1} = \sum_{k=1}^{n+1} a_k \tag{1.7}$$

für beliebige natürliche n.

Beispiel 1.5:

Die Summe der Quadratzahlen $1^2 + 2^2 + 3^2 + \ldots + n^2$ kann kürzer durch $\sum\limits_{k=1}^{n} k^2$ beschrieben werden. Nach Übung 1.6 gilt dann

$$\sum_{k=1}^{n} k^2 = \frac{n(n+1)(2n+1)}{6} . \tag{1.8}$$

Ohne Mühe sieht man ein, daß für das Rechnen mit Summen folgende einfache Regeln gelten:

$$\sum_{k=1}^{n} a_k + \sum_{k=1}^{n} b_k = \sum_{k=1}^{n} (a_k + b_k) , \qquad c \sum_{k=1}^{n} a_k = \sum_{k=1}^{n} c a_k .$$

Unter Verwendung von (1.6), (1.7) können sie induktiv bewiesen werden. Wir empfehlen dies dem Leser zur Übung.

Gelegentlich läuft der Index nicht von 1 bis n, sondern allgemeiner von einer ganzen Zahl s bis zu einer anderen ganzen Zahl t ($s \leq t$):

$$a_s + a_{s+1} + a_{s+2} + \ldots + a_t = \sum_{k=s}^{t} a_k .$$

Diese Summen werden entsprechend behandelt.

Besonders interessant sind Summen, die durch einen »geschlossenen Ausdruck« beschrieben werden können, wie z.B. die Summe

$$\sum_{k=1}^{n} k = 1 + 2 + 3 + \ldots + n = \frac{n(n+1)}{2}$$

oder die Summe der Quadrate (1.8). Die wohl wichtigste Summe dieser Art ist die *geometrische Summe*:

$$\sum_{k=0}^{n} q^k = 1 + q + q^2 + \ldots + q^n \tag{1.9}$$

für beliebiges reelles q[12]. Wie kann man einen »geschlossenen«, einfach zu berechnenden Ausdruck für diese Summe finden? Dies gelingt durch einen kleinen Trick. Setzen wir nämlich zur Abkürzung

$$s = 1 + q + q^2 + \ldots + q^n \tag{1.10}$$

für die Summe und multiplizieren mit q, so folgt

$$qs = q + q^2 + q^3 + \ldots + q^{n+1} \tag{1.11}$$

Subtrahieren wir die beiden letzten Gleichungen rechts und links voneinander, so ergibt sich

$$s - qs = 1 - q^{n+1}$$

d.h. auf der rechten Seite heben sich alle Glieder bis auf zwei heraus.

Ausklammern von s auf der linken Seite ergibt

$$s \cdot (1 - q) = 1 - q^{n+1} \Rightarrow s = \frac{1 - q^{n+1}}{1 - q} \quad \text{(falls } q \neq 1\text{)}.$$

Im Falle $q = 1$ ist s offenbar $n + 1$, wie aus (1.9) unmittelbar hervorgeht. Damit haben wir folgendes Resultat:

Geometrische Summenformel:

$$\sum_{k=0}^{n} q^k = \begin{cases} \dfrac{1 - q^{n+1}}{1 - q} & \text{falls } q \neq 1 \\ n + 1 & \text{falls } q = 1. \end{cases} \tag{1.12}$$

12 Das erste Glied der Summe ist vereinbarungsgemäß gleich 1, auch im Falle $q = 0$.

Beispiel 1.6:

(Sparkonto) Ein Sparer zahlt jährlich am 1. Januar 600 € auf ein Sparkonto ein, mit einem Jahreszins von $p = 6\,\%$. Welchen Kontostand hat er nach 7-jährigem Sparen erreicht? Setzt man zur Abkürzung $q := 1 + p = 1{,}06$, so sind nach einem Jahr offenbar $600 \cdot q$ € auf dem Konto, nach 2 Jahren $(600 \cdot q + 600)q = 600q(1+q)$, nach 3 Jahren $(600q(1+q)+600)q = 600q(1+q+q^2)$ usw. Nach n Jahren enthält das Sparkonto

$$600q(1 + q + q^2 + \ldots + q^{n-1}) = 600 \cdot q \frac{1 - q^n}{1 - q}$$

€, wobei wir die geometrische Summenformel gewinnbringend verwendet haben. Wir setzen $n = 7$ ein und erhalten einen Kontostand von 5338,48 €. Der Zinsgewinn in diesen 7 Jahren beträgt also 1138,48€.

Binomische Formel: Durch einfaches Ausmultiplizieren berechnet man die folgenden Formeln:

$$\begin{aligned}
(a + b)^2 &= a^2 + 2ab + b^2\,,\\
(a + b)^3 &= a^3 + 3a^2b + 3ab^2 + b^3\,,\\
(a + b)^4 &= a^4 + 4a^3b + 6a^2b^2 + 4ab^3 + b^4\,.
\end{aligned}$$

Allgemein erhält man für beliebigen natürlichen Exponenten n und beliebige reelle a, b die

Binomische Formel:

$$(a+b)^n = a^n + \binom{n}{1}a^{n-1}b + \binom{n}{2}a^{n-2}b^2 + \binom{n}{3}a^{n-3}b^3 + \ldots + \binom{n}{n-1}ab^{n-1} + \binom{n}{n}b^n \quad (1.13)$$

mit

$$\binom{n}{k} := \frac{n \cdot (n-1)(n-2) \cdot \ldots \cdot (n-k+1)}{1 \cdot 2 \cdot 3 \cdot \ldots \cdot k}. \quad (1.14)$$

Die Ausdrücke $\binom{n}{k}$ (sprich »n über k«) heißen die *Binomialkoeffizienten*.

Beispiele:

$$\binom{10}{3} = \frac{10 \cdot 9 \cdot 8}{1 \cdot 2 \cdot 3}, \quad \binom{6}{4} = \frac{6 \cdot 5 \cdot 4 \cdot 3}{1 \cdot 2 \cdot 3 \cdot 4}.$$

Merkregel zur Berechnung von $\binom{n}{k}$: Das Produkt der »oberen« k Zahlen $n \cdot (n-1) \cdot \ldots \cdot (n-k+1)$ dividiere man durch das Produkt der »unteren« k Zahlen $1 \cdot 2 \cdot \ldots \cdot k$.

Der Vollständigkeit halber definiert man

$$\binom{n}{0} := 1\,, \quad n = 0, 1, 2, \ldots\,,$$

wobei man sich am ersten Glied $1 \cdot a^n$ in (1.13) orientiert. Damit erhält die *binomische Formel* die knappe Form

$$(a+b)^n = \sum_{k=0}^{n} \binom{n}{k} a^{n-k} b^k. \tag{1.15}$$

Sie gilt für alle $n \in \mathbb{N}_0$.

Das Produkt $1 \cdot 2 \cdot 3 \cdot \ldots \cdot k$ im Nenner des Binomialkoeffizienten (1.14) wird abgekürzt beschrieben durch $k!$, sprich »*k Fakultät*« , also:

$$k! := 1 \cdot 2 \cdot 3 \cdot \ldots \cdot k \quad (k \in \mathbb{N}).$$

Für $k = 1$ bedeutet dies $1! = 1$, sowie $(k+1)! = (k!)(k+1)$ für beliebige $k \in \mathbb{N}$. Wiederum der Vollständigkeit halber ergänzt man die Definition durch

$$0! := 1\,.$$

Damit erhält man folgende Darstellung des *Binomialkoeffizienten*:

$$\binom{n}{k} = \frac{n!}{k!(n-k)!} \quad \text{für alle } k \in \{0,1,2,\ldots,n\}. \tag{1.16}$$

Man gewinnt dies für $k \geq 1$ aus (1.14) durch Erweiterung des Bruches mit $(n-k)!$. Für $k = 0$ ergibt sich die Gleichung unmittelbar. Aus (1.16) leitet man leicht folgende Formeln her:

$$\binom{n}{k} = \binom{n}{n-k}, \quad k \in \{0,1,\ldots,n\} \tag{1.17}$$

$$\binom{n+1}{k} = \binom{n}{k} + \binom{n}{k-1}, \quad k \in \{1,\ldots,n\} \tag{1.18}$$

für alle $n \in \mathbb{N} \cup \{0\}$.

Der Leser überzeuge sich durch Nachrechnen von der Richtigkeit der Gleichungen.

Bemerkung: Die erste Gl. (1.17) spiegelt den symmetrischen Aufbau der binomischen Formel wieder: Der erste Koeffizient ist gleich dem letzten, der zweite gleich dem vorletzten usw.

Die zweite Gl. (1.18) dagegen zeigt, daß man die Binomialkoeffizienten geschickt in einem »Dreieck« anordnen kann:

```
                1                 n=0
             1     1              n=1
          1     2     1           n=2
       1     3     3     1        n=3
    1     4     6     4     1     n=4
 1     5    10    10     5     1  n=5
 ..............................   ...
```

Von der zweiten Zeile an gilt dabei: Jede Zahl ist die Summe der rechts und links über ihr stehenden Zahlen. Diese Anordnung der Binomialkoeffizienten nennt man das *Pascalsche*[13] *Dreieck.*

Beweis:
der binomischen Formel (1.15) durch vollständige Induktion:

(I) Für $n = 0$ ist (1.15) sicherlich erfüllt, denn es gilt

$$(a+b)^0 = \binom{0}{0} a^0 b^0 = 1\,.$$[14]

(II) Ist die binomische Formel für ein $n \in \mathbb{N}_0$ richtig, so folgt für den Exponenten $n+1$:

$$\begin{aligned}(a+b)^{n+1} &= (a+b)(a+b)^n = (a+b)\sum_{k=0}^{n}\binom{n}{k}a^{n-k}b^k \\ &= a\sum_{k=0}^{n}\binom{n}{k}a^{n-k}b^k + b\sum_{k=0}^{n}\binom{n}{k}a^{n-k}b^k \\ &= \sum_{k=0}^{n}\binom{n}{k}a^{n-k+1}b^k + \sum_{k=0}^{n}\binom{n}{k}a^{n-k}b^{k+1}\end{aligned}$$

In der zweiten Summe setzen wir $k+1 = k'$, also $k = k'-1$. Sie erhält damit die Form

$$\sum_{k'=1}^{n+1}\binom{n}{k'-1}a^{n-k'+1}b^{k'}$$

Wir lassen nun den Strich einfach weg, ersetzen also k' durch k. Einsetzen in die letzte Zeile der obigen Rechnung und Zusammenfassung ergibt dann

$$(a+b)^{n+1} = \binom{n}{0}a^{n+1} + \sum_{k=1}^{n}\left(\left[\binom{n}{k} + \binom{n}{k-1}\right]a^{n-k+1}b^k\right) + \binom{n}{n}b^{n+1}\,.$$

Mit (1.18) erkennt man hieraus, daß die binomische Formel für $n+1$ anstelle von n gültig ist. Nach dem Prinzip der vollständigen Induktion gilt sie damit für alle $n \in \mathbb{N}_0$. □

Beispiel 1.7:

Näherungsformeln für technische Berechnungen In der Technik tritt bei *Binomen* $(a+b)^n$ häufig der Spezialfall auf, daß $|b|$ »sehr viel kleiner« als $|a| \neq 0$ ist. Wir drücken dies durch $|b| \ll |a|$

---

13 Blaise Pascal (1623 – 1662), französicher Mathematiker, Physiker, Literat und Philosoph

14 Hier verwenden wir die stillschweigende Vereinbarung, daß im Falle $a = 0$ oder $b = 0$ einfach $0^0 = 1$ gesetzt wird. Normalerweise ist dies nicht erlaubt. Hier ist es aber ausdrücklich gestattet.

aus. Man klammert a^n aus und erhält

$$(a+b)^n = a^n \left(1 + \frac{b}{a}\right)^n$$

Wir setzen $\varepsilon = b/a$, wobei $|\varepsilon| \ll 1$ ist, und beschäftigen uns mit $(1+\varepsilon)^n$. Im Falle $n = 2$ zum Beispiel ist

$$(1+\varepsilon)^2 = 1 + 2\varepsilon + \varepsilon^2 \approx 1 + 2\varepsilon \,, \text{[15]}$$

wobei der Summand ε^2 »vernachlässigt« wurde, da er sehr klein gegen $1+2\varepsilon$ ist. Man macht dies, wenn ε^2 im Rahmen der verlangten Genauigkeit (Meßgenauigkeit, Rundungsfehlerschranken) liegt. Ist etwa $\varepsilon = 1/100$, so ist $\varepsilon^2 = 1/10000$, d.h. bei Rechnen mit dreistelliger Genauigkeit liefert ε^2 schon keinen Beitrag mehr. Entsprechend kann man näherungsweise setzen

$$(1+\varepsilon)^n \approx 1 + n\varepsilon \,,$$

wenn $|\varepsilon| \ll 1$. Dabei stehen rechts nur die ersten beiden Glieder der binomischen Reihe. Setzen wir hier $\varepsilon = \delta/n$, so erhalten wir

$$\left(1 + \frac{\delta}{n}\right)^n \approx 1 + \delta \quad (|\delta| \ll n) \,.$$

Ziehen wir schließlich auf beiden Seiten die n-te Wurzel, so folgt nach Seitenvertauschen die Näherungsformel

$$\sqrt[n]{1+\delta} \approx 1 + \frac{\delta}{n} \,.$$

Dabei haben wir uns über Fehlerabschätzungen hier großzügig hinweggesetzt. Sie folgen später im Rahmen der Taylorschen Formel.

Polynomische Formel: Statt $(a+b)^n$ kann man allgemeiner die Summenpotenz $(a_1 + a_2 + \ldots + a_p)^n$ betrachten. Für Ausdrücke dieser Art gilt eine Verallgemeinerung der binomischen Formel. Sie heißt:

Polynomische Formel:

$$(a_1 + a_2 + \ldots + a_p)^n = \sum_{k_1 + \ldots + k_p = n} \frac{n!}{k_1! k_2! \cdots k_p!} a_1^{k_1} a_2^{k_2} \cdots a_p^{k_p} \,. \tag{1.19}$$

Die Summe erstreckt sich dabei über alle möglichen p-Tupel $(k_1, k_2, \ldots, k_p)$ mit

$$k_1 + k_2 + \ldots + k_p = n \,, \tag{1.20}$$

15 Das Zeichen $\approx$ bedeutet »ungefähr gleich« . $\approx$ ist kein mathematisch exaktes Zeichen. Es wird daher nicht in strengen Beweisen, Definitionen oder Sätzen benutzt, sondern nur in Beispielen und Plausibilitätsüberlegungen.

wobei die k_i die Werte 0, 1, 2, ..., n annehmen.

Die Zahlen

$$\frac{n!}{k_1!k_2!\ldots k_p!} \tag{1.21}$$

in obiger Summe heißen die *Polynomialkoeffizienten*. Der Beweis der Formel verläuft nach dem Muster des Beweises für die binomische Formel.

Übung 1.10:

Leite mit Hilfe der geometrischen Reihe die folgende Formel her:

$$\frac{x^n - a^n}{x - a} = x^{n-1} + x^{n-2}a + x^{n-3}a^2 + \ldots + a^{n-1}, \quad \begin{cases} x, & a \in \mathbb{R} \\ x \neq a, & n \in \mathbb{N},\ n \geq 2. \end{cases}$$

Übung 1.11*:

Beweise, daß für alle $n \in \mathbb{N}$ gilt:

$$\binom{n}{0} - \binom{n}{1} + \binom{n}{2} - \binom{n}{3} + - \cdots + (-1)^n \binom{n}{n} = 0.$$

Übung 1.12*:

Die *Torsionssteifigkeit* eines Rohres mit Durchmesser d und Wandstärke s ist

$$I_d = \frac{\pi}{32}(d^4 - (d - 2s)^4).$$

Das Rohr sei dünnwandig: $s \ll d$. Gib eine Näherungsformel für I_d an (in Anlehnung an Beispiel 1.7).

1.2 Elementare Kombinatorik

1.2.1 Fragestellungen der Kombinatorik

Die Kombinatorik beschäftigt sich mit Anzahlberechnungen bestimmter Gruppierungen von Elementen, wie z.B. in folgenden Fragestellungen:

(a) Wieviele Fußballspiele finden in der Bundesliga während einer Saison statt?

(b) Der Vorstand eines Vereins von 20 Personen besteht aus Vorsitzendem, Schriftwart und Kassenwart. Wieviele Möglichkeiten gibt es, den Vorstand zu besetzen? (Wer jemals erlebt hat, wie schwer es ist, Vereinsvorstände zu finden, da sich alle drücken, der wird staunen, wieviele Möglichkeiten es gibt!)

(c) Wie groß ist die Wahrscheinlichkeit, beim Lotto (6 aus 49) mit zwei Tippreihen sechs Richtige zu erhalten?

(d) Ein Elektriker soll 12 Drahtenden mit 12 Kontakten eines Schaltbrettes verbinden. Leider hat er den Plan für die Verkabelung zu Hause vergessen; er würde 2 Stunden brauchen, um den Plan zu holen. Daher kommt er auf die Idee, alle Möglichkeiten der Verkabelung der 12 Drähte mit den 12 Kontakten durchzuprobieren, um so schließlich die einzige richtige zu finden (sie wird ihm durch eine aufblitzende Kontrollampe angezeigt). Zum Ausprobieren *einer* Verkabelung aller 12 Drähte benötigt er 10 Sekunden. Handelt er richtig? Oder führe er besser nach Hause, um den Schaltplan zu holen?

Alle diese Fragen, wie auch verwandte Probleme, lassen sich auf sechs Grundaufgaben zurückführen. Wir wollen sie im Folgenden erläutern.

1.2.2 Permutationen

Erste Grundaufgabe: In wieviele verschiedene Reihenfolgen lassen sich n Elemente $a_1, a_2, \ldots,$ a_n bringen?

Antwort: $n!$.

Die Frage lautet in anderer Formulierung: Wieviele n-Tupel lassen sich aus den Elementen a_1, $a_2, \ldots, a_n$ bilden, wobei verlangt wird, daß in jedem der n-Tupel alle Elemente $a_1, \ldots, a_n$ vorkommen. Jedes n-Tupel dieser Art nennt man eine *Permutation* der Elemente $a_1, \ldots, a_n$. Die Anzahl aller dieser Permutationen nennen wir P_n. Es wird also behauptet:

$$P_n = n! \tag{1.22}$$

Beispiel 1.8:
Die möglichen Reihenfolgen, in die sich 3 Elemente 1, 2, 3 bringen lassen, lauten

123	231	312
132	213	321 .

Es ist $P_3 = 3! = 6$.

Beweis:
Von $P_n = n!$: P_1 ist gleich 1, da nur ein Element a_1 betrachtet wird. P_2 ist gleich 2, denn a_1 und a_2 lassen sich in genau zwei Reihenfolgen anordnen: (a_1, a_2) und (a_2, a_1). Ferner ist $P_3 = 3!$, wie das Beispiel zeigt.

Wir wollen nun von n auf $n+1$ schließen und nehmen an, daß $P_n = n!$ für ein bestimmtes n richtig ist. Gilt dann auch $P_{n+1} = (n+1)!$? Um dies einzusehen, betrachten wir alle Permutationen von $a_1, a_2, \ldots, a_{n+1}$, bei denen a_{n+1} an erster Stelle steht:

$$(a_{n+1}, *, *, \ldots, *)$$

Die übrigen Elemente $a_1, \ldots, a_n$ können auf den Plätzen 2 bis $n+1$ genau $n!$ Reihenfolgen bilden, da $P_n = n!$ vorausgesetzt wurde. Steht a_{n+1} an zweiter Position,

$$(*, a_{n+1}, *, \ldots, *)$$

so können die $a_1, \ldots, a_n$ auf den übrigen Plätzen wiederum $n!$ Reihenfolgen bilden. So schließen wir weiter. Da a_{n+1} an $n+1$ verschiedenen Positionen stehen kann und für jede dieser Positionen $n!$ Permutationen der übrigen Elemente vorkommen, gibt es $(n+1) \cdot n! = (n+1)!$ Permutationen von $n + 1$ Elementen, was zu beweisen war. □

Beispiel 1.9:
Hiermit können wir nun unserem Elektriker aus Frage d) am Anfang des Abschnittes aus der Klemme helfen. Er ist dabei, alle möglichen Reihenfolgen von 12 Elementen (Kontaktstellen) durchzuprobieren. Davon gibt es aber

$$12! = 479001600 .$$

Da er zum Verkabeln jeder dieser Reihenfolgen 10 Sekunden braucht, kommt er beim Durchprobieren aller Möglichkeiten auf 4790016000 Sekunden, das sind mehr als 151 Jahre. Wenn man bedenkt, daß es für ihn schwer sein wird, während dieser Zeit nicht zu essen und zu schlafen, dann wird klar, daß er doch besser nach Hause führe und seinen Schaltplan holte.

Bemerkung: Permutationen spielen in vielen Bereichen der Mathematik eine Rolle, insbesondere in der Algebra, wie z.B. in der Gruppentheorie, Körpertheorie und bei Determinanten. Auf den letzten Aspekt wird in Burg/Haf/Wille (Lineare Algebra) [9] genauer eingegangen.

1.2.3 Permutationen mit Identifikationen

Zweite Grundaufgabe: Auf wieviele verschiedene Weisen lassen sich die Elemente

$$\underbrace{a_1, a_1, \ldots, a_1}_{k_1}, \quad \underbrace{a_2, a_2, \ldots, a_2}_{k_2}, \quad \ldots \quad , \underbrace{a_r, a_r, \ldots, a_r}_{k_r}$$

anordnen? a_1 trete dabei k_1-mal auf, a_2 k_2-mal, usw. Die Anzahl aller Elemente ist

$$n = k_1 + k_2 + \ldots + k_r .$$

Antwort:

$$\frac{n!}{k_1!k_2!\ldots k_r!} \tag{1.23}$$

Es ist hier also nach der Anzahl der n-Tupel gefragt, in denen a_1 genau k_1-mal vorkommt, a_2 genau k_2-mal, a_3 genau k_3-mal, usw., bis a_r, das genau k_r-mal auftritt.

Beispiel 1.10:
An einem Fahnenmast sollen übereinander 10 Wimpel hochgezogen werden, und zwar 5 weiße, 3 rote und 2 blaue Wimpel. Die 5 weißen Wimpel sehen untereinander völlig gleich aus, dasselbe gilt für die roten und für die blauen Wimpel. Auf wieviele verschiedene Weisen läßt sich der Fahnenmast mit den 10 Wimpeln schmücken? (Oder anders gefragt: Wieviele verschiedene Signale

lassen sich mit den 10 Wimpeln geben?) Antwort: Die Anzahl ist

$$\frac{10!}{5!3!2!} = 2520$$

Beweis:

von (1.23): Wir wollen zunächst davon ausgehen, daß die anzuordnenden Elemente mit zusätzlichen oberen Indizes durchnumeriert sind:

$$\underbrace{a_1^1, a_1^2, \ldots, a_1^{k_1}}_{k_1}, \quad \underbrace{a_2^{k_1+1}, a_2^{k_1+2}, \ldots, a_2^{k_1+k_2}}_{k_2}, \quad \ldots \quad \underbrace{, a_r^{k_1+\ldots+k_{n-1}+1}, \ldots, a_r^n}_{k_r}$$

Aus ihnen lassen sich genau $n!$ Permutationen bilden. Ersetzen wir nun alle Elemente a_1^1, …, $a_1^{k_1}$ durch ein und dasselbe Element a_1, d.h. »identifizieren« wir die Elemente a_1^1, …, $a_1^{k_1}$, so werden alle Permutationen gleichgesetzt, die durch Umstellungen der a_1^1, …, $a_1^{k_1}$ auseinander hervorgehen. Es gibt aber genau $k_1!$ Reihenfolgen der Elemente a_1^1, …, $a_1^{k_1}$. Somit müssen wir $n!$ durch $k_1!$ dividieren, um die Anzahl der Permutationen zu erhalten, in denen die Elemente a_1^1, …, $a_1^{k_1}$ »identifiziert« sind, d.h. durch a_1 ersetzt sind.

Entsprechend wird bei Identifizierung der Elemente $a_2^{k_1+1}, \ldots, a_2^{k_1+k_2}$ durch $k_2!$ dividiert usw. Damit ist die gesuchte Anzahl von Permutationen, in denen a_1 genau k_1-mal vorkommt, a_2 genau k_2-mal usw. gleich

$$\frac{n!}{k_1!k_2!\ldots k_r!}$$

□

Beispiel 1.11:

Als weiteres Beispiel behandeln wir die Frage, wieviele verschiedene Kartenverteilungen beim Skat möglich sind. Dabei werden 32 Karten verteilt, jeder der drei Spieler bekommt 10 Karten und zwei Karten wandern in den »Skat« .

Hier besteht das eigentliche Problem darin, den Zusammenhang mit der Grundaufgabe der Permutationen mit Identifikationen zu finden. Zu diesem Zwecke denke man sich die Skatkarten zunächst verteilt. Jeder Spieler markiere nun seine Karten, und zwar schreibe der erste Spieler auf jede seiner Karten mit Bleistift ein a, der zweite Spieler auf jede seiner Karten ein b, der dritte entsprechend c, und die beiden Karten im Skat werden mit d markiert. Anschließend lege man alle Karten in »systematischer« Reihenfolge auf den Tisch, d.h. zunächst alle Kreuzkarten, dann alle Pik, dann alle Herz und dann alle Karo und jede »Farbe« in sich geordnet: As, K, D, B, 10, 9, 8, 7. Damit bilden die angebrachten Markierungen eine Permutation mit Wiederholungen, wobei a, b, c jeweils 10-mal vorkommen und d 2-mal. Die Anzahl aller Permutationen mit Identifikation ist aber

$$\frac{32!}{10!10!10!2!} \doteq 2{,}75 \cdot 10^{15} \, .$$

Dies ist die Anzahl aller Kartenverteilungen beim Skat.

Bemerkung: Die Formel für die Anzahl der Permutationen mit Identifikationen ist grundlegend in der Kombinatorik. Sie stellt einen Allgemeinfall dar, aus dem sich viele Sonderfälle herleiten lassen.

Beispiel 1.12:
Ein oft vorkommender Fall ist die Anordnung von Nullen und Einsen, z.B.

$$1\,0\,0\,1\,0\,1\,1\,0\,0\,1\,.$$

Frage: Auf wieviele verschiedene Weisen lassen sich k Einsen und m Nullen anordnen? Antwort:

$$\frac{n!}{k!m!} = \binom{n}{k}, \qquad \text{wobei } n = k + m \text{ ist.}$$

Übung 1.13:

Ein Fußballverein hat 13 aktive Spieler. Auf wieviele verschiedene Weisen kann man die Spieler folgendermaßen einteilen: 3 Stürmer, 3 Mittelfeldspieler, 4 Verteidiger, 1 Torwart, 2 Ersatzbankwärmer?

Übung 1.14*:

Jede senkrechte Spalte einer Lochkarte hat genau 12 Lochstellen. In einem bestimmten Code werden für jedes Zeichen 3 Löcher pro Spalte gestanzt. Wieviele Zeichen kann man in diesem Code verschlüsseln?

1.2.4 Variationen ohne Wiederholungen

Dritte Grundaufgabe: Es sei eine Menge aus n Elementen

$$a_1, a_2, \ldots, a_n$$

gegeben. Aus ihr werden nacheinander k verschiedene Elemente herausgegriffen ($k \leq n$). Auf wieviele Weisen ist dies möglich? Dabei komme es auf die Reihenfolge an, in der die Elemente entnommen werden.
Antwort

$$n(n-1)(n-2)\ldots(n-k+1) = \frac{n!}{(n-k)!}$$

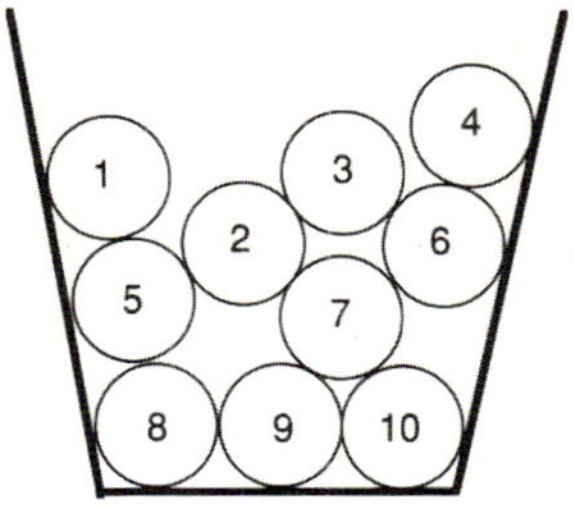

Fig. 1.11: Urne mit Kugeln

Beispiel 1.13:

Aus einer Urne mit 10 durchnumerierten Kugeln werden nacheinander drei Kugeln entnommen und in der entnommenen Reihenfolge nebeneinandergelegt, z.B.

Sie bilden ein Tripel. Wieviele solcher Tripel aus drei verschiedenen Kugeln lassen sich bilden? Antwort:

$$10 \cdot 9 \cdot 8 = 720\,.$$

Die beschriebene dritte Grundfrage läßt sich kürzer so formulieren:

Es sei eine Menge aus n Elementen $a_1, \ldots, a_n$ gegeben. Wieviele k-Tupel aus jeweils k verschiedenen Elementen lassen sich daraus bilden ($k \leq n$)?

k-Tupel dieser Art heißen *Variationen zur k-ten Klasse ohne Wiederholungen*. »Ohne Wiederholungen« deshalb, weil je zwei Elemente eines solchen n-Tupels verschieden sind, sich also kein Element darin »wiederholt«.

Bemerkung: In Anlehnung an unser Urnenbeispiel nennen wir »Variationen ohne Wiederholungen« auch *geordnete Stichproben ohne Zurücklegen*.

Es ist nach der Anzahl der Variationen zur k-ten Klasse ohne Wiederholungen gefragt. Wir bezeichnen diese Anzahl mit $V_{n,k}$. Es wird behauptet:

$$V_{n,k} = \frac{n!}{(n-k)!}$$

Beweis:

Für die erste Position eines k-Tupels der beschriebenen Art haben wir n Möglichkeiten der Besetzung, denn alle $a_1, \ldots, a_n$ kommen dafür in Frage. Ist die erste Position aber einmal besetzt, so kommen für die zweite Position nur noch $(n-1)$ Elemente in Betracht, weil ja ein Element schon für Platz 1 verwendet wurde. Da also auf *jeden* der n Fälle für Position 1 genau $(n-1)$

Möglichkeiten für Position 2 kommen, ergibt dies zusammen

$$n \cdot (n-1)$$

Möglichkeiten, die ersten beiden Positionen zu besetzen. Für jede solche Besetzung gibt es dann aber nur noch $(n-2)$ Elemente, die die dritte Stelle annehmen können. Also hat man

$$n \cdot (n-1) \cdot (n-2)$$

Möglichkeiten, die ersten 3 Positionen zu besetzen. So schließt man weiter und erhält für die Besetzungen aller k Stellen schließlich

$$n \cdot (n-1) \cdot (n-2) \cdot (n-3) \cdot \ldots \cdot (n-k+1)$$

Möglichkeiten, also ein Produkt aus k Faktoren, beginnend mit dem Faktor n und von Faktor zu Faktor um 1 absteigend. □

Beispiel 1.14:

Frage b) aus Abschn. 1.2.1 wird hier beantwortet. Vorsitzender, Schriftwart und Kassierer bilden ein Tripel. Die Anzahl möglicher Tripel dieser Art ist also bei einer Vereinsstärke von 20 Personen gleich

$$20 \cdot 19 \cdot 18 = 6840$$

Beispiel 1.15:

Frage a) aus Abschn. 1.2.1: Wieviele Bundesligaspiele pro Saison? Es gibt 18 Fußballvereine in der Bundesliga. Die Anzahl der Spiele ist gleich der Anzahl aller geordneten Paare aus 18 Vereinen, das sind $V_{18,2} = 18 \cdot 17 = 306$.

Übung 1.15:

Aus einem Kartenspiel mit 32 verschiedenen Karten ziehen 4 Spieler je eine Karte. Wieviele verschiedene Kartenverteilungen dieser Art gibt es?

Übung 1.16*:

Ein Autofahrer besitzt für sein Auto sechs Sommerreifen, die er gleichmäßig »abfahren« möchte. Aus diesem Grunde beschließt er, in jedem Sommer mit einer anderen Reifenverteilung auf den vier Rädern zu fahren. Da sich beispielsweise links vorne ein Reifen stärker abnutzt als rechts hinten, werden alle Räder hier unterschieden. Frage: Wird er alt genug, um das Ende seines Vorhabens zu erleben?

1.2.5 Variationen mit Wiederholungen

Vierte Grundaufgabe: Wieviele k-Tupel lassen sich aus n Elementen

$$a_1, a_2, \ldots, a_n$$

bilden? Dabei ist zugelassen, daß in jedem k-Tupel jedes a_i mehrfach vorkommen darf, maximal bis zu k-mal. Antwort:

$$n^k \tag{1.24}$$

k-Tupel der genannten Art heißen *Variationen zur k-ten Klasse mit Wiederholungen*. Ihre Anzahl wird mit $\overline{V}_{n,k}$ bezeichnet. Die Behauptung lautet also

$$\overline{V}_{n,k} = n^k \tag{1.25}$$

Beispiel 1.16:
Wieviele Tripel lassen sich aus den 10 Ziffern 0, 1, 2, 3, 4, 5, 6, 7, 8, 9 bilden? Die Antwort ist leicht, denn es handelt sich hier gerade um die 3-stelligen natürlichen Zahlen, z.B. 577, wobei wir führende Nullen mitschreiben wollen, also 001 statt 1 oder 036 statt 36. Setzen wir noch 000 statt 0, so entsprechen die

$$10^3 = 1000$$

Tripel aus den 10 Ziffern genau den Zahlen von 0 bis 999.

Beweis:
Zu (1.25): Für die erste Position eines k-Tupels a_1, a_2, …, a_n haben wir n Möglichkeiten der Besetzung, nämlich alle $a_1, \ldots, a_n$. Für jede solche Besetzung haben wir in Position 2 wiederum alle n Elemente $a_1, \ldots, a_n$ zur Auswahl. Somit gibt es

$$n \cdot n = n^2$$

Möglichkeiten, die ersten beiden Position zu besetzen. Für jede Besetzung der ersten beiden Stellen gibt es aber n Möglichkeiten, die dritte Position zu füllen. Also hat man

$$n \cdot n \cdot n = n^3$$

Möglichkeiten, die ersten drei Stellen des k-Tupels zu besetzen. So geht es weiter. Somit hat man zur Besetzung des k-Tupels genau n^k Möglichkeiten. □

Übung 1.17:

Das Hexadezimalsystem besteht aus den 16 Zeichen 0, 1, 2, 3, 4, 5, 6, 7, 8, 9, A, B, C, D, E, F. Wieviele 5-stellige Kombinationen kann man daraus bilden? (dies entspricht der Anzahl aller höchstens 5-stelligen Hexadezimalzahlen, wobei führende Nullen weggelassen werden.)

1.2.6 Kombinationen ohne Wiederholungen

Fünfte Grundaufgabe: Wieviele k-elementige Teilmengen lassen sich aus einer Menge $M = \{a_1, a_2, \ldots, a_n\}$ von n Elementen bilden ($k \le n$)? Antwort:

$$\binom{n}{k} = \frac{n!}{k!(n-k)!} \tag{1.26}$$

Man spricht hier von *Kombinationen zur k-ten Klasse ohne Wiederholungen*. Es wird also behauptet, daß für ihre Anzahl $K_{n,k}$ gilt:

$$K_{n,k} = \binom{n}{k} \tag{1.27}$$

Beweis:

Die Elemente von M schreiben wir uns in der durchnumerierten Reihenfolge hin

$$a_1, a_2, \ldots, a_n$$

und markieren die Elemente a_i, die zu einer bestimmten Teilmenge gehören, durch eine darunter geschriebene 1 und alle anderen Elemente durch 0, z.B.

$$\begin{matrix} a_1, & a_2, & a_3, & a_4, & a_5, & a_6, & a_7, & a_8 \\ 0 & 1 & 1 & 0 & 1 & 0 & 1 & 1 \end{matrix}$$

für $n = 8$ und $k = 5$. Unsere Teilmenge besteht hierbei aus a_2, a_3, a_5, a_7, a_8. Auf diese Weise entspricht jeder Teilmenge von M genau ein n-Tupel aus k Einsen und $m = n - k$ Nullen. Nach dem letzten Beispiel in Abschn. 1.2.3 gibt es aber genau $\binom{n}{k}$ solcher n-Tupel, also gibt es auch ebenso viele k-elementige Teilmengen von M. □

Beispiel 1.17:

Das Lotto (6 aus 49) ist für Kombinationen ohne Wiederholung wohl das bekannteste und für viele Menschen das aufregendste Beispiel. Unsere Überlegungen zeigen, daß

$$\binom{49}{6} = \frac{49 \cdot 48 \cdot 47 \cdot 46 \cdot 45 \cdot 44}{1 \cdot 2 \cdot 3 \cdot 4 \cdot 5 \cdot 6} = 13\,983\,816$$

verschiedene »Tippreihen« beim Lotto möglich sind, also fast 14 Millionen. Die Chance, 6 »Richtige« zu haben, ist daher recht klein.

Folgerung 1.10:

Eine n-elementige Menge hat genau 2^n Teilmengen.

Beweis:

Es gibt $\binom{n}{k}$ k-elementige Teilmengen in der Menge, also insgesamt

$$\binom{n}{0}+\binom{n}{1}+\binom{n}{2}+\binom{n}{3}+\ldots+\binom{n}{n}$$

Teilmengen der Menge. Die hingeschriebene Summe ist aber nach der binomischen Formel gleich $(1+1)^n = 2^n$. □

Übung 1.18:

Aus Äpfeln, Orangen und Bananen soll ein Obstsalat gemacht werden. Dabei sollen genau 10 Früchte verwendet werden, aber von jeder Sorte höchstens 5. Wieviele verschiedene Obstsalate sind auf diese Weise möglich? (Guten Appetit).

1.2.7 Kombinationen mit Wiederholungen

Sechste Grundaufgabe: Aus n Elementen $a_1, a_2, \ldots, a_n$ sollen Gruppierungen von k Elementen gebildet werden, wobei jedes Element mehrfach in einer Gruppierung auftreten darf, bis zu k-mal. Auf die Reihenfolge der Elemente kommt es dabei nicht an. Wieviele solcher Gruppierungen sind möglich? Antwort:

$$\binom{k+n-1}{k} \tag{1.28}$$

Gruppierungen der beschriebenen Art werden *Kombinationen zur k-ten Klasse mit Wiederholungen* genannt und ihre Anzahl mit $\overline{K}_{n,k}$ bezeichnet. Es wird somit behauptet:

$$\overline{K}_{n,k} = \binom{k+n-1}{k} \tag{1.29}$$

Beispiel 1.18:

Wieviele verschiedene Würfe sind mit 3 Würfeln möglich, wobei es auf die Reihenfolge der Würfel nicht ankomme. Hier ist $k = 3$ und $n = 6$, also gibt es

$$\binom{k+n-1}{k} = \binom{8}{3} = \frac{8\cdot 7\cdot 6}{1\cdot 2\cdot 3} = 56$$

verschiedene Würfe.

Da es auf die Reihenfolge der Elemente einer der genannten Gruppierungen nicht ankommt, können wir sie etwa nach aufsteigenden Indizes anordnen, z.B.

$$(a_1, a_2, a_2, a_5, a_7, a_9, a_9)\,.$$

Solche k-Tupel nennen wir *monotone k-Tupel*. Damit läßt sich die sechste Grundaufgabe auch so formulieren:

Wieviele monotone k-Tupel lassen sich aus n durchnumerierten Elementen $a_1, a_2, \ldots, a_n$ bilden?

Beweis:

Von (1.29): Um einzusehen, daß die von uns gesuchte Anzahl gleich $\binom{k+n-1}{k}$ ist, fassen wir ein Beispiel ins Auge, etwa mit $n = 5$ und $k = 7$. Ein monotones 7-Tupel aus a_1, a_2, a_3, a_4, a_5 ist also z.B. durch

$$(a_1, a_1, a_1, a_3, a_4, a_5, a_5)$$

gegeben. Wir wollen dies etwas umdeuten, und zwar folgendermaßen: Wir denken uns fünf Kästen, von 1 bis 5 durchnumeriert. Die drei Elemente a_1 sollen bedeuten, daß im Kasten 1 drei Kugeln liegen, a_3 bedeute, daß im Kasten 3 eine Kugel liegt, usw. Damit entspricht unser 7-Tupel folgendem Bild (Fig. 1.12):

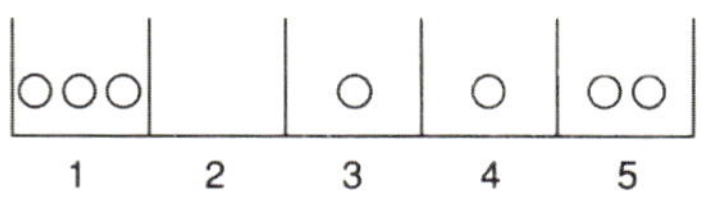

Fig. 1.12: Kästen mit Kugeln

Lasse ich aus diesem Bild alles weg mit Ausnahme der Kugeln und der Zwischenwände der Kästen, so entsteht folgendes:

Fig. 1.13: Umdeutung

Sieh da! Dies schaut doch sehr nach einer Reihenfolge von 7 Nullen und 4 Einsen aus! Davon gibt es aber genau

$$\binom{7+4}{7}$$

nach Abschn. 1.2.3, allgemeiner; wegen $k = 7$, $n = 5$:

$$\binom{k+n-1}{k}.$$

Dies ist die gesuchte Anzahl monotoner k-Tupel. □

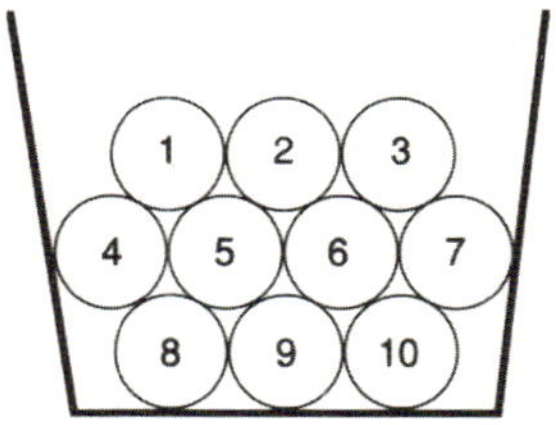

Fig. 1.14: Urne mit Kugeln

1.2.8 Zusammenfassung

Die letzten vier Grundaufgaben lassen sich übersichtlich am Beispiel einer Urne mit Kugeln darstellen. Und zwar stellen wir uns eine Urne oder einen Topf vor, in dem n durchnumerierte Kugeln liegen. In Fig. 1.14 ist $n = 10$. Aus ihr sollen k Kugeln entnommen werden, z.B.: $k = 4$. Wir sprechen von einer *Stichprobe* von k Kugeln, und zwar von einer *geordneten Stichprobe*, wenn es uns auf die Reihenfolge der herausgenommenen Kugeln ankommt; von einer *ungeordneten Stichprobe*, wenn es nicht auf die Reihenfolge ankommt. Also

geordnete Stichproben = Variationen
ungeordnete Stichproben = Kombinationen

Wir stellen uns nun zwei Gedankenversuche vor.

(1) Im ersten Versuch nehmen wir nacheinander aus der Urne k *verschiedene* Kugeln.

(2) Beim zweiten Versuch entnehmen wir der Urne eine Kugel, notieren ihre Nummer und legen sie dann zurück. Dann entnehmen wir der Urne wieder eine Kugel, notieren ihre Nummer und legen sie zurück. So fahren wir fort bis zur k-ten Kugel. Hierbei kann es daher passieren, daß die gleiche Kugel mehrmals gezogen wird.

Beim zweiten Versuch sprechen wir von *Stichproben mit Zurücklegen*. Beim ersten Versuch entsprechend von *Stichproben ohne Zurücklegen*. Bei Zurücklegen können also Wiederholungen von Kugeln auftreten. Wird nicht zurückgelegt, so treten keine Wiederholungen auf.

ohne Zurücklegen *entspricht* ohne Wiederholungen
mit Zurücklegen *entspricht* mit Wiederholungen

Somit entsteht folgende Tabelle, wobei von n Elementen bzw. Kugeln ausgegangen wird:

Variationen zur k-ten Klasse ohne Wiederholungen = geordnete Stichproben von k Kugeln ohne Zurücklegen. Anzahl: $V_{n,k} = \dfrac{n!}{(n-k)!}$	Kombinationen zur k-ten Klasse ohne Wiederholungen = ungeordnete Stichproben von k Kugeln ohne Zurücklegen. Anzahl: $K_{n,k} = \binom{n}{k}$
Variationen zur k-ten Klasse mit Wiederholungen = geordnete Stichproben von k Kugeln mit Zurücklegen. Anzahl: $\overline{V}_{n,k} = n^k$	Kombinationen zur k-ten Klasse mit Wiederholungen = ungeordnete Stichproben von k Kugeln mit Zurücklegen. Anzahl: $\overline{K}_{n,k} = \binom{n+k-1}{k}$

In diese Vier-Felder-Tafel ordnen sich die *Permutationen* (1. Grundaufgabe) ein als spezielle Variationen zur k-ten Klassen ohne Wiederholungen, nämlich für den Fall $k = n$.

Die *Permutationen mit Identifikationen* dagegen gehen über dieses Schema hinaus. Ihre Anzahl ist

$$\frac{n!}{k_1!k_2!\ldots k_r!} \tag{1.30}$$

(siehe Abschn. 1.2.3). Man kann aber alle übrigen Fälle, ausgenommen Variationen mit Wiederholungen, als Spezialfälle von Permutationen mit Identifikationen ansehen, wenn man sie geeignet interpretiert.

1.3 Funktionen

1.3.1 Beispiele

Viele Vorgänge in Naturwissenschaft und Technik werden durch »Funktionen« beschrieben.

Beispiel 1.19:

Die Gleichung

$$s = \frac{g}{2}t^2 \quad \text{mit} \quad g = 9{,}81\,\frac{\mathrm{m}}{\mathrm{s}^2} \tag{1.31}$$

beschreibt den *freien* Fall: Läßt man einen Körper fallen, z.B. einen Schlüssel von einem Turm (s. Fig. 1.15), so ist er nach t Sekunden s Meter gefallen. (Dies ist streng genommen nur im Vakuum richtig. Der Wert $g = 9{,}81\,\frac{\mathrm{m}}{\mathrm{s}^2}$ gilt für Mitteleuropa.)

Für jede Falldauer t können wir nach obiger Gleichung die Fallstrecke s berechnen. Es ist also eine *Vorschrift* gegeben, die jedem $t \geq 0$ eine bestimmte Zahl s zuordnet. Eine Vorschrift dieser Art nennt man eine *Funktion*.

Fig. 1.15: Zum Fallgesetz

Beispiel 1.20:
In einem Stromkreis mit einer Spannungsquelle von $U = 220$ Volt und einem Widerstand R ist die Stromstärke

$$I = \frac{U}{R}. \tag{1.32}$$

Man erkennt: Je kleiner der Widerstand R, desto größer die Stromstärke I. ($U = 220$ Volt sei konstant dabei). Die Gleichung ordnet jedem Widerstand R eine Stromstärke I zu. Es liegt wieder eine Funktion vor.

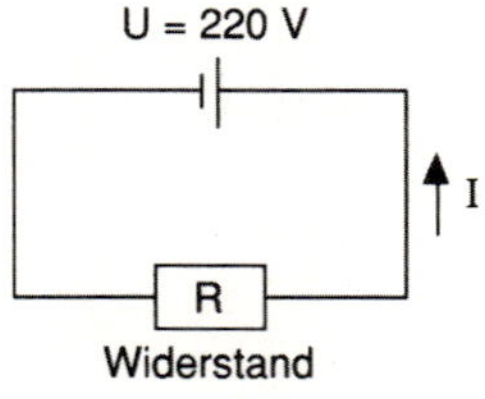

Fig. 1.16: Stromkreis

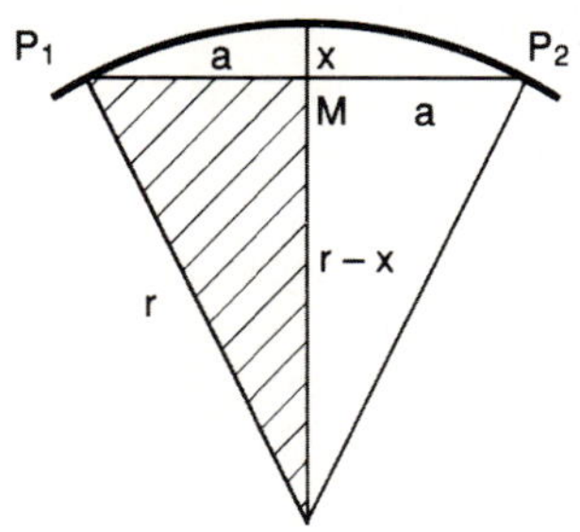

Fig. 1.17: Gleisbogen

Beispiel 1.21:
Es sei ein *Gleisbogen* gegeben, der Teil eines Kreisbogens ist. (Gemeint ist dabei die Mittellinie zwischen den beiden Schienen des Gleises.) Wie groß ist der Durchmesser y des Kreises? Wir denken uns dabei zwischen zwei Punkten P_1, P_2 des Gleises eine Verbindungsstrecke gezogen. Der Mittelpunkt M der Strecke habe vom Gleis den Abstand x (s. Fig. 1.17). Die Entfernung zwischen M und P_1 sei a. Die Längen x und a seien gemessen worden, z.B. $a = 10\text{m}$, $x =$

0,75m. Den noch unbekannten Radius des Kreises nennen wir r. Wendet man den Satz des Pythagoras auf das schraffierte Dreieck in Fig. 1.17 an, so erhält man

$$r^2 = a^2 + (r - x)^2 , \qquad \text{also} \qquad r^2 = a^2 + r^2 - 2rx + x^2 .$$

Hier fällt r^2 heraus. Auflösen nach $2r = y$ ergibt

$$y = \frac{a^2}{x} + x . \tag{1.33}$$

Dies ist die Berechnungsvorschrift für den Kreisdurchmesser y. Nimmt man a als fest an (was unter Verwendung eines Bandmaßes konstanter Länge realistisch ist), so stellt die obige Gleichung eine *Funktion* dar, die für jedes $x \in (0, a]$ den Durchmesser y liefert.

(Da x normalerweise sehr klein gegen a^2/x ist, kann näherungsweise mit $y \approx a^2/x$ gerechnet werden. So wird in der Praxis auch häufig verfahren.)

Man beschreibt eine Gleichung wie (1.33) auch abgekürzt durch

$$y = f(x)$$

1.3.2 Reelle Funktionen einer reellen Variablen

Den Beispielen des vorigen Abschnitts ist gemeinsam, daß jeweils eine Vorschrift gegeben ist, die bestimmten reellen Zahlen andere Zahlen eindeutig zuordnet. Solche Vorschriften heißen Funktionen. Wir präzisieren dies in der folgenden

Definition 1.1:

Eine Vorschrift, die jedem x aus einer Menge $A \subset \mathbb{R}$ genau ein y aus einer Menge $B \subset \mathbb{R}$ zuordnet, heißt eine *Funktion von A in B*. Funktionen von A in B werden symbolisiert durch

$$f : A \to B , \quad g : A \to B , \quad \ldots$$

Ist der Zahl $x \in A$ durch die Funktion $f : A \to B$ die Zahl y zugeordnet so beschreibt man dies durch

$$y = f(x) \quad \text{sprich: »}y \text{ gleich } f \text{ von } x\text{«.}$$

y heißt *Funktionswert* oder *Bildpunkt* von x, x heißt *Argument* oder *Urbildpunkt* von y bezüglich f. Gelegentlich wird x auch *unabhängige Variable* der Funktion genannt, insbesondere dann, wenn x noch nicht zahlenmäßig festgelegt ist, sondern als »Platzhalter« für reelle Zahlen aus A aufzufassen ist. y heißt in diesem Zusammenhang *abhängige Variable* von f.

Die Menge A wird der *Definitionsbereich* oder *Urbildbereich* von f genannt, während B der *Bildbereich* von f heißt. Als *Wertebereich* von f bezeichnet man die Menge aller Funktionswerte $f(x)$, mit $x \in A$. Er wird durch $f(A)$ symbolisiert.

Natürlich gilt $f(A) \subset B$, doch braucht $f(A)$ nicht gleich dem Bildbereich B zu sein.

Z.B. kommen bei der Funktion $f : \mathbb{R} \to \mathbb{R}$, definiert durch

$$y = f(x) = x^2 \tag{1.34}$$

als Funktionswerte alle $y \geq 0$ vor. Negative Funktionswerte $f(x)$ treten nicht auf. Der Wertebereich $f(\mathbb{R})$ ist also das Intervall $[0, \infty)$, während als Bildbereich $\mathbb{R}$ angegeben ist.

Zur Beschreibung von Funktionen $f : A \to B$ wird neben

$$y = \ldots \quad \text{oder} \quad f(x) = \ldots$$

auch folgende Symbolik verwendet:

$$f : x \mapsto \ldots \in B\,[16], \quad x \in A$$

wobei B weggelassen werden darf, wenn $B = \mathbb{R}$ ist.

Beispiel 1.22:

Die Funktion $f : [0, \infty) \to \mathbb{R}$, definiert durch

$$f(x) = \sqrt{x} - 1\,,$$

wird auch in der Form

$$f : x \mapsto \sqrt{x} - 1\,, \quad x \in [0, \infty)$$

beschrieben. Im übrigen gilt folgende

Faustregel: Wie man eine Funktion beschreibt, ist völlig gleichgültig, sofern nur daraus klar hervorgeht, was der Definitionsbereich ist, was der Bildbereich ist, und wie die Zuordnungsvorschrift lautet!

Die in diesem Abschnitt beschriebenen Funktionen nennt man auch ausführlicher »reelle Funktionen einer reellen Variablen« , womit ausgedrückt wird, daß Funktionswerte und Variable reelle Werte annehmen.

Übung 1.19:

Die folgenden Funktionsvorschriften beschreiben reellwertige Funktionen einer reellen Variablen x. Gib die größtmöglichen Definitionsbereiche und die zugehörigen Wertebereiche dazu an!

(a) $f(x) = \sqrt{x-1}\,,$ (b) $g(x) = \dfrac{1+x}{x^2 - 4x + 3}\,,$ (c) $h(x) = \dfrac{x^2}{1+x^2}$

16 Sprich: »x wird abgebildet auf $f(x)$«

1.3.3 Tabellen, graphische Darstellungen, Monotonie

Um uns einen Überblick über eine gegebene reelle Funktion $f : A \to B$ zu machen, ist es zweckmäßig, für einige Zahlen x aus A die zugehörigen Funktionswerte $y = f(x)$ zu ermitteln und sie in einer Tabelle zu ordnen. (Mit Taschenrechnern oder Computern ist das heute eine Kleinigkeit.)

Für die Funktion $f : \mathbb{R} \to \mathbb{R}$, beschrieben durch

$$y = f(x) = x^2$$

sind in der Tabelle 1.2 einige Werte zusammengestellt. (Da $(-x)^2 = x^2$ ist, genügt es, positive x-Werte zu betrachten.)

Tabelle 1.2: $f(x) = x^2$

x	$y = x^2$	x	$y = x^2$	x	$y = x^2$
0	0	0,8	0,64	1,8	3,24
0,2	0,04	1,2	1,44	2,0	4,00
0,4	0,16	1,4	1,96		
0,6	0,36	1,6	2,56		

Anschließend kann man die in der Tabelle ermittelten Zahlenpaare (x, y) als Punkte in einem ebenen Koordinatensystem deuten und sie dort eintragen. Dann verbindet man diese Punkte in der Reihenfolge aufsteigender x-Werte durch eine Linie, die zwischen benachbarten Punkten geradlinig oder schwach gekrümmt ist. Auf diese Weise erhält man ein *Schaubild* (auch *Diagramm* genannt) der Funktion f (s. Fig. 1.18). Es spiegelt die Funktion umso genauer wider, je mehr Punkte man dazu verwendet, und je genauer man sie skizziert (etwa auf Millimeterpapier).

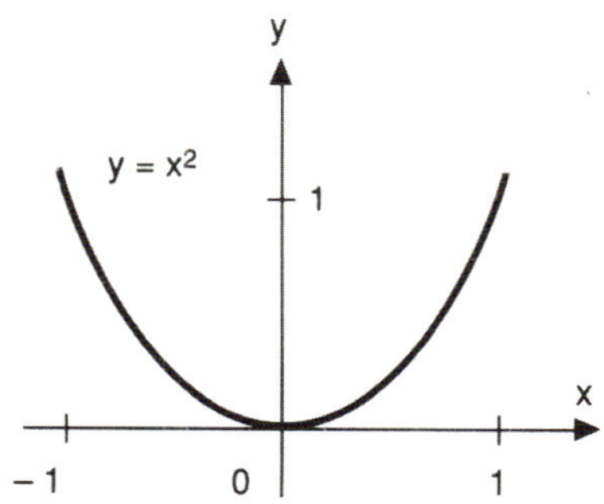

Fig. 1.18: Schaubild von $f(x) = x^2$

Mit geeigneten Computerprogrammen kann man Schaubilder von Funktionen bequem auf dem Bildschirm oder Plotter erzeugen.

Die gezeichnete Linie stellt den *Graphen* der Funktion dar. Unter dem Graphen einer Funktion $f : A \to B$ versteht man, präzise gesagt, die Menge aller Paare (x, y) mit $y = f(x)$, $x \in A$. Der

Graph von f wird durch graph(f) symbolisiert, in Mengenschreibweise also

$$\text{graph}(f) = \{(x, y) \mid y = f(x) \text{ und } x \in A\}.$$

Fig. 1.18 zeigt den Graphen der Funktion $f(x) = x^2$, $f : \mathbb{R} \to \mathbb{R}$, allerdings nur teilweise, da er sich ja beliebig weit nach oben und seitwärts erstreckt. Der Graph dieser Funktion hat die Form einer »Parabel« .

Beispiel 1.23:
Die durch

$$f(x) = 3x - 1$$

beschriebene Funktion $f : \mathbb{R} \to \mathbb{R}$ ist in Fig 1.19 skizziert. Ihr Graph ist offenbar eine Gerade durch die Punkte $(0, -1)$ und $(\frac{1}{3}, 0)$, die man erhält durch $f(0) = -1$ und $0 = f(x) = 3x - 1 \Rightarrow x = \frac{1}{3}$.

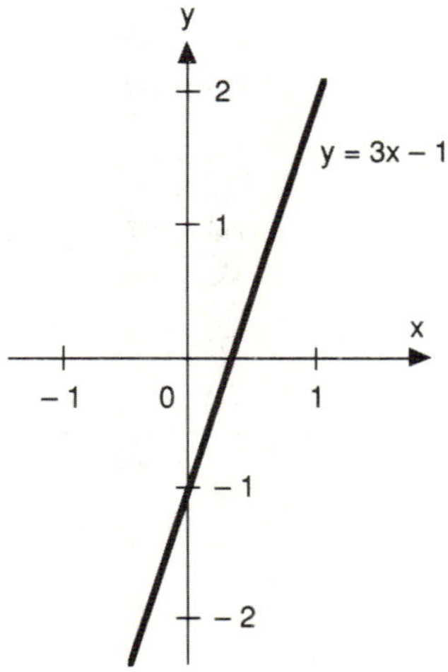

Fig. 1.19: $f(x) = 3x - 1$

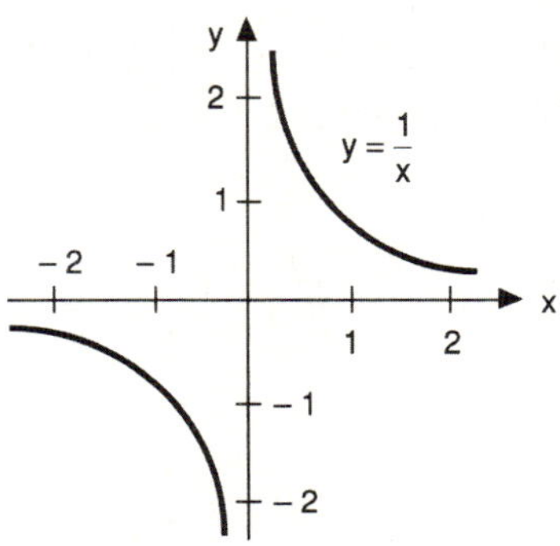

Fig. 1.20: Hyperbel $f(x) = \frac{1}{x}$

Beispiel 1.24:
Die Gleichung

$$y = f(x) = \frac{1}{x}$$

beschreibt eine Funktion, die nur für $x \neq 0$ erklärt ist, d.h. es ist $f : \mathbb{R} \setminus \{0\} \to \mathbb{R}$. Ihr Graph, s. Fig. 1.20, ist eine »Hyperbel«

Beispiel 1.25:

Unsere Funktion

$$f(x) = \frac{a^2}{x} + x\,, \qquad f: (0, a] \to \mathbb{R}\,, \qquad a = 20\,,$$

Aus Beispiel 1.21 (Krümmungsdurchmesser) ist in Fig. 1.21 skizziert. Sie ist natürlich nur für $0 < x \leq a$ zur Berechnung von Krümmungsdurchmessern sinnvoll, wie die geometrische Herleitung in Beispiel 1.21 ergibt. In Fig. 1.21 wurden die Maßeinteilungen auf den beiden Achsen verschieden gewählt. Man sieht, daß dies zweckmäßig sein kann, wenn man die Übersichtlichkeit erhöhen will.

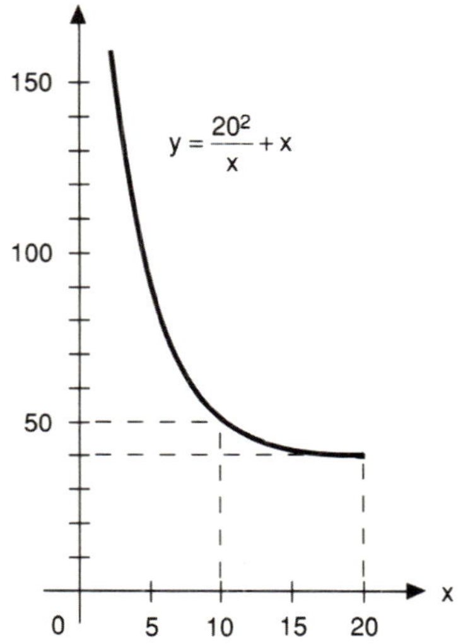

Fig. 1.21: Zur Berechnung von Gleisdurchmessern

Beispiel 1.26:

Da Funktionsgraphen als geometrische Figuren skizziert werden können, kann man auch umgekehrt versuchen, geometrische Figuren durch Funktionen zu beschreiben, wie z.B. die Kreislinie. Man muß sich allerdings auf einen Halbkreis beschränken, s. Fig. 1.22, da beim Vollkreis die Eindeutigkeit der Funktion verletzt wäre.

Wir gehen aus von einem Halbkreis mit dem Koordinatenschnittpunkt als Mittelpunkt und mit dem Radius 1 (s. Fig. 1.22). Für jeden Punkt (x, y) auf dem Halbkreis gilt offenbar nach »Pythagoras«

$$x^2 + y^2 = 1\,,$$

wobei $-1 \leq x \leq 1, 0 \leq y \leq 1$ ist. Auflösen nach y ergibt

$$y = \sqrt{1 - x^2}\,.$$

Diese Gleichung beschreibt die Funktion $f : [-1, 1] \to \mathbb{R}$, deren Graph der Halbkreis in Fig. 1.22 ist.

Funktionen brauchen nicht unbedingt durch Formeln beschrieben zu werden, wie die folgenden Beispiele zeigen.

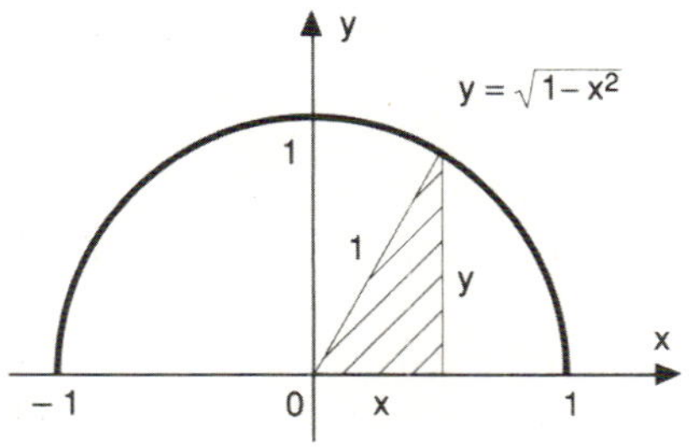

Fig. 1.22: Halbkreis

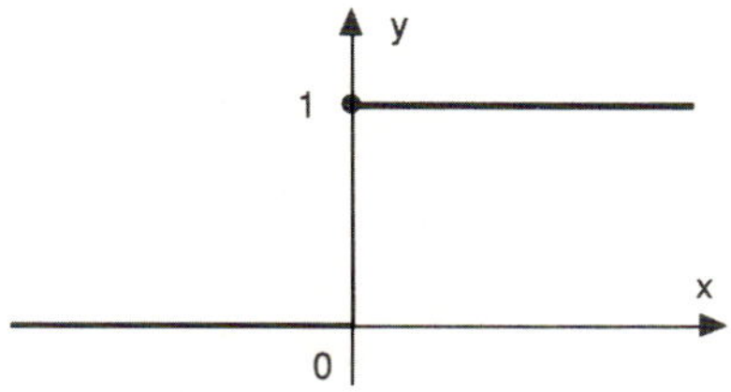

Fig. 1.23: Heaviside-Funktion: Einschaltvorgang

Beispiel 1.27:
Durch

$$y = f(x) = \begin{cases} 1\,, & \text{falls } x \geq 0\,, \\ 0\,, & \text{falls } x < 0 \end{cases}$$

ist eine Funktion $f : \mathbb{R} \to \mathbb{R}$ angegeben, deren Graph aus zwei waagerechten Halbgeraden besteht, s. Fig. 1.23. Sie beschreibt einen Einschaltvorgang: Zur Zeit $x < 0$ ist die Spannung y an einer Spannungsquelle 0. Zur Zeit Null wird eingeschaltet, die Spannung springt auf 1 Volt und verbleibt in dieser Höhe für alle Zeiten $x \geq 0$. Die beschriebene Funktion heißt *Heaviside*[17]*-Funktion*.

Beispiel 1.28:
Entsprechend ist durch

$$f(x) = \begin{cases} 2\,, & \text{wenn } n \leq x < n+1,\ n \text{ gerade}, \\ 0\,, & \text{wenn } n \leq x < n+1,\ n \text{ ungerade} \end{cases}$$

(n ganzzahlig) eine Funktion gegeben, die sogenannte »Rechteckimpulse« darstellt, s. Fig. 1.24. Auch diese Funktion spielt in der Elektrotechnik eine Rolle.

17 Oliver Heaviside (1850 – 1925), englischer Mathematiker und Physiker

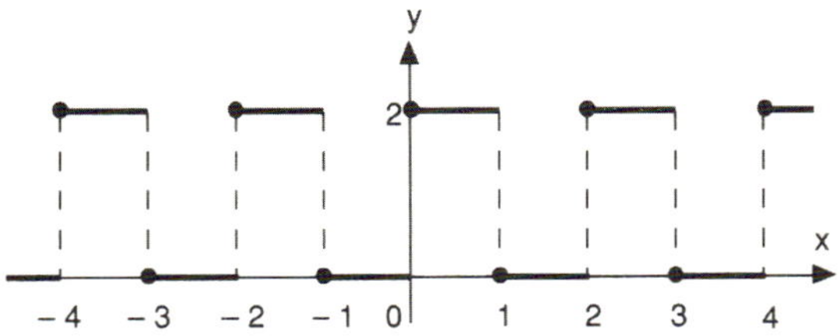

Fig. 1.24: Rechteckimpulse

Schließlich eine ziemlich verrückte Funktion:

Beispiel 1.29:

$$f(x) = \begin{cases} 1\,, & \text{falls } x \text{ rational,} \\ 0\,, & \text{falls } x \text{ irrational,} \end{cases}$$

mit $0 \le x \le 1$, beschreibt eine Funktion $f : [0, 1] \to \mathbb{R}$, deren Graphen man nicht einmal skizzieren kann. Oder könntest du es, lieber Leser? Trotzdem handelt es sich hier um eine Funktion, denn es liegt eine klare Vorschrift vor, die jedem $x \in [0,1]$ genau einen Funktionswert $f(x)$ zuordnet. Und das ist das Wesentliche!

Die grafische Darstellung von Funktionen kann auch auf andere Weise geschehen als im rechtwinkligen Koordinatensystem. Dazu führen wir zunächst einen wichtigen Begriff ein.

Definition 1.2:

Eine Funktion $f : A \to B$ $(A, B \subset \mathbb{R})$ heißt *monoton steigend*, wenn für alle x_1, $x_2 \in A$ mit $x_1 < x_2$ gilt:

$$f(x_1) \le f(x_2)\,. \tag{1.35}$$

f heißt *streng monoton steigend*, wenn sogar $f(x_1) < f(x_2)$ statt (1.35) gilt.

Entsprechend wird *monoton fallend* und *streng monoton fallend* erklärt. Hierbei ist $f(x_1) \ge f(x_2)$ bzw. $f(x_1) > f(x_2)$ anstelle von (1.35) zu setzen. Alle diese Funktionen heißen *monotone* Funktionen.

Die Funktionen der Beispiele 1.23 und 1.27 sind monoton steigend, die Gerade im Beispiel 1.23 sogar streng. Dagegen ist die Krümmungsdurchmesserfunktion im Beispiel 1.25 streng monoton fallend.

Funktionsleitern: Ist $f : I \to \mathbb{R}$ eine streng monotone Funktion auf einem Intervall I, wie z.B. in Fig. 1.25a, so kann man die x- und y-Achse zusammenfallen lassen, etwa zu einer senkrechten Geraden, s. Fig. 1.25b. Dabei markiert man links an der Geraden die y-Werte in normaler Anordnung, d.h. wie bei der reellen Achse üblich. Rechts markiert man die jeweiligen Urbilder x der y-Werte, wie es Fig. 1.25b deutlich macht. Eine solche Darstellung der Funktion nennt man Funktionsleiter.

Gelegentlich wird auch die Markierung der y-Werte weggelassen, insbesondere dann, wenn

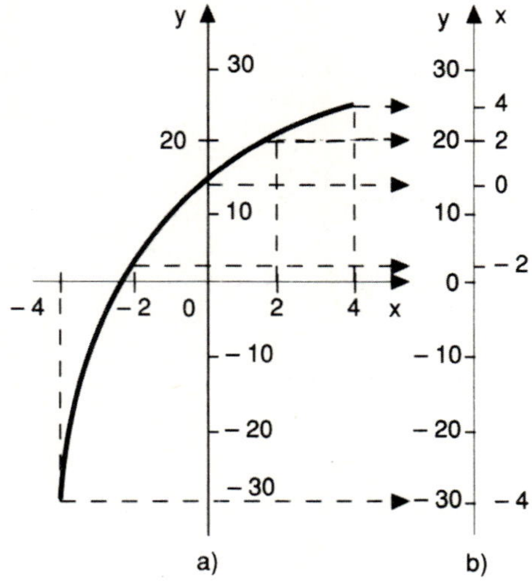

Fig. 1.25: Monotone Funktion mit Funktionsleiter

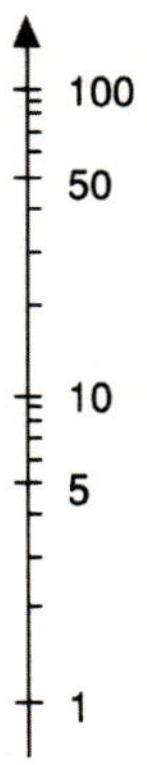

Fig. 1.26: Funktionsleiter von $y = \log x$

kein Zweifel über die Lage von $y = 0$ und $y = 1$ besteht. Man kann dann durch Anlegen eines Lineals mit Meßskala die y-Werte jederzeit bekommen.

Ein Beispiel dafür ist die Logarithmusfunktion[18], s. Fig. 1.26, deren Funktionsleiter auf Logarithmuspapier vorkommt.

Übung 1.20:

Skizziere die Funktionsleiter der Funktion $f : [-2,2] \to \mathbb{R}$, die durch $f(x) = x^3$ definiert ist.

1.3.4 Umkehrfunktion, Verkettungen

Durch die Gleichung

$$y = \frac{1}{2}x - 1$$

ist eine Funktion $f : \mathbb{R} \to \mathbb{R}$ beschrieben, deren Graph eine Gerade ist, s. Fig. 1.27a. Löst man die Gleichung nach x auf, so folgt

$$x = 2y + 2\,.$$

Wir können dies als eine Funktion deuten, die jedem $y \in \mathbb{R}$ ein $x \in \mathbb{R}$ zuordnet. Diese Funktion heißt *Umkehrfunktion* von f, beschrieben durch $f^{-1} : \mathbb{R} \to \mathbb{R}$. Die beiden Funktionsgleichungen, durch f und f^{-1} ausgedrückt, lauten also (s. Fig. 1.27a), b))

$$y = f(x)\,; \quad x = f^{-1}(y)\,.$$

18 s. Abschn. 2.4.3

Es ist auch naheliegend, das eine als »Umkehrung« des anderen zu bezeichnen. In $x = f^{-1}(y)$ werden die Bezeichnungen x und y auch gelegentlich wieder vertauscht, so daß die Umkehrfunktion durch $y = f^{-1}(x)$ beschrieben wird. Man kann sie so in das gleiche Koordinatensystem wie f einzeichnen, s. Fig. 1.27c).

Nicht jede Funktion hat eine Umkehrfunktion. Um dies zu erläutern, vereinbaren wir folgende

Definition 1.3:

Es sei $f : A \to B$ eine Funktion.

(a) f heißt *injektiv*, wenn verschiedene Argumente $x_1, x_2 \in A$ verschiedene Bildpunkte $f(x_1), f(x_2)$ haben, d.h. wenn gilt:

$$x_1 \neq x_2 \Rightarrow f(x_1) \neq f(x_2)\,.$$

(b) f heißt *eine Funktion von A auf B*, oder kurz: *surjektiv*, wenn der Wertebereich $f(A)$ von f gleich dem Bildbereich B ist, also

$$f(A) = B\,.$$

(c) f heißt *bijektiv* oder *umkehrbar eindeutig*, wenn f injektiv und surjektiv ist.

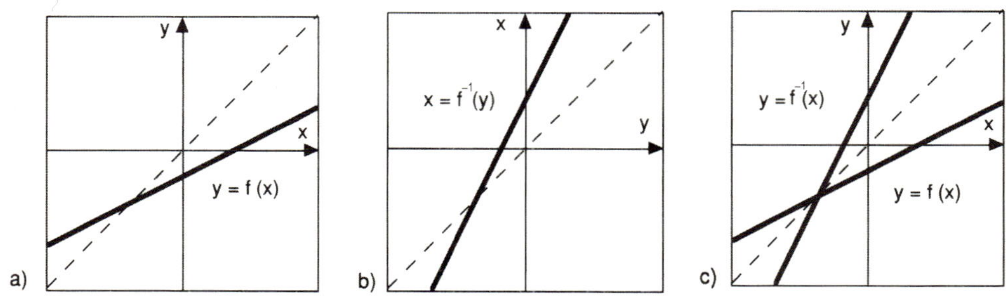

Fig. 1.27: Die Umkehrfunktion von f erhält man durch Spiegelung an der gestrichelten 45°-Geraden

Beispiel 1.30:

Wir betrachten vier Funktionen (s. Fig. 1.28)

$$g(x) = \frac{x}{1+|x|}, \quad g : \mathbb{R} \to \mathbb{R}, \qquad h(x) = x^2, \quad h : \mathbb{R} \to [0, \infty)\,,$$
$$f(x) = x^3, \quad f : \mathbb{R} \to \mathbb{R}, \qquad k(x) = 1 + x^2, \quad k : \mathbb{R} \to \mathbb{R}\,.$$

g ist injektiv, aber nicht surjektiv, denn der Wertebereich von g ist $(-1, 1)$, d.h. verschieden vom Bildbereich $\mathbb{R}$. h ist surjektiv, da es zu jedem $y \in [0, \infty)$ mindestens ein x gibt mit $y = x^2$, nämlich $x = \sqrt{y}$. Jedes $y > 0$ hat zwei Urbildpunkte: $x = \sqrt{y}$ und $x' = -\sqrt{y}$. Es gilt daher $x \neq x'$, aber $h(x) = h(x')$, d.h. h ist nicht injektiv! f ist offenbar bijektiv, während k keine der genannten Eigenschaften hat (armes k).

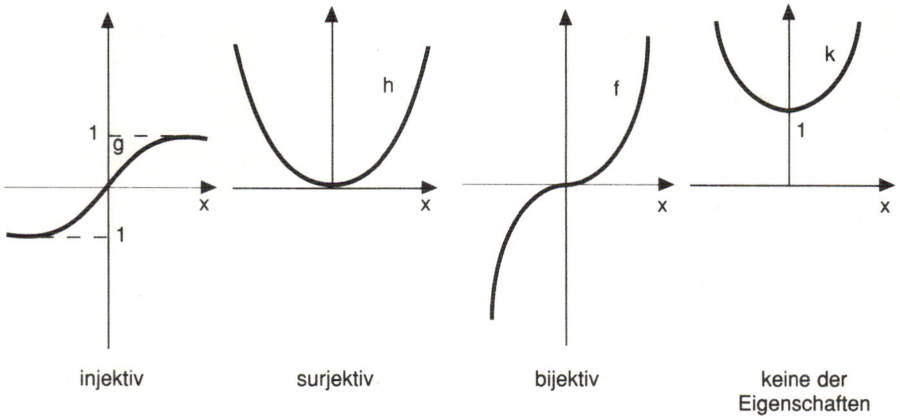

Fig. 1.28: Zu Beispiel 1.30: Funktionen mit verschiedenen Eigenschaften

Damit können wir den Begriff der »Umkehrfunktion« präzise fassen.

Definition 1.4:

Es sei $f : A \to B$ bijektiv, d.h. jedes $y \in B$ hat genau ein Urbild x bezüglich f. Diejenige Funktion, die jedem $y \in B$ gerade das Urbild x bezüglich f zuordnet, heißt die *Umkehrfunktion* von f, symbolisiert durch $f^{-1} : B \to A$.

Man kann diesen Sachverhalt auch kurz so ausdrücken: Für alle $x \in A$ gilt:

$$y = f(x) \Leftrightarrow x = f^{-1}(y)$$

Durch Einsetzen gewinnt man die Gleichungen

$$y = f(f^{-1}(y)) \quad \text{für alle} \quad y \in B\,,$$
$$x = f^{-1}(f(x)) \quad \text{für alle} \quad x \in A\,.$$

Man kann also sagen: f und f^{-1} »heben sich auf« , wenn sie nacheinander angewandt werden. Der Graph der Umkehrfunktion $y = f^{-1}(x)$ entsteht durch Spiegelung des Graphen von $y = f(x)$ an der Winkelhalbierenden der positiven Koordinatenachsen (s. Fig. 1.27).

Wir ziehen die unmittelbar einsichtige

Folgerung 1.11:

Jede streng monotone Funktion $f : A \to B$ von $A \subset \mathbb{R}$ auf $B \subset \mathbb{R}$ besitzt eine Umkehrfunktion.

Verkettungen: Will man einen Funktionswert der Funktion

$$y = h(x) = \sqrt{x^2 + 1}\,, \quad h : \mathbb{R} \to \mathbb{R}\,,$$

ausrechnen, so hat man zuerst $z = x^2 + 1$ zu berechnen und dann $y = \sqrt{z}$. Faßt man diese Gleichungen als Funktionsgleichungen

$$z = g(x) = x^2 + 1\,,$$
$$y = f(z) = \sqrt{z}$$

auf, so wäre

$$y = h(x) = f(g(x))\,.$$

Man spricht von einer *Verkettung* der Funktionen g und f auf der rechten Seite der Gleichung.

Definition 1.5:
Sind $g : A \to B$ und $f : B \to C$ zwei Funktionen, so ist durch

$$y = f(g(x))\,, \qquad x \in A\,,$$

eine neue Funktion gegeben, die A in C abbildet. Sie wird mit $f \circ g$ bezeichnet und *Verkettung* (*Komposition*, *Hintereinanderausführung*) von g und f genannt.

Die Funktion $f \circ g : A \to C$ ist also gegeben durch die Gleichung

$$(f \circ g)(x) := f(g(x))\,.$$

$f \circ g$ spricht man »f nach g« aus.

Beispiel 1.31:
Ist $g(x) = 3x^4 + 2$ und $f(z) = 1/z$ so ist

$$(f \circ g)(x) = f(g(x)) = \frac{1}{g(x)} = \frac{1}{3x^4 + 2}\,.$$

Ganz einfach!

Übung 1.21:

Berechne die Umkehrfunktionen der folgenden Funktionen und skizziere sie.

(a) $y = f(x) = 2x - 5, \quad f : \mathbb{R} \to \mathbb{R},$

(b) $y = g(x) = \dfrac{1+x}{1-x}, \quad g : \mathbb{R} \setminus \{1\} \to \mathbb{R} \setminus \{-1\},$

(c) $y = h(x) = \dfrac{x}{1+|x|}, \quad h : \mathbb{R} \to (-1,1)$

1.3.5 Allgemeiner Abbildungsbegriff

Wer hindert uns eigentlich, den Funktionsbegriff auf beliebige Mengen zu übertragen? Sicherlich niemand. Denn von der Tatsache, daß Definitions- und Bildbereiche aus reellen Zahlen bestehen, wurde in Def. 1.1 kein Gebrauch gemacht. Wir definieren daher *Funktionen*, auch *Abbildungen* genannt, auf beliebigen Mengen. (»Funktion« und »Abbildung« bedeuten vollkommen dasselbe. Gewohnheitsmäßig spricht man aber in der Analysis bei reellen Bildbereichen von Funktionen und sonst von Abbildungen.)

Im Folgenden seien A, B, C beliebige Mengen (z.B. endliche Mengen, Teilmengen des $\mathbb{R}^n$, Punktmengen der Geometrie oder sonstige).

Definition 1.6:

Eine Vorschrift, die jedem x aus einer Menge A genau ein y aus einer Menge B zuordnet, heißt eine *Abbildung* (oder *Funktion*) von A in B. Abbildungen von A in B werden symbolisiert durch

$$f : A \to B\,, \quad g : A \to B \quad \ldots$$

Ist dem Element $x \in A$ durch die Abbildung $f : A \to B$ das Element $y \in B$ zugeordnet, so schreibt man

$$y = f(x)\,.$$

y heißt *Bildpunkt* von x und x *Urbildpunkt* von y bezüglich f. A heißt *Definitionsbereich* (oder *Urbildbereich*) und B *Bildbereich* von f. Ist C Teilmenge von A, so bezeichnet man mit $f(C)$ die Menge aller $f(x)$ mit $x \in C$. Die Menge $f(A)$ aller Bildpunkte von f heißt der *Wertebereich* von f. Es gilt $f(A) \subset B$. Die Menge aller Paare (x, y) mit $y = f(x)$ heißt *Graph* von f, symbolisch: graph(f).

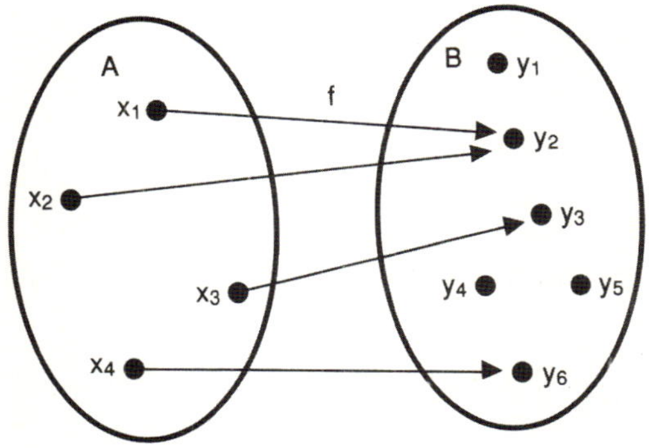

Fig. 1.29: Eine Funktion bei endlichen Mengen

Zur Veranschaulichung einer Abbildung $f : A \to B$, wobei A und B *endliche Mengen* sind, kann man wie in Fig. 1.29 vorgehen: Man zeichnet zunächst Pfeile von den Urbildpunkten A zu den jeweiligen Bildpunkten B. Abbildungen im $\mathbb{R}^n$ behandeln wir in den Abschnitten 6.

Übung 1.22:

Es seien $f : A \to B$ und $g : B \to C$ zwei Abbildungen, deren Komposition $g \circ f : A \to B$ bijektiv ist. Zeige, daß $f : A \to B$ injektiv ist und $g : B \to C$ surjektiv. Man mache sich klar, daß dabei weder f noch g bijektiv zu sein brauchen, d.h. gib ein Beispiel an, bei dem weder f noch g bijektiv sind, sehr wohl jedoch $g \circ f$. (Es genügt, dazu Mengen A, B, C zu betrachten, die nicht mehr als drei Elemente haben.)

1.4 Unendliche Folgen reeller Zahlen

Bei unendlichen Folgen treten uns zum ersten Male die Begriffe *Konvergenz* und *Grenzwert* entgegen. Folgen erweisen sich später als unentbehrliche Hilfsmittel für höhere Grenzwertbildungen, wie beim Differentialquotient, beim Integral, bei Potenz- und Fourierreihen. Damit stehen sie am Anfang der eigentlichen Analysis, die man als die »Lehre von den Grenzwertbildungen« bezeichnen könnte.

1.4.1 Definition und Beispiele

Zunächst betrachten wir ein Beispiel: Setzt man in die Formel $a_n = 1/n^2$ nacheinander die natürlichen Zahlen 1, 2, 3, 4, ... anstelle von n ein, so erhält man die Zahlen

$$1\,, \frac{1}{4}\,, \frac{1}{9}\,, \frac{1}{16}\,, \frac{1}{25}\,, \ldots \tag{1.36}$$

Man spricht hierbei von einer *unendlichen Folge reeller Zahlen*. Allgemein:

Definition 1.7:

Eine Vorschrift, die jeder natürlichen Zahl n eine reelle Zahl a_n zuordnet, heißt eine *unendliche Folge* reeller Zahlen, kurz *Folge* genannt. Sie wird beschrieben durch

$$a_1\,, a_2\,, a_3\,, \ldots\,, a_n\,, \ldots \tag{1.37}$$

oder

$$(a_n)_{n\in\mathbb{N}}\,.$$

Man verwendet für eine Folge auch die Kurzschreibweise (a_n), wenn aus dem Zusammenhang klar ist, daß nichts anderes gemeint sein kann. Die Zahlen a_n der Folge heißen *Elemente* der Folge, n nennt man den *Index* des Folgenelementes a_n.

Bemerkung: Eine Folge ist nichts anderes als eine Funktion $a : \mathbb{N} \to \mathbb{R}$, deren Funktionswerte $a(n)$ in der Form a_n beschrieben werden.

Oft werden die Indizes 1, 2, 3, ... einer Folge auch durch andere ersetzt, wie z.B. 0, 1, 2, 3, ... oder 2, 4, 6, ... Die Folgen erscheinen dann in der Gestalt

$$a_0\,, a_1\,, a_2\,, \ldots\,, a_n\,, \ldots$$

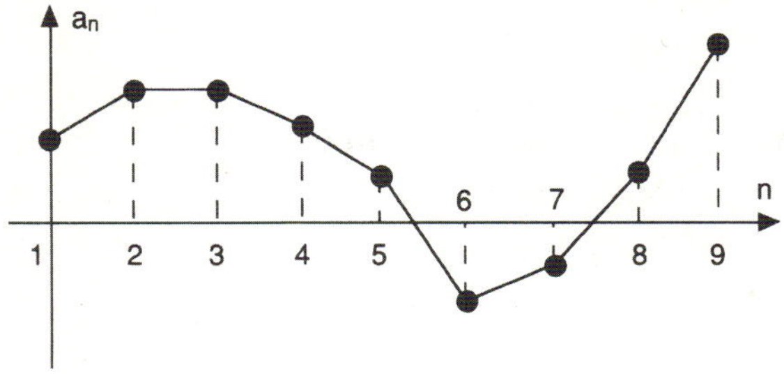

Fig. 1.30: Darstellung einer Folge als Streckenzug

oder

$$a_2\,, a_4\,, a_6\,, \ldots\,, a_{2n}\,, \ldots\,.$$

Dabei ist aber klar, welches das erste Element, das zweite, das dritte, usw. ist, so daß mittelbar wieder jeder natürlichen Zahl ein Folgenelement zugeordnet ist.

Weitere Beispiele für Folgen sind

$$1\,, \frac{1}{2}\,, \frac{1}{3}\,, \frac{1}{4}\,, \frac{1}{5}\,, \ldots\,, \frac{1}{n}\,, \ldots \tag{1.38}$$

$$\frac{1}{2}\,, \frac{2}{3}\,, \frac{3}{4}\,, \frac{4}{5}\,, \ldots\,, \frac{n}{n+1}\,, \ldots \tag{1.39}$$

$$1, 4, 9, 16, 25, \ldots, n^2, \ldots \tag{1.40}$$

$$-1\,, 1\,, -1\,, 1\,, -1\,, \ldots\,, (-1)^n\,, \ldots \tag{1.41}$$

In Kurzform lauten sie

$$\left(\frac{1}{n}\right)_{n\in\mathbb{N}}\,, \qquad \left(\frac{n}{n+1}\right)_{n\in\mathbb{N}}\,, \qquad (n^2)_{n\in\mathbb{N}}\,, \qquad ((-1)^n)_{n\in\mathbb{N}}\,.$$

Die erste dieser Folgen (1.38) nennt man übrigens *harmonische Folge*. Sie hat ihren Namen aus der Musik: Man denke sich einen Ton mit der Wellenlänge λ. Die Töne mit den Wellenlängen λ, $\lambda/2$, $\lambda/3$, $\lambda/4$, $\lambda/5$, $\lambda/6$ bilden dann einen Durakkord, klingen also zusammen »harmonisch« . Der Anfang der harmonischen Folge beherrscht also die klassische Harmonik.

1.4.2 Nullfolgen

Zunächst wollen wir uns mit *Nullfolgen* beschäftigen, d.h. Folgen, die »gegen Null streben«. Von solch einer Folge $(\alpha_n)_{n\in\mathbb{N}}$ erwarten wir sicherlich, daß man nach Wahl einer noch so kleinen Zahl $\varepsilon > 0$ ein Element α_{n_0} der Folge finden kann, dessen Betrag noch kleiner als ε ist, also

$$|\alpha_{n_0}| < \varepsilon\,.$$

Vernünftigerweise werden wir noch mehr verlangen, nämlich daß dies auch für alle auf α_{n_0} folgenden Elemente gilt, d.h.

$$|\alpha_n| < \varepsilon \quad \text{für alle } n \geq n_0.$$

In Fig. 1.31 ist dies dargestellt.

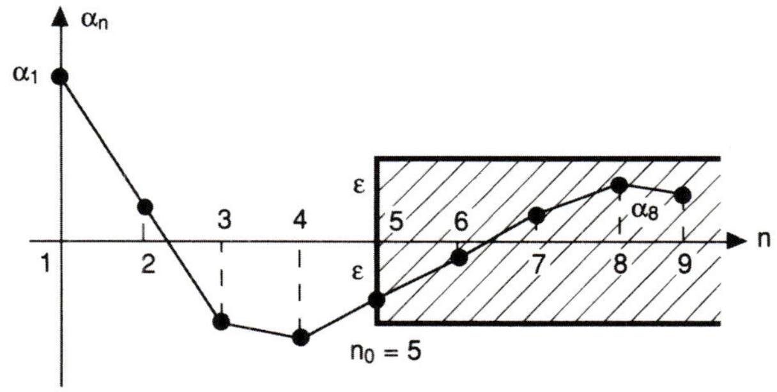

Fig. 1.31: Nullfolge (α_n)

Von n_0 an liegen alle Punkte (n, α_n) in dem schraffierten Streifen der Breite 2ε. Die beschriebene Sachlage fassen wir in folgender Definition zusammen:

Definition 1.8:
Eine reelle Zahlenfolge $(\alpha_n)_{n\in\mathbb{N}}$ wird *Nullfolge* genannt, wenn man zu jedem noch so kleinen $\varepsilon > 0$ einen Index n_0 finden kann mit

$$|\alpha_n| < \varepsilon \quad \text{für alle } n \geq n_0.$$

Man sagt auch: $(\alpha_n)_{n\in\mathbb{N}}$ *konvergiert gegen Null* oder *strebt gegen Null* und beschreibt dies durch

$$\lim_{n\to\infty} \alpha_n = 0, \quad \text{oder:} \quad \alpha_n \to 0 \quad \text{für } n \to \infty.$$

Beispiel 1.32:
Die harmonische Folge

$$1, \frac{1}{2}, \frac{1}{3}, \ldots, \frac{1}{n}, \ldots$$

ist eine Nullfolge. denn zu jedem $\varepsilon > 0$ kann man sicherlich ein n_0 finden mit $1/n_0 < \varepsilon$ (vgl. Abschn. 1.1.3, Folgerung 1.8). Dann gilt aber für alle $n > n_0$ erst recht

$$\frac{1}{n} < \varepsilon,$$

d.h. die harmonische Folge strebt gegen Null.

Hilfssatz 1.1:

(a) Ist (α_n) eine Nullfolge und gilt für eine weitere Folge (β_n):

$$|\beta_n| \leq |\alpha_n| \quad \text{für alle } n \in \mathbb{N},$$

so ist auch (β_n) eine Nullfolge.

(b) Sind (α_n), (β_n) zwei Nullfolgen, so erhalten wir daraus die weiteren Nullfolgen

$$(\alpha_n + \beta_n)\,, \quad (\alpha_n - \beta_n)\,, \quad (\alpha_n \cdot \beta_n)\,, \quad (\alpha_n^k) \quad \text{und} \quad (c\,\alpha_n)$$

mit beliebigen Konstanten $k \in \mathbb{N}$ und $c \in \mathbb{R}$.

Beweis:

(a) Nach Voraussetzung gibt es zu beliebigem $\varepsilon > 0$ einen Index n_0 mit $|\alpha_n| < \varepsilon$ für alle $n \geq n_0$. Wegen $|\beta_n| \leq |\alpha_n|$ gilt dann auch $|\beta_n| < \varepsilon$ für alle $n \geq n_0$, d.h. (β_n) ist eine Nullfolge.

(b) Zu beliebigem $\varepsilon > 0$ gibt es nach Voraussetzung ein n_0 mit $|a_n| < \varepsilon/2$ für $n \geq n_0$ (denn $\varepsilon/2$ ist ja ebenso wie ε eine beliebige vorgegebene positive Zahl). Entsprechend existiert ein n_1 mit $|\beta_n| < \varepsilon/2$ für $n \geq n_1$. O.B.d.A. sei $n_0 \geq n_1$. Damit folgt

$$|\alpha_n \pm \beta_n| \leq |\alpha_n| + |\beta_n| \leq \frac{\varepsilon}{2} + \frac{\varepsilon}{2} = \varepsilon \quad \text{für alle } n \geq n_0\,,$$

d.h. $(\alpha_n + \beta_n)$ und $(a_n - \beta_n)$ sind Nullfolgen. Damit ist auch $(\alpha_n + \alpha_n)$ Nullfolge, ebenso $(\alpha_n + \alpha_n + \alpha_n)$, usw., d.h. $(m\alpha_n)$ mit beliebiger Konstante $m \in \mathbb{N}$ ist eine Nullfolge. Folglich ist $(c\alpha_n)$ mit beliebigem $c \in \mathbb{R}$ eine Nullfolge, da man nur ein $m \in \mathbb{N}$ mit $m \geq |c|$ zu wählen hat, womit $|c\alpha_n| \leq |m\alpha_n|$ erfüllt ist, nach (a) also $(c\,\alpha_n)$ Nullfolge. Wir folgern daraus, daß auch $(\alpha_n \cdot \beta_n)$ Nullfolge ist. Denn es gibt ein $c > 0$ mit $|\alpha_n| < c$ für alle n, wie Fig. 1.31 sofort klarmacht. Da $(c\beta_n)$ Nullfolge ist, so ist wegen $|\alpha_n\beta_n| \leq |c\beta_n|$ auch $(\alpha_n \cdot \beta_n)$ Nullfolge. Damit ist aber auch $(\alpha_n \cdot \alpha_n)$ Nullfolge, ebenso wie $(\alpha_n \cdot \alpha_n \cdot \alpha_n)$ usw., kurz auch (a_n^k) für festes $k \in$ N. □

Mit dem Hilfssatz gewinnen wir sofort weitere Nullfolgen aus $\left(\frac{1}{n}\right)$, z.B.

$$\left(\frac{1}{n^2}\right), \quad \left(\frac{1}{n} + \frac{1}{n^2}\right), \quad \left(c \cdot \frac{1}{n}\right) \quad \text{mit beliebigem } c \in \mathbb{R}.$$

Beispiel 1.33:

Die *geometrische Folge*

$$1\,, q\,, q^2\,, \ldots\,, q^n\,, \ldots$$

ist eine Nullfolge, wenn $|q| < 1$ gilt. Zum Beweis setzen wir

$$1 + h = \frac{1}{|q|}.$$

Durch diese Gleichung ist h bestimmt. Es ist $h > 0$. Unter Verwendung der Bernoullischen Ungleichung $(1+h)^n \geq 1 + nh$ (s. Abschn. 1.1.5, Übung 1.7) folgt daraus

$$|q|^n = \frac{1}{(1+h)^n} \leq \frac{1}{1+nh} < \frac{1}{nh}.$$

Da $\left(\frac{1}{nh}\right)$ (nach Hilfssatz 1.1) eine Nullfolge ist, so auch (q^n). □

Übung 1.23*:

Beweise, daß $\left(\frac{x^n}{n!}\right)_{n\in\mathbb{N}}$ für jedes $x \in \mathbb{R}$ eine Nullfolge ist.

Übung 1.24:

Die Amplitude einer gedämpften Schwingung mit der Frequenz $f = 50\text{s}^{-1}$ hat zur Zeit $t = 0$ den Anfangswert A_0. Nach jeder Schwingungsperiode hat sich die Amplitude um jeweils 1 % verringert. Nach welcher Zeit ist die Amplitude auf $0{,}05\,A_0$ abgesunken?

Übung 1.25*:

Ein Betrieb stellt Rohre in 11 Größen her. Das kleinste Rohr hat einen Durchmesser von 10 cm, das größte von 1 m. Die Zwischengrößen der Durchmesser entsprechen der Folge $10\,q$ cm, $10\,q^2$ cm, $10\,q^3$ cm, … . Wie groß ist q? Berechne die Durchmesser aller Rohre! (Dividiert man die 11 Werte jeweils durch 10 cm und rundet auf 2 Stellen, so erhält man die *Hauptwerte der Grundreihe* R10 für Rohre.)

1.4.3 Konvergente Folgen

Die Konvergenz einer Folge (a_n) gegen eine beliebige Zahl a können wir leicht mit Hilfe der *Nullfolgen* erklären.

Definition 1.9:

Eine reelle Zahlenfolge $(a_n)_{n\in\mathbb{N}}$ *konvergiert* genau dann *gegen eine reelle Zahl a*, wenn

$$(a_n - a)_{n\in\mathbb{N}}$$

eine Nullfolge ist.

a heißt *Grenzwert* oder *Limes* der Folge (a_n). Man beschreibt dies symbolisch durch

$$\lim_{n\to\infty} a_n = a \qquad \text{oder} \qquad a_n \to a \quad \text{für} \quad n \to \infty$$

(sprich: »a_n gegen a für n gegen ∞«). Gelegentlich verwendet man auch die unvollständige Schreibweise $a_n \to a$. Das ist nur erlaubt, wenn aus dem Zusammenhang hervorgeht, daß »für $n \to \infty$« mit gemeint ist. Ferner sagt man statt »*konvergiert gegen a*« auch »*strebt gegen a*«, »*geht gegen a*« oder »*hat den Grenzwert a*«. Jede Folge (a_n) hat übrigens höchstens einen Grenzwert, d.h. es gibt höchstens ein a, das $(a_n - a)$ zur Nullfolge macht. Der Leser mache sich dies selber klar.

Beispiel 1.34:

Betrachtet man die Folge $\left(\frac{n}{n+1}\right)_{n\in\mathbb{N}}$, so sieht man, daß für steigende n die Elemente sich der 1 beliebig gut nähern. Um exakt zu prüfen, ob die Folge gegen »1 konvergiert«, bilden wir die Differenz

$$\left|\frac{n}{n+1} - 1\right| = \left|\frac{n-n-1}{n+1}\right| = \frac{1}{n+1}\,.$$

$\left(\frac{1}{n+1}\right)_{n\in\mathbb{N}}$ ist dabei sicherlich eine Nullfolge, d.h. $\left(\frac{n}{n+1}\right)_{n\in\mathbb{N}}$ konvergiert gegen 1, in Kurzform notiert:

$$\lim_{n\to\infty} \frac{n}{n+1} = 1 \qquad \text{oder auch} \qquad \frac{n}{n+1} \to 1 \quad \text{für } n \to \infty.$$

Erinnern wir uns an die Definition der Nullfolge, so können wir die Konvergenz von Folgen auch so ausdrücken:

Folgerung 1.12:

Eine reelle Zahlenfolge (a_n) konvergiert genau dann gegen a, wenn es zu jedem (noch so kleinem) $\varepsilon > 0$ einen Index $n_0 \in \mathbb{N}$ gibt, so daß für alle $n \geq n_0$ gilt:

$$|a_n - a| < \varepsilon.$$

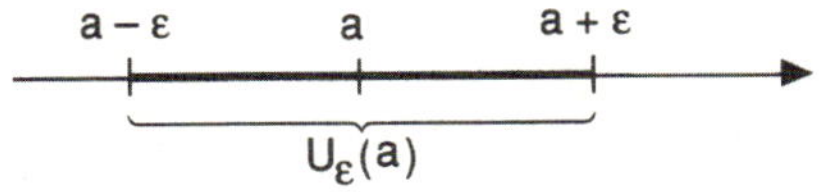

Fig. 1.32: ε-Umgebung

Diese Formulierung ist besonders für theoretische Überlegungen grundlegend. Eine andere, recht anschauliche Formulierung erhält man mit dem Begriff der *ε-Umgebung*: Ist $\varepsilon > 0$, so versteht man unter der (offenen) *ε-Umgebung $U_\varepsilon(a)$* von $a \in \mathbb{R}$ das Intervall

$$U_\varepsilon(a) = (a - \varepsilon, a + \varepsilon)\,.$$

Es liegt symmetrisch um a und hat die Länge 2ε, s. Fig. 1.32.

Folgerung 1.13:
Eine reelle Zahlenfolge (a_n) konvergiert genau dann gegen a, wenn in jeder ε-Umgebung von a unendlich viele Elemente der Folge liegen, außerhalb aber nur endlich viele.

Man erkennt, daß dies nur eine andere, sozusagen geometrische Formulierung von Folgerung 1.12 ist.

Folgen, die gegen bestimmte Grenzwerte konvergieren, heißen *konvergente* Folgen. Nicht konvergente Folgen werden *divergent* genannt. Z.B. sind die Folgen (1.40) und (1.41) in Abschn. 1.4.1 divergent.

Übung 1.26:
Zeige: Aus

$$\lim_{n\to\infty} x_n = a \quad \text{folgt} \quad \lim_{n\to\infty} \sqrt{x_n} = \sqrt{a}\,.$$

Dabei sei $x_n \geq 0$ für alle $n \in \mathbb{R}$ vorausgesetzt. (Anmerkung: Zu zeigen ist, daß $(\sqrt{x_n} - \sqrt{a})_{n\in\mathbb{N}}$ eine Nullfolge ist. Man benutze dazu die Gleichung $(\sqrt{x_n} - \sqrt{a})(\sqrt{x_n} + \sqrt{a}) = x_n - a$.)

1.4.4 Ermittlung von Grenzwerten

Eine *Faustregel* zum Nachweis, daß eine Folge (a_n) gegen einen Grenzwert a strebt, besteht im Folgenden:

Man formt $|a_n - a|$ solange um, evtl. unter Vergrößerung, bis man einen Ausdruck α_n erreicht hat, dem man unmittelbar ansieht, daß er gegen Null strebt.

Beispiel 1.35:

$$a_n = \frac{3^{n+1} + 2^n}{3^n + 1}\,.$$

Einsetzen großer n liefert $a_n \approx 3$. Man vermutet $a_n \to 3$ für $n \to \infty$ und bildet

$$|a_n - 3| = \left|\frac{3^{n+1} + 2^n - 3^{n+1} - 3}{3^n + 1}\right| = \left|\frac{2^n - 3}{3^n + 1}\right| \leq \frac{2^n}{3^n}\,.$$

Die rechte Seite $(2/3)^n$ strebt gegen 0, also folgt $a_n \to 3$ für $n \to \infty$.

Beispiel 1.36:
Konvergiert

$$a_n = \sqrt[n]{c}\,?$$

Dabei sei $c > 0$. Für große n erhält man mit dem Taschenrechner für $\sqrt[n]{c}$ ungefähr 1, gleichgültig, wie $c > 0$ gewählt wird. Wir vermuten daher, daß $(\sqrt[n]{c})$ gegen 1 konvergiert. Zum Nachweis bilden wir

$$\alpha_n = \sqrt[n]{c} - 1\,,$$

um zu zeigen, daß (α_n) gegen Null strebt. Zunächst betrachten wir den Fall $c \geq 1$, also $\alpha_n \geq 0$, und erhalten aus obiger Gleichung durch Umformen $c = (1 + \alpha_n)^n$. Die Bernoullische Ungleichung ergibt damit

$$c = (1 + \alpha_n)^n \geq 1 + n\alpha_n\,, \quad \text{also} \quad c - 1 \geq n\alpha_n \Rightarrow \frac{c-1}{n} \geq \alpha_n \geq 0\,.$$

Daraus folgt, daß (α_n) eine Nullfolge ist. D.h. $\sqrt[n]{c}$ konvergiert gegen 1 für $n \to \infty$. Im Fall $0 < c < 1$ ist dies ebenfalls richtig. Und zwar kann man es auf $1/\sqrt[n]{1/c} = \sqrt[n]{c}$ zurückführen, wobei $\sqrt[n]{1/c}$ wegen $1/c > 1$ gegen 1 strebt. Man errechnet nämlich

$$0 < 1 - \sqrt[n]{c} = \left(\frac{1}{\sqrt[n]{c}} - 1\right)\sqrt[n]{c} < \frac{1}{\sqrt[n]{c}} - 1 = \sqrt[n]{\frac{1}{c}} - 1 \to 0 \quad \text{für } n \to \infty$$

Es gilt damit für alle positiven c:

$$\lim_{n\to\infty} \sqrt[n]{c} = 1\,. \tag{1.42}$$

Zur Ermittlung von Grenzwerten sind folgende Regeln grundlegend:

Satz 1.1:
(*Rechenregeln für konvergente Folgen*) Aus $\lim\limits_{n\to\infty} a_n = a$ und $\lim\limits_{n\to\infty} b_n = b$ folgt

$$\lim_{n\to\infty} (a_n + b_n) = a + b, \tag{1.43}$$

$$\lim_{n\to\infty} (a_n - b_n) = a - b, \tag{1.44}$$

$$\lim_{n\to\infty} a_n\, b_n = a\, b, \tag{1.45}$$

$$\lim_{n\to\infty} \frac{a_n}{b_n} = \frac{a}{b} \quad \text{wenn } b \neq 0 \text{ und } b_n \neq 0 \text{ für alle } n. \tag{1.46}$$

Beweis:
$\alpha_n = a_n - a$ und $\beta_n = b_n - b$ streben beide gegen Null. (1.43), (1.44) und (1.45) folgen damit über den Hilfssatz 1.1 durch folgende einfache Rechnungen:

$$\begin{aligned}
&(a_n + b_n) - (a + b) = \alpha_n + \beta_n \to 0 && \text{für } n \to \infty\\
&(a_n - b_n) - (a - b) = \alpha_n - \beta_n \to 0 && \text{für } n \to \infty\\
&(a_n b_n) - ab = (a + \alpha_n)(b + \beta_n) - ab = a\beta_n + b\alpha_n + \alpha_n\beta_n \to 0 && \text{für } n \to \infty
\end{aligned}$$

Zum Nachweis von (1.46) beweisen wir einfach

$$\lim_{n\to\infty} \frac{1}{b_n} = \frac{1}{b}\,. \tag{1.47}$$

Mit (1.45) folgt dann nämlich $\lim\limits_{n\to\infty} a_n \cdot \frac{1}{b_n} = a \cdot \frac{1}{b}$. Nun zu (1.47): Wir betrachten nur solche b_n, für die $\frac{1}{2}|b| < |b_n|$ gilt, was für alle $n \geq n_0$ mit genügend großem n_0 erfüllt ist. Damit erhalten wir (1.47) aus

$$\left|\frac{1}{b_n} - \frac{1}{b}\right| = \left|\frac{b - b_n}{|b_n||b|}\right| < \left|\frac{b - b_n}{|b/2| \cdot |b|}\right| \to 0 \quad \text{für } n \to \infty.$$

□

Beispiel 1.37:

Will man

$$a_n = \frac{4n^3 - 6}{6n^3 + 2n^2}$$

auf Konvergenz untersuchen, so dividiert man Zähler und Nenner durch n^3 und erhält durch Anwendung des bewiesenen Satzes

$$a_n = \frac{4 - \frac{6}{n^3}}{6 + \frac{2}{n}} \to \frac{4}{6} = \frac{2}{3} \quad \text{für } n \to \infty,$$

da $6/n^3 \to 0$ und $2/n \to 0$.

Auf gleiche Weise erhält man für

$$a_n = \frac{p_0 + p_1 n + \ldots + p_k n^k}{q_0 + q_1 n + \ldots + q_k n^k}$$

mit $q_k \neq 0$ den Grenzwert

$$a_n \to p_k/q_k \quad \text{für } n \to \infty.$$

Um dies einzusehen, hat man im obigen Bruch Zähler und Nenner nur durch n^k zu dividieren.

Zur Untersuchung von konvergenten Folgen sind folgende Vergleichssätze nützlich:

Satz 1.2:

Gilt $a_n \to a$, $b_n \to b$ und $a_n \leq b_n$ für alle n ab einem bestimmten n_0, so folgt $a \leq b$.

Beweis:
Aus $a_n \leq b_n$ für $n \geq n_0$ folgt $0 \leq b_n - a_n$ und damit

$$0 \leq \lim_{n\to\infty}(b_n - a_n) = \lim_{n\to\infty} b_n - \lim_{n\to\infty} a_n = b - a\,, \qquad \text{d.h. } a \leq b.$$

□

Satz 1.3:
(*Einschließungskriterium*, auch *Sandwich-Kriterium* genannt) Gilt $a_n \to g$, $b_n \to g$ und $a_n \leq c_n \leq b_n$ für alle n ab einem bestimmten n_0, so folgt $c_n \to g$.

Beweis:
In jeder ε-Umgebung von g liegen unendlich viele a_n und b_n, aber nur endlich viele außerhalb. Damit gilt das Gleiche für die c_n, die ja von den a_n und b_n eingeschlossen werden. Das heißt aber, daß $c_n \to g$ gilt. □

Beispiel 1.38:
Konvergiert $b_n = \sqrt[n]{1+x^n}$ mit $|x| < 1$? Aus $1 + x^n \geq 1 - |x|^n \geq 1 - |x| = \delta$ folgt

$$\delta \leq 1 + x^n \leq 2$$

also $\sqrt[n]{\delta} < \sqrt[n]{1+x^n} \leq \sqrt[n]{2}$. Linke und rechte Seite streben gegen 1, also gilt auch $\sqrt[n]{1+x^n} \to 1$ für $n \to \infty$.

Teilfolgen: Aus der harmonischen Folge

$$1\,, \frac{1}{2}\,, \frac{1}{3}\,, \ldots \frac{1}{n}\,, \ldots$$

können wir z.B. die *Teilfolge*

$$\frac{1}{2}\,, \frac{1}{4}\,, \frac{1}{6}\,, \ldots \frac{1}{2n}\,, \ldots$$

bilden. Eine andere *Teilfolge* der harmonischen Folge ist

$$1\,, \frac{1}{4}\,, \frac{1}{9}\,, \frac{1}{16}\,, \ldots \frac{1}{n^2}\,, \ldots\,.$$

Definition 1.10:
Als *Teilfolge* von $(a_n)_{n\in\mathbb{N}}$ bezeichnet man jede Folge

$$a_{n_1}\,, a_{n_2}\,, a_{n_3}\,, \ldots\,, a_{n_k}\,, \ldots\,, \qquad \text{kurz } (a_{n_k})_{k\in\mathbb{N}}$$

mit $n_1 < n_2 < n_3 < \ldots < n_k < \ldots \quad (n_k \in N)$.

Folgerung 1.14:

Konvergiert (a_n) gegen a, so konvergiert auch jede Teilfolge von (a_n) gegen a.

Übung 1.27*:

Konvergieren die folgenden unendlichen Folgen und wie lautet gegebenenfalls ihr Grenzwert?

$$a_n = \frac{1 + 5n^4 - 7n^3}{4500 + 7n^{-3} - 10n^4}, \quad n = 1,2,3,\ldots, \qquad b_n = \sqrt[n]{5 + n^{-2}}.$$

1.4.5 Häufungspunkte, beschränkte Folgen

Dieser Abschnitt, lieber Leser, ist theoretischer Natur. Der hier bewiesene Satz von Bolzano-Weierstraß wird zum Beispiel für den Beweis des Cauchyschen Konvergenzkriteriums im nächsten Abschnitt gebraucht. Dieses wiederum ist nützlich für viele Konvergenznachweise, wie z.B. bei Iterationsfolgen, wie wir sie schon bei der Wurzelberechnung kennengelernt haben. Allgemein treten Iterationsfolgen häufig beim Lösen von Gleichungen auf (s. Newton-Verfahren). Über diese Gedankenkette gehen die Überlegungen dieses Abschnitts wieder in die Praxis ein. Der eilige Leser mag die Beweise zunächst überschlagen und nur Sätze und Begriffe zur Kenntnis nehmen.

Definition 1.11:

Eine Folge $(a_n)_{n\in\mathbb{N}}$ heißt *beschränkt*, wenn es ein beschränktes Intervall $[A, B]$ gibt, in dem alle a_n liegen, d.h.

$$A \le a_n \le B \quad \text{für alle } n \in \mathbb{N}.$$

A heißt eine *untere Schranke* der Folge. Das größtmögliche dieser A heißt die *größte untere Schranke* oder das *Infimum* der Folge (a_n). B heißt eine *obere Schranke* von (a_n). Die *kleinste obere Schranke* wird auch das *Supremum* von (a_n) genannt. Infimum und Supremum von a_n werden folgendermaßen symbolisiert:

$$\inf_{n\in\mathbb{N}} a_n, \qquad \sup_{n\in\mathbb{N}} a_n.$$

Zum Beispiel: Die Folge $-1, 1, -1, \ldots, (-1)^n$ ist beschränkt, die Folge $\frac{1}{2}, \frac{2}{3}, \frac{3}{4}, \ldots, \frac{n}{n+1}, \ldots$ ebenfalls. Supremum der ersten Folge ist 1, Infimum -1. Bei der zweiten Folge ist

$$\inf_{n\in\mathbb{N}} \frac{n}{n+1} = \frac{1}{2}, \qquad \sup_{n\in\mathbb{N}} \frac{n}{n+1} = 1.$$

Interessant ist besonders die Tatsache, daß das Supremum von $\left(\frac{n}{n+1}\right)$ gleich 1 ist, obwohl alle Elemente der Folge kleiner als 1 sind.

$1, 4, 9, \ldots, n^2$ ist ein Beispiel für eine *unbeschränkte Folge*.

Zunächst gilt

Satz 1.4:
Jede konvergente Folge ist beschränkt.

Beweis:
Es konvergiere (a_n) gegen a. Zu beliebigen $\varepsilon > 0$, z.B. $\varepsilon = 1$, kann man daher ein n_0 finden mit $|a_n - a_{n_0}| < \varepsilon$ für alle $n \geq n_0$. Die $a_{n_0+1}, a_{n_0+2}, a_{n_0+3}, \dots$ bilden also eine beschränkte Teilfolge. Nimmt man die endlich vielen $a_1, \dots, a_{n_0}$ hinzu, so wird die Beschränktheit nicht angetastet, d.h. (a_n) ist eine beschränkte Folge. □

Die Umkehrung des Satzes ist falsch, wie das Beispiel $-1, 1, -1, \dots, (-1)^n$ zeigt. Immerhin gilt aber der folgende

Satz 1.5:
(*Satz von Bolzano-Weierstraß*[19]) Jede beschränkte reelle Zahlenfolge besitzt eine konvergente Teilfolge.

Beweis:
Es gibt ein Intervall $[A_1, B_1]$, in dem alle a_n liegen. Halbiert man dieses Intervall, d.h. zerlegt man es in zwei Teilintervalle $[A_1, M]$, $[M, B_1]$ mit $M = (A + B)/2$, so liegen in wenigstens einem der beiden Teilintervalle unendlich viele a_n. Wir nennen dieses Teilintervall $[A_2, B_2]$. Halbiert man dies wieder, so liegen in wenigstens einem der Teilintervalle, $[A_3, B_3]$ genannt, wieder unendlich viele a_n. Fährt man in dieser Weise fort, so entsteht eine Folge ineinander geschachtelter Intervalle $[A_1, B_1] \supset [A_2, B_2] \supset [A_3, B_3] \supset \dots$, deren Längen gegen Null streben. Nach dem Intervallschachtelungsprinzip existiert genau eine Zahl $a \in \mathbb{R}$, die in all diesen Intervallen liegt. Wählt man nun nacheinander aus jedem $[A_k, B_k]$ ein a_{n_k} der Folge aus (mit $n_1 < n_2 < n_3 < \dots < n_k < \dots$), so konvergiert $(a_{n_k})_{n\in\mathbb{N}}$ gegen a, was zu zeigen war. □

Definition 1.12:
Als *Häufungspunkt* einer Folge (a_n) bezeichnet man jede Zahl $a \in \mathbb{R}$, die Grenzwert einer konvergenten Teilfolge von (a_n) ist.

Anders ausgedrückt: $a \in \mathbb{R}$ ist genau dann Häufungspunkt von (a_n), wenn es zu jeder ε-Umgebung $U_\varepsilon(a)$ unendlich viele $n \in \mathbb{N}$ gibt mit $a_n \in U_\varepsilon(a)$.

Damit kann man Satz 1.5 auch so ausdrücken:

Jede beschränkte reelle Zahlenfolge hat mindestens einen Häufungspunkt.

Unbeschränkte Folgen: Wir wollen noch kurz auf unbeschränkte Folgen eingehen, die natürlich nicht konvergent sein können. Besitzt (a_n) keine obere Schranke, so heißt a_n *nach oben*

19 Bernardus Placidus Johann Nepomuk Bolzano (1781 – 1848), tschechischer Philosoph, Theologe und Mathematiker
Karl Theodor Wilhelm Weierstraß (1815 – 1897), deutscher Mathematiker

unbeschränkt, man beschreibt dies symbolisch durch

$$\sup_{n\in\mathbb{N}} a_n = \infty\,.$$

Ist sie entsprechend *nach unten unbeschränkt*, so schreibt man dafür

$$\inf_{n\in\mathbb{N}} a_n = -\infty\,.$$

Gilt darüber hinaus, daß man zu jeder noch so großen Zahl $M > 0$ einen Index n_0 finden kann mit $a_n > M$ für alle $n \geq n_0$, so drückt man dies durch

$$\lim_{n\to\infty} a_n = \infty$$

aus. Man sagt dafür: (a_n) *strebt gegen unendlich*, oder auch (a_n) *divergiert gegen unendlich.*

Entsprechend schreibt man

$$\lim_{n\to\infty} a_n = -\infty\,,$$

wenn $(-a_n)$ gegen unendlich strebt.

Zum Beispiel ist

$$\lim_{n\to\infty} 2^n = \infty\,.$$

Für $-2, 2^2, -2^3, \ldots, (-2)^n, \ldots$ jedoch gilt

$$\inf_{n\in\mathbb{N}} (-2)^n = -\infty \quad \text{und} \quad \sup_{n\in\mathbb{N}} (-2)^n = \infty\,,$$

während diese Folge weder gegen ∞ noch gegen $-\infty$ strebt.

1.4.6 Konvergenzkriterien

Wie kann man erkennen, ob eine vorgelegte Folge konvergiert, insbesondere dann, wenn man Konvergenz vermutet, aber den Grenzwert nicht kennt? Das *Monotoniekriterium* und das *Cauchysche Kriterium* lassen sich zur Beantwortung heranziehen. Zunächst definieren wir monotone Folgen.

Definition 1.13:

Eine Zahlenfolge (a_n) heißt genau dann *monoton steigend*, wenn

$$a_1 \leq a_2 \leq a_3 \leq \ldots\,, \quad \text{d.h.}\ a_n \leq a_{n+1} \quad \text{für alle } n \in \mathbb{N}, \tag{1.48}$$

erfüllt ist. Sie heißt *monoton fallend*, wenn

$$a_1 \geq a_2 \geq a_3 \geq \ldots\,, \quad \text{d.h.}\ a_n \geq a_{n+1} \quad \text{für alle } n \in \mathbb{N}. \tag{1.49}$$

Man nennt die Folge *streng* monoton steigend, falls in (1.48) $<$ statt $\leq$ stehen darf. Entsprechend ist (a_n) *streng* monoton fallend, wenn in (1.49) $>$ statt $\geq$ stehen darf.

In jedem der genannten Fälle liegt eine *monotone* Folge vor.

Satz 1.6:

(*Monotonie-Kriterium*) Jede beschränkte monotone Folge konvergiert.

Beweis:

Ist die Folge (a_n) beschränkt und monoton steigend, so konvergiert sie offenbar gegen $s = \sup_{n\in\mathbb{N}} a_n$; bei »monoton fallend« entsprechend gegen $i = \inf_{n\in\mathbb{N}} a_n$. □

Das Monotoniekriterium ist in konkreten Anwendungen das wohl am meisten verwendete Hilfsmittel zur Konvergenzentscheidung. Dazu ein Beispiel:

Beispiel 1.39:

Es sei $a_n = 1 + \frac{1}{1!} + \frac{1}{2!} + \frac{1}{3!} + \cdots \frac{1}{n!}$. Die Folge (a_n) ist sicherlich streng monoton steigend. Ist die Folge auch beschränkt? Ja, denn es gilt

$$\frac{1}{n!} = \frac{1}{1 \cdot 2 \cdot 3 \cdot \ldots \cdot n} \leq \frac{1}{\underbrace{1 \cdot 2 \cdot \ldots \cdot 2}_{n \text{ Faktoren}}} = \frac{1}{2^{n-1}},$$

also mit Hilfe der geometrischen Summenformel

$$a_n \leq 1 + \left(1 + \frac{1}{2} + \frac{1}{2^2} + \ldots + \frac{1}{2^{n-1}}\right) = 1 + \frac{1 - \left(\frac{1}{2}\right)^n}{1 - \frac{1}{2}} < 1 + \frac{1}{1 - \frac{1}{2}} = 3\,.$$

3 ist damit eine obere Schranke der Folge, während 1 eine untere Schranke ist. Die Folge ist daher beschränkt und monoton, woraus nach Satz 1.6 ihre Konvergenz folgt. Der Grenzwert dieser Folge wird e genannt. Man errechnet numerisch

$$\mathrm{e} \doteq 2{,}71828183\,.$$ [20]

Während das Monotoniekriterium in praktischen Fällen häufig zu Rate gezogen wird, ist das folgende Cauchysche Konvergenzkriterium für theoretische Konvergenzuntersuchungen wichtig.

20 $\doteq$ bedeutet »gleich im Rahmen der Rundung«

Satz 1.7:

(*Cauchysches*[21] *Konvergenzkriterium*) Eine Folge $(a_n)_{n\in\mathbb{N}}$ konvergiert genau dann, wenn folgendes zutrifft:

$$\left.\begin{array}{l}\text{Zu jedem } \varepsilon > 0 \text{ gibt es einen Index } n_0,\\ \text{so daß für alle Indizes } n, m \geq n_0 \text{ gilt:}\\ |a_n - a_m| < \varepsilon.\end{array}\right\} \quad (1.50)$$

Bemerkung: Das Kriterium besagt im Prinzip, daß eine Folge genau dann konvergiert, wenn die Differenzbeträge der Elemente beliebig klein werden, falls die Indizes nur genügend groß sind. (1.50) heißt *Cauchy-Bedingung* oder ε-n_0-*Bedingung*.

Beweis:

(I) (a_n) konvergiere gegen a. Wir wollen zeigen, daß die Cauchy-Bedingung (1.50) erfüllt ist: Zu jedem $\varepsilon_0 > 0$ existiert ein n_0 mit $|a_n - a| < \varepsilon_0$ für alle $n \geq n_0$. Für alle $n, m \geq n_0$ gilt dann

$$|a_n - a_m| \leq |a_n - a| + |a - a_m| < \varepsilon_0 + \varepsilon_0 = 2\varepsilon_0 .$$

Schreiben wir $\varepsilon = 2\varepsilon_0$, so ist damit die Cauchy-Bedingung erfüllt.

(II) (a_n) erfülle die Cauchy-Bedingung. Es soll gezeigt werden, daß (a_n) konvergiert. Dazu zeigen wir im ersten Schritt, daß die Folge (a_n) beschränkt ist. Nach dem Satz von Bolzano-Weierstraß hat (a_n) dann einen Häufungspunkt a. Im letzten Schritt beweisen wir, daß (a_n) gegen diesen Häufungspunkt konvergiert.

1. *Schritt*: Zu einem fest gewählten $\varepsilon_0 > 0$, etwa $\varepsilon_0 = 1$, gibt es ein n_0 mit $|a_m - a_n| < \varepsilon_0$ für alle $m > n \geq n_0$. Es folgt speziell für $n = n_0$:

$$\varepsilon_0 > |a_m - a_{n_0}| \geq |a_m| - |a_{n_0}| \quad \Rightarrow \quad \varepsilon_0 + |a_{n_0}| > |a_m| .$$

D.h. die Teilfolge (a_m) mit $m > n_0$ ist beschränkt. Nimmt man die fehlenden $a_1, \ldots, a_{n_0}$ hinzu, so bleibt die Beschränktheit erhalten. (a_n) ist also beschränkt.

2. *Schritt*: Es existiert damit ein Häufungspunkt a der Folge (a_n), d.h. es gibt eine Teilfolge $(a_{n_k})_{k\in\mathbb{N}}$ von (a_n), die gegen a konvergiert. Zu beliebigen $\varepsilon' > 0$ gibt es also ein k_0 mit

$$|a_{n_k} - a| < \varepsilon' \quad \text{für alle } k \geq k_0.$$

Ferner existiert ein n_0 mit

$$|a_n - a_m| < \varepsilon' \quad \text{für alle } m, n \geq n_0.$$

Dabei kann man n_0 sicherlich so groß wählen, daß $n_0 \geq n_{k_0}$ ist. Somit folgt für $n \geq n_0$ und $n_k \geq n_0$:

$$|a_n - a| \leq |a_n - a_{n_k}| + |a_{n_k} - a| < \varepsilon' + \varepsilon' = 2\varepsilon' .$$

---

21 Augustin Louis Cauchy (1789 – 1857), französischer Mathematiker

Mit $\varepsilon = 2\varepsilon'$ folgt also $|a_n - a| < \varepsilon$ für alle $n > n_0$, d.h. (a_n) konvergiert gegen a. □

Das Cauchysche Konvergenzkriterium ist das wichtigste Konvergenzkriterium im systematischen Aufbau der Analysis.

1.4.7 Lösen von Gleichungen durch Iteration

Es sollen Gleichungen der Form

$$x = f(x) \tag{1.51}$$

gelöst werden, wobei die Funktion f ein Intervall I in sich abbildet. Jede Lösung $\overline{x}$ von (1.51) heißt ein *Fixpunkt von* f. Die Gleichung selbst wird eine *Fixpunktgleichung* genannt.

Geometrisch sind die Fixpunkte von f die Schnittpunkte des Graphen von f mit der Geraden, die durch

$$y = x$$

beschrieben ist. Sie geht durch 0 und bildet mit der x-Achse einen Winkel von 45°, s. Fig. 1.33.

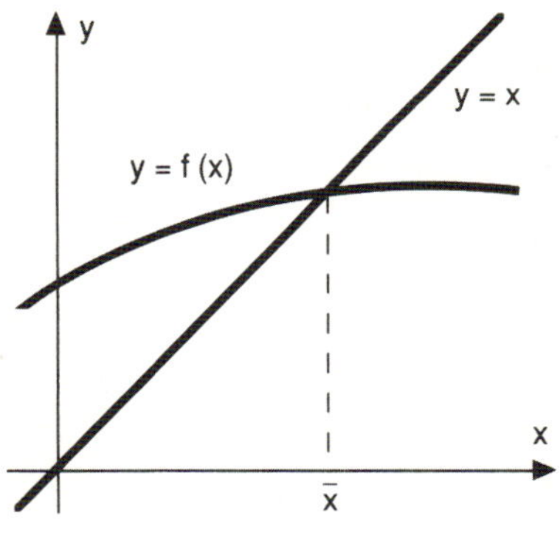

Fig. 1.33: Fixpunkt $\overline{x}$ von f

Wir versuchen, eine Lösung von (1.51) durch sogenannte *Fixpunktiteration* zu berechnen. D.h. wir wählen ein x_0 aus dem Definitionsintervall I von f aus und bilden nacheinander die Zahlen

$$\begin{aligned} x_1 &= f(x_0) \\ x_2 &= f(x_1) \\ x_3 &= f(x_2), \\ &\vdots \end{aligned}$$

$$\text{kurz} \quad x_{n+1} = f(x_n) \quad \text{für } n = 1,2,\ldots. \tag{1.52}$$

Wann konvergiert die so definierte *Iterationsfolge* (x_n) gegen eine Lösung von $x = f(x)$? Der folgende Satz gibt dafür eine hinreichende Bedingung an.

Satz 1.8:

(*Banachscher*[22] *Fixpunktsatz in* $\mathbb{R}$) Es sei $f : I \to I$ eine Funktion, die ein abgeschlossenes Intervall I in sich abbildet. Ferner gelte für alle $x_1, x_2 \in I$ die Ungleichung

$$|f(x_1) - f(x_2)| \leq K|x_1 - x_2| \tag{1.53}$$

mit einer von x_1, x_2 unabhängigen Konstanten $K < 1$. Damit folgt: f hat genau einen Fixpunkt $\overline{x} \in I$. Die Iterationsfolge (x_n), definiert durch $x_{n+1} = f(x_n)$, konvergiert gegen diesen Fixpunkt, wobei von einem beliebigen Anfangspunkt $x_0 \in I$ ausgegangen werden darf.

Bevor wir den Satz beweisen, soll er veranschaulicht werden. Gilt (1.53) mit einer Konstanten $K < 1$, so besagt dies, daß die Funktionswerte $f(x_1)$ und $f(x_2)$ stets dichter zusammenliegen als die Punkte x_1, x_2. Man nennt daher eine Funktion f, die (1.53) mit $K < 1$ erfüllt, eine *Kontraktion*. Ihr Graph steigt verhältnismäßig sanft an oder ab, wie es Fig. 1.33 zeigt. Genauer: Jede Sekante von f bildet mit der x-Achse einen kleineren Winkel als 45°. (Eine Gerade heißt Sekante von f, wenn sie den Graphen von f mindestens zweimal schneidet.)

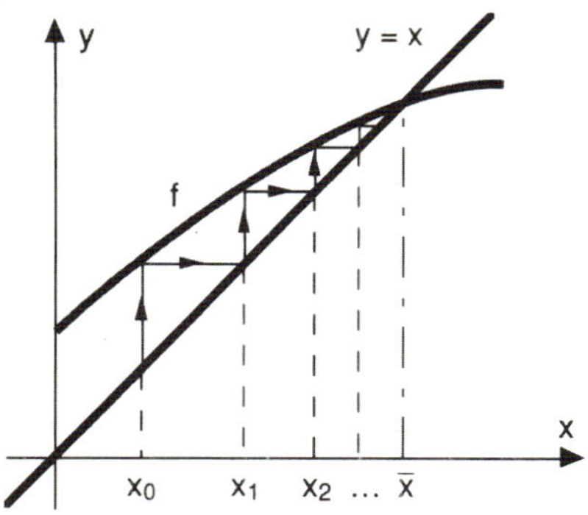

Fig. 1.34: Zur Iteration: f steigt

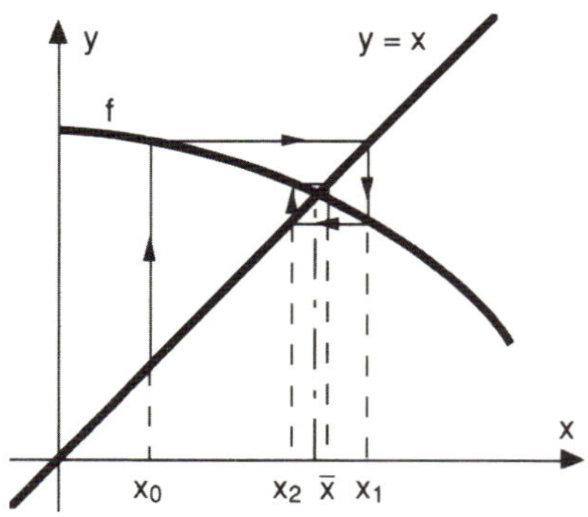

Fig. 1.35: Zur Iteration: f fällt

Damit läßt sich die Iteration $x_{n+1} = f(x_n)$ zur Lösung von $x = f(x)$ so darstellen, wie es die Figuren 1.34 und 1.35 zeigen. In Fig. 1.34 ist eine steigende Funktion f dargestellt. In Fig. 1.35 eine fallende. Der Leser mache sich klar, daß im Verlaufe der Treppenlinie bzw. Schneckenlinie in den Figuren die Iterationspunkte $x_0, x_1, x_2, \ldots$ geometrisch gewonnen werden.

22 Stefan Banach (1892 – 1945), polnischer Mathematiker

Beweis:

Des Satzes 1.8: Es sei x_0 beliebig aus I gewählt und (x_n) definiert durch die Iteration $x_{n+1} = f(x_n)$, $n = 0,1,2,\ldots$. Es gilt dann

$$|x_{n+1} - x_n| = |f(x_n) - f(x_{n-1})| \le K|x_n - x_{n-1}|$$

für alle $n = 1,2,3,\ldots$. Also folgt sukzessive

$$|x_{n+1} - x_n| \le K|x_n - x_{n-1}| \le K^2|x_{n-1} - x_{n-2}| \le \ldots \le K^n|x_1 - x_0|, \quad \text{d.h.}$$
$$|x_{n+1} - x_n| \le K^n|x_1 - x_0|, \qquad \text{für alle } n = 0,1,2,\ldots.$$

Mit $n < m$ folgt daher

$$\begin{aligned}
|x_n - x_m| &= |(x_n - x_{n+1}) + (x_{n+1} - x_{n+2}) + (x_{n+2} - x_{n+3}) + \ldots + (x_{m-1} - x_m)| \\
&\le |x_n - x_{n+1}| + |x_{n+1} - x_{n+2}| + |x_{n+2} - x_{n+3}| + \ldots + |x_{m-1} - x_m| \\
&\le K^n|x_1 - x_0| + K^{n+1}|x_1 - x_0| + K^{n+2}|x_1 - x_0| + \ldots + K^{m-1}|x_1 - x_0| \\
&\le K^n(1 + K + K^2 + \ldots + K^{m-n-1})|x_1 - x_0| \\
&= K^n\frac{1-K^{m-n}}{1-K}|x_1 - x_0| \le K^n\frac{1}{1-K}|x_1 - x_0|,
\end{aligned}$$

also

$$|x_n - x_m| \le \frac{K^n}{1-K}|x_1 - x_0|, \quad (m > n). \tag{1.54}$$

Die rechte Seite kann beliebig klein gemacht werden, wenn nur n genügend groß gewählt wird, da $K^n \to 0$ für $n \to \infty$. Zu beliebig kleinem $\varepsilon > 0$ suchen wir uns nun ein $n_0 \in \mathbb{N}$, so daß die rechte Seite von (1.54) für $n = n_0$ kleiner als ε wird. Dann ist sie auch für alle $n \ge n_0$ kleiner als ε, woraus

$$|x_n - x_m| < \varepsilon$$

folgt für alle $n, m \in \mathbb{N}$ mit $m > n \ge n_0$. Nach dem Cauchyschen Konvergenzkriterium konvergiert damit die Folge (x_n) gegen einen Grenzwert $\overline{x}$.

$\overline{x}$ ist ein Fixpunkt von f, denn es gilt $\overline{x} = f(\overline{x})$ wegen

$$\begin{aligned}
|\overline{x} - f(\overline{x})| &= |\overline{x} - x_n + x_n - f(\overline{x})| \\
&\le |\overline{x} - x_n| + |x_n - f(\overline{x})| \\
&= |\overline{x} - x_n| + |f(x_{n-1}) - f(\overline{x})| \\
&\le |\overline{x} - x_n| + K|x_{n-1} - \overline{x}| \to 0 \quad \text{für } n \to \infty.
\end{aligned}$$

Überdies ist $\overline{x}$ der einzige Fixpunkt von f, denn wäre $\overline{\overline{x}}$ ein weiterer Fixpunkt von f, so würde folgendes gelten:

$$|\overline{x} - \overline{\overline{x}}| = |f(\overline{x}) - f(\overline{\overline{x}})| \le K|\overline{x} - \overline{\overline{x}}| < |\overline{x} - \overline{\overline{x}}|,$$

also $|\overline{x} - \overline{\overline{x}}| < |\overline{x} - \overline{\overline{x}}|$, was nicht sein kann. □

Zusatz zu Satz 1.8: Es gelten die *Fehlerabschätzungen*

$$|x_n - \overline{x}| \leq \frac{K^n}{1-K}|x_1 - x_0| \quad \text{(a priori)} \tag{1.55}$$

$$\text{und} \quad |x_n - \overline{x}| \leq \frac{1}{1-K}|x_{n+1} - x_n| \quad \text{(a posteriori)} \tag{1.56}$$

für alle $n = 0, 1, 2, 3, \ldots$.

Beweis:
(1.55) folgt sofort aus (1.54), wenn man darin m gegen ∞ streben läßt. Aus (1.55) folgt aber für $n = 0$

$$|x_0 - \overline{x}| \leq \frac{1}{1-K}|x_1 - x_0|\,.$$

Da x_0 beliebig in I gewählt werden darf, bedeutet dies für beliebiges $x \in I$ anstelle von x_0

$$|x - \overline{x}| = \frac{1}{1-K}|f(x) - x_0|\,.$$

Setzt man hier $x = x_n$, so folgt (1.56). □

Bemerkung: Die meisten Iterationsverfahren zur Lösung von Gleichungen lassen sich auf den Banachschen Fixpunktsatz zurückführen. Insbesondere gelingt dies beim Newtonschen Verfahren, dem wohl wichtigsten Verfahren zur Lösung von Gleichungen.

Übung 1.28:

Löse die Gleichung

$$x = \frac{x^3}{4} + \frac{1}{5}$$

im Intervall $[0, 1] = I$ durch Iteration. Man mache sich klar, daß für $f(x) = x^3/4 + 1/5$ die Voraussetzungen von Satz 1.8 auf I erfüllt sind. Die Lösung $\overline{x}$ soll auf 4 Dezimalstellen nach dem Komma berechnet werden (also mit dem Fehler von höchstens $5 \cdot 10^{-5}$). Benutze dafür die Fehlerabschätzung (1.56).

1.5 Unendliche Reihen reeller Zahlen

1.5.1 Konvergenz unendlicher Reihen

Definition 1.14:

Wir denken uns eine reelle Zahlenfolge

$$a_0\,, a_1\,, a_2\,, a_3\,, \ldots$$

gegeben. Addiert man die Elemente nacheinander auf.

$$s_0 = a_0\,,\ s_1 = a_0 + a_1\,,\ s_2 = a_0 + a_1 + a_2 \quad \text{usw.,}$$

so entsteht eine neue Folge

$$s_0\,,\ s_1\,,\ s_2\,,\ \ldots\,,\ s_n\,,\ \ldots\,.$$

Diese Zahlenfolge (s_n) heißt die *unendliche Reihe* mit den *Gliedern* $a_0, a_1, a_2, \ldots$.
Man beschreibt die unendliche Reihe symbolisch durch

$$[a_0 + a_1 + a_2 + \ldots] \quad \text{oder kürzer} \quad \left[\sum_{k=0}^{\infty} a_k\right]$$

Statt »unendliche Reihe« sagen wir auch kurz *Reihe*. Die Summen

$$s_n = \sum_{k=0}^{n} a_k\,. \tag{1.57}$$

heißen *Partialsummen* der Reihe.

Das Wesen der unendlichen Reihe $[a_0 + a_1 + a_2 + \ldots]$ besteht also im sukzessiven Addieren der a_k. Gerade dadurch entsteht die neue Folge (s_n), auf die es ankommt. Diese Folge wird auf Konvergenz und Divergenz untersucht. Wir vereinbaren daher in naheliegender Weise:

Definition 1.15:
Eine Reihe $\left[\sum_{k=0}^{\infty} a_k\right]$ heißt genau dann *konvergent*, wenn die Folge (s_n) ihrer Partialsummen konvergiert. Ist s der Grenzwert dieser Folge, also $s = \lim_{n\to\infty} s_n$, so schreibt man dafür auch

$$s = \sum_{k=0}^{\infty} a_k\,.$$

s heißt *Grenzwert* oder *Summe* der Reihe.

Eine Reihe, die nicht konvergent ist, heißt *divergent*.

Wir erwähnen noch, daß Reihen nicht unbedingt mit dem Index Null beginnen müssen. In der Form $[a_m + a_{m+1} + a_{m+2} + \ldots]$, mit m beginnend, werden sie entsprechend behandelt. Wir machen uns noch einmal klar, daß Reihen nichts grundsätzlich Neues sind, sondern lediglich spezielle Folgen (s_n). Auf diese Folgen werden einfach alle Überlegungen des vorigen Abschnitts 1.4 angewendet, womit vieles, was über Reihen gesagt werden kann, schon erledigt ist. Die folgenden Ausführungen sollen hauptsächlich darüber hinausgehende Gesichtspunkte beleuchten, z.B. wie man von Eigenschaften der Glieder a_k auf die Konvergenz der Reihen schließen kann.

Doch zunächst das Paradebeispiel aller unendlichen Reihen, die *geometrische Reihe*:

Beispiel 1.40:
Die *geometrische Reihe* hat die Gestalt

$$[1 + q + q^2 + q^3 + \ldots], \quad \text{kürzer} \quad \left[\sum_{k=0}^{\infty} q^k\right],$$ [23]

mit einer beliebigen reellen Zahl q. Für die Partialsummen s_n erhält man im Falle $q \neq 1$ (nach Abschn. 1.1.7, (1.12)):

$$s_n = 1 + q + q^2 + q^3 + \ldots + q^n = \frac{1 - q^{n+1}}{1 - q}. \tag{1.58}$$

Nehmen wir $|q| < 1$ an, so strebt die rechte Seite gegen $s = 1/(1-q)$. Also folgt

$$\sum_{k=0}^{\infty} q^k = 1 + q + q^2 + q^3 + \ldots = \frac{1}{1-q}, \quad \text{falls } |q| < 1. \tag{1.59}$$

Die geometrische Reihe beherrscht beispielsweise die Zinseszinsrechnung, wie überhaupt weite Teile der Finanzmathematik. In der Analysis ist sie ein unentbehrliches Hilfsmittel bei der Konvergenzuntersuchung auch anderer Reihen.

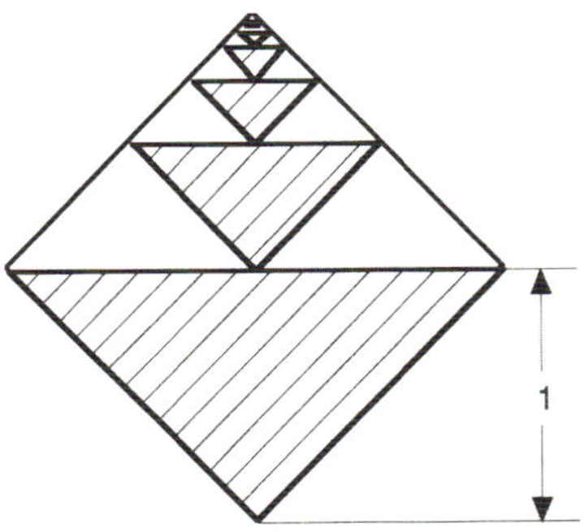

Fig. 1.36: Zur geometrischen Reihe

Das »Geometrische« an der geometrischen Reihe wollen wir am Beispiel der Fig. 1.36 verdeutlichen. Die Summe der Flächeninhalte der schraffierten Dreiecke ist

$$1 + \frac{1}{4} + \frac{1}{4^2} + \frac{1}{4^3} + \ldots = \frac{1}{1 - \frac{1}{4}} = \frac{4}{3}.$$

23 Hierbei vereinbart man $q^0 = 1$, auch im Falle $q = 0$. Im übrigen ist aber 0^0, nach wie vor, nicht definiert.

Nimmt man das untere Dreieck weg, so entsteht die gleiche Figur wie vorher in kleinerem Maßstab. Dies ist typisch für das Vorkommen der geometrischen Reihe in der Geometrie.

Beispiel 1.41:

Die *harmonische Reihe* lautet

$$1 + \frac{1}{2} + \frac{1}{3} + \frac{1}{4} + \ldots, \quad \text{kürzer} \quad \left[\sum_{k=1}^{\infty} \frac{1}{k}\right].$$

Diese Reihe ist überraschenderweise divergent, obwohl ihre Glieder gegen Null streben. Man sieht das so ein: Im Falle $n = 2^m$ $(m \in \mathbb{N})$ gilt für die n-te Partialsumme:

$$\begin{aligned}
s_n &= 1 + \frac{1}{2} + \left(\frac{1}{3} + \frac{1}{4}\right) + \left(\frac{1}{5} + \ldots + \frac{1}{8}\right) + \left(\frac{1}{9} + \ldots + \frac{1}{16}\right) + \ldots \\
&\quad + \left(\frac{1}{2^{m-1}+1} + \ldots + \frac{1}{2^m}\right) \\
&\geq 1 + \frac{1}{2} + \left(\frac{1}{4} + \frac{1}{4}\right) + \underbrace{\left(\frac{1}{8} + \ldots + \frac{1}{8}\right)}_{\text{4 Glieder}} + \underbrace{\left(\frac{1}{16} + \ldots + \frac{1}{16}\right)}_{\text{8 Glieder}} + \ldots \\
&\quad + \underbrace{\left(\frac{1}{2^m} + \ldots + \frac{1}{2^m}\right)}_{2^{m-1}\text{ Glieder}} = 1 + \underbrace{\frac{1}{2} + \frac{1}{2} + \frac{1}{2} + \ldots + \frac{1}{2}}_{m\text{ Glieder}} \\
&= 1 + m \cdot \frac{1}{2} \to \infty \quad \text{für } m \to \infty.
\end{aligned}$$

Beachtet man, daß die Folge (s_n) streng monoton steigt, so folgt damit $\lim\limits_{n\to\infty} s_n = \infty$. Wir beschreiben dies symbolisch durch

$$\sum_{k=1}^{\infty} \frac{1}{k} = \infty. \tag{1.60}$$

Bezeichnung: Streben die Partialsummen einer Reihe $[a_0 + a_1 + a_2 + \ldots]$ gegen Unendlich, so schreiben wir symbolisch

$$\sum_{k=1}^{\infty} a_k = \infty.$$

Entsprechend verfährt man im Falle $-\infty$.

Beispiel 1.42:
Die Reihe

$$\left[\frac{1}{0!}+\frac{1}{1!}+\frac{1}{2!}+\frac{1}{3!}+\dots\right]$$

konvergiert, denn schon im Beispiel 1.39, Abschn. 1.4.6, haben wir gezeigt, daß die Folge der Partialsummen

$$s_n = \sum_{k=0}^{n} \frac{1}{k!}$$

monoton steigt und beschränkt ist, also konvergiert. Der Grenzwert wird mit e bezeichnet:

$$\mathrm{e} = \sum_{k=0}^{\infty} \frac{1}{k!} \doteq 2{,}71828183 \,. \tag{1.61}$$

Die Rechenregeln für konvergente Folgen lassen sich sofort auf Reihen übertragen. Man hat sie nur auf die Partialsummen s_n anzuwenden. Es folgt daher ohne weiteres:

Satz 1.9:
Konvergente Reihen dürfen gliedweise addiert, subtrahiert und mit einem konstanten Faktor multipliziert werden.

D.h. sind $\left[\sum_{k=0}^{\infty} a_k\right]$, $\left[\sum_{k=0}^{\infty} b_k\right]$ konvergent, so sind auch $\left[\sum_{k=0}^{\infty} a_k \pm b_k\right]$, $\left[\sum_{k=0}^{\infty} \lambda a_k\right]$, $(\lambda \in \mathbb{R})$ konvergent, und es gilt

$$\sum_{\mathrm{k}=0}^{\infty}(a_k \pm b_k) = \sum_{k=0}^{\infty} a_k \pm \sum_{k=0}^{\infty} b_k \,, \tag{1.62}$$

$$\sum_{k=0}^{\infty}(\lambda a_k) = \lambda \sum_{k=0}^{\infty} a_k \,. \tag{1.63}$$

Die Beispiele 1.40 und 1.42 legen folgenden Satz nahe:

Satz 1.10:

Bei einer konvergenten Reihe $\left[\sum_{k=0}^{\infty} a_k\right]$ konvergieren die Glieder gegen Null:

$$a_k \to 0 \quad \text{für} \quad k \to \infty$$

Beweis:

Nach Voraussetzung konvergiert die Folge der Partialsummen (a_n) der Reihe. Für jedes Glied a_n gilt offenbar $a_n = s_n - s_{n-1}$. Aus dem Cauchy-Kriterium folgt, daß diese Differenz gegen Null strebt. □

Bemerkung: Die Umkehrung des Satzes gilt nicht, wie das Beispiel der harmonischen Reihe zeigt. Der Satz stellt daher ein notwendiges und kein hinreichendes Kriterium für die Konvergenz einer Reihe dar. Demzufolge dient er auch üblicherweise zum Nachweis der Divergenz einer Reihe.

Beispiel 1.43:

Wir betrachten die Reihe $\left[\sum_{k=0}^{\infty} a_k\right]$ mit $a_k = \frac{k}{k+1}$. Für die Glieder der Reihe gilt $a_k \to 1$ für $k \to \infty$, so dass die Reihe laut Satz 1.10 divergent ist.

Übung 1.29*:

Beweise, daß die Reihe $\left[1 + \frac{1}{3} + \frac{1}{5} + \frac{1}{7} + \ldots\right]$ gegen ∞ divergiert.

Übung 1.30:

Ein Kapital von K € mit $K = 150000$ soll für eine *Rente* verwendet werden, die jeweils am Jahresanfang auszuzahlen ist. Der Jahreszins des Geldinstitutes, bei dem das Kapital eingezahlt wird, ist $p = 6\,\% = 0{,}06$. Das Kapital wird am 1.Januar eines Jahres dort eingezahlt. Die Jahresrente beträgt $R = 12000$ €. Sie wird jeweils am 1. Januar ausgezahlt, beginnend mit dem Einzahlungsjahr. Wieviele Jahre kann die Rente gezahlt werden?

Hinweis: Zu Beginn des n-ten Jahres ist das Guthaben auf den Betrag

$$K_n = Kq^{n-1} - R(1 + q + q^2 + \ldots + q^{n-1})$$

gesunken. (Warum?) Für welches n ist $K_n > 0 > K_{n+1}$?

1.5.2 Allgemeine Konvergenzkriterien

Monotonie- und Cauchy-Kriterium werden ohne Schwierigkeiten auf Reihen übertragen.

Satz 1.11:

(*Monotoniekriterium für Reihen*) Eine Reihe mit nichtnegativen Gliedern a_k, konvergiert genau dann, wenn die Folge ihrer Partialsummen beschränkt ist.

Zum Beweis ist hierbei lediglich zu bemerken, daß wegen $a_k \geq 0$ die Folge der Partialsummen $s_n = a_0 + a_1 + \ldots + a_n$ monoton steigt. Das Monotoniekriterium für Folgen ergibt dann den vorstehenden Satz.

Das Monotoniekriterium wird häufig auf Reihen angewandt, deren Konvergenz zwar vermutet wird, deren Grenzwert jedoch nicht erraten werden kann. Wir erläutern dies an folgendem Beispiel:

Beispiel 1.44:
Konvergiert die Reihe

$$\left[1 + \frac{1}{2^a} + \frac{1}{3^a} + \ldots + \frac{1}{n^a} + \ldots\right] \quad \text{mit } a > 1?$$ [24]

Dies ist der Fall! Wir sehen es mit dem Monotoniekriterium folgendermaßen ein:

Alle Glieder sind positiv. Zu zeigen bleibt also, daß die Folge der Partialsummen s_n beschränkt ist. Dies wird exemplarisch für $n = 15$ durchgeführt. Es gilt:

$$\begin{aligned}
s_{15} &= 1 + \left(\frac{1}{2^a} + \frac{1}{3^a}\right) + \left(\frac{1}{4^a} + \ldots + \frac{1}{7^a}\right) + \left(\frac{1}{8^a} + \ldots + \frac{1}{15^a}\right) \\
&\le 1 + \left(\frac{1}{2^a} + \frac{1}{2^a}\right) + \underbrace{\left(\frac{1}{4^a} + \ldots + \frac{1}{4^a}\right)}_{\text{4 Glieder}} + \underbrace{\left(\frac{1}{8^a} + \ldots + \frac{1}{8^a}\right)}_{\text{8 Glieder}} \\
&= 1 + 2 \cdot \frac{1}{2^a} + 4 \cdot \frac{1}{4^a} + 8 \cdot \frac{1}{8^a} = 1 + \frac{1}{2^{a-1}} + \frac{1}{4^{a-1}} + \frac{1}{8^{a-1}} \\
&= 1 + \frac{1}{2^{a-1}} + \frac{1}{(2^{a-1})^2} + \frac{1}{(2^{a-1})^3} = 1 + q + q^2 + q^3 \quad \left(\text{mit } q = \frac{1}{2^{a-1}} < 1\right) \\
&< 1 + q + q^2 + q^3 + q^4 + q^5 + \ldots = \frac{1}{1-q} .
\end{aligned}$$

Diese Abschätzung läßt sich offenbar für alle s_n mit $n = 2^m - 1 (m \in \mathbb{N})$ durchführen:

$$s_n \le \frac{1}{1-q} .$$

Da die Folge der Partialsummen monoton steigt, gilt die obige Ungleichung für alle $n = 0, 1, 2, \ldots$, d.h. (s_n) ist beschränkt, woraus die Konvergenz der Reihe $\left[\sum_{n=1}^{\infty} \frac{1}{n^a}\right]$ folgt. Ein Grenzwert ist dabei schwerlich zu erraten. (Im Falle $a = 2$ strebt die Reihe z.B. gegen $\pi^2/6$, was später im Zusammenhang mit Fourierreihen gezeigt wird.)

Wir kommen nun zum Cauchy-Kriterium, welches für die Theorie der Reihen am wichtigsten ist, wie bei Folgen.

---

24 a sei hier rational vorausgesetzt, da wir andere Hochzahlen noch nicht kennen. Doch gilt alles unverändert auch für beliebige reelle Exponenten, wie wir nach Einführung der Exponentialfunktion sehen werden.

Satz 1.12:

(*Cauchy-Kriterium für Reihen*) Eine Reihe $\left[\sum_{k=0}^{\infty} a_k\right]$ konvergiert genau dann, wenn folgendes gilt: Zu jedem $\varepsilon > 0$ gibt es einen Index n_0, so daß für alle $m > n \geq n_0$ stets

$$\left|\sum_{k=n+1}^{m} a_k\right| < \varepsilon \tag{1.64}$$

gilt.

Beweis:
Man hat lediglich zu beachten, daß

$$\sum_{k=n+1}^{m} a_k = s_m - s_n$$

ist, wobei s_n, s_m Partialsummen sind. Das Cauchy-Kriterium für Folgen liefert dann sofort obigen Satz. □

Wie wir gesehen haben, divergiert die harmonische Reihe $\left[1 + \frac{1}{2} + \frac{1}{3} + \ldots\right]$. Wie steht es aber mit der Reihe

$$\left[1 - \frac{1}{2} + \frac{1}{3} - \frac{1}{4} + \ldots\right]\ ? \tag{1.65}$$

Sie konvergiert in der Tat. Es handelt sich dabei um eine sogenannte *alternierende* Reihe.
Bezeichnung: Eine Reihe heißt *alternierend*, wenn ihre Glieder abwechselnd > 0 und < 0 sind.
Für diese Reihen gilt

Satz 1.13:

(*Leibniz*[25]*-Kriterium*) Eine alternierende Reihe

$$[a_0 - a_1 + a_2 - a_3 + a_4 - \ldots]$$

konvergiert, wenn die Folge der $a_k > 0$ monoton fallend gegen Null strebt.

---

25 Gottfried Wilhelm Leibniz (1646 – 1716), deutscher Philosoph, Mathematiker, Diplomat, Physiker, Historiker, Bibliothekar und Doktor des weltlichen und des Kirchenrechts

Beweis:
Wir bilden die Partialsummen zu geraden und zu ungeraden Indizes und klammern geschickt:

$$s_{2n} = a_0 - (a_1 - a_2) - (a_3 - a_4) - \ldots - (a_{2n-1} - a_{2n}),$$
$$s_{2n-1} = (a_0 - a_1) + (a_2 - a_3) + \ldots + (a_{2n-2} - a_{2n-1}).$$

Alle Klammerausdrücke sind ≥ 0, da (a_k) monoton fällt. Also ist (s_{2n}) monoton fallend und (s_{2n-1}) monoton steigend. Wegen

$$s_1 \leq s_{2n-1} \leq s_{2n-1} + a_{2n} = s_{2n} \leq s_0, \quad (n \geq 1),$$

ist (s_{2n}) durch s_1 nach unten beschränkt und (s_{2n-1}) durch s_0 nach oben. Nach dem Monotoniekriterium konvergieren daher beide Folgen und zwar gegen den gleichen Grenzwert. Letzteres folgt aus

$$s_{2n} - s_{2n-1} = a_{2n} \to 0 \quad \text{für } n \to \infty. \qquad \square$$

Die alternierende Reihe $\left[1 - \frac{1}{2} + \frac{1}{3} - \frac{1}{4} + \ldots\right]$ konvergiert damit. (Ihr Grenzwert ist übrigens ln 2, was wir im Zusammenhang mit Taylorreihen später zeigen werden.)

Übung 1.31*:

Beweise die Konvergenz der Reihe $\left[\sum_{k=0}^{\infty} \frac{2^k}{k!}\right]$.

1.5.3 Absolut konvergente Reihen

Definition 1.16:

Eine Reihe $\left[\sum_{k=0}^{\infty} a_k\right]$ heißt *absolut konvergent*, wenn die Reihe der Absolutbeträge ihrer Glieder konvergiert, d.h. wenn $\left[\sum_{k=0}^{\infty} |a_k|\right]$ konvergent ist.

Gilt dies, so ist natürlich auch die Ausgangsreihe $\left[\sum_{k=0}^{\infty} a_k\right]$ konvergent, denn es gilt

$$|a_{n+1} + \ldots + a_m| \leq |a_{n+1}| + \ldots + |a_m|$$

für beliebige Indizes m, n. Nach dem Cauchy-Kriterium (Satz 1.12) gibt es aber zu jedem $\varepsilon > 0$ ein n_0, so daß die rechte Seite der Ungleichung kleiner als ε ist, sofern $n, m > n_0$ gilt. Damit gilt dies erst recht für die linke Seite, womit das Cauchy-Kriterium für die Ausgangsreihe erfüllt ist.

Bemerkung: Absolut konvergente Reihen stellen den *Normalfall* konvergenter Reihen dar. Konvergente Reihen, die nicht absolut konvergieren, bilden eher die Ausnahme. Entscheidend für absolut konvergente Reihen ist, daß ihre Glieder beliebig umgeordnet werden dürfen, und daß man Produkte solcher Reihen bilden kann. Wir formulieren dies in den nächsten beiden Sätzen.

Satz 1.14:

Absolut konvergente Reihen dürfen beliebig »umgeordnet« werden. D.h. ist $\left[\sum_{k=0}^{\infty} a_k\right]$ eine absolut konvergente Reihe mit dem Grenzwert s, so konvergiert jede durch Umordnung daraus entstehende Reihe $\left[\sum_{k=0}^{\infty} a_{n_k}\right]$ ebenfalls gegen s.[26]

Beweis:
Es seien

$$s_n = \sum_{k=1}^{n} a_k \quad \text{und} \quad t_n = \sum_{k=1}^{n} a_{n_k}$$

die Partialsummen der genannten Reihen. Für sie gilt nach der Dreiecksungleichung

$$|s - t_n| \le |s - s_n| + |s_n - t_n| .$$

Wegen $|s - s_n| \to 0$ (für $n \to \infty$) bleibt nur $|s_n - t_n| \to 0$ (für $n \to \infty$) zu beweisen, denn dann gilt $|s - t_n| \to 0$, was gerade die Behauptung des Satzes ist.

Zunächst bemerken wir, daß

$$A_n := \sum_{k=n}^{\infty} |a_k|$$

gegen Null strebt, denn da $\left[\sum_{k=0}^{\infty} |a_k|\right]$ konvergiert, gilt mit $\overline{s} = \sum_{k=0}^{\infty} |a_k|$ und $\overline{s}_n = \sum_{k=0}^{n-1} |a_k|$:

$$A_n = \overline{s} - \overline{s}_n \to 0 \quad \text{für } n \to \infty.$$

Wir bilden nun

$$\begin{aligned} |s_n - t_n| &= |a_{m(n)} + \ldots| \\ &\le |a_{m(n)}| + |a_{m(n)+1}| + \ldots \\ &= A_{m(n)} . \end{aligned}$$

Dabei ist $a_{m(n)}$ das erste Glied (mit kleinstem Index), das sich in $s_n - t_n$ nicht heraushebt, das also nur in s_n vorkommt und nicht in t_n. Es gilt $m(n) \to \infty$ für $n \to \infty$, da mit steigendem n schließlich jedes Element a_k in t_n vorkommt. Damit gilt auch $A_{m(n)} \to 0$ für $n \to \infty$, folglich $|s_n - t_n| \to 0$ für $n \to \infty$, was zu zeigen war. □

26 In der Folge (n_k) kommt jeder Index 0, 1, 2, 3, ... usw. genau einmal vor.

Konvergente Reihen, die nicht absolut konvergieren, heißen *bedingt konvergent*. Die Reihe

$$\left[1 - \frac{1}{2} + \frac{1}{3} - \frac{1}{4} + - \dots\right] \tag{1.66}$$

ist ein Beispiel dafür.

Man könnte sich fragen, ob willkürliches Umordnen hier auch erlaubt ist. Das ist nicht der Fall. Es gilt sogar folgendes: *Jede bedingt konvergente Reihe kann man so umordnen, daß sie gegen eine beliebig vorgegebene Zahl konvergiert*. Die Reihe (1.66) kann man z.B. so umordnen, daß sie gegen 100 konvergiert. Man hat nur so viele positive Glieder zu addieren, bis man gerade 100 überschritten hat. Dann subtrahiert man so viele negative Glieder (in diesem Fall nur eins), bis 100 gerade unterschritten ist. Dann addiert man wieder positive Glieder, bis 100 überschritten ist, usw. So »pendelt man sich auf 100 ein«. Diese Andeutung möge genügen. Für Beweise verweisen wir auf [26], S. 199, Satz 32.4 und [56], S. 141, Beispiel 4.11. In Bezug auf Anwendungen sind diese Überlegungen von geringer Bedeutung.

Absolut konvergente Reihen gestatten uns, *Produkte von Reihen* zu bilden.

Satz 1.15:

Sind $\left[\sum\limits_{k=0}^{\infty} a_k\right]$ und $\left[\sum\limits_{i=0}^{\infty} b_i\right]$ absolut konvergente Reihen, so folgt

$$\left(\sum_{k=0}^{\infty} a_k\right) \cdot \left(\sum_{i=0}^{\infty} b_i\right) = \sum_{k=0,i=0}^{\infty} a_k \cdot b_i\,, \tag{1.67}$$

wobei die Indizes (k, i) in der rechten Summe alle Paare

$$\begin{array}{cccc} (0,0) & (0,1) & (0,2) & \dots \\ (1,0) & (1,1) & (1,2) & \dots \\ (2,0) & (2,1) & (2,2) & \dots \\ \dots & \dots & \dots & \dots \\ \dots & \dots & \dots & \dots \end{array} \tag{1.68}$$

in irgendeiner Reihenfolge durchlaufen. Wählt man die Reihenfolge speziell auf die folgendermaßen skizzierte Weise:

$$\begin{array}{lllll} (0,0) & (0,1) & (0,2) & (0,3) & \dots \\ & \nearrow & \nearrow & \nearrow & \\ (1,0) & (1,1) & (1,2) & \dots & \\ & \nearrow & \nearrow & & \\ (2,0) & (2,1) & \dots & & \\ & \nearrow & \nearrow & & \\ (3,0) & \dots & & & \\ & \nearrow & & & \\ \dots & & & & \end{array}$$

so folgt

$$\left(\sum_{k=0}^{\infty} a_k\right)\left(\sum_{i=0}^{\infty} b_i\right) = \sum_{j=0}^{\infty} c_j\,, \quad \text{mit} \quad c_j = \sum_{k=0}^{j} a_{j-k} b_k\,. \tag{1.69}$$

Beweis:
Die Indizes (1.68) mögen in irgendeiner Weise durchlaufen werden. Auf diese Weise werden die $|a_k b_i|$ zu Gliedern einer Reihe. s_n sei die n-te Partialsumme dieser Reihe. Es sei m der höchste vorkommende Index i oder k der Glieder $|a_k b_i|$, welche die Summe s_n bilden. Damit gilt offenbar

$$|s_n| \le \sum_{k=0,i=0}^{m} |a_k b_i| = \left(\sum_{k=0}^{m} |a_k|\right)\left(\sum_{i=0}^{m} |b_i|\right) \le \left(\sum_{k=0}^{\infty} |a_k|\right)\left(\sum_{i=0}^{\infty} |b_i|\right).$$

(s_n) ist also beschränkt. Nach dem Monotoniekriterium konvergiert (s_n). womit der Satz bewiesen ist. □

Übung 1.32:

Es sei $a_k = p^k$ und $b_k = q^k$, wobei $|p| < 1$ und $|q| < 1$ vorausgesetzt ist. Es soll c_i nach (1.69) berechnet werden. Zeige

$$c_i = \frac{p^{i+1} - q^{i+1}}{p - q}\,.$$

1.5.4 Konvergenzkriterien für absolut konvergente Reihen

Da, wie schon gesagt, absolut konvergente Reihen wesentlich häufiger in konkreten Anwendungen vorkommen als bedingt konvergente, sind die folgenden Konvergenzkriterien wichtig:

Satz 1.16:

(*Majorantenkriterium*) Ist $\left[\sum_{k=0}^{\infty} a_k\right]$ absolut konvergent und

$$|b_k| \le |a_k|$$

für alle k von einem k_0 an[27], so ist auch $\left[\sum_{k=0}^{\infty} b_k\right]$ absolut konvergent.

$$\left[\sum_{k=0}^{\infty} |a_k|\right] \quad \text{heißt eine } \textit{Majorante} \text{ von} \quad \left[\sum_{k=0}^{\infty} b_k\right].$$

27 D.h. für alle $k \ge k_0$.

Beweis:

Aus

$$\left[\sum_{k=0}^{n} |b_k|\right] \leq \left[\sum_{k=0}^{n} |a_k|\right] \leq \left[\sum_{k=0}^{\infty} |a_k|\right]$$

folgt mit dem Monotoniekriterium die Behauptung. □

Beispiel 1.45:

Da $\left[\sum_{k=0}^{\infty} q^k\right]$ für $|q| < 1$ absolut konvergiert, gilt dies nach obigem Kriterium auch für die Reihe $\left[\sum_{k=1}^{\infty} q^k/k\right]$.

Bemerkung: Das Majorantenkriterium impliziert auch eine Möglichkeit zum Divergenznachweis einer Reihe, die häufig unter der Bezeichnung *Minorantenkriterium* geführt wird und wie folgt formuliert werden kann:

Ist $\left[\sum_{k=0}^{\infty} a_k\right]$ eine divergente Reihe und gelte

$$b_k \geq |a_k|$$

für alle k von einem k_0 an, so ist auch $\left[\sum_{k=0}^{\infty} b_k\right]$ divergent.

$\left[\sum_{k=0}^{\infty} |a_k|\right]$ heißt eine *Minorante* von $\left[\sum_{k=0}^{\infty} b_k\right]$.

Der Grund für diese Schlussfolgerung ist leicht einsichtig. Wäre $\left[\sum_{k=0}^{\infty} b_k\right]$ konvergent, so würde uns das Majorantenkriterium direkt die absolute Konvergenz der Reihe $\left[\sum_{k=0}^{\infty} a_k\right]$ liefert, die im Widerspruch zur vorausgesetzten Divergenz steht.

Beispiel 1.46:

Sei $\alpha \leq 1$, so gilt für alle $k \in \mathbb{N}$ die Ungleichung

$$b_k := \frac{1}{k^\alpha} \geq \frac{1}{k} > 0.$$

Die harmonische Reihe stellt folglich eine Minorante von $\left[\sum_{k=1}^{\infty} b_k\right]$ dar und die Reihe ist divergent mit

$$\sum_{k=1}^{\infty} b_k \geq \sum_{k=1}^{\infty} \frac{1}{k} = \infty .$$

Satz 1.17:

(*Quotientenkriterium*) Die Reihe $\left[\sum_{k=0}^{\infty} a_k\right]$ ist absolut konvergent, wenn es eine Zahl $b < 1$ gibt mit

$$\left|\frac{a_{k+1}}{a_k}\right| \leq b\,, \quad a_k \neq 0\,, \tag{1.70}$$

für alle Indizes k von einem Index k_0 an[28], Gilt jedoch von einem Index k_0 an

$$\left|\frac{a_{k+1}}{a_k}\right| \geq 1\,, \quad a_k \neq 0\,, \tag{1.71}$$

so ist die Reihe $\left[\sum_{k=0}^{\infty} a_k\right]$ divergent.

Beweis:

(I) Aus (1.70) folgt

$$\left|\frac{a_{k_0+1}}{a_{k+0}}\right| \cdot \left|\frac{a_{k_0+2}}{a_{k_0+1}}\right| \cdots \frac{|a_k|}{|a_{k-1}|} \leq \underbrace{b \cdot b \cdot \ldots \cdot b}_{(k-k_0)\text{ Faktoren}} = b^{k-k_0} .$$

Die linke Seite ist offenbar gleich $|a_k|/|a_{k_0}|$, also folgt $|a_k|/|a_{k_0}| \leq b^{k-k_0}$, d.h.

$$|a_k| \leq C \cdot b^k \quad \text{mit} \quad C = b^{-k_0}|a_{k_0}| .$$

Da $\left[\sum_{k=0}^{\infty} Cb^k\right]$ konvergiert (gegen $C \cdot \sum_{k=0}^{\infty} b^k = \frac{C}{1-b}$, s. geometrische Reihe), so ist auch $\left[\sum_{k=0}^{\infty} a_k\right]$ absolut konvergent.

(II) Aus (1.71) folgt

$$0 < |a_{k_0}| \leq |a_{k_0+1}| \leq |a_{k_0+2}| \leq \ldots .$$

28 D.h. für alle $k \geq k_0$.

Die a_k streben nicht gegen Null, folglich divergiert die Reihe. □

Beispiel 1.47:
Die Reihe

$$\left[q + 2q^2 + 3q^3 + 4q^4 + \ldots + kq^k + \ldots\right] \quad \text{mit } |q| < 1$$

konvergiert absolut. Denn für den Quotienten benachbarter Glieder gilt

$$\left|\frac{(k+1)q^{k+1}}{kq^k}\right| = \frac{k+1}{k}|q| = |q| + \frac{|q|}{k} \leq |q| + \frac{|q|}{k_0} \tag{1.72}$$

für alle $k \geq k_0$. Man kann dabei k_0 so groß wählen, daß die rechte Seite in (1.72) kleiner als 1 ist. Nach dem Quotientenkriterium konvergiert damit die Reihe absolut.

Satz 1.18:

(*Wurzelkriterium*) Die Reihe $\left[\sum_{k=0}^{\infty} a_k\right]$ konvergiert absolut, wenn es eine Zahl $b < 1$ gibt mit

$$\sqrt[k]{|a_k|} \leq b \tag{1.73}$$

für alle k ab einem Index k_0. Gilt

$$\sqrt[k]{|a_k|} > 1 \tag{1.74}$$

für unendlich viele Indizes k, so divergiert die Reihe.

Beweis:

(I) Die Ungleichung (1.73) liefert $|a_k| \leq b^k$. Die geometrische Reihe $\left[\sum_{k=0}^{\infty} b^k\right]$ ist also eine Majorante von $\left[\sum_{k=0}^{\infty} a_k\right]$, also liegt absolute Konvergenz vor.

(II) (1.74) ergibt $|a_k| \geq 1$ für unendlich viele k, also Divergenz. □

Bemerkung: Das Wurzelkriterium wird uns noch bei Potenzreihen (Abschn. 5.2.1) beschäftigen. Quotienten- und Wurzelkriterium sind sogenannte »hinreichende« Kriterien. D.h. sie lassen sich nicht umkehren: Aus absoluter Konvergenz folgt nicht allgemein die Gültigkeit der Quotientenbedingung (1.70) oder der Wurzelbedingung (1.73).

Aus beiden Kriterien ziehen wir nachstehende Folgerung, die in der Praxis als Kriterium für absolute Konvergenz oder Divergenz meistens ausreicht.

Folgerung 1.15:

Für die Reihe $\left[\sum_{k=0}^{\infty} a_k\right]$ existiere

$$\lim_{k\to\infty}\left|\frac{a_{k+1}}{a_k}\right| = c \quad (a_k \neq 0 \text{ für alle } k)$$

oder

$$\lim_{k\to\infty}\sqrt[k]{|a_k|} = c\,.$$

Dann folgt: Die Reihe konvergiert absolut, falls $c < 1$ ist, sie divergiert, wenn $c > 1$ ist.

Beweis:
Im Falle $c < 1$ sind für beliebig gewähltes b mit $c < b < 1$ die Konvergenzaussagen des Quotientenkriteriums bzw. des Wurzelkriteriums erfüllt. Im Falle $c > 1$ gelten die entsprechenden Divergenzvoraussetzungen. □

Beispiel 1.48:
Ist $\left[\sum_{k=0}^{\infty} k^2 q^k\right]$ $(|q| < 1)$ konvergent? Mit $a_k = k^2 q^k$ gilt

$$\left|\frac{a_{k+1}}{a_k}\right| = \left(\frac{k+1}{k}\right)^2 |q| \to |q| \quad \text{für } k \to \infty.$$

Wegen $|q| < 1$ erhält man aus Folgerung 1.15 die absolute Konvergenz der Reihe.

Übung 1.33*:

Für welche reellen Zahlen x konvergiert die Reihe

$$\left[x - \frac{x^2}{3} + \frac{x^3}{5} - \frac{x^4}{7} + - \ldots\right]?$$

1.6 Stetige Funktionen

1.6.1 Problemstellung: Lösen von Gleichungen

Anwendungsprobleme führen oft auf Gleichungen oder Gleichungssysteme. Wir beschäftigen uns hier mit dem einfachsten Fall, nämlich *einer reellen Gleichung mit einer reellen Unbekannten*. Sie läßt sich in der Form

$$f(x) = 0$$

beschreiben, wobei f eine reellwertige Funktion auf dem Intervall ist. Gesucht sind alle Zahlen x aus dem Intervall, die die Gleichung erfüllen. Sie heißen *Nullstellen* von f.

Beispiel 1.49:

$$x^4 + x^3 + 1{,}662x^2 - x - 0{,}250 = 0 \tag{1.75}$$

Diese Gleichung kommt bei der Standfestigkeitsberechnung eines *Kettenkarussells* vor (s. Abschn. 3.3.5). Man interessiert sich dabei für Lösungen x im Intervall $[0, 1]$. Die linke Seite von (1.75) stellt $f(x)$ dar.

Will man eine solche Gleichung lösen, so wird man zunächst ganz unbefangen probieren und einige x-Werte einsetzen. Nehmen wir an, man hat dabei für einen Punkt $x = a$ einen negativen Funktionswert $f(a) < 0$ erhalten und für $x = b$ einen positiven Wert $f(b) > 0$. Dann ist zu vermuten, daß zwischen a und b eine Zahl $\overline{x}$ mit $f(\overline{x}) = 0$ liegt, kurz, eine Lösung von $f(x) = 0$.

In unserem Beispiel 1.49 gilt $f(a) < 0$ für $a = 0$ und $f(b) > 0$ für $b = 1$, wie man durch Einsetzen sieht.

Ist die Vermutung richtig, daß sich zwischen a und b eine Lösung befindet?

Die Anschauung zeigt folgendes: Bildet der Graph von f eine »ununterbrochene« Linie zwischen den Punkten $(a, f(a))$ und $(b, f(b))$, so wird diese Linie die x-Achse wenigstens in einem Punkt $(\overline{x}, 0)$ schneiden (s. Fig. 1.37a). Er liefert $f(\overline{x}) = 0$, also eine Lösung unserer Gleichung.

»Springt« die Funktion dagegen, wie in Fig. 1.37b skizziert, so braucht keine Lösung vorzuliegen.

Die Eigenschaft einer Funktion f, daß ihr Graph als »ununterbrochene« Linie erscheint, wird *Stetigkeit* genannt. Diese anschauliche Formulierung ist noch etwas ungenau und für präzise mathematische Arbeit nicht geeignet. Wir werden daher im nächsten Abschnitt die Stetigkeit einer Funktion exakt beschreiben.

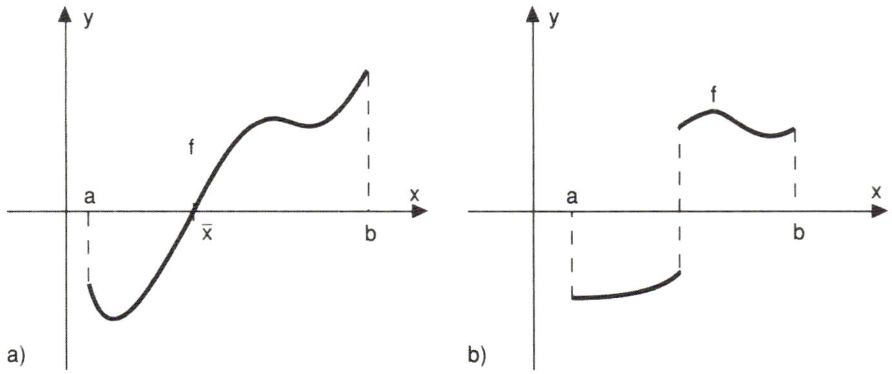

Fig. 1.37: Zur Stetigkeit

Vorerst kommen wir noch einmal auf die Gleichung $f(x) = 0$ zurück. wie ist sie zu »lösen«? Ist $f(a) < 0$ und $f(b) > 0$, so kann man in der Mitte zwischen a und b, bei $c = \frac{a+b}{2}$, den Funktionswert $f(c)$ berechnen. Ist $f(c) > 0$, so wird man eine Lösung im Teilintervall $[a, c]$ vermuten, ist $f(c) < 0$, vermutet man eine Lösung in $[c, b]$. Das so bestimmte Teilintervall halbiert man wieder, usw. Dieses sogenannte *Intervallhalbierungsverfahren* führt bei stetigen Funktionen zu beliebig genauer Berechnung einer Lösung von $f(x) = 0$ (s. Abschn. 1.6.3).

Im Beispiel 1.49 erhalten wir mit $c = 0{,}5$ zunächst $f(c) = -0{,}147$. Man vermutet daher eine Lösung im Intervall $[c, b]$, halbiert dies wieder usw.

Der Leser möge den Vorgang selber mit dem Taschenrechner durchführen. Im Rahmen der Rundungsgenauigkeit gewinnt er als Lösung von (1.75) dann $\overline{x} \doteq 0{,}566$. Aus Abschnitt 3.3.5 geht hervor, daß $\overline{x}$ die einzige Lösung in $[0, 1]$ ist.

1.6.2 Stetigkeit

Wir greifen noch einmal die Vorstellung auf, daß eine »stetige« Funktion auf einem Intervall durch einen »zusammenhängenden« Graphen dargestellt werden soll, also insbesondere nicht »springen« soll. Wir werden daher erwarten, daß $f(x_n) \to f(x_0)$ gilt, wenn $x_n \to x_0$ konvergiert. Genau dies wird als *Stetigkeit* bezeichnet:

Definition 1.17:

Eine reellwertige Funktion f heißt in einem Punkt x_0 ihres Definitionsbereiches D *stetig*, wenn für alle Folgen (x_n) aus D mit $x_n \to x_0$ stets

$$\lim_{n\to\infty} f(x_n) = f(x_0) \tag{1.76}$$

gilt. Ansonsten bezeichnen wir f als unstetig in $x_0 \in D$.

Man kann diesen Sachverhalt auch in folgender übersichtlicher Form schreiben:

$$\lim_{n\to\infty} f(x_n) = f(\lim_{n\to\infty} x_n)\,. \tag{1.77}$$

Merkregel: Stetigkeit von f in $x_0 = \lim\limits_{n\to\infty} x_n$ bedeutet, daß f und $\lim\limits_{n\to\infty}$ vertauscht werden dürfen.

Definition 1.18:

Eine Funktion $f : D \to \mathbb{R}$ heißt *stetig auf einer Teilmenge A ihres Definitionsbereiches D*, wenn sie in jedem Punkt von A stetig ist. Ist f stetig in jedem Punkt des Definitionsbereiches, so heißt f eine *stetige Funktion*.

Beispiel 1.50:

Jede Funktion der Form

$$f(x) = a_0 + a_1 x + a_2 x^2 + \ldots + a_m x^m\,, \tag{1.78}$$

definiert auf $\mathbb{R}$, ist stetig. Eine Funktion dieser Art heißt *Polynom*.

Die Stetigkeit von f sieht man so ein: Mit $\lim x_n = x_0$[29] folgt auch $\lim x_n^2 = x_0^2$, $\lim x_n^3 = x_0^3$, ... usw., denn nach Satz 1.1 konvergiert das Produkt konvergenter Folgen gegen das Produkt der

29 Wir schreiben vereinfacht lim statt $\lim\limits_{n\to\infty}$, wenn keine Irrtümer entstehen können.

zugehörigen Grenzwerte. Entsprechendes gilt für Summen konvergenter Folgen. Also gilt

$$f(x_0) = \sum_{k=0}^{\infty} a_k x_0^k = \sum_{k=0}^{\infty} a_k \lim_{n\to\infty} x_n^k = \sum_{k=0}^{\infty} \lim_{n\to\infty} (a_k x_n^k) = \lim_{n\to\infty} \left(\sum_{k=0}^{\infty} a_k x_n^k \right) = \lim_{n\to\infty} f(x_n)\,.$$

Dies bedeutet aber gerade, daß f in x_0 stetig ist. Da x_0 beliebig aus $\mathbb{R}$ gewählt war, ist f eine stetige Funktion.

Die meisten in Physik und Technik vorkommenden Funktionen sind stetig.

Zunächst wollen wir weitere allgemeine Eigenschaften stetiger Funktionen behandeln, die man kennen sollte, wenn man klug mitreden möchte.

Der folgende Satz gibt die sogenannte *ε-δ-Charakterisierung* der Stetigkeit an.

Satz 1.19:

Eine reellwertige Funktion f ist genau dann stetig in einem Punkt x_0 ihres Definitionsbereiches D, wenn folgendes gilt:

Zu jedem $\varepsilon > 0$ gibt es ein $\delta > 0$, so daß für alle $x \in D$ mit $|x - x_0| < \delta$ stets

$$|f(x) - f(x_0)| < \varepsilon \tag{1.79}$$

gilt.

Bemerkung: Die beschriebene *ε-δ-Charakterisierung* (1.79) läßt sich auf einfache Weise veranschaulichen. Betrachten wir dazu Fig. 1.38:

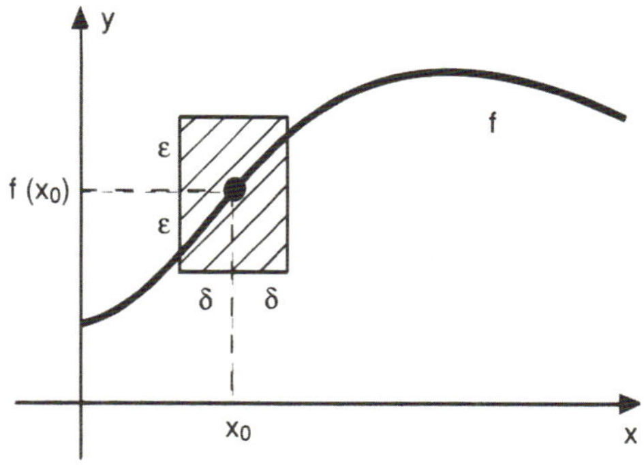

Fig. 1.38: Zur Stetigkeit

Dort wurde zu einem $\varepsilon > 0$ ein $\delta > 0$ gewählt und daraus ein Rechteck mit den Seitenlängen 2δ und 2ε um den Mittelpunkt $(x_0, f(x_0))$ gebildet.

Das Rechteck ist so beschaffen, daß der Graph von f *seitlich* herausläuft und *nicht oben oder unten*.

Immer wenn man zu jedem $\varepsilon > 0$ ein $\delta > 0$ dieser Art finden kann, liegt die Stetigkeit von f in x_0 vor. Denn die Tatsache, daß kein Punkt des Graphen von f über oder unter dem Rechteck liegt, bedeutet gerade $|f(x) - f(x_0)| < \varepsilon$ für alle $x \in D$ mit $|x - x_0| < \delta$.

Beweis:

(des Satzes 1.19): (I) Es sei f stetig in x_0. Angenommen, die *ε-δ-Charakterisierung* (1.79) ist nicht erfüllt. Dann gibt es ein $\varepsilon > 0$, zu dem man kein $\delta > 0$ finden kann mit $|f(x) - f(x_0)| < \varepsilon$, falls $|x - x_0| < \delta$. D.h. für jedes $\delta > 0$ gibt es ein $x_\delta \in D|x_\delta - x_0| < \delta$, das $|f(x_\delta) - f(x_0)| \geq \varepsilon$ erfüllt. Insbesondere gibt es dann zu $\delta = 1/n$ $(n \in \mathbb{N})$ jeweils ein x_n mit

$$|x_n - x_0| < \frac{1}{n} \quad \text{und} \quad |f(x_n) - f(x_0)| \geq \varepsilon\,.$$

Die erste Ungleichung ergibt $\lim_{n\to\infty} x_n = x_0$, während die zweite zeigt, daß $f(x_n)$ nicht gegen $f(x_0)$ strebt. Das widerspricht der Stetigkeit in x_0. Also war unsere Annahme falsch, und (1.79) gilt.

(II) Ist aber (1.79) erfüllt, so folgt daraus die Stetigkeit von f in x_0. Denn ist (x_n) aus D mit $x_n \to x_0$ für $n \to \infty$, so wähle man zu beliebigem $\varepsilon > 0$ ein $\delta > 0$ mit $|f(x) - f(x_0)| < \varepsilon$, falls $|x - x_0| < \delta$. Wegen $x_n \to x_0$ gibt es ein n_0 mit $|x_n - x_0| < \delta$ für alle $n \geq n_0$, also auch $|f(x_n) - f(x_0)| < \varepsilon$ für $n \geq n_0$. Das bedeutet aber gerade $f(x_n) \to f(x_0)$ für $n \to \infty$, womit der Satz bewiesen ist. □

Bemerkung: Bei konkreten Stetigkeitsuntersuchungen geht man meistens von der ursprünglichen Definition der Stetigkeit aus (Def. 1.17), während bei theoretischen Überlegungen (mehrfache Grenzwertbildungen u.a.) die *ε-δ-Charakterisierung* vorzuziehen ist.

Übung 1.34*:

Für welche x-Werte sind die folgenden Funktionen stetig und für welche nicht?

$$\text{(a)}\quad f(x) = x^{-1}\,, \qquad f : \mathbb{R}\setminus\{0\} \to \mathbb{R}\,,$$

$$\text{(b)}\quad g(x) = \begin{cases} x^{-1} & \text{für } x \neq 0, \\ 0 & \text{für } x = 0, \end{cases} \qquad g : \mathbb{R} \to \mathbb{R}\,,$$

$$\text{(c)}\quad h(x) = \lim_{n\to\infty} \frac{1}{x^{2n} + 1}\,, \qquad h : \mathbb{R} \to \mathbb{R}\,,$$

$$\text{(d)}\quad k(x) = \begin{cases} \frac{-7x^2+63x-98}{x^2+3x-10} & \text{für } x > 2, \\ 0 & \text{für } x \leq 2, \end{cases} \qquad k : \mathbb{R} \to \mathbb{R}\,.$$

1.6.3 Zwischenwertsatz

Wie schon zu Beginn von Abschnitt 1.6 gesagt, erwarten wir von einer stetigen Funktion f auf einem Intervall I, daß sie zwischen einem a mit $f(a) < 0$ und einem b mit $f(b) > 0$ eine

Nullstelle $\overline{x}$ hat (s. Fig. 1.39). Wir vermuten also, daß ihr Graph die x-Achse zwischen a und b mindestens einmal schneidet. Dies ist die Aussage des folgenden Satzes.

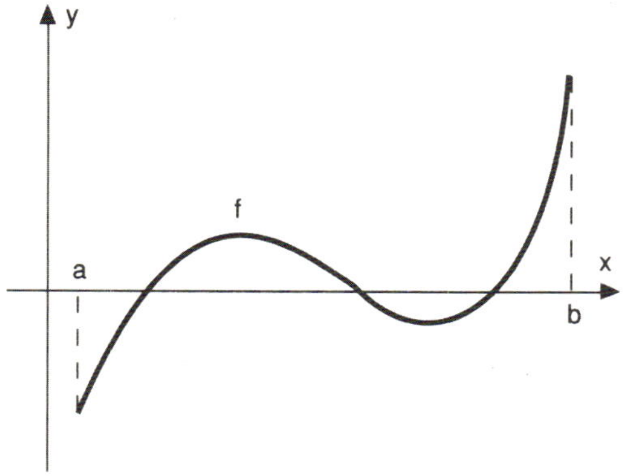

Fig. 1.39: Nullstellensatz, Zwischenwertsatz

Satz 1.20:

(*Nullstellensatz*) Ist f eine reellwertige stetige Funktion auf dem Intervall $[a, b]$ und haben $f(a)$ und $f(b)$ verschiedene Vorzeichen ($f(a) < 0$, $f(b) > 0$, oder: $f(a) > 0$, $f(b) < 0$), so besitzt f in (a, b) mindestens eine Nullstelle.

Beweis:

Der Beweis wird *konstruktiv* geführt, und zwar mit dem *Intervallhalbierungsverfahren*, welches eine Nullstelle beliebig genau zu berechnen gestattet. Ohne Beschränkung der Allgemeinheit nehmen wir $f(a) <$ und $f(b) > 0$ an (anderenfalls wird f durch $-f$ ersetzt). Man teilt nun das Intervall $[a, b]$ in der Mitte, also bei $m = (a + b)/2$. Ist zufällig $f(m) = 0$, so bricht man das Verfahren ab, da eine Nullstelle gefunden ist. Im Falle $f(m) > 0$ wählt man das linke Teilintervall $[a, m]$ zur Weiterarbeit aus, im Falle $f(m) < 0$ dagegen das rechte Teilintervall $[m, b]$. Das ausgewählte Teilintervall nennen wir $[a_1, b_1]$. Für seine Endpunkte gilt

$$f(a_1) < 0 < f(b_1)\,.$$

$[a_1, b_1]$ wird nun abermals halbiert, usw. D.h. man bildet nacheinander für $n = 1,2,3,\ldots$ die Zahlen

$$\left.\begin{array}{ll} \text{(I)} & m_n = \dfrac{a_n + b_n}{2} = \text{Mitte von } [a_n, b_n], \\[2ex] \text{(II)} & \text{falls } f(m_n) \begin{cases} = 0\,, & \text{so Abbruch, da } m_n \text{ Nullstelle,} \\ > 0\,, & \text{so } a_{n+1} := a_n,\ b_{n+1} := m_n, \\ < 0\,, & \text{so } a_{n+1} := m_n,\ b_{n+1} := b_n. \end{cases} \end{array}\right\} \qquad (1.80)$$

Auf diese Weise entsteht (falls kein Abbruch) eine Intervallschachtelung $[a, b] \supset [a_1, b_1] \supset [a_2, b_2] \supset \ldots$, bei der die Intervallängen $b_n - a_n = (b - a)/2^n$ gegen Null streben. Es gilt zweifellos $a_n \to \overline{x}$, und $b_n \to \overline{x}$. Wegen $f(a_n) < 0 < f(b_n)$ und der Stetigkeit von f folgt also

$$f(\overline{x}) = \lim_{n\to\infty} f(a_n) \le 0 \le \lim_{n\to\infty} f(b_n) = f(\overline{x}) \quad \Rightarrow \quad f(\overline{x}) = 0 . \qquad \square$$

Bemerkung: Das Intervallhalbierungsverfahren läßt sich gut auf Taschenrechnern oder programmierbaren Computern verwenden. Die Konvergenz der Folgen (a_n) oder (b_n) gegen die Nullstelle $\overline{x}$ ist zwar recht langsam, doch weist das Verfahren gerade bei der Programmierung einige Vorteile auf: Es ist *einfach* (d.h. leicht programmierbar), es ist *stabil* (d.h. es funktioniert bei *jeder* stetigen Funktion und ist unanfällig gegen Rundungsfehler), und man kann den Rechenaufwand *vorher* abschätzen, denn es gilt

$$|a_n - \overline{x}| \le \frac{b-a}{2^n}, \quad n = 1,2,3,\ldots . \tag{1.81}$$

Ist z.B. f eine stetige Funktion auf $[0, 1]$ mit $f(0) < 0$, $f(1) > 0$, und will man eine Nullstelle $x \in (0,1)$ auf 6 Dezimalstellen genau bestimmen, so darf der Fehler $|a_n - \overline{x}|$ nicht größer als $5 \cdot 10^{-7}$ sein, d.h. es muß n so gewählt werden, daß $(b-a)/2^n \le 5 \cdot 10^{-7}$ ist. Das kleinste n dieser Art ist $n = 21$. Zusammen mit $f(a)$ und $f(b)$ sind damit 23 Funktionswerte zu berechnen. Wir werden später erheblich schnellere Verfahren kennenlernen, die allerdings meist nicht so stabil sind. Zwischen diesen beiden Eigenschaften, größere Schnelligkeit oder größere Stabilität der Rechnung, hat man sich in der Praxis normalerweise zu entscheiden.

Beispiel 1.51:

Wir betrachten ein beliebiges Polynom ungeraden Grades n,

$$p(x) = a_0 + a_1 x + a_2 x^2 + \ldots + a_n x^n , \quad a_n \ne 0 ,$$

und behaupten, daß es *mindestens eine reelle Nullstelle hat.*

Der Beweis ist mit dem Nullstellensatz denkbar einfach. Man hat sich nur klar zu machen, daß für große $|x|$ das »höchste Glied« $a_n x^n$ »überwiegt«, d.h. daß alle anderen Glieder $a_k x^k$ absolut erheblich kleiner sind als $|a_n x^n|$. Für genügend großes $|x|$ ist daher das Vorzeichen von $p(x)$ gleich dem Vorzeichen von $a_n x^n$. Da n ungerade ist, hat aber $a_n(-x)^n$ ein anderes Vorzeichen als $a_n x^n$. Zwischen $-x$ und x muß sich daher eine Nullstelle von p befinden! Der Leser überprüfe dies durch Rechnung am Beispiel

$$p(x) = 3 + 4x - x^2 + 5x^3 - 8x^4 + x^5$$

und berechne mit dem Intervallhalbierungsverfahren eine Nullstelle auf 3 Dezimalstellen genau.

Der Nullstellensatz läßt sich mühelos zum Zwischenwertsatz ausdehnen.

Satz 1.21:

(*Zwischenwertsatz*) Ist $f : [a, b] \to \mathbb{R}$ eine stetigen Funktion und $\overline{y}$ eine beliebige Zahl zwischen $f(a)$ und $f(b)$, so gibt es mindestens ein $\overline{x}$ zwischen a und b mit

$$f(\overline{x}) = \overline{y}\,.$$

Man sagt auch kürzer: *Eine stetige Funktion* $f : [a, b] \to \mathbb{R}$ *nimmt jeden Wert* $\overline{y}$ *zwischen* $f(a)$ *und* $f(b)$ *an.*

Beweis:

Zum Beweis hat man lediglich auf die Funktion $g(x) := f(x) - \overline{y}$ den Nullstellensatz anzuwenden: Da $\overline{y}$ zwischen $f(a)$ und $f(b)$ liegt, müssen $g(a)$ und $g(b)$ verschiedene Vorzeichen haben. Nach dem Nullstellensatz existiert daher ein $\overline{x}$ mit $g(\overline{x}) = 0$, also $f(\overline{x}) = \overline{y}$. □

Beispiel 1.52:

Mit dem Zwischenwertsatz beweisen wir, daß zu jeder positiven Zahl a und jedem $n \in \mathbb{N}$ genau eine positive n-te Wurzel

$$\sqrt[n]{a}$$

existiert (Nachtrag zu Abschn. 1.1.6). Um dies einzusehen, haben wir zu zeigen, daß die Gleichung

$$x^n = a$$

eine Lösung $x \geq 0$ besitzt. Es gilt für die stetige Funktion $f(x) = x^n$ $(x \geq 0)$ aber $f(0) < a < f(x_1)$, mit $x_1 = a + 1$. Nach dem Zwischenwertsatz existiert damit ein $x_0 \in (0, x_1)$ mit $f(x_0) = a$, d.h. $x_0^n = a$. Da f auf $[0, \infty)$ streng monoton ist, ist x_0 eindeutig bestimmt. Man schreibt dafür

$$x_0 = \sqrt[n]{a}\,.$$

Übung 1.35:

Wieviele Lösungen hat die Gleichung

$$x^3 - \frac{7}{5}x^2 + \frac{28}{45}x - \frac{4}{45} = 0 \quad \text{in } [0,1]?$$

Berechne die Lösung(en) mit dem Intervallhalbierungsverfahren auf drei Dezimalstellen genau. Gib vor Beginn der Rechnung an, wieviele Halbierungsschritte nötig sind!

1.6.4 Regeln für stetige Funktionen

Niemand zweifelt daran, daß *Summe*, *Produkt* und *Quotient* stetiger Funktionen wieder stetig sind. Doch es will bewiesen werden!

Satz 1.22:

Sind f und g stetig in x_0, so sind auch

$$f+g\,, \qquad f-g\,, \qquad f\cdot g \quad \text{und} \quad \frac{f}{g} \quad (\text{falls } g(x_0)\neq 0)$$

stetig in x_0.

Beweis:

Die Stetigkeit von $f+g$, $f-g$ und $f\cdot g$ ergibt sich unmittelbar aus Satz 1.1 unter Zugrundelegung der Stetigkeitsdefinition 1.17. Zum Nachweis der Stetigkeit von f/g in x_0 benutzen wir den nachfolgenden Hilfssatz, der besagt, daß $g(x)\neq 0$ ist für alle x des Definitionsbereiches von g, die in einer gewissen Umgebung U von x_0 liegen. Für jede Folge (x_n) aus U mit $x_n \to x_0$ folgt daher $f(x_n)/g(x_n) \to f(x_0)/g(x_0)$ für $n\to\infty$ (s. Satz 1.1). Also ist f/g in x_0 stetig. □

Hilfssatz 1.2:

Ist $f: I \to \mathbb{R}$ stetig in $x_0 \in I$, wobei $f(x_0)\neq 0$ ist, so gibt es eine Umgebung U von x_0 mit

$$f(x)\neq 0 \quad \text{für alle } x\in U\cap I.$$

Beweis:

Wir wählen $\varepsilon = |f(x_0)|$. Dazu existiert ein $\delta > 0$, so daß für alle $x\in I$ mit $|x-x_0|<\delta$ gilt: $|f(x_0)-f(x)| < \varepsilon = |f(x_0)|$

$$\Rightarrow |f(x_0)| - |f(x)| < \varepsilon = |f(x_0)| \quad \Rightarrow 0 < |f(x)|\,.$$

Für $U = (x_0-\delta, x_0+\delta)$ ist die Behauptung erfüllt. □

Beispiel 1.53:

Die Funktionen der Form

$$r(x) = \frac{a_0 + a_1 x + a_2 x^2 + \ldots + a_p x^p}{b_0 + b_1 x + b_2 x^2 + \ldots + b_q x^q} \quad (b_q \neq 0) \tag{1.82}$$

sind überall stetig, wo der Nenner nicht Null ist, da Zähler und Nenner stetige Funktionen darstellen (s. Satz 1.22, Fall f/g). Die Funktionen der Gestalt (1.82) nennt man *rationale Funktionen*.

Beispiele:

$$r_1(x) = \frac{3 - x + 2x^3}{2 - x + 6x^2}, \quad r_2(x) = \frac{1}{1 + x^2}, \quad r_3(x) = \frac{8 - 6x - 5x^2}{2 + x}.$$

Der Leser rechne Tabellen von Funktionswerten dieser Funktionen aus und skizziere die zugehörigen Graphen. Bei r_3 wird er eine kleine Überraschung erleben. Wie ist sie zu deuten?

Den folgenden Satz mache sich der Leser im Koordinatensystem anschaulich klar, bevor er den Beweis liest.

Satz 1.23:

(*Stetigkeit von Umkehrfunktionen*) Es sei f eine streng monotone Funktion auf einem Intervall I. Damit folgt

(1) Die Umkehrfunktion f^{-1} ist stetig auf $f(I)$.

(2) Ist f überdies stetig auf I_j so ist $J = f(I)$ ein Intervall.

Beweis:

Ohne Beschränkung der Allgemeinheit nehmen wir f als streng monoton steigend an. (Andernfalls ersetzt man f durch $-f$.) Ferner dürfen wir I als offenes Intervall annehmen, denn wäre a ein Endpunkt von I, etwa ein linker, so könnte man f auf $(-\infty, a]$ streng monoton steigend erweitern, z.B. durch eine Gerade, die in a den Wert $f(a)$ annimmt. Zu (1): Es sei nun y_0 ein beliebiger Punkt aus $f(I)$, mit $y_0 = f(x_0)$. Es sei ε eine beliebige positive Zahl mit der Eigenschaft, daß $[x_0 - \varepsilon, x_0 + \varepsilon]$ in I liegt (zum Stetigkeitsnachweis von f genügt es, sich auf so kleine $\varepsilon > 0$ zu beschränken). Man bildet nun das Intervall $(f(x_0) - \varepsilon, f(x_0) + \varepsilon)$ und erkennt wegen der Monotonie von f, daß alle $y = f(x)$ aus diesem Intervall ihre Urbilder x in $(x_0 - \varepsilon, x_0 + \varepsilon)$ haben. Ist δ der kleinere der Abstände $|f(x_0 - \varepsilon) - f(x_0)|$ oder $|f(x_0 + \varepsilon) - f(x_0)|$, so folgt damit für alle $y = f(x)$:

$$|y - y_0| < \delta \Rightarrow |x - x_0| < \varepsilon .$$

Das bedeutet aber gerade die Stetigkeit von f^{-1} in y_0. Da $y_0 \in f(I)$ beliebig war, ist f^{-1} somit stetig.

Zu (2): Eine Zahlenmenge ist offenbar genau dann ein Intervall, wenn mit je zwei Punkten der Menge auch jeder zwischen ihnen liegende Punkt zur Menge gehört. Sind nun $y_1 = f(x_1)$ und $y_2 = f(x_2)$ zwei beliebige Punkte $J = f(I)$, so besagt der Zwischenwertsatz, daß jeder Punkt zwischen y_1 und y_2 zu $f(I)$ gehört. Also ist $f(I)$ ein Intervall. □

Beispiel 1.54:

(*Wurzelfunktionen*) Die durch

$$g(x) = \sqrt[n]{x} \quad (n \in \mathbb{N})$$

auf $[0, \infty)$ definierte Funktion ist *stetig*, denn sie ist die Umkehrfunktion der stetigen *Potenzfunktion*

$$f(x) = x^n, \quad x \geq 0.$$

Satz 1.24:

(*Komposition stetiger Funktionen*) Es sei $f : A \to B$ stetig in $x_0 \in A$ und $g : B \to C$ stetig in $y_0 = f(x_0)$. Dann ist auch die Komposition

$$g \circ f$$

stetig in x_0.

Beweis:
Aus $x_n \to x_0$ $(x_n \in A)$ folgt $f(x_n) \to f(x_0)$, also

$$(g \circ f)(x_n) = g(f(x_n)) \quad \to \quad g(f(x_0)) = (g \circ f)(x_0),$$

d.h. $g \circ f$ ist stetig in x_0. □

Beispiel 1.55:
Wir fragen uns, ob

$$h(x) = \sqrt{x^2 + 1}$$

stetig auf $\mathbb{R}$ ist. Mit $f(x) = x^2 + 1$, $g(y) = \sqrt{y}$, kann man schreiben:

$$h(x) = g(f(x)) = (g \circ f)(x).$$

Da f stetig auf $\mathbb{R}$ ist und g stetig auf $[0, \infty)$, so ist h stetig auf $\mathbb{R}$.

1.6.5 Maximum und Minimum stetiger Funktionen

Häufig ist nach dem größten oder kleinsten Wert einer Funktion gefragt.

Es interessiert etwa der höchste Punkt einer Flugbahn oder der niedrigste Punkt eines durchhängenden Hochspannungsdrahtes. Der folgende grundlegende Satz gibt Auskunft über die Existenz solcher größten oder kleinsten Werte, also der Maxima und Minima einer Funktion. Doch zunächst einige Bezeichnungen.

Intervalle der Form $[a, b]$ werden *kompakte Intervalle* genannt. *Kompakte* Intervalle sind also nichts anderes als *beschränkte abgeschlossene* Intervalle. Nicht kompakt sind z.B. die Intervalle (a, b), $(a, b]$, $[a, \infty)$, $\mathbb{R}$.

Wir nennen eine reelle Funktion $f : A \to \mathbb{R}$ *nach oben beschränkt*, wenn es eine Zahl C gibt mit

$$f(x) \leq C \quad \text{für alle } x \in A.$$

C heißt eine *obere Schranke* von f. Die kleinste obere Schranke von f heißt das *Supremum von f* und wird so beschrieben:

$$\sup_{x \in A} f(x) .$$

Entsprechend wird *nach unten beschränkt* und *untere Schranke* definiert ($\geq$ statt $\leq$). Die größte untere Schranke von f heißt *Infimum von f* und wird durch

$$\inf_{x \in A} f(x)$$

symbolisiert. $f : A \to \mathbb{R}$ heißt *beschränkt*, wenn f nach oben *und* nach unten beschränkt ist.

Gibt es ein $x_0 \in A$, so daß $f(x_0)$ gleich dem Supremum von f ist, d.h. daß

$$f(x) \leq f(x_0) \quad \text{für alle } x \in A$$

gilt, so heißt $f(x_0)$ das *Maximum* von f, in Formeln ausgedrückt

$$\max_{x \in A} f(x) = f(x_0) .$$

x_0 wird dabei eine *Maximalstelle* von f genannt. Entsprechend werden *Minimum* von f,

$$\min_{x \in A} f(x) ,$$

und *Minimalstelle* definiert.

Beispiel 1.56:
Die Funktion

$$f(x) = x^2$$

mit Definitionsbereich $[-1, 1]$ hat offenbar eine Minimalstelle bei 0 und zwei Maximalstellen bei -1 und 1. Es gilt also

$$\min_{x \in [-1,1]} f(x) = f(0) = 0 , \quad \max_{x \in [-1,1]} f(x) = f(1) = f(-1) = 1 .$$

Beispiel 1.57:
Schränkt man die obige Funktion $f(x) = x^2$ ein auf den Definitionsbereich $(-1, 1)$, so bleibt das Minimum erhalten, doch ein Maximum besitzt sie nicht mehr! Es ist zwar $f(x) < 1$ für alle $x \in (-1,1)$, aber niemals $= 1$. $f(x)$ kommt allerdings der 1 beliebig nahe, wenn $x < 1$ nahe genug an 1 liegt. Somit gilt

$$\sup_{x \in (-1,1)} f(x) = 1 ,$$

wobei statt sup nicht max gesetzt werden darf!

Beispiel 1.58:

Die Funktion $f(x) = 1/x$ mit Definitionsbereich $(0, 1]$ ist offenbar unbeschränkt, genauer *unbeschränkt nach oben*. Nach unten ist sie natürlich beschränkt, denn es ist $\min\limits_{x\in(0,1]} f(x) = 1$.

Ist eine Funktion $f : A \to \mathbb{R}$ *nach oben* bzw. *nach unten unbeschränkt*, so beschreiben wir dies durch

$$\sup_{x\in A} f(x) = \infty \quad \text{bzw.} \quad \inf_{x\in A} f(x) = -\infty\,. \tag{1.83}$$

In den letzten beiden Beispielen 1.57 und 1.58 existieren keine Maxima. Der Definitionsbereich ist hier beide Male nicht kompakt. Andererseits hatten wir in Beispiel 1.56 einen kompakten Definitionsbereich, und prompt existieren auch das Maximum wie auch das Minimum. Das läßt folgenden Satz vermuten:

Satz 1.25:

(*Satz vom Maximum*) Jede stetige Funktion f auf einem kompakten Intervall $[a, b]$ ist beschränkt und besitzt sowohl Maximum wie Minimum. D.h. es gibt Elemente x_0 und x_1 in $[a, b]$ mit

$$f(x_0) \le f(x) \le f(x_1) \quad \text{für alle } x \in [a, b]. \tag{1.84}$$

Beweis:

(I) Wir nehmen an: f ist nach oben nicht beschränkt. Dann kann man zu jedem $n \in \mathbb{N}$ ein $x_n \in [a, b]$ finden mit $f(x_n) > n$. So entsteht eine Folge (x_n) aus $[a, b]$. Da die Folge (x_n) beschränkt ist, besitzt sie eine konvergente Teilfolge $(x_{n_k})_{k\in\mathbb{N}}$ (nach dem Satz von Bolzano-Weierstraß). Ihr Grenzwert sei $\overline{x}$. Da f stetig ist, gilt damit

$$\lim_{k\to\infty} f(x_{n_k}) = f(\overline{x})\,.$$

Andererseits ist wegen $f(x_{n_k}) > n_k$:

$$\lim_{k\to\infty} f(x_{n_k}) = \infty\,.$$

Beides kann nicht sein. Also war unsere Annahme falsch, und f ist nach oben beschränkt. Die Beschränktheit nach unten ergibt sich analog.

(II) Wir zeigen nun, daß f ein Maximum besitzt. Da f beschränkt ist, existiert jedenfalls das Supremum

$$\sup_{x\in[a,b]} f(x) =: s\,.$$

Zu jedem $n \in \mathbb{N}$ gibt es damit einen Wert $f(x)$ mit $s - \frac{1}{n} < f(x) \le s$. Statt x schreiben wir hier

x_n. So entsteht eine Folge (x_n) in $[a, b]$ mit

$$s - \frac{1}{n} < f(x_n) \le s, \quad \text{also} \quad \lim_{n\to\infty} f(x_n) = s. \tag{1.85}$$

(x_n) besitzt eine konvergente Teilfolge (x_{n_k}) (nach Bolzano-Weierstraß). Ihr Grenzwert sei $\overline{x}$. Da f stetig ist, gilt

$$\lim_{k\to\infty} f(x_{n_k}) = f(\overline{x}).$$

Nach (1.85) ist dieser Grenzwert aber gleich s, also

$$f(\overline{x}) = s,$$

d.h. $\overline{x}$ ist eine Maximalstelle und s das Maximum von f.

Die Existenz des Minimums von f wird analog gezeigt. □

Bemerkung: Der bewiesene Satz ist Grundlage für *Extremalprobleme*, also Probleme, bei denen nach Maximum oder Minimum gesucht wird. Er ist überdies wichtiges Hilfsmittel beim Beweis des Mittelwertsatzes der Differentialrechnung. Sein Wert liegt mehr im Theoretischen.

Übung 1.36:

Gib für die folgenden Funktionen an, ob sie nach oben oder unten beschränkt sind, und berechne gegebenenfalls ihre Suprema, Infima, Maximal- und Minimalstellen!

a) $f(x) = x^2 - 10x + 22$; $f : \mathbb{R} \to \mathbb{R}$;

b) $g(x) = 2x - 5$; $g : [0, 10) \to \mathbb{R}$;

c) $h(x) = x^4 - 2x^2 + 3$; $h : [0, 2] \to \mathbb{R}$;

d) $k(x) = \frac{1}{x^3}$; $k : (0, \infty) \to \mathbb{R}$.

1.6.6 Gleichmäßige Stetigkeit

Dieser Abschnitt kann beim ersten Lesen überschlagen werden. Er stellt ein Hilfsmittel bereit, welches wir später in Beweisen benötigen, z.B. beim Beweis der Tatsache, daß stetige Funktionen integrierbar sind.

Das Hilfsmittel, wovon hier die Rede ist, ist der Begriff der *gleichmäßigen Stetigkeit*.

Erinnern wir uns noch einmal daran, was es heißt, daß eine Funktion f auf einer Menge $A \subset \mathbb{R}$ stetig ist. Das bedeutet nach Satz 1.19:

Zu jedem $x_0 \in A$ und zu jedem $\varepsilon > 0$ existiert ein $\delta > 0$ mit der Eigenschaft

$$|x - x_0| < \delta \text{ und } x \in A \quad \Rightarrow \quad |f(x) - f(x_0)| < \varepsilon. \tag{1.86}$$

Hierbei hängt δ von ε *und* x_0 ab, so daß wir statt δ auch $\delta(x_0, \varepsilon)$ schreiben wollen. D.h. für verschiedene x_0 sind die $\delta(x_0, \varepsilon)$ möglicherweise verschieden, selbst wenn die ε dabei gleich

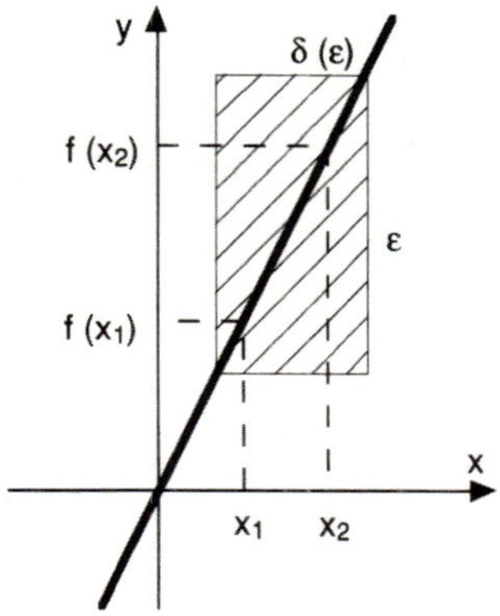

Fig. 1.40: Gleichmäßige Stetigkeit von Geraden

sind. Ein Beispiel hierfür ist die Funktion $f(x) = 1/x$ auf $(0, 1]$, wie wir im nächsten Beispiel genauer sehen werden. Hier müssen die $\delta(x_0, \varepsilon)$ von x_0 zu x_0 verschieden gewählt werden bei fest gewähltem $\varepsilon > 0$.

Andererseits gibt es aber viele Funktionen, bei denen $\delta > 0$ so gewählt werden kann, daß es *nur von* $\varepsilon > 0$ *abhängt* und *nicht von* x_0. Wir schreiben in diesen Fällen $\delta(\varepsilon)$ statt δ.

Die einfachsten Funktionen, bei denen dies der Fall ist, sind die *Geraden*. Für die Gerade $f(x) = 2x (x \in \mathbb{R})$ überlegt man sich zum Beispiel: Zu beliebigem $\varepsilon > 0$ wähle man $\delta(\varepsilon) = \varepsilon/2$. Dann gilt für alle $x_1, x_2 \in \mathbb{R}$:

$$|x_1 - x_2| < \delta(\varepsilon) = \frac{\varepsilon}{2} \quad \Rightarrow \quad |f(x_1) - f(x_2)| < \varepsilon \,.$$

Anhand des Graphen von f wird dies sofort klar, s. Fig. 1.40.

Die beschriebene Eigenschaft, also die *Unabhängigkeit der Zahl* $\delta(\varepsilon)$ *von* x_0, heißt *gleichmäßige Stetigkeit* der Funktion f. Zusammengefaßt:

Definition 1.19:
Eine reellwertige Funktion f heißt *gleichmäßig stetig* auf A $(A \subset D(f) \subset \mathbb{R})$, wenn folgendes gilt:

Zu jedem $\varepsilon > 0$ gibt es ein $\delta > 0$, so daß für alle $x_1, x_2 \in A$ mit $|x_1 - x_2| < \delta$ stets

$$|f(x_1) - f(x_2)| < \varepsilon \tag{1.87}$$

gilt.

f heißt eine *gleichmäßig stetige Funktion*, wenn f auf dem gesamten Definitionsbereich $D(f)$ gleichmäßig stetig ist.

Es gilt nun der fundamentale

Satz 1.26:
Auf kompakten Intervallen sind stetige Funktionen gleichmäßig stetig.

Beweis:
Es sei f stetig auf $[a, b]$. Wir nehmen an, daß f nicht gleichmäßig stetig auf $[a, b]$ ist, und führen dies zum Widerspruch. Für f soll also die *Verneinung* von (1.87) zutreffen, d.h. es gibt ein ε_0, so daß es *kein* $\delta > 0$ gibt in der in (1.87) beschriebenen Art. Das bedeutet aber:

$$\left.\begin{array}{l}\text{Es gibt ein } \varepsilon_0 > 0, \text{ so daß } \textit{für jedes } \delta > 0 \\ \text{zwei Punkte } x_1, x_2 \in [a, b] \text{ mit } |x_1 - x_2| < \delta \\ \text{existieren, für die} \\ \qquad |f(x_1) - f(x_2)| \geq \varepsilon_0 \\ \text{ist.}\end{array}\right\} \tag{1.88}$$

Wir wählen dabei $\delta = \frac{1}{n}$ für $n = 1,2,3,4, \ldots$ und nennen die zugehörigen x_1, x_2-Werte kurz $x_{1,n}, x_{2,n}$. Die Folge $(x_{1,n})$ ist beschränkt, besitzt also eine konvergente Teilfolge $(x_{1,n_k})_{k \in \mathbb{N}}$. Ihr Grenzwert sei $\overline{x}$. Wegen $|x_{1,n_k} - x_{2,n_k}| < 1/n_k$ konvergiert auch (x_{2,n_k}) gegen $\overline{x}$. Wegen der Stetigkeit von f gilt

$$\lim_{k \to \infty} f(x_{1,n_k}) = f(\overline{x}) = \lim_{k \to \infty} f(x_{2,n_k}) .$$

Das steht aber im Widerspruch zu $|f(x_{1,n_k}) - f(x_{2,n_k})| \geq \varepsilon_0$. Also ist f gleichmäßig stetig auf $[a, b]$. □

Bemerkung: Im Beweis wurde gar nicht benutzt, daß der Definitionsbereich von f ein *Intervall* ist. Es wurde lediglich verwendet, daß er *beschränkt* ist und *alle seine Häufungspunkte* besitzt. Eine Zahlenmenge mit dieser Eigenschaft wird *kompakt* genannt. Jede Vereinigung endlich vieler kompakter Intervalle ist z.B. kompakt, jede endliche Zahlenmenge auch, wie auch die Menge $\left\{0, 1, \frac{1}{2}, \frac{1}{3}, \frac{1}{4}, \ldots\right\}$. Der Satz 1.26 läßt sich damit allgemeiner so formulieren: *Auf kompakten Zahlenmengen sind stetige Funktionen stets gleichmäßig stetig.*

Beispiele für gleichmäßig stetige Funktionen gibt es nach Satz 1.26 wie Sand am Meer. Im Folgenden betrachten wir daher eine ungleichmäßig stetige Funktion.

Beispiel 1.59:
Die Funktion

$$f(x) = \frac{1}{x} \quad \text{(s. Fig. 1.41)}$$

ist auf $(0, 1]$ nicht gleichmäßig stetig. Denn für $\varepsilon_0 = 1$ gilt: Für jedes $\delta > 0$ gibt es zwei Punkte $x_1, x_2 \in (0,1]$ mit $|x_1 - x_2| < \delta$ und $|f(x_1) - f(x_2)| \geq 1$. Es genügt dabei $\delta < 1$ zu betrachten,

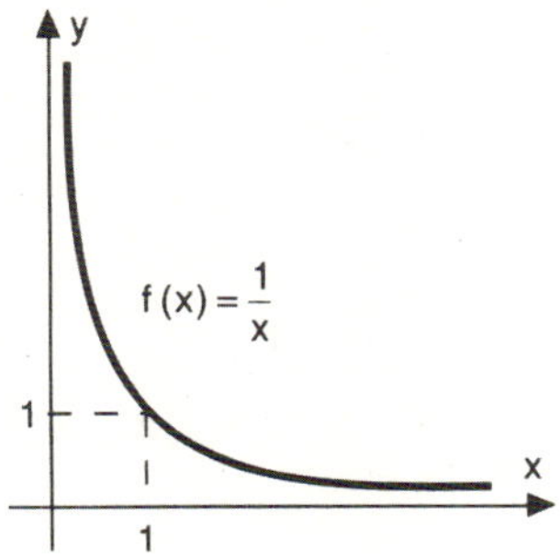

Fig. 1.41: Ungleichmäßige Stetigkeit

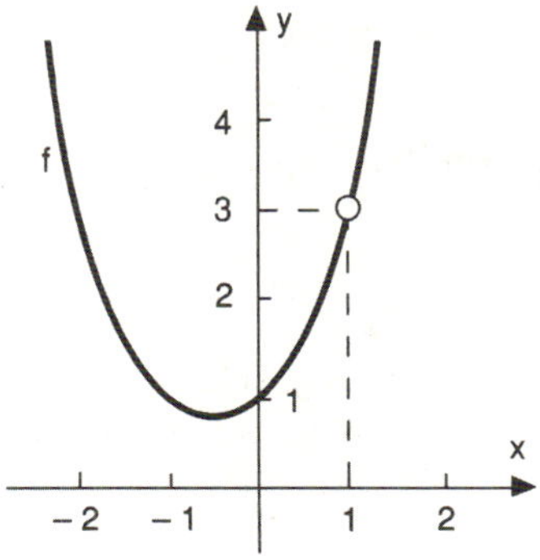

Fig. 1.42: $f(x) = \frac{x^3-1}{x-1}$

denn für größere δ gilt dann die erwähnte Aussage erst recht. Der Beweis der Aussage verläuft so: Man wähle $x_2 = \delta$ und $x_1 = \delta/2$. Sie erfüllen die Ungleichung $|x_1 - x_2| < \delta$ und

$$|f(x_1) - f(x_2)| = \left|\frac{1}{x_1} - \frac{1}{x_2}\right| = \left|\frac{2}{\delta} - \frac{1}{\delta}\right| = \frac{1}{\delta} > 1\,.$$

Also ist f ungleichmäßig stetig auf $(0, 1]$.

Übung 1.37*:

Welche der folgenden Funktionen sind gleichmäßig stetig auf $(0,1)$ und welche nicht?

a) $f(x) = \sqrt{1-x^2}$, b) $g(x) = x + x^{-2} + x^3$,

c) $h(x) = \begin{cases} 2x\,, & \text{für } 0 < x \le \frac{1}{2} \\ -2x+2\,, & \text{für } \frac{1}{2} < x < 1 \end{cases}$, d) $k(x) = \lim\limits_{n\to\infty} \dfrac{2x}{\left(\frac{x}{2}\right)^n + 1}$.

1.6.7 Grenzwerte von Funktionen

Beispiel 1.60:
Zur Einführung betrachten wir die Funktion

$$f(x) = \frac{x^3 - 1}{x - 1} \quad \text{(s. Fig. 1.42)}$$

die für alle $x \in \mathbb{R}$ mit Ausnahme von 1 definiert ist. Denn für $x = 1$ ist der Nenner Null und damit der Bruch sinnlos.

Skizziert man die Funktion im Koordinatensystem, so erlebt man eine Überraschung: Der Ausnahmepunkt $x = 1$ scheint gar keine echte Ausnahme zu sein: Würde man für $x = 1$ den Funktionswert $y = 3$ einfügen, so würde eine durchweg stetige Funktion entstehen. Wir können dies übrigens auch algebraisch schnell einsehen: Ein Vergleich mit der geometrischen Summenformel zeigt nämlich, daß

$$f(x) = \frac{x^3 - 1}{x - 1} = 1 + x + x^2$$

für $x \neq 1$ gilt. Die rechte Seite der Gleichungskette stellt aber eine stetige Funktion $\overline{f}(x) = 1 + x + x^2$ für alle $x \in \mathbb{R}$ dar. Sie ist die *stetige Erweiterung* von f auf $\mathbb{R}$. Man sagt auch: f ist (durch $\overline{f}$) stetig in $x = 1$ erweitert worden.

Das bedeutet aber: Für jede gegen 1 konvergente Folge (x_n), mit $x_n \neq 1$ für alle n, gilt

$$\lim_{n\to\infty} f(x_n) = 3\,.$$

Diesen Sachverhalt beschreibt man kurz durch

$$\lim_{x\to 1} f(x) = 3\,.$$

Beispiele dieser Art führen uns zu folgenden Vereinbarungen:

Eine Zahl x_0 heißt *Häufungspunkt* einer Menge $D \subset \mathbb{R}$, wenn in jeder ε-Umgebung von x_0 unendlich viele Zahlen aus D liegen.

Definition 1.20:

Es sei $f : D \to \mathbb{R}$ eine Funktion und x_0 ein Häufungspunkt des Definitionsbereiches D. Man sagt, $f(x)$ *konvergiert für* $x \to x_0$ *gegen den Grenzwert* c, wenn für jede Folge (x_n) aus D mit

$$\lim_{n\to\infty} x_n = x_0\,, \quad \text{und} \quad x_n \neq x_0 \text{ für alle } n$$

stets folgt:

$$\lim_{n\to\infty} f(x_n) = c\,.$$

Man beschreibt diesen Sachverhalt kurz durch

$$\lim_{x\to x_0} f(x) = c\,. \tag{1.89}$$

In Definition 1.20 können wir drei Fälle unterscheiden:

1. Fall: $x_0 \notin D$
2. Fall: $x_0 \in D$ und $f(x_0) \neq c$
3. Fall: $x_0 \in D$ und $f(x_0) = c$

Der erste Fall entspricht unserem Beispiel 1.60. Für $c \in \mathbb{R}$ können wir in diesem Falle f erweitern zu einer Funktion $\overline{f}$, die in x_0 den Wert $\overline{f}(x_0) = c$ hat und sonst mit f übereinstimmt, also

$$\overline{f}(x) = \begin{cases} c\,, & \text{für } x = x_0 \\ f(x)\,, & \text{für } x \neq x_0,\, x \in D. \end{cases} \tag{1.90}$$

Nun bedeutet $\lim\limits_{x\to x_0} f(x) = c$ daß $\overline{f}$ in x_0 stetig ist.

Man nennt $\overline{f}$ die *stetige Erweiterung von* f in x_0, oder man sagt auch: f *ist in* x_0 *stetig ergänzt worden*.

Auch im 2. Fall können wir die Funktion $\overline{f}$ nach (1.90) bilden. Sie unterscheidet sich von f nur in x_0. Dabei bedeutet $\lim\limits_{x\to x_0} f(x) = c$ daß $\overline{f}$ in x_0 stetig ist, f aber nicht!

Im 3. Fall $f(x_0) = c$ bedeutet $\lim\limits_{x\to x_0} f(x) = c$ offenbar nichts anderes als die Stetigkeit von f in x_0, also

$$f \text{ stetig in } x_0 \quad \Leftrightarrow \quad \lim_{x\to x_0} f(x) = f(x_0)\,. \tag{1.91}$$

Wir fassen zusammen:

Folgerung 1.16:

Es sei $f : D \to \mathbb{R}$ eine Funktion und x_0 ein Häufungspunkt von D. Dann bedeutet

$$\lim_{x\to x_0} f(x) = c\,, \tag{1.92}$$

daß die Funktion

$$\overline{f}(x) = \begin{cases} c\,, & \text{für } x = x_0, \\ f(x)\,, & \text{für } x \neq x_0,\, x \in D \end{cases} \tag{1.93}$$

stetig in x_0 ist. In den beiden ersten Fällen, die erläutert wurden ($x_0 \notin D$ bzw. $x_0 \in D$, $f(x_0) \neq c$), ist $\overline{f}$ *stetige* Erweiterung bzw. *stetige Abänderung* von f in x_0. Im 3. Fall ist $f = \overline{f}$.

Auf der Grundlage der Definition 1.20 sind wir nun in der Lage, den bislang laut Definition 1.17 nur auf Punkte des Definitionsbereiches D beschränkten Begriffs der Unstetigkeit auch auf alle Häufungspunkte von D zu erweitern. In diesem Sinne heißt eine Funktion f in einem Häufungspunkt x_0 von D unstetig, wenn f in x_0 nicht stetig ergänzbar ist.

Der oben diskutierte Zusammenhang mit der Stetigkeit, der ja besagt, daß $\lim\limits_{x\to x_0} f(x) = c$ nichts anderes heißt als die Stetigkeit von $\overline{f}$, gestattet es, alle Regeln über stetige Funktionen in einem Punkt auf $\lim\limits_{x\to x_0} f(x)$ sinngemäß zu übertragen.

Aus Satz 1.19, Abschn. 1.6.2, erhält man daher

Folgerung 1.17:
Es sei x_0 Häufungspunkt des Definitionsbereiches einer reellwertigen Funktion f. Dann bedeutet

$$\lim_{x \to x_0} f(x) = c$$

folgendes

$$\left.\begin{array}{l}\text{Zu jedem } \varepsilon > 0 \text{ gibt es ein } \delta > 0, \text{ so daß für} \\ \text{alle } x \in D \text{ mit } x \neq x_0 \text{ und } |x - x_0| < \delta \text{ gilt:} \\ \qquad |f(x) - c| < \varepsilon. \end{array}\right\} \tag{1.94}$$

Satz 1.22, Abschn. 1.6.4, liefert

Folgerung 1.18:

Es sei x_0 Häufungspunkt des Definitionsbereiches einer Funktion f wie auch einer Funktion g. Existieren die Grenzwerte

$$\lim_{x \to x_0} f(x) = c \quad \text{und} \quad \lim_{x \to x_0} g(x) = d\,,$$

so existieren auch die folgenden, links stehenden Grenzwerte und erfüllen die Gleichungen

$$\lim_{x \to x_0} (f(x) \pm g(x)) = \lim_{x \to x_0} f(x) \pm \lim_{x \to x_0} g(x) \tag{1.95}$$

$$\lim_{x \to x_0} (f(x) \cdot g(x)) = \lim_{x \to x_0} f(x) \cdot \lim_{x \to x_0} g(x)\,. \tag{1.96}$$

Im Falle $\lim\limits_{x \to x_0} g(x) \neq 0$ gilt auch

$$\lim_{x \to x_0} \frac{f(x)}{g(x)} = \frac{\lim\limits_{x \to x_0} f(x)}{\lim\limits_{x \to x_0} g(x)}\,, \tag{1.97}$$

wobei nur solche x aus dem Definitionsbereich von g zu betrachten sind, die in einer so kleinen ε-Umgebung von x_0 liegen, daß dort stets $g(x) \neq 0$ gilt.

Zu letzterem überlegt man sich, wie im Beweis von Satz 1.22, daß es in der Tat eine ε–Umgebung von x_0 gibt, in der überall $g(x) \neq 0$ ist.

Übung 1.38*:

Berechne

$$\text{a)}\ \lim_{x\to 2}\frac{x^2-5x+6}{x^2+3x-10},\quad \text{b)}\ \lim_{x\to 5}\frac{x^2-25}{x-5},\quad \text{c)}\ \lim_{x\to 1}\frac{x^2+x-2}{\sqrt{x}-1},\quad \text{d)}\ \lim_{x\to 3}\frac{x^2-4x+3}{x^2-5x+6}.$$

1.6.8 Pole und Grenzwerte im Unendlichen

In diesem Abschnitt wollen wir den Grenzwertbegriff bei Funktionen auf den Fall erweitern, daß $\pm\infty$ anstelle von c oder x_0 steht. Bei Resonanzvorgängen oder Einschwingvorgängen spielt dies z.B. eine Rolle. (Trotzdem mag dieser Abschnitt vom Leser zunächst übergangen werden. Bei Bedarf kann hier nachgeschlagen werden.)

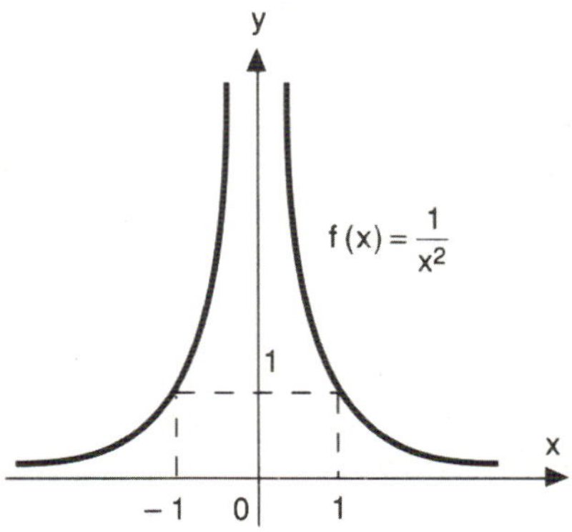

Fig. 1.43: Pol

Beispiel 1.61:
Die Funktion

$$f(x) = \frac{1}{x^2}$$

ist definiert auf $\mathbb{R}\setminus\{0\}$ (d.h. für alle reellen $x \neq 0$). Fig. 1.43 zeigt, daß sie in der Nähe von $x = 0$ beliebig große Werte annimmt. 0 ist sicherlich dabei ein Häufungspunkt des Definitionsbereiches $\mathbb{R}\setminus\{0\}$. Den in Fig. 1.43 skizzierten Sachverhalt beschreibt man durch

$$\lim_{x\to 0} f(x) = \infty\,.$$

Allgemein vereinbaren wir:

Definition 1.21:

Es sei x_0 Häufungspunkt des Definitionsbereiches einer reellen Funktion f. Man sagt, $f(x)$ *strebt für* $x \to x_0$ *gegen* ∞, wenn für jede Folge (x_n) des Definitionsbereiches mit $x_n \to x_0$, $x_n \neq x_0$ folgendes gilt:

$$\lim_{n\to\infty} f(x_n) = \infty\,.$$

Diesen Sachverhalt symbolisiert man durch

$$\lim_{x\to x_0} f(x) = \infty\,. \tag{1.98}$$

Entsprechend definiert man

$$\lim_{x\to x_0} f(x) = -\infty \quad \text{und} \quad \lim_{x\to x_0} |f(x)| = \infty\,. \tag{1.99}$$

In all diesen Fällen nennt man x_0 einen *Pol* von f.

Folgerung 1.19:

(a) x_0 sei Häufungspunkt des Definitionsbereiches D von f. Dann bedeutet

$$\lim_{x\to x_0} f(x) = \infty \tag{1.100}$$

folgendes:

$$\left.\begin{array}{l}\text{Zu jedem } M > 0 \text{ gibt es ein } \delta > 0, \text{ so daß für}\\ \text{alle } x \in D \text{ mit } x \neq x_0 \text{ und } |x - x_0| < \delta \text{ gilt:}\\ \qquad f(x) > M\,.\end{array}\right\} \tag{1.101}$$

(b) Für $\lim\limits_{x\to x_0} f(x) = -\infty$ gilt entsprechendes. Man hat nur $f(x) < -M$ statt $f(x) > M$ zu setzen.

Der Beweis wird analog wie der Beweis von Satz 1.19, Abschn. 1.6.2, geführt. Er bleibt dem Leser überlassen.

Definition 1.22:

(a) Der Definitionsbereich D von $f : D \to \mathbb{R}$ sei nach oben unbeschränkt. Man sagt, $f(x)$ *strebt für* $x \to \infty$ *gegen eine Zahl* c, wenn für jede Folge (x_n) aus D mit $x_n \to \infty$ gilt

$$\lim_{n\to\infty} f(x_n) = c\,.$$

In Formeln beschreibt man dies durch

$$\lim_{x\to\infty} f(x) = c\,. \tag{1.102}$$

Ist D nach unten unbeschränkt, so definiert man entsprechend

$$\lim_{x \to -\infty} f(x) = c\,. \tag{1.103}$$

(b) Anstelle von c kann auch ∞ oder $-\infty$ stehen. Alles andere wird entsprechend formuliert.

Es wird schon etwas langweilig, aber auch hier gilt eine zu Folgerung 1.19 analoge Aussage:

Folgerung 1.20:
Unter den Voraussetzungen von Definition 1.22 bedeutet

(a) $\lim\limits_{x \to \infty} f(x) = c$:

$$\left.\begin{array}{l}\text{Zu jedem } \varepsilon > 0 \text{ gibt es ein } R > 0, \text{ so daß für} \\ \text{alle } x \in D \text{ mit } x > R \text{ gilt:} \\ \qquad |f(x) - c| < \varepsilon.\end{array}\right\} \tag{1.104}$$

(b) $\lim\limits_{x \to \infty} f(x) = \infty$:

$$\left.\begin{array}{l}\text{Zu jedem } M > 0 \text{ gibt es ein } R > 0, \text{ so daß für} \\ \text{alle } x \in D \text{ mit } x > R \text{ gilt:} \\ \qquad f(x) > M.\end{array}\right\} \tag{1.105}$$

Für $-\infty$ anstelle von ∞, sowohl unter dem Limeszeichen wie rechts vom Gleichheitszeichen, hat man nur $x < -R$ bzw. $f(x) < -M$ an den entsprechenden Stellen einzusetzen.

Beispiel 1.62:
Für

$$f(x) = \frac{3x^3 + 2x - 1}{2x^3 + 6}, \quad \text{für } x > 0,$$

gilt

$$\lim_{x \to \infty} f(x) = \frac{3}{2}, \tag{1.106}$$

denn mit beliebiger Folge $x_n \to \infty (x_n > 0)$ erhält man

$$f(x_n) = \frac{3x_n^3 + 2x_n - 1}{2x_n^3 + 6} = \frac{3 + \frac{2}{x_n^2} - \frac{1}{x_n^3}}{2 + \frac{6}{x_n^3}} \to \frac{3 + 0 - 0}{2 + 0} = \frac{3}{2}\,.$$

Beispiel 1.63:

Die Funktion $f(x) = 3x^2 + 9$ erfüllt zweifellos $\lim\limits_{x\to\infty} f(x) = \infty$.

1.6.9 Einseitige Grenzwerte, Unstetigkeiten

Definition 1.23:

(a) Es sei $f : D \to \mathbb{R}$ eine Funktion und x_0 ein Häufungspunkt des *rechts* von x_0 liegenden Teils von D, also von $D_{x_0}^+ = \{x > x_0 \mid x \in D\}$. Dann bedeutet

$$f(x_0+) := \lim_{\substack{x\to x_0 \\ x>x_0}} f(x) = c\,, \tag{1.107}$$

daß für jede Folge (x_n) aus D mit $x_n > x_0$ und $x_n \to x_0$ gilt:

$$\lim_{n\to\infty} f(x_n) = c\,. \tag{1.108}$$

c heißt dabei der *rechtsseitige Grenzwert von f in x_0*.

(b) Völlig analog wird der *linksseitige Grenzwert von f in x_0* erklärt:

$$f(x_0-) := \lim_{\substack{x\to x_0 \\ x<x_0}} f(x) = c\,.$$

Statt c kann auch ∞ oder $-\infty$ stehen. Die entsprechenden Formulierungen mit ε und δ (bzw. M und δ im Falle $\pm\infty$) werden völlig analog zu denen in Folgerung 1.17 und Folgerung 1.19 gebildet.

Beispiel 1.64:

Die *Sägezahnkurve*, wie in Fig. 1.44 skizziert, spielt in der Fernsehtechnik eine wichtige Rolle. Sie wird beschrieben durch

$$f(x) = \begin{cases} x - n\,, & \text{für } n - \frac{1}{2} < x < n + \frac{1}{2},\ n \text{ ganz} \\ 0\,, & \text{für } x = n + \frac{1}{2},\ n \text{ ganz.} \end{cases}$$

Sie ist unstetig in $\pm\frac{1}{2}, \pm\frac{3}{2}, \pm\frac{5}{2}, \ldots$ usw.

Doch gilt z.B. in $x_0 = \frac{1}{2}$:

$$\lim_{\substack{x\to 1/2 \\ x<1/2}} f(x) = \frac{1}{2} \qquad \text{(linksseitig)}$$

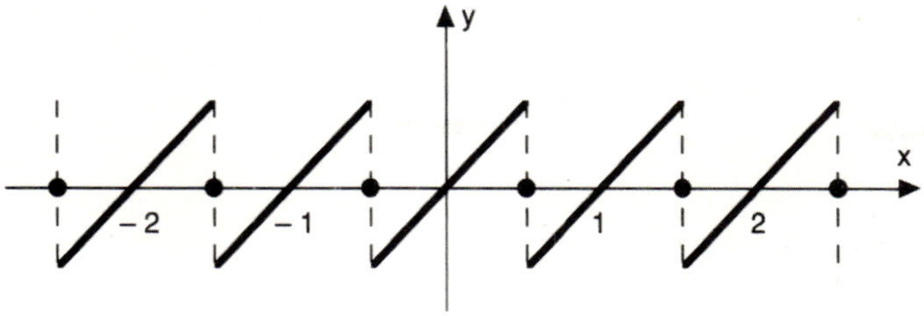

Fig. 1.44: Sägezahnkurve

und

$$\lim_{\substack{x \to -1/2 \\ x > 1/2}} f(x) = -\frac{1}{2} \qquad \text{(rechtsseitig)}$$

Entsprechendes trifft in den anderen Punkten $x_0 = \frac{1}{2} + n$ (n ganz) zu. Man sagt, daß f in diesen Punkten *Sprünge* hat.

Unstetigkeitsstellen: Die *Sprünge* in der Sägezahnkurve sind Unstetigkeitsstellen, wie sie häufig vorkommen. Wir vereinbaren allgemein:

Eine reelle Funktion $f : D \to \mathbb{R}$ hat einen *Sprung* in x_0, wenn rechtsseitiger Grenzwert $f(x_0+)$ und linksseitiger Grenzwert $f(x_0-)$ existieren, aber verschieden sind. Dabei heißt

$$f(x_0+) - f(x_0-)$$

die *Sprunghöhe* von f in x_0.

Eine Funktion $f : I \to \mathbb{R}$ (I Intervall), die in jedem beschränkten Teilintervall von I höchstens endlich viele Sprünge hat, sonst aber stetig ist, heißt *stückweise* stetig. Die *Sägezahnkurve* wie auch die *Heaviside-Funktion* (Beispiel 1.27, Abschn. 1.3.3) sind stückweise stetig.

Neben den Sprüngen haben wir *Pole* als Unstetigkeitsstellen kennengelernt. Hinzu kommen *Polwechsel* von $-\infty$ auf $+\infty$, die bei

$$\lim_{\substack{x \to x_0 \\ x < x_0}} f(x) = -\infty \quad \text{und} \quad \lim_{\substack{x \to x_0 \\ x > x_0}} f(x) = \infty$$

vorliegen. (*Polwechsel* von ∞ auf $-\infty$ analog.)

Ein Sprung von $-\infty$ auf ∞ liegt für $f(x) = 1/x$ ($x \neq 0$) im Punkt $x_0 = 0$ vor.

Eine weitere Art von Unstetigkeitsstellen sind sogenannte *Oszillationsstellen*, s. Fig. 1.45. Eine solche Stelle wird z.B. durch

$$f(x) = \sin\frac{1}{x}, \quad x \neq 0,$$

beschrieben. (Die Funktion sin wird später im Abschn. 2.3.2 behandelt.)

Wir haben an Unstetigkeitsstellen bisher behandelt:

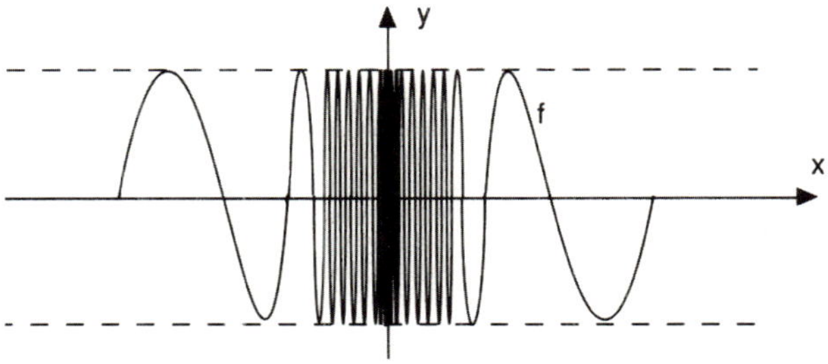

Fig. 1.45: Oszillationsstelle

Sprünge, *Pole* und *Polwechsel*, *Oszillationsstellen*.

Natürlich gibt es noch viele andere Unstetigkeitsstellen (unbeschränkte Oszillationen, sich häufende Unstetigkeitsstellen und vieles mehr), doch kommen in der Praxis hauptsächlich die drei genannten Typen vor.

2 Elementare Funktionen

2.1 Polynome

2.1.1 Allgemeines

Unter einem *Polynom n-ten Grades* versteht man eine Funktion der Form

$$f(x) = a_0 + a_1x + a_2x^2 + \ldots + a_nx^n\,, \quad \text{mit } a_n \neq 0.$$

(Statt Polynom sagt man auch *ganzrationale* Funktion.) Die Zahlen a_0, a_1, $\ldots$, a_n heißen die *Koeffizienten* des Polynoms. Der Definitionsbereich von f ist die gesamte reelle Achse.

Die Funktion $f : \mathbb{R} \to \mathbb{R}$ mit $f(x) = 0$ (für alle $x \in \mathbb{R}$) heißt das *Nullpolynom*. Ihr wird kein Grad zugeschrieben.

Für $n = 0$, 1 oder 2 erhält man z.B. die Polynome:

$n = 0: \ f(x) = a_0\,,$ *konstante Funktionen* $\neq 0$,

$n = 1: \ f(x) = a_0 + a_1x\,,$ *Geraden, steigend oder fallend,*

$n = 2: \ f(x) = a_0 + a_1x + a_2x^2\,,$ *quadratische Polynome,*

Zur Beschreibung technischer Sachverhalte werden Polynome vielfach verwendet.

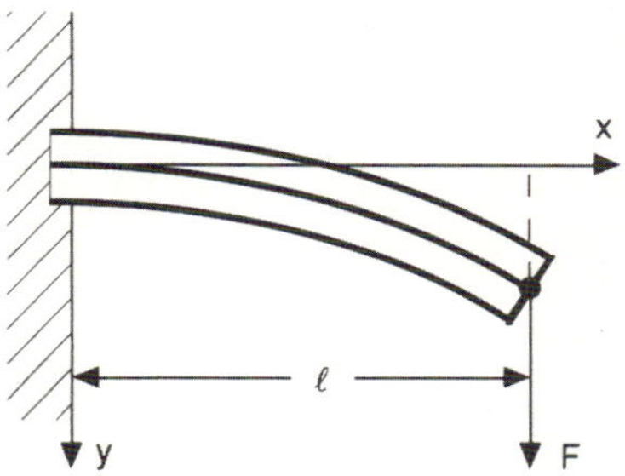

Fig. 2.1: Biegelinie eines Balkens

Beispiel 2.1:
Biegelinie eines einseitig eingespannten Trägers (s. Fig. 2.1) wird beschrieben durch

$$y = \frac{F}{6E \cdot I}(3lx^2 - x^3)\,.$$

Dabei ist $E \cdot I$ die Biegesteifigkeit, F eine Last am freien Ende des Trägers und l seine Länge.

Oft ist auch nach den *Nullstellen* von Polynomen gefragt, da sie Lösungen technischer Probleme darstellen können, z.B. bei der Ermittlung von Gleichgewichtslagen, Resonanzen, Schwingungsfrequenzen und Instabilitäten. Schließlich sind die Polynome von großer Bedeutung als *Näherungsfunktionen* für komplizierte Funktionen (s. auch Abschn. 5.3.1).

2.1.2 Geraden

Wir beginnen mit den einfachsten Polynomen, und zwar mit Funktionen der Form

$$f(x) = a_1 x + a_0 \, . \tag{2.1}$$

Sie heißen *Geraden*, da ihre Graphen geometrische Gerade in der Koordinatenebene sind (siehe Fig. 2.2).
Geometrische Bedeutung der Koeffizienten a_0, a_1: Wir skizzieren den Graphen von f in einem x-y-Koordinatensystem, s. Fig. 2.2. Dann gilt: a_0 markiert auf der y-Achse den *Schnittpunkt* mit dem Graphen von f. (Dies folgt sofort aus $f(0) = a_0$.)

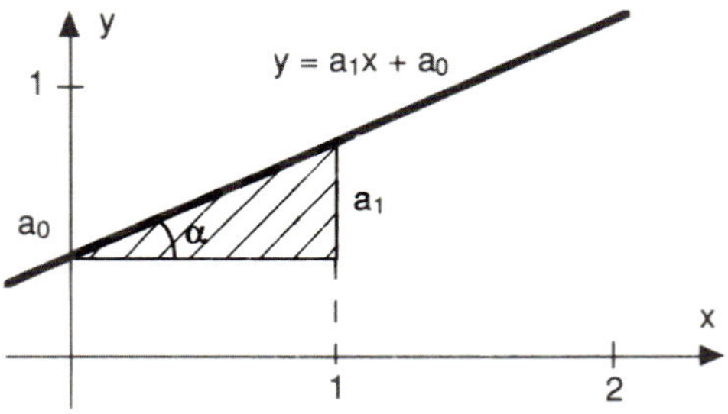

Fig. 2.2: Gerade im Koordinatensystem

Die geometrische Bedeutung von a_1 geht aus Fig. 2.2 hervor: Zeichnet man ein rechtwinkliges Dreieck mit den Ecken $(0, a_0)$, $(1, a_0)$, $(1, f(1))$ ein, so hat die senkrechte Seite die Länge $|a_1|$. (Dies folgt aus $f(1) = a_1 + a_0$, also $f(1) - a_0 = a_1$.) Dabei gilt offenbar

$a_1 > 0 \quad \Rightarrow$ die Gerade steigt,

$a_1 = 0 \quad \Rightarrow$ die Gerade ist horizontal,

$a_1 < 0 \quad \Rightarrow$ die Gerade fällt.

a_1 ist ein Maß dafür, wie stark die Gerade nach rechts ansteigt oder abfällt. Aus diesem Grunde wird a_1 die *Steigung* oder *Richtung* der Geraden genannt.
Bemerkung: Ist α der Anstiegswinkel der Geraden, so ergibt Fig. 2.2 direkt den Zusammenhang $a_1 = \tan \alpha$ (die Tangensfunktion tan wird in Abschn. 2.3.3 ausführlich beschrieben).

Beispiel 2.2:
Bewegt sich ein Massenpunkt mit gleichbleibender Geschwindigkeit v auf einer geradlinigen Bahn, so wird seine Bewegung beschrieben durch

$$y = vt + y_0 \, .$$

Zu jedem Zeitpunkt t kann damit der Ort y des Massenpunktes auf der Bahn berechnet werden. Die Gleichung beschreibt eine Gerade im t-y-Koordinatensystem mit Steigung v.

Für zwei beliebige Punkte $(x_1, f(x_1))$, $(x_2, f(x_2))$ der betrachteten Geraden $f(x) = a_1 x + a_0$ gilt stets

$$\frac{f(x_2) - f(x_1)}{x_2 - x_1} = a_1 \,. \tag{2.2}$$

Der Leser rechnet dies leicht nach.

Bemerkung: Gl. (2.2) läßt sich auch geometrisch begründen: Die beiden schraffierten Dreiecke in Fig. 2.3 sind ähnlich, haben also gleiche Seitenverhältnisse.

Folglich gilt

$$\frac{f(x_2) - f(x_1)}{x_2 - x_1} = \frac{a_1}{1} \,.$$

Die linke Seite von (2.2) heißt *Differenzenquotient* von f bezüglich x_1, x_2. Geraden zeichnen sich dadurch aus, daß die Differenzenquotienten bezüglich je zweier verschiedener Zahlen x_1, x_2 *stets den gleichen Wert haben*!

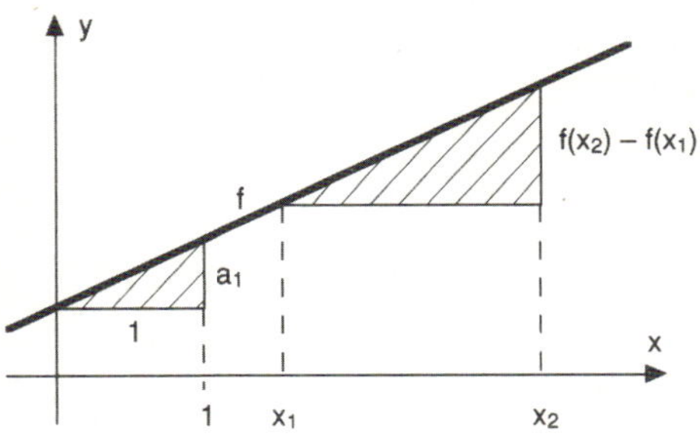

Fig. 2.3: Zum Differenzenquotient bei Geraden

Punkt-Richtungsform: Gesucht ist eine Gerade f, die durch einen bestimmten Punkt (x_1, y_1) verläuft, und deren Richtung a_1 bekannt ist. Wie lautet die Gleichung der Geraden? Für jeden Geradenpunkt $(x, f(x))$ mit $x \neq x_1$ muß nach (2.2) gelten:

$$\frac{f(x) - y_1}{x - x_1} = a_1 \,. \tag{2.3}$$

Auflösung nach $f(x)$ ergibt die gesuchte Gleichung

$$f(x) = a_1 \cdot (x - x_1) + y_1 \,. \tag{2.4}$$

Einsetzen von $x = x_1$ liefert in der Tat $f(x_1) = y_1$. (2.4) nennt man die *Punkt-Richtungsform* einer Geraden.

Beispiel 2.3:
Ein Zug fährt mit konstanter Geschwindigkeit $v = 80\text{km/h}$. Er passiert den Streckenkilometer 153 um 11 Uhr. Seine Bewegung wird durch eine Funktion

$$y = f(t) = vt + y_0$$

beschrieben, wobei y den Streckenkilometer angibt, den der Zug um t Uhr passiert. Die Funktion ist eine Gerade im y-t-Koordinatensystem. Wir kennen ihre Steigung v und einen ihrer Punkte, nämlich $(11, 153)$. Nach der Punkt-Richtungsform folgt daher

$$y = f(t) = 80 \cdot (t - 11) + 153\,.$$

Zwei-Punkte-Form: Gegeben seien zwei Punkte (x_1, y_1), (x_2, y_2) in der Ebene mit $x_1 \neq x_2$. Gesucht ist eine Gerade f durch diese Punkte.

Da alle Differenzenquotienten von f den gleichen Wert haben, gilt für jedes $x \neq x_1$

$$\frac{f(x) - y_1}{x - x_1} = \frac{y_2 - y_1}{x_2 - x_1}\,. \tag{2.5}$$

Auflösung nach $f(x)$ liefert

$$f(x) = \frac{y_2 - y_1}{x_2 - x_1}(x - x_1) + y_1\,. \tag{2.6}$$

Es gilt hierbei, wie verlangt, $f(x_1) = y_1$ und $f(x_2) = y_2$. (2.6) heißt die *Zwei-Punkte-Form* einer Geraden.

Beispiel 2.4:
Die Länge l eines Stabes hängt von seiner Temperatur δ ab:

$$l = l_0(1 + \alpha\delta)\,. \tag{2.7}$$

Dabei ist l_0 die Länge des Stabes bei 0° C und α der Wärmeausdehnungskoeffizient des Stabes. Die Gleichung beschreibt eine Gerade im δ-l-Koordinatensystem.

Wir nehmen an, daß uns l_0 und α unbekannt sind. Messungen jedoch haben ergeben, daß der Stab bei 36° C eine Länge von 4,3008 m hat und bei bei 94° C eine Länge von 4,3042 m. Wir kennen also zwei Punkte der Geraden. Nach der Zwei-Punkte-Form hat (2.7) daher die explizite Gestalt

$$l = \frac{4{,}3042 - 4{,}3008}{94 - 36}(\delta - 36) + 4{,}3008 \doteq 5{,}86 \cdot 10^{-5}\delta + 4{,}2987\,.$$

Es folgt $l_0 \doteq 4{,}2987\,\text{m}$ und aus $l_0\alpha \doteq 5{,}86 \cdot 10^{-5}\,\text{m}/{}^\circ\text{C}$ der Ausdehnungskoeffizient $\alpha \doteq 1{,}363 \cdot 10^{-5}/{}^\circ\text{C}$.

Abschnittsform: Es ist eine Gerade f gesucht, welche die x-Achse bei $A \neq 0$ und die y-Achse bei B schneidet, s. Fig. 2.4.

(A und B heißen die *Achsenabschnitte* der Geraden.) f geht also durch die beiden Punkte $(A, 0)$ und $(0, B)$. Die Zwei-Punkte-Form liefert daher

$$f(x) = -\frac{B}{A}x + B \,. \tag{2.8}$$

Ist $B \neq 0$ und schreiben wir y statt $f(x)$, so läßt sich (2.8) in die elegante Gestalt

$$\frac{x}{A} + \frac{y}{B} = 1 \tag{2.9}$$

umformen. (2.9) heißt die *Abschnittsform* der Geraden.

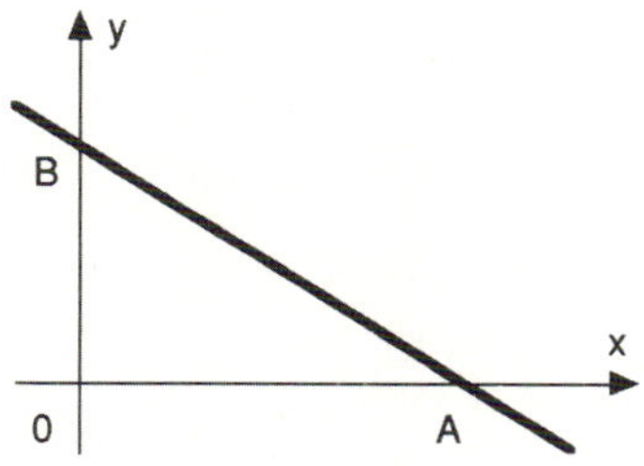

Fig. 2.4: Zur Abschnittsform

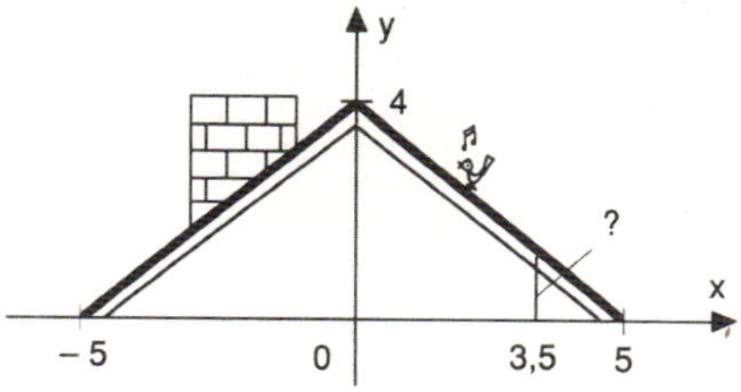

Fig. 2.5: Dachhöhe an Abseite

Beispiel 2.5:

Ein Haus habe eine Breite von 10 m und eine Dachfirsthöhe von 4 m über dem Dachboden, s. Fig. 2.5. Bei einem Dachbodenausbau interessiert die Frage: Wie hoch ist das Dach in der Entfernung 3,5 m von der Hausmittellinie?

Die rechte Seite der Dachlinie kann mit der Abschnittsform beschrieben werden:

$$\frac{x}{5} + \frac{y}{4} = 1 \,.$$

Für $x = 3{,}5$ errechnen wir daraus die Dachhöhe über dem Dachboden: $y = 1{,}2\,\mathrm{m}$.

Schnittpunkt zweier Geraden: Es seien zwei Geraden $f(x) = a_1 x + a_0$, $g(x) = b_1 x + b_0$ gegeben, die verschiedene Richtungen besitzen: $a_1 \neq b_1$. Für den Schnittpunkt (x_0, y_0) dieser Geraden muß gelten:

$$y_0 = a_1 x_0 + a_0 \quad \text{und} \quad y_0 = b_1 x_0 + b_0 \,. \tag{2.10}$$

Daraus lassen sich x_0 und y_0 berechnen: Man setzt die rechten Seiten gleich,

$$a_1 x_0 + a_0 = b_1 x_0 + b_0 \,,$$

löst nach x_0 auf und setzt den gefundenen Ausdruck in (2.10), linke Gleichung, ein. Dies ergibt:

$$x_0 = \frac{b_0 - a_0}{a_1 - b_1}, \qquad y_0 = \frac{b_0 a_1 - a_0 b_1}{a_1 - b_1}. \tag{2.11}$$

Im Falle $a_1 = b_1$, $a_0 \neq b_0$ sind die Geraden parallel, und es existiert kein Schnittpunkt.

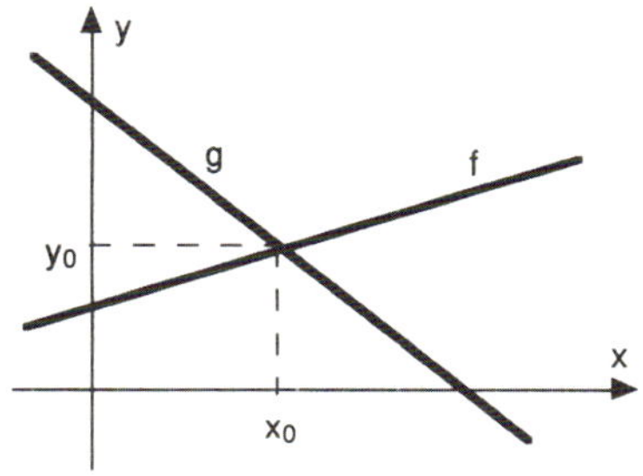

Fig. 2.6: Schnittpunkt zweier Geraden

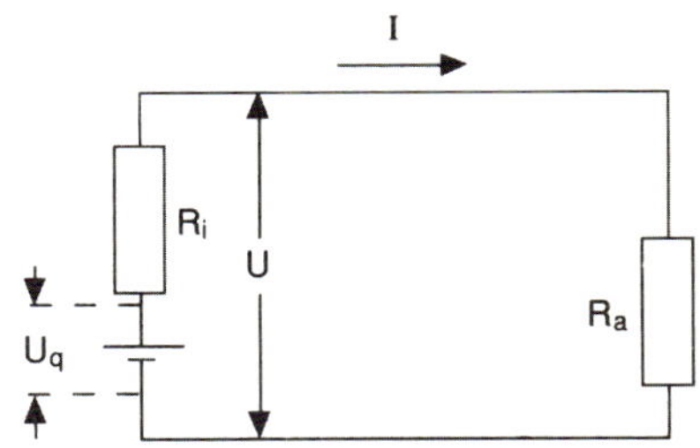

Fig. 2.7: Stromkreis mit innerem und äußerem Widerstand

Beispiel 2.6:
Der Stromkreis der Fig. 2.7 besteht aus einem Generator mit innerem Widerstand R_i, und einem Arbeitsgerät mit äußerem Widerstand R_a. Es fließt der Strom I. Die Klemmspannung am Generator ist $U = U_q - R_i I$, während sich die gleiche Spannung mit Hilfe des Widerstandes R_a durch $U = R_a I$ errechnet. Beide Gleichungen können als Geraden in der U-I-Koordinatenebene aufgefaßt werden. Ihr Schnittpunkt gibt uns die Werte I und U an, die im Stromkreis vorhanden sind. Nach (2.11) erhalten wir

$$I = \frac{U_q}{R_a + R_i}, \qquad U = \frac{U_q R_a}{R_a + R_i}.$$

Übung 2.1:

Durch die Punkte (1,0) und (3,2) verläuft die Gerade G_1, während eine zweite Gerade G_2 durch (1,4) verläuft und die Steigung $a_1 = -1/2$ besitzt. Berechne den Schnittpunkt der beiden Geraden.

Übung 2.2*:

Eine Flüssigkeit mit dem Volumen $V = 2000\,\mathrm{cm}^3$ und der Dichte $\rho = 1{,}01\,\mathrm{g\,cm}^{-3}$ ist durch Mischen zweier Flüssigkeiten F_1 und F_2 mit den Dichten $\rho_1 = 0{,}94\,\mathrm{g\,cm}^{-3}$, $\rho_2 = 1{,}13\,\mathrm{g\,cm}^{-3}$ entstanden. Wie groß sind die Volumina V_1 und V_2 der beiden Flüssigkeiten F_1, F_2?

Übung 2.3:

Durch eine elektrische Leitung mit dem Widerstand R fließt ein Strom I. Vergrößert man den Widerstand R um 3 Ω, so sinkt der Strom I um 1 A. Verringert man den Widerstand R um 5 Ω, so steigt der Strom I um 2 A. Die Spannung ist dabei konstant. Wie groß sind R und I?

2.1.3 Quadratische Polynome, Parabeln

In diesem Abschnitt studieren wir die Polynome zweiten Grades:

$$y = f(x) = a_2x^2 + a_1x + a_0\,, \quad a_2 \neq 0\,. \tag{2.12}$$

Sie werden auch *quadratische Polynome* genannt.

Beispiel 2.7:
Die Bewegung eines aufwärts geworfenen Körpers wird durch das quadratische Polynom

$$s = f(t) = v_0 t - \frac{1}{2} g t^2$$

beschrieben. s ist dabei die nach t Sekunden erreichte Höhe des Körpers — genauer, seines Schwerpunktes. v_0 bezeichnet die Abwurfgeschwindigkeit und $g = 9{,}81\ \mathrm{m/s^2}$ die Erdbeschleunigung. (s. auch Beispiel 2.9. In Abschn. 3.3.1, Beispiel 3.36, wird die Bewegungsgleichung aus dem 1. Newtonschen Axiom der Mechanik hergeleitet.)

Beispiel 2.8:
Ein strömendes Medium (Luft, Wasser), das mit einer mittleren Geschwindigkeit v auf einen Körper trifft, übt die Kraft

$$F_w = c_w A \frac{1}{2} \rho v^2$$

auf ihn aus. F_w heißt auch *Strömungswiderstand* des Körpers. Dabei ist c_w der Widerstandsbeiwert, A die Querschnittsfläche des Körpers und ρ die Dichte des strömenden Mediums.

Einheitsparabel: Das einfachste aller quadratischen Polynome lautet

$$y = f(x) = x^2\,.$$

Die geometrische Figur, die sein Graph darstellt, wird *Parabel* genannt, s. Fig. 2.8. Sie besitzt eine *Symmetrieachse*, hier die y-Achse. Ihr Schnittpunkt mit der Parabel heißt *Scheitel* der Parabel. In unserer Figur ist es der Koordinatennullpunkt.

Man bezeichnet die Funktion $f(x) = x^2$ als *Einheitsparabel*.

Normalparabeln: Die quadratischen Polynome der Form

$$y = f(x) = cx^2\,, \quad c \neq 0\,,$$

heißen *Normalparabeln*. Ihre Graphen sind alle untereinander ähnlich.[1] Sie sind also, geometrisch gesehen, alle Parabeln.

1 Zwei geometrische Figuren heißen *ähnlich*, wenn die eine ein maßstabsgetreues Bild der anderen ist, evtl. nach vorangegangener Spiegelung, Drehung oder Verschiebung.

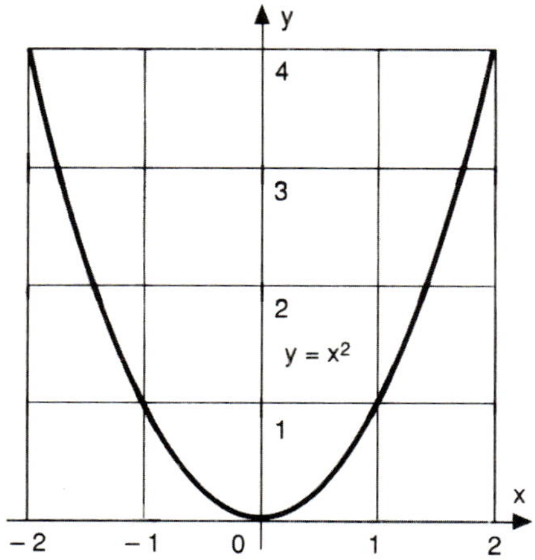

Fig. 2.8: Einheitsparabel

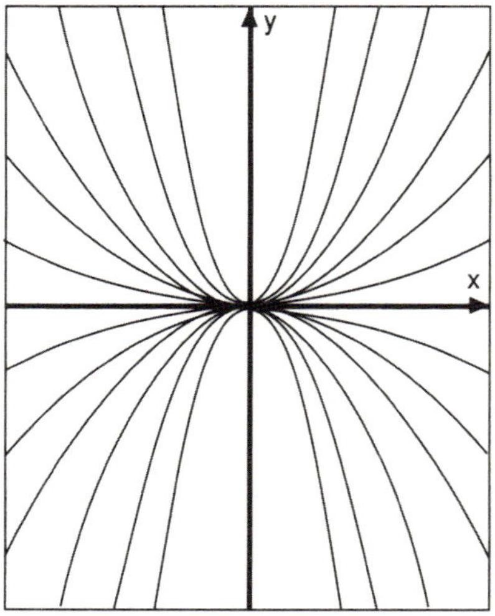

Fig. 2.9: Normalparabeln

Zum Nachweis der Ähnlichkeit genügt es zu zeigen, daß der Graph jeder Normalparabel zum Graphen der Einheitsparabel ähnlich ist. Es sei also $f(x) = cx^2$ eine beliebige Normalparabel. Ihr Graph besteht aus allen Punkten (x, y) mit

$$y = cx^2 .$$

Multipliziert man rechts und links mit c, so erhält die Gleichung die Gestalt

$$cy = (cx)^2 .$$

Diese Gleichung geht aus der Gleichung $y = x^2$ der Einheitsparabel dadurch hervor, daß y durch cy und x durch cx ersetzt werden. y und x werden dabei um den gleichen Faktor $|c|$ gestreckt oder gestaucht. Also ist der Graph der Normalparabel die $|c|$-fache Vergrößerung oder Verkleinerung des Graphen der Einheitsparabel (bei $c < 0$ nach vorangegangener Spiegelung), woraus die behauptete Ähnlichkeit folgt.

Allgemeinfall: Wir zeigen nun, daß der Graph *jedes* quadratischen Polynoms

$$y = f(x) = a_2x^2 + a_1x + a_0$$

gleich dem Graphen einer Normalparabel ist (in einem parallel verschobenen Koordinatensystem). Die *Graphen quadratischer Polynome sind also Parabeln*!

Zum Nachweis formen wir die Funktionsgleichung

$$y = a_2x^2 + a_1x + a_0$$

des quadratischen Polynoms um:

Zuerst wird a_2 ausgeklammert und dann die »*quadratische Ergänzung*« der ersten beiden Glieder eingefügt:

$$y = a_2\left(x^2 + \frac{a_1}{a_2}x + \frac{a_0}{a_2}\right) = a_2\left(x^2 + \frac{a_1}{a_2}x + \left(\frac{a_1}{2a_2}\right)^2 - \left(\frac{a_1}{2a_2}\right)^2 + \frac{a_0}{a_2}\right)$$

$$= a_2\left(x + \frac{a_1}{2a_2}\right)^2 + \left(a_0 - \frac{a_1^2}{4a_2}\right).$$

Wir bringen die rechte Klammer der letzten Zeile auf die linke Seite

$$y - \left(a_0 - \frac{a_1^2}{4a_2}\right) = a_2\left(x + \frac{a_1}{2a_2}\right)^2 \tag{2.13}$$

und setzen zur Abkürzung

$$\overline{y} = y - \left(a_0 - \frac{a_1^2}{4a_2}\right), \qquad \overline{x} = x + \frac{a_1}{2a_2}. \tag{2.14}$$

Damit erhält man

$$\overline{y} = a_2\overline{x}^2,$$

also eine Normalparabel in $\overline{x}$-$\overline{y}$-Koordinaten.

Fig. 2.10 zeigt die Lage des $\overline{x}$-$\overline{y}$-Koordinatensystems. Es entsteht durch Parallelverschiebung aus dem x-y-Koordinatensystem. Der Koordinaten-Nullpunkt wird dabei in den Punkt (x_0, y_0) mit $x_0 = -a_1/(2a_2)$ und $y_0 = a_0 - a_1^2/(4a_2)$ verschoben. Damit ist die Behauptung bewiesen. Wir fassen zusammen:

Satz 2.1:
Der Graph eines quadratischen Polynoms

$$y = f(x) = a_2x^2 + a_1x + a_0$$

ist gleich dem Graphen einer Normalparabel der Form $\overline{y} = a_2\overline{x}^2$ (s. Fig. 2.10). Der Scheitel der Parabel liegt im Punkt (x_0, y_0) mit

$$x_0 = -\frac{a_1}{2a_2}, \quad y_0 = a_0 - \frac{a_1^2}{4a_2}. \tag{2.15}$$

Im Falle $a_2 > 0$ ist der Scheitel tiefster Punkt, im Falle $a_2 < 0$ höchster Punkt der Parabel.

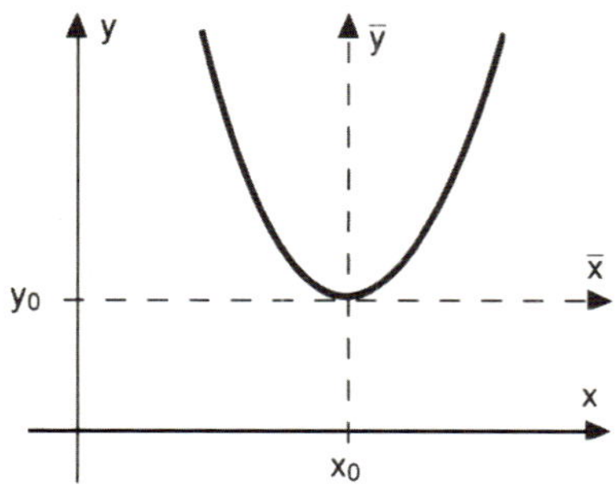

Fig. 2.10: Der Graph eines quadratischen Polynoms ist eine Parabel.

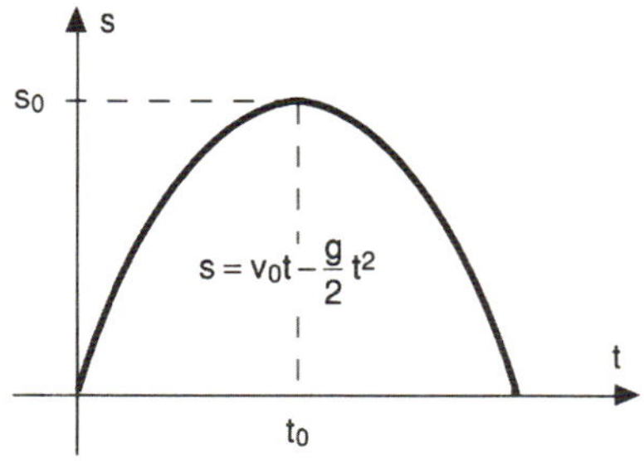

Fig. 2.11: Senkrechter Wurf: Weg-Zeit-Diagramm

Beispiel 2.9:
Wir knüpfen an Beispiel 2.7 an:

$$s = v_0 t - \frac{1}{2} g t^2 \tag{2.16}$$

beschreibt die Bewegung eines senkrecht nach oben geworfenen Körpers — genauer, seines Schwerpunktes (Reibung vernachlässigt). Gefragt ist nach der *Wurfhöhe* und der *Wurfzeit*, also der Zeit, die er zum Steigen und Fallen benötigt. Dazu skizzieren wir den Graphen des quadratischen Polynoms

$$s = f(t) = -\frac{g}{2} t^2 + v_0 t + 0 .$$

Nach Satz 2.1 gleicht er dem Graphen einer Normalparabel der Form

$$\bar{s} = -\frac{g}{2} \bar{t}^2 ,$$

mit Scheitel bei

$$t_0 = \frac{v_0}{g}, \quad s_0 = \frac{v_0^2}{2g}, \quad \text{(s. Fig. 2.11).}$$

s_0 ist die Wurfhöhe und $2t_0$ die Wurfzeit. Ist z.B. $v_0 = 20\,\mathrm{m/s}$, so folgt mit der Erdbeschleunigung $g = 9{,}81\,\mathrm{m/s^2}$ die Wurfhöhe $s_0 = 20{,}39\,\mathrm{m}$ und die Wurfzeit $2t_0 = 4{,}077\,\mathrm{s}$.

Bemerkung: Mit einer einzigen *Parabelschablone* aus Plexiglas, wie sie handelsüblich ist, läßt sich der Graph *jedes* quadratischen Polynoms $f(x) = a_2 x^2 + a_1 x + a_0$ zeichnen. Stellt die Schablone eine Einheitsparabel mit Längeneinheit 1 cm dar, so hat man ein Koordinatensystem mit Einheitslänge $1/|a_2|$ cm zu zeichnen, den Punkt (x_0, y_0) (s. 2.15) einzutragen und in ihm den Scheitel der Parabelschablone einzusetzen. Im Falle $a_2 > 0$ weisen dabei die »Parabeläste« nach oben) im Falle $a_2 < 0$ nach unten. Computerprogramme ersetzen heute allerdings die Parabelschablone.

Beispiele

Quadratische Polynome, also Parabeln, treten in der Technik häufig auf.

Beispiel 2.10:
Für den Untergurt einer Flußbrücke vom Typ der Fig. 2.12a ist die Parabelform vorgeschrieben. Auch Brückenformen aus zwei Parabelbögen kommen vor, s. Fig. 2.12b.

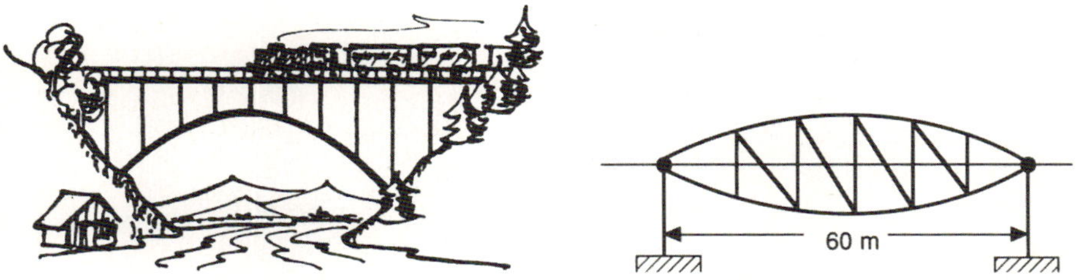

Fig. 2.12: Brücke mit (a) einem, (b) zwei Parabelbögen

Beispiel 2.11:
Schwach durchhängende Seile (Drähte) haben in guter Näherung Parabelform. Für die Berechnung von Zugkräften auf die Masten reicht dieser Ansatz aus (s. Fig. 2.13).

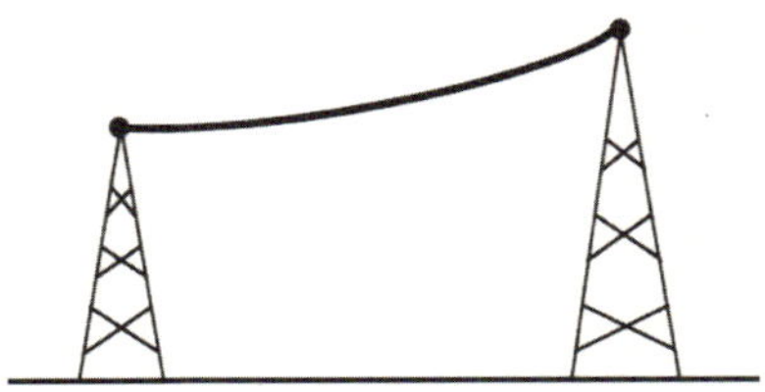

Fig. 2.13: Durchhängendes Seil

Beispiel 2.12:
Parabolspiegel und Parabolantennen entstehen geometrisch aus Parabeln, die um ihre Symmetrieachse gedreht werden. Von der Fahrradlampe bis zur Radioantenne für die Aufnahme von Weltraumstrahlung finden Parabeln Anwendung.

Beispiel 2.13:
Die Wurfbahn eines Körpers — genauer, seines Schwerpunktes, ist eine Parabel, sofern Reibungskräfte dabei vernachlässigt werden dürfen.

Beispiel 2.14:
Die Skelettlinie eines Tragflügels oder einer Turbinenschaufel besteht aus den Mittelpunkten aller einbeschriebenen Kreise, s. Fig. 2.14a. Beim Profil NACA 6321 besteht die Skelettlinie

aus zwei Parabelstücken mit senkrechten Symmetrieachsen, deren Scheitel bei $x = 0{,}3t$ und $z = 0{,}06t$ (t = Flügeltiefe) in einem Punkt zusammenfallen, s. Fig. 2.14b. Die Skelettlinie schneidet die x-Achse an den Enden, also bei $x = 0$ und $x = t$.

Fig. 2.14: (a) Flügelprofil; (b) Skelettlinie

Übung 2.4:

Aus den Angaben des Beispiels 2.14 leite man die Gleichungen der beiden zugehörigen Parabeln her.

2.1.4 Quadratische Gleichungen

Oft ist nach den Nullstellen eines quadratischen Polynoms

$$f(x) = a_2x^2 + a_1x + a_0 \quad (a_0, a_1, a_2 \in \mathbb{R}, \quad a_2 \neq 0)$$

gefragt, also nach denjenigen x-Werten, die

$$a_2x^2 + a_1x + a_0 = 0 \tag{2.17}$$

erfüllen. Um sie zu finden, wird die Gleichung zunächst vereinfacht, indem man durch a_2 dividiert. Wir erhalten

$$x^2 + px + q = 0 \tag{2.18}$$

mit $p = a_1/a_2$ und $q = a_0/a_2$. (2.17) und (2.18) haben die gleichen Nullstellen. Es gilt

Satz 2.2:

Die Nullstellen der *quadratischen Gleichung* (2.18) lauten im Falle $(p/2)^2 - q \geq 0$:

$$x_1 = -\frac{p}{2} + \sqrt{\left(\frac{p}{2}\right)^2 - q}\,, \quad x_2 = -\frac{p}{2} - \sqrt{\left(\frac{p}{2}\right)^2 - q}\,. \tag{2.19}$$

Im Falle $(p/2)^2 - q < 0$ hat (2.18) keine reellen Nullstellen.

Wir merken an, daß im Falle $(p/2)^2 - q > 0$ *genau zwei* Nullstellen x_1 und x_2 existieren, während im Falle $(p/2)^2 - q = 0$ *nur eine* Nullstelle existiert, nämlich $x_1 = x_2 = -p/2$.

Beweis:

Der Ausdruck $x^2 + px + q$ läßt sich umformen:

$$x^2 + px + q = x^2 + px + \left(\frac{p}{2}\right)^2 - \left(\frac{p}{2}\right)^2 + q = \left(x + \frac{p}{2}\right)^2 - \left(\left(\frac{p}{2}\right)^2 - q\right).$$

Ist $\left(\frac{p}{2}\right)^2 - q < 0$, so ist die rechte Seite der obigen Gleichungskette positiv, kann also nicht Null sein. D.h. (2.18) ist in diesem Falle unlösbar.

Im Falle $\left(\frac{p}{2}\right)^2 - q \geq 0$ bedeutet $\left(x + \frac{p}{2}\right)^2 - \left(\left(\frac{p}{2}\right)^2 - q\right) = 0$ dasselbe wie

$$\left(x + \frac{p}{2}\right)^2 = \left(\frac{p}{2}\right)^2 - q,$$

d.h.

$$x + \frac{p}{2} = \sqrt{\left(\frac{p}{2}\right)^2 - q}, \quad \text{oder} \quad x + \frac{p}{2} = -\sqrt{\left(\frac{p}{2}\right)^2 - q}.$$

Links setzen wir $x_1 = x$, rechts $x_2 = x$ und haben so (2.19) gewonnen. □

Wir bemerken ferner, daß

$$x_1 + x_2 = -p \quad \text{und} \quad x_1 x_2 = q \tag{2.20}$$

gilt, wie man leicht nachrechnet. Diese Gleichungen, *Vietascher*[2] *Wurzelsatz* genannt, eignen sich gut zur *Kontrolle* der Rechnung.

Beispiel 2.15:

An eine Stromquelle mit der Spannung $U = 220\,\text{V}$ werden zwei Widerstände R_1 und R_2 einmal in Reihenschaltung und einmal in Parallelschaltung angeschlossen (s. Fig. 2.15). Im ersten Falle ist die Stromstärke $I_1 = 0{,}9\,\text{A}$, im zweiten Falle $I_2 = 6\,\text{A}$. Wie groß sind R_1 und R_2?

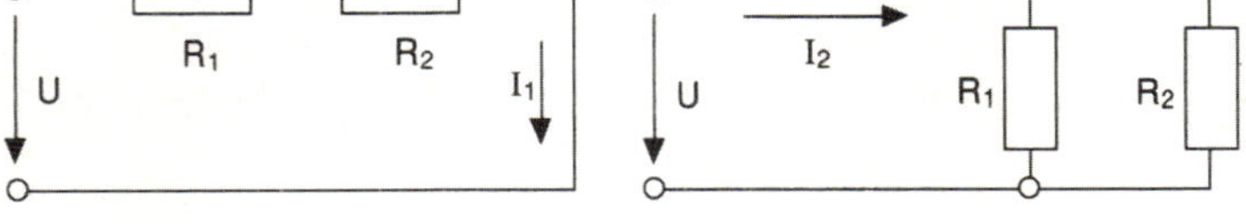

Fig. 2.15: Reihen- und Parallelschaltung

Für die Reihenschaltung gilt bekanntlich $U = I_1 R_1 + I_1 R_2$ und für die Parallelschaltung $U/R_1 + U/R_2 = I_2$. Man löse die erste Gleichung nach R_2 auf und setze dies in die zweite

2 François Viète (lat.: Franciscus Vieta, 1540 – 1603), französischer Advokat und Mathematiker

Gleichung ein. Nach Umformung folgt daraus

$$R_1^2 - \frac{U}{I_1} R_1 + \frac{U^2}{I_1 I_2} = 0\,.$$

Löst man diese quadratische Gleichung nach R_1 auf, so erhält man nach (2.19) die beiden möglichen Werte $R_1 = 44{,}922\,\Omega$ oder $R_2 = 199{,}522\,\Omega$. Zum ersten Wert errechnet man $R_2 = 199{,}522\,\Omega$, d.h. es kommt für R_2 gerade die zweite Lösung von R_1 heraus. Damit sind $R_1 = 44{,}922\,\Omega$ und $R_2 = 199{,}522\,\Omega$ die gesuchten Widerstände. Aus Symmetriegründen können R_1 und R_2 dabei auch vertauscht werden.

Übung 2.5:

Ein Rechteck mit der Seitenlänge $a = 7\,\text{cm}$ und $b = 4\,\text{cm}$ soll in ein flächeninhaltsgleiches Rechteck mit dem Umfang 24 cm verwandelt werden. Wie lang sind die Seiten des neuen Rechtecks?

Übung 2.6:

Ein Kessel wird durch zwei gleichzeitig arbeitende Pumpen in 6 Stunden gefüllt. Läßt man aber den Kessel bis zum halben Volumen von der einen Pumpe allein füllen und dann mit der anderen Pumpe allein die fehlende Hälfte hineinpumpen, dann benötigt man 14 Stunden. Wie lange braucht die stärkere der beiden Pumpen, um den Kessel alleine zu füllen?

Übung 2.7:

Wird in einem Stromkreis mit 110 V Spannung der Widerstand um $10\,\Omega$ erhöht, so sinkt die Stromstärke um 1 A. Wie groß sind Stromstärke und Widerstand?

2.1.5 Berechnung von Polynomwerten, Horner[3]-Schema

Wir wenden uns nun beliebigen Polynomen zu und fragen uns zunächst, wie Polynomwerte mit möglichst geringem Aufwand berechnet werden können. Dazu benutzt man das kleine *Horner-Schema*.

Kleines Horner-Schema: Die Berechnung von Polynomwerten $f(x_0)$ wird stellvertretend an einem Polynom vierten Grades erläutert:

$$f(x) = a_4x^4 + a_3x^3 + a_2x^2 + a_1x + a_0\,.$$

Die einfache Idee besteht darin, das Polynom so umzuformen:

$$f(x) = x(x(x(a_4x + a_3) + a_2) + a_1) + a_0\,. \tag{2.21}$$

Wollen wir nun $f(x_0)$ für ein bestimmtes x_0 ermitteln, so haben wir $x = x_0$ in (2.21) einzusetzen und die Klammern »von innen nach außen aufzulösen«. Man berechnet also nacheinander die

3 William George Horner (1786 – 1837), englischer Mathematiker

Zahlen

$$b_2 = a_4 x_0 + a_3 \,, \quad b_1 = b_2 x_0 + a_2 \,, b_0 = b_1 x_0 + a_1 \,, \\ r_0 = b_0 x_0 + a_0 \tag{2.22}$$

Damit ist $f(x_0) = r_0$ ermittelt.

Der eleganten Systematik wegen setzt man zu Anfang noch $b_3 = a_4$, also $b_2 = b_3 x_0 + a_3$. Die Rechnung (2.22) läßt sich in einem übersichtlichen Schema anordnen. Es heißt *kleines Horner-Schema* (bezüglich x_0).

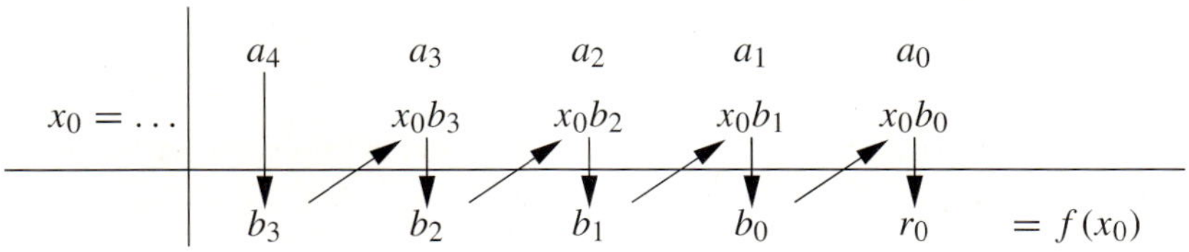

(2.23)

Man schreibt dabei zunächst die Zahlen a_4, a_3, a_2, a_1, a_0 hin und führt dann die Rechnung in der Reihenfolge durch, die die Pfeile andeuten.

Beispiel 2.16:
Zur Berechnung von $f(x) = 3x^4 - 2x^3 + 5x^2 - 7x - 12$ an der Stelle $x_0 = 2$ sieht das kleine Horner-Schema so aus:

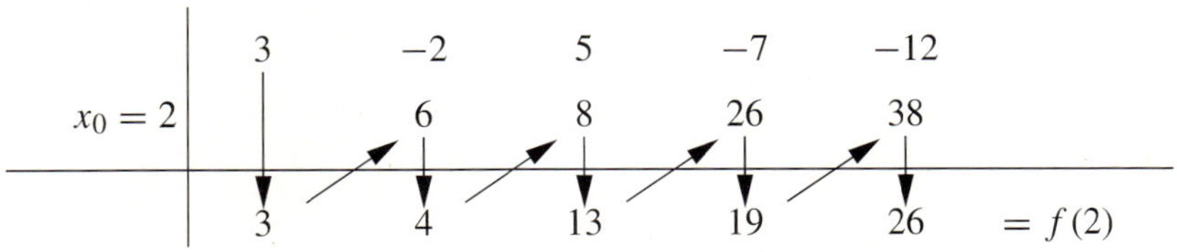

Die Zahlen $b_0, b_1, \ldots$ haben »über Zwischenrechnungswerte hinaus« eine wichtige Bedeutung: Sie erfüllen die Gleichung

$$f(x) = (x - x_0)(b_3 x^3 + b_2 x^2 + b_1 x + b_0) + r_0 \,. \tag{2.24}$$

Multipliziert man nämlich die beiden Klammern aus und ordnet nach den Potenzen von x, so erhält man

$$f(x) = b_3 x^4 + (b_2 - x_0 b_3)x^3 + (b_1 - x_0 b_2)x^2 + (b_0 - x_0 b_1)x + (r_0 - x_0 b_0) \,.$$

Koeffizientenvergleich mit $f(x) = a_4 x^4 + \ldots a_0$ liefert

$$a_4 = b_3 \,, \quad a_3 = b_2 - x_0 b_3 \,, \quad a_2 = b_1 - x_0 b_2 \,, \quad a_1 = b_0 - x_0 b_1 \,, \quad a_0 = r_0 - x_0 b_0 \,.$$

Auflösen nach b_3, b_2, b_1, b_0, r_0 ergibt aber gerade die Gl. (2.22) des kleinen Horner-Schemas. Wir haben daher gezeigt:

Satz 2.3:
Ist $f(x) = a_n x^n + a_{n-1}x^{n-1} + \ldots + a_0$ ein beliebiges Polynom vom Grad $n \geq 1$, so liefert das kleine Horner-Schema (bezüglich x_0) den Funktionswert $r_0 = f(x_0)$, sowie die Koeffizienten eines Polynoms

$$f_{n-1}(x) = b_{n-1}x^{n-1} + b_{n-2}x^{n-2} + \ldots + b_0\,, \tag{2.25}$$

welches folgendes erfüllt

$$f(x) = (x - x_0)f_{n-1}(x) + r_0\,, \quad \text{für alle } x \in \mathbb{R}. \tag{2.26}$$

Großes Horner-Schema: Der letzte Satz legt den Gedanken nahe, das kleine Horner-Schema abermals anzuwenden, und zwar auf die neu entstandene Funktion f_{n-1}. Sie wird damit umgeformt in

$$f_{n-1}(x) = (x - x_0)f_{n-2}(x) + r_1\,.$$

Wendet man das kleine Horner-Schema nochmal an, und zwar auf f_{n-2}, so folgt

$$f_{n-2}(x) = (x - x_0)f_{n-3}(x) + r_2\,.$$

So kann man fortfahren, bis ein Polynom vom Grade 0 erreicht ist. Alle diese Rechnungen lassen sich in einem einzigen Schema übersichtlich anordnen. Es wird *großes Horner-Schema* genannt. Im Falle $n = 4$ sieht es so aus:

	a_4	a_3	a_2	a_1	a_0
$x_0 = \ldots$		x_0b_3	x_0b_2	x_0b_1	x_0b_0
	b_3	b_2	b_1	b_0	r_0
		x_0c_2	x_0c_1	x_0c_0	
	c_2	c_1	c_0	r_1	
		x_0d_1	x_0d_0		
	d_1	d_0	r_2		
		x_0r_4			
	r_4	r_3			

Großes Hornerschema

Die oberen drei Zeilen sind das schon betrachtete kleine Horner-Schema. Die dritte bis fünfte Zeile stellen wieder ein kleines Horner-Schema dar, die fünfte bis siebte abermals usw. Ausgehend vom Polynom

$$f(x) = \sum_{k=0}^{4} a_k x^k .$$

sind damit die Polynome

$$f_3(x) = \sum_{k=0}^{3} b_k x^k , \quad f_2(x) = \sum_{k=0}^{2} c_k x^k , \quad f_1(x) = \sum_{k=0}^{1} d_k x^k , \quad f_0(x) = r_4$$

ermittelt. Für sie gilt nach dem oben gesagten

$$\begin{aligned} f(x) &= f_3(x)(x - x_0) + r_0 , \quad f_3(x) = f_2(x)(x - x_0) + r_1 , \\ f_2(x) &= f_1(x)(x - x_0) + r_2 , \quad f_1(x) = f_0(x)(x - x_0) + r_3 , \quad f_0(x) = r_4 . \end{aligned}$$

Setzt man $f_0(x) = r_4$ in die rechte Seite von $f_1(x) = \ldots$ ein, den so erhaltenen Ausdruck in die rechte Seite von $f_2(x) = \ldots$ usw., kurz setzt man »von unten nach oben« fortschreitend ein, so erhält man schließlich in der ersten Zeile

$$f(x) = r_4(x - x_0)^4 + r_3(x - x_0)^3 + r_2(x - x_0)^2 + r_1(x - x_0) + r_0 .$$

Damit ist das Polynom f *nach Potenzen von* $(x - x_0)$ *umgeordnet*! Man kann dies geometrisch als *Nullpunktverschiebung* auffassen, wie es die Fig. 2.16 zeigt. Setzt man nämlich zur Abkürzung $x' = x - x_0$, so bedeutet dies im Schaubild der Funktion, daß der Schnittpunkt des Achsenkreuzes nach x_0 verschoben ist.

Beispiel 2.17:
Wir berechnen das große Horner-Schema für das Polynom $f(x) = 3x^4 - 2x^3 + 5x^2 - 7x - 12$ bei $x_0 = 2$ (vgl. Beispiel 2.2).

	3	-2	5	-7	-12
$x_0 = 2$		6	8	26	38
	3	4	13	19	$26 = f(2) = r_0$
		6	20	66	
	3	10	33	$85 = r_1$	
		6	32		
	3	16	$65 = r_2$		
		6			
	$3 = r_4$	$22 = r_3$			

Damit ist f in folgende Gestalt gebracht:

$$f(x) = 3(x-2)^4 + 22(x-2)^3 + 65(x-2)^2 + 85(x-2) + 26\,.$$

Das Horner-Schema spielt insbesondere bei der Berechnung von Nullstellen durch das Newtonsche Verfahren eine Rolle (s. Abschn. 3.2.6).

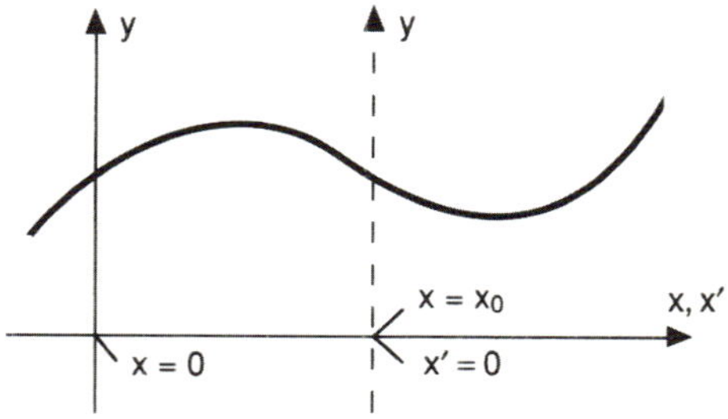

Fig. 2.16: Nullpunktverschiebung $x' = x - x0$

Übung 2.8:

Verwandle das Polynom $f(x) = x^3 - 5x^2 + x - 6$ mit dem großen Horner-Schema in die Form

$$f(x) = \sum_{k=0}^{3} r_k (x-5)^k\,.$$

2.1.6 Division von Polynomen, Anzahl der Nullstellen

Division: Es sei f ein Polynom vom Grade n und g ein Polynom vom Grade $m \leq n$. In diesem Falle kann $f(x)/g(x)$ dargestellt werden durch

$$\frac{f(x)}{g(x)} = h(x) + \frac{r(x)}{g(x)}, \qquad (2.27)$$

wobei h ein Polynom vom Grade $s = n - m$ ist und der »Rest« $r(x)$ ein Polynom vom Grad kleiner als der Grad von f ist, also kleiner als n.

Die Durchführung dieser *Division* geht völlig analog zur schriftlichen Division zweier ganzer Zahlen vor sich. Wir machen dies an Beispielen klar.

Ist $f(x) = \sum_{k=0}^{5} a_k x^k$ ein Polynom 5. Grades und $g(x) = \sum_{k=0}^{3} b_k x^k$ 3. Grades, so sieht das Rechenschema folgendermaßen aus:

$$\begin{array}{rrrrrrl}
(a_5x^5 + & a_4x^4 + & a_3x^3 + & a_2x^2 + & a_1x + & a_0) & : (b_3x^3 + b_2x^2 + b_1x + b_0) \\
-(c_2b_3x^5 + & c_2b_2x^4 + & c_2b_1x^3 + & c_2b_0x^2) & & & \\
\hline
 & a_4'x^4 + & a_3'x^3 + & a_2'x^2 + & a_1x + & a_0 & = c_2x^2 + c_1x + c_0 + \dfrac{r(x)}{g(x)} \\
 & -(c_1b_3x^4 + & c_1b_2x^3 + & c_1b_1x^2 + & c_1b_0x) & & \\
\hline
 & & a_3''x^3 + & a_2''x^2 + & a_1''x + & a_0 & \\
 & & c_0b_3x^3 + & c_0b_2x^2 + & c_0b_1x + & c_0b_0 & \\
\hline
 & & & \multicolumn{3}{r}{\underbrace{r_2x^2 + r_1x + r_0}_{r(x)}} &
\end{array} \tag{2.28}$$

Hierbei geht man so vor, daß zunächst die obere Zeile und Gleichheitszeichen hingeschrieben werden. Dann wird $c_2 = a_5/b_3$ berechnet und rechts vom Gleichheitszeichen c_2x^2 hingeschrieben. Hiermit wird $\sum_{k=0}^{3} b_k x^k$ multipliziert und in die zweite Zeile links geschrieben, wie im Schema (2.28) zu sehen. Die Subtraktion der zweiten Zeile vom darüberstehenden Polynom ergibt die dritte Zeile, s. (2.28). Danach errechnet man $c_1 = a_4'/b_3$, addiert c_1x zu c_2x^2, multipliziert c_1x mit $\sum_{k=0}^{3} b_k x^k$ und schreibt dies in die vierte Zeile. Subtraktion ergibt die fünfte Zeile usw. Man sieht: Das Verfahren ähnelt der bekannten schriftlichen Zahlendivision. In der letzten Zeile bleibt schließlich ein »Rest« $r(x) = r_2x^2 + r_1x + r_0$ übrig. Mit diesem »Rest« und dem errechneten $h(x) = c_2x^2 + c_1x + c_0$ ist damit Gl. (2.27) erfüllt.

Beispiel 2.18:

$$\begin{array}{l}
\overbrace{4x^5 - 4x^4 - 5x^3 + 4x^2 - x + 1}^{f(x)} : \overbrace{2x^3 - 3x^2 + 5x - 2}^{g(x)} = \underbrace{2x^2 + x - 6}_{h(x)} + \dfrac{r(x)}{g(x)} \\
\underline{4x^5 - 6x^4 + 10x^3 - 4x^2} \\
\quad 2x^4 - 15x^3 + 8x^2 - x + 1 \\
\quad \underline{2x^4 - 3x^3 + 5x^2 - 2x} \\
\qquad -12x^3 + 3x^2 + x + 1 \\
\qquad \underline{-12x^3 + 18x^2 - 30x + 12} \\
\qquad\quad - \underbrace{15x^2 + 31x - 11}_{r(x)}
\end{array} \tag{2.29}$$

Bemerkung: Divisionen dieser Art werden bei der Integration rationaler Funktionen benötigt (s. Abschn. 4.2.4).

Ein *Sonderfall* ist die Division eines Polynoms f durch ein Polynom der Form $(x - x_0)$, einen sogenannten *Linearfaktor*. Sie läßt sich bequem mit dem kleinen Horner-Schema durchführen, denn es liefert in der unteren Zeile ein Polynom $f_{n-1}(x) = \sum_{k=0}^{n-1} b_k x^k$ und eine Zahl r_0, so daß (2.26) gilt, d.h.

$$\frac{f(x)}{x - x_0} = f_{n-1}(x) + \frac{r_0}{x - x_0} \tag{2.30}$$

($x \neq x_0$ vorausgesetzt). Zwischen dem Horner-Schema und dem Divisionsverfahren (2.28) besteht in diesem Fall kein rechnerischer Unterschied.

Nullstellen-Anzahl: Ist f ein Polynom n-ten Grades und x_1 eine Nullstelle von f, so ergibt das kleine Horner-Schema bezüglich x_1 ein Polynom $f_{n-1}(x) = \sum_{k=0}^{n-1} b_k x^k$ mit

$$f(x) = (x - x_1) f_{n-1}(x) \,. \tag{2.31}$$

Denn in (2.26) ist x_0 durch x_1 ersetzt und $r_0 = f(x_1) = 0$. Schreiben wir die Gleichung um in

$$\frac{f(x)}{x - x_1} = f_{n-1}(x) \quad (x \neq x_1)\,, \tag{2.32}$$

so erkennen wir:

Folgerung 2.1:
Ist f ein Polynom n-ten Grades und x_1 eine Nullstelle von f, so läßt sich f durch $x - x_1$ »ohne Rest« dividieren. Das Resultat ist ein Polynom vom Grade $n - 1$.

Damit gewinnen wir den

Satz 2.4:
Jedes Polynom n-ten Grades hat höchstens n verschiedene reelle Nullstellen.

Beweis:
Ist f ein Polynom n-ten Grades und x_1 eine seiner Nullstellen, so dividiert man $f(x)$ durch $(x - x_1)^{k_1}$, wobei k_1 die größte ganze Zahl ist, für die die Division ohne Rest möglich ist. Nach der obigen Folgerung ist $k_1 \geq 1$. Man erhält so ein Polynom $f_1(x) = f(x)/(x - x_1)^{k_1}$ vom Grade $n - k_1$. Jede weitere Nullstelle von f ist auch Nullstelle von f_1. Den beschriebenen Prozeß führt man daher mit einer weiteren Nullstelle x_2 für f_1 genauso durch und erhält ein Polynom f_2, mit dem man den Prozeß abermals ausführt usw. Schließlich erhält man ein Polynom f_m ohne reelle Nullstellen. Dies ist spätestens der Fall, wenn f_m ein Polynom vom Grade 0 ist, also nach höchstens n Schritten. Somit kann f nicht mehr als n reelle Nullstellen haben. □

Übung 2.9:

Berechne

$$(12x^4 + x^3 - 5x^2 + 4x - 5) : (3x^2 + x - 2)\,.$$

2.2 Rationale und algebraische Funktionen

2.2.1 Gebrochene rationale Funktionen

Unter einer *rationalen Funktion* versteht man eine Funktion der Form

$$f(x) = \frac{a_0 + a_1 x + a_2 x^2 + \ldots + a_n x^n}{b_0 + b_1 x + b_2 x^2 + \ldots + b_m x^m} = \frac{\sum\limits_{i=0}^{n} a_i x^i}{\sum\limits_{k=0}^{m} b_k x^k} \tag{2.33}$$

mit $b_m \neq 0$ ($a_i, b_k, x \in \mathbb{R}$). Der Definitionsbereich von f besteht aus allen reellen Zahlen mit Ausnahme der Nullstellen des Nennerpolynoms.

Im Falle $m = 0$, also Nennerpolynom konstant $= b_0 \neq 0$, ist f ein Polynom. Man nennt daher Polynome auch *ganzrationale Funktionen*.

Ist der Grad des Nennerpolynoms größer oder gleich 1 und der Zähler nicht das Nullpolynom, so heißt f eine *gebrochene rationale Funktion*. Die Funktion heißt dabei *echt gebrochen*, wenn der Zählergrad n kleiner als der Nennergrad m ist. Andernfalls heißt f *unecht gebrochen*.

Beispiel 2.19:
Die Funktion

$$f(x) = \frac{3x - 5}{4x^2 + 3x - 7} \qquad \text{ist } \textit{echt} \text{ gebrochen,}$$

$$g(x) = \frac{4x^5 - 4x^4 - 5x^3 + 4x^2 - x + 1}{2x^3 - 3x^2 + 5x - 2} \qquad \text{ist } \textit{unecht} \text{ gebrochen.}$$

Nullstellen, Pole: Jede Nullstelle des Zählers von (2.33), die nicht gleichzeitig Nullstelle des Nenners ist, ist *Nullstelle* von f.

Für jede Nullstelle x_0 des Nenners in (2.33), die nicht auch Nullstelle des Zählers ist, gilt

$$\lim_{x \to x_0} |f(x)| = \infty\,. \tag{2.34}$$

Man nennt x_0 einen *Pol* oder eine *Unendlichkeitsstelle* von f.

Wir nehmen an, daß das Zählerpolynom in (2.33) nicht das Nullpolynom ist.

Verschwinden in x_0 sowohl Zähler- wie Nennerpolynom von f, so dividiert man zunächst das Nennerpolynom durch $x - x_0$ ($x \neq x_0$ vorausgesetzt). Ist das entstehende Polynom wiederum Null in x_0, so dividiert man es wieder durch $(x - x_0) \neq 0$ usw. Man führt dies fort, bis — etwa nach k Divisionen — ein Polynom q gewonnen ist mit $q(x_0) \neq 0$. Das Nennerpolynom hat damit die Form

$$q(x)(x - x_0)^k\,, \quad q(x_0) \neq 0\,,$$

erhalten. Entsprechend formt man das Zählerpolynom um in

$$p(x)(x - x_0)^j\,, \quad \text{mit} \quad p(x_0) \neq 0\,.$$

Es folgt damit

$$f(x) = \frac{p(x)}{q(x)}(x - x_0)^{j-k} \quad \text{für} \quad x \neq x_0\,. \tag{2.35}$$

Wir sehen: Ist $j < k$, so hat f in x_0 einen *Pol*, denn es gilt (2.34).

Ist $j = k$, so definieren wir $f(x_0) := p(x_0)/q(x_0)$, und ist $j > k$, so $f(x_0) := 0$ (angeregt durch (2.35)). Auf diese Weise ist im Falle $j \geq k$ der *Definitionsbereich von f um x_0 erweitert*.

Beispiel 2.20:
Die Funktionen

$$f(x) = \frac{c}{x^n} \quad (c \neq 0, n \in \mathbb{N})$$

sind besonders einfache gebrochene rationale Funktionen. Für $n = 1$, $c > 0$ ist der Graph in Fig. 2.17a skizziert. Er wird *gleichseitige Hyperbel* genannt. Für $n = 2$, $c > 0$ ist der Graph in Fig. 2.17b abgebildet.

Für ungerade n ähneln die Graphen von f der Fig. 2.17a, für gerade der Fig. 2.17b, eventuell an der x-Achse gespiegelt.

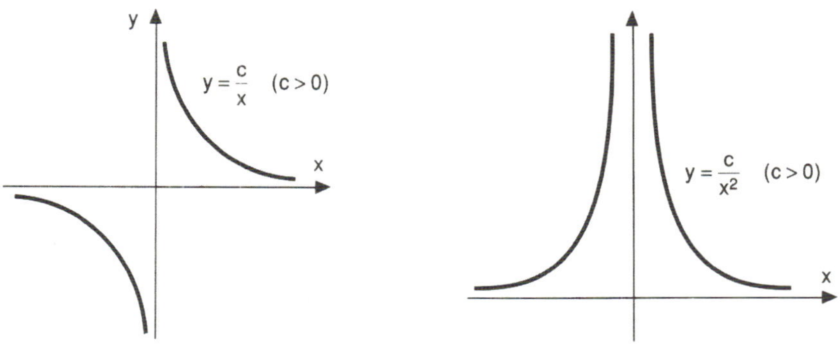

Fig. 2.17: (a) Hyperbel; (b) $y = c/x^2$

Beispiel 2.21:
Das *Boyle-Mariottesche*[4] *Gesetz* idealer Gase lautet $pv = RT$ (p = Druck, v = spezifisches Volumen, R = Gaskonstante, T = absolute Temperatur). Bei konstanter Temperatur, mit der

4 Robert Boyle (1627 – 1691), englischer Naturforscher, Edme Mariotte (1620 – 1684), französischer Physiker

Abkürzung $c = RT$, ergibt sich $pv = c$, aufgelöst nach v:

$$v = \frac{c}{p}.$$

In p-v-Koordinaten beschreibt dies eine Hyperbel wie in Fig. 2.17a.

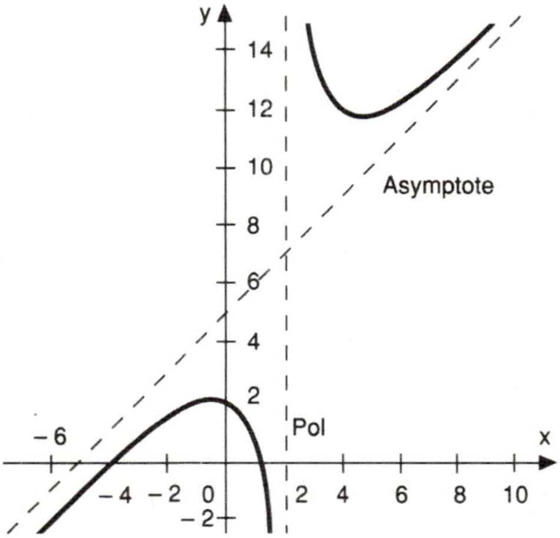

Fig. 2.18: Graph von f aus Beispiel 2.22

Beispiel 2.22:

Es sei $f(x) = \dfrac{x^3 - 13x + 12}{x^2 - 5x + 6}$. Die Nullstellen des Nennerpolynoms sind 2 und 3, es läßt sich daher so zerlegen: $x^2 - 5x + 6 = (x - 2)(x - 3)$. 3 ist auch Nullstelle des Zählers, 2 dagegen nicht. Division des Zählers durch $(x - 3)$ liefert das Polynom $x^2 + 3x - 4$, das nach Berechnung seiner Nullstellen 1 und -4 die Gestalt $(x - 1)(x + 4)$ erhält. Damit läßt sich $f(x)$ schreiben als

$$f(x) = \frac{(x-3)(x-1)(x+4)}{(x-3)(x-2)} \quad \text{für} \quad x \neq 3\,,\; x \neq 2\,.$$

Kürzen von $(x - 3) \neq 0$ ergibt

$$f(x) = \frac{(x-1)(x+4)}{x-2} = \frac{x^2 + 3x - 4}{x - 2}\,, \tag{2.36}$$

wobei wir nun auch $x = 3$ zugelassen haben. f hat also die Nullstellen 1 und -4, sowie den Pol 2 (s. Fig. 2.18).

Zerlegung unecht gebrochener rationaler Funktionen

Beispiel 2.23:
In der Funktion g aus Beispiel 2.19 kann das Zählerpolynom durch das Nennerpolynom dividiert werden, s. Beispiel 2.18, Abschn. 2.1.6. Es folgt

$$g(x) = 2x^2 + x - 6 + \frac{-15x^2 + 31x - 11}{2x^3 - 3x^2 + 5x - 2}.$$

So können wir mit jedem unechten Polynom verfahren. Es gilt also

Satz 2.5:
Jede unecht gebrochene rationale Funktion läßt sich durch das Divisionsverfahren für Polynome eindeutig in eine Summe aus einem Polynom und einer echt gebrochenen rationalen Funktion zerlegen. Ist also

$$f(x) = \frac{p(x)}{q(x)}$$

eine rationale Funktion mit dem Nennerpolynom $q(x)$ vom Grade $m \geq 1$ und dem Zählerpolynom $p(x)$ vom Grade $n \geq m$, so liefert das Divisionsverfahren für Polynome aus Abschn. 2.1.6 eine Darstellung von f der Gestalt

$$f(x) = h(x) + \frac{r(x)}{q(x)}, \tag{2.37}$$

wobei h ein Polynom vom Grade $n - m$ ist und r ein Polynom von höchstens $(m-1)$–ten Grade.

Asymptoten: Das Verhalten *unecht gebrochener* rationaler Funktionen f geht für große $|x|$ sofort aus der Zerlegung (2.37) hervor. Da r/q echt gebrochen ist, gilt $r(x)/q(x) \to 0$ für $|x| \to \infty$[5] (Man sieht dies sofort ein, wenn man Zähler $r(x)$ und Nenner $q(x)$ durch die höchste Potenz x^m des Nennerpolynoms dividiert.) Aus (2.37) folgt somit

$$|f(x) - h(x)| \to 0 \quad \text{für} \quad |x| \to \infty.$$

f verhält sich also für große $|x|$ ebenso wie das Polynom h. Dies führt zu folgender Definition:

Definition 2.1:
Ein Polynom heißt *Asymptote* einer rationalen Funktion f, wenn folgendes gilt:

$$|f(x) - h(x)| \to 0 \quad \text{für} \quad |x| \to \infty.$$

---

5 $F(x) \to a$ für $|x| \to \infty$ bedeutet: Für jede Folge (x_n) des Definitionsbereiches von F, die $\lim_{n\to\infty} |x_n| = \infty$ erfüllt, gilt $\lim_{n\to\infty} F(x_n) = a$.

Aus obiger Überlegung folgt damit

Satz 2.6:

Jede rationale Funktion f besitzt eine Asymptote!

(a) Ist f *echt* gebrochen, so ist die Asymptote von f die Nullfunktion.

(b) Ist f *unecht* gebrochen, so ist die Asymptote von f das Polynom h, das in der Zerlegung (2.37) auftritt. (Es wird durch Division des Zählerpolynoms durch das Nennerpolynom gewonnen.)

Wir merken zusätzlich an, daß die *Asymptote von f* genau dann eine *Gerade* ist, wenn der Grad n des Zählerpolynoms um höchstens 1 größer ist als der Grad m des Nennerpolynoms, d.h. $n \le m + 1$. Denn in diesem Fall hat die Asymptote h den Grad 1 oder 0 oder ist gleich dem Nullpolynom.

Im Beispiel 2.22 errechnet man aus (2.36) durch die Division auf der rechten Seite $(x^2 + 3x - 4)/(x - 2)$:

$$f(x) = x + 5 + \frac{6}{x-2}$$

Asymptote von f ist also die Gerade $h(x) = x + 5$ (s. Fig. 2.18).

In Beispiel 2.23 ist Asymptote von g das Polynom $h(x) = 2x^2 + x - 6$.

Übung 2.10:

Welche Asymptote hat die Funktion

$$f(x) = \frac{2x^3 - 7x^2 + 2x - 1}{x^2 + 4x + 7} \, ?$$

2.2.2 Algebraische Funktionen

Eine Funktion f heißt *algebraische Funktion*, wenn die Punkte (x, y) ihres Graphen einer Gleichung der Form

$$\sum_{i,k=0} a_{ik} x^i y^k = 0 \tag{2.38}$$

gehorchen.[6] Die Gleichung heißt *algebraische Gleichung zu f*.

Häufig ist zunächst eine Gleichung der Form (2.38) gegeben, und man hat die Aufgabe, sie »nach y aufzulösen« ,d.h. eine Gleichung der Form

$$y = f(x) \tag{2.39}$$

herzuleiten, so daß alle Paare (x, y), mit $y = f(x)$, die Gleichung (2.38) erfüllen.

6 Hierbei setzen wir $x^0 = y^0 = 1$, auch im Falle $x = 0$ oder $y = 0$.

Beispiel 2.24:

Wir betrachten die Gleichung

$$y^2 + x^2 = 1\,, \quad x, y \in \mathbb{R}\,. \tag{2.40}$$

Die Punkte, die dies erfüllen, bilden eine Kreislinie, wie anhand der Fig. 2.19 (mit Hilfe des Pythagoras) klar wird. Der Kreis hat den Radius 1 und den Mittelpunkt im Koordinatennullpunkt. Man nennt ihn *Einheitskreis*. Wir »lösen nach y auf«: Gleichung $y^2+x^2 = 1$ ist gleichbedeutend mit $y^2 = 1 - x^2$. Dies ist genau dann erfüllt, wenn

$$y = \sqrt{1-x^2} \quad \text{oder} \quad y = -\sqrt{1-x^2} \tag{2.41}$$

ist. Hierdurch werden zwei Funktionen beschrieben:

$$f_1(x) = \sqrt{1-x^2}\,, \quad f_2(x) = -\sqrt{1-x^2}\,. \tag{2.42}$$

Definitionsbereich ist in beiden Fällen $[-1, 1]$. f_1 beschreibt den Halbkreis oberhalb der x-Achse, f_2 entsprechend unterhalb der x-Achse. Die Graphenpunkte von f_1 und f_2 gehorchen der Gl. (2.40). f_1 und f_2 sind also algebraische Funktionen.

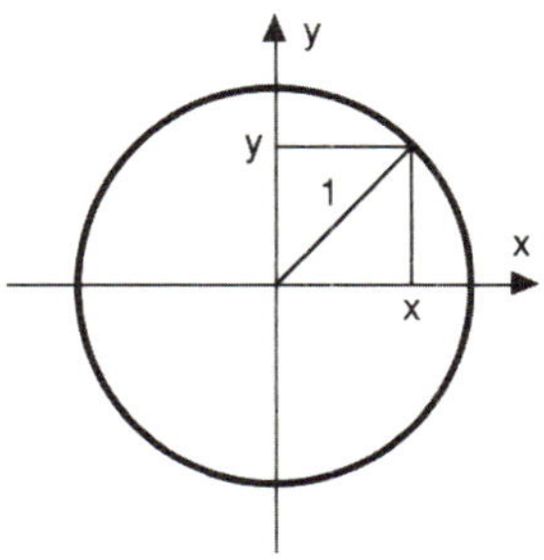

Fig. 2.19: Einheitskreis

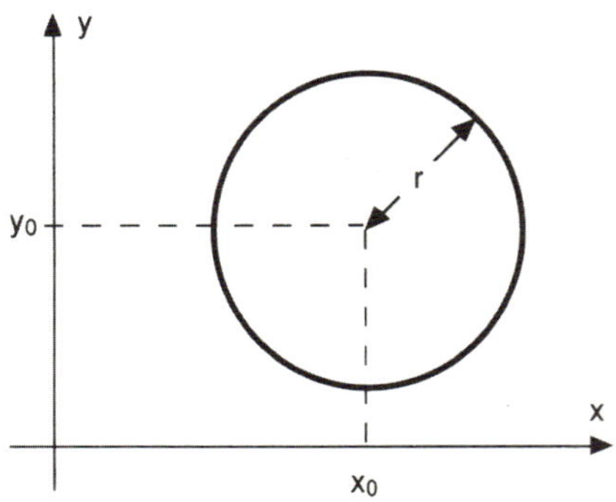

Fig. 2.20: Kreis mit Radius r um (x_0, y_0)

Beispiel 2.25:

Analog zum vorangegangenen Beispiel beschreibt

$$y^2 + x^2 = r^2 \quad (r > 0)$$

einen Kreis mit dem Radius r um den Koordinatenursprung. Allgemeiner noch: Alle Punkte (x, y), die

$$(y - y_0)^2 + (x - x_0)^2 = r^2$$

erfüllen, bilden einen Kreis mit dem Radius r um den Mittelpunkt (x_0, y_0), s. Fig. 2.20. (Man sieht dies leicht mit Hilfe des »Pythagoras« ein.)

Beispiel 2.26:

(Nach [5]) Ein Konstruktionselement mit rechteckigem Querschnitt ist mit den Randspannungen σ_x und σ_y belastet, wie in Fig. 2.21 skizziert. Wir denken uns einen Schnitt durch die Fläche unter dem Winkel φ gegen die Waagerechte, s. Fig. 2.21. Für die an dieser Schnittlinie auftretende Längsspannung σ und Schubspannung τ gilt

$$\sigma = \sigma_x \sin^2\varphi + \sigma_y \cos^2\varphi = \frac{1}{2}(\sigma_x + \sigma_y) + \frac{1}{2}(\sigma_y - \sigma_x)\cos 2\varphi$$ [7]

$$\tau = \frac{1}{2}\sigma_y \sin 2\varphi - \frac{1}{2}\sigma_x \sin 2\varphi = \frac{1}{2}(\sigma_y - \sigma_x)\sin 2\varphi$$

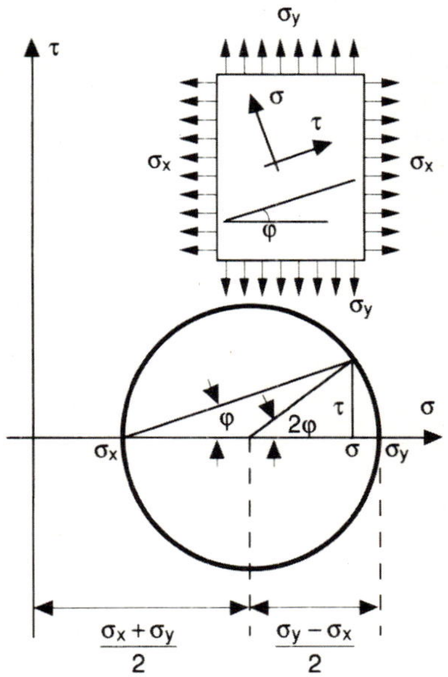

Fig. 2.21: Mohrscher Spannungskreis

Quadriert man τ und $\sigma - \frac{1}{2}(\sigma_x + \sigma_y)$, so erhält man aus obigen Gleichungen

$$\left(\sigma - \frac{\sigma_x + \sigma_y}{2}\right)^2 + \tau^2 = \left(\frac{\sigma_y - \sigma_x}{2}\right)^2 \tag{2.43}$$

Diese Gleichung beschreibt einen Kreis in der σ-τ-Ebene. Er heißt *Mohrscher*[8] *Spannungskreis*.

7 Die hier benutzten Funktionen sin und cos nebst ihrer Additionstheoreme werden in Abschn. 2.3.2 ausführlich erläutert.

8 Christian Otto Mohr (1835 – 1918), deutscher Ingenieur

Sein Mittelpunkt liegt auf der σ-Achse. Für jeden Winkel φ kann man aus Fig. 2.21 die zugehörigen Werte τ und σ entnehmen.

Potenzfunktionen: Besonders einfache algebraische Funktionen sind die *Potenzfunktionen*

$$f(x) = Cx^{n/m}, \quad \begin{cases} n & \text{ganz,} \\ m & \text{natürlich.} \end{cases} \tag{2.44}$$

Der Exponent von x ist dabei eine beliebige rationale Zahl. Zunächst setzen wir $n > 0$ voraus. Ist m ungerade, so kann die ganze reelle Achse als Definitionsbereich verwendet werden. Ist m gerade, so liegt der Definitionsbereich in $[0, \infty)$. (Denn $x^{n/m} = (\sqrt[m]{x})^n$ ergibt nur im Falle ungerader m für negative x einen Sinn.) Im Fall $n < 0$ gilt analoges. Nur 0 liegt nicht im Definitionsbereich. f ist in der Tat algebraisch. Potenziert man nämlich $y = Cx^{n/m}$ mit dem Exponenten m, so folgt $y^m - C^m x^n = 0$, also eine Gleichung vom Typ (2.38).

Für $x > 0$ ($C = 1$) sind die typischen Formen der Funktionsgraphen von f in Fig. 2.22 zu sehen. Der Leser setze sie für den Fall, daß m ungerade ist, in dem Bereich $x < 0$ fort. Dabei ist zwischen geraden n und ungeraden n zu unterscheiden.

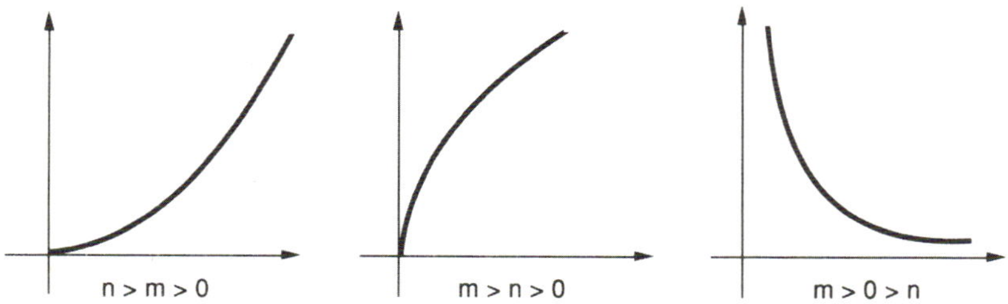

Fig. 2.22: Typische Potenzfunktionen $f(x) = Cx^{n/m}$

Beispiel 2.27:
Die adiabatische Zustandsänderung eines idealen Gases mit Druck p wird durch $p/\rho^\kappa = C$ (C konstant) beschrieben, also durch

$$p = C\rho^\kappa .$$

Für Luft ist $\kappa = 1{,}405$. Allgemein ist κ eine Materialkonstante, die als rationale Zahl angenommen werden darf.

Explizite Darstellung algebraischer Funktionen

Typische algebraische Funktionen sind

$$f(x) = x^2 - \sqrt{\frac{3 - x^4}{\sqrt{x^2 - 1}}} \quad \text{oder} \quad f(x) = \left(\frac{\sqrt{x^4 + 1}}{x^2 + 1} - 2\right)^{\frac{2}{3}} + x^{\frac{7}{4}} .$$

Allgemein gilt: Besteht ein Formelausdruck $f(x)$ aus der Variablen x (endlich oft auftretend) und endlich vielen Zahlen, verknüpft mit *endlich vielen Rechenoperationen* $+, -, \cdot, :$ *oder Potenzierungen mit rationalen Exponenten*, so ist f eine *algebraische Funktion in expliziter Darstellung*.

Durch schrittweises Umformen von $y = f(x)$ kann man in diesem Falle eine Gleichung der Gestalt (2.38) erreichen, der alle Paare (x, y) genügen, die auch $y = f(x)$ erfüllen.

Die Umkehrung gilt nicht! Insbesondere läßt sich nicht jede algebraische Funktion durch Formelausdrücke der genannten Art beschreiben. In der Technik haben wir es aber hauptsächlich mit algebraischen Funktionen der beschriebenen expliziten Art zu tun.

Beispiel 2.28:

Der Luftdruck p hängt von der Höhe h über dem Erdboden ab. Bei ruhender isothermischer Atmosphäre lautet dieser Zusammenhang

$$p = p_0 \left(1 - \frac{n-1}{n} \frac{gh}{R_L \cdot T_0}\right)^{\frac{n}{n-1}} \tag{2.45}$$

Die rechte Seite, abgekürzt $f(h)$, beschreibt eine algebraische Funktion. Die Konstanten dazu bedeuten: p_0 Bodendruck (z.B. $p_0 = 1{,}013$ bar), $n = 1{,}235$ Polytropenexponent, $R_L = 287\mathrm{m}^2/(\mathrm{K} \cdot \mathrm{s}^2)$ spezifische Gaskonstante der Luft, $T_0 = 288\mathrm{K}$ Temperaturkonstante, $g = 9{,}81\mathrm{m}/\mathrm{s}^2$ Erdbeschleunigung.

Übung 2.11:

Man forme (2.45) in eine Gleichung vom Typ (2.38) um.

2.2.3 Kegelschnitte

Hier wird ein erster Einblick gegeben. In Burg/Haf/Wille (Vektoranalysis) [7], Abschn. 1.3, werden Kegelschnitte ausführlich behandelt.

Ellipse: Wir gehen aus von der Gleichung

$$\frac{x^2}{a^2} + \frac{y^2}{b^2} = 1 \quad (a > 0, b > 0)\,. \tag{2.46}$$

Trägt man alle Punkte (x, y), die die Gleichung erfüllen, in der x-y-Ebene ein, so bilden sie eine Kurve, wie in Fig. 2.23 skizziert. Eine Kurve dieser Form heißt eine *Ellipse*. Wir können sie uns aus einem Kreis entstanden denken, der in einer Richtung gleichmäßig gestaucht (oder gestreckt) ist. Der Kreis selbst gilt als Spezialfall einer Ellipse.

Löst man die Ellipsengleichung (2.46) nach y auf, so erhält man

$$y = \frac{b}{a}\sqrt{a^2 - x^2} \quad \text{oder} \quad -y = \frac{b}{a}\sqrt{a^2 - x^2} \quad (|x| \le a)\,. \tag{2.47}$$

Die linke Gleichung beschreibt eine Funktion, deren Graph der »obere« Ellipsenbogen ist, die rechte Gleichung entsprechend eine Funktion, deren Graph den unteren Bogen darstellt.

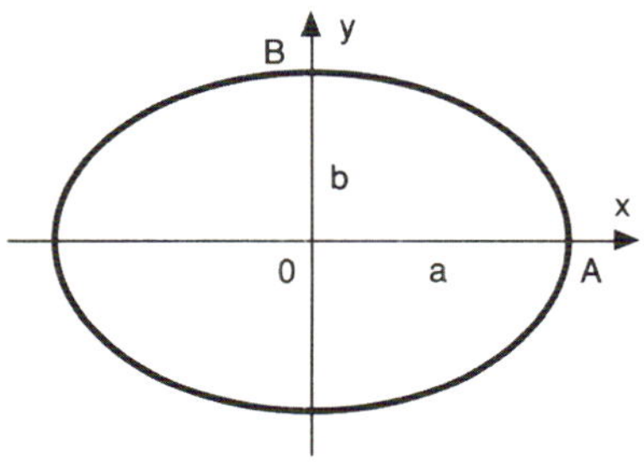

Fig. 2.23: Ellipse

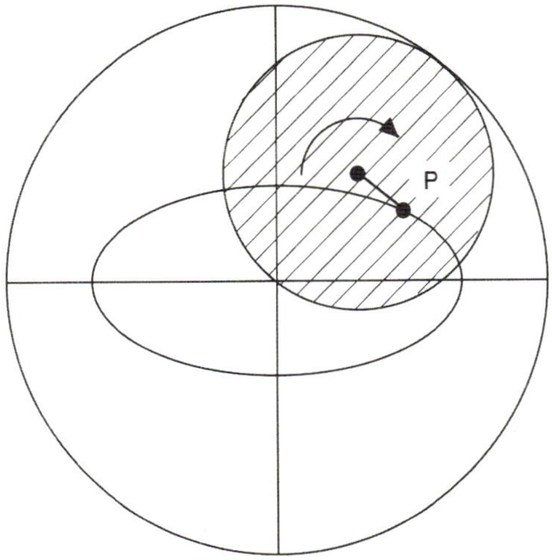

Fig. 2.24: Planetengetriebe

In Fig. 2.23 wollen wir $a > b$ annehmen. a, die Länge der Strecke $[0, A]$, heißt *große Halbachse* der Ellipse. Entsprechend heißt b die *kleine Halbachse*. b ist die Länge von $[0, B]$.

Ellipsen spielen in der Himmelsmechanik eine große Rolle: Die Planeten der Sonne laufen in sehr guter Näherung auf Ellipsenbahnen. Dasselbe gilt für Satelliten im erdnahen Raum.

Will man die Bewegung eines Punktes auf einer Ellipsenbahn technisch erzeugen, so läßt sich dies einfach mit einem *Planetengetriebe* konstruieren, wie es in Fig. 2.24 skizziert ist. Dabei rollt ein Rad in einem anderen vom doppelten Radius herum. Ein beliebig markierter Punkt P auf dem rollenden Rad bewegt sich dann auf einer elliptischen Bahn.

Hyperbel: Hyperbeln sind ebene Figuren, die durch

$$\frac{x^2}{a^2} - \frac{y^2}{b^2} = 1 \quad (a > 0, b > 0) . \tag{2.48}$$

beschrieben werden, siehe Fig. 2.25. Auflösung nach y ergibt

$$y = \frac{b}{a}\sqrt{x^2 - a^2} \quad \text{oder} \quad y = -\frac{b}{a}\sqrt{x^2 - a^2} \quad (|x| \geq a) . \tag{2.49}$$

womit zwei Funktionen angegeben sind, deren Graphen zusammen eine Hyperbel bilden.

Für große $|x|$ kann man a^2 gegen x^2 vernachlässigen, so daß (2.49) übergeht in

$$y \approx \frac{b}{a}x , \quad y \approx -\frac{b}{a}x . \tag{2.50}$$

Setzt man hier $=$ statt $\approx$, so hat man die Gleichungen zweier Geraden (vgl. Fig. 2.25). An diese Geraden schmiegt sich die Hyperbel immer besser an, je größer $|x|$ ist. Die Geraden heißen die *Asymptoten der Hyperbel*.

Hyperbeln treten auch in der Himmelsmechanik auf, z.B. als Kometenbahnen oder Bahnen

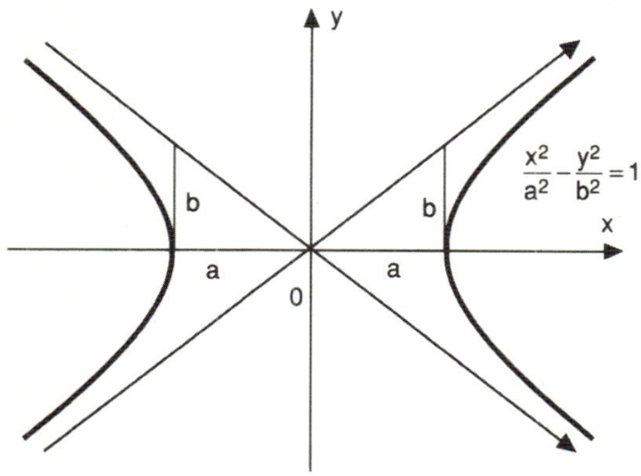

Fig. 2.25: Hyperbel

von Satelliten, die das Sonnensystem verlassen. Ferner treten Hyperbeln bei Kühltürmen als Querschnitt-Figuren auf, wie auch bei Düsen oder Lampenformen.

Parabel: Parabeln werden durch

$$y = cx^2 = 0\,, \quad c > 0\,,$$

beschrieben. Wir haben sie in Abschn. 2.1.3 ausführlich behandelt.

Bemerkung: Ellipsen, Hyperbeln und Parabeln werden *Kegelschnitte* genannt.

In der Tat treten sie als Schnittfiguren auf, wenn Doppelkegel und Ebenen sich schneiden (s. Fig. 2.26). Auch die Grenzfälle — Kreis oder Punkt, zwei sich schneidende Geraden oder eine Gerade — treten als Schnittfiguren auf. Dehnt sich der Kegel, bis er schließlich in einen Zylinder übergeht, so können auch zwei parallele Geraden als Schnittfigur vorkommen oder eine »leere« Schnittfigur.

Allgemeine Gleichung zweiten Grades: Wir betrachten die algebraische Gleichung

$$a_{11}x^2 + 2a_{12}xy + a_{22}y^2 + 2a_{13}x + 2a_{23}y + a_{33} = 0 \tag{2.51}$$

mit reellen Konstanten a_{ik}. Wir setzen voraus, daß a_{11}, a_{12}, a_{22} nicht alle Null sind. Damit gilt:

Gleichung (2.51) *beschreibt stets einen Kegelschnitt* (vgl. Burg/Haf/Wille (Vektoranalysis) [7], Abschn. 1.3.5).

Um herauszufinden, welchen sie darstellt, werden die drei folgenden Determinanten (s. Abschn. 7.2.3, bzw. Burg/Haf/Wille (Lineare Algebra) [9]) betrachtet:

$$D = \begin{vmatrix} a_{11} & a_{12} & a_{13} \\ a_{12} & a_{22} & a_{23} \\ a_{13} & a_{23} & a_{33} \end{vmatrix}, \quad D_1 = \begin{vmatrix} a_{11} & a_{12} \\ a_{12} & a_{22} \end{vmatrix}, \quad D_2 = \begin{vmatrix} a_{22} & a_{23} \\ a_{23} & a_{33} \end{vmatrix} + \begin{vmatrix} a_{11} & a_{13} \\ a_{13} & a_{33} \end{vmatrix}.$$

Es ergibt sich folgende Fallunterscheidung:

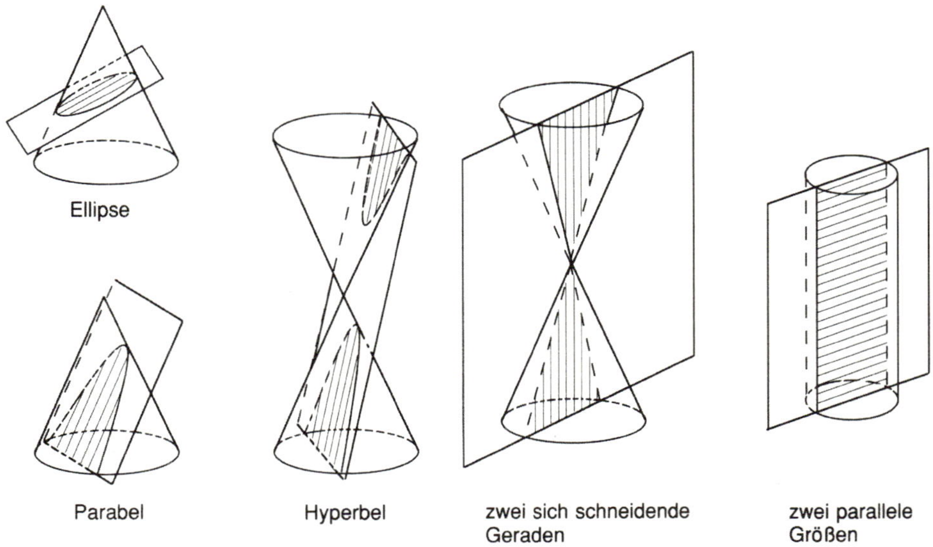

Fig. 2.26: Kegelschnitte

1. Fall

- $D \neq 0$
  - $D_1 < 0$ ······ Hyperbel
  - $D_1 = 0$ ······ Parabel
  - $D_1 > 0$
    - $D_1 \cdot a_{11} < 0$ ······ Ellipse
    - $D_1 \cdot a_{11} > 0$ ······ leere Menge

2. Fall

- $D = 0$
  - $D_1 < 0$ ······ 2 sich schneidende Geraden
  - $D_1 = 0$
    - $D_2 < 0$ ·· 2 parallele Geraden
    - $D_2 = 0$ ······ eine Gerade
    - $D_2 > 0$ ······ leere Menge
  - $D_1 > 0$ ······ ein Punkt

(Die Beweise hierzu werden in Burg/Haf/Wille (Lineare Algebra) [9] geführt.)

Übung 2.12*:

Welche Typen von Kegelschnitten werden durch die folgenden Gleichungen dargestellt:

(1) $3x^2 + 4xy + 5y^2 + 2x + 8y + 2 = 0$

(2) $5x^2 + 16xy + 2y^2 + 2x + 2y + 2 = 0,$

(3) $4x^2 - 12xy + 9y^2 + 6x + 2y + 1 = 0,$

(4) $x^2 - 4xy + 4y^2 - x + 2y - \frac{1}{4} = 0.$

2.3 Trigonometrische Funktionen

2.3.1 Bogenlänge am Einheitskreis

Die Menge aller Punkte (x, y) mit $x^2 + y^2 = 1$ bildet in der x-y-Ebene eine Kreislinie vom Radius 1 um den Koordinatennullpunkt. Wir nennen sie die *Einheitskreislinie*. Löst man $x^2 + y^2 = 1$ nach y auf, so erhält man

$$y = \sqrt{1 - x^2} \quad \text{oder} \quad y = -\sqrt{1 - x^2} \tag{2.52}$$

für $|x| \leq 1$. Die linke Gleichung beschreibt die *obere Halbkreislinie* H^+ (oberhalb der x-Achse in Fig. 2.27), die rechte dagegen die *untere Halbkreislinie* H^-

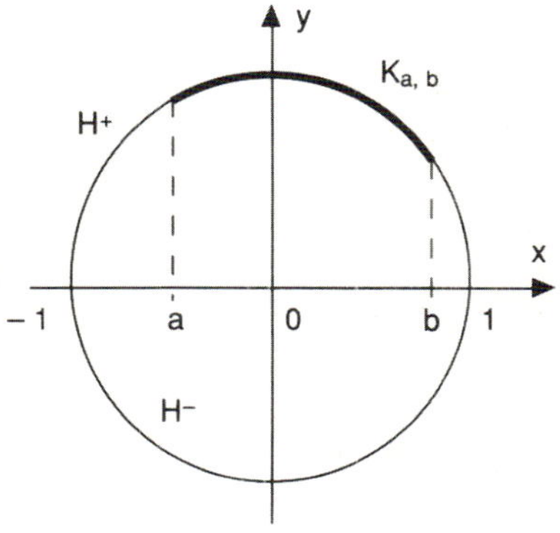

Fig. 2.27: Kreisbogen $K_{a,b}$

Ein *Kreisbogen* $K_{a,b}$ auf H^+ ist die Menge aller Punkte $(x, y) \in H^+$ mit

$$-1 \leq a \leq x \leq b \leq 1$$

(s. Fig. 2.27). Es ist unsere Aufgabe, die Länge $t_{a,b}$ eines solchen Kreisbogens — kurz *Bogenlänge* genannt — zu definieren und zu bestimmen.

Bemerkung: Die Grundvorstellung der Bogenlänge besteht darin, daß man sich den Kreisbogen als dehnungsfreies Seil vorstellt, dessen Länge durch Geradeziehen und Anlegen eines Lineals gemessen werden kann. Der eilige Leser mag sich mit dieser »Seilvorstellung« begnügen und den *Rest dieses Abschnittes überschlagen*. Zum Verständnis des folgenden, insbesondere der Anwendungen, geht ihm nichts wesentliches verloren.

Für eine saubere mathematische Fundierung reicht die Seilvorstellung allerdings nicht aus. (Was heißt z.B. »dehnungsfrei?«) Wir definieren daher die *Bogenlänge*, indem wir von Streckenzügen ausgehen.

Es sei

$$K_{a,b} = \left\{(x, y) \mid -1 \le a \le x \le b \le 1\,, \quad y = \sqrt{1 - x^2}\right\}$$

der schon beschriebene Kreisbogen. Zunächst bilden wir eine Zerlegung Z des Intervalls $[a, b]$ mit

$$a = x_0 < x_1 < \ldots < x_n = b\,.$$

Die Punkte $x_0, \ldots, x_n$ heißen *Teilungspunkte* von Z. Die zugehörigen Kreispunkte

$$P_i = (x_i, y_i) \quad \text{mit} \quad y_i = \sqrt{1 - x_i^2}$$

$(i = 0, 1, \ldots, n)$ liegen auf dem Kreisbogen $K_{a,b}$. Wir verbinden diese Punkte $P_0, P_1, P_2, \ldots, P_n$ durch einen *Streckenzug* S, wie es die Fig. 2.28 zeigt. Der Streckenzug S ist dabei die Vereinigung aller Strecken $[P_0, P_1], [P_1, P_2], \ldots, [P_{n-1}, P_n]$. Die Länge einer solchen Strecke $[P_{i-1}, P_i]$ ist nach »Pythagoras«

$$\sqrt{\Delta x_i^2 + \Delta y_i^2}\,, \quad \text{mit} \quad \Delta x_i = x_i - x_{i-1}\,, \; \Delta y_i = y_i - y_{i-1}\,. \tag{2.53}$$

Die Summe $L(Z)$ dieser Streckenlängen bezeichnet man als *Länge des Streckenzuges* S:

$$L(Z) = \sum_{i=1}^{n} \sqrt{\Delta x_i^2 + \Delta y_i^2}\,. \tag{2.54}$$

Fügt man weitere Punkte auf dem Kreisbogen $K_{a,b}$ hinzu, so werden die zugehörigen Streckenzüge immer länger. Je mehr Punkte P_i gewählt werden und je kürzer die Teilstrecken sind, desto näher kommt $L(Z)$ unserer Vorstellung einer Bogenlänge. Dies führt zu folgender

Definition 2.2:

Die *Bogenlänge* $t_{a,b}$ des Kreisbogens $K_{a,b}$ ist gleich

$$t_{a,b} := \sup_{Z} L(Z) \quad (Z \text{ Zerlegung von } [a, b]).$$

M.a.W: Man denke sich die Menge M aller Streckenzuglängen $L(Z)$ (zu allen denkbaren Zerlegungen von $[a, b]$). Ihr Supremum bezeichnet man als *Bogenlänge* von $K_{a,b}$.

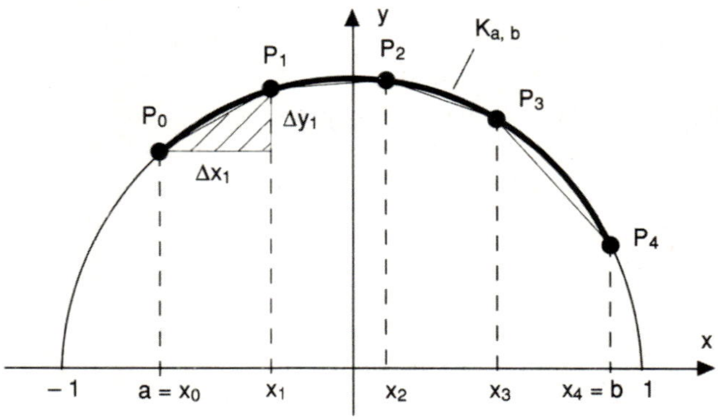

Fig. 2.28: Streckenzug als Näherung für einen Kreisbogen

Die Definition ist nur sinnvoll, wenn die Menge M der Streckenzuglängen $L(Z)$ nach oben beschränkt ist. Das ist aber der Fall, denn es gilt

$$\sqrt{\Delta x_i^2 + \Delta y_i^2} \le |\Delta x_i| + |\Delta y_i|, \tag{2.55}$$

wie man durch Quadrieren sofort einsieht. Also folgt

$$L(Z) \le \sum_{i=1}^{n}(|\Delta x_i| + |\Delta y_i|) = \sum_{i=1}^{n}|\Delta x_i| + \sum_{i=1}^{n}|\Delta y_i| \le 2 + 2 = 4.$$

Speziell definiert man $t_{a,a} = 0$ für alle $a \in [-1, 1]$ und

$$\pi := t_{-1,1}.$$

π ist also die Länge der Halbkreislinie H^+. Wir werden später Berechnungsmethoden für π angeben (s. Abschn. 3.2.5). Sie liefern

$$\pi = 3{,}141592653589793\ldots$$

Satz 2.7:

(*Eigenschaften der Bogenlänge*)

(I) *Additivität* (s. Fig. 2.29a) Es gilt:

$$t_{a,b} + t_{b,c} = t_{a,c}, \quad \text{falls} \quad -1 \le a \le b \le c \le 1. \tag{2.56}$$

(II) *Einschließungseigenschaft*: Man betrachte Fig. 2.29b: Ist $\delta_{a,b}$ die Länge der »Sehne« $[A, B]$ und $\tau_{a,b}$ die Länge des Tangentenstückes $[A', B']$, so gilt

$$\delta_{a,b} \le t_{a,b} \le \tau_{a,b}. \tag{2.57}$$

(III) Der *Quotient aus Sehnen- und Bogenlänge* erfüllt

$$\frac{\delta_{a,b}}{t_{a,b}} \to 1 \quad \text{für} \quad a \to b \quad \text{oder} \quad b \to a\,. \tag{2.58}$$

Beweis:

Zu (I): Es seien Z_1, Z_2 Zerlegungen von $[a, b]$, $[b, c]$. Mit $Z = Z_1 \cup Z_2$ (Zerlegung von $[a, c]$) folgt für die zugehörigen Streckenzuglängen

$$L(Z_1) + L(Z_2) = L(Z) \le t_{a,c}\,.$$

Geht man links zu den Suprema über, so folgt

$$t_{a,b} + t_{b,c} \le t_{a,c}\,. \tag{2.59}$$

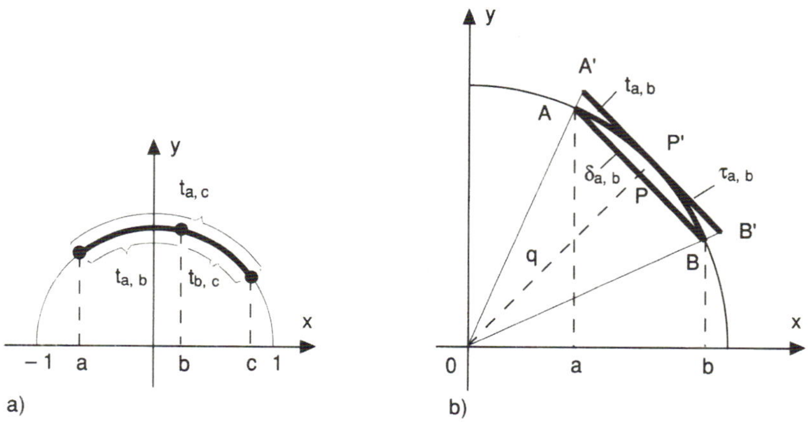

Fig. 2.29: Zu Satz 2.7: Eigenschaften der Bogenlänge am Kreis

Ist umgekehrt Z eine beliebige Zerlegung von $[a, c]$, so erzeugen ihre Teilungspunkte, unter Hinzunahme von b, eine Zerlegung Z_1 von $[a, b]$ und eine Zerlegung Z_2 von $[b, c]$. Sie erfüllen zweifellos

$$L(Z) \le L(Z_1) + L(Z_2) \le t_{a,b} + t_{b,c}\,.$$

Geht man links wiederum zum Supremum über, so folgt

$$t_{a,c} \le t_{a,b} + t_{b,c}\,,$$

mit (2.59) also $t_{a,c} = t_{a,b} + t_{b,c}$.

Zu (II): Ersetzt man den Kreisbogen $K_{a,b}$ in Fig. 2.29b durch einen Streckenzug S, wie beschrieben, so sieht man geometrisch leicht ein, daß für die Länge $L(Z)$ des Streckenzuges gilt:

$$\delta_{a,b} \leq L(Z) \leq \tau_{a,b}\,.$$

Folglich gilt auch $\delta_{a,b} \leq t_{a,b} \leq \tau_{a,b}$.

Zu (III): Die Länge q der Strecke $[0, P]$ in Fig. 2.29b ist nach »Pythagoras« zweifellos $q = \sqrt{1 - (\delta_{a,b}/2)^2}$. Mit dem »Strahlensatz« erhalten wir ferner $\delta_{ab} : \tau_{a,b} = q : 1$, also folgt mit (II)

$$1 \geq \frac{\delta_{a,b}}{t_{a,b}} \geq \frac{\delta_{a,b}}{\tau_{a,b}} = q = \sqrt{1 - \frac{\delta_{a,b}^2}{4}} \to 1 \quad \text{für} \quad a \to b \quad \text{oder}\; b \to a\,.$$

□

Wir betrachten nun speziell die Bogenlänge $t_{x,1}$ und fragen uns, wie sie von x abhängt (siehe Fig. 2.30). Die so entstehende Funktion $f(x) = t_{x,1}$ nennen wir Bogenlängenfunktion. Für sie gilt:

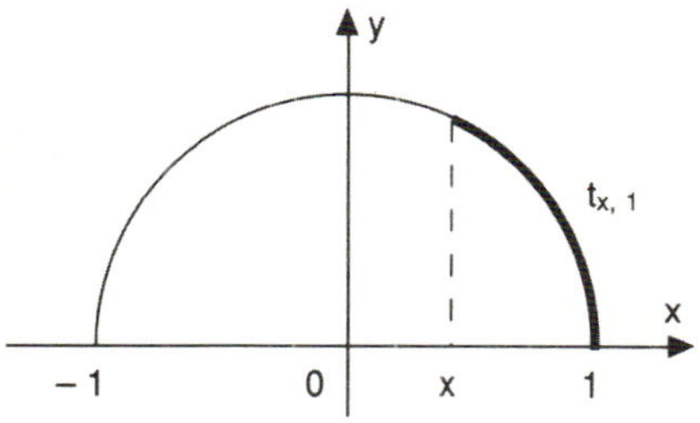

Fig. 2.30: Bogenlängenfunktion

Satz 2.8:

Die Funktion

$$f(x) = t_{x,1}\,, \qquad -1 \leq x \leq 1\,,$$

ist stetig, streng monoton fallend und bildet das Intervall $[-1, 1]$ umkehrbar eindeutig auf $[0, \pi]$ ab.

Beweis:

Für $x_n \to x_0$ $(-1 \leq x_n < x_0 \leq 1)$ gilt

$$|f(x_n) - f(x_0)| = |t_{x_n,1} - t_{x_0,1}| = |t_{x_n,x_0}| \leq \tau_{x_n,x_0} \to 0\,.$$

Entsprechendes gilt im Falle $(-1 \leq x_0 < x_n \leq 1)$, woraus die Stetigkeit von f folgt. Ferner ist f streng monoton fallend, da für $(-1 \leq x_1 < x_2 \leq 1)$ gilt

$$f(x_1) - f(x_2) = t_{x_1,1} - t_{x_2,1} = t_{x_1,x_2} \geq \delta_{x_1,x_2} > 0\,,$$

d.h. $f(x_1) > f(x_2)$. f ist also eineindeutig und bildet $[-1, 1]$ in $[0, \pi]$ ab. Nach dem Zwischenwertsatz nimmt $f(x)$ jeden Wert zwischen $f(1) = 0$ und $f(-1) = \pi$ an. Folglich bildet $f[-1,1]$ *auf* $[0, \pi]$ ab, womit alles bewiesen ist. □

Die Funktion f in Satz 2.8 wird später arccos (*Arcus Cosinus*) genannt.

Ausdehnung des Bogenlängenbegriffs auf größere Kreisbögen

In analoger Weise, wie hier geschehen, können Kreisbögen $K^-_{a,b}$ auf der unteren Halbkreislinie H^- betrachtet und ihre Bogenlängen $t^-_{a,b}$ bestimmt werden. Ja, wir können auch aus einem »oberen« Kreisbogen $K_{a,1}$ und aus einem »unteren« $K^-_{b,1}$ einen neuen Kreisbogen

$$K = K_{a,1} \cup K^-_{b,1}$$

zusammensetzen, s. Fig. 2.31. Seine Bogenlänge ist definiert als die Summe der Bogenlängen von $K_{a,1}$ und $K^-_{b,1}$. Entsprechend lassen sich Kreisbögen der Form

$$K = K_{-1,a} \cup K^-_{-1,b}$$

behandeln, die den Punkt $(-1, 0)$ enthalten. Die so gewonnenen Kreisbögen lassen sich abermals

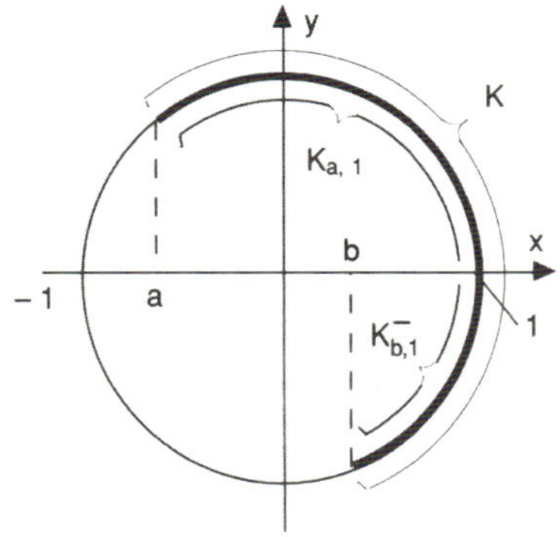

Fig. 2.31: Größere Kreisbögen

zusammensetzen usw. Damit ist der Bogenlängenbegriff auf Kreisbögen beliebiger Länge und Lage ausgedehnt.

Die Einheitskreislinie selbst, aufgefaßt als $H^+ \cup H^-$, hat die *Länge* 2π. Man nennt 2π auch den *Umfang* des Einheitskreises.

Winkelmessung: Die Bogenlänge t ist ein Maß für den Winkel zwischen zwei Halbgeraden, die von 0 ausgehen, s. Fig. 2.32a. t wird auch das *Bogenmaß* des Winkels genannt.

In der Geometrie wird das Winkelmaß üblicherweise in Grad angegeben, also in der Form: $\alpha°$ (Sprich: »α Grad«). Zwischen t und α besteht der Zusammenhang

$$\frac{\alpha}{180} = \frac{t}{\pi} . \tag{2.60}$$

Damit können Bogenmaße in Gradangaben umgerechnet werden und umgekehrt.

In der Analysis ist es durchweg üblich, Winkelgrößen im Bogenmaß anzugeben[9].

Länge beliebiger Kreisbögen: Wir denken uns einen Kreis mit beliebigem Radius $r > 0$. Durch einen Mittelpunktswinkel mit dem Bogenmaß t wird aus der Kreislinie ein bestimmter »Bogen« B herausgeschnitten, wie es in Fig. 2.32b gezeigt ist. Seine Länge b wird ebenfalls über einbeschriebene Streckenzüge definiert. Da alle Längen dabei gegenüber dem Einheitskreis um den Faktor r gestreckt oder gestaucht sind, ist die Länge des Bogens B das r-fache des Bogenmaßes t:

$$b = tr .$$

Insbesondere hat die gesamte Kreislinie die Länge $2\pi r$.

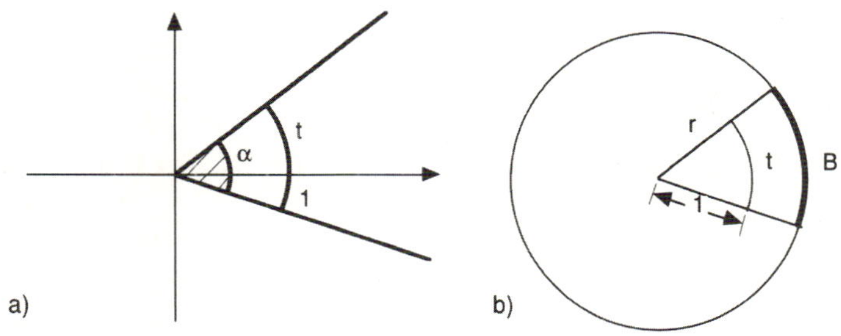

Fig. 2.32: Winkelmessung; Bögen auf beliebigen Kreislinien

Übung 2.13:

Welche Bogenmaße entsprechen den folgenden Winkelmaßen:

$$1^\circ ; \quad 17^\circ 34' ; \quad 27{,}7^\circ ; \quad 251^\circ 14' 47'' ?$$

Dabei bezeichnet $'$ Bogenminuten (60 Bogenminuten $= 1^\circ$), und $''$ Bogensekunden (60 Bogensekunden $= 1$ Bogenminute).

Übung 2.14:

Verwandle die folgenden Bogenmaße in Gradmaße, gerundet auf Bogensekunden:

$$1{,}5231 ; \quad 5{,}12178 ; \quad \frac{2}{3}\pi ; \quad \frac{2}{7}\pi .$$

9 Der Grund wird später klar. Er liegt darin, daß so $\sin' = \cos$ und $\cos' = -\sin$ gilt, was bei Winkelmessungen in Grad nicht zutrifft.

Übung 2.15:

Ein Rad dreht sich gleichförmig, und zwar dreht es sich in $0{,}142\,\mathrm{s}$ um den Winkel von $70°$. Berechne die Umlaufzeit T und die Winkelgeschwindigkeit $\omega = 2\pi/T$ des Rades!

2.3.2 Sinus und Cosinus

Die trigonometrischen Funktionen *Sinus* (sin) und *Cosinus* (cos) eignen sich gut zur Darstellung von Wellen, Schwingungen und sonstigen periodischen Vorgängen, wie auch zur Berechnung von Entfernungen auf der Erde oder im Weltraum.

Zur Definition von Sinus und Cosinus betrachten wir *einen beliebigen Punkt* $P = (x, y)$ *auf der Einheitskreislinie*. Es gilt also $x^2 + y^2 = 1$.

Mit t bezeichnen wir die Bogenlänge des *zugehörigen Kreisbogens*. Damit ist der Kreisbogen gemeint, den ein Punkt durchläuft, wenn er auf der Einheitskreislinie gegen den Uhrzeigersinn von $(1, 0)$ bis P wandert. Anhand der Figuren 2.33a, b, c ist klar, was gemeint ist.

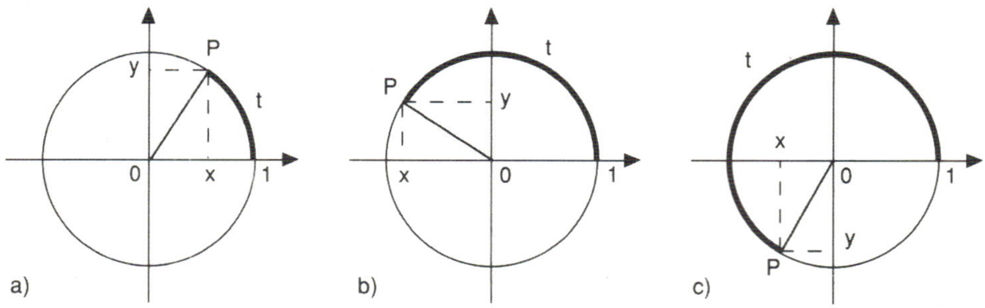

Fig. 2.33: Bogenlänge t zu P

Die Komponenten unseres Punktes werden nun einfach mit $\sin t$ und $\cos t$ bezeichnet, also:

Definition 2.3:

Man vereinbart

$$\sin t := y\,, \quad \cos t := x \quad \text{für } 0 \le t \le 2\pi\,.$$

Sinus- und Cosinusfunktionen sind damit auf dem Intervall $[0, 2\pi]$ erklärt. Der Definitionsbereich wird in folgender Definition auf die ganze reelle Zahlengerade ausgedehnt.

Definition 2.4:

Für alle $t \in [0,2\pi]$ und alle ganzen Zahlen k gilt

$$\begin{aligned} \sin(t + 2k\pi) &= \sin t\,, \\ \cos(t + 2k\pi) &= \cos t\,. \end{aligned} \tag{2.61}$$

In Fig. 2.34 ist ein Schaubild der Funktionen sin und cos skizziert.

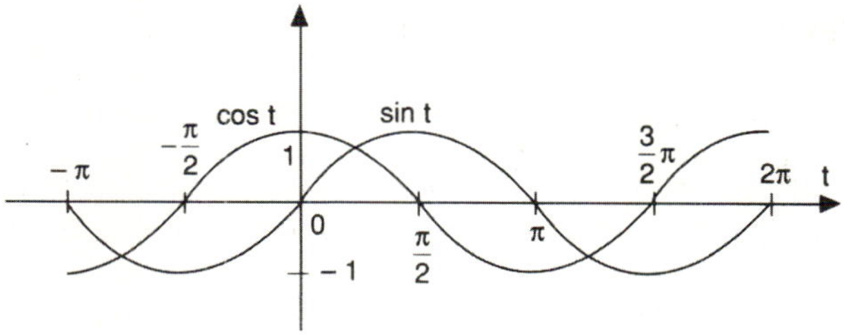

Fig. 2.34: Sinus- und Cosinusfunktion

Folgerung 2.2:
Für alle reellen Zahlen t gilt

(I) $\sin^2 t + \cos^2 t = 1$ (2.62)

(II)
$$\sin(-t) = -\sin t \qquad \cos(-t) = \cos t \tag{2.63}$$
$$\sin(\pi - t) = \sin t \qquad \cos(\pi - t) = -\cos t \tag{2.64}$$
$$\sin\left(t \pm \frac{\pi}{2}\right) = \pm\cos t \qquad \cos\left(t \mp \frac{\pi}{2}\right) = \pm\sin t \tag{2.65}$$
$$\sin(t + 2k\pi) = \sin t \qquad \cos(t + 2k\pi) = \cos t \quad k \text{ ganz} \tag{2.66}$$

(III)
$$\sin(k\pi) = 0 \qquad \cos\left(\frac{\pi}{2} + k\pi\right) = 0 \tag{2.67}$$
$$\cos(k\pi) = (-1)^k \qquad \sin\left(\frac{\pi}{2} + k\pi\right) = (-1)^k \quad k \text{ ganz}$$

Für alle anderen $t \in \mathbb{R}$, also $t \neq k\pi/2$, sind $\sin t$ und $\cos t$ verschieden von 0, 1 und -1.

(IV) sin und cos sind stetig auf $\mathbb{R}$.

Beweis:

Die Eigenschaften (I) bis (III) leitet der Leser leicht aus der Definition von sin und cos her. (Die Eigenschaften (I) bis (III) sind übrigens unmittelbar am Schaubild (Fig. 2.34) abzulesen.) Zu (IV): cos ist auf $[0, \pi]$ die Umkehrfunktion der stetigen Funktion f aus Satz 2.8 im vorigen Abschnitt. Also ist cos auf $[0, \pi]$ stetig. Damit ist auch $\sin t = \sqrt{1 - \cos^2 t}$ auf $[0, \pi]$ stetig. Durch (2.63), (2.66) wird die Stetigkeit auf alle $t \in \mathbb{R}$ übertragen. □

Additionstheoreme: Von großer Wichtigkeit sind folgende Formeln für $\sin(x + y)$, $\cos(x + y)$.

Satz 2.9:
Für alle reellen x und y gilt

$$\sin(x+y) = \sin x \cos y + \cos x \sin y\,, \tag{2.68}$$
$$\cos(x+y) = \cos x \cos y - \sin x \sin y\,. \tag{2.69}$$

Der Beweis wird in Abschn. 3.1.6 mit Hilfe der Differentialrechnung in eleganter Weise geführt, weshalb wir ihn hier überspringen.

Aus den Additionstheoremen (2.68), (2.69) lassen sich viele weitere Formeln herleiten, die für die Anwendungen wichtig sind. Setzt man z.B. $x = y$, so folgt

$$\sin(2x) = 2 \sin x \cos x\,, \tag{2.70}$$
$$\cos(2x) = \cos^2 x - \sin^2 x\,. \tag{2.71}$$

Ferner gilt

$$\left.\begin{aligned} \sin x + \sin y &= 2 \sin \frac{x+y}{2} \cos \frac{x-y}{2} \\ \sin x - \sin y &= 2 \cos \frac{x+y}{2} \sin \frac{x-y}{2} \end{aligned}\right\} \tag{2.72}$$
$$\left.\begin{aligned} \cos x + \cos y &= 2 \cos \frac{x+y}{2} \cos \frac{x-y}{2} \\ \cos x - \cos y &= -2 \sin \frac{x+y}{2} \sin \frac{x-y}{2} \end{aligned}\right\} \tag{2.73}$$

Zum Nachweis von (2.72) wendet man die Additionstheoreme auf

$$\sin x = \sin\left(\frac{x+y}{2} + \frac{x-y}{2}\right) \quad \text{und} \quad \sin y = \sin\left(\frac{x+y}{2} - \frac{x-y}{2}\right)$$

an und addiert bzw. subtrahiert beide Gleichungen. Entsprechend verfährt man bei (2.73). Der Leser führe dies zur Übung durch.

Anwendungen

Beispiel 2.29:
Ein Rad drehe sich gleichförmig mit der Umdrehungszeit T, also der Kreisfrequenz $\omega = 2\pi/T$. P sei ein beliebiger Punkt des Rades mit Abstand a vom Drehpunkt. x- und y-Achse liegen so, wie es die Fig. 2.35 zeigt. P überschreite die x-Achse zur Zeit t_0.

Dann sind die Koordinaten zu einer beliebigen Zeit t:

$$x = a \cos(\omega(t - t_0))\,,$$
$$y = a \sin(\omega(t - t_0))\,.$$

Die erste Gleichung beschreibt also die horizontale Bewegung des Punktes, die zweite die vertikale.

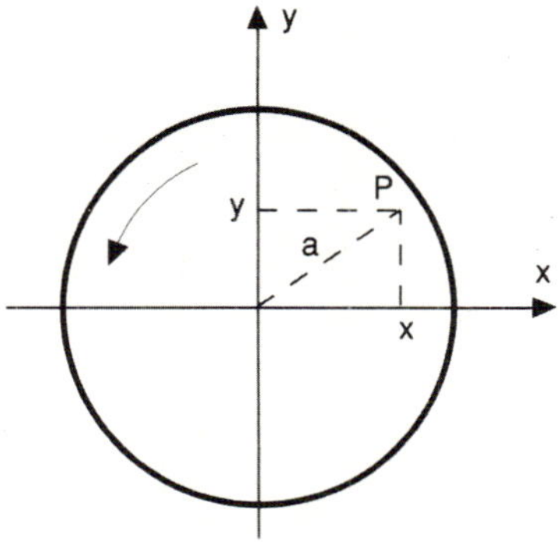

Fig. 2.35: Drehendes Rad

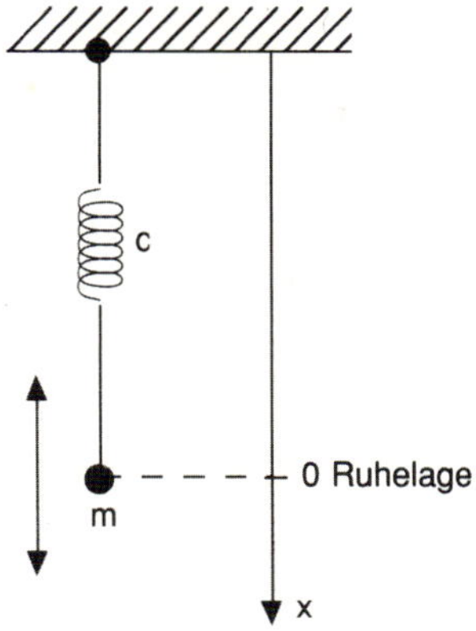

Fig. 2.36: Federpendel

Beispiel 2.30:
(*Federpendel*) An einer Spiralfeder mit Federkonstante c $>$ 0 hänge ein Körper der Masse m. Er schwinge reibungsfrei auf und ab. Die Höhe seines Schwerpunktes zur Zeit t sei x (x-Achse weist nach unten) (s. Fig. 2.36).

Dann wird seine Bewegung beschrieben durch

$$x = a\cos(\omega(t - t_0)) \quad \text{mit } \omega = \sqrt{\frac{c}{m}}.$$

Dabei ist t_0 ein Anfangszeitpunkt mit maximaler Auslenkung a.

Beispiel 2.30 ist trotz seiner Einfachheit ein typischer Schwingungsvorgang. Er zeigt, daß bei Beschreibung von Schwingungsvorgängen (seien sie mechanisch, elektrisch oder elektromagnetisch) die Sinus- und Cosinusfunktion die wesentlichen mathematischen Hilfsmittel sind.

Übung 2.16:

Beweise die Formel: $\sin(\alpha + \beta) + \sin(\alpha - \beta) = 2\sin\alpha\cos\beta$

Hinweis: Wende das Additionstheorem des Sinus auf $\sin(\alpha + \beta)$ und $\sin(\alpha + (-\beta))$ an!

Entsprechend:

Übung 2.17:

$\cos(\alpha + \beta) + \cos(\alpha - \beta) = 2\cos\alpha\cos\beta.$

Übung 2.18:

a) $\sin^2\alpha = \frac{1}{2}(1-\cos(2\alpha))$

b) $\cos^2\alpha = \frac{1}{2}(1+\cos(2\alpha))$

(s. (2.71))

Übung 2.19:

a) $\sin^4\alpha = \frac{1}{8}(3-4\cos(2\alpha)+\cos(4\alpha))$

b) $\cos^4\alpha = \frac{1}{8}(3+4\cos(2\alpha)+\cos(4\alpha))$

Hinweis: Man quadriere die Formeln in Übung 2.18.

Übung 2.20:

Beweise die Formel

$$\sin((2n+1)t) = \left(1+2\sum_{k=1}^{n}\cos(2kt)\right)\sin t.$$

($n \in \mathbb{N}$, $T \in \mathbb{R}$) durch vollständige Induktion. Dazu benutze man die Gleichung

$$\sin((2n+1)t) = \sin((2n-1)t) + 2\sin t\cos(2nt),$$

die aus (2.72), 2. Gleichung, folgt.

2.3.3 Tangens und Cotangens

Definition 2.5:

Die Funktionen *Tangens* (tan) und *Cotangens* (cot) werden folgendermaßen erklärt:

$$\left.\begin{array}{ll} \tan x := \dfrac{\sin x}{\cos x} & \text{für } x \in \mathbb{R} \text{ mit } x \neq \dfrac{\pi}{2}+k\pi, \\ \cot x := \dfrac{\cos x}{\sin x} & \text{für } x \in \mathbb{R} \text{ mit } x \neq k\pi. \end{array}\right\} k \text{ ganz}$$

Die rechts notierten Ausnahmewerte von x sind gerade die Nullstellen des jeweiligen Nenners. Fig. 2.37 zeigt die Graphen von tan und cot.

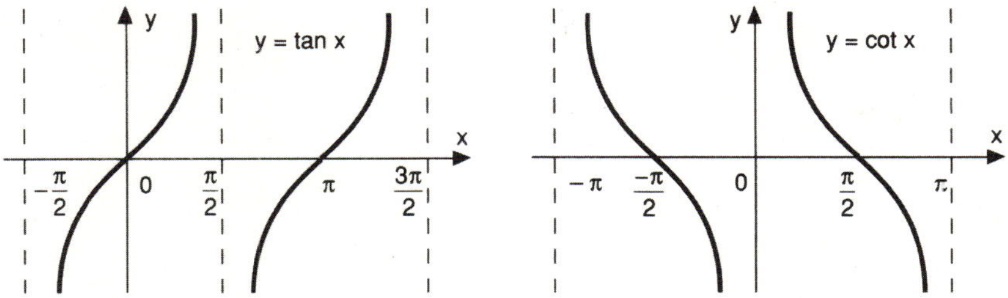

Fig. 2.37: Tangens- und Cotangensfunktionen

Satz 2.10:
(*Additionstheoreme*) Es gilt

$$\tan(x \pm y) = \frac{\tan x \pm \tan y}{1 \mp \tan x \tan y}, \tag{2.74}$$

$$\cot(x \pm y) = \frac{\cot x \cot y \mp 1}{\cot y \pm \cot x} \tag{2.75}$$

für alle x, y, für die die Nenner nicht verschwinden und die zugehörigen Tangens- und Cotangensfunktionen definiert sind.

Der Beweis kann mit Hilfe der Additionstheoreme für sin und cos vom Leser geführt werden.
Im Falle $x = y$ folgt aus dem Satz

$$\tan 2x = \frac{2\tan x}{1 - \tan^2 x}, \qquad \cot 2x = \frac{\cot^2 x - 1}{2\cot x}. \tag{2.76}$$

Umrechnung der Winkelfunktionen ineinander: Wir wollen $0 < x < \pi/2$ annehmen. Dann gilt wegen $\sin^2 x + \cos^2 x = 1$:

$$\sin x = \sqrt{1 - \cos^2 x}, \qquad \cos x = \sqrt{1 - \sin^2 x}. \tag{2.77}$$

Wir wollen entsprechend $\sin x$ in $\tan x$ umrechnen, $\cos x$ in $\tan x$, $\tan x$ in $\sin x$, usw. Dazu setzen wir (2.77) in $\tan x = \sin x / \cos x$ ein und erhalten

$$\tan x = \frac{\sin x}{\sqrt{1 - \sin^2 x}} = \frac{\sqrt{1 - \cos^2 x}}{\cos x}. \tag{2.78}$$

Quadrieren und Auflösen nach $\sin x$ bzw. $\cos x$ liefert

$$\sin x = \frac{\tan x}{\sqrt{1 + \tan^2 x}}, \qquad \cos x = \frac{1}{\sqrt{1 + \tan^2 x}}. \tag{2.79}$$

Wegen $\cot x = 1/\tan x$ hat man damit auch entsprechende Formeln für $\cot x$ zur Hand.

Die Formeln (2.77) bis (2.79) gelten bis auf das Vorzeichen auch außerhalb des Intervalls $(0, \pi/2)$, sofern die Nenner nicht verschwinden. Man muß dann allerdings darauf achten, ob + oder − vor die rechten Seiten zu setzen ist.

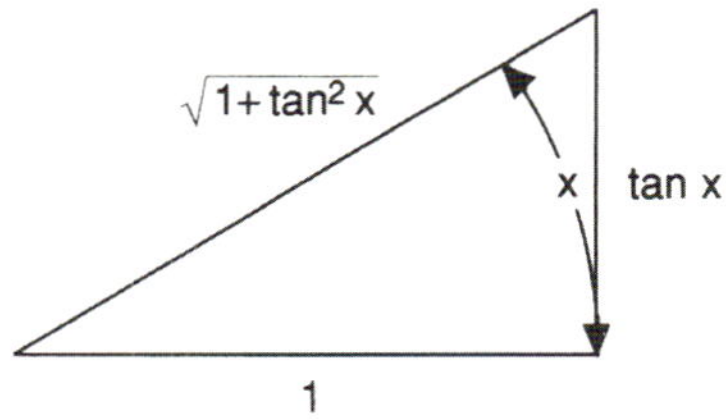

Fig. 2.38: Zur Umrechnung der Winkelfunktionen ineinander

Bemerkung: Die Gl. (2.79) gehen sofort aus Fig. 2.38 hervor. Man braucht also nur dieses Dreieck zu zeichnen, um jederzeit die Formeln (2.79) herleiten zu können.

Winkelfunktionen am rechtwinkligen Dreieck: An einem rechtwinkligen Dreieck $[A, B, C]$ mit den Seitenlängen a, b, c und dem Winkel α bei A gilt (s. Fig. 2.39a):

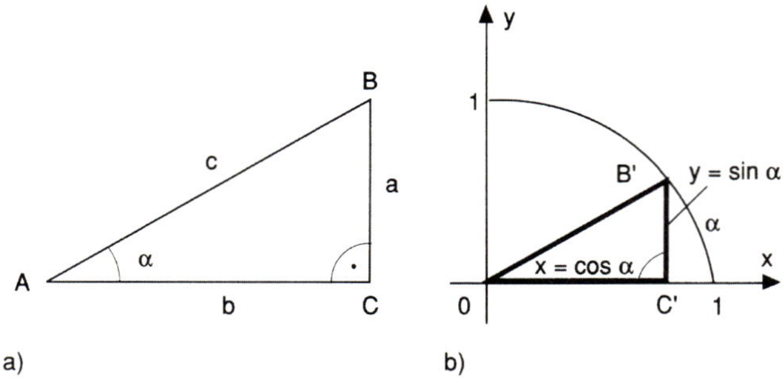

Fig. 2.39: Winkelfunktionen als Seitenverhältnisse am rechtwinkligen Dreieck

$$\sin\alpha = \frac{a}{c}, \quad \cos\alpha = \frac{b}{c}, \quad \tan\alpha = \frac{a}{b}, \quad \cot\alpha = \frac{b}{a}. \tag{2.80}$$

Diese Gleichungen gehen aus der Ähnlichkeit mit dem Dreieck $[0, C', B']$ am Einheitskreis hervor, wie es Fig. 2.39b zeigt. Dort gilt für entsprechende Seitenverhältnisse nach Definition von sin, cos, tan und cot:

$$\sin\alpha = \frac{y}{1}, \quad \cos\alpha = \frac{x}{1}, \quad \tan\alpha = \frac{\sin\alpha}{\cos\alpha} = \frac{y}{x}, \quad \cot\alpha = \frac{\cos\alpha}{\sin\alpha} = \frac{x}{y}.$$

Durch die Gl. (2.80) gelangen die Winkelfunktionen in der Geometrie zu großer Bedeutung.

Übung 2.21:

Auf einer schiefen Ebene, deren Neigungswinkel $\alpha = 35{,}12°$ beträgt, gleitet ein Körper mit dem Gewicht $G = 219{,}3\,\mathrm{N}$ herab. Wie groß sind die Hangabtriebskraft F_H und die Normalkraft F_N (rechtwinklig zur Ebene)?

Übung 2.22:

Beweise

$$\text{(a)}\quad \tan\alpha \pm \tan\beta = \frac{\sin(\alpha \pm \beta)}{\cos\alpha\cos\beta}, \qquad \text{(b)}\quad \cot\alpha \pm \cot\beta = \frac{\sin(\beta \pm \alpha)}{\sin\beta\sin\alpha}.$$

Hinweis: Zu (a): Man setze $\tan\alpha = \sin\alpha/\cos\alpha$, $\tan\beta = \sin\beta/\cos\beta$ und bringe die linke Seite auf Hauptnenner. (b) entsprechend.

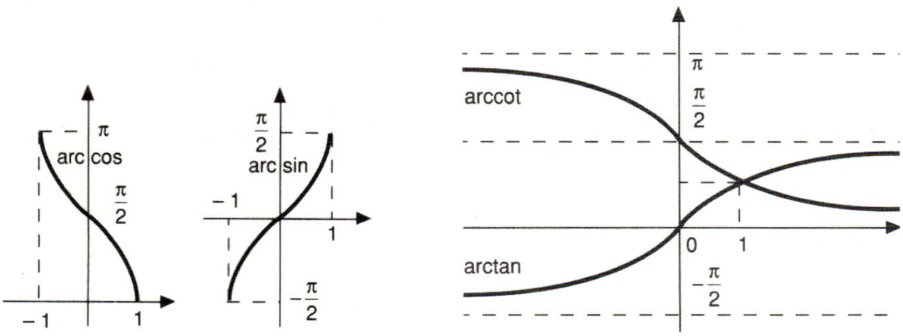

Fig. 2.40: Arcusfunktionen

2.3.4 Arcus-Funktionen

Die Funktionen *Arcussinus* (arcsin), *Arcuscosinus* (arccos), *Arcustangens* (arctan) und *Arcuscotangens* (arccot) sind die Umkehrfunktionen von sin, cos, tan und cot, definiert auf den im folgenden notierten Intervallen.

Definition 2.6:

$t = \arcsin x\,,\ x \in [-1,1]$ bedeutet: $x = \sin t\,,\ t \in \left[-\frac{\pi}{2}, \frac{\pi}{2}\right]$

$t = \arccos x\,,\ x \in [-1,1]$ bedeutet: $x = \cos t\,,\ t \in [0, \pi]$

$t = \arctan x\,,\ x \in \mathbb{R}$ bedeutet: $x = \tan t\,,\ t \in \left(-\frac{\pi}{2}, \frac{\pi}{2}\right)$

$t = \operatorname{arccot} x\,,\ x \in \mathbb{R}$ bedeutet: $x = \cot t\,,\ t \in (0, \pi)$.

Fig. 2.40 zeigt Schaubilder der Arcusfunktionen.

Liegt beispielsweise ein rechtwinkliges Dreieck vor, dessen Seitenlängen a, b, c wir kennen (Fig. 2.41), so kann man mit den Arcusfunktionen seine Winkel bestimmen: Wegen $a/c = \sin\alpha$ ist

$$\alpha = \arcsin\frac{a}{c} \quad \text{und analog} \quad \beta = \arccos\frac{a}{c}.$$

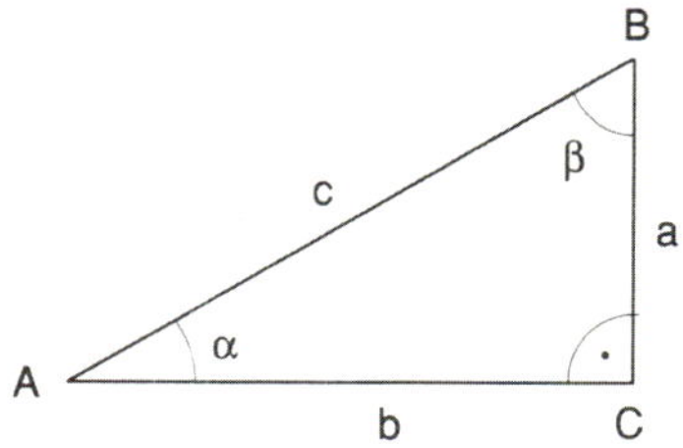

Fig. 2.41: Winkelbestimmung aus Seitenlängen

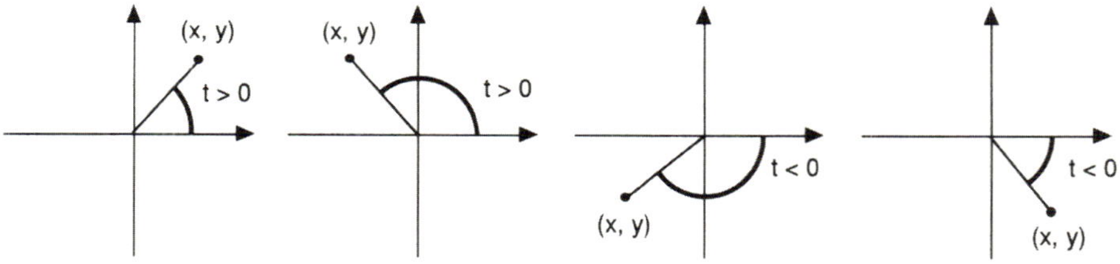

Fig. 2.42: $t = \mathrm{arc}(x, y)$

Definition 2.7:

Die Funktion *Arcus*, beschrieben durch

$$t = \mathrm{arc}(x, y)\,, \quad (x^2 + y^2 > 0)\,,$$

wird geometrisch erklärt (s. Fig. 2.42): Man verbindet den Punkt (x, y) mit dem Koordinatennullpunkt durch eine Strecke. Dann ist $|t|$ das Maß des kleineren Winkels zwischen dieser Strecke und der positiven x-Achse. Im Falle $y \geq 0$ ist dabei $t \geq 0$, im Falle $y < 0$ dagegen $t < 0$. Für $y = 0$, $x < 0$ ist $t = \pi$ und für $y = 0$, $x > 0$ natürlich $t = 0$ (s. Fig. 2.42a, b, c, d). $|t|$ wird im Bogenmaß angegeben. Es ist $-\pi < t \leq \pi$.

Mit der Streckenlänge $r = \sqrt{x^2 + y^2}$ wird die Funktion *Arcus* kurz so beschrieben:

$$\mathrm{arc}(x, y) = \begin{cases} \arccos \dfrac{x}{r}\,, & \text{für } y \geq 0, \\ -\arccos \dfrac{x}{r}\,, & \text{für } y < 0. \end{cases}$$

Bemerkung: Die Funktion wird auf Computern vielfach mit `ATAN2` + bezeichnet. In der komplexen Analysis wird sie auch Arg (Argument) genannt.

Bemerkung: Die trigonometrischen Funktionen sin, cos, tan, cot und die zugehörigen Arcusfunktionen sind heute auf jedem wissenschaftlichen Taschenrechner zu finden. Man kann ihre Werte durch Knopfdruck erhalten. *Prinzipiell* kann man ihre Werte auch geometrisch finden, d.h. durch Zeichnen des Einheitskreises auf Millimeterpapier und Ablesen der dortigen Maße. Natürlich ist die Genauigkeit dabei gering. Rechnerische Methoden zur beliebig genauen Ermittlung der

Funktionswerte sin, arcsin, ... usw. lernen wir in der Differentialrechnung kennen.

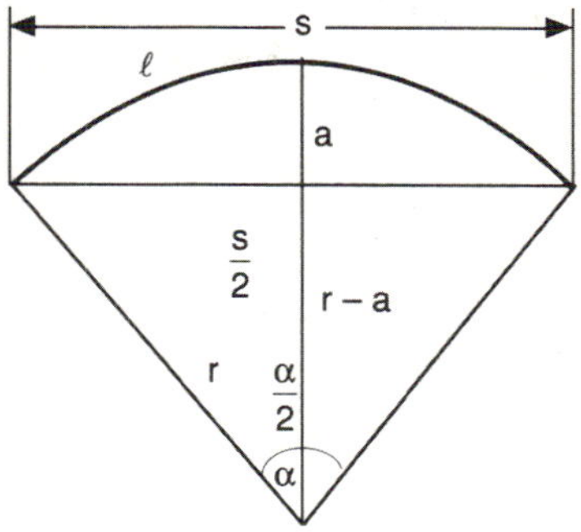

Fig. 2.43: Länge eines Schienenkreisbogens

Beispiel 2.31:
Es soll die Länge eines *Schienenkreisbogens* bestimmt werden, s. Fig. 2.43. Der Messung zugänglich ist die Sehnenlänge s und der maximale Abstand a der Sehne vom Kreisbogen. Der Radius r des Kreises wird nach »Pythagoras« berechnet:

$$(r-a)^2 + \left(\frac{s}{2}\right)^2 = r^2 \quad \Rightarrow \quad r = \frac{s^2}{8a} + \frac{a}{2} .$$

Für den Winkel α (Bogenmaß) gilt nach Fig. 2.43

$$\sin\frac{\alpha}{2} = \frac{s/2}{r}, \quad \text{also} \quad \frac{\alpha}{2} = \arcsin\frac{s}{2r} .$$

Die Länge l des Kreisbogens ist damit gleich

$$l = r\alpha = 2r \cdot \arcsin\frac{s}{2r} .$$

Übung 2.23:

Ein Schuppen mit rundem Dach sei 20 m lang. Sein Querschnitt hat die Form eines Rechtecks mit daraufgesetztem Kreissegment. Das Rechteck hat eine Höhe von 4 m und eine Breite von 8 m. Die Gesamthöhe des Schuppens ist 6,5 m. Wie groß ist die Dachfläche? (Benutze Taschenrechner!)

Übung 2.24:

In einem liegenden zylindrischen Tank der Länge $l = 2{,}7$ m und des Durchmessers $d = 1{,}2$ m befindet sich eine Flüssigkeitsmenge. Durch einen von oben eingeführten Meßstab stellt man fest, daß die Höhe des Flüssigkeitsspiegels über dem Tankboden 0,78 m beträgt. Wie groß ist das Flüssigkeitsvolumen? *Hinweis*: Der Flächeninhalt eines Kreissektors mit dem Öffnungswinkel α (Bogenmaß) ist gleich $r^2\alpha/2$ (r = Radius des Kreises).

2.3.5 Anwendungen: Entfernungsbestimmung, Schwingungen

Entfernungsbestimmung: Auf der Erde und im nahen Weltraum (bis ca. 4 Lichtjahre) benutzt man zur Entfernungsmessung große Dreiecke, deren Seitenlängen und Winkel man mißt oder berechnet. Dazu zwei Sätze der Geometrie:

Ist ein beliebiges Dreieck $[A, B, C]$ gegeben, so gilt mit den Bezeichnungen in Fig. 2.44 folgendes:

Sinussatz $$\frac{a}{b} = \frac{\sin\alpha}{\sin\beta} \tag{2.81}$$

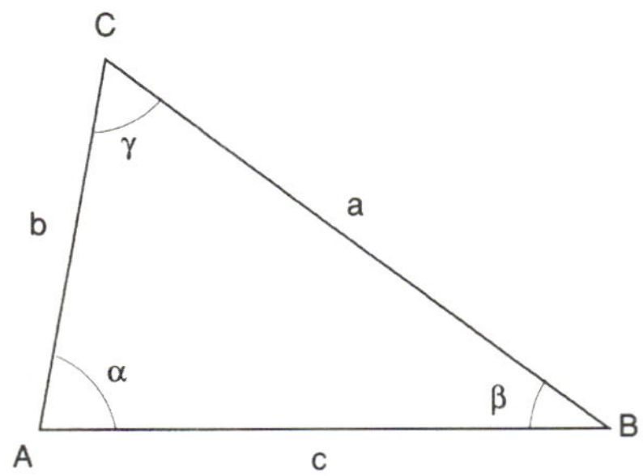

Fig. 2.44: Zum Sinus- und Cosinussatz

Cosinussatz $$a^2 + b^2 - 2ab\cos\gamma = c^2 \tag{2.82}$$

(Für die Beweise wird der Leser auf die Geometrie verwiesen.) Diese Sätze sind die Grundlage für Entfernungsberechnungen:

Wir nehmen an, daß A, B, C drei Punkte auf der Erde sind, wobei A und C so dicht zusammenliegen, daß wir ihre Entfernung b direkt messen können. Der Punkt B sei z.B. eine entfernte, aber sichtbare Bergspitze. Die Entfernungen a und c sind gefragt. Man mißt nun die Winkel α und γ, berechnet daraus β und erhält mit dem Sinussatz

$$a = b\frac{\sin\alpha}{\sin\beta}, \quad c = b\frac{\sin\gamma}{\sin\beta}.$$

Hat man die Landvermessung schon eine Weile durchgeführt und kennt in einem Dreieck A, B, C die Entfernungen a und b sowie den Winkel γ (man befinde sich selbst beim Punkt C), so kann man die Entfernung c von A und B mit dem Cosinussatz berechnen.

In jedem Falle muß die Vermessung mit einer Strecke bekannter Länge beginnen. Im Weltraum nimmt man dafür den Erddurchmesser oder für die Bestimmung größerer Entfernungen den Durchmesser der Erdbahn um die Sonne.

Schwingungen und Wellen: Durch

$$y = A\cos(\omega t + \varphi) \tag{2.83}$$

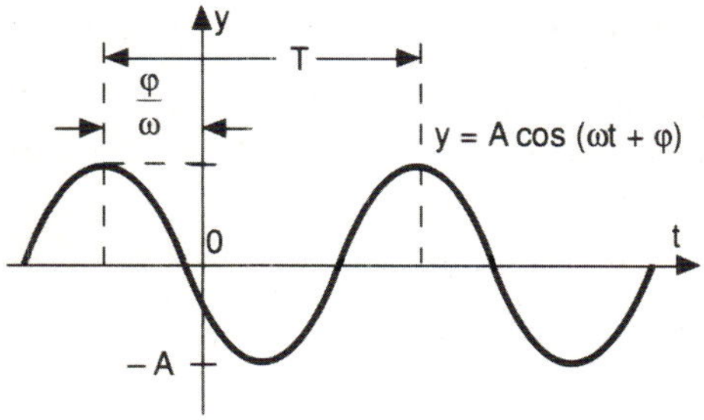

Fig. 2.45: Harmonische Schwingung

wird eine sogenannte »harmonische Schwingung« beschrieben. Dabei sei die Variable t die Zeit und y eine schwingende Größe, wie Länge (s. Federpendel), Druck (Schallwellen), elektrische Spannung oder elektrischer Strom, elektrische oder magnetische Feldstärke usw.

$A \geq 0$, $\omega > 0$ und φ sind Konstanten. $A \geq 0$ heißt *Amplitude*, $\omega > 0$ *Kreisfrequenz* und φ *Phase* oder *Phasenwinkel*. Fig. 2.45 zeigt ein Schaubild der durch (2.83) beschriebenen Funktion

$$f(t) = A\cos(\omega t + \varphi)\,.$$

Man sieht daran: A ist der Maximalwert der Funktion. Die *Schwingungsdauer* T ist die Zeitspanne von einem Maximalpunkt zum nächsten. Es muß gelten

$$\omega T = 2\pi\,, \tag{2.84}$$

denn die Cosinusfunktion wiederholt ja ihre Werte — also auch die Maximalwerte —, wenn das Argument des Cosinus um 2π weiterrückt. Mit Gl. (2.84) kann man ω aus T gewinnen und umgekehrt. Die *Frequenz* ν der Schwingung, das ist die Anzahl der Schwingungen pro Zeiteinheit, ergibt sich aus

$$\nu = \frac{1}{T} = \frac{\omega}{2\pi}\,.$$

Der Graph von f in Fig. 2.45 hat die Form einer Cosinusfunktion, evtl. etwas gestreckt oder gestaucht. Dabei ist die y-Achse um φ/ω nach rechts verschoben, wenn $\varphi > 0$ ist. Andernfalls ist sie um $|\varphi|/\omega$ nach links verschoben. Die Zahl $y_0 = A\cos\varphi$ ist der Wert der schwingenden Größe zur Zeit $t = 0$.

Überlagerung von Schwingungen gleicher Frequenz

Satz 2.11:
Eine Summe gleichfrequenter harmonischer Schwingungen ist wieder eine harmonische Schwingung.

Das heißt, sind die Schwingungen $A_i\cos(\omega t + \varphi_i)$, $(i = 1,2,\dots,n)$, gegeben, so gilt für ihre Summe

$$\sum_{i=1}^{n} A_i \cos(\omega t + \varphi_i) = A \cos(\omega t + \varphi) \tag{2.85}$$

mit gewissen Zahlen $A \geq 0$ und $\varphi \in (-\pi, \pi]$. A ist eindeutig bestimmt und φ im Falle $A > 0$ ebenfalls.

Beweis:

Wir geben an, wie die Werte A und φ konkret berechnet werden. Dazu nehmen wir an, es gäbe A und φ, die (2.85) erfüllen. Wendet man das Additionstheorem des Cosinus auf die linke und rechte Seite an, so verwandelt sich (2.85) in

$$\sum_{i=1}^{n}(A_i \cos\varphi_i)\cos(\omega t) - \sum_{i=1}^{n}(A_i \sin\varphi_i)\sin(\omega t) = A\cos\varphi\cos(\omega t) - A\sin\varphi\sin(\omega t)\,. \tag{2.86}$$

Einsetzen von $t = 0$ läßt die Sinusglieder verschwinden, während Einsetzen von $t = \pi/(2\omega)$ die Cosinusglieder zu Null macht. Dies ergibt die beiden Gleichungen

$$\begin{aligned} a &:= \sum_{i=1}^{n} A_i \cos\varphi_i = A\cos\varphi\,. \\ b &:= \sum_{i=1}^{n} A_i \sin\varphi_i = A\sin\varphi\,. \end{aligned} \tag{2.87}$$

Hieraus folgt durch Quadrieren, Addieren der Gleichungen und Wurzelziehen:

$$A = \sqrt{a^2 + b^2}\,. \tag{2.88}$$

Im Falle $a = b = 0$ sind $A = 0$ und φ beliebig wählbar. Im Falle $A > 0$ bildet der Punkt $(a, b) = (A\cos\varphi, A\sin\varphi)$ gerade den Winkel $\varphi \in (-\pi, \pi]$ mit der positiven x-Achse, s. Fig. 2.46. Es ist daher

$$\varphi = \operatorname{arc}(a, b) = \begin{cases} \arccos\dfrac{a}{A}, & \text{falls } b \geq 0, \\ -\arccos\dfrac{a}{A}, & \text{falls } b < 0. \end{cases} \tag{2.89}$$

Umgekehrt gilt: A und φ, berechnet nach (2.88), (2.89), erfüllen (2.87), folglich auch (2.86) und (2.85).

Durch (2.88) und im Falle $A > 0$ durch (2.89) sind damit A und φ eindeutig bestimmt und berechnet. □

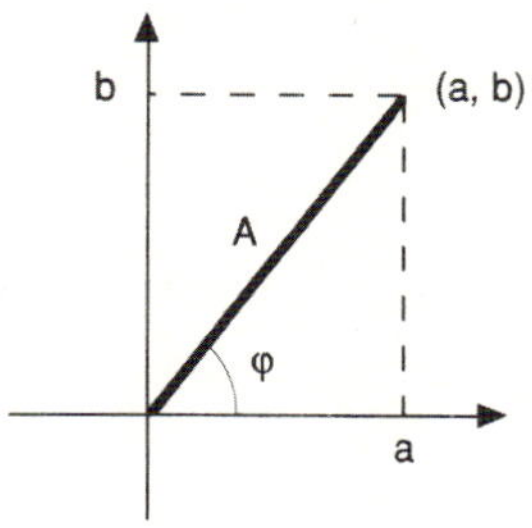

Fig. 2.46: Phasenwinkel φ

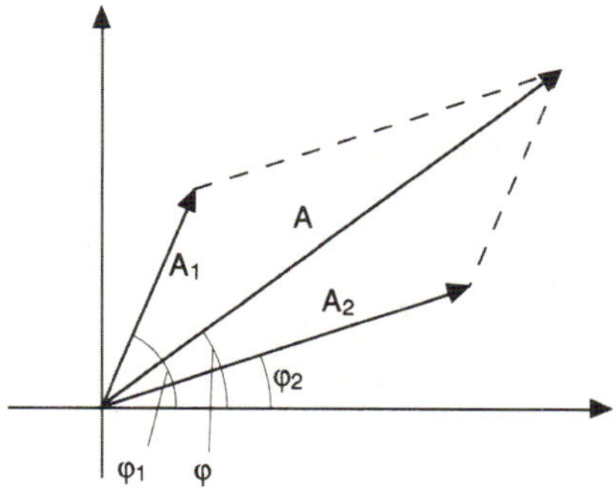

Fig. 2.47: Überlagerung zweier Schwingungen

Zeigerdiagramm: Die Überlagerungen zweier Schwingungen gleicher Frequenz

$$A_1 \cos(\omega t + \varphi_1) + A_2 \cos(\omega t + \varphi_2) = A \cos(\omega t + \varphi)\,,$$

läßt sich gut in einem *Zeigerdiagramm* darstellen, wie es in Fig. 2.47 gezeigt wird. (Im Abschnitt über komplexe Zahlen kommen wir darauf zurück.)

Der technisch wichtige Sonderfall *rechtwinkliger* Phasenverschiebung, d.h. der Überlagerung zweier Schwingungen mit $\varphi_2 = -\pi/2$ und $\varphi_1 = 0$, läßt sich auf Grund von $\cos(\omega t - \pi/2) = \sin(\omega t)$ so darstellen:

$$A_1 \cos(\omega t) + A_2 \sin(\omega t) = A \cos(\omega t + \varphi)\,,$$

$(A_1 > 0,\ A_2 > 0)$. Es ist also $a = A_1$ und $b = -A_2$. Somit folgt nach (2.88) und (2.89):

$$A = \sqrt{A_1^2 + A_2^2}\,, \qquad \varphi = -\arccos \frac{A_1}{A}\,. \tag{2.90}$$

Überlagerung zweier Schwingungen verschiedener Frequenzen, Schwebungen

Durch

$$f(t) = A_1 \cos(\omega_1 t) + A_2 \cos(\omega_2 t + \varphi)\,, \qquad \omega_1 > \omega_2\,, \tag{2.91}$$

wird die Überlagerung zweier harmonischer Schwingungen verschiedener Frequenzen beschrieben, Zur Umformung verwenden wir die Gl. (2.72) und (2.73) in Abschn. 2.3.2. Addition und Subtraktion der Gl. (2.73) liefert nämlich

$$\begin{aligned}
\cos x &= \cos\frac{x+y}{2}\cos\frac{x-y}{2} - \sin\frac{x+y}{2}\sin\frac{x-y}{2}\\
\cos y &= \cos\frac{x+y}{2}\cos\frac{x-y}{2} + \sin\frac{x+y}{2}\sin\frac{x-y}{2}\,.
\end{aligned}$$

Wählen wir $x = \omega_1 t$, $y = \omega_2 t + \varphi$ und setzen dann in (2.91) ein, so folgt

$$\begin{aligned} f(t) &= (A_1 + A_2)\cos\left(\frac{\omega_1 + \omega_2}{2}t + \frac{\varphi}{2}\right)\cos\left(\frac{\omega_1 - \omega_2}{2}t - \frac{\varphi}{2}\right) \\ &\quad + (A_1 - A_2)\sin\left(\frac{\omega_1 + \omega_2}{2}t + \frac{\varphi}{2}\right)\sin\left(\frac{\omega_1 - \omega_2}{2}t - \frac{\varphi}{2}\right) \end{aligned} \tag{2.92}$$

Wir wollen nun $A_1 = A_2$ annehmen und zur Abkürzung $\omega = (\omega_1 + \omega_2)/2$ und $\overline{\omega} = (\omega_1 - \omega_2)/2$ setzen. Damit folgt

$$f(t) = 2A_1 \cos\left(\omega t + \frac{\varphi}{2}\right)\cos\left(\overline{\omega}t - \frac{\varphi}{2}\right) \quad \text{mit } \omega > \overline{\omega}. \tag{2.93}$$

Das Produkt dieser beiden harmonischen Schwingungen beschreibt eine Schwingung mit der Frequenz ω, deren Amplitude sich mit der langsameren Frequenz $\overline{\omega}$ harmonisch schwingend ändert, s. Fig. 2.48. Man nennt eine solche Schwingungsform eine *Schwebung*. $\overline{\omega}$ heißt die Frequenz der Schwebung.

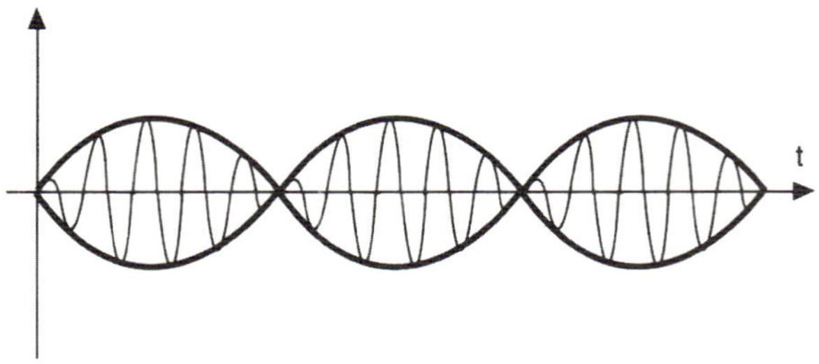

Fig. 2.48: Schwebung

Je dichter die beiden Frequenzen ω_1, ω_2 der sich überlagernden Schwingungen zusammenliegen, desto kleiner ist die Frequenz $\overline{\omega} = (\omega_1 - \omega_2)/2$ der Schwebung, während $\omega = (\omega_1 + \omega_2)/2$ ungefähr gleich ω_1 und ω_2 ist.

Handelt es sich hierbei um Tonschwingungen, so hört man einen langsam an- und abschwellenden Ton, ungefähr in der Tonhöhe der beiden Ausgangstöne. Spielen z.B. zwei Geiger nahezu den gleichen Ton, so kann man diesen Effekt deutlich hören.

Übung 2.25:

In einem dreiphasigen, symmetrischen Drehstromsystem fließen bei symmetrischer Belastung in den drei Leitern gleichgroße, jeweils um $2\pi/3$ gegeneinander phasenverschobene Ströme. Zeige, daß ihre Summe

$$i = i_0 \cos(\omega t) + i_0 \cos\left(\omega t + \frac{2}{3}\pi\right) + i_0 \cos\left(\omega t + \frac{4}{3}\pi\right)$$

gleich Null ist.

2.4 Exponentialfunktionen, Logarithmus, Hyperbelfunktionen

2.4.1 Allgemeine Exponentialfunktionen

Die Funktion

$$f(x) = a^x \quad \text{mit } a > 0,$$

ist für alle rationalen Zahlen x erklärt (s. Abschn. 1.1.6). Es ist zunächst unsere Aufgabe, a^x auch für irrationale x sinnvoll zu definieren, d.h. so, daß $f(x) = a^x$ nach Möglichkeit eine stetige Funktion wird.

Zunächst sei $a > 1$. Dann ist f *streng monoton steigend* auf der Menge der rationalen Zahlen. Denn sind x_1, x_2 zwei rationale Zahlen mit $x_1 > x_2$, so können wir sie auf Hauptnenner bringen:

$$x_1 = \frac{p}{m}, \quad x_2 = \frac{q}{m} \quad (p, q, m \text{ ganz}, m \neq 0, \ p > q)$$

und erhalten

$$\frac{f(x_1)}{f(x_2)} = \frac{a^{x_1}}{a^{x_2}} = a^{x_1 - x_2} = a^{\frac{p-q}{m}} = \sqrt[m]{a}^{\,p-q} .$$

Es ist $\sqrt[m]{a} > 1$, denn aus $\sqrt[m]{a} \leq 1$ würde $a \leq 1^m = 1$ folgen, entgegen der Voraussetzung. Wegen $p > q$ ist damit $\sqrt[m]{a}^{\,p-q} > 1$, folglich $f(x_1) > f(x_2)$. D.h. f steigt streng monoton.

Im Falle $0 < a < 1$ ist $f(x) = a^x$ für rationale x streng monoton fallend, wegen $a^x = (1/a)^{-x}$ mit $1/a > 1$. Für $a = 1$ ist $f(x) = a^x = 1$ konstant.

Definition 2.8:
Ist $a > 0$ eine reelle Zahl und x eine *irrationale Zahl* mit der Dezimaldarstellung

$$x = z_0, z_1 z_2 z_3 \ldots z_n \ldots$$

(z_0 ganz, $z_1, z_2, z_3, \ldots$ Ziffern), so bilden wir daraus die Folge der rationalen Zahlen

$$\begin{aligned} r_0 &= z_0 , \\ r_1 &= z_0, z_1 \\ r_2 &= z_0, z_1 z_2 \\ &\vdots \\ r_n &= z_0, z_1 z_2 \ldots z_n \end{aligned}$$

und definieren damit

$$a^x := \lim_{n \to \infty} a^{r_n} . \tag{2.94}$$

Auf diese Weise ist

$$f(x) = a^x\,, \quad \text{mit } a > 0,$$

für alle reellen x erklärt. Man nennt diese Funktion die *Exponentialfunktion* zur *Basis* a.

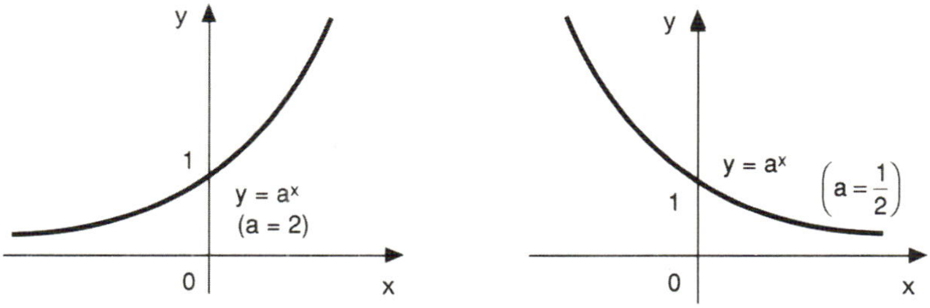

Fig. 2.49: Exponentialfunktionen zur Basis a

Fig. 2.49 zeigt Schaubilder für $a > 1$ und $0 < a < 1$.
Bemerkung: Gl. (2.94) ist sinnvoll, denn die Folge (a^{r_n}) konvergiert, weil sie monoton und beschränkt ist. (Die Monotonie folgt aus der Monotonie von (r_n). Ferner liegen alle a^{r_n} zwischen a^{r_0-1} und a^{r_0+1}, woraus die Beschränktheit folgt.)

Satz 2.12:
Jede Exponentialfunktion $f(x) = a^x$ ist stetig. Im Falle $a > 1$ ist sie streng monoton steigend, im Falle $0 < a < 1$ streng monoton fallend.

Der Beweis kann von Lesern, die hauptsächlich an Anwendungen interessiert sind, überschlagen werden. Sie verlieren nichts Wesentliches.

Beweis:
(I) Im Falle $a = 1$ ist $f(x) \equiv 1$ und somit stetig.
(II) die behaupteten Monotonieeigenschaften ergeben sich unmittelbar aus der Definition der Exponentialfunktion.
(III) Wir beweisen nun, daß f stetig in 0 ist: Es sei (x_n) eine beliebige Folge mit $x_n \to 0$ und $0 < x_n \le 1$. Zu jedem x_n suchen wir die größte natürliche Zahl m_n mit

$$x_n \le \frac{1}{m_n}\,.$$

Wegen $x_n \to 0$ gilt auch $1/m_n \to 0$ für $n \to \infty$. Damit folgt

$$\left.\begin{array}{r} \text{im Falle } a > 1:\ 1 < a^{x_n} \le a^{1/m_n} \to 1 \\ \text{im Falle } 0 < a < 1:\ 1 > a^{x_n} \ge a^{1/m_n} \to 1 \end{array}\right\} \quad \text{für } n \to \infty$$

($a^{1/m_n} \to 1$ geht aus Abschn. 1.4.4, Beisp. 1.36, hervor.) Es gilt also $a^{x_n} \to 1 = a^0$, d.h. $f(x) = a^x$ ist in 0 rechtsseitig stetig. Die linksseitige Stetigkeit ergibt sich analog. Damit ist f stetig in 0. Wir haben also gezeigt:

$$x_n \to 0 \quad \Rightarrow \quad a^{x_n} \to 1\,. \tag{2.95}$$

(IV) *Hilfsbehauptung*: Aus $x_n \to x_0$, x_n rational, folgt

$$a^{x_n} \to a^{x_0} \tag{2.96}$$

Zum Beweis betrachten wir die Folge $r_n \to x_0$ aus Def. 2.8, sofern x_0 irrational ist. Ist x_0 rational, so setzen wir einfach $r_n = x_0$ für alle n. Damit erhält man in beiden Fällen

$$a^{x_n} = a^{x_n - r_n} a^{r_n} \to a^{x_0}\,, \tag{2.97}$$

da $a^{r_n} \to a^{x_0}$ und $a^{x_n - r_n} \to 1$ nach (2.95).

(V) Die Gleichung $a^x = a^{x-x'} a^{x'}$ ist für alle rationalen x, x' richtig, durch Grenzübergänge der Form (2.96) aber auch für alle reellen x, x'.

(VI) Gilt nun $x_n \to x_0$ (x_n reell), so folgt damit

$$a^{x_n} = a^{x_n - r_n} a^{r_n} \to a^{x_0}\,,$$

wie in (2.97). $a^{x_n} \to a^{x_0}$ bedeutet jedoch, daß $f(x) = a^x$ in x_0 stetig ist, was zu beweisen war.□

Wir stellen noch einmal heraus, was die *Stetigkeit* von $f(x) = a^x$ bedeutet. Sie besagt: Für jede reelle Zahlenfolge (x_n) mit $x_n \to x_0$ für $n \to \infty$ gilt

$$\lim_{n\to\infty} a^{x_n} = a^{x_0}\,. \tag{2.98}$$

Folgerung 2.3:

(*Rechenregeln*) Für alle positiven a, b und alle reellen x, y gilt

$$a^{x+y} = a^x a^y \quad \textit{(Additionstheorem der Exponentialfunktionen)}, \tag{2.99}$$

$$(a^x)^y = a^{xy}\,, \quad (ab)^x = a^x b^x\,. \tag{2.100}$$

Beweis:

Nach Abschn. 1.1.6, Folgerung 1.9, gilt dies für alle rationalen x, y, durch Grenzübergänge der Form (2.98) aber auch für irrationale x, y. □

Bemerkung: Exponentialfunktionen gehören zu den wichtigsten Funktionen in der Analysis, in Technik und Naturwissenschaft. Mit ihnen werden Wachstumsvorgänge, Aufschaukelungs- und Abklingvorgänge und vieles andere mehr behandelt.

Übung 2.26*:

Beweise, daß die Exponentialfunktion $f(x) = a^x$ $(x \in \mathbb{R})$ für $a > 1$ streng monoton steigend ist und für $0 < a < 1$ streng monoton fallend.

Hinweis: Im Falle $a > 1$ zeige man

$$x_1 < x_2 \Rightarrow a^{x_1} < a^{x_2}$$

für rationale Zahlen x_1, x_2. Anschließend lasse man für x_1 und x_2 beliebige reelle Zahlen — also auch irrationale — zu.

2.4.2 Wachstumsvorgänge. Die Zahl e

Motivation: Durch $y = a^t (a > 1)$ werde ein Wachstumsvorgang beschrieben, wobei t die Zeit bedeute und y die anwachsende Größe. (Es könnte sich hier z.B. um das Bevölkerungswachstum der Erde handeln, das in nicht zu langen Zeiträumen — etwa 50 Jahren — diesem Wachstumsgesetz näherungsweise gehorcht. $y = 1$ bedeute dabei eine bestimmte Anzahl von Menschen, $y = 2$ die doppelte Anzahl usw.)

Es sei a unbekannt, jedoch wollen wir annehmen, daß die »Wachstumsgeschwindigkeit« v zur Zeit $t = 0$ bekannt ist. v ist dabei in guter Näherung

$$v \approx \frac{a^t - a^0}{t} \quad \text{für kleine } |t| > 0.$$

Kann man hieraus a, wenigstens näherungsweise, berechnen? Das ist der Fall. Umformung ergibt nämlich, mit $a^0 = 1$:

$$a^t \approx 1 + vt \quad \Rightarrow \quad a \approx (1 + vt)^{1/t}.$$

Wir setzen $h = vt$, und erhalten damit

$$a \approx (1 + h)^{v/h} = \left((1 + h)^{1/h}\right)^v. \tag{2.101}$$

Dies gilt umso besser, je kleiner $|t|$ ist, und damit auch je kleiner $|h|$ ist. Wir berechnen daher den Ausdruck

$$(1 + h)^{1/h} \tag{2.102}$$

für kleine $|h| > 0$. Für $h = 10^{-2}$, $h = 10^{-4}$, $h = 10^{-6}$, $h = 10^{-8}$ zum Beispiel erhält der Ausdruck die gerundeten Werte

$$\begin{aligned} &2{,}704813829\,, \\ &2{,}718145918\,, \\ &2{,}718281828\,, \\ &2{,}718281828\,. \end{aligned} \tag{2.103}$$

Die letzten beiden Zahlen sind schon gleich. Probiert man noch kleinere $|h|$, so erhält man auf dem Taschenrechner stets die letzte der hingeschriebenen Zahlen. Dies legt die Vermutung nahe, daß (2.102) für $h \to 0$ konvergiert. Wir werden dies später beweisen. Den Grenzwert nennt man »*Eulersche Zahl*« e, zu Ehren des Mathematikers Leonhard Euler, also

$$\mathrm{e} := \lim_{h\to 0}(1+h)^{1/h} . \tag{2.104}$$

Der Zahlenwert von e ist, bis auf Rundungsfehler, gleich der letzten Zahl in (2.103):

$$\mathrm{e} \doteq 2{,}718281828 .$$

Hiermit kann man die gesuchte Zahl a aus (2.101) gewinnen, wobei wir rechts den Grenzübergang $h \to 0$ durchführen:

$$a = \mathrm{e}^{v} . \tag{2.105}$$

Konvergenzbetrachtung für e: Wir wollen zeigen, daß der Grenzwert (2.104) existiert. (Der anwendungsorientierte Leser kann diesen Beweis ohne Schaden überschlagen.)

Zunächst wird gezeigt

Hilfssatz 2.1:

Die Folge (x_n) mit

$$x_n = \left(1+\frac{1}{n}\right)^n , \quad n = 1,2,3,\ldots , \tag{2.106}$$

konvergiert.

Beweis:

Mit der binomischen Formel erhält man

$$\begin{aligned} x_n &= \left(1+\frac{1}{n}\right)^n = \sum_{k=0}^{n}\binom{n}{k}\frac{1}{n^k} = 1 + \sum_{k=1}^{n}\frac{n(n-1)\ldots(n-k+1)}{k!n^k} \\ &= 1 + \sum_{k=1}^{n}\frac{1}{k!}\prod_{i=0}^{k-1}\left(1-\frac{i}{n}\right) . \quad [10] \end{aligned} \tag{2.107}$$

Dabei gilt

$$0 \le 1 - \frac{i}{n} \le 1 - \frac{i}{n+1} \le 1 \quad \text{und} \quad \frac{1}{k!} \le \frac{1}{2^{k-1}} . \tag{2.108}$$

10 Das Produktzeichen $\prod$ wird analog wie das Summenzeichen $\sum$ verwendet; es ist $\prod_{i=1}^{m} a_i = a_1 a_2 a_3 \cdot \ldots \cdot a_m$.

Man erkennt damit zunächst die Beschränktheit der Folge (x_n):

$$1 \le x_n < 1 + \sum_{k=1}^{n} \frac{1}{k!} \le 1 + \sum_{k=1}^{n} \frac{1}{2^{k-1}} < 1 + \sum_{k=1}^{\infty} \frac{1}{2^{k-1}} = 3\,.$$

Ferner ist (x_n) monoton steigend, denn man berechnet:

$$\begin{aligned} x_{n+1} - x_n &= \sum_{k=1}^{n+1} \frac{1}{k!} \prod_{i=0}^{k-1} \left(1 - \frac{i}{n+1}\right) - \sum_{k=1}^{n} \frac{1}{k!} \prod_{i=0}^{k-1} \left(1 - \frac{i}{n}\right) \\ &= \sum_{k=1}^{n} \frac{1}{k!} \left[\prod_{i=0}^{k-1} \left(1 - \frac{i}{n+1}\right) - \prod_{i=0}^{k-1} \left(1 - \frac{i}{n}\right)\right] + \frac{1}{(n+1)!} \prod_{i=0}^{n} \left(1 - \frac{i}{n+1}\right) \end{aligned}$$

Die eckige Klammer ist ≥ 0 wegen (2.108) und das Glied rechts ebenfalls. Also ist $x_{n+1} - x_n \ge 0$, d.h. x_n steigt monoton. Zusammen mit der Beschränktheit folgt die Konvergenz der Folge (x_n).□

Der Grenzwert von (x_n) wird, wie schon erwähnt, e genannt:

$$\mathrm{e} = \lim_{n \to \infty} \left(1 + \frac{1}{n}\right)^n \tag{2.109}$$

Satz 2.13:
Es ist

$$\mathrm{e} = \lim_{h \to 0} (1 + h)^{1/h}. \tag{2.110}$$

Beweis:
Wir zeigen: Für jede beliebige Folge (h_n) mit $h_n \to 0$ und mit $0 < |h_n| < 1$ gilt

$$(1 + h_n)^{1/h_n} \to \mathrm{e} \quad \text{für} \quad n \to \infty\,. \tag{2.111}$$

1. *Fall*: Es sei $0 < h_n < 1$ für alle n. Wir setzen $1/h_n = r_n$ und bezeichnen mit k_n die natürliche Zahl, die $k_n \le r_n < k_n + 1$ erfüllt. Damit folgt

$$\left(1 + \frac{1}{k_n + 1}\right)^{k_n} < \left(1 + \frac{1}{r_n}\right)^{r_n} < \left(1 + \frac{1}{k_n}\right)^{k_n + 1}.$$

d.h.

$$\frac{\left(1 + \frac{1}{k_n + 1}\right)^{k_n + 1}}{1 + \frac{1}{k_n + 1}} < \left(1 + \frac{1}{r_n}\right)^{r_n} < \left(1 + \frac{1}{k_n}\right)^{k_n} \left(1 + \frac{1}{k_n}\right)$$

Wegen $k_n \to \infty$ konvergieren die linke und rechte Seite gegen e (nach Hilfssatz 2.1). Also muß auch der Ausdruck in der Mitte gegen e streben. Damit ist (2.111) im Falle $h_n > 0$ bewiesen.
2. *Fall*: Es sei $-1 < h_n < 0$. Wir setzen $r_n = -1/h_n$ und führen diesen Fall auf den vorangehenden zurück:

$$(1+h_n)^{1/h_n} = \left(1 - \frac{1}{r_n}\right)^{-r_n} = \left(\frac{r_n - 1}{r_n}\right)^{-r_n} = \left(\frac{r_n}{r_n - 1}\right)^{r_n} = \left(1 + \frac{1}{r_n - 1}\right)^{r_n}$$
$$= \left(1 + \frac{1}{r_n - 1}\right)^{r_n - 1}\left(1 + \frac{1}{r_n - 1}\right) \to \mathrm{e} \cdot 1 .$$

3. *Fall*: Für eine beliebige Folge $h_n \to 0$ mit $0 < |h_n| < 1$ gilt (2.111) ebenfalls. Denn bilden die positiven h_n eine Teilfolge (h_{n_k}), so strebt der Ausdruck $(1 + h_{n_k})^{1/h_{n_k}}$ nach Fall 1 gegen e. Dasselbe gilt für negative h_n nach Fall 2. Daraus folgt die behauptete Gl. (2.111). □

Bemerkung: In Abschn. 1.4.6, Beisp. 1.39, haben wir die Eulersche Zahl e als Grenzwert der Folge $a_n = 1 + \frac{1}{1!} + \frac{1}{2!} + \ldots + \frac{1}{n!}$ kennengelernt. Die Begründung dafür, daß a_n tatsächlich gegen den gleichen Grenzwert strebt wie $(1+h)^{1/h}$ geht später aus dem Abschnitt über Taylorreihen hervor.

2.4.3 Die Exponentialfunktion $\exp(x) = \mathrm{e}^x$ und der natürliche Logarithmus

Definition 2.9:
Die Exponentialfunktion zur Basis e wird auch mit exp bezeichnet (s. Fig. 2.50):

$$\exp(x) := \mathrm{e}^x , \quad x \in \mathbb{R} .$$

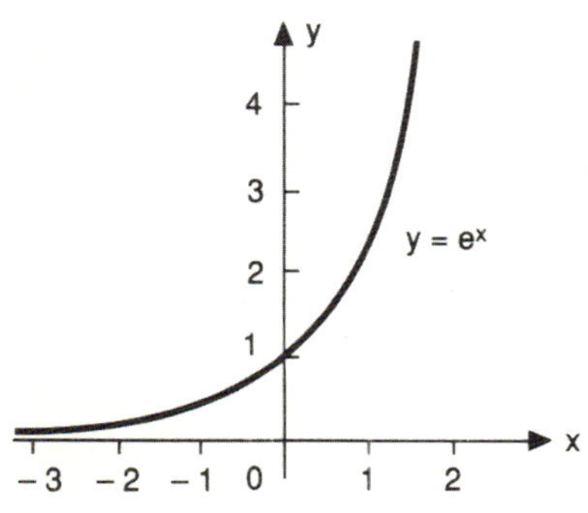

Fig. 2.50: Die Exponentialfunktion $\exp(x) = \mathrm{e}^x$

Wenn wir in Zukunft von »der Exponentialfunktion« reden, ohne Basisangabe, so ist stets diese Exponentialfunktion gemeint. Sie ist in der Analysis die wichtigste aller Exponentialfunktionen. Bei unserer Motivation im letzten Abschnitt trat sie schon in Gl. (2.105) auf.

Bemerkung: Die große Bedeutung der Exponentialfunktion exp beruht einzig und allein auf folgender Tatsache (wobei wir auf die Differentialrechnung vorgreifen): Die Funktion exp ist *gleich ihrer eigenen Ableitung*: $\exp' = \exp$. Mehr noch: Sieht man von konstanten Vorfaktoren ab, so ist exp die *einzige Funktion* mit dieser Eigenschaft. Dies begründet ihre überragende Bedeutung für die Analysis.

Folgerung 2.4:
exp erfüllt für alle $x, y \in \mathbb{R}$ die *Funktionalgleichung*

$$\exp(x + y) = \exp(x)\exp(y)\,. \tag{2.112}$$

Beweis:
Dies folgt sofort aus $e^{x+y} = e^x e^y$. □

Die Exponentialfunktion $\exp : \mathbb{R} \to (0, \infty)$ bildet die reelle Achse umkehrbar eindeutig auf die Menge $(0, \infty)$ der positiven Zahlen ab. Sie besitzt daher eine Umkehrfunktion.

Definition 2.10:
Die Umkehrfunktion der Exponentialfunktion exp wird *natürlicher Logarithmus* ln genannt. Das heißt

$$y = \ln x \quad \text{bedeutet} \quad x = e^y \quad (x > 0,\, y \in \mathbb{R})\,. \tag{2.113}$$

Die Funktion $\ln : (0, \infty) \to \mathbb{R}$ bildet $(0, \infty)$ umkehrbar eindeutig auf $\mathbb{R}$ ab, s. Fig. 2.51. ln ist stetig, da exp stetig ist.

Bemerkung: Alle Eigenschaften der Logarithmusfunktion können aus der Exponentialfunktion hergeleitet werden. Beide Funktionen, exp und ln, sind also gleichsam die Seiten ein und derselben Medaille. Was für die eine Funktion gilt, kann immer auch auf die andere umgeschrieben werden.

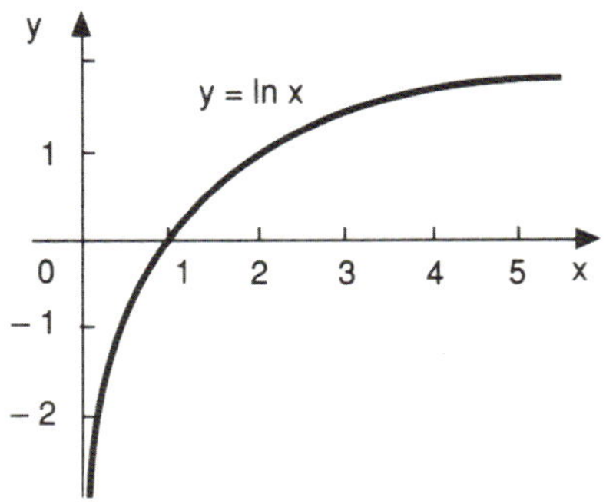

Fig. 2.51: Natürlicher Logarithmus

Die Gl. (2.113) lassen sich zusammenfassen, wenn wir $y = \ln x$ in $x = e^y$ einsetzen. Es folgt

$$x = \mathrm{e}^{\ln x} \quad \text{für alle } x > 0. \tag{2.114}$$

Dies ist die *Schlüsselgleichung* für die meisten Rechnungen, in denen Logarithmen benutzt werden.

Durch Einsetzen von $x = \mathrm{e}^y$ in $y = \ln x$ erhält man analog

$$y = \ln(\mathrm{e}^y) \quad \text{für alle } y \in \mathbb{R}. \tag{2.115}$$

Daraus folgt unmittelbar

$$\ln 1 = 0\,.$$

Folgerung 2.5:
Für alle $x > 0$, $y > 0$ gilt

$$\ln(x \cdot y) = \ln x + \ln y \quad (\textit{Funktionalgleichung des Logarithmus}) \tag{2.116}$$

$$\ln\left(\frac{x}{y}\right) = \ln x - \ln y \tag{2.117}$$

$$\ln\left(\frac{1}{y}\right) = -\ln y \tag{2.118}$$

$$\alpha \ln(x) = \ln(x^\alpha) \quad \text{für alle } \alpha \in \mathbb{R}. \tag{2.119}$$

Beweis:
Es ist $\mathrm{e}^{\ln(xy)} = x \cdot y = \mathrm{e}^{\ln x} \cdot \mathrm{e}^{\ln y}$, woraus (2.116) folgt. Die übrigen Gleichungen gewinnt man analog. □

Durch die Logarithmusfunktion ln bekommen wir auch die *Potenzfunktion* $f(x) = x^\alpha (x > 0)$ *mit beliebigem* $\alpha \in \mathbb{R}$ besser in den Griff. Denn wir können sie mit $x = \mathrm{e}^{\ln x}$ darstellen durch

$$x^\alpha = \mathrm{e}^{\alpha \ln x} \tag{2.120}$$

Daraus folgt, daß diese Funktion stetig ist, denn ln ist *stetig* und die Exponentialfunktion auch, also auch die Komposition $\exp(\alpha \ln x)$, wie sie in (2.120) vorliegt.

Auch die allgemeine Exponentialfunktion $x \mapsto a^x (a > 0)$ läßt sich mit $a = \mathrm{e}^{\ln a}$ umformen:

$$a^x = \mathrm{e}^{x \ln a} \tag{2.121}$$

Für die Berechnung der Werte in (2.120) und (2.121) benötigen wir lediglich die Exponentialfunktion exp und die Logarithmusfunktion ln! Beide sind heutzutage auf jedem wissenschaftlichen Taschenrechner zu finden.

Wir haben also gesehen:

Durch die beiden Funktionen exp und ln können alle Probleme f bei denen Potenzen reeller Zahlen auftreten, behandelt werden.

Zum Schluß beweisen wir, daß e^x folgende Grenzwertdarstellung besitzt:

Folgerung 2.6:

$$e^x = \lim_{h\to 0}(1 + xh)^{1/h} . \tag{2.122}$$

Beweis:
Im Falle $x = 0$ ist dies sofort klar. Im Falle $x \neq 0$ muß bei Grenzwertbildung $0 < |xh| < 1$ vorausgesetzt werden. Mit der Abkürzung $t = xh \neq 0$ ist der Beweis von (2.122) kindlich einfach:

$$(1 + xh)^{1/h} = (1 + t)^{x/t} = \left((1 + t)^{1/t}\right)^x \to e^x \quad \text{für } h \to 0, \text{ d.h. } t \to 0.$$

Beim Grenzübergang wurde benutzt, daß sich $((1 + t)^{1/t})^x$ stetig in t ändert. Dies ist durch die Stetigkeit der Potenzfunktionen gesichert. □

Übung 2.27:

Ein Organismus, dessen Masse $m(t)$ dem idealen Wachstumsgesetz

$$m(t) = C\,e^{kt} \quad (t \text{ Zeit})$$

folgt, hat zur Zeit $t_0 = 2\,\text{h}$ die Masse $m(t_0) = 715{,}3\,\text{g}$ und zur Zeit $t_1 = 7\,\text{h}$ die Masse $m(t_1) = 791{,}2\,\text{g}$. Berechne C und k.

Übung 2.28*:

Beweise die folgenden Grenzwert-Aussagen. (Sie lassen sich fortlaufend auseinander herleiten.) Dabei seien $n \in \mathbb{N}$ und $x, y \in \mathbb{R}$. (*Hinweis zu* (e): Man untersuche $\sqrt[k]{\frac{x^k}{e^{\alpha x}}}$ für $x \to \infty$!)

(a) $\lim\limits_{n\to\infty} \dfrac{n}{2^n} = 0$, (b) $\lim\limits_{x\to\infty} \dfrac{x}{e^x} = 0$, (c) $\lim\limits_{y\to\infty} \dfrac{\ln y}{y} = 0$,

(d) $\lim\limits_{z\to\infty} \dfrac{\ln z}{z^\alpha} = 0$ mit $\alpha > 0$ (*Hinweis*: $y = z^\alpha$), (e) $\lim\limits_{x\to\infty} \dfrac{x^k}{e^{\alpha x}} = 0$ mit $\alpha > 0, k \in \mathbb{N}$.

Logarithmen zu beliebigen Basen

Definition 2.11:
Die Umkehrfunktion der Exponentialfunktion $f(x) = a^x$ $(a > 1, x \in \mathbb{R})$ heißt *Logarithmus zur Basis a*, abgekürzt $\log_a$. Das heißt

$$y = \log_a x \quad \text{bedeutet} \quad x = a^y \quad (x > 0, y \in \mathbb{R}) . \tag{2.123}$$

Die Funktion $\log_a : (0, \infty) \to \mathbb{R}$ bildet $(0, \infty)$ umkehrbar eindeutig auf $\mathbb{R}$ ab. $\log_a$ ist eine stetige Funktion, da sie Umkehrfunktion einer stetigen Funktion ist.

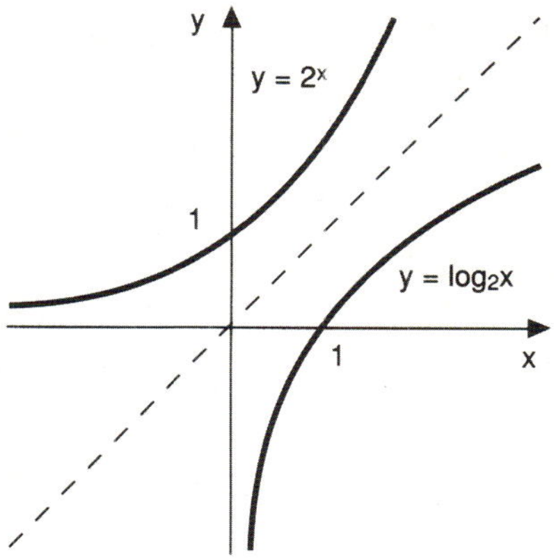

Fig. 2.52: $\log_2$ als Umkehrfunktion von $x \mapsto 2^x$.

Fig. 2.52 zeigt eine Exponentialfunktion $f(x) = a^x$, mit $a = 2$, und die zugehörige Logarithmusfunktion $\log_2$[11]. Die Gleichungen lassen sich zusammenfassen zu

$$x = a^{\log_a x} \quad \text{für alle } x > 0 \tag{2.124}$$

oder

$$y = \log_a(a^y) \quad \text{für alle } y \in \mathbb{R} \tag{2.125}$$

wobei wir (2.124) wiederum als »Schlüsselgleichung« für den Logarithmus auffassen können. Aus der letzten Gleichung folgt sofort $\log_a 1 = 0$.

Folgerung 2.7:
Jede Logarithmusfunktion ergibt sich aus dem natürlichen Logarithmus durch Multiplikation mit einer Konstanten:

$$\log_a x = \frac{\ln x}{\ln a} \quad \text{für alle } x > 0. \tag{2.126}$$

Die Konstante hat den Wert $1/\ln a$.

Beweis:
Es ist $x = e^{\ln x}$ und $x = a^{\log_a x} = e^{\ln a \log_a x}$. Bei Vergleich der auftretenden Exponenten ergibt sich $\ln x = \ln a \log_a x$. □

Damit werden alle Eigenschaften von ln, die in Folgerung 2.5 im letzten Abschnitt beschrieben sind, sofort auf $\log_a$ übertragen:

11 $\log_2$ wird auch durch ld abgekürzt (»Logarithmus dualis«)

Folgerung 2.8:

Für alle $x > 0$, $y > 0$ gilt

$$\log_a(xy) = \log_a x + \log_a y\,, \qquad \log_a\left(\frac{x}{y}\right) = \log_a x - \log_a y\,, \tag{2.127}$$

$$\log_a\left(\frac{1}{y}\right) = -\log_a y\,, \qquad \alpha \log_a(x) = \log_a(x^\alpha) \quad (\alpha \in \mathbb{R})\,. \tag{2.128}$$

Bemerkung: Von Bedeutung für die Anwendungen sind im Grunde nur drei Logarithmen, nämlich ln, $\log_{10}$ und $\log_2 = \mathrm{ld}$. Beim Zehnerlogarithmus wird die tiefgestellte 10 auch weggelassen, man schreibt also einfach log statt $\log_{10}$.

Der natürliche Logarithmus ln ist dabei der wichtigste. Man findet ihn auf jedem wissenschaftlichen Taschenrechner.

Der Zehnerlogarithmus liegt den Logarithmentafeln und dem Rechenschieber zugrunde. Da diese Hilfsmittel durch den Taschenrechner weitgehend verdrängt sind, wollen wir hier nicht näher darauf eingehen.

Der Zweierlogarithmus ld (logarithmus dualis) hat mit dem Aufkommen der elektronischen Rechner Bedeutung erlangt. Denn die maschineninternen »Gleitkommadarstellungen« reeller Zahlen haben die Form

$$0,a_1a_2a_3\ldots a_n \cdot 2^t\,, \qquad \text{z.B. } 0{,}1011011101101110 \cdot 2^{1101}\,,$$

wobei die a_i die Werte 0 oder 1 annehmen. Es handelt sich bei $0, a_1, a_2 \ldots a_n$ und t um Dualzahlen. Für die dabei auftretende Potenz $x = 2^t$ gilt $t = \mathrm{ld}\, x$. Hier findet der »Logarithmus dualis« Anwendung.

Übung 2.29:

Berechne (mit Taschenrechner):

$$\log_{16} 3\,, \qquad \log_8 7{,}539\,, \qquad \mathrm{ld}\, 3{,}789\,, \qquad \frac{\mathrm{ld}(5^{2n})}{\ln(3^n)} \quad (n \in \mathbb{N})\,.$$

2.4.4 Hyperbel- und Areafunktionen

Die folgenden Funktionen spielen in Naturwissenschaft und Technik eine Rolle. Links stehen die sogenannten *Hyperbelfunktionen* und rechts ihre Umkehrfunktionen, die *Areafunktionen*.

Definition 2.12:

Hyperbelfunktionen	Areafunktionen
$\sinh x := \dfrac{e^x - e^{-x}}{2}\,, \quad x \in \mathbb{R}$	$\operatorname{arsinh} x := \ln(x + \sqrt{x^2+1})\,, \quad x \in \mathbb{R}$
(Sinus hyperbolicus)	(Area sinus hyperbolicus)

$\cosh x := \dfrac{e^x + e^{-x}}{2}, \quad x \in \mathbb{R}$

(Cosinus hyperbolicus)

$\tanh x := \dfrac{e^x - e^{-x}}{e^x + e^{-x}}, \quad x \in \mathbb{R}$

(Tangens hyperbolicus)

$\coth x := \dfrac{e^x + e^{-x}}{e^x - e^{-x}}, \quad x \in \mathbb{R} \setminus \{0\}$

(Cotangens hyperbolicus)

$\operatorname{arcosh} x := \pm \ln(x + \sqrt{x^2 - 1}), \quad x \geq 1$

(Area cosinus hyperbolicus)

$\operatorname{artanh} x := \dfrac{1}{2} \ln \dfrac{1+x}{1-x}, \quad |x| < 1$

(Area tangens hyperbolicus)

$\operatorname{arcoth} x := \dfrac{1}{2} \ln \dfrac{x+1}{x-1}, \quad |x| > 1$

(Area cotangens hyperbolicus)

Fig. 2.53 zeigt Schaubilder der Hyperbelfunktionen.

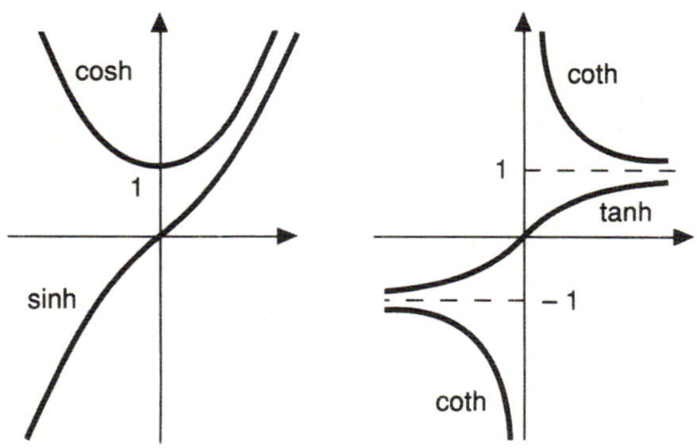

Fig. 2.53: Hyperbelfunktionen

Die Herleitung der Formeln für die Umkehrfunktionen wollen wir am Sinus hyperbolicus demonstrieren. Man geht aus von

$$y = \operatorname{arsinh} x \iff x = \sinh y = \frac{e^y - e^{-y}}{2}$$

und löst die rechtsstehende Gleichung nach $z = e^y$ auf:

$$x = \frac{z - 1/z}{2} \Rightarrow z^2 - 2xz - 1 = 0 \Rightarrow z = x \pm \sqrt{x^2 + 1}\,.$$

Da $z = e^y > 0$ ist, kann das Minuszeichen vor der Wurzel nicht eintreten. Somit folgt

$$e^y = x + \sqrt{x^2 + 1} \Rightarrow y = \ln(x + \sqrt{x^2 + 1}) = \operatorname{arsinh} x\,.$$

Der Leser führe entsprechende Rechnungen für die übrigen Hyperbelfunktionen durch.

Die Vorzeichen $\pm$ bei arcosh bedeuten, daß hier zwei Umkehrfunktionen gemeint sind, wobei $+$ sich auf die Umkehrung von $\cosh : [0, \infty) \to [1, \infty)$ bezieht und $-$ auf die Umkehrung von $\cosh : (-\infty, 0] \to [1, \infty)$, vgl. Fig. 2.53a.

Satz 2.14:
Für alle reellen Zahlen x gilt

$$\sinh x + \cosh x = \mathrm{e}^x \,, \qquad \cosh^2 x - \sinh^2 x = 1 \tag{2.129}$$

$$\sinh(-x) = -\sinh x \,, \qquad \cosh(-x) = \cosh x \,. \tag{2.130}$$

Additionstheoreme: Für alle reellen x, y gilt

$$\cosh(x + y) = \cosh x \cosh y + \sinh x \sinh y \,, \tag{2.131}$$

$$\sinh(x + y) = \cosh x \sinh y + \sinh x \cosh y \,. \tag{2.132}$$

Zum Beweis hat man lediglich $\sinh x = (\mathrm{e}^x - \mathrm{e}^{-x})/2$ und $\cosh x = (\mathrm{e}^x + \mathrm{e}^{-x})/2$ einzusetzen.

Anwendungen

(a) Durchhängende Seile (Hochspannungsleitungen) werden durch

$$y = a \cosh \frac{x}{a} + b \,, \qquad a > 0 \text{ und } b \text{ konstant,}$$

beschrieben, wobei die x-Achse horizontal liegt, die y-Achse vertikal nach oben weist. Der Graph des Cosinus hyperbolicus wird daher auch *Kettenlinie* genannt.

(b) Die Hyperbelfunktionen und ihre Umkehrfunktionen treten oft in den Lösungen von Differentialgleichungen auf, insbesondere bei dynamischen Problemen (freier Fall) mit quadratischer Reibung, Weltraumsonden auf Bahnen ohne Rückkehr, u.a.

Übung 2.30:

Durch

$$y = 50 \cdot \cosh \frac{x}{50} + b$$

(x und y Maßzahlen für Meterangaben) wird die Form einer Hochspannungsleitung beschrieben (y-Achse senkrecht, x-Achse waagerecht am Erdboden). Die Leitung hänge zwischen zwei 7 m hohen Masten, die 20 m voneinander entfernt stehen. Berechne b! Wie hoch hängt der Draht an seinem tiefsten Punkt über dem Erdboden?

2.5 Komplexe Zahlen

2.5.1 Einführung

Es gibt keine reelle Zahl x, die die Gleichung

$$x^2 = -1 \tag{2.133}$$

erfüllt, da die linke Seite stets ≥ 0 ist. Allgemeiner kann keine Gleichung der Form

$$x^2 = -b^2 \quad \text{mit } b \neq 0 \tag{2.134}$$

durch reelle x gelöst werden. Trotzdem möchte man Lösungen dieser Gleichungen haben. Dazu geht man so vor: Man »erfindet« ein neue Zahl i, die nicht auf der reellen Achse liegt (s. Fig. 2.54a), und die $\mathrm{i}^2 = -1$ erfüllt. Im übrigen soll mit i bezüglich Addition und Multiplikation genauso wie mit den reellen Zahlen gerechnet werden. $x = \mathrm{i}$ ist also Lösung von $x^2 = -1$. Ebenso ist $x = -\mathrm{i}$ eine Lösung dieser Gleichung. Entsprechend erhalten wir auch Lösungen der Gl. (2.134), nämlich $x = \mathrm{i}\,b$ und $x = -\mathrm{i}\,b$.

Damit werden wir auf Zahlen der Form $\mathrm{i}\,b$, mit $b \in \mathbb{R}$ geführt. Sie heißen *imaginäre Zahlen*. Sie lassen sich, wie die reellen Zahlen auf einer Geraden anordnen. Diese *imaginäre Achse* hat mit der reellen Achse genau einen Punkt gemeinsam, nämlich $\mathrm{i} \cdot 0 = 0$. Zur Veranschaulichung kann man daher reelle und imaginäre Gerade in 0 rechtwinklig kreuzen, siehe Fig. 2.54b. Die Zahl i selbst heißt *imaginäre Einheit*.

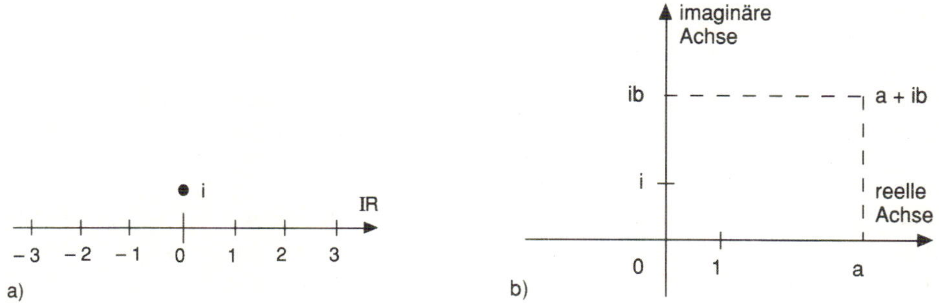

Fig. 2.54: Komplexe Zahlen $a + \mathrm{i}\,b$ als Punkte einer Ebene

Wir gehen nun einen Schritt weiter und untersuchen die Gleichung

$$x^2 - 10x + 34 = 0\,. \tag{2.135}$$

Ist x eine Lösung, so können wir mit der »quadratischen Ergänzung« $(10/2)^2 = 25$ die Gleichung so umformen:

$$(x^2 - 10x + 25) - 25 + 34 = 0 \Rightarrow (x-5)^2 = -9$$

Mit unserer Zauberzahl i folgt damit

$$x - 5 = \mathrm{i}\,3 \quad \text{oder} \quad x - 5 = -\mathrm{i}\,3\,,$$

also

$$x = 5 + \mathrm{i}\,3 \quad \text{oder} \quad x = 5 - \mathrm{i}\,3\,. \tag{2.136}$$

Diese beiden Zahlen erfüllen (2.135), wie man durch Einsetzen feststellt.

Auf diese Weise kommen wir zu Zahlen der Form

$$a + \mathrm{i}\,b \quad (a, b \in \mathbb{R})\,.$$

Sie heißen *komplexe Zahlen*. Jede solche Zahl kann man als Punkt in der Ebene deuten. Die reelle und die imaginäre Achse sind die Koordinatenachsen. Der Punkt $a + \mathrm{i}\,b$ hat darin die Koordinaten a und b, wie es Fig. 2.54b darstellt. Die beschriebene Ebene heißt *komplexe Zahlenebene*.

Die Behandlung der Gl. (2.135) macht klar, daß *jede* quadratische Gleichung durch komplexe Zahlen gelöst werden kann. Das allein ist schon eine genügende Motivation für die Einführung komplexer Zahlen. Wir werden aber sehen, daß sie weit mehr leisten!

Im Folgenden fassen wir die vorangegangenen Überlegungen zusammen und verdichten sie zu exakten Definitionen.

Bemerkung: In der Elektrotechnik schreibt man j statt i, da der Buchstabe i für die Stromstärke verwendet wird.

2.5.2 Der Körper der komplexen Zahlen

Definition 2.13:

Komplexe Zahlen sind Elemente der Form

$$a + \mathrm{i}\,b\,, \quad \text{mit} \quad a, b \in \mathbb{R}\,.$$

Sie werden als Punkte der Ebene im rechtwinkligen Koordinatensystem dargestellt. a und b sind die Koordinaten des Punktes $a + \mathrm{i}\,b$ (s. Fig. 2.54b). a heißt der *Realteil* von $z = a + \mathrm{i}\,b$ und b der *Imaginärteil* von z, beschrieben durch

$$\operatorname{Re} z = a\,, \quad \operatorname{Im} z = b\,.$$

Die Realteile bilden die *reelle Achse* und die Imaginärteile die *imaginäre Achse* unseres Koordinatensystems. Die Menge der komplexen Zahlen wird mit $\mathbb{C}$ bezeichnet.

Gleichheit: Zwei komplexe Zahlen $a + \mathrm{i}\,b$ und $c + \mathrm{i}\,d$ sind genau dann gleich, wenn $a = c$ und $b = d$ ist.

Abkürzungen: Man schreibt zur Vereinfachung $a + \mathrm{i}\,0 = a$, $0 + \mathrm{i}\,b = \mathrm{i}\,b$, $0 + \mathrm{i}\,0 = 0$, $\mathrm{i}\,1 = \mathrm{i}$. Die Zahlen $\mathrm{i}\,b$ ($b \in \mathbb{R}$) heißen *imaginäre Zahlen*. Durch $a + \mathrm{i}\,0 = a$ wird die Menge der reellen Zahlen eine Teilmenge der Menge der komplexen Zahlen: $\mathbb{R} \subset \mathbb{C}$.

Es seien $z_1 = a + \mathrm{i}b$ und $z_2 = c + \mathrm{i}d$ zwei beliebige komplexe Zahlen. Damit werden folgende Grundoperationen erklärt:

Addition: $(a + \mathrm{i}b) + (c + \mathrm{i}d) = (a + c) + \mathrm{i}(b + d)$

Subtraktion: $(a + \mathrm{i}b) - (c + \mathrm{i}d) = (a - c) + \mathrm{i}(b - d)$

Multiplikation: $(a + \mathrm{i}b)(c + \mathrm{i}d) = (ac - bd) + \mathrm{i}(ad + bc)$

Division: $\dfrac{a + \mathrm{i}b}{c + \mathrm{i}d} = \dfrac{1}{c^2 + d^2}(a + \mathrm{i}b)(c - \mathrm{i}d)\,, \quad \text{falls } c + \mathrm{i}d \neq 0.$

Die Division ist somit auf die Multiplikation zurückgeführt.

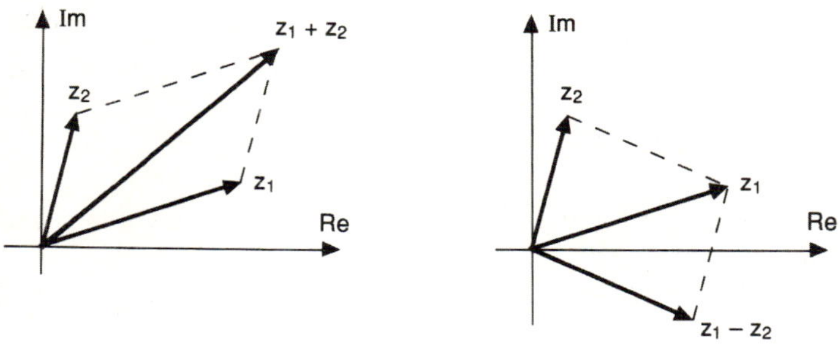

Fig. 2.55: Addition und Subtraktion komplexer Zahlen

Addition und Subtraktion werden durch Fig. 2.55 veranschaulicht.

Wir vereinbaren schließlich

$$-(a + \mathrm{i}b) := -a - \mathrm{i}b\,.$$

Bemerkung: Die Motivation für die obige Definition der Grundoperationen besteht in folgendem: Man rechne mit den Klammern genauso, wie man es von den reellen Zahlen gewöhnt ist. Man beachte bei Multiplikation und Division lediglich, daß $\mathrm{i}^2 = -1$ zu setzen ist. Die Subtraktion und Division sind so eingerichtet, daß sie die Umkehrungen der Addition bzw. Multiplikation darstellen, also

$$z_1 - z_2 = z \iff z_1 = z + z_2$$
$$\frac{z_1}{z_2} = z \iff z_1 = z \cdot z_2\,, \quad (z_2 \neq 0)\,.$$

Die genannten Grundoperationen genügen den gleichen Gesetzen wie die reellen Zahlen. Wir stellen die Grundregeln über das Rechnen mit komplexen Zahlen in folgendem Satz zusammen (vgl. dazu Abschn. 1.1.2):

Satz 2.15:

(*Grundgesetze der Addition und Multiplikation*) Für alle komplexen Zahlen z_1, z_2, z_3, z gilt

(A1) $z_1 + (z_2 + z_3) = (z_1 + z_2) + z_3$

(A2) $z_1 + z_2 = z_2 + z_1$

(A3) $z + 0 = z$

(A4) Zu jeder komplexen Zahl z gibt es genau eine komplexe Zahl w mit $z + w = 0$. Es ist die Zahl $w = -z$

(M1) $z_1(z_2z_3) = (z_1z_2)z_3$

(M2) $z_1z_2 = z_2z_1$

(M3) $z \cdot 1 = z$

(M4) Zu jeder komplexen Zahl $z \neq 0$ gibt es genau eine komplexe Zahl w mit $zw = 1$. Es ist die Zahl $w = 1/z$

(D1) $z_1(z_2 + z_3) = z_1z_2 + z_1z_3$

(D2) $0 \neq 1$

Die Beweise führe der Leser durch Nachrechnen, wobei lediglich (M1), (M2) und (D1) explizites längeres Rechnen verlangen.

Bemerkung: (A1) und (M1) heißen *Assoziativgesetze* der *Addition* bzw. *Multiplikation*, (A2) und (M2) heißen entsprechend *Kommutativgesetze*, während (D1) das *Distributivgesetz* genannt wird. Alle Gesetze zusammen heißen *Körpergesetze*. Bezüglich Addition und Multiplikation sprechen wir daher auch vom *Körper der komplexen Zahlen*.

Sämtliche Rechenregeln, wie sie in den Folgerungen 1.1 bis 1.6 in Abschn. 1.1.2 beschrieben sind, gelten entsprechend auch für komplexe Zahlen. Denn diese Folgerungen stützen sich ja nur auf die Grundgesetze (A1) bis (D2). Insbesondere gelten die *Regeln der Bruchrechnung* für komplexe Zahlen unverändert.

Potenzen: z^n mit ganzen Zahlen n wird wie üblich erklärt.

Definition 2.14:

Ist $z = a + \mathrm{i}\,b$ $(a, b \in \mathbb{R})$ eine beliebige komplexe Zahl, so heißt

$$\overline{z} = a - \mathrm{i}\,b$$

die *konjugiert komplexe Zahl* zu z.

Geometrisch erhält man sie durch Spiegelung des Punktes z an der reellen Achse, s. Fig. 2.56.

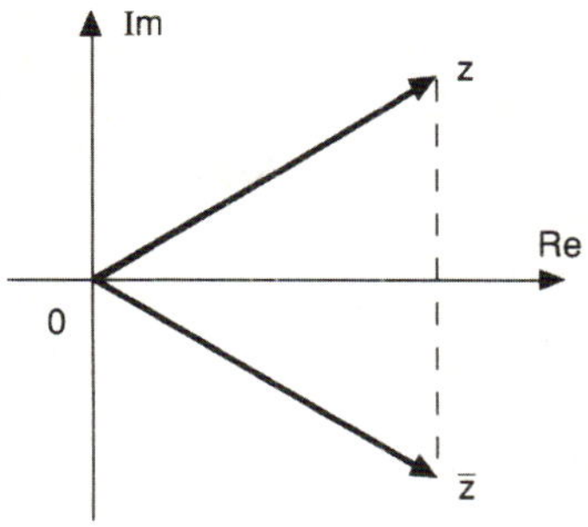

Fig. 2.56: Konjugiert komplexe Zahl $\overline{z}$ zu z

Folgerung 2.9:

(*Rechenregeln für konjugiert komplexe Zahlen*) Für alle komplexen Zahlen z, z_1, z_2 gilt

a) $\overline{z_1 + z_2} = \overline{z_1} + \overline{z_2}\,, \qquad \overline{z_1 - z_2} = \overline{z_1} - \overline{z_2}\,, \qquad \overline{-z} = -\overline{z}$

$$\overline{z_1} \cdot \overline{z_2} = \overline{z_1 z_2}\,, \qquad \overline{\left(\frac{z_1}{z_2}\right)} = \frac{\overline{z_1}}{\overline{z_2}} \quad (\text{falls } z_2 \neq 0),$$

$\overline{z^n} = \overline{z}^n$ für alle natürlichen Zahlen n,

b)

$$\text{Gilt} \begin{cases} z = \overline{z}\,, & \text{so ist } z \text{ reell} \\ z = \overline{-z}\,, & \text{so ist z imaginär.} \end{cases}$$

Die einfachen Beweise bleiben dem Leser überlassen ($\overline{z^n} = \overline{z}^n$ beweist man zweckmäßig mit vollständiger Induktion).

Definition 2.15:

Den Abstand des Punktes $z = a + \mathrm{i}\,b$ von 0 bezeichnet man als *Betrag* $|z|$, siehe Fig. 2.57a, nach »Pythagoras « gilt also:

$$|z| = \sqrt{a^2 + b^2}\,.$$

Folgerung 2.10:

Für die Beträge der komplexen Zahlen z, z_1, z_2 gilt

$|z_1 + z_2| \leq |z_1| + |z_2|$ *Dreiecksungleichung*

$|z_1 - z_2| \geq ||z_1| - |z_2||$ 2. *Dreiecksungleichung*

$|z_1 z_2| = |z_1||z_2|\,,$

$$\left|\frac{z_1}{z_2}\right| = \frac{|z_1|}{|z_2|}, \qquad \text{falls } z_2 \neq 0,$$
$$|z^n| = |z|^n \qquad \text{für alle } n \in \mathbb{N},$$
$$|z^2| = |z|^2 = z\overline{z}.$$

Die Beweise erfordern zwar etwas mehr Rechnung, doch lassen sie sich problemlos ausführen. Die vorletzte Gleichung wird wieder mit Induktion bewiesen. Der Ausdruck *Dreiecksungleichung* beruht auf der Veranschaulichung in Fig. 2.57b.

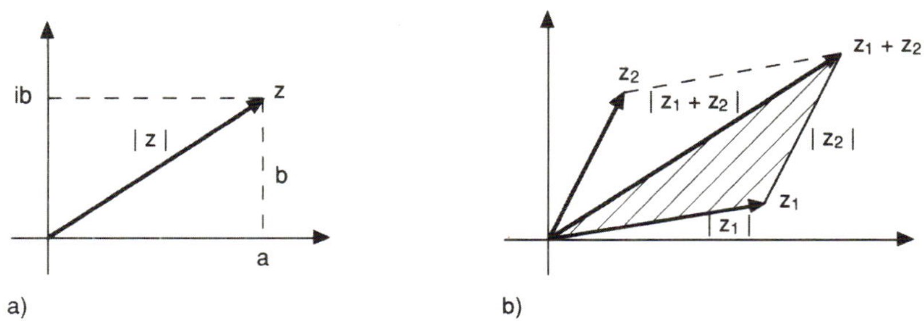

Fig. 2.57: a) Betrag $|z|$; b) Zur Dreiecksungleichung $|z_1 + z_2| \leq |z_1| + |z_2|$

Komplexe Wurzeln: Es sei z eine gegebene komplexe Zahl. Jede komplexe Zahl w, die

$$w^2 = z$$

erfüllt, heißt eine (*Quadrat-*) *Wurzel* von z, beschrieben durch

$$w = \sqrt{z}.$$

(Anders als bei den reellen Zahlen, bei denen $\sqrt{a} \geq 0$ eindeutig bestimmt ist (für $a \geq 0$), ist das Symbol $\sqrt{z}$ im Komplexen mehrdeutig. Wir werden aber zeigen, daß $\sqrt{z}$ (für $z \neq 0$) genau zwei Werte beschreibt.) Um alle $w \in \mathbb{C}$ mit $w^2 = z$ zu finden, machen wir den Ansatz

$$z = x + \mathrm{i}\, y, \qquad w = u + \mathrm{i}\, v \quad (x, y, u, v \in \mathbb{R}).$$

Damit ist $w^2 = z$ gleichbedeutend mit

$$(u + \mathrm{i}\, v)^2 = x + \mathrm{i}\, y, \quad \text{d.h.} \quad u^2 - v^2 + \mathrm{i}\, 2uv = x + \mathrm{i}\, y.$$

Das bedeutet

$$u^2 - v^2 = x, \qquad 2uv = y.$$

Dies ist ein Gleichungssystem für die beiden Unbekannten u und v. Multipliziert man die erste

Gleichung mit $4u^2$ und quadriert die zweite Gleichung, so ergibt ihre Summe

$$4u^4 = 4u^2 x + y^2$$

Setzt man hier $t = u^2$ ein, so hat man eine reelle quadratische Gleichung für t gewonnen. Ihre Lösungen sind

$$t = \frac{x}{2} \pm \sqrt{\frac{x^2}{4} + \frac{y^2}{4}} = \frac{1}{2}(x \pm |z|)\,.$$

Da $t = u^2 \geq 0$ ist, gilt $t = \frac{1}{2}(x + |z|)$, und es folgt

$$u = \pm\sqrt{\frac{1}{2}(|z| + x)}\,.$$

Im Falle $u = 0$ folgt $x = -|z| \leq 0$ und $y = 0$, also $-v^2 = x$, somit $v = \pm\sqrt{-x}$. Im Falle $u \neq 0$ folgt aus $2uv = y$ die Gleichung $v = y/(2u)$. Somit erhalten wir den

Satz 2.16:
Ist $z = x + \mathrm{i}\,y$ ($x, y \in \mathbb{R}$) eine nicht verschwindende komplexe Zahl, so gilt für ihre komplexen Wurzeln folgendes:
Mit $u = \sqrt{\frac{1}{2}(|z| + x)}$ ist

$$\sqrt{z} = \begin{cases} \pm\left(u + \mathrm{i}\,\frac{y}{2u}\right), & \text{falls } z \text{ nicht negativ reell[12], d.h. } z \notin \mathbb{R}_0^-, \\ \pm\,\mathrm{i}\sqrt{-x}, & \text{falls } z \text{ negativ reell, d.h. } z \in \mathbb{R}_0^-. \end{cases}$$

Damit lassen sich *komplexe quadratische Gleichungen*

$$z^2 + bz + c = 0 \quad (z, b, c \in \mathbb{C})$$

wie im Reellen durch *quadratische Ergänzung* $b^2/4$ lösen:

$$z^2 + bz + \frac{b^2}{4} - \frac{b^2}{4} + c = 0 \iff \left(z + \frac{b}{2}\right)^2 = \frac{b^2}{4} - c$$

$$\iff z + \frac{b^2}{2} = \sqrt{\frac{b^2}{4} - c} \iff z = -\frac{b}{2} + \sqrt{\frac{b^2}{4} - c}$$

Die komplexe Wurzel $\sqrt{\ }$ hat genau zwei Werte, so daß die letzte Gleichung beide Lösungen der quadratischen Gleichung beschreibt.

12 $\mathbb{R}_0^- = \{x \in \mathbb{R} \mid x \leq 0\}$, siehe Beispiel 1.1

Übung 2.31:

Berechne

(a) $\dfrac{(3+\mathrm{i}\,5)(2-\mathrm{i}\,7)}{3+\mathrm{i}\,4}$, (b) $\dfrac{1}{7+\mathrm{i}\,8}-(3+\mathrm{i}\,2)(5+\mathrm{i}\,6)$,

(c) $\sqrt{5-\mathrm{i}\,12}$, (d) $\sqrt{(3-\mathrm{i}\,4)^{-3}}$.

Übung 2.32:

Gib alle (komplexen) Lösungen der folgenden Gleichungen an:

(a) $z^2-8z+65=0$, (b) $4z+\dfrac{52}{z}=24$, $(z\neq 0)$,

(c) $z^2-(3+\mathrm{i}\,5)z-16+\mathrm{i}\,4=0$, (d) $\dfrac{z+8+\mathrm{i}}{3z+2-3\,\mathrm{i}}=\dfrac{z-5}{z+6\,\mathrm{i}}$ $(z\neq -\frac{2}{3}+\mathrm{i}, z\neq -6\,\mathrm{i})$.

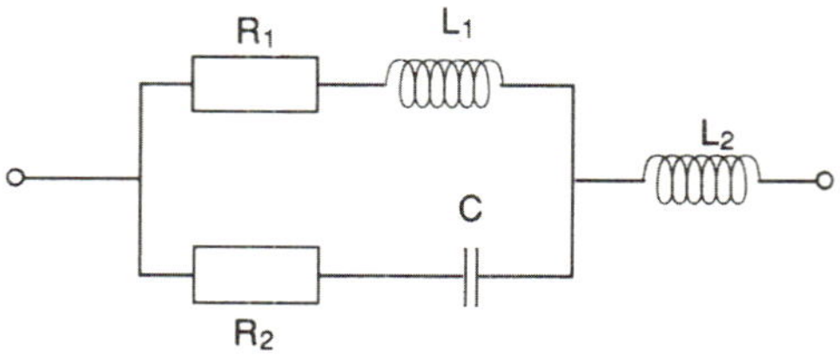

Fig. 2.58: Wechselstromschaltung

Übung 2.33:

In der Wechselstromschaltung der Fig. 2.58 ist der *Scheinleitwert* des Teils ohne die Spule L_2 gleich

$$Y=\frac{1}{R_1+\mathrm{j}\omega L_1}+\frac{1}{R_2-\dfrac{\mathrm{j}}{\omega C}}\,.$$

Damit ist der *Scheinwiderstand* der gesamten Schaltung

$$Z=\frac{1}{Y}+\mathrm{j}\omega L_2$$

(s. Abschn. 4.4.3). Dabei ist j (anstelle von i) die *imaginäre Einheit*, wie in der Elektrotechnik üblich, also $\mathrm{j}^2=-1$. Berechne Z für die Zahlenwerte:

$$R_1=6000\,\Omega\,,\quad R_2=4000\,\Omega\,,\quad L_1=0{,}45\,\mathrm{H}\,,\quad L_2=0{,}45\,\mathrm{H}\,,\quad C=2\cdot 10^{-6}\mathrm{F}\,,\quad \omega=3000\,\mathrm{s}^{-1}$$

(Für die Maßeinheiten gelten die Zusammenhänge $\mathrm{H\,s^{-1}}=\Omega$, $\mathrm{s\,F^{-1}}=\Omega$.).

2.5.3 Exponentialfunktion, Sinus und Cosinus im Komplexen

Definition 2.16:
Die Exponentialfunktion $\exp(z) = e^z$ ist für komplexe Zahlen $z = x + i\,y$ $(x, y \in \mathbb{R})$ folgendermaßen definiert:

$$e^z = e^x (\cos y + i \sin y)\,. \tag{2.137}$$

Folgerung 2.11:
Es gilt die Funktionalgleichung

$$e^{z+w} = e^z\, e^w \quad \text{für alle komplexen } z,\, w.$$

Beweis:
Mit $z = x + i\,y$ und $w = u + i\,v (x, y, u, v \in \mathbb{R})$ folgt

$$e^{z+w} = e^{x+u+i(y+v)} = e^{x+u}(\cos(y+v) + i \sin(y+v))$$

Die Additionstheoreme von cos und sin liefern für die rechte Seite

$$\begin{aligned} &= e^x\, e^u (\cos y \cos^t v - \sin y \sin v + i(\sin y \cos v + \sin v \cos y)) \\ &= e^x (\cos y + i \sin y) \cdot e^u (\cos v + i \sin v) = e^z\, e^w\,. \end{aligned}$$

□

Ist $z = x$ reell — also $y = 0$ — so liefert die Definition 2.16 den üblichen Wert e^x der reellen Exponentialfunktion. Die Definition beschreibt also in der Tat eine Erweiterung der Exponentialfunktion exp ins Komplexe.

Ist z dagegen *imaginär* — d.h. $z = i\,\varphi$ mit $\varphi \in \mathbb{R}$ —, so liefert die Definition 2.16:

$$e^{i\,\varphi} = \cos\varphi + i \sin\varphi\,. \tag{2.138}$$

Diese Gleichung läßt sich auf einfache Weise geometrisch deuten: Der Punkt $e^{i\,\varphi}$ in der komplexen Zahlenebene hat die Komponenten $\cos\varphi$ und $\sin\varphi$, er liegt also auf der Einheitskreislinie (s. Fig. 2.59). Dabei bildet die Verbindungsstrecke $[0, e^{i\,\varphi}]$ den Winkel φ mit der positiven x-Achse. Läuft φ von 0 bis 2π, so umrundet $e^{i\,\varphi}$ einmal den Einheitskreis im umgekehrten Uhrzeigersinn.

Für $\varphi = \pi$ folgt speziell $e^{i\,\pi} = -1$, oder

$$e^{i\,\pi} + 1 = 0\,. \tag{2.139}$$

Bemerkung: Diese Gleichung wird die *schönste Gleichung der Welt* genannt, denn sie verbindet in harmonischer Weise die wichtigsten Zahlen der Analysis: 0, 1, e, π und i.

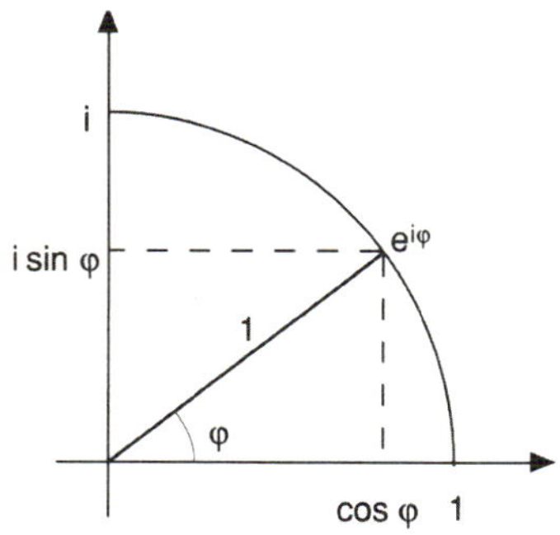

Fig. 2.59: $e^{i\varphi}$ auf der Einheitskreislinie

Ersetzt man in Gl. (2.138) φ durch $-\varphi$, so erhält man

$$e^{-i\varphi} = \cos\varphi - i\sin\varphi\,. \tag{2.140}$$

Hier wurde benutzt, daß $\cos(-\varphi) = \cos\varphi$ und $\sin(-\varphi) = -\sin\varphi$ ist. Wir addieren nun die Gleichungen (2.138), (2.140) bzw. subtrahieren sie und erhalten

$$e^{i\varphi} + e^{-i\varphi} = 2\cos\varphi\,, \qquad e^{i\varphi} - e^{-i\varphi} = 2\,i\sin\varphi\,.$$

Auflösen nach $\cos\varphi$ und $\sin\varphi$ liefert

Folgerung 2.12:
Für alle reellen Zahlen φ gilt

$$\cos\varphi = \frac{e^{i\varphi} + e^{-i\varphi}}{2}, \tag{2.141}$$

$$\sin\varphi = \frac{e^{i\varphi} - e^{-i\varphi}}{2\,i}. \tag{2.142}$$

Diese Darstellung von cos und sin ist für viele Umformungen bequem, da sich mit der Exponentialfunktion sehr bequem rechnen läßt. Man zieht diese Gleichungen überdies zur Definition der trigonometrischen Funktionen im Komplexen heran:

Definition 2.17:
Die Sinus- und Cosinus-Funktion sind für beliebige komplexe z so erklärt:

$$\cos z = \frac{e^{iz} + e^{-iz}}{2}, \qquad \sin z = \frac{e^{iz} - e^{-iz}}{2\,i}. \tag{2.143}$$

Wir bemerken dabei, daß $1/i = -i$ ist, wie man nach Multiplikation der rechten und linken Seite mit i sofort sieht.

Bemerkung: Der Leser gewinnt hier den ersten Eindruck von der Eleganz der komplexen Analysis: Exponential- und trigonometrische Funktionen, die doch aus ganz verschiedenen Wurzeln stammen, gehen eine harmonische Verbindung ein.

Übung 2.34*:

Beweise mit (2.143) die Additionstheoreme von sin und cos im Komplexen, d.h.

$$\sin(z+w) = \sin z \cos w + \cos z \sin w\,,$$
$$\cos(z+w) = \cos z \cos w - \sin z \sin w\,.$$

2.5.4 Polarkoordinaten, geometrische Deutung der komplexen Multiplikation, Zeigerdiagramm

Es sei $z = a + \mathrm{i}\,b$ ein beliebiger Punkt der komplexen Ebene, der ungleich 0 ist. Wir ziehen die Strecke von 0 bis z (und versehen sie bei z mit einer Pfeilspitze). Die Streckenlänge nennen wir r, während φ ein Winkel zwischen der Strecke und der positiven x-Achse ist, s. Fig. 2.60. Durch das Paar (r, φ) ist z eindeutig bestimmt.

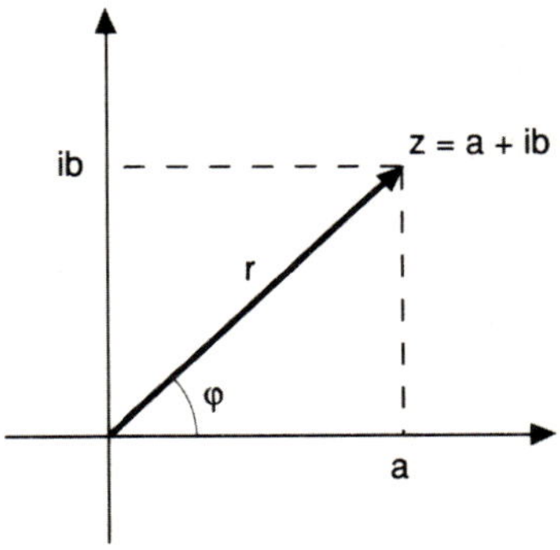

Fig. 2.60: Polarkoordinaten von z

r ist dabei nichts anderes als der Betrag von z

$$r = |z| = \sqrt{a^2 + b^2}\,. \tag{2.144}$$

φ heißt *Winkel* oder *Argument* von z, geschrieben

$$\varphi = \arg z\,.$$

φ wird dabei im Bogenmaß angegeben. Dabei ist φ nicht eindeutig bestimmt! Mit φ sind auch die $\varphi + 2k\pi$ mit beliebigen ganzen k Argumente von z, wie aus Fig. 2.60 hervorgeht. Man bezeichnet den Winkel φ von z, der

$$-\pi < \varphi \leq \pi$$

erfüllt, als *Hauptargument* von z, in Formeln $\varphi = \operatorname{Arg} z$.

Dabei ist

$$\varphi = \operatorname{Arg} z = \begin{cases} \arccos \dfrac{a}{r}, & \text{für } b \geq 0, \\ -\arccos \dfrac{a}{r}, & \text{für } b < 0. \end{cases} \tag{2.145}$$

$\varphi = \operatorname{Arg} z$ ist durch $z \neq 0$ eindeutig bestimmt. r und $\varphi = \operatorname{Arg} z$ heißen *Polarkoordinaten* von z.

Der Zahl $z = 0$ ordnet man als Polarkoordinaten $r = 0$ und φ beliebig aus $\mathbb{R}$ zu.

Umgekehrt lassen sich Realteil a und Imaginärteil b einer komplexen Zahl z aus ihren Polarkoordinaten r, φ durch folgende Gleichungen gewinnen.

$$a = r \cos \varphi\,, \qquad b = r \sin \varphi\,. \tag{2.146}$$

Damit folgt für z die Darstellung

$$z = a + \mathrm{i}\, b = r(\cos \varphi + \mathrm{i} \sin \varphi) = r\, \mathrm{e}^{\mathrm{i}\,\varphi}$$

Folgerung 2.13:

Jede komplexe Zahl z läßt sich in der Gestalt

$$z = r\, \mathrm{e}^{\mathrm{i}\,\varphi} \tag{2.147}$$

darstellen, wobei r und φ Polarkoordinaten von z sind.

(2.147) nennen wir die *Polarkoordinatendarstellung* von z.

Die *Multiplikation* zweier komplexer Zahlen z_1 und z_2 läßt sich damit so beschreiben: Mit den Polarkoordinatendarstellungen

$$z_1 = r_1\, \mathrm{e}^{\mathrm{i}\,\varphi_1}\,, \qquad z_2 = r_2\, \mathrm{e}^{\mathrm{i}\,\varphi_2}$$

erhält man das Produkt

$$z = z_1 \cdot z_2 = r_1 r_2\, \mathrm{e}^{\mathrm{i}(\varphi_1 + \varphi_2)}\,. \tag{2.148}$$

Das heißt: Bei *Multiplikationen* zweier komplexer Zahlen *multiplizieren sich die Beträge* und *addieren sich die Winkel*! Fig. 2.61 verdeutlicht dies.

Anwendung: *Harmonische Schwingungen* werden durch

$$A \cos(\omega t + \varphi) \quad \text{mit} \quad A \geq 0\,, \omega > 0$$

dargestellt. Man kann dies als den Realteil der komplexen Funktion

$$f(t) = A\, \mathrm{e}^{\mathrm{i}(\omega t + \varphi)} \tag{2.149}$$

auffassen. Aus diesem Grund wird eine harmonische Schwingung auch in der Form (2.149) angegeben, wobei man (stillschweigend) vereinbart, daß die Realität durch den Realteil von $f(t)$

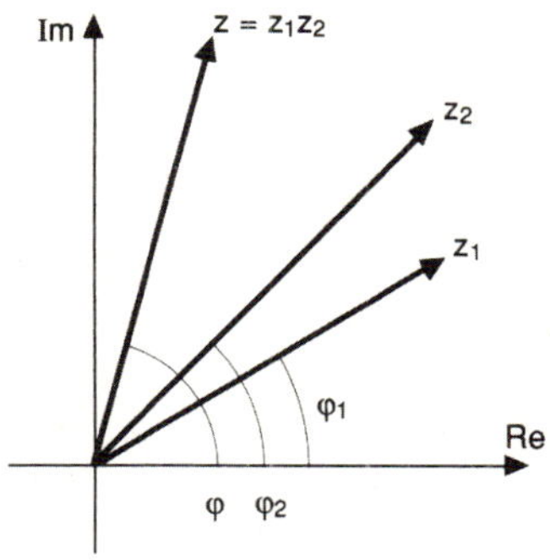

Fig. 2.61: Multiplikation komplexer Zahlen (Addition der Winkel)

widergespiegelt wird.

Die Überlagerung zweier harmonischer Schwingungen

$$f_1(t) = A_1\,\mathrm{e}^{\mathrm{i}(\omega t+\varphi_1)}\,, \qquad f_2(t) = A_2\,\mathrm{e}^{\mathrm{i}(\omega t+\varphi_2)}$$

mit gleicher Frequenz ω wird dann durch

$$f_1(t) + f_2(t) = \left(A_1\,\mathrm{e}^{\mathrm{i}\,\varphi_1} + A_2\,\mathrm{e}^{\mathrm{i}\,\varphi_2}\right)\mathrm{e}^{\mathrm{i}\,\omega t} \tag{2.150}$$

ausgedrückt (denn die Realteile summieren sich dabei, wie wir es haben wollen). Gl. (2.150) zeigt sofort, daß bei dieser Überlagerung wieder eine harmonische Schwingung der Frequenz ω entsteht, wie das rechts ausgeklammerte $\mathrm{e}^{\mathrm{i}\,\omega t}$ anzeigt. In einer Zeile haben wir damit den Satz 2.11 aus Abschn. 2.3.5 bewiesen, was die Leistungsfähigkeit der komplexen Analysis beleuchtet!

Die Klammer in (2.150) ist umzuwandeln in

$$A_1\,\mathrm{e}^{\mathrm{i}\,\varphi_1} + A_2\,\mathrm{e}^{\mathrm{i}\,\varphi_2} = A\,\mathrm{e}^{\mathrm{i}\,\varphi}$$

mit geeigneten $A \geq 0$, $\varphi \in \mathbb{R}$. Hier muß allerdings komponentenweise vorgegangen werden, analog dem Vorgehen in Abschn. 2.3.5: Mit

$$\begin{aligned} a &:= A_1 \cos\varphi_1 + A_2 \cos\varphi_2\,, \\ b &:= A_1 \sin\varphi_1 + A_2 \sin\varphi_2 \end{aligned} \tag{2.151}$$

erhält man aus Abschn. 2.3.5, (2.88), (2.89):

$$A = \sqrt{a^2 + b^2}\,, \qquad \varphi = \operatorname{arc}(a, b) = \begin{cases} \arccos \dfrac{a}{A}\,, & \text{für } b \geq 0, \\ -\arccos \dfrac{a}{A}\,, & \text{für } b < 0. \end{cases} \tag{2.152}$$

Man kann A und φ auch grafisch ermitteln durch das *Zeigerdiagramm* in Fig. 2.62. Die Diagonale des dort skizzierten Parallelogramms hat die Länge A und den Winkel φ mit der positiven reellen Achse.

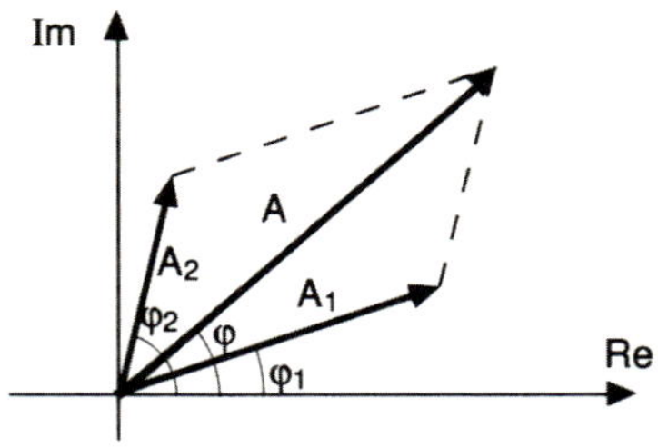

Fig. 2.62: Zeigerdiagramm bei Schwingungen

Fig. 2.62 zeigt den Schwingungszustand zur Zeit $t = 0$ (genauer: Die Realteile der gezeichneten Punkte der komplexen Ebene geben ihn wieder). Läßt man t anwachsen, d.h. schreitet die Zeit fort, so dreht sich das Parallelogramm gegen den Uhrzeigersinn um 0. Zur Zeit $t > 0$ ist es um den Winkel ωt weitergedreht. Die Realteile der Punkte mit den »Pfeilspitzen« geben dann die Ausschläge der Schwingungen f_1, f_2 und $f = f_1 + f_2$ an, für die wir uns interessieren. Auf diese Weise entspricht jedem Zeitpunkt $t > 0$ eine Stellung des Parallelogramms, und der Schwingungsablauf wird geometrisch überschaubar.

Übung 2.35:

Verwandle die folgenden Zahlen in die Polarkoordinatendarstellung

$$\text{(a)}\ -12 - \mathrm{i}\,5\,, \qquad \text{(b)}\ 3 + \mathrm{i}\,4\,, \qquad \text{(c)}\ (1+\mathrm{i})^{100}\,.$$

Übung 2.36*:

Drei harmonische Schwingungen überlagern sich:

$$3\cos(\omega t) + 5\cos\left(\omega t + \frac{\pi}{4}\right) - 8\cos\left(\omega t - \frac{\pi}{3}\right) = A\cos(\omega t + \varphi) \qquad (\omega > 0)\,.$$

Berechne A und φ.

2.5.5 Fundamentalsatz der Algebra, Folgen und Reihen, stetige Funktionen im Komplexen

Polynomgleichungen

Satz 2.17:

(*Fundamentalsatz der Algebra*) Jedes Polynom n-ten Grades

$$f(z) = a_0 + a_1 z + a_2 z^2 + \ldots + a_n z^n\,, \qquad (a_n \neq 0, n \geq 1)\,,$$

mit komplexen a_k und z, läßt sich in folgender Form schreiben:

$$f(z) = a_n(z - z_1)(z - z_2) \cdot \ldots \cdot (z - z_n)\,. \tag{2.153}$$

Die Zahlen $z_1, z_2, \ldots z_n$ sind die Nullstellen des Polynoms.

Der Satz sagt also insbesondere aus, daß f *mindestens eine* und *höchstens n Nullstellen* hat. Letzterer Fall tritt ein, wenn die $z_1, z_2, \ldots, z_n$ paarweise verschieden sind.

Sind unter den $z_1, \ldots, z_n$ gleiche Zahlen, z.B. $z_1 = z_2 = z_3$, so spricht man von *mehrfachen Nullstellen*. Ist beispielsweise $z_1 = z_2 = \ldots = z_m$ $(m \le n)$, aber $z_k \ne z_1$ für alle $k > m$, so nennt man die Zahl z_1 eine *m-fache Nullstelle*. Gl. (2.153) heißt die *Zerlegung von f in Linearfaktoren* $(z - z_k)$.

Bemerkung: Der *Beweis* des Fundamentalsatzes wird in Burg/Haf/Wille (Funktionentheorie) [8], Abschn. 2.2.5, geführt. Die *Berechnung* der Nullstellen $z_1, z_2, \ldots, z_n$ ist auf Computern mit beliebiger Genauigkeit möglich. (Man verwendet dazu meistens das *Newtonsche Verfahren* mit gewissen Ergänzungen.) Ein stets funktionierendes Verfahren für Computer ist z.B. von Nickel [42] angegeben worden.

Folgen und Reihen

Unendliche Folgen und Reihen von komplexen Zahlen werden analog zu reellen Folgen und Reihen erklärt (vgl. Abschn. 1.4 und 1.5). Ihre Konvergenz wird wie im Reellen definiert. Es gelten damit der Satz von Bolzano-Weierstraß, das Cauchysche Konvergenzkriterium und die Rechenregeln über Folgen und Reihen entsprechend. Die Beweise können fast wörtlich übernommen werden. (Der Satz von Bolzano-Weierstraß wird durch die Halbierung von Rechtecken anstelle von Intervallen bewiesen.) Lediglich Definitionen und Sätze, die Ordnungseigenschaften enthalten (wie z.B. das Monotoniekriterium) lassen sich nicht ins Komplexe übertragen, da für komplexe Zahlen keine Beziehungen $<$ oder $>$ eingeführt sind.

Der Leser mag sich in einer stillen Stunde davon überzeugen, daß die angegebenen Übertragungen aufs Komplexe ohne Schwierigkeiten möglich sind. Ebenso läßt sich der Begriff der Stetigkeit auf komplexe Funktionen problemlos übertragen sowie das Rechnen mit stetigen Funktionen. Auch hier gilt, daß die Grenze bei Aussagen gezogen wird, die Ordnungseigenschaften enthalten. Der Zwischenwertsatz besitzt also keine wörtliche Entsprechung im Komplexen.

In Burg/Haf/Wille (Funktionentheorie) [8] werden diese Überlegungen aufgegriffen und weitergeführt zur »komplexen Analysis«, auch Funktionentheorie genannt, s. auch [24]. Die komplexe Analysis erweist sich nicht nur als außerordentlich nützlich bei der Lösung technischer Probleme (Schwingungsproblem, Strömungsvorgänge, elektrische Felder usw., sie zählt überdies zu den elegantesten Theorien der Mathematik.

3 Differentialrechnung einer reellen Variablen

Die Differentialrechnung ist die Lehre von den Veränderungen. Hier werden Wachstumsraten, Verlustquoten, Geschwindigkeiten, Beschleunigungen, Steigungsmaße und Abstiegsraten beschrieben, dem Anwender zum Nutzen, dem Schüler zur Mühe, dem Mathematiker zur Freude und dem Laien unverständlich. Zusammen mit ihrer Schwester, der Integralrechnung, gilt die Differentialrechnung mit Recht als eine der großartigsten Schöpfungen des menschlichen Geistes.

Sie hilft beim Lösen von Gleichungen, beim Maximieren und Minimieren, bei der Berechnung komplizierter Funktionen, von Flächen und Rauminhalten, von Bewegungen, Kräften, Impulsen, Energien, ja, das Zusammenspiel der Gestirne als auch der Elementarteilchen läßt sich durch die Differential- und Integralrechnung erst verstehen.

Die Wurzel der Differentialrechnung ist dabei ganz einfach. Wir erläutern den Einstieg in diesen Teil der Mathematik am Beispiel der Geschwindigkeit.

3.1 Grundlagen der Differentialrechnung

3.1.1 Geschwindigkeit

Geschwindigkeitsüberschreitung! — Der Polizeiwagen überholt. Aus seinem Fenster reckt sich ein Arm mit roter »Kelle«: Anhalten! Sehr peinlich! Nach kurzer Zeit ist man um eine Erfahrung reicher und einige Geldscheine ärmer. Die Episode verdeutlicht, daß der Begriff »Geschwindigkeit« im täglichen Leben, bis in den Geldbeutel hinein, eine Rolle spielt. Dies führt uns auf die Frage:

Was ist Geschwindigkeit?

Die erste Antwort lautet: Das ist die Zahl, die man vom Tacho abliest. Nicht übel, zugegeben, aber doch nicht ganz befriedigend. So billigt man z.B. fallenden Steinen auch eine Geschwindigkeit zu. Doch nur die wenigsten Steine haben einen eingebauten Tacho.

Was ist da zu tun?

Da wir uns mitten in einem Mathematikbuch befinden, ist der Gedanke nicht abwegig, es mit einer mathematischen Definition zu versuchen.

Die Frage lautet also: Wie kann man den Begriff »Geschwindigkeit« — genauer: »Momentangeschwindigkeit« — mathematisch exakt erklären?

Eine gute Frage! An ihre Beantwortung wollen wir mit lockerer Natürlichkeit und alltäglichen Vorstellungen herangehen.

Dazu knüpfen wir noch einmal an das fahrende Auto an. Der Einfachheit halber lassen wir das Auto geradeaus fahren. Wir nehmen an, daß es an einem bestimmten Punkt der Straße im Zeitpunkt 0 losfährt. Zur Zeit t habe es y Meter vom Anfangspunkt aus zurückgelegt. y ist also

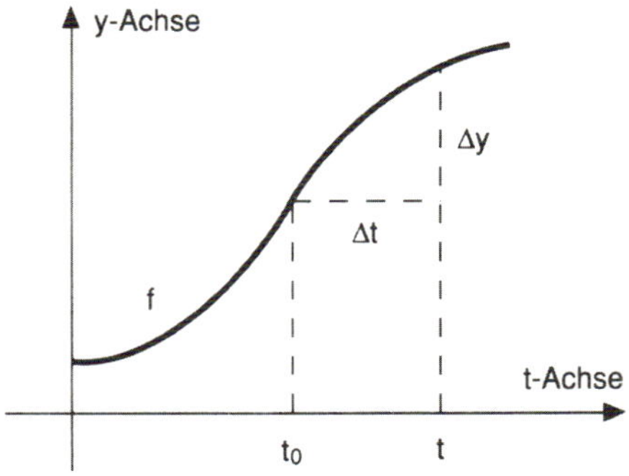

Fig. 3.1: Weg-Zeit-Funktion $y = f(t)$

eine Funktion der Zeit:

$$y = f(t)\,.$$

Fig. 3.1 zeigt ein Schaubild einer solchen Funktion f.

Man greife nun zwei Zeitpunkte t_0, t heraus, mit $t > t_0$. In der Zeitspanne von t_0 bis t hat das Auto die Strecke

$$\Delta y := f(t) - f(t_0) \tag{3.1}$$

zurückgelegt. Die Zeitspanne selbst hat die Dauer $\Delta t := t - t_0$. Die *Durchschnittsgeschwindigkeit* $v_{t_0,t}$ im genannten Zeitraum berechnet man nach der Faustregel »Weg durch Zeit«, also

$$v_{t_0,t} = \frac{\Delta y}{\Delta t} = \frac{f(t) - f(t_0)}{t - t_0}\,. \tag{3.2}$$

Je dichter t an t_0 heranrückt, desto näher kommt der Wert $v_{t_0,t}$ der Vorstellung einer *Momentangeschwindigkeit*, also der Geschwindigkeit, die der Tacho anzeigt. Es liegt nahe, in (3.2) den Grenzübergang $t \to t_0 (t \neq t_0)$ durchzuführen. Wir wollen annehmen, daß (3.2) dabei gegen eine bestimmte Zahl v_{t_0} konvergiert:

$$v_{t_0} := \lim_{t \to t_0} \frac{f(t) - f(t_0)}{t - t_0} \tag{3.3}$$

Diesen Wert v_{t_0} bezeichnet man als *Momentangeschwindigkeit* — kurz *Geschwindigkeit* — des Autos zum Zeitpunkt t_0. Die (Momentan-)Geschwindigkeit ist also Grenzwert von Durchschnittsgeschwindigkeiten, deren Zeitspannen gegen Null streben.

Der Grenzwert (3.3) hat entscheidende Bedeutung in der Differentialrechnung. Er wird *Differentialquotient* oder *Ableitung von f in t_0* genannt und durch $f'(t_0)$ symbolisiert:

$$f'(t_0) = \lim_{t \to t_0} \frac{f(t) - f(t_0)}{t - t_0} \tag{3.4}$$

Der Ausdruck in (3.2), also die Durchschnittsgeschwindigkeit in unserem Fall, heißt allgemein

Differenzenquotient von f bezüglich t *und* t_0.

Wir wollen die Überlegungen an einem Zahlenbeispiel verdeutlichen.

Beispiel 3.1:

(Fallgeschwindigkeit) Ein Stein fällt in einen 10 m tiefen Brunnen. Wie groß ist die Geschwindigkeit, mit der er unten auftrifft? Die Bewegung des Steines (Massenpunktes) wird durch

$$y = f(t) = \frac{g}{2}t^2 \quad \text{mit} \quad g = 9{,}81\,\frac{\mathrm{m}}{\mathrm{s}^2} \tag{3.5}$$

beschrieben, d.h. nach t Sekunden ist er $y = \frac{g}{2}t^2$ Meter gefallen.

Wie groß ist seine Fallgeschwindigkeit v_{t_0} zu einem beliebigen Zeitpunkt t_0 während des Fallvorgangs? — Zur Beantwortung bilden wir zunächst den Differenzenquotienten bezüglich t und t_0 $(t \neq t_0)$ und vereinfachen ihn:

$$\frac{f(t)-f(t_0)}{t-t_0} = \frac{\frac{g}{2}t^2 - \frac{g}{2}t_0^2}{t-t_0} = \frac{g}{2}\cdot\frac{t^2-t_0^2}{t-t_0} = \frac{g}{2}\cdot\frac{(t+t_0)(t-t_0)}{t-t_0} = \frac{g}{2}\cdot(t+t_0)\,.$$

Die Klammer $(t + t_0)$ ganz rechts strebt mit $t \to t_0$ zweifellos gegen $2t_0$, also strebt der Differenzenquotient insgesamt gegen gt_0:

$$f'(t_0) = \lim_{t\to t_0}\frac{f(t)-f(t_0)}{t-t_0} = gt_0\,. \tag{3.6}$$

Zur Zeit t_0 (während des Fallvorganges) hat der Stein somit die Geschwindigkeit $v_{t_0} = gt_0$. Setzen wir für t_0 nun die Falldauer ein, errechnet aus

$$10\,\mathrm{m} = \frac{g}{2}t_0^2 \quad \Rightarrow \quad t_0 = \sqrt{\frac{20\,\mathrm{m}}{g}} \doteq 1{,}43\,\mathrm{s}\,,$$

so erhalten wir die Aufschlaggeschwindigkeit des Steines

$$v_{t_0} = g\sqrt{\frac{20\,\mathrm{m}}{g}} = \sqrt{20\,\mathrm{m}\cdot g} \doteq 14{,}0\frac{\mathrm{m}}{\mathrm{s}}\,.$$

Stellt man sich statt des Steines beispielsweise einen Blumentopf vor, der einem vom Fenstersims auf den Kopf fällt, so kann man im Krankenhaus die Auftreffgeschwindigkeit nach obiger Methode berechnen und damit seine Schadensansprüche stützen. Zweifellos eine nützliche Rechenart, die Differentialrechnung!

Übung 3.1:

Eine Kugel fällt in einer zähen Flüssigkeit (z.B. Öl) nach unten. Nach einer kurzen Anfangsphase wird ihre Bewegung durch $y = f(t) = c\cdot(t-a)$ beschrieben (t Zeit, y zurückgelegter Weg, c und a Konstanten). Wie groß ist dabei die Geschwindigkeit der Kugel?

3.1.2 Differenzierbarkeit, Tangenten

Die Überlegungen des vorigen Abschnittes wollen wir nun allgemeiner durchführen.

Es sei $f : I \to \mathbb{R}$ eine beliebige reellwertige Funktion. Sie werde durch

$$y = f(x), \quad x \in I,$$

beschrieben. Der Definitionsbereich I ist dabei ein Intervall oder eine Vereinigung von Intervallen.

Als *Differenzenquotient von f bezüglich zweier Punkte x und x_0* aus I bezeichnet man den Ausdruck

$$\frac{f(x) - f(x_0)}{x - x_0}, \quad x \neq x_0. \tag{3.7}$$

Der Grenzübergang $x \to x_0$ führt auf die folgende grundlegende Definition:

Definition 3.1:

Es sei $f : I \to \mathbb{R}$ eine Funktion, deren Definitionsbereich I ein Intervall oder eine Vereinigung von Intervallen ist. Man sagt, f ist *differenzierbar im Punkt $x_0 \in I$*, wenn der Grenzwert

$$\lim_{x \to x_0} \frac{f(x) - f(x_0)}{x - x_0} \tag{3.8}$$

existiert. Dieser Grenzwert wird mit $f'(x_0)$ bezeichnet und *Ableitung* oder *Differentialquotient* von f in x_0 genannt.

Anstelle von $f'(x_0)$ werden auch die Bezeichnungen

$$\frac{\mathrm{d}f}{\mathrm{d}x}(x_0), \quad \frac{\mathrm{d}}{\mathrm{d}x} f(x_0)$$

verwendet.

Geometrische Deutung: Der Differenzenquotient (3.7) ist die Steigung der *Sekante an f in x und x_0*, d.h. der Geraden durch die Punkte $(x, f(x))$ und $(x_0, f(x_0))$. Man erkennt dies an dem schraffierten Dreieck in Fig. 3.2.

Der Grenzübergang $x \to x_0$ für den Differenzenquotienten läßt sich nun anschaulich so deuten, daß x immer näher an x_0 heranrückt, wobei der Abstand $|x - x_0|$ nach und nach beliebig klein wird. Die zugehörigen Sekanten an f bezüglich x und x_0 unterscheiden sich dann immer weniger von einer Geraden, die wir *Tangente an f in x_0* nennen. Wir sagen auch, die Sekanten »gehen für $x \to x_0$ in die Tangente« über, oder »die Tangente ist die Grenzlage der Sekanten«. Dabei ist die Tangente an f in x_0 diejenige Gerade t, die durch den Punkt $(x, f(x_0))$ verläuft und deren Steigung $f'(x_0)$ ist. Nach der Punkt-Richtungs-Form wird die Tangente durch

$$t(x) = f(x_0) + f'(x_0)(x - x_0) \tag{3.9}$$

beschrieben. Wir halten fest:

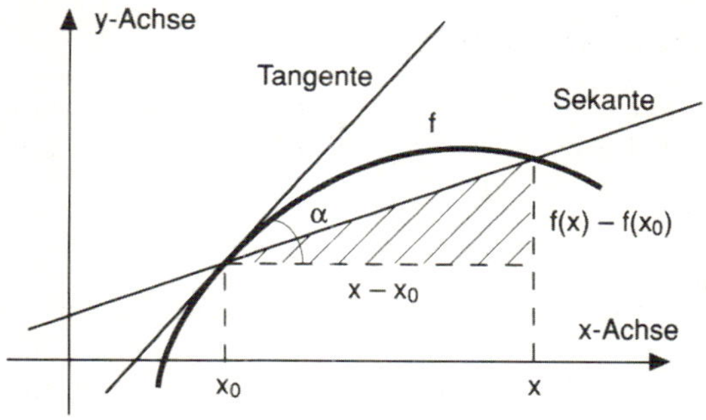

Fig. 3.2: Geometrische Deutung des Differentialquotienten: $f'(x_0) = \tan\alpha$

Durch (3.9) ist die *Tangente t an f in x_0* definiert. Die Tangente existiert genau dann, wenn f in x_0 differenzierbar ist.

Mit α wollen wir den Winkel der Tangente t mit der x-Achse bezeichnen. $\left(-\frac{\pi}{2} < \alpha < \frac{\pi}{2}\right)$, s. Fig. 3.2. Die Steigung einer Geraden ist bekanntlich gleich dem Tangens des Winkels der Geraden mit der x-Achse; folglich gilt für die Tangentensteigung

$$f'(x_0) = \tan\alpha\,, \tag{3.10}$$

d.h.

Die Ableitung $f'(x_0)$ einer Funktion ist gleich dem Tangens des Winkels α, den die Tangente an f in x_0 mit der x-Achse bildet.

Damit ist die Ableitung $f'(x_0)$ geometrisch so klar geworden wie ein Bergquell im Frühling.

Anwendung: Die Bestimmung von Tangenten an vorgelegte Kurven ist z.B. bei der Herstellung von optischen Linsen wichtig. Denn der Einfallswinkel eines Lichtstrahls auf eine Linse spielt beim Brechungsgesetz eine Rolle. Der Einfallswinkel wird aber durch die Normalen, die senkrecht auf den Tangenten stehen, bestimmt. Eine weitere wichtige Rolle spielen die Tangenten beim Newton-Verfahren zur Lösung von Gleichungen.

Bemerkung: Differenzierbarkeit von $f : I \to \mathbb{R}$ in x_0 bedeutet die Existenz des Grenzwertes (3.8). Hierunter versteht man ausführlicher (nach Abschn. 1.6.7, Def. 1.20):

(a) Für jede Zahlenfolge (x_n) aus I mit

$$\lim_{n\to\infty} x_n = x_0\,, \qquad x_n \neq x_0\,,$$

konvergiert die *Folge der zugehörigen Differenzenquotienten*

$$D_n := \frac{f(x_n) - f(x_0)}{x_n - x_0}\,,$$

und zwar gegen einen Grenzwert A, der unabhängig von der gewählten Folge (x_n) ist. A ist die Ableitung $f'(x_0)$.

Damit ist die Differenzierbarkeit auf die Konvergenz von Folgen zurückgeführt. Mit ihnen können wir gut umgehen und befinden uns damit auf sicherem Terrain.

Nach Abschn. 1.6.7, Folg. 1.16, kann aber die Grenzwertbildung (3.8), und damit die Differenzierbarkeit, auch so formuliert werden:

(b) f ist in x_0 genau dann differenzierbar, wenn sich die Funktion

$$D(x) := \frac{f(x) - f(x_0)}{x - x_0}, \quad x \in I \setminus \{x_0\} \tag{3.11}$$

in x_0 stetig erweitern läßt. Der so entstehende Funktionswert $D(x_0)$ ist die Ableitung $f'(x_0)$.

$$f'(x_0) = D(x_0) := \lim_{x \to x_0} D(x)\,. \tag{3.12}$$

Nach Abschn. 1.6.7, Folg. 1.17, läßt sich diese Grenzwertbildung auch in ε-δ-Form beschreiben.

Je nach Bedarf verwendet man die eine oder andere Fassung der Differenzierbarkeit.

Beispiel 3.2:
Besonders einfache Funktionen sind konstante Funktionen: $f(x) \equiv c$. Dafür gilt

$$\frac{f(x) - f(x_0)}{x - x_0} = \frac{c - c}{x - x_0} = 0\,. \quad (x \neq x_0)$$

Alle Differenzenquotienten sind Null, also ist die Ableitung $f'(x_0) = 0$ für jedes $x_0 \in \mathbb{R}$; man beschreibt dies kurz durch

$$\frac{\mathrm{d}}{\mathrm{d}x} c = 0. \tag{3.13}$$

Beispiel 3.3:
Es sei

$$f(x) = x^n \quad (x \in \mathbb{R})$$

eine *Potenzfunktion* mit einer natürlichen Zahl n als Exponenten. Für den Differenzenquotienten bezüglich x_0 und $x = x_0 + h$ $(h \neq 0)$ gilt mit der binomischen Formel

$$\frac{f(x_0 + h) - f(x_0)}{h} = \frac{(x_0 + h)^n - x_0^n}{h} = \frac{\sum\limits_{k=0}^{n} \binom{n}{k} x_0^{n-k} h^k - x_0^n}{h}$$

Das erste Glied der Summe ist x_0^n. Es hebt sich heraus, und man erhält

$$= \frac{\sum_{k=1}^{n} \binom{n}{k} x_0^{n-k} h^k}{h} = \sum_{k=1}^{n} \binom{n}{k} x_0^{n-k} h^{k-1} .$$

Für $x \to x_0$, also $h \to 0$, bleibt nur das erste Glied $n x_0^{n-1}$ der rechten Summe erhalten, also folgt für die Ableitung

$$f'(x_0) = n x_0^{n-1}$$

Hier schreiben wir der Einfachheit halber x statt x_0 und erhalten damit die Formel

$$\frac{\mathrm{d}}{\mathrm{d}x} x^n = n x^{n-1} . \tag{3.14}$$

Der Spezialfall $n = 1$ liefert

$$\frac{\mathrm{d}}{\mathrm{d}x} x = 1 . \tag{3.15}$$

Das Beispiel macht deutlich, daß

$$\lim_{x \to x_0} \frac{f(x) - f(x_0)}{x - x_0} \quad \text{und} \quad \lim_{h \to 0} \frac{f(x_0 + h) - f(x_0)}{h}$$

gleichbedeutend sind. Man hat nur $x = x_0 + h$ zu setzen. Die rechte Form dieser Grenzwertbildung eignet sich für praktische Berechnungen von Ableitungen gelegentlich besser.

Übung 3.2:

Berechne die Ableitungen der Funktionen $f_2(x) = x^2$, $f_3(x) = x^3$, $f_{10}(x) = x^{10}$ an der Stelle $x_0 = 2$.

Übung 3.3:

Zeige: $f(x) = \sqrt{x}$ ist für beliebiges $x_0 > 0$ differenzierbar, und es gilt für die Ableitung

$$f'(x_0) = \frac{1}{2\sqrt{x_0}} .$$

Anleitung: Schreibe den Differenzenquotienten bezüglich $x_0 > 0$ und $x > 0$ hin und verwende dann die Formel $x - x_0 = (\sqrt{x} + \sqrt{x_0})(\sqrt{x} - \sqrt{x_0})$.

Übung 3.4:

Für welches $x_0 \in \mathbb{R}$ hat die Tangente an $f(x) = x^2$ die Steigung 1? Schreibe die zugehörige Tangentengleichung auf. Skizziere f und die Tangente.

Übung 3.5:

Berechne die Ableitung von $f(x) = x^n$ ($n \in \mathbb{N}$) im Punkte x_0 nochmal (auf andere Weise als im Beisp. 3.3). Und zwar schreibe man den Differenzenquotienten bezüglich x und x_0 hin: $(f(x) - f(x_0))/(x - x_0) = (x^n - x_0^n) : (x - x_0)$, und wende das Divisionsverfahren für Polynome an.

Differenzierbare Funktionen

Wir betrachten reellwertige Funktionen f, deren Definitionsbereiche D Intervalle oder Vereinigungen von Intervallen sind.

Definition 3.2:
Ist $f : D \to \mathbb{R}$ in jedem Punkt des Definitionsbereiches D differenzierbar, so heißt f eine *differenzierbare Funktion*. Ist $f : D \to \mathbb{R}$ in jedem Punkt einer Teilmenge A von D differenzierbar, so nennt man f *differenzierbar auf* A.

Bei einer differenzierbaren reellwertigen Funktion $f : D \to \mathbb{R}$ kann man in jedem Punkte $x \in D$ die Ableitung $f'(x)$ bilden. Durch die Zuordnung $x \to f'(x)$ ist eine neue Funktion $f' : D \to \mathbb{R}$ erklärt, die man kurz die *Ableitung von* f nennt.

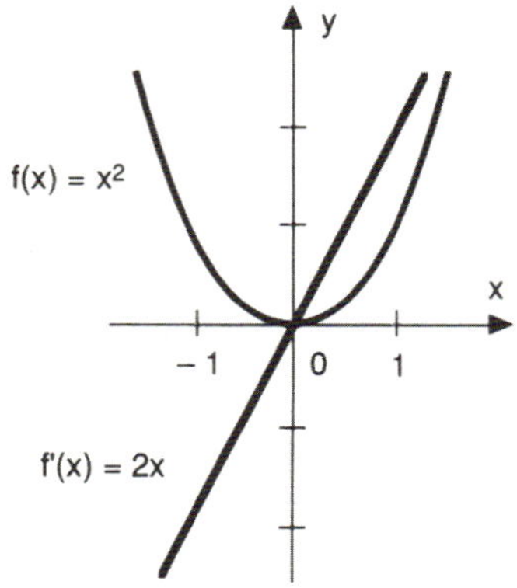

Fig. 3.3: Funktion $f(x) = x^2$ mit Ableitung

Beispiel 3.4:
Die Ableitung der Potenzfunktion $f(x) = x^n$ ($f : \mathbb{R} \to \mathbb{R}, n \in \mathbb{N}$) ist eine Funktion $f' : \mathbb{R} \to \mathbb{R}$, beschrieben durch

$$f'(x) = nx^{n-1} .$$

In Fig. 3.3 sind $f(x) = x^2$ nebst zugehöriger Ableitung $f'(x) = 2x$ skizziert.

Ist eine differenzierbare Funktion in Form einer Gleichung $y = f(x)$ gegeben, so beschreibt man die Ableitung auch durch

$$y' = f'(x) \quad \text{oder} \quad \frac{\mathrm{d}y}{\mathrm{d}x} = f'(x), \tag{3.16}$$

z.B.

$$y = x^3 \quad \Longrightarrow \quad y' = 3x^2 \quad \text{bzw.} \quad \frac{\mathrm{d}y}{\mathrm{d}x} = 3x^2\,.$$

Diese Schreibweisen sind in Technik und Naturwissenschaft bequem, wenn x und y physikalische Größen darstellen.

Graphisches Differenzieren: Wir gehen aus vom Schaubild einer differenzierbaren Funktion $f : I \to \mathbb{R}$. Zur graphischen Ermittlung der Ableitung von f in einem Punkt x_0 zeichnet man — so gut es geht — die Tangente an f in x_0 ein. Zu dieser Tangente zieht man die Parallele durch den Punkt $A = (-1{,}0)$, s. Fig. 3.4a. Die Parallele schneidet die y-Achse in einem Punkt B, dessen y-Koordinate die Ableitung $y_0' = f'(x_0)$ ist, also $B = (0, y_0')$. (Denn das Dreieck $[A, B{,}0]$ ist eine Kopie des Steigungsdreiecks der Tangente.) Damit ist y_0' zeichnerisch gewonnen, und der Punkt (x_0, y_0') der Ableitung f' läßt sich einzeichnen.

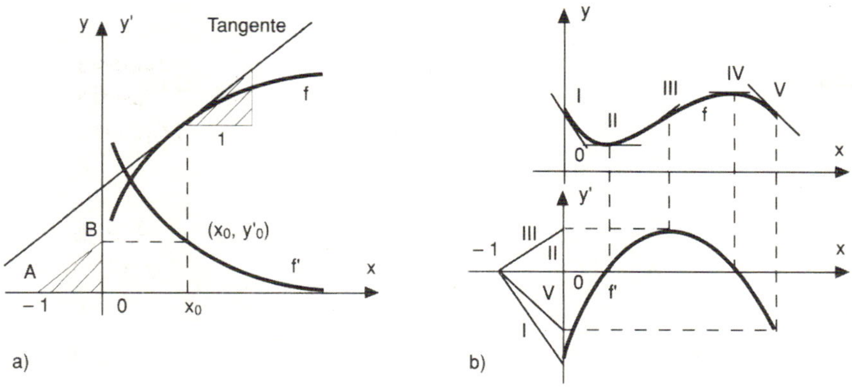

Fig. 3.4: Graphisches Differenzieren

In Fig. 3.4b ist dieser Prozeß für mehrere Punkte einer Funktion f durchgeführt. Die gewonnenen Ableitungspunkte werden zu einem Funktionsgraphen verbunden, wobei man auch bei verbindenden Bögen auf »schielt«, damit sie nach Augenmaß möglichst gut die Ableitung annähern.

Der so gewonnene Funktionsgraph stellt eine mehr oder weniger gute Näherung der Ableitung f' dar. Für einen ersten Überblick oder bei Versagen rechnerischer Methoden erhält man so brauchbare Ergebnisse.

Dabei ist nicht entscheidend, daß man viele Konstruktionspunkte wählt, sondern daß man in ausgesuchten Punkten möglichst genaue Tangenten zeichnet. Punkte mit waagerechten Tangenten bieten sich dafür besonders an. Der Leser übe das graphische Differenzieren an selbst gezeichneten Beispielen. Dies führt zum besseren Verständnis der Ableitungsfunktion f'. (Durch numerische Differentiation erhält man f' auch leicht auf Computerbildschirmen oder Plottern.)

Stetigkeit differenzierbarer Funktionen. I sei ein Intervall oder eine Vereinigung mehrerer Intervalle.

Satz 3.1:
Ist die reellwertige Funktion $f : I \to \mathbb{R}$ in x_0 differenzierbar, so ist sie dort auch stetig.

Beweis:
Gilt $x_n \to x_0$ ($x_n \in I \setminus \{x_0\}$), dann ergibt sich die Konvergenz des Differenzenquotienten $D_n = (f(x_n) - f(x_0))/(x_n - x_0)$ gegen $f'(x_0)$. Damit folgt

$$f(x_n) - f(x_0) = D_n \cdot (x_n - x_0) \to f'(x_0) \cdot 0 = 0$$

für $n \to \infty$, also $f(x_n) \to f(x_0)$. Das heißt f ist stetig in x_0. □

Man zieht daraus die einfache

Folgerung 3.1:
Jede differenzierbare Funktion ist stetig.

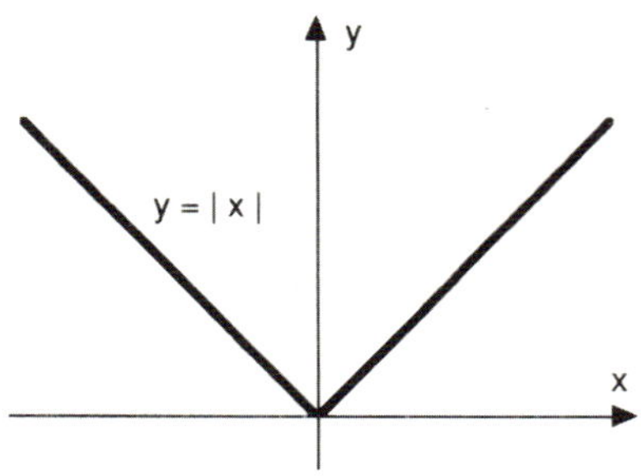

Fig. 3.5: Die Funktion $f(x) = |x|$

Die Umkehrung gilt nicht, wie das Beispiel der Funktion

$$f(x) = |x| , \quad x \in \mathbb{R}$$

zeigt (siehe Fig. 3.5). Diese Funktion ist nämlich stetig, aber in 0 nicht differenzierbar. Denn die Differenzenquotienten

$$\frac{f(x) - f(0)}{x - 0} = \frac{|x|}{x}$$

sind für $x > 0$ gleich 1, für $x < 0$ dagegen gleich -1. Sie können also für $x \to 0$ nicht konvergieren.

In 0 existieren aber die *links-* und die *rechtsseitige Ableitung*, die in folgender Definition erklärt sind.

Definition 3.3:

(*Einseitige Differenzierbarkeit*) Es sei $f : I \to \mathbb{R}$ eine Funktion und x_0 ein Häufungspunkt von I, in dem f den rechtsseitigen Grenzwert $f(x_0+)$ besitzt. Existiert der Grenzwert

$$\lim_{\substack{x \to x_0 \\ x > x_0}} \frac{f(x) - f(x_0+)}{x - x_0},$$

so ist f in x_0 *rechtsseitig* differenzierbar. Der Grenzwert heißt *rechtsseitige Ableitung* von f in x_0. Er wird symbolisiert durch

$$f'(x_0+).$$

Entsprechend werden *linksseitige Differenzierbarkeit* und *linksseitige Ableitung*

$$f'(x_0-)$$

erklärt. (Man ersetzt $x > x_0$ durch $x < x_0$.)

Es ist klar, daß die Funktion $f(x) = |x|$ in $x_0 = 0$ die rechtsseitige Ableitung $f'(0+) = 1$ und die linksseitige Ableitung $f'(0-) = -1$ hat.

Höhere Ableitungen. Ist die Ableitung $f' : D \to \mathbb{R}$ einer differenzierbaren Funktion wiederum differenzierbar, so heißt ihre Ableitung die *zweite Ableitung* $f'' : D \to \mathbb{R}$ von $f : D \to \mathbb{R}$. Durch abermaliges Differenzieren, falls möglich, entsteht die *dritte Ableitung* $f''' : D \to \mathbb{R}$ usw. Eine *n-te Ableitung*, falls sie gebildet werden kann, bezeichnet man mit $f^{(n)} : D \to \mathbb{R}$. Existieren alle Ableitungen von $f : D \to \mathbb{R}$ bis zur n-ten Ableitung, so nennt man f *n-mal differenzierbar*. Nach Satz 3.1 sind dann $f, f', f'', \ldots, f^{(n-1)}$ stetig, da diese Funktionen alle differenzierbar sind. Ist überdies $f^{(n)}$ stetig (was nicht zu sein braucht), so heißt f *n-mal stetig differenzierbar*. f heißt *stetig differenzierbar*, wenn f' existiert und stetig ist.[1]

Beispiel 3.5:

$f(x) = x^n$ ($n \in \mathrm{N}, x \in \mathbb{R}$) ist beliebig oft differenzierbar. Der Leser rechne für den Fall $n = 4$ die Ableitungen f', f'', f''' usw. aus (von welcher Ableitung an sind alle folgenden Ableitungen konstant gleich Null?)

Beispiel 3.6:

Die Funktion $f : \mathbb{R} \to \mathbb{R}$, erklärt durch

$$f(x) = \begin{cases} x^2, & \text{für } x \geq 0, \\ 0, & \text{für } x < 0, \end{cases}$$

1 Es kann sein, daß f' existiert, aber nicht stetig ist. Ein Beispiel dafür ist die Funktion $f : \mathbb{R} \to \mathbb{R}$, definiert durch $f(x) = x^2 \sin(1/x)$ (für $x \neq 0$) und $f(0) = 0$. $f'(x)$ existiert für alle $x \in \mathbb{R}$, insbesondere ist $f'(0) = 0$, doch ist f' in $x = 0$ unstetig! (Der Leser überprüfe dies.)

ist nur einmal stetig differenzierbar, denn ihre Ableitung

$$f'(x) = \begin{cases} 2x\,, & \text{für } x \geq 0, \\ 0\,, & \text{für } x < 0 \end{cases}$$

ist zwar stetig, aber in $x_0 = 0$ nicht differenzierbar. Der in diesem Fall vorliegende Differenzenquotient $(f'(x) - f'(0))/(x - 0) = f'(x)/x$ hat nämlich für $x > 0$ den konstanten Wert 2, für $x < 0$ dagegen den Wert 0. Er kann also für $x \to 0$ nicht konvergieren.

Bemerkung zu Anwendungen in Technik, Naturwissenschaft und anderen Gebieten

(a) Zunächst knüpfen wir noch einmal an den Geschwindigkeitsbegriff an: Durch $y = f(t)$ werde die geradlinige Bewegung eines Massenpunktes beschrieben. Dabei ist y die Länge des zurückgelegten Weges zum Zeitpunkt t. Die *Geschwindigkeit* des Massenpunktes ist zum Zeitpunkt t

$$v = f'(t)\,,$$

(siehe Abschn. 3.1.1). Seine *Beschleunigung* b ist die zweite Ableitung

$$b = f''(t)\,.$$

Zusammen mit dem *Newtonschen Grundgesetz* der Mechanik $K = mb$ (Kraft = Masse · Beschleunigung) ist damit der grundlegende und historisch erste Zusammenhang zwischen Differentialrechnung und Physik gegeben. Von hier ausgehend durchdringt die Differential- und Integralrechnung die Mechanik und im weiteren Physik und Technik.

(b) Die Ableitung $f'(x)$ einer Funktion ist Grenzwert der Steigungen von Sekanten an f und stellt damit so etwas wie die Wachstumsquote der Funktion f im Punkte x dar (falls $f'(x) \geq 0$), oder Schrumpfungsquote (falls $f'(x) \leq 0$). Diese Interpretation zeigt sofort die vielfältigen Zusammenhänge mit allen Zweigen der Technik, Naturwissenschaft, Wirtschaft, Soziologie und anderen Gebieten auf.

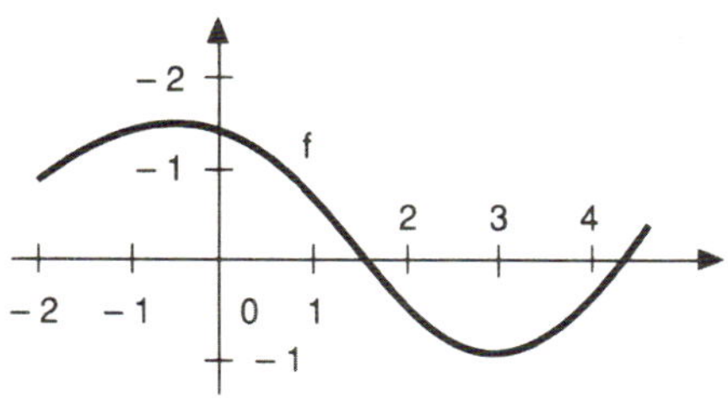

Fig. 3.6: Zu Übung 3.6 (b)

Übung 3.6:

(a) Zeichne ein Schaubild von $f(x) = x^3 - x + 1$ nebst allen Ableitungen.

(b) Differenziere die Funktion in Fig. 3.6 graphisch.

Übung 3.7*:

Wie groß ist die Beschleunigung eines fallenden Steines (Abschn. 3.1.1, Beisp. 3.1) und einer fallenden Kugel in zäher Flüssigkeit (Abschn. 3.1.1, Übung 3.1)?

Übung 3.8*:

Beweise: $f : I \to \mathbb{R}$ ist genau dann in x_0 differenzierbar, wenn rechts- und linksseitige Ableitungen von f in x_0 existieren, und wenn $f'(x_0-) = f'(x_0+)$ sowie $f(x_0-) = f(x_0+) = f(x_0)$ gelten.

3.1.3 Differentiationsregeln für Summen, Produkte und Quotienten reeller Funktionen

Sind f und g differenzierbare Funktionen, so fragt man sich, ob auch $f + g$, $f \cdot g$, f/g und λf (λ reell) differenzierbare Funktionen sind, und wie man ihre Ableitungen gegebenenfalls ausrechnen kann. Dieselbe Frage stellt sich für Verkettungen $f \circ g$ und Umkehrfunktionen f^{-1}. Diese Fragen beantworten wir im nächsten Abschnitt. Nun bezeichne I ein Intervall oder eine Vereinigung mehrerer Intervalle, also den üblichen Definitionsbereich für reelle Funktionen.

Satz 3.2:

Sind $f : I \to \mathbb{R}$ und $g : I \to \mathbb{R}$ differenzierbar in $x_0 \in I$, so gilt dies auch für $f + g$, λf (λ reelle Zahl), $f \cdot g$ und f/g, wobei im letzten Fall $g(x_0) \neq 0$ vorausgesetzt wird. Die Ableitungen der genannten Funktionen errechnen sich aus folgenden Formeln:

$$\textit{Additivität}: \quad (f+g)' = f' + g' \tag{3.17}$$

$$\textit{Homogenität}: \quad (\lambda f)' = \lambda f' \tag{3.18}$$

$$\textit{Produktregel}: \quad (fg)' = f'g + fg' \tag{3.19}$$

$$\textit{Quotientenregel}: \quad \left(\frac{f}{g}\right)' = \frac{f'g - fg'}{g^2} \tag{3.20}$$

Die Variablenangabe (x_0) hat man hinzuzufügen. Sie wurde aus Gründen der Übersichtlichkeit in den Formeln weggelassen.

Beweis:

Die Formeln ergeben sich für $x \to x_0$ sofort aus

$$\frac{[f(x) + g(x)] - [f(x_0) + g(x_0)]}{x - x_0} = \frac{f(x) - f((x_0)}{x - x} + \frac{g(x) - g(x_0)}{x - x_0} \to f'(x_0) + g'(x_0)\,,$$

$$\frac{\lambda f(x) - \lambda f(x_0)}{x - x_0} = \lambda \frac{f(x) - f(x_0)}{x - x_0} \to \lambda f'(x_0)\,,$$

$$\frac{f(x)g(x) - f(x_0)g(x_0)}{x - x_0} = g(x_0)\frac{f(x) - f(x_0)}{x - x_0} + f(x)\frac{g(x) - g(x_0)}{x - x_0}$$

$$\to f'(x_0)g(x_0) + g'(x_0)f(x_0)\,,$$

$$\frac{\frac{f(x)}{g(x)} - \frac{f(x_0)}{g(x_0)}}{x - x_0} = \frac{g(x_0)\frac{f(x)-f(x_0)}{x-x_0} - f(x_0)\frac{g(x)-g(x_0)}{x-x_0}}{g(x)g(x_0)} \to \frac{f'(x_0)g(x_0) - g'(x_0)f(x_0)}{g(x_0)^2}.$$

Dabei wurden die Rechenregeln für Funktions-Grenzwerte benutzt (Abschn. 1.6.7, Folg. 1.18) sowie die Stetigkeit von f und g in x_0 (Abschn. 3.1.2, Satz 3.1). Beim letzten Grenzübergang wurde x aus einer Umgebung von x_0 genommen, in der g nirgends verschwindet (vgl. Abschn. 1.6.4, Hilfssatz 1.2). □

Aus der Homogenität (3.18) im obigen Satz folgt für $\lambda = -1$ die einfache Regel:

$$(-f)' = -f' \tag{3.21}$$

und damit $(f - g)' = (f + (-g))' = f' + (-g)' = f' - g'$, also

$$(f - g)' = f' - g'. \tag{3.22}$$

Die Quotientenregel ergibt im Falle $f(x) \equiv 1$ die

Reziprokenregel: $$\left(\frac{1}{g}\right)' = -\frac{g'}{g^2}. \tag{3.23}$$

Aus der Additivität $(f + g)' = f' + g'$ folgt für längere Summen differenzierbarer Funktionen sofort

$$(f_1 + f_2 + \ldots + f_n)' = f_1' + f_2' + \ldots + f_n' \tag{3.24}$$

Es darf hier also gliedweise differenziert werden. (Der Beweis kann z.B. mit vollständiger Induktion geführt werden.)

Aus der Homogenität $(\lambda f)' = \lambda f'$ folgt ferner, daß $f(x) = ax^k$ ($k \in \mathbb{N}$) die Ableitung $f'(x) = akx^{k-1}$ besitzt. Unter Verwendung von (3.24) gewinnt man die

Folgerung 3.2:

Alle reellen Polynome sind differenzierbar. Sie dürfen gliedweise differenziert werden:

$$p(x) = \sum_{k=0}^{n} a_k x^k \quad \Longrightarrow \quad p'(x) = \sum_{k=1}^{n} a_k k x^{k-1}.$$

Beispiel 3.7:

(a) $p(x) = 3x^7 \quad \Longrightarrow \quad p'(x) = 21x^6$

(b) $p(x) = 7x^2 + x^6 \quad \Longrightarrow \quad p'(x) = 14x + 6x^5$

(c) $p(x) = 3 + \frac{2}{3}x - \frac{5}{4}x^2 + \frac{11}{6}x^3 \quad \Longrightarrow \quad p'(x) = \frac{2}{3} - \frac{5}{2}x + \frac{11}{2}x^2$

Der Grad eines Polynoms erniedrigt sich beim Differenzieren um 1.

Aus der Reziprokenregel (3.23) folgt für $f(x) = 1/x^n$ (mit $n \in \mathbb{N}$) sofort $f'(x) = -nx^{-n-1}$, und damit für alle Funktionen $x \mapsto x^m$ mit *ganzzahligem* m:

$$\frac{\mathrm{d}x^m}{\mathrm{d}x} = mx^{m-1} \quad \begin{cases} x \in \mathbb{R}, & \text{falls } m > 0, \\ x \in \mathbb{R}, x \neq 0, & \text{falls } m \leq 0. \end{cases} \tag{3.25}$$

Beispiel 3.8:

$$f(x) = \frac{1}{x^3} \quad \Longrightarrow \quad f'(x) = -\frac{3}{x^4}, \quad (x \neq 0).$$

Allgemeiner können wir mit der Quotientenregel (3.20) jede *rationale Funktion* p/q (p, q Polynome) in allen Punkten x differenzieren, in denen $q(x) \neq 0$ ist.

Beispiel 3.9:

Für alle $x \neq \pm 1$ folgt nach (3.20)

$$f(x) = \frac{5x^3 - x + 3}{x^2 - 1} \quad \Longrightarrow \quad f'(x) = \frac{(15x^2 - 1)(x^2 - 1) - (5x^3 - x + 3)2x}{(x^2 - 1)^2}$$

Aus der Produktregel (3.19) gewinnen wir für mehrfache Produkte und für höhere Ableitungen die

Folgerung 3.3:

Überall dort, wo die Funktionen $f_1, \ldots, f_n$ differenzierbar sind, gilt die *Regel für Mehrfachprodukte*

$$(f_1 \cdot \ldots \cdot f_n)' = \sum_{i=1}^{n} f_1 \cdot \ldots \cdot f_{i-1} \cdot f_i' \cdot f_{i+1} \cdot \ldots \cdot f_n\,. \tag{3.26}$$

Dort, wo f und g n-mal differenzierbar sind, gilt für die n-te Ableitung von $f \cdot g$ die *binomische Differentiationsregel*

$$(f \cdot g)^{(n)} = \sum_{k=0}^{n} \binom{n}{k} f^{(k)} g^{(n-k)}\,. \tag{3.27}$$

Dabei ist $f^{(0)} = f$, $g^{(0)} = g$ gesetzt worden.

Die Beweise beider Formeln (3.26), (3.27) führt man mit vollständiger Induktion.

Übung 3.9:

Differenziere

$$f(x) = 3 - 9x^2 + 4x^7 , \qquad g(x) = \frac{3x^5 + 2x^2}{1 + x^4} , \qquad h(x) = \frac{1}{2 + x^2} ,$$

$$F(x) = (1 - x + x^2 - x^3) \cdot \sum_{k=1}^{20} kx^k , \qquad G(x) = (1 + x)^4 \cdot \sqrt{x} \quad (x > 0) .$$

Übung 3.10:

Bilde mit (3.27) die dritte Ableitung von

$$f(x) = (1 + x - x^2 + x^3)(5x^{-2} + x^{-3}) .$$

3.1.4 Kettenregel, Regel für Umkehrfunktionen, implizites Differenzieren

I_0, I_1, I_2 seien Intervalle oder Vereinigungen mehrerer Intervalle. Für Verkettungen $f \circ g$ von Funktionen gilt folgender

Satz 3.3:

Ist $g : I_0 \to I_1$ in $x \in I_0$ differenzierbar, und ist $f : I_1 \to I_2$ in $z = g(x)$ differenzierbar, so ist die Verkettung $f \circ g : I_0 \to I_2$ in x differenzierbar, und es gilt die

$$\textit{Kettenregel:} \qquad (f \circ g)'(x) = f'(z)g'(x) . \tag{3.28}$$

Mit anderen Worten: Zur Bildung der Ableitung zweier verketteter Funktionen werden die Ableitungen der beiden Funktionen, genommen an entsprechenden Stellen, einfach multipliziert.

Beweis:

g sei in x_0 differenzierbar und f in $z_0 = g(x_0)$. Wir definieren die Hilfsfunktion

$$r(z) := \begin{cases} \dfrac{f(z) - f(z_0)}{z - z_0} - f'(z_0) , & \text{für } z \neq z_0, \\ 0 , & \text{für } z = z_0, \end{cases} \qquad \text{für } (z \in I_1).$$

Da f in z_0 differenzierbar ist, gilt $\lim\limits_{z \to z_0} r(z) = 0$. Aus der Definition von $r(z)$ gewinnt man:

$$f(z) - f(z_0) = (f'(z_0) + r(z))(z - z_0) ,$$

folglich mit $x \neq x_0$ und $z = g(x)$, $z_0 = g(x_0)$:

$$\begin{aligned}\frac{(f \circ g)(x) - (f \circ g)(x_0)}{x - x_0} &= \frac{f(g(x)) - f(g(x_0))}{x - x_0} = \frac{f(z) - f(z_0)}{x - x_0} \\ &= (f'(z_0) + r(z))\frac{g(x) - g(x_0)}{x - x_0} \to f'(z_0)g'(x_0)\end{aligned}$$

für $x \to x_0$. Damit ist $(f \circ g)'(x_0) = f'(z_0)g'(x_0)$. Lassen wir hier den Index 0 fort, der nur aus bezeichnungstechnischen Gründen angefügt war, so haben wir gerade das behauptete Ergebnis gewonnen. □

Zur Schreibweise: Beschreibt man die Funktionen f und g im Satz 3.3 durch Funktionsgleichungen $y = f(z)$, $z = g(x)$, also $y = (f \circ g)(x)$, so erhält die Kettenregel mit den Leibnizschen Bezeichnungen

$$\frac{\mathrm{d}y}{\mathrm{d}z} = f'(z)\,, \qquad \frac{\mathrm{d}z}{\mathrm{d}x} = g'(x)\,, \qquad \frac{\mathrm{d}y}{\mathrm{d}x} = (f \circ g)'(x)$$

die einprägsame Form:

Kettenregel: $$\frac{\mathrm{d}y}{\mathrm{d}x} = \frac{\mathrm{d}y}{\mathrm{d}z} \cdot \frac{\mathrm{d}z}{\mathrm{d}x}. \qquad (3.29)$$

Damit lassen sich Berechnungen von Ableitungen verketteter Funktionen übersichtlich durchführen:

Beispiel 3.10:
Es soll

$$y = F(x) = (x^2 + 7x - 1)^5$$

differenziert werden. Mit

$$z = g(x) = x^2 + 7x - 1 \quad \text{und} \quad y = f(z) = z^5$$

folgt nach der Kettenregel

$$F'(x) = \frac{\mathrm{d}y}{\mathrm{d}x} = \frac{\mathrm{d}y}{\mathrm{d}z} \cdot \frac{\mathrm{d}z}{\mathrm{d}x} = 5z^4 \cdot (2x + 7) = 5(x^2 + 7x - 1)^4(2x + 7)\,.$$

Man nennt $\frac{\mathrm{d}y}{\mathrm{d}z}$ auch die *äußere Ableitung* und $\frac{\mathrm{d}z}{\mathrm{d}x}$ die *innere Ableitung*. Damit erhalten wir zur Durchführung der Kettenregel folgende *Merkregel*: *»Äußere und innere Ableitung sind zu multiplizieren.«*

Beispiel 3.11:
(zur Kettenregel) $\frac{\mathrm{d}y}{\mathrm{d}x} = \frac{\mathrm{d}y}{\mathrm{d}z} \cdot \frac{\mathrm{d}z}{\mathrm{d}x}$:

(a) $y = F(x) = (\underbrace{x^3+1}_{z})^7$. Mit $z = x^3 + 1$ folgt $y = z^7$, also

$$F'(x) = \frac{\mathrm{d}y}{\mathrm{d}x} = \frac{\mathrm{d}y}{\mathrm{d}z} \cdot \frac{\mathrm{d}z}{\mathrm{d}x} = 7z^6 \cdot 3x^2 = 7(x^3+1)^6 \cdot 3x^2$$

in verkürzter Schreibweise:

(b) $y = F(x) = (\underbrace{3x^2-2}_{z})^9 \Rightarrow F'(x) = \underbrace{9(3x^2-2)^8}_{\substack{\mathrm{d}y/\mathrm{d}z \\ \text{äußere Abl.}}} \cdot \underbrace{6x}_{\substack{\mathrm{d}z/\mathrm{d}x \\ \text{innere Abl.}}}$.

(c) $y = F(x) = (\underbrace{1+x^2}_{z})^5 + \sqrt{\underbrace{1+x^2}_{z}} \Rightarrow F'(x) = \underbrace{\left[5(1+x^2)^4 + \frac{1}{2\sqrt{1+x^2}}\right]}_{\mathrm{d}y/\mathrm{d}z} \cdot \underbrace{2x}_{\mathrm{d}z/\mathrm{d}x}$

(Dabei wurde $\frac{\mathrm{d}}{\mathrm{d}x}\sqrt{x} = \frac{1}{2\sqrt{x}}$ verwendet, s. Üb. 3.3.)

(d) $y = F(x) = \left(\underbrace{\frac{x}{1+x^2}}_{z}\right)^{-3} \Rightarrow F'(x) = \underbrace{-3\left(\frac{x}{1+x^2}\right)^{-4}}_{\mathrm{d}y/\mathrm{d}z} \cdot \underbrace{\frac{1-x^2}{(1+x^2)^2}}_{\mathrm{d}z/\mathrm{d}x}$

Der Leser differenziere

$$F(x) = (3+x^7)^{12} \quad \text{und} \quad F(x) = \left(\frac{4-3x+x^2}{1+x^4}\right)^5$$

an dieser Stelle zur Übung selber.

Die Kettenregel läßt sich auch mehrfach anwenden, z.B.

$$\frac{\mathrm{d}y}{\mathrm{d}x} = \frac{\mathrm{d}y}{\mathrm{d}z} \cdot \frac{\mathrm{d}z}{\mathrm{d}u} \cdot \frac{\mathrm{d}u}{\mathrm{d}x} . \tag{3.30}$$

Dies folgt aus

$$\frac{\mathrm{d}y}{\mathrm{d}x} = \frac{\mathrm{d}y}{\mathrm{d}z} \cdot \frac{\mathrm{d}z}{\mathrm{d}x} = \frac{\mathrm{d}y}{\mathrm{d}z} \cdot \left(\frac{\mathrm{d}z}{\mathrm{d}u} \cdot \frac{\mathrm{d}u}{\mathrm{d}x}\right) .$$

Hierbei wurde die Kettenregel zweimal angewendet. Entsprechend läßt sich bei dreifach und höher verketteten Funktionen die Kettenregel mehrfach anwenden.

Beispiel 3.12:
Doppelte Anwendung der Kettenregel (3.30):

(a) $y = F(x) = \big(\underbrace{1 + (\underbrace{1+x^2}_{u})^{12}}_{z}\big)^7$.

Mit $u = 1 + x^2$, $z = 1 + u^{12}$, $y = z^7$ erhält man:

$$F'(x) = \frac{\mathrm{d}y}{\mathrm{d}x} = \frac{\mathrm{d}y}{\mathrm{d}z} \cdot \frac{\mathrm{d}z}{\mathrm{d}u} \cdot \frac{\mathrm{d}u}{\mathrm{d}x} = 7z^6 \cdot 12u^{11} \cdot 2x = 7(1 + (1 + x^2)^{12})^6 \cdot 12(1 + x^2)^{11} \cdot 2x$$

Mit weniger Schreibaufwand rechnet man so:

$$\text{(b)} \quad y = F(x) = \Bigg(\underbrace{2 + \Big(\underbrace{\frac{1-x}{1+x^4}}_{u}\Big)^5}_{z}\Bigg)^{-3}$$

$$\Rightarrow \underbrace{F'(x)}_{\mathrm{d}y/\mathrm{d}x} = \underbrace{-3\left(2 + \left(\frac{1-x}{1+x^4}\right)^5\right)^{-4}}_{\mathrm{d}y/\mathrm{d}z} \cdot \underbrace{5\left(\frac{1-x}{1+x^4}\right)^4}_{\mathrm{d}z/\mathrm{d}u} \cdot \underbrace{\frac{3x^4 - 4x^3 - 1}{(1+x^4)^2}}_{\mathrm{d}u/\mathrm{d}x}$$

Nach einiger Übung läßt man die »Untertitel« u, z, $\mathrm{d}y/\mathrm{d}x, \ldots$ weg.

Satz 3.4:

(*Differentiation von Umkehrfunktionen*) $f : I_0 \to I_1$ sei eine stetige, streng monotone Funktion vom Intervall I_0 auf I_1, die in $y \in I_0$ differenzierbar ist und dort $f'(y) \neq 0$ erfüllt. Dann ist die Umkehrfunktion $f^{-1} : I_1 \to I_0$ in $x = f(y)$ differenzierbar, und es gilt

$$(f^{-1})'(x) = \frac{1}{f'(y)} = \frac{1}{f'(f^{-1}(x))}. \tag{3.31}$$

Beweis:

Es sei (x_n) eine Folge aus I_1 mit $x_n \to x$, $x_n \neq x$. Setzt man $y_n = f(x_n)$, so erhält man

$$\frac{f^{-1}(x_n) - f^{-1}(x)}{x_n - x} = \frac{y_n - y}{f(y_n) - f(y)} = \frac{1}{\dfrac{f(y_n) - f(y)}{y_n - y}} \to \frac{1}{f'(y)}$$ □

Zur Schreibweise: Mit $x = f(y)$, $y = f^{-1}(x)$ und

$$\frac{\mathrm{d}y}{\mathrm{d}x} = (f^{-1})'(x), \qquad \frac{\mathrm{d}x}{\mathrm{d}y} = f'(y)$$

bekommt die Regel (3.31) die leicht zu behaltende Form:

Regel für Umkehrfunktionen: $$\frac{\mathrm{d}y}{\mathrm{d}x} = \frac{1}{\frac{\mathrm{d}x}{\mathrm{d}y}}. \tag{3.32}$$

Als Anwendung soll die durch $y = x^{1/n}$ ($n \in \mathrm{N}$) definierte Funktion differenziert werden, wobei $x > 0$, falls n gerade, und $x \neq 0 (x \in \mathbb{R})$, falls n ungerade, vorausgesetzt wird. Die beschriebene Funktion ist die Umkehrfunktion von $x = f(y) = y^n (y \neq 0)$. Also gilt nach (3.32)

$$\frac{\mathrm{d}x^{1/n}}{\mathrm{d}x} = \frac{\mathrm{d}y}{\mathrm{d}x} = \frac{1}{\dfrac{\mathrm{d}x}{\mathrm{d}y}} = \frac{1}{ny^{n-1}} = \frac{1}{nx^{(n-1)/n}} = \frac{1}{n} x^{\frac{1}{n}-1} . \tag{3.33}$$

Insbesondere ergibt sich für $n = 2$ erneut

$$\frac{\mathrm{d}}{\mathrm{d}x}\sqrt{x} = \frac{1}{2\sqrt{x}}, \quad x > 0 . \tag{3.34}$$

Folgerung 3.4:

Für jede rationale Zahl r gilt

$$\frac{\mathrm{d}x^r}{\mathrm{d}x} = rx^{r-1} \quad \text{für} \quad \begin{cases} x \geq 0, & \text{falls } r > 1, \\ x > 0, & \text{falls } r < 1. \end{cases} \tag{3.35}$$

Beweis:

Es ist $r = m/n$ mit $n \in \mathbb{N}$ und ganzzahligem m. Damit erhält die Funktion $F(x) = x^r$ die Form

$$F(x) = x^{m/n} = (x^{1/n})^m$$

Anwendung der Kettenregel liefert

$$F'(x) = m\left(x^{\frac{1}{n}}\right)^{m-1} \cdot \frac{1}{n} x^{\frac{1}{n}-1} = \frac{m}{n} x^{\frac{m}{n}-1} = rx^{r-1} . \qquad \square$$

Differentiation implizit gegebener Funktionen

Wir betrachten als Beispiel die Ellipsengleichung

$$\frac{x^2}{a^2} + \frac{y^2}{b^2} - 1 = 0, \quad a > 0, \ b > 0 . \tag{3.36}$$

Löst man nach y auf, so erhält man zwei Funktionen f und g, nämlich

$$y = f(x) = b\sqrt{1 - \frac{x^2}{a^2}} \quad \text{und} \quad g(x) = -f(x) \quad (-a \leq x \leq a) .$$

Wir wollen f differenzieren. Dazu kann man die Ellipsengleichung (3.36) direkt benutzen, wobei man y^2 durch $(f(x))^2$ ersetzt:

$$\frac{x^2}{a^2} + \frac{(f(x))^2}{b^2} - 1 = 0 \quad \text{für alle } x \in (-a, a).$$

Rechts steht eine konstante Funktion mit dem Wert 0. Sie ist identisch mit der links beschriebenen Funktion. Bildet man auf beiden Seiten die Ableitung, so folgt

$$\frac{2x}{a^2} + \frac{2f(x)f'(x)}{b^2} = 0 \quad (-a < x < a)\,.$$

Dabei wurde auf $(f(x))^2$ die Kettenregel angewendet. Wir schreiben einfacher

$$\frac{2x}{a^2} + \frac{2yy'}{b^2} = 0\,.$$

Auflösen nach y' und Einsetzen von $y = b\sqrt{1 - x^2/a^2}$ liefert die Ableitung

$$y' = -\frac{b^2 x}{a^2 y} = -\frac{xb}{a^2\sqrt{1 - x^2/a^2}}\,, \quad (-a < x < a)\,.$$

(Für $y = g(x)$ gilt das gleiche mit umgekehrten Vorzeichen.)

Auf diese Weise kann man allgemein vorgehen, wenn $y = f(x)$ durch eine Gleichung $F(x, y) = 0$ beschrieben wird. Dabei muß man sicherstellen, daß $f(x)$ und $F(x, f(x))$ in x differenzierbar sind. Dies erkennt man durch explizites Rechnen, wie oben, oder anhand des Satzes über implizite Funktionen (s. Abschn. 6.4.2, Satz 6.14).

Übung 3.11:

Differenziere mit der Kettenregel

(a) $y = (3 + x^7)^{12}$, (b) $y = \left(\dfrac{4 - 3x + x^2}{1 + x^4}\right)^5$, (c) $y = \sqrt{1 + x^2}$.

Übung 3.12:

Differenziere

(a) $y = \sqrt[3]{x^2}$, (b) $y = \sqrt{\dfrac{1 - x}{1 + x}}$ $(-1 < x < 1)$,

(c) $y = \sqrt{1 + \sqrt{x}}$ $(x > 0)$, (d) $y = \left(1 - \sqrt{1 + x^2}\right)^7$,

(e) $y = \dfrac{2x}{1 + \sqrt{x^2 - 1}}$ $(|x| > 1)$, (f) $y = \sqrt[3]{\dfrac{2x}{x - 1}}$ $(x > 1)$,

(g) $y = \sqrt{1 + \sqrt{1 + \sqrt{1 + x^2}}}$, (h) $y = x^{0,371}$ $(x > 0)$.

Übung 3.13*:

$y^2 - x^2 = r^2$ beschreibt für jedes $r > 0$ eine Hyperbel. Wie liegen die Hyperbeläste? Kann man sie als zwei Funktionen auffassen? Differenziere die Gleichung implizit und löse nach y' auf (ohne $y = \dots$ einzusetzen). Wo ist in der x-y-Ebene stets $y' = 1$ unabhängig von r? Zeichne diese Punktmenge! Wo ist stets $y' = \frac{1}{2}$ und wo $y' = \frac{3}{2}$? Zeichne auch diese Punktmengen.

Übung 3.14:

Differenziere $y^2 - x = 0$ implizit und leite damit erneut $\frac{\mathrm{d}\sqrt{x}}{\mathrm{d}x} = \frac{1}{2\sqrt{x}}$ für $x > 0$ her!

Übung 3.15:

Differenziere implizit

(a) $y^2 + xy - x^2 = a^2$,

(b) $(a - x)y^2 = (a + x)x^2$ (Strophoide),

(c) $x^3 + y^3 = 3axy$ (Cartesisches Blatt),

(d) $(ax)^{2/3} + (by)^{2/3} = r^{4/3}$ mit $r = \sqrt{a^2 + b^2}$ (Astroide).

Dabei sind a und b positive reelle Zahlen. Man skizziere die zugehörigen Punktmengen (Kurven) in der x-y-Ebene ($a = 1$, $b = \frac{1}{2}$) und überlege sich, welche Funktionen damit beschrieben werden und wo das implizite Differenzieren dieser Funktionen erlaubt ist. (Strophoide, Cartesisches Blatt, Astroide werden in Burg/Haf/Wille (Vektoranalysis) [7], Abschn. 1.4, genauer beschrieben.)

3.1.5 Mittelwertsatz der Differentialrechnung

Legt man die Sekante durch zwei Punkte $(a, f(a))$ und $(b, f(b))$ einer differenzierbaren Funktion $f : [a, b] \to \mathbb{R}$, so zeigt die Anschauung, daß es eine Tangente an f in einer Zwischenstelle $x_0 \in (a, b)$ geben wird, die zur Sekanten parallel liegt (s. Fig. 3.7).

D.h. die Steigung $(f(b) - f(a))/(b - a)$ der Sekante stimmt mit der Steigung $f'(x_0)$ der Tangente überein. Wir präzisieren dies in folgendem

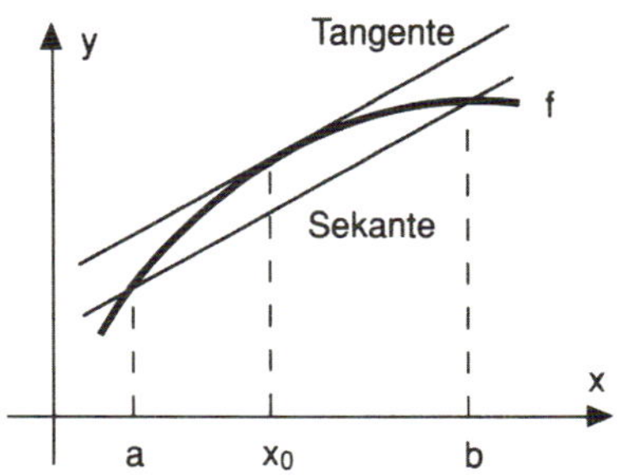

Fig. 3.7: Zum Mittelwertsatz

Satz 3.5:

(*Mittelwertsatz der Differentialrechnung*) Ist die reelle Funktion f stetig auf $[a, b]$ und differenzierbar mindestens auf (a, b), so gibt es ein $x_0 \in (a, b)$ mit

$$f'(x_0) = \frac{f(b) - f(a)}{b - a}. \tag{3.37}$$

Man führt den Beweis über folgende Sätze.

Mit *Extremum* bezeichnen wir dabei Maximum oder Minimum einer Funktion.

Satz 3.6:

Ist die Funktion f differenzierbar auf einem offenen Intervall I, und hat f in $x_0 \in I$ ein Extremum, so gilt

$$f'(x_0) = 0.$$

Beweis:

In x_0 habe die Funktion f ein Maximum. Für $x_n \to x_0$ mit $x_n > x_0$ $(x_n \in I)$ gilt dann

$$0 \geq \frac{f(x_n) - f(x_0)}{x_n - x_0} \to f'(x_0) \leq 0 \quad \text{für } n \to \infty,$$

und für $x_n \to x_0$, $x_n < x_0 (x_n \in I)$ entsprechend

$$0 \leq \frac{f(x_n) - f(x_0)}{x_n - x_0} \to f'(x_0) \geq 0 \quad \text{für } n \to \infty,$$

folglich $f'(x_0) = 0$. Im Falle eines Minimums bei x_0 verläuft der Beweis analog. □

Satz 3.7:

(*Satz von Rolle*[2]) Ist die reelle Funktion f stetig auf $[a, b]$ und differenzierbar auf (a, b), und gilt $f(a) = f(b)$, so existiert ein $x_0 \in (a, b)$ mit $f'(x_0) = 0$.

Beweis:

Wäre $f(x) = c$ konstant in $[a, b]$, so folgte $f'(x_0) = 0$ für alle $x_0 \in (a, b)$, und der Beweis wäre fertig. Wir nehmen nun an, daß f in $[a, b]$ nicht konstant ist, und daß ein $x \in (a, b)$ existiert mit $f(x) > f(a) = f(b)$ (andernfalls würden wir f im Folgenden durch $-f$ ersetzen). Nach dem »Satz vom Maximum« (Abschn. 1.6.5, Satz 1.25) besitzt f dann eine Maximalstelle $x_0 \in (a, b)$. Satz 3.6 liefert $f'(x_0) = 0$. □

Beweis:

des Mittelwertsatzes (Satz 3.5): Man subtrahiert von f eine Geradenfunktion g mit der Steigung der Sekante bezüglich a und b, und zwar $g(x) = x \cdot (f(b) - f(a))/(b - a)$. Für die Differenz

2 Michel Rolle (1652 – 1719), französischer Mathematiker

$F(x) = f(x) - g(x)$ errechnet man $F(a) = F(b)$. Der Satz von Rolle liefert dann die Existenz eines $x_0 \in (a, b)$ mit

$$0 = F'(x_0) = f'(x_0) - g'(x_0) = f'(x_0) - \frac{f(b) - f(a)}{b - a}. \qquad \square$$

Folgerung 3.5:

Die reelle Funktion f sei auf dem Intervall I differenzierbar. Damit gilt:

(a) f ist genau dann konstant, wenn $f'(x) = 0$ für alle $x \in I$ erfüllt ist.

(b) f ist monoton wachsend, wenn $f'(x) \geq 0$ für alle $x \in I$ erfüllt ist. Entsprechend ist monoton fallend, wenn $f'(x) \leq 0$ auf I gilt.

Gilt $f'(x) > 0$ bzw. $f'(x) < 0$ auf I, so ist die Monotonie von f sogar »streng«.

Die Beweise ergeben sich unmittelbar aus dem Mittelwertsatz.

Wir leiten schließlich eine Verallgemeinerung des Mittelwertsatzes her.

Satz 3.8:

(*Verallgemeinerter Mittelwertsatz*) Sind die reellen Funktionen f und g auf $[a, b]$ stetig und mindestens auf (a, b) differenzierbar, und ist $g'(x) \neq 0$ auf (a, b), so existiert ein $x_0 \in (a, b)$ mit

$$\frac{f'(x_0)}{g'(x_0)} = \frac{f(b) - f(a)}{g(b) - g(a)}. \qquad (3.38)$$

(Dabei ist $g(b) \neq g(a)$, da g wegen $g'(x) \neq 0$ streng monoton auf $[a, b]$ ist.)

Beweis:

Für die Funktion

$$F(x) := f(x) - f(a) - \frac{f(b) - f(a)}{g(b) - g(a)}(g(x) - g(a))$$

auf $[a, b]$ gilt $F(a) = F(b) = 0$, wie man leicht nachrechnet. Der Satz von Rolle liefert damit die Existenz eines $x_0 \in (a, b)$ mit

$$0 = F'(x_0) = f'(x_0) - \frac{f(b) - f(a)}{g(b) - g(a)} g'(x_0),$$

woraus durch Umformung die Behauptung (3.38) folgt. $\square$

Übung 3.16*:

Beweise Folgerung 3.5.

3.1.6 Ableitungen der trigonometrischen Funktionen und der Arcusfunktionen

Satz 3.9:
Sinus- und Cosinus-Funktion sind differenzierbar, und es gilt

$$\begin{aligned} \sin' t &= \cos t \\ \cos' t &= -\sin t \end{aligned} \quad \text{für alle } t \in \mathbb{R}. \tag{3.39}$$

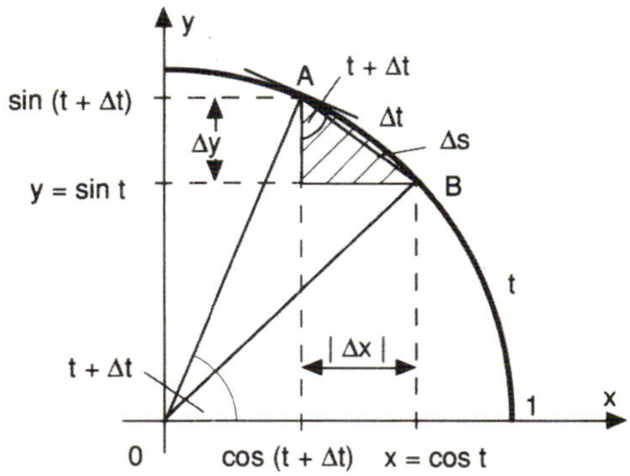

Fig. 3.8: Zur Ableitung von sin und cos

Bemerkung: Man kann die Ableitungen von sin und cos durch Fig. 3.8 plausibel machen: Und zwar ist das kleine schraffierte Kreisbogendreieck nahezu ein »normales« gradlinig berandetes Dreieck. Der Winkel bei A hat das Bogenmaß $t + \Delta t$. Somit folgt

$$\frac{\Delta y}{\Delta t} \approx \cos(t + \Delta t)\,, \qquad \frac{|\Delta x|}{\Delta t} \approx \sin(t + \Delta t)\,,$$

d.h.

$$\begin{aligned} \frac{\sin(t + \Delta t) - \sin t}{\Delta t} &= \frac{\Delta y}{\Delta t} \approx \cos(t + \Delta t) \approx \cos t\,, \\ -\frac{\cos(t + \Delta t) - \cos t}{\Delta t} &= \frac{|\Delta x|}{\Delta t} \approx \sin(t + \Delta t) \approx \sin t\,. \end{aligned}$$

Die Anschauung zeigt, daß dies umso besser stimmt, je kleiner Δt ist. Man vermutet daher $\sin' t = \cos t$ und $-\cos' t = \sin t$.

Der Beweis des Satzes ist lediglich eine exakte Ausführung dieser Idee.

Beweis: des Satzes 3.9: Es seien t und $t + \Delta t$ aus $(0, \pi)$, $\Delta t > 0$. Wir setzen zur Abkürzung

$$x = \cos t\,, \qquad y = \sin t = \sqrt{1 - x^2}\,, \qquad \Delta x = \cos(t + \Delta t) - \cos t < 0\,,$$

$$\Delta y = \sin(t + \Delta t) - \sin t \quad \text{und} \quad \Delta s = \sqrt{\Delta x^2 + \Delta y^2} \quad \text{(Länge der Sehne } [A, B]\text{, Fig. 3.8)}$$

Damit folgt für den Differenzenquotienten des Cosinus

$$\frac{\cos(t+\Delta t)-\cos t}{\Delta t}=\frac{\Delta x}{\Delta t}=\frac{\Delta x}{\Delta s}\cdot\frac{\Delta s}{\Delta t}=\frac{-1}{\sqrt{1+(\Delta y/\Delta x)^2}}\cdot\frac{\Delta s}{\Delta t}\,. \tag{3.40}$$

Nach Satz 2.7 (III), Abschn. 2.3.1, strebt $\frac{\Delta s}{\Delta t}$ gegen 1 für $\Delta t\to 0$. Ferner gilt dabei $\Delta x\to 0$ und somit

$$\frac{\Delta y}{\Delta x}\to\frac{\mathrm{d}y}{\mathrm{d}x}=\frac{-x}{\sqrt{1-x^2}}\,.$$

Damit konvergiert (3.40) mit $\Delta t\to 0$ gegen

$$\frac{-1}{\sqrt{1+\left(\frac{\mathrm{d}y}{\mathrm{d}x}\right)^2}}\cdot 1=\frac{-1}{\sqrt{1+\frac{x^2}{1-x^2}}}=-\sqrt{1-x^2}=-\sin t\,.$$

Im Falle $\Delta t<0$ ist $\Delta x>0$, und man erhält völlig analog den gleichen Grenzübergang. Folglich gilt

$$\cos' t=-\sin t\quad\text{für}\quad t\in(0,\pi)\,.$$

Für die Sinusfunktion folgt mit der Kettenregel daraus

$$\sin' t=\frac{\mathrm{d}}{\mathrm{d}t}\sqrt{1-\cos^2 t}=\frac{2\cos t\sin t}{2\sqrt{1-\cos^2 t}}=\cos t\,,\qquad (t\in(0,\pi))\,.$$

Damit ist die Behauptung $\cos' t=-\sin t$, $\sin' t=\cos t$ für $t\in(0,\pi)$ bewiesen. Durch $\cos t=\sin(t+\pi/2)$, $\sin t=-\cos(t+\pi/2)$ gewinnt man die Richtigkeit der Behauptung für $t=0$, durch $\cos t=-\sin(t-\pi/2)$, $\sin t=\cos(t-\pi/2)$ für $t=\pi$, durch $\cos(-t)=\cos t$, $\sin(-t)=-\sin t$ für $t\in[-\pi,0]$, und durch $\cos(t+k2\pi)=\cos t$, $\sin(t+k2\pi)=\sin t$ (k ganzzahlig) für alle $t\in\mathbb{R}$. □

Mit den Regeln $\sin'=\cos$ und $\cos'=-\sin$ können wir einen eleganten Beweis der Additionstheoreme führen.

Satz 3.10:
(*Additionstheoreme für* sin *und* cos) Für alle reellen Zahlen x und y gilt

$$\sin(x+y)=\sin x\cos y+\cos x\sin y, \tag{3.41}$$

$$\cos(x+y)=\cos x\cos y-\sin x\sin y. \tag{3.42}$$

Beweis:

Wir setzen $z:=x+y$, also $y=z-x$ und setzen dies in die rechte Seite von (3.41) ein:

$$\sin x\cos(z-x)+\cos x\sin(z-x):=f(x)\,.$$

Differenziert man diesen Ausdruck nach x, so erhält man $f'(x) = 0$ für alle reellen x. Daraus folgt, daß $f(x)$ konstant ist, also $f(x) = f(0)$ für alle $x \in \mathbb{R}$. Wegen $f(0) = \sin z = \sin(x+y)$ folgt also

$$\sin(x+y) = f(0) = f(x) = \sin x \cos y + \cos x \sin y\,,$$

womit (3.41) bewiesen ist. (3.42) folgt analog. □

Für die Tangens- und Cotangensfunktion folgt aus $\tan x = \sin x / \cos x$ und $\cot x = \cos x / \sin x$ mit der Quotientenregel sofort

Satz 3.11:

Tangens- und Cotangens-Funktion sind in allen Punkten differenzierbar, in denen sie definiert sind, und es gilt

$$\tan' x = \frac{1}{\cos^2 x} = 1 + \tan^2 x\,, \tag{3.43}$$

$$\cot' x = -\frac{1}{\sin^2 x} = -1 - \cot^2 x\,. \tag{3.44}$$

Für die Arcus-Funktionen, die ja die Umkehrfunktionen der trigonometrischen Funktionen auf bestimmten Intervallen sind, erhält man ohne Schwierigkeiten

Satz 3.12:

Die Ableitungen der Arcus-Funktionen lauten

$$\arcsin' x = \frac{1}{\sqrt{1-x^2}}\,, \qquad \arccos' x = -\frac{1}{\sqrt{1-x^2}} \qquad \text{für alle } x \in (-1,1),$$

$$\arctan' x = \frac{1}{1+x^2}\,, \qquad \text{arccot}' x = -\frac{1}{1+x^2} \qquad \text{für alle } x \in \mathbb{R}.$$

Beweis:

$t = \arcsin x$ ist gleichbedeutend mit $x = \sin t$ $\left(-\frac{\pi}{2} < t < \frac{\pi}{2}\right)$. Damit folgt nach der Regel für Umkehrfunktionen (Satz. 3.4 und (3.32), Abschn. 3.1.4):

$$\arcsin' x = \frac{\mathrm{d}t}{\mathrm{d}x} = \frac{1}{\frac{\mathrm{d}x}{\mathrm{d}t}} = \frac{1}{\sin' t} = \frac{1}{\cos t} = \frac{1}{\sqrt{1-\sin^2 t}} = \frac{1}{\sqrt{1-x^2}} \qquad (|x| < 1)\,.$$

Entsprechend ergibt $t = \arctan x$, d.h. $x = \tan t$ $\left(-\frac{\pi}{2} < t < \frac{\pi}{2}\right)$:

$$\arctan' x = \frac{\mathrm{d}t}{\mathrm{d}x} = \frac{1}{\frac{\mathrm{d}x}{\mathrm{d}t}} = \frac{1}{\tan' t} = \frac{1}{1+\tan^2 t} = \frac{1}{1+x^2} \qquad (x \in \mathbb{R})\,.$$

$\arccos' x$ und $\text{arccot}' x$ gewinnt man analog. □

Übung 3.17:

Beweise die Ableitungsformeln für arccos und arccot.

Übung 3.18:

Differenziere

(a) $y = \sin(1 + x^2)$, (b) $y = (x^3 - x^2 + 2)\cos x$,

(c) $y = \sqrt{1 + \tan x}$, (d) $y = \cot(\sin x)$,

(e) $y = \arccos(\sin x)$, (f) $y = \arctan \dfrac{1}{\sqrt{1 + x^2}}$.

Übung 3.19:

Die harmonische Schwingung eines Federpendels wird durch die Gleichung $x = A\sin(\omega t)$ beschrieben (t Zeit, x Weg, $A > 0$ Amplitude, ω Kreisfrequenz). Berechne Geschwindigkeit und Beschleunigung zu beliebiger Zeit t (die erste Ableitung wird hierbei üblicherweise durch $\dot{x}$ statt x' beschrieben, die zweite durch $\ddot{x}$ usw.). Zeige $\ddot{x} + \omega^2 x = 0$. Wo sind Geschwindigkeit und Beschleunigung betragsmäßig am größten, bei Nulldurchgängen, in Umkehrpunkten oder woanders?

3.1.7 Ableitungen der Exponential- und Logarithmus-Funktionen

Satz 3.13:

Exponentialfunktion $\exp(x) = \mathrm{e}^x$ ($x \in \mathbb{R}$) und natürlicher Logarithmus $\ln x$ ($x > 0$) sind differenzierbar, und es gilt

$$\frac{\mathrm{d}}{\mathrm{d}x}\mathrm{e}^x = \mathrm{e}^x \quad \text{für } x \in \mathbb{R}, \tag{3.45}$$

$$\ln' x = \frac{1}{x} \quad \text{für } x > 0. \tag{3.46}$$

Beweis:

(I) Für den Differenzenquotienten der Logarithmusfunktion bzw. $x > 0$ und $x + h > 0 (h \neq 0)$ errechnet man

$$\frac{\ln(x+h) - \ln x}{h} = \frac{\ln \frac{x+h}{x}}{h} = \frac{\ln\left(1 + \frac{h}{x}\right)}{h} = \ln\left(\left(1 + \frac{h}{x}\right)^{1/h}\right) \to \ln \mathrm{e}^{1/x} = \frac{1}{x} \quad (\text{für } h \to 0).$$

Der Grenzübergang ergibt sich aus Abschn. 2.4.3, Folg. 2.6. (Man hat dort x durch $1/x$ zu ersetzen.) Damit ist $\ln' x = 1/x$ für $x > 0$ bewiesen. Für $x < 0$, also $|x| = -x$, erhält man mit der

Kettenregel daraus

$$\frac{\mathrm{d}}{\mathrm{d}x} \ln |x| = \frac{\mathrm{d}}{\mathrm{d}x} \ln(-x) = \frac{1}{-x} \cdot (-1) = \frac{1}{x},$$

und somit

$$\frac{\mathrm{d}}{\mathrm{d}x} \ln |x| = \frac{1}{x} \quad \text{für alle } x \neq 0.$$

(II) Die Ableitung von $y = \mathrm{e}^x$ gewinnt man über die Regel für Umkehrfunktionen. Mit $x = \ln y$ folgt

$$\frac{\mathrm{e}^x}{\mathrm{d}x} = \frac{\mathrm{d}y}{\mathrm{d}x} = \frac{1}{\dfrac{\mathrm{d}x}{\mathrm{d}y}} = \frac{1}{\ln' y} = y = \mathrm{e}^x \,. \qquad \square$$

Bemerkung: Satz 3.13 macht deutlich, warum die Exponentialfunktion $\exp(x) = \mathrm{e}^x$ $(x \in \mathbb{R})$ und ihre Umkehrfunktion, der natürliche Logarithmus, so wichtig sind: Die Exponentialfunktion hat sich selbst wieder zur Ableitung! Sie ist, bis auf einen konstanten Faktor, die einzige Funktion mit dieser Eigenschaft. Wir zeigen dies im folgenden Satz 3.14.

Beim Logarithmus $\ln |x|$ springt ins Auge, daß seine Ableitung $1/x$ eine sehr einfache Funktion ist. Sehen wir uns einmal die Potenzfunktionen $f(x) = x^m$ mit ganzzahligem m an, so fällt an ihren Ableitungen $f'(x) = mx^{m-1}$ auf, daß die Potenz x^{-1} darunter nicht vorkommt. Alle anderen ganzzahligen Exponenten tauchen in den Ableitungen auf, nur der Exponent -1 fehlt unentschuldigt. Diese Lücke schließt gerade der natürliche Logarithmus.

Satz 3.14:

Jede auf einem Intervall I differenzierbare Funktion f die

$$f'(x) = af(x) \quad \text{für alle } x \in I \tag{3.47}$$

erfüllt ($a \in \mathbb{R}$ konstant), hat die Gestalt

$$f(x) = c\,\mathrm{e}^{ax} \quad (c \in \mathbb{R} \text{ konstant})$$

Beweis:

Es sei f eine reelle Funktion, die (3.47) erfüllt. Man bildet damit die Funktion

$$g(x) := \frac{f(x)}{\mathrm{e}^{ax}} \tag{3.48}$$

und errechnet

$$g'(x) = -\frac{f'(x)\,\mathrm{e}^{ax} - f(x)a\,\mathrm{e}^{ax}}{\mathrm{e}^{2ax}} = 0 \quad \text{für } x \in I.$$

(Der Zähler ist Null, da $f'(x) = af(x)$ ist.) g ist also konstant: $\Rightarrow g(x) \equiv c$. (3.48) liefert damit $f(x) = ce^{ax}$. □

Setzt man $a = 1$ in (3.47), also $f' = f$, so folgt $f(x) = c\,\mathrm{e}^x$, d.h. f ist bis auf einen konstanten Faktor c die Exponentialfunktion exp. Dabei ist $f(0) = c$. Im Falle $f(0) = 1$ ist $c = 1$ und $f(x) = \mathrm{e}^x$. Wir haben somit gezeigt:

Folgerung 3.6:
Die Exponentialfunktion $\exp(x) = \mathrm{e}^x$ ist die einzige auf $\mathbb{R}$ differenzierbare Funktion, die sich selbst zur Ableitung hat und in $x = 0$ den Funktionswert 1 annimmt.

Die *allgemeine Exponentialfunktion*

$$f(x) = a^x \quad (a > 0, x \in \mathbb{R})$$

läßt sich in der Form

$$f(x) = \mathrm{e}^{x \ln a}$$

schreiben und mit der Kettenregel differenzieren:

$$\frac{\mathrm{d}}{\mathrm{d}x} a^x = a^x \ln a . \tag{3.49}$$

Die Umkehrfunktion $\log_a$ von $f(x) = a^x (a > 0, a \neq 1)$ kann nach Abschn. 2.4.3, Folg. 2.7, folgendermaßen dargestellt werden:

$$\log_a |x| = \frac{\ln |x|}{\ln a}, \quad x \neq 0 . \tag{3.50}$$

Speziell für $x = \mathrm{e}$ folgt $\log_a \mathrm{e} = 1/\ln a$. Die Ableitung von $\log_a |x|$ gewinnt man unmittelbar aus (3.50):

$$\frac{\mathrm{d}}{\mathrm{d}x} \log_a |x| = \frac{1}{x \ln a} = \frac{\log_a \mathrm{e}}{x} . \tag{3.51}$$

Auch die *allgemeine Potenzfunktion*

$$f(x) = x^a , \quad x > 0 ,$$

mit beliebigem reellen Exponenten a läßt sich nun leicht differenzieren. Wir schreiben

$$f(x) = \mathrm{e}^{a \ln x}$$

und erhalten mit der Kettenregel die Ableitung

$$f'(x) = \mathrm{e}^{a \ln x} a \frac{1}{x} = x^a a \frac{1}{x} = a x^{a-1} ,$$

also

Satz 3.15:
Die Potenzfunktion $f(x) = x^a (x > 0)$ mit beliebigem reellen Exponenten a hat die Ableitung

$$\frac{\mathrm{d}}{\mathrm{d}x} x^a = a x^{a-1} . \tag{3.52}$$

Logarithmische Ableitung: Ist $f : I \to (0, \infty)$ eine differenzierbare Funktion auf einem Intervall I, so wird durch

$$F(x) := \ln f(x) , \quad x \in I ,$$

eine neue Funktion gebildet, die *logarithmierte Funktion von* f heißt. Ihre Ableitung erhält man aus der Kettenregel:

$$\frac{\mathrm{d}}{\mathrm{d}x} \ln f(x) = \frac{f'(x)}{f(x)} . \tag{3.53}$$

Man nennt dies die *logarithmische Ableitung* von f.

Bemerkung: Die logarithmische Ableitung bedeutet folgendes: Mit

$$y = f(x) , \qquad \Delta x = x - x_0 , \qquad \Delta y = f(x) - f(x_0) \quad (x, x_0 \in I)$$

gilt ungefähr $\Delta y \approx f'(x)\Delta x$, also

$$\frac{\Delta y}{y} \approx \frac{f'(x)}{f(x)} \Delta x . \tag{3.54}$$

Die logarithmische Ableitung $f'(x)/f(x)$, multipliziert mit Δx, ergibt also ungefähr die *relative Änderung von* $y = f(x)$ bei Änderung der x-Werte um Δx.

Übung 3.20:

Differenziere

(a) $y = \mathrm{e}^{3x}$, (b) $y = x^4 \mathrm{e}^x$, (c) $y = \mathrm{e}^{\sin x}$,

(d) $y = x \ln x - x \ (x > 0)$, (e) $y = \dfrac{\ln x}{x} \ (x > 0)$, (f) $y = \cos(\ln x)$,

(g) $y = \sqrt{x^2 + x\,\mathrm{e}^{\cos^2 x}}$, (h) $y = a^{-x^2}$, (i) $y = \sqrt{\log_a(x^2) + 1}$.

Übung 3.21*:

Die Temperatur einer sich abkühlenden Flüssigkeit sei $x = f(t)(^\circ\mathrm{C})$ zur Zeit t. f erfülle $f'(t) = -\frac{1}{2} f(t)$ für alle $t > 0$. Zum Zeitpunkt $t_0 = 2$ min habe die Flüssigkeit die Temperatur $x_0 = 70^\circ$ C. Gib $f(t)$ explizit an!

3.1.8 Ableitungen der Hyperbel- und Area-Funktionen

Wir knüpfen an die Definition der Hyperbelfunktionen sinh, cosh, tanh, coth und ihre Umkehrfunktionen arsinh, arcosh, artanh, arcoth in Abschn. 2.4.4 an und gewinnen daraus problemlos die Ableitungen

$$\sinh' x = \cosh x\,,\qquad x \in \mathbb{R}\,,\qquad \operatorname{arsinh}' x = \frac{1}{\sqrt{x^2+1}}\,,\qquad x \in \mathbb{R}\,,$$

$$\cosh' x = \sinh x\,,\qquad x \in \mathbb{R}\,,\qquad \operatorname{arcosh}' x = \pm\frac{1}{\sqrt{x^2-1}}\,,\qquad x > 1\,,$$

$$\tanh' x = \frac{1}{\cosh^2 x}\,,\qquad x \in \mathbb{R}\,,\qquad \operatorname{artanh}' x = \frac{1}{1-x^2}\,,\qquad |x| < 1\,,$$

$$\coth' x = -\frac{1}{\sinh^2 x}\,,\qquad x \neq 0\,,\qquad \operatorname{arcoth}' x = \frac{1}{1-x^2}\,,\qquad |x| > 1\,.$$

Bemerkung: (a) Die beiden Vorzeichen $\pm$ bei arcosh$'$ bedeuten, daß hier zwei Funktionen gemeint sind, wobei sich $+$ auf die Umkehrfunktion von $\cosh : (0, \infty) \to \mathbb{R}$ bezieht und entsprechend $-$ auf die Umkehrfunktion von $\cosh : (-\infty, 0)$.
(b) artanh$'$ und arcoth$'$ haben zwar formal denselben Formelausdruck rechts vom Gleichheitszeichen, doch beziehen sie sich auf verschiedene Bereiche der x-Achse, wie rechts angegeben.

Übung 3.22:

Leite die obigen Ableitungsformeln für die Hyperbel- und Area- Funktionen her.

Übung 3.23:

Differenziere

(a) $y = (x^3 + \sinh x)^3$, (b) $y = \operatorname{arsinh}\sqrt{x} \quad (x \neq 0)$,

(c) $y = x^2 \cdot \sinh(x)\cosh(x)$, (d) $y = \dfrac{e^x}{\operatorname{artanh} x} \quad (x \neq 0)$.

Übung 3.24:

Die Kurve einer Hochspannungsleitung wird durch

$$y = h_0 + a\left(\cosh\frac{x}{a} - 1\right)\,,\qquad -x_0 \le x \le x_0\,,$$

beschrieben (h_0, a, x_0 positiv). Welchen Winkel bildet die Leitung mit der Horizontalen an den Enden bei $-x_0$ und x_0? Dabei setze man $h_0 = 7\,\mathrm{m}$, $x_0 = 15\,\mathrm{m}$, $a = 60\,\mathrm{m}$.

3.1.9 Zusammenstellung der wichtigsten Differentiationsregeln

Die wichtigsten elementaren Funktionen sind mit ihren Ableitungen in folgender Tabelle zusammengestellt. Dabei existieren die Ableitungen in allen Punkten x, in denen die Funktionen definiert sind. Lediglich bei x^α ist zu beachten, daß im Falle $\alpha \leq 1$ zusätzlich $x \neq 0$ vorauszusetzen ist. Im Folgenden seien α und c beliebige reelle Zahlen, sowie a eine beliebige positive Zahl.

Tabelle 3.1: Elementare Funktionen und ihre Ableitungen

$f(x)$	$f'(x)$	$f(x)$	$f'(x)$
c	0	$\arccos x$	$-\dfrac{1}{\sqrt{1-x^2}}$
x^α	$\alpha x^{\alpha-1}$	$\arctan x$	$\dfrac{1}{1+x^2}$
$\sin x$	$\cos x$	$\operatorname{arccot} x$	$-\dfrac{1}{1+x^2}$
$\cos x$	$-\sin x$	e^x	e^x
$\tan x$	$\dfrac{1}{\cos^2 x} = 1 + \tan^2 x$	$\ln x$	$\dfrac{1}{x}$
$\cot x$	$\dfrac{-1}{\sin^2 x} = -1 - \cot^2 x$	a^x	$a^x \ln a$
$\arcsin x$	$\frac{1}{\sqrt{1-x^2}}$	$\log_a \lvert x \rvert$	$\dfrac{1}{x \ln a} = \dfrac{\log_a e}{x}$

Die Ableitungen der *Hyperbelfunktionen* sinh, cosh usw. sowie ihrer Umkehrfunktionen arsinh, arcosh usw. entnimmt man der Tabelle des vorhergehenden Abschnitts.

Tabelle 3.2: Oft auftretende Funktionen und ihre Ableitungen

$f(x)$	$f'(x)$	$f(x)$	$f'(x)$
Polynom $\sum_{k=0}^{n} a_k x^k$	$\sum_{j=0}^{n-1} (j+1) a_{j+1} x^j$	$\sqrt{x}$	$\dfrac{1}{2\sqrt{x}}$
$\ln g(x) \quad (g(x) > 0)$	$\dfrac{g'(x)}{g(x)}$	$\sqrt{1+x^2}$	$\dfrac{x}{\sqrt{1+x^2}}$
$x \ln x - x$	$\ln x$	$\sqrt{1-x^2} \quad (\lvert x \rvert < 1)$	$-\dfrac{x}{\sqrt{1-x^2}}$

Die folgenden Ableitungsregeln gelten überall dort, wo die Funktionen f, g differenzierbar sind, und — im Falle der Division durch g — wo $g(x) \neq 0$ ist.

Summenregel: $(f+g)' = f' + g'$,

Differenzenregel: $(f-g)' = f' - g'$,

Homogenität:	$(\lambda f)' = \lambda f' \quad (\lambda \in \mathbb{R})$
Produktregel:	$(fg)' = f'g + fg'$
Quotientenregel:	$\left(\dfrac{f}{g}\right)' = \dfrac{f'g - fg'}{g^2}$
Reziprokenregel:	$\left(\dfrac{1}{g}\right)' = \dfrac{-g'}{g^2}$

Für verkettete Funktionen $f \circ g$ schreiben wir $y = f(g(x))$ und setzen dabei $y = f(z)$, $z = g(x)$. Damit gilt — im Falle der Differenzierbarkeit — die

Kettenregel: $$\frac{\mathrm{d}y}{\mathrm{d}x} = \frac{\mathrm{d}y}{\mathrm{d}z} \cdot \frac{\mathrm{d}z}{\mathrm{d}x}.$$

Sie kann auch in der Form $(f \circ g)' = (f' \circ g)g'$ notiert werden.

Ist f streng monoton und differenzierbar in x, so schreiben wir $y = f^{-1}(x)$, $x = f(y)$ und erhalten die

Regel für Umkehrfunktionen: $$\frac{\mathrm{d}y}{\mathrm{d}x} = \frac{1}{\dfrac{\mathrm{d}x}{\mathrm{d}y}}.$$

Sie läßt sich auch in der Gestalt $(f^{-1})' = 1/f' \circ f^{-1}$ schreiben.

Übung 3.25:

Es sei $g : I \to \mathbb{R}$ auf dem Intervall I ungleich Null und mindestens n-mal differenzierbar. Beweise

$$\frac{\mathrm{d}^n}{\mathrm{d}x^n}\left(\frac{1}{g}\right) = \sum_{k=0}^{n-1}(-1)^{n-k}\binom{n-1}{k}(n-k)!g^{-n-1+k} \cdot \frac{\mathrm{d}^{k+1}}{\mathrm{d}x^{k+1}}g.$$

3.2 Ausbau der Differentialrechnung

3.2.1 Die Regeln von de l'Hospital[3]

Die Bestimmung eines Grenzwertes $\lim\limits_{x \to b} f(x)/g(x)$ kann schwierig sein, wenn $f(b) = g(b) = 0$ ist. Sind f und g allerdings differenzierbar in b, und ist $g'(b) \neq 0$, so ist die Grenzwertbildung einfach:

3 Gulliaume Francois Antoine Marquis de l'Hospital (1661 – 1704) hat die nach ihm benannten Regeln von Johann Bernoulli »gekauft«! Regeln, Beweise und Beispiele wurden ihm von Bernoulli — dem eigentlichen Entdecker — mitgeteilt. de l'Hospital zahlte dafür daß er sie veröffentlichen durfte. Er schrieb 1696 das erste Lehrbuch der Differentialrechnung. Übrigens werden die de l'Hospitalschen Regeln von Studenten oft scherzhaft die »Krankenhaus-Regeln« genannt.

Satz 3.16:

(*Regel von de l'Hospital, elementarer Fall*) Sind $f : I \to \mathbb{R}$, $g : I \to \mathbb{R}$ differenzierbar in $b \in I$ (I Intervall), und gilt

$$f(b) = g(b) = 0$$

sowie $g'(b) \neq 0$ und $g(x) \neq 0$ für alle $x \in I$, $x \neq b$, so folgt

$$\lim_{x \to b} \frac{f(x)}{g(x)} = \frac{f'(b)}{g'(b)} . \tag{3.55}$$

Beweis:

Es sei $x \neq b$, $x \in I$. Damit folgt sofort

$$\frac{f(x)}{g(x)} = \frac{f(x) - f(b)}{g(x) - g(b)} = \frac{\frac{f(x)-f(b)}{x-b}}{\frac{g(x)-g(b)}{x-b}} \to \frac{f'(b)}{g'(b)}, \quad \text{für } x \to b.$$

□

Beispiel 3.13:

(a) $\lim\limits_{x \to 0} \dfrac{\sin x}{\mathrm{e}^x - 1} = \dfrac{\cos(0)}{\mathrm{e}^0} = 1$

(b) $\lim\limits_{x \to 1} \dfrac{\ln x}{x^2 - 1} =$ (Der Leser ergänze die rechte Seite)

Der folgende Satz verallgemeinert den bewiesenen Satz 3.16.

Satz 3.17:

(*Regeln von de l'Hospital, allgemeiner Fall*) Es seien f und g differenzierbare reelle Funktionen auf dem Intervall (a, b), für die

$$\lim_{x \to b} f(x) = \lim_{x \to b} g(x) = 0$$

oder

$$\lim_{x \to b} f(x) = \pm\infty \quad \text{und} \quad \lim_{x \to b} g(x) = \pm\infty$$

gilt. Es sei ferner $g'(x) \neq 0$ auf (a, b). Damit folgt

$$\lim_{x \to b} \frac{f(x)}{g(x)} = \lim_{x \to b} \frac{f'(x)}{g'(x)} \quad (a < x < b), \tag{3.56}$$

sofern der rechtsstehende Grenzwert existiert oder $\pm\infty$ ist. (Hierbei ist auch $a = -\infty$ oder $b = \infty$ zugelassen.)

Für $x \to a$ $(a < x < b)$ gilt die entsprechende Aussage.

Der *Beweis* beruht auf der gleichen Idee wie beim vorigen Satz. Wir führen ihn hier nicht aus, sondern verweisen auf [26], S. 287.

Für den Ingenieur sind die Anwendungen des Satzes wichtig. (Gelegentlich wird hier von »unbestimmten Ausdrücken« $\frac{0}{0}$ oder $\frac{\infty}{\infty}$ gesprochen, doch wollen wir diese mißverständliche Sprechweise besser vermeiden.) Wir beginnen mit einfachen Beispielen, die zeigen, welche Fülle neuer Grenzwertaussagen mit Leichtigkeit aus den de l'Hospitalschen Regeln folgen.

Beispiele

Im Folgenden seien a und b beliebige positive Zahlen.

Beispiel 3.14:

$$\lim_{x\to\infty} \frac{e^{ax}}{x} = \lim_{x\to\infty} \frac{a\,e^{ax}}{1} = \infty\,.$$

Daraus folgt

Beispiel 3.15:

$$\lim_{x\to\infty} \frac{e^{ax}}{x^b} = \lim_{x\to\infty} \left(\frac{e^{(a/b)x}}{x}\right)^b = \infty\,.$$

D.h.: Jede Exponentialfunktion e^{ax} $(a > 0)$ geht *schneller* gegen ∞ als jede Potenz von x. Daraus folgt sofort

Beispiel 3.16:

$$\lim_{x\to\infty} p(x)\,e^{-ax} = 0 \quad \text{für jedes reelle Polynom } p.$$

Beispiel 3.17:

$$\lim_{x\to\infty} \frac{\ln x}{x^b} = \lim_{x\to\infty} \frac{1/x}{bx^{b-1}} = \lim_{x\to\infty} \frac{1}{bx^b} = 0\,.$$

Wegen $\log_a x = \dfrac{\ln x}{\ln a} (a > 0)$ folgt auch

$$\lim_{x\to\infty} (\log_a x)/x^b = 0\,.$$

D.h.: Jeder Logarithmus $\log_a x$ geht *langsamer* gegen ∞ als jede Potenz von x.

Beispiel 3.18:

$$\lim_{x\to 0} x^b \ln x = \lim_{x\to 0} \frac{\ln x}{x^{-b}} = \lim_{x\to 0} \frac{1/x}{-bx^{-b-1}} = \lim_{x\to 0} -\frac{x^b}{b} = 0 \quad (x > 0)\,.$$

Daraus folgt

Beispiel 3.19:

$$\lim_{x\to 0} x^x = \lim_{x\to 0} \mathrm{e}^{x\ln x} = \mathrm{e}^0 = 1 \quad (x > 0)\,.$$

Setzt man $x = \dfrac{1}{n}$, so folgt $\lim\limits_{n\to\infty} \dfrac{1}{n^{1/n}} = 1$, also gilt dies auch für den Kehrwert:

$$\lim_{n\to\infty} \sqrt[n]{n} = 1\,.$$

Beispiel 3.20:

$$\lim_{x\to 0} \frac{1-\cos x}{x^2} = \lim_{x\to 0} \frac{\sin x}{2x} = \lim_{x\to 0} \frac{\cos x}{2} = \frac{1}{2}\,.$$

Hier wurden die de l'Hospitalschen Regeln zweimal hintereinander angewendet. Auch in den folgenden Übungsbeispielen ist dies der Fall.

Beispiel 3.21:

$$\lim_{x\to 0} \frac{1-\cos x}{\mathrm{e}^x - 1 - x} = \lim_{x\to 0} \frac{\sin x}{\mathrm{e}^x - 1} = \lim_{x\to 0} \frac{\cos x}{\mathrm{e}^x} = 1\,.$$

Beispiel 3.22:

$$\lim_{x\to 0} \frac{\cosh x - 1}{\sin^2 x} = \lim_{x\to 0} \frac{\sinh x}{2\sin x\cos x} = \lim_{x\to 0} \frac{\cosh x}{2(\cos^2 x - \sin^2 x)} = \frac{\cosh 0}{2\cos^2 0} = \frac{1}{2}\,.$$

Grenzwerte von Differenzen

Mit den de l'Hospitalschen Regeln lassen sich auch Grenzwerte der Form

$$\lim_{x\to b} (f(x) - g(x)) \tag{3.57}$$

mit

$$\lim_{x\to b} f(x) = \lim_{x\to b} g(x) = \infty \tag{3.58}$$

bestimmen, also Grenzwerte, die verzweifelt nach $\infty - \infty$ aussehen, was ja bekanntlich verboten ist. Sind nämlich f und g auf (a, b) differenzierbar ($a = -\infty$, $b = \infty$ zugelassen) und gilt (3.58), wobei stets $a < x < b$ ist, so sind $f(x) \neq 0$ und $g(x) \neq 0$ für große x, etwa für alle $x \in (x_0, b)$ mit geeignetem x_0. Für diese x rechnen wir

$$f(x) - g(x) = \frac{1}{\dfrac{1}{f(x)}} - \frac{1}{\dfrac{1}{g(x)}} = \frac{\dfrac{1}{g(x)} - \dfrac{1}{f(x)}}{\dfrac{1}{f(x)g(x)}} \tag{3.59}$$

und versuchen, auf den rechts stehenden Bruch die Regeln von de l'Hospital anzuwenden.

Beispiel 3.23:

$$\lim_{x\to 0}\left(\frac{1}{\sin x}-\frac{1}{x}\right)=\lim_{x\to 0}\frac{x-\sin x}{x\sin x}=\lim_{x\to 0}\frac{1-\cos x}{x\cdot\cos x+\sin x}=\lim_{x\to 0}\frac{\sin x}{-x\sin x+2\cos x}=0\,.$$

Beispiel 3.24:

$$\lim_{x\to 0}\left(\frac{1}{x}-\frac{1}{\mathrm{e}^x-1}\right)=\lim_{x\to 0}\frac{\mathrm{e}^x-1-x}{x\,\mathrm{e}^x-x}=\lim_{x\to 0}\frac{\mathrm{e}^x-1}{\mathrm{e}^x+x\,\mathrm{e}^x-1}=\lim_{x\to 0}\frac{\mathrm{e}^x}{2\,\mathrm{e}^x+x\,\mathrm{e}^x}=\frac{1}{2}\,.$$

Übung 3.26:

$$\lim_{x\to 1}\frac{a^{1-x}-x}{1-x}\quad (a>0)\,,\qquad \lim_{x\to 0}\frac{1}{x^2}\left(1-\frac{1}{\cos x}\right),$$

$$\lim_{x\to\infty} x\ln\left(1+\frac{1}{x}\right),\qquad \lim_{x\to 1}\left(\frac{x}{x-1}-\frac{1}{\ln x}\right).$$

Übung 3.27:

(a) Die *Plancksche*[4] *Strahlungsformel* lautet

$$L_\lambda=\frac{c^2h}{\lambda^5(\mathrm{e}^{ch/(kT\lambda)}-1)}\,.$$

Man beweise durch viermaliges Anwenden der de l'Hospitalschen Regeln, daß

$$\lim_{\lambda\to 0} L_\lambda = 0$$

gilt. (Dies beschreibt auch den physikalischen Sachverhalt richtig.)

Anleitung: Man setze zweckmäßig $x = ch/(kT\lambda)$ und untersuche den entstehenden Ausdruck für $x\to\infty$.

(b) (*Freier Fall mit Reibung*) Wir betrachten den freien Fall eines Körpers der Masse m durch ein zähes Medium. Der Reibungswiderstand R verhalte sich proportional zum Quadrat der Fallgeschwindigkeit v, also $R = kv^2$, mit einer Konstante k. Der Weg s, den der Körper in der Zeit t zurücklegt, ist dann gegeben durch

$$s=\frac{m}{k}\ln\left(\cosh\left(\sqrt{\frac{kg}{m}}t\right)\right),$$

wobei g die Erdbeschleunigung bezeichnet.

Zeige, daß dieser Ausdruck für $k\to 0$ gegen $s=\frac{1}{2}gt^2$ strebt. Dies ist die bekannte Formel für den freien Fall *ohne* Reibung.

4 Max Karl Ernst Ludwig Planck (1858 – 1947), deutscher Physiker

Übung 3.28:

Wo steckt der Fehler in folgender Berechnung nach der de l'Hospitalschen Regel:

$$\lim_{x\to 1} \frac{x^3 - 2x + 1}{x^2 - 1} = \lim_{x\to 1} \frac{3x^2 - 2}{2x} = \lim_{x\to 1} \frac{6x}{2} = 3\,?$$

(Der richtige Grenzwert ist $1/2$.)

3.2.2 Die Taylorsche[5] Formel

Motivation: Da sich Polynome leicht berechnen und differenzieren lassen, ja, überhaupt bequem handhaben lassen, möchte man auch komplizierte Funktionen wenigstens näherungsweise durch Polynome darstellen. Wie lassen sich solche »Näherungspolynome« finden? Nach der *Idee von Taylor* geht man folgendermaßen vor:

Ist f eine beliebige Funktion auf einem Intervall I um 0, so macht man den Ansatz

$$f(x) = a_0 + a_1 x + a_2 x^2 + \ldots + a_n x^n + R_n(x) \tag{3.60}$$

und verlangt, daß sämtliche Ableitungen des Polynoms

$$P(x) = a_0 + a_1 x + a_2 x^2 + \ldots + a_n x^n \tag{3.61}$$

von der 0-ten bis zur n-ten Ableitung im Punkt 0 mit denjenigen von f übereinstimmen. Dies ist natürlich nur möglich, wenn f wenigstens n-mal differenzierbar ist, was hier zusätzlich vorausgesetzt sei. Als nullte Ableitung $f^{(0)}$ bezeichnet man die Funktion f selbst: $f^{(0)} = f$.

Es soll also P so bestimmt werden, daß

$$f(0) = P(0)\,, \qquad f'(0) = P'(0)\,, \ldots, \qquad f^{(n)}(0) = P^{(n)}(0) \tag{3.62}$$

erfüllt ist. Dabei liegt der Gedanke zu Grunde, daß sich bei Übereinstimmung der ersten n Ableitungen in 0 die beiden Funktionen f und P wohl nur wenig unterscheiden werden, zumindest in genügender Nähe von 0. Der Unterschied beider Funktionen

$$R_n(x) = f(x) - P(x)$$

heißt *Restglied*. Man hofft, daß $|R_n(x)|$ möglichst klein wird.

Aus (3.62) ist das Näherungspolynom P leicht zu bestimmen. Für die Ableitungen von P in 0 errechnet man ohne Mühe

$$P(0) = a_0\,, \qquad P'(0) = 1!a_1\,, \qquad P''(0) = 2!a_2\,, \ldots, \qquad P^{(k)}(0) = k!a_k\,, \ldots .$$

Setzt man in der ersten Gleichung noch $0! = 1$ hinzu, so folgt aus (3.62) für alle $k = 0, 1, 2, \ldots, n$

$$f^{(k)}(0) = k!a_k\,, \quad \text{also} \quad a_k = \frac{f^{(k)}(0)}{k!}\,, \tag{3.63}$$

5 Brook Taylor (1685 – 1731), englischer Mathematiker

womit die Koeffizienten von P berechnet sind. Eingesetzt in (3.60) folgt also

$$f(x) = \underbrace{f(0) + \frac{f'(0)}{1!}x + \frac{f''(0)}{2!}x^2 + \ldots + \frac{f^{(n)}(0)}{n!}x^n}_{P(x)} + R_n(x) \tag{3.64}$$

Allgemeinfall: Will man allgemeiner f durch ein Polynom annähern, das in der Nähe eines *beliebigen* Punktes $x_0 \in I$ möglichst gut mit f übereinstimmt, so hat man in (3.64) 0 durch x_0 zu ersetzen und statt x den Ausdruck $(x - x_0)$ zu schreiben. Es folgt damit der allgemeine Näherungsansatz

$$f(x) = f(x_0) + \frac{f'(x_0)}{1!}(x - x_0) + \frac{f''(x_0)}{2!}(x - x_0)^2 + \ldots + \frac{f^{(n)}(x_0)}{n!}(x - x_0)^n + R_n(x)\,. \tag{3.65}$$

Das Restglied wird wieder mit $R_n(x)$ bezeichnet. Das Näherungspolynom

$$P(x) = f(x_0) + \frac{f'(x_0)}{1!}(x - x_0) + \ldots + \frac{f^{(n)}(x_0)}{n!}(x - x_0)^n \tag{3.66}$$

erfüllt $P^{(k)}(x_0) = f^{(k)}(x_0)$ für alle $k = 0, 1, 2, \ldots, n$.

Natürlich möchte man wissen, wie gut das Polynom P die Funktion f annähert, d.h. wie groß der »Fehler« $|R_n(x)| = |f(x) - P(x)|$ ist. Diese Frage wird durch folgenden Satz beantwortet, in dem gebräuchliche Formeln für das Restglied angegeben sind.

Satz 3.18:

(*Taylorsche Formel mit Restglied*) Es sei f eine reelle, $(n+1)$- mal differenzierbare Funktion auf einem Intervall I. Sie läßt sich in folgender Form darstellen:

$$f(x) = f(x_0) + \frac{f'(x_0)}{1!}(x - x_0) + \frac{f''(x_0)}{2!}(x - x_0)^2 + \ldots\ldots + \frac{f^{(n)}(x_0)}{n!}(x - x_0)^n + R_n(x)\,, \tag{3.67}$$

wobei x und x_0 beliebig aus I wählbar sind.

(a) Das Restglied $R_n(x)$ kann dabei folgendermaßen geschrieben werden:

$$R_n(x) = \frac{f^{(n+1)}(\xi)}{n!p}(x - x_0)^p (x - \xi)^{n+1-p}\,, \quad \textit{Schlömilchs}^6 \text{ Restgliedformel.} \tag{3.68}$$

Dabei ist p eine beliebige Zahl aus $\{1, 2, \ldots, n+1\}$ und ξ — im Falle $x \neq x_0$ — ein Wert zwischen x und x_0, dessen Lage von x, x_0, p und n abhängt. (Die genaue Lage von ξ ist normalerweise nicht bekannt.) Im Falle $x = x_0$ ist $\xi = x_0$ zu setzen.

6 Oscar Xavier Schlömilch (1823 – 1901), deutscher Mathematiker

(b) Wählt man $p = n + 1$ in Schlömilchs Restgliedformel, so folgt der wichtige Spezialfall

$$R_n(x) = \frac{f^{(n+1)}(\xi)}{(n+1)!}(x - x_0)^{(n+1)}, \quad \textit{Lagrangesche}^{7} \text{ Restgliedformel,} \tag{3.69}$$

(c) während man im Falle $p = 1$ folgendes erhält:

$$R_n(x) = \frac{f^{(n+1)}(\xi)}{n!}(x - x_0)(x - \xi)^n, \quad \textit{Cauchysche} \text{ Restgliedformel.} \tag{3.70}$$

(3.67) heißt *Taylorformel von f, entwickelt um x_0*.

Beweis:

[8] Es sei p aus $\{1, 2, \ldots, n+1\}$ beliebig, aber fest gewählt. Im Falle $x = x_0$ ist $R_n(x_0) = 0$ (nach (3.68)) und damit (3.67) erfüllt. Wir setzen daher im Folgenden $x \neq x_0$ $(x \in I)$ voraus und bestimmen dazu $c_x \in \mathbb{R}$ so, daß

$$f(x) = f(x_0) + \frac{f'(x_0)}{1!}(x - x_0) + \ldots + \frac{f^{(n)}(x_0)}{n!}(x - x_0)^n + c_x \cdot (x - x_0)^p \tag{3.71}$$

gilt: Man ersetzt nun x_0 durch eine Variable z, wobei x und c_x festgehalten werden, d.h. man betrachtet die durch

$$F(z) := f(z) + \frac{f'(z)}{1!}(x - z) + \frac{f''(z)}{2!}(x - z)^2 + \ldots + \frac{f^{(n)}(z)}{n!}(x - z)^n + c_x \cdot (x - z)^p \tag{3.72}$$

definierte Funktion auf I. Sie erfüllt offenbar $F(x) = f(x)$ und $F(x_0) = f(x)$, also $F(x) = F(x_0)$. Nach dem Satz von Rolle gibt es daher ein ξ zwischen x und x_0 mit

$$F'(\xi) = 0\,.$$

Dabei hat $F'(z)$ für beliebige $z \in I$ den Wert

$$F'(z) = \frac{f^{(n+1)}(z)}{n!}(x - z)^n - c_x p (x - z)^{p-1}\,.$$

wie man leicht aus (3.72) berechnet. Für $z = \xi$ wird dieser Ausdruck Null. Auflösen nach c_x ergibt somit

$$c_x = \frac{f^{(n+1)}(\xi)}{n!p}(x - \xi)^{n+1-p}\,.$$

Setzt man dies in (3.71) ein, so folgt damit die Behauptung des Satzes. □

---

7 Jean Louis Lagrange (1736 – 1813), italienischer Mathematiker und Astronom

8 Vom anwendungsorientierten Leser kann der Beweis ohne Nachteil übersprungen werden.

Zur Verwendung der Restgliedformeln

Wir wollen exemplarisch die Lagrangesche Restgliedformel betrachten, die am häufigsten verwendet wird:

$$R_n(x) = \frac{f^{(n+1)}(\xi)}{(n+1)!}(x - x_0)^{n+1} \,. \tag{3.73}$$

Man kann sich die Formel *leicht merken*, denn man hat nur das $(n+1)$-te Glied der Taylorformel hinzuschreiben,

$$\frac{f^{(n+1)}(x_0)}{(n+1)!}(x - x_0)^{n+1} \,,$$

und in $f^{(n+1)}(x_0)$ das x_0 durch ξ zu ersetzen.

Das ξ ist zwar unbekannt, doch ist dies nicht so schlimm, da man normalerweise $R_n(x)$ nicht exakt benötigt, sondern lediglich $|R_n(x)|$ von oben *abschätzen* möchte. Das ist möglich, wenn z.B. $f^{(n+1)}$ in I beschränkt ist, genauer, wenn man eine Konstante $M > 0$ finden kann mit $|f^{(n+1)}(x)| \le M$ in I. Das ist häufig möglich. Dann folgt aus (3.73) die Abschätzung

$$|R_n(x)| \le \frac{M}{(n+1)!}|x - x_0|^{n+1} \,,$$

mit der sich gut arbeiten läßt.

Wir wollen dies am Beispiel der Exponentialfunktion, der Sinusfunktion und anderer Funktionen zeigen.

3.2.3 Beispiele zur Taylorformel

Beispiel 3.25:

Für die Exponentialfunktion

$$f(x) = \mathrm{e}^x \,, \quad x \in \mathbb{R} \,,$$

ist die Taylorformel schnell hingeschrieben: Wegen

$$\mathrm{e}^x = f(x) = f'(x) = f''(x) = \ldots = f^{(k)}(x) = \ldots$$

also insbesondere $f^{(k)}(0) = \mathrm{e}^0 = 1$ für alle $k = 0, 1, 2, \ldots$ lautet die Taylorformel von e^x, entwickelt um 0 (nach (3.67)):

$$\mathrm{e}^x = 1 + \frac{x}{1!} + \frac{x^2}{2!} + \ldots + \frac{x^n}{n!} + R_n(x) \quad \text{mit} \quad R_n(x) = \frac{\mathrm{e}^{\xi}\, x^{n+1}}{(n+1)!} \,. \tag{3.74}$$

Dabei ist ξ ein von x und n abhängiger Wert zwischen 0 und x (im Falle $x = 0$ ist $\xi = 0$). Wegen $|\xi| \le |x|$ können wir das Restglied bequem abschätzen; es ist

$$|R_n(x)| \leq \frac{e^{|x|}\,|x|^{n+1}}{(n+1)!}\,. \tag{3.75}$$

Hieraus erkennt man sofort, daß

$$\lim_{n\to\infty} R_n(x) = 0 \tag{3.76}$$

gilt, denn bezeichnet man die rechte Seite in (3.75) mit a_n, so gilt

$$\frac{a_{n+1}}{a_n} = \frac{|x|}{n+2} \to 0 \quad \text{für} \quad n \to \infty\,.$$

Damit ist $\left[\sum\limits_{n=1}^{\infty} a_n\right]$ nach dem Quotientenkriterium eine konvergente Reihe, woraus $a_n \to 0$ für $n \to \infty$ folgt und somit $R_n(x) \to 0$ für $n \to \infty$. Aus (3.74) ergibt sich damit die Reihenentwicklung

$$e^x = 1 + \frac{x}{1!} + \frac{x^2}{2!} + \frac{x^3}{3!} \ldots = \sum_{\mathrm{k}=0}^{\infty} \frac{x^{\mathrm{k}}}{k!}\,. \tag{3.77}$$

Die Reihe heißt *Taylorreihe* von e^x um 0. Wir haben hier eine der wichtigsten und berühmtesten Reihen der Analysis vor uns. Speziell für $x = 1$ gewinnen wir daraus eine Berechnungsmethode für e:

$$e = 1 + \frac{1}{1!} + \frac{1}{2!} + \frac{1}{3!} + \ldots\,. \tag{3.78}$$

Der Abbruchfehler ist dabei höchstens so groß wie das erste weggelassene Glied, multipliziert mit e oder — da e zunächst nicht genau bekannt ist — mit 3. Mit (3.74) haben wir überdies eine gute Formel zur Berechnung von e^x für kleine x, insbesondere für $0 \leq x \leq 1$ (für $-1 \leq x < 0$ kann man $e^x = 1/e^{-x}$ ausnutzen). Für größere x kann man so vorgehen: Ist $k \leq x < k+1$ ($k \in \mathbb{N}$), so bildet man

$$e^x = e^{x-k} \cdot e^k$$

berechnet $e^{x-\mathrm{k}}$ mit der Taylorformel (da ja $0 \leq x - k < 1$), und multipliziert dies k-mal mit e.

Bemerkung: Es sei erwähnt, daß man auf Computern heute verbesserte Methoden verwendet. Schließlich ist die Mathematik in den letzten 200 Jahren nicht stehen geblieben. Doch ist die Taylorformel trotzdem eine vorzügliche Methode zur Berechnung von e^x

Beispiel 3.26:

Auch *Sinus* und *Cosinus lassen* sich leicht in Taylorformeln um 0 entwickeln. Beginnen wir mit $\sin x$ und schreiben die Taylorentwicklung hin:

$$\sin x = \sin 0 + \frac{\sin' 0}{1!}x + \frac{\sin'' 0}{2!}x^2 + \ldots + \frac{\sin^{(n)} 0}{n!}x^n + R_n(x)\,.$$

Dann berechnen wir die darin auftauchenden Ableitungen von sin bei 0:

$$\begin{aligned}
& & \sin 0 &= 0\,,\\
\sin' x &= \cos x &\Rightarrow\quad \sin' 0 &= 1\,,\\
\sin'' x &= -\sin x &\Rightarrow\quad \sin'' 0 &= 0\,,\\
\sin''' x &= -\cos x &\Rightarrow\quad \sin''' 0 &= -1\,,\\
\sin^{(4)} x &= \sin x &\Rightarrow\quad \sin^{(4)} 0 &= 0\,,
\end{aligned}$$

usw. Also folgt

$$\sin x = x - \frac{x^3}{3!} + \frac{x^5}{5!} - \frac{x^7}{7!} + \ldots + R_n(x)\,, \quad \text{mit} \quad R_n(x) = \frac{\sin^{(n+1)}(\xi)}{(n+1)!}x^{n+1}\,. \tag{3.79}$$

Analog errechnet man

$$\cos x = 1 - \frac{x^2}{2!} + \frac{x^4}{4!} - \frac{x^6}{6!} + \ldots + R_n(x)\,, \quad \text{mit} \quad R_n(x) = \frac{\cos^{(n+1)}(\xi)}{(n+1)!}x^{n+1}\,. \tag{3.80}$$

Da $|\sin x| \le 1$ und $|\cos x| \le 1$ ist und damit auch $|\sin^{(n+1)}(\xi)| \le 1$, $|\cos^{(n+1)}(\xi)| \le 1$, gilt für die Restglieder in beiden Fällen

$$|R_n(x)| \le \frac{|x|^{n+1}}{(n+1)!}\,.$$

Die rechte Seite strebt für $n \to \infty$ gegen 0 (wie in Beispiel 3.25), also gilt $R_n(x) \to 0$ für $n \to \infty$.

Damit erhält man die Taylorreihen von $\sin x$ und $\cos x$:

$$\begin{aligned}
\sin x &= x - \frac{x^3}{3!} + \frac{x^5}{5!} - \frac{x^7}{7!} + \ldots = \sum_{k=0}^{\infty} \frac{(-1)^k}{(2k+1)!}x^{2k+1}\,,\\
\cos x &= 1 - \frac{x^2}{2!} + \frac{x^4}{4!} - \frac{x^6}{6!} + \ldots = \sum_{k=0}^{\infty} \frac{(-1)^k}{(2k)!}x^{2k}\,.
\end{aligned} \tag{3.81}$$

Die Taylorentwicklungen von $\sin x$ und $\cos x$ liefern uns Berechnungsmethoden, mit denen $\sin x$ und $\cos x$ beliebig genau ermittelt werden können, insbesondere für $|x| \le \frac{\pi}{4}$. Durch sukzessives Anwenden der Formeln $\pm \sin x = \cos\left(\frac{\pi}{2} \mp x\right)$, $\sin x = \sin(\pi - x)$, $\sin x = \sin(x + 2k\pi)$ (k ganz) und entsprechender »Verschiebeformeln« für $\cos x$ kann man damit $\sin x$ und $\cos x$ auch für beliebige $x \in \mathbb{R}$ berechnen. Dies macht die Stärke der Taylorformel deutlich! (Computer benutzen verbesserte Formeln, ja, sie gehen oft sogar tabellarisch vor.)

Beispiel 3.27:

Die Taylorformel der *Logarithmus-Funktion* $\ln x$ kann man nicht um 0 entwickeln, da die Funktion dort einen Pol hat. Man entwickelt sie statt dessen um 1, also um die Nullstelle von $\ln x$, oder — was auf dasselbe hinausläuft — man entwickelt $f(x) = \ln(1+x)$ um 0. Dazu errechnet man

$$f'(x) = (1+x)^{-1}\,, \quad f''(x) = -(1+x)^{-2}\,, \quad f'''(x) = 2!(1+x)^{-3}\,, \ldots\,,$$
$$f^{(k)}(x) = -(-1)^k(k-1)!(1+x)^{-k}\,,$$

setzt $x = 0$ ein und erhält die Taylorentwicklung

$$f(x) = \ln(1+x) = x - \frac{x^2}{2} + \frac{x^3}{3} - \frac{x^4}{4} + \ldots - \frac{(-x)^n}{n} + R_n(x)\,.$$

Für $0 \le x \le 1$ folgt aus der Lagrangeschen Restgliedformel mit einem $\xi \in (0, x)$:

$$|R_n(x)| = \frac{1}{n+1} \cdot \frac{x^{n+1}}{(1+\xi)^{n+1}} \le \frac{1}{n+1} \to 0 \quad \text{für} \quad n \to \infty\,,$$

während für $-1 < x < 0$ die Cauchysche Restgliedformel verwendet wird:

$$|R_n(x)| = \frac{|x||x-\xi|^n}{(1+\xi)^{n+1}} = \frac{|x|}{1+\xi}\left|\frac{x-\xi}{1+\xi}\right|^n \quad \text{mit} \quad -1 < x < \xi < 0\,.$$

Wegen $1 + \xi > 1 + x$ und

$$|\frac{x-\xi}{1+\xi}| = \frac{|x|-|\xi|}{1-|\xi|} = |x| - |\xi|\frac{1-|x|}{1-|\xi|} \le |x| \tag{3.82}$$

folgt

$$|R_n(x)| \le \frac{|x|}{1+x}|x|^n \to 0 \quad \text{für} \quad n \to \infty\,.$$

Damit erhält man die Taylorreihe

$$\ln(1+x) = x - \frac{x^2}{2} + \frac{x^3}{3} - \frac{x^4}{4} + - \ldots \quad \text{für} \quad -1 < x \le 1\,. \tag{3.83}$$

Für $x > 1$ und $x \le -1$ liegt offenbar keine Konvergenz vor. Setzt man $x = 1$ ein, so gewinnt man die bemerkenswerte Formel

$$\ln 2 = 1 - \frac{1}{2} + \frac{1}{3} - \frac{1}{4} + \frac{1}{5} - + \ldots\,, \tag{3.84}$$

die sich kein Autor an dieser Stelle entgehen läßt.

Zur *Berechnung von Logarithmen* kann man mit der Taylorreihe (3.83) trickreich umgehen, und zwar so: Will man $\ln a$ für $a > 0$ ermitteln, so berechnet man zunächst

$$x = \frac{a-1}{a+1}, \quad \text{woraus} \quad a = \frac{1+x}{1-x} \text{ folgt.}$$

Es ist $|x| < 1$. Damit gewinnt man aus (3.83):

$$\ln a = \ln \frac{1+x}{1-x} = \ln(1+x) - \ln(1-x) = 2\left(x + \frac{x^3}{3} + \frac{x^5}{5} + \ldots\right).$$

Die rechtsstehende Reihe gestattet eine effektive Berechnung von $\ln a$, wenn a in der Nähe von 1 liegt. Liegt $a > 0$ nicht in der Nähe von 1, ist es also sehr groß oder sehr klein, so kann man a zuerst durch eine Potenz e^k dividieren (k ganz), so daß a/e^k. so nahe wie möglich bei 1 liegt. Dann berechnet man $\ln(a/\mathrm{e}^k)$ nach obiger Methode und gewinnt damit $\ln a = \ln(a/\mathrm{e}^k) + \ln \mathrm{e}^k = \ln(a/\mathrm{e}^k) + k$. Es sei bemerkt, daß die eingebauten Programme auf Computern heute noch effektivere Methoden benutzen (wie z.B. Tschebyscheff-Polynome, Tabelleninterpolation u.a.), auf die hier nicht eingegangen werden kann.

Beispiel 3.28:

(*Binomische Reihe*) (I) Als besonders einfache Funktion betrachten wir zunächst

$$f(x) = (1+x)^n \quad \text{mit} \quad n \in \mathbb{N},\ x \in \mathbb{R}.$$

Wir errechnen die Ableitungen $f^{(k)}(x)$ und erhalten

$$\frac{f^{(k)}(0)}{k!} = \frac{n(n-1)(n-2)\ldots(n-k+1)}{k!} = \binom{n}{k}, \quad (n \geq k). \tag{3.85}$$

Ferner ist $f^{(n+1)}(x) \equiv 0$, also $R_n(x) = 0$ für das Restglied der Taylorformel. Damit lautet die Taylorentwicklung von $(1+x)^n$ um 0:

$$(1+x)^n = \sum_{k=0}^{n} \binom{n}{k} \quad (n \in \mathbb{N}). \tag{3.86}$$

Dies ist die wohlbekannte binomische Formel, die hier auf neuem Weg gewonnen wurde. (Man hat nur $x = b/a$ zu setzen und mit a^n zu multiplizieren, um aus (3.86) die gewohnte Form $(a+b)^n = \ldots$ zu erhalten.)

(II) Wir setzen nun statt $n \in \mathbb{N}$ eine beliebige reelle Zahl a ein, d.h. wir wollen die Funktion

$$f(x) = (1+x)^a, \quad a \in \mathbb{R}, \quad |x| < 1$$

in eine Taylorformel um 0 entwickeln. Dazu berechnen wir die Ableitungen

$$f^{(k)}(x) = a(a-1)(a-2) \cdot \ldots \cdot (a-k+1)(1+x)^{a-k}.$$

Analog zu (3.85) definiert man Binomialkoeffizienten $\binom{a}{k}$ für *beliebiges reelles* a:

$$\binom{a}{k} := \frac{a(a-1)(a-2)\cdot\ldots\cdot(a-k+1)}{k!} \quad \text{für } k \in \mathbb{N}, \text{ nebst } \binom{a}{0} := 1\,.$$

Damit ergibt sich $f^{(k)}(0)/k! = \binom{a}{k}$ und somit die Taylorentwicklung

$$f(x) = (1+x)^a = \sum_{k=0}^{n} \binom{a}{k} x^k + R_n(x)\,. \tag{3.87}$$

Das Restglied wird mit der Cauchyschen Restgliedformel und (3.82) folgendermaßen abgeschätzt:

$$\begin{aligned} |R_n(x)| &= \left| \frac{f^{(n+1)}(\xi)}{n!} x(x-\xi)^n \right| = \left| \binom{a}{n+1} \frac{(n+1)x(x-\xi)^n}{(1+\xi)^{n+1-a}} \right| \\ &= \left| \binom{a}{n+1} \frac{(n+1)x}{(1+\xi)^{1-a}} \right| \cdot \left| \frac{x-\xi}{1+\xi} \right|^n \leq \left| \binom{a}{n+1} \frac{(n+1)x}{C} \right| |x|^n =: \alpha_n\,. \end{aligned}$$

Dabei ist $C > 0$ so gewählt, daß $C \leq |1+\xi|^{1-a}$ für alle denkbaren ξ zwischen 0 und x gilt ($|x| < 1$). Für den rechts stehenden Ausdruck α_n gilt aber $\alpha_n/\alpha_{n-1} = |x||a-n|/n \to |x|$ für $n \to \infty$, also ist $\left[\sum_{n=1}^{\infty} \alpha_n\right]$ nach dem Quotientenkriterium für Reihen konvergent, woraus $\alpha_n \to 0$ für $n \to \infty$ folgt, also auch

$$R_n(x) \to 0 \quad \text{für} \quad n \to \infty\,.$$

Damit ergibt sich aus (3.87) die *binomische Reihe*:

$$(1+x)^a = \sum_{k=0}^{\infty} \binom{a}{k} x^k, \quad |x| < 1\,, \quad a \in \mathbb{R}\,. \tag{3.88}$$

In der Technik muß man öfters $(1+x)^a$ für »kleine« $|x| < 1$ berechnen. Aus (3.87) folgt für $n = 2$ die brauchbare Näherungsformel

$$(1+x)^a \approx 1 + ax + \frac{a(a-1)}{2} x^2\,, \tag{3.89}$$

wobei das Restglied $R_3(x)$ vernachlässigt wird. (Ob dies im Rahmen der geforderten Genauigkeit zulässig ist, muß mit einer der Restgliedformeln gegebenenfalls überprüft werden.) Im Falle $a = 1/2$ und $|x| \ll 1$ erhalten wir z.B. die Näherungsformel

$$\sqrt{1+x} \approx 1 + \frac{x}{2} - \frac{x^2}{8}. \tag{3.90}$$

Für das vernachlässigte Restglied errechnet man im Falle $|x| \leq 1/4$ z.B. $|R_3(x)| \leq 0{,}14|x|^3$. Der Fehler liegt also höchstens in der Größenordnung von $0{,}002$, was zumindest bei Überschlagsrechnungen akzeptabel ist.

Übung 3.29*:

Beweise

$$\ln \frac{1}{1-x} = x + \frac{x^2}{2} + \frac{x^3}{3} + \frac{x^4}{4} + \ldots \quad \text{für } -1 \leq x < 1.$$

Übung 3.30:

Es soll $\sin x$ für $|x| \leq \frac{\pi}{4}$ mit der Taylorformel (3.79) berechnet werden, und zwar mit einer Genauigkeit von 8 Dezimalstellen nach dem Komma. Wie groß ist n zu wählen?

Übung 3.31:

Entwickle $f(x) = 1/\sqrt{1+x}$ für $|x| \leq 1$ in eine Taylorformel um 0 für $n = 3$. Schätze das Restglied $R_3(x)$ mit der Lagrangeschen Formel ab.

3.2.4 Zusammenstellung der Taylorreihen elementarer Funktionen

Im letzten Abschnitt haben wir schon Taylorreihen einiger ausgewählter Funktionen betrachtet. Allgemein versteht man unter einer Taylorreihe folgendes:

Definition 3.4:

Ist f eine reelle, beliebig oft differenzierbare Funktion auf einem Intervall I, so lautet die zugehörige *Taylorreihe*, entwickelt um $x_0 \in I$:

$$\left[f(x_0) + \frac{f'(x_0)}{1!}(x - x_0) + \frac{f''(x_0)}{2!}(x - x_0)^2 + \ldots + \frac{f^{(k)}(x_0)}{k!}(x - x_0)^k + \ldots \right],$$

oder kürzer geschrieben:

$$\left[\sum_{k=0}^{\infty} \frac{f^{(k)}(x_0)}{k!}(x - x_0)^k \right].$$

Folgerung 3.7:

Die Taylorreihe von f, entwickelt um x_0, konvergiert genau dann gegen $f(x)$, $(x \in I)$, wenn das Restglied

$$R_n(x) = f(x) - \sum_{k=0}^{n} \frac{f^{(k)}(x_0)}{k!}(x - x_0)^k .$$

für $n \to \infty$ gegen 0 konvergiert. Man schreibt dann

$$f(x) = \sum_{k=0}^{\infty} \frac{f^{(k)}(x_0)}{k!}(x - x_0)^k . \tag{3.91}$$

Gilt dies für alle x aus einem Intervall um x_0, so sagt man: »f läßt sich in diesem Intervall in eine (konvergente) Taylorreihe um x_0 entwickeln« oder »f besitzt in diesem Intervall eine Taylorreihe um x_0«.

Ein einfaches aber brauchbares Kriterium dafür, daß eine Taylorreihe gegen $f(x)$ konvergiert, ist in folgendem Satz angegeben:

Satz 3.19:

(*Konvergenzkriterium für Taylorreihen*) Eine beliebig oft differenzierbare Funktion $f : I \to \mathbb{R}$ (I Intervall) läßt sich auf I in eine konvergente Taylorreihe entwickeln, und zwar um einen beliebigen Punkt $x_0 \in I$, wenn

$$|f^{(n)}(x)| \le CM^n \quad \text{für alle } n \in \mathbb{N} \text{ und alle } x \in I \tag{3.92}$$

gilt, wobei C und M von n und x unabhängige Konstanten sind.

Beweis:

Aus der Lagrangeschen Restgliedformel folgt mit (3.92)

$$|R_n(x)| \le C \frac{|M \cdot (x - x_0)|^{n+1}}{(n+1)!} =: a_{n+1} . \tag{3.93}$$

Man erkennt $a_{n+1}/a_n = M \cdot |x - x_0|/(n+1) \to 0$ für $n \to \infty$. Nach dem Quotientenkriterium für Reihen konvergiert also $\sum\limits_{n=1}^{\infty} a_n$, woraus $a_n \to 0$ folgt. □

In Tabelle 3.3 sind die Taylorreihen der wichtigsten elementaren Funktionen übersichtlich zusammengestellt.

Die ersten sechs Taylorreihen der Tabelle sind im letzten Abschnitt hergeleitet worden. Die Herleitungen der Taylorreihen für die Arcus-Funktionen und für sinh, cosh werden dem Leser zur Übung überlassen. Die Konvergenz der Arcus-Funktionsreihen läßt sich auf $(-1, 1)$ durch Restgliedabschätzung unschwer gewinnen. Die Reihendarstellung der Arcus-Funktionen in den Randpunkten 1 und -1 folgt dagegen aus dem Abelschen Grenzwertsatz (Abschn. 5.2). Wir sparen die ausführlichen Überlegungen dazu und begnügen uns mit diesem Hinweis (vgl. auch [26], Abschn. 65).

Für die Herleitung der Taylorreihen von $\tan x$, $x \cot x$, $\tanh x$ und $x \coth x$ verweisen wir auf [26], Abschn. 71. Zur numerischen Berechnung der Funktionswerte $\tan x$, $\tanh x$ usw. verwendet man allerdings die Taylorreihen dieser Funktionen nicht, sondern greift besser auf $\tan x = \sin x / \cos x$, $\tanh x = \sinh x / \cosh x$ zurück, wobei $\sin x$, $\cos x$, $\sinh x$ und $\cosh x$ durch ihre Taylorreihen ermittelt werden können.

Tabelle 3.3: Taylorreihen elementarer Funktionen

Funktion Taylorreihe	Konvergenzintervall
$(1+x)^n = \sum_{k=0}^{n} \binom{n}{k} x^k, \quad n \in \mathbb{N} \cup \{0\}$	$\mathbb{R}$
$(1+x)^a = \sum_{k=0}^{\infty} \binom{a}{k} x^k, \quad a \in \mathbb{R}$	$(-1,1)$
$e^x = \sum_{k=0}^{\infty} \frac{x^k}{k!}$	$\mathbb{R}$
$\ln(1+x) = \sum_{k=1}^{\infty} \frac{-(-x)^k}{k}$	$(-1,1]$
$\sin x = \sum_{k=0}^{\infty} \frac{(-1)^k}{(2k+1)!} x^{2k+1}$	$\mathbb{R}$
$\cos x = \sum_{k=0}^{\infty} \frac{(-1)^k}{(2k)!} x^{2k}$	$\mathbb{R}$
$\tan x = \sum_{k=1}^{\infty} (-1)^{k+1} \frac{2^{2k}(2^{2k}-1)}{(2k)!} B_{2k} x^{2k-1}$	$\left(\frac{-\pi}{2}, \frac{\pi}{2}\right)$
B_{2k} Bernoullische Zahlen, s. Abschnittsende	
$x \cot x = \sum_{k=0}^{\infty} (-1)^k \frac{2^{2k}}{(2k)!} B_{2k} x^{2k}$	$(-\pi, \pi)$
$\arcsin x = x + \frac{1}{2}\frac{x^3}{3} + \frac{1\cdot 3}{2\cdot 4}\frac{x^5}{5} + \frac{1\cdot 3\cdot 5}{2\cdot 4\cdot 6}\frac{x^7}{7} + \ldots = \sum_{k=0}^{\infty} \frac{(2k)!}{2^{2k}(k!)^2}\frac{x^{2k+1}}{2k+1}$	$[-1,1]$
$\arccos x = \frac{\pi}{2} - \arcsin x$	$[-1,1]$
$\arctan x = x - \frac{x^3}{3} + \frac{x^5}{5} - \frac{x^7}{7} + \ldots = \sum_{k=0}^{\infty} \frac{(-1)^k}{2k+1} x^{2k+1}$	$[-1,1]$
$\operatorname{arccot} x = \frac{\pi}{2} - \arctan x$	$[-1,1]$
$\sinh x = \sum_{k=0}^{\infty} \frac{x^{2k+1}}{(2k+1)!}$	$\mathbb{R}$
$\cosh x = \sum_{k=0}^{\infty} \frac{x^{2k}}{(2k)!}$	$\mathbb{R}$
$\tanh x = \sum_{k=1}^{\infty} \frac{2^{2k}(2^{2k}-1)}{(2k)!} B_{2k} x^{2k-1}$	$\left(\frac{-\pi}{2}, \frac{\pi}{2}\right)$
$x \coth x = \sum_{k=0}^{\infty} \frac{2^{2k}}{(2k)!} B_{2k} x^{2k}$	$(-\pi, \pi)$

In den Taylorreihen von tan und cot werden die *Bernoullischen Zahlen* verwendet. Sie lassen sich rekursiv berechnen aus

$$B_0 = 1 \quad \text{und} \quad \sum_{k=0}^{n} \binom{n+1}{k} B_k = 0 \quad \text{für } n = 1, 2, 3, \ldots .$$

Man erhält

$$B_1 = -\frac{1}{2}, \quad B_2 = \frac{1}{6}, \quad B_4 = -\frac{1}{30}, \quad B_6 = \frac{1}{42}, \quad B_8 = -\frac{1}{30},$$
$$B_{10} = \frac{5}{66}, \quad B_{12} = -\frac{691}{2730} \quad \text{usw.},$$

während $B_{2k+1} = 0$ ist für alle $k = 1, 2, 3, \ldots$.

Übung 3.32:

Es sei f auf dem Intervall $(-r, r)$ in eine Taylorreihe um 0 entwickelbar ($r > 0$). *Beweise*:

(a) Ist f eine gerade Funktion, d.h. $f(-x) = f(x)$ für alle $x \in (-r, r)$, so kommen in der Taylorreihe von f nur gerade Exponenten vor, d.h. sie hat die Form $\sum_{k=0}^{\infty} a_{2k} x^{2k}$.

(b) Ist f ungerade, d.h. gilt $f(-x) = -f(x)$ auf $(-r, r)$, so kommen in der Taylorreihe von f nur ungerade Exponenten vor, sie hat also die Gestalt $\sum_{k=0}^{\infty} a_{2k+1} x^{2k+1}$.

Übung 3.33:

Leite die Taylorreihen von $\sinh x$, $\cosh x$ her. Gib auf $I = (-r, r)$ eine Restgliedabschätzung an, wobei Satz 3.19 nebst (3.93) benutzt werden kann. (Es ist dabei $M = 1$ zu setzen! Wie groß ist C zu setzen?)

3.2.5 Berechnung von π[9]

Setzt man in die Taylorreihe von arctan den Wert $x = 1$ ein, so folgt wegen $\arctan(1) = \pi/4$ die überraschende Gleichung

$$\frac{\pi}{4} = 1 - \frac{1}{3} + \frac{1}{5} - \frac{1}{7} + \ldots . \tag{3.94}$$

Die rechts stehende Reihe heißt *Leibnizsche Reihe*. Zur praktischen Berechnung von π ist sie ungeeignet, da sie sehr langsam konvergiert. Doch gibt sie eine Anregung, wie man verfahren kann. Und zwar gewinnt man aus dem Additionstheorem

$$\frac{\tan x + \tan y}{1 - \tan x \tan y} = \tan(x + y)$$

9 Kann vom anwendungsorientierten Leser überschlagen werden. Doch zeigt der Abschnitt, wie dieses uralte Problem mit unseren Methoden äußerst effektiv gelöst werden kann.

mit $t = \tan x$ und $s = \tan y$ durch Übergang zur Umkehrfunktion die Gleichung $\arctan \frac{t+s}{1-ts} = x + y$, also

$$\arctan \frac{t+s}{1-ts} = \arctan t + \arctan s\,. \tag{3.95}$$

Mit $\frac{t+s}{1-ts} = 1$ erhält man links $\pi/4$. Wir wählen zunächst $t = \frac{120}{119}$ und $s = -\frac{1}{239}$, woraus $\frac{t+s}{1-ts} = 1$ folgt, also nach (3.94)

$$\frac{\pi}{4} = \arctan \frac{120}{119} - \arctan \frac{1}{239}\,. \tag{3.96}$$

Nun ist aber

$$\frac{120}{119} = \frac{\frac{5}{12} + \frac{5}{12}}{1 - \frac{5}{12} \cdot \frac{5}{12}}\,, \quad \text{also nach (3.95)}$$

$$\arctan \frac{120}{119} = \arctan \frac{5}{12} + \arctan \frac{5}{12} = 2 \arctan \frac{5}{12}\,, \quad \text{und}$$

$$\frac{5}{12} = \frac{\frac{1}{5} + \frac{1}{5}}{1 - \frac{1}{5} \cdot \frac{1}{5}}\,, \quad \text{also} \quad \arctan \frac{5}{12} = 2 \arctan \frac{1}{5}\,.$$

Dies alles eingesetzt in (3.96) liefert

$$\pi = 4 \left(4 \arctan \frac{1}{5} - \arctan \frac{1}{239} \right)\,. \tag{3.97}$$

Mit der Taylorreihe von arctan, angewendet auf $\arctan \frac{1}{5}$ und $\frac{1}{239}$, errechnet man hieraus π bequem mit hoher Genauigkeit. Dabei werden nur wenige Glieder der Reihen benötigt.

Übung 3.34:

Man verbessere Formel (3.97), indem man $\frac{1}{5}$ in der Form $\frac{1}{5} = \frac{t+s}{1-ts}$ ausdrückt, und zwar mit Werten t und s, deren Absolutwerte kleiner als $\frac{1}{5}$ sind (z.B. $t = \frac{1}{10}$, $s = ?$).

Konvexität, geometrische Bedeutung der zweiten Ableitung

Die Funktion in Fig. 3.9a ist konvex, diejenige in Fig. 3.9b konkav. Konvexe Funktionen wölben sich »nach unten«, konkave »nach oben«.

Dabei ist auch der Grenzfall eines Geradenstücks zugelassen. Dies ist sowohl konvex wie konkav.

Liegt eine »nach unten gewölbte« Funktion vor, die kein Geradenstück enthält, so nennt man sie zur besseren Unterscheidung *streng* konvex. Entsprechend gibt es auch *streng* konkave Funktionen.

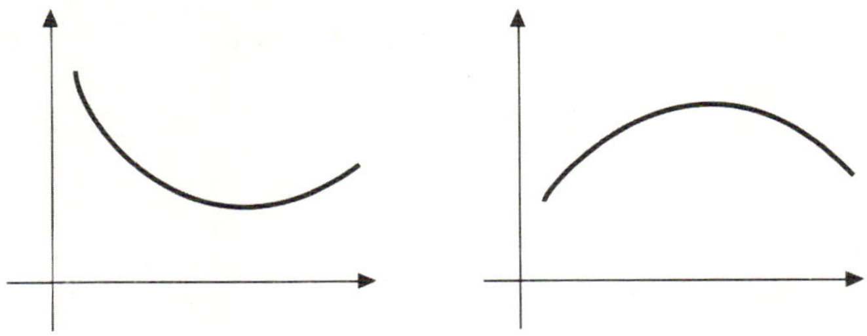

a) konvex b) konkav

Fig. 3.9: Konvexe und konkave Funktionen

Wie kann man diesen anschaulichen Sachverhalt in Formeln umgießen?

Dazu sehen wir uns Fig. 3.10 an. Dort ist eine konvexe Funktion $f : I \to \mathbb{R}$ gezeichnet. (I Intervall). Charakteristisch für diese Funktion ist folgendes: Verbindet man zwei beliebige Graphenpunkte (x_1, y_1) und (x_2, y_2) durch eine Strecke — »Sehne« genannt —, so liegt das Graphenstück von f, welches sich zwischen den Punkten befindet, »unterhalb« der Sehne — oder im Grenzfall auf der Sehne.

Das heißt: Wählen wir eine beliebige Zahl x zwischen x_1 und x_2 ($x_1 < x < x_2$), so ist stets

$$f(x) \leq g(x)\,, \tag{3.98}$$

wobei g die Gerade durch die beiden Punkte (x_1, y_1), (x_2, y_2) ist ($y_1 = f(x_1)$, $y_2 = f(x_2)$). Nach der »Zweipunkteform« einer Geraden gilt

$$g(x) = (y_2 - y_1)\frac{x - x_1}{x_2 - x_1} + y_1\,. \tag{3.99}$$

Mit der Abkürzung

$$\lambda = \frac{x - x_1}{x_2 - x_1} \tag{3.100}$$

folgt

$$g(x) = (1 - \lambda)y_1 + \lambda y_2\,.$$

Die Zahl λ ist das Verhältnis der Streckenlängen $x - x_1$ zu $x_2 - x_1$ (s. Fig. 3.10), also gilt $0 < \lambda < 1$. Umgekehrt kann man x durch dieses Streckenverhältnis ausdrücken, indem man (3.100) nach x auflöst:

$$x = (1 - \lambda)x_1 + \lambda x_2\,.$$

Einsetzen in (3.98) ergibt

$$f((1 - \lambda)x_1 + \lambda x_2) \leq (1 - \lambda)y_1 + \lambda y_2 \quad \text{für alle } \lambda \in (0,1).$$

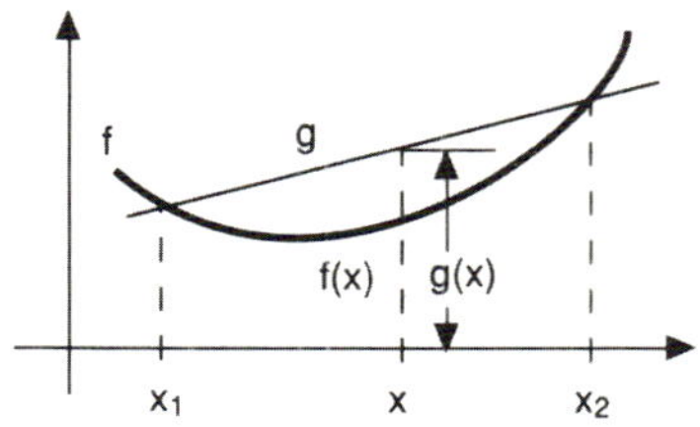

Fig. 3.10: Zur formelmäßigen Erfassung konvexer Funktionen

Diese Ungleichung ist charakteristisch für konvexe Funktionen. Unsere anschauliche Motivation führt uns damit zu folgender exakten Definition:

Definition 3.5:

Eine reellwertige Funktion f heißt *konvex* auf einem Intervall I, wenn die Ungleichung

$$f((1-\lambda)x_1 + \lambda x_2) \leq (1-\lambda)f(x_1) + \lambda f(x_2)$$

für beliebige $x_1, x_2 \in I$ und beliebiges $\lambda \in (0,1)$ erfüllt ist.

Darf in der Ungleichung $<$ anstelle von $\leq$ gesetzt werden, so nennt man f *streng konvex*. Im Falle $\geq$ anstelle von $\leq$ wird f *konkav* genannt, im Falle $>$ anstelle von $\leq$ *streng konkav*.

Statt »f ist streng konvex« sagt man auch »f hat eine Linkskrümmung«, entsprechend bei streng konkavem f : »f hat eine Rechtskrümmung«. (Hier stellt man sich offenbar vor, daß man im Auto auf dem Graphen von f entlangfährt in Richtung steigender x-Werte.)

Geometrische Deutung der zweiten Ableitung

Die Betrachtung der Fig. 3.9a zeigt, daß die Steigung der gezeichneten konvexen Funktion f von links nach rechts zunimmt (oder wenigstens nicht abnimmt). f' ist also monoton steigend. Das bedeutet aber $f''(x) \geq 0$. Man vermutet sogar, daß aus $f''(x) > 0$ strenge Konvexität folgt. Entsprechend ist eine konkave Funktion durch $f''(x) \leq 0$ gekennzeichnet, während $f''(x) < 0$ sogar strenge Konkavheit verbürgt (zweimalige Differenzierbarkeit vorausgesetzt). Wir präzisieren diese anschaulichen Überlegungen in folgendem Satz:

Satz 3.20:

Es sei f eine reelle Funktion, die auf einem Intervall I stetig ist und im Inneren $\mathring{I}$ dieses Intervalls zweimal stetig differenzierbar ist. Damit folgt:

$$f''(x) \geq 0 \text{ für alle } x \in \mathring{I} \iff f \text{ ist konvex auf } I,$$

$$f''(x) \leq 0 \text{ für alle } x \in \mathring{I} \iff f \text{ ist konkav auf } I.$$

Im Falle positiver bzw. negativer zweiter Ableitung gilt die Verschärfung:

$$f''(x) > 0 \text{ für alle } x \in \mathring{I} \quad \Longleftrightarrow \quad f \text{ ist streng konvex auf } I,$$
$$f''(x) < 0 \text{ für alle } x \in \mathring{I} \quad \Longleftrightarrow \quad f \text{ ist streng konkav auf } I.$$

Beweis:

(I) Es sei $f''(x) \geq 0$ auf $\mathring{I}$. Wir zeigen, daß f konvex auf I ist, d.h. daß für beliebige $x_1 < x_2$ aus I gilt:

$$[(1-\lambda)f(x_1) + \lambda f(x_2)] - f(x) \geq 0 \quad \text{für} \quad x = (1-\lambda)x_1 + \lambda x_2\,, \quad \lambda \in (0,1).$$

Man erkennt die Richtigkeit der Ungleichung durch folgende Umformung:

$$\begin{aligned}
&(1-\lambda)f(x_1) + \lambda f(x_2) - f(x)\\
&= (1-\lambda)(f(x_1) - f(x)) + \lambda(f(x_2) - f(x)) && \text{nach Mittelwertsatz mit}\\
&= (1-\lambda)f'(\xi_1)(x_1 - x) + \lambda f'(\xi_2)(x_2 - x) && x_1 < \xi_1 < x < \xi_2 < x_2\\
&= (1-\lambda)f'(\xi_1)\lambda(x_1 - x_2) + \lambda(1-\lambda)f'(\xi_2)(x_2 - x_1)\\
&= \lambda(1-\lambda)(x_2 - x_1)(f'(\xi_2) - f'(\xi_1)) && \text{wiederum nach Mittelwertsatz mit}\\
&= \underbrace{\lambda(1-\lambda)(x_2 - x_1)(\xi_2 - \xi_1)}_{>0} f''(\xi_0) \geq 0 && \xi_1 < \xi_0 < \xi_2
\end{aligned}$$

Die Konvexität ist damit gezeigt. Im Falle $f''(x) > 0$ auf $\mathring{I}$ folgt insbesondere $f''(\xi_0) > 0$ und damit die strenge Konvexität. Der konkave Fall ergibt sich analog.

(II) Umgekehrt ist zu zeigen: f konvex $\Rightarrow f''(x) \geq 0$ auf $\mathring{I}$. f sei also konvex auf I; damit gilt für beliebige Punkte $x_1 < x < x_2$ aus $\mathring{I}$ die Ungleichung (3.98)

$$f(x) \leq g(x)\,,$$

wobei g die Gerade durch $(x_1, f(x_1))$ und $(x_2, f(x_2))$ ist. Subtraktion von $f(x_1) = g(x_1)$ und Division durch $x - x_1 > 0$ liefert

$$\frac{f(x) - f(x_1)}{x - x_1} \leq \frac{g(x) - g(x_1)}{x - x_1} =: m\,,$$

wobei m die Steigung der Geraden g ist. Mit $x \to x_1$ erhält man $f'(x_1) \leq m$. Analog folgt aus $f(x) \leq g(x)$ nach Subtraktion von $f(x_2) = g(x_2)$ und Division durch $x - x_2 < 0$:

$$\frac{f(x) - f(x_2)}{x - x_2} \geq \frac{g(x) - g(x_2)}{x - x_2} = m \quad \Rightarrow \quad f'(x_2) \geq m\,.$$

Zusammen erhalten wir $f'(x_1) \leq f'(x_2)$ für $x_1 < x_2$, also ist f' monoton steigend und somit $f''(x) \geq 0$ auf $\mathring{I}$. Der konkave Fall verläuft entsprechend. □

Zum Beispiel: Die folgenden Funktionen sind streng konvex auf $\mathbb{R}$, da ihre zweiten Ableitungen positiv sind:

$$f(x) = x^2 , \qquad f(x) = e^x , \qquad f(x) = \cosh x .$$

Die Funktion $f(x) = x^3$ ist streng konvex auf $(0, \infty)$ und streng konkav auf $(-\infty, 0)$.

Der Konvexitätsbedingung kann man folgende allgemeinere Fassung geben:

Folgerung 3.8:

f ist genau dann konvex auf dem Intervall I, wenn

$$f\left(\sum_{i=1}^{n} \lambda_i x_i\right) \le \sum_{i=1}^{n} \lambda_i f(x_i) , \quad (n \ge 2) , \tag{3.101}$$

gilt für beliebige $x_1, \ldots, x_n \in I$ und beliebige positive $\lambda_1, \ldots, \lambda_n$ mit $\sum_{i=1}^{n} \lambda_i = 1$.

Bei strenger Konvexität steht $<$ statt $\le$ in (3.101). Für (streng) konkave Funktionen haben wir $\ge$ (bzw. $>$) in (3.101). Der Beweis wird mit vollständiger Induktion geführt und bleibt dem Leser überlassen.

Die Ungleichung (3.101) führt auf weitere fundamentale Ungleichungen der Mathematik (s. [26], Abschn. 59). Zum Beispiel erhalten wir daraus

Folgerung 3.9:

(*Ungleichung des gewichteten arithmetischen und geometrischen Mittels*) Für beliebige nichtnegative Zahlen $a_1, \ldots, a_n$ und beliebige positive $\lambda_1, \ldots, \lambda_n$ mit $\sum_{i=1}^{n} \lambda_i = 1$ gilt

$$a_1^{\lambda_1} a_2^{\lambda_2} \cdot \ldots \cdot a_n^{\lambda_n} \le \lambda_1 a_1 + \lambda_2 a_2 + \ldots + \lambda_n a_n . \tag{3.102}$$

Im Falle $\lambda_i = 1/n$ für alle i erhält man die klassische Ungleichung des geometrischen und arithmetischen Mittels

$$\sqrt[n]{a_1 \cdot a_2 \cdot \ldots \cdot a_n} \le \frac{a_1 + a_2 + \ldots + a_n}{n} . \tag{3.103}$$

Beweis:

$\ln x$ ist streng konkav auf $(0, \infty)$, da die zweite Ableitung negativ ist. Damit gilt nach Folgerung 3.8

$$\ln\left(\sum_{i=1}^{n} \lambda_i a_i\right) \ge \sum_{i=1}^{n} \lambda_i \ln a_i = \ln\left(a_1^{\lambda_1} \cdot \ldots \cdot a_n^{\lambda_n}\right) .$$

wobei alle a_i als positiv vorausgesetzt seien. Wegen der Monotonie der Logarithmusfunktion folgt (3.102). Ist aber $a_i = 0$, so gilt (3.102) trivialerweise. □

Übung 3.35:

Wo sind die folgenden Funktionen konvex oder konkav?

$$\sin x\,, \qquad \cos x\,, \qquad \ln|x|\,, \qquad \sinh x\,, \qquad \arctan x\,, \qquad f(x) = x^4 - 5x^2 + 4\,.$$

Übung 3.36:

Beweise: Ist f auf dem Intervall I konvex und streng monoton steigend, so ist die Umkehrfunktion f^{-1} auf $J = f(I)$ konkav.

3.2.6 Das Newtonsche[10] Verfahren

Das Lösen von Gleichungen ist eines der ersten und wichtigsten Anwendungsprobleme der Mathematik. Wir wollen uns hier mit Gleichungen der Form

$$f(x) = 0$$

beschäftigen, wobei f eine reellwertige Funktion auf einem Intervall ist. Zur Lösung von $f(x) = 0$ soll das *Newtonsche Verfahren* beschrieben werden. Es beruht auf einer einfachen geometrischen Idee und ist doch äußerst weitreichend und für die Praxis von hoher Bedeutung.

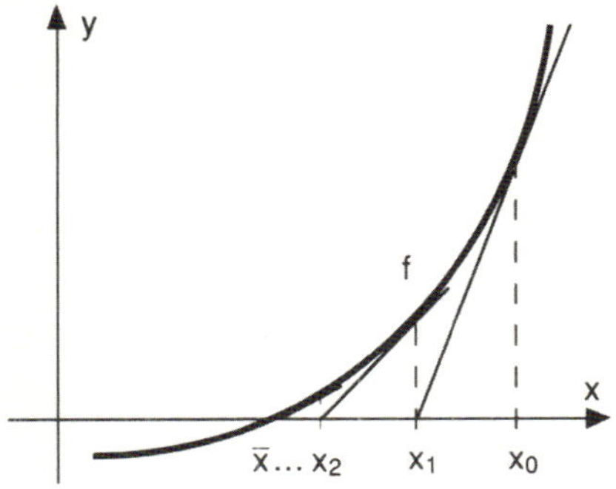

Fig. 3.11: Zum Newtonschen Verfahren

Die Idee des Newtonschen Verfahrens läßt sich anhand der Fig. 3.11 klarmachen: Gesucht ist die Schnittstelle $\overline{x}$ des Graphen von f mit der x-Achse (sie erfüllt $f(\overline{x}) = 0$). Wir nehmen an, daß ein Punkt x_0 in der Nähe von $\overline{x}$ bekannt ist, den man durch Probieren oder Skizzieren des Graphen gewonnen hat.

10 Sir Isaac Newton (1643 – 1727), englischer Physiker, Mathematiker, Astronom, Alchemist, Philosoph und Theologe.

Man legt nun die Tangente an f in x_0 und sucht ihre Schnittstelle x_1 mit der x-Achse auf (falls vorhanden). Da die Gleichung der Tangente

$$g(x) = f(x_0) + f'(x_0)(x - x_0)$$

lautet, gewinnt man x_1 aus $g(x_1) = 0$, also $f(x_0) + f'(x_0)(x_1 - x_0) = 0$, d.h.

$$x_1 = x_0 - \frac{f(x_0)}{f'(x_0)} .$$

(Dabei setzen wir $f'(x) \neq 0$ im ganzen Intervall I voraus.) x_1 ist in den meisten Fällen eine »bessere« Näherungslösung als x_0.

Liegt x_1 in I, so kann man die gleiche Überlegung abermals anwenden: Man legt an f in x_1 die Tangente, berechnet deren Nullstelle x_2 usw.

Man errechnet auf diese Weise sukzessive die Zahlen

$$x_{n+1} = x_n - \frac{f(x_n)}{f'(x_n)} \quad (n = 0,1,2,\ldots) , \tag{3.104}$$

von denen wir annehmen wollen, daß sie alle in I liegen. (Es kann vorkommen, daß x_{n+1} für ein n nicht in I liegt. Dann bricht das Verfahren ab.)

Die so berechnete Folge $x_0, x_1, x_2, \ldots$ konvergiert »normalerweise« gegen die Nullstelle $\overline{x}$ von f. »Normalerweise« heißt: unter Voraussetzungen, wie sie üblicherweise in den Anwendungen erfüllt sind.

Die Folge der Zahlen $x_0, x_1, x_2, \ldots$ heißt eine *Newtonfolge* zu f.

Der folgende Satz gibt hinreichende Bedingungen an, unter welchen die Newtonfolge gegen die Nullstelle $\overline{x}$ von f strebt.

Satz 3.21:

Es sei f eine reelle, dreimal stetig differenzierbare Funktion auf einem Intervall $I = [x_0 - r, x_0 + r]$, und es gelte $f'(x) \neq 0$ für alle $x \in I$. Ferner existiere eine positive Zahl $K < 1$ mit

$$\left| \frac{f(x) f''(x)}{f'(x)^2} \right| \leq K < 1 \quad \text{für alle } x \in I \tag{3.105}$$

und

$$\left| \frac{f(x_0)}{f'(x_0)} \right| \leq (1 - K)r . \tag{3.106}$$

Damit folgt: f hat genau eine Nullstelle $\overline{x}$ in I. Die Newtonfolge $x_0, x_1, x_2, \ldots$, definiert durch (3.104) f *konvergiert quadratisch* gegen $\overline{x}$, d.h. es gilt

$$|x_{n+1} - \overline{x}| \leq C(x_n - \overline{x})^2 \quad \text{für alle } n = 0, 1, 2, \ldots \tag{3.107}$$

mit einer Konstanten C. Schließlich haben wir die Fehlerabschätzung

$$|x_n - \overline{x}| \le \frac{|f(x_n)|}{M} \quad \text{mit } 0 < M \le \min_{x \in I} |f'(x)|. \tag{3.108}$$

Beweis:
Man führt die Hilfsfunktion

$$g(x) = x - \frac{f(x)}{f'(x)}, \quad (x \in I),$$

ein. Damit ergibt sich die Newtonfolge aus der einfachen Iterationsvorschrift $x_{n+1} = g(x_n)$, $n = 0, 1, 2, \ldots$.

g erfüllt auf I die Voraussetzungen des Banachschen Fixpunktsatzes (Abschn. 1.4.7, Satz 1.8), denn es ist $|g'(x)| = |f(x)f''(x)/f'(x)^2| \le K < 1$, also nach dem Mittelwertsatz:

$$|g(x) - g(z)| = |g'(\xi)||x - z| \le K|x - z| \quad \text{für alle } x, z \in I.$$

Folglich ist g eine »Kontraktion« auf I. Ferner bildet g das Intervall $I = [x_0 - r, x_0 + r]$ in sich ab. Denn für beliebiges $x \in I$ gilt mit (3.106)

$$\begin{aligned} |g(x) - x_0| &\le |g(x) - g(x_0)| + |g(x_0) - x_0| \le K|x - x_0| + \left|\frac{f(x_0)}{f'(x_0)}\right| \\ &\le Kr + (1 - K)r = r \end{aligned}$$

also auch $g(x) \in I$. Die Anwendung des Banachschen Fixpunktsatzes liefert damit die Konvergenz der Newtonfolge gegen den (einzigen) Fixpunkt $\overline{x}$ von g. Er erfüllt $\overline{x} = g(\overline{x}) = \overline{x} - f(\overline{x})/f'(\overline{x})$, d.h. $f(\overline{x}) = 0$.

Die quadratische Konvergenz ergibt sich aus der Taylorformel von g um $\overline{x}$ für $n = 1$, mit Lagrangeschem Restglied

$$g(x) = g(\overline{x}) + g'(\overline{x})(x - \overline{x}) + \frac{g''(\xi)}{2}(x - \overline{x})^2 \quad (\xi \in I).$$

Wegen $g(\overline{x}) = \overline{x}$ und $g'(\overline{x}) = f(\overline{x})f''(\overline{x})/f'(\overline{x})^2 = 0$ folgt mit $x = x_n$, $g(x) = x_{n+1}$ und $C = \frac{1}{2}\max_{t \in I} |g''(t)|$:

$$|x_{n+1} - \overline{x}| \le C(x_n - \overline{x})^2,$$

womit (3.107) bewiesen ist. (3.108) leitet man leicht aus dem Mittelwertsatz her, angewandt auf $f(x_n) - f(\overline{x})$, wobei $f(\overline{x}) = 0$. □

Bemerkung: Der Satz besagt im Wesentlichen: Ist die Näherungslösung x_0 von $f(x) = 0$ »gut genug«, so funktioniert das Newtonsche Verfahren. Denn je besser x_0 die Lösung $\overline{x}$ annähert, je kleiner also $|f(x_0)|$ ist, desto größer ist die Chance, daß Konstanten $r > 0$ und $K > 0$ existieren, so daß (3.105) und (3.106) erfüllt sind.

Es bleibt die Frage: Wie findet man *Anfangsannäherungen* x_0? Wir sagten schon: Oft muß man sie durch Probieren und Zeichnen des Funktionsgraphen suchen oder beim automatischen Rechnen auf dem Computer durch das Intervallhalbierungsverfahren. Im Falle *konvexer* Funktionen f ist man jedoch besser dran. Hier sind wir mit *jeder Anfangsnäherung* erfolgreich, die $f(x_0) \geq 0$ erfüllt. Präzise Auskunft gibt der folgende Satz:

Satz 3.22:

Die zweimal stetig differenzierbare Funktion $f : [a, b] \to \mathbb{R}$ sei konvex und erfülle $f'(x) \neq 0$ auf $[a, b]$. Die Vorzeichen von $f(a)$ und $f(b)$ seien verschieden.

Damit folgt: Ausgehend von einem beliebigen Punkt $x_0 \in [a, b]$ mit $f(x_0) \geq 0$ konvergiert die Newtonfolge von f, und zwar gegen die einzige Nullstelle von f in $[a, b]$.

Zusatz: Ist f sogar dreimal stetig differenzierbar, so ist die Konvergenz quadratisch.

Beweis:

Ohne Beschränkung der Allgemeinheit nehmen wir $f'(x) > 0$ auf $[a, b]$ an. f steigt somit streng monoton und hat daher genau eine Nullstelle in $[a, b]$. Fig. 3.11 zeigt, daß die Newtonfolge (x_n) monoton fällt und durch die Nullstelle $\overline{x}$ von f nach unten beschränkt ist. (Man prüft dies leicht durch Rechnung nach.) Damit konvergiert die Newtonfolge gegen eine Grenzwert x^*. Läßt man in $x_{n+1} = x_n - f(x_n)$ auf beiden Seiten n gegen ∞ gehen, so erhält man

$$x^* = x^* - \frac{f(x^*)}{f'(x^*)} \Rightarrow f(x^*) = 0\,,$$

also $x^* = \overline{x}$. Der Zusatz folgt aus Satz 3.21, der ja besagt, daß bei genügend kleinem Abstand der Näherungslösungen von $\overline{x}$ quadratische Konvergenz von (x_n) vorliegt. □

Bemerkung: In der *Praxis des Ingenieurs* geht man meistens so vor, daß man die Newtonfolgen $x_0, x_1, x_2, \ldots$ einfach sukzessive durch die Vorschrift $x_{n+1} = x_n - f(x_n)/f'(x_n)$ berechnet, ausgehend von einer Anfangsnäherung, die man sich irgendwie verschafft hat (durch Probieren, Zeichnen, Konvexitätsüberlegung à la Satz 3.22 oder durch ein vorgeschaltetes Intervallhalbierungsverfahren). Man kümmert sich wenig um Konvergenzsätze, sondern bricht das Verfahren ab, wenn $|x_{n+1} - x_n|$ »klein genug« ist (z.B. wenn $\left|\frac{x_n}{x_{n+1}} - 1\right| < 5 \cdot 10^{-9}$, d.h. wenn x_n und x_{n+1} auf 8 Stellen übereinstimmen). Da

$$|x_{n+1} - x_n| = \left|\frac{f(x_n)}{f'(x_n)}\right| \approx \frac{|f(x_n)|}{M} \quad \text{mit } M = \min_{x \in U} |f'(x)|$$

gilt, wenn U ein genügend kleines Intervall um die Nullstelle ist, und da $|f(x_n)|/M \geq |x_n - \overline{x}|$ die Fehlerabschätzung darstellt, ist durch $|x_{n+1} - x_n|$ ungefähr der Fehler $|x_n - \overline{x}|$ gegeben. Es gilt also die

Faustregel: Der Fehler $|x_n - \overline{x}|$ ist nahezu gleich der Änderung beim nächsten Newtonschritt, d.h. nahezu gleich $|x_{n+1} - x_n|$.

Für die Praxis reicht dieses »hemdsärmelige« Vorgehen in den meisten Fällen aus!

Es sei schließlich erwähnt, daß sich das Newtonsche Verfahren vorzüglich zur *Nullstellenbestimmung von Polynomen* eignet. Dabei gewinnt man die Funktionswerte $f(x_n)$ und die Ableitungswerte $f'(x_n)$ für das Newton-Verfahren bequem durch das »doppelte Hornerschema«, d.h.: Ist

$$f(x) = a_0 + a_1 + a_2x^2 + \ldots + a_mx^m \,,$$

so berechnet man die ersten beiden Systeme des großen Hornerschemas (vgl. Abschn. 2.1.5):

Doppeltes Hornerschema

$x = x_n$						
	a_m	a_{m-1}	$\ldots$	a_2	a_1	a_0
		x_nb_{m-1}	$\ldots$	x_nb_2	x_nb_1	x_nb_0
	b_{m-1}	b_{m-2}	$\ldots$	b_1	b_0	$r_0 = f(x_n)$
		x_nc_{m-2}	$\ldots$	x_nc_1	x_nc_0	
	c_{m-2}	c_{m-3}	$\ldots$	c_0	$r_1 = f'(x_n)$	

(3.109)

Die Gleichungen $r_0 = f(x_n)$, $r_1 = f'(x_n)$ ergeben sich dabei aus folgender Überlegung: Setzt man das Schema zum großen Hornerschema fort, so erhält man

$$f(x) = r_0 + r_1(x - x_n) + r_2(x - x_n)^2 + \ldots + r_m(x - x_n)^m$$

(s. Abschn. 2.1.5). Daraus folgt unmittelbar $f(x_n) = r_0$, $f'(x_n) = r_1$.

Wendet man also bei jedem Newton-Schritt das *doppelte Hornerschema* (3.109) zur Berechnung von Funktions- und Ableitungswert an, so hat man ein effektives Verfahren zur Ermittlung der reellen Nullstellen des Polynoms f (vgl. [56], 4.2.6).

Diese Idee ist in [41] zu einem »automatensicheren« Verfahren weiterentwickelt worden. Man findet das »Nickel-Verfahren« oder andere vollautomatische Verfahren heute in fast allen Programmbibliotheken elektronischer Rechenanlagen.

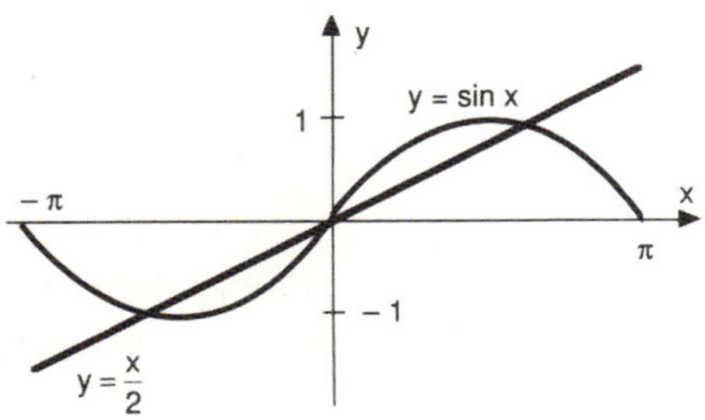

$x_0 \doteq 2{,}000000000$
$x_1 \doteq 1{,}900995594$
$x_2 \doteq 1{,}895511645$
$x_3 \doteq 1{,}895494267$
$x_4 \doteq 1{,}895494267$

Fig. 3.12: a) Zur Gleichung $\frac{x}{2} - \sin x = 0$. b) Zur Berechnung der Lösung von $\frac{x}{2} - \sin x = 0$

Beispiel 3.29:
Gelöst werden soll die Gleichung

$$\frac{x}{2} - \sin x = 0 .$$

Es handelt sich um die Suche nach den »Schnittpunkten« der beiden Funktionen $g(x) = x/2$ und $\sin x$. Die Fig. 3.12a zeigt, daß drei Schnittpunkte zu erwarten sind, einer bei 0, einer bei 2 und der dritte etwa bei -2, wobei der letzte das Negative desjenigen bei 2 ist. Wir brauchen also numerisch nur die Lösung $\overline{x}$ in der Nähe von 2 zu berechnen. Wir setzen $f(x) = \dfrac{x}{2} - \sin x$. Für diese Funktion errechnen wir die Rekursionsvorschrift nach (3.104):

$$x_{n+1} = x_n - \frac{x_n/2 - \sin x_n}{1/2 - \cos x_n}, \quad n = 0,1,2,\ldots .$$

Beginnend mit $x_0 = 2$ erhält man daraus die Werte in Fig. 3.12b, die auf 10 Dezimalstellen gerundet sind. Wir erkennen die *unglaublich schnelle Konvergenz* des Newton-Verfahrens, denn schon ab x_3 ändern sich die numerischen Werte nicht mehr. Die Lösung lautet also, auf 10 Stellen genau:

$$\overline{x} \doteq 1{,}895494267 .$$

(Der Leser überprüfe mit der Fehlerabschätzung (3.108) des Satzes 3.21, daß der Fehler kleiner als $5 \cdot 10^{-10}$ ist.)

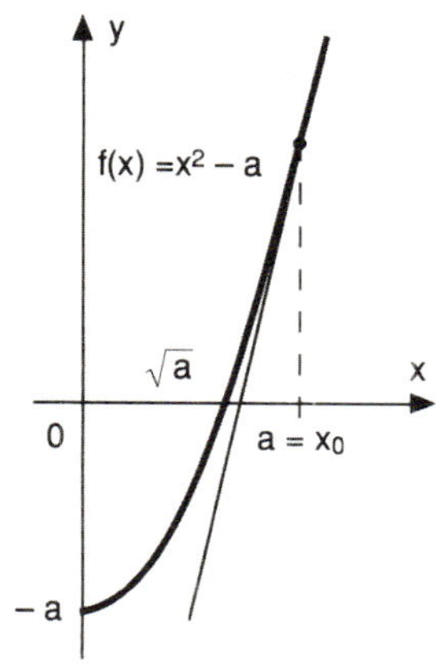

$x_0 \doteq 3{,}000000000$
$x_1 \doteq 2{,}000000000$
$x_2 \doteq 1{,}750000000$
$x_3 \doteq 1{,}732142857$
$x_4 \doteq 1{,}732050810$
$x_5 \doteq 1{,}732050808$
$x_6 \doteq 1{,}732050808$

Fig. 3.13: a) Zur Berechnung von $\sqrt{a}$ mit dem Newtonschen Verfahren b) Berechnung von $\sqrt{3}$

Beispiel 3.30:
(*Berechnung von Quadratwurzeln*) Es sei $a > 0$ gegeben, und es soll $\sqrt{a}$ berechnet werden. Man sieht, daß $\sqrt{a}$ die einzige Nullstelle der Funktion $f(x) = x^2 - a$ auf $[0, \infty)$ ist. Ausgehend von einem x_0 mit $f(x_0) \geq 0$ ermitteln wir die Nullstelle mit dem Newtonverfahren. Die

Iterationsvorschrift $x_{n+1} = x_n - f(x_n)/f'(x_n)$ wird für unsere Funktion nach Umformung zu

$$x_{n+1} = \frac{1}{2}\left(x_n + \frac{a}{x_n}\right) \qquad n = 1,2,\ldots.$$

Als x_0 kann man $x_0 = a$ wählen, wenn $a > 1$ ist, und $x_0 = 1$, falls $0 < a < 1$ gilt. In jedem dieser Fälle ist die Bedingung $f(x_0) \geq 0$ erfüllt, d.h. die so gebildete Folge (x_n) strebt nach Satz 3.22 quadratisch gegen $\sqrt{a}$. Beachtet man nun noch, daß $x_1 = \frac{1}{2}(x_0 + a/x_0)$ der gleiche Wert ist, egal, ob man $x_0 = a$ oder $x_0 = 1$ setzt, so schrumpft unsere Anfangsbedingung zu der einfachen Regel zusammen: *Man setze in jedem Falle $x_0 = a$.*

Die Tabelle in Fig. 3.13b verdeutlicht anhand der Berechnung von $\sqrt{3}$ die schnelle Konvergenz. Nach nur 5 Iterationsschritten ist

$$\sqrt{3} \doteq 1{,}732050808$$

auf 10 Stellen ermittelt.

Die angegebene Methode ist eine der besten zur Berechnung von Quadratwurzeln. Die meisten Computerprogramme beruhen darauf. (Bei großem a werden zuerst Zweierpotenzen abgespalten: $a = a_0 2^{2k}$, mit $1 \leq a_0 < 4$, und dann aus a_0 und 2^{2k} gesondert die Wurzeln gezogen: $\sqrt{a} = \sqrt{a_0}2^k$.)

Übung 3.37:

Berechne mit dem Newtonverfahren die reellen Lösungen der Gleichung

$$x - \frac{x^5}{6} - \frac{3}{4} = 0.$$

Übung 3.38:

Gib ein Verfahren zur Berechnung von $\sqrt[3]{a}$ an ($a \in \mathbb{R}$ beliebig).

3.2.7 Bestimmung von Extremstellen

Wir behandeln das Problem, Maxima und Minima einer reellen Funktion zu finden. Diese Aufgabe tritt in Naturwissenschaft, Technik, Wirtschaftswissenschaft usw. häufig auf. Sie steht auch historisch mit am Anfang der Differential- und Integralrechnung und hat befruchtend auf ihre Entwicklung gewirkt.

Zunächst einige Begriffsbildungen, damit wir wissen, wovon wir reden.

Definition 3.6:

Man sagt, die Funktion $f : I \to \mathbb{R}$ (I Intervall) besitzt in $x_0 \in I$ ein *lokales Maximum*, wenn es eine ε-Umgebung U von x_0 gibt, in der $f(x_0)$ größter Funktionswert ist, d.h.

$$f(x_0) \geq f(x) \quad \text{für alle } x \in U \cap I$$

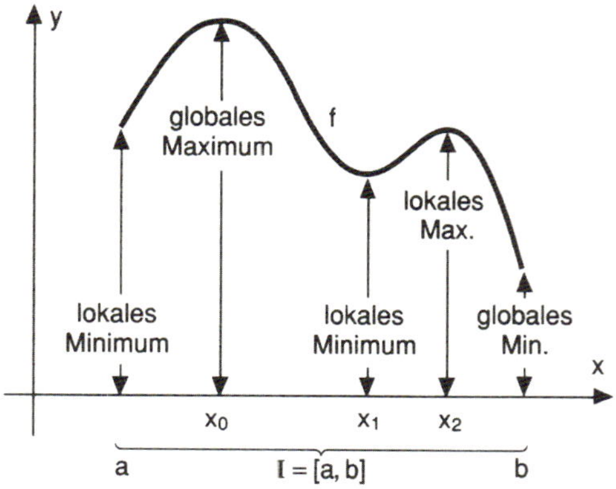

Fig. 3.14: Typen von Extremstellen

gilt. x_0 heißt eine *lokale Maximalstelle*, und die Zahl $f(x_0)$ ist das zugehörige *lokale Maximum*. Gilt sogar

$$f(x_0) > f(x) \quad \text{für alle } x \in U \cap I \text{ mit } x \neq x_0,$$

so spricht man von einem *echten* lokalen Maximum und einer *echten* lokalen Maximalstelle.

Entsprechend werden lokale *Minima* und *Minimalstellen* definiert, die ebenso echt oder unecht sein können.

Das »eigentliche« Maximum einer Funktion $f : I \to \mathbb{R}$, also der größte Funktionswert $f(x_0)$ auf ganz I, wird zur Unterscheidung von lokalen Maxima auch *globales* (oder *absolutes*) *Maximum* genannt. x_0 heißt dabei *globale* (oder *absolute*) *Maximalstelle*. Das globale Maximum ist natürlich auch lokales Maximum, aber nicht umgekehrt. Für Minima und Minimalstellen vereinbart man Entsprechendes. Fig. 3.14 verdeutlicht diese Begriffe.

Der Sammelbegriff für Maximum und Minimum ist *Extremum*, für Maximal- und Minimalstelle *Extremstelle*.

Wie kann man Extremstellen einer Funktion ermitteln? Sehen wir uns dazu Fig. 3.14 an: Wir erkennen, daß in den Maximalstellen x_0 und x_2, wie auch in der Minimalstelle x_1, *waagerechte* Tangenten an f vorliegen, d.h. die Ableitung f' von f verschwindet dort. x_0, x_1, x_2 sind dabei *innere* Punkte des Definitionsbereiches I von f. Extremalstellen können jedoch auch *Randpunkte* des Definitionsbereiches sein. Der linke Randpunkt a ist zweifellos eine lokale Minimalstelle, während der rechte Randpunkt b sogar eine absolute Minimalstelle von f ist. Diese Überlegungen führen zu folgendem Satz:

Satz 3.23:

Für jede lokale Extremstelle x_0 einer differenzierbaren Funktion f auf einem Intervall I gilt

(a) $f'(x_0) = 0$

oder:

(b) x_0 ist Randpunkt von I.

Beweis:
Es sei x_0 eine lokale Maximalstelle. Ist x_0 kein Randpunkt von I, so gibt es eine ε-Umgebung U von x_0, die ganz in I liegt, und in der $f(x_0) - f(x) \geq 0$ erfüllt ist. Daraus folgt

$$f'(x_0) = \lim_{\substack{x \to x_0 \\ x < x_0}} \frac{f(x_0) - f(x)}{x_0 - x} \geq 0, \qquad f'(x_0) = \lim_{\substack{x \to x_0 \\ x > x_0}} \frac{f(x_0) - f(x)}{x_0 - x} \leq 0,$$

also $f'(x_0) = 0$. (Analog für Minimalstellen.) □

Um die Extremstellen von f zu finden, hat man also die Gleichung

$$f'(x) = 0$$

zu lösen und anschließend die Lösungen — wie auch die Randpunkte von I — zu untersuchen.

Die Entdeckung dieser Tatsache gelang Leibniz 1675, und er war mit Recht sehr stolz darauf.

In der Menge der Lösungen von $f'(x) = 0$ — zuzüglich der Randpunkte von I — sind also alle Extremstellen von f enthalten. Umgekehrt jedoch braucht nicht jeder Punkt dieser Menge Extremstelle zu sein!

Man denke z.B. an die Funktion $f(x) = x^3$ auf $\mathbb{R}$ (s. Fig. 3.15). Für sie gilt zwar $f'(0) = 0$, doch ist $x_0 = 0$ weder lokale Maximal- noch Minimalstelle.

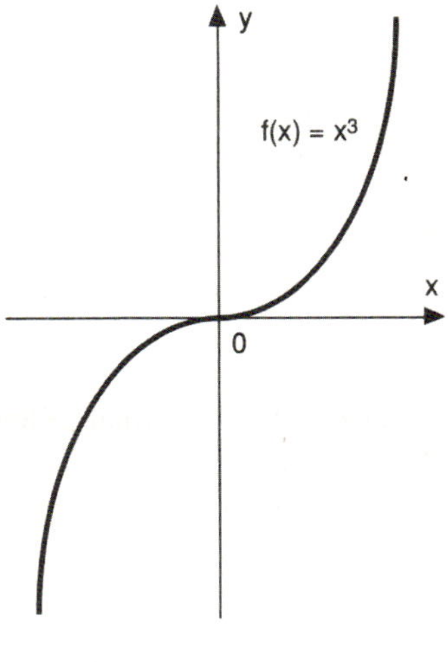

Fig. 3.15: Beispiel für einen Punkt x_0 mit $f'(x_0) = 0$, wobei x_0 *keine* Extremstelle ist (hier $x_0 = 0$).

Es muß also ein Kriterium her, welches uns zu erkennen hilft, welche Lösungen von $f'(x) = 0$

Extremstellen sind. Ein hinreichendes Kriterium liefert der folgende Satz. Es handelt sich um das wichtigste Kriterium dieser Art.

Satz 3.24:
Ist $f : I \to \mathbb{R}$ (I Intervall) zweimal stetig differenzierbar und gilt $f'(x_0) = 0$ für einen Punkt $x_0 \in I$, so folgt:

$$\begin{aligned} f''(x_0) < 0 &\quad\Longrightarrow\quad \text{in } x_0 \text{ liegt ein echtes lokales Maximum,} \\ f''(x_0) > 0 &\quad\Longrightarrow\quad \text{in } x_0 \text{ liegt ein echtes lokales Minimum.} \end{aligned}$$

Beweis:
Wir notieren die Taylorformel für f um x_0, und zwar für $n = 1$:

$$f(x) = f(x_0) + f'(x_0)(x - x_0) + \frac{f''(\xi)}{2}(x - x_0)^2 .$$

Das letzte Glied ist das Lagrangesche Restglied mit einem ξ zwischen x und x_0. Wir wollen $f''(x_0) > 0$ annehmen. Da f'' stetig ist, gilt $f''(x) > c > 0$ in einer δ–Umgebung U von x_0 (c konstant). Beachtet man noch $f'(x_0) = 0$, so folgt aus der Taylorentwicklung

$$f(x) > f(x_0) + \frac{c}{2}(x - x_0)^2 > f(x_0) \quad \text{für alle } x \in U \cap I \text{ mit } x \neq x_0,$$

d.h. x_0 ist echte lokale Minimalstelle.

Analog folgert man aus $f''(x_0) < 0$ und $f'(x_0) = 0$, daß x_0 echte lokale Maximalstelle ist. □

Damit gewinnt man die folgende Methode zur Extremwert-Bestimmung bei zweimal stetig differenzierbaren Funktionen $f : I \to \mathbb{R}$ (I Intervall).

Verfahren zur Bestimmung von Extremstellen

(I) Man errechnet sämtliche Lösungen der Gleichung

$$f'(x) = 0 , \qquad x \in I ,$$

(mit dem Newtonschen Verfahren oder direkten Auflösungsformeln). Wir nehmen an, daß es endlich viele sind.

(II) Für jede Lösung x_0 von $f'(x) = 0$ bestimmt man $f''(x_0)$. x_0 ist eine lokale Maximalstelle, falls $f''(x_0) < 0$, x_0 ist eine lokale Minimalstelle, falls $f''(x_0) > 0$. Wir wollen annehmen, daß kein anderer Fall vorkommt. (Das trifft für die meisten Anwendungen zu. Der Fall $f''(x_0) = 0$ wird in Übung 3.44 im nachfolgenden Abschnitt behandelt.)

(III) Dann errechnet man die Funktionswerte $f(x_0)$ für alle Lösungen x_0 von $f'(x) = 0$ sowie für die Randpunkte von I (sofern sie zum Definitionsbereich von f gehören.). Damit sind alle lokalen Extrema gefunden.

(IV) Ist I beschränkt und abgeschlossen, so findet man unter den lokalen Extrema leicht das globale Maximum und das globale Minimum heraus.

Bemerkung: Gibt es unendlich viele Nullstellen von f', oder gilt $f''(x) = 0$ für einige dieser Nullstellen, so hat man weitere Untersuchungen durchzuführen (Betrachtung höherer Ableitungen usw.). In den meisten Fällen kommt man aber mit dem obigen Verfahren zurecht.

Beispiel 3.31:
Wir suchen die Extremstellen der Funktion

$$f(x) = \mathrm{e}^x - 2x + 1\,, \quad \text{für } x \in \mathbb{R}$$

(I) Dazu setzen wir $f'(x) = \mathrm{e}^x - 2$ gleich Null:

$$\mathrm{e}^x - 2 = 0 \iff \mathrm{e}^x = 2 \iff x = \ln 2\,.$$

Einzige Nullstelle von f' ist also $x_0 = \ln 2 \doteq 0{,}693147$.

(II) Für diese Nullstelle ist $f''(x_0) = \mathrm{e}^{x_0} > 0$, also liegt in x_0 eine echtes lokales Minimum vor.

(III) Randpunkte von $\mathbb{R}$ gibt es nicht. Also ist x_0 einzige Extremstelle und damit auch die globale Minimalstelle von f. Die Zahl $f(x_0) \doteq 1{,}613706$ ist damit das globale Minimum von f.

Beispiel 3.32:
Es soll unter allen Rechtecken mit gleichem Flächeninhalt F dasjenige mit kleinstem Umfang gesucht werden. Welche Form hat es?

Wir greifen uns irgendeines der Rechtecke heraus. Für seine Seitenlängen x und y gilt $F = x \cdot y$, und für den Umfang $u = 2(x + y)$. Wir setzen $y = F/x$ ein und erhalten

$$u = 2\left(x + \frac{F}{x}\right), \quad x > 0\,.$$

Das globale Minimum dieser Funktion soll gesucht werden. Wir errechnen die positiven Nullstellen der Ableitung $u' = 2(1 - F/x^2)$:

$$2\left(1 - \frac{F}{x^2}\right) = 0 \iff x = \sqrt{F}\,.$$

Die zweite Ableitung $u'' = 4F/x^3$ ist an dieser Stelle positiv, also liegt bei $x_0 = \sqrt{F}$ eine Minimalstelle. Es ist die gesuchte, da es keine weitere gibt. $x_0 = \sqrt{F}$ ist aber die Seitenlänge eines Quadrates mit Inhalt F. Die optimale Form ist also das Quadrat.

Weitere Beispiele aus Technik und Naturwissenschaft sind im Abschn. 3.3.6 angegeben.

Übung 3.39:

Bestimme alle Extremalstellen der Funktion

$$f(x) = x^4 - 0{,}4x - 3{,}9x^2 + 4{,}6x - 9$$

auf dem Definitionsbereich $I = [-10, 10]$.

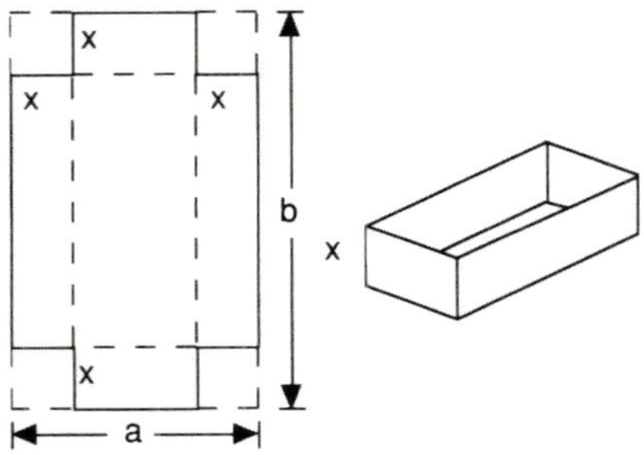

Fig. 3.16: Kasten mit größtem Volumen

Übung 3.40*:

Aus einem rechteckigen Blech mit den Seitenlängen $a = 50\,\text{cm}$, $b = 80\,\text{cm}$, soll nach Herausschneiden quadratischer Eckstücke ein Kasten mit größtmöglichem Volumen geknickt werden (Kasten ohne Deckel). Wie groß ist die Höhe x des Kastens? (Vgl. Fig. 3.16)

3.2.8 Kurvendiskussion

Schaubilder von Funktionen werden gerade von Ingenieuren viel verwendet. Um den wesentlichen Verlauf einer reellen Funktion zu überblicken, geht man zweckmäßig die folgenden Gesichtspunkte der Reihe nach durch. (Auf Computerbildschirmen lassen sich leicht Schaubilder von Funktionen erstellen. Sie ergänzen die Kurvendiskussion graphisch und numerisch.)

(I) Definitionsbereich: Zuerst bestimme man den Definitionsbereich einer vorgelegten Funktion f, die von einer reellen Variablen abhängt. Da $f(x)$ häufig formelmäßig gegeben ist, muß geprüft werden, für welche reellen x der Formelausdruck sinnvoll ist. (Für $\sqrt{x}$ muß z.B. $x \geq 0$ sein, für $1/x$ muß $x \neq 0$ sein usw.) Beschreibt $f(x)$ z.B. eine Länge, eine Masse oder eine absolute Temperatur, so ist nur $x \geq 0$ sinnvoll. Definitionsbereiche sind in Anwendungsbeispielen normalerweise Intervalle oder Vereinigungen endlich vieler Intervalle.

(II) Symmetrie: Man prüfe, ob f eine *gerade Funktion* (d.h. $f(-x) = f(x)$) oder *ungerade Funktion* (d.h. $f(-x) = -f(x)$) ist (evtl. nach »Nullpunktverschiebung« $x' = x - x_0$, $y' = y - y_0$).

(III) Nullstellen von f, f′, f″: Man berechne die Nullstellen von f, f' und f'' und bestimme so die Intervalle, in denen diese Funktionen positiv bzw. negativ sind. Damit ist insbesondere klar, wo f

positiv bzw. *negativ* ($f(x) > 0$ bzw. $f(x) < 0$)
streng monoton wachsend bzw. *fallend* ($f'(x) > 0$ bzw. $f'(x) < 0$)
streng konvex bzw. *konkav* ($f''(x) > 0$ bzw. $f''(x) < 0$)

ist.

(IV) Extremstellen: Die Nullstellen von f', zusammen mit den Vorzeichen von f'', liefern lokale Maxima und Minima. Man vergesse nicht die Randpunkte des Definitionsbereiches. (In Punkten x mit $f'(x) = f''(x) = 0$ sind Sonderuntersuchungen durchzuführen, s. Übung 3.44.)

(V) Wendepunkte: Man bestimme die Wendepunkte von f. Als Wendepunkt bezeichnet man dabei jeden »Nulldurchgang« x_0 von f'' (d.h. x_0 ist Nullstelle von f'', und es gibt eine ε-Umgebung U um x_0, in der links von x_0 die Funktionswerte von f'' ein anderes Vorzeichen haben als rechts von x_0). Eine hinreichende Bedingung für Wendepunkte x_0 ist $f''(x_0) = 0$, $f'''(x_0) \neq 0$. (f dreimal stetig differenzierbar vorausgesetzt. Für den Fall $f''(x_0) = f'''(x_0) = 0$ s. 3.44.)

Beim Durchgang durch einen Wendepunkt wechselt die Funktion von streng *konvexem* zu streng *konkavem* Verhalten, oder umgekehrt. Da f in einer Umgebung eines Wendepunktes *nahezu eine Gerade* ist, sind die Wendepunkte technisch oft wichtig (etwa bei Federkennlinien oder Kennlinien von Verstärkern).

(VI) Pole, einseitige Grenzwerte: Ist x_0 ein Häufungspunkt des Definitionsbereiches, gehört aber nicht dazu, so bestimme man

$$\lim_{\substack{x \to x_0 \\ x > x_0}} f(x) \quad \text{und} \quad \lim_{\substack{x \to x_0 \\ x < x_0}} f(x)$$

und entsprechend für f', falls möglich. Gilt $\lim_{x \to x_0} |f(x)| = \infty$, so heißt x_0 ein *Pol* von f (s. Abschn. 1.6.8). Man ermittle die Pole von f. Ist beispielsweise $f(x) = g(x)/h(x)$, so sind die Nullstellen x_0 von h Pole, in denen $g(x_0) \neq 0$ ist. Im Falle $g(x_0) = h(x_0) = 0$ versuche man $\lim_{x \to x_0} f(x)$ durch die de l'Hospitalschen Regeln zu gewinnen.

(VII) Verhalten für große |x|, Asymptoten: Man versuche $\lim_{x \to \infty} f(x)$ und $\lim_{x \to -\infty} f(x)$ zu bestimmen, falls möglich. Allgemeiner suche man nach »einfachen« Funktionen h mit

$$|f(x) - h(x)| \to 0 \quad \text{für } x \to \infty \text{ bzw. } x \to -\infty.$$

Jede solche Funktion h heißt eine *Asymptote* von f. In Abschn. 2.2.1 ist dargestellt, wie man *Asymptoten von rationalen Funktionen* berechnet. Die Asymptoten sind dabei Polynome. Besonders interessant sind Geraden als Asymptoten. Eine Gerade als Asymptote tritt genau dann auf, wenn der Grad des Zählerpolynoms um höchstens 1 größer ist als der des Nennerpolynoms.

Beispiel 3.33:
Es soll die Funktion

$$f(x) = \frac{x^4 - 5x^2 + 2}{2x^3} \tag{3.110}$$

nach den genannten Gesichtspunkten »diskutiert« werden.

(I) Der *Definitionsbereich* von f ist $\mathbb{R} \setminus \{0\}$ (d.h. $\mathbb{R}$ ohne 0), da der Formelausdruck (3.110) für $x = 0$ keinen Sinn ergibt.

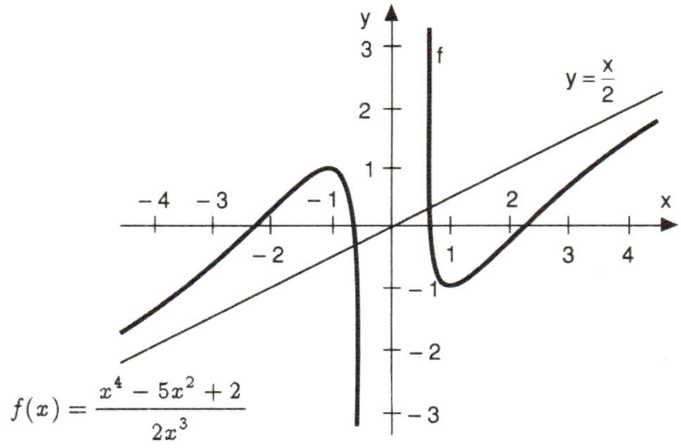

Fig. 3.17: $f(x) = \frac{x^4 - 5x^2 + 2}{2x^3}$

(II) *Symmetrie*: Es gilt zweifellos $f(-x) = -f(x)$ für alle $x \neq 0$. f ist also eine *ungerade Funktion*. Ihr Graph liegt zentralsymmetrisch zum Punkt (0, 0). Aus diesem Grunde diskutieren wir im Folgenden nur $x > 0$, da für $x < 0$ sich alle Eigenschaften durch diese Symmetrie ergeben.

(III) Die *Nullstellen von f* ergeben sich aus $x^4 - 5x^2 + 2 = 0$. Setzen wir $z = x^2$, so ist $z^2 - 5z + 2 = 0$ zu lösen. Man errechnet die Lösungen $z_1 = (5 - \sqrt{17})/2$, $z_2 = (5 + \sqrt{17})/2$, woraus sich die *positiven Nullstellen* von f ergeben:

$$x_1 = \sqrt{\frac{5 - \sqrt{17}}{2}} \doteq 0{,}662\,, \; x_2 = \sqrt{\frac{5 + \sqrt{17}}{2}} \doteq 2{,}136\,.$$

Die *Nullstellen* von

$$f'(x) = \frac{x^4 + 5x^2 - 6}{2x^4} \quad \text{und} \quad f''(x) = \frac{12 - 5x^2}{x^5}$$

errechnet man durch Nullsetzen der Zählerpolynome. Man erhält

$$x_3 = 1 \;\text{(positive Nullstelle von } f'\text{)}, \quad x_4 = \sqrt{\frac{12}{5}} \doteq 1{,}549 \;\text{(positive Nullstelle von } f''\text{)}.$$

Durch Berechnung einiger weiterer Werte von f, f', f'' erkennt man:

In $(0, x_1)$ und (x_2, ∞) ist f *positiv*,
in (x_1, x_2) ist f *negativ*,
in $(0, x_3)$ ist $f'(x) < 0$, also f streng monoton *fallend*,
in (x_3, ∞) ist $f'(x) > 0$, also f streng monoton *steigend*,
in $(0, x_4)$ ist $f''(x) > 0$, also f streng *konvex*,
in (x_4, ∞) ist $f''(x) < 0$, also f streng *konkav*.

(IV) Einzige positive Nullstelle von f' ist $x_3 = 1$. Es gilt $f''(x_3) > 0$, d.h. $x_3 = 1$ ist eine *lokale Minimalstelle* mit dem lokalen Minimum $f(1) = -1$. $x_3 = 1$ ist die einzige Extremstelle in $(0, \infty)$.

(V) Einziger Wendepunkt in $(0, \infty)$ ist $x_4 = \sqrt{12/5}$, denn x_4 ist einzige positive Nullstelle von f'', wobei $f'''(x_4) \neq 0$ erfüllt ist.

(VI) In 0 liegt ein *Pol* von f, da der Nenner in (3.110) für $x = 0$ verschwindet, der Zähler aber nicht. Es ist

$$\lim_{\substack{x \to 0 \\ x > 0}} f(x) = +\infty\,, \qquad \lim_{\substack{x \to 0 \\ x < 0}} f(x) = -\infty\,.$$

(VII) $f(x)$ läßt sich umschreiben in

$$f(x) = \frac{x}{2} + \frac{-5x^2 + 2}{2x^3}$$

(Bei komplizierten rationalen Funktionen benutzt man den Divisionsalgorithmus für Polynome, s. Abschn. 2.1.6). Das zweite Glied rechts strebt für $|x| \to \infty$ gegen 0, so daß $f(x)$ und $x/2$ sich für große $|x|$ beliebig wenig unterscheiden. D.h.: Die Gerade $h(x) = \dfrac{x}{2}$ ist Asymptote von f. Der Graph von f kommt also für große $|x|$ dem Graphen von h beliebig nahe.

Damit haben wir einen guten Überblick über die Funktion f gewonnen. Das Schaubild (s. Fig. 3.17) läßt sich mit diesen Angaben, vermehrt um einige wenige Funktionswerte, skizzieren.

Bemerkung: Heute, im Zeitalter des Computers, hat man in kurzer Zeit (mit Programmierung in ca. fünf Minuten) ein Schaubild sowie eine Tabelle von etwa 100 Funktionswerten erstellt, die ebenfalls einen Überblick über die Funktion geben. Die Kurvendiskussion liefert aber einen tieferen Einblick in den funktionalen Zusammenhang, sozusagen einen Blick »hinter die Kulissen«, weswegen diese Methode nach wie vor wertvoll ist.

Wie wichtig Wendepunkte, Extremstellen und Asymptoten in Physik und Technik sind, zeigt die Diskussion der van der Waalsschen Gasgleichung.

Beispiel 3.34:
Die *van der Waalssche*[11] *Zustandsgleichung für reale* Gase lautet

$$\left(p + \frac{n^2 a}{V^2}\right)(V - nb) = nRT\,. \tag{3.111}$$

Dabei sind p der Druck, V das Volumen, T die absolute Temperatur, n die in Mol angegebene Gasmenge, $R = 8{,}314\,\mathrm{J}/(\mathrm{K} \cdot \mathrm{Mol})$ die allgemeine Gaskonstante und a, b Stoffkonstanten. Wir

11 Johannes Diderik van der Waals (1837 – 1923), niederländischer Physiker

wollen p in Abhängigkeit von V studieren, d.h. wir lösen nach p auf und fassen V als unabhängige Variable auf:

$$p = f_{\mathrm{T}}(V) = \frac{nRT}{V - nb} - \frac{n^2 a}{V^2}\,. \tag{3.112}$$

Für verschiedene Temperaturen T bekommen wir verschiedene Funktionen, was durch den Index $_\mathrm{T}$ an f angedeutet ist.

Nur für niedrige Temperaturen läßt sich ein Gas unter steigendem Druck verflüssigen, genauer gesagt: unterhalb einer gewissen *kritischen Temperatur* T_k. Ist $T > T_\mathrm{k}$, so bleibt das Gas selbst unter beliebig hohem Druck gasförmig. Die kritische Temperatur T_k ist mathematisch dadurch gekennzeichnet, daß die zugehörige Funktion $p = f_{\mathrm{T_k}}(V)$ einen Wendepunkt mit waagerechter Tangente besitzt. Der Wendepunkt V_k wird *kritisches Volumen* genannt, der zugehörige Wert $p_\mathrm{k} = f_{\mathrm{T_k}}(V_\mathrm{k})$ *kritischer Druck*. Das Problem besteht also darin, T_k, V_k und p_k zu finden. Man berechnet dazu

$$p' = f_{\mathrm{T}}'(V) = -\frac{nRT}{(V - nb)^2} + \frac{2n^2 a}{V^3}\,, \qquad p'' = f_{\mathrm{T}}''(V) = \frac{2nRT}{(V - nb)^3} - \frac{6n^2 a}{V^4}\,. \tag{3.113}$$

Es ist $f_{\mathrm{T}}'(V) = 0$ und $f_{\mathrm{T}}''(V) = 0$ zu setzen, d.h.

$$\frac{nRT}{(V - nb)^2} = \frac{2n^2 a}{V^3}\,, \qquad \frac{2nRT}{(V - nb)^3} = \frac{6n^2 a}{V^4}\,. \tag{3.114}$$

Dividiert man die Seiten der linken Gleichung durch die entsprechenden Seiten der rechten Gleichung und schreibt $V = V_\mathrm{k}$, so folgt

$$\frac{V_\mathrm{k} - nb}{2} = \frac{V_\mathrm{k}}{3}\,, \quad \text{und daraus} \quad V_\mathrm{k} = 3nb\,. \tag{3.115}$$

Einsetzen in (3.114) und (3.112) liefert die kritischen Größen $T = T_\mathrm{k}$ und $p = p_\mathrm{k}$:

$$T_\mathrm{k} = \frac{8a}{27bR}\,, \qquad p_\mathrm{k} = \frac{a}{27b^2}\,. \tag{3.116}$$

Aus gemessenen Werten T_k und p_k können hieraus a und b bestimmt werden.

Mit den neuen Variablen

$$\tau = \frac{T}{T_\mathrm{k}}\,, \qquad x = \frac{V}{V_\mathrm{k}}\,, \qquad y = \frac{p}{p_\mathrm{k}}\,.$$

geht die Gasgleichung bzw. die aufgelöste Gl. (3.112) über in

$$\left(y + \frac{3}{x^2}\right)\left(x - \frac{1}{3}\right) = \frac{8}{3}\tau \quad \text{bzw.} \quad y = g_\tau(x) := \frac{8\tau}{3x - 1} - \frac{3}{x^2}\,. \tag{3.117}$$

Es folgt

$$y' = g'_\tau(x) = -\frac{24\tau}{(3x-1)^2} + \frac{6}{x^3}, \qquad y'' = g''_\tau(x) = \frac{144\tau}{(3x-1)^3} - \frac{18}{x^4}. \tag{3.118}$$

Hierauf baut man die Kurvendiskussion der Funktionen $y = g_\tau(x)$ auf:

Der Nenner $(3x - 1)$ muß positiv sein, damit ein zusammenhängender Graph von g_τ entsteht, wie er für die Physik einzig sinnvoll ist. Also:

$$3x - 1 > 0, \quad \text{d.h.} \quad x > \frac{1}{3},$$

d.h. Definitionsbereich von g_τ ist $\left(\frac{1}{3}, \infty\right)$.

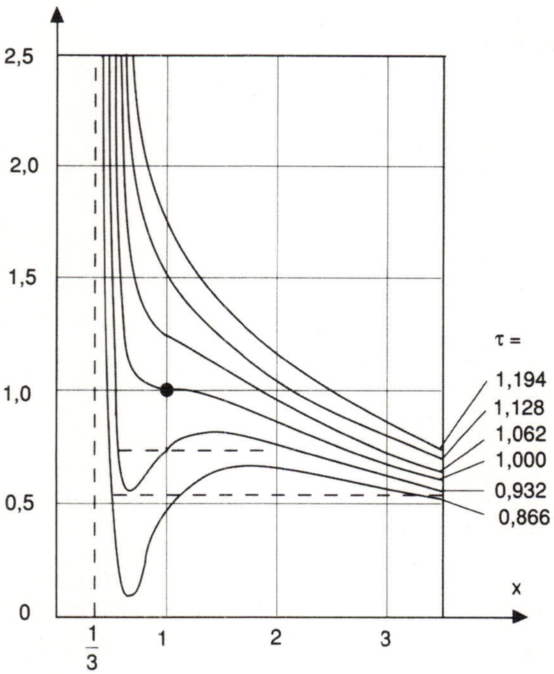

Fig. 3.18: Zur van der Waalsschen Gleichung

Für $\tau > 1$ hat g_τ keine Extrema, für $\tau = 1$ (kritische Funktion g_1) liegt bei $x = 1$ ein Wendepunkt mit waagerechter Tangente, ein zweiter Wendepunkt liegt bei $x \doteq 1{,}878$ mit $y \doteq 0{,}8758$. Für $\tau < 1$ treten Extrema und Wendepunkte auf, die der Leser für einzelne τ–Werte bestimmen möge. Fig. 3.18 zeigt die Graphen einiger Funktionen g_τ. Für große τ nähert sich g_τ der Zustandsfunktion *idealer Gase*.

Im Falle $\tau < 1$ verhält sich das Gas in Wirklichkeit so, wie durch die waagerechten gestrichelten Linien dargestellt. Hier ist das Gas teilweise verflüssigt (vgl. [29], S. 465).

Übung 3.41:

Führe für folgende Funktionen Kurvendiskussionen durch:

(a) $f(x) = \frac{x^2 - 1}{x^2 + 4x + 5}$, (b) $f(x) = x^2\sqrt{x+4}$, (c) $f(x) = \frac{6x^3}{(3x-1)^2}$,

(d) $f(x) = x^x = e^{x \ln x}$, (e) $f(x) = \frac{1}{\sqrt{2\pi}} e^{-x^2/2}$, (f) $f(x) = x\, e^{-1/x}$.

Übung 3.42:

Wieviele Lösungen besitzen die folgenden Gleichungen? Man beantworte dies mit Kurvendiskussionen, insbesondere durch das Bestimmen der Intervalle, in denen die Funktionen streng monoton wachsen oder fallen.

(a) $\ln x - \frac{x}{2} + 1 = 0$, (b) $\cos x = x^2 - x^4$,

(c) $e^x = 2 + 2x + x^2$, (d) $\arctan x = 1 + 2x - x^2$.

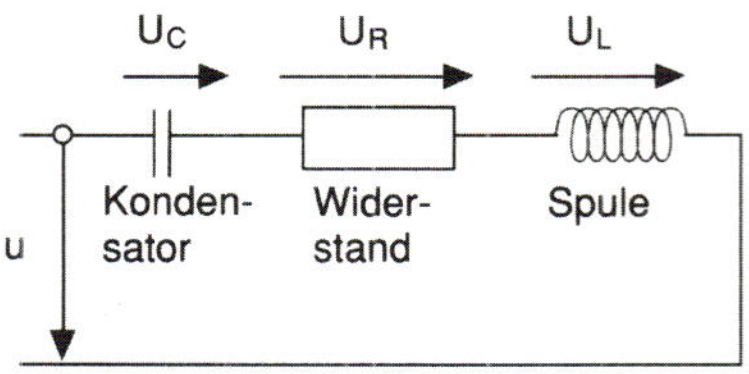

Fig. 3.19: Zur Abhängigkeit der effektiven Spannung von der Frequenz eines Schwingkreises.

Übung 3.43:

[12] Die *Resonanzkurven* eines elektrischen Schwingkreises (s. Fig. 3.19) sollen untersucht werden. Dabei sei U_e der Effektivwert der erregenden Spannung u, die mit der Kreisfrequenz ω harmonisch schwingt. Die Effektivwerte der Teilspannungen U_C, U_R, U_L in Fig. 3.19 lauten dann

$$U_C = \frac{U_e}{C\sqrt{\left(\omega^2 L - \frac{1}{C}\right)^2 + (\omega R)^2}}, \qquad U_R = \frac{U_e R}{C\sqrt{\left(\omega L - \frac{1}{\omega C}\right)^2 + R^2}},$$

$$U_L = \frac{U_e L}{C\sqrt{\left(L - \frac{1}{\omega C}\right)^2 + \left(\frac{R}{\omega}\right)^2}},$$

mit: C = Kapazität, R = Widerstand, L = Induktivität.

12 Nach [4], S. 37

Zur Untersuchung der Abhängigkeit von ω ist es zweckmäßig, »dimensionslose« Größen zu verwenden. Mit der »Kenn-Kreisfrequenz« $\omega_0 := 1/\sqrt{LC}$ verwenden wir

$$x := \frac{\omega}{\omega_0}, \qquad y_C := \frac{U_C}{U_e}, \qquad y_R := \frac{U_R}{U_e}, \qquad y_L := \frac{U_L}{U_e}$$

und errechnen mit dem »Dämpfungsfaktor« $d := R\sqrt{C/L}$ und der Abkürzung $N(x) := \sqrt{(x^2-1)^2 + x^2 d^2}$:

$$y_C = \frac{1}{N(x)}, \qquad y_R = \frac{xd}{N(x)}, \qquad y_L = \frac{x^2}{N(x)}. \tag{3.119}$$

Die dadurch definierten drei Funktionen f_C, f_R und f_L sind zu diskutieren, wobei $x \geq 0$ ist. Man suche insbesondere die Maximalstellen, die den Resonanzfrequenzen entsprechen. Ferner gebe man die Schnittpunkte der Graphen von f_C, f_R und f_L an. Die Graphen sind für $d = 0{,}6$ zu zeichnen. Man überlege, was passiert, wenn der Dämpfungsfaktor gegen Null strebt!

Übung 3.44:

Es sei $f : I \to \mathbb{R}$ $(n+1)$-mal stetig differenzierbar und x_0 ein innerer Punkt des Intervalls I.

(a) Zeige: Gilt

$$f'(x_0) = f''(x_0) = \ldots = f^{(n)}(x_0) = 0 \quad \text{und} \quad f^{(n+1)}(x_0) \neq 0,$$

wobei n *ungerade* ist, so liegt in x_0 ein Extremum (Maximum, wenn $f^{(n+1)}(x_0) < 0$, Minimum, wenn $f^{(n+1)}(x_0) > 0$).

(b) Beweise: Gilt

$$f''(x_0) = f'''(x_0) = \ldots = f^{(n)}(x_0) = 0 \quad \text{und} \quad f^{(n+1)}(x_0) \neq 0,$$

wobei n *gerade* ist, so ist x_0 ein *Wendepunkt*.

Anleitung: Sei $f^{(n+1)}(x_0) > 0$. Man zeige, daß $f^{(n)}$, $f^{(n-1)}$, $f^{(n-2)}$, …, abwechselnd einen Nulldurchgang bzw. ein strenges lokales Minimum in x_0 haben.

3.3 Anwendungen

Aus der Vielzahl der Anwendungen der Differentialrechnung werden einige typische Beispiele beschrieben, die stellvertretend für ähnliche Probleme stehen.

3.3.1 Bewegung von Massenpunkten

Dieser Problemkreis ist — bei Newton — der Ausgangspunkt für die »Erfindung« der Differential- und Integralrechnung. Dabei wird die Bewegung eines Massenpunktes in einem räumlichen cartesischen Koordinatensystem betrachtet. Die *Bewegung* wird durch drei Funktionen

$$x(t), \quad y(t), \quad z(t) \quad (t \in [t_0, t_1])$$

beschrieben, welche die drei Koordinaten des Massenpunktes zur Zeit t angeben. Wir wollen diese Funktionen als zweimal stetig differenzierbar annehmen. Man faßt die Funktionen zu einem *Tripel* zusammen:

$$\boldsymbol{r}(t) = \begin{bmatrix} x(t) \\ y(t) \\ z(t) \end{bmatrix}, \tag{3.120}$$

d.h. man schreibt sie senkrecht untereinander, klammert sie ein und beschreibt das so entstandene »Tripel« durch $\boldsymbol{r}(t)$. [13]

Die Geschwindigkeit des Massenpunktes bekommen wir durch Differenzieren der drei Funktionen, wobei die Ableitung durch einen Punkt über dem Funktionssymbol gekennzeichnet werden soll: $\dot{x}(t) := \frac{\mathrm{d}}{\mathrm{d}t}x(t)$ usw. (dies ist bei Ableitungen nach der Zeit in Physik und Technik üblich). Somit erhalten wir die *Geschwindigkeit* des Massenpunktes als folgendes Tripel:

$$\dot{\boldsymbol{r}}(t) = \begin{bmatrix} \dot{x}(t) \\ \dot{y}(t) \\ \dot{z}(t) \end{bmatrix}. \tag{3.121}$$

Entsprechend ergibt sich die *Beschleunigung* des Massenpunktes durch zweimaliges Ableiten, gekennzeichnet durch zwei Punkte über den Funktionssymbolen:

$$\ddot{\boldsymbol{r}}(t) = \begin{bmatrix} \ddot{x}(t) \\ \ddot{y}(t) \\ \ddot{z}(t) \end{bmatrix}. \tag{3.122}$$

Beispiel 3.35:

(*Gleichförmige Drehbewegung, Fliehkraft*) Bewegt sich ein Massenpunkt der Masse m auf einer Kreisbahn mit konstanter Winkelgeschwindigkeit $\omega > 0$, so kann seine Bewegung durch

$$\boldsymbol{r}(t) = \begin{bmatrix} \rho\cos(\omega t) \\ \rho\sin(\omega t) \end{bmatrix}, \quad t \in \mathbb{R}, \quad \rho > 0, \tag{3.123}$$

beschrieben werden (Kreisbahn um $\mathbf{0}$ mit Radius ρ). Die dritte Komponente $z(t)$ ist konstant gleich Null und daher in (3.123) weggelassen. Man errechnet daraus die Geschwindigkeit $\dot{\boldsymbol{r}}$ und die Beschleunigung $\ddot{\boldsymbol{r}}$ durch Differenzieren:

$$\dot{\boldsymbol{r}}(t) = \begin{bmatrix} -\omega\rho\sin(\omega t) \\ \omega\rho\cos(\omega t) \end{bmatrix}, \qquad \ddot{\boldsymbol{r}}(t) = \begin{bmatrix} -\omega^2\rho\cos(\omega t) \\ -\omega^2\rho\sin(\omega t) \end{bmatrix}.$$

Zieht man im Ausdruck ganz rechts den Faktor $-\omega^2$ vor die Klammer[14] , so kann man die

---

13 Solche Tripel werden auch *Vektoren* (im dreidimensionalen Raum) genannt. Eine kurze Einführung in die Vektorrechnung findet der Leser in Abschn. 6.1, eine ausführliche in Burg/Haf/Wille (Lineare Algebra) [9]. Der vorliegende Abschnitt ist aber in sich verständlich, so daß der Leser vorerst nicht nachzuschlagen braucht.

14 Man vereinbart allgemein $\lambda \begin{bmatrix} x \\ y \end{bmatrix} := \begin{bmatrix} \lambda x \\ \lambda y \end{bmatrix}$ für reelle Zahlen λ (und entsprechendes für Tripel), vgl. Abschn. 6.1.

Beschleunigung in der Form schreiben

$$\ddot{\boldsymbol{r}}(t) = -\omega^2 \begin{bmatrix} \rho \sin(\omega t) \\ \rho \cos(\omega t) \end{bmatrix}, \quad \text{d.h.} \quad \ddot{\boldsymbol{r}}(t) = -\omega^2 \boldsymbol{r}(t). \tag{3.124}$$

Der so errechnete Ausdruck $-\omega^2 \boldsymbol{r}(t)$ heißt die *Zentripetalbeschleunigung*. Multipliziert man sie mit der Masse m, also $m\ddot{\boldsymbol{r}}(t) = -m\omega^2 \boldsymbol{r}(t)$, so erhält man (nach dem 1. *Newtonschen Grundgesetz* der Mechanik) die *Zentripetalkraft*, die auf den Massenpunkt wirkt. Ihre Gegenkraft

$$m\omega^2 \boldsymbol{r}(t) \tag{3.125}$$

heißt *Zentrifugalkraft* oder *Fliehkraft*.

Der Abstand des Bahnpunktes $\boldsymbol{r}(t)$ von $\boldsymbol{0}$ ist der Radius ρ des Kreises. Man nennt diesen Abstand den *Betrag* von $\boldsymbol{r}(t)$, beschrieben durch $|\boldsymbol{r}(t)| = \rho$. Entsprechend ist $m\omega^2\rho$ der »Betrag« der Fliehkraft.

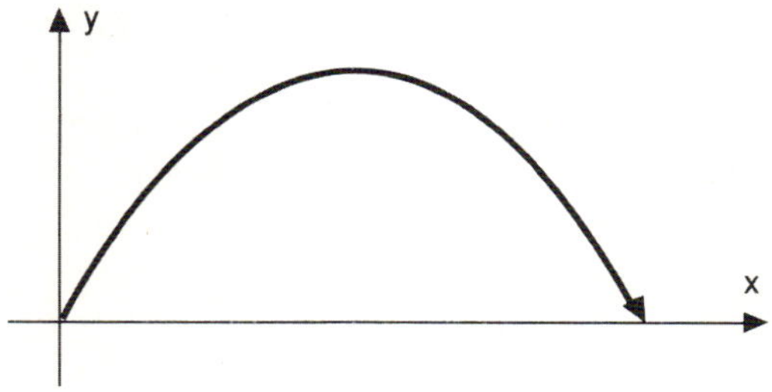

Fig. 3.20: Wurfparabel

Beispiel 3.36:

(*Wurf und freier Fall, ohne* Berücksichtigung der *Reibung*) Ein Massenpunkt der Masse m werde senkrecht nach oben geworfen, und zwar mit der Anfangsgeschwindigkeit $v_0 \geq 0$. Der Abwurfpunkt sei der Nullpunkt einer nach oben weisenden y-Achse. Auf den Massenpunkt wirkt die Gravitationskraft $-mg$ mit der Erdbeschleunigung $g = 9{,}81 \mathrm{m/s}^2$. (Dies gilt, genau genommen, nur für kleine Wurfhöhen von einigen 100 Metern, da für große Höhen die Kraft merkbar abnimmt — nach dem Gravitationsgesetz.) Nach dem 1. Newtonschen Grundgesetz (Kraft = Masse $\times$ Beschleunigung) ist damit

$$-mg = m\ddot{y}(t) .$$

Das Minuszeichen links drückt aus, daß die Kraft nach unten gerichtet ist, also in Gegenrichtung der y-Achse. Es folgt

$$\ddot{y}(t) = -g$$

und daraus $\dot{y}(t) = -gt + a$ mit einer Konstanten a. (Man prüft dies durch Differenzieren von

$\dot{y}(t)$ leicht nach.) Die Funktion $y(t)$ muß damit die Gestalt

$$y(t) = -\frac{g}{2}t^2 + at + b$$

(b konstant) haben, was man durch Differenzieren wiederum überprüft. [15] Wird der Massenpunkt zum Zeitpunkt 0 losgeworfen, d.h. gilt $y(0) = 0$, so muß $b = 0$ sein. Ferner soll nach Voraussetzung $\dot{y}(0) = v_0$ gelten, woraus $a = v_0$ folgt. Damit erhalten wir die Lösung

$$y(t) = -\frac{g}{2}t^2 + v_0 t\,, \qquad t \geq 0\,. \tag{3.126}$$

Diese Funktion beschreibt die Bewegung unseres Massenpunktes.[16] Wäre $v_0 < 0$, so kämen wir zur gleichen Funktion (3.126). Im Falle $v_0 = 0$ hätten wir den freien Fall (ohne Reibung) von der Ruhelage aus.

Würde der Massenpunkt schräg losgeworfen, d.h. hätte er zusätzlich eine Anfangsgeschwindigkeitskomponente u_0 in waagerechter x-Richtung, so folgte aus $\ddot{x}(t) \equiv 0$ (keine Querkraft) für den waagerechten Geschwindigkeitsanteil $\dot{x}(t) = u_0$. Daraus ergibt sich $x(t) = U_0 t + c$. Wegen $x(0) = 0$ ist aber $c = 0$, also

$$x(t) = u_0 t\,, \qquad t \geq 0\,. \tag{3.127}$$

Die Wurfbahn wird damit durch die beiden Funktionen $y(t)$, $x(t)$ in (3.126), (3.127) beschrieben, d.h. durch

$$\boldsymbol{r}(t) = \begin{bmatrix} u_0 t \\ -\frac{g}{2}t^2 + v_0 t \end{bmatrix}, \qquad t \geq 0\,. \tag{3.128}$$

Setzt man $t = x/u_0$ in $y = -\frac{g}{2}t^2 + v_0 t$ ein, so erhält man

$$y = -(g/(2u_0^2))x^2 + (v_0/u_0) \cdot x\,,$$

d.h. die Wurfbahn ist eine Parabel (s. Fig. 3.20).

Beispiel 3.37:

(*Wurf, mit Luftreibung*) Ohne Beweis geben wir an: Beim Wurf eines Massenpunktes unter Berücksichtigung der Luftreibungskraft, die proportional zur Geschwindigkeit angenommen wird — mit Proportionalitätkonstante $k > 0$ —, gelangen wir zu

$$y(t) = B\,\mathrm{e}^{-(k/m)t} - \frac{mg}{k}t + b\,, \qquad x(t) = A\,\mathrm{e}^{-(k/m)t} + a\,. \tag{3.129}$$

---

15 Allgemein gilt: Ist f' auf einem Intervall gegeben, so ist f dort bis auf eine additive Konstante eindeutig bestimmt. Denn für alle weiteren Funktionen g mit $g' = f'$ gilt $(f - g)' = 0$, also $f - g =$ konstant (nach Folgerung 3.5(a), Abschn. 3.1.5).

16 S. auch die Beispiele 2.7 und 2.9 in Abschn. 2.1.3.

m ist die Masse des Massenpunktes und A, B, a, b sind Konstante, die aus den Anfangsbedingungen bestimmt werden können (s. [56], Beisp. 5.27, S. 254, 255).

Bei den folgenden Übungen wird die Luftreibung vernachlässigt.

Übung 3.45:

Ein Massenpunkt werde von der Erdoberfläche aus abgeworfen, wobei $u_0 > 0$ und $v_0 > 0$ sei (s. (3.128)). Man berechne Wurfzeit (Bedingung $y(t) = 0, t > 0$), ferner Wurfweite, Wurfhöhe und Endgeschwindigkeit beim Aufschlagen.

Übung 3.46:

Ein Massenpunkt werde von einem 30 m hohen Turm schräg aufwärts unter einem Winkel von 30° abgeworfen. Wie groß müssen die Anfangsgeschwindigkeits-Komponenten v_0 und u_0 in vertikaler bzw. horizontaler Richtung sein, wenn der Massenpunkt 60 m vom Turmfuß entfernt auf dem Erdboden aufschlagen soll?

3.3.2 Fehlerabschätzung

Beispiel 3.38:

(*Würfelvolumen*) Die Kantenlänge x eines Würfels wird gemessen. Aufgrund der Meßungenauigkeit läßt sich nur sagen, daß die Ungleichung $8{,}6\,\text{cm} \le x\,\text{cm} \le 8{,}8\,\text{cm}$ gilt. Für das Volumen $V = x^3$ erhält man

$$8{,}6^3 = 636{,}056 \le V \le 681{,}472 = 8{,}8^3\,. \tag{3.130}$$

Man kann den Fehler auch abschätzen, indem man $V = f(x) = x^3$ in eine kurze Taylorformel entwickelt:

$$\begin{aligned} V = f(x) &= f(8{,}7) + f'(8{,}7)(x - 8{,}7) + R_2 \\ &= 658{,}503 + 227{,}07 \cdot (x - 8{,}7) + R_2\,, \qquad 8{,}6 \le x \le 8{,}8\,, \end{aligned}$$

und $R_2 = f''(\xi)(x - 8{,}7)^2/2$ mit x und ξ aus dem Intervall $[8{,}6,\ 8{,}8]$ abschätzt: $|R_2| \le \frac{1}{2} \cdot 6 \cdot 8{,}8 \cdot 0{,}1^2 = 0{,}264$. Damit folgt wegen $|x - 8{,}7| \le 0{,}1$:

$$|V - 658{,}503| \le 227{,}07 \cdot 0{,}1 + 0{,}264 = 22{,}971 < 23\,, \quad \text{also } 635{,}5 < V < 681{,}6. \tag{3.131}$$

Das ist etwa das Gleiche wie in (3.130). Kann man nun bei einer zweiten Messung die Meßgenauigkeit erhöhen, so daß etwa $8{,}66 \le x \le 8{,}75$ gilt, so braucht man $f(x) = x^3$, wie in (3.130) nicht zweimal neu zu berechnen (was bei komplizierteren Funktionen f aufwendig sein kann), sondern in (3.131) die Abschätzung $0{,}1$ von $|x - 8{,}7|$ nur durch die schärfere Abschätzung $0{,}05$ ersetzen. Man erhält $|V - 658{,}503| < 11{,}62$, also die verbesserte Abschätzung

$$646{,}88 < V < 670{,}13\,.$$

Allgemeinfall: Ist x eine beliebige gemessene Zahl mit

$$x_0 - \Delta x \le x \le x_0 , \qquad \Delta x > 0$$

und $f(x)$ eine daraus zu berechnende Zahl (f zweimal stetig differenzierbar), so gilt

$$f(x) = f(x_0) + f'(x_0)(x - x_0) + R_2 .$$

Für den *Fehler* $f(x) - f(x_0)$, der durch die Ungenauigkeit von x erzeugt wird, folgt die *Fehlerabschätzung*

$$|f(x) - f(x_0)| \le |f'(x_0)|\Delta x + |R_2| ,$$

wobei $|R_2| \le \frac{1}{2} \sup\limits_{|x-x_0|\le\Delta x} |f''(x)|\Delta x^2$ häufig so klein ist, daß man R_2 im Rahmen der Rechengenauigkeit (Rundung) vernachlässigen kann.

3.3.3 Zur binomischen Reihe: physikalische Näherungsformeln

Nach der Taylorschen Formel gilt für $-1 < x < 1$ und $a \in \mathbb{R}$

$$(1+x)^a = 1 + ax + R_1(x) \tag{3.132}$$

oder

$$(1+x)^a = 1 + ax + \frac{a(a-1)}{2}x^2 + R_2(x) \tag{3.133}$$

mit

$$|R_n(x)| \le \left| \binom{a}{n+1} \frac{(n+1)x^{n+1}}{C} \right| , \quad \text{wobei} \quad \frac{1}{C} = \begin{cases} (1+|x|)^{a-1} , & \text{falls } a \le 1, \\ (1-|x|)^{a-1} , & \text{falls } a > 1. \end{cases}$$

Diese Formeln werden in der Physik vielfach verwendet (s. Abschn. 3.2.3, Beisp. 3.28).

Beispiel 3.39:

Für den *Staudruck* p an einem Flugzeug gilt nach (3.132)

$$\frac{p}{p_0} = \left(1 + \frac{\kappa - 1}{2}M^2\right)^{\kappa/(1-\kappa)} = 1 - \frac{\kappa}{2}M^2 + R_2(x) , \tag{3.134}$$

mit $x = \frac{\kappa-1}{2}M^2$. Dabei ist $\kappa = 1{,}405$ (für Luft), $M = v/c$ die Machsche Zahl (v Fluggeschwindigkeit, c Schallgeschwindigkeit) und p_0 der normale Luftdruck, der bei Abwesenheit des Flugzeuges herrschen würde. Man schätze $|R_2(x)|$ ab für $M = 0{,}2$, $M = 0{,}5$, $M = 0{,}8$.

Übung 3.47:

Für die relativistische Masse eines Körpers gilt

$$m = \frac{m_0}{\sqrt{1-\beta^2}} \quad \text{mit} \quad \beta = \frac{v}{c}\,. \tag{3.135}$$

Dabei ist m_0 seine Ruhemasse, v seine Geschwindigkeit und $x = 299792{,}5\,\mathrm{km/s}$ die Lichtgeschwindigkeit. Entwickle $(1-\beta^2)^{-1/2}$ in eine Näherungsformel nach (3.133), schätze das Restglied $R_2(\beta^2)$ ab für $0 < \beta \le 0{,}2$ und $0 < \beta \le 0{,}5$. Zeige, daß man c auch durch $300000\,\mathrm{km/s}$ ersetzen darf, wenn dreistellige Genauigkeit verlangt wird und $0 \le \beta \le 0{,}5$ gilt.

3.3.4 Zur Exponentialfunktion: Wachsen und Abklingen

Durch die Exponentialfunktion $\exp(x) = \mathrm{e}^x$ und ihre Verallgemeinerungen $f(x) = c \cdot a^x$ werden ungestörte *Wachstums-* und *Abklingvorgänge* beschrieben, wie z.B. das Wachstum junger Organismen oder das Abklingen von Temperaturdifferenzen. Das folgende einfache Beispiel beleuchtet diesen Zusammenhang auf elementare Weise.

Beispiel 3.40:

(*Zellwachstum*) Ausgehend von einer biologischen Zelle finde alle Δt Sekunden eine Zellteilung statt, d.h. alle Δt Sekunden verdoppele sich die Anzahl der Zellen. Nach Δt Sekunden sind also 2 Zellen vorhanden, nach $2\Delta t$ Sekunden 4 Zellen, nach $3\Delta t$ Sekunden $2^3 = 8$ Zellen usw. Nach $t = n\Delta t$ Sekunden, $(n \in \mathbb{N})$, gibt es $2^n = 2^{t/\Delta t}$ Zellen. Die Anzahl der Zellen steigt also exponentiell mit der Zeit $t \in \{0, \Delta t, 2\Delta t, 3\Delta t, \ldots\}$.

Im behandelten Beispiel liegt sprunghaftes Wachstum vor. Die Untersuchung von »stetigem« Wachstum führt zu entsprechenden Resultaten:

Ungestörtes stetiges Wachstum: Man stelle sich einen Organismus oder eine Organismenmenge vor, z.B. eine Bakterienkultur. Die zugehörige Masse wachse in *gleichen Zeiträumen* stets um den *gleichen Prozentsatz*. In diesem Falle sprechen wir von *ungestörtem* oder *idealen* Wachstum. In jedem Zeitintervall von Δt Sekunden vermehrt sich die Masse also um den gleichen Anteil $p(\Delta t)$, z.B. um $p(\Delta t) = 5\% = 5/100$. Bezeichnet m die Masse am Anfang des Zeitintervalls, so ist am Ende des Zeitintervalls die Masse $\Delta m = p(\Delta t)m$ hinzugekommen. Division durch $\Delta t \neq 0$ ergibt

$$\frac{\Delta m}{\Delta t} = \frac{p(\Delta t)}{\Delta t} m\,. \tag{3.136}$$

Nimmt man an, daß m differenzierbar von t abhängt, so konvergiert der linke Ausdruck in obiger Gleichung für $t + \Delta t \to t$ bei festem t. Damit konvergiert auch die rechte Seite, d.h. $p(\Delta t)/\Delta t$ strebt für $\Delta t \to 0$ gegen einen Grenzwert a, den wir als positiv annehmen wollen, und es folgt

$$\frac{\mathrm{d}m}{\mathrm{d}t} = am\,.$$

Mit $m = f(t)$ bedeutet dies

$$f'(t) = af(t) \tag{3.137}$$

für alle $t \geq t_0$, wobei t_0 eine Startzeit für den Prozeß bedeutet. Aus Satz 3.14 in Abschn. 3.1.7 folgt damit, daß $f(t)$ die Form

$$f(t) = c\,\mathrm{e}^{at} \tag{3.138}$$

hat. Ist m_0 die »Anfangsmasse« zur Zeit t_0, gilt also $f(t_0) = c\mathrm{e}^{at_0} = m_0$, so errechnen wir daraus $c = m_0\mathrm{e}^{-at_0}$. Eingesetzt in (3.138) erhalten wir das Wachstumsgesetz

$$m = f(t) = m_0\,\mathrm{e}^{a(t-t_0)}, \quad a > 0. \tag{3.139}$$

Ein solches Wachstum tritt z.B. auch bei Kettenreaktionen auf, doch kommt es im übrigen in Physik und Technik selten vor. Denn Wachstumsvorgänge dieser Art (wie etwa das Aufschaukeln von Schwingungsamplituden) führen zur Zerstörung von Apparaturen und Maschinen. Man versucht dies daher tunlichst zu vermeiden. Häufiger treten dagegen Abklingvorgänge auf.

Abklingvorgänge: Bei einer Reihe von physikalischen Vorgängen ist die Geschwindigkeit, mit der sich eine physikalische Größe $y = f(t)$ vermindert, proportional zur physikalischen Größe selbst. Da die Größe im Laufe der Zeit t kleiner wird, ist der Proportionalitätsfaktor negativ, d.h. es gilt die Beziehung

$$f'(t) = -kf(t), \quad \text{mit } k > 0. \tag{3.140}$$

Ist y_0 der Wert der Größe zur (Anfangs-)Zeit t_0, so erhalten wir wie oben (man setze a statt $-k$) die Gleichung

$$y = f(t) = y_0\mathrm{e}^{-k(t-t_0)}, \quad t \in \mathbb{R}. \tag{3.141}$$

Man spricht dabei von *Abkling*-oder *Kriechvorgängen*. Stichwortartig seien einige Beispiele dazu genannt:

Beispiel 3.41:

(*Abklingvorgänge*) *Abkühlung* eines erwärmten Gegenstandes in kälterer Umgebung: $f(t) =$ Temperaturdifferenz zwischen Gegenstand und Umgebung zur Zeit t, k Materialkonstante. Bei *Erwärmung* gilt Entsprechendes.

Radioaktiver Zerfall einer strahlenden Masse $f(t)$ mit einer Materialkonstanten k. Man zeige, daß sich die *Halbwertszeit* τ, das ist die Zeitdauer, innerhalb derer sich die strahlende Masse um die Hälfte vermindert, aus der folgenden Formel ergibt:

$$\tau = \frac{\ln 2}{k}. \tag{3.142}$$

Chemische Reaktion unimodularer Stoffe: $f(t) =$ Masse des noch nicht in Reaktion eingetretenen Anteils. k Stoffkonstante.

In *zähes Medium eindringende Kugel* (ohne Berücksichtigung der Schwerkraft): $f(t)$ Geschwindigkeit der Kugel, $f(t_0)$ Geschwindigkeit zum Zeitpunkt t_0 des Eindringens, $k = R/m$, wobei R Reibungskonstante und m Masse der Kugel ist.

Einschalten elektrischen Stroms: Ist U die an einem Stromkreis angelegte Spannung, $J(t)$ die Stromstärke zur Zeit t, R der Widerstand des Stromkreises und L sein Selbstinduktionskoeffizient, so gilt

$$JR = U - LJ',$$

mit $f(t) := J(t) - U/R$ also $f' = -\frac{R}{L}f$, d.h. $f(t) = f(0)\,\mathrm{e}^{-Rt/L}$. Mit $J(0) = 0$ zur Zeit $t = 0$ des Einschaltens folgt $f(0) = -U/R$ und somit

$$J(t) = \frac{U}{R}(1 - \mathrm{e}^{-Rt/L}) \quad \text{für } t \geq 0.$$

Beim *Ausschalten* findet ein entsprechender Vorgang statt.

Kondensatorenentladung über einen Stromkreis mit Widerstand R. Ist C die Kapazität des Kondensators, so gilt für die Elektrizitätsmenge Q des Kondensators zur Zeit t, die Gleichung $Q = -CRJ$ mit der Stromstärke J zur Zeit t. Mit $J = Q'$, also $Q = -CRQ'$, folgt $Q = Q_0\,\mathrm{e}^{-t/(CR)}$. Für die Spannung $U = Q/C$ am Kondensator folgt damit $U = U_0\,\mathrm{e}^{-t/(CR)}$.

Wir betrachten schließlich noch zwei Beispiele, in der Ableitungen nach dem Weg bzw. der Masse eine Rolle spielen.

Beispiel 3.42:
(*Barometrische Höhenformel*) Ist $p(x)$ der Luftdruck und $\rho(x)$ die Luftdichte in der Höhe x über dem Erdboden, so gilt $\frac{\mathrm{d}p}{\mathrm{d}x} = -g\rho$. Denn $g\rho(\xi)\Delta x$ ist das Gewicht einer Luftsäule der Grundfläche 1 und der Höhe Δx (mit einem geeigneten $\xi \in (x, x+\Delta x)$). Zum Gesamtdruck trägt diese Säule also den Druckanteil $|\Delta p| = g\rho(\xi)\Delta x$ bei. Division durch Δx, Berücksichtigung der Abnahme des Luftdruckes bei steigender Höhe (d.h. $\Delta p < 0$ falls $\Delta x > 0$), sowie $\Delta x \to 0$ liefern $\frac{\mathrm{d}p}{\mathrm{d}x} = -g\rho(x)$. Mit dem *Boyle-Mariotteschen Gesetz* folgt $p = b\rho$ (b konstant > 0), also zusammen $p' = -kp$ mit $k := g/b$. Daraus folgt die *barometrische Höhenformel*

$$p(x) = p(0)\,\mathrm{e}^{-kx}, \quad x \geq 0.$$

Beispiel 3.43:
(*Raketenantrieb, Brennschlußgeschwindigkeit*) Es sei m_0 die Startmasse einer Rakete, w die konstante Ausströmgeschwindigkeit der Brennmasse aus den Düsen, v ihre Geschwindigkeit zur Zeit t und m ihre Masse zur Zeit t. Gravitations- und Reibungskräfte sollen nicht berücksichtigt werden. (Die Rakete starte also von einem Punkt des Weltalls aus, oder Gewicht und Reibung sind vernachlässigbar klein gegen die Schubkraft.) Aus dem *Newtonschen Grundgesetz* und dem Impulssatz folgt

$$m\frac{\mathrm{d}v}{\mathrm{d}t} = -w\frac{\mathrm{d}m}{\mathrm{d}t}.$$

Mit $w > 0$ und $\frac{\mathrm{d}m}{\mathrm{d}t} < 0$ folgt $\frac{\mathrm{d}v}{\mathrm{d}t} > 0$, also

$$m = -w \frac{\mathrm{d}m\,\mathrm{d}t}{\mathrm{d}t\,\mathrm{d}v}\,, \quad \text{d.h.} \quad m = -w \frac{\mathrm{d}m}{\mathrm{d}v}\,.$$

Nach Satz 3.14 (Abschn. 3.1.7) erhält man daher

$$m = m_0\,\mathrm{e}^{-v/w} \quad \text{für} \quad v \geq 0\,.$$

Ist m_1 die Masse der Rakete bei Brennschluß und v_1 ihre Geschwindigkeit zu diesem Zeitpunkt, so gilt $m_1 = m_0\,\mathrm{e}^{-v_1/w}$. Auflösen nach v_1 liefert damit die *Brennschlußgeschwindigkeit*

$$v_1 = w \ln\left(\frac{m_0}{m_1}\right)\,.$$

3.3.5 Zum Newtonschen Verfahren

Beispiel 3.44:

(*Kettenkarussell*) Ein Kettenkarussell mit einer Tragstange von $r = 2\,\mathrm{m}$ und einer Kettenlänge von $l = 4\,\mathrm{m}$ benötige für einen Umlauf $T = 5\,\mathrm{s}$. Wie groß ist der Winkelausschlag α der Kette (s. Fig. 3.21)?

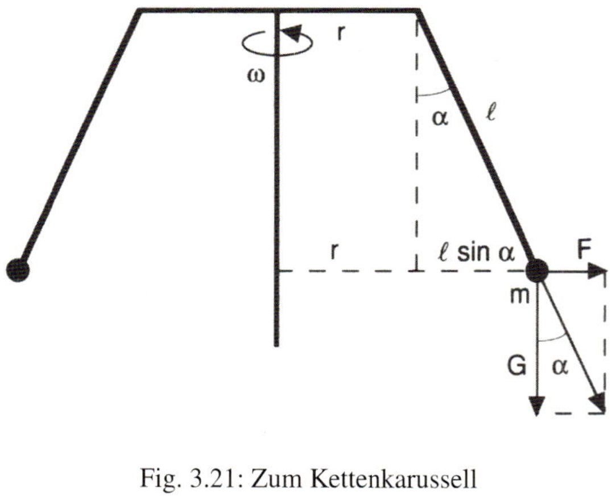

Fig. 3.21: Zum Kettenkarussell

Nach Fig. 3.21 und Beispiel 3.35 ist der Betrag der Zentrifugalkraft $F = m\omega^2(r + l\sin\alpha)$, mit $\omega = 2\pi/T$. Auf den Körper am Ende der Kette wirkt ferner das Gewicht vom Betrag $G = mg$ ($g = 9{,}81\,\mathrm{m/s^2}$). Die Richtung der Resultierenden dieser beiden Kräfte ist gleich der Richtung der Kette, beschrieben durch den Winkel α. Es gilt also

$$\tan\alpha = \frac{F}{G} = \frac{\omega^2}{g}(r + l\sin\alpha)\,.$$

Mit $\tan\alpha = \sin\alpha/\sqrt{1-\sin^2\alpha}$ und der Abkürzung $x := \sin\alpha$ erhält man daraus

$$x^4 + 2bx^3 + (a + b^2 - 1)x^2 - 2bx - b^2 = 0$$

mit $b := r/l$ und $a := g^2/(l^2\omega^4)$. Einsetzen der gegebenen Zahlenwerte ergibt

$$x^4 + x^3 + 1{,}6620x^2 - x - 0{,}2500 = 0\,,$$

mit gerundetem Koeffizienten 1,6620. Das Newton-Verfahren

$$x_{n+1} = x_n - \frac{f(x_n)}{f'(x_n)}$$

liefert mit

$$f(x) = x^4 + x^3 + 1{,}6620x^2 - x - \frac{1}{4}\,,$$

von der Näherungslösung $x_0 = 0{,}6$ ausgehend nach 3 Schritten die Lösung $\overline{x} \doteq 0{,}56585152$. Eine genauere Kurvendiskussion zeigt, daß dies die einzige Lösung in $[0,1]$ ist. Aus $\overline{x} = \sin\alpha$ folgt $\alpha \doteq 0{,}60146565$, das entspricht gerundet einem Winkel von $34°\,28'$.

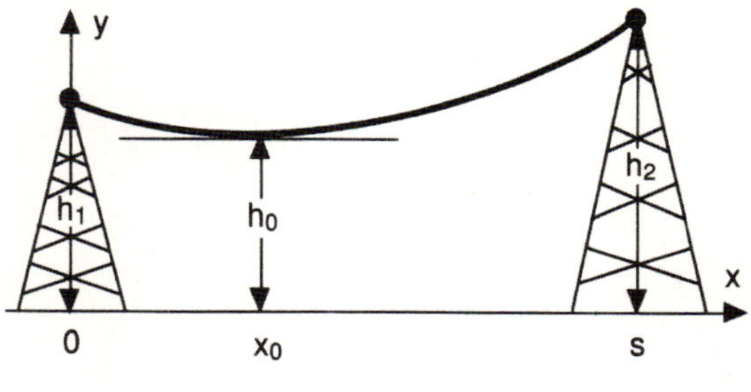

Fig. 3.22: Freileitung zwischen zwei Masten

Übung 3.48:

(*Freileitung zwischen zwei Masten*) Die Kurve einer Freileitung wird beschrieben durch

$$y = f(x) = h_0 + a \cdot \left(\cosh\frac{x - x_0}{a} - 1\right)$$

(s. Fig. 3.22) mit gewissen reellen Konstanten h_0, x_0 (s. [38], S. 68). Berechne a und x_0 aus den Höhen $h_1 = 10\,\text{m}$, $h_2 = 77$ der Masten, ihrer Entfernung $s = 20\,\text{m}$ voneinander und der Minimalhöhe $h_0 = 6\,\text{m}$ der durchhängenden Leitung.

3.3.6 Extremalprobleme

Stellvertretend für die große Anzahl von Extremalproblemen wählen wir fünf Beispiele aus Technik und Physik. Dabei knüpfen wir an den Abschn. 3.2.7 an.

Beispiel 3.45:

(*Günstigste Abmessungen eines Abwasserkanals*) Die Querschnittsfläche eines Abwasserkanals habe die Form eines Rechtecks mit aufgesetztem Halbkreis (s. Fig. 3.23). Der Flächeninhalt F der Querschnittsfläche sei fest vorgegeben. Wie sind die Seitenlängen x, y des Rechteckes zu wählen, damit der Umfang der Querschnittsfläche (und damit die Reibung) möglichst klein wird? Der Umfang ist

$$U = 2y + \frac{x}{2}\pi\,. \tag{3.143}$$

Der Flächeninhalt ist $F = xy + \frac{x^2}{8}\pi$, daraus folgt $y = \frac{F}{x} - \frac{x\pi}{8}$.

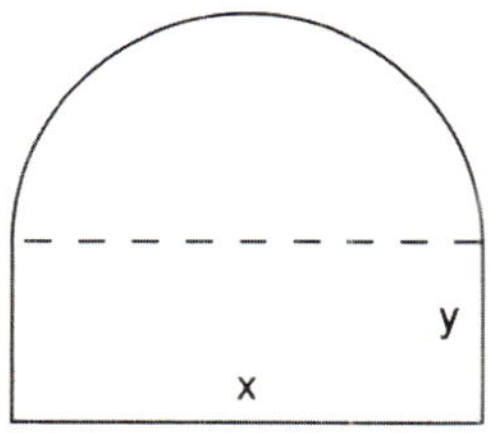

Fig. 3.23: Kanalquerschnitt

Einsetzen in (3.143) liefert

$$U = f(x) := \frac{2F}{x} + \frac{4+\pi}{4}x\,, \qquad 0 < x < \sqrt{\frac{8F}{\pi}}\,.$$

Erste und zweite Ableitungen lauten:

$$f'(x) = -\frac{2F}{x^2} + \left(1 + \frac{\pi}{4}\right), \qquad f''(x) = \frac{4F}{x^3}\,.$$

$f'(x_0) = 0$ liefert

$$x_0 = \sqrt{\frac{8F}{4+\pi}} \doteq 1{,}058\sqrt{F}\,. \tag{3.144}$$

Wegen $f''(x_0) > 0$ liegt bei x_0 ein Minimum des Umfangs. Die minimale Umfangslänge ist damit $U_0 = f(x_0) = \sqrt{(8+2\pi)F} \doteq 3{,}779\sqrt{F}$.

Beispiel 3.46:
(nach [57], Bd. II, S. 144) Der *Wirkungsgrad eines Transformators* ist

$$\eta = \frac{P}{c + P + kP^2}, \quad (P > 0). \tag{3.145}$$

Dabei ist P die abgegebene Leistung, und $c > 0$ und $k > 0$ sind vom Transformator abhängige Konstanten. Bei welcher Leistung ist der Wirkungsgrad am größten?

Differentiation von (3.145) nach P liefert

$$\frac{\mathrm{d}\eta}{\mathrm{d}P} = \frac{c - kP^2}{(c + P + kP^2)^2},$$

woraus durch Nullsetzen $P_M = \sqrt{c/k}$ folgt. Da $\mathrm{d}\eta/\mathrm{d}P$ bei P_M einen »fallenden Nulldurchgang« hat (d.h. $\mathrm{d}\eta/\mathrm{d}P > 0$ für $P < P_M$, $\mathrm{d}\eta/\mathrm{d}P < 0$ für $P > P_M$), liegt bei $P_M = \sqrt{c/k}$ die gesuchte Maximalstelle.

Beispiel 3.47:
(*Biegefestigkeit eines Balkens*) Ein Balken mit rechteckigem Querschnitt soll aus einem zylinderförmigen Baumstamm geschnitten werden. Wie erreicht man maximale Biegefestigkeit des Balkens? Die Biegefestigkeit des Balkens ist gleich

$$w = c \cdot xy^2,$$

wobei y die Höhe des Balkenquerschnittes und x seine Breite ist. Mit dem Durchmesser D des Kreisquerschnitts unseres Baumes gilt $y^2 = D^2 - x^2$, also

$$w = c(D^2 x - x^3), \quad x > 0.$$

Man berechnet:

$$w' = c(D^2 - 3x^2) = 0 \quad \Longrightarrow \quad x_0 = \frac{D}{\sqrt{3}}, \qquad w'' = -c6x_0 < 0.$$

Folglich erhält man maximale Biegefestigkeit für die Seitenlängen $x_0 = D/\sqrt{3}$ und $y_0 = \sqrt{D^2 - x_0^2} = \sqrt{2/3}D = \sqrt{2}x_0$.

Beispiel 3.48:
(*Lichtbrechung und -reflexion*) Ein Lichtstrahl verläuft von einem Punkt A in einem Medium 1 zu einem Punkt B in einem Medium 2, wie es die Fig. 3.25 zeigt. Die Medien sind durch eine Ebene getrennt. Die Lichtgeschwindigkeiten c_1 und c_2 in den Medien 1 bzw. 2 seien konstant.

Wir wollen den Lichtweg aus dem folgenden *Fermatschen*[17] *Prinzip* herleiten: »Das Licht schlägt immer den Weg ein, der die kürzeste Zeitdauer erfordert«. Daraus folgt unmittelbar, daß der Lichtstrahl in jedem unserer Medien gradlinig verläuft, und daß er in einer Ebene liegt, die senkrecht auf der Trennebene steht. Diese »Lichtstrahl-Ebene« ist in Fig. 3.25 gezeichnet.

17 Pierre de Fermat (1607 – 1665), französischer Mathematiker und Jurist

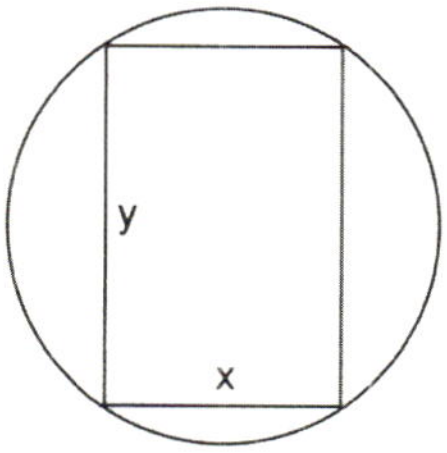

Fig. 3.24: Balken mit maximaler Biegesteifigkeit

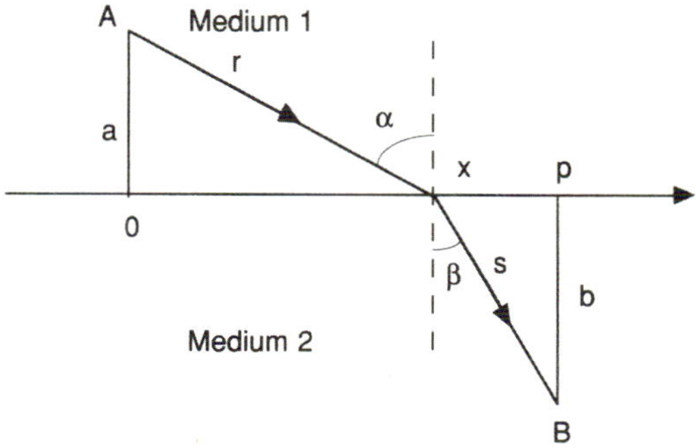

Fig. 3.25: Lichtbrechung

Mit den Bezeichnungen in der Fig. 3.25 ist die Zeitdauer, die das Licht von A bis B benötigt, gleich

$$t(x) = \frac{r}{c_1} + \frac{s}{c_2} = \frac{1}{c_1}\sqrt{x^2 + a^2} + \frac{1}{c_2}\sqrt{(p-x)^2 + b^2}\,. \tag{3.146}$$

Wir errechnen die Ableitungen nach x:

$$\begin{aligned} t'(x) &= \frac{1}{c_1}\frac{x}{\sqrt{x^2+a^2}} - \frac{1}{c_2}\frac{p-x}{\sqrt{(p-x)^2+b^2}} = \frac{1}{c_1}\frac{x}{r} - \frac{p-x}{s} \\ &= \frac{1}{c_1}\sin\alpha - \frac{1}{c_2}\sin\beta\,. \\ t''(x) &= \frac{1}{c_1}\frac{\sqrt{x^2+a^2} - \frac{x^2}{\sqrt{x^2+a^2}}}{x^2+a^2} + \frac{1}{c_2}\frac{\sqrt{(p-x)^2+b^2} - \frac{(p-x)^2}{\sqrt{(p-x)^2+b^2}}}{(p-x)^2+b^2} \\ &= \frac{1}{c_1}\frac{r - \frac{x^2}{r}}{r^2} + \frac{1}{c_2}\frac{s - \frac{(p-x)^2}{s}}{s^2} = \frac{r^2-x^2}{c_1 r^3} + \frac{s^2-(p-x)^2}{c_2 s^3}\,. \end{aligned}$$

Nullsetzen der ersten Ableitung liefert

$$\frac{\sin\alpha}{\sin\beta} = \frac{c_1}{c_2}\,. \tag{3.147}$$

Dies ist das *Snelliussche*[18] *Brechungsgesetz*: »Das Verhältnis des Sinus des Einfallswinkels zum Sinus des Brechungswinkels ist konstant«. Man erkennt $t''(x) > 0$ für alle $x \in [0, p]$, da $r > x$ und $s > p-x$ ist. Damit ist t' streng monoton steigend. Aus $t'(0) < 0$ und $t'(p) > 0$ folgt damit: Es gibt genau eine Nullstelle von t' in $[0, p]$. Sie ist eine Minimalstelle von t, wegen $t''(x) > 0$. Es gibt somit genau ein Minimum von t, charakterisiert durch (3.147).

18 Willebrord van Roijen Snell (1580 – 1626), niederländischer Astronom und Mathematiker

Mit den Brechungsindizes $n_1 = c/c_1$, $n_2 = c/c_2$ (c = Lichtgeschwindigkeit im Vakuum) erhält das *Brechungsgesetz* die Form

$$n_1 \sin\alpha = n_2 \sin\beta\,. \tag{3.148}$$

Das Reflexionsgesetz (Einfallswinkel = Ausfallswinkel) gewinnt man analog. Man hat lediglich in Fig. 3.25 B an der x-Achse »nach oben« zu spiegeln. Damit laufen alle Rechnungen genauso wie beim Brechungsgesetz, wobei zusätzlich $c_1 = c_2$ gilt. Man erhält wieder (3.147) und wegen $c_1 = c_2$ daraus $\alpha = \beta$, also das Reflexionsgesetz.

Beispiel 3.49:
(*Wiensches*[19] *Verschiebungsgesetz*) Aus dem *Planckschen Strahlungsgesetz* ([29], S. 518, (27))

$$E(\lambda) = \frac{hc^2}{\lambda^5}\cdot\frac{1}{\mathrm{e}^{hc/(kt\lambda)}-1}\,, \quad \lambda > 0\,,$$

soll diejenige Wellenlänge $\lambda = \lambda_{\max}$ berechnet werden, für die das Emissionsvermögen $E(\lambda)$ maximal wird. Man berechnet dazu $E'(\lambda)$ und setzt zur Vereinfachung $x =: hc/(kT\lambda)$ ein. $E'(\lambda) = 0$ wird dann zu $x\,\mathrm{e}^x/(\mathrm{e}^x - 1) = 5$, d.h. $\mathrm{e}^{-x} - 1 + x/5 = 0$. Das Newton-Verfahren, ausgehend von $x_0 = 5$, liefert eine Lösung $\overline{x} \doteq 4{,}965$. Sie ist die einzige in $(0, \infty)$, wie man sich überlegt. Mit $x =: hc/(kT\lambda_{\max})$ folgt das *Wiensche Verschiebungsgesetz*

$$\lambda_{\max} = \frac{hc}{4{,}965kT}\,, \quad \text{d.h.} \quad \lambda_{\max}T = \frac{hc}{4{,}965k} = \text{const}\,,$$

wobei $E''(\lambda_{\max}) < 0$ zeigt, daß es sich tatsächlich um ein Maximum handelt.

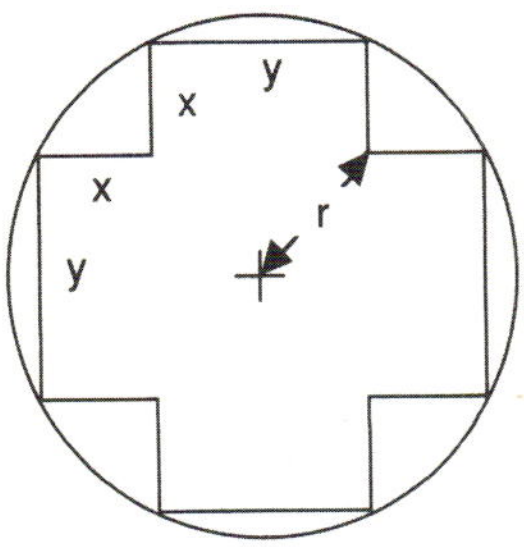

Fig. 3.26: Eisenkern in Spule

Übung 3.49:

(*Eisenkern in einer Spule*) In das Innere einer Spule von kreisförmigem Querschnitt vom Radius r soll ein Eisenkern mit kreuzförmigen Querschnitt gebracht werden (s. Fig. 3.26) Welche Abmessungen x, y muß der kreuzförmige Querschnitt haben, wenn sein Flächeninhalt maximal sein soll?

19 Wilhelm Carl Werner Otto Fritz Franz Wien (1864 – 1928), deutscher Physiker

4 Integralrechnung einer reellen Variablen

Wie groß ist der Flächeninhalt einer Ellipse, die Länge einer Freileitung, die Energie einer Gasmenge oder die Fluchtgeschwindigkeit einer Rakete? Wie berechnet man Satellitenbahnen, den Schwerpunkt einer Halbkugel, das Trägheitsmoment eines Kegels oder die Wahrscheinlichkeit für den Ausfall eines Bauteils? Dieses vielfältige Spektrum von Fragen kann mit den Mitteln der Integralrechnung beantwortet werden.

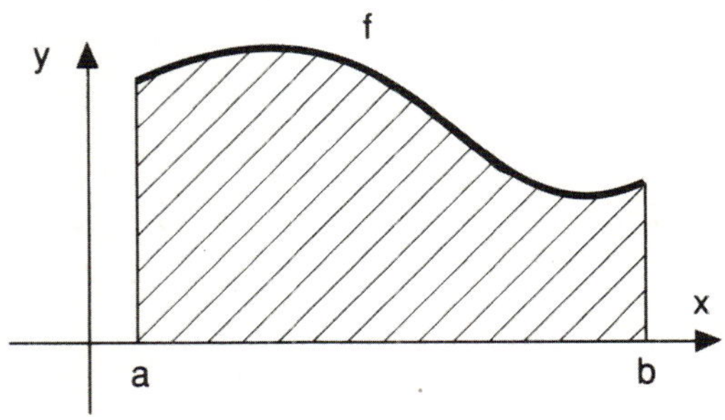

Fig. 4.1: Fläche von f auf $[a, b]$

Dabei geht man von einer elementaren *Grundaufgabe* aus, nämlich der *Bestimmung der Flächeninhalte krummlinig berandeter Flächen*. Insbesondere beschäftigt man sich mit Flächen, die — wie der schraffierte Bereich in Fig. 4.1 — zwischen einem Funktionsgraphen und der x-Achse liegen. In solche Flächen kann man die meisten krummlinig berandeten Flächen zerlegen, wie Kreise, Ellipsen usw.

Bei der Bestimmung solcher Flächeninhalte werden die Methoden der Integralrechnung entwickelt. Dabei stößt man auf eine überraschende Tatsache:

Die Integralrechnung ist die Umkehrung der Differentialrechnung.

Während man in der Differentialrechnung von bekannten Funktionen die Ableitungen berechnet, versucht man umgekehrt in der Integralrechnung aus gegebenen Ableitungen die ursprünglichen Funktionen zu gewinnen.

Das Problem der Flächeninhaltsbestimmung wird also dadurch gelöst, daß man die Differentialrechnung »auf den Kopf stellt«. Eine erstaunliche Erkenntnis!

Es ist kein Wunder, daß die Menschen seit drei Jahrhunderten von dieser Entdeckung fasziniert sind. Die große Kraft der Analysis und ihr ungebrochener Erfolg sind darin begründet.

4.1 Grundlagen der Integralrechnung

4.1.1 Flächeninhalt und Integral

Einführung: Wir gehen von einer positiven beschränkten Funktion f auf einem Intervall $[a, b]$ aus, wie z.B. in Fig. 4.1 skizziert. Die schraffierte Punktmenge heißt die *Fläche von f auf* $[a, b]$. Sie besteht aus allen Punkten (x, y) mit $a \le x \le b$ und $0 \le y \le f(x)$.

Unser Ziel ist es, den *Flächeninhalt* dieser Fläche zu bestimmen, ja, ihn überhaupt erst einmal sinnvoll zu erklären. Dazu bilden wir eine Streifeneinteilung wie in Fig. 4.2, d.h. wir wählen uns

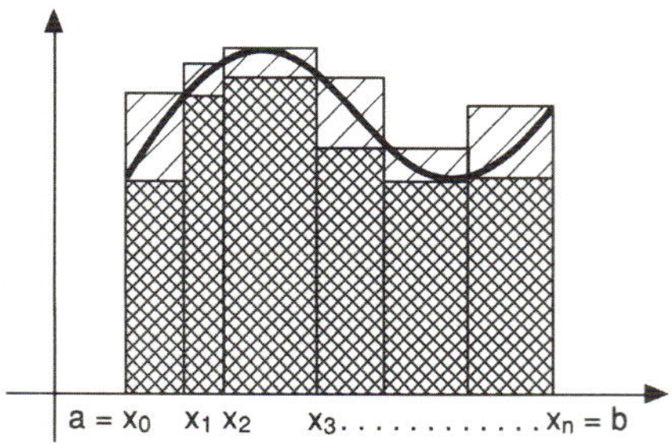

Fig. 4.2: Streifeneinteilung der Fläche

beliebige Zahlen $x_0, x_1, \ldots, x_n$ mit

$$a = x_0 < x_1 < x_2 < \ldots < x_n = b\,. \tag{4.1}$$

von f auf $[a, b]$ Die Menge der dadurch gebildeten Teilintervalle

$$[x_0, x_1]\,,\ [x_1, x_2]\,,\ \ldots\,,\ [x_{n-1}, x_n]$$

nennen wir eine *Zerlegung* Z des Intervalls $[a, b]$. Mit

$$\Delta x_i = x_i - x_{i-1}\,, \quad i = 1,2,\ldots,n\,,$$

werden die Intervallängen der Teilintervalle symbolisiert. Die größte dieser Intervallängen heißt die *Feinheit* $|Z|$ der Zerlegung, also

$$|Z| := \max_{i \in \{1,\ldots n\}} \Delta x_i\,.$$

Je kleiner die Zahl $|Z|$ ist, desto »feiner« ist die Streifeneinteilung im landläufigen Sinn. In jedem Streifen der Fig. 4.2 bildet man zwei Rechtecke, die die Fläche von f im Streifen von »innen« und »außen« annähern. D.h. ist $[x_{i-1}, x_i]$ das Teilintervall zu unserem Streifen, so betrachten wir darauf das Supremum und das Infimum von f (s. Fig. 4.3):

$$M_i := \sup_{x \in [x_{i-1}, x_i]} f(x)\,, \qquad m_i = \inf_{x \in [x_{i-1}, x_i]} f(x) \tag{4.2}$$

Es entsteht über $[x_{i-1}, x_i]$ ein »inneres Rechteck« mit dem Flächeninhalt $m_i \Delta x_i$ (s. Fig. 4.3) und ein»äußeres Rechteck« mit dem Flächeninhalt $M_i \Delta x_i$. Summierung über i ergibt

$$\begin{aligned} S_f(Z) &:= \sum_{i=1}^{n} M_i \Delta x_i\,, \quad \text{genannt } \textit{Obersumme von } f \text{ bezüglich } Z, \\ s_f(Z) &:= \sum_{i=1}^{n} m_i \Delta x_i\,, \quad \text{genannt } \textit{Untersumme von } f \text{ bezüglich } Z. \end{aligned} \tag{4.3}$$

Bei genügend feiner Streifeneinteilung wird man beide Summen als Näherungen für den zu be-

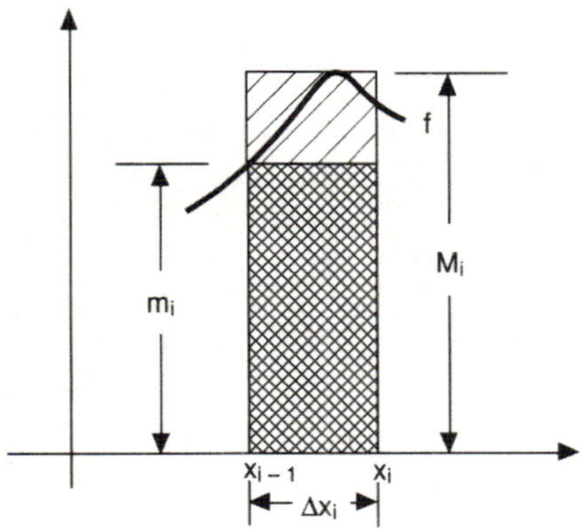

Fig. 4.3: Darstellung von m_i und M_i zu Unter- und Obersummen

stimmenden Flächeninhalt ansehen, jedenfalls dann, wenn der Unterschied beider Summen für hinreichend feine Einteilung beliebig klein wird. Bei immer feineren Zerlegungen Z werden die Obersummen $S_f(Z)$ immer kleiner (oder jedenfalls nicht größer) und die Untersummen $s_f(Z)$ immer größer (oder wenigstens nicht kleiner): Dadurch wird nahegelegt, das Infimum aller Obersummen und das Supremum aller Untersummen zu bilden:

$$\begin{aligned} \overline{I}_f &:= \inf_Z S_f(Z)\,, \quad \text{genannt } \textit{Oberintegral von } f, \\ \underline{I}_f &:= \sup_Z s_f(Z)\,, \quad \text{genannt } \textit{Unterintegral von } f. \end{aligned} \tag{4.4}$$

Wir benutzen dabei die Tatsache, daß jede Obersumme von f größer oder gleich jeder Untersumme von f ist. Man sieht das leicht so ein: Sind $s_f(Z_1)$ und $S_f(Z_2)$ beliebig gegeben, so bilde man aus Z_1 und Z_2 eine gemeinsame »Verfeinerung« Z, bestehend aus den Durchschnitten der Teilintervalle von Z_1 und Z_2. Damit gilt zweifellos

$$s_f(Z_1) \le s_f(Z) \le S_f(Z) \le S_f(Z_2)\,.$$

Daraus folgt insbesondere, daß die Menge der Obersummen nach unten beschränkt und die der Untersummen nach oben beschränkt ist, folglich $\overline{I}_f$ und $\underline{I}_f$ wirklich existieren. Ferner ergibt sich $\underline{I}_f \le \overline{I}_f$.

Für übliche Funktionen, etwa für stetige, wird man $\underline{I}_f = \overline{I}_f$ erwarten, d.h. daß die obere Grenze aller Untersummen gleich der unteren Grenze aller Obersummen ist.[1] In diesem Fall nennt man die gemeinsame Zahl

$$\underline{I}_f = \overline{I}_f =: I$$

den *Flächeninhalt* von f auf $[a, b]$. Dieser Flächeninhalt wird das *Integral von f auf* $[a, b]$ genannt und folgendermaßen symbolisiert:

$$I = \int_a^b f(x)\,\mathrm{d}x \quad (\textit{lies: »Integral } f(x)\,\mathrm{d}x \textit{ von } a \textit{ bis } b\textit{«}).$$

Wir haben hierbei f als positiv vorausgesetzt. Doch können wir auf diese Voraussetzung auch verzichten und das Integral entsprechend für beliebige beschränkte Funktionen definieren. Damit gelangen wir zu folgender allgemeiner Definition, die die bisherigen Überlegungen zusammenfaßt und auf beliebige beschränkte Funktionen ausdehnt:

Definition 4.1:

(*Integraldefinition*) Es sei f eine reelle beschränkte Funktion auf $[a, b]$.

(I) Man betrachtet eine *Zerlegung* Z von $[a, b]$. Das ist eine Menge von Intervallen $[x_0, x_1], [x_1, x_2], \ldots, [x_{n-1}, x_n]$ mit

$$a = x_0 < x_1 < \ldots < x_n = b\,.$$

Die $x_0, \ldots, x_n$ heißen *Teilungspunkte* von Z. Die Zahl

$$|Z| := \max_{i \in \{1,\ldots,n\}} \Delta x_i\,, \quad \text{mit } \Delta x_i := x_i - x_{i-1}$$

heißt die *Feinheit* von Z.

(II) Mit

$$M_i := \sup_{x \in [x_{i-1}, x_i]} f(x)\,, \qquad m_i := \inf_{x \in [x_{i-1}, x_i]} f(x)$$

bildet man

$$S_f(Z) := \sum_{i=1}^{n} M_i \Delta x_i\,, \quad \text{genannt } \textit{Obersumme} \text{ von } f \text{ bezüglich } Z,$$

$$s_f(Z) := \sum_{i=1}^{n} m_i \Delta x_i\,, \quad \text{genannt } \textit{Untersumme} \text{ von } f \text{ bezüglich } Z,$$

1 Es gibt allerdings »ausgefranste« Funktionen, für die das nicht gilt. Ein Beispiel dafür ist die Funktion, deren Werte $f(x)$ für rationale x gleich 1 sind und für irrationale x gleich 0. Doch spielen diese Funktionen in der Technik praktisch keine Rolle.

und

$$\overline{I}_f := \inf_Z S_f(Z)\,, \quad \text{genannt } \textit{Oberintegral} \text{ von } f \text{ auf } [a,b],$$

$$\underline{I}_f := \sup_Z s_f(Z)\,, \quad \text{genannt } \textit{Unterintegral} \text{ von } f \text{ auf } [a,b].$$

Infimum und Supremum werden dabei bezüglich *sämtlicher* denkbarer Zerlegungen Z von $[a,b]$ gebildet.

(III) Stimmen Ober- und Unterintegral von f auf $[a,b]$ überein, so heißt f *integrierbar*[2] auf $[a,b]$. In diesem Falle heißt der gemeinsame Wert $\overline{I}_f = \underline{I}_f$ das *Integral von* f auf $[a,b]$, beschrieben durch

$$\int_a^b f(x)\,\mathrm{d}x\,.$$

Geometrische Deutung: Ist f auf $[a,b]$ integrierbar und ist $f(x) \geq 0$ auf $[a,b]$, so ist das Integral $\int_a^b f(x)\,\mathrm{d}x$ der *Flächeninhalt* der *Fläche von* f *auf* $[a,b]$, wie wir einführend schon erklärt haben.

Ist dagegen $f(x) \leq 0$ auf $[a,b]$, so wird auch $\int_a^b f(x)\,\mathrm{d}x \leq 0$. Der absolute Wert des Integrals ist in diesem Falle als der *Flächeninhalt* der Fläche $F = \{(x,y) \mid a \leq x \leq b \text{ und } f(x) \leq y \leq 0\}$ aufzufassen. F liegt *unterhalb* der x-Achse (s. Fig. 4.4b).

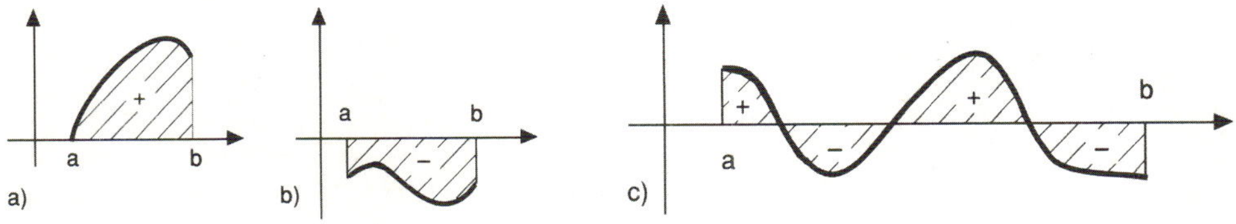

Fig. 4.4: Integral und Flächeninhalt

Ist f sowohl positiv wie negativ auf $[a,b]$, so sind die Inhalte der Teilflächen zwischen Graph f und x-Achse, die *über* der x-Achse liegen, *positiv* zu rechnen, und diejenigen *unter* der x-Achse *negativ*. Die Summe dieser positiven und negativen Zahlen ergibt das Integral

$$\int_a^b f(x)\,\mathrm{d}x \quad \text{(s. Fig. 4.4c).}$$

2 Man nennt f auch ausführlicher *Riemann-integrierbar*.

Übung 4.1:

Berechne mit Hilfe der Deutung als Flächeninhalt die Integrale

$$\int_0^5 3\,\mathrm{d}x\,, \qquad \int_0^1 (2x)\,\mathrm{d}x\,, \qquad \int_{-1}^2 x\,\mathrm{d}x\,.$$

4.1.2 Integrierbarkeit stetiger und monotoner Funktionen

Welche Funktionen sind integrierbar? — Wir zeigen, daß vor allem stetige Funktionen integrierbar sind (sonst wäre es schlimm bestellt um die Analysis), aber auch stückweise stetige Funktionen, monotone und stückweise monotone Funktionen auf kompakten Intervallen. Der anwendungsorientierte Leser kann sich mit diesem Hinweis begnügen und ohne Schaden den Rest dieses Abschnittes überschlagen.

Satz 4.1:

Jede stetige Funktion und jede monotone Funktion auf $[a, b]$ sind auf diesem Intervall integrierbar.

Beweis:

(I) Es sei f stetig auf $[a, b]$. Dann ist f sogar gleichmäßig stetig auf $[a, b]$ (nach Satz 1.26, Abschn. 1.6.6). Zu beliebig gegebenem $\varepsilon > 0$ gibt es daher ein $\delta > 0$ mit $|f(x_1) - f(x_2)| < \varepsilon$, falls $|x_1 - x_2| < \delta$. Man wähle nun eine Zerlegung Z von $[a, b]$ mit der Feinheit $|Z| < \delta$. In jedem Teilintervall $[x_{i-1}, x_i]$ $(i = 1, \dots, n)$ von Z gibt es wegen der Stetigkeit von f Punkte $x_{\max}^{(i)}$ und $x_{\min}^{(i)}$ mit

$$f(x_{\max}^{(i)}) = \sup_{[x_{i-1}, x_i]} f(x) = M_i\,, \qquad f(x_{\min}^{(i)}) = \inf_{[x_{i-1}, x_i]} f(x) = m_i\,.$$

Es folgt unmittelbar: $f(x_{\max}^{(i)}) - f(x_{\min}^{(i)}) < \varepsilon$, da $|x_{\max}^{(i)} - x_{\min}^{(i)}| \le \Delta x_i = x_i - x_{i-1} < \delta$. Für die Differenz zwischen Obersumme $S_f(Z)$ und Untersumme $s_f(Z)$ erhält man somit:

$$\begin{aligned} S_f(Z) - s_f(Z) &= \sum_{i=1}^{n} (M_i - m_i)\Delta x_i = \sum_{i=1}^{n} (f(x_{\max}^{(i)}) - f(x_{\min}^{(i)}))\Delta x_i \\ &< \sum_{i=1}^{n} \varepsilon \Delta x_i = \varepsilon \sum_{i=1}^{n} \Delta x_i = \varepsilon \cdot (b - a) \end{aligned} \tag{4.5}$$

Da $\varepsilon > 0$ dabei beliebig klein gewählt werden kann, wird auch $S_f(Z) - s_f(Z)$ beliebig klein, wenn man Z geeignet wählt. Daraus folgt aber $\inf_Z S_f(Z) = \sup_Z s_f(Z)$, d.h. f ist integrierbar auf $[a, b]$.

(II) f sei nun monoton steigend auf $[a, b]$. Damit ist f auch beschränkt. $Z = \{[x_0, x_1], \dots, [x_{n-1}, x_n]\}$ bezeichne eine Zerlegung von $[a, b]$ und M_i bzw. m_i das Supremum bzw. das Infimum von f auf $[x_{i-1}, x_i]$. Damit gilt zweifellos $f(x_{i-1}) = m_i \le M_i = f(x_i)$, also mit

$\Delta x_i = x_i - x_{i-1}$:

$$S_f(Z) - s_f(Z) = \sum_{i=1}^{n}(M_i - m_i)\Delta x_i \leq \sum_{i=1}^{n}(M_i - m_i)|Z| = |Z|\sum_{i=1}^{n}(M_i - m_i)$$
$$= |Z|\sum_{i=1}^{n}(f(x_i) - f(x_{i-1})) = |Z|(f(b) - f(a)).$$

Da $|Z|$ beliebig klein gewählt werden kann, ist $\inf\limits_Z S_f(Z) = \sup\limits_Z s_f(Z)$, folglich ist f integrierbar auf $[a, b]$. Für monoton fallende Funktionen verläuft der Beweis analog. □

Eine Funktion f heißt *stückweise stetig* auf $[a, b]$, wenn f bis auf endlich viele Sprungstellen in $[a, b]$ stetig ist (vgl. Abschn. 1.6.9). f heißt *stückweise monoton* auf $[a, b]$, wenn man eine Zerlegung Z_0 von $[a, b]$ finden kann, so daß f zwischen je zwei Teilungspunkten monoton ist, und wenn f überdies beschränkt ist.

Funktionen dieser Art sind ebenfalls *integrierbar* auf $[a, b]$. Zum Beweis betrachtet man nur solche Zerlegungen Z, bei denen die Sprungstellen, bzw. die Teilungspunkte von Z_0, auch Teilungspunkte von Z sind. Damit verläuft die Schlußkette im Wesentlichen wie im obigen Beweis.

Übung 4.2:

Führe den letztgenannten Beweis aus.

Übung 4.3

Die Funktion $f\ [0, \pi] \to \mathbb{R}$ mit $f(x) := \sin(1/x)$ für $x \neq 0$ und $f(0) := 0$ ist weder stückweise stetig noch stückweise monoton (warum?). Zeige, daß sie trotzdem integrierbar auf $[0, \pi]$ ist.

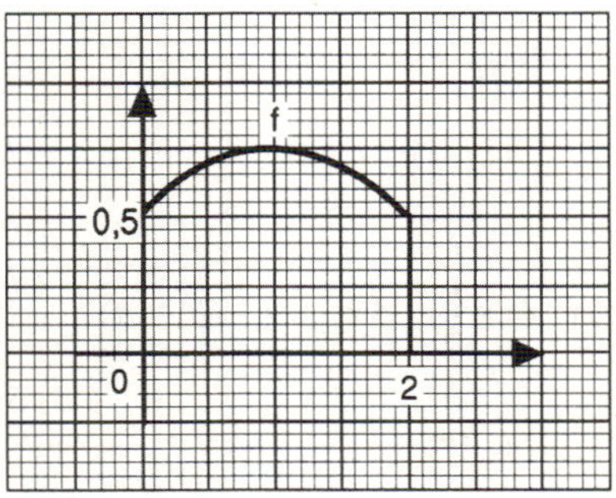

Fig. 4.5: Direktes Schätzen des Flächeninhaltes von $\int\limits_0^2 f(x)\,\mathrm{d}x$, mit $f(x) = -\frac{1}{2}x^2 + x + \frac{1}{2}$.

4.1.3 Graphisches Integrieren, Riemannsche[3] Summen, numerische Integration mit der Tangentenformel

Graphische Integration: Die einfachste Methode für das praktische Berechnen von Integralen besteht darin, den Graphen einer Funktion f auf $[a, b]$ zu zeichnen — etwa auf Millimeterpapier — und den Flächeninhalt der Funktion auf $[a, b]$ abzulesen. (Wir setzen dabei f ohne Beschränkung der Allgemeinheit als ≥ 0 voraus.) Das »Ablesen« des Flächeninhaltes kann durch Abzählen der Millimeterquadrate geschehen, die in der Fläche enthalten sind oder ihren Rand schneiden. Die von Graph f geschnittenen dabei halb gerechnet.

Beispiel 4.1:
In Fig. 4.5 ist mit dieser graphischen Methode das Integral von $f(x) = -x^2/2 + x + 1/2$ auf $[0, 2]$ bestimmt worden:

$$\int_0^2 f(x)\,\mathrm{d}x = \int_0^2 \left(-\frac{x^2}{2} + x + \frac{1}{2}\right)\mathrm{d}x \approx 1{,}67\,.$$

Bemerkung: Früher waren zur graphischen Integration sogenannte »Integraphen« gebräuchlich. Das sind Geräte, mit denen man durch Nachfahren des Funktionsgraphen mit einem Leitstift den Integralwert (näherungsweise) gewinnt. Diese Maschinen, wie überhaupt graphische Integrationsmethoden, sind heute durch den Computer nahezu verdrängt. Zur schnellen überschlägigen Bestimmung von Integralen ist die obige »Kästchenmethode« jedoch weiterhin nützlich.

Riemannsche Summen: Sowohl für die numerische Integration, wie auch für theoretische Weiterführungen sind *Riemannsche Summen* grundlegend. Es handelt sich dabei um Summen von Rechteckinhalten, wie in Fig. 4.6 skizziert.

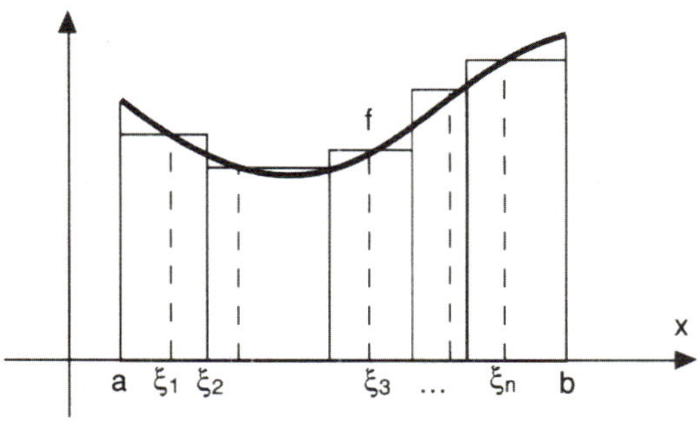

Fig. 4.6: Zu Riemannschen Summen

Genauer: Ist f eine beschränkte Funktion auf $[a, b]$ und $Z = \{[x_0, x_1], \ldots, [x_{n-1}, x_n]\}$ eine Zerlegung von $[a, b]$, so wähle man aus jedem Teilintervall $[x_{i-1}, x_i]$ einen Punkt ξ_i beliebig aus.

3 Georg Friedrich Bernhard Riemann (1826 – 1866), deutscher Mathematiker

Als Riemannsche Summe von f (bzgl. Z und $\xi_1, \ldots, \xi_n$) bezeichnet man dann

$$R = \sum_{i=1}^{n} f(\xi_i)\Delta x_i\,, \quad \text{mit } \Delta x_i = x_i - x_{i-1}.$$

(Gelegentlich schreibt man auch $R_f(Z, \xi)$ statt R, wobei $\xi = (\xi_1, \ldots, \xi_n)$ ist.) Für eine positive Funktion f, wie in Fig. 4.6 gezeichnet, handelt es sich offenbar gerade um die Summe von Rechteckinhalten. Es ist zu erwarten, daß R sich beliebig wenig vom Integral $\int_a^b f(x)\,\mathrm{d}x$ unterscheidet, wenn $|Z| = \max_i \Delta x_i$ genügend klein ist. Dieser Sachverhalt wird im folgenden Satz präzisiert.

Satz 4.2:

Für jede beschränkte Funktion f auf $[a, b]$ gilt: f ist genau dann integrierbar, wenn jede Folge Riemannscher Summen R_k von f, bei denen die Feinheiten $|Z_k|$ der zugehörigen Zerlegung gegen Null streben, konvergiert.

Jede dieser Folgen (R_k) konvergiert dann gegen denselben Grenzwert. Dieser ist gleich $\int_a^b f(x)\,\mathrm{d}x$. In Formeln:

$$\lim_{k\to\infty} R_k = \int_a^b f(x)\,\mathrm{d}x.$$

Beweis:

[4] (I) Es sei f integrierbar auf $[a, b]$ und $I = \int_a^b f(x)\,\mathrm{d}x$.

(R_k) sei eine beliebige Folge Riemannscher Summen von f, bei der die Feinheiten $|Z_k|$ der zugehörigen Zerlegungen für $k \to \infty$ gegen Null streben. Wir zeigen $R_k \to I$ für $k \to \infty$.

Da f integrierbar auf $[a, b]$ ist, existiert zu beliebigem $\varepsilon > 0$ eine Obersumme $S_f(Z)$ und eine Untersumme $s_f(Z')$ mit

$$I - \varepsilon \le s_f(Z') \le I \le S_f(Z) \le I + \varepsilon\,. \tag{4.6}$$

Wir vergleichen nun $S_f(Z)$ mit einer unserer Riemannschen Summen R_k. Dabei denken wir uns Z_k »sehr fein« , jedenfalls $|Z_k| < |Z|$. Die Riemannsche Summe spalten wir auf in

$$R_k = A_k + B_k\,,$$

wobei A_k die Summe aller derjenigen Glieder von R_k ist, die zu Teilintervallen von R_k gehören,

4 Kann beim ersten Lesen überschlagen werden.

welche Teilungspunkte von Z enthalten. B_k ist die Summe der übrigen Glieder. Man überlegt sich leicht, daß $B_k \le S_f(Z)$ gelten muß. (Man zeichne eine Figur dazu.) Ferner gilt $A_k \to 0$ für $k \to \infty$. (Denn ist m die Anzahl der Teilungspunkte von Z, so kann A_k höchstens $2m$ Glieder haben, da jeder Teilungspunkt von Z in höchstens zwei Teilintervallen von Z_k liegt. Da jedes Glied von A_k absolut $\le |Z_k| \sup\limits_{[a,b]} |f(x)|$ ist, folgt $|A_k| \le 2m|Z_k| \sup\limits_{[a,b]} |f(x)| \to 0$ für $k \to \infty$.) Somit ist $|A_k| < \varepsilon$, falls $k > k_0$, für ein genügend großes k_0. Daraus erhält man für $k > k_0$:

$$R_k = B_k + A_k \le B_k + \varepsilon \le S_f(Z) + \varepsilon \le I + 2\varepsilon\,.$$

Ganz rechts wurde (4.6) verwendet. Entsprechend beweist man die Ungleichungen $R_k \ge s_f(Z') - \varepsilon \ge I - 2\varepsilon$ für $k \ge k_1$ (k_1 genügend groß). Zusammen folgt $I - 2\varepsilon \le R_k \le I + 2\varepsilon$ für $k \ge K = \max\{k_0, k_1\}$. Das bedeutet aber, daß R_k gegen I konvergiert.

(II) Wir setzen nun voraus, daß jede Folge Riemannscher Summen R_k von f, mit $|Z_k| \to 0$ für die zugehörigen Zerlegungen, konvergiert. Damit konvergieren alle diese Folgen (R_k) gegen den gleichen Grenzwert R. (Gäbe es nämlich zwei Folgen (R_k), die gegen *verschiedene* Grenzwerte strebten, so würde eine Mischfolge aus beiden überhaupt nicht konvergieren, was unserer Voraussetzung widerspricht.) Zu zeigen ist, daß f auf $[a, b]$ integrierbar ist. Dazu betrachten wir eine beliebige Folge von Zerlegungen Z_K von $[a, b]$, mit $|Z_k| \to 0$ für $k \to \infty$. Man bilde die zugehörige Folge von Obersummen $S_f(Z_k)$. Zu jedem $S_f(Z_k)$ kann man eine Riemannsche Summe R_k von f finden mit $S_f(Z_k) = R_k + \varepsilon_k$, $0 \le \varepsilon_k < 1/k$. (Man hat nur die $f(\xi_i)$ in R_k genügend dicht an den Suprema M_i von f in den zugehörigen Zerlegungsintervallen zu wählen.) Wegen $R_k \to R$ und $\varepsilon_k \to 0$ folgt $S_f(Z_k) \to R$ für $k \to \infty$. Entsprechend ergibt sich $s_f(Z_k) \to R$ für $k \to \infty$, wegen $\sup\limits_Z s_f(Z) \le \inf\limits_Z S_f(Z)$, also

$$R = \sup_Z s_f(Z) = \inf_Z S_f(Z)\,.$$

Folglich ist f integrierbar auf $[a, b]$, und $R = \int\limits_a^b f(x)\,\mathrm{d}x$. □

Tangentenformel zur numerischen Integration: Wir denken uns eine integrierbare Funktion f auf $[a, b]$ gegeben — z.B. eine stetige Funktion. Ihr Integral auf $[a, b]$ soll zahlenmäßig berechnet werden.

Dazu bilden wir zunächst eine *äquidistante Zerlegung* $Z = \{[x_0, x_1], \ldots, [x_{n-1}, x_n]\}$ von $[a, b]$. *Äquidistant* bedeutet, daß alle Teilintervalle $[x_{i-1}, x_i]$ gleich lang sind, also

$$\Delta x_i = x_i - x_{i-1} = \frac{b-a}{n} := h \quad \text{für alle } i = 1, \ldots, n.$$

In jedem Teilintervall bestimmen wir nun den Mittelpunkt (s. Fig. 4.7a)

$$\xi_i := \frac{x_i + x_{i-1}}{2} \quad (i = 1, \ldots, n) \tag{4.7}$$

und bilden damit die Riemannsche Summe

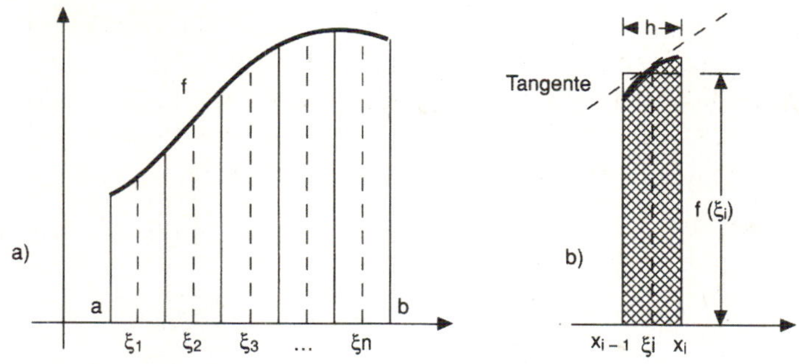

Fig. 4.7: Die Tangentenformel zur numerischen Integration

$$R = \sum_{i=1}^{n} f(\xi_i)h\,, \quad h = \frac{b-a}{n}\,.$$

Satz 4.2 besagt, daß sich R für genügend kleine $|Z|$ beliebig wenig vom Integral $\int\limits_a^b f(x)\,\mathrm{d}x$ unterscheidet, also

$$\int\limits_a^b f(x)\,\mathrm{d}x = \frac{b-a}{n}\sum_{i=1}^{n} f(\xi_i) + \delta\,. \tag{4.8}$$

Für den »Fehler« δ gilt folgende Abschätzung, die ohne Beweis mitgeteilt sei (s. [56]). f wird dabei zweimal stetig differenzierbar vorausgesetzt:

$$|\delta| \le \frac{M \cdot (b-a)^3}{24n^2}\,, \quad \text{wobei } M \ge |f''(x)| \text{ für alle } x \in [a,b]. \tag{4.9}$$

Formel (4.8), mit (4.7), heißt die *Tangentenformel*. Der Grund dafür geht aus Fig. 4.7b hervor: Zeichnet man in $(\xi_i, f(\xi_i))$ die Tangente an den Graphen von f ein, so ist das schraffierte Trapez inhaltsgleich zum Rechteck mit den Seitenlängen h und $f(\xi_i)$. Die Inhaltssumme dieser Trapeze ist also gleich der Riemannschen Summe in der Tangentenformel. Mit der Tangentenformel sind wir grundsätzlich in der Lage, *jedes Integral beliebig genau zu berechnen*. Mit Computern ist dies eine Kleinigkeit. (Später werden wir noch effizientere numerische Integrationsmethoden kennenlernen, s. Abschn. 4.2.6.)

Bemerkung: Man mache sich klar, daß mit numerischen Integrationsmethoden, wie der Tangentenformel, das Problem der Integration *prinzipiell*, ja, sogar *praktisch* gelöst ist! Auf diese Methoden kann man *immer* zurückgreifen, wenn andere Methoden versagen! Die numerische Integration ist sozusagen das »Schwarzbrot« der Integralrechnung: Nicht so delikat wie Kuchen, dafür aber gesund und nahrhaft.

Beispiel 4.2:

Es soll $\int\limits_2^3 x^2\,\mathrm{d}x$ berechnet werden. Wir teilen das Intervall [2, 3] in 10 gleichlange Intervalle der Länge $1/10$ ein. Die Mittelpunkte dieser Intervalle sind $\xi_1 = 2{,}05$, $\xi_2 = 2{,}15, \ldots, \xi_{10} = 2{,}95$. Mit der Tangentenformel (4.8) folgt damit

$$\int\limits_2^3 x^2\,\mathrm{d}x = \frac{3-2}{10}(2{,}05^2 + 2{,}15^2 + \ldots + 2{,}95^2) + \delta \doteq 6{,}33250 + \delta\,.$$

Da $f(x) = x^2$ die zweite Ableitung $f''(x) = 2$ besitzt, kann in der Fehlerformel (4.9) $M = 2$ gesetzt werden. Für den Fehler δ gilt also

$$|\delta| \leq \frac{2\cdot(3-2)^3}{24\cdot 10^2} = 0{,}0008\overline{3}\,.$$

(Mit dem Hauptsatz können wir später den exakten Integralwert ermitteln. Er ist $6 + 1/3$.)

Übung 4.4:

Berechne mit der Tangentenformel näherungsweise die folgenden Integrale. Wähle die Zerlegungen dabei so, daß der »Fehler« δ jeweils absolut kleiner als $5\cdot 10^{-4}$ ist

$$\int\limits_0^2 x^3\,\mathrm{d}x\,, \qquad \int\limits_1^2 \frac{\mathrm{e}^x}{x}\,\mathrm{d}x\,, \qquad \int\limits_0^\pi \sin x\,\mathrm{d}x\,.$$

4.1.4 Regeln für Integrale

Bevor wir zum Hauptsatz kommen, mit dem sich viele Integrale bequem und elegant berechnen lassen, müssen wir einige Regeln über Integrale herleiten, die wir für den Hauptsatz und den weiteren Ausbau der Integralrechnung brauchen. Die Regeln sind anschaulich sofort einzusehen, wenn man die geometrische Deutung der Integrale als Flächeninhalte heranzieht. Zunächst treffen wir zwei Vereinbarungen:

(I) Für jede in $a \in \mathbb{R}$ definierte Funktion f setzen wir

$$\int\limits_a^a f(x)\,\mathrm{d}x := 0\,.$$

(II) Ist f auf $[a, b]$ integrierbar, so setzen wir

$$\int\limits_b^a f(x)\,\mathrm{d}x := -\int\limits_a^b f(x)\,\mathrm{d}x\,.$$

Satz 4.3:

(*Integrationsregeln*) Es seien f und g reelle Funktionen auf einem Intervall I, die auf jedem kompakten Teilintervall von I integrierbar sind. Damit folgt: Auch $f+g$, λf ($\lambda \in \mathbb{R}$), $f \cdot g$, f/g (falls $g \neq 0$ auf I) und $|f|$ sind integrierbar auf jedem kompakten Teilintervall von I. Dabei gilt für alle $a, b, c \in I$:

(a) $$\int_a^b (f(x) + g(x))\,\mathrm{d}x = \int_a^b f(x)\,\mathrm{d}x + \int_a^b g(x)\,\mathrm{d}x \qquad (4.10)$$

(b) $$\int_a^b \lambda f(x)\,\mathrm{d}x = \lambda \int_a^b f(x)\,\mathrm{d}x \qquad (4.11)$$

(c) $$\int_a^b f(x)\,\mathrm{d}x = \int_a^c f(x)\,\mathrm{d}x + \int_c^b f(x)\,\mathrm{d}x \qquad (4.12)$$

Aus $m \leq f(x) \leq M$ auf $[a, b]$ folgt

(d) $$m(b-a) \leq \int_a^b f(x)\,\mathrm{d}x \leq M(b-a) \qquad (4.13)$$

Mit $C := \sup\limits_{x \in [a,b]} |f(x)|$ erhält man

$$(4.14)$$

(e) $$\left| \int_a^b f(x)\,\mathrm{d}x \right| \leq \int_a^b |f(x)|\,\mathrm{d}x \leq C \cdot (b-a)\,. \qquad (4.15)$$

(Die linke Ungleichung nennt man die »*Dreiecksungleichung für Integrale*«.) Gilt $f(x) \geq g(x)$ für alle $x \in [a, b]$, so ist

(f) $$\int_a^b f(x)\,\mathrm{d}x \geq \int_a^b g(x)\,\mathrm{d}x\,. \qquad (4.16)$$

Sind f und g überdies stetig auf $[a, b]$ und gilt für wenigstens ein $x_0 \in (a, b)$ die strenge Ungleichung $f(x_0) > g(x_0)$, so folgt sogar

$$\int_a^b f(x)\,\mathrm{d}x > \int_a^b g(x)\,\mathrm{d}x\,. \qquad (4.17)$$

Beweis:
Die Beweise sind so einfach (und langweilig), daß wir sie hier weglassen dürfen. Der Leser kann sie, falls er möchte, zur Übung selber führen: Lediglich zu Teil (e) ist zu sagen, daß man Gleichung (4.15) zweckmäßig über Riemannsche Summen beweist, und zu Teil (f), daß man zunächst $h(x) := f(x) - g(x) \geq 0$ setzt und $\int\limits_a^b h(x)\,\mathrm{d}x \geq 0$, (4.16) bzw. $\int\limits_a^b h(x)\,\mathrm{d}x > 0$, (4.17), nachweist.

Beim Beweis der letztgenannten Ungleichung bemerkt man, daß nicht nur $h(x_0) > 0$ ist, sondern daß wegen der Stetigkeit von h in einer Umgebung von x_0 sogar $h(x) \geq h(x_0)/2 > 0$ ist. Also ist wenigstens eine Untersumme von h positiv, woraus $\int\limits_a^b h(x)\,\mathrm{d}x > 0$ unmittelbar folgt. □

Aus Satz 4.3 folgt mühelos

Satz 4.4:

(a) (*Mittelwertsatz der Integralrechnung*) Ist die Funktion $f : [a, b] \to \mathbb{R}$ stetig, so existiert *ein* $\xi \in (a, b)$ *mit*

$$\int\limits_a^b f(x)\,\mathrm{d}x = f(\xi)(b-a)\,. \tag{4.18}$$

(b) (*Verallgemeinerter Mittelwertsatz der Integralrechnung*) Sind f und p stetige Funktionen auf $[a, b]$ und ist $p(x) > 0$ für alle $x \in (a, b)$, so existiert ein $\xi \in (a, b)$ mit

$$\int\limits_a^b f(x)p(x)\,\mathrm{d}x = f(\xi) \int\limits_a^b p(x)\,\mathrm{d}x\,. \tag{4.19}$$

Veranschaulichung: Der Mittelwertsatz der Integralrechnung, wird durch Fig. 4.8 dargestellt, wobei $f(x) \geq 0$ auf $[a, b]$ vorausgesetzt sei. Und zwar ist der Flächeninhalt von f auf $[a, b]$, also $\int\limits_a^b f(x)\,\mathrm{d}x$, gleich dem Flächeninhalt des Rechtecks mit den Seitenlängen $f(\xi)$ und $(b-a)$.

Beweis:
Wir zeigen zunächst (b). Ist f konstant, so ist (4.19) trivialerweise richtig. Es sei daher f als nicht konstant vorausgesetzt. Damit sind

$$m = \min_{x\in[a,b]} f(x) \quad \text{und} \quad M = \max_{x\in[a,b]} f(x)$$

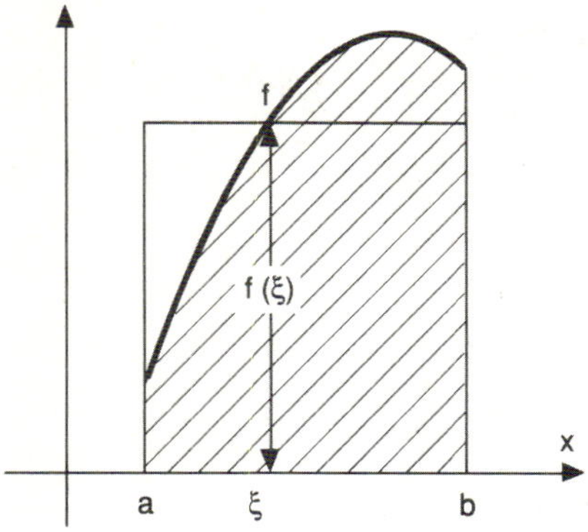

Fig. 4.8: Zum Mittelwertsatz der Integralrechnung

verschieden. Es gibt also ein $x_0 \in (a, b)$ mit $m < f(x_0) < M$; also gilt

$$mp(x_0) < f(x_0)p(x_0) < Mp(x_0) \quad \text{und} \quad mp(x) \le f(x)p(x) \le Mp(x) \quad \text{auf } [a, b].$$

Integration der letzten Zeile ergibt nach Satz 4.3f (4.17):

$$m \int_a^b p(x)\,\mathrm{d}x < \int_a^b f(x)p(x)\,\mathrm{d}x < M \int_a^b p(x)\,\mathrm{d}x \quad \text{also}$$

$$\int_a^b f(x)p(x)\,\mathrm{d}x = c \int_a^b p(x)\,\mathrm{d}x$$

mit einem c zwischen m und M. Nach dem Zwischenwertsatz existiert ein $\xi \in (a, b)$ mit $f(\xi) = c$, woraus (4.19) folgt.

Teil (a) unseres Satzes ergibt sich daraus für den Spezialfall $p(x) = 1$ für alle $x \in [a, b]$. □

Übung 4.5:

Es sei f integrierbar auf $[a, b]$. Beweise, daß $F(x) := \int_a^x f(t)\,\mathrm{d}t$ stetig auf $[a, b]$ ist. (Anleitung: Wende auf $F(x_1) - F(x_2) = \int_{x_2}^{x_1} f(t)\,\mathrm{d}t$ Satz 4.4 an.)

4.1.5 Hauptsatz der Differential- und Integralrechnung

Es sei eine reelle Funktion f auf einem Intervall I gegeben. Unter einer *Stammfunktion* von f versteht man eine Funktion F auf I, die

$$F' = f \quad \text{erfüllt.}$$

Einige Beispiele: Zu $f(x) = x^2$ ist $F(x) = x^3/3$ eine Stammfunktion, zu cos ist sin Stammfunktion, und $f(x) = \mathrm{e}^x$ ist Stammfunktion von sich selbst. Das Suchen von Stammfunktionen ist also ein»umgekehrtes Differenzieren«. Seine Bedeutung bekommt dieser »Umkehrprozeß« im folgenden Hauptsatz, der die Differential- und Integralrechnung verknüpft:

Satz 4.5:
(*Hauptsatz der Differential- und Integralrechnung*) Es sei f eine stetige Funktion auf einem Intervall I. Dann ist die Funktion F, definiert durch

$$F(x) := \int_a^x f(t)\,\mathrm{d}t\,, \quad (x, a \in I)\,, \tag{4.20}$$

eine Stammfunktion von f.

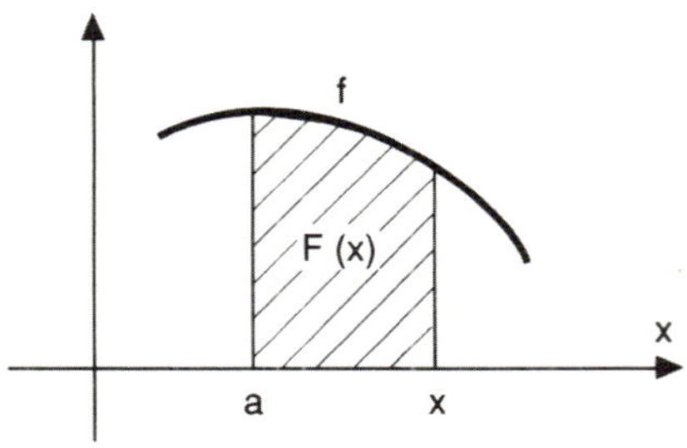

Fig. 4.9: Zum Hauptsatz

Bemerkung Der Satz beinhaltet u.a. die Aussage, daß jede stetige Funktion auf einem Intervall überhaupt eine Stammfunktion *besitzt*.

Die Funktion F in (4.20) läßt sich gut durch Flächeninhalte veranschaulichen, wie es die Fig. 4.9 zeigt: Man erkennt, wie sich $F(x)$ mit laufendem x ändert.

Beweis:
des Hauptsatzes: Wir haben zu zeigen, daß der Differenzenquotient $(F(z) - F(x))/(z - x)$ mit $z \to x$ gegen $f(x)$ strebt. Dazu formen wir zunächst $F(z) - F(x)$ mit dem Mittelwertsatz der Integralrechnung um $(x, z \in I, x \neq z)$:

$$F(z) - F(x) = \int_a^z f(t)\,\mathrm{d}t - \int_a^x f(t)\,\mathrm{d}t = \int_x^z f(t)\,\mathrm{d}t = f(\xi)(z - x)$$

mit einem ξ zwischen z und x. Damit folgt

$$\frac{F(z) - F(x)}{z - x} = f(\xi)\,. \tag{4.21}$$

Läßt man x fest und variiert z, so hängt ξ von z ab; darum schreiben wir besser $\xi(z)$ statt ξ. Mit $z \to x$ folgt $\xi(z) \to x$, da $\xi(z)$ zwischen x und z liegt. Damit strebt die rechte Seite von (4.21) mit $z \to x$ gegen $f(x)$. Folglich konvergiert auch die linke Seite von (4.21) mit $z \to x$ gegen f, d.h. es gilt $F'(x) = f(x)$. □

Wieviele Stammfunktionen besitzt eine Funktion f? Ist F eine Stammfunktion von f, so offenbar auch $G(x) := F(x) + c$ mit einer beliebigen Konstanten c. Gibt es noch weitere Stammfunktionen von f? Das ist nicht der Fall. Es gilt

Satz 4.6:

Ist F eine Stammfunktion von $f : I \to \mathbb{R}$ (I Intervall), so besteht die Menge aller Stammfunktionen von f aus den Funktionen

$$G(x) = F(x) + c \quad x \in I\,, \quad c \in \mathbb{R}\,.$$

Beweis:

Sind G und F zwei Stammfunktionen von f, so gilt $(G - F)' = f - f = 0$, also ist $G - F$ konstant (nach Abschn. 3.1.5, Folg. 3.5a). Das heißt $G(x) - F(x) \equiv c$, was zu beweisen war. □

Aus dem Hauptsatz und dem gerade bewiesenen Satz 4.6 gewinnen wir nun den *Kern- und Angelpunkt* der gesamten Differential- und Integralrechnung, nämlich die Berechnung von Integralen über Stammfunktionen. An dieser Stelle tut der Leser gut, eine feierliche Pause einzulegen, denn er hat den Höhepunkt der eindimensionalen Analysis erreicht.

Die angekündigte Aussage ist in folgendem Satz niedergelegt. Er wird auch der *zweite Hauptsatz* genannt:

Satz 4.7:

Ist F Stammfunktion einer stetigen Funktion f auf einem Intervall I, so gilt für beliebige $a, b \in I$

$$\int_a^b f(x)\,\mathrm{d}x = F(b) - F(a)\,.$$

Beweis:

Nach dem Hauptsatz (Satz 4.5) ist durch $F_0(x) := \int_a^x f(t)\,\mathrm{d}t$ eine Stammfunktion von f gegeben. Also ist $F(x) \equiv F_0(x) + c$ nach Satz 4.6. Daraus folgt

$$F(b) - F(a) = F_0(b) - F_0(a) = \int_a^b f(t)\,\mathrm{d}t - \underbrace{\int_a^a f(t)\,\mathrm{d}t}_{0} = \int_a^b f(t)\,\mathrm{d}t\,.$$ □

Bezeichnung: Zur Abkürzung setzt man häufig

$$\Big[F(x)\Big]_a^b := F(b) - F(a)\,,$$

also z.B.:

$$\int_{-\pi/2}^{\pi/2} \cos x \,\mathrm{d}x = \Big[\sin x\Big]_{-\pi/2}^{\pi/2} = \sin\frac{\pi}{2} - \sin\left(-\frac{\pi}{2}\right) = 1 + 1 = 2\,.$$

Übung 4.6:

Berechne mit Satz 4.7 die Integrale

(a) $\int_2^3 x^2 \,\mathrm{d}x$ (s. Beisp. 4.2), (b) $\int_0^2 \left(-\frac{x^2}{2} + x + \frac{1}{2}\right) \mathrm{d}x$ (s. Beisp. 4.1),

(c) $\int_0^\pi \sin x \,\mathrm{d}x$, (d) $\int_{-1}^1 \mathrm{e}^x \,\mathrm{d}x$, (e) $\int_0^3 \mathrm{e}^{2x} \,\mathrm{d}x$,

(f) Es sei $f(t) := \begin{cases} 1\,, & \text{für } t \geq 0, \\ -1\,, & \text{für } t < 0. \end{cases}$ Beweise $\int_0^x f(t)\,\mathrm{d}t = |x|\,.$

(Ist $F(x) := |x|$ Stammfunktion von f?)

4.2 Berechnung von Integralen

4.2.1 Unbestimmte Integrale, Grundintegrale

Der Hauptsatz der Differential- und Integralrechnung mit der aus ihm folgenden Integralformel im Satz 4.7 gestattet es uns, die Methoden der Differentialrechnung bei der Integralberechnung voll auszuschöpfen: Die Integration stetiger Funktionen ist auf die Aufgabe zurückgeführt, *Stammfunktionen zu gegebenen Funktionen zu finden*. Diesem Problem wenden wir uns im Folgenden zu.

Unbestimmtes Integral: Jede Stammfunktion F einer reellen Funktion f auf einem Intervall I nennt man auch ein *unbestimmtes Integral* von f. Man beschreibt dies nach Leibniz durch

$$F(x) = \int f(x)\,\mathrm{d}x \quad \text{(lies: »Integral } f(x)\,\mathrm{d}x\text{«)}.$$

Das Symbol auf der rechten Seite bezeichnet dabei *irgend eine beliebige Stammfunktion* von f. Es gilt somit auch

$$F(x) + c = \int f(x)\,\mathrm{d}x\,,$$

da $F(x) + c$ ebenfalls eine Stammfunktion von f ist. Man merke: Gilt $G(x) = \int f(x)\,\mathrm{d}x$ und $F(x) = \int f(x)\,\mathrm{d}x$, so darf man nicht $G(x) = F(x)$ folgern (für alle $x \in I$), sondern nur $G(x) = F(x) + c$ mit einer Konstanten c.

Achtung: Bei der Verwendung von $\int f(x)\,\mathrm{d}x$ hat man sich also stets bewußt zu machen, daß dieses Symbol eine Funktion nur bis auf eine beliebige additive Konstante beschreibt. Im Folgenden geben wir dennoch aus Gründen der Übersichtlichkeit stets nur eine Realisierung des unbestimmten Integrals an und verzichten auf die zusätzliche additive Konstante. Es sollte dem Leser daher bewusst sein, dass beispielsweise mit

$$\int \cos x\,\mathrm{d}x = \sin x$$

formal immer auch alle weiteren Stammfunktionen

$$\int \cos x\,\mathrm{d}x = \sin x + C$$

mit beliebiger Konstanten $C \in \mathbb{R}$ zu berücksichtigen sind[5]

Wir machen uns klar, daß folgende Äquivalenz gilt

$$F(x) = \int f(x)\,\mathrm{d}x \quad \Longleftrightarrow \quad F' = f\,. \tag{4.22}$$

Im Gegensatz zum unbestimmten Integral $\int f(x)\,\mathrm{d}x$ nennt man

$$\int\limits_a^b f(x)\,\mathrm{d}x$$

ein *bestimmtes Integral*. Bestimmte Integrale sind also Zahlen, während unbestimmte Integrale Funktionen beschreiben.

Grundintegrale: Als Ausgangspunkt für praktische Rechnungen stellen wir eine Tabelle elementarer Funktionen zusammen (s. Tab. 4.1), deren Stammfunktionen sich aus der Differentialrechnung unmittelbar ergeben (s. Abschn. 3.1.8 und Abschn. 3.1.9). Dabei sind die angegebenen Funktionen f für alle $x \in \mathbb{R}$ definiert, ausgenommen dort, wo auftretende Nenner Null werden oder Wurzeln negative Radikanden aufweisen.

Beim Integrieren liest man die Tabelle von links nach rechts, beim Differenzieren von rechts

---

5 Die additive Konstante spielt beispielsweise bei der Lösung von Anfangswertproblemen eine wichtige Rolle, siehe Burg/Haf/Wille/Meister (Band III) [10]. Dagegen hebt sich die Konstante bei der Berechnung der für uns im weiteren betrachten bestimmten Integrale aufgrund der Differenzenbildung stets auf, so dass die Angabe der Konstanten hier irrelevant ist.

Tabelle 4.1: Grundintegrale

$f = F'$	$F(x) = \int f(x)\,\mathrm{d}x$	$f = F'$	$F(x) = \int f(x)\,\mathrm{d}x$
$x^a \quad (a \neq 1)$	$\frac{x^{a+1}}{a+1}$	$\frac{1}{\sinh^2 x}$	$-\coth x$
$\frac{1}{x} \quad (x \neq 0)$	$\ln\lvert x\rvert$	$\frac{1}{\cosh^2 x}$	$\tanh x$
e^x	e^x		
$a^x \quad (a > 0\,, a \neq 1)$	$\frac{a^x}{\ln a}$	$\frac{1}{\sqrt{1-x^2}} \quad (\lvert x\rvert < 1)$	$\begin{cases} \arcsin x \\ -\arccos x \end{cases}$
$\sin x$	$-\cos x$	$\frac{1}{1+x^2}$	$\begin{cases} \arctan x \\ -\operatorname{arccot} x \end{cases}$
$\cos x$	$\sin x$	$\frac{1}{\sqrt{1+x^2}}$	$\begin{cases} \operatorname{arsinh} x \\ = \ln(x + \sqrt{1+x^2}) \end{cases}$
$\frac{1}{\sin^2 x}$	$-\cot x$	$\frac{1}{\pm\sqrt{x^2-1}} \quad (\lvert x\rvert > 1)$	$\begin{cases} \operatorname{arcosh} x \\ = \pm \ln(x + \sqrt{x^2-1}) \end{cases}$
$\frac{1}{\cos^2 x}$	$\tan x$		
$\sinh x$	$\cosh x$	$\frac{1}{1-x^2} \begin{cases} (\lvert x\rvert < 1) \\ (\lvert x\rvert > 1) \end{cases}$	$\operatorname{artanh} x = \frac{1}{2}\ln\frac{1+x}{1-x}$ $\operatorname{arcoth} x = \frac{1}{2}\ln\frac{x+1}{x-1}$
$\sinh x$	$\cosh x$		
$\cosh x$	$\sinh x$		

nach links. Mit Hilfe der einfachen Regeln

$$\int (f(x) + g(x))\,\mathrm{d}x = \int f(x)\,\mathrm{d}x + \int g(x)\,\mathrm{d}x\,, \quad \textit{Additivität}, \tag{4.23}$$

$$\int \lambda f(x)\,\mathrm{d}x = \lambda \int f(x)\,\mathrm{d}x\,, \quad \textit{Homogenität}, \tag{4.24}$$

für stetige Funktionen (s. Satz 4.3, (a), (b)) lassen sich aus der Tabelle der Grundintegrale schon viele Stammfunktionen ermitteln, z.B.

$$\int (3\,\mathrm{e}^x + 7\sin x)\,\mathrm{d}x = 3\int \mathrm{e}^x\,\mathrm{d}x + 7\int \sin x\,\mathrm{d}x = 3\,\mathrm{e}^x - 7\cos x\,,$$

$$\int \sum_{k=0}^{n} a_k x^k\,\mathrm{d}x = \sum_{k=0}^{n} a_k \int x^k\,\mathrm{d}x = \sum_{k=0}^{n} a_k \frac{x^{k+1}}{k+1}\,. \tag{4.25}$$

Die Integration von Produkten $f(x) \cdot g(y)$ und verketteten Funktionen $f(g(x))$ wird in den nächsten beiden Abschnitten behandelt.

Übung 4.7:

Berechne

$$\int \frac{4}{5}x^7 \,\mathrm{d}x\,, \qquad \int \frac{\mathrm{d}x}{x^2}\,, \qquad \int \sqrt{x}\,\mathrm{d}x\,, \quad \int \frac{\mathrm{d}x}{\sqrt{x}}\,,$$

$$\int (\cos x + 3x^2)\,\mathrm{d}x\,, \quad \int \left(\mathrm{e}^{x+1} - \frac{2}{x}\right)\mathrm{d}x\,, \quad \int \frac{\mathrm{d}x}{1+x^2}\,, \quad \int_0^2 4^x \,\mathrm{d}x\,, \quad \int_0^{\pi/2} \cos x \,\mathrm{d}x\,.$$

4.2.2 Substitutionsmethode

Da das Integrieren stetiger Funktionen, d.h. das Auffinden von Stammfunktionen, gerade der umgekehrte Prozeß wie beim Differenzieren ist, lassen sich Differentiationsregeln in Integrationsregeln verwandeln. Wir wollen das in diesem Abschnitt anhand der *Kettenregel* durchführen.

Substitutionsformel: Wir betrachten die Komposition zweier stetig differenzierbarer Funktionen F und φ:

$$F(\varphi(t)) := G(t) \tag{4.26}$$

(φ bzw. F sind dabei auf Intervallen I bzw. J definiert, wobei — wie könnte es anders sein? — $\varphi(I) \subseteq J$ gilt.) Differenzieren ergibt nach der Kettenregel

$$G'(t) = F'(\varphi(t))\varphi'(t)\,.$$

Übergang zu Stammfunktionen auf beiden Seiten liefert

$$G(t) = \int F'(\varphi(t))\varphi'(t)\,\mathrm{d}t\,.$$

Mit $x = \varphi(t)$ gilt dabei $F(x) = G(t)$, s. (4.26), also

$$F(x) = \int F'(\varphi(t))\varphi'(t)\,\mathrm{d}t \quad \text{mit } x = \varphi(t) \tag{4.27}$$

für alle $t \in I$. Bezeichnet man nun mit f die Ableitung F' und setzt dies zusammen mit

$$F(x) = \int f(x)\,\mathrm{d}x$$

in (4.27) ein, so erhält man

Satz 4.8:

(*Substitutionsformel*) Es sei f stetig auf dem Intervall J und φ stetig differenzierbar auf dem Intervall I, wobei $\varphi(I) \subset J$ gilt. Damit folgt

$$\int f(x)\,\mathrm{d}x = \int f(\varphi(t))\varphi'(t)\,\mathrm{d}t\,, \quad \text{mit } x = \varphi(t). \tag{4.28}$$

Merkregel: Mit der Leibnizschen Schreibweise $\frac{\mathrm{d}x}{\mathrm{d}t} = \varphi'(t)$ bekommt die Substitutionsformel (4.28) die leicht zu behaltende Gestalt

$$\int f(x)\,\mathrm{d}x = \int f(\varphi(t))\frac{\mathrm{d}x}{\mathrm{d}t}\,\mathrm{d}t\,, \quad x = \varphi(t)\,. \tag{4.29}$$

Man hat also links das x in $f(x)$ durch $\varphi(t)$ zu ersetzen und dann $\mathrm{d}x$ *formal* durch $\mathrm{d}t$ zu dividieren und mit $\mathrm{d}t$ anschließend *formal* zu multiplizieren. (Man macht sich klar, daß hier keine wirklichen Divisionen und Multiplikationen mit $\mathrm{d}t$ vorliegen, sondern daß sie nur optisch als solche *erscheinen*. Dies erleichtert das Merken der Formel aber gerade!)

Anwenden der Substitutionsformel »von rechts nach links«: Zunächst wenden wir Formel (4.28) auf $\int \frac{\varphi'(t)}{\varphi(t)}\,\mathrm{d}t$ an. Der Vergleich mit der rechten Seite von (4.28) liefert

$$f(\varphi(t)) = \frac{1}{\varphi(t)}\,, \quad \text{d.h.} \quad f(x) = \frac{1}{x} \quad \text{mit} \quad x = \varphi(t)\,.$$

Also folgt mit Vertauschen der Gleichungsseiten von (4.28):

$$\int \frac{\varphi'(t)}{\varphi(t)}\,\mathrm{d}t = \int \frac{1}{x}\,\mathrm{d}x = \ln|x| = \ln|\varphi(t)|\,. \tag{4.30}$$

Schreibt man ganz rechts und ganz links x statt t, so gewinnt man

$$\int \frac{\varphi'(x)}{\varphi(x)}\,\mathrm{d}x = \ln|\varphi(x)|\,. \tag{4.31}$$

Diese nützliche Formel läßt eine Reihe von Folgerungen zu:

Beispiel 4.3:

Setzt man in (4.31) $\varphi(x)$ nacheinander gleich $\cos x$, $\sin x$, $\cosh x$, $\sinh x$ und $\ln x$, so erhält man

$$\int \tan x \, \mathrm{d}x = -\ln|\cos x|\,, \qquad \int \cot x \, \mathrm{d}x = \ln|\sin x|\,, \tag{4.32}$$

$$\int \tanh y \, \mathrm{d}x = \ln|\cosh x|\,, \qquad \int \coth x \, \mathrm{d}x = \ln|\sinh x|\,, \tag{4.33}$$

$$\int \frac{\mathrm{d}x}{x \ln x} = \ln|\ln x|\,. \tag{4.34}$$

Die Formeln gelten natürlich nur in Intervallen, in denen die gewählten Funktionen φ definiert sind und nirgends verschwinden. Entsprechend erhält man aus (4.28):

$$\int \varphi(t)\varphi'(t) \, \mathrm{d}t = \int x \, \mathrm{d}x = \frac{x^2}{2} = \frac{1}{2}\varphi^2(t)\,, \tag{4.35}$$

wobei $f(x) = x$ gewählt wurde.

Beispiel 4.4:

Setzt man in (4.35) $\varphi(t) = \ln t$ und dann x statt t, so folgt

$$\int \frac{\ln x}{x} \, \mathrm{d}x = \frac{1}{2} \ln^2 x\,. \tag{4.36}$$

Häufig trifft man auf Integrale der Form $\int f(t^2)t \, \mathrm{d}t$. Der Vergleich mit der rechten Seite der Substitutionsformel (4.28) zeigt, daß wir hier $\varphi(t) = t^2$ setzen können. Es folgt wegen $\varphi'(t) = 2t$

$$\int f(t^2)t \, \mathrm{d}t = \frac{1}{2}\int f(t^2)2t \, \mathrm{d}t = \frac{1}{2}\int f(x) \, \mathrm{d}x = \frac{1}{2}F(x) = \frac{1}{2}F(t^2)\,, \tag{4.37}$$

wobei F eine Stammfunktion von f ist. Mit x statt t in den Ausdrücken ganz rechts und links erhalten wir somit

$$\int x f(x^2) \, \mathrm{d}x = \frac{1}{2}F(x^2) \quad (\text{mit } F' = f)\,. \tag{4.38}$$

Beispiel 4.5:

Setzt man für f verschiedene Funktionen ein, so gewinnt man aus (4.38) die Integrale

$$\int x\,\mathrm{e}^{x^2}\,\mathrm{d}x = \frac{\mathrm{e}^{x^2}}{2}\,, \qquad \int x\,\mathrm{e}^{-x^2}\,\mathrm{d}x = -\frac{\mathrm{e}^{-x^2}}{2}\,, \tag{4.39}$$

$$\int \frac{x\,\mathrm{d}x}{1+x^2} = \frac{1}{2}\ln(1+x^2)\,, \qquad \int \frac{x\,\mathrm{d}x}{1-x^2} = -\frac{1}{2}\ln|1-x^2|\,, \tag{4.40}$$

$$\int \frac{x\,\mathrm{d}x}{\sqrt{1+x^2}} = \sqrt{1+x^2}\,, \qquad \int \frac{x\,\mathrm{d}x}{\sqrt{1-x^2}} = -\sqrt{1-x^2}\,, \qquad \int \frac{x\,\mathrm{d}x}{\sqrt{x^2-1}} = \sqrt{x^2-1}\,, \tag{4.41}$$

allgemein:

$$\int \frac{x\,\mathrm{d}x}{\sqrt{a+bx^2}} = \frac{1}{b}\sqrt{a+bx^2}\,, \quad (b \neq 0)\,. \tag{4.42}$$

Die Formeln gelten selbstverständlich nur in solchen Intervallen, in denen die auftretenden Nenner $\neq 0$ oder die Radikanden > 0 sind.

Die Verwendung der Substitutionsformel »von rechts nach links«, wie oben geschehen, ist nur möglich, wenn die zu berechnenden Integrale schon in der Form $\int f(\varphi(t))\varphi'(t)\,\mathrm{d}t$ vorliegen. Man muß das mit »scharfem Auge« erkennen! Dieser Glückszustand liegt aber nicht immer vor. Aus diesem Grund ist die Ausnutzung der Formel (4.28) »von links nach rechts« häufiger, ja, auf ihr beruht der Hauptnutzen der Substitutionsregel. Wir wenden uns dieser Methode im Folgenden zu.

Anwenden der Substitutionsformel »von links nach rechts«: Zunächst schreiben wir die Substitutionsformel (4.28) geringfügig um, da sie dann für die Anwendungen griffiger wird. Und zwar wird die Funktion

$$g(t) := f(\varphi(t))\,, \qquad t \in I\,,$$

eingeführt. Dabei setzen wir $\varphi'(t) \neq 0$ auf I voraus. Es existiert damit die Umkehrfunktion von φ, die wir mit ψ bezeichnen, d.h.

$$x = \varphi(t) \Longleftrightarrow t = \psi(x)\,.$$

Damit ist $f(x) = g(t) = g(\psi(x))$. Man setzt dies in die Substitutionsformel (4.28) ein und erhält

$$\int g(\psi(x))\,\mathrm{d}x = \int g(t)\varphi'(t)\,\mathrm{d}t\,. \tag{4.43}$$

Hierin ist

$$\varphi'(t) = \frac{\mathrm{d}x}{\mathrm{d}t} = \frac{1}{\dfrac{\mathrm{d}t}{\mathrm{d}x}} = \frac{1}{\psi'(x)} = \frac{1}{\psi'(\varphi(t))}\,. \tag{4.44}$$

Wir verwenden die übersichtliche Leibnizsche Schreibweise $\dfrac{\mathrm{d}x}{\mathrm{d}t}$ und gelangen damit zu der

Folgerung 4.1:

Beschreibt $g(\psi(x))$ eine zusammengesetzte Funktion, wobei g stetig auf dem Intervall I ist und ψ stetig differenzierbar auf dem Intervall J (mit $\psi(J) \subset I$), so folgt unter der Voraussetzung $\psi'(x) \neq 0$ auf J

$$\int g(\psi(x))\,\mathrm{d}x = \int g(t)\frac{\mathrm{d}x}{\mathrm{d}t}\,\mathrm{d}t\,, \quad \text{mit} \quad t = \psi(x)\,. \tag{4.45}$$

Die Substitutionsformel in dieser Gestalt soll an einem einfachen Beispiel demonstriert werden, an dem der Leser die grundsätzliche Anwendungsmöglichkeit erkennt.

Beispiel 4.6:

$$\int \sin(2x)\,\mathrm{d}x = ?$$

Hier setzt man $t = \psi(x) = 2x$, woraus $\dfrac{\mathrm{d}t}{\mathrm{d}x} = 2$, also $\dfrac{\mathrm{d}x}{\mathrm{d}t} = \dfrac{1}{2}$ folgt. Die Substitutionsformel (4.45) liefert damit

$$\int \sin(2x)\,\mathrm{d}x = \int \sin t\,\frac{\mathrm{d}x}{\mathrm{d}t}\,\mathrm{d}t = \frac{1}{2}\int \sin t\,\mathrm{d}t = -\frac{1}{2}\cos t = -\frac{1}{2}\cos(2x)\,.$$

Das Beispiel zeigt folgendes: Bei Anwendung der Substitutionsformel (4.45) geht man davon aus, daß man $\int g(t)\dfrac{\mathrm{d}x}{\mathrm{d}t}\,\mathrm{d}t$ »integrieren« kann, d.h. daß man eine Funktion H angeben kann mit

$$\int g(t)\frac{\mathrm{d}x}{\mathrm{d}t}\,\mathrm{d}t = H(t)\,, \quad \text{d.h.} \quad H'(t) = g(t)\frac{\mathrm{d}x}{\mathrm{d}t} \tag{4.46}$$

auf I. (Aus dem Hauptsatz folgt, daß eine solche Funktion H existieren muß.) Damit wird (4.45) zu

$$\int g(\psi(x))\,\mathrm{d}x = \int g(t)\frac{\mathrm{d}x}{\mathrm{d}t}\,\mathrm{d}t = H(t) = H(\psi(x))\,. \tag{4.47}$$

Diese Formelkette, von links nach rechts durchlaufen, ist ein hervorragendes Instrument zur Berechnung vieler Integrale!

Beim Übergang zum *bestimmten Integral* folgt daraus für alle $a, b \in J$:

$$\int\limits_a^b g(\psi(x))\,\mathrm{d}x = H(\psi(b)) - H(\psi(a))\,, \tag{4.48}$$

wegen (4.46) also

$$\int_a^b g(\psi(x))\,\mathrm{d}x = \int_{\psi(a)}^{\psi(b)} g(t)\frac{\mathrm{d}x}{\mathrm{d}t}\,\mathrm{d}t\,, \quad t = \psi(x)\,. \tag{4.49}$$

Dies ist die *Substitutionsformel für bestimmte Integrale*.

An einer Reihe von Beispielen soll die Kraft der hergeleiteten Formel gezeigt werden. Zuerst betrachten wir Integrale der Form

$$\int f(ax+b)\,\mathrm{d}x\,, \quad \text{mit} \quad a \neq 0\,.$$

Wir »substituieren «

$$t = \psi(x) = ax+b\,, \quad \Rightarrow \frac{\mathrm{d}t}{\mathrm{d}x} = a\,, \quad \Rightarrow \frac{\mathrm{d}x}{\mathrm{d}t} = \frac{1}{a}\,.$$

Ist F eine Stammfunktion von f, so liefert die Formelkette (4.47):

$$\int f(ax+b)\,\mathrm{d}x = \int f(t)\frac{\mathrm{d}x}{\mathrm{d}t}\,\mathrm{d}t = \frac{1}{a}\int f(t)\,\mathrm{d}t = \frac{F(x)}{a} = \frac{F(ax+b)}{a}\,.$$

$$\Rightarrow \int f(ax+b)\,\mathrm{d}x = \frac{1}{a}F(ax+b) \quad \text{mit} \quad F' = f\,. \tag{4.50}$$

Beispiel 4.7:

Nach (4.50) ist mit $a \neq 0$ (mit Nenner $\neq 0$ in (b) und (c)):

(a) $$\int \cos(ax+b)\,\mathrm{d}x = \frac{1}{a}\sin(ax+b)\,.$$

(b) $$\int \frac{\mathrm{d}x}{ax+b} = \frac{1}{a}\ln|ax+b|\,. \tag{4.51}$$

(c) $$\int (ax+b)^\alpha\,\mathrm{d}x = \frac{1}{a(\alpha+1)}(ax+b)^{\alpha+1} \quad (\alpha \neq -1)\,. \tag{4.52}$$

(d) Es sollen $\cos^2 x$ und $\sin^2 x$ integriert werden. Aus dem Additionstheorem des Cosinus folgt $\cos(2x) = \cos^2 x - \sin^2 x$, mit $\sin^2 x + \cos^2 x = 1$ nach Umformung also:

$$\cos^2 x = \frac{1}{2}(1+\cos(2x))\,, \qquad \sin^2 x = \frac{1}{2}(1-\cos(2x))\,. \tag{4.53}$$

Mit der Substitution $t = 2x$ errechnet man daraus

$$\int \cos^2 x\,\mathrm{d}x = \frac{1}{2}\int (1+\cos(2x))\,\mathrm{d}x = \frac{1}{2}\left(x + \frac{\sin(2x)}{2}\right) = \frac{1}{2}(x + \sin x\cos x)\,.$$

Entsprechend wird $\sin^2 x$ integriert. Man gewinnt so die oft benutzten Formeln

$$\int \cos^2 x \, \mathrm{d}x = \frac{1}{2}(x + \sin x \cos x) \,, \qquad \int \sin^2 x \, \mathrm{d}x = \frac{1}{2}(x - \sin x \cos x) \,. \tag{4.54}$$

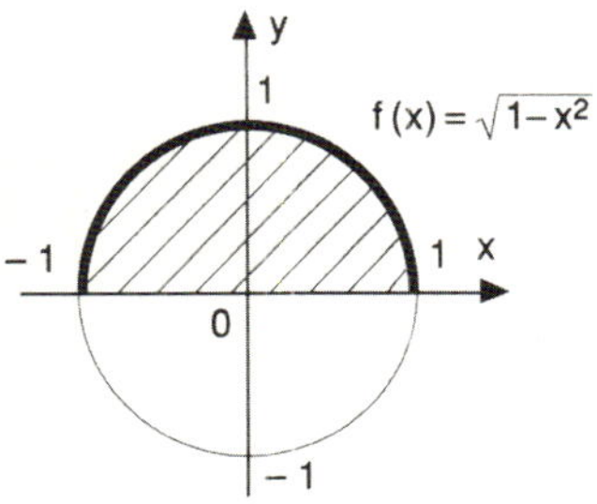

Fig. 4.10: Zum Flächeninhalt des Kreises

Beispiel 4.8:

(*Kreisfläche*) Die hergeleiteten Formeln gestatten uns den Beweis, daß der Flächeninhalt des Einheitskreises π ist, und in der Folge, daß der *Flächeninhalt eines Kreises mit dem Radius r gleich* $r^2\pi$ ist.

Wir nehmen uns dabei die obere Hälfte des Einheitskreises vor, s. Fig. 4.10. Sie wird durch den Graphen der Funktion $f(x) = \sqrt{1-x^2}$, $x \in [-1, 1]$, berandet. Die obere Einheitskreisfläche hat damit den Flächeninhalt des Kreises

$$I = \int\limits_{-1}^{1} \sqrt{1-x^2} \, \mathrm{d}x \,. \tag{4.55}$$

Zu seiner Berechnung integrieren wir zunächst $\int \sqrt{1-x^2} \, \mathrm{d}x$ für $|x| < 1$, und zwar mit der Substitution $x = \cos t$:

$$\begin{aligned} \int \sqrt{1-x^2} \, \mathrm{d}x &= \int \sqrt{1-\cos^2 t} \frac{\mathrm{d}x}{\mathrm{d}t} \, \mathrm{d}t = -\int \sin^2 t \, \mathrm{d}t \\ &= -\frac{1}{2}(t - \sin t \cos t) = -\frac{1}{2}\left(\arccos x - x\sqrt{1-x^2}\right) \,, \end{aligned} \tag{4.56}$$

d.h.

$$\int \sqrt{1-x^2} \, \mathrm{d}x = \frac{1}{2}\left(x\sqrt{1-x^2} - \arccos x\right) \,. \tag{4.57}$$

Das bestimmte Integral (4.55) — also der halbe Einheitskreisinhalt — wird damit zu

$$\int_{-1}^{1} \sqrt{1-x^2}\,\mathrm{d}x = \frac{\pi}{2}\,. \tag{4.58}$$

Der Einheitskreis hat somit den Flächeninhalt π. Entsprechend errechnet man den Inhalt eines Kreises vom Radius $r > 0$ (Substitution $t = x/r$):

$$2\int_{-r}^{r} \sqrt{r^2-x^2}\,\mathrm{d}x = 2r\int_{-r}^{r} \sqrt{1-\left(\frac{x}{r}\right)^2}\,\mathrm{d}x = 2r\int_{-1}^{1} \sqrt{1-t^2}\,\frac{\mathrm{d}x}{\mathrm{d}t}\,\mathrm{d}t = 2r^2\int_{-1}^{1} \sqrt{1-t^2}\,\mathrm{d}t = r^2\pi\,. \tag{4.59}$$

Beispiel 4.9:

Analog (4.56) errechnet man mit der Substitution $x = \cosh t$ für $x \geq 1$:

$$\int \sqrt{x^2-1}\,\mathrm{d}x = \frac{1}{2}\left(x\sqrt{x^2-1} - \operatorname{arcosh} x\right), \tag{4.60}$$

und mit $x = \sinh t$ für $x \in \mathbb{R}$:

$$\int \sqrt{x^2+1}\,\mathrm{d}x = \frac{1}{2}\left(x\sqrt{1+x^2} + \operatorname{arsinh} x\right). \tag{4.61}$$

Beispiel 4.10:

(*Orthogonalitätsrelationen von* sin *und* cos) Aus den Additionstheoremen der trigonometrischen Funktionen folgt unmittelbar

$$\begin{aligned}
\sin(nx \pm kx) &= \sin(nx)\cos(kx) \pm \cos(nx)\sin(kx)\,,\\
\cos(nx \pm kx) &= \cos(nx)\cos(kx) \mp \sin(nx)\sin(kx)\,.
\end{aligned}$$

Addition bzw. Subtraktion dieser Formeln liefern

$$\begin{aligned}
\sin(nx)\sin(kx) &= \frac{1}{2}(\cos((n-k)x) - \cos((n+k)x))\,,\\
\cos(nx)\cos(kx) &= \frac{1}{2}(\cos((n-k)x) + \cos((n+k)x))\,,\\
\sin(nx)\cos(kx) &= \frac{1}{2}(\sin((n-k)x) + \sin((n+k)x))\,.
\end{aligned} \tag{4.62}$$

Hierbei seien n und k beliebige natürliche Zahlen. Die rechten Seiten lassen sich mit den Substitutionen $t = (n-k)x$ bzw. $t = (n+k)x$ leicht integrieren. Es folgt:

$$
\begin{aligned}
2\int \sin(nx)\sin(kx)\,\mathrm{d}x &= \begin{cases} \dfrac{\sin((n-k)x)}{n-k} - \dfrac{\sin((n+k)x)}{n+k}, & \text{wenn } n \neq k, \\[2ex] x - \dfrac{\sin(2nx)}{2n}, & \text{wenn } n = k, \end{cases} \\
2\int \cos(nx)\cos(kx)\,\mathrm{d}x &= \begin{cases} \dfrac{\sin((n-k)x)}{n-k} + \dfrac{\sin((n+k)x)}{n+k}, & \text{wenn } n \neq k, \\[2ex] x + \dfrac{\sin(2nx)}{2n}, & \text{wenn } n = k, \end{cases} \\
2\int \sin(nx)\cos(kx)\,\mathrm{d}x &= \begin{cases} -\dfrac{\cos((n-k)x)}{n-k} - \dfrac{\cos((n+k)x)}{n+k}, & \text{wenn } n \neq k, \\[2ex] -\dfrac{\cos(2nx)}{2n}, & \text{wenn } n = k. \end{cases}
\end{aligned}
\tag{4.63}
$$

Integration von $-\pi$ bis π ergibt

$$
\begin{aligned}
&\int_{-\pi}^{\pi} \sin(nx)\sin(kx)\,\mathrm{d}x = \int_{-\pi}^{\pi} \cos(nx)\cos(kx)\,\mathrm{d}x = \begin{cases} 0\,, & \text{falls } n \neq k, \\ \pi\,, & \text{falls } n = k, \end{cases} \\
&\int_{-\pi}^{\pi} \sin(nx)\cos(kx)\,\mathrm{d}x = 0 \qquad (n, k \in \mathbb{N})\,.
\end{aligned}
\tag{4.64}
$$

Diese Formeln heißen die *Orthogonalitätsrelationen* der trigonometrischen Funktionen. Sie spielen in der Theorie der Fourierreihen eine grundlegende Rolle (s. Abschn. 5.5).

Übung 4.8:

Integriere

(a) $\int \sin^2(ax)\,\mathrm{d}x, \quad \int \cos^2(ax)\,\mathrm{d}x$, mit $a \neq 0$,

(b) $\int \dfrac{x\,\mathrm{d}x}{\sqrt{x^2+ax+b}}$ (wandle den Nenner um in $(x+A)^2+B$ und substituiere $t = x + A$),

(c) $\int \dfrac{\mathrm{d}x}{\sin x}$ (verwende $\sin x = 2\sin\dfrac{x}{2}\cos\dfrac{x}{2} = 2\tan\dfrac{x}{2}\cos^2\dfrac{x}{2}$ und substituiere $t = \tan\dfrac{x}{2}$),

(d) $\int \dfrac{\mathrm{d}x}{\cos x}$ (substituiere $x = t - \dfrac{\pi}{2}$, also $\cos x = \sin t$),

(e) $\int \sin^n x \cos x\,\mathrm{d}x$, mit $n \in \mathbb{N}$ $(t = \sin x)$,

(f) $\int x\sin(1+x^2)\,\mathrm{d}x$,

(g) $\int \sqrt{x^2-a^2}\,\mathrm{d}x, \quad \int \sqrt{x^2+a^2}\,\mathrm{d}x$, mit $a > 0$.

4.2.3 Produktintegration

Es soll die Produktregel

$$(uv)' = u'v + uv'$$

der Differentialrechnung in eine Integrationsformel verwandelt werden. Setzen wir u und v als stetig differenzierbare Funktionen auf einem Intervall I voraus, so folgt aus der obigen Gleichung durch Integration auf beiden Seiten:

$$u(x)v(x) = \int u'(x)v(x)\,\mathrm{d}x + \int u(x)v'(x)\,\mathrm{d}x\,.$$

Man bringt hier $\int u(x)v'(x)\,\mathrm{d}x$ auf die linke Seite und erhält

Satz 4.9:

(*Produktintegration*) Sind u und v stetig differenzierbare Funktionen auf einem Intervall I, so gilt dort

$$\int u(x)v'(x)\,\mathrm{d}x = u(x)v(x) - \int u'(x)v(x)\,\mathrm{d}x\,. \tag{4.65}$$

Für bestimmte Integrale erhält man daraus

$$\int_a^b u(x)v'(x)\,\mathrm{d}x = \Big[u(x)v(x)\Big]_a^b - \int_a^b u'(x)v(x)\,\mathrm{d}x\,.$$

Die Produktintegration wird auch *partielle Integration* genannt.

Wie verwendet man Formel (4.65) bei der praktischen Berechnung von Integralen? Wir zeigen dies zunächst an einfachen Beispielen.

Beispiel 4.11:

(a) $$\int \underbrace{x\,\mathrm{e}^x}_{uv'}\,\mathrm{d}x = \underbrace{x\,\mathrm{e}^x}_{uv} - \int \underbrace{1}_{u'} \cdot \underbrace{\mathrm{e}^x}_{v}\,\mathrm{d}x = \mathrm{e}^x(x-1)\,. \tag{4.66}$$

(b) $$\int \underbrace{x\cos x}_{uv'}\,\mathrm{d}x = \underbrace{x\sin x}_{uv} - \int \underbrace{1}_{u'} \cdot \underbrace{\sin x}_{v}\,\mathrm{d}x = x\sin x + \cos x\,. \tag{4.67}$$

(c) $$\int \underbrace{x\sin x}_{uv'}\,\mathrm{d}x = x(-\cos x) - \int 1\cdot(-\cos x)\,\mathrm{d}x = -x\cos x + \sin x\,. \tag{4.68}$$

Was ist das Wesentliche bei der Produktintegration? Entscheidend ist, daß ein zu berechnendes Integral der Form $\int f(x)g(x)\,\mathrm{d}x$ auf ein anderes zurückgeführt wird, von dem man hofft, daß es »leichter« zu integrieren ist. Eine Richtschnur dabei ist die folgende

Faustregel: Bei der Integration eines Produktes $\int f(x)g(x)\,\mathrm{d}x$ wähle man denjenigen Faktor als $u(x)$, der sich beim Differenzieren »vereinfacht«, und denjenigen als $v'(x)$, der sich beim Integrieren wenigstens nicht allzusehr »verkompliziert«.

In den obigen Beispielen 4.11 wurde so vorgegangen. Es ist klar, daß die Begriffe »Vereinfachen« oder »Verkomplizieren« nicht scharf zu definieren sind.

Immerhin kann als »Vereinfachung« angesehen werden, wenn von Potenzen $u(x) = x^n$ ($n \in \mathbb{N}$) zu niedrigeren Potenzen der Ableitung $u'(x) = nx^{n-1}$ übergegangen wird, oder wenn beim Differenzieren

$$\ln x \quad \text{in} \quad \ln' x = \frac{1}{x}, \qquad \arctan x \quad \text{in} \quad \arctan' x = \frac{1}{1+x^2},$$

$$\arcsin x \quad \text{in} \quad \arcsin' x = \frac{1}{\sqrt{1-x^2}}$$

übergeht. Die links stehenden Funktionen sind »transzendent«, d.h. »nicht algebraisch«, während die Ableitungen rechts algebraisch, ja, z.T. sogar rational sind.

Dagegen werden beim Integrieren die Funktionen e^x, $\sin x$, $\cos x$ sicherlich »nicht komplizierter«, da ihre Stammfunktionen e^x, $-\cos x$, $\sin x$ von gleicher Bauart sind.

Trotz der Faustregel, wie auch der übrigen besprochenen Regeln, ist das »analytische Integrieren« — d.h. das Auffinden von Stammfunktionen — kein glattes Geschäft. Man muß mit einem gewissen Geschick vorgehen — was man durch Übung bekommt — und auch etwas Glück haben, was einem ohne Übung zufallen kann. Dabei passiert es immer wieder, daß man auf elementare Funktionen stößt (z.B. $\sin x/x$ oder e^{-x^2}), die sich nicht mehr *elementar integrieren* lassen, d.h. die keine elementaren Funktionen als Stammfunktionen haben. (*Elementare Funktionen* sind dabei $f(x) = x$, e^x, $\sin x$ sowie alle daraus gebildeten Kombinationen unter Verwendung von $+$, $-$, $\cdot$, $/$, hoch n, $\sqrt[n]{}$ ($n \in \mathbb{N}$, Verkettung $\circ$ und Umkehrfunktionsbildung.) Das elementare Integrieren (auch *analytisches Integrieren* genannt) ist also mehr eine Art pfiffiger Kleinkunst als ein sicherer Rechenkalkül, im Gegensatz zum Differenzieren, bei dem man durch feste Regeln im Bereich elementarer Funktionen stets zu den Ableitungen gelangt.

Zur Schreibweise ist bei der Produktregel zu sagen, daß der Lernende zweckmäßig u und v' unter die entsprechenden Faktoren des zu bearbeitenden Integrals schreibt, wie in den Beispielen 4.11 geschehen. Dann schreibt er weiter rechts uv und $u'v$ in der unteren Zeile hin (s. 4.11(a)) und anschließend die entsprechenden expliziten Ausdrücke in die Zeile darüber, in der schließlich rechts die Lösung steht. Später notiert er nur noch uv', wie in Beisp. 4.11(c), oder unterläßt auch dies, da er fähig wird, die »Unterzeile« nur noch zu denken.

In den folgenden Beispielen wird unsere Faustregel erfolgreich eingesetzt.

Beispiel 4.12:

$$\text{(a)} \quad \int \underbrace{\ln(x)}_{u} \underbrace{x^a}_{v'} \,\mathrm{d}x = \ln(x)\frac{x^{a+1}}{a+1} - \frac{1}{a+1}\int x^a \,\mathrm{d}x = \frac{x^{a+1}}{a+1}\left(\ln x - \frac{1}{a+1}\right) \qquad (4.69)$$

Dabei ist $x > 0$ und $a \neq -1$. (Für $a = -1$ s. (4.36).) Insbesondere folgt für $a = 0$:

$$\int \ln x \,\mathrm{d}x = x \ln x - x \,. \qquad (4.70)$$

(b) Zur Berechnung von $\int \arcsin x \,\mathrm{d}x$ benutzt man den Trick, daß man $v' = 1$ setzt und u gleich dem gesamten Integranden: $u = \arcsin x$. Es folgt

$$\int \arcsin x \,\mathrm{d}x = x \arcsin x - \int \frac{x \,\mathrm{d}x}{\sqrt{1-x^2}} = x \arcsin x + \sqrt{1-x^2}\,. \qquad (4.71)$$

Entsprechend erhält man mit $v' = 1$, $u = \arctan x$:

$$\int \arctan x \,\mathrm{d}x = x \arctan x - \frac{1}{2}\ln(1+x^2)\,. \qquad (4.72)$$

Damit lassen sich auch $\operatorname{arccos} x = \frac{\pi}{2} - \arcsin x$ und $\operatorname{arccot} x = \frac{\pi}{2} - \arctan x$ sofort integrieren. Mit der Methode $v' = 1$ erhält man entsprechend die Integrale von $\operatorname{arsinh} x$, $\operatorname{arcosh} x$, $\operatorname{artanh} x$ und $\operatorname{arcoth} x$.

(c) In listenreicher Weise führt beim Integral $\int \mathrm{e}^{ax}\sin(bx)\,\mathrm{d}x$ $(b \neq 0)$ das zweimalige Anwenden der Produktregel zum Ziel:

$$\int \underbrace{\mathrm{e}^{ax}}_{u} \underbrace{\sin(bx)}_{v'} \,\mathrm{d}x = -\frac{1}{b}\,\mathrm{e}^{ax}\cos(bx) + \frac{a}{b}\int \underbrace{\mathrm{e}^{ax}}_{u_1} \underbrace{\cos(bx)}_{v_1'} \,\mathrm{d}x$$

$$\Rightarrow \int \mathrm{e}^{ax}\sin(bx)\,\mathrm{d}x = -\frac{1}{b}\,\mathrm{e}^{ax}\cos(bx) + \frac{a}{b^2}\,\mathrm{e}^{ax}\sin(bx) - \frac{a^2}{b^2}\int \mathrm{e}^{ax}\sin(bx)\,\mathrm{d}x\,.$$

Löst man die letzte Gleichung nach $\int \mathrm{e}^{ax}\sin(bx)\,\mathrm{d}x$ auf, so folgt

$$\int \mathrm{e}^{ax}\sin(bx)\,\mathrm{d}x = \frac{\mathrm{e}^{ax}}{a^2+b^2}(a\sin(bx) - b\cos(bx)). \qquad (4.73)$$

Analog ergibt sich mit $b \neq 0$:

$$\int \mathrm{e}^{ax}\cos(bx)\,\mathrm{d}x = \frac{\mathrm{e}^{ax}}{a^2+b^2}(a\cos(bx) + b\sin(bx)). \qquad (4.74)$$

Beispiel 4.13:
(*Rekursionsformeln*) Mit $n \in \mathbb{N}$ gilt

$$\text{(a)} \quad \int \underbrace{x^n}_{u} \underbrace{e^x}_{v'} \, dx = x^n e^x - n \int x^{n-1} e^x \, dx \,. \tag{4.75}$$

Damit ist ein Integral $\int x^{n-1} e^x \, dx$ übrig geblieben. Wendet man die Formel auf dieses Integral an — $(n-1)$ statt n gesetzt —, so bleibt ein Integral $\int x^{n-2} e^x \, dx$ zu lösen. Fährt man in dieser Weise fort, so erreicht man schließlich $\int e^x \, dx = e^x$, womit $\int x^n e^x \, dx$ explizit berechnet ist. Zusammengefaßt ergibt dies

$$\int x^n e^x \, dx = e^x \left(x^n + \sum_{k=1}^{n} (-1)^k k! \binom{n}{k} x^{n-k} \right) . \tag{4.76}$$

(b) Völlig entsprechend erhält man die Rekursionsformeln

$$\begin{aligned} \int x^n \sin x \, dx &= -x^n \cos x + n \int x^{n-1} \cos x \, dx \,, \\ \int x^n \cos x \, dx &= x^n \sin x - n \int x^{n-1} \sin x \, dx \end{aligned} \tag{4.77}$$

und daraus die Summenformeln:

$$\int x^n \sin x \, dx = - \sum_{k=0}^{n} k! \binom{n}{k} x^{n-k} \cos\left(x + \frac{k}{2}\pi \right) , \tag{4.78}$$

$$\int x^n \cos x \, dx = \sum_{k=0}^{n} k! \binom{n}{k} x^{n-k} \sin\left(x + \frac{k}{2}\pi \right) , \tag{4.79}$$

$$\text{(c)} \quad \int \underbrace{x^a}_{u} \underbrace{(\ln x)^n}_{v'} \, dx = \frac{x^{a+1}}{a+1} (\ln x)^n - \frac{n}{a+1} \int x^a (\ln x)^{n-1} \, dx \quad (a \neq -1 \,,\; n \in \mathbb{N})$$

$$\Rightarrow \quad \int (\ln x)^n \, dx = x (\ln x)^n - n \int (\ln x)^{n-1} \, dx. \tag{4.80}$$

(d) Für $n \in \mathbb{N}$, $n \geq 2$ gilt

$$\begin{aligned} \int \cos^n x \, dx &= \int \underbrace{\cos^{n-1} x}_{u} \underbrace{\cos x}_{v'} \, dx = \cos^{n-1} x \sin x + (n-1) \int \cos^{n-2} x \sin^2 x \, dx \\ &= \cos^{n-1} x \sin x + (n-1) \int \cos^{n-2} x (1 - \cos^2 x) \, dx \end{aligned}$$

$$\Rightarrow \quad \int \cos^n x \, dx = \frac{1}{n} \cos^{n-1} x \sin x + \frac{n-1}{n} \int \cos^{n-2} x \, dx \,. \tag{4.81}$$

Analog folgen (mit beliebigen $n, m \in \mathbb{N}, n \geq 2$)

$$\begin{aligned} \int \sin^n x \, dx &= -\frac{1}{n} \sin^{n-1} x \cos x + \frac{n-1}{n} \int \sin^{n-2} x \, dx \,, \\ \int \sin^m x \cos^n x \, dx &= \frac{\sin^{m+1} x \cos^{n-1} x}{m+n} + \frac{n-1}{m+n} \int \sin^m x \cos^{n-2} x \, dx \,. \end{aligned} \tag{4.82}$$

Eine andere Methode, die Integrale (4.81), (4.82) zu berechnen, besteht in der Anwendung der Summenformeln

$$\left.\begin{matrix} \cos^{2n} x \\ \sin^{2n} x \end{matrix}\right\} = \frac{1}{2^{2n}} \left[\sum_{k=0}^{n-1} (\pm 1)^{n-k} 2 \binom{2n}{k} \cos((n-k)2x) + \binom{2n}{n} \right]$$

mit $n \in \mathbb{N}$ (Dabei gilt in $(\pm 1)^{n-k}$ das Pluszeichen für den $\cos^{2n} x$ und das Minuszeichen für $\sin^{2n} x$). Ferner ist für ungerade Potenzen

$$\cos^{2n-1} x = \frac{1}{2^{2n-2}} \sum_{k=0}^{n-1} \binom{2n-1}{k} \cos((2n-2k-1)x) \,,$$

$$\sin^{2n-1} x = \frac{1}{2^{2n-1}} \sum_{k=0}^{n-1} (-1)^{n+k-1} \binom{2n-1}{k} \sin((2n-2k-1)x) \,.$$

Man gewinnt diese Formeln über $\cos x = (e^{ix} + e^{-ix})/x$ und $\sin x = (e^{ix} - e^{-ix})/(2i)$ nebst der Binomischen Formel. Integration liefert für beliebiges $n \in \mathbb{N}$

$$\begin{aligned} &\left.\begin{matrix} \int \cos^{2n} x \, dx \\ \int \sin^{2n} x \, dx \end{matrix}\right\} = \binom{2n}{n} \frac{x}{2^{2n}} + \frac{(\pm 1)^n}{2^{2n-1}} \sum_{k=0}^{n-1} (\pm 1)^k \binom{2n}{k} \frac{\sin((n-k)2x)}{2(n-k)} \,, \\ &\left.\begin{matrix} \int \cos^{2n-1} x \, dx \\ \int \sin^{2n-1} x \, dx \end{matrix}\right\} = \frac{(\pm 1)^n}{2^{2n-2}} \sum_{k=0}^{n-1} \frac{(\pm 1)^k \binom{2n-1}{k}}{2(n-k)-1} \cdot \left\{ \begin{matrix} \sin((2(n-k)-1)x) \\ \cos((2(n-k)-1)x) \end{matrix} \right. . \end{aligned} \tag{4.83}$$

Dabei gehört wieder »Oberes zu Oberem« und »Unteres zu Unterem«.

Ein öfters vorkommender Spezialfall ist das folgende bestimmte Integral, das sich aber auch aus (4.82) leicht ergibt:

$$\int_0^{\pi/2} \sin^{2n} x \, \mathrm{d}x = \int_0^{\pi/2} \cos^{2n} x \, \mathrm{d}x = \frac{\pi}{2} \cdot \frac{1 \cdot 3 \cdot 5 \cdot \ldots \cdot (2n-1)}{2 \cdot 4 \cdot 6 \cdot \ldots \cdot 2n} . \tag{4.84}$$

Übung 4.9:

Leite die Formeln (4.74), (4.82) und (4.83) her.

Übung 4.10:

Berechne folgende Integrale und mache die Probe durch Differenzieren:

$$\int \frac{x^2 \, \mathrm{d}x}{\sqrt{1-x^2}} , \qquad \int (3x^4 - 2x^2 + x - 1) \sin(5x) \, \mathrm{d}x , \qquad \int x \arcsin x \, \mathrm{d}x ,$$

$$\int x^2 \sinh x \, \mathrm{d}x , \qquad \int \sin^3 x \, \mathrm{d}x , \qquad \int \cos^2 x \sin^2 x \, \mathrm{d}x , \qquad \int \frac{x \, \mathrm{d}x}{\cos^2 x} .$$

4.2.4 Integration rationaler Funktionen

Rationale Funktionen $p(x)/q(x)$ (p, q reelle Polynome) lassen sich elementar integrieren. Die Integration verläuft in drei Schritten:

(I) *Division* $p(x) : q(x)$, falls Grad $p \geq$ Grad $q \geq 1$.

(II) *Partialbruchzerlegung*

(III) *Integration der Summanden*

(I) *Division*: Ist Grad $p \geq$ Grad $q \geq 1$, so dividiere man p durch q mit dem Divisionsalgorithmus für Polynome, s. Abschn. 2.1.6. Man erhält damit

$$\frac{p(x)}{q(x)} = h(x) + \frac{r(x)}{q(x)} , \tag{4.85}$$

wobei h und r Polynome sind. Der Grad von r ist dabei kleiner *als* der Grad von q. Da man h ohne Schwierigkeit integrieren kann, bleibt $r(x)/q(x)$ zu integrieren. Wir haben unser Problem also auf die Aufgabe reduziert, rationale Funktionen zu integrieren, deren Zählergrad kleiner als der Nennergrad ist. Ist dies von vornherein der Fall, so erübrigt sich die Division natürlich.

(II) *Partialbruchzerlegung*: Es ist $r(x)/q(x)$ zu integrieren. Der Grad des Polynoms r sei m, der des Polynoms q sei n, wobei $m < n$ ist.

Zunächst sind sämtliche Nullstellen $\alpha_1, \alpha_2, \ldots$ von q zu berechnen (mit Auflösungsformeln oder dem Newtonschen Verfahren). Nach dem Fundamentalsatz der Algebra (Abschn. 2.5.5) kann man damit $q(x)$ so darstellen:

$$q(x) = c(x-\alpha_1)^{k_1}(x-\alpha_2)^{k_2} \ldots (x-\alpha_N)^{k_N} , \quad c \neq 0 .$$

Die $k_1, \ldots, k_N \in \mathbb{N}$ sind die »Vielfachheiten« der entsprechenden Nullstellen. Es ist $k_1 + k_2 + \ldots + k_N = n$. Unter den Nullstellen können auch komplexe Nullstellen sein. Mit jeder echt komplexen Nullstelle $\alpha_j = \xi_j + \mathrm{i}\,\eta_j$ ($\eta_j \neq 0$) ist aber auch stets die konjugiert komplexe Zahl $\overline{\alpha}_j = \xi_j - \mathrm{i}\,\eta_j$ auch Nullstelle von q, da wir q als reelles Polynom vorausgesetzt haben. (Denn $q(\alpha_k) = 0$ impliziert $q(\overline{\alpha}_k) = \overline{q(\alpha_k)} = \overline{0} = 0$). α_k und $\overline{\alpha}_k$ haben überdies die gleiche Vielfachheit k_j (wie man durch sukzessives Dividieren von q durch $(x - \alpha_j)$ und $(x - \overline{\alpha}_j)$ erkennt). Wir fassen zusammen:

$$(x - \alpha_j)(x - \overline{\alpha}_j) = x^2 + \beta x + \gamma\,,$$

wobei $\beta = -(\alpha_j + \overline{\alpha}_j)$ und $\gamma = \alpha_j \overline{\alpha}_j = |\alpha_j|^2$ reell sind. (Für reelle x ist der Ausdruck $x^2 + \beta x + \gamma$ stets > 0.) Damit erhält $q(x)$ die Gestalt

$$q(x) = c \cdot \prod_{j=1}^{M} (x - \alpha_j)^{k_j} \cdot \prod_{j=1}^{L} (x^2 + \beta_j x + \gamma_j)^{m_j}\,, \tag{4.86}$$

wobei wir die reellen Zahlen β und γ entsprechend mit j indiziert haben. In diese Form muß q gebracht werden!

Anschließend wird der Bruch $r(x)/q(x)$ umgeformt in

$$\begin{aligned} \frac{r(x)}{q(x)} = & \sum_{j=1}^{M} \left(\frac{A_{j1}}{x - \alpha_j} + \frac{A_{j2}}{(x - \alpha_j)^2} + \ldots + \frac{A_{jk_j}}{(x - \alpha_j)^{k_j}} \right) \\ & + \sum_{j=1}^{L} \left(\frac{B_{j1}x + C_{j1}}{x^2 + \beta_j x + \gamma_j} + \frac{B_{j2}x + C_{j2}}{(x^2 + \beta_j x + \gamma_j)^2} + \ldots + \frac{B_{jm_j}x + C_{jm_j}}{(x^2 + \beta_j x + \gamma_j)^{m_j}} \right), \end{aligned} \tag{4.87}$$

wobei man die Zahlen $A_{j\nu}, B_{j\nu}, C_{j\nu}$ durch »Zählervergleich« gewinnt. Das heißt man bringt die rechte Seite auf »Hauptnenner« $q(x)$ und vergleicht das Zählerpolynom rechts mit dem bekannten Zählerpolynom $r(x)$ links. Durch Koeffizientenvergleich oder Einsetzen spezieller x-Werte (etwa der Nullstellen α_j) ergeben sich die Unbekannten $A_{j\nu}, B_{j\nu}, C_{j\nu}$.

Die rechte Seite der obigen Gleichung (4.87) heißt *Partialbruchzerlegung* von $r(x)/q(x)$.

(III) *Integration der Summanden*: Mit der Partialbruchzerlegung (4.87) ist unser Problem auf die Aufgabe zurückgeführt, Ausdrücke der folgenden Formen zu integrieren:

$$\frac{A}{(x - \alpha)^k}\,, \qquad \frac{Bx + C}{(x^2 + \beta x + \gamma)^k} \tag{4.88}$$

mit $x^2 + \beta x + \gamma > 0$ für alle $x \in \mathbb{R}$. Das geschieht durch die Gleichungen

$$\int \frac{\mathrm{d}x}{(x - \alpha)^k} = \begin{cases} \ln|x - \alpha| & \text{für } k = 1, \\ -\dfrac{1}{k-1} \cdot \dfrac{1}{(x - \alpha)^{k-1}} & \text{für } k = 2,3,4,\ldots, \end{cases} \tag{4.89}$$

$$\int \frac{Bx + C}{(x^2 + \beta x + \gamma)} \, \mathrm{d}x = \frac{B}{2} \ln(x^2 + \beta x + \gamma) + \frac{2C - B\beta}{\sqrt{4\gamma - \beta^2}} \arctan \frac{2x + \beta}{\sqrt{4\gamma - \beta^2}}, \tag{4.90}$$

$$\int \frac{Bx + C}{(x^2 + \beta x + \gamma)^k} \, \mathrm{d}x = \frac{-B}{2(k-1)(x^2 + \beta x + \gamma)^{k-1}} + \left(C - \frac{B\beta}{2}\right) \int \frac{\mathrm{d}x}{(x^2 + \beta x + \gamma)^k}, \quad (k \geq 2), \tag{4.91}$$

$$\int \frac{\mathrm{d}x}{(x^2 + \beta x + \gamma)^k} = \frac{1}{(k-1)(4\gamma - \beta^2)} \left[\frac{2x + \beta}{(x^2 + \beta x + \gamma)^{k-1}} + 2(2k-3) \int \frac{\mathrm{d}x}{(x^2 + \beta x + \gamma)^{k-1}} \right] \quad (k \geq 2). \tag{4.92}$$

Durch Differenzieren überprüft man leicht die Richtigkeit der Gleichungen. (Man findet die Gleichungen (4.90) – (4.92), indem man $x^2 + \beta x + \gamma = (x + \delta)^2 + \nu^2$ mit $\delta := \beta/2$ und $\nu := \sqrt{\gamma - \beta^2/4}$ schreibt und dann $t = (x + \delta)/\nu$ substituiert, s. [56], S. 225 – 226).

Die ersten beiden Gleichungen (4.89) und (4.90) liefern elementare Funktionen bei der Integration. In (4.91) wird das links stehende Integral auf das Integral der Form

$$I_k(x) := \int \frac{\mathrm{d}x}{(x^2 + \beta x + \gamma)^k}.$$

zurückgeführt. Dieses wird durch sukzessives Anwenden der Rekursionsformel (4.92) schließlich auf $I_1(x)$ zurückgeführt, welches sich aus (4.90) im Falle $B = 0$, $C = 1$ ergibt. Damit ist das Problem der elementaren Integration rationaler Funktionen gelöst.

Beispiel 4.14:

Es soll

$$I(x) = \int \frac{2x^3 - x^2 - 10x + 19}{x^2 + x - 6} \, \mathrm{d}x$$

elementar integriert werden. *Division* von Zähler durch Nenner liefert zunächst

$$\frac{2x^3 - x^2 - 10x + 19}{x^2 + x - 6} = 2x - 3 + \frac{5x + 1}{x^2 + x - 6}. \tag{4.93}$$

Die Nullstellen des Nenners errechnet man leicht zu $\alpha_1 = 2$ und $\alpha_2 = -3$, also gilt $x^2 + x - 6 = (x - 2)(x + 3)$. Damit macht man den Ansatz für die *Partialbruchzerlegung*:

$$\frac{5x + 1}{x^2 + x - 6} = \frac{A_1}{x - 2} + \frac{A_2}{x + 3} = \frac{A_1 \cdot (x + 3) + A_2 \cdot (x - 2)}{(x - 2)(x + 3)}.$$

Aus dem Zählervergleich

$$5x + 1 = A_1(x + 3) + A_2(x - 2)$$

gewinnt man durch Einsetzen von $x = 2$ sofort $A_1 = 11/5$ und durch Einsetzen von $x = -3$ die Konstante $A_2 = 14/5$. Also folgt die Partialbruchzerlegung

$$\frac{5x+1}{x^2+x-6} = \frac{11}{5}\frac{1}{x-2} + \frac{14}{5}\frac{1}{x+3}$$

Setzt man dies in (4.93) ein und integriert, so erhält man

$$\begin{aligned} I(x) &= 2\int x\,\mathrm{d}x - 3\int \mathrm{d}x + \frac{11}{5}\int\frac{\mathrm{d}x}{x-2} + \frac{14}{5}\int\frac{\mathrm{d}x}{x+3} \\ &= x^2 - 3x + \frac{11}{5}\ln|x-2| + \frac{14}{5}\ln|x+3| = x^2 - 3x + \frac{1}{5}\ln(|x-2|^{11}|x+3|^{14}) \,. \end{aligned}$$

Beispiel 4.15:

Wir wollen

$$I(x) = \int \frac{x^3 - 10x^2 + 7x - 3}{x^4 + 2x^3 - 2x^2 - 6x + 5}\,\mathrm{d}x$$

analytisch integrieren. Da der Zählergrad (= 3) kleiner ist als der Nennergrad (= 4), entfällt das Divisionsverfahren für Polynome. Man findet (durch Kurvendiskussion oder Probieren), daß $\alpha_1 = 1$ eine Nullstelle des Nenners $q(x)$ ist. Division $q(x)/(x-1) = q_1(x)$ liefert ein Polynom, für das $\alpha_1 = 1$ abermals Nullstelle ist. Also ist α_1 mindestens doppelte Nullstelle des Nenners. Division des Nenners durch $(x-1)^2$ liefert die Zerlegung

$$x^4 + 2x^3 - 2x^2 - 6x + 5 = (x-1)^2(x^2 + 4x + 5)\,. \tag{4.94}$$

Man versucht nun $x^2 + 4x + 5 = 0$ zu lösen und stellt fest, daß diese Gleichung keine reellen Lösungen hat. Damit ist (4.94) die Zerlegung des Nenners $q(x)$, die Ausgangspunkt für die *Partialbruchzerlegung* ist. Die Zahl $a_1 = 1$ ist in der Tat eine doppelte Nullstelle des Nenners. Nach (4.87) ist folgender Ansatz zu machen:

$$\frac{x^3 - 10x^2 + 7x - 3}{x^4 + 2x^3 - 2x^2 - 6x + 5} = \frac{A_{11}}{x-1} + \frac{A_{12}}{(x-1)^2} + \frac{Bx + C}{x^2 + 4x + 5}\,. \tag{4.95}$$

Man bringt die rechte Seite auf Hauptnenner und erhält für die Zähler die Gleichung

$$x^3 - 10x^2 + 7x - 3 = A_{11}(x-1)(x^2+4x+5) + A_{12}(x^2+4x+5) + (Bx+C)(x-1)^2\,. \tag{4.96}$$

Einsetzen von $x = 1$ läßt rechts einiges verschwinden, und man gewinnt $A_{12} = -1/2$. Wir bringen $A_{12}(x^2 + 4x + 5)$ nun auf die linke Seite von (4.96) und errechnen

$$x^3 - \frac{19}{2}x^2 + 9x - \frac{1}{2} = A_{11}(x-1)(x^2 + 4x + 5) + (Bx + C)(x-1)^2\,.$$

Division durch $(x-1)$ ergibt

$$x^2 - \frac{17}{2} + \frac{1}{2} = A_{11}(x^2+4x+5) + (Bx+C)(x-1)\,. \tag{4.97}$$

Hier liefert $x = 1$ die Konstante $A_{11} = -7/10$. Man setzt dies in (4.97) ein. Vergleicht man dann die Koeffizienten von x^2 rechts und links, so gewinnt man $B = 17/10$, und vergleicht man die konstanten Glieder, so folgt $C = -4$. Zusammen also

$$A_{11} = -0{,}7\,, \qquad A_{12} = -0{,}5\,, \qquad B = 1{,}7\,, \qquad C = -4\,.$$

Setzt man dies in (4.95) ein und integriert, so folgt mit (4.89), (4.90):

$$\begin{aligned} I(x) &= -0{,}7\int \frac{\mathrm{d}x}{x-1} - 0{,}5\int \frac{\mathrm{d}x}{(x-1)^2} + \int \frac{1{,}7x-4}{x^2+4x+5}\,\mathrm{d}x \\ &= -0{,}7\ln|x-1| + \frac{0{,}5}{x-1} + 0{,}85\ln(x^2+4x+5) - 7{,}4\arctan(x+2)\,. \end{aligned}$$

Bemerkung: (a) Das letzte Beispiel verdeutlicht nochmal, daß das unbestimmte Integral einer rationalen Funktion sich zusammensetzt aus

- logarithmischen Gliedern
- Arcus-Tangens-Gliedern und
- einem rationalen Anteil.

Gehen wir von $\displaystyle\int \frac{r(x)}{q(x)}\,\mathrm{d}x$ aus mit Grad $r <$ Grad q, so tritt ein rationaler Anteil nur dann auf, wenn der Nenner $q(x)$ mehrfache Nullstellen hat.

(b) Man kann ohne Kenntnis der Nullstellen von q feststellen, ob *mehrfache* Nullstellen von q vorliegen. Dies ist nämlich genau dann der Fall, wenn der größte gemeinsame Teiler (ggT) von q und q' ein Polynom g von mindestens erstem Grade ist. Die Nullstellen von g sind dann gerade die mehrfachen Nullstellen von q.

Den ggT von q und q' findet man mit dem »euklidischen Algorithmus«, d.h. man berechnet mit der Polynomdivision sukzessive

$$\begin{aligned} q(x) : q'(x) &= h_1(x) + g_1(x)/q'(x)\,, \\ q'(x) : g_1(x) &= h_2(x) + g_2(x)/g_1(x)\,, \\ g_1(x) : g_2(x) &= h_3(x) + g_3(x)/g_2(x)\,, \\ g_2(x) : g_3(x) &= h_4(x) + g_4(x)/g_3(x) \quad \text{usw.} \end{aligned} \tag{4.98}$$

Da die Polynome $g_1, g_2, g_3, \ldots$ streng abnehmenden Grad besitzen, muß das Verfahren abbrechen, z.B. bei

$$g_{m-1}(x) : g_m(x) = h_{m+1}(x)\,. \tag{4.99}$$

Das so ausgerechnete Polynom g_m ist ggT von q und q'.

(c) Gilt Grad $g \geq 1$ für den ggT g von q und q', so kann man nach der *Methode von Ostrogradski-Hermite*[6] den rationalen Anteil des Integrals $\int r(x)/q(x)\,\mathrm{d}x$ bestimmen *ohne Nullstellenberechnung von q* und *ohne Partialbruchzerlegung* (Voraussetzung Grad $r <$ Grad q). Und zwar macht man den Ansatz

$$\int \frac{r(x)}{q(x)}\,\mathrm{d}x = \frac{F(x)}{g(x)} + \int \frac{H(x)}{Q(x)}\,\mathrm{d}x\,. \tag{4.100}$$

Hierbei ist Q das Polynom $Q(x) = q(x)/g(x)$; F und H sind Polynome mit

$$\text{Grad } F < \text{Grad } g, \qquad \text{Grad } H < \text{Grad } Q,$$

die man durch Koeffizientenvergleich aus

$$r = F'Q - F\left(\frac{q'}{g} - Q'\right) + Hg \tag{4.101}$$

gewinnt. (Diese Gleichung ergibt sich aus (4.100) durch Differenzieren.) In (4.100) ist $F(x)/g(x)$ der gesuchte rationale Anteil, während das verbleibende Integral $\int (H(x)/Q(x))\,\mathrm{d}x$ auf Logarithmus- und Arcus-Tangens-Glieder führt.

Übung 4.11:

Berechne die folgenden unbestimmten Integrale:

(a) $\displaystyle\int \frac{x^3 - 3x + 4}{x^2 + 2x - 15}\,\mathrm{d}x\,,$ (b) $\displaystyle\int \frac{3x + 2}{x^2 - 4x + 7}\,\mathrm{d}x\,,$ (c) $\displaystyle\int \frac{x\,\mathrm{d}x}{1 + x^4}\,,$

(d) $\displaystyle\int \frac{\mathrm{d}x}{(x^2 + x + 2)^3}\,,$ (e) $\displaystyle\int \frac{x^2 + x - 1}{(x^3 + 4x^2 + 8x)^2}\,\mathrm{d}x\,.$

4.2.5 Integration weiterer Funktionenklassen

Eine *rationale* Funktion $R(x, y)$ von zwei Variablen x, y ist erklärt durch folgenden Ausdruck:

$$R(x, y) := \frac{\sum\limits_{j,k=0}^{n} a_{jk} x^j y^k}{\sum\limits_{j,k=0}^{m} b_{jk} x^j y^k}\,, \qquad \left(\sum_{j,k} |b_{jk}| > 0\right).$$

6 Michael Wassiljewitsch Ostrogradski (1801 – 1862), russischer/ukrainischer Mathematiker; Charles Hermite (1822 – 1901), französischer Mathematiker

Entsprechend ist eine rationale Funktion $R(x, y, z)$ erklärt durch

$$R(x,y,z) := \frac{\sum\limits_{i,j,k=0}^{n} a_{ijk} x^i y^j z^k}{\sum\limits_{i,j,k=0}^{m} b_{ijk} x^i y^j z^k}\,, \qquad \left(\sum_{i,j,k} |b_{ijk}| > 0\right).$$

Die rationalen Funktionen werden also gebildet aus Potenzen von x, y, z usw. und konstanten Faktoren, die durch $+, -, \cdot, /$ verknüpft sind.

(I) Rationale Funktionen von trigonometrischen Funktionen

Dies sind Funktionen der Form

$$R(\sin x, \cos x)\,, \qquad \text{also z.B.} \qquad \frac{3\cos x \sin^2 x}{\sin x + 5\cos x}\,.$$

Diese Funktionen lassen sich alle elementar integrieren. Und zwar verwendet man in

$$\int R(\sin x, \cos x)\,\mathrm{d}x \tag{4.102}$$

die Substitution $t = \tan(x/2)$. Über die Additionstheoreme der trigonometrischen Funktionen erhält man damit

$$\sin x = 2\sin\frac{x}{2}\cos\frac{x}{2} = 2\tan\frac{x}{2}\cos^2\frac{x}{2} = \frac{2t}{1+t^2}\,,$$

$$\cos x = \cos^2\frac{x}{2} - \sin^2\frac{x}{2} = \cos^2\frac{x}{2}\left(1 - \frac{\sin^2\frac{x}{2}}{\cos^2\frac{x}{2}}\right) = \frac{1-t^2}{1+t^2}\,,$$

$$\text{und} \quad x = 2\arctan t \quad \Rightarrow \quad \frac{\mathrm{d}x}{\mathrm{d}t} = \frac{2}{1+t^2}\,.$$

Damit geht das Integral über in

$$\int R\left(\frac{2t}{1+t^2}, \frac{1-t^2}{1+t^2}\right)\frac{2}{1+t^2}\,\mathrm{d}t\,, \tag{4.103}$$

also in das Integral einer rationalen Funktion von t, das analytisch integriert werden kann.

(II) Rationale Funktionen von e^x

Funktionen der Form

$$R(\mathrm{e}^x) = \frac{a_0 + a_1\,\mathrm{e}^x + a_2\,\mathrm{e}^{2x} + \ldots + a_n\,\mathrm{e}^{nx}}{b_0 + b_1\,\mathrm{e}^x + b_2\,\mathrm{e}^{2x} + \ldots + b_m\,\mathrm{e}^{mx}}\,, \qquad (b_m \neq 0) \tag{4.104}$$

werden mit Hilfe der Substitution $t = \mathrm{e}^x$, $x = \ln t$, $\mathrm{d}x/\mathrm{d}t = 1/t$ behandelt. Ihre Integrale werden dadurch auf Integrale von rationalen Funktionen zurückgeführt:

$$\int R(\mathrm{e}^x)\,\mathrm{d}x = \int R(t)\frac{1}{t}\,\mathrm{d}t\,. \tag{4.105}$$

(III) Rationale Funktionen von Hyperbelfunktionen

$R(\sinh x, \cosh x)$

lassen sich in die Form (4.104) umrechnen und damit auch elementar integrieren. Eine zweite Methode — analog zu (I) — besteht darin, $t = \tanh(x/2)$ zu substituieren. Das Integral von $r(\sinh x, \cosh x)$ wird damit

$$\int R(\sinh x, \cosh x)\,\mathrm{d}x = \int R\left(\frac{2t}{1-t^2}, \frac{1+t^2}{1-t^2}\right)\frac{2}{1-t^2}\,\mathrm{d}t\,. \tag{4.106}$$

(IV) Rationale Funktionen von Wurzelausdrücken und x

$$\int R(x, \sqrt{1-x^2})\,\mathrm{d}x = \int R(\sin u, \cos u)\cos u\,\mathrm{d}u\,, \qquad \text{mit } x = \sin u, \tag{4.107}$$

$$\int R(x, \sqrt{1+x^2})\,\mathrm{d}x = \int R(\sinh u, \cosh u)\cosh u\,\mathrm{d}u\,, \qquad \text{mit } x = \sinh u, \tag{4.108}$$

$$\int R(x, \sqrt{x^2-1})\,\mathrm{d}x = \int R(\cosh u, \sinh u)\sinh u\,\mathrm{d}u\,, \qquad \text{mit } x = \cosh u. \tag{4.109}$$

Die links stehenden Integrale sind damit auf (I) und (III) zurückgeführt. Das allgemeinere Integral

$$\int R(x, \sqrt{ax^2+2bx+c})\,\mathrm{d}x \quad (a \neq 0) \tag{4.110}$$

wird auf die obigen Fälle zurückgeführt. Dazu schreibt man

$$ax^2 + 2bx + c = \frac{1}{a}(ax+b)^2 + \frac{ac-b^2}{a}\,. \tag{4.111}$$

Wir kürzen ab: $D := ac - b^2$, und erhalten die folgenden Fälle:

Fall	Substitution	$\sqrt{ax^2+bx+c} =$
$D > 0$	$\xi = \dfrac{ax+b}{\sqrt{D}}$	$\sqrt{\dfrac{D}{a}(\xi^2+1)}\quad (a > 0)$
$D < 0$	$\xi = \dfrac{ax+b}{\sqrt{-D}}$	$\sqrt{\dfrac{-D}{a}(\xi^2-1)}\quad (a > 0 \text{ oder } a <)$
$D = 0$		$\sqrt{a}\left(x + \dfrac{b}{a}\right)\quad (a > 0)$

Man sieht, daß in den ersten beiden Fällen (4.110) in Integrale der Form (4.108), (4.109) verwandelt wird, während der Fall $D = 0$ sofort auf einen rationalen Integranden führt. Damit ist (4.110) berechnet.

Auf das Integral (4.110) läßt sich auch

$$\int R(x, \sqrt{ax+b}, \sqrt{Ax+B})\,\mathrm{d}x \tag{4.112}$$

zurückführen, und zwar durch die Substitution $\xi = \sqrt{Ax+B}$. Der Leser führe dies aus.

Schließlich kann man

$$\int R\left(x, \sqrt[n]{\frac{ax+b}{Ax+B}}\right)\mathrm{d}x \quad \text{durch} \quad \xi = \sqrt[n]{\frac{ax+b}{Ax+B}}\,, \qquad n \in \mathbb{N} \tag{4.113}$$

in ein Integral einer rationalen Funktion verwandeln und damit analytisch integrieren.

Übung 4.12:

Berechne

$$\text{(a)} \int \frac{\mathrm{e}^{2x}\,\mathrm{d}x}{1+\mathrm{e}^x}\,, \quad \text{(b)} \int \frac{\cos x}{2+\sin x}\,\mathrm{d}x\,, \quad \text{(c)} \int \frac{x^2+x+1}{\sqrt{1-x^2}}\,\mathrm{d}x\,.$$

4.2.6 Numerische Integration

Versagt die analytische Integration, so sucht man Zuflucht zur numerischen Integration. Im Zeitalter des Computers ist diese »Zuflucht« durchaus zur brauchbaren »Heimstätte« geworden. Wir wollen einige Verfahren kurz streifen. (Die »Tangentenformel« haben wir schon in Abschn. 4.1.3 kennengelernt.)

(I) Trapezformel: Es soll $\int\limits_a^b f(x)\,\mathrm{d}x$ berechnet werden, wobei wir die Funktion $f : [a, b] \to \mathbb{R}$ als zweimal stetig differenzierbar voraussetzen wollen.

Zunächst bilden wir eine *äquidistante* (gleichabständige) Zerlegung von $[a, b]$ durch die Teilungspunkte

$$x_0 = a\,, \quad x_1 = a+h\,, \quad x_2 = a+2h\,, \quad x_3 = a+3h\,, \quad \ldots, \quad x_n = a+nh = b\,,$$

mit der »Schrittweite« $h = (b-a)/n$. Die zugehörigen Funktionswerte werden mit $y_i := f(x_i)$, $i = 0,1,2,\ldots,n$ bezeichnet. Auf jedem Teilintervall $[x_{i-1}, x_i]$ betrachtet man die Näherung

$$\int\limits_{x_{i-1}}^{x_i} f(x)\,\mathrm{d}x \approx h\frac{y_{i-1}+y_i}{2} \tag{4.114}$$

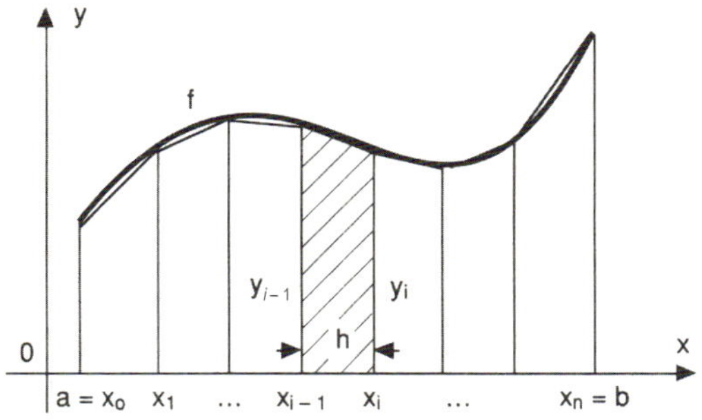

Fig. 4.11: Zur Trapezformel

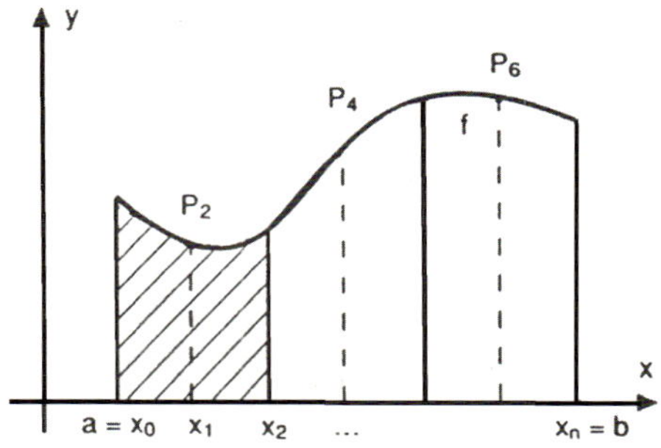

Fig. 4.12: Zur Simpsonformel

Der Ausdruck rechts ist dabei gerade der Flächeninhalt des schraffierten Trapezes in Fig. 4.11 (y_{i-1} und y_i positiv vorausgesetzt).

Aus dieser geometrischen Deutung resultiert der Ansatz und der Name unserer Methode. Summiert man (4.114) auf beiden Seiten über i, und bezeichnet den Gesamtfehler — also den Unterschied zwischen rechter und linker Seite — mit δ, so erhält man

$$\int_a^b f(x)\,\mathrm{d}x = h \cdot \left(\frac{y_0}{2} + y_1 + y_2 + \ldots + y_{n-1} + \frac{y_n}{2}\right) + \delta\,. \tag{4.115}$$

Diese Formel heißt die *Trapezformel*. Ohne Beweis geben wir dazu folgende Fehlerabschätzung an (s. [56], S. 239).

$$|\delta| \le (b-a)\frac{M_2}{12}h^2\,, \quad \text{mit} \quad M_2 \ge |f''(x)| \quad \text{auf } [a,b]. \tag{4.116}$$

Die Trapezregel ist um einiges ungenauer als die folgende Simpsonformel. Sie hat jedoch theoretisches Interesse, als Ausgangspunkt für das Rombergverfahren. Aus diesem Grunde wurde sie hier angegeben.

(II) Simpsonformel[7]: Die Funktion $f : [a,b] \to \mathbb{R}$ sei viermal stetig differenzierbar. Zur Ermittlung des Integrals $\int_a^b f(x)\,\mathrm{d}x$ zerlegen wir das Intervall $[a,b]$ äquidistant in eine *gerade* Anzahl von Teilintervallen $[x_{i-1}, x_i]$. Die Teilungspunkte sind

$$x_i = a + ih \quad \text{für } i = 0,1,2,\ldots,n, \quad \text{wobei } h = \frac{b-a}{n}\,, \quad n \text{ gerade.}$$

Wieder wird $y_i := f(x_i)$ gesetzt.

Wir betrachten nun das erste »Doppelintervall« $[x_0, x_2]$, s. Fig. 4.12. Die *Idee* der Simpsonformel besteht darin, durch die drei Punkte (x_0, y_0), (x_1, y_1), (x_2, y_2) ein *Polynom zweiter Ordnung*

7 Thomas Simpson (1710 – 1761), englischer Mathematiker

(eine Parabel) zu legen, und dieses anstelle von f zu integrieren. Entsprechend geht man mit den übrigen Doppelintervallen $[x_2, x_4]$, $[x_4, x_6]$, ... vor. Anschließend summiert man über alle Doppelintervalle.

Eine Parabel durch (x_0, y_0), (x_1, y_1), (x_2, y_2) findet man leicht durch die »Langrangesche Formel«

$$P_2(x) := y_0 \frac{(x-x_1)(x-x_2)}{(x_0-x_1)(x_0-x_2)} + y_1 \frac{(x-x_0)(x-x_2)}{(x_1-x_0)(x_1-x_2)} + y_2 \frac{(x-x_0)(x-x_1)}{(x_2-x_0)(x_2-x_1)} . \quad (4.117)$$

Man erkennt, daß es sich hierbei in der Tat um ein Polynom zweiten Grades handelt. Außerdem prüft man leicht nach, daß $y_0 = P_2(x_0)$, $y_1 = P_2(x_1)$ und $y_2 = P_2(x_2)$ gilt.

Die Integration $\int\limits_{x_0}^{x_2} P_2(x)\,\mathrm{d}x$ führt man »gliedweise« durch, also für jedes der drei Glieder in (4.117) einzeln. Dabei ist die Substitution $x = a + ht$ nützlich. Man erhält

$$\int\limits_{x_0}^{x_2} P_2(x)\,\mathrm{d}x = \frac{h}{3}(y_0 + 4y_1 + y_2) . \quad (4.118)$$

Entsprechend erhält man für ein beliebiges Doppelintervall $[x_{2i-2}, x_{2i}]$

$$\int\limits_{x_{2i-2}}^{x_{2_i}} P_i(x)\,\mathrm{d}x = \frac{h}{3}(y_{2i-2} + 4y_{2i-1} + y_{2i}) \quad (4.119)$$

mit einer Parabel P_i durch (x_{2i-2}, y_{2i-2}), (x_{2i-1}, y_{2i-1}), (x_{2i}, y_{2i}). Summation der Gl. (4.119) über alle Doppelintervalle — also für $i = 1,2,\ldots,\frac{n}{2}$ — liefert auf der rechten Seite eine gute Näherung für $\int\limits_a^b f(x)\,\mathrm{d}x$ (falls h klein genug).

Bezeichnet δ den Fehler zwischen dieser Näherung und dem Integral, so folgt also

$$\int\limits_a^b f(x)\,\mathrm{d}x = \frac{h}{3}(y_0 + 4y_1 + 2y_2 + 4y_3 + 2y_4 + \ldots + 4y_{n-1} + y_n) + \delta . \quad (4.120)$$

Dies ist die *Simpsonformel*. Die Fehlerabschätzung lautet (s. [56], S. 239)

$$|\delta| \le (b-a)\frac{M_4}{180}h^4 , \qquad M_4 \ge |f^{(4)}(x)| \quad \text{auf } [a,b]. \quad (4.121)$$

Da der Fehler $|\delta|$ mit h^4 abgeschätzt wird, sich also bei verringerndem h sehr stark verkleinert, liefert die Simpsonformel *äußerst gute Ergebnisse*. Sie ist *eine der besten Formeln für die numerische Integration*, und dabei sehr leicht anzuwenden!

(III) Newtons pulcherrima (3/8-Regel): Gelegentlich hat man nicht die Möglichkeit, ein Integrationsintervall $[a, b]$ in eine *gerade* Anzahl von Teilintervallen äquidistant zu zerlegen, sondern $[a, b]$ ist schon von vornherein in *ungerade* viele Teilintervalle $[x_{i-1}, x_i]$ äquidistant unterteilt. (Dies kann bei gemessenen Werten der Fall sein, die nicht mehr veränderbar sind.) In diesem Falle geht man bei der numerischen Berechnung von $\int\limits_a^b f(x)\,\mathrm{d}x$ so vor: Man faßt die ersten drei Teilintervalle zu einem »Dreifachintervall« $[x_0, x_3]$ zusammen und die verbleibenden zu Doppelintervallen. Auf letztere, also insgesamt auf $[x_3, b]$ wendet man die Simpsonformel an, um $\int\limits_{x_3}^b f(x)\,\mathrm{d}x$ näherungsweise zu bestimmen.

Zur numerischen Berechnung des verbleibenden Integrals $\int\limits_{x_0}^{x_3} f(x)\,\mathrm{d}x$ wird durch (x_0, y_0), (x_1, y_1), (x_2, y_2), (x_3, y_3) ein Polynom P vom Grade 3 gelegt:

$$P(x) = \sum_{i=0}^{3} y_i \frac{\prod\limits_{\substack{k=0\\k\neq i}}^{3}(x - x_k)}{\prod\limits_{\substack{k=0\\k\neq i}}^{3}(x_i - x_k)}\,.$$

Dieses wird anstelle von f integriert. Man errechnet

$$\int\limits_{x_0}^{x_3} P(x)\,\mathrm{d}x = \frac{3}{8}h(y_0 + 3y_1 + 3y_2 + y_3)\,, \quad \text{mit} \quad h = \frac{x_3 - x_0}{3}\,.$$

Es folgt

$$\int\limits_{x_0}^{x_3} f(x)\,\mathrm{d}x = \frac{3}{8}h(y_0 + 3y_1 + 3y_2 + y_3) + \delta \tag{4.122}$$

mit Fehlerabschätzung

$$|\delta| \le \frac{3}{40}M_4 h^5\,, \quad \text{mit} \quad M_4 \ge |f^{(4)}(x)| \quad \text{auf } [x_0, x_3] \tag{4.123}$$

(s. [56], S. 236). (4.122) heißt »$\frac{3}{8}$-Regel«. Die Formel wurde von ihrem Entdecker Newton begeistert »pulcherrima« genannt.

Bemerkung: Des weiteren ist das *Romberg*[8]*-Verfahren* zu nennen, welches auf Computern heute das meistbenutzte Verfahren ist. Es beruht auf der Trapezregel, bei der die Schrittweite immer weiter verkleinert wird und dabei gegen Null geht. Der Grenzwert der Trapezregel-Werte ist das numerisch bestimmte Integral. (Es wird durch eine Extrapolationsmethode geschickt angenähert, s. Literatur über numerische Mathematik, z.B. [30], S. 399 – 403.)

In der Simpsonformel, eventuell verbunden mit Newtons »pulcherrima«, haben wir aber schon vorzügliche Verfahren zur numerischen Integration kennengelernt. Mit ihnen kommt man fürs erste gut aus, insbesondere, da sie sich sehr leicht handhaben lassen.

Beispiel 4.16:

Berechnet werden soll

$$\int_0^1 \mathrm{e}^{-x^2/2}\,\mathrm{d}x\,.$$

(Analytische Integration ist hierbei unmöglich.) Wir verwenden die Simpsonformel. Mit $f(x) = \mathrm{e}^{-x^2}$, $x_i = i/6$, $y_i = f(x_i)(i = 0,1,2,\ldots,6)$ folgt

$$\int_0^1 \mathrm{e}^{-x^2/2}\,\mathrm{d}x = \frac{1/6}{3}(y_0 + 4y_1 + 2y_2 + 4y_3 + 2y_4 + 4y_5 + y_6) + \delta = 0{,}85563 + \delta\,.$$

Zur Fehlerabschätzung berechnen wir

$$f^{(4)}(x) = \mathrm{e}^{-x^2/2}(x^4 - 6x^2 + 3)\,, \qquad f^{(5)}(x) = -\mathrm{e}^{-x^2/2}x(x^4 - 10x^2 + 15)\,.$$

Da $f^{(5)}(x) \le 0$ auf [0, 1] ist, folgt, daß $f^{(4)}$ auf [0, 1] monoton fällt. Also hat $f^{(4)}(x)$ in $x = 0$ das Maximum auf [0, 1] und in $x = 1$ das Minimum. Wegen $f^{(4)}(0) = 3$ und $f^{\mathrm{IV}}(1) = -1{,}3$ ist daher $|f^{(4)}(x)| \le 3 =: M_4$ auf [0, 1], folglich nach (4.121):

$$|\delta| \le 1 \cdot \frac{3}{180} \cdot \frac{1}{1296} < 1{,}3 \cdot 10^{-5}\,.$$

Damit ist 0,85563 ein Näherungswert des Integrals, der mindestens auf 4 Stellen genau ist.

Übung 4.13:

Berechne $\displaystyle\int_{\pi/2}^{\pi} \frac{\sin x}{x}\,\mathrm{d}x$ mit der Simpsonformel bis auf einen Fehler von höchstens 10^{-6}.

---

8 Werner Romberg (1909 – 2003), deutscher Mathematiker

4.3 Uneigentliche Integrale

Bisher haben wir beschränkte Funktionen auf beschränkten abgeschlossenen Intervallen integriert. Wir wollen die Integration im Folgenden auf unbeschränkte Intervalle und unbeschränkte Funktionen ausdehnen. Man spricht dabei von *uneigentlichen* Integralen, im Gegensatz zu den bisher betrachteten »eigentlichen« Integralen.

4.3.1 Definition und Beispiele

Beispiel 4.17:

Durch analytische Integration errechnet man sofort

$$\int_0^t \mathrm{e}^{-x}\,\mathrm{d}x = 1 - \mathrm{e}^{-t}\,.$$

Für $t \to \infty$ strebt die rechte Seite gegen 1. Dies wird folgendermaßen beschrieben:

$$\int_0^\infty \mathrm{e}^{-x}\,\mathrm{d}x := \lim_{t\to\infty}\int_0^t \mathrm{e}^{-x}\,\mathrm{d}x = 1\,.$$

Das links stehende Integral von 0 bis ∞ ist durch den Grenzwert definiert. Man nennt $\int_0^\infty \mathrm{e}^{-x}\,\mathrm{d}x$ ein *uneigentliches Integral*. Der Integrationsbereich $[0, \infty]$ ist hierbei unbeschränkt. Der Wert $1 = \int_0^\infty \mathrm{e}^{-x}\,\mathrm{d}x$ kann als Flächeninhalt der unendlich langen (schraffierten) Fläche in Fig. 4.13 angesehen werden.

Beispiel 4.18:

Wir wollen nun eine unbeschränkte Funktion »integrieren« , und zwar $f(x) = 1/\sqrt{1-x}$ auf $[0, 1)$. Auf jedem Teilintervall $[0, t] \subset [0,1)$ ist f allerdings beschränkt, und man errechnet

$$\int_0^t \frac{\mathrm{d}x}{\sqrt{1-x}} = \Big[-2\sqrt{1-x}\Big]_0^t = -2\sqrt{1-t} + 2\,.$$

Die rechte Seite strebt mit $t \to 1$ $(t < 1)$ gegen 2. Man beschreibt dies durch

$$\int_0^{1-} \frac{\mathrm{d}x}{\sqrt{1-x}} := \lim_{\substack{t\to 1\\ t<1}} \int_0^t \frac{\mathrm{d}x}{\sqrt{1-x}} = 2\,.$$

Das links stehende Integral heißt wiederum ein *uneigentliches* Integral. Der »Integrand« ist dabei eine *unbeschränkte Funktion*. Der Wert 2 des Integrals wird als Flächeninhalt der in Fig. 4.14 skizzierten Fläche aufgefaßt.

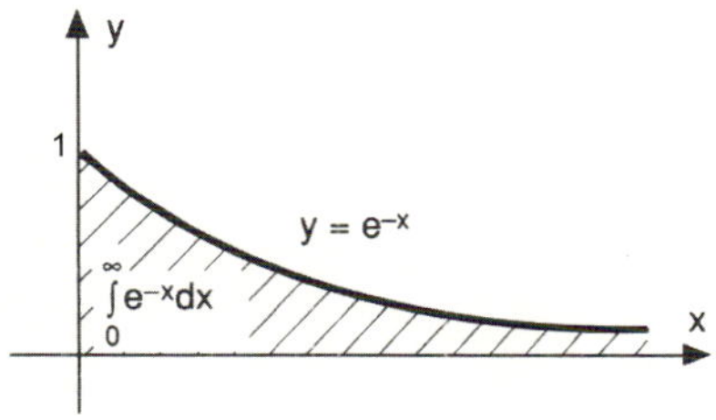

Fig. 4.13: Zum uneigentlichen Integral $\int\limits_0^{\infty} \mathrm{e}^{-x}\,\mathrm{d}x$

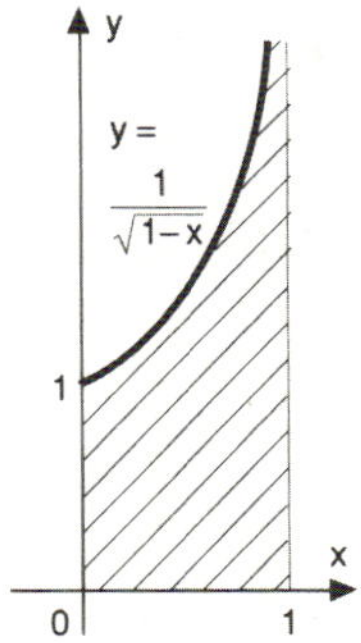

Fig. 4.14: Zum uneigentlichen Integral $\int\limits_0^{1-} \frac{\mathrm{d}x}{\sqrt{1-x}}$

Die beiden Beispiele machen klar, wie man Integrale über unbeschränkte Funktionen oder unbeschränkte Intervalle zu erklären hat.

Definition 4.2:

Ist die Funktion f auf jedem Teilintervall $[a, t]$ von $[a, b)$ integrierbar ($b = \infty$ zugelassen), so definiert man

$$\int\limits_a^{b-} f(x)\,\mathrm{d}x := \lim_{t \to b-} \int\limits_a^{t} f(x)\,\mathrm{d}x\,, \quad (4.124)$$ [9]

vorausgesetzt, daß der rechtsstehende Grenzwert existiert. Ist f unbeschränkt oder $b = \infty$, so nennt man $\int\limits_a^{b-} f(x)\,\mathrm{d}x$ ein *uneigentliches Integral.*

In entsprechender Weise definiert man uneigentliche Integrale der Form

$$\int\limits_{a+}^{b} f(x)\,\mathrm{d}x := \lim_{\substack{t \to a \\ t > a}} \int\limits_t^{b} f(x)\,\mathrm{d}x\,, \quad (4.125)$$

9 $t \to b-$ bedeutet $t \to b$ mit $t < b$, entsprechend bedeutet $t \to a+$ den Grenzübergang $t \to a$ mit $t > a$.

wobei auch $a = -\infty$ zugelassen ist. Schließlich vereinbart man

$$\int_{a+}^{b-} f(x)\,\mathrm{d}x := \int_{a+}^{c} f(x)\,\mathrm{d}x + \int_{c}^{b-} f(x)\,\mathrm{d}x \tag{4.126}$$

mit $a < c < b$, wobei angenommen wird, daß die uneigentlichen Integrale rechts existieren. (Die Zeichen $-$ und $+$ hinter den Integrationsgrenzen dienen zur Verdeutlichung. Sie werden oft auch weggelassen, insbesondere im Falle $b = \infty$ oder $a = -\infty$.) Statt »*das uneigentliche Integral existiert*« sagt man auch, es »*konvergiert*«.

Beispiel 4.19:
Es sei $\alpha > 1$ und $t > 1$. Damit gilt

$$\int_{1}^{\infty} \frac{\mathrm{d}x}{x^\alpha} = \lim_{t\to\infty} \int_{1}^{t} \frac{\mathrm{d}x}{x^\alpha} = \lim_{t\to\infty} \left(\frac{t^{1-\alpha}}{1-\alpha} - \frac{1}{1-\alpha} \right) = \frac{1}{\alpha - 1} .$$

Beispiel 4.20:

$$\int_{-\infty}^{\infty} \frac{\mathrm{d}x}{1+x^2} = \int_{-\infty}^{0} \frac{\mathrm{d}x}{1+x^2} + \int_{0}^{\infty} \frac{\mathrm{d}x}{1+x^2} = \lim_{t\to-\infty} \int_{t}^{0} \frac{\mathrm{d}x}{1+x^2} + \lim_{t\to\infty} \int_{0}^{t} \frac{\mathrm{d}x}{1+x^2}$$

$$= \lim_{t\to-\infty} (\arctan 0 - \arctan t) + \lim_{t\to\infty} (\arctan t - \arctan 0) = \frac{\pi}{2} + \frac{\pi}{2} = \pi .$$

Beispiel 4.21:

$$\int_{0}^{1-} \frac{\mathrm{d}x}{\sqrt{1-x^2}} = \lim_{t\to 1-} \int_{0}^{t} \frac{\mathrm{d}x}{\sqrt{1-x^2}} = \lim_{t\to 1-} \arcsin t = \frac{\pi}{2} .$$

Entsprechend folgt

$$\int_{-1+}^{0} \frac{\mathrm{d}x}{\sqrt{1-x^2}} = \frac{\pi}{2}, \quad \text{also} \quad \int_{-1+}^{1-} \frac{\mathrm{d}x}{\sqrt{1-x^2}} = \pi . \tag{4.127}$$

Beispiel 4.22:
Es sei $0 < \alpha < 1$ und $0 < t < 1$. Es gilt

$$\int_{0+}^{1} \frac{\mathrm{d}x}{x^\alpha} = \lim_{t\to 0+} \int_{t}^{1} \frac{\mathrm{d}x}{x^\alpha} = \lim_{t\to 0+} \left(\frac{1}{1-\alpha} - \frac{t^{1-\alpha}}{1-\alpha} \right) = \frac{1}{1-\alpha} .$$

Beispiel 4.23:

$\int\limits_0^\infty \cos x \, \mathrm{d}x$ existiert nicht, da $\int\limits_0^t \cos x \, \mathrm{d}x = \sin t$ für $t \to \infty$ nicht konvergiert.

Übung 4.14*:

Prüfe, ob die folgenden uneigentlichen Integrale existieren, und berechne sie gegebenenfalls:

$$\text{(a)} \int\limits_{0+}^{1} \ln x \, \mathrm{d}x \,, \qquad \text{(b)} \int\limits_{0+}^{1} \frac{\mathrm{d}x}{x^2} \,, \qquad \text{(c)} \int\limits_{1}^{\infty} \frac{\mathrm{d}x}{x^2} \,, \qquad \text{(d)} \int\limits_{0}^{\infty} \mathrm{e}^{-x} \sin x \, \mathrm{d}x \,.$$

4.3.2 Rechenregeln und Konvergenzkriterien

Satz 4.10:

Linearität, Produkt- und Substitutionsregel gelten auch für uneigentliche Integrale:

$$\int\limits_a^{b-} (\lambda f_1(x) + \mu f_2(x)) \, \mathrm{d}x = \lambda \int\limits_a^{b-} f_1(x) \, \mathrm{d}x + \mu \int\limits_a^{b-} f_2(x) \, \mathrm{d}x \,. \tag{4.128}$$

$$\int\limits_a^{b-} u(x) v'(x) \, \mathrm{d}x = \lim_{t \to b-} (u(t)v(t) - u(a)v(a)) - \int\limits_a^{b-} u'(x) v(x) \, \mathrm{d}x \,. \tag{4.129}$$

$$\int\limits_a^{b-} f(x) \, \mathrm{d}x = \int\limits_\alpha^{\beta-} f(\varphi(t)) \varphi'(t) \, \mathrm{d}t \,. \tag{4.130}$$

Dabei sind f_1, f_2 als integrierbar vorausgesetzt, f als stetig, und u, v, φ als stetig differenzierbar. Ferner sei $\lim\limits_{t \to \beta-} \varphi(t) = b$ und $\varphi(\alpha) = a$.

Die Gl. (4.128) und (4.129) sind so zu verstehen: Existieren die rechten Seiten, so auch die linken. In (4.130) gilt: Existiert das uneigentliche Integral auf einer Seite, so existiert es auch auf der anderen Seite. Für uneigentliche Integrale der Form $\int\limits_{a+}^{b}$ gilt Entsprechendes. Der einfache Beweis darf hier übergangen werden. Im Folgenden begnügen wir uns mit der Untersuchung der uneigentlichen Integrale $\int\limits_a^{b-} f(x) \, \mathrm{d}x$, da für $\int\limits_{a+}^{b} f(x) \, \mathrm{d}x$ alles analog gilt.

Satz 4.11:
(*Cauchysches Konvergenzkriterium*) Es sei f integrierbar auf $[a, t]$ für jedes $t \in [a, b)$. Damit folgt: Das Integral $\int_a^{b-} f(x)\,\mathrm{d}x$ konvergiert genau dann, wenn die folgende Bedingung erfüllt ist:

$$\left.\begin{array}{l}\text{Zu jedem } \varepsilon > 0 \text{ existiert ein } c \in [a, b), \text{ so daß für alle } t, s \in (c, b) \text{ gilt:} \\ \left|\int_s^t f(x)\,\mathrm{d}x\right| < \varepsilon.\end{array}\right\} \quad (4.131)$$

(4.131) heißt *Cauchy-Bedingung* für uneigentliche Integrale.

Beweis:

[10] Man setzt abkürzend $F(t) := \int_a^t f(x)\,\mathrm{d}x$ für $t \in [a, b)$.

(I) Ist (4.131) erfüllt, so gilt für alle Folgen $a_k := F(t_k)$ mit $t_k \to b$ die »Cauchy-Bedingung für Folgen«, also konvergieren alle Folgen (a_k). Damit konvergieren sie alle gegen den gleichen Grenzwert I. (Denn würden zwei dieser Folgen gegen verschiedene Grenzwerte streben, würde die Mischfolge — nach Reißverschlußverfahren — nicht konvergieren, was nicht sein kann.) Somit gilt $F(t) \underset{b-}{\to} I$ für $t \to b-$, woraus die Existenz des Integrals $\int_a^{b-} f(x)\,\mathrm{d}x$ folgt.

(II) Existiert $\int_a f(x)\,\mathrm{d}x = \lim_{t\to b-} F(t) = I$, so heißt das: Für jedes $\varepsilon > 0$ existiert ein $c \in [a, b)$ mit $|F(t) - I| < \frac{\varepsilon}{2}$ für alle $t \in (c, b)$. Mit $t, s \in (c, b)$ folgt daher

$$\left|\int_s^t f(x)\,\mathrm{d}x\right| = |F(t) - F(s)| \le |F(t) - I| + |F(s) - I| \le \frac{\varepsilon}{2} + \frac{\varepsilon}{2} = \varepsilon\,. \qquad \square$$

Beispiel 4.24:
Wir zeigen

$$\int_0^\infty \frac{\sin x}{x}\,\mathrm{d}x = \frac{\pi}{2}\,. \qquad (4.132)$$

10 Dieser und die folgenden Beweise im vorliegenden Abschnitt können vom anwendungsorientierten Leser überschlagen werden.

(I) Die Konvergenz des Integrals folgt mit dem Cauchy-Kriterium in Satz 4.11. Denn man erhält für $0 < s < t$ mit der Produktintegration

$$\left|\int_s^t \frac{\sin x}{x}\,\mathrm{d}x\right| = \left|\left[-\frac{\cos x}{x}\right]_s^t - \int_s^t \frac{\cos x}{x^2}\,\mathrm{d}x\right| \le \left|\left[\frac{\cos x}{x}\right]_s^t\right| + \int_s^t \frac{|\cos x|}{x^2}\,\mathrm{d}x$$

$$\le \frac{1}{s} + \frac{1}{t} + \int_s^t \frac{\mathrm{d}x}{x^2} = \frac{1}{s} + \frac{1}{t} + \left[-\frac{1}{x}\right]_s^t = \frac{2}{s}\,.$$

Dies bleibt kleiner $\varepsilon > 0$ (also $\frac{2}{s} < \varepsilon$), wenn $s > 2/\varepsilon =: c$. Da wegen $t > s$ auch $t > c$ ist, ist die Cauchybedingung (4.131) erfüllt, d.h. das Integral (4.132) konvergiert.

(II) Um zu zeigen, daß der Wert des Integrals $\frac{\pi}{2}$ ist, betrachtet man die Hilfsfunktion

$$f(t) := \begin{cases} \dfrac{1}{t} - \dfrac{1}{\sin t}\,, & \text{für } 0 < t \le \dfrac{\pi}{2}, \\ 0\,, & \text{für } t = 0. \end{cases}$$

Sie ist stets differenzierbar, auch in 0, was man über die Umformung $f(t) = \dfrac{\sin t - t}{t \sin t}$ mit der Taylorreihe des Sinus sieht. Für diese Funktion gilt mit Produktintegration

$$\int_0^{\pi/2} f(t)\sin(nt)\,\mathrm{d}t = -\frac{1}{n}\left(\Big[f(t)\cos(nt)\Big]_0^{\frac{\pi}{2}} - \int_0^{\pi/2} f'(t)\cos(nt)\,\mathrm{d}t\right) \to 0 \quad \text{für } n \to \infty.$$

Setzt man $f(t) = \dfrac{1}{t} - \dfrac{1}{\sin t}$ links ein, so folgt

$$\lim_{n\to\infty}\left(\int_0^{\pi/2} \frac{\sin(nt)}{t}\,\mathrm{d}t - \int_0^{\pi/2} \frac{\sin(nt)}{\sin t}\,\mathrm{d}t\right) = 0\,. \tag{4.133}$$

Beim linken Integral substituieren wir $x = nt$ und erhalten das Integral

$$\int_0^{\pi/2} \frac{\sin(nt)}{t}\,\mathrm{d}t = \int_0^{n(\pi/2)} \frac{\sin x}{x}\,\mathrm{d}x\,.$$

Die rechte Seite konvergiert für $n \to \infty$ gegen $\displaystyle\int_0^{\infty} \frac{\sin x}{x}\,\mathrm{d}x$, also ergibt (4.133):

$$\int_0^\infty \frac{\sin x}{x}\,\mathrm{d}x = \lim_{n\to\infty} \int_0^{\pi/2} \frac{\sin(nt)}{\sin t}\,\mathrm{d}t\,. \tag{4.134}$$

Das rechte Integral läßt sich direkt berechnen, wobei wir $n = 2k + 1$ ($k \in \mathbb{N}$) voraussetzen. Mit der Formel aus Übung 2.20 (Abschn. 2.3.2) erhält man nämlich:

$$\int_0^{\pi/2} \frac{\sin((2k+1)t)}{\sin t}\,\mathrm{d}t = \frac{\pi}{2} + 2\sum_{j=1}^{k} \int_0^{\pi/2} \cos(2jt)\,\mathrm{d}t = \frac{\pi}{2} + 2\sum_{j=1}^{k} \frac{1}{2j}\Big[\sin(2jt)\Big]_0^{\frac{\pi}{2}} = \frac{\pi}{2}\,.$$

(4.134) liefert damit

$$\int_0^\infty \frac{\sin x}{x}\,\mathrm{d}x = \lim_{n\to\infty} \int_0^{\pi/2} \frac{\sin(nt)}{\sin t}\,\mathrm{d}t = \lim_{k\to\infty} \int_0^{\pi/2} \frac{\sin((2k+1)t)}{\sin t}\,\mathrm{d}t = \frac{\pi}{2}\,.$$

Weitere Kriterien für die Existenz uneigentlicher Integrale sind im Folgenden zusammengestellt. Dabei werden die auftretenden Funktionen f, g, h durchweg als *integrierbar* auf jedem Teilintervall $[a, t]$ von $[a, b)$ vorausgesetzt. $b = \infty$ ist zugelassen.

Satz 4.12:

(*Monotoniekriterium*) Gilt $f(x) \geq 0$ für alle $x \in [a, b)$, so existiert $\int_a^b f(x)\,\mathrm{d}x$ genau dann, wenn mit einer Konstanten $k \geq 0$ gilt:

$$\int_a^t f(x)\,\mathrm{d}x \leq k \quad \text{für alle } t \in [a, b).$$

Da $\int_a^t f(x)\,\mathrm{d}x$ mit t monoton wächst, sieht man dies sofort ein.

Satz 4.13:

Existiert $\int_a^{b-} |f(x)|\,\mathrm{d}x$, so existiert auch $\int_a^{b-} f(x)\,\mathrm{d}x$, und es gilt:

$$\left|\int_a^{b-} f(x)\,\mathrm{d}x\right| \leq \int_a^{b-} |f(x)|\,\mathrm{d}x\,.$$

Beweis:

$\int\limits_a^{b-} |f(x)|\,\mathrm{d}x$ erfüllt die Cauchy-Bedingung, d.h. zu jedem $\varepsilon > 0$ gibt es ein $c \in [a, b)$, so daß

für alle $t, s \in (c, b)$ gilt $\varepsilon > \int\limits_s^t |f(x)|\,\mathrm{d}x \geq \left|\int\limits_s^t f(x)\,\mathrm{d}x\right|$. Damit erfüllt auch $\int\limits_a^{b-} f(x)\,\mathrm{d}x$ die Cauchy-Bedingung, ist also konvergent. Die Ungleichung des Satzes folgt durch Grenzübergang aus

$$\left|\int\limits_a^t f(x)\,\mathrm{d}x\right| \leq \int\limits_a^t |f(x)|\,\mathrm{d}x\,. \qquad \square$$

Existiert $\int\limits_a^{b-} |f(x)|\,\mathrm{d}x$, so heißt $\int\limits_a^{b-} f(x)\,\mathrm{d}x$ *absolut konvergent*. Das Monotoniekriterium ergibt unmittelbar

Satz 4.14:

(a) (*Majorantenkriterium*) Ist $|f(x)| \leq g(x)$ auf $[a, b)$, und existiert $\int\limits_a^{b-} g(x)\,\mathrm{d}x$, so ist $\int\limits_a^{b-} f(x)\,\mathrm{d}x$ absolut konvergent, und es gilt

$$\int\limits_a^{b-} |f(x)|\,\mathrm{d}x \leq \int\limits_a^{b-} g(x)\,\mathrm{d}x\,.$$

(b) (*Minorantenkriterium*) Ist $0 \leq h(x) \leq f(x)$ auf $[a, b)$, und existiert $\int\limits_a^{b-} h(x)\,\mathrm{d}x$ nicht, so existiert auch $\int\limits_a^{b-} f(x)\,\mathrm{d}x$ nicht.

Satz 4.15:

(*Grenzwertkriterium*) Es seien $f(x)$ und $g(x)$ positiv auf $[a, b)$, und es konvergiere

$$\frac{f(x)}{g(x)} \to L \quad \text{für } x \to b-. \tag{4.135}$$

(a) Im Falle $L > 0$ haben $\int\limits_a^{b-} f(x)\,\mathrm{d}x$ und $\int\limits_a^{b-} g(x)\,\mathrm{d}x$ gleiches Konvergenzverhalten.

(b) Im Falle $L = 0$ folgt aus der Konvergenz von $\int\limits_a^{b-} g(x)\,\mathrm{d}x$ die Konvergenz von $\int\limits_a^{b-} f(x)\,\mathrm{d}x$.

Beweis:

(I) Es sei $L > 0$. Aus (4.135) folgt, daß z.B. zu $\varepsilon_0 = \frac{L}{2}$ ein $c \in [a, b)$ existiert mit

$$L - \varepsilon_0 < \frac{f(x)}{g(x)} < L + \varepsilon_0 \quad \text{für alle } c \in [c, b).$$

Es ist $L - \varepsilon_0 = L/2$, $L + \varepsilon_0 = 3L/2$. Somit gilt

$$\frac{L}{2} g(x) < f(x) < \frac{3L}{2} g(x) \quad \text{für } x \in [c, b).$$

Nach dem Majorantenkriterium haben $\int\limits_c^{b-} f(x)\,\mathrm{d}x$ und $\int\limits_x^{b-} g(x)\,\mathrm{d}x$ gleiches Konvergenzverhalten, also auch $\int\limits_a^{b-} f(x)\,\mathrm{d}x$ und $\int\limits_a^{b-} g(x)\,\mathrm{d}x$.

(II) Im Falle $L = 0$ wähle man zu $\varepsilon_0 = 1$ ein $c \in [a, b)$ mit $f(x)/g(x) < 1$ für alle $x \in [c, b)$, also $f(x) < g(x)$ auf $[c, b)$, woraus wiederum folgt, daß die Konvergenz von $\int\limits_a^{b-} g(x)\,\mathrm{d}x$ die von $\int\limits_a^{b-} f(x)\,\mathrm{d}x$ nach sich zieht. □

Beispiel 4.25:

Das Integral

$$\int\limits_0^{\infty} \mathrm{e}^{-t}\, t^{\alpha-1}\,\mathrm{d}t =: \Gamma(\alpha) \tag{4.136}$$

konvergiert genau dann, wenn $\alpha > 0$ ist. Um dies einzusehen, wenden wir das Grenzwertkriterium auf die Teilintegrale

$$I_1 = \int\limits_{0+}^{1} e^{-t}\, t^{\alpha-1}\, dt \quad \text{und} \quad I_2 = \int\limits_{1}^{\infty} e^{-t}\, t^{\alpha-1}\, dt$$

an. Zu I_1: Es strebt $e^{-t}\, t^{\alpha-1}/t^{\alpha-1} = e^{-t} \to 1$ für $t \to 0+$. Da $\int\limits_0^1 t^{\alpha-1}$ genau dann konvergiert, wenn $\alpha > 0$ ist (vgl. Beispiel 4.22), folgt die Konvergenz von I_1 in genau diesem Fall. Zu I_2: Wegen $e^{-t}\, t^{\alpha-1}/t^{-2} = e^{-t}\, t^{\alpha+1} \to 0$ für $t \to \infty$ und wegen der Konvergenz von $\int\limits_0^\infty t^{-2}\, dt$ folgt die Konvergenz von I_2 für alle $\alpha \in \mathbb{R}$. Zusammengenommen erhält man die Behauptung. Auf das untersuchte Integral kommen wir in Abschn. 4.3.4, Beispiel 4.33, ausführlich zurück.

Wir erwähnen zum Schluß folgende naheliegende *Schreibweise*:

$$\int\limits_{a}^{b-} f(x)\, dx + \int\limits_{b+}^{c} f(x)\, dx =: \int\limits_{a}^{c} f(x)\, dx\,. \tag{4.137}$$

Dabei ist vorausgesetzt, daß jedes der links stehenden Integrale konvergiert. Konvergiert

$$\lim_{\delta \to 0+} \left(\int\limits_{a}^{b-\delta} f(x)\, dx + \int\limits_{b+\delta}^{c} f(x)\, dx \right), \qquad (\delta > 0)\,,$$

so beschreibt man diesen Grenzwert durch

$$\text{C. H.} \int f(x)\, dx \tag{4.138}$$

und nennt ihn *Cauchyschen Hauptwert* von f auf $[a, c]$.

Existiert das Integral (4.137), so existiert natürlich auch der Cauchysche Hauptwert (4.138) (und beide Werte sind gleich). Das Umgekehrte gilt nicht allgemein! Zum Beispiel existiert der folgende Cauchysche Hauptwert

$$-\text{C. H.} \int\limits_{-1}^{1} \frac{dx}{x} = 0\,,$$

während $\int\limits_{-1}^{1} \frac{\mathrm{d}x}{x}$ im Sinne von (4.137) nicht konvergiert, da die Teilintegrale $\int\limits_{-1}^{0-} \frac{\mathrm{d}x}{x}$ und $\int\limits_{0+}^{1} \frac{\mathrm{d}x}{x}$ nicht konvergieren.

Übung 4.15*:

Beweise: Ist $f(x) \geq 0$ auf $[a, \infty)$ und dort monoton fallend, so folgt aus der Konvergenz von $\int\limits_{a}^{\infty} f(x)\,\mathrm{d}x$, daß $\lim\limits_{x\to\infty} f(x) = 0$ gilt.

Übung 4.16*:

Untersuche, ob die folgenden Integrale konvergieren:

$$\text{(a)} \int\limits_{0}^{\pi/2} \frac{\mathrm{d}x}{\sqrt{\sin x}}, \quad \text{(b)} \int\limits_{-1}^{1} \frac{\mathrm{d}x}{\sqrt{|x|}}, \quad \text{(c)} \int\limits_{0+}^{\infty} \frac{\mathrm{d}x}{\cosh(1/x) - 1}, \quad \text{(d)} \int\limits_{0+}^{1} \frac{\ln x}{\sqrt{x}}\,\mathrm{d}x\,.$$

4.3.3 Integralkriterium für Reihen

Das folgende Kriterium stellt einen engen Zusammenhang zwischen unendlichen Reihen und uneigentlichen Integralen her. Es kann auf beiderlei Weise verwendet werden: zum Konvergenznachweis für Reihen als auch für Integrale. In diesem Abschnitt sei f stets eine Funktion, die auf jedem kompakten Intervall $[m, t] \subset [m, \infty)$ integrierbar ist.

Satz 4.16:

(*Integralkriterium für Reihen*) Ist $f(x)$ auf $[m, \infty)$ positiv und monoton fallend (m ganzzahlig), so haben

$$\left[\sum_{k=m}^{\infty} f(k)\right] \quad \text{und} \quad \int\limits_{m}^{\infty} f(x)\,\mathrm{d}x$$

gleiches Konvergenzverhalten.

Beweis:

Es gilt $f(k) \geq f(x) \geq f(k+1)$ für jedes $x \in [k, k+1]$ und jede ganze Zahl $k \geq m$. Daraus folgt durch Integration über $[k, k+1]$

$$f(k) \geq \int\limits_{k}^{k+1} f(x)\,\mathrm{d}x \geq f(k+1)\,;$$

Summation über k von m bis n ergibt

$$\sum_{k=m}^{n} f(k) \geq \int_{m}^{n+1} f(x)\,\mathrm{d}x \geq \sum_{k=m+1}^{n+1} f(k)\,,$$

woraus unter Beachtung der Montoniekriterien für Reihen und uneigentliche Integrale die Behauptung folgt. □

Beispiel 4.26:

Aus dem Integralkriterium folgt mit $f(x) = 1/x^\alpha$ bzw. $1/(x \ln^\alpha x)$

$$\sum_{k=1}^{\infty} \frac{1}{k^\alpha} \quad \text{und} \quad \sum_{k=1}^{\infty} \frac{1}{k(\ln k)^\alpha} \quad \text{für } \alpha > 1$$

konvergieren. Denn aus der Existenz von $\int\limits_1^\infty \frac{\mathrm{d}x}{x^\alpha} = \frac{1}{\alpha - 1}$ folgt durch die Substitution $x = \ln t$, daß auch $\int\limits_1^\infty \frac{\mathrm{d}t}{t(\ln t)^\alpha}$ existiert (vgl. auch Beispiel 1.44, Abschn. 1.5.2.).

Unter den gleichen Voraussetzungen wie beim Integralkriterium für Reihen gilt folgender interessanter Satz:

Satz 4.17:

Ist f auf $[m, \infty)$ positiv und monoton fallend (m ganzzahlig), so konvergiert

$$c_n := \sum_{k=m}^{n} f(k) - \int_{m}^{n} f(x)\,\mathrm{d}x \quad \text{für } n \to \infty$$

gegen eine Zahl c mit $0 \leq c \leq f(m)$.

Beweis:

Für $x \in [k, k+1]$ gilt $0 \leq f(k) - f(x) \leq f(k) - f(k+1)$, nach Integration über $[k, k+1]$ also

$$0 \leq f(k) - \int_{k}^{k+1} f(x)\,\mathrm{d}x \leq f(k) - f(k+1)\,.$$

Summation über ganzzahlige k von m bis $n-1$ ergibt

$$0 \leq \sum_{k=m}^{n-1} f(k) - \int_m^n f(x)\,\mathrm{d}x \leq f(m) - f(n)\,.$$

Addition von $f(n)$ liefert $0 \leq c_n \leq f(m)$. Da c_n monoton fällt (denn $c_{n+1} - c_n = f(n+1) - \int_n^{n+1} f(x)\,\mathrm{d}x < 0$), so konvergiert c_n gegen eine Zahl $c \in [0, f(m)]$. □

Beispiel 4.27:

Für $f(x) = 1/x$ und $m = 1$ folgt aus Satz 4.17: Der Grenzwert

$$\mathrm{C} := \lim_{n\to\infty}\left(1 + \frac{1}{2} + \frac{1}{3} + \ldots + \frac{1}{n} - \ln n\right) \tag{4.139}$$

existiert. C heißt *Eulersche Konstante*[11] und hat den Zahlenwert

$$\mathrm{C} = 0{,}5772156649015329\ldots\,.$$

Übung 4.17*:

Sind die folgenden Reihen konvergent?

(a) $\sum_{k=1}^{\infty} k^2\,\mathrm{e}^{-k}$, (b) $\sum_{k=2}^{\infty} \frac{\ln k}{k^2}$, (c) $\sum_{k=2}^{\infty} \frac{\ln k}{k}$.

Übung 4.18*:

(a) Zeige, daß

$$a_n := 1 + \frac{1}{3} + \frac{1}{5} + \frac{1}{7} + \cdots \frac{1}{2n+1} - \frac{1}{2}\ln(2n+1)$$

für $n \to \infty$ konvergiert.

(b) Knoble durch Vergleich mit der Eulerschen Konstanten C (s. Beispiel 4.27) heraus, daß a_n gegen $(\mathrm{C} + \ln 2)/2$ strebt.

11 Leonhard Euler (1707 – 1783), schweizerischer Mathematiker; C heißt auch *Euler-Mascheronische Konstante* (Lorenzo Mascheroni (1750 – 1800), italienischer Mathematiker), von Studenten scherzhaft »Makkaroni-Konstante« genannt.

4.3.4 Die Integralfunktionen Ei, Li, si, ci, das Fehlerintegral und die Gammafunktion

Die folgenden Funktionen sind durch Integrale definiert. Sie kommen in der Praxis immer wieder vor und erweitern den Kreis der elementaren Funktionen. Ob man sie selbst zu den elementaren Funktionen zählen soll, ist reine Geschmacksache.

Beispiel 4.28:

Das Integral

$$\mathrm{Ei}(x) := \int_{-\infty}^{x} \frac{\mathrm{e}^t}{t}\,\mathrm{d}t\,, \quad x < 0\,, \tag{4.140}$$

konvergiert. Denn es ist $|t\,\mathrm{e}^t\,| \leq 1$ für alle $t < t_0 < 0$, t_0 passend gewählt. Damit ist $1/t^2 \geq |\,\mathrm{e}^t\,/t|$ für $t < t_0$. Da $\int_{-\infty}^{x} \frac{\mathrm{d}t}{t^2}$ existiert, existiert nach dem Majorantenkriterium auch $\int_{-\infty}^{x} \frac{\mathrm{e}^t}{t}\,\mathrm{d}t$.

Für $x > 0$ wird die Funktion Ei durch den Cauchyschen Hauptwert definiert:

$$\mathrm{Ei}(x) := \mathrm{C.\,H.} \int_{-\infty}^{x} \frac{\mathrm{e}^t}{t}\,\mathrm{d}t = \lim_{\delta \to 0+} \left(\int_{-\infty}^{-\delta} \frac{\mathrm{e}^t}{t}\,\mathrm{d}t + \int_{\delta}^{x} \frac{\mathrm{e}^t}{t}\,\mathrm{d}t \right), \quad x > 0\,. \tag{4.141}$$

Die so erklärte Funktion $\mathrm{Ei} : \mathbb{R} \setminus \{0\} \to \mathbb{R}$ heißt *Exponentialintegral*. Ohne Beweis geben wir seine Reihendarstellung an. C ist hier (wie im ganzen Abschnitt) die *Eulersche Konstante*:

$$\mathrm{Ei}(x) = \mathrm{C} + \ln|x| + \sum_{k=1}^{\infty} \frac{x^k}{k \cdot k!} \quad \text{für} \quad x \neq 0\,. \tag{4.142}$$

Beispiel 4.29:

Die Substitution $\mathrm{e}^t = s$, nebst $\mathrm{e}^x = y$, führt das Integral $\mathrm{Ei}(x)$ in (4.140) über in

$$\mathrm{Li}(y) := \int_{0+}^{y} \frac{\mathrm{d}s}{\ln s}\,, \quad 0 < y < 1\,. \tag{4.143}$$

Für $y > 1$ wird wieder der Cauchysche Hauptwert herangezogen:

$$\mathrm{Li}(y) := \mathrm{C.\,H.} \int_{0+}^{y} \frac{\mathrm{d}s}{\ln s} = \lim_{\delta \to 0+} \left(\int_{0+}^{1-\delta} \frac{\mathrm{d}t}{\ln t} + \int_{1+\delta}^{y} \frac{\mathrm{d}t}{\ln t} \right), \quad y > 1\,. \tag{4.144}$$

Die Funktion Li heißt *Integrallogarithmus*. Er erfreut sich folgender Reihendarstellung, die wir ohne Beweis angeben:

$$\mathrm{Li}(y) = \mathrm{C} + \ln|\ln y| + \sum_{k=1}^{\infty} \frac{(\ln y)^k}{k \cdot k!}, \quad y > 0, \quad y \neq 1. \tag{4.145}$$

Li und Ei hängen folgendermaßen zusammen:

$$\mathrm{Li}(\mathrm{e}^x) = \mathrm{Ei}(x), \quad x \neq 0. \tag{4.146}$$

Beispiel 4.30:

Integralsinus si und *Integralcosinus* ci sind definiert durch

$$\mathrm{si}(x) := -\frac{\pi}{2} + \int_0^x \frac{\sin t}{t}\,\mathrm{d}t, \quad x \in \mathbb{R}, \tag{4.147}$$

$$\mathrm{ci}(x) := \mathrm{C} + \ln x + \int_0^x \frac{\cos x - 1}{t}\,\mathrm{d}t, \quad x > 0. \tag{4.148}$$

Aus Beispiel 4.24 folgt $\mathrm{si}(x) \to 0$ für $x \to \infty$ und wegen $\mathrm{si}(x) + \mathrm{si}(-x) = -\pi$ der Grenzübergang $\mathrm{si}(x) \to -\pi$ für $x \to -\infty$. Die Reihendarstellungen lauten:

$$\mathrm{si}(x) = -\frac{\pi}{2} + \sum_{k=0}^{\infty} (-1)^k \frac{x^{2k+1}}{(2k+1)!(2k+1)}, \tag{4.149}$$

$$\mathrm{ci}(x) = \mathrm{C} + \ln x + \sum_{k=1}^{\infty} (-1)^k \frac{x^{2k}}{(2k)(2k)!}. \tag{4.150}$$

Beispiel 4.31:

Man bezeichnet

$$\varphi(x) := \frac{2}{\sqrt{\pi}} \int_0^x \mathrm{e}^{-t^2}\,\mathrm{d}t, \quad x \in \mathbb{R}, \tag{4.151}$$

als *Fehlerintegral*. (Man ermittelt damit die Wahrscheinlichkeit zufälliger Abweichungen von einem Mittelwert, d.h. von »Fehlern«.) Analytische Integration ist hierbei nicht möglich. Man muß das Integral numerisch berechnen oder aus folgenden Reihendarstellungen ermitteln:

$$\varphi(x) := \frac{2}{\sqrt{\pi}} \sum_{k=0}^{\infty} (-1)^k \frac{x^{2k+1}}{k!(2k+1)} \tag{4.152}$$

$$= \frac{2}{\sqrt{\pi}} \mathrm{e}^{-x^2} \sum_{k=0}^{\infty} \frac{2^k x^{2k+1}}{(2k+1)!!} \,.\, [12] \tag{4.153}$$

Die erste Reihe (4.152) erhält man aus der Taylorreihe

$$\mathrm{e}^{-t^2} = \sum_{k=0}^{\infty} (-1)^k \frac{t^{2k}}{k!}$$

durch gliederweises Integrieren von 0 bis x. (Daß dies erlaubt ist, folgt aus Abschn. 5.1.2). Den Beweis der zweiten Reihe (4.153) übergehen wir aus Platzgründen.

Für $x \to \infty$ erhalten wir folgenden Grenzwert

$$\lim_{x \to \infty} \varphi(x) = \frac{2}{\sqrt{\pi}} \int_0^{\infty} \mathrm{e}^{-t^2} \, \mathrm{d}t = 1 \,. \tag{4.154}$$

Die Existenz des Integrals folgt mit dem Majorantenkriterium aus $\mathrm{e}^{-t^2} \le \mathrm{e}^{-t}$ für $t > 1$. Daß der Grenzwert 1 ist, wird später in Abschnitt 7.1.7 gezeigt.

Beispiel 4.32:
Der Vollständigkeit wegen geben wir noch die *Fresnelschen Integrale* $S(x)$ und $C(x)$ an ($x \in \mathbb{R}$ beliebig):

$$S(x) = \frac{2}{\sqrt{2\pi}} \int_0^x \sin(t^2) \, \mathrm{d}t = \frac{2}{\sqrt{2\pi}} \sum_{k=0}^{\infty} \frac{(-1)^k x^{4k+3}}{(4k+3)(2k+1)!} \,, \tag{4.155}$$

$$C(x) = \frac{2}{\sqrt{2\pi}} \int_0^x \cos(t^2) \, \mathrm{d}t = \frac{2}{\sqrt{2\pi}} \sum_{k=0}^{\infty} \frac{(-1)^k x^{4k+1}}{(4k+1)(2k)!} \,. \tag{4.156}$$

Beispiel 4.33:
Die Eulersche *Gammafunktion* ist für $x > 0$ durch

$$\Gamma(x) := \int_{0+}^{\infty} \mathrm{e}^{-t} \, t^{x-1} \, \mathrm{d}t \quad (x > 0) \tag{4.157}$$

definiert. Die Existenz dieses uneigentlichen Integrals wurde in Beispiel 4.25 bewiesen. Die entscheidende Eigenschaft der Gammafunktion ist, daß sie für ganze nichtnegative Werte x Fakultäten liefert, nämlich

$$\Gamma(n+1) = n! \tag{4.158}$$

12 $(2k+1)!! := 1 \cdot 3 \cdot 5 \cdot \ldots \cdot (2k+1)$

für alle $n = 0,1,2,3,\ldots$ Man sagt, die Gammafunktion »interpoliert die Fakultäten«. Um (4.158) zu beweisen, leiten wir zuerst die *Funktionalgleichung der Gammafunktion* her:

$$\Gamma(x+1) = x\Gamma(x)\,. \tag{4.159}$$

Sie ergibt sich durch Produktintegration:

$$\Gamma(x+1) = \int_{0+}^{\infty} \underbrace{\mathrm{e}^{-t}}_{v'} \underbrace{t^x}_{u}\,\mathrm{d}t = \Big[-\mathrm{e}^{-t}t^x\Big]_0^{\infty} + x\int_{0+}^{\infty} \mathrm{e}^{-t}t^{x-1}\,\mathrm{d}t = 0 + x\Gamma(x)\,.$$

Beachtet man $\Gamma(1) = \int_0^{\infty} \mathrm{e}^{-t}\,\mathrm{d}t = 1 = 0!$, so folgt mit der Funktionalgleichung durch vollständige Induktion $\Gamma(x+1) = n!$ (Der Leser führe dies zur Übung durch.)

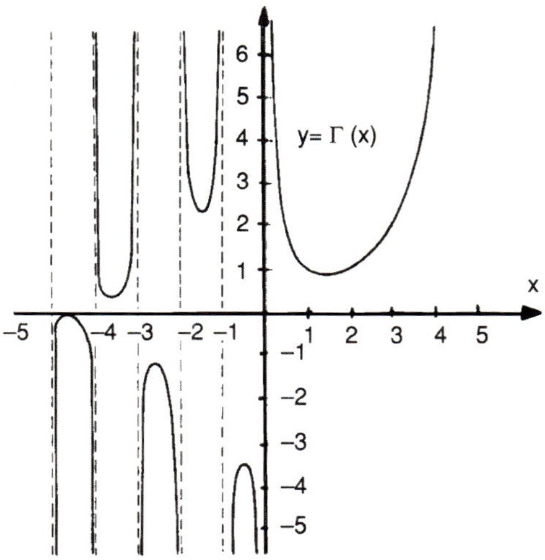

Fig. 4.15: Die Gammafunktion

Allgemein liefert die Funktionalgleichung, sukzessive angewandt:

$$\Gamma(x+n) = x(x+1)(x+2)\ldots(x+n-1)\Gamma(x)$$

für alle $x > 0$ und $n \in \mathbb{N}$. Löst man diese Gleichung nach $\Gamma(x)$ auf, so kann man sie auch zur Definition von $\Gamma(x)$ für negative x benutzen: Ist $x < 0$ mit $-n < x < -n+1$ ($n \in \mathbb{N}$), so vereinbart man

$$\Gamma(x) := \frac{\Gamma(x+n)}{x(x+1)(x+2)\ldots(x+n-1)}\,. \tag{4.160}$$

Für ganzzahlige negative x ist $\Gamma(x)$ nicht erklärt. Dort liegen Pole vor, wie man aus (4.160) abliest. Fig. 4.15 zeigt den Graphen der Gammafunktion. Die Funktionalgleichung ist für alle x mit $x \neq 0, -1, -2, \ldots$ gültig.

Bemerkung: Die Integralfunktionen dieses Abschnitts sind samt und sonders gut tabelliert und auf Computern programmiert. Sie stehen bei Anwendungen daher genauso bequem zur Verfügung wie e^x, $\ln x$, $\sin x$, $\arcsin x$ usw.

Übung 4.19:

Leite die Reihe für $\mathrm{Ei}(x)$ $(x < 0)$ aus der Taylorreihe für e^t her, ebenso die Reihen für $\mathrm{si}(x)$ und $\mathrm{ci}(x)$ aus den Taylorreihen von $\sin x$ und $\cos x$. (Dabei darf gliederweise integriert werden, s. Abschn. 5.1.2).

4.4 Anwendung: Wechselstromrechnung

4.4.1 Mittelwerte in der Wechselstromtechnik

Effektivwerte von Spannung und Strom: Durch

$$u(t) = u_m \cos(\omega t)\,, \qquad t \in \mathbb{R}\,, \tag{4.161}$$

sei eine Wechselspannung in Abhängigkeit von der Zeit t beschrieben. f sei die zugehörige Frequenz, $\omega = 2\pi f$ die Kreisfrequenz und $u_m > 0$ die Maximalspannung. Der durch $u(t)$ erzeugte Wechselstrom $i(t)$ in einer bestimmten Schaltung wird durch

$$i(t) = i_m \cos(\omega t + \varphi) \tag{4.162}$$

beschrieben. $i_m > 0$ ist die maximale Stromstärke und φ die *Phasenverschiebung* des Stromes gegenüber der Spannung.

Der Ausschlag mancher Meßinstrumente ist proportional zu

$$U := \sqrt{\frac{1}{T}\int_0^T u^2(t)\,\mathrm{d}t} \quad \text{bzw.} \quad I := \sqrt{\frac{1}{T}\int_0^T i^2(t)\,\mathrm{d}t}\,. \tag{4.163}$$

Dabei ist $T = 2\pi/\omega$ die *Schwingungsdauer* von Spannung und Strom. U heißt die *effektive Spannung* zu u und I der *effektive Strom* zu i. (Im allgemeinen mathematischen Zusammenhang heißen U und I die *quadratischen Mittelwerte* (oder *Effektivwerte*) von u und i.)

Setzt man die expliziten Ausdrücke für $u(t)$ und $i(t)$ in (4.163) ein, so errechnet man U und I mit Hilfe der Formel

$$\int \cos^2 x\,\mathrm{d}x = \frac{1}{2}(x + \sin x \cos x)$$

(s. Abschn. 4.2.2, (4.54)). Man hat in (4.163) lediglich $x = \omega t$ bzw. $x = \omega t + \varphi$ zu substituieren.

Es folgt:

$$U = \frac{u_m}{\sqrt{2}}, \qquad I = \frac{i_m}{\sqrt{2}}. \tag{4.164}$$

Wirkleistung: Das Produkt

$$u(t) \cdot i(t) = u_m \cos(\omega t) i_m \cos(\omega t + \varphi) \tag{4.165}$$

wird die *momentane Leistung* genannt. Wir wollen die *über eine Periode gemittelte Leistung*

$$\overline{P} = \frac{1}{T} \int\limits_0^T u(t) \cdot i(t)\, \mathrm{d}t \tag{4.166}$$

berechnen. $\overline{P}$ heißt *Wirkleistung*.

Zur Berechnung des Integrals schreiben wir zunächst $u(t)i(t)$ um, und zwar muß das Produkt $\cos(\omega t)\cos(\omega t + \varphi)$ in eine Summe aus trigonometrischen Funktionen verwandelt werden, um anschließend integriert werden zu können. Das geschieht mit der Formel

$$2 \cos \frac{x+y}{2} \cos \frac{x-y}{2} = \cos x + \cos y \tag{4.167}$$

(s. Abschn. 2.3.2, (2.73)). Aus dem Ansatz

$$\frac{x+y}{2} = \omega t + \varphi, \quad \frac{x-y}{2} = \omega t \quad \text{folgt} \quad x = 2\omega t + \varphi, \quad y = \varphi,$$

also

$$2\cos(\omega t + \varphi)\cos(\omega t) = \cos(2\omega t + \varphi) + \cos\varphi.$$

Aus (4.165), (4.164) ergibt sich damit

$$u(t) \cdot i(t) = U \cdot I (\cos(2\omega t + \varphi) + \cos\varphi), \tag{4.168}$$

Somit folgt

$$\overline{P} = \frac{U \cdot I}{T} \left[\int\limits_0^T \cos(2\omega t + \varphi)\, \mathrm{d}t + \cos\varphi \int\limits_0^T \mathrm{d}t \right].$$

Setzt man $\omega = 2\pi/T$ ein und substituiert $\xi = 2\omega t + \varphi$, so erkennt man, daß das erste Integral Null wird. Es ergibt sich daher die *Wirkleistung* zu

$$P = UI \cos\varphi. \tag{4.169}$$

Der Faktor $\cos\varphi$ heißt *Leistungsfaktor*.

Bemerkung: Für andere periodische Spannungs- und Stromverläufe, als in (4.161) und (4.162) angegeben, werden die Effektivwerte der Spannung oder des Stroms ebenso nach (4.163) berechnet wie auch die Wirkleistung nach (4.166).

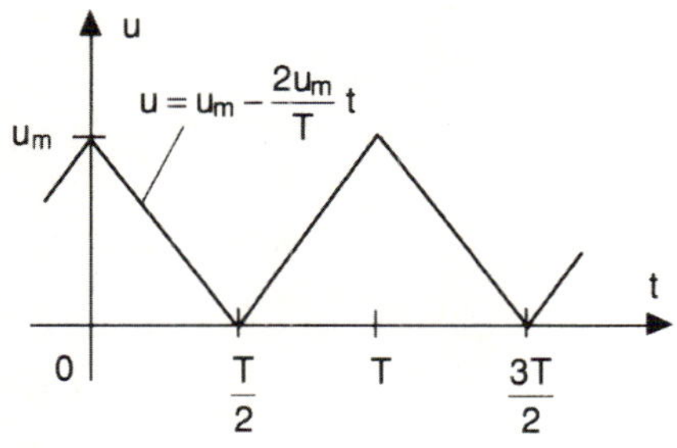

Fig. 4.16: Stückweise gerader Spannungsverlauf einer Wechselspannung

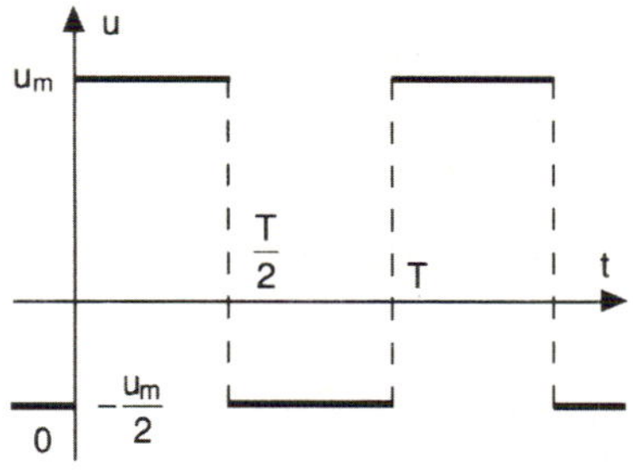

Fig. 4.17: Rechteckiger Spannungsverlauf

Beispiel 4.34:

Für die Spannung $u(t)$ mit dem »Streckenverlauf« wie in Fig. 4.16 skizziert, errechnen wir den Effektivwert U:

$$TU^2 = \int_0^T u(t)^2\,\mathrm{d}t = 2\int_0^{T/2} u(t)^2\,\mathrm{d}t$$

$$= 2\int_0^{T/2}\left(u_m - \frac{2u_m}{T}t\right)^2 \mathrm{d}t = 2u_m^2 \int_0^{T/2}\left(1 - \frac{4}{T}t + \frac{4}{T^2}t^2\right)\mathrm{d}t = \frac{T}{3}u_m^2\,,$$

also

$$U = \frac{u_m}{\sqrt{3}}\,.$$

Übung 4.20:

Berechne die effektive Spannung U zu dem in Fig. 4.17 angegebenen Spannungsverlauf $u(t)$.

4.4.2 Komplexe Funktionen einer reellen Variablen

Die imaginäre Einheit i wird in der Elektrotechnik mit j bezeichnet[13], da der Buchstabe i für die Stromstärke verbraucht ist. Wir werden daher im gesamten Abschn. 4.4 die imaginäre Einheit

13 Wenn wir es nicht direkt mit Elektrotechnik zu tun haben, werden wir, wie bisher, den Buchstaben i für die imaginäre Einheit verwenden. Denn i ist in Mathematik und Physik gebräuchlicher als j.

mit j bezeichnen. Es gilt somit

$$j^2 = -1 .$$

Die komplexen Zahlen werden damit in der Form

$$a + jb , \quad \text{mit} \quad a, b \in \mathbb{R}$$

geschrieben.

Wir betrachten in diesem Abschnitt Funktionen der Form

$$z = f(\lambda) , \quad \lambda \in I \ \text{(Intervall)},$$

wobei die Variable λ reell ist und der Funktionswert z komplex. Symbolisch also

$$f : I \to \mathbb{C} \quad (\mathbb{C} = \text{Menge der komplexen Zahlen})$$

Da $f(\lambda)$ komplex ist, hat $f(\lambda)$ die Gestalt

$$f(\lambda) = u(\lambda) + jv(\lambda) ,$$

wobei $u(\lambda)$ der Realteil und $v(\lambda)$ der Imaginärteil von $f(\lambda)$ ist:

$$u(\lambda) = \text{Re}\, f(\lambda) , \qquad v(\lambda) = \text{Im}\, f(\lambda) .$$

u und v sind reellwertige Funktionen auf I. Sind u und v stetig, so nennt man den Wertebereich von f eine *Ortskurve* in $\mathbb{C}$.

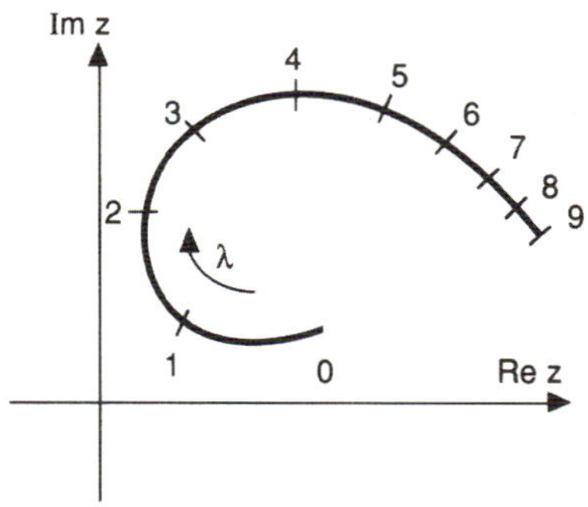

Fig. 4.18: Ortskurve

Fig. 4.18 zeigt die Ortskurve einer Funktion $f : [0, 9] \to \mathbb{C}$.

Beispiel 4.35:
Eine Funktion der Form

$$2 = u(\lambda) + jv_0 \quad (u \text{ stetig})$$

hat als Ortskurve eine Parallele zur reellen Achse, während

$$z = u_0 + \mathrm{j}v(\lambda) \quad (v \text{ stetig})$$

als Ortskurve eine Parallele zur imaginären Achse hat. Eine kreisbogenförmige Ortskurve wird durch

$$z = r\,\mathrm{e}^{\mathrm{j}\varphi(\lambda)} \quad (\varphi : I \to \mathbb{R} \text{ stetig}, r > 0)$$

beschrieben, und ein Geradenstück durch

$$z = z_0 + \psi(\lambda) z_1$$

mit stetigem $\psi : I \to \mathbb{R}$ und konstanten $z_0, z_1 \in \mathbb{C}$.

Definition 4.3:

(*Differentiation und Integration*) Es sei durch $f(\lambda) = u(\lambda) + \mathrm{j}v(\lambda)$ eine komplexwertige Funktion auf einem Intervall I gegeben.

(a) Sind u und v differenzierbar, so schreibt man

$$f'(\lambda) := u'(\lambda) + \mathrm{j}v'(\lambda)\,.$$

f' ist die *Ableitung* von f. (Man schreibt wie im Reellen, $f'(\lambda) = \dfrac{\mathrm{d}}{\mathrm{d}\lambda} f(\lambda)$ usw.) f'', f''' usw. werden analog gebildet.

(b) Sind u und v auf $[a, b]$ integrierbar, so vereinbart man:

$$\int_a^b f(\lambda)\,\mathrm{d}\lambda := \int_a^b u(\lambda)\,\mathrm{d}\lambda + \mathrm{j}\int_a^b v(\lambda)\,\mathrm{d}\lambda\,.$$

Entsprechend für unbestimmte Integrale:

$$\int f(\lambda)\,\mathrm{d}\lambda := \int u(\lambda)\,\mathrm{d}\lambda + \mathrm{j}\int v(\lambda)\,\mathrm{d}\lambda\,.$$

Differentiation und Integration werden also einzeln auf u und v angewandt.

Beispiel 4.36:

Die Funktion $f(t) := \mathrm{e}^{\mathrm{j}\omega t}$ soll differenziert und integriert werden:

$$\text{(a)}\quad \frac{\mathrm{d}}{\mathrm{d}t}\,\mathrm{e}^{\mathrm{j}\omega t} = \frac{\mathrm{d}}{\mathrm{d}t}(\cos(\omega t) + \mathrm{j}\sin(\omega t)) = \frac{\mathrm{d}}{\mathrm{d}t}\cos(\omega t) + \mathrm{j}\frac{\mathrm{d}}{\mathrm{d}t}\sin(\omega t)$$
$$= -\omega\sin(\omega t) + \mathrm{j}\omega\cos(\omega t) = \mathrm{j}\omega(\cos(\omega t) + \mathrm{j}\sin(\omega t))$$
$$= \mathrm{j}\omega\,\mathrm{e}^{\mathrm{j}\omega t}\,.$$

$$\text{(b)}\quad \int \mathrm{e}^{\mathrm{j}\omega t}\,\mathrm{d}t = \int \cos(\omega t)\,\mathrm{d}t + \mathrm{j}\int \sin(\omega t)\,\mathrm{d}t$$
$$= \frac{1}{\omega}\sin(\omega t) - \frac{\mathrm{j}}{\omega}\cos(\omega t) = \frac{1}{\mathrm{j}\omega}(\cos(\omega t) + \mathrm{j}\sin(\omega))$$
$$= \frac{1}{\mathrm{j}\omega}\,\mathrm{e}^{\mathrm{j}\omega t} \quad \left(\text{beachte } \frac{1}{\mathrm{j}} = -\mathrm{j}\right).$$

Man erkennt: $\mathrm{e}^{\mathrm{j}\omega t}$ wird formal genauso differenziert und integriert, wie man es im Reellen gewohnt ist.

Allgemein gilt folgendes *Permanenzprinzip*:

Satz 4.18:

(a) Für jede n-mal differenzierbare Funktion $f : I \to \mathbb{C}$ (Intervall) gilt mit der Abkürzung

$$L = \sum_{k=0}^{n} a_k \frac{\mathrm{d}^k}{\mathrm{d}\lambda^k} \quad (a_k \in \mathbb{C})$$

die Gleichung

$$\operatorname{Re} Lf(\lambda) = L \operatorname{Re} f(\lambda)\,, \qquad \operatorname{Im} Lf(\lambda) = L \operatorname{Im} f(\lambda) \tag{4.170}$$

Der »Operator L« darf also mit Re und Im vertauscht werden.

(b) ist $f : I \to \mathbb{C}$ integrierbar auf $[a, b]$ und c eine reelle Konstante, so gilt

$$\begin{aligned} \operatorname{Re} c \int f(\lambda)\,\mathrm{d}\lambda &= c \int \operatorname{Re} f(\lambda)\,\mathrm{d}\lambda \\ \operatorname{Im} c \int f(\lambda)\,\mathrm{d}\lambda &= c \int \operatorname{Im} f(\lambda)\,\mathrm{d}\lambda \end{aligned} \tag{4.171}$$

Es darf also auch $c \int$ mit Re und Im vertauscht werden.

Der einfache Beweis wird dem Leser überlassen.

Übung 4.21:

Differenziere $f(\lambda)^2$, wobei $f : I \to \mathbb{C}$ (Intervall) differenzierbar ist.

Übung 4.22:

Berechne $\int f(\lambda)^2 f'(\lambda)$, wobei $f : I \to \mathbb{R}$ stetig differenzierbar ist.

4.4.3 Komplexe Wechselstromrechnung

Der Grundgedanke der komplexen Wechselstromrechnung ist folgender: Ist ein Wechselstrom oder eine Wechselspannung durch eine zeitabhängige reelle Funktion gegeben, so erweitert man sie durch Hinzufügen eines geeigneten Imaginärteiles zu einer komplexwertigen Funktion. Mit dieser läßt sich oft einfacher und übersichtlicher rechnen. Zum Schluß der Rechnung geht man wieder auf die Realteile zurück, die dann das gesuchte Ergebnis darstellen.

Zur Anwendung dieses Prinzips gehen wir von einem »Cosinus-förmigen« Wechselstrom $i(t)$ aus:

$$i(t) = i_m \cos(\omega t + \varphi_i)\,, \quad \omega > 0\,,\ i_m > 0\,,\ \varphi_i \in \mathbb{R}\,,\ t \in \mathbb{R}\,.$$

Mit dem Effektivwert $I = i_m\sqrt{2}$ des Wechselstroms (s. (4.164), Abschn. 4.4.1) erhalten wir

$$i(t) = \sqrt{2}I\cos(\omega t + \varphi_i) = \operatorname{Re}\left[\sqrt{2}I\,\mathrm{e}^{\mathrm{j}(\omega t+\varphi_i)}\right] = \operatorname{Re}\left[\sqrt{2}I\,\mathrm{e}^{\mathrm{j}\varphi_i}\,\mathrm{e}^{\mathrm{j}\omega t}\right].$$

Setzt man

$$\underline{I} := I\,\mathrm{e}^{\mathrm{j}\varphi_i}\,, \tag{4.172}$$

so folgt

$$i(t) = \sqrt{2}\operatorname{Re}\left[\underline{I}\,\mathrm{e}^{\mathrm{j}\omega t}\right]. \tag{4.173}$$

Entsprechend erhält man für eine »Cosinus-förmige« Wechselspannung:

$$u(t) = u_m\cos(\omega t + \varphi_u) = \sqrt{2}\operatorname{Re}\left[\underline{U}\,\mathrm{e}^{\mathrm{j}\omega t}\right] \tag{4.174}$$

mit

$$\underline{U} = U\,\mathrm{e}^{\mathrm{j}\varphi_u}\,, \tag{4.175}$$

wobei $U = u_m/\sqrt{2}$ ist. Die Größen $\underline{I}$ und $\underline{U}$ heißen *komplexe Effektivwerte* oder kurz *Zeiger* von Strom und Spannung.

Die veränderlichen Größen $\underline{I}\,\mathrm{e}^{\mathrm{j}\omega t}$ und $\underline{U}\,\mathrm{e}^{\mathrm{j}\omega t}$ werden *Drehzeiger* oder *Zeitzeiger* genannt. Denkt man sich nämlich diese Größen durch Pfeile veranschaulicht, die von 0 bis zu den Punkten $\underline{I}\,\mathrm{e}^{\mathrm{j}\omega t}$ bzw. $\underline{U}\,\mathrm{e}^{\mathrm{j}\omega t}$ in der komplexen Ebene gezogen werden (s. Fig. 4.19), so drehen sich diese Pfeile mit der Winkelgeschwindigkeit ω gegen den Uhrzeigersinn um 0. Dabei ist t die Zeit. Zur

Zeit $t = 0$ ergeben sich dabei die komplexen Effektivwerte $\underline{I}$ und $\underline{U}$.

Der Winkel zwischen $\underline{I}\,\mathrm{e}^{\mathrm{j}\omega t}$ und $\underline{U}\,\mathrm{e}^{\mathrm{j}\omega t}$ hat stets den gleichen Wert, nämlich $\varphi_i - \varphi_u$[14]. Man nennt $\varphi = \varphi_i - \varphi_u$ die *Phasenverschiebung* zwischen Strom und Spannung. Die Winkelmaße φ_i und φ_u selbst heißen die Phasen von Strom und Spannung.

Eine der Phasen φ_i oder φ_u wird als *Bezugsphase* willkürlich festgelegt, und zwar meistens gleich Null gesetzt (sogenannter *Nullphasenwinkel*). Das kann durch geeignete Wahl des Zeitnullpunktes stets erreicht werden. In Fig. 4.19 wurde $\varphi_u = 0$ gesetzt.

Phasenverschiebungen bei Kondensator, Spule, Widerstand

Legt man an einem *Ohmschen Widerstand* vom Betrag R eine Wechselspannung $u(t)$ an (siehe Fig. 4.20a), so fließt durch ihn ein Wechselstrom $i(t)$. Es gilt dabei das Ohmsche Gesetz $u(t) = Ri(t)$. In die komplexe Schreibweise übertragen lautet es:

$$\underline{U}\,\mathrm{e}^{\mathrm{j}\omega t} = R\underline{I}\,\mathrm{e}^{\mathrm{j}\omega t}\,. \tag{4.176}$$

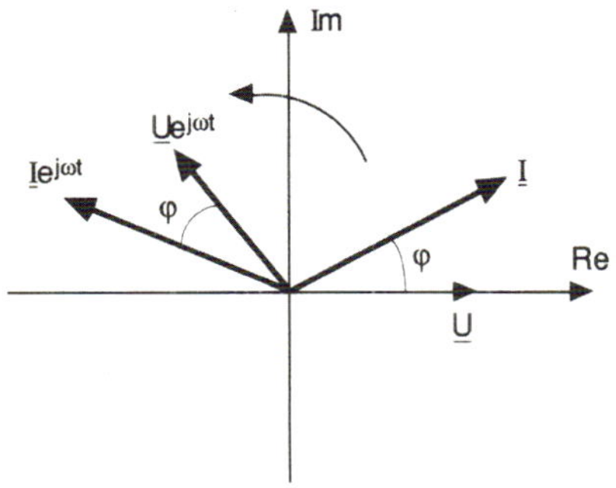

Fig. 4.19: Drehzeiger und Effektivwerte beim Wechselstrom

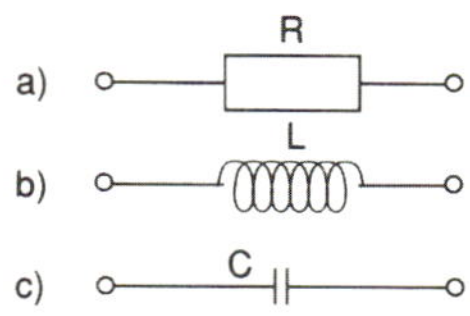

Fig. 4.20: Ohmscher Widerstand R, Induktivität L und Kapazität C.

Bei einer Spule mit *Induktivität L*, unter Vernachlässigung ihres Ohmschen Widerstandes (Fig. 4.20b), stehen der durchfließende Strom $i(t)$ und die angelegte Spannung $u(t)$ in folgender Beziehung:

$$u = L\frac{\mathrm{d}i}{\mathrm{d}t}\,. \tag{4.177}$$

Dies führt in komplexer Schreibweise zu

$$\underline{U}\,\mathrm{e}^{\mathrm{j}\omega t} = L\underline{I}\frac{\mathrm{d}}{\mathrm{d}t}\,\mathrm{e}^{\mathrm{j}\omega t} = L\underline{I}\mathrm{j}\omega\,\mathrm{e}^{\mathrm{j}\omega t}\,. \tag{4.178}$$

Bei einem Kondensator mit *Kapazität C* (Fig. 4.20c) gehorchen Strom und Spannung dagegen

14 Ein *negativer* bzw. *positiver* Wert von $\varphi_i - \varphi_u$ gibt an, ob man durch Drehung *mit* bzw. *entgegen* dem Uhrzeigersinn (um $|\varphi_i - \varphi_u|$) von $\underline{I}/|\underline{I}|$ nach $\underline{U}/|\underline{U}|$ gelangt.

der Gleichung

$$i = C\frac{\mathrm{d}u}{\mathrm{d}t}, \tag{4.179}$$

folglich in komplexer Schreibweise

$$\underline{I}\,\mathrm{e}^{\mathrm{j}wt} = C\underline{U}\frac{\mathrm{d}}{\mathrm{d}t}\,\mathrm{e}^{\mathrm{j}\omega t} = C\underline{U}\mathrm{j}\omega\mathrm{e}^{\mathrm{j}\omega t}\,. \tag{4.180}$$

In den hergeleiteten Gleichungen (4.176), (4.178) und (4.180) kann man stets den Faktor $\mathrm{e}^{\mathrm{j}\omega t}$ herauskürzen. Damit folgen die Beziehungen:

$$\text{Ohmscher Widerstand: } \underline{U} = R\underline{I}\,, \tag{4.181}$$

$$\text{Spule: } \underline{U} = \mathrm{j}\omega L\underline{I}\,, \tag{4.182}$$

$$\text{Kondensator: } \underline{U} = -\mathrm{j}\frac{\underline{I}}{\omega C}\,. \tag{4.183}$$

Wählt man als Null- und Bezugsphase die Phase des Stroms, d.h. $\varphi_i = 0$, und schreibt man $\varphi_u =: \varphi$, so ist am Ohmschen Widerstand $\varphi = 0$ (gleiche Phasenlage), an der Spule $\varphi = \pi/2$ (der Strom läuft der Spannung um 90° nach) und am Kondensator $\varphi = -\pi/2$ (der Strom eilt der Spannung um 90^0 voraus).

Berechnung von Wechselströmen und -spannungen bei elektrischen Schaltungen

Wir denken uns eine elektrische Schaltung mit zwei Klemmen gegeben, eine für den Eingang und eine für den Ausgang des Stroms. (In Fig. 4.21 sind drei Beispiele dafür gegeben.) Sind $\underline{U}$ bzw. $\underline{I}$ die Zeiger der Spannung bzw. des Stroms bei unserer Schaltung, so definiert man den *komplexen Scheinwiderstand* durch

$$\underline{Z} = \frac{\underline{U}}{\underline{I}}\,. \tag{4.184}$$

Diese Definition entspricht dem Ohmschen Gesetz. Es gelten daher für alle Rechnungen mit komplexen Scheinwiderständen das Ohmsche Gesetz und die Kirchhoffschen Regeln für die Summe der Ströme in Knotenpunkten und die Summe der Spannungen bei Reihenschaltungen. Auf diese Weise können Wechselstromkreise nach den gleichen Regeln wie Gleichstromkreise berechnet werden. Zur Ermittlung von Wechselströmen und Spannungen genügt es dabei, mit den *zeitunabhängigen* feststehenden Zeigern zu rechnen, anstelle der zeitabhängigen variablen Werte $i(t) = i_m \cos(\omega t + \varphi_i)$, $u(t) = u_m \cos(\omega t + \varphi_u)$. Darin liegt ein großer Vorteil hinsichtlich Übersichtlichkeit und Einfachheit.

Schreibt man den komplexen Scheinwiderstand $\underline{Z}$ in der Gestalt

$$\underline{Z} = R + \mathrm{j}X\,, \quad (R, X \in \mathbb{R})\,,$$

so heißt $R = \operatorname{Re}\underline{Z}$ der *Wirkwiderstand* und $X = \operatorname{Im}\underline{Z}$ der *Blindwiderstand*. Bei den hier betrachteten »passiven« Bauelementen ist stets $\operatorname{Re}\underline{Z} = R \geq 0$. (»Passive« Bauelemente enthalten keine

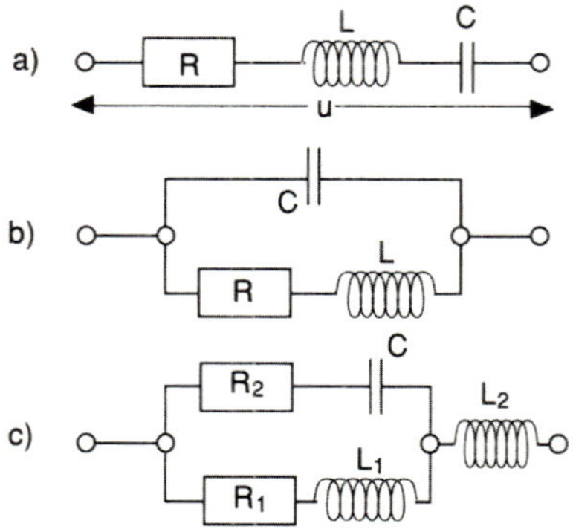

Fig. 4.21: Verschiedene Wechselstromschaltungen

Stromquellen.) Im Falle Im $\underline{Z} > 0$ heißt der Widerstand $\underline{Z}$ *induktiv*, im Falle Im $\underline{Z} < 0$ *kapazitiv*.
Der reziproke Wert von $\underline{Z}$ heißt der komplexe *Scheinleitwert*

$$\underline{Y} := \frac{1}{\underline{Z}} .$$

Für ihn gilt also

$$\underline{I} = \underline{Y}\,\underline{U} .$$

Für Ohmschen Widerstand R, Spule mit Induktivität L und Kondensator mit Kapazität C folgt aus (4.181) bis (4.183) somit

	komplexer Scheinwiderstand	komplexer Scheinleitwert
Ohmscher Widerstand	R	$\frac{1}{R}$
Spule	$\mathrm{j}\omega L$	$-\frac{\mathrm{j}}{\omega L}$
Kondensator	$-\frac{\mathrm{j}}{\omega C}$	$\mathrm{j}\omega C$

Mit den bereit gestellten Mitteln lassen sich Wechselströme und -spannungen auch komplizierter Schaltungen relativ leicht berechnen. Dies wird an folgenden Beispielen klar.

Beispiel 4.37:
Die hintereinander geschalteten Scheinwiderstände in Fig. 4.21a addieren sich zum gesamten Scheinwiderstand der Schaltung:

$$\underline{Z} = R + \mathrm{j}\left(\omega L - \frac{1}{\omega C}\right) .$$

Ist beispielsweise der Spannungszeiger $\underline{U}$ der Schaltung gegeben, so erhält man den Stromzeiger aus $\underline{I} = \underline{U}/\underline{Z}$.

Mit den Zahlenwerten $R = 5{,}5\,\mathrm{k}\Omega$, $L = 480\,\mathrm{mH}$, $C = 2\,\mu\mathrm{F}$, $\omega = 2500\,\mathrm{s}^{-1}$ und $\underline{U} = U = 20\,\mathrm{V}$ folgt

$$\underline{Z} = \left[5500 + \mathrm{j}\left(2500 \cdot 0{,}48 - \frac{10^6}{2500 \cdot 2}\right)\right]\Omega = [5500 + \mathrm{j}1000]\,\Omega \doteq 5590\,\mathrm{e}^{\mathrm{j}\cdot 0{,}1799}\,\Omega$$

und

$$\underline{I} \doteq \frac{20}{5590}\,\mathrm{e}^{-\mathrm{j}\cdot 0{,}1799}\,\mathrm{A} = (3{,}52 - \mathrm{j}0{,}64)\mathrm{mA}\,.$$

Die Phase $\varphi_i = -0{,}1799 = -10{,}31^\circ$ bedeutet, daß der Strom um $10{,}31^\circ$ der Spannung nachläuft.

Die Spannungen an den einzelnen Bauelementen errechnet man so:

$$\begin{aligned}
\underline{U}_R &= R\underline{I} \doteq (19{,}360 - \mathrm{j} \cdot 3{,}520)\mathrm{V}\,,\\
\underline{U}_L &= \mathrm{j}\omega L \cdot \underline{I} \doteq (0{,}768 + \mathrm{j} \cdot 4{,}224)\mathrm{V}\,,\\
\underline{U}_C &= -\frac{\mathrm{j}}{\omega C} \cdot \underline{I} \doteq (-0{,}128 - \mathrm{j} \cdot 0{,}704)\mathrm{V}\,.
\end{aligned}$$

Zur Kontrolle rechnet man $\underline{U}_R + \underline{U}_L + \underline{U}_C = 20\mathrm{V} = \underline{U}$.

Beispiel 4.38:
In der Schaltung der Fig. 4.21b ist der Scheinwiderstand der unteren Leitung gleich $R + \mathrm{j}\omega L$ und derjenige der oberen Leitung $\frac{1}{\mathrm{j}\omega C}$. Die Scheinleitwerte dieser beiden parallelen Leitungen addieren sich (nach Kirchhoff) zum gesamten Scheinleitwert $\underline{Y}$, also

$$\underline{Y} = \frac{1}{R + \mathrm{j}\omega L} + \mathrm{j}\omega C\,.$$

Bei vorgegebenem Spannungszeiger $\underline{U}$ erhält man die Stromzeiger aus $\underline{I} = \underline{U}\underline{Y}$.

Beispiel 4.39:
Für die Schaltung in Fig. 4.21c ist der Scheinleitwert $\underline{Y}_0$ des Teiles ohne die rechte Spule gleich

$$\underline{Y}_0 = \frac{1}{R_1 + \mathrm{j}\omega L_1} + \frac{1}{R_2 - \frac{\mathrm{j}}{\omega C}}$$

Damit ist der gesamte Scheinwiderstand der Schaltung gleich

$$\underline{Z} = \frac{1}{\underline{Y}_0} + \mathrm{j}\omega L_2\,.$$

Mit gegebenem $\underline{U}$ folgt daraus $\underline{I} = \underline{U}/\underline{Z}$.

Übung 4.23:

Im Beispiel 4.38 (Fig. 4.21b) seien die Zahlenwerte $C = 3\,\mu\text{F}$, $R = 6\,\text{k}\,\Omega$, $L = 500\,\text{mH}$ und $\underline{U} = 10\,\text{V}$ gegeben. Berechne daraus $\underline{I}$, ferner die Stromzeiger $\underline{I}_1$ zur oberen Leitung (mit C) und $\underline{I}_2$ zur unteren Leitung (mit R und L). Ermittle schließlich die Einzelspannungen $\underline{U}_\text{C}$, $\underline{U}_\text{R}$ und $\underline{U}_\text{L}$.

Übung 4.24:

In Beispiel 4.39 (Fig. 4.21c) seien $R_1 = 10\,\text{k}\,\Omega$, $R_2 = 2\text{k}\,\Omega$, $L = 300\text{mH}$, $C = 2{,}5\,\mu\text{F}$, $\underline{U} = 15\,\text{V}$. Ermittle $\underline{Y}_0$, $\underline{Z}$ und $\underline{I}$.

4.4.4 Ortskurven bei Wechselstromschaltungen

Oft kommen variable Widerstände (Stellwiderstände), veränderliche Induktivitäten (Variometer) oder veränderliche Kapazitäten (Drehkondensatoren) in elektrischen Schaltungen vor. Sie treten in den Rechnungen als Parameter auf, von denen beispielsweise eine Spannung, eine Stromstärke oder andere Größen abhängen. Auch die Kreisfrequenz ω taucht häufig als Parameter auf.

Wir betrachten im Folgenden elektrische Größen, die von *einem* Parameter abhängen. Mathematisch führt dies auf komplexwertige Funktionen einer reellen Variablen. Den Wertebereich einer solchen Funktion nennt man eine »*Ortskurve*«.

Beispiel 4.40:
Für die einfache Schaltung in Fig. 4.22a gilt offenbar

$$\underline{U}(\omega) = I_0(R + \text{j}\omega L)\,.$$

Dabei seien $R = 20\,\Omega$, $L = 0{,}5\,\text{H}$ und $I_0 = 2{,}6\,\text{A}$.

Die Spannung $\underline{U}(\omega)$ hängt von der variablen Kreisfrequenz ω ab. Wir haben es hier also mit einer komplexwertigen Funktion einer reellen Variablen zu tun, wie sie in Abschn. 4.4.2 betrachtet wurde.

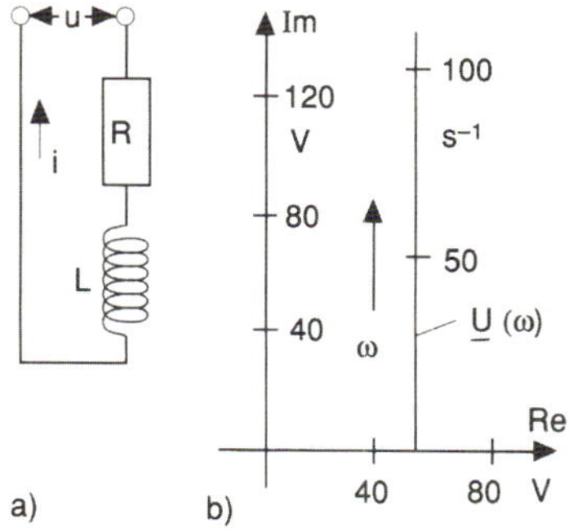

Fig. 4.22: Ortskurve $\underline{U}(\omega)$ (Gerade)

Die Ortskurve der Funktion $\underline{U}(\omega)$ (ihr Wertebereich) ist für den Parameter $\omega \in [0\,\text{s}^{-1}, 100\,s^{-1}]$

in Fig. 4.22b skizziert. Es handelt sich dabei um eine Gerade durch $I_0 R$, die parallel zur imaginären Achse liegt und bezüglich ω skaliert ist.

Ortskurven dieser Art sind in der Wechselstromtechnik nützliche Hilfsmittel, um Schaltungen handhaben zu können. Dabei kann es sich um Funktionen der Form

$$\underline{U}(R)\,,\quad \underline{U}(C)\,,\quad \underline{Z}(R)\,,\quad \underline{Z}(\omega)\,,\quad \underline{Z}(C)\,,\quad \underline{Y}(R)\,,\quad \underline{Y}(\omega)\,,\quad \underline{Y}(C)$$

und andere handeln.

Sehr häufig sind die Ortskurven Geraden oder Kreisbögen. Um erkennen zu können, ob eine Gerade oder ein Kreisbogen vorliegt, beweisen wir die folgenden Sätze:

Satz 4.19:
Durch die Funktion

$$w = f(\lambda) = z_1 + \lambda z_2 \quad (\lambda \in \mathbb{R}, z_1, z_2 \in \mathbb{C}, z_2 \neq 0)$$

wird eine Gerade in der komplexen Ebene beschrieben. Mit $z_1 = a_1 + \mathrm{j}b_1$, $z_2 = a_2 + \mathrm{j}b_2$, $w = x + \mathrm{j}y$ lautet die zugehörige Geradengleichung

$$b_2 x - a_2 y = a_1 b_2 - a_2 b_1\,. \tag{4.185}$$

Beweis:
Die Gleichung $w = z_1 + \lambda z_2$ liefert, in Komponenten zerlegt:

$$x = a_1 + \lambda a_2\,, \qquad y = b_1 + \lambda b_2\,, \quad \lambda \in \mathbb{R}\,.$$

Multipliziert man die erste Gleichung mit b_2, die zweite mit a_2, und subtrahiert die zweite von der ersten Gleichung, so erhält man (4.185). Dies ist daher eine Geradengleichung, da $z_2 \neq 0$ ist, also a_2 und b_2 nicht beide Null sind. □

Satz 4.20:
Durch

$$w = f(\lambda) = \frac{z_1 + \lambda z_2}{z_3 + \lambda z_4} \quad (\lambda \in \mathbb{R}, z_1 \in \mathbb{C}) \tag{4.186}$$

mit $z_1 z_4 \neq z_2 z_3$ wird genau dann eine Kreislinie beschrieben, wenn folgendes gilt:

$$z_4 \neq 0 \quad \text{und} \quad z_3/z_4 \quad \text{nicht reell.} \tag{4.187}$$

Der Kreis hat den *Mittelpunkt*

$$z_M = \frac{z_2}{z_4} + z_6 \quad \text{mit} \quad z_5 := \frac{\mathrm{j}\overline{z}_4(z_1 z_4 - z_2 z_3)}{2 z_4\,\mathrm{Im}(\overline{z}_3 z_4)} \tag{4.188}$$

und den *Radius* $\rho = |z_5|$.

Ist (4.187) verletzt, so beschreibt $f(\lambda)$ eine Gerade. Sie verläuft durch folgende Punkte:

$$\begin{aligned} &\text{im Falle } z_4 = 0 \quad \text{durch} \quad z_1/z_3,\ (z_1+z_2)/z_3, \\ &\text{im Falle } z_3 = 0 \quad \text{durch} \quad z_2/z_4,\ (z_1+z_2)/z_4, \\ &\text{im Falle } z_3 \neq 0,\ z_4 \neq 0,\ z_3/z_4 \in \mathbb{R} \quad \text{durch} \quad z_1/z_3,\ z_2/z_4. \end{aligned} \tag{4.189}$$

Beweis:

(I) Wir betrachten zunächst den Spezialfall $z_1 = 1$, $z_2 = 0$, also

$$w = f(\lambda) = \frac{1}{z_3 + \lambda z_4}, \quad z_4 \neq 0, \quad z_3/z_4 \notin \mathbb{R}.$$

Die Voraussetzung $z_3/z_4 \notin \mathbb{R}$ besagt, daß der Nenner $z_3 + \lambda z_4$ keine Nullstelle hat.

Der Nenner $z = z_3 + \lambda z_4$ ($\lambda \in \mathbb{R}$) beschreibt also eine Gerade, die nicht durch 0 verläuft. Mit $z = x + \mathrm{j}y$, $z_3 = a_3 + \mathrm{j}b_3$, $z_4 = a_4 + \mathrm{j}b_4$ gehorcht die Gerade nach Satz 4.19 der Gleichung

$$b_4 x - a_4 y = a_3 b_4 - a_4 b_3 \,. \tag{4.190}$$

Dabei ist $a_3 b_4 - a_4 b_3 \neq 0$, sonst verläuft die Gerade durch 0.

Aus $w = \dfrac{1}{z} = \dfrac{1}{z_3 + \lambda z_4}$ folgt mit $z = x + \mathrm{j}y$ und $w = u + \mathrm{j}v$:

$$z = x + \mathrm{j}y = \frac{1}{w} = \frac{1}{u + \mathrm{j}v} = \frac{u}{u^2 + v^2} - \mathrm{j}\frac{v}{u^2 + v^2},$$

folglich

$$x = \frac{u}{u^2 + v^2}, \qquad y = -\frac{v}{u^2 + v^2}.$$

Wir setzen dies in die Geradengleichung (4.190) ein und erhalten mit der Abkürzung

$$D := a_3 b_4 - a_4 b_3$$

die Gleichung

$$b_4 \frac{u}{u^2 + v^2} + a_4 \frac{v}{u^2 + v^2} = D, \quad \text{d.h.} \quad u^2 + v^2 - \frac{b_4}{D} u - \frac{a_4}{D} v = 0,$$

also

$$\left(u - \frac{b_4}{2D}\right)^2 + \left(v - \frac{a_4}{2D}\right)^2 = \frac{a_4^2 + b_4^2}{4D^2}. \tag{4.191}$$

Dies ist eine Kreisgleichung für u, v, und zwar mit dem *Mittelpunkt*

$$z_M = \frac{b_4}{2D} + \mathrm{j}\frac{a_4}{2D} \quad \text{und dem Radius} \quad r = |z_M|.$$

Den Mittelpunkt können wir auch so ausdrücken:

$$z_M = \frac{1}{2D}(b_4 + \mathrm{j}a_4) = \frac{\mathrm{j}\overline{z}_4}{2D} = \frac{\mathrm{j}\overline{z}_4}{2\,\mathrm{Im}(\overline{z}_3 z_4)}\,, \tag{4.192}$$

denn es ist $D = a_3b_4 - a_4b_3 = \mathrm{Im}(\overline{z}_3 z_4)$.

(II) Es seien nun z_1, z_2, z_3, z_4 beliebige reelle Zahlen mit $z_1z_4 \neq z_2z_3$, $z_4 \neq 0$, $z_3/z_4 \notin \mathbb{R}$. Man verwandelt $f(\lambda)$:

$$f(\lambda) = \frac{z_1 + \lambda z_2}{z_3 + \lambda z_4} = \frac{z_2}{z_4} + \frac{z_1z_4 - z_2z_3}{z_4} \cdot \frac{1}{z_3 + \lambda z_4}\,.$$

Hierbei beschreibt der letzte Ausdruck $1/(z_3 + \lambda z_4)$ eine Kreislinie, also nach Multiplikation mit

$$\frac{z_1z_4 - z_2z_3}{z_4} =: z_6$$

ebenfalls, und nach Addition von $\dfrac{z_2}{z_4}$ auch. Der Radius ist mit (4.192):

$$\rho = |z_M||z_6| = \left|\frac{\overline{z}_4(z_1z_4 - z_2z_3)}{2z_4\,\mathrm{Im}(\overline{z}_3 z_4)}\right|\,,$$

also $\rho = |z_5|$ (s. (4.188)). Entsprechend folgt für den Mittelpunkt

$$\frac{z_2}{z_4} + \frac{z_1z_4 - z_2z_3}{z_4} z_M = \frac{z_2}{z_4} + z_6 z_M = \frac{z_2}{z_4} + z_5\,.$$

(III) Die Fälle $z_4 = 0$, $z_3 = 0$ oder $z_3/z_4 \in \mathbb{R}$ ergeben Geraden durch die angegebenen Punkte, wie sich der Leser selbst überlegen möge. □

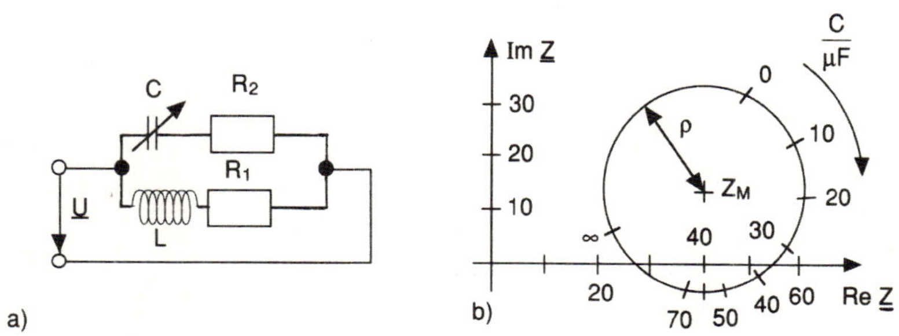

Fig. 4.23: Ortskurve $\underline{Z}(C)$ einer Schaltung mit Drehkondensator

Beispiel 4.41:

In der Schaltung in Fig. 4.23a kommt ein Drehkondensator vor. Es sei gegeben: $L = 0{,}1\,\mathrm{H}$, $R_1 = 50\,\Omega$, $R_2 = 40\,\Omega$ und die Frequenz $f = 50\,\mathrm{Hz}$, d.h. $\omega = 2\pi f \doteq 314{,}16\,\mathrm{s}^{-1}$. Gesucht ist die Widerstandskurve der Funktion $\underline{Z}(C)$.

Nach den Kirchhoffschen Regeln ist

$$\underline{Z}(C) = \frac{1}{\dfrac{1}{R_1 + \mathrm{j}\omega L} + \dfrac{1}{R_2 - \dfrac{\mathrm{j}}{\omega C}}} = \frac{R_1 - \omega^2 LCR_2 + \mathrm{j}\omega(L + CR_1R_2)}{(1 - \omega^2 CL) + \mathrm{j}\omega C(R_1 + R_2)} .$$

Daraus folgt

$$\underline{Z}(C) = \frac{z_1 + Cz_2}{z_3 + Cz_4} \quad \text{mit} \quad \begin{aligned} z_1 &= R_1 + \mathrm{j}\omega L , \\ z_2 &= -\omega^2 LR_2 + \mathrm{j}\omega R_1 R_2 , \\ z_3 &= 1 , \\ z_4 &= -\omega^2 L + \mathrm{j}\omega(R_1 + R_2) . \end{aligned} \tag{4.193}$$

Es gilt also $z_1 z_4 \neq z_2 z_3$, $z_4 \neq 0$ und $z_3/z_4 \notin \mathbb{R}$. Folglich gilt nach Satz 4.20:

Durchläuft C alle reellen Zahlen, so durchläuft $\underline{Z}(C)$ eine Kreislinie in der komplexen Ebene (dem Kreispunkt z_2/z_4 wird dabei formal $C = \infty$ zugeordnet). Nach Satz 4.20, Formeln (4.188) errechnet man Mittelpunkt z_M und Radius ρ der Kreislinie und gelangt so zur Ortskurve in Fig. 4.23b:

$$z_\mathrm{M} \doteq 41{,}59 + \mathrm{j}13{,}96 , \qquad \rho \doteq 19{,}37 .$$

Die Skalierung wird so vorgenommen, daß man für verschiedene C-Werte die Punkte $\underline{Z}(C) = (z_1 + Cz_2)/(z_3 + Cz_4)$ ausrechnet und daran die zugehörigen C-Werte einträgt.

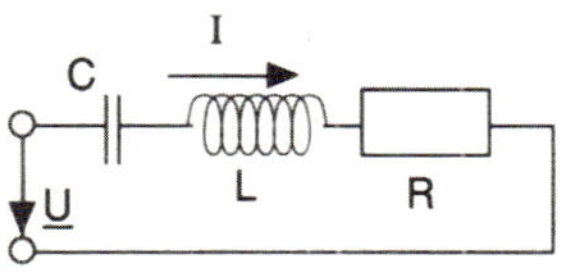

Fig. 4.24: Schwingkreis

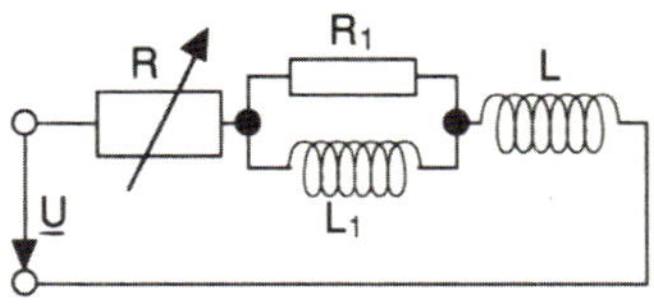

Fig. 4.25: Schaltung mit Stellwiderstand

Übung 4.25:

Skizziere die Ortskurve von $Z(\omega)$ für den Schwingkreis in Fig. 4.24. Dabei ist $R = 250\,\Omega$, $L = 50\,\mathrm{mH}$ und $C = 5\,\mu\mathrm{F}$.

Übung 4.26:

In Fig. 4.25 sei $R_1 = 250\,\Omega$, $L = 25\,\mathrm{mH}$, $L_1 = 100\mathrm{mH}$ und $\omega = 314\,\mathrm{s}^{-1}$. Skizziere die Ortskurve des Scheinwiderstandes $\underline{Z}(R)$ und die des Scheinleitwertes $\underline{Y}(R)$.

5 Folgen und Reihen von Funktionen

Folgen und Reihen von Funktionen spielen in der Analysis und ihren Anwendungen eine bedeutende Rolle. Wir behandeln hier, nach einem einleitenden Abschnitt, *Potenzreihen* und *Fourierreihen*. Potenzreihen, deren Partialsummen Polynome sind, dienen hauptsächlich dazu, komplizierte Funktionen anzunähern und sie damit berechenbar zu machen. Fourierreihen dagegen liefern periodische Funktionen und regieren auf diese Weise Wellen- und Schwingungsvorgänge in Naturwissenschaft und Technik.

5.1 Gleichmäßige Konvergenz von Funktionenfolgen und -reihen

5.1.1 Gleichmäßige und punktweise Konvergenz von Funktionenfolgen

Funktionenfolgen werden analog zu Zahlenfolgen definiert: Man denke sich unendlich viele Funktionen

$$f_1\,,\ f_2\,,\ f_3\,,\ \ldots\,,\ f_n\,,\ \ldots \tag{5.1}$$

gegeben, die alle den gleichen Definitionsbereich D besitzen. Jeder natürlichen Zahl n ist dabei genau eine Funktion f_n zugeordnet. Wir nennen (5.1) eine *Funktionenfolge* auf D. Sie wird auch kürzer durch

$$(f_n)_{n\in\mathbb{N}} \quad \text{oder} \quad (f_n)$$

beschrieben. Die Zahl n in f_n heißt, wie bei Zahlenfolgen, der *Index* von f_n. Funktionenfolgen können auch in Formen wie

$$f_0\,,\ f_1\,,\ f_2\,,\ f_3\,,\ \ldots$$
$$f_2\,,\ f_4\,,\ f_6\,,\ \ldots$$
$$f_{-1}\,,\ f_{-2}\,,\ f_{-3}\,,\ \ldots$$

auftreten, in denen andere Indexfolgen als 1, 2, 3, ... vorkommen. Dies raubt uns aber nicht den Nachtschlaf, denn hierbei ist stets klar, welche Funktion die erste, die zweite, die dritte ... der Folge ist, so daß mittelbar jedem $n \in \mathbb{N}$ wieder genau eine Funktion der Folge entspricht.

Wenn im Folgenden von einer »Funktionenfolge« die Rede ist, so meinen wir dabei *reellwertige Funktionen* einer reellen Variablen. (Gelegentlich kommen auch komplexwertige Funktionenfolgen vor, was dann aber ausdrücklich gesagt wird.)

Soweit, so gut!

Wie bei Zahlenfolgen interessiert uns bei Funktionenfolgen hauptsächlich das Konvergenzverhalten.

Definition 5.1:

Man nennt eine Funktionenfolge (f_n) auf D *punktweise konvergent*, wenn für jedes $x \in D$ die Zahlenfolge $f_1(x), f_2(x), f_3(x), \ldots$ konvergiert. Die *Grenzfunktion* f ist dabei durch

$$\lim_{n\to\infty} f_n(x) = f(x) \quad \text{für jedes} \quad x \in D$$

gegeben.

Dieser Konvergenzbegriff, so natürlich er ist, erweist sich für die Analysis als zu schwach. Zum Beispiel strebt die Folge der Funktionen

$$f_n(x) = \frac{1}{1+x^{2n}}, \qquad n = 1,2,3,\ldots,$$

punktweise gegen

$$f(x) = \begin{cases} 1, & \text{für } |x| < 1, \\ 1/2, & \text{für } |x| = 1, \\ 0, & \text{für } |x| > 1, \end{cases}$$

wie man unmittelbar einsieht. Obwohl alle Funktionen f_n stetig sind, ist die Grenzfunktion f unstetig. Das ist unangenehm!

Man sucht daher nach einem Konvergenzbegriff für Funktionenfolgen, der diesen Mangel nicht aufweist. Folgen stetiger Funktionen sollen im Konvergenzfall auch stetige Grenzfunktionen haben. Der Konvergenzbegriff, der dies leistet, ist der der »*gleichmäßigen Konvergenz*«. Für seine Definition verwenden wir die *Supremumsnorm* von Funktionen.

Definition 5.2:

Die *Supremumsnorm* $\|f\|_\infty$ einer beschränkten Funktion f auf D ist das Supremum von $|f(x)|$ auf D, also

$$\|f\|_\infty := \sup_{x\in D} |f(x)| \,. \tag{5.2}$$ [1]

Sind f und g beide beschränkte Funktionen auf D, so nennt man

$$\|f - g\|_\infty = \sup_{x\in D} |f(x) - g(x)|$$

den *Abstand* beider Funktionen voneinander (s. Fig. 5.1).

Offensichtlich gelten die Regeln

$$\|f + g\|_\infty \le \|f\|_\infty + \|g\|_\infty \,, \tag{5.3}$$

1 Das Zeichen ∞ an der Supremumsnorm dient zur Unterscheidung von anderen Funktionsnormen, auf die wir aber nicht eingehen.

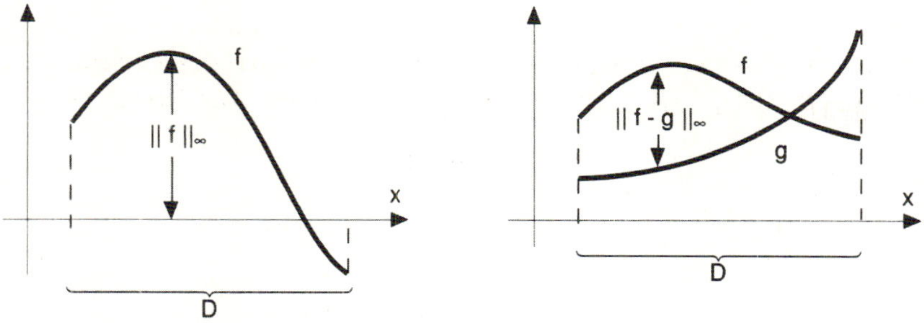

Fig. 5.1: Darstellung von $\|f\|_\infty$ und $\|f - g\|_\infty$

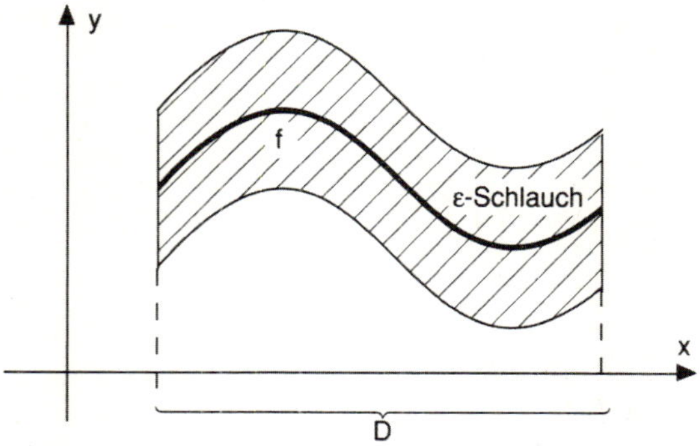

Fig. 5.2: ε-Schlauch um f

$$\|\lambda f\|_\infty = |\lambda| \|f\|_\infty\,, \quad \text{für alle } \lambda \in \mathbb{R}, \tag{5.4}$$

$$\|f\|_\infty = 0 \iff f(x) \equiv 0\,, \tag{5.5}$$

$$\|fg\|_\infty \le \|f\|_\infty \cdot \|g\|_\infty\,. \tag{5.6}$$

»Gleichmäßige Konvergenz« einer Folge (f_n) gegen eine Grenzfunktion f bedeutet nun im Wesentlichen, daß die Abstände $\|f_n - f\|_\infty$ zwischen f_n und f gegen Null streben. Genauer:

Definition 5.3:

Eine Funktionenfolge (f_n) auf D *konvergiert* genau dann *gleichmäßig* gegen eine *Grenzfunktion* f auf D, wenn von einem Index n_1 an alle Funktionen $f_n - f$ beschränkt sind und

$$\lim_{\substack{n\to\infty \\ n \ge n_1}} \|f_n - f\|_\infty = 0 \tag{5.7}$$

erfüllen. Wir schreiben in diesem Falle kurz

$$f = \lim_{n\to\infty} f_n \quad \text{oder} \quad f_n \to f \quad \text{für} \quad n \to \infty\,. \tag{5.8}$$

(Die verwendete Supremumsnorm $\|\,.\,\|_\infty$ ist dabei wie in (5.2) erklärt.) Man sieht übrigens unmittelbar, daß jede gleichmäßig konvergente Folge auch punktweise konvergiert.

Veranschaulichung: (5.7) bedeutet bekanntlich ausführlich: Zu jedem $\varepsilon > 0$ gibt es einen Index $n_0(\geq n_1)$, so daß für alle Indizes $n \geq n_0$ gilt

$$\|f_n - f\|_\infty \leq \varepsilon . \tag{5.9}$$

Der Abstand zwischen f_n und f bleibt also kleiner als ε für alle $n \geq n_0$. Dieser Sachverhalt ist in Fig. 5.2 skizziert: Um den Graphen von f ist ein sogenannter *ε-Schlauch* (schraffiert) gezeichnet. Darunter versteht man die Fläche zwischen den Graphen von $f + \varepsilon$ und $f - \varepsilon$. Der Graph von f verläuft in der Mitte des ε-Schlauches.

Gleichmäßige Konvergenz von (f_n) gegen f bedeutet nun, daß es zu jedem ε-Schlauch um f einen Index n_0 gibt, so daß die Graphen aller f_n mit Indizes $n \geq n_0$ ganz in dem ε-Schlauch liegen.

Wir merken ferner an, daß (5.9) ausführlich bedeutet:

$$\sup_{x \in D} |f_n(x) - f(x)| \leq \varepsilon ,$$

oder, was dasselbe besagt:

$$|f_n(x) - f(x)| \leq \varepsilon \quad \text{für alle } x \in D \tag{5.10}$$

Das heißt:

Folgerung 5.1:

Eine Funktionenfolge (f_n) auf D konvergiert genau dann gleichmäßig gegen f auf D, wenn folgendes gilt:
Zu jedem $\varepsilon > 0$ gibt es einen Index n_0, so daß für alle Indizes $n \geq n_0$ und alle $x \in D$ gilt

$$|f_n(x) - f(x)| \leq \varepsilon .$$

Bemerkung: Zunächst genügt es, sich die leichter eingängige Definition 5.3 zu merken und anhand der Fig. 5.2 (ε-Schlauch) klar zu machen. Die Formulierung in Folgerung 5.1 hat vorwiegend beweistechnische Bedeutung. Der Kern bei der Formulierung der gleichmäßigen Konvergenz in Folgerung 5.1 besteht darin, daß n_0 *nur von* ε (und f) *abhängt*, nicht aber von x. Das heißt die Ungleichung $|f_n(x) - f(x)| < \varepsilon$ gilt *für alle* x, wenn $n \geq n_0$ ist.

Satz 5.1:

(*Cauchysches Konvergenzkriterium für gleichmäßige Konvergenz*) Eine Funktionenfolge (f_n) auf D ist genau dann gleichmäßig konvergent, wenn folgendes gilt:
Zu jedem $\varepsilon > 0$ gibt es einen Index n_0, so daß für alle $n, m \geq n_0$ gilt

$$\|f_n - f_m\|_\infty \leq \varepsilon . \tag{5.11}$$

Beweis:

[2](I) Es konvergiere (f_n) gleichmäßig gegen f auf D. $\varepsilon > 0$ sei beliebig gewählt. Zu $\varepsilon/2$ gibt es dann einen Index n_0 mit $\|f_n - f\|_\infty \le \varepsilon/2$ für $n \ge n_0$. Daraus folgt für alle $n, m \ge n_0$:

$$\|f_n - f_m\|_\infty = \|f_n - f + f - f_m\|_\infty \le \|f_n - f\| + \|f - f_m\|_\infty \le \frac{\varepsilon}{2} + \frac{\varepsilon}{2} = \varepsilon\,.$$

(II) Wir setzen nun umgekehrt voraus, daß (5.11) erfüllt ist. Dann gilt für beliebiges $x \in D$: $(f_n(x))$ erfüllt die Bedingung des Cauchy-Kriteriums für Zahlenfolgen, ist also konvergent. Der Grenzwert sei mit $f(x)$ bezeichnet. Auf diese Weise ist $f : D \to \mathbb{R}$ definiert. Zu beliebigem $\varepsilon > 0$ wählen wir nach (5.11) nun ein n_0, so daß $\|f_n - f_m\|_\infty \le \varepsilon$ für alle $n, m \ge n_0$ gilt. Damit folgt für beliebiges, aber festes $x \in D$:

$$\begin{aligned} |f_n(x) - f(x)| &\le |f_n(x) - f_m(x)| + |f_m(x) - f(x)| \\ &\le \qquad \varepsilon \qquad + |f_m(x) - f(x)|\,, \end{aligned} \tag{5.12}$$

falls $n, m \ge n_0$. Der Summand $|f_m(x) - f(x)|$ strebt für $m \to \infty$ gegen 0, also gilt $|f_n(x) - f(x)| \le \varepsilon$ für alle $n \ge n_0$ und alle $x \in D$. Das heißt: (f_n) konvergiert gleichmäßig gegen f. □

Übung 5.1*:

Welche Funktionenfolge konvergiert gleichmäßig?

a) $f_n(x) = \dfrac{n+1}{n}x$ auf $[0,1]$, b) $f_n(x) = x^n$ auf $\left[0, \frac{1}{2}\right]$,

c) $f_n(x) = x^n$ auf $[0, 1]$, d) $f_n(x) = \dfrac{1}{1+nx^2}$ auf $\mathbb{R}$.

5.1.2 Vertauschung von Grenzprozessen

Die folgenden Sätze bilden die Grundlage für das Arbeiten mit gleichmäßiger Konvergenz. Sie sagen im Wesentlichen aus, daß bei gleichmäßig konvergenten Funktionenfolgen (bzw. ihren Ableitungsfolgen) sich Stetigkeit, Differenzierbarkeit und Integrierbarkeit auf die Grenzfunktionen übertragen. Ohne dies wäre mit konvergenten Funktionenfolgen kaum zu arbeiten. (Die Beweise können beim ersten Lesen überschlagen werden.)

Satz 5.2:

Jede gleichmäßig konvergente Folge stetiger Funktionen hat eine stetige Grenzfunktion.

Beweis:

(f_n) konvergiere gleichmäßig auf $D \subset \mathbb{R}$ gegen f. Die Differenz $|f(x) - f(x_0)|$ $(x, x_0 \in D)$ ist abzuschätzen. Es gilt:

$$|f(x) - f(x_0)| \le |f(x) - f_n(x)| + |f_n(x) - f_n(x_0)| + |f_n(x_0) - f(x_0)| \tag{5.13}$$

2 Kann zunächst überschlagen werden

für x, $x_0 \in D$. Es sei $\varepsilon > 0$ beliebig. Jeden der drei Summanden rechts wollen wir »unter $\varepsilon/3$ drücken« . Dann werden sie zusammen $< \varepsilon$.

Da (f_n) gleichmäßig gegen f strebt, gibt es ein f_n mit $|f(x) - f_n(x)| < \varepsilon/3$ für alle $x \in D$. Da f_n stetig ist, existiert zu x_0 ein $\delta > 0$ mit

$$|f_n(x) - f_n(x_0)| < \frac{\varepsilon}{3} \quad \text{für alle } x \in D \text{ mit } |x - x_0| \leq \delta.$$

Zusammen folgt aus (5.13) somit

$$|f(x) - f(x_0)| < \frac{\varepsilon}{3} + \frac{\varepsilon}{3} + \frac{\varepsilon}{3} = \varepsilon\,, \quad \text{falls } |x - x_0| \leq \delta,$$

also ist f stetig. □

Bemerkung: Der Satz läßt sich auch so ausdrücken: Für jede gleichmäßig konvergente Folge (f_n) stetiger Funktionen gilt auf D mit $x_0 = \lim\limits_{k\to\infty} x_k$ in D:

$$\lim_{n\to\infty} f_n\left(\lim_{k\to\infty} x_k\right) = \lim_{k\to\infty}\left(\lim_{n\to\infty} f_n(x_k)\right). \tag{5.14}$$

Es liegt also die Vertauschung zweier Grenzprozesse vor.

Satz 5.3:

Es sei (f_n) eine Folge differenzierbarer Funktionen auf $[a, b]$, deren *Ableitungsfolge* (f_n') *gleichmäßig konvergiert*. Ferner konvergiere $(f_n(x_0))$ für wenigstens ein $x_0 \in [a, b]$. Damit folgt:

(a) (f_n) konvergiert gleichmäßig gegen eine Funktion f auf $[a, b]$ und

(b) (f_n') konvergiert gleichmäßig gegen f'.

Bemerkung: Da unter den Voraussetzungen des Satzes nichts anderes eintreten kann, als daß *beide* Folgen (f_n) und (f_n') gleichmäßig konvergieren, kann man kürzer so formulieren, ohne an Allgemeinheit zu verlieren:

Sind (f_n) und (f_n') auf $[a, b]$ gleichmäßig konvergent, so folgt mit $\lim\limits_{n\to\infty} f_n = f$ auch $\lim\limits_{n\to\infty} f_n' = f'$.

Die letzte Gleichung läßt sich auch so schreiben:

$$\lim_{n\to\infty} \frac{\mathrm{d}}{\mathrm{d}x} f_n(x) = \frac{\mathrm{d}}{\mathrm{d}x} \lim_{n\to\infty} f_n(x)\,. \tag{5.15}$$

Die Aussage des Satzes 5.3 bedeutet daher formal, daß man $\lim\limits_{n\to\infty}$ und $\dfrac{\mathrm{d}}{\mathrm{d}x}$ vertauschen darf.

Beweis:

Des Satzes 5.3: Zu (a): Auf die Funktion $(f_m - f_n)$ wenden wir den Mittelwertsatz der Differentialgleichung an — bezüglich zweier beliebiger Punkte $x, \xi \in [a, b]$ — und gewinnen

$$|(f_m(x) - f_n(x)) - (f_m(\xi) - f_n(\xi))| \leq \|(f_n - f_m)'\|_\infty |x - \xi| \, .^{3} \tag{5.16}$$

(Dabei seien n, m so groß, daß $(f_n - f_m)'$ beschränkt auf $[a, b]$ ist.) Setzt man speziell $\xi = x_0$, so folgt

$$\begin{aligned} |f_m(x) - f_n(x)| &\leq |(f_m(x) - f_n(x)) - (f_m(x_0) - f_n(x_0))| + |f_m(x_0) - f_n(x_0)| \\ &\leq \|f_n' - f_m'\|_\infty |x - x_0| + |f_m(x_0) - f_n(x_0)| \, . \end{aligned}$$

Es sei $\varepsilon > 0$ beliebig gewählt. Zu $\varepsilon/2$ kann man einen Index n_0 finden, so daß für alle $n, m > n_0$ das erste Glied der letzten Formelzeile kleiner als $\varepsilon/2$ wird (beachte $|x - x_0| \leq |b - a|$), und das zweite Glied ebenfalls. Zusammen werden beide Glieder kleiner als ε (für $n, m > n_0$), folglich ist $|f_m(x) - f_n(x)| < \varepsilon$ für alle $x \in [a, b]$ und $n, m > n_0$. Das heißt: (f_n) konvergiert gleichmäßig gegen eine Grenzfunktion f auf $[a, b]$.

Zu (b): Wir bilden die Hilfsfunktionen

$$D_n(x) := \begin{cases} \dfrac{f_n(x) - f_n(\xi)}{x - \xi}, & \text{für } x \neq \xi, \\ f_n'(\xi), & \text{für } x = \xi, \end{cases} \qquad D(x) := \begin{cases} \dfrac{f(x) - f(\xi)}{x - \xi}, & \text{für } x \neq \xi, \\ \lim\limits_{n \to \infty} f_n'(\xi), & \text{für } x = \xi. \end{cases}$$

Dabei ist $\xi \in [a, b]$ fest. Aus (5.16) folgt nach Division durch $|x - \xi| \neq 0$:

$$|D_m(x) - D_n(x)| \leq \|f_n' - f_m'\|_\infty \, .$$

Man kann ein n_1 finden, so daß die rechte Seite kleiner als ε wird, für alle $n, m > n_1$ (da (f_n') gleichmäßig konvergiert). Also konvergiert (D_n) gleichmäßig auf $[a, b]$. Da (D_n) offensichtlich punktweise gegen D strebt, strebt die Folge somit auch gleichmäßig gegen D. Alle D_n sind stetig, insbesondere in ξ. Also ist nach Satz 5.2 auch D stetig in ξ, d.h. $\lim_{x \to \xi} D(x) = f'(\xi) = \lim\limits_{n \to \infty} f_n'(\xi)$. □

Satz 5.4:

Ist (f_n) eine gleichmäßig konvergente Folge integrierbarer Funktionen auf $[a, b]$, so ist ihre Grenzfunktion $f = \lim\limits_{n \to \infty} f_n$ integrierbar, und es gilt

$$\lim_{n \to \infty} \int_a^b f_n(x) \, \mathrm{d}x = \int_a^b f(x) \, \mathrm{d}x \, . \tag{5.17}$$

---

3 $\|f\|_\infty := \sup\limits_{x \in [a,b]} |f(x)|$.

Beweis:

(I) Wir schätzen die Differenz zwischen Obersumme $S_f(Z)$ und Untersumme $s_f(Z)$ von f zu einer beliebigen Zerlegung Z von $[a, b]$ durch Ober- und Untersummen anderer Funktionen ab:

$$\begin{aligned} S_f(Z) - s_f(Z) &\le (S_{f-f_n}(Z) + S_{f_n}(Z)) - (s_{f-f_n}(Z) + s_{f_n}(Z)) \\ &\le |S_{f-f_n}(Z)| + |S_{f_n}(Z) - s_{f_n}(Z)| + |s_{f-f_n}(Z)| \\ &\le \sup_{x\in[a,b]} |f(x) - f_n(x)|(b-a) + |S_{f_n}(Z) - s_{f_n}(Z)| \\ &\quad + \sup_{x\in[a,b]} |f(x) - f_n(x)|(b-a)\,. \end{aligned}$$

Gleichmäßige Konvergenz von (f_n) gegen f bedeutet $\sup\limits_{x\in[a,b]} |f(x) - f_n(x)| \to 0$ für $n \to \infty$. Man kann daher zu beliebig kleinem $\varepsilon > 0$ ein f_n finden, so daß das erste und letzte Glied der letzten Formelzeile $< \varepsilon/4$ werden. Anschließend wähle man Z so, daß das mittlere Glied kleiner als $\varepsilon/2$ wird. Zusammen folgt $S_f(Z) - s_f(Z) < \varepsilon$. Da $\varepsilon > 0$ hier beliebig ist, gilt also $\inf\limits_Z S_f(Z) = \sup\limits_Z s_f(Z)$, also ist f integrierbar auf $[a, b]$.

(II) Gleichung (5.17) folgt sofort aus

$$\begin{aligned} \left| \int_a^b f_n(x)\,\mathrm{d}x - \int_a^b f(x)\,\mathrm{d}x \right| &= \left| \int_a^b (f_n(x) - f(x))\,\mathrm{d}x \right| \\ &\le \sup_{x\in[a,b]} |f_n(x) - f(x)|(b-a) \to 0 \quad \text{für } n \to \infty. \end{aligned}$$ □

Übung 5.2:

Überprüfe die Sätze 5.2 bis 5.4 am Beispiel

$$f_n(x) = \frac{2^{n+1}n^2x^2 + (n^2+4)x^n}{2^n(n^2+1)} \quad \text{auf } [-1, 1].$$

Beweise zuerst, daß die Folge (f_n) auf $[-1, 1]$ gleichmäßig konvergiert und bestimme die Grenzfunktion f.

5.1.3 Gleichmäßig konvergente Reihen

Unendliche Reihen von Funktionen werden völlig analog zu unendlichen Reihen von Zahlen gebildet: Ist $f_0, f_1, f_2, \ldots, f_n, \ldots$ eine reelle Funktionenfolge auf einem Definitionsbereich D, so wird durch

$$s_n = \sum_{k=0}^{n} f_k\,, \quad n = 0,1,2,\ldots$$

daraus eine neue Funktionenfolge $s_0, s_1, s_2, \ldots$ gebildet. Diese Folge (s_n) heißt die *unendliche Reihe* — kurz *Reihe* — der Funktionen f_k. Die f_k heißen — wie bei Zahlenreihen — die *Glieder* der Reihe, und die s_n *Partialsummen*. Man beschreibt die Reihe symbolisch durch

$$\left[\sum_{k=0}^{\infty} f_k\right] \quad \text{oder} \quad \left[\sum_{k=0}^{\infty} f_k(x)\right] \quad \text{mit } x \in D.$$

Die Reihe ist *punktweise* bzw. *gleichmäßig* konvergent, wenn (s_n) eine solche Eigenschaft hat. Die Grenzfunktion $s = \lim\limits_{n\to\infty} s_n$ wird auch *Summe* der Reihe genannt und durch

$$s = \sum_{k=0}^{\infty} f_k \quad \text{oder} \quad s(x) = \sum_{k=0}^{\infty} f_k(x) \quad \text{mit } x \in D,$$

bezeichnet.

Das Cauchysche Konvergenzkriterium für Funktionenfolgen (Satz 5.1, Abschn. 5.1.1) liefert unmittelbar

Satz 5.5:

(*Cauchysches Konvergenzkriterium für gleichmäßig konvergente Reihen*) Eine Reihe $\left[\sum\limits_{k=0}^{\infty} f_k\right]$ von Funktionen auf D konvergiert genau dann *gleichmäßig*, wenn folgendes erfüllt ist:

Zu jedem $\varepsilon > 0$ existiert ein Index n_0, so daß für alle Indizes $n, m \geq n_0$ gilt:

$$\left\| \sum_{k=n+1}^{m} f_k \right\|_\infty \leq \varepsilon\,. \quad (5.18)$$ [4]

Zum *Beweis* ist lediglich anzumerken, daß $\sum\limits_{k=n+1}^{m} f_k = s_m - s_n$ die Differenz der m-ten und n-ten Partialsumme der Reihe ist. □

Definition 5.4:

Eine Reihe $\left[\sum\limits_{k=0}^{\infty} f_k\right]$ von beschränkten Funktionen auf D heißt genau dann *gleichmäßig absolut konvergent*, wenn $\sum\limits_{k=0}^{\infty} \|f_k\|_\infty$ konvergiert.

4 Es ist hier, wie früher $\|f\|_\infty = \sup\limits_{x\in D} |f(x)|$.

In diesem Fall ist $\left[\sum_{k=0}^{\infty} f_k\right]$ gleichmäßig konvergent, denn es gilt

$$\left\| \sum_{k=n+1}^{m} f_k \right\|_\infty \le \sum_{k=n+1}^{m} \|f_k\|_\infty . \tag{5.19}$$

Nach dem Cauchy-Kriterium für Reihen von Zahlen gibt es zu jedem $\varepsilon > 0$ ein n_0, so daß die rechte Seite in (5.19) $\le \varepsilon$ ist für alle $n, m \ge n_0$. Damit gilt dies auch für die linke Seite in (5.19), also ist die Reihe $\left[\sum_{k=0}^{\infty} f_k\right]$ nach Satz 5.5 gleichmäßig konvergent. Damit folgt unmittelbar das folgende sehr nützliche Konvergenzkriterium:

Satz 5.6:

(*Majorantenkriterium*) Gilt für die Glieder der Funktionenreihe $\left[\sum_{k=0}^{\infty} f_k\right]$

$$\|f_k\|_\infty \le \alpha_k , \quad k = 0, 1, 2, \ldots ,$$

und ist die Zahlenreihe $\left[\sum_{k=0}^{\infty} \alpha_k\right]$ konvergent, so ist die Funktionenreihe gleichmäßig absolut konvergent. Die Reihe $\left[\sum_{k=0}^{\infty} \alpha_k\right]$ heißt eine *Majorante* für $\left[\sum_{k=0}^{\infty} f_k\right]$.

Schließlich formulieren wir die Vertauschungssätze des letzten Abschnitts auf Reihen um. Wir erhalten

Satz 5.7:

Sind die Glieder einer gleichmäßig konvergenten Reihe $\left[\sum_{k=0}^{\infty} f_k\right]$ stetig, so ist die Summe $\sum_{k=0}^{\infty} f_k$ stetig.

Satz 5.8:

Es sei $\left[\sum_{k=0}^{\infty} f_k\right]$ eine Reihe *differenzierbarer* Funktionen auf $[a, b]$. Existiert der Grenzwert $\sum_{k=0}^{\infty} f_k(x)$ für wenigstens ein $x \in [a, b]$, und ist die *Ableitungsreihe* $\left[\sum_{k=0}^{\infty} f_k'\right]$ gleichmäßig konvergent in $[a, b]$, so ist auch die Funktionenreihe $\left[\sum_{k=0}^{\infty} f_k\right]$

gleichmäßig konvergent in $[a, b]$ und es gilt

$$\left(\sum_{k=0}^{\infty} f_k\right)' = \sum_{k=0}^{\infty} f_k' . \tag{5.20}$$

Unter den Voraussetzungen des Satzes darf man die Reihe also *gliedweise differenzieren*!

Satz 5.9:

Jede gleichmäßig konvergente Reihe $\left[\sum_{k=0}^{\infty} f_k\right]$ *integrierbarer* Funktionen auf $[a, b]$ besitzt eine integrierbare Summenfunktion $\sum_{k=0}^{\infty} f_k$ auf $[a, b]$ und es gilt:

$$\int_a^b \sum_{k=0}^{\infty} f_k(x)\,\mathrm{d}x = \sum_{k=0}^{\infty} \int_a^b f_k(x)\,\mathrm{d}x. \tag{5.21}$$

Kürzer: Gleichmäßig konvergente Reihen dürfen *gliedweise integriert* werden.

Übung 5.3:

Beweise mit dem Majorantenkriterium, daß die Reihe

$$\left[\sum_{k=0}^{\infty} \frac{1}{k^2} \cos(kx)\right] \quad \text{für } x \in [0, 2\pi]$$

gleichmäßig auf $[0, 2\pi]$ konvergiert. Gilt dies auch für die abgeleitete Reihe?

5.2 Potenzreihen

5.2.1 Konvergenzradius

Potenzreihen sind Reihen der Form

$$\left[\sum_{k=0}^{\infty} a_k (x - x_0)^k\right] \quad x, x_0 \in \mathbb{R}, a_k \in \mathbb{R}. \tag{5.22}$$

Ihre Partialsummen $s_n(x) = \sum_{k=0}^{n} a_k (x - x_0)^k$ sind Polynome. Wir haben Potenzreihen schon in Form von Taylorreihen kennengelernt. In diesem Abschnitt wollen wir allgemeine Konvergenzeigenschaften von Potenzreihen untersuchen. Grundlegend ist dabei der folgende Satz von Cauchy und Hadamard. Es genügt dabei, Potenzreihen der Form $\left[\sum_{k=0}^{\infty} a_k x^k\right]$ zu untersuchen, da man (5.22) durch die Transformation $x' = x - x_0$ in diese einfache Form übertragen kann.

Satz 5.10:

(*Satz von Cauchy-Hadamard*[5]) Zu jeder Potenzreihe $\left[\sum_{k=0}^{\infty} a_k x^k\right]$ gibt es ein Konvergenzintervall $(-r, r)$ mit folgenden Eigenschaften:

(a) Die Potenzreihe konvergiert in $(-r, r)$ punktweise. Sie konvergiert überdies gleichmäßig absolut in jedem kompakten Teilintervall von $(-r, r)$.

(b) Außerhalb von $[-r, r]$ ist die Potenzreihe divergent.

Dabei sind auch die Fälle $r = 0$ und $r = \infty$ zugelassen. (Im Falle $r = 0$ ist $(-r, r)$ leer, und im Falle $r = \infty$ ist $(-r, r) = \mathbb{R}$ (und Aussage (b) gegenstandslos). r heißt der *Konvergenzradius* der Potenzreihe.

Zusatz zu Satz 5.10: Der Konvergenzradius der Potenzreihe $\left[\sum_{k=0}^{\infty} a_k x^k\right]$ ist durch

$$r = \frac{1}{\overline{\lim\limits_{k\to\infty}} \sqrt[k]{|a_k|}} . \tag{5.23}$$

gegeben.

Dabei wird folgendes vereinbart: Es ist $\overline{\lim\limits_{k\to\infty}} \sqrt[k]{|a_k|}$ der *größte Häufungspunkt* der Folge $\left(\sqrt[k]{|a_k|}\right)$, falls die Folge beschränkt ist; andernfalls ist der Ausdruck gleich ∞. Im letzteren Fall rechnen wir $r = 1/\infty = 0$. Ist $\overline{\lim\limits_{k=0}} \sqrt[k]{|a_k|}$ dagegen $= 0$, so setzen wir $r = 1/0 = \infty$. Dieses Rechnen mit ∞ ist nur in diesem Zusammenhang erlaubt! Den Ausdruck $\overline{\lim\limits_{k\to\infty}} \sqrt[k]{|a_k|}$ nennt man den *Limes-superior* der Folge $\left(\sqrt[k]{|a_k|}\right)$.

Es sei erwähnt, daß Formel (5.23) eher theoretischer Natur ist. Zum Bestimmen von Konvergenzradien betrachtet man spezielle Potenzreihen meistens genauer, um »vor Ort« herauszufinden, wo sie konvergieren und wo nicht.

Beweis:

Des Satzes 5.10: Wir denken uns r nach (5.23) berechnet.

1. *Fall*: $r > 0$ ($r = \infty$ zugelassen).

Zu (a): Wir wählen ein kompaktes Intervall in $(-r, r)$, das wir ohne Beschränkung der Allgemeinheit als symmetrisch annehmen: $[-\xi, \xi] \subset (-r, r)$. (Denn andernfalls könnte man es zu einem symmetrischen kompakten Intervall erweitern.) Es folgt $\xi/r < 1$. Wir wählen eine beliebige

5 Jacques Salomon Hadamard (1865 – 1963), französischer Mathematiker

Konstante q mit $\xi/r < q < 1$, d.h. es gilt nach (5.23)

$$\left(\overline{\lim_{k\to\infty}} \sqrt[k]{|a_k|} \cdot \xi\right) < q < 1$$

also

$$\sqrt[k]{|a_k|} \cdot \xi < q < 1$$

für alle k mit Ausnahme von endlich vielen, folglich für alle $k > k_0$ (k_0 genügend groß gewählt). Damit gilt

$$|a_k|\xi^k < q^k \quad \text{für alle } k > k_0. \tag{5.24}$$

Für jedes $x \in [-\xi, \xi]$, also $|x| \leq \xi$, erhält man daraus

$$|a_k x^k| < q^k \quad \text{für alle } k > k_0,$$

woraus nach dem Majorantenkriterium (Satz 5.6) die gleichmäßige Konvergenz der Potenzreihe in $[-\xi, \xi]$ folgt.
Zu (b): Im Falle $r = \infty$ ist die Aussage (b) leer, es ist also nichts zu beweisen. Im Falle $r \in \mathbb{R}$ ($r > 0$) dagegen folgt aus $|x| > r$ unmittelbar $|x|/r > 1$, also

$$\overline{\lim_{k\to\infty}} \sqrt[k]{|a_k|}|x| > 1\,,$$

d.h.

$$\sqrt[k]{|a_k|}|x| > 1 \quad \text{für unendlich viele } k.$$

Potenzieren mit k ergibt $|a_k x^k| > 1$. Die Glieder der Reihe streben mit $k \to \infty$ also nicht gegen Null. Damit ist sie divergent.

2. *Fall*: $r = 0$, d.h. $\overline{\lim\limits_{k\to\infty}} \sqrt[k]{|a_k|} = \infty$.
Aussage (a) des Satzes ist leer, d.h. es ist nichts zu beweisen.
Zu (b): Die Folge $\left(\sqrt[k]{|a_k|}|x|\right)$ ist unbeschränkt für jedes $x \neq 0$, also nach Potenzieren mit k auch die Folge $(|a_k x^k|)$. Somit ist $\left[\sum\limits_{k=0}^{\infty} a_k x^k\right]$ divergent. □

Bemerkung: Über die Fälle $x = r$ oder $x = -r$ in Satz 5.10 lassen sich keine allgemeinen Konvergenzaussagen machen. Sie müssen von Fall zu Fall untersucht werden. Es kann Konvergenz oder Divergenz vorliegen.

Satz 5.10 läßt sich entsprechend für allgemeine Potenzreihen $\left[\sum\limits_{k=0}^{\infty} a_k (x - x_0)^k\right]$ aufschreiben. Das Konvergenzintervall hat dann die Form $(x_0 - r, x_0 + r)$. Der Konvergenzradius r ergibt sich — nach wie vor — aus (5.23).

Beispiel 5.1:
Wo konvergiert $[x + 2x^2 + 3x^3 + \ldots + kx^k]$? Mit $a_k = k$ ist $\overline{\lim\limits_{k\to\infty}} \sqrt[k]{k}$ zu bestimmen. Es gilt aber

$$\overline{\lim_{k\to\infty}} \sqrt[k]{k} = 1$$

(s. Beisp. 3.19, Abschn. 3.2.1). Die Folge $\left(\sqrt[k]{k}\right)$ hat somit nur einen Häufungspunkt, nämlich 1, und ist natürlich beschränkt. Also ist auch $\overline{\lim\limits_{k\to\infty}} \sqrt[k]{k} = 1$, somit $r = 1$. $(-1,1)$ ist damit das Konvergenzintervall der Reihe. Für $x = 1$ und $x = -1$ ist die Reihe offenkundig divergent.

Beispiel 5.2:
Die Reihe $\left[x - \frac{x^2}{2} + \frac{x^3}{3} - \frac{x^4}{4} + \ldots\right]$ ist sicherlich für $|x| < 1$ konvergent. Für $|x| > 1$ kann keine Konvergenz vorliegen, da $|x^k/k| \to \infty$ für $k \to \infty$. Der Konvergenzradius ist also $r = 1$. In den Randpunkten -1 und 1 liegt unterschiedliches Verhalten vor: Konvergenz bei $x = 1$, Divergenz bei $x = -1$.
Eine in vielen Fällen bequeme Methode zur Bestimmung des Konvergenzradius ist die folgende:

Satz 5.11:
Es sei $\left[\sum\limits_{k=0}^{\infty} a_k x^k\right]$ eine Potenzreihe mit $a_k \neq 0$ für alle $k \geq k_0$. Gilt

$$\lim_{\substack{k\to\infty \\ k\geq k_0}} \left|\frac{a_k}{a_{k+1}}\right| = c > 0\,, \tag{5.25}$$

so ist c der Konvergenzradius der Reihe.

Beweis:
Wir wenden auf die Potenzreihe das Quotientenkriterium (Satz 1.17, Abschn. 1.5.4) an und bilden dazu den Quotienten benachbarter Glieder:

$$\left|\frac{a_{k+1}x^{k+1}}{a_k x^k}\right| = \left|\frac{a_{k+1}}{a_k}\right| |x| \to \frac{|x|}{c} \quad \text{für } k \to \infty \ (k \geq k_0).$$

Nach dem Quotientenkriterium liegt Konvergenz für $|x|/c < 1$, d.h. für $|x| < c$, und Divergenz für $|x|/c > 1$, also $|x| > c$, vor. □

Übung 5.4:

Bestimme mit Satz 5.11 die Konvergenzradien der Reihen

$$\text{(a)} \quad \left[\sum_{k=1}^{\infty} k^4 x^k\right], \qquad \text{(b)} \quad \left[\sum_{k=1}^{\infty} \frac{x^k}{k^k}\right]$$

5.2.2 Addieren und Multiplizieren von Potenzreihen sowie Differenzieren und Integrieren

Aus dem Satz über gliedweises Addieren von Zahlenreihen (Satz 1.9, Abschn. 1.5.1) und dem Multiplikationssatz über absolut konvergente Reihen (Satz 1.15, Abschn. 1.5.3) folgt unmittelbar für Potenzreihen

Satz 5.12:

Für Summe und Produkt zweier Potenzreihen $\left[\sum_{k=0}^{\infty} a_k(x-x_0)^k\right]$ und $\left[\sum_{k=0}^{\infty} b_k(x-x_0)^k\right]$ gilt im gemeinsamen Konvergenzbereich

$$\sum_{k=0}^{\infty} a_k(x-x_0)^k + \sum_{k=0}^{\infty} b_k(x-x_0)^k = \sum_{k=0}^{\infty}(a_k+b_k)(x-x_0)^k \tag{5.26}$$

bzw.

$$\sum_{k=0}^{\infty} a_k(x-x_0)^k \sum_{k=0}^{\infty} b_k(x-x_0)^k = \sum_{n=0}^{\infty} c_n(x-x_0)^n \tag{5.27}$$

mit $c_n = a_0 b_n + a_1 b_{n-1} + \ldots + a_n b_0$.

Beispiel 5.3:

Es sei $\left[\sum_{k=0}^{\infty} a_k x^k\right]$ eine Potenzreihe mit Konvergenzradius $r > 0$. Zusammen mit der geometrischen Reihe $\sum_{k=0}^{\infty} x^k = 1/(1-x)$ für $|x| < 1$ folgt aus der Produktformel für $|x| < \min\{1, r\}$ die interessante Gleichung:

$$\frac{1}{1-x}\sum_{k=0}^{\infty} a_k x^k = \sum_{n=0}^{\infty} c_n x^n\,, \quad \text{mit } c_n = a_0 + a_1 + \ldots + a_n. \tag{5.28}$$

Satz 5.13:

(*Differenzieren und Integrieren von Potenzreihen*) Es sei $\left[\sum_{k=0}^{\infty} a_k(x-x_0)^k\right]$ eine Potenzreihe mit Konvergenzradius $r > 0$.

(a) Die Summenfunktion

$$f(x) = \sum_{k=0}^{\infty} a_k(x-x_0)^k$$

darf im Konvergenzintervall $(x_0 - r, x_0 + r)$ beliebig oft differenziert werden. Die

Ableitungen von f erhält man durch *gliedweises Differenzieren* der Potenzreihe:

$$f'(x) = \sum_{k=1}^{\infty} k a_k (x - x_0)^{k-1} \tag{5.29}$$

(b) Auf jedem kompakten Teilintervall $[a, b]$ des Konvergenzintervalles darf f *gliedweise integriert* werden. Insbesondere hat f auf $(x_0 - r, x_0 + r)$ eine Stammfunktion, die man durch gliedweises analytisches Integrieren erhält:

$$\int_{x_0}^{x} f(t)\,\mathrm{d}t = \sum_{k=0}^{\infty} \frac{a_k}{k+1}(x - x_0)^{k+1}\,. \tag{5.30}$$

Beweis:

Beweis: Wir führen den Beweis o.B.d.A. mit $x_0 = 0$. (b) geht unmittelbar aus Satz 5.9 und Satz 5.10 hervor. Zu (a): Sei $x \in (-r, r)$ beliebig und ξ eine Zahl mit $|x| < \xi < r$. Es ist zu zeigen, daß die gliedweise abgeleitete Reihe

$$\left[\sum_{k=1}^{\infty} k a_k x^{k-1}\right] \tag{5.31}$$

in $[-\xi, \xi]$ gleichmäßig konvergiert. Nach Satz 5.8 ist dann alles bewiesen. Wir schätzen die Reihenglieder ab, wobei wir eine Hilfszahl q mit $\xi/r < q < 1$ verwenden nebst Ungleichung (5.24):

$$|k a_k x^{k-1}| \le k|a_k|\xi^{k-1} = \frac{k}{\xi}|a_k|\xi^k < \frac{k}{\xi}q^k \quad \text{für } k \ge k_0.$$

Nach dem Quotientenkriterium konvergiert die Reihe $\left[\sum_{k=k_0}^{\infty} \frac{k}{\xi} q^k\right]$. Diese Reihe ist eine Majorante der Ableitungsreihe (5.31), die damit gleichmäßig absolut konvergiert. □

Übung 5.5:

Berechne die Ableitung der Reihe $\left[\sum_{k=1}^{\infty} x^k/k\right]$ für $x = 3/4$.

5.2.3 Identitätssatz, Abelscher Grenzwertsatz

Dieser Abschnitt kann beim ersten Lesen übergangen werden. Man schlägt hier nach, wenn man den Inhalt braucht.

Satz 5.14:

(*Identitätssatz für Potenzreihen*) Es seien

$$f(x) = \sum_{k=0}^{\infty} a_k (x - x_0)^k, \qquad g(x) = \sum_{k=0}^{\infty} b_k (x - x_0)^k$$

zwei Summenfunktionen von Potenzreihen, die beide in dem offenen Intervall I um x_0 konvergieren. Stimmen dann f und g auf nur irgendeiner Folge $x_1, x_2, x_3, \ldots$ mit $\lim_{n\to\infty} x_n = x_0$ ($x_n \neq x_0$) überein, d.h.

$$f(x_k) = g(x_k) \quad \text{für } k = 1,2,3,\ldots,$$

so sind beide Funktionen identisch; es gilt also

$$f(x) = g(x) \quad \text{für alle } x \in I, \quad \text{und} \quad a_k = b_k \quad \text{für alle } k.$$

Beweis:

Durch Induktion: Ohne Beschränkung der Allgemeinheit setzen wir $x_0 = 0$, also $f(x) = \sum_{k=0}^{\infty} a_k x^k$, $g(x) = \sum_{k=0}^{\infty} b_k x^k$. f und g sind in I stetig (da gleichmäßig konvergent auf kompakten Teilintervallen von I).

(I) Setzt man $x = x_n$ ein, mit $x_n \to x_0 = 0$, so folgt $f(0) = \lim_{n\to\infty} f(x_n) = \lim_{n\to\infty} g(x_n) = g(0)$, also $a_0 = b_0$.

(II) Es sei erwiesen, daß $a_0 = b_0, a_1 = b_1, \ldots, a_{m-1} = b_{m-1}$ ist. Die Summenfunktionen

$$f_m(x) = a_m + a_{m+1}x + a_{m+2}x^2 + \ldots, \qquad g_m(x) = b_m + b_{m+1}x + b_{m+2}x^2 + \ldots$$

stimmen dann für alle Folgenpunkte $x = x_n$ überein, da

$$f_m(x) = \frac{\left(f(x) - \sum\limits_{k=0}^{m-1} a_k x^k\right)}{x^m}, \qquad g_m(x) = \frac{\left(g(x) - \sum\limits_{k=0}^{m-1} b_k x^k\right)}{x^m}$$

für $x \neq 0$ ($x \in I$) gilt. Wie in (I) folgert man dann, daß die freien Glieder übereinstimmen: $a_m = b_m$. Aufgrund vollständiger Induktion ist damit $a_m = b_m$ für alle $m = 1,2,\ldots$ gezeigt, folglich $f(x) = g(x)$ auf I. □

Satz 5.15:

(*Abelscher[6] Grenzwertsatz*) Durch

$$f(x) = \sum_{k=0}^{\infty} a_k (x - x_0)^k$$

sei die Summenfunktion einer Potenzreihe dargestellt, die einen endlichen Konvergenzradius $r > 0$ besitzt. Ist die Potenzreihe im rechten Randpunkt $x_0 + r$ des Konvergenzintervalls $(x_0 - r, x_0 + r)$ konvergent, so ist f dort auch (linksseitig) stetig, d.h. es gilt

$$\lim_{\substack{x \to x_0 + r \\ x < x_0 + r}} f(x) = \sum_{k=0}^{\infty} a_k r^n .$$

Entsprechendes gilt für Konvergenz im linken Randpunkt des Konvergenzintervalls.

Beweis:
Ohne Beschränkung der Allgemeinheit nehmen wir $x_0 = 0$ und $r = 1$ an. (Andernfalls können wir dies durch die Transformation $x' = (x - x_0)/r$ erreichen.) Nach Voraussetzung existiert die Summe $c := f(1) = \sum_{k=0}^{\infty} a_k$. Die Partialsummen seien $c_n := a_0 + a_1 + \ldots + a_n$ genannt. Es muß gezeigt werden, daß $f(x) \to c$ für $x \to 1-$ ist. Wir benutzen dazu Formel (5.28) im letzten Abschnitt. Sie liefert

$$f(x) = \sum_{k=0}^{\infty} a_k x^k = (1-x) \sum_{n=0}^{\infty} c_n x^n \quad \text{für } |x| < 1.$$

Damit folgt für $x \in (0,1)$:

$$\begin{aligned}
|f(x) - c| &= \left| (1-x) \sum_{n=0}^{\infty} c_n x^n - c \left[\overbrace{(1-x) \sum_{n=0}^{\infty} x^n}^{1} \right] \right| \\
&= \left| (1-x) \sum_{n=0}^{\infty} (c_n - c) x^n \right| \le (1-x) \sum_{n=0}^{\infty} |c_n - c| x^n \\
&= (1-x) \sum_{n=0}^{N} |c_n - c| x^n + (1-x) \sum_{n=N+1}^{\infty} |c_n - c| x^n .
\end{aligned}$$

Hierbei wähle man N so, daß jedes $|c_n - c|$ der rechten Summe kleiner als $\varepsilon/2$ ist, wobei $\varepsilon > 0$ beliebig vorgegeben ist. Damit ist die rechte Summe kleiner als

$$\frac{\varepsilon}{2} \cdot (1-x) \sum_{n=n+1}^{\infty} x^n \le \frac{\varepsilon}{2} (1-x) \sum_{n=0}^{\infty} x^n = \frac{\varepsilon}{2} .$$

Anschließend wähle man $\delta > 0$ so, daß für alle x mit $1 - \delta < x < 1$ der erste Summand der unteren Formelzeile kleiner als $\varepsilon/2$ ist. Damit gilt $|f(x) - c| \le \varepsilon/2 + \varepsilon/2 = \varepsilon$, falls $1 - \delta < x < 1$, d.h. $\lim_{x \to 1} f(x) = c$. □

6 Niels Henrik Abel (1802 – 1829), norwegischer Mathematiker

Besonders interessant ist die Anwendung des Abelschen Grenzwertsatzes auf Taylorreihen. Wir ziehen die

Folgerung 5.2:

Die Funktion f sei auf einem offenen Intervall I um x_0 in eine Taylorreihe entwickelbar (d.h. die Taylorreihe von f konvergiert auf I punktweise gegen f). Konvergiert die Taylorreihe auch noch in einem Randpunkt von I und ist f dort stetig, so konvergiert sie in diesem Randpunkt gegen den Funktionswert von f.

Beispiel 5.4:
Die Taylorreihe der Arcustangensfunktion lautet

$$\arctan x = x - \frac{x^3}{3} + \frac{x^5}{5} - \frac{x^7}{7} + - \dots . \tag{5.32}$$

Mit Restgliedabschätzung (Lagrange-Restglied) sieht man ohne Schwierigkeit, daß die Formel für $|x| < 1$ zutrifft. Überdies erkennt man mit dem Leibniz-Kriterium, daß die Reihe für $x = 1$ und $x = -1$ auch konvergiert. Da $\arctan x$ dort stetig ist, gilt (5.32) auch für $x = 1$ und $x = -1$. (Dies war in Abschn. 3.2.4, Absatz zu Tabelle 3.3, offen geblieben.) Für $x = 1$ folgt die schon angegebene prachtvolle Formel, auch »Leibnizsche Reihe« genannt:

$$\frac{\pi}{4} = 1 - \frac{1}{3} + \frac{1}{5} - \frac{1}{7} + - \dots . \tag{5.33}$$

Übung 5.6*:

Zeige, daß die Taylorreihe des Arcussinus

$$\arcsin x = x + \frac{1x^3}{2 \cdot 3} + \frac{1 \cdot 3x^5}{2 \cdot 4 \cdot 5} + \frac{1 \cdot 3 \cdot 5x^7}{2 \cdot 4 \cdot 6 \cdot 7} + \dots$$

für alle $x \in [-1,1]$ gültig ist. (Die Gültigkeit für $|x| < 1$ ist in Abschn. 3.2.4 schon gezeigt.)

5.3 Der Weierstraß'sche Approximationssatz

5.3.1 Bemerkung zur Polynomapproximation

Die Darstellung komplizierter Funktionen als Potenzreihen — insbesondere als Taylorreihen — geht von der Aufgabe aus, diese Funktionen zu berechnen. Durch die Partialsummen der Potenzreihen sind Polynome gegeben, die die Funktionen mehr oder weniger gut approximieren und daher zur numerischen Berechnung herangezogen werden können. Diese Aufgabenstellung wirft mehrere Fragen auf:

(a) Kann man jede stetige Funktion beliebig genau durch Polynome approximieren?

(b) Mit welchen Polynomen geht dies am besten?

(c) Sollte man nicht besser andere Funktionen zur Approximation verwenden, z.B. rationale Funktionen?

Frage (a) wird durch den *Weierstraß'schen Approximationssatz* grundsätzlich positiv beantwortet. Er besagt, daß sich jede auf $[a, b]$ stetige Funktion f durch eine Folge von Polynomen im Sinne der gleichmäßigen Konvergenz (s. Abschn. 5.1.1) auf $[a, b]$ approximieren läßt. Die Polynome, von denen hier die Rede ist, ordnen sich im allgemeinen aber nicht zu einer Potenzreihe. Außerdem begnügt man sich in zahlreichen Lehrbüchern mit der Behandlung der Existenzfrage. Das Konstruktionsproblem von Näherungspolynomen bleibt aber bestehen.

Mit Frage (b) beschäftigt sich die sogenannte *Approximationstheorie* ausführlich (s. z.B. M. Müller [39]). Sie untersucht verschiedene Approximationsverfahren auf Konvergenz, Approximationsgeschwindigkeit und auch die Frage der Bestapproximation. Für numerische Belange sind Reihen von Tschebyscheff-Polynomen von großem Interesse. Viele elementare Funktionen werden auf Computern mit Tschebyscheff-Polynomen berechnet. Eine gut lesbare erste Einführung findet man z.B. in E. Stiefel [53], Abschn. 7.2.

Eine andere Art, Funktionen durch Polynome zu approximieren, geht von der *Interpolation* aus (s. hierzu Abschn. 5.4). Man sucht dabei zu einer Funktion f auf $[a, b]$ ein Polynom p, etwa vom Höchstgrad n, das an $n + 1$ vorgeschriebenen Stellen $x_0, x_1, \ldots, x_n$ mit f übereinstimmt: $f(x_k) = p(x_k)$, $k = 0, 1, \ldots, n$. Hier hat sich herausgestellt, daß es für die meisten Polynome zweckmäßig ist, den Polynomgrad n nicht zu hoch zu wählen (z.B. $n \leq 3$), dafür aber die »Interpolationspolynome« stückweise zusammenzusetzen. Solche, aus Polynomstücken zusammengesetzte Funktionen nennt man *Spline-Funktionen*. Sie haben in der numerischen Praxis große Bedeutung erlangt. Wir werden in Abschnitt 5.4 auf sie eingehen.

Zur Frage (c): In der Tat lassen sich durch Approximation mit rationalen Funktionen bei kleinerem Rechenaufwand bessere Approximationen erzielen (vgl. J. Stoer [19]). Die systematische Entwicklung ist jedoch aufwendiger und mit gelegentlichen Fallstricken verbunden. Es gehören hierher Kettenbrüche, rationale Interpolation, rationale Tschebyscheff-Approximation u.a. Die leichtere Handhabung der Polynomapproximation ist dagegen ein nicht zu unterschätzender Vorteil. So wird man zweckmäßig von Fall zu Fall aus der Palette der Möglichkeiten die brauchbarste Approximation herausgreifen. Die Approximationstheorie stellt zahlreiche Verfahren bereit und diskutiert deren Eigenschaften.

5.3.2 Approximation von stetigen Funktionen durch Bernstein-Polynome

Im Folgenden wollen wir anhand eines konkreten Verfahrens zeigen, wie sich stetige Funktionen durch Polynome approximieren lassen.

Satz 5.16:

(*Weierstraß*) Die Funktion f sei auf $[a, b]$ stetig. Dann gibt es eine Folge $\{p_n\}$ von Polynomen, die auf $[a, b]$ gleichmäßig gegen f konvergiert:

$$\|f - p_n\|_\infty \to 0 \quad \text{für } n \to \infty. \tag{5.34}$$

(Die Norm $\|\cdot\|_\infty$ ist in Abschn. 5.1.1, Def. 5.2 erklärt!)

Beweis:

[7] Mit Hilfe der Transformation

$$x' = \frac{x-a}{b-a}$$

sehen wir, daß wir uns anstelle von $[a,b]$ im Folgenden auf das Intervall $[0,1]$ beschränken können. Für unser weiteres Vorgehen benötigen wir die *binomische Formel*

$$(a+b)^n = \sum_{k=0}^{n} \binom{n}{k} a^{n-k} b^k\,, \qquad n \in \mathbb{N} \tag{5.35}$$

(s. Abschn. 1.1, Formel (1.15)). Wir differenzieren (5.35) nach b und multiplizieren die entstehende Gleichung mit b. Mit dem gewonnenen Resultat verfahren wir noch einmal genau so. Dadurch ergeben sich die beiden Beziehungen (man beachte die veränderte Rolle des Summationsindex k)

$$\sum_{k=0}^{n} k \binom{n}{k} a^{n-k} b^k = nb(a+b)^{n-1} \tag{5.36}$$

und

$$\sum_{k=0}^{n} k^2 \binom{n}{k} a^{n-k} b^k = nb(nb+a)(a+b)^{n-2}\,. \tag{5.37}$$

In den Formeln (5.35), (5.36) und (5.37) setzen wir $b = x$ und $a = 1-x$ und erhalten so

$$\sum_{k=0}^{n} \binom{n}{k} (1-x)^{n-k} x^k = 1\,, \tag{5.38}$$

$$\sum_{k=0}^{n} k \binom{n}{k} (1-x)^{n-k} x^k = nx\,, \tag{5.39}$$

$$\sum_{k=0}^{n} k^2 \binom{n}{k} (1-x)^{n-k} x^k = n^2x^2 + nx(1-x)\,. \tag{5.40}$$

Wir multiplizieren nun die erste dieser Gleichungen mit n^2x^2, die zweite mit $-2nx$ und die dritte mit 1 und addieren die so entstehenden Gleichungen. Wir erhalten die Beziehung

$$\sum_{k=0}^{n} (k-nx)^2 \binom{n}{k} (1-x)^{n-k} x^k = nx(1-x)\,. \tag{5.41}$$

---

7 Dieser konstruktive Beweis geht auf den russischen Mathematiker Sergei Natanowitsch Bernstein (1880 – 1968) zurück.

Die rechte Seite von (5.40) ist im Intervall $[0,1]$ nicht negativ und nimmt an der Stelle $x = \frac{1}{2}$ seinen maximalen Wert $\frac{1}{4}n$ an (warum?). Daher gilt die Abschätzung

$$\sum_{k=0}^{n}(k - nx)^2\binom{n}{k}(1 - x)^{n-k}x^k \le \frac{1}{4}n\,. \tag{5.42}$$

Nun betrachten wir die Funktion $f(x)$ an den äquidistanten Knotenpunkten $\frac{k}{n}$ $(k = 0, 1, \dots, n)$: $f\left(\frac{k}{n}\right)$, und führen die Polynome

$$p_n(x) := \sum_{k=0}^{n} f\left(\frac{k}{n}\right)\binom{n}{k}(1 - x)^{n-k}x^k\,, \tag{5.43}$$

die man *Bernstein-Polynome* nennt, ein. Wir weisen nach, daß diese für $n \to \infty$ auf $[0,1]$ gleichmäßig gegen die Funktion $f(x)$ konvergieren.

Wegen (5.38) und (5.43) folgt für $0 \le x \le 1$

$$f(x) - p_n(x) = \sum_{k=0}^{n}\left[f(x) - f\left(\frac{k}{n}\right)\right]\binom{n}{k}(1 - x)^{n-k}x^k \tag{5.44}$$

und hieraus, mit Hilfe der Dreiecksungleichung,

$$\left|\sum_{k=0}^{n}\left[f(x) - f\left(\frac{k}{n}\right)\right]\binom{n}{k}(1 - x)^{n-k}x^k\right| \le \sum_{k=0}^{n}\left|f(x) - f\left(\frac{k}{n}\right)\right|\binom{n}{k}(1-x)^{n-k}x^k\,. \tag{5.45}$$

(Wir beachten dabei: $(1 - x)^{n-k}x^k \ge 0$ im Intervall $[0,1]$.)

Aus der Stetigkeit von $f(x)$ auf dem (kompakten) Intervall $[0,1]$ folgt dort ihre gleichmäßige Stetigkeit (s. Satz 1.26, Abschn. 1.6). Zu jedem $\varepsilon > 0$ gibt es daher ein $\delta = \delta(\varepsilon) > 0$ mit

$$|f(x_1) - f(x_2)| < \varepsilon \tag{5.46}$$

für alle $x_1, x_2 \in [0,1]$ mit $|x_1 - x_2| < \delta$. Insbesondere ist (5.46) erfüllt, wenn wir $x_1 = x$ und $x_2 = \frac{k}{n}$ setzen:

$$\left|f(x) - f\left(\frac{k}{n}\right)\right| < \varepsilon \quad \text{für} \quad \left|x - \frac{k}{n}\right| < \delta\,. \tag{5.47}$$

Nun zerlegen wir die Summe auf der rechten Seite von (5.45) in zwei Teilsummen, wobei wir in der ersten Summe über diejenigen Werte $k \in \{0, 1, \dots, n\}$ summieren, die der Ungleichung $\left|x - \frac{k}{n}\right| < \delta$ genügen, während wir für die zweite Summe die Werte k mit $\left|x - \frac{k}{n}\right| \ge \delta$ nehmen (s. Fig. 5.3). Für die beiden Summen verwenden wir die Schreibweisen

$$\sum_{\left|x-\frac{k}{n}\right|<\delta} \dots \quad \text{bzw.} \quad \sum_{\left|x-\frac{k}{n}\right|\ge\delta} \dots$$

und kürzen sie mit S_1 bzw. S_2 ab. Zur Abschätzung von S_1 nutzen wir (5.47) und (5.38) aus und erhalten für beliebiges (festes) $n \in \mathbb{N}$

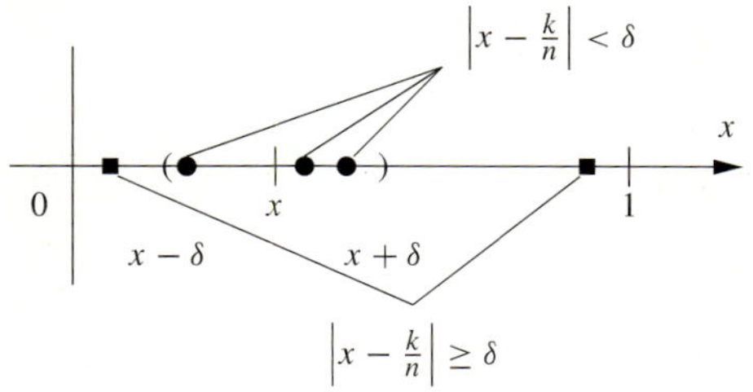

Fig. 5.3: Zerlegung der Summation

$$
\begin{aligned}
S_1 &= \sum_{\left|x-\frac{k}{n}\right|<\delta} \left| f(x) - f\left(\frac{k}{n}\right) \right| \binom{n}{k} (1-x)^{n-k} x^k \\
&< \varepsilon \sum_{\left|x-\frac{k}{n}\right|<\delta} \binom{n}{k} (1-x)^{n-k} x^k < \varepsilon \sum_{k=0}^{n} \binom{n}{k} (1-x)^{n-k} x^k < \varepsilon \,.
\end{aligned}
\tag{5.48}
$$

(Wir beachten, daß sich die Summe i.a. vergrößert, wenn wir über alle k ($k = 0, 1, \ldots, n$) summieren!)

Wenden wir uns nun der zweiten Summe S_2 zu. Da $f(x)$ im (kompakten) Intervall $[0,1]$ stetig ist, nimmt sie dort ihr Maximum an, d.h. es gibt ein $M > 0$ mit

$$|f(x)| \leq M \quad \text{für alle} \quad x \in [0,1]$$

(s. Satz 1.25, Abschn. 1.6). Wir erhalten damit

$$
\begin{aligned}
S_2 &= \sum_{\left|x-\frac{k}{n}\right|\geq\delta} \left| f(x) - f\left(\frac{k}{n}\right) \right| \binom{n}{k} (1-x)^{n-k} x^k \\
&\leq \sum_{\left|x-\frac{k}{n}\right|\geq\delta} \left(|f(x)| + \left| f\left(\frac{k}{n}\right) \right| \right) \binom{n}{k} (1-x)^{n-k} x^k \leq 2M \sum_{\left|x-\frac{k}{n}\right|\geq\delta} \binom{n}{k} (1-x)^{n-k} x^k \,.
\end{aligned}
\tag{5.49}
$$

Wegen $\left|x - \frac{k}{n}\right| \geq \delta$ oder $|nx - k| \geq n\delta$ folgt

$$\frac{(nx-k)^2}{n^2\delta^2} \geq \frac{n^2\delta^2}{n^2\delta^2} = 1$$

und daher aus (5.49)

$$S_2 \le 2M \sum_{\left|x-\frac{k}{n}\right|\ge\delta} \frac{(nx-k)^2}{n^2\delta^2}\binom{n}{k}(1-x)^{n-k}x^k$$
$$\le \frac{2M}{n^2\delta^2} \sum_{\left|x-\frac{k}{n}\right|\ge\delta} (k-nx)^2\binom{n}{k}(1-x)^{n-k}x^k \le \frac{2M}{n^2\delta^2}\sum_{k=0}^{n}(k-nx)^2\binom{n}{k}(1-x)^{n-k}x^k .$$

Hieraus ergibt sich mit (5.42)

$$S_2 \le \frac{M}{2n\delta^2} ,$$

wobei M und δ feste positive Werte sind. Wählen wir schließlich n so groß, daß

$$n > \frac{M}{2\varepsilon\delta^2} \quad \text{ist und setzen wir:} \quad N := \frac{M}{\varepsilon\delta^2} ,$$

so erhalten wir

$$S_2 \le \frac{M}{2n\delta^2} < \frac{M}{2\left(\frac{M}{2\varepsilon\delta^2}\right)\delta^2} = \varepsilon \tag{5.50}$$

für alle $n > N$. Aus (5.48) und (5.50) ergibt sich dann

$$S_1 + S_2 < 2\varepsilon \quad \text{für beliebige } \varepsilon > 0 \text{ und } n > N$$

und damit wegen (5.44) und (5.45)

$$|f(x) - p_n(x)| < 2\varepsilon =: \tilde{\varepsilon}$$

für alle $x \in [0,1]$ und beliebige $\tilde{\varepsilon} > 0$ und $n > N$. Damit ist Satz 5.16 bewiesen. □

Mit Hilfe von Satz 5.16 läßt sich ein analoger Satz für *periodische Funktionen* beweisen:

Satz 5.17:

(*Weierstraß für periodische Funktionen*) Es sei f eine 2π-periodische stetige Funktion. Dann gibt es eine Folge $\{t_n\}$ von trigonometrischen Polynomen, also von Polynomen der Form

$$t_n(x) = \frac{a_0}{2} + \sum_{k=1}^{n}(a_k \cos kx + b_k \sin kx) \tag{5.51}$$

mit

$$\|f - t_n\|_\infty \to 0 \quad \text{für } n \to \infty . \tag{5.52}$$

Beweis:
Dieser läßt sich mit Hilfe der Substitution $u = \cos x$ bzw. $x = \arccos u$ auf Satz 5.16 zurückführen und findet sich z.B. in W.I. Smirnow [51] Teil II, Abschnitt 154.

5.4 Interpolation

Innerhalb dieses Abschnittes befassen wir uns mit Algorithmen zur Berechnung von Polynomen respektive Splines, die an vorgegebenen Stützstellen $x_0, \ldots, x_n \in \mathbb{R}$ einen zugehörigen Funktionswert $f_0, \ldots, f_n \in \mathbb{R}$ aufweisen. Derartige Fragestellungen treten in einer Vielzahl praxisrelevanter Problemstellungen auf. Liegen beispielsweise durch ein Experiment Meßwerte einer physikalischen oder biologischen Größe zu bestimmten Zeitpunkten vor, so kann mittels einer Interpolation eine näherungsweise Berechnung der betrachteten Größe für beliebige Zwischenzeiten vorgenommen werden. Daneben wird im Rahmen der numerischen Integrationsmethoden häufig der Integrand durch ein Interpolationspolynom ersetzt, dessen exakte Integration als Approximation an den gesuchten Integralwert genutzt wird. Derartige Verfahren werden demzufolge als interpolatorische Quadraturformeln bezeichnet. Folglich basieren auch die bekannten Runge-Kutta-Verfahren zur Lösung gewöhnlicher Differentialgleichungen inhärent auf den Methoden der Polynominterpolation. Darüberhinaus stellt die Interpolation eine ganz natürliche Vorgehensweise bei der Visualisierung geometrischer Formen oder numerischer Resultate dar, deren Werte ausschließlich an diskreten Stellen vorliegen.

5.4.1 Polynominterpolation

Wir bezeichnen mit Π_n, $n \in \mathbb{N}_0$, den Raum aller Polynome

$$p(x) = a_0 + a_1 x + a_2 x^2 + \cdots + a_n x^n \tag{5.53}$$

mit reellen Koeffizienten $a_0, \ldots, a_n$. Entsprechend der in Abschnitt 2.1 getroffenen Definitionen beinhaltet die Menge Π_n somit neben dem Nullpolynom alle Polynome vom Grad kleiner oder gleich n. Hiermit können wir das grundlegende *Interpolationsproblem* formulieren:

$$\left.\begin{array}{l}
\text{Zu gegebenen } n+1 \text{ Stützpunkten} \\
\qquad (x_0, f_0), \ldots, (x_n, f_n) \in \mathbb{R}^2 \\
\text{bei paarweise verschiedenen Stützstellen} \\
\qquad x_0, \ldots, x_n \in \mathbb{R} \\
\text{ist ein Polynom } p \in \Pi_n \text{ mit} \\
\qquad p(x_k) = f_k, \quad k = 0, 1, \ldots, n \\
\text{gesucht.}
\end{array}\right\} \tag{5.54}$$

Ein Polynom, das das Interpolationsproblem löst, wird als Interpolationspolynom, interpolierendes Polynom oder Interpolierende bezeichnet.

Entsprechend der obigen Aufgabenstellung müssen wir uns im Folgenden einerseits mit den theoretischen Fragen zur Existenz und Eindeutigkeit interpolierender Polynome und andererseits mit praktischen Fragen zum Berechnungsaufwand, zur Fehlerabschätzung und zur stabilen Auswertung befassen.

Betrachten wir das gemäß des Interpolationsproblems (5.54) gesuchte Polynom $p \in \Pi_n$ in der Darstellung (5.53), so erhalten wir für die $n+1$ Freiheitsgrade $a_0, \ldots, a_n \in \mathbb{R}$ entsprechend $n+1$ Bedingungen

$$\sum_{i=0}^{n} a_i x_k^i = f_k\,, \quad k = 0, \ldots, n\,. \tag{5.55}$$

Gleichung (5.55) läßt sich übersichtlich in der Form eines linearen Gleichungssystems

$$\underbrace{\begin{pmatrix} 1 & x_0 & x_0^2 & \cdots & x_0^n \\ 1 & x_1 & x_1^2 & \cdots & x_1^n \\ \vdots & \vdots & \vdots & & \vdots \\ 1 & x_n & x_n^2 & \cdots & x_n^n \end{pmatrix}}_{:= V(x_0,\ldots,x_n) \in \mathrm{Mat}(n+1;\mathbb{R})} \begin{pmatrix} a_0 \\ a_1 \\ \vdots \\ a_n \end{pmatrix} = \begin{pmatrix} f_0 \\ f_1 \\ \vdots \\ f_n \end{pmatrix} \tag{5.56}$$

schreiben, wodurch offensichtlich wird, daß das Interpolationsproblem genau dann eindeutig lösbar ist, wenn die Matrix $V(x_0, \ldots, x_n)$ regulär ist, d.h. $\det V(x_0, \ldots, x_n) \neq 0$ gilt, siehe Burg/Haf/Wille (Lineare Algebra) [9].

Hilfssatz 5.1:

Die Matrix

$$V(x_0, \ldots, x_n) = \begin{pmatrix} 1 & x_0 & x_0^2 & \cdots & x_0^n \\ 1 & x_1 & x_1^2 & \cdots & x_1^n \\ \vdots & \vdots & \vdots & & \vdots \\ 1 & x_n & x_n^2 & \cdots & x_n^n \end{pmatrix} \in \mathrm{Mat}(n+1; \mathbb{R})$$

ist genau dann regulär, wenn die Stützstellen $x_0, \ldots, x_n \in \mathbb{R}$ paarweise verschieden sind, d.h.

$$x_i \neq x_j \quad \text{für } i \neq j \tag{5.57}$$

gilt.

Beweis:

(a) Gilt $x_i = x_j$ für mindestens ein Indexpaar (i, j) mit $i \neq j$, so ist die i-te Zeile identisch zur j-ten Zeile und folglich $V(x_0, \ldots, x_n)$ nicht regulär.

(b) Ist die Bedingung (5.57) erfüllt, so ergibt sich der Nachweis mittels einer vollständigen Induktion über $n \in \mathbb{N}_0$.

Induktionsanfang: Für $n = 0$ erhalten wir

$$\det V(x_0) = \det(1) = 1 \neq 0\,.$$

Induktionsschluß: Unter der Annahme, daß

$$\det \boldsymbol{V}(x_0, \ldots, x_n) \neq 0$$

für ein beliebiges, aber festes $n \in \mathbb{N}_0$ gilt, erhalten wir

$$\begin{aligned}
&\det \boldsymbol{V}(x_0, \ldots, x_{n+1}) \\
&= \det \begin{pmatrix} 1 & x_0 & x_0^2 & \cdots & x_0^{n+1} \\ 1 & x_1 & x_1^2 & \cdots & x_1^{n+1} \\ \vdots & \vdots & \vdots & & \vdots \\ 1 & x_{n+1} & x_{n+1}^2 & \cdots & x_{n+1}^{n+1} \end{pmatrix} \\
&= \det \begin{pmatrix} 1 & x_0 & x_0^2 & \cdots & x_0^{n+1} \\ 0 & x_1 - x_0 & x_1^2 - x_0^2 & \cdots & x_1^{n+1} - x_0^{n+1} \\ \vdots & \vdots & \vdots & & \vdots \\ 0 & x_{n+1} - x_0 & x_{n+1}^2 - x_0^2 & \cdots & x_{n+1}^{n+1} - x_0^{n+1} \end{pmatrix} \\
&= \det \begin{pmatrix} x_1 - x_0 & x_1^2 - x_0^2 & \cdots & x_1^{n+1} - x_0^{n+1} \\ \vdots & \vdots & & \vdots \\ x_{n+1} - x_0 & x_{n+1}^2 - x_0^2 & \cdots & x_{n+1}^{n+1} - x_0^{n+1} \end{pmatrix} \\
&= \det \begin{pmatrix} x_1 - x_0 & x_1(x_1 - x_0) & \cdots & x_1^n(x_1 - x_0) \\ \vdots & \vdots & & \vdots \\ x_{n+1} - x_0 & x_{n+1}(x_{n+1} - x_0) & \cdots & x_{n+1}^n(x_{n+1} - x_0) \end{pmatrix} \qquad (5.58) \\
&= (x_1 - x_0) \cdot \ldots \cdot (x_{n+1} - x_0) \cdot \det \begin{pmatrix} 1 & x_1 & \cdots & x_1^n \\ \vdots & \vdots & & \vdots \\ 1 & x_{n+1} & \cdots & x_{n+1}^n \end{pmatrix} \\
&= \underbrace{(x_1 - x_0) \cdot \ldots \cdot (x_{n+1} - x_0)}_{\neq 0} \cdot \underbrace{\det \boldsymbol{V}(x_1, \ldots, x_{n+1})}_{\neq 0} \neq 0\,,
\end{aligned}$$

wobei zur Herleitung der Darstellung (5.58) stets das x_0-fache der $(j-1)$-ten Spalte von der j-ten Spalte für $j = 2, \ldots, n+1$ abgezogen wurde. □

Hiermit sind wir nun in der Lage die erste Frage hinsichtlich der Existenz und Eindeutigkeit positiv zu beantworten.

Satz 5.18:
Das Interpolationsproblem (5.54) besitzt stets eine eindeutig bestimmte Lösung.

Beweis:
Aufgrund der im Interpolationsproblem geforderten Eigenschaft paarweise verschiedener Stützstellen $x_0, \ldots, x_n$ ist die im Gleichungssystem (5.56) auftretende Matrix $\boldsymbol{V}(x_0, \ldots, x_n)$ laut

Hilfssatz 5.1 regulär. Das Gleichungssystem (5.56) besitzt folglich für jede beliebige rechte Seite $(f_0, \ldots, f_n)^{\mathrm{T}} \in \mathbb{R}^{n+1}$ eine eindeutig bestimmte Lösung $(a_0, \ldots, a_n)^{\mathrm{T}} \in \mathbb{R}^{n+1}$, wodurch mit

$$p(x) = \sum_{i=0}^{n} a_i x^i$$

das gesuchte und eindeutig bestimmte Interpolationspolynom $p \in \Pi_n$ vorliegt. □

Beispiel 5.5:

Die Berechnung des Interpolationspolynoms $p \in \Pi_2$ zu den gegebenen Stützpunkten

k	0	1	2
x_k	0	1	3
f_k	1	3	2

(5.59)

werden wir nun exemplarisch auf der Basis des dargestellten intuitiven Ansatzes (5.55) durchführen. Gemäß (5.56) ergibt sich das Gleichungssystem in der Form

$$\begin{pmatrix} 1 & 0 & 0 \\ 1 & 1 & 1 \\ 1 & 3 & 9 \end{pmatrix} \begin{pmatrix} a_0 \\ a_1 \\ a_2 \end{pmatrix} = \begin{pmatrix} 1 \\ 3 \\ 2 \end{pmatrix} . \tag{5.60}$$

Die Lösung kann mit dem Gaußschen Algorithmus nach Abschnitt 2.2 ermittelt werden. Weitere klassische und moderne Verfahren zur Lösung linearer Gleichungssysteme werden in [37] vorgestellt. Aus (5.60) ergibt sich

$$\begin{pmatrix} a_0 \\ a_1 \\ a_2 \end{pmatrix} = \begin{pmatrix} 1 \\ \frac{17}{6} \\ -\frac{5}{6} \end{pmatrix}$$

und somit das Interpolationspolynom

$$p(x) = a_0 + a_1 x + a_2 x^2 = 1 + \frac{17}{6} x - \frac{5}{6} x^2 ,$$

so daß beispielsweise für die Zwischenstelle $x = 2 \in [x_1, x_2]$

$$p(2) = \frac{10}{3}$$

gilt.

Dieser zunächst als sehr einfach und offensichtlich erscheinende Zugang entpuppt sich bei einer zweiten Betrachtung jedoch als unpraktikabel im Hinblick auf reale Anwendungen. Das zentrale Problem liegt in der Matrix $\boldsymbol{V}(x_0, \ldots, x_n)$ verborgen, dessen transponierte Matrix eine sogenannte *Vandermonde*[8]-Matrix repräsentiert. Derartige Matrizen $\boldsymbol{V} \in \mathrm{Mat}(n+1, \mathbb{R})$ weisen bei wachsender Spaltenzahl $n+1$ eine zunehmend größere Konditionszahl auf, so daß mit (5.56) ein schlecht gestelltes Problem entsteht und auftretende Rundungsfehler zu drastischen Fehlern bei dem Koeffizientenvektor $(a_0, \ldots, a_n)^{\mathrm{T}}$ führen können, siehe [37]. Das so ermittelte Polynom erfüllt daher für größere Stützpunktzahlen die geforderten Interpolationsbedingungen gemäß (5.56) nicht notwendigerweise. Zudem ergibt sich bei praxisrelevanten Anwendungen häufig die Situation, daß zusätzliche Stützpunkte integriert werden müssen. Bei dem präsentierten Ansatz bedingt jedoch bereits die Hinzunahme eines weiteren Stützpunktes die erneute Berechnung aller Koeffizienten.

Die Güte der weiteren Methoden zur Lösung des Interpolationsproblems (5.56) werden wir auf der Grundlage der folgenden Zielsetzungen beurteilen.

(1) Die Berechnung und Auswertung des Interpolationspolynoms sollen stabil gegenüber auftretenden Rundungsfehlern sein.

(2) Die nachträgliche Integration weiterer Stützpunkte soll effizient bezüglich des Rechenaufwandes sein.

(3) Die Berechnung des Interpolationspolynoms soll $\mathcal{O}(n^2)$ arithmetische Operationen aufweisen.

(4) Die Auswertung des Interpolationspolynoms an einer beliebigen Stelle soll $\mathcal{O}(n)$ Operationen benötigen.

Hierbei sei bemerkt, daß wir mit $\mathcal{O}$ stets das *Landau*[9]*-Symbol* verstehen. In dem vorliegenden Rahmen ist hierbei die Interpretation $f(n) = \mathcal{O}(n^p) \Leftrightarrow \lim\limits_{n\to\infty} \frac{f(n)}{n^p} = \text{const} \in \mathbb{R}$ ausreichend. Somit bedeutet $\mathcal{O}(n^2)$ resp. $\mathcal{O}(n)$, daß der Aufwand maximal quadratisch resp. linear mit wachsendem n ansteigt. Eine exakte Definition kann [45] entnommen werden. Unter einer arithmetischen Operation subsumieren wir zudem Addition, Subtraktion, Multiplikation und Division gleichermaßen. Desweiteren verstehen wir unter der Berechnung des Interpolationspolynoms die Koeffizientenbestimmung, die für eine elementare Darstellung des Polynoms benötigt wird und nur einmalig für jedes Interpolationspolynom durchgeführt werden muß.

Lagrangesche Interpolationsformel

Die *Lagrange-Interpolation* basiert auf der folgenden Idee. Seien Polynome $L_j \in \Pi_n$ mit

$$L_j(x_k) = \delta_{jk} = \begin{cases} 1, & j = k \\ 0, & \text{sonst} \end{cases} \tag{5.61}$$

bekannt, so erhalten wir das gesuchte Interpolationspolynom $p \in \Pi_n$ zu (5.56) in der Darstellung

$$p(x) = \sum_{j=0}^{n} f_j L_j(x),$$

8 Alexandre-Théophile Vandermonde (1735 – 1796), französischer Musiker, Mathematiker und Chemiker

9 Edmund Georg Hermann Landau (1877 – 1921), deutscher Mathematiker

denn es gilt für $k = 0, 1, \ldots, n$

$$p(x_k) = \sum_{j=0}^{n} f_j L_j(x_k) = \sum_{j=0}^{n} f_j \delta_{jk} = f_k\,.$$

Die Berechnung des Interpolationspolynoms hat sich somit auf die Ermittlung der Polynome $L_j,\ j = 0, \ldots, n$ verschoben. Nach Satz 2.4 besitzt das Polynom L_j wegen $L_j \in \Pi_n$ und $L_j(x_j) = 1$ genau die Nullstellen $x_0, \ldots, x_{j-1}, x_{j+1}, \ldots, x_n$. Mit dem Ansatz

$$q_j(x) = (x - x_0) \cdot \ldots \cdot (x - x_{j-1}) \cdot (x - x_{j+1}) \cdot \ldots \cdot (x - x_n) = \prod_{\substack{s=0\\ s\neq j}}^{n} (x - x_s)$$

erhalten wir $q_j \in \Pi_n$ mit

$$q_j(x_k) = 0 \quad \text{für} \quad k \in \{0, \ldots, n\} \setminus \{j\}\,.$$

Aufgrund der Eigenschaft, daß die Stützstellen $x_0, \ldots, x_n$ paarweise verschieden sind, gilt zudem

$$q_j(x_j) = \prod_{\substack{s=0\\ s\neq j}}^{n} (x_j - x_s) \neq 0\,,$$

wodurch mit

$$L_j(x) = \frac{q_j(x)}{q_j(x_j)} = \frac{\prod\limits_{\substack{s=0\\ s\neq j}}^{n} (x - x_s)}{\prod\limits_{\substack{s=0\\ s\neq j}}^{n} (x_j - x_s)} = \prod_{\substack{s=0\\ s\neq j}}^{n} \frac{x - x_s}{x_j - x_s}$$

das gesuchte Polynom vorliegt.

Definition 5.5:

Zu gegebenen $n + 1$ paarweise verschiedenen Sützstellen $x_0, \ldots, x_n \in \mathbb{R}$ heißen die durch

$$L_j(x) = \prod_{\substack{s=0\\ s\neq j}}^{n} \frac{x - x_s}{x_j - x_s} \tag{5.62}$$

für $j = 0, \ldots, n$ definierten Polynome $L_j \in \Pi_n$ *Lagrangesche Basispolynome*.

Zusammenfassend erhalten wir aus den vorangehenden Überlegungen in Kombination mit Satz 5.18 die folgende Aussage.

Satz 5.19:
(*Lagrangesche Interpolationsformel*) Zu beliebigen $n+1$ Stützpunkten $(x_0, f_0),\ldots,(x_n, f_n) \in \mathbb{R}^2$ mit paarweise verschiedenen Stützstellen $x_0, \ldots, x_n \in \mathbb{R}$ besitzt die eindeutig bestimmte Lösung des Interpolationsproblems (5.56) die Darstellung

$$p(x) = \sum_{j=0}^{n} f_j L_j(x) \tag{5.63}$$

mit $L_j \in \Pi_n$ laut Definition 5.5.

Beispiel 5.6:
Betrachten wir wiederum die in Beispiel 5.5 gemäß (5.59) gegebenen Stützpunkte, so erhalten wir

$$L_0(x) = \prod_{\substack{s=0\\ s\neq 0}}^{n} \frac{x - x_s}{x_0 - x_s} = \frac{(x-x_1)(x-x_2)}{(x_0-x_1)(x_0-x_2)} = \frac{(x-1)(x-3)}{(0-1)(0-3)} = \frac{1}{3}(x^2 - 4x + 3)\,.$$

Analog ergeben sich

$$L_1(x) = -\frac{1}{2}(x^2 - 3x) \quad \text{und} \quad L_2(x) = \frac{1}{6}(x^2 - x)\,,$$

wodurch die Lagrangesche Interpolationsformel (5.63) das Interpolationspolynom

$$\begin{aligned} p(x) &= \sum_{j=0}^{2} f_j L_j(x) = 1 \cdot L_0(x) + 3 \cdot L_1(x) + 2 \cdot L_2(x) \\ &= \frac{1}{3}(x^2 - 4x + 3) - \frac{3}{2}(x^2 - 3x) + \frac{1}{3}(x^2 - x) = 1 + \frac{17}{6}x - \frac{5}{6}x^2 \end{aligned}$$

ergibt, das wie erwartet mit der Lösung laut Beispiel 5.5 übereinstimmt.

Bezugnehmend auf die formulierten Zielsetzungen können wir zunächst festhalten, dass die Darstellung der Interpolierenden p in Form der Lagrangeschen Interpolationsformel keiner Berechnung bedarf, sondern direkt in der Form (5.63) verfügbar ist. Demzufolge ist die Integration eines weiteren Stützpunktes formal ohne Zusatzaufwand möglich. Liegen die Stützstellen in adäquater Entfernung zueinander, so erweist sich auch die Auswertung des Interpolationspolynoms für beliebiges $x \in \mathbb{R}$ als stabil. Diesen positiven Eigenschaften der Methode steht jedoch ein zu hoher Aufwand bei der Auswertung des in der Form (5.63) gegebenen Interpolationspolynoms gegenüber. Die Auswertung eines Lagrangeschen Basispolynoms (5.62) erfordert $2n$ Subtraktionen, n Divisionen sowie $n-1$ Multiplikationen, womit sich

$4n - 1$ arithmetische Operationen

ergeben. Die Auswertung des Interpolationspolynoms (5.63) ergibt folglich $n+1$ Multiplikationen, n Additionen und $n+1$ Auswertungen eines Lagrangeschen Basispolynoms, so daß

$$(n+1)+n+(n+1)\cdot(4n-1)=4n^2+5n=\mathcal{O}(n^2)$$

arithmetische Operationen benötigt werden.

Die Darstellung des Interpolationspolynoms p gemäß der Lagrangeschen Interpolationsformel (5.63) ist folglich für eine praktische Umsetzung ungeeignet. Die Darstellung (5.63) ist jedoch von grundlegender Bedeutung bei der Herleitung interpolatorischer Quadraturformeln, siehe [50, 45].

Zur Reduzierung des Rechenaufwandes kann zunächst durch die Einführung der Werte

$$\gamma_j := \prod_{\substack{s=0\\ s\neq j}}^{n} \frac{1}{x_j - x_s}, \qquad j=0,\ldots,n$$

die Ermittlung dieser Größen vom Bereich der Auswertung in den Bereich der Berechnung verlagert werden, wodurch auch bei wiederholter Auswertung des Interpolationspolynoms gemäß

$$p(x)=\sum_{j=0}^{n} f_j L_j(x)=\sum_{j=0}^{n} f_j\gamma_j \prod_{\substack{s=0\\ s\neq j}}^{n}(x-x_s) \tag{5.64}$$

diese Koeffizienten nur einmal bestimmt werden müssen. Aus der Gleichung (5.64) wird nun deutlich, daß die Problematik im Rahmen der Auswertung ihre Ursache im Term $\prod_{\substack{s=0\\ s\neq j}}^{n}(x-x_s)$ findet.

Definieren wir

$$q(x) := \prod_{s=0}^{n}(x-x_s),$$

so erhalten wir für $j=0,\ldots,n$ die Darstellung

$$\prod_{\substack{s=0\\ s\neq j}}^{n}(x-x_s)=\frac{q(x)}{x-x_j} \quad \text{für } x\neq x_j\,.$$

Damit läßt sich das Interpolationspolynom in der Form

$$p(x)=\begin{cases} q(x)\displaystyle\sum_{j=0}^{n}\frac{f_j\gamma_j}{x-x_j}, & \text{für } x\notin\{x_0,\ldots,x_n\}\,,\\ f_k\,, & \text{für } x=x_k\,,\ k=0,\ldots,n \end{cases} \tag{5.65}$$

schreiben. Innerhalb der Berechnung des Polynoms ergeben sich hierdurch $\mathcal{O}(n^2)$ arithmetische Operationen zur Bestimmung der Koeffizienten $\gamma_0, \ldots, \gamma_n$. Jede Polynomauswertung bedarf dagegen nur noch $\mathcal{O}(n)$ arithmetischer Operationen, da das Hilfspolynom q außerhalb der Summe auftritt. Folglich sind die Zielsetzungen (3) und (4) durch diesen Ansatz erfüllt.

Leider ergibt sich jedoch für

$$q(x) \sum_{j=0}^{n} \frac{f_j \gamma_j}{x - x_j}$$

eine hebbare Singularität bei jeder Stützstelle x_k, $k = 0, \ldots, n$, wodurch die Stabilität bei der Auswertung des Interpolationspolynoms in der Form (5.65) verloren gegangen ist. Für Werte $x \in \mathbb{R}$, die sich in unmittelbarer Nähe einer Stützstelle befinden, findet formal eine numerisch instabile Quotientenbildung mit Werten nahe Null statt.

Neville[10]-Schema

Betrachten wir zwei Polynome $g, h \in \Pi_1$ mit

$$g(x_k) = f_k\,, \quad k = 0\,, 1\,; \qquad h(x_k) = f_k\,, \quad k = 1{,}2\,.$$

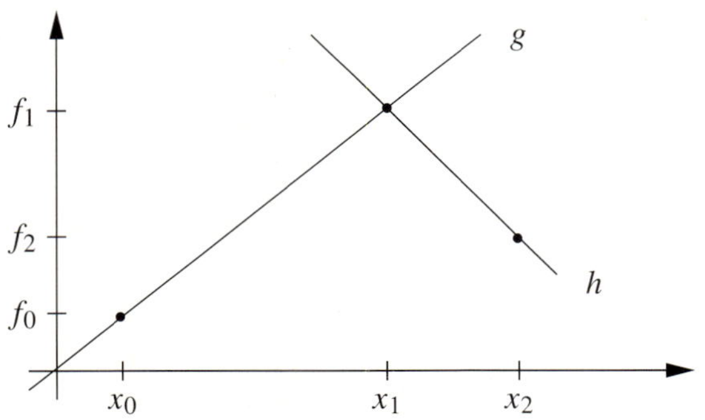

Dann erhalten wir das interpolierende Polynom $p \in \Pi_2$ zu den Stützpunkten (x_0, f_0), (x_1, f_1) und (x_2, f_2) durch die Kombination

$$p(x) = \frac{h(x)(x - x_0) - g(x)(x - x_2)}{x_2 - x_0}\,. \tag{5.66}$$

Beispiel 5.7:

Für das Standardbeispiel gemäß (5.59) stellen

$$g(x) = 1 + 2x$$

10 Eric Harold Neville (1889 – 1961), englischer Mathematiker

und

$$h(x) = \frac{7}{2} - \frac{1}{2}x$$

die Interpolierenden zu den Stützpunkten (x_k, f_k) mit $k = 0,1$ respektive $k = 1,2$ dar. Mit (5.66) ergibt sich.

$$\begin{aligned} p(x) &= \frac{h(x)(x - x_0) - g(x)(x - x_2)}{x_2 - x_0} = \frac{\left(\frac{7}{2} - \frac{1}{2}x\right)(x - 0) - (1 + 2x)(x - 3)}{3 - 0} \\ &= 1 + \frac{17}{6}x - \frac{5}{6}x^2 . \end{aligned}$$

Bemerkung: Analog kann man die linearen Interpolierenden g und h bestimmen. Betrachten wir die interpolierenden Polynome $g_0, g_1 \in \Pi_0$ zu (x_0, f_0) respektive (x_1, f_1), d.h.

$$g_0(x) = f_0 \quad \text{und} \quad g_1(x) = f_1 , \quad \text{so liefert} \quad g(x) = \frac{g_1(x)(x - x_0) - g_0(x)(x - x_1)}{x_1 - x_0}$$

das Interpolationspolynom $g \in \Pi_1$ zu den Stützpunkten (x_0, f_0) und (x_1, f_1).

Auf der dargestellten Idee basiert das *Neville-Schema*. Die rekursive Vorgehensweise wird durch den folgenden Satz belegt.

Definition 5.6:

Seien $j, m \in \mathbb{N}_0$, dann bezeichne

$$p_{j,j+1,\ldots,j+m} \in \Pi_m \quad \text{das zu den Stützpunkten} \quad (x_j, f_j), \ldots, (x_{j+m}, f_{j+m})$$

gehörende Polynom mit

$$p_{j,j+1,\ldots,j+m}(x_k) = f_k , \quad k = j, j + 1, \ldots, j + m . \tag{5.67}$$

Im Fall paarweise verschiedener Stützstellen $x_j, \ldots, x_{j+m}$ ist die Existenz und Eindeutigkeit des Polynoms $p_{j,j+1,\ldots,j+m}$ durch Satz 5.18 belegt.

Satz 5.20:

Seien $(x_0, f_0), \ldots, (x_n, f_n)$ vorgegebene Stützpunkte zu paarweise verschiedenen Stützstellen $x_0, \ldots, x_n$, dann gilt mit $j, m \in \mathbb{N}_0$, $j + m \leq n$ für die Interpolationspolynome gemäß Definition 5.6 die Rekursionsformel

$$p_j(x) = f_j \tag{5.68}$$

für $j = 0, \ldots, n$ und

$$p_{j,j+1,\ldots,j+m}(x) = \frac{(x - x_j)p_{j+1,\ldots,j+m}(x) - (x - x_{j+m})p_{j,\ldots,j+m-1}(x)}{x_{j+m} - x_j} \tag{5.69}$$

für $j = 0, \ldots, n-1$ mit $m \in \mathbb{N}$ und $j + m \leq n$.

Beweis:

Wir führen den Nachweis durch eine Induktion über m. Für $m = 0$ erhalten wir aus (5.68)

$$p_j \in \Pi_0 \quad \text{mit} \quad p_j(x_j) = f_j$$

für $j = 0, \ldots, n$. Erfüllen für ein $m \in \{0, \ldots, n-1\}$ die Polynome

$$p_{j,j+1,\ldots,j+m} \in \Pi_m \quad \text{mit} \quad j = 0, \ldots, n-m$$

die Interpolationsbedingung (5.67), dann erfüllt für alle $j = 0, \ldots, n-(m+1)$ das durch

$$q(x) := \frac{(x - x_j)p_{j+1,\ldots,j+m+1}(x) - (x - x_{j+m+1})p_{j,\ldots,j+m}(x)}{x_{j+m+1} - x_j}$$

gegebene Polynom wegen $p_{j,\ldots,j+m} \in \Pi_m$ und $p_{j+1,\ldots,j+m+1} \in \Pi_m$ die Bedingung $q \in \Pi_{m+1}$. Desweiteren gelten aufgrund der interpolierenden Eigenschaften der Polynome $p_{j,\ldots,j+m}$ und $p_{j+1,\ldots,j+m+1}$ die Gleichungen

$$\begin{aligned} q(x_j) &= \frac{(x_j - x_j)p_{j+1,\ldots,j+m+1}(x_j) - (x_j - x_{j+m+1})p_{j,\ldots,j+m}(x_j)}{x_{j+m+1} - x_j} \\ &= p_{j,\ldots,j+m}(x_j) = f_j\,, \\ q(x_{j+m+1}) &= p_{j+1,\ldots,j+m+1}(x_{j+m+1}) = f_{j+m+1}\,, \end{aligned}$$

sowie für $k = j+1, \ldots, j+m$

$$q(x_k) = \frac{(x_k - x_j)f_k - (x_k - x_{j+m+1})f_k}{x_{j+m+1} - x_j} = f_k\,.$$

Aufgrund der Eindeutigkeit des Interpolationspolynoms erhalten wir somit $q = p_{j,j+1,\ldots,j+m+1}$.
□

Schematisch läßt sich das Neville-Schema in der folgenden Form darstellen:

$$\begin{array}{ccccccc} f_0 = p_0(x) & & & & & & \\ & \searrow & & & & & \\ f_1 = p_1(x) & \rightarrow & p_{0,1}(x) & & & & \\ & \searrow & & \searrow & & & \\ f_2 = p_2(x) & \rightarrow & p_{1,2}(x) & \rightarrow & p_{0,1,2}(x) & & \\ \vdots & & \vdots & & \ddots & & \\ f_{n-1} = p_{n-1}(x) & \rightarrow & p_{n-2,n-1}(x) & \ldots\ldots\ldots & p_{0,\ldots,n-1}(x) & & \\ & \searrow & & \searrow & & \searrow & \\ f_n = p_n(x) & \rightarrow & p_{n-1,n}(x) & \rightarrow & p_{n-2,\ldots,n}(x) \cdots\; p_{1,\ldots,n}(x) & \rightarrow & p_{0,\ldots,n}(x) \end{array} \tag{5.70}$$

Mit $p_{0,\dots,n} \in \Pi_n$ liegt abschließend das gesuchte Interpolationspolynom zu den Stützpunkten $(x_0, f_0), \dots (x_n, f_n)$ vor. Dabei ist das Neville-Schema aus algorithmischer Sicht zur expliziten Berechnung des interpolierenden Polynoms nicht geeignet. Vielmehr ergibt das Verfahren eine direkte Möglichkeit zur Polynomauswertung, wodurch eine Berechnung des Polynoms analog zur Lagrangeschen Interpolationsformel entfällt.

Beispiel 5.8:

Zur Auswertung des bezüglich der Stützpunkte (5.59) festgelegten Interpolationspolynoms $p \in \Pi_2$ an der Stelle $x = 2$ ergibt sich auf der Basis des Neville-Schemas folgende Vorgehensweise. Mit

$$p_0(2) = f_0 = 1\,, \quad p_1(2) = f_1 = 3 \text{ und } p_2(2) = f_2 = 2$$

folgt

$$p_{0,1}(2) = \frac{(2 - x_0)p_1(2) - (2 - x_1)p_0(2)}{x_1 - x_0} = \frac{(2-0) \cdot 3 - (2-1) \cdot 1}{1 - 0} = 5$$

sowie

$$p_{1,2}(2) = \frac{(2 - x_1)p_2(2) - (2 - x_2)p_1(2)}{x_2 - x_1} = \frac{5}{2}\,.$$

Abschließend erhalten wir übereinstimmend zum Beispiel 5.5

$$p(2) = p_{0,1,2}(2) = \frac{(2 - x_0)p_{1,2}(2) - (2 - x_2)p_{0,1}(2)}{x_2 - x_0} = \frac{(2-0) \cdot \frac{5}{2} - (2-3) \cdot 5}{3 - 0} = \frac{10}{3}\,.$$

Eine nachträgliche Integration eines weiteren Stützpunktes ist durch eine einfache Erweiterung um eine zusätzliche Zeile im Neville-Schema (5.70) möglich. Zudem entfällt die Berechnung des Polynoms und die Auswertung ist stabil, da Divisionen ausschließlich durch Stützstellendifferenzen vorgenommen werden müssen. Jedoch ergeben sich bei der Auswertung 7 arithmetische Operationen pro Berechnungsvorschrift (5.69), so daß mit insgesamt

$$7 \cdot \sum_{k=0}^{n-1} (n-k) = 7 \cdot \sum_{i=1}^{n} i = 7\frac{(n+1) \cdot n}{2} = \mathcal{O}(n^2)$$

arithmetischen Operationen ein im Sinne der Zielsetzung zu hoher Rechenaufwand vorliegt. Dennoch wurde durch das Neville-Schema eine rekursive Technik vorgestellt, die für die Entwicklung der folgenden Newtonschen Interpolationsformel von zentraler Bedeutung ist.

Newtonsche Interpolationsformel

Im Abschnitt 2.1.5 haben wir mit dem Horner-Schema eine Möglichkeit zur effizienten Auswertung von Polynomen kennengelernt. Liegt das Interpolationspolynom in der Form

$$p(x) = a_0 + a_1(x - x_0) + a_2(x - x_0)(x - x_1) + \ldots + a_n(x - x_0) \cdot \ldots \cdot (x - x_{n-1}) \tag{5.71}$$

$$= a_0 + (x - x_0)\left[a_1 + (x - x_1)\left[\ldots\left[a_{n-1} + (x - x_{n-1})a_n\right]\ldots\right]\right] \tag{5.72}$$

vor, so ergibt sich bei der Auswertung der Darstellung (5.72) eine n-malige Berechnung der Kombination

$$a_{j-1} + (x - x_{j-1})a_j\,, \quad j = 1, \ldots, n\,,$$

wodurch sich ein Gesamtaufwand von $3n = \mathcal{O}(n)$ arithmetischen Operationen ergibt. Die Berechnung der auftretenden Koeffizienten $a_0, \ldots, a_n$ werden wir in Anlehnung an das Neville-Schema mittels der sogenannten *dividierten Differenzen* durchführen.

Definition 5.7:

Zu gegebenen Stützpunkten $(x_0, f_0), \ldots, (x_n, f_n) \in \mathbb{R}^2$ mit paarweise verschiedenen Stützstellen $x_0, \ldots, x_n \in \mathbb{R}$ sind die *dividierten Differenzen* rekursiv durch

$$f[x_j] = f_j \tag{5.73}$$

für $j = 0, \ldots, n$ und

$$f[x_j, \ldots, x_{j+m}] = \frac{f[x_{j+1}, \ldots, x_{j+m}] - f[x_j, \ldots, x_{j+m-1}]}{x_{j+m} - x_j} \tag{5.74}$$

für $j = 0, \ldots, n-1$ mit $m \in \mathbb{N}$ und $j + m \leq n$ definiert.

Analog zum Neville-Schema ergibt sich folgende graphische Darstellung der Rekursion:

$$\begin{array}{ccccccccc}
f_0 = f[x_0] & & & & & & & & \\
& \searrow & & & & & & & \\
f_1 = f[x_1] & \rightarrow & f[x_0, x_1] & & & & & & \\
& \searrow & & \searrow & & & & & \\
f_2 = f[x_2] & \rightarrow & f[x_1, x_2] & \rightarrow & f[x_0, x_1, x_2] & & & & \\
\vdots & & \vdots & & & \ddots & & & \\
f_{n-1} = f[x_{n-1}] & \rightarrow & f[x_{n-2}, x_{n-1}] & \ldots\ldots & & \ldots\ldots & f[x_0, \ldots, x_{n-1}] & & \\
& \searrow & & \searrow & & & & \searrow & \\
f_n = f[x_n] & \rightarrow & f[x_{n-1}, x_n] & \rightarrow & f[x_{n-2}, x_{n-1}, x_n] & \cdots & f[x_1, \ldots, x_n] & \rightarrow & f[x_0, \ldots, x_n]
\end{array} \tag{5.75}$$

Der Aufwand zur Berechnung ergibt sich bei 3 arithmetischen Operationen pro Verknüpfung (5.74) zu insgesamt $\frac{3}{2}(n+1)n = \mathcal{O}(n^2)$ arithmetischen Operationen. Vorausgesetzt, daß eine einfache Korrelation zwischen den dividierten Differenzen und den Koeffizienten der Interpolierenden gemäß (5.71) besteht, dann ergibt sich durch diese Vorgehensweise ein Algorithmus, der allen Zielsetzungen genügt. Die fehlende Eigenschaft werden wir durch den folgenden Satz nachweisen.

Satz 5.21:

(*Newtonsche Interpolationsformel*) Zu gegebenen Stützpunkten $(x_0, f_0), \ldots, (x_n, f_n) \in \mathbb{R}^2$ mit paarweise verschiedenen Stützstellen $x_0, \ldots, x_n \in \mathbb{R}$ besitzt das Interpolationspolynom $p \in \Pi_n$ die Darstellung

$$p(x) = f[x_0] + f[x_0, x_1](x - x_0) + \ldots + f[x_0, \ldots, x_n](x - x_0) \cdot \ldots \cdot (x - x_{n-1}),$$

wobei $f[x_0, \ldots, x_j]$, $j = 0, \ldots, n$, die dividierten Differenzen laut Definition 5.7 repräsentieren.

Beweis:

Der Nachweis ergibt sich durch eine vollständige Induktion über $n \in \mathbb{N}_0$.

Für $n = 0$ ist die Behauptung wegen $f[x_0] = f_0$ offensichtlich.

Sei die Aussage für $n + 1$ beliebige Stützpunkte mit paarweise verschiedenen Stützstellen gültig. Für $n + 2$ Stützpunkte $(x_0, f_0), \ldots, (x_{n+1}, f_{n+1})$ mit $x_i \neq x_j$, $i \neq j$, ergibt sich mit der Notation gemäß Definition 5.6

$$p_{0,\ldots,n}(x) = f[x_0] + f[x_0, x_1](x - x_0) + \ldots + f[x_0, \ldots, x_n](x - x_0) \cdot \ldots \cdot (x - x_{n-1}) \tag{5.76}$$

sowie

$$p_{1,\ldots,n+1}(x) = f[x_1] + f[x_1, x_2](x - x_1) + \ldots + f[x_1, \ldots, x_{n+1}](x - x_1) \cdot \ldots \cdot (x - x_n). \tag{5.77}$$

Schreiben wir $p_{0,\ldots,n+1} \in \Pi_{n+1}$ in der Form

$$p_{0,\ldots,n+1}(x) = a_0 + a_1(x - x_0) + \ldots + a_{n+1}(x - x_0) \cdot \ldots \cdot (x - x_n), \tag{5.78}$$

so erhalten wir unter Verwendung der jeweiligen Interpolationseigenschaften

$$p_{0,\ldots,n+1}(x_j) - p_{0,\ldots,n}(x_j) = 0$$

für $j = 0, \ldots, n$. Sukzessive Nutzung der obigen Gleichung mit ansteigendem Stützstellenindex j liefert mit (5.76) und (5.78) die Identitäten

$$a_j = f[x_0, \ldots, x_j], \quad j = 0, \ldots, n.$$

Verbleibt noch der Nachweis für den führenden Koeffizienten a_{n+1}. Für das Polynom (5.78) gilt einerseits

$$p_{0,\ldots,n+1}(x) = a_{n+1}x^{n+1} + q(x) \tag{5.79}$$

mit $q \in \Pi_n$ und andererseits unter Verwendung des Satzes 5.20, Gleichung (5.69),

$$p_{0,\ldots,n+1}(x) = \frac{(x - x_0)p_{1,\ldots,n+1}(x) - (x - x_{n+1})p_{0,\ldots,n}(x)}{x_{n+1} - x_0}$$

$$\stackrel{(5.76),(5.77)}{=} \frac{f[x_1,\ldots,x_{n+1}] - f[x_0,\ldots,x_n]}{x_{n+1} - x_0} x^{n+1} + \tilde{q}(x) \tag{5.80}$$

mit $\tilde{q} \in \Pi_n$. Ein einfacher Koeffizientenvergleich zwischen (5.79) und (5.80) liefert die Behauptung aufgrund der Basiseigenschaft der Monome $m_k(x) = x^k$, $k = 0,\ldots,n+1$ im Polynomraum Π_{n+1}. □

Beispiel 5.9:

Auf der Grundlage der Stützpunkte laut (5.59) ergibt sich

$$\begin{aligned} f[x_0] &= f_0 = 1\,, \\ f[x_0,x_1] &= \frac{f[x_1]-f[x_0]}{x_1-x_0} = \frac{3-1}{1-0} = 2\,, \\ f[x_1,x_2] &= \frac{f[x_2]-f[x_1]}{x_2-x_1} = \frac{2-3}{3-1} = -\frac{1}{2} \end{aligned}$$

sowie

$$f[x_0,x_1,x_2] = \frac{f[x_1,x_2]-f[x_0,x_1]}{x_2-x_0} = \frac{-\frac{1}{2}-2}{3-0} = -\frac{5}{6}\,.$$

Damit ergibt sich das zugehörige Interpolationspolynom $p \in \Pi_2$ durch Satz 5.21 in der Form

$$\begin{aligned} p(x) &= f[x_0] + f[x_0,x_1](x-x_0) + f[x_0,x_1,x_2](x-x_0)(x-x_1) \\ &= 1 + 2(x-0) - \frac{5}{6}(x-0)(x-1)\,. \end{aligned}$$

Einfache Umformung ergibt in Übereinstimmung mit den Beispielen 5.5 und 5.6 die Darstellung

$$p(x) = 1 + \frac{17}{6}x - \frac{5}{6}x^2\,.$$

Fehleranalyse

In zahlreichen Anwendungsgebieten, speziell der numerischen Integration, stellt sich die Frage nach der Güte der Interpolierenden bezüglich der Approximation einer gegebenen Funktion in Abhängigkeit von der gewählten Stützstellenverteilung. Dieser Fragestellung werden wir uns innerhalb des vorliegenden Abschnittes widmen.

Satz 5.22:

Sei $f : [a,b] \to \mathbb{R}$ eine $(n+1)$-mal stetig differenzierbare Funktion und $x_0,\ldots,x_n \in [a,b]$ paarweise verschiedene Stützstellen. Für das Interpolationspolynom $p \in \Pi_n$ mit

$$p(x_k) = f(x_k)\,,\quad k = 0,\ldots,n$$

gilt für jede Stelle $\overline{x} \in [a, b]$ die Fehlerdarstellung

$$f(\overline{x}) - p(\overline{x}) = \frac{w(\overline{x}) f^{(n+1)}(\xi)}{(n+1)!} \tag{5.81}$$

mit einer Zwischenstelle $\xi = \xi(\overline{x}) \in [a, b]$ und

$$w(x) = (x - x_0) \cdot \ldots \cdot (x - x_n)\,.$$ [11]

Beweis:
Mit $w(x_k) = 0$ für $k = 0, \ldots, n$ folgt die Aussage zunächst für alle Stützstellen. Sei $\overline{x} \in [a, b] \setminus \{x_0, \ldots, x_n\}$, dann definieren wir

$$k(\overline{x}) := \frac{f(\overline{x}) - p(\overline{x})}{w(\overline{x})} \in \mathbb{R}\,. \tag{5.82}$$

Die durch

$$\varphi(x) := f(x) - p(x) - k(\overline{x}) \cdot w(x) \tag{5.83}$$

definierte Funktion $\varphi : [a, b] \to \mathbb{R}$ ist somit $(n + 1)$-mal stetig differenzierbar und besitzt mindestens die $n + 2$ Nullstellen $x_0, \ldots, x_n, \overline{x} \in [a, b]$. Mehrfache Anwendung des Satzes von Rolle (Satz 3.7) liefert hieraus die Existenz mindestens einer Nullstelle $\xi = \xi(\overline{x}) \in [a, b]$ der Funktion $\varphi^{(n+1)}$. Da für $x \in [a, b]$ stets

$$p^{(n+1)}(x) = 0 \quad \text{und} \quad w^{(n+1)}(x) = (n+1)!$$

gelten, ergibt sich aus (5.83) die Darstellung

$$0 = \varphi^{(n+1)}(\xi(\overline{x})) = f^{(n+1)}(\xi(\overline{x})) - k(\overline{x}) \cdot (n+1)!\,.$$

Hiermit gilt

$$k(\overline{x}) = \frac{f^{(n+1)}(\xi(\overline{x}))}{(n+1)!}$$

und folglich gemäß (5.82) die Behauptung

$$f(\overline{x}) - p(\overline{x}) = w(\overline{x}) k(\overline{x}) = \frac{w(\overline{x}) f^{(n+1)}(\xi(\overline{x}))}{(n+1)!}\,. \qquad \square$$

11 Die Funktion w wird häufig als *Knotenpolynom* bezeichnet.

Betrachten wir eine beliebig oft differenzierbare Funktion $f : [a,b] \to \mathbb{R}$ deren Folge von Ableitungen gleichmäßig beschränkt ist, das heißt ein $M > 0$ mit

$$\|f^{(n)}\|_\infty = \sup_{x\in[a,b]} |f^{(n)}(x)| \leq M$$

für alle $n \in \mathbb{N}$ existiert. Dann folgt unter Verwendung von

$$|\omega(x)| = |(x - x_0) \cdot \ldots \cdot (x - x_n)| < (b-a)^{n+1}$$

die Eigenschaft

$$\begin{aligned}\|f - p\|_\infty &= \sup_{x\in[a,b]} |f(x) - p(x)| \overset{\text{Satz 5.22}}{=} \sup_{x\in[a,b]} \left| \frac{w(x) f^{(n+1)}(\xi(x))}{(n+1)!} \right| \\ &\leq M \frac{(b-a)^{n+1}}{(n+1)!} \to 0 \quad \text{für } n \to \infty .\end{aligned}$$

Unabhängig von der expliziten Wahl der paarweise verschiedenen Stützstellen ergibt sich für wachsende Stützstellenzahl bei derartigen Funktionen f folglich eine gleichmäßige Konvergenz der Folge der Interpolationspolynome gegen die gegebene Funktion.

Häufig treten bei wachsender Anzahl der Stützstellen jedoch Probleme bei der Approximation der Funktion f durch die Folge von Interpolationspolynomen auf. Runge[12] verdeutlichte diesen Sachverhalt bereits 1901 sehr eindrucksvoll an der Funktion $f : [-5,5] \to \mathbb{R}$,

$$f(x) = \frac{1}{1+x^2} . \tag{5.84}$$

Im Fall einer Folge äquidistanter Unterteilungen mit

$$x_k = -5 + \frac{10k}{n}, \quad k = 0,1,\ldots,n \in \mathbb{N}$$

können wir Fig. 5.4 den Verlauf der Runge-Funktion (5.84) und des jeweiligen Interpolationspolynoms $p_{0,\ldots,n} \in \Pi_n$ entnehmen. Mit steigender Stützstellenzahl n wachsen die Oszillationen der Interpolierenden $p_{0,\ldots,n}$ derart stark an, daß für $n = 20$ die Runge-Funktion im benötigten Maßstab als Konstante erscheint. Für dieses Beispiel kann sogar

$$\|f - p_{0,\ldots,n}\|_\infty = \sup_{x\in[-5,5]} |f(x) - p_{0,\ldots,n}(x)| \to 0$$

für $n \to \infty$ nachgewiesen werden.

Generell kann daher auch bei einer beliebig oft differenzierbaren Funktion durch einfache Erhöhung der Anzahl der Stützstellen keine Reduktion des maximalen Fehlers zwischen gegebener Funktion und zugehörigem Interpolationspolynom erzielt werden. Vielmehr existiert zu jeder Folge von Unterteilungen mit steigender Stützstellenzahl eine stetige Funktion f derart, daß die Folge der zugehörigen Interpolationspolynome nicht gleichmäßig gegen f konvergiert.

12 Carl David Tolmé Runge (1856 – 1927), deutscher Mathematiker

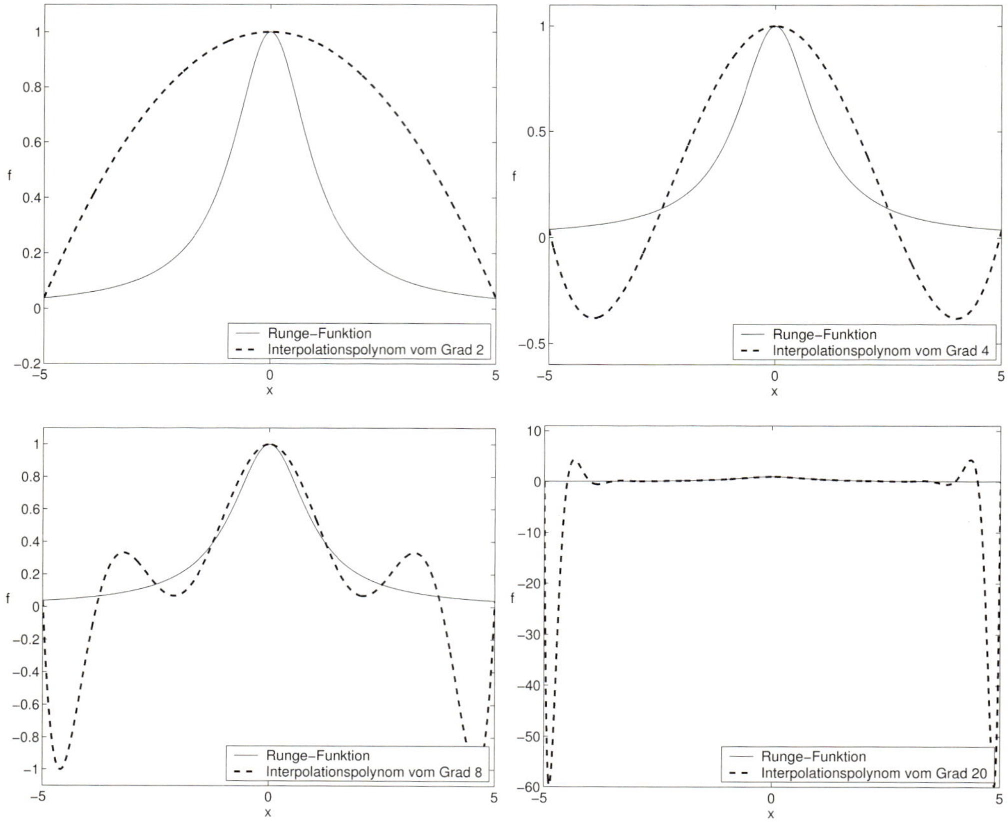

Fig. 5.4: Runge-Funktion und zugehöriges Interpolationspolynom $p_{0,\ldots,n}$, $n = 2,4,8,20$.

5.4.2 Splineinterpolation

Zur Vermeidung der bei der Polynominterpolation auftretenden Oszillationen verwendet man sehr häufig Polynome niedrigeren Grades auf Teilintervallen, die an den Intervallgrenzen geeignet miteinander verbunden werden. Die resultierende, stückweise polynomiale Funktion wird *Spline* genannt. Wir betrachten im Folgenden stets die Stützpunkte

$$(x_0, f_0), \ldots, (x_n, f_n) \in \mathbb{R}^2$$

mit paarweise verschiedenen und aufsteigend geordneten Stützstellen

$$a = x_0 < x_1 < \ldots < x_n = b\,.$$

Desweiteren sei stets

$$s_k : [x_k, x_{k+1}] \to \mathbb{R}\,, \quad k = 0, \ldots, n-1$$

ein Polynom und der zugehörige Spline durch

$$s : [a, b] \to \mathbb{R}$$

mit

$$s(x) = s_k(x) \quad \text{für} \quad x \in [x_k, x_{k+1}], \quad k = 0, \ldots, n-1$$

festgelegt. Es gilt somit

$$s\big|_{[x_k, x_{k+1}]} = s_k \quad \text{für } k = 0, \ldots, n-1\,.$$

Splines werden entsprechend dem Grad der Basispolynome s_k klassifiziert. Wir werden uns hinsichtlich einer intuitiven Darstellung der generellen Vorgehensweise zunächst den linearen Splines zuwenden und anschließend gängige kubische Splines vorstellen.

Lineare Splines

Lineare Splines entstehen durch lineare Verbindungen zwischen den Datenpunkten (x_k, f_k), (x_{k+1}, f_{k+1}) für $k = 0, \ldots, n-1$, siehe Abbildung 5.5.

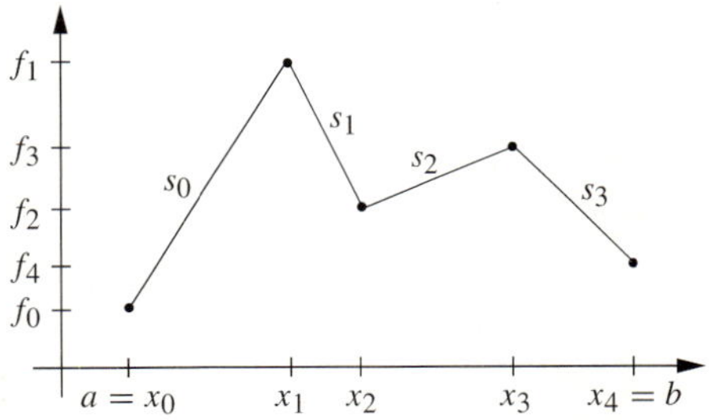

Fig. 5.5: Linearer Spline

Wir fordern dementsprechend für den linearen Spline die Eigenschaften

$$s(x_k) = f_k\,, \quad k = 0, \ldots, n$$

und

$$s\big|_{[x_k, x_{k+1}]} \in \Pi_1\,, \quad k = 0, \ldots, n-1\,.$$

Auf jedem Teilintervall $[x_k, x_{k+1}]$ verwenden wir den Ansatz

$$s_k(x) = a_{0,k} + a_{1,k}(x - x_k)\,.$$

Die Koeffizienten $a_{0,k}, a_{1,k} \in \mathbb{R}$ ergeben sich aus den Interpolationsbedingungen

$$s_k(x_k) = f_k \quad \text{und} \quad s_k(x_{k+1}) = f_{k+1}$$

zu

$$a_{0,k} = s_k(x_k) = f_k$$

sowie

$$a_{1,k} = \frac{s_k(x_{k+1}) - a_{0,k}}{x_{k+1} - x_k} = \frac{f_{k+1} - f_k}{x_{k+1} - x_k},$$

wodurch für $k = 0, \ldots, n-1$ der lineare Spline die Form

$$s\big|_{[x_k, x_{k+1}]}(x) = s_k(x) = f_k + \frac{f_{k+1} - f_k}{x_{k+1} - x_k}(x - x_k)$$

besitzt.

Kubische Splines

Der lineare Spline ist offensichtlich an den Stützstellen nicht notwendigerweise differenzierbar. Um einen stetig differenzierbaren Spline zu erhalten, muß daher noch je eine Übergangsbedingung für die Ableitung an den inneren Stützstellen $x_1, \ldots, x_{n-1}$ gefordert werden. Damit ist es erforderlich, daß jedes Polynom zusätzliche Freiheitsgrade erhält. Ganz kanonisch würde somit zunächst die Betrachtung quadratischer Polynome mit $s_k \in \Pi_2$ naheliegen. Quadratische Splines weisen jedoch oftmals ein stark oszillierendes Verhalten auf, das auf Sprünge im Krümmungsverhalten an den inneren Stützstellen zurückzuführen ist. Der hiermit teilweise einhergehende Vorzeichenwechsel bei der zweiten Ableitung liefert eine Wendepunktstruktur an den Stützstellen. Innerhalb praktischer Anwendungen werden demzufolge üblicherweise kubische Splines genutzt, bei denen gefordert wird, daß der resultierende Spline zweimal stetig differenzierbar ist. Neben der interpolierenden Eigenschaft des Splines fordern wir an den inneren Stützstellen x_k, $k = 1, \ldots, n-1$, die Übereinstimmung der ersten und zweiten Ableitung der zugehörigen Polynome s_{k-1} und s_k. Betrachten wir den Ansatz

$$s_k(x) = a_{0,k} + a_{1,k}(x - x_k) + a_{2,k}(x - x_k)^2 + a_{3,k}(x - x_k)^3, \tag{5.85}$$

so benötigen wir vier Bedingungen zur Festlegung der Koeffizienten. Für die Teilpolynome s_k mit $k = 1, \ldots, n-1$ ergeben sich aufgrund der obigen Zielsetzung die folgenden Forderungen:

Zwei *Interpolationsbedingungen*

$$s_k(x_k) = f_k, \qquad s_k(x_{k+1}) = f_{k+1}. \tag{5.86}$$

Zwei *Steigungsbedingungen*

$$s_k'(x_k) = s_{k-1}'(x_k), \qquad s_k'(x_{k+1}) = s_{k+1}'(x_{k+1}). \tag{5.87}$$

Zwei *Krümmungsbedingungen*

$$s_k''(x_k) = s_{k-1}''(x_k), \qquad s_k''(x_{k+1}) = s_{k+1}''(x_{k+1}). \tag{5.88}$$

Die Darstellung erweckt zunächst den Eindruck, daß das Interpolationsproblem überbestimmt ist, da mit (5.86) – (5.88) insgesamt sechs Bedingungen zur Bestimmung der vier Koeffizienten vorliegen. Da die Forderungen (5.87) und (5.88) jeweils doppelt auftreten, werden wir durch die folgende Sichtweise erkennen, daß das Problem sogar formal unterbestimmt ist und zwei zusätzliche Bedingungen an den Randpunkten $x_0 = a$ und $x_n = b$ zur Schließung benötigt werden. Zur Klärung dieses Sachverhaltes betrachten wir die vorliegenden Bedingungen pro Stützstelle. Für die inneren Stützstellen x_k, $k = 1, \ldots, n-1$ liegen zwei Interpolationsbedingungen

$$s_{k-1}(x_k) = f_k\,, \qquad s_k(x_k) = f_k\,, \tag{5.89}$$

eine Steigungsbedingung

$$s'_{k-1}(x_k) = s'_k(x_k) \tag{5.90}$$

und eine Krümmungsbedingung

$$s''_{k-1}(x_k) = s''_k(x_k) \tag{5.91}$$

vor. An den Rändern $x_0 = a$ und $x_n = b$ ergibt sich dagegen nur eine Interpolationsbedingung

$$s_0(x_0) = f_0 \quad \text{respektive} \quad s_{n-1}(x_n) = f_n\,.$$

Die $n+1$ Stützstellen $x_0, \ldots, x_n$ liefern folglich $4(n-1)+2 = 4n-2$ Bedingungen für $4n$ Koeffizienten der n kubischen Polynome s_k, $k = 0, \ldots, n-1$. In Fig. 5.6 stellen die eingekreisten Ziffern die Bedingungen an der jeweiligen Stützstelle dar, während die untere Zahlenfolge die resultierenden Forderungen pro Polynom verdeutlichen.

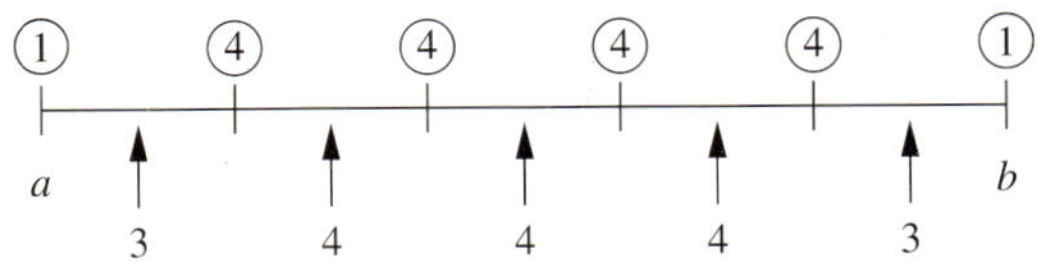

Fig. 5.6: Quantifizierung der Splinebedingungen

Durch die gewählte graphische Darstellung wird die Notwendigkeit je einer zusätzlichen Randbedingung ersichtlich. Somit ergeben sich unterschiedliche kubische Splines, die in Abhängigkeit von der betrachteten Randbedingung klassifiziert werden. Wir werden uns auf zwei gängige Typen konzentrieren. Neben dem durch die Randbedingungen

$$s''_0(x_0) = 0 = s''_{n-1}(x_n) \tag{5.92}$$

definierten *natürlichen Spline* betrachten wir den *vollständigen Spline* der auf den Randbedingungen

$$s'_0(x_0) = f'(x_0) \quad \text{und} \quad s'_{n-1}(x_n) = f'(x_n) \tag{5.93}$$

beruht, wobei f die zu approximierende Funktion repräsentiert.

Zur Berechnung der Koeffizienten bezeichnen wir neben dem bekannten Funktionswert f_k mit f'_k die noch unbekannte Steigung des Splines an der Stützstelle x_k. Die Berücksichtigung der unterschiedlichen Randbedingungen findet ausschließlich bei der Bestimmung der Steigungen f'_k statt, wodurch die folgenden Berechnungsvorschriften für die Koeffizienten $a_{0,k}, \ldots, a_{3,k}$, $k = 0, \ldots, n$ allgemeingültigen Charakter besitzen.

Aus dem Ansatz (5.85) können wir mit der Interpolationsbedingung (5.86) direkt

$$f_k = s_k(x_k) = a_{0,k} + a_{1,k}(x_k - x_k) + a_{2,k}(x_k - x_k)^2 + a_{3,k}(x_k - x_k)^3 = a_{0,k} \tag{5.94}$$

für $k = 0, \ldots, n-1$ folgern. Desweiteren ergibt sich unter Verwendung der Steigung f'_k die Gleichung

$$f'_k = s_k\prime(x_k) = a_{1,k} + 2a_{2,k}(x_k - x_k) + 3a_{3,k}(x_k - x_k)^2 = a_{1,k} \tag{5.95}$$

für $k = 0, \ldots, n-1$. Nutzen wir zudem die Schrittweitenbezeichnung $\Delta x_k = x_{k+1} - x_k$, $k = 0, \ldots, n-1$, so erhalten wir aus $s_k(x_{k+1}) = f_{k+1}$ und $s'_k(x_{k+1}) = f'_{k+1}$ die Gleichungen

$$\begin{aligned} f_{k+1} &= a_{0,k} + a_{1,k}\Delta x_k + a_{2,k}\Delta x_k^2 + a_{3,k}\Delta x_k^3\,, \\ f'_{k+1} &= a_{1,k} + 2a_{2,k}\Delta x_k + 3a_{3,k}\Delta x_k^2\,. \end{aligned}$$

Einsetzung von (5.94) und (5.95) liefert das lineare Gleichungssystem

$$\begin{pmatrix} \Delta x_k^2 & \Delta x_k^3 \\ 2\Delta x_k & 3\Delta x_k^2 \end{pmatrix} \begin{pmatrix} a_{2,k} \\ a_{3,k} \end{pmatrix} = \begin{pmatrix} f_{k+1} - f_k - f'_k \Delta x_k \\ f'_{k+1} - f'_k \end{pmatrix}, \quad k = 0, \ldots, n-1\,.$$

Elementare Auflösung der Gleichungen ergibt für $k = 0, \ldots, n-1$ die Bestimmungsgleichungen

$$a_{2,k} = \frac{3f_{k+1} - 3f_k - 2f'_k\Delta x_k - f'_{k+1}\Delta x_k}{\Delta x_k^2} \tag{5.96}$$

und

$$a_{3,k} = \frac{2f_k - 2f_{k+1} + f'_k\Delta x_k + f'_{k+1}\Delta x_k}{\Delta x_k^3}\,. \tag{5.97}$$

Bei Kenntnis der Steigungen f'_k, $k = 0, \ldots, n$, können mit (5.94)–(5.97) die Koeffizienten aller Polynome und folglich der gesamte Spline ermittelt werden.

Die Berechnung der Steigungen basiert für die inneren Stützstellen auf der Krümmungsbedingung (5.91).

Berücksichtigen wir

$$s''_k(x) = 2a_{2,k} + 6a_{3,k}(x - x_k)\,,$$

dann läßt sich (5.91) in der Form

$$2a_{2,k-1} + 6a_{3,k-1}\Delta x_{k-1} = 2a_{2,k}$$

für $k = 1, \ldots, n-1$ schreiben. Einsetzen der Koeffizientengleichungen (5.96) und (5.97) in obige Darstellung ergibt

$$2\frac{3f_k - 3f_{k-1} - 2f'_{k-1}\Delta x_{k-1} - f'_k\Delta x_{k-1}}{\Delta x_{k-1}^2} + 6\frac{2f_{k-1} - 2f_k + f'_{k-1}\Delta x_{k-1} + f'_k\Delta x_{k-1}}{\Delta x_{k-1}^2}$$

$$= 2\frac{3f_{k+1} - 3f_k - 2f'_k\Delta x_k - f'_{k+1}\Delta x_k}{\Delta x_k^2}, \quad k = 1, \ldots, n-1 .$$

Multiplikation mit $\Delta x_k \Delta x_{k-1}/2$ und anschließendes Umordnen liefert

$$\begin{aligned} &\Delta x_k f'_{k-1} + 2(\Delta x_k + \Delta x_{k-1}) f'_k + \Delta x_{k-1} f'_{k+1} \\ &= 3\left(\frac{(f_{k+1} - f_k)\Delta x_{k-1}}{\Delta x_k} + \frac{(f_k - f_{k-1})\Delta x_k}{\Delta x_{k-1}}\right) \end{aligned} \tag{5.98}$$

für $k = 1, \ldots, n-1$. Wir erhalten hiermit wie erwartet das unterbestimmte Gleichungssystem bestehend aus $n-1$ Gleichungen für die $n+1$ unbekannten Steigungen $f'_0, \ldots, f'_n$. Das System wird nun durch Hinzunahme der zusätzlichen Randbedingungen geschlossen. Für die natürlichen Randbedingungen ergibt sich

$$0 = s''_0(x_0) = 2a_{2,0}$$

sowie

$$0 = s''_{n-1}(x_n) = 2a_{2,n-1} + 6a_{3,n-1}\Delta x_{n-1} ,$$

wodurch sich wiederum mit (5.96) und (5.97) die Gleichungen

$$2f'_0 + f'_1 = 3\frac{f_1 - f_0}{\Delta x_0} \tag{5.99}$$

und

$$f'_{n-1} + 2f'_n = 3\frac{f_n - f_{n-1}}{\Delta x_{n-1}} \tag{5.100}$$

ergeben. Zusammenfassend ergibt sich mit (5.98) – (5.100) das lineare Gleichungssystem

$$\boldsymbol{A}\begin{pmatrix} f'_0 \\ \vdots \\ f'_n \end{pmatrix} = \boldsymbol{b} \tag{5.101}$$

mit

$$A = \begin{pmatrix} 2 & 1 & & & & \\ \Delta x_1 & 2(\Delta x_1 + \Delta x_0) & \Delta x_0 & & & \\ & \Delta x_2 & 2(\Delta x_2 + \Delta x_1) & \Delta x_1 & & \\ & & \ddots & \ddots & \ddots & \\ & & & \Delta x_{n-1} & 2(\Delta x_{n-1} + \Delta x_{n-2}) & \Delta x_{n-2} \\ & & & & 1 & 2 \end{pmatrix} \in \mathrm{Mat}(n+1, \mathbb{R})$$

und

$$\boldsymbol{b} = \begin{pmatrix} 3\frac{f_1 - f_0}{\Delta x_0} \\ 3\left(\frac{(f_2 - f_1)\Delta x_0}{\Delta x_1} + \frac{(f_1 - f_0)\Delta x_1}{\Delta x_0}\right) \\ \vdots \\ 3\left(\frac{(f_n - f_{n-1})\Delta x_{n-2}}{\Delta x_{n-1}} + \frac{(f_{n-1} - f_{n-2})\Delta x_{n-1}}{\Delta x_{n-2}}\right) \\ 3\frac{f_n - f_{n-1}}{\Delta x_{n-1}} \end{pmatrix} \in \mathbb{R}^{n+1}.$$

Im Kontext des vollständigen Splines liegen durch die Randbedingungen (5.93) direkt die Steigungen an den Rändern in der Form

$$f_0' = f'(x_0) \quad \text{und} \quad f_n' = f'(x_n)$$

vor. Das resultierende Gleichungssystem weist wiederum die Form (5.101) auf, wobei sich die Matrix $\boldsymbol{A} \in \mathrm{Mat}(n+1, \mathbb{R})$ in der Form

$$A = \begin{pmatrix} 1 & 0 & & & & \\ \Delta x_1 & 2(\Delta x_1 + \Delta x_0) & \Delta x_0 & & & \\ & \Delta x_2 & 2(\Delta x_2 + \Delta x_1) & \Delta x_1 & & \\ & & \ddots & \ddots & \ddots & \\ & & & \Delta x_{n-1} & 2(\Delta x_{n-1} + \Delta x_{n-2}) & \Delta x_{n-2} \\ & & & & 0 & 1 \end{pmatrix}$$

schreibt und die rechte Seite durch

$$\boldsymbol{b} = \begin{pmatrix} f'(x_0) \\ 3\left(\frac{(f_2 - f_1)\Delta x_0}{\Delta x_1} + \frac{(f_1 - f_0)\Delta x_1}{\Delta x_0}\right) \\ \vdots \\ 3\left(\frac{(f_n - f_{n-1})\Delta x_{n-2}}{\Delta x_{n-1}} + \frac{(f_{n-1} - f_{n-2})\Delta x_{n-1}}{\Delta x_{n-2}}\right) \\ f'(x_n) \end{pmatrix}$$

gegeben ist.

Beispiel 5.10:
Anhand der Runge-Funktion $f : [-5,5] \to \mathbb{R}$,

$$f(x) = \frac{1}{1+x^2}$$

hatten wir bei äquidistanter Stützstellenverteilung das Oszillationsverhalten interpolierender Polynome studiert. Bezogen auf die Stützstellen

$$x_k = -5 + \frac{10k}{n}, \quad k = 0,1,\dots,n \in \mathbb{N}$$

sind in den Abbildungen 5.7 und 5.8 neben der Runge-Funktion der natürliche beziehungsweise der vollständige Spline für $n = 4$ respektive $n = 20$ dargestellt.

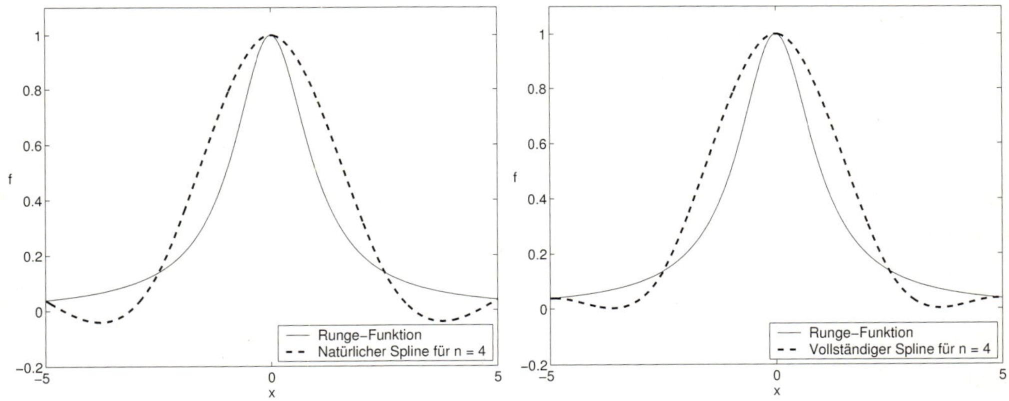

Fig. 5.7: Runge-Funktion und natürlicher Spline (links) respektive vollständiger Spline (rechts) für $n = 4$.

Verglichen zur Polynominterpolation (Fig. 5.4) weisen beide Splines eine deutliche Verbesserung bei der Approximation der Runge-Funktion auf und zeigen den gewünschten, weitgehend oszillationsfreien Verlauf. Zudem erkennt man keine Unterschiede bei den Ergebnissen der beiden Spline-Typen. Die Ursache liegt im Wesentlichen darin begründet, daß mit den natürlichen Randbedingungen (5.92) wegen

$$f''(-5) = f''(5) \approx 0.008$$

eine gute Approximation der exakten Krümmungswerte erzielt wurde. Schränken wir dagegen das Definitionsgebiet der Runge-Funktion auf das Intervall $[0,5]$ ein, so erhalten wir bei der Stützstellenwahl

$$x_k = \frac{5k}{n}, \quad k = 0,1,\dots n \in \mathbb{N}$$

für $n = 4$ die in Fig. 5.9 dargestellten Verläufe.

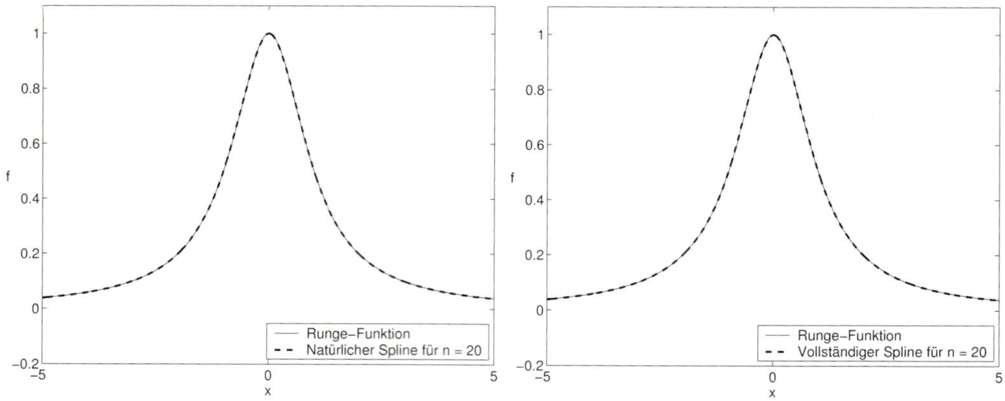

Fig. 5.8: Runge-Funktion und natürlicher Spline (links) respektive vollständiger Spline (rechts) für $n = 20$.

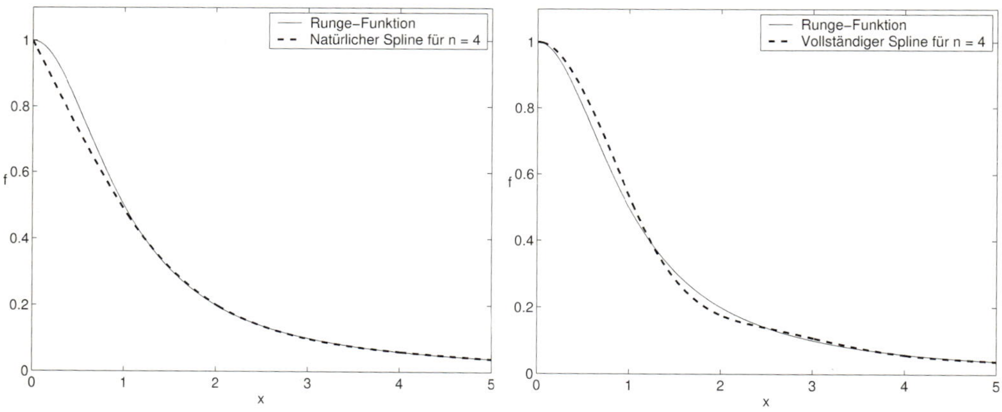

Fig. 5.9: Runge-Funktion auf $[0,5]$ und natürlicher Spline (links) respektive vollständiger Spline (rechts) für $n = 4$.

Aufgrund der großen Diskrepanz zwischen dem exakten Krümmungswert $f''(0) = -2$ und der natürlichen Randbedingung ergibt sich eine erhöhte Abweichung beim natürlichen Spline. Dagegen zeigt der vollständige Spline am linken Rand ein signifikant besseres Approximationsverhalten. Jedoch muß an dieser Stelle angemerkt werden, daß der vollständige Spline im Gegensatz zum natürlichen Spline zusätzliche Informationen der zugrundeliegenden Funktion benötigt, die in realen Anwendungen häufig nicht verfügbar sind.

Bei der Herleitung der Splines sind wir stets von einer speziellen Form der Polynome s_k ausgegangen. Naheliegend erscheint zunächst die Verwendung der klassischen Darstellung gemäß

$$s_k(x) = a_{0,k} + a_{1,k}x + a_{2,k}x^2 + a_{3,k}x^3$$

zu sein. Das resultierende Gleichungssystem zur Berechnung der Koeffizienten zeigt hierbei jedoch eine unstrukturierte Form und die Hinzunahme weiterer Stützstellen erweist sich im Gegensatz zur vorgestellten Methode als aufwendig und programmiertechnisch unvorteilhaft. Eine gelungene Darstellung dieses Ansatzes findet man in [52].

Die positiven Eigenschaften kubischer Splines hinsichtlich des Oszillationsverhaltens lassen sich nicht nur experimentell beobachten, sondern auch mathematisch beweisen. So minimiert der vollständige wie auch der natürliche Spline die Norm

$$\|f''\|_2 := \sqrt{\int\limits_a^b f''(x)^2 \, \mathrm{d}x}$$

über die Menge aller zweimal stetig differenzierbaren Funktionen $g : [a, b] \to \mathbb{R}$ mit $g(x_k) = f_k$ für $k = 0, \ldots, n$. Folglich sind die vorgestellten beiden Typen kubischer Splines in diesem Sinne optimal im Krümmungsverhalten und weisen daher minimale Oszillationen auf. Ein Nachweis dieser Minimum-Norm-Eigenschaft wird beispielsweise in [45, 52] geliefert.

5.5 Fourierreihen

In Physik und Technik spielen periodische Vorgänge eine große Rolle. In Form von mechanischen oder elektrischen Schwingungen, von Wellen, Drehbewegungen u.a. treten sie vielfach auf. Zur Beschreibung werden periodische Funktionen benutzt, unter denen die Sinus- und Cosinusfunktionen eine fundamentale Rolle spielen. Das Darstellen beliebiger periodischer Funktionen durch Reihen von Cosinus- und Sinusfunktionen ist dabei die mathematische Grundaufgabe. Reihen dieser Art nennt man *Fourier-Reihen* zu Ehren von Jean Baptiste Joseph Fourier (1768 – 1830), der den entscheidenden Lösungsansatz fand.

5.5.1 Periodische Funktionen

Unter einer *periodischen Funktion* verstehen wir eine Funktion f auf $\mathbb{R}$, die die Gleichung

$$f(x + L) = f(x) \tag{5.102}$$

für alle $x \in \mathbb{R}$ erfüllt. Dabei ist L eine positive Konstante. L heißt die *Periode* von f. Man nennt f auch kurz eine *L-periodische Funktion.*

Teilt man die reelle Achse in Intervalle der Länge L ein, etwa in Intervalle $[kL, (k + 1)L]$ (k ganzzahlig), so ist der Graph von f auf allen diesen Intervallen gleich, von seitlicher Verschiebung abgesehen (s. Fig. 5.10). Die Funktionen $\sin x$ und $\cos x$ sind wichtige Beispiele für periodische Funktionen. Sie haben die Periode 2π. Die Funktionen

$$\sin(nx)\,, \qquad \cos(nx) \quad \text{für } n \in \mathbb{N}$$

haben die Perioden $2\pi/n$. Daraus folgt aber, daß sie ebenfalls die Periode 2π haben.

Zusammen mit der Funktion $\varphi(x) \equiv 1$ bilden $\sin(nx)$ und $\cos(nx)$ ($n \in \mathbb{N}$) das *trigonometrische Funktionensystem.*

Wir merken an, daß man jede periodische Funktion f, mit Periode $L > 0$, leicht in eine Funktion mit der Periode 2π verwandeln kann. Man hat nur die Substitution $x = t \cdot L/(2\pi)$ vorzunehmen, also

$$\hat{f}(t) := f\left(t\frac{L}{2\pi}\right)$$

zu setzen. Die so definierte Funktion $\hat{f}$ hat die Periode 2π. Es bedeutet daher keinen Verlust an Allgemeinheit, wenn wir uns nur mit 2π-*periodischen Funktionen* beschäftigen.

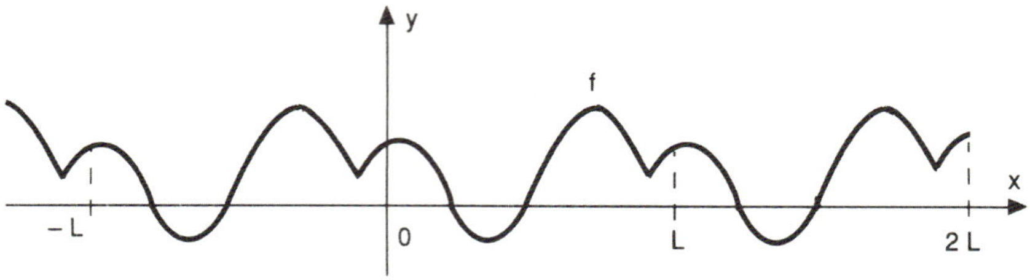

Fig. 5.10: Periodische Funktion, mit Periode L

5.5.2 Trigonometrische Reihen, Fourier-Koeffizienten

Es sei $f : \mathbb{R} \to \mathbb{R}$ eine beliebige 2π-periodische Funktion. Wir stellen uns die Aufgabe, sie durch eine Reihe der folgenden Form darzustellen:

$$f(x) = \frac{a_0}{2} + \sum_{n=1}^{\infty}(a_n \cos(nx) + b_n \sin(nx)) . \quad [13] \tag{5.103}$$

Eine Reihe dieser Gestalt heißt *trigonometrische Reihe*. Ist es möglich, f so darzustellen? Und wie kann man gegebenenfalls die Koeffizienten $a_0, a_1, a_2, \ldots, b_1, b_2, \ldots$ berechnen? Zur Lösungsfindung wollen wir zunächst annehmen, daß eine Reihendarstellung (5.103) tatsächlich existiert, mehr noch, daß die Reihe in (5.103) gleichmäßig gegen $f(x)$ konvergiert.

Man geht nun so vor: Beide Seiten der Gleichung (5.103) werden mit $\sin(kx)$ multipliziert (wobei $k \in \mathbb{N}$ ist), und anschließend wird über $[-\pi, \pi]$ integriert. Rechts darf gliedweise integriert werden — wegen der gleichmäßigen Konvergenz. Also gilt

$$\int_{-\pi}^{\pi} f(x)\sin(kx)\,\mathrm{d}x = \frac{a_0}{2} \cdot \int_{-\pi}^{\pi} \sin(kx)\,\mathrm{d}x + \sum_{n=1}^{\infty}\left(a_n \int_{-\pi}^{\pi} \cos(nx)\sin(kx)\,\mathrm{d}x + b_n \int_{-\pi}^{\pi} \sin(nx)\sin(kx)\,\mathrm{d}x\right) .$$

13 Daß $a_0/2$ statt a_0 in der Reihe geschrieben wird, hat nur mit der Eleganz späterer Formeln zu tun.

Nun kommen die *Orthogonalitätsrelationen* ins Bild, s. (4.64), Abschn. 4.2.2. Danach verschwinden auf der rechten Seite alle Integrale bis auf eines, nämlich das Integral $\int_{-\pi}^{\pi} \sin(nx)\sin(kx)\,\mathrm{d}x$ mit $n = k$. Sein Wert ist π. Also gilt

$$\int_{-\pi}^{\pi} f(x)\sin(kx)\,\mathrm{d}x = b_k \int_{-\pi}^{\pi} \sin^2(kx)\,\mathrm{d}x = b_k\pi\,. \tag{5.104}$$

Multipliziert man (5.103) entsprechend mit $\cos(kx)$ und integriert über $[-\pi, \pi]$, so erhält man aus den Orthogonalitätsrelationen

$$\int_{-\pi}^{\pi} f(x)\cos(kx)\,\mathrm{d}x = \begin{cases} a_k \displaystyle\int_{-\pi}^{\pi} \cos^2(kx)\,\mathrm{d}x = a_k\pi\,, & \text{für } k \in \mathbb{N},\\ \dfrac{a_0}{2} \displaystyle\int_{-\pi}^{\pi} 1\,\mathrm{d}x = a_0\pi\,, & \text{für } k = 0. \end{cases} \tag{5.105}$$

Löst man die Gleichungen (5.104), (5.105) nach b_k bzw. a_k auf und schreibt n statt k, so erhält man

$$\begin{aligned} a_n &= \frac{1}{\pi}\int_{-\pi}^{\pi} f(x)\cos(nx)\,\mathrm{d}x\,, \quad \text{für } n = 0,1,2,\ldots,\\ b_n &= \frac{1}{\pi}\int_{-\pi}^{\pi} f(x)\sin(nx)\,\mathrm{d}x\,, \quad \text{für } n = 1,2,\ldots. \end{aligned} \tag{5.106}$$

Damit können sämtliche Koeffizienten berechnet werden. Diese Methode der Koeffizientenberechnung ist Fouriers geniale Entdeckung. Die Ausdrücke in (5.106) heißen daher *Fourier-Koeffizienten.*

Wir hatten vorausgesetzt, daß f eine gleichmäßig konvergente Entwicklung in eine trigonometrische Reihe besitzt. Dies allerdings weiß man a priori nicht.

Immerhin kann man aber für *jede integrierbare Funktion* f auf $[-\pi, \pi]$ die Fourierkoeffizienten nach (5.106) ermitteln und damit formal die Reihe

$$\left[\frac{a_0}{2} + \sum_{n=1}^{\infty}(a_n\cos(nx) + b_n\sin(nx))\right]$$

bilden. Sie heißt *Fourier-Reihe* von f. Dabei entsteht das Hauptproblem: Für welche Funktionen f konvergiert die Fourierreihe gegen f?

Eine für Technik und Naturwissenschaft befriedigende Antwort lautet: Für alle »stückweise glatten« Funktionen! Wir wollen dies präzisieren:

Definition 5.8:

Eine Funktion f, definiert auf einem Intervall I, heißt *stückweise glatt*, wenn folgendes gilt:

(a) f ist stetig differenzierbar, ausgenommen auf einer Menge von Punkten, die sich nirgends häufen.

(b) In diesen Ausnahmepunkten x_i existieren die rechts- und linksseitigen Grenzwerte $f(x_i+)$ und $f(x_i-)$, wie auch $f'(x_i+)$ und $f'(x_i-)$. Mit dem Mittelwertsatz der Differentialrechnung folgt dann

$$\begin{aligned} f'(x_i+) &= \lim_{h\to 0+} \frac{f(x_i+h) - f(x_i+)}{h}, \\ f'(x_i-) &= \lim_{h\to 0-} \frac{f(x_i+h) - f(x_i-)}{h}. \end{aligned} \tag{5.107}$$

(c) In allen Punkten x_i ist der Funktionswert $f(x_i)$ das arithmetische Mittel der einseitigen Grenzwerte:

$$f(x_i) = \frac{1}{2}(f(x_i+) + f(x_i-)). \tag{5.108}$$

Die letzte Forderung ist schon stark auf Fourierreihen zugeschnitten, die in Sprungstellen tatsächlich gegen diese Mittelwerte konvergieren. Es gilt nämlich der

Satz 5.23:

(*Konvergenz von Fourierreihen*) Ist $f : \mathbb{R} \to \mathbb{R}$ eine 2π-periodische stückweise glatte Funktion, so konvergiert ihre Fourierreihe punktweise gegen f. In jedem kompakten Intervall ohne Unstetigkeitsstellen von f ist die Konvergenz sogar gleichmäßig.

Den Beweis verschieben wir auf Abschn. 5.5.4.

5.5.3 Beispiele für Fourierreihen

Zunächst zwei Vorbemerkungen:

(I) Ist f eine L-periodische integrierbare Funktion auf $\mathbb{R}$, so gilt für jedes $a \in \mathbb{R}$,

$$\int_0^L f(x)\,\mathrm{d}x = \int_a^{L+a} f(x)\,\mathrm{d}x \quad \text{für jedes } a \in \mathbb{R}, \tag{5.109}$$

Die *Integration über jedes Intervall der Länge L liefert also stets den gleichen Wert*! Man erkennt das sofort durch die Aufspaltung der Integrale in

$$\int_0^L = \int_0^a + \int_a^L, \quad \int_a^{L+a} = \int_a^L + \int_L^{L+a}, \quad \text{nebst} \quad \int_0^a f(x)\,\mathrm{d}x = \int_L^{L+a} f(x)\,\mathrm{d}x\,.$$

(II) Eine Funktion F, definiert auf einem symmetrischen Intervall I um 0 heißt eine

$$\begin{aligned} &\textit{gerade Funktion,} && \text{falls} \quad F(-x) = F(x)\,, \\ &\textit{ungerade Funktion,} && \text{falls} \quad F(-x) = -F(x) \end{aligned}$$

für alle $x \in I$ gilt. Integriert man F über ein symmetrisches Intervall um 0, das wir o.B.d.A. als $[-\pi, \pi]$ annehmen wollen, so gilt

$$\begin{aligned} &\int_{-\pi}^{\pi} F(x)\,\mathrm{d}x = 2\int_{0}^{\pi} F(x)\,\mathrm{d}x\,, && \text{falls } F \text{ gerade,} \\ &\int_{-\pi}^{\pi} F(x)\,\mathrm{d}x = 0\,, && \text{falls } F \text{ ungerade.} \end{aligned} \tag{5.110}$$

Wir wenden diese einfache Überlegung auf die Berechnung der Fourierkoeffizienten einer integrierbaren Funktion $f : [-\pi, \pi] \to \mathbb{R}$ an: Ist f gerade, so ist $f(x)\cos(nx)$ gerade und $f(x)\sin(nx)$ ungerade. Ist dagegen f ungerade, so ist $f(x)\cos(nx)$ ungerade und $f(x)\sin(nx)$ gerade. Damit folgt für die Fourierkoeffizienten von f aus (5.106) und (5.110):

$$a_n = \frac{2}{\pi}\int_{0}^{\pi} f(x)\cos(nx)\,\mathrm{d}x\,, \quad b_n = 0\,, \quad \text{falls } f \text{ gerade,} \tag{5.111}$$

$$b_n = \frac{2}{\pi}\int_{0}^{\pi} f(x)\sin(nx)\,\mathrm{d}x\,, \quad a_n = 0\,, \quad \text{falls } f \text{ ungerade.} \tag{5.112}$$

Folgerung 5.3:

Die Fourierreihe einer ungeraden Funktion ist eine reine Sinusreihe, einer geraden Funktion eine reine Cosinusreihe (einschließlich konstantem Glied).

Beispiel 5.11:

(*Sägezahnkurve*) Die Funktion

$$f(x) = \begin{cases} ax\,, & \text{für } -\pi < x < \pi\,, \quad (a > 0) \\ 0\,, & \text{für } x = \pi \end{cases}$$

denken wir uns zu einer 2π-periodischen Funktion auf $\mathbb{R}$ erweitert (s. Fig. 5.11). f ist ungerade, also ist $a_n = 0$ für alle $n = 0, 1, 2, \ldots$. Die b_n errechnet man mit (5.112)

$$b_n = \frac{2a}{\pi}\int_{0}^{\pi} x\sin(nx)\,\mathrm{d}x = \frac{2a}{\pi}\left(\left[-x\frac{\cos(nx)}{n}\right]_0^{\pi} + \frac{1}{n}\int_{0}^{\pi}\cos(nx)\,\mathrm{d}x\right) = \frac{2a(-1)^{n+1}}{n}$$

Damit folgt die Reihendarstellung der »Sägezahnkurve«:

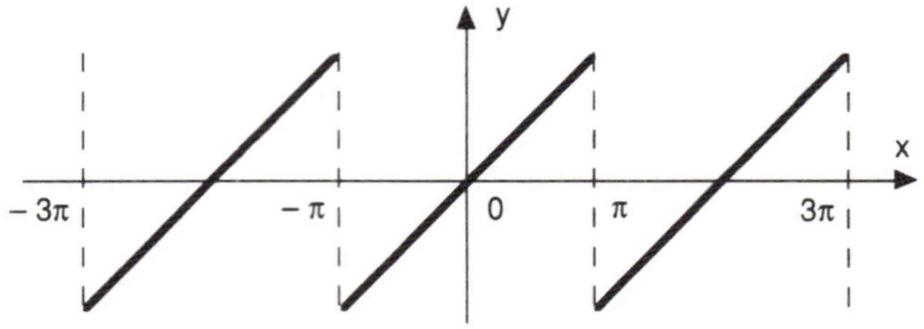

Fig. 5.11: Sägezahnkurve

$$f(x) = 2a\left(\frac{\sin x}{1} - \frac{\sin(2x)}{2} + \frac{\sin(3x)}{3} - + \ldots\right).$$

Setzt man hier $a = 1$ und betrachtet nur x-Werte aus $(-\pi, \pi)$, so gewinnt man die Formel

$$x = 2\left(\frac{\sin x}{1} - \frac{\sin(2x)}{2} + \frac{\sin(3x)}{3} - + \ldots\right). \tag{5.113}$$

Es ist schon merkwürdig, daß sich die wildbewegten Sinusfunktionen rechts zu einer so einfachen Funktion, wie sie links steht, zusammenfügen! Für $x = \frac{\pi}{2}$ erhält man die bekannte Leibnizsche Reihe

$$\frac{\pi}{4} = 1 - \frac{1}{3} + \frac{1}{5} - \frac{1}{7} + - \ldots .$$

Beispiel 5.12:
(*Rechteckfunktion*): Wir betrachten auf $[-\pi, \pi]$ die Funktion

$$h_a(x) = \begin{cases} a\,, & \text{für } 0 < x < \pi\,, \\ 0\,, & \text{für } x = 0, x = \pi, x = -\pi\,, \qquad a \neq 0 \\ -a\,, & \text{für } -\pi < x < 0, \end{cases}$$

und denken sie uns zu einer 2π-periodischen Funktion f auf ganz $\mathbb{R}$ fortgesetzt (s. Fig. 5.12). Die Funktion ist ungerade. Ihre Fourierreihe besteht also nur aus Sinusgliedern. Für die Fourierkoeffizienten dieser Glieder errechnet man mit (5.112):

$$b_n = \frac{2}{\pi}\int_0^{\pi} a \cdot \sin(nx)\,\mathrm{d}x = \frac{2a}{\pi}\left[-\frac{\cos(nx)}{n}\right]_0^{\pi} = \begin{cases} 0\,, & \text{wenn } n \text{ gerade,} \\ \dfrac{4a}{n\pi}\,, & \text{wenn } n \text{ ungerade.} \end{cases}$$

f ist zweifellos stückweise glatt. Damit folgt die Konvergenz der Fourierreihe gegen f, also

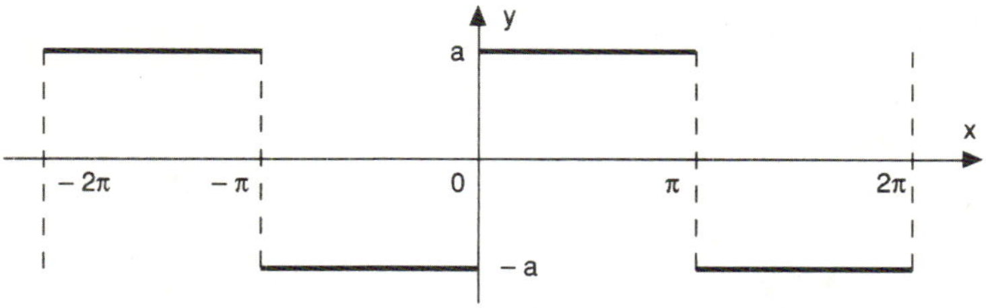

Fig. 5.12: Rechteckfunktion

$$f(x) = \frac{4a}{\pi}\left(\frac{\sin x}{1} + \frac{\sin(3x)}{3} + \frac{\sin(5x)}{5} + \ldots\right). \tag{5.114}$$

Setzt man hier $x = \pi/2$ ein und multipliziert mit $\pi/(4a)$, so erhält man wieder die Leibnizsche Reihe.

Bemerkung: Die Sägezahnkurve beschreibt beim Fernseher die waagerechte Bewegung des Lichtpunktes über den Bildschirm. x ist dabei die Zeit und y die waagerechte Auslenkung des Bildpunktes. Da man Sinusschwingungen durch elektrische Schwingkreise erzeugen kann und diese überdies überlagern kann, läßt sich die Bewegung des Lichtpunktes durch die Fourierreihe der Sägezahnkurve gewinnen. Entsprechend lassen sich Rechteckimpulse wie in Beisp. 5.12 über eine Realisierung der Fourierreihe durch Schwingkreise erzeugen.

Fig. 5.13 zeigt einige Partialsummen der Fourierreihe der Sägezahnkurve bzw. der Rechteckfunktion. Physikalisch handelt es sich hier um die Überlagerung von Sinusschwingungen.

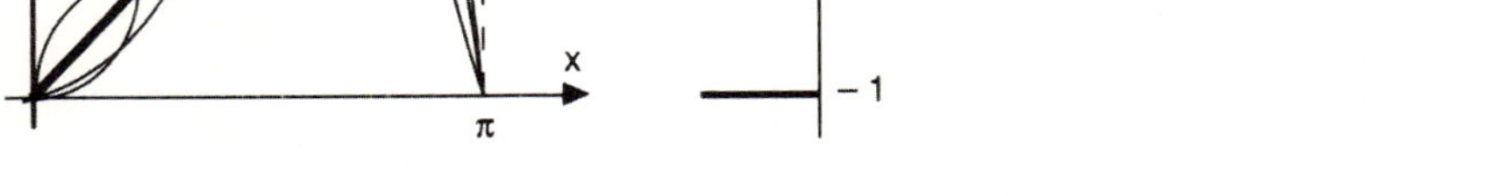

Fig. 5.13: Partialsummen zu Sägezahn- und Rechteckfunktion

In den folgenden Fourierreihen ergeben sich, wie im Vorausgegangenen, die Koeffizienten durch einfache Integrationen. Der Leser überprüfe die folgenden Reihen, wobei bei der Berechnung der Fourierkoeffizienten partielle Integration und Substitution vordringlich angewendet werden.

Beispiel 5.13:

$$x^2 = \frac{\pi^2}{3} - 4\left(\frac{\cos x}{1^2} - \frac{\cos(2x)}{2^2} + \frac{\cos(3x)}{3^2} - + \dots\right), \quad x \in [-\pi, \pi]. \tag{5.115}$$

Durch Einsetzen von $x = \pi$ bzw. $x = 0$ erhält man die merkwürdigen Formeln

$$\frac{\pi^2}{6} = \sum_{n=1}^{\infty} \frac{1}{n^2}, \qquad \frac{\pi^2}{12} = \sum_{n=1}^{\infty} \frac{(-1)^{n+1}}{n^2}. \tag{5.116}$$

Beispiel 5.14:

$$|x| = \frac{\pi}{2} - \frac{4}{\pi}\left(\cos x + \frac{\cos(3x)}{3^2} + \frac{\cos(5x)}{5^2} + \dots\right), \quad x \in [-\pi, \pi]. \tag{5.117}$$

Hier liefert $x = 0$ die Reihe $\pi^2/8 = 1 + 1/3^2 + 1/5^2 + \dots$.

Beispiel 5.15:

$$\cosh(ax) = \frac{2a}{\pi}\sinh(a\pi)\left(\frac{1}{2a^2} + \sum_{k=1}^{\infty} \frac{(-1)^k}{a^2 + k^2}\cos(kx)\right), \quad x \in [-\pi, \pi], a \neq 0, \tag{5.118}$$

$$\sinh(ax) = -\frac{2}{\pi}\sinh(a\pi)\sum_{k=1}^{\infty} \frac{(-1)^k k}{a^2 + k^2}\sin(kx), \quad x \in [-\pi, \pi], a \neq 0. \tag{5.119}$$

Beispiel 5.16:
Die Fourierreihe von e^{ax} ergibt sich aus

$$e^{ax} = \cosh(ax) + \sinh(ax). \tag{5.120}$$

Die linksstehenden Funktionen, hier nur für $x \in (-\pi, \pi)$ beschrieben, denke man sich 2π-periodisch auf ganz $\mathbb{R}$ erweitert, wobei in Sprungstellen, wie üblich, das arithmetische Mittel der einseitigen Grenzwerte genommen wird. Die Fourierreihen auf den rechten Seiten stellen dann diese periodischen Funktionen dar.

Beispiel 5.17:
Für $x \in (0, 2\pi)$ gilt

$$\frac{\pi - x}{2} = \sum_{m=1}^{\infty} \frac{\sin(mx)}{m}, \quad \text{(s. Fig. 5.14a).} \tag{5.121}$$

Man denke sich diese Funktion 2π-periodisch auf $\mathbb{R}$ erweitert, s. Fig. 5.14a.

Beispiel 5.18:
Für alle $x \in \mathbb{R}$ gilt (vgl. Fig. 5.14b)

$$|\sin x| = \frac{4}{\pi}\left[\frac{1}{2} - \sum_{m=1}^{\infty} \frac{\cos(2mx)}{4m^2-1}\right]. \tag{5.122}$$

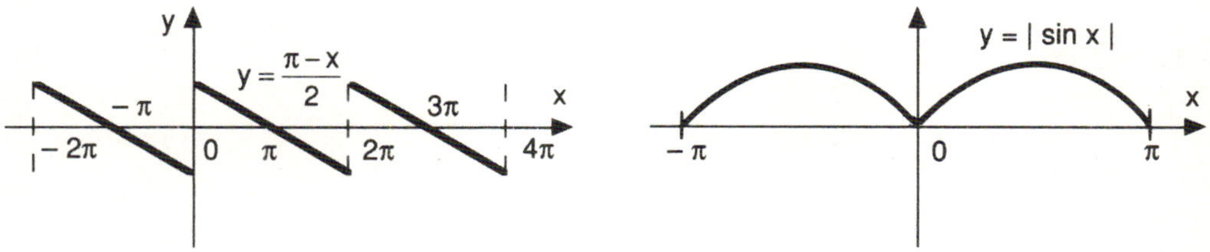

Fig. 5.14: Sägezahnkurve »rückwärts « und Sinus-Betrags-Funktion

Alternierende Funktionen: Eine 2π-periodische Funktion nennen wir *alternierend*, wenn

$$f(x) = -f(x+\pi) \quad \text{für alle } x \in \mathbb{R}$$

erfüllt ist. Fig. 5.15 zeigt ein Beispiel. Bei der Berechnung der Fourierkoeffizienten einer integrierbaren alternierenden Funktion zerlegt man das Integral $\int_{-\pi}^{\pi}$ in $\int_{-\pi}^{\pi} = \int_{-\pi}^{0} + \int_{0}^{\pi}$, ersetzt im Integral $\int_{-\pi}^{0}$ den Ausdruck $f(x)$ durch $-f(x+\pi)$ und substituiert $t = x + \pi$.

So erhält man

$$\begin{aligned} a_{2k} &= 0 \quad \text{für alle} \quad k = 0,1,2,\ldots, \\ b_{2k} &= 0 \quad \text{für alle} \quad k = 1,2,3,\ldots, \end{aligned} \tag{5.123}$$

$$\begin{aligned} a_{2k+1} &= \frac{2}{\pi}\int_0^{\pi} f(x)\cos((2k+1)x)\,\mathrm{d}x\,, \quad k = 0,1,2,\ldots, \\ b_{2k+1} &= \frac{2}{\pi}\int_0^{\pi} f(x)\sin((2k+1)x)\,\mathrm{d}x\,, \quad k = 0,1,2,\ldots. \end{aligned} \tag{5.124}$$

Folgerung 5.4:
Eine alternierende Funktion besitzt nur Fourierkoeffizienten zu ungeraden Indizes.

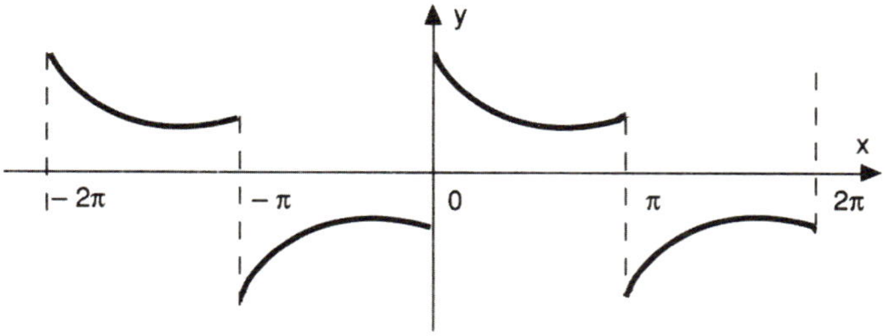

Fig. 5.15: Alternierende Funktion

Beispiel 5.19:
Die Funktion, die in Fig. 5.16 skizziert ist, lautet $f(x) = x$ in $(0, \pi)$ und ist im übrigen alternierend sowie 2π-periodisch und stückweise glatt. Ihre Fourierreihe ermittelt man mit den Gleichungen (5.123) und (5.124):

$$f(x) = -\frac{4}{\pi}\sum_{k=0}^{\infty}\frac{\cos((2k+1)x)}{(2k+1)^2} + 2\sum_{k=0}^{\infty}\frac{\sin((2k+1)x)}{(2k+1)} .$$

Man erhält die Reihe übrigens auch leicht aus den Fourierreihen von $|x|$ sowie der Rechteckfunktion h_1, wenn man beachtet, daß $f(x) = |x| - \pi/2 + \pi h_1(x)/2$ in $[-\pi, \pi]$ erfüllt ist.

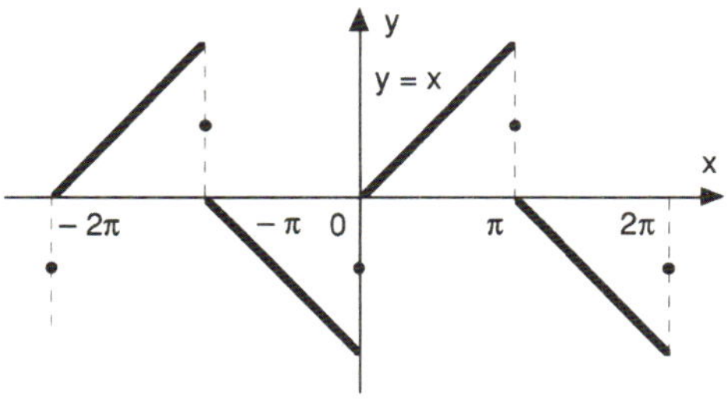

Fig. 5.16: Zu Beispiel 5.19

Sind alternierende Funktionen überdies gerade oder ungerade, so können wir die untenstehende Folgerung ziehen, deren einfacher Beweis dem Leser überlassen bleibt.

Folgerung 5.5:
Es sei f 2π-periodisch und integrierbar. Damit gilt für ihre Fourierkoeffizienten:

$$f \text{ gerade alternierend} \quad \Rightarrow \quad a_{2k+1} = \frac{4}{\pi}\int_0^{\pi/2} f(x)\cos((2k+1)x)\,\mathrm{d}x\,, \tag{5.125}$$

$$f \text{ ungerade alternierend} \quad \Rightarrow \quad b_{2k+1} = \frac{4}{\pi} \int_0^{\pi/2} f(x) \sin((2k+1)x) \, \mathrm{d}x \,. \qquad (5.126)$$

Alle übrigen Fourierkoeffizienten sind Null.

Beispiel 5.20:

Der in Fig. 5.17 dargestellte periodische Spannungsverlauf $u(x)$ soll in eine Fourierreihe entwickelt werden. u ist eine *ungerade alternierende* Funktion. Es kommen in ihrer Fourierreihe also nur Koeffizienten b_{2k+1} vor, die man nach (5.126) berechnet. Dabei wird das Integral $\int\limits_0^{\pi/2}$ zerlegt in $\int\limits_0^{\pi/3} + \int\limits_{\pi/3}^{\pi/2}$, also

$$b_{2k+1} = \frac{4}{\pi} \left(\int_0^{\pi/3} \frac{3u_0}{\pi} \sin((2k+1)x) \, \mathrm{d}x + \int_{\pi/3}^{\pi/2} u_0 \sin(2k+1)x) \, \mathrm{d}x \right)$$

Die Auswertung der Integrale (wobei beim ersten Integral partielle Integration verwendet wird wie bei der Sägezahnkurve) ergibt

$$b_{2k+1} = \frac{12u_0}{\pi^2} \cdot \frac{\sin\left((2k+1)\frac{\pi}{3}\right)}{(2k+1)^2}$$

$$\text{mit} \quad \sin\left((2k+1)\frac{\pi}{3}\right) = \begin{cases} \frac{\sqrt{3}}{2}, & \text{für } k = 0,3,6,\ldots, \\ 0, & \text{für } k = 1,4,7,\ldots, \\ -\frac{\sqrt{3}}{2}, & \text{für } k = 2,5,8,\ldots \end{cases}$$

also

$$u(x) = u_0 \frac{6\sqrt{3}}{\pi^2} \left(\sin x - \frac{\sin(5x)}{5^2} + \frac{\sin(7x)}{7^2} - \frac{\sin(11x)}{11^2} + \frac{\sin(13x)}{13^2} - + \ldots \right) . \qquad (5.127)$$

Übung 5.7:

Leite die Fourierkoeffizienten in den Beispielen 5.13 bis 5.20 explizit her.

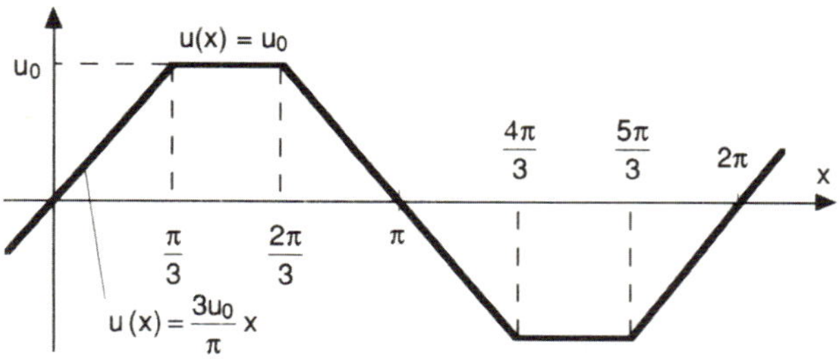

Fig. 5.17: Periodischer Spannungsverlauf, aus Strecken zusammengesetzt

Übung 5.8:

Berechne die Fourierreihe von $f(x) = x(1+\cos x)$, $(-\pi < x < \pi)$ wobei wir f 2π-periodisch auf $\mathbb{R}$ fortgesetzt denken. Ist die Fourierreihe gleichmäßig konvergent?

Übung 5.9:

Berechne die Fourierreihen von $\left|\sin\frac{x}{2}\right|$ und $\left|\cos\frac{x}{2}\right|$.

5.5.4 Konvergenz von Fourierreihen[14]

Zum *Beweis des Konvergenzsatzes* (Satz 5.23) schreiben wir die n-te Partialsumme der Fourierreihe von f hin:

$$s_n(x) = \frac{a_0}{2} + \sum_{k=1}^{n}(a_k\cos(kx) + b_k\sin(kx)) . \tag{5.128}$$

Zu zeigen ist $s_n(x) \to f(x)$ für $n \to \infty$. Dazu wird die rechte Seite umgeformt: Zunächst werden für die Fourier-Koeffizienten a_k und b_k die entsprechenden Integralausdrücke eingesetzt und $\sum$ mit $\int$ vertauscht. So entsteht die erste Zeile der folgenden Rechnung. Mit dem Additionstheorem des Cosinus folgt die zweite Zeile und über die Summenformel aus Übung 2.20 in Abschn. 2.3.2 die dritte Zeile:

$$\begin{aligned} s_n(x) &= \frac{1}{\pi}\int_{-\pi}^{\pi} f(t)\left(\frac{1}{2} + \sum_{k=1}^{n}(\cos(kt)\cos(kx) + \sin(kt)\sin(kx))\right)\mathrm{d}t \\ &= \frac{1}{\pi}\int_{-\pi}^{\pi} f(t)\left(\frac{1}{2} + \sum_{k=1}^{n}\cos(k(t-x))\right)\mathrm{d}t \\ &= \frac{1}{\pi}\int_{-\pi}^{\pi} f(t)\frac{\sin(\lambda(t-x))}{2\sin\left(\frac{t-x}{2}\right)}\mathrm{d}t\,, \quad \text{mit } \lambda = n + \frac{1}{2}, \end{aligned}$$

14 Kann beim ersten Lesen überschlagen werden.

$$= \frac{1}{\pi}\int\limits_{-\pi}^{\pi} f(x+\tau)\frac{\sin(\lambda(\tau))}{2\sin\left(\frac{\tau}{2}\right)}\,\mathrm{d}\tau\,, \quad \text{mit } t = x+\tau,$$

$$= \frac{1}{\pi}\left(\int\limits_{0}^{\pi}(f(x+\tau)-f(x+))\frac{\sin(\lambda\tau)}{2\sin\left(\frac{\tau}{2}\right)}\,\mathrm{d}\tau + f(x+)\int\limits_{0}^{\pi}\frac{\sin(\lambda\tau)}{2\sin\left(\frac{\tau}{2}\right)}\,\mathrm{d}\tau\right.$$

$$\left.+\int\limits_{-\pi}^{0}(f(x+\tau)-f(x-))\frac{\sin(\lambda\tau)}{2\sin\left(\frac{\tau}{2}\right)}\,\mathrm{d}\tau + f(x-)\int\limits_{-\pi}^{0}\frac{\sin(\lambda\tau)}{2\sin\left(\frac{\tau}{2}\right)}\,\mathrm{d}\tau\right). \tag{5.129}$$

In den letzten beiden Zeilen streben das erste und dritte Integral bei festem x für $\lambda \to \infty$ gegen Null. Die Konvergenz ist gleichmäßig auf kompakten Intervallen ohne Sprungstellen von f (s. folgender Hilfssatz). Das zweite Integral strebt mit $\lambda \to \infty$ gegen $\pi/2$ (s. Abschn. 4.3.2, Beisp. 4.24, (4.134)). Das vierte Integral ist nach Substitution $\overline{\tau} = -\tau$ gleich dem zweiten, strebt also auch für $\lambda \to \infty$ gegen $\pi/2$. Damit strebt $s_n(x)$ bei festem x für $n \to \infty$ gegen $(f(x+) + f(x-))/2$ und überdies gleichmäßig auf kompakten Intervallen ohne Sprungstellen von f. □

Es bleibt folgender Hilfssatz zu zeigen. Dabei führen wir zur Abkürzung die Funktion

$$s_x(t) := \begin{cases} \dfrac{f(x+t)-f(x+)}{2\sin(t/2)}, & \text{für } t \in (0,\pi], \\ f'(x+)\,, & \text{für } t = 0, \end{cases}$$

ein. Sie ist offenbar für jedes feste x eine beschränkte Funktion in t, was für $t \to 0$ aus der de l'Hospitalschen Regel folgt. Es gilt noch mehr: Ist $[\alpha, \beta]$ ein Intervall ohne Sprungstellen von f, so gibt es ein $M > 0$ mit $|s_x(t)| \le M$ für alle $t\{\in [0,\pi]$ und alle $x \in [\alpha,\beta]$. Wir sagen dafür: s_x ist auf $[\alpha,\beta]$ *gleichmäßig beschränkt*. (Für $t \in [\delta,\pi]$, mit einem $\delta > 0$, ist das klar; für $t = 0$ ebenfalls. Für $t \in (0,\delta)$ (δ klein genug) verwandelt man s_x mit dem Mittelwertsatz der Differentialrechnung — zweimal angewendet, auf Zähler und Nenner — in $s_x(t) = f'(x + t_1)/\cos(t_2/2)$ mit $t_1, t_2 \in (0,t)$, woraus die gleichmäßige Beschränktheit folgt.)

Hilfssatz 5.2:

Für jedes $x \in \mathbb{R}$ gilt

$$J_x(\lambda) := \int\limits_0^{\pi} s_x(t)\sin(\lambda t)\,\mathrm{d}t \to 0 \quad \text{für } \lambda \to \infty.$$

Die Konvergenz ist gleichmäßig auf jedem kompakten Intervall $[\alpha,\beta]$ ohne Sprungstellen von f.

Bemerkung: (a) Für das dritte Integral in (5.129) gilt entsprechendes.

(b) Die Beweisidee für den Hilfssatz ist einfach. Man erkennt nämlich, daß $\sin(\lambda t)$ für große

λ eine sehr schnelle Schwingung beschreibt (t als Zeit aufgefaßt). Nimmt man $s_x(t)$ für den Augenblick als stetig an, so ist diese Funktion innerhalb einer Periode damit fast konstant. Das Integral von $s_x(t)\sin(\lambda t)$ über eine Periode ist also nahezu Null. Summation über alle Perioden ergibt dann (hoffentlich) auch beinahe Null, wobei man der Null für sehr große λ beliebig nahe kommt. Für stückweise stetige s_x ändert sich diese Argumentation nur unwesentlich.

Beweis:
Die Funktion $\sin(\lambda t)$ wechselt jeweils im Abstand $h = \pi/\lambda$ ihr Vorzeichen ($\lambda > 0$). Wir substituieren $t = u + h$ in $J_x(\lambda)$ und erhalten

$$J_x(\lambda) = -\int\limits_{-h}^{\pi-h} s_x(u+h)\sin(\lambda u)\,\mathrm{d}u\,.$$

Schreibt man hier wieder t statt u und addiert dies zu $J_x(\lambda)$ in seiner ursprünglichen Form, so folgt

$$\begin{aligned}2J_x(\lambda) = &-\int\limits_{-h}^{0} s_x(t+h)\sin(\lambda t)\,\mathrm{d}t + \int\limits_{0}^{\pi-h} (s_x(t) - s_x(t+h))\sin(\lambda t)\,\mathrm{d}t \\ &+ \int\limits_{\pi-h}^{0} s_x(t)\sin(\lambda t)\,\mathrm{d}t\,.\end{aligned}$$

Mit $|s_x(t)| \le M$ erhält man die Abschätzung

$$|J_x(\lambda)| \le Mh + \int\limits_{0}^{\pi-h} |s_x(t) - s_x(t+h)|\,\mathrm{d}t + Mh\,. \tag{5.130}$$

Hierbei zerlegen wir $\int\limits_{0}^{\pi-h}$

$$\int\limits_{0}^{\pi-h} = \left(\int\limits_{0}^{t_1-h} + \int\limits_{t_1-h}^{t_1}\right) + \left(\int\limits_{t_1}^{t_2-h} + \int\limits_{t_2-h}^{t_2}\right) + \ldots + \int\limits_{t_m}^{\pi-h},$$ [15]

wobei $t_1, \ldots, t_m$ die Unstetigkeitsstellen von s_x sind. Davon kann es höchstens soviele geben — sagen wir N — wie es Sprünge von f in $[0,\pi]$ gibt. In den Intervallen $[t_i - h, t_i]$ der Länge h ist der Integrand $|s_x(t) - s_x(t+h)| \le 2M$, während er in den übrigen Intervallen aus Stetigkeitsgründen $\le \varepsilon$ ist für $h \le h_0$ (dabei $\varepsilon > 0$ beliebig gegeben und h_0 passend gewählt). Somit

15 Integrale, deren obere Grenze kleiner als die untere ist, werden hierbei 0 gesetzt.

erhalten wir aus (5.130)

$$2|J_x(\lambda)| \le Mh + N \cdot 2Mh + \varepsilon \cdot (\pi - h) + Mh < (2N + 2)M \cdot h + \varepsilon\pi$$

für $h < h_0$. Diese Abschätzung gilt sowohl für festes x, als auch für alle x aus einem Intervall $[\alpha, \beta]$ ohne Sprünge von f. Die rechte Seite wird aber kleiner als jedes $\varepsilon^* > 0$, wenn $h < h_1$ ist (h_1 genügend klein gewählt). Daraus folgt die Behauptung des Hilfssatzes. □

Zur Vertiefung beweisen wir

Satz 5.24:
Für alle integrierbaren Funktionen auf $[-\pi, \pi]$ gilt die *Besselsche*[16] *Ungleichung*

$$\frac{a_0^2}{2} + \sum_{k=1}^{n} (a_k^2 + b_k^2) \le \frac{1}{\pi} \int_{-\pi}^{\pi} f^2(x)\,\mathrm{d}x \tag{5.131}$$

Dabei sind a_k, b_k die Fourierkoeffizienten von f.

Beweis:
Man multipliziere die quadratische Klammer im folgenden Integral aus und verwende dann die Orthogonalitätsrelationen von sin und cos sowie die Integraldefinition der Fourierkoeffizienten. Das heißt man berechnet

$$\begin{aligned} 0 &\le \int_{-\pi}^{\pi} \left(f(x) - \left[\frac{a_0}{2} + \sum_{k=1}^{n} (a_k \cos(kx) + b_k \sin(kx)) \right] \right)^2 \mathrm{d}x \\ &= \int_{-\pi}^{\pi} (f^2(x) - 2f(x)[\ldots] + [\ldots]^2)\,\mathrm{d}x \\ &= \int_{-\pi}^{\pi} f^2(x)\,\mathrm{d}x - \pi \left(\frac{a_0^2}{2} + \sum_{k=1}^{n} (a_k^2 + b_k^2) \right) \end{aligned}$$

□

Aus der Besselschen Ungleichung ergibt sich insbesondere für $n \to \infty$:

$$\frac{a_0^2}{2} + \sum_{k=1}^{\infty} (a_k^2 + b_k^2) \le \frac{1}{\pi} \int_{-\pi}^{\pi} f^2(x)\,\mathrm{d}x\,,$$

d.h. die linke Reihe ist konvergent. Man erhält daraus

16 Friedrich Wilhelm Bessel (1784 – 1846), deutscher Astronom, Mathematiker und Geodät

Folgerung 5.6:

Die Fourierkoeffizienten einer integrierbaren Funktion streben gegen Null:

$$\lim_{k\to\infty} a_k = 0 \,, \qquad \lim_{k\to\infty} b_k = 0 \,. \tag{5.132}$$

Schließlich beweisen wir den

Satz 5.25:

Ist f eine stetige, stückweise glatte Funktion der Periode 2π, so konvergiert ihre Fourierreihe *gleichmäßig und absolut* gegen f. Für ihre Fourierkoeffizienten a_k, b_k, folgt sogar die Konvergenz der Reihen

$$\sum_{k=1}^{\infty} |a_k| \,, \qquad \sum_{k=1}^{\infty} |b_k| \,.$$

Beweis:

Aus $(|A| - |B|)^2 \geq 0$ folgt $2|AB| \leq A^2 + B^2$. Damit gilt mit $A = \dfrac{1}{k}$, $B = ka_k$:

$$2|a_k \cos(kx)| \leq 2|a_k| = \frac{2}{k}|ka_k| \leq \frac{1}{k^2} + (ka_k)^2 \tag{5.133}$$

und entsprechend

$$2|b_k \sin(kx)| \leq 2|b_k| \leq \frac{1}{k^2} + (kb_k)^2 \tag{5.134}$$

für $k \in \mathbb{N}$. Die Ableitung f' wird an ihren Sprungstellen durch das arithmetische Mittel ihrer einseitigen Grenzwerte erklärt. Die Fourierkoeffizienten von f' sind kb_k und $-ka_k$, wie man durch partielle Integration in den Integraldarstellungen der Koeffizienten herausfindet. Die Besselsche Ungleichung für f' liefert damit die Konvergenz der Reihe

$$\sum_{k=1}^{\infty} k^2 (a_k^2 + b_k^2) \,.$$

Die obigen Ungleichungen ergeben

$$|a_k \cos(kx) + b_k \sin(kx)| \leq |a_k| + |b_k| \leq \frac{1}{k^2} + \frac{k^2}{2}(a_k^2 + b_k^2) \,. \tag{5.135}$$

Da $\displaystyle\sum_{k=1}^{\infty} \left(\frac{k^2}{2}(a_k^2 + b_k^2) + \frac{1}{k^2} \right)$ konvergiert, ist diese Reihe eine Majorante für die Fourierreihe von f, wie auch für die Reihen $\displaystyle\sum_{k=1}^{\infty} |a_k|$, $\displaystyle\sum_{k=1}^{\infty} |b_k|$. Daraus folgt die Behauptung des Satzes. □

Übung 5.10:

Beweise die folgende *Eindeutigkeitsaussage* für trigonometrische Reihen: Ist eine 2π-periodische reelle Funktion f durch eine trigonometrische Reihe darstellbar, die punktweise gegen f strebt, so sind die Koeffizienten der Reihe *eindeutig* durch f bestimmt.

Anleitung: Man nehme an, daß es zwei trigonometrische Reihen gibt, die f darstellen. Dann bilde man ihre Differenzreihe. Sie stellt die Funktion $h(x) \equiv 0$ dar. Was folgt daraus über die Koeffizienten der Differenzreihe?

5.5.5 Komplexe Schreibweise von Fourierreihen

Bemerkung: Die komplexe Schreibweise bei Schwingungsvorgängen erweist sich in der Technik als sehr brauchbar und ökonomisch. Sowohl in der Elektrotechnik, wie in der Aerodynamik, Elastomechanik und anderen Gebieten, ist die komplexe Schreibweise bei Schwingungen üblich.

Jede stückweise glatte, 2π-periodische Funktion $f : \mathbb{R} \to \mathbb{R}$ ist, wie wir gesehen haben, in eine Fourierreihe entwickelbar:

$$f(x) = \frac{a_0}{2} + \sum_{n=1}^{\infty} (a_n \cos(nx) + b_n \sin(nx)) . \tag{5.136}$$

Die Reihendarstellung wird noch übersichtlicher, wenn wir unsere Kenntnisse über komplexe Zahlen heranziehen und

$$\cos(nx) = \frac{\mathrm{e}^{\mathrm{i}nx} + \mathrm{e}^{-\mathrm{i}nx}}{2} , \qquad \sin(nx) = \frac{\mathrm{e}^{\mathrm{i}nx} - \mathrm{e}^{-\mathrm{i}nx}}{2\mathrm{i}} \tag{5.137}$$

verwenden (vgl. Abschn. 2.5.3, Folgerung 2.12). Da komplexe Reihen analog zu reellen Reihen erklärt sind einschließlich ihrer Konvergenzeigenschaften, so können wir die Fourierreihe von f umformen in

$$\begin{aligned} f(x) &= \frac{a_0}{2} + \sum_{n=1}^{\infty} \left(a_n \frac{\mathrm{e}^{\mathrm{i}nx} + \mathrm{e}^{-\mathrm{i}nx}}{2} + b_n \frac{\mathrm{e}^{\mathrm{i}nx} - \mathrm{e}^{-\mathrm{i}nx}}{2\mathrm{i}} \right) \\ &= \frac{a_0}{2} + \sum_{n=1}^{\infty} \left(\frac{a_n - \mathrm{i}b_n}{2} \mathrm{e}^{\mathrm{i}nx} + \frac{a_n + \mathrm{i}b_n}{2} \mathrm{e}^{-\mathrm{i}nx} \right) . \end{aligned}$$

Dabei wurde die Gleichung $1/\mathrm{i} = -\mathrm{i}$ verwendet, die unmittelbar aus $-1 = \mathrm{i} \cdot \mathrm{i}$ hervorgeht. Der höheren Eleganz wegen vereinbaren wir $b_0 := 0$ und

$$a_{-n} := a_n \quad \text{und} \quad b_{-n} := -b_n \tag{5.138}$$

für $n = 0, 1, 2, \ldots$. (Dies ergibt sich übrigens auch »automatisch« aus den Integraldarstellungen (5.106) der Fourierkoeffizienten.) Damit, und mit der Abkürzung

$$\alpha_n := \frac{a_n - \mathrm{i}b_n}{2} , \quad n \text{ ganzzahlig,} \tag{5.139}$$

bekommt $f(x)$ die Reihendarstellung

$$f(x) = \alpha_0 + \sum_{n=1}^{\infty} (\alpha_n \,\mathrm{e}^{\mathrm{i}\,nx} + \alpha_{-n} \,\mathrm{e}^{-\mathrm{i}\,nx}) \,. \tag{5.140}$$

Die m-te Partialsumme der rechten Reihe hat dabei die Form

$$s_m(x) = \alpha_0 + \sum_{n=1}^{m} (\alpha_n \,\mathrm{e}^{\mathrm{i}\,nx} + \alpha_{-n} \,\mathrm{e}^{-\mathrm{i}\,nx}) = \sum_{n=-m}^{m} \alpha_n \,\mathrm{e}^{\mathrm{i}\,nx} \,. \tag{5.141}$$

Da sie mit $m \to \infty$ gegen $f(x)$ strebt, schreiben wir:

$$f(x) = \sum_{n=-\infty}^{\infty} \alpha_n \,\mathrm{e}^{\mathrm{i}\,nx} \,. \tag{5.142}$$

Dabei verstehen wir unter der Summe rechts den Grenzwert

$$\lim_{m\to\infty} \sum_{n=-m}^{m} \alpha_n \,\mathrm{e}^{\mathrm{i}\,nx} \,. \tag{5.143}$$ [17]

Bemerkung: Die elegante Schreibweise (5.142) der Fourierreihe von f erweist sich als sehr nützlich, da sich mit der Exponentialfunktion bequemer arbeiten läßt als mit cos und sin.

Die *Koeffizienten* α_n in (5.142) lassen sich direkt durch eine Integralformel angeben. Der Einfachheit halber wollen wir dabei zunächst annehmen, daß die Reihe (5.142) gleichmäßig konvergiert. Wir multiplizieren nun (5.142) mit $\mathrm{e}^{\mathrm{i}\,kx}$ (k ganzzahlig), integrieren von $-\pi$ bis π und vertauschen $\int\limits_{-\pi}^{\pi}$ mit $\sum$:

$$\int\limits_{-\pi}^{\pi} f(x)\,\mathrm{e}^{-\mathrm{i}\,kx}\,\mathrm{d}x = \sum_{n=-\infty}^{\infty} \alpha_n \int\limits_{-\infty}^{\infty} \mathrm{e}^{\mathrm{i}(n-k)x}\,\mathrm{d}x \,. \tag{5.144}$$

---

17 Normalerweise versteht man unter $\sum\limits_{n=-\infty}^{\infty} c_n$ die Summe $\sum\limits_{n=0}^{\infty} c_n + \sum\limits_{n=1}^{\infty} c_{-n}$, d.h. es müssen *zwei* Grenzwerte gebildet werden. In (5.142) meinen wir aber ausdrücklich die »symmetrische« Grenzwertbildung (5.143).

Das rechtsstehende Integral ist dabei so zu verstehen, daß über Realteil, wie Imaginärteil, einzeln integriert und danach summiert wird. Damit errechnet man:

$$\begin{aligned}\int_{-\pi}^{\pi} \mathrm{e}^{\mathrm{i}(n-k)x}\,\mathrm{d}x &= \int_{-\pi}^{\pi} (\cos((n-k)x) + \mathrm{i}\sin((n-k)x))\,\mathrm{d}x \\ &= \int_{-\pi}^{\pi} \cos((n-k)x)\,\mathrm{d}x + \underbrace{\mathrm{i}\int_{-\pi}^{\pi} \sin((n-k)x)\,\mathrm{d}x}_{0} = \begin{cases} 2\pi\,, & \text{falls } n = k, \\ 0 & \text{falls } n \neq k. \end{cases}\end{aligned}$$

Die Summe in (5.144) reduziert sich somit auf nur ein Glied, nämlich dasjenige mit $n = k$. Folglich ist die rechte Seite von (5.144) gleich $\alpha_k \cdot 2\pi$. Bringt man 2π auf die andere Seite und setzt n statt k, folgt

$$\alpha_n = \frac{1}{2\pi}\int_{-\pi}^{\pi} f(x)\,\mathrm{e}^{-\mathrm{i}nx}\,\mathrm{d}x\,. \tag{5.145}$$

Diese Integralformel zur Berechnung von α_n gilt allgemein, also auch wenn die Gleichmäßigkeit der Konvergenz in (5.142) verletzt ist. Man leitet (5.145) nämlich sofort aus (5.139) her, indem man die Integralausdrücke für a_n und b_n einsetzt und $\mathrm{e}^{-\mathrm{i}nx} = \cos(nx) - \mathrm{i}\sin(nx)$ beachtet.

Die Rückberechnung von a_n und b_n aus α_n geschieht durch $a_n = 2\,\mathrm{Re}\,\alpha_n$, $b_n = -2\,\mathrm{Im}\,\alpha_n$ oder

$$a_n = \alpha_n + \alpha_{-n}\,, \quad b_n = \mathrm{i}(\alpha_n - \alpha_{-n}) \quad (n = 0,1,2,\ldots)\,. \tag{5.146}$$

Dabei ist $\alpha_{-n} = \overline{\alpha_n}$.

Die Konvergenzsätze (Satz 5.15 und Satz 5.24) gelten für die komplex geschriebene Reihe (5.142) entsprechend.

Bemerkung: Zur Beschreibung von *Schwingungen* verwenden Techniker und Physiker häufig unmittelbar den Reihenansatz über die komplexe Exponentialfunktion, d.h.

$$f(t) = \sum_{n=-\infty}^{\infty} \alpha_n\,\mathrm{e}^{-\mathrm{i}n\omega t}\,. \tag{5.147}$$

$\omega > 0$ ist dabei die Kreisfrequenz der Schwingung. Mit dieser Reihe arbeitet man einfacher als mit Sinus- und Cosinusreihen, da die Exponentialfunktion die prachtvolle Gleichung $\mathrm{e}^{z+w} = \mathrm{e}^z\,\mathrm{e}^w$ erfüllt.

Will man z.B. die *phasenverschobene* Schwingung $g(t) := f(t - t_0)$ durch eine Fourierreihe beschreiben, so folgt aus (5.147) sofort

$$g(t) = f(t - t_0) = \sum_{n=-\infty}^{\infty} \alpha_n\,\mathrm{e}^{\mathrm{i}n\omega(t-t_0)} = \sum_{n=-\infty}^{\infty} \underbrace{(\alpha_n\,\mathrm{e}^{-\mathrm{i}n\omega t_0})}_{=:\beta_n}\,\mathrm{e}^{\mathrm{i}n\omega t} \tag{5.148}$$

womit die Fourierreihe von g schon ermittelt ist! Man versuche dies zum Spaß einmal mit den Cosinus-Sinus-Reihen. Über die Additionstheoreme von cos und sin kommt man zwar auch hin, aber wesentlich umständlicher.

Übung 5.11:

Es sei $f(x) = \frac{x}{\pi} + \left(\frac{x}{\pi}\right)^2$ für $x \in (-\pi, \pi)$. Wir denken uns f zu einer stückweise glatten 2π-periodischen Funktion fortgesetzt. Berechne die Fourierreihe von f und schreibe diese als »Exponentialreihe« der Form (5.142) auf.

5.5.6 Anwendung: Gedämpfte erzwungene Schwingung

Um die Schwingungen eines Federpendels (mit Reibung) behandeln zu können, muß die folgende *Differentialgleichung* gelöst werden:

$$m\ddot{x} + r\dot{x} + cx = 0 \quad \text{mit} \quad r > 0\,,\ c > 0\,. \tag{5.149}$$

Wirkt auf den Massenpunkt des Federpendels noch eine äußere Kraft $K(t)$ (etwa durch ein Magnetfeld), so erhalten wir die erweiterte Differentialgleichung

$$m\ddot{x}(t) + r\dot{x}(t) + cx(t) = K(t)\,, \quad t \in \mathbb{R}\,. \tag{5.150}$$

Von großer Bedeutung für die Praxis ist der Fall, daß K eine periodische Funktion ist. Wir wollen daher K als eine periodische, stetige, stückweise glatte Funktion voraussetzen. Ihre Periode (= Schwingungszeit) sei T. Ingenieure und Physiker arbeiten gern mit der *Kreisfrequenz* $\omega = 2\pi/T$. K läßt sich nach Satz 5.24 in eine absolut gleichmäßig konvergente Fourierreihe entwickeln, die wir in komplexer Schreibweise angeben:

$$K(t) = \sum_{n=-\infty}^{\infty} \alpha_n \mathrm{e}^{\mathrm{i}n\omega t}\,.$$

Aus der absoluten Konvergenz folgt für $t = 0$, daß der Grenzwert

$$\sum_{n=-\infty}^{\infty} |\alpha_n|$$

existiert. Unter diesen Voraussetzungen ist folgende *Frage* zu beantworten: Welche zweimal stetig differenzierbaren Funktionen $x : \mathbb{R} \to \mathbb{R}$ erfüllen die Differentialgleichung (5.150)?

Funktionen dieser Art nennen wir *Lösungen* der Differentialgleichung.

Zur Beantwortung der Frage eine *Vorbemerkung*: Ist $x_0 : \mathbb{R} \to \mathbb{R}$ eine Lösung von (5.150), und ist $x_h : \mathbb{R} \to \mathbb{R}$ eine Lösung der »homogenen« Differentialgleichung (5.149), so ist die Summe

$$x(t) = x_h(t) + x_0(t)\,, \quad t \in \mathbb{R}\,, \tag{5.151}$$

ebenfalls Lösung von (5.150), wie man leicht nachrechnet. Mehr noch: Halten wir die Funktion x_0 fest und lassen x_h in (5.151) alle Lösungen von (5.149) »durchlaufen«, so erhalten wir durch

(5.151) *alle Lösungen* unserer Differentialgleichung (5.150). (Denn ist x eine beliebige Lösung von (5.150), so subtrahiere man x_0 von ihr. $x - x_0 = x^*$ ist aber eine Lösung der homogenen Differentialgleichung (5.149), wie man leicht sieht. Wir schreiben daher $x^* = x_h$. Damit hat $x = x_h + x_0$ die behauptete Form.)

Sämtliche Lösungen x_h der »homogenen« Differentialgleichung (5.149) sind folgendermaßen gegeben:

1. *Fall* $r^2 - 4mc > 0$:

$$x_h(t) = a\,\mathrm{e}^{-\lambda_1 t} + b\,\mathrm{e}^{-\lambda_2 t} \quad \begin{cases} \lambda_1 := \dfrac{1}{2m}(r + \sqrt{q}) \\ \lambda_2 := \dfrac{1}{2m}(r - \sqrt{q}) \end{cases} \quad \text{wobei } q := r^2 - 4mc. \tag{5.152}$$

2. *Fall* $r^2 - 4mc = 0$:

$$x_h(t) = \mathrm{e}^{-rt/(2m)}(a + bt)\,. \tag{5.153}$$

3. *Fall* $r^2 - 4mc < 0$:

$$x_h(t) = \mathrm{e}^{-rt/(2m)}(a\cos(\omega t) + b\sin(\omega t)) \quad \text{mit} \quad \omega := \sqrt{\frac{c}{m} - \frac{r^2}{4m^2}}\,. \tag{5.154}$$

Dabei sind a, b beliebige reelle Konstanten. (Zur Herleitung s. Burg/Haf/Wille/Meister (Band III) [10], Abschn. 3.1.4)

Es bleibt uns nur die Aufgabe, *eine einzige* Lösung x_0 unserer Differentialgleichung (5.150) zu berechnen. Durch (5.151) haben wir dann *alle* Lösungen von (5.150). Die Lösung x_0 nennen wir eine *partikuläre* Lösung.

Lösungsberechnung: Die Fourierreihe von K gibt uns eine Idee für das Auffinden einer partikulären Lösung von (5.150). Und zwar setzen wir auch x_0 als Fourierreihe an mit der gleichen Periode wie K:

$$x_0(t) = \sum_{n=-\infty}^{\infty} \beta_n\,\mathrm{e}^{\mathrm{i}n\omega t}\,. \tag{5.155}$$

Die Reihen der Ableitung lauten

$$\dot{x}_0(t) = \sum_{n=-\infty}^{\infty} \mathrm{i}n\omega\beta_n\,\mathrm{e}^{\mathrm{i}n\omega t}\,, \qquad \ddot{x}_0(t) = -\sum_{n=-\infty}^{\infty} n^2\omega^2\beta_n\,\mathrm{e}^{\mathrm{i}n\omega t}\,.$$

Dabei werden alle diese Reihen als absolut konvergent angenommen.

Setzt man die Fourierreihe in die Differentialgleichung (5.150) ein, wobei man $K(t)$ vorher auf die linke Seite bringt, so folgt

$$\sum_{n=-\infty}^{\infty} (-mn^2\omega^2\beta_n + r\cdot\mathrm{i}n\omega\beta_n + c\beta_n - \alpha_n)\,\mathrm{e}^{\mathrm{i}n\omega t} = 0$$

für alle $t \in \mathbb{R}$. Daraus folgt, daß die Klammern verschwinden (denn sie sind die komplexen Fourierkoeffizienten der Funktion $f(t) \equiv 0$), also

$$-mn^2\omega^2\beta_n + r \cdot \mathrm{i}\, n\omega\beta_n + c\beta_n - \alpha_n = 0 \quad \text{für alle ganzen } n. \tag{5.156}$$

Auflösung nach β_n liefert

$$\beta_n = \frac{\alpha_n}{(c - n^2\omega^2 m) + \mathrm{i}\, n\omega r}. \tag{5.157}$$

Geht man nun umgekehrt vor und definiert die β_n durch diese Gleichung sowie $x_0(t)$ durch die Reihe (5.155), so stellt man fest, daß die Reihen von x, $\dot{x}$, $\ddot{x}$ in der Tat absolut und gleichmäßig konvergieren (wegen $|\beta_n| \le |\alpha_n|/(n^2\omega^2 m)$ für $n^2\omega^2 m > c$, und der Existenz von $\sum\limits_{n=-\infty}^{\infty} |\alpha_n|$). Einsetzen in die Differentialgleichung (5.150) zeigt, daß x_0 eine Lösung ist. Also zusammengefaßt:

Folgerung 5.7:

$$x_0(t) = \sum_{n=-\infty}^{\infty} \beta_n\, \mathrm{e}^{\mathrm{i}\, n\omega t}, \tag{5.158}$$

mit (5.157), beschreibt eine partikuläre Lösung der Differentialgleichung (5.150).

Wir schreiben die Reihe von $x_0(t)$ schließlich in ihre *reelle* Form um, also als trigonometrische Reihe.

Mit

$$\alpha_n = \frac{a_n - \mathrm{i}\, b_n}{2}, \quad n = 0, 1, 2, 3, \ldots,$$

erhält zunächst die Fourierreihe von $K(t)$ die »reelle« Form

$$K(t) = \frac{a_0}{2} + \sum_{n=1}^{\infty} (a_n \cos(n\omega t) + b_n \sin(n\omega t)).$$

Wir setzen $\alpha_n = (a_n - \mathrm{i}\, b_n)/2$ in (5.157) ein und multiplizieren Zähler und Nenner in (5.157) mit dem »konjugierten Nenner«, also mit $(c - n^2\omega^2 m) - \mathrm{i}\, n\omega r$. Eine kurze Rechnung liefert uns β_n in der Gestalt

$$\beta_n = \frac{A_n - \mathrm{i}\, B_n}{2}$$

mit

$$A_n = \frac{a_n(c - n^2\omega^2 m) - b_n n\omega r}{(c - n^2\omega^2 m)^2 + (n\omega r)^2}, \qquad B_n = \frac{b_n(c - n^2\omega^2 m) + a_n n\omega r}{(c - n^2\omega^2 m)^2 + (n\omega r)^2}. \tag{5.159}$$

Folglich ist

$$x_0(t) = \frac{A_0}{2} + \sum_{n=1}^{\infty} (A_n \cos(n\omega t) + B_n \sin(n\omega t)) . \tag{5.160}$$

Damit ist eine partikuläre Lösung berechnet und unser Problem gelöst.

Anwendung auf das Schwingungsproblem: Nach dem anfangs Gesagten lautet die allgemeine Lösung unserer Differentialgleichung (5.150)

$$x(t) = x_h(t) + x_0(t) , \tag{5.161}$$

wobei x_h eine beliebige Lösung der homogenen Differentialgleichung (5.149) ist. t ist beim Schwingungsproblem die Zeit. Nach (5.152), (5.153), (5.154) hat $x_h(t)$ stets die Gestalt

$$x_h(t) = \mathrm{e}^{-rt/(2m)}\, g(t) , \quad (r > 0)$$

mit einer Funktion $g : \mathbb{R} \to \mathbb{R}$, die beschränkt ist oder von der Form $a + bt$ ist (d.h. höchstens »linear wächst«). Daraus folgt insbesondere

$$\lim_{t \to \infty} x_h(t) = 0 .$$

Das heißt nach längerer Zeitdauer geht jede Schwingung unseres Federpendels in eine »stabile Schwingung« über. Diese wird durch die Lösung $x_0(t)$ beschrieben. (In Burg/Haf/Wille/Meister (Band III) [10], Abschn. 3.1.4, wird noch einmal ausführlich auf dieses Problem eingegangen, wobei insbesondere das Resonanzphänomen erörtert wird.)

Das Schwingungsproblem haben wir am Federpendel erläutert. Jedoch führen auch andere Schwingungsaufgaben, insbesondere elektromagnetische, auf die Differentialgleichung (5.150). Diese Probleme haben wir mit der »Fourierschen Methode« alle mitgelöst.

Bemerkung: Auch weitere physikalische Probleme wie die Temperaturverteilung in einer kreisförmigen Platte, die Bewegungen einer schwingenden Saite u.a. können mit der *Fourierschen Methode* gelöst werden. Diese Methode besteht darin, daß gewisse periodische Funktionen, die in der Problemstellung gegeben sind, in Fourierreihen entwickelt werden, und daß auch die Lösungsfunktionen als Fourierreihen angesetzt werden. Durch einen Koeffizientenvergleich, der sich aus der Differentialgleichung des Problems ergibt, erhält man die Fourierkoeffizienten der Lösung (siehe z.B. [25], Kap. XVIII, sowie die Literatur über theoretische Physik).

Übung 5.12:

In der Differentialgleichung (5.150) sei $m = 1\,\mathrm{kg}$, $r = 15\,\mathrm{Ns/m}$, $c = 100\,\mathrm{N/m}$ und $K(t) = a(\omega t)^2$ für $t \in [-\pi, \pi]$ mit $\omega = 0{,}8\,\mathrm{s}^{-1}$ und $a = 20\,\mathrm{N}$.

(a) Berechne die stabile Lösung $x_0 : \mathbb{R} \to \mathbb{R}$.

(b) Berechne die Lösung $x : \mathbb{R} \to \mathbb{R}$ des Schwingungsproblems unter der Voraussetzung, daß zur Zeit $t = 0$ folgendes gilt: $x(0) = 0\,\mathrm{m}$, $\dot{x}(0) = 0{,}5\,\mathrm{m/s}$.

6 Differentialrechnung mehrerer reeller Variabler

In Technik und Naturwissenschaft werden reelle Funktionen von mehr als einer reellen Veränderlichen vielfach verwendet. Man kann sie durch Gleichungen der Form

$$y = f(x_1, x_2, \ldots, x_n) \tag{6.1}$$

beschreiben.

Im Fall $n = 3$, wobei x_1, x_2, x_3 Raumkoordinaten bedeuten, fallen darunter z.B. Temperaturverteilungen, Druckverteilungen, elektrische Ladungsverteilungen, Massendichten, Potentiale von Kraftfeldern usw. und im Falle von mehr als drei Variablen Hamiltonsche Energiefunktion, Gewinnfunktionen beim Verkauf mehrerer Artikel, u.a.

Oft treten auch Systeme von mehreren reellen Funktionen der Form (6.1) auf, z.B. bei der Beschreibung von Kraftfeldern, Geschwindigkeitsfeldern, kurz bei »Vektorfeldern« physikalischer Größen, aber auch bei geometrischen Projektionen, Flächendarstellungen, Verformungen, beim Koordinatenwechsel und anderem.

Für Funktionen oder Funktionssysteme dieser Art wird im Folgenden die Differentialrechnung entwickelt. Dabei dienen die Gedankengänge der Differentialrechnung einer reellen Veränderlichen als Richtschnur.

6.1 Der n-dimensionale Raum $\mathbb{R}^n$

Bei Funktionen mehrerer reeller Variabler spielen Zusammenfassungen reeller Zahlen x_1, x_2, x_3, $\ldots x_n$ eine wichtige Rolle. Wir schreiben die Zahlen dabei senkrecht untereinander und klammern sie ein. So entsteht ein *Spaltenvektor*, oder auch kurz *Vektor* genannt. Zunächst wollen wir uns mit den Eigenschaften der (Spalten-) Vektoren beschäftigen und ihre »Geometrie« kennenlernen.

6.1.1 Spaltenvektoren

Ein reeller *Spaltenvektor der Dimension n* besteht aus n reellen Zahlen x_1, x_2, $\ldots x_n$, die in bestimmter Reihenfolge angeordnet sind. Sie werden senkrecht untereinander geschrieben und eingeklammert[1]:

$$\begin{bmatrix} x_1 \\ x_2 \\ \vdots \\ x_n \end{bmatrix}$$

---

1 Bei waagerechter Schreibweise $[x_1, x_2, \ldots, x_n]$ spricht man von *Zeilenvektoren* der Dimension n. (Auch runde Klammern werden verwendet.) Der Überbegriff für Spalten- und Zeilenvektoren der Dimension n heißt *n-Tupel*.

Die Zahlen $x_1, \ldots x_n$, heißen die *Koordinaten* des hingeschriebenen Spaltenvektors[2]. Zwei Spaltenvektoren der Dimension n

$$\boldsymbol{x} = \begin{bmatrix} x_1 \\ \vdots \\ x_n \end{bmatrix}, \quad \boldsymbol{y} = \begin{bmatrix} y_1 \\ \vdots \\ y_n \end{bmatrix}:$$

heißen genau dann gleich, $\boldsymbol{x} = \boldsymbol{y}$, wenn sie *zeilenweise* übereinstimmen, d.h. wenn die Gleichungen $x_1 = y_1, x_2 = y_2, \ldots, x_n = y_n$ alle erfüllt sind. (Spaltenvektoren verschiedener Dimensionen n und m sind natürlich verschieden.)

Definition 6.1:

Die Menge aller reellen Spaltenvektoren der Dimension n heißt der n-dimensionale Raum $\mathbb{R}^n$.

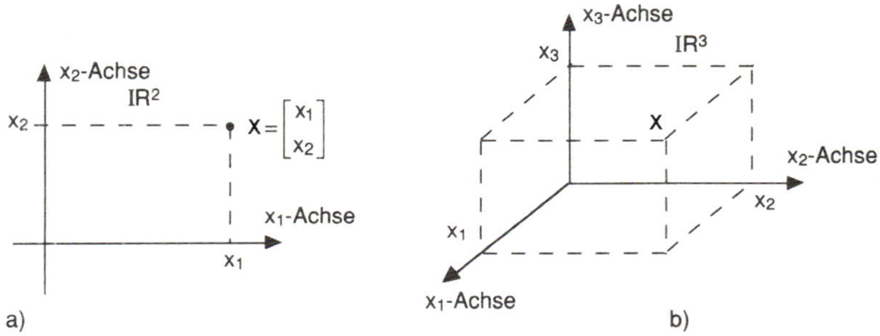

Fig. 6.1: Punkte im $\mathbb{R}^2$ und im $\mathbb{R}^3$

Bemerkung: $\mathbb{R}^1$ und $\mathbb{R}$ werden als gleich angesehen. $\mathbb{R}^2$ ist die Menge aller *Zahlenpaare* $\begin{bmatrix} x_1 \\ x_2 \end{bmatrix}$. Wir können sie als Punkte einer Ebene mit Koordinatensystem deuten (s. Fig. 6.1a).

Die Elemente $\begin{bmatrix} x_1 \\ x_2 \\ x_3 \end{bmatrix}$ des $\mathbb{R}^3$ — auch *Tripel* genannt — kann man als Raumpunkte veranschaulichen. x_1, x_2, x_3 sind dabei die Komponenten von $\boldsymbol{x}$ bezüglich eines räumlichen Koordinatensystems (s. Fig. 6.1b).

6.1.2 Arithmetik im $\mathbb{R}^n$

Wir führen folgende Rechenoperationen im $\mathbb{R}^n$ ein.

Definition 6.2:

Es seien

$$\boldsymbol{a} = \begin{bmatrix} a_1 \\ \vdots \\ a_n \end{bmatrix} \quad \text{und} \quad \boldsymbol{b} = \begin{bmatrix} b_1 \\ \vdots \\ b_n \end{bmatrix}$$

2 Statt *Koordinaten* sagt man auch *Einträge* oder *Komponenten*.

beliebige Spaltenvektoren aus $\mathbb{R}^n$. Damit ist

$$\boldsymbol{a} + \boldsymbol{b} := \begin{bmatrix} a_1 + b_1 \\ a_2 + b_2 \\ \vdots \\ a_n + b_n \end{bmatrix}, \qquad \textit{Addition}$$

$$\boldsymbol{a} - \boldsymbol{b} := \begin{bmatrix} a_1 - b_1 \\ a_2 - b_2 \\ \vdots \\ a_n - b_n \end{bmatrix}, \qquad \textit{Subtraktion}$$

$$\lambda \boldsymbol{a} := \begin{bmatrix} \lambda a_1 \\ \lambda a_2 \\ \vdots \\ \lambda a_n \end{bmatrix}, \quad \text{mit } \lambda \in \mathbb{R} \qquad \textit{Multiplikation mit einem Skalar}$$

$$-\boldsymbol{a} = (-1)\boldsymbol{a} := \begin{bmatrix} -a_1 \\ -a_2 \\ \vdots \\ -a_n \end{bmatrix}, \qquad \textit{negatives Element zu } \boldsymbol{a}$$

$$\text{und } \boldsymbol{a} \cdot \boldsymbol{b} := a_1 b_1 + a_2 b_2 + \ldots + a_n b_n\,, \quad \textit{inneres Produkt.}$$

Schließlich vereinbaren wir: Ein Spaltenvektor, dessen Komponenten alle 0 sind, wird mit $\mathbf{0}$ bezeichnet:

$$\mathbf{0} := \begin{bmatrix} 0 \\ 0 \\ \vdots \\ 0 \end{bmatrix}.$$

Beispiel 6.1:

Zu den Rechenoperationen:

$$\begin{bmatrix} 3 \\ 5 \end{bmatrix} + \begin{bmatrix} 4 \\ -1 \end{bmatrix} = \begin{bmatrix} 7 \\ 4 \end{bmatrix}, \quad \begin{bmatrix} 5 \\ 3 \\ -2 \end{bmatrix} - \begin{bmatrix} 2 \\ 5 \\ 7 \end{bmatrix} = \begin{bmatrix} 3 \\ -2 \\ -9 \end{bmatrix}, \quad 2 \begin{bmatrix} -5 \\ 7 \\ 6 \\ 1 \end{bmatrix} = \begin{bmatrix} -10 \\ 14 \\ 12 \\ 2 \end{bmatrix},$$

$$-\begin{bmatrix} 3 \\ -9 \end{bmatrix} = \begin{bmatrix} -3 \\ 9 \end{bmatrix}, \quad \begin{bmatrix} 3 \\ 7 \\ -5 \end{bmatrix} \cdot \begin{bmatrix} 4 \\ 2 \\ 6 \end{bmatrix} = 3 \cdot 4 + 7 \cdot 2 + (-5) \cdot 6 = -4\,.$$

Im Zusammenhang mit diesen Rechenoperationen wird $\mathbb{R}^n$ ein *reeller euklidischer n-dimensionaler Vektorraum* genannt, oder kürzer: *reeller n-dimensionaler Vektorraum*.

Entsprechend heißen die Elemente von $\mathbb{R}^n$ auch reelle n-dimensionale Vektoren.

Für die eingeführten Rechenoperationen gelten folgende Regeln. Der Leser weist ihre Richtigkeit ohne Schwierigkeiten nach, indem er die folgenden Gleichungen ausführlich mit Koordinaten hinschreibt.

Satz 6.1:

Für alle $\boldsymbol{x}, \boldsymbol{y}, \boldsymbol{z}$ aus $\mathbb{R}^n$ gilt:

(I)	$(\boldsymbol{x}+\boldsymbol{y})+\boldsymbol{z}=\boldsymbol{x}+(\boldsymbol{y}+\boldsymbol{z})$	*Assoziativ-Gesetz* für +
(II)	$\boldsymbol{x}+\boldsymbol{y}=\boldsymbol{y}+\boldsymbol{x}$	*Kommutativ-Gesetz* für +
(III)	$\boldsymbol{x}+\boldsymbol{y}=\boldsymbol{z} \;\Leftrightarrow\; \boldsymbol{x}=\boldsymbol{z}-\boldsymbol{y}$	*Gleichungsumformung.*

Für alle $\boldsymbol{x}, \boldsymbol{y} \in \mathbb{R}^n$ und alle reellen λ und μ gilt

(IV)	$(\lambda\cdot\mu)\boldsymbol{x}=\lambda(\mu\boldsymbol{x})$	*Assoziativ-Gesetz* für die *Multiplikation mit Skalaren*
(V)	$\lambda(\boldsymbol{x}+\boldsymbol{y})=\lambda\boldsymbol{x}+\lambda\boldsymbol{y}$	*Distributiv-*
(VI)	$(\lambda+\mu)\boldsymbol{x}=\lambda\boldsymbol{x}+\mu\boldsymbol{x}$	*Gesetze*
(VII)	$1\boldsymbol{x}=\boldsymbol{x}$.	

Ferner erfüllt das innere Produkt folgende Gesetze

(VIII)	$\boldsymbol{x}\cdot\boldsymbol{y}=\boldsymbol{y}\cdot\boldsymbol{x}$	*Kommutativgesetz* für ·
(IX)	$\lambda(\boldsymbol{x}\cdot\boldsymbol{y})=(\lambda\boldsymbol{x})\cdot\boldsymbol{y}=\boldsymbol{x}\cdot(\lambda\boldsymbol{y})$	*Gemischtes Assoziativ-Gesetz*
(X)	$\boldsymbol{x}\cdot(\boldsymbol{y}+\boldsymbol{z})=\boldsymbol{x}\cdot\boldsymbol{y}+\boldsymbol{x}\cdot\boldsymbol{z}$	*Distributiv-Gesetz* für ·
(XI)	$\boldsymbol{x}\cdot\boldsymbol{x}>0 \;\Leftrightarrow\; \boldsymbol{x}\neq\boldsymbol{0}$	*positive Definitheit*

Aufgrund der Assoziativ-Gesetze (I) bzw. (IV) werden in Summen $\boldsymbol{x}+\boldsymbol{y}+\boldsymbol{z}$ bzw. Produkten $\lambda\mu\boldsymbol{x}$ die Klammern auch weggelassen. Das gilt auch für längere Summen und Produkte. Die Distributiv-Gesetze (V), (VI) und (X) bedeuten, vereinfacht gesagt, daß man »Klammern«, wie gewohnt, »ausmultiplizieren« darf.

Veranschaulichungen: (I) Die Veranschaulichung des $\mathbb{R}^2$ und $\mathbb{R}^3$ durch *Punkte* der Ebene bzw. des Raumes wurde eingangs erläutert. Diese Anschauungsart ist insbesondere für geometrische Zwecke günstig, wenn es z.B. um Geraden, Ebenen, Kreise, Kugeln usw. geht.

(II) Der genannten Veranschaulichung durch Punkte steht eine zweite Veranschaulichung gegenüber, und zwar durch *Pfeile*[3]. Sie wird bei physikalischen Größen stärker bevorzugt, wie bei Kräften, Geschwindigkeiten, Drehmomenten usw. Überdies gestattet sie uns, die eingeführten Rechenoperationen grafisch zu verdeutlichen. Unter einem *Pfeil* versteht man dabei ein Paar (A, B) zweier Punkte A, B einer Ebene bzw. des dreidimensionalen Raumes, wobei A und B durch eine Strecke verbunden sind (falls $A \neq B$). A heißt *Aufpunkt* und B *Spitze* des Pfeils. Skizziert wird der Pfeil in »üblicher Weise«, d.h. im Falle $A \neq B$ zeichnet man die Verbindungsstrecke von A nach B und bringt in B eine Pfeilspitze an (s. Fig. 6.2a). Im Falle $A = B$ ist der

3 Statt »Pfeil« sagt man auch »gerichtete Strecke«.

Pfeil einfach als Punkt A zu skizzieren. Man symbolisiert einen Pfeil mit Aufpunkt A und Spitze B durch

$$\overrightarrow{AB}\,.$$

Wir betrachten zunächst Pfeile in einer Ebene mit einem festen Koordinatensystem.

Man sagt: *Ein Vektor* $\boldsymbol{x} = \begin{bmatrix} x_1 \\ x_2 \end{bmatrix}$ *aus* $\mathbb{R}^2$ *wird durch einen Pfeil* $\overrightarrow{AB}$ *dargestellt*, wenn folgendes gilt:

$$x_1 = b_1 - a_1\,,$$
$$x_2 = b_2 - a_2\,.$$

Dabei sind a_1, a_2 die Koordinaten des Punktes A und b_1, b_2 die Koordinaten von B (s. Fig. 6.2a).

Man erkennt unmittelbar, daß jeder Pfeil, der durch Parallelverschiebung aus $\overrightarrow{AB}$ hervorgeht, ebenfalls den Vektor $\boldsymbol{x}$ darstellt. Der Vektor $\boldsymbol{x}$ hat also unendlich viele Pfeildarstellungen. (dies ist analog zu der Situation, daß ein Gegenstand verschiedene Schatten werfen kann. Der Vektor $\boldsymbol{x}$ — also das Zahlenpaar — ist der »Gegenstand«, und die ihn darstellenden Pfeile sind gleichsam seine »Schatten« !)

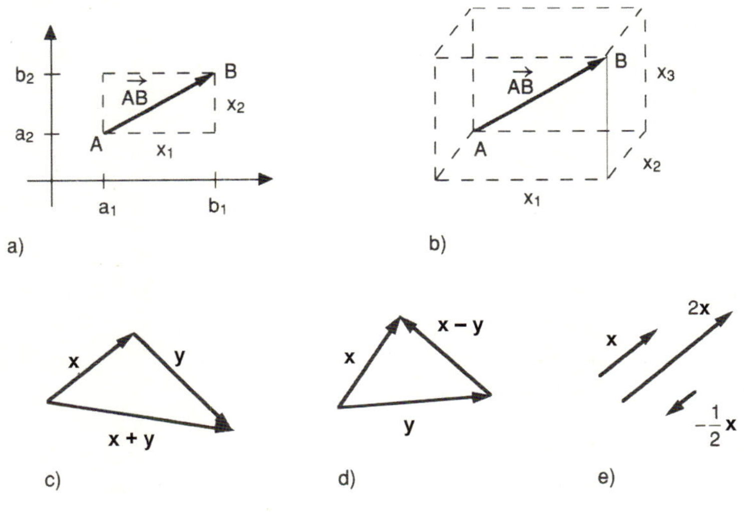

Fig. 6.2: Pfeildarstellungen von Vektoren und Rechenoperationen

Lassen sich zwei Pfeile nicht durch Parallelverschiebung zur Deckung bringen, so stellen sie verschiedene Vektoren dar.

Im Dreidimensionalen verläuft alles analog: $\boldsymbol{x} = \begin{bmatrix} x_1 \\ x_2 \\ x_3 \end{bmatrix}$ aus $\mathbb{R}^3$ wird durch jeden Pfeil $\overrightarrow{AB}$ dargestellt, der

$$x_1 = b_1 - a_1\,, \qquad x_2 = b_2 - a_2\,, \qquad x_3 = b_3 - a_3$$

erfüllt, wobei a_1, a_2, a_3 die Koordinaten von A sind und b_1, b_2, b_3 diejenigen von B (s. Fig. 6.2b). *Addition* und *Subtraktion* von Vektoren kann man durch Dreiecke aus Pfeilen veranschaulichen (s. Fig. 6.2c, d). Die *Multiplikation eines Vektors mit einer reellen Zahl* λ führt zu Streckungen oder Stauchungen von Pfeilen, im Falle $\lambda < 0$ zusätzlich zu einer Umkehr der Pfeilrichtung (Fig. 6.2e). Der Vektor $\mathbf{0}$ wird als beliebiger Punkt dargestellt.

Der Leser wird aufgefordert, an Zahlenbeispielen Veranschaulichungen zu skizzieren und sich davon zu überzeugen, daß die Darstellungen von Summen und Differenzen durch Pfeildreiecke zutreffen (s. 6.1).

Die Pfeildarstellung legt es nahe, von der *Länge eines Vektors* $\boldsymbol{x} = \begin{bmatrix} x_1 \\ x_2 \end{bmatrix} \in \mathbb{R}^2$ zu sprechen. Es ist damit die Länge eines darstellenden Pfeiles $\overrightarrow{AB}$ gemeint. Nach »Pythagoras« ist diese Länge gleich $\sqrt{x_1^2 + x_2^2}$ (s. Fig. 6.2a).

Im $\mathbb{R}^3$ erhält man die Pfeillänge zu $\boldsymbol{x}$ (mit den drei Komponenten x_1, x_2, x_3) entsprechend als $\sqrt{x_1^2 + x_2^2 + x_3^2}$. (Dies folgt aus dem sogenannten »räumlichen Pythagoras«.)

Man vereinbart daher allgemein

Definition 6.3:

Als *Länge*, *Betrag* (oder *euklidische Norm*) eines Vektors $\boldsymbol{x} = \begin{bmatrix} x_1 \\ \vdots \\ x_n \end{bmatrix} \in \mathbb{R}^n$ bezeichnet man

$$|\boldsymbol{x}| = \sqrt{x_1^2 + x_2^2 + \ldots + x_n^2}\,. \tag{6.2}$$

Für Längen von Vektoren des $\mathbb{R}^n$ gelten folgende Regeln

$$|\lambda \boldsymbol{x}| = |\lambda||\boldsymbol{x}| \quad (\lambda \in \mathbb{R}) \tag{6.3}$$

$$|\boldsymbol{x}| = 0 \quad \Leftrightarrow \quad \boldsymbol{x} = \mathbf{0} \tag{6.4}$$

$$|\boldsymbol{x} + \boldsymbol{y}| \le |\boldsymbol{x}| + |\boldsymbol{y}| \quad \textit{Dreiecksungleichung}. \tag{6.5}$$

Der Ausdruck »Dreiecksungleichung« geht unmittelbar aus Fig. 6.2c hervor. Die Ungleichung bedeutet im $\mathbb{R}^2$ oder $\mathbb{R}^3$ offenbar, daß die Länge einer Dreiecksseite — hier $|\boldsymbol{x} + \boldsymbol{y}|$ — kleiner oder gleich der Summe der beiden übrigen Seitenlängen ist, also $\le |\boldsymbol{x}| + |\boldsymbol{y}|$. Für den allgemeinen Beweis der Dreiecksungleichung wird auf Burg/Haf/Wille (Lineare Algebra) [9] verwiesen.

Veranschaulichung des inneren Produktes: Zwei Vektoren $\boldsymbol{x}$ und $\boldsymbol{y}$ aus $\mathbb{R}^2$ oder $\mathbb{R}^3$ seien durch zwei Pfeile dargestellt, wie es die Fig. 6.3 zeigt.

φ sei der kleinere Winkel, den die Pfeile miteinander bilden (der sogenannte Zwischenwinkel). Dann ist das innere Produkt von $\boldsymbol{x}$ und $\boldsymbol{y}$ gleich

$$\boldsymbol{x} \cdot \boldsymbol{y} = |\boldsymbol{x}||\boldsymbol{y}| \cos \varphi\,. \tag{6.6}$$

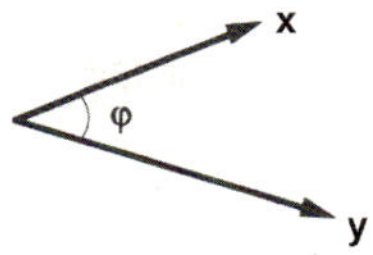

Fig. 6.3: Zum inneren Produkt

(Den zugehörigen Beweis findet der Leser in Burg/Haf/Wille (Lineare Algebra) [9].)

Insbesondere folgt: Die Pfeile von $\boldsymbol{x}$ und $\boldsymbol{y}$ stehen genau dann *senkrecht aufeinander*, wenn $\boldsymbol{x} \cdot \boldsymbol{y} = 0$ ist. (Denn genau dann ist $\cos\varphi = 0$.) Hierdurch wird folgende Definition angeregt

Definition 6.4:

Zwei Vektoren $\boldsymbol{x}, \boldsymbol{y} \in \mathbb{R}^n$ stehen genau dann *senkrecht* (oder *rechtwinklig*) aufeinander, wenn

$$\boldsymbol{x} \cdot \boldsymbol{y} = 0$$

ist. Man beschreibt dies durch

$$\boldsymbol{x} \perp \boldsymbol{y}\,.$$

Schließlich gilt für alle Vektoren $\boldsymbol{x}, \boldsymbol{y} \in \mathbb{R}^n$ noch die sogenannte *Schwarzsche*[4] *Ungleichung*

$$|\boldsymbol{x} \cdot \boldsymbol{y}| \leq |\boldsymbol{x}| \cdot |\boldsymbol{y}|. \tag{6.7}$$

Für $\mathbb{R}^2$ und $\mathbb{R}^3$ folgt sie sofort aus (6.6), da $|\cos\varphi| \leq 1$ ist. Der allgemeine Beweis ist wiederum in Burg/Haf/Wille (Lineare Algebra) [9] aufgeführt.

Zusätzlich zu den genannten Operationen gibt es im $\mathbb{R}^3$ noch das »äußere Produkt« $\boldsymbol{x} \times \boldsymbol{y}$ zweier Vektoren. Es wird berechnet durch

$$\boldsymbol{x} \times \boldsymbol{y} = \begin{bmatrix} x_2y_3 - x_3y_2 \\ x_3y_1 - x_1y_3 \\ x_1y_2 - x_2y_1 \end{bmatrix}, \quad \text{mit} \quad \boldsymbol{x} = \begin{bmatrix} x_1 \\ x_2 \\ x_3 \end{bmatrix}, \quad \boldsymbol{y} = \begin{bmatrix} y_1 \\ y_2 \\ y_3 \end{bmatrix} \tag{6.8}$$

Geometrisch bedeutet es folgendes: Der Produktvektor $\boldsymbol{z} = \boldsymbol{x} \times \boldsymbol{y}$ steht senkrecht auf $\boldsymbol{x}$ wie auf $\boldsymbol{y}$. Sein Betrag ist $|\boldsymbol{z}| = |\boldsymbol{x}| \cdot |\boldsymbol{y}| \sin\varphi$, wobei $\varphi \in [0, \pi]$ der Zwischenwinkel der Vektoren $\boldsymbol{x}$ und $\boldsymbol{y}$ ist. Schließlich bilden $\boldsymbol{x}, \boldsymbol{y}, \boldsymbol{z}$ ein Rechtssystem (falls $\varphi > 0$), vorausgesetzt, daß auch die x_1-, x_2- und x_3-Achse ein Rechtssystem bilden (s. Burg/Haf/Wille (Lineare Algebra) [9]).

Der Raum $\mathbb{R}^3$ spielt als Modell des uns umgebenden physikalischen Raums eine hervorragende Rolle in Naturwissenschaft und Technik.

Physikalische Beispiele: Eine *Kraft*, die an einem Raumpunkt angreift, kann als Pfeil dargestellt werden, der in Kraftrichtung weist, und dessen Länge gleich dem zahlenmäßigen Betrag der Kraft ist. Entsprechend können *Geschwindigkeiten*, *Beschleunigungen* u.a. durch Pfeile, und damit durch Vektoren, dargestellt werden.

---

4 Hermann Amandus Schwarz (1843 – 1921), deutscher Mathematiker

Übung 6.1:

Addiere $\begin{bmatrix} 3 \\ -1 \end{bmatrix}$ und $\begin{bmatrix} -2 \\ 5 \end{bmatrix}$ und skizziere diese Addition durch ein Dreieck. Führe das gleiche für die Subtraktion durch.

Übung 6.2:

Beweise, daß $|\boldsymbol{a}+\boldsymbol{b}|^2 = |\boldsymbol{a}|^2+|\boldsymbol{b}|^2$ genau dann gilt, wenn $\boldsymbol{a}$ und $\boldsymbol{b}$ senkrecht aufeinander stehen. (Hinweis: Schreibe $|\boldsymbol{a} + \boldsymbol{b}|^2 = (\boldsymbol{a} + \boldsymbol{b}) \cdot (\boldsymbol{a} + \boldsymbol{b})$ und »multipliziere die Klammern aus«!)

6.1.3 Folgen und Reihen von Vektoren

Völlig analog zu Zahlenfolgen werden Folgen von Vektoren gebildet: Eine *Folge*

$$\boldsymbol{a}_1\,, \boldsymbol{a}_2\,, \boldsymbol{a}_3\,, \ldots, \boldsymbol{a}_k\,, \ldots$$

von Vektoren des $\mathbb{R}^n$ ist durch eine Vorschrift gegeben, die jedem $k \in \mathbb{N}$ genau einen Vektor $\boldsymbol{a}_k \in \mathbb{R}^n$ zuordnet. Alle weiteren Begriffe lassen sich von Zahlenfolgen auf Vektorfolgen sinngemäß übertragen. Insbesondere lautet die Definition der Konvergenz einer Folge praktisch genauso wie bei Zahlenfolgen.

Definition 6.5:

Die Folge $(\boldsymbol{a}_k)_{k\in\mathbb{N}}$ von Vektoren $\boldsymbol{a}_k \in \mathbb{R}^n$ konvergiert gegen $\boldsymbol{a} \in \mathbb{R}^n$, wenn es zu jedem $\varepsilon > 0$ einen Index k_0 gibt, so daß für alle Indizes $k \geq k_0$ gilt:

$$|\boldsymbol{a}_k - \boldsymbol{a}| < \varepsilon\,;$$

man beschreibt dies durch

$$\lim_{k\to\infty} \boldsymbol{a}_k = \boldsymbol{a} \quad \text{oder} \quad \boldsymbol{a}_k \to \boldsymbol{a} \quad \text{für} \quad k \to \infty\,.$$

$\boldsymbol{a}$ *heißt Grenzwert* oder *Limes* der Folge.

Jede Folge $(\boldsymbol{a}_k)_{k\in\mathbb{N}}$ aus $\mathbb{R}^n$ zerfällt in Koordinatenfolgen. Das heißt: Schreibt man ausführlich

$$\boldsymbol{a}_k = \begin{bmatrix} a_1^{(k)} \\ \vdots \\ a_n^{(k)} \end{bmatrix}, \quad k = 1,2,3,\ldots,$$

so erkennt man n Zahlenfolgen $(a_i^{(k)})_{k\in\mathbb{N}}$ $(i = 1,2,\ldots,n)$, eben die Koordinatenfolgen von $(\boldsymbol{a}_k)_{k\in\mathbb{N}}$.

Folgerung 6.1:

Eine Vektorfolge $(\boldsymbol{a}_k)_{k\in\mathbb{N}}$ konvergiert genau dann gegen $\boldsymbol{a}$, wenn alle ihre Koordinatenfolgen konvergieren, und zwar gegen die entsprechenden Koordinaten von $\boldsymbol{a}$.

Beweis:

Konvergiert die Folge $(\boldsymbol{a}_k)$ gegen $\boldsymbol{a}$ (in $\mathbb{R}^n$), d.h. gilt $|\boldsymbol{a}_k - \boldsymbol{a}| \to 0$ für $k \to \infty$, so konvergiert jede Koordinatenfolge $(a_i^{(k)})_{k \in \mathbb{N}}$ gegen die entsprechende Koordinate a_i von $\boldsymbol{a}$, und zwar wegen $|\boldsymbol{a}_k - \boldsymbol{a}| \geq |a_i^{(k)} - a_i|$ für alle k und i.

Konvergieren umgekehrt alle Koordinatenfolgen $(a_i^{(k)})_{k \in \mathbb{N}}$ gegen die entsprechenden Koordinaten a_i und $\boldsymbol{a}$, so folgt wegen $|a_i^{(k)} - a_i| \to 0$ auch

$$|\boldsymbol{a}_k - \boldsymbol{a}| = \sqrt{\sum_{i=1}^{n} (a_i^{(k)} - a_i)^2} \to 0 \quad \text{für } k \to \infty,$$

d.h. $\boldsymbol{a}_k \to \boldsymbol{a}$ für $k \to \infty$. □

Da also die Konvergenz von $(\boldsymbol{a}_k)$ vollkommen auf die *Koordinatenfolgen* zurückgespielt werden kann, kann man alle Konvergenzeigenschaften und Sätze von Zahlenfolgen auf Vektorfolgen sinngemäß übertragen.

Es soll lediglich ein Satz hervorgehoben werden — stellvertretend für alle anderen —, nämlich der Satz von Bolzano-Weierstraß. Dazu vereinbaren wir, wie bei Zahlenfolgen:

Eine Folge $(\boldsymbol{a}_k)_{k \in \mathbb{N}}$ aus $\mathbb{R}^n$ heißt beschränkt, wenn es ein $c > 0$ gibt mit $|\boldsymbol{a}_k| \leq c$ für alle $k \in \mathbb{N}$. Es gilt nun:

Satz 6.2:

(*Satz von Bolzano-Weierstraß im* $\mathbb{R}^n$) Jede beschränkte Folge $(\boldsymbol{a}_k)_{k \in \mathbb{N}}$ aus $\mathbb{R}^n$ besitzt eine konvergente Teilfolge.

Beweis:

Man schreibe die Koordinatenfolgen von $(\boldsymbol{a}_k)$ untereinander:

$$\begin{array}{l} a_1^{(1)},\ a_1^{(2)},\ a_1^{(3)},\ a_1^{(4)},\ \ldots \\ a_2^{(1)},\ a_2^{(2)},\ a_2^{(3)},\ a_2^{(4)},\ \ldots \\ \vdots \\ a_n^{(1)},\ a_n^{(2)},\ a_n^{(3)},\ a_n^{(4)},\ \ldots \end{array}$$

Alle diese Folgen sind beschränkt (wegen $|a_i^{(k)}| \leq |\boldsymbol{a}_k| \leq c$). Sie haben also alle konvergente Teilfolgen. Es gibt daher mindestens eine Indexfolge $k_1, k_2, k_3, \ldots$, so daß $a^{(k_1)}, a^{(k_2)}, a^{(k_3)}, \ldots$ konvergiert. Aus der Indexfolge $k_1, k_2, k_3, \ldots$ denke man sich nun eine Teilfolge ausgewählt, wieder $k_1, k_2, k_3, \ldots$ genannt, so daß auch $a_2^{(k_1)}, a_2^{(k_2)}, a_2^{(k_3)}, \ldots$ konvergiert. Aus dieser Indexfolge wird darauf wieder eine Teilfolge ausgewählt, abermals mit $k_1, k_2, k_3, \ldots$ bezeichnet, so daß auch $a_3^{(k_1)}, a_3^{(k_2)}, a_3^{(k_3)}, \ldots$ konvergiert. Auf diese Art und Weise arbeitet man sich durch alle Koordinatenfolgen nacheinander durch. Schließlich erhält man eine Indexfolge $k_1, k_2, k_3, \ldots$, so daß alle Teilfolgen

$$a_i^{(k_1)}, \; a_i^{(k_2)}, \; a_i^{(k_3)}, \; \ldots \qquad (i = 1,2,\ldots,n)$$

der Koordinatenfolgen konvergieren. Also konvergiert auch die Vektorfolge $\boldsymbol{a}_{k_1}, \boldsymbol{a}_{k_2}, \boldsymbol{a}_{k_3}, \ldots$, was zu beweisen war. □

Über *Reihen* $\left[\sum_{k=0}^{\infty} \boldsymbol{a}_k\right]$ *von Vektoren* $\boldsymbol{a}_k \in \mathbb{R}^n$ ist nur zu bemerken, daß auch sie analog zu Zahlenreihen gebildet werden. Insbesondere konvergiert eine Reihe $\left[\sum_{k=0}^{\infty} \boldsymbol{a}_k\right]$ mit $\boldsymbol{a}_k \in \mathbb{R}^n$ genau dann gegen einen *Grenzwert* $\boldsymbol{s} \in \mathbb{R}^n$, wenn die Folge $(\boldsymbol{s}_i)_{i\in\mathbb{N}}$ der *Partialsummen*

$$\boldsymbol{s}_i = \sum_{k=0}^{i} \boldsymbol{a}_k$$

gegen $\boldsymbol{s}$ konvergiert. Man schreibt dann

$$\boldsymbol{s} = \sum_{k=0}^{\infty} \boldsymbol{a}_k \, ,$$

wie nicht anders zu erwarten. Damit sind Reihen auf Folgen zurückgeführt, und es ist alles gesagt.

Übung 6.3*:

Überprüfe, ob die angegebenen Folgen im $\mathbb{R}^2$ bzw. $\mathbb{R}^3$ konvergieren und gib gegebenenfalls ihre Grenzwerte an:

$$\boldsymbol{a}_k = \begin{bmatrix} \dfrac{k}{k+1} \\ 2^{-k} \end{bmatrix}, \quad \boldsymbol{b}_k = \begin{bmatrix} \dfrac{k^2}{5k^2 - k} \\ \sqrt[k]{k} \end{bmatrix}, \quad \boldsymbol{c}_k = \frac{1}{4^k} \begin{bmatrix} 2k^2 \\ 4^k + k \\ 3^k \end{bmatrix}.$$

6.1.4 Topologische Begriffe

Die Überschrift klingt sehr wissenschaftlich. Dabei handelt es sich hier nur darum, einige anschauliche Begriffe zu erklären, wie »Umgebung« eines Punktes, »innere Punkte« einer Menge, »Randpunkte« einer Menge, »offene Menge«, »abgeschlossene« oder gar »kompakte« Menge. Dazu brauchen wir »Abstände« und »Kugeln« im $\mathbb{R}^n$, kurz: Wir betreiben »Geometrie« in $\mathbb{R}^n$.

Als *Abstand* zweier Punkte $\boldsymbol{x}$ und $\boldsymbol{y}$ im $\mathbb{R}^n$ bezeichnet man die Zahl $|\boldsymbol{x} - \boldsymbol{y}|$.

Im $\mathbb{R}^2$ oder $\mathbb{R}^3$ handelt es sich dabei zweifelslos um den geläufigen euklidischen Abstand zweier Punkte $\boldsymbol{x}$ und $\boldsymbol{y}$. Man erkennt dies über den Satz des Pythagoras (s. Fig. 6.4a).

Es folgt, daß alle $\boldsymbol{x} \in \mathbb{R}^2$ mit $|\boldsymbol{x} - \boldsymbol{a}| \le r$ eine *Kreisscheibe* bilden, und zwar mit dem Mittelpunkt $\boldsymbol{a}$ und dem Radius r (s. Fig. 6.4b). Entsprechend ergeben alle $\boldsymbol{x} \in \mathbb{R}^3$ mit $|\boldsymbol{x} - \boldsymbol{a}| \le r$ eine *Kugel* um den Mittelpunkt $\boldsymbol{a}$ mit Radius r. Man vereinbart daher allgemein im $\mathbb{R}^n$:

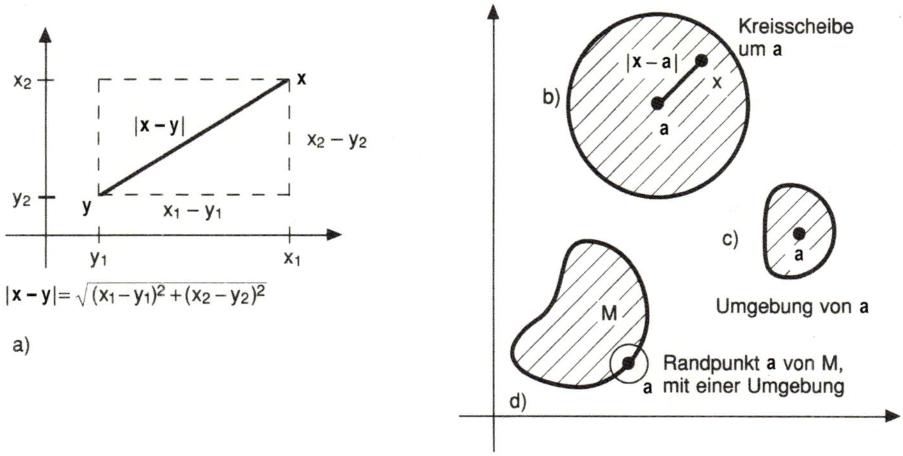

Fig. 6.4: Abstand, Kreisscheibe, Umgebung und Randpunkt

Definition 6.6:
Die Menge

$$\overline{K}_{\boldsymbol{a},r} := \{\boldsymbol{x} \in \mathbb{R}^n \mid |\boldsymbol{x} - \boldsymbol{a}| \leq r\}, \quad \boldsymbol{a} \in \mathbb{R}^n, \quad r > 0,$$

heißt *abgeschlossene Kugel* um $\boldsymbol{a}$ *mit Radius* r *und*

$$K_{\boldsymbol{a},r} := \{\boldsymbol{x} \in \mathbb{R}^n \mid |\boldsymbol{x} - \boldsymbol{a}| < r\}, \quad \boldsymbol{a} \in \mathbb{R}^n, \quad r > 0,$$

(also $<$ statt $\leq$) *offene Kugel* um $\boldsymbol{a}$ mit Radius r. Man nennt beide Mengen auch *Kugelumgebungen* von $\boldsymbol{a}$ im $\mathbb{R}^n$.

Allgemein bezeichnet man als *Umgebung* eines Punktes $\boldsymbol{a} \in \mathbb{R}^n$ jede Menge aus $\mathbb{R}^n$, die eine Kugelumgebung von $\boldsymbol{a}$ umfaßt (s. Fig. 6.4c).

Definition 6.7:

(a) Ein Punkt $\boldsymbol{a} \in \mathbb{R}$ heißt *Randpunkt* einer Menge $M \in \mathbb{R}^n$, wenn in jeder Umgebung von $\boldsymbol{a}$ mindestens ein Punkt aus M liegt sowie mindestens ein Punkt aus $\mathbb{R}^n$, der nicht zu M gehört (s. Fig. 6.4d). Die Menge der Randpunkte von M heißt der *Rand* von M, symbolisiert durch ∂M.

(b) Ein Punkt $\boldsymbol{a} \in M$, der nicht Randpunkt ist, heißt *innerer* Punkt von M. $\boldsymbol{a}$ ist also genau dann ein innerer Punkt von M, wenn eine ganze Umgebung von $\boldsymbol{a}$ in M enthalten ist. Die Menge der inneren Punkte von M heißt *Inneres* von M, symbolisiert durch $\mathring{M}$.

(c) Eine Menge $M \subset \mathbb{R}^n$ heißt *offen*, wenn sie nur aus inneren Punkten besteht (also keine Randpunkte enthält).

(d) Eine Menge $M \subset \mathbb{R}^n$ heißt *abgeschlossen*, wenn sie ihren Rand enthält.

(e) Die Vereinigung einer Menge $M \subset \mathbb{R}^n$ mit ihrem Rand heißt die *abgeschlossene Hülle* von M, symbolisiert durch $\overline{M}$.

$\mathbb{R}^n$ und die leere Menge $\emptyset$ sind sowohl offen wie abgeschlossen (denn ihr Rand ist leer). Alle anderen Teilmengen von $\mathbb{R}^n$ besitzen Randpunkte, sind also entweder offen oder abgeschlossen oder keines von beiden. Der Leser suche Beispiele zu allen drei Fällen.

Folgerung 6.2:

(a) Eine Menge $M \subset \mathbb{R}^n$ ist genau dann abgeschlossen, wenn ihre Komplementärmenge $\mathbb{R}^n \setminus M$ offen ist.

(b) Eine Menge $M \subseteq \mathbb{R}^n$ ist genau dann abgeschlossen, wenn mit jeder konvergenten Folge $(\boldsymbol{a}_k)$ aus M auch der zugehörige Grenzwert $\boldsymbol{a}$ in M liegt.

Beweis:

Die Aussage (a) ist unmittelbar klar.

Zu (b): Wir nehmen an: M ist abgeschlossen, d.h. die Komplementärmenge $\mathbb{R}^n \setminus M$ ist offen, d.h. jeder Punkt aus $\mathbb{R}^n \setminus M$ hat eine Umgebung, die ganz in $\mathbb{R}^n \setminus M$ liegt, m.a.W: die keinen Punkt aus M enthält, d.h. kein Punkt aus $\mathbb{R}^n \setminus M$ kann Grenzwert einer Folge aus M sein, d.h. jede konvergente Folge aus M hat ihren Grenzwert in M. □

Definition 6.8:

(a) Eine Menge $M \subset \mathbb{R}^n$ heißt *beschränkt*, wenn es ein $r > 0$ gibt mit $|\boldsymbol{x}| \leq r$ für alle $\boldsymbol{x} \in M$ (d.h. wenn M in einer Kugel um $\mathbf{0}$ liegt).

(b) Eine Menge $M \subset \mathbb{R}^n$ heißt *kompakt*, wenn sie beschränkt und abgeschlossen ist.

Folgerung 6.3:

Eine Menge $M \subset \mathbb{R}^n$ ist genau dann kompakt, wenn jede Folge $(\boldsymbol{a}_k)_{k \in \mathbb{N}}$ aus M eine konvergente Teilfolge besitzt, deren Grenzwert in M liegt.

Beweis:

(I) Ist M kompakt, so besitzt jede Folge $(\boldsymbol{a}_k)$ aus M nach Bolzano-Weierstraß eine konvergente Teilfolge. Ihr Grenzwert muß nach Folgerung 6.2 in M liegen.

(II) Wir setzen nun voraus: Jede Folge $(\boldsymbol{a}_k)$ aus M besitzt eine konvergente Teilfolge mit Grenzwert in M. Dann ist M *beschränkt*. (Andernfalls gäbe es nämlich zu jedem $k \in \mathbb{N}$ ein Element $\boldsymbol{a}_k \in M$ mit $|\boldsymbol{a}_k| \geq k$, also $|\boldsymbol{a}_k| \to \infty$ für $k \to \infty$. Die Folge $(\boldsymbol{a}_k)$ besäße daher keine konvergente Teilfolge.) Überdies ist M abgeschlossen, sonst gäbe es nach Folgerung 6.2 eine konvergente Folge $(\boldsymbol{a}_k)$ in M, deren Grenzwert $\boldsymbol{a}$ nicht in M liegt. Da jede Teilfolge von $(\boldsymbol{a}_k)$ ebenfalls gegen $\boldsymbol{a}$ strebt, hätte keine Teilfolge von $(\boldsymbol{a}_k)$ einen Grenzwert in M, im Widerspruch zur Voraussetzung. Also ist M abgeschlossen, folglich kompakt. □

Übung 6.4*:

Gib an, ob die folgenden Mengen im $\mathbb{R}^2$ offen, abgeschlossen, beschränkt oder kompakt sind, oder nichts dergleichen. Skizziere die Mengen.

$$A = \{\boldsymbol{x} \in \mathbb{R}^2 \mid \boldsymbol{x} = \begin{bmatrix} x_1 \\ x_2 \end{bmatrix} \text{ mit } |x_1| + |x_2| \le 4\},$$

$$B = \{\boldsymbol{x} \in \mathbb{R}^2 \mid \boldsymbol{x} \cdot \boldsymbol{a} > 2\}, \quad \text{mit } \boldsymbol{a} = \begin{bmatrix} 1 \\ 3 \end{bmatrix},$$

$$C = \{\boldsymbol{x} \in \mathbb{R}^2 \mid \boldsymbol{x} = \begin{bmatrix} n \\ m \end{bmatrix} \; n \text{ und } m \text{ ganzzahlig}\},$$

$$D = \{\boldsymbol{x} \in \mathbb{R}^2 \mid \boldsymbol{x} = \begin{bmatrix} x_1 \\ x_2 \end{bmatrix} \text{ mit } x_1 \ge 0, x_2 > 0, \boldsymbol{x} \cdot \begin{bmatrix} 5 \\ 3 \end{bmatrix} \le 8\}.$$

6.1.5 Matrizen

Da Matrizen im Folgenden vielfach gebraucht werden, wird hier das Wichtigste darüber zusammengestellt. Ausführlicher werden sie in Burg/Haf/Wille (Lineare Algebra) [9] behandelt.

Definition 6.9:

Ein Zahlenschema der Form

$$\begin{bmatrix} a_{11} & a_{12} & \cdots & a_{1n} \\ a_{21} & a_{22} & \cdots & a_{2n} \\ \vdots & & & \\ a_{m1} & a_{m2} & \cdots & a_{mn} \end{bmatrix}, \quad a_{ik} \text{ reell für alle } i, k,$$

wird *(reelle)* (m, n)*-Matrix* genannt. Man beschreibt sie auch kürzer durch

$$[a_{ik}]_{\substack{1 \le i \le m \\ 1 \le k \le n}} \quad \text{oder} \quad [a_{ik}]_{m,n} .$$

Die Zahlen a_{ik} heißen *Elemente* der Matrix, wobei i *Zeilenindex* und k *Spaltenindex* genannt wird. m ist die *Zeilenzahl* und n die *Spaltenzahl* der Matrix.

Zwei Matrizen $\boldsymbol{A} = [a_{ik}]_{m,n}$ und $\boldsymbol{B} = [b_{ik}]_{p,q}$ heißen genau dann *gleich*: $\boldsymbol{A} = \boldsymbol{B}$, wenn $m = p, n = q$ und $a_{ik} = b_{ik}$ für alle $i \in \{1, \dots, m\}$ und $k \in \{1, \dots, n\}$ erfüllt ist. (d.h. wenn die zugehörigen Schemata »deckungsgleich« sind).

Matrizen aus nur einer Zeile heißen *Zeilenmatrizen* und aus nur einer Spalte *Spaltenmatrizen*. Die uns bekannten Vektoren $\mathbb{R}^n$ sind also als Spaltenmatrizen aufzufassen.

Definition 6.10:

Addition und *Subtraktion* von Matrizen geschehen »gliedweise«:

$$[a_{ik}]_{m,n} \pm [b_{ik}]_{m,n} := [a_{ik} \pm b_{ik}]_{m,n} ,$$

Multiplikation mit einer reellen Zahl λ ebenfalls:

$$\lambda[a_{ik}]_{m,n} = [\lambda a_{ik}]_{m,n} .$$

Die *Multiplikation zweier Matrizen* $\boldsymbol{A} = [a_{ik}]_{m,n}$ und $\boldsymbol{B} = [b_{ik}]_{n,q}$ ist dagegen so erklärt:

$$\boldsymbol{AB} := [c_{ik}]_{m,q} \quad \text{mit} \quad c_{ik} = \sum_{j=1}^{n} a_{ij} b_{jk} .$$

Dabei ist es erforderlich, daß die Spaltenzahl des ersten Faktors $\boldsymbol{A}$ gleich der Zeilenzahl des zweiten Faktors $\boldsymbol{B}$ ist.

Beispiel 6.2:

$$\begin{bmatrix} 3 & -2 & 8 \\ 4 & 7 & -6 \end{bmatrix} + \begin{bmatrix} 1 & 5 & -2 \\ 3 & 2 & -3 \end{bmatrix} = \begin{bmatrix} 4 & 3 & 6 \\ 7 & 9 & -9 \end{bmatrix}, \quad 5\begin{bmatrix} 3 & -2 & 8 \\ 4 & 7 & -6 \end{bmatrix} = \begin{bmatrix} 15 & -10 & 40 \\ 20 & 35 & -30 \end{bmatrix},$$

$$\begin{bmatrix} 3 & -2 & 8 \\ 4 & 7 & -6 \end{bmatrix} \begin{bmatrix} 5 & 7 \\ 9 & 1 \\ 0 & 4 \end{bmatrix} = \begin{bmatrix} -3 & 51 \\ 83 & 11 \end{bmatrix}, \quad \begin{bmatrix} 2 & 1 & 0 \\ 3 & -5 & 1 \\ 2 & 6 & -2 \end{bmatrix} \begin{bmatrix} 5 \\ -7 \\ 3 \end{bmatrix} = \begin{bmatrix} 3 \\ 53 \\ -38 \end{bmatrix}.$$

Satz 6.3:

(*Rechenregeln*) Für alle reellen Matrizen $\boldsymbol{A}$, $\boldsymbol{B}$, $\boldsymbol{C}$, für die die folgenden Summen und Produkte gebildet werden können, gilt

$\boldsymbol{A} + \boldsymbol{B} = \boldsymbol{B} + \boldsymbol{A}$	*Kommutativgesetz*
$(\boldsymbol{A} + \boldsymbol{B}) + \boldsymbol{C} = \boldsymbol{A} + (\boldsymbol{B} + \boldsymbol{C}) =: \boldsymbol{A} + \boldsymbol{B} + \boldsymbol{C}$	*Assoziativgesetz* der *Addition*
$(\boldsymbol{AB})\boldsymbol{C} = \boldsymbol{A}(\boldsymbol{BC}) =: \boldsymbol{ABC}$	*Assoziativgesetz* der *Multiplikation*
$\boldsymbol{A}(\boldsymbol{B} + \boldsymbol{C}) = \boldsymbol{AB} + \boldsymbol{AC}$,	*Distributivgesetze*
$(\boldsymbol{B} + \boldsymbol{C})\boldsymbol{A} = \boldsymbol{BA} + \boldsymbol{CA}$.	

Sind λ, μ beliebige reelle Zahlen, so folgt ferner

$$\lambda(\mu \boldsymbol{A}) = (\lambda\mu)\boldsymbol{A} =: \lambda\mu\boldsymbol{A} , \qquad \lambda(\boldsymbol{AB}) = (\lambda\boldsymbol{A})\boldsymbol{B} = \boldsymbol{A}(\lambda\boldsymbol{B}) =: \lambda\boldsymbol{AB} ,$$
$$\lambda(\boldsymbol{A} + \boldsymbol{B}) = \lambda\boldsymbol{A} + \lambda\boldsymbol{B} , \qquad (\lambda + \mu)\boldsymbol{A} = \lambda\boldsymbol{A} + \mu\boldsymbol{A} .$$

Die einfachen Beweise werden dem Leser überlassen.

Es sei darauf hingewiesen, daß $\boldsymbol{AB} = \boldsymbol{BA}$ *nicht* in jedem Fall gilt. Man berechnet z.B. mit

$$\boldsymbol{A} = \begin{bmatrix} 1 & 0 \\ 1 & 0 \end{bmatrix}, \qquad \boldsymbol{B} = \begin{bmatrix} 1 & 1 \\ 0 & 0 \end{bmatrix},$$

daß $\boldsymbol{AB} \neq \boldsymbol{BA}$ ist!

Jede Matrix, deren Elemente sämtlich 0 sind, wird mit $\boldsymbol{0}$ bezeichnet. Sie erfüllt $\boldsymbol{A} + \boldsymbol{0} = \boldsymbol{A}$ für jede Matrix $\boldsymbol{A}$, deren Zeilen- und Spaltenzahl mit $\boldsymbol{0}$ übereinstimmt.

Die folgende (n, n)-Matrix

$$E = \begin{bmatrix} 1 & 0 & 0 & \cdots & 0 \\ 0 & 1 & 0 & \cdots & 0 \\ 0 & 0 & 1 & \cdots & 0 \\ \vdots & & & \ddots & \\ 0 & 0 & 0 & & 1 \end{bmatrix}$$

heißt n-reihige *Einheitsmatrix* (oder *Einsmatrix*). Sie läßt sich kürzer so darstellen:

$$\boldsymbol{E} = [\delta_{ik}]_{n,n} \quad \text{mit} \quad \delta_{ik} := \begin{cases} 1\,, & \text{für } i = k, \\ 0\,, & \text{für } i \neq k. \end{cases}$$

Sie spielt bei Matrizen die Rolle der 1. Denn es gilt für alle (m, n)-Matrizen $\boldsymbol{A}$ und alle (n, p)-Matrizen $\boldsymbol{B}$:

$$\boldsymbol{A}\boldsymbol{E} = \boldsymbol{A}\,, \qquad \boldsymbol{E}\boldsymbol{B} = \boldsymbol{B}\,.$$

Ist $\boldsymbol{A} = [a_{ik}]_{n,m}$ eine beliebige Matrix, so nennt man $\boldsymbol{A}^{\mathrm{T}} = [\alpha_{ik}]_{m,n}$ mit $\alpha_{ik} := a_{ki}$ für alle i, k die *transponierte Matrix* zu $\boldsymbol{A}$. (Sie entsteht anschaulich durch »Spiegelung« des Zahlenschemas von $\boldsymbol{A}$ an der »Hauptdiagonalen« $a_{11}, a_{22}, a_{33}, \ldots$). Es gilt die Regel

$$(\boldsymbol{A}\boldsymbol{B})^{\mathrm{T}} = \boldsymbol{B}^{\mathrm{T}}\boldsymbol{A}^{\mathrm{T}}$$

Eine Matrix heißt *quadratisch*, wenn Zeilen- und Spaltenzahl übereinstimmen.

Es sei $\boldsymbol{A}$ eine quadratische Matrix. Existiert dazu eine quadratische Matrix $\boldsymbol{X}$ gleicher Zeilenzahl wie $\boldsymbol{A}$, die

$$\boldsymbol{A}\boldsymbol{X} = \boldsymbol{E}$$

erfüllt, so nennt man $\boldsymbol{X}$ die zu $\boldsymbol{A}$ *inverse Matrix*, kurz die *Inverse* von $\boldsymbol{A}$ und bezeichnet $\boldsymbol{X}$ mit $\boldsymbol{A}^{-1}$. (Die Inverse von $\boldsymbol{A}$ ist eindeutig bestimmt, wie in Burg/Haf/Wille (Lineare Algebra) [9] gezeigt wird.) Es gilt

$$\boldsymbol{A}\boldsymbol{A}^{-1} = \boldsymbol{E} \quad \text{und} \quad \boldsymbol{A}^{-1}\boldsymbol{A} = \boldsymbol{E}\,. \tag{6.9}$$

Die linke Gleichung ist die Definitionsgleichung von $\boldsymbol{A}^{-1}$. Den Beweis der rechten Gleichung findet man in Burg/Haf/Wille (Lineare Algebra) [9].

Bemerkung: Will man die Inverse $\boldsymbol{A}^{-1}$ von $\boldsymbol{A} = [a_{ik}]_{n,n}$ berechnen, ja, überhaupt herausfinden, ob eine Inverse existiert, so setzt man $\boldsymbol{A}^{-1} = \boldsymbol{X} = [x_{ik}]_{n,n}$ und schreibt die Gleichung $\boldsymbol{A}\boldsymbol{X} = \boldsymbol{E}$ ausführlich in allen Komponenten hin, d.h.

$$\sum_{j=1}^{n} a_{ij} x_{jk} = \delta_{ik} \quad \text{mit} \quad i, k = 1, 2, \ldots, n\,.$$

Jeweils für festes k erhält man ein lineares Gleichungssystem für die Unbekannten $x_{1k}, x_{2k}, \ldots,$

x_{nk}, was es zu lösen gilt (etwa mit dem Gaußschen Algorithmus). Nur bei eindeutiger Lösbarkeit existiert $\boldsymbol{X} = \boldsymbol{A}^{-1}$, deren Elemente sich aus den besagten Gleichungssystemen berechnen lassen (s. Burg/Haf/Wille (Lineare Algebra) [9]).

Eine Matrix heißt *regulär*, wenn sie quadratisch ist und eine Inverse besitzt. Nichtreguläre quadratische Matrizen werden *singulär* genannt.

Definition 6.11:

Als *euklidische Norm* einer reellen Matrix $\boldsymbol{A} = [a_{ik}]_{m,n}$ bezeichnet man die Zahl

$$|A| := \sqrt{\sum_{i,k} a_{ik}^2}\,,$$

wobei über alle $i = 1, \ldots, m$ und $k = 1, \ldots, n$ summiert wird.

Folgerung 6.4:

Sind $\boldsymbol{A}, \boldsymbol{B}$ beliebige (n, m)-Matrizen, so gilt

$$\begin{aligned} |\boldsymbol{A} + \boldsymbol{B}| &\le |\boldsymbol{A}| + |\boldsymbol{B}|\,, \\ |\lambda \boldsymbol{A}| &= |\lambda||\boldsymbol{A}| \quad \text{für alle } \lambda \in \mathbb{R}, \\ |\boldsymbol{A}| = 0 \quad &\Leftrightarrow \quad \boldsymbol{A} = \boldsymbol{0}\,. \end{aligned}$$

Ist ferner $\boldsymbol{C}$ eine beliebige reelle (m, p)-Matrix, so folgt

$$|\boldsymbol{AC}| \le |\boldsymbol{A}||\boldsymbol{C}|\,.$$

(Für die Beweise wird auf [56], Satz 6.7, S. 273 – 274, verwiesen.)

Übung 6.5:

Berechne

$$\begin{bmatrix} 3 & 5 \\ 6 & 7 \\ 9 & 2 \end{bmatrix} \begin{bmatrix} 2 & 3 \\ -1 & 0 \end{bmatrix}, \quad \begin{bmatrix} 7 & 2 & 7 \\ 9 & 3 & 9 \\ -1 & 5 & 6 \\ 2 & 3 & -8 \end{bmatrix} \begin{bmatrix} 5 \\ -23 \end{bmatrix}.$$

Übung 6.6:

Welche der folgenden Matrizen besitzen Inverse? (Zur Berechnung s. letzte Bemerkung)

$$\begin{bmatrix} 3 & -2 \\ 6 & 8 \end{bmatrix}, \quad \begin{bmatrix} 2 & -4 \\ -5 & 10 \end{bmatrix}, \quad \begin{bmatrix} 1 & 0 & 3 \\ 0 & 1 & 3 \\ 2 & 4 & -2 \end{bmatrix}, \quad \begin{bmatrix} 3 & 6 & 7 \\ 2 & 9 & -1 \end{bmatrix}.$$

Übung 6.7*:

Es seien $\boldsymbol{A}, \boldsymbol{B}$ n-reihige reguläre Matrizen. Beweise:

$$(\boldsymbol{AB})^{-1} = \boldsymbol{B}^{-1}\boldsymbol{A}^{-1}\,.$$

6.2 Abbildungen im $\mathbb{R}^n$

6.2.1 Abbildungen aus $\mathbb{R}^n$ in $\mathbb{R}^m$

Unter einer *Abbildung* f von $D \subset \mathbb{R}^n$ in eine Menge $M \subset \mathbb{R}^m$ versteht man bekanntlich eine Vorschrift, die jedem Punkt $\boldsymbol{x} \in D$ genau einen Punkt $\boldsymbol{y} \in M$ zuordnet. Man beschreibt dies durch

$$\boldsymbol{y} = \boldsymbol{f}(\boldsymbol{x}), \quad \boldsymbol{x} \in D, \quad \boldsymbol{y} \in M,$$

oder durch $\boldsymbol{f} : D \to M$ (s. Abschn. 1.3.5).

Da $\boldsymbol{x}$ und $\boldsymbol{y}$ hierbei n-Tupel bzw. m-Tupel sind,

$$\boldsymbol{x} = \begin{bmatrix} x_1 \\ x_2 \\ \vdots \\ x_n \end{bmatrix}, \quad \boldsymbol{y} = \begin{bmatrix} y_1 \\ y_2 \\ \vdots \\ y_m \end{bmatrix},$$

so kann man $\boldsymbol{f}(\boldsymbol{x})$ ebenfalls als m-Tupel schreiben, und zwar ausführlich in der Gestalt

$$\boldsymbol{f}(\boldsymbol{x}) = \begin{bmatrix} f_1(x_1, \cdots, x_n) \\ \vdots \\ f_m(x_1, \cdots, x_n) \end{bmatrix}, \quad \text{kurz} \quad \boldsymbol{f} = \begin{bmatrix} f_1 \\ \vdots \\ f_m \end{bmatrix}.$$

Die *Komponentenfunktionen* $f_1, \ldots, f_m$ von $\boldsymbol{f}$ sind dabei reellwertige Funktionen auf D.

Ausführlich geschrieben ist

$$\boldsymbol{y} = \boldsymbol{f}(\boldsymbol{x})$$

also ein System von m Funktionengleichungen:

$$\begin{aligned} y_1 &= f_1(x_1, x_2, \ldots, x_n) \\ y_2 &= f_2(x_1, x_2, \ldots, x_n) \\ &\vdots \\ y_m &= f_m(x_1, x_2, \ldots, x_n) \end{aligned} \tag{6.10}$$

(Im Falle $m = 1$ verkürzt sich dies auf eine Zeile, im Falle $n = 1$ auf eine Variable.)

Beispiel 6.3:

$$\begin{aligned} y_1 &= 3x_1 - 4x_2 - 1\,, \\ y_2 &= 2x_1 + 5x_2 + 2\,. \end{aligned} \quad (x_1, x_2 \in \mathbb{R}) \tag{6.11}$$

Durch diese Gleichungen wird jedem Paar $\begin{bmatrix} x_1 \\ x_2 \end{bmatrix}$ mit reellen x_1, x_2 ein reelles Zahlenpaar $\begin{bmatrix} y_1 \\ y_2 \end{bmatrix}$ zugeordnet. Für $x_1 = 2$, $x_2 = 3$ errechnet man z.B. $y_1 = -7$, $y_2 = 21$.

Mit den Abkürzungen

$$x = \begin{bmatrix} x_1 \\ x_2 \end{bmatrix}, \quad y = \begin{bmatrix} y_1 \\ y_2 \end{bmatrix}, \quad f(x) := \begin{bmatrix} f_1(x_1, x_2) \\ f_2(x_1, x_2) \end{bmatrix} := \begin{bmatrix} 3x_1 - 4x_2 - 1 \\ 2x_1 + 5x_2 + 2 \end{bmatrix}$$

erhalten die Gleichungen (6.11) die knappe Form

$$y = f(x), \quad x \in \mathbb{R}^2, \quad y \in \mathbb{R}^2.$$

f bildet also $\mathbb{R}^2$ in $\mathbb{R}^2$ ab, was man kurz durch $f : \mathbb{R}^2 \to \mathbb{R}^2$ ausdrückt.

Übung 6.8:

Der Leser berechne die Bildpunkte $\begin{bmatrix} y_1 \\ y_2 \end{bmatrix}$ der Abbildung f im Beispiel 6.3 für die Urbildpunkte

$$x = \begin{bmatrix} x_1 \\ x_2 \end{bmatrix} = \begin{bmatrix} -4 \\ 2 \end{bmatrix}, \quad \begin{bmatrix} 3{,}5 \\ 6 \end{bmatrix}, \quad \begin{bmatrix} 0 \\ 0 \end{bmatrix}, \quad \begin{bmatrix} 1 \\ 0 \end{bmatrix}, \quad \begin{bmatrix} 0 \\ 1 \end{bmatrix}, \quad \begin{bmatrix} 1 \\ 1 \end{bmatrix}.$$

Welche Figur bilden die Bildpunkte der letzten vier Urbilder in der y-Ebene?

6.2.2 Funktionen zweier reeller Variabler

Die wesentlichen Gesichtspunkte der Differentialrechnung mehrerer reeller Variabler lassen sich am einfachsten Fall verdeutlichen: Am Fall reeller Funktionen zweier reeller Variabler. Eine solche Funktion wird durch

$$y = f(x_1, x_2), \quad {}^5 \quad \begin{bmatrix} x_1 \\ x_2 \end{bmatrix} \in D \subset \mathbb{R}^2,$$

beschrieben, oder abstrakter durch $f : D \to \mathbb{R}$ ($D \subset \mathbb{R}^2$). Sie läßt sich auf folgende Weise graphisch darstellen (s. Fig. 6.5).

Man skizziert ein räumliches Koordinatensystem aus x_1-, x_2- und y-Achse. Zu jedem Punkt $\begin{bmatrix} x_1 \\ x_2 \end{bmatrix}$ des Definitionsbereiches D denkt man sich den Wert $y = f(x_1, x_2)$ berechnet und den Raumpunkt

$$\begin{bmatrix} x_1 \\ x_2 \\ y \end{bmatrix}$$

ins Koordinatensystem eingezeichnet. Die Menge dieser Raumpunkte heißt der *Graph von* f.

Der Graph von f erscheint als flächenartiges Gebilde, gewölbt, gebogen oder eben (s. Fig. 6.5). Jede »Senkrechte« — d.h. jede Parallele zur y-Achse — schneidet das Gebilde höchstens einmal.

---

5 Oft wird auch die Schreibweise $u = f(x, y)$ verwendet, wenn es um praktische Beispiele geht.

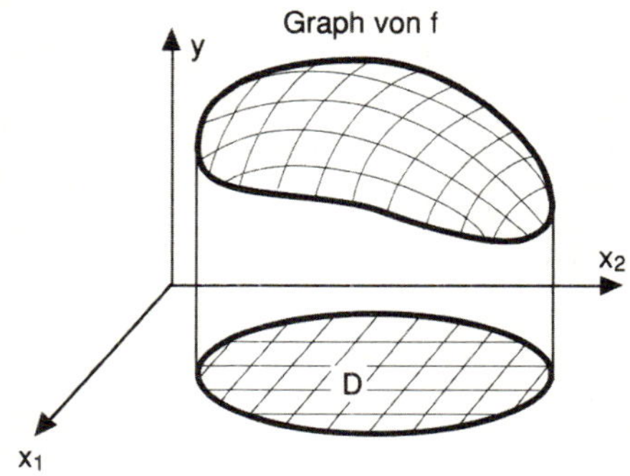

Fig. 6.5: Funktion zweier Variabler

Den Definitionsbereich D (s. Fig. 6.5) kann man in die x_1-, x_2-Ebene unseres Koordinatensystems einzeichnen. Es werden dabei

$$\text{die Paare} \quad \begin{bmatrix} x_1 \\ x_2 \end{bmatrix} \quad \text{mit den Tripeln} \quad \begin{bmatrix} x_1 \\ x_2 \\ 0 \end{bmatrix} \quad \text{identifiziert.}$$

(Man nennt dies die *kanonische Einbettung* des zweidimensionalen Bereiches D in den dreidimensionalen Raum $\mathbb{R}^3$.)[6]

Beispiel 6.4:

$y = f(x_1, x_2) = x_1 x_2, \begin{bmatrix} x_1 \\ x_2 \end{bmatrix} \in \mathbb{R}^2,$

Beispiel 6.5:

$y = g(x_1, x_2) = 5x_1 + 2x_2 + 10, \begin{bmatrix} x_1 \\ x_2 \end{bmatrix} \in \mathbb{R}^2,$

Beispiel 6.6:

$y = h(x_1, x_2) = \sqrt{1 - x_1^2 - x_2^2}, \begin{bmatrix} x_1 \\ x_2 \end{bmatrix} \in E$, wobei $E = \{\boldsymbol{x} \mid |\boldsymbol{x}| \leq 1\}$ die Einheitskreisscheibe im $\mathbb{R}^2$ ist.

Diese Funktionen werden durch die folgenden Fig. 6.6a, b, c veranschaulicht.

Der Graph von f ist dabei eine *Sattelfläche*, der von g eine *Ebene* und von h die Oberfläche einer *Halbkugel*.

Eine zweite, viel verwendete Art der Veranschaulichung ist die der *Höhenlinien* (*Niveaulinien*). In Fig. 6.7a, b, c sind wieder unsere drei Beispielfunktionen f, g, h skizziert.

Diese Darstellung erhält man so: Man wählt einen festen Wert y aus, z.B. $y = 1$. Dann

6 Eine derartige Ausdrucksweise für so eine simple Sache kann man gut benutzen, um prüfende Professoren zu verblüffen.

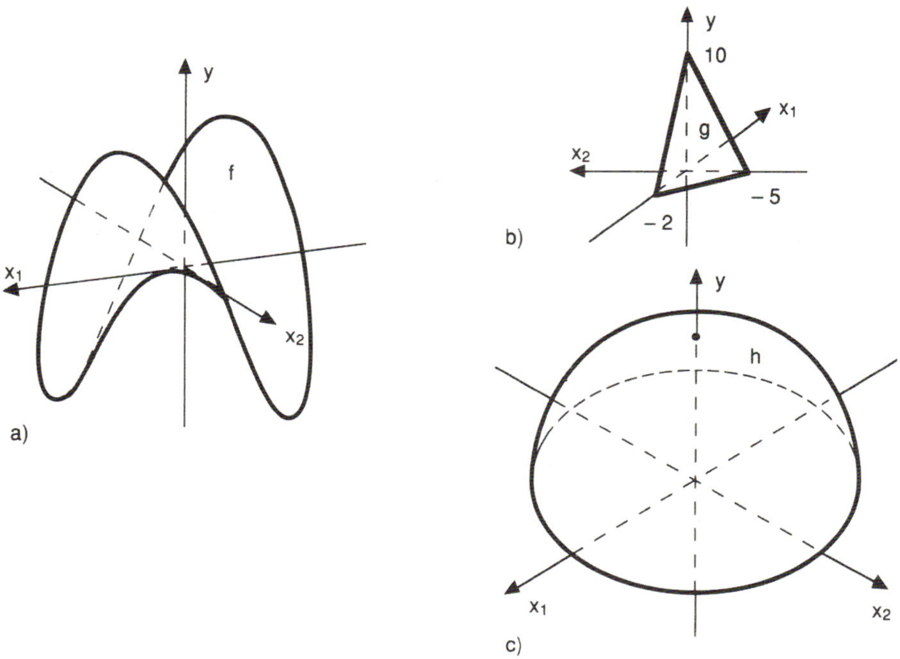

Fig. 6.6: Graphen verschiedener Funktionen

sucht man alle Punkte $\boldsymbol{x} = \begin{bmatrix} x_1 \\ x_2 \end{bmatrix}$, deren Funktionswerte gleich $y = 1$ sind und zeichnet sie ein. Meistens handelt es sich dabei um eine oder mehrere zeichenbare Linien. Dies führt man für weitere y-Werte durch, etwa $y = 2$, $y = 3$, usw. So entsteht das *Höhenlinienbild* einer Funktion.

Höhenlinien erhält man normalerweise dadurch, daß man die Funktionsgleichung $y = f(x_1, x_2)$ »nach x_2 auflöst« (oder, falls günstiger, nach x_1). In unseren Beispielen sieht das so aus:

$$y = x_1 x_2 \quad \Rightarrow \quad x_2 = \frac{y}{x_1} \qquad (\text{für } x_1 \neq 0)$$

$$y = 5x_1 + 2x_2 + 10 \quad \Rightarrow \quad x_2 = -\frac{5}{2}x_1 + \frac{y}{2} - 5 \qquad (\text{für } x_1 \in \mathbb{R})$$

$$y = \sqrt{1 - x_1^2 - x_2^2} \quad \Rightarrow \quad x_2 = \pm\sqrt{1 - y^2 - x_1^2} \qquad (\text{für } |x_1| \leq \sqrt{1 - y^2})$$

Rechts sind die Funktionen der Form $x_2 = \varphi(x_1)$ entstanden (bei festem y), deren Graphen man skizzieren kann. ($\pm$ beschreibt zwei Funktionen.) Die Frage, wann solche Auflösungen möglich sind — analytisch oder numerisch — ist Inhalt des später folgenden »Satzes über implizite Funktionen« (Abschn. 6.4.2).

Bemerkung: Die Darstellung durch Höhenlinien kann sinngemäß auch auf die Funktionen $y = f(x_1, x_2, x_3)$ von drei Variablen übertragen werden. Anstelle der Höhenlinien treten dabei Niveauflächen. Sie sind durch $f(x_1, x_2, x_3) = y = \text{konstant}$ gegeben.

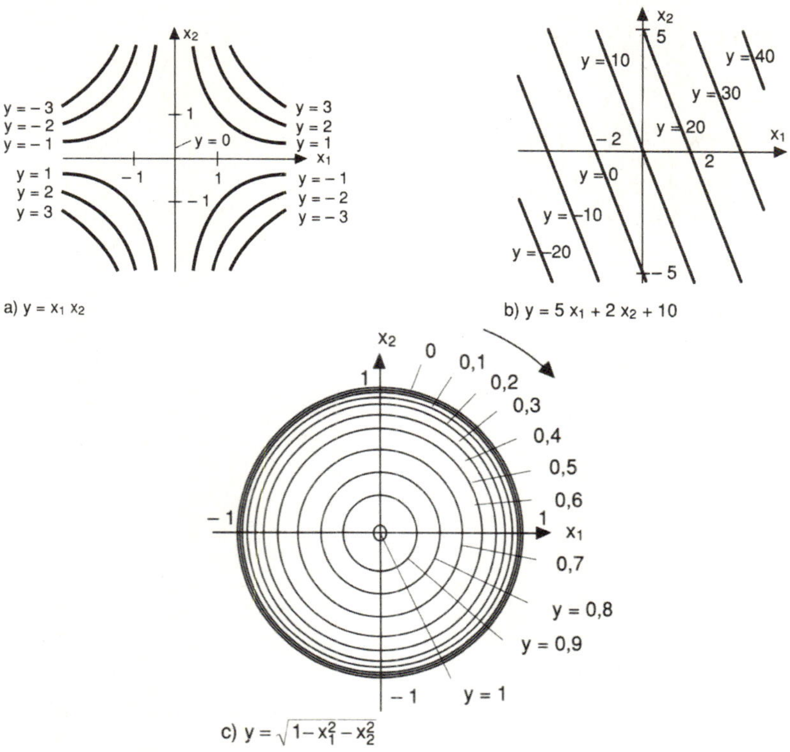

Fig. 6.7: Darstellung von Funktionen zweier reeller Variabler durch Höhenlinien

Einige technische Beispiele sind zur Übung des Lesers im Folgenden angegeben:

Übung 6.9:

Das *Gasgesetz für ideale Gase* lautet

$$pV = RT\,, \qquad R = 8314\frac{\text{J}}{\text{K}\cdot\text{kmol}}\,, \tag{6.12}$$

mit dem Druck p, dem Volumen V und der absoluten Temperatur T des Gases. R ist die allgemeine Gaskonstante. Jede der drei Größen p, V, T läßt sich als Funktion der übrigen auffassen, so daß folgende drei Funktionen entstehen:

$$p = \underbrace{\frac{RT}{V}}_{f_1(T,V)}\,, \quad V = \underbrace{\frac{RT}{p}}_{f_2(T,p)}\,, \quad T = \underbrace{\frac{1}{R}pV}_{f_3(p,V)} \tag{6.13}$$

wobei $p > 0$, $V > 0$, $T > 0$ gilt. Definitionsbereich für alle diese Funktionen ist also der »erste Quadrant« $\overset{0}{\mathbb{R}}{}^2_+ := \left\{\left[\begin{smallmatrix}x_1\\x_2\end{smallmatrix}\right] \mid x_1 > 0\,, x_2 > 0\right\}$. f_3 ist bis auf einen Faktor gleich der früher betrachteten Funktion f. Der Leser skizziere die Höhenlinienbilder der drei Funktionen.

Bemerkung: Die *van der Waalssche Zustandsgleichung* für reale Gase

$$T = \frac{1}{nR}\left(p + \frac{n^2 a}{V^2}\right)(V - nb) \quad \left\{ \begin{array}{ll} a, b, R, & \text{konstant,} \\ n, & \text{Gasmenge in Mol} \end{array} \right\}, \tag{6.14}$$

wurde schon in Abschn. 3.2.8, Beisp. 3.34, behandelt. Der Ausdruck rechts beschreibt eine Funktion $f(p, V)$. Ein Höhenlinienbild ist in Fig. 3.18 in dem genannten Abschnitt gezeichnet.

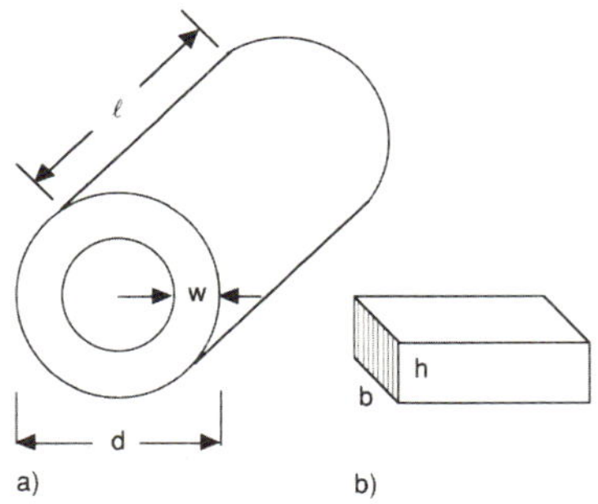

Fig. 6.8: Zu Funktionen zweier Variabler in der Technik

Übung 6.10:

Ein Stahlrohr hat das Gewicht

$$G = \rho\pi l(dw - w^2)$$

wobei ρ das spezifische Gewicht des Stahls ist, l die Länge des Rohres, d der Außenwanddurchmesser, w die Wandstärke (s. Fig. 6.8). Es handelt sich hier um eine Funktion von drei Variablen l, d und w. Da l nur ein Proportionalitätsfaktor ist, erhält man einen Überblick, wenn man lediglich die Funktion

$$f(d, w) = dw - w^2, \quad d \geq 0, \quad w \geq 0,$$

untersucht. Der Leser skizziere diese Funktion im räumlichen Koordinatensystem!

Übung 6.11:

(nach [5], S. 172) Das *Flächenmoment* eines rechteckigen Balkens erhält man aus

$$I = bh^3/12. \tag{6.15}$$

Dabei ist b die Breite und h die Höhe des Balkens (s. Fig. 6.8b). Die Zahl I geht bei der Berechnung der Durchbiegung eines Balkens ein (s. Beisp. 2.1, Abschn. 2.1.1). Wegen dieser Anwendung ist man mehr daran interessiert, die Balkenbreite b aus I und h zu gewinnen.

Zum Ablesen von b-Werten aus einem Höhenlinienbild ist es allerdings zweckmäßig (und in der Technik gebräuchlich), Koordinatensysteme zu benutzen mit einer b-Achse als senkrechter

Achse. Es kommen in unserem Falle zwei Möglichkeiten in Betracht, nämlich ein I-b-System oder ein h-b-System (s. Fig. 6.9a, b).

Dabei ist jeweils ein *Koordinatennetz* aus Waagerechten und Senkrechten eingezeichnet, um das Ablesen von Werten zu erleichtern.

Die Aufgabe des Lesers besteht darin, in beiden Netzen der Fig. 6.9 die Höhenlinien einzuzeichnen, in Netz (a) also die Linien zu h = konstant und in (b) zu I = konstant. Es entstehen sogenannte *Netztafeln*.

Frage: Welche der beiden Netztafeln ist leichter (und präziser) zu zeichnen und damit vorzuziehen?

Diese rechnerisch einfache Aufgabe soll klar machen, daß man oft *mehrere Möglichkeiten* hat, eine Funktion mit mehreren Variablen zu skizzieren, und daß man sich natürlich die günstigste Art aussuchen soll.

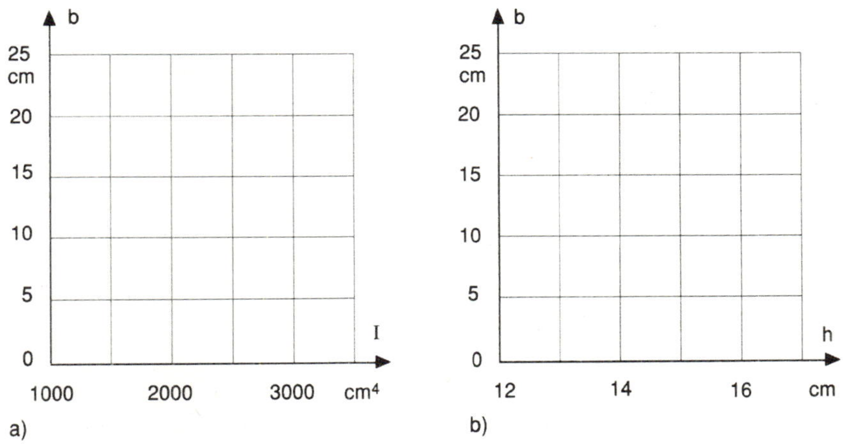

Fig. 6.9: Netztafeln für das Flächenmoment I eines Balkens (zu vervollständigen)

Übung 6.12:

Der *Wechselstromwiderstand* w eines Stromkreises ergibt sich aus

$$w = \sqrt{R^2 + L^2\omega^2}\,, \tag{6.16}$$

wobei R der Ohmsche Widerstand ist, L die Selbstinduktion und ω die Frequenz des Wechselstroms. Wir wollen ω als fest annehmen. Dann stellt die rechte Seite der Gleichung eine Funktion der Form $f(R, L)$ dar. Man skizziere ein Höhenlinienbild für $w = 1\,\Omega$ und $\omega = 50/(2\pi)\,\mathrm{Hz}$.

Frage: Welches Problem hat man, wenn man auf beiden Achsen den gleichen Maßstab wählt? Kann man durch geschickt gewählten Maßstab die Zeichnung günstiger gestalten? Welche Maßstabwahl auf den Achsen ist am besten?

6.2.3 Stetigkeit im $\mathbb{R}^n$

Nach den anregenden Beispielen im vorangehenden Abschnitt kommen wir nun zur harten Arbeit zurück, nämlich zur Stetigkeit von Abbildungen aus $\mathbb{R}^n$ in $\mathbb{R}^m$.

Es zeigt sich aber, daß die Arbeit so hart wieder nicht ist. Denn wir können das meiste von Funktionen einer reellen Variablen übertragen, ja, nahezu wörtlich abschreiben. Im Folgenden sei $D \subseteq \mathbb{R}^n$ und $M \subset \mathbb{R}^m$.

Definition 6.12:

(a) Eine Abbildung $f : D \to M$ heißt *stetig in einem Punkt* $\boldsymbol{x}_0 \in D$, wenn für alle Folgen $(\boldsymbol{x}_k)$ aus D mit $\boldsymbol{x}_k \to \boldsymbol{x}_0$ stets

$$\lim_{k \to \infty} f(\boldsymbol{x}_k) = f(\boldsymbol{x}_0)$$

gilt.

(b) Die Abbildung $f : D \to M$ heißt *stetig auf* $A \subset D$, wenn sie in jedem Punkt von A stetig ist. Ist f stetig in jedem Punkt von D, so wird f eine *stetige Abbildung* genannt.

Die Definition entspricht vollkommen den Definitionen 1.17 und 1.18 in Abschn. 1.6.2, in denen die Stetigkeit für Funktionen einer reellen Variablen definiert sind.

Aus der Definition folgt sofort, daß alle Funktionen in den Beispielen und Übungen des letzten Abschnittes stetig sind.

Die *$\varepsilon - \delta -$Charakterisierung* der Stetigkeit in Satz 1.19 (Abschn. 1.6.2) gilt wörtlich auch für Abbildungen $f : D \to \mathbb{R}^m$ mit $D \subseteq \mathbb{R}^n$, so daß wir auf eine erneute Formulierung verzichten können. Auch der Beweis ist gleichlautend.

Der Satz über Summen, Differenzen, Produkte und Quotienten stetiger Abbildungen wird, samt Beweis, ebenfalls übertragen (s. Satz 1.22, Abschn. 1.6.4). Er lautet hier:

Satz 6.4:

Sind $f : D \to \mathbb{R}^m$, $\boldsymbol{g} : D \to \mathbb{R}^m$ und $h : D \to \mathbb{R}$ stetig in $\boldsymbol{x}_0 \in D$ ($D \subseteq \mathbb{R}^n$), so sind auch

$$f + \boldsymbol{g}, \quad f - \boldsymbol{g}, \quad f \cdot \boldsymbol{g} \quad \text{und} \quad \frac{f}{h} \quad (\text{falls } h(\boldsymbol{x}_0) \neq 0)$$

stetig in $\boldsymbol{x}_0$.

Die *gleichmäßige Stetigkeit* wird analog zu Def. 1.19 (Abschn. 1.6.6) für Abbildungen aus $\mathbb{R}^n$ in $\mathbb{R}^m$ erklärt. Es folgt, wie in Abschn. 1.6.6, die wichtige Aussage:

Satz 6.5:

Auf kompakten Mengen des $\mathbb{R}^n$ sind stetige Abbildungen gleichmäßig stetig.

Mit der Stetigkeit eng zusammen hängen *Grenzwerte von Abbildungen*. Hier haben wir nur Abschn. 1.6.7 sinngemäß zu übertragen:

Ein Punkt $\boldsymbol{x}_0 \in \mathbb{R}^n$ heißt *Häufungspunkt* einer Menge $D \subset \mathbb{R}^n$, wenn in jeder Umgebung von $\boldsymbol{x}_0$ unendlich viele Punkte aus D liegen. Def. 1.20 aus Abschn. 1.6.7 wird damit zu

Definition 6.13:

Es sei $\boldsymbol{f} : D \to M$ eine Abbildung und $\boldsymbol{x}_0$ ein Häufungspunkt von D. Man sagt, $\boldsymbol{f}(\boldsymbol{x})$ *konvergiert für* $\boldsymbol{x} \to \boldsymbol{x}_0$ *gegen den Grenzwert* $\boldsymbol{c}$, wenn für jede Folge $(\boldsymbol{x}_k)$ aus D mit $\lim\limits_{k\to\infty} \boldsymbol{x}_k = \boldsymbol{x}_0$ und $\boldsymbol{x}_k \neq \boldsymbol{x}_0$ für alle k folgt:

$$\lim_{k\to\infty} \boldsymbol{f}(\boldsymbol{x}_k) = \boldsymbol{c}\,.$$

Dies wird kurz beschrieben durch die Gleichung

$$\lim_{\boldsymbol{x}\to\boldsymbol{x}_0} \boldsymbol{f}(\boldsymbol{x}) = \boldsymbol{c}\,. \tag{6.17}$$

Diese Übereinstimmung mit schon Bekanntem zeigt, daß hier eigentlich nichts Neues zu lernen ist. Aus diesem Grunde weisen wir nur darauf hin, daß sich alles Folgende im zitierten Abschn. 1.6.7 ebenso überträgt, insbesondere die Folgerung 1.18 über Summen, Differenzen, Produkte und Quotienten solcher Grenzwerte.

Schließlich beschäftigen wir uns noch mit *Polen* und *Grenzwerten* im *Unendlichen* wie in Abschn. 1.6.8. Hier überträgt sich alles über *Pole* völlig analog auf Funktionen $f : D \to \mathbb{R}$ mit $D \subset \mathbb{R}^n$, also insbesondere die Schreibweise für einen *Pol* $\boldsymbol{x}_0$ von f:

$$\lim_{\boldsymbol{x}\to\boldsymbol{x}_0} f(\boldsymbol{x}) = \infty\,. \tag{6.18}$$

Bei Grenzwerten im Unendlichen ist dagegen $|\boldsymbol{x}| \to \infty$ (statt $\boldsymbol{x} \to \infty$ oder $\boldsymbol{x} \to -\infty$) zu schreiben. Das Analogon zu Def. 1.22 in Abschn. 1.6.8 lautet:

Definition 6.14:

(a) Der Definitionsbereich $D \subset \mathbb{R}^n$ von $\boldsymbol{f} : D \to \mathbb{R}^m$ sei unbeschränkt. Man sagt, $\boldsymbol{f}(\boldsymbol{x})$ *strebt für* $|\boldsymbol{x}| \to \infty$ *gegen* $\boldsymbol{c}$ wenn für jede Folge $(\boldsymbol{x}_k)$ aus D mit $\lim\limits_{k\to\infty} |\boldsymbol{x}_k| = \infty$ gilt:

$$\lim_{k\to\infty} \boldsymbol{f}(\boldsymbol{x}_k) = \boldsymbol{c}\,.$$

In Formeln beschreibt man dies kurz durch

$$\lim_{|\boldsymbol{x}|\to\infty} \boldsymbol{f}(\boldsymbol{x}) = \boldsymbol{c}\,. \tag{6.19}$$

(b) Anstelle von $\boldsymbol{c}$ kann auch ∞ oder $-\infty$ stehen, wenn f reellwertig ist. Alles andere wird entsprechend formuliert.

Folgerung 1.20 in Abschn. 1.6.8 (ε-Formulierung für (6.4)) überträgt man ohne weiteres.

Damit sind wir durch! Das Grundlegende über Stetigkeit und Grenzwerte von Abbildungen aus $\mathbb{R}^n$ in $\mathbb{R}^m$ ist nun bekannt.

Übung 6.13:

Wo ist die Funktion $f(\boldsymbol{x}) := \dfrac{x_1 x_2}{x_1^2 + x_2^2}$ im $\mathbb{R}^2$ definiert? Wo ist sie stetig? Existiert $\lim\limits_{\boldsymbol{x}\to\boldsymbol{0}} f(\boldsymbol{x})$?

Übung 6.14:

Beweise, daß die Funktion $f(\boldsymbol{x}) = |\boldsymbol{x}|$ auf $\mathbb{R}^n$ stetig ist.

6.3 Differenzierbare Abbildungen von mehreren Variablen

In diesem Abschnitt wird die Differentialrechnung von einer reellen Variablen auf mehrere reelle Variable ausgedehnt.

6.3.1 Partielle Ableitungen

Beispiel 6.7:
Durch

$$y = f(x_1, x_2) = 2x_1^2 x_2^3$$

ist eine Funktion von zwei reellen Variablen x_1 und x_2 gegeben. Fassen wir für den Augenblick x_2 als Konstante auf, so können wir den Ausdruck auf der rechten Seite nach x_1 differenzieren. Diese Ableitung wird mit

$$\frac{\partial f}{\partial x_1}(x_1, x_2) \quad \text{oder kürzer} \quad f_{x_1}(x_1, x_2)$$

bezeichnet. Wir erhalten also »durch Differenzieren nach x_1«:

$$\frac{\partial f}{\partial x_1}(x_1, x_2) = 4x_1 x_2^3 \,. \tag{6.20}$$

Entsprechend kann man x_1 als Konstante auffassen und »nach x_2 differenzieren«. Es ergibt sich

$$\frac{\partial f}{\partial x_2}(x_1, x_2) = 6x_1^2 x_2^2 \,. \tag{6.21}$$

Die Ausdrücke in (6.20) und (6.21) heißen die *partiellen Ableitungen* von f nach x_1 bzw. x_2.

Beispiel 6.8:
$f(x, y) = x^2 y - \mathrm{e}^{xy}$.

$$\Rightarrow \frac{\partial f}{\partial x}(x, y) = 2xy - y\,\mathrm{e}^{xy}\,, \quad \frac{\partial f}{\partial y}(x, y) = x^2 - x\,\mathrm{e}^{xy}\,.$$

Wir erinnern nochmal: Die erste Gleichung ergibt sich durch Differenzieren nach x, wobei y als Konstante angesehen wird, die zweite durch Differenzieren nach y, wobei x konstant ist.

Beispiel 6.9:

$f(x, y) = \sin(x^2 y^5)$. Mit der Kurzschreibweise f_x für $\frac{\partial f}{\partial x}$ und f_y für $\frac{\partial f}{\partial y}$ erhält man

$$f_x(x, y) = 2xy^5 \cos(x^2 y^5)\,, \qquad f_y(x, y) = 5x^2 y^4 \cos(x^2 y^5)\,.$$

Beispiel 6.10:

$g(s, t) = \sqrt{s^2 + t^2}$ mit $s^2 + t^2 \neq 0$

$$\Rightarrow \frac{\partial g}{\partial s}(s, t) = \frac{s}{\sqrt{s^2 + t^2}}\,, \qquad \frac{\partial g}{\partial t}(s, t) = \frac{t}{\sqrt{s^2 + t^2}}\,.$$

Beispiel 6.11:

$\varphi(v_1, v_2, v_3) = v_1^2 + v_2^4 + v_3 v_1 + 1$

$$\Rightarrow \frac{\partial \varphi}{\partial v_1}(v_1, v_2, v_3) = 2v_1 + v_3\,, \qquad \frac{\partial \varphi}{\partial v_2}(v_1, v_2, v_3) = 4v_2^3\,, \qquad \frac{\partial \varphi}{\partial v_3}(v_1, v_2, v_3) = v_1\,.$$

Der Leser, der diese Beispiele nachvollzogen hat, kann nun sicherlich partielle Ableitungen von formelmäßig gegebenen Funktionen berechnen. Er hat nichts anderes zu tun, als alle Variablen bis auf *eine* als konstant anzusehen und die so entstandene Funktion nach eben dieser Variablen zu differenzieren. Das führt zu folgender allgemeiner Definition:

Definition 6.15:

Eine Abbildung $\boldsymbol{f} : D \to \mathbb{R}^m$ mit $D \subset \mathbb{R}^n$ ist in einem inneren Punkt

$$\boldsymbol{x} = \begin{bmatrix} x_1 \\ \vdots \\ x_n \end{bmatrix} \in D$$

partiell differenzierbar nach x_k, wenn der Grenzwert

$$\lim_{h \to 0} \frac{\boldsymbol{f}(x_1, \ldots, x_k + h, \ldots, x_n) - \boldsymbol{f}(x_1, \ldots, x_k, \ldots, x_n)}{h}$$

existiert. (Die beiden Ausdrücke im Zähler unterscheiden sich nur in der k-ten Variablen.)

Der Grenzwert heißt die *partielle Ableitung von* $\boldsymbol{f}$ *nach* x_k *im Punkte* $\boldsymbol{x}$. Symbolisch beschreibt man ihn durch

$$\frac{\partial f}{\partial x_k}(x_1, \ldots, x_n), \quad f_{x_k}(x_1, \ldots, x_n), \quad \mathrm{D}_k f(x_1, \ldots, x_n).$$

Statt $(x_1, \ldots, x_n)$ wird dabei auch kürzer $(\boldsymbol{x})$ geschrieben, oder es werden die Variablenangaben ganz weggelassen, wenn keine Irrtümer zu befürchten sind.

f heißt *partiell differenzierbar* in $\boldsymbol{x}_0$, wenn *alle* partiellen Ableitungen $\frac{\partial f}{\partial x_k}(\boldsymbol{x}_0)$ existieren. Ferner nennt man f *partiell differenzierbar in* $A \subset D$, wenn f in jedem Punkt A partiell differenzierbar ist. Ist f schließlich in jedem Punkt seines Definitionsbereiches partiell differenzierbar, so heißt f *partiell differenzierbar.*

Geometrische Veranschaulichung bei zwei Variablen: Wir denken uns den Graphen einer reellwertigen Funktion

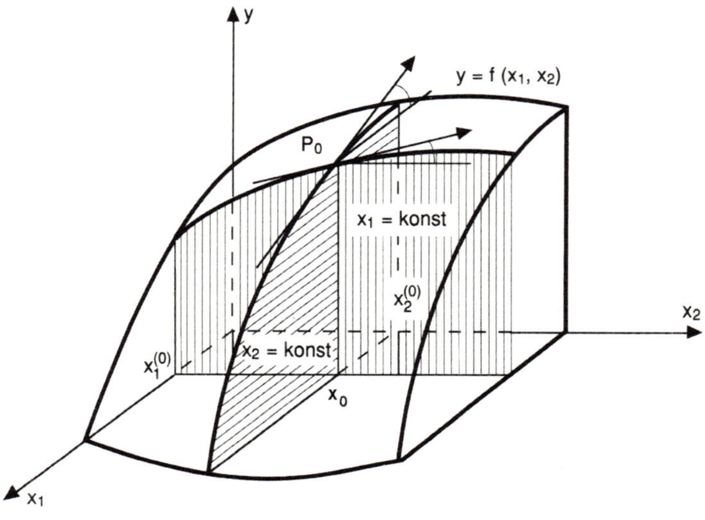

Fig. 6.10: Partielle Ableitungen

$$y = f(x_1, x_2), \quad \begin{bmatrix} x_1 \\ x_2 \end{bmatrix} \in D \subset \mathbb{R}^2$$

als flächenartiges Gebilde dargestellt, wie es die Fig. 6.10 zeigt. f sei in

$$\boldsymbol{x}_0 = \begin{bmatrix} x_1^{(0)} \\ x_2^{(0)} \end{bmatrix}$$

nach beiden Variablen partiell differenzierbar. $\boldsymbol{x}_0$ wird in die x_1-x_2-Ebene eingezeichnet.

Durch $\boldsymbol{x}_0$ werden nun zwei Ebenen gelegt, die parallel zur x_1-y-Ebene bzw. zur x_2-y-Ebene liegen (s. schraffierte Flächen in Fig. 6.10). Die Ebenen schneiden aus dem Graphen von f zwei Kurven heraus, die sich im Punkt

$$\boldsymbol{p}_0 = \begin{bmatrix} x_1^{(0)} \\ x_2^{(0)} \\ f(x_1^{(0)}, x_2^{(0)}) \end{bmatrix}$$

kreuzen. (Es sind die oberen Begrenzungskurven der schraffierten Flächen in Fig. 6.10.) Diese Kurven können als Graphen der Funktionen $x_1 \mapsto f(x_1, x_2^{(0)})$ und $x_2 \mapsto f(x_1^{(0)}, x_2)$ in den schraffierten Ebenen aufgefaßt werden. Ihre Steigungen im $\boldsymbol{p}_0$ — verdeutlicht in den eingezeichneten Tangenten — sind die partiellen Ableitungen $f_{x_1}(\boldsymbol{x}_0)$ und $f_{x_2}(\boldsymbol{x}_0)$. Das heißt $f_{x_1}(\boldsymbol{x}_0)$ und $f_{x_2}(\boldsymbol{x}_0)$ sind die Tangenswerte der Winkel, die die genannten Tangenten mit der Waagerechten bilden.[7]

Man nennt $f_{x_k}(\boldsymbol{x}_0)$ daher auch die *Steigung des Graphen von f in x_k-Richtung*, und zwar im Punkt $\boldsymbol{x}_0$.

Zur Bezeichnung: Wird eine Abbildung durch eine Gleichung der Art

$$y = f(x_1, x_2, \ldots, x_n)$$

beschrieben, so werden die partiellen Ableitungen auch durch

$$\frac{\partial y}{\partial x_k} \quad \text{statt} \quad \frac{\partial f}{\partial x_k}$$

ausgedrückt. Diese Schreibweise ist in Naturwissenschaft und Technik oft sehr praktisch. Dazu folgendes Beispiel:

Beispiel 6.12:

Das ideale Gasgesetz lautet

$$pV = RT\,, \quad (R = \text{konstant}\,,\ p > 0\,,\ V > 0\,,\ T > 0)\,.$$

es wurde schon in Übung 6.9 betrachtet. Wir lösen die Gleichung nach V auf und erhalten

$$V = R\frac{T}{p} \quad \Rightarrow \quad \frac{\partial V}{\partial T} = \frac{R}{p}\,, \quad \frac{\partial V}{\partial p} = -\frac{RT}{p^2}\,.$$

7 Wie bei Funktionen einer Variablen werden die Winkel dabei negativ gerechnet, wenn die Tangente in Richtung der zugehörigen Variablen fällt, und positiv, wenn sie steigt.

Auflösen nach p und T ergibt entsprechend

$$p = R\frac{T}{V} \quad \Rightarrow \quad \frac{\partial p}{\partial T} = \frac{R}{V}, \quad \frac{\partial p}{\partial V} = \dots,$$
$$T = \frac{pV}{R} \quad \Rightarrow \quad \frac{\partial T}{\partial p} = \dots, \quad \frac{\partial T}{\partial V} = \dots.$$

Der Leser schreibe die drei fehlenden partiellen Ableitungen selbst hin. Durch Nachrechnen erkennt man, daß folgendes gilt:

$$\frac{\partial V}{\partial p} \cdot \frac{\partial p}{\partial T} = -\frac{\partial V}{\partial T}.$$

Wir werden später sehen (s. Abschn. 6.3.4, Beisp. 6.19), daß diese Gleichungen für alle Gase (auch nichtideale) und alle Flüssigkeiten gilt.

Übung 6.15:

Bilde die partiellen Ableitungen $\frac{\partial f}{\partial x}(x, y)$ und $\frac{\partial f}{\partial y}(x, y)$ der folgenden reellwertigen Funktionen $f : \mathbb{R}^2 \to \mathbb{R}$:

(a) $f(x, y) = x\,\mathrm{e}^y$, (b) $f(x, y) = \sin(x^2 + y^3)$,

(c) $f(x, y) = x^y$, (d) $f(x, y) = \mathrm{e}^x \cos(xy) + \dfrac{x}{1 + y^2}$.

Übung 6.16:

Bilde die partiellen Ableitungen $\frac{\partial \boldsymbol{f}}{\partial x_1}(\boldsymbol{x})$, $\frac{\partial \boldsymbol{f}}{\partial x_2}(\boldsymbol{x})$, $\frac{\partial \boldsymbol{f}}{\partial x_3}(\boldsymbol{x})$ der Abbildung

$$\boldsymbol{f}(\boldsymbol{x}) = \begin{bmatrix} x_3 \sin(x_1)\cos(x_2) \\ x_1^3 + x^2\sqrt{1 + x_3^2} \\ \sin(\mathrm{e}^{x_1 x_2 x_3}) \end{bmatrix}, \quad \boldsymbol{x} = \begin{bmatrix} x_1 \\ x_2 \\ x_3 \end{bmatrix} \in \mathbb{R}^3.$$

Beachte, daß jede partielle Ableitung $\frac{\partial \boldsymbol{f}}{\partial x_k}(\boldsymbol{x})$ ein Vektor aus $\mathbb{R}^3$ ist!

6.3.2 Ableitungsmatrix, Differenzierbarkeit, Tangentialebene

Durch

$$\boldsymbol{f}(\boldsymbol{x}) = \begin{bmatrix} f_1(x_1, x_2, \dots, x_n) \\ f_2(x_1, x_2, \dots, x_n) \\ \vdots \\ f_m(x_1, x_2, \dots, x_n) \end{bmatrix}, \quad \boldsymbol{x} = \begin{bmatrix} x_1 \\ x_2 \\ \vdots \\ x_n \end{bmatrix} \in D$$

sei eine Abbildung beschrieben, die in $\boldsymbol{x}_0$ partiell differenzierbar ist. Das bedeutet, daß alle Ableitungen

$$\frac{\partial f}{\partial x_k}(\boldsymbol{x}_0) \quad \text{für} \quad \begin{cases} i = 1, \ldots, m\,, \\ k = 1, \ldots, n \end{cases}$$

existieren. Man kann diese Ableitungen in einer Matrix zusammenfassen, die wir mit $\boldsymbol{f}'(\boldsymbol{x}_0)$ abkürzen:

$$\boldsymbol{f}'(\boldsymbol{x}_0) := \begin{bmatrix} \frac{\partial f_1}{\partial x_1} & \frac{\partial f_1}{\partial x_2} & \cdots & \frac{\partial f_1}{\partial x_n} \\ \frac{\partial f_2}{\partial x_1} & \frac{\partial f_2}{\partial x_2} & \cdots & \frac{\partial f_2}{\partial x_n} \\ \vdots & \vdots & & \vdots \\ \frac{\partial f_m}{\partial x_1} & \frac{\partial f_m}{\partial x_2} & \cdots & \frac{\partial f_m}{\partial x_n} \end{bmatrix}. \tag{6.22}$$

(Das Argument $(\boldsymbol{x}_0)$ wurde rechts der Übersicht wegen weggelassen.)

Die Matrix heißt *Ableitungsmatrix* von $\boldsymbol{f}$ in $\boldsymbol{x}_0$. (Sie wird auch *Jacobi*[8]*-Matrix* genannt.)

Beispiel 6.13:
Die Abbildung $\boldsymbol{f} : \mathbb{R}^3 \to \mathbb{R}^2$, definiert durch

$$\boldsymbol{f}(\boldsymbol{x}) = \begin{bmatrix} x_1 \sin(x_2 x_3) \\ x_1^2 + x_2^2 + \cos x_3 \end{bmatrix}, \quad \boldsymbol{x} = \begin{bmatrix} x_1 \\ x_2 \\ x_3 \end{bmatrix},$$

hat die Ableitungsmatrix

$$\boldsymbol{f}'(\boldsymbol{x}) = \begin{bmatrix} \sin(x_2 x_3) & x_1 x_3 \cos(x_2 x_3) & x_1 x_2 \cos(x_2 x_3) \\ 2x_1 & 2x_2 & -\sin x_3 \end{bmatrix}.$$

Die Ableitungsmatrix hat also ebenso viele Zeilen wie $\boldsymbol{f}$, und so viele Spalten, wie es Komponenten von $\boldsymbol{x}$ gibt. Zwei Sonderfälle dazu:

Beispiel 6.14:
$f(x, y) = x^2 + \sin(xy)$ $(x, y \in \mathbb{R}) \Rightarrow f'(x, y) = [2x + y\cos(xy)\,, \;\; x\cos(xy)]\,.$

Beispiel 6.15:

$$\boldsymbol{f}(t) = \begin{bmatrix} t^2 \\ \sin t \\ 5t + t^3 \end{bmatrix} \Rightarrow \boldsymbol{f}'(t) = \begin{bmatrix} 2t \\ \cos t \\ 5 + 3t^2 \end{bmatrix} \quad (t \in \mathbb{R})\,.$$

8 Carl Gustav Jacob Jacobi (1804 – 1851), deutscher Mathematiker

Die Beispiele verdeutlichen: Eine reellwertige Funktion $f(x_1, x_2, \dots, x_n)$ von n Variablen hat (falls sie partiell differenzierbar ist) eine *Zeilenmatrix* $[f_{x_1}, f_{x_2}, \dots, f_{x_n}] = f'(\boldsymbol{x})$ als Ableitungsmatrix. (Hierbei werden zur besseren Trennung der Elemente oft Kommata eingefügt.) Eine Abbildung $\boldsymbol{f}$ von nur einer reellen Variablen hat als Ableitungsmatrix eine *Spaltenmatrix*.

Mit Hilfe der Ableitungsmatrix definieren wir, was wir unter Differenzierbarkeit[9] einer Abbildung aus $\mathbb{R}^n$ in $\mathbb{R}^m$ verstehen wollen. Es handelt sich hierbei um eine schärfere Bedingung als sie die *partielle Differenzierbarkeit* darstellt. Bei technisch wichtigen Funktionen und Abbildungen liegt die Differenzierbarkeit normalerweise vor.

Definition 6.16:
Eine Abbildung $\boldsymbol{f} : D \to \mathbb{R}^m$ $(D \subset \mathbb{R}^n)$ heißt *differenzierbar* in einem inneren Punkt $\boldsymbol{x}_0$ von D, wenn sie in $\boldsymbol{x}_0$ partiell differenzierbar ist und überdies in folgender Form geschrieben werden kann:

$$\boldsymbol{f}(\boldsymbol{x}) = \boldsymbol{f}(\boldsymbol{x}_0) + \boldsymbol{f}'(\boldsymbol{x}_0)(\boldsymbol{x} - \boldsymbol{x}_0) + \boldsymbol{k}(\boldsymbol{x}), \tag{6.23}$$

wobei $\boldsymbol{k} : D \to \mathbb{R}^m$ eine Abbildung ist, die

$$\lim_{\boldsymbol{x} \to \boldsymbol{x}_0} \frac{|\boldsymbol{k}(\boldsymbol{x})|}{|\boldsymbol{x} - \boldsymbol{x}_0|} = 0 \tag{6.24}$$

erfüllt.

$\boldsymbol{f}$ heißt *differenzierbar in* $A \subset D$, wenn $\boldsymbol{f}$ in jedem Punkt von A differenzierbar ist. Im Falle $A = D$ heißt $\boldsymbol{f}$ eine *differenzierbare Abbildung*.

Bemerkung: (a) Im Ausdruck $\boldsymbol{f}'(\boldsymbol{x}_0)(\boldsymbol{x} - \boldsymbol{x}_0)$ wird die Matrix $\boldsymbol{f}'(\boldsymbol{x}_0)$ mit der Spaltenmatrix $(\boldsymbol{x} - \boldsymbol{x}_0)$ multipliziert.

(b) Der Grenzwert (6.24) besagt, daß $\boldsymbol{k}(\boldsymbol{x})$ für $\boldsymbol{x} \to \boldsymbol{x}_0$ »schneller« gegen Null strebt als die Differenz $(\boldsymbol{x} - \boldsymbol{x}_0)$. Damit stellt die Gleichung (6.23) eine vollständige Analogie zur entsprechenden Aussage im Eindimensionalen dar. Denn wäre $\boldsymbol{f} = f$ reellwertig und $\boldsymbol{x} = x$ eine reelle Variable, so folgte aus (6.23) nach Umstellung:

$$\frac{f(x) - f(x_0)}{x - x_0} - f'(x_0) = \frac{k(x)}{x - x_0}.$$

Differenzierbarkeit in $\boldsymbol{x}_0$ liegt also genau dann vor, wenn die rechte Seite gegen Null strebt, wie in (6.24) gefordert wird.

Wie kann man erkennen, ob eine Abbildung differenzierbar ist? Darüber gibt der folgende Satz Auskunft, der im Wesentlichen sagt: Sind die partiellen Ableitungen von $\boldsymbol{f}$ *stetig*, so ist $\boldsymbol{f}$ differenzierbar.

(Für den Beweis verweisen wir auf [56], Satz 6.9, S. 280.)

9 Man spricht hierbei auch von »totaler Differenzierbarkeit« oder »Frechét-Differenzierbarkeit«.

Satz 6.6:

$\boldsymbol{f}: D \to \mathbb{R}^m$ $(D \subset \mathbb{R}^n)$ ist in dem inneren Punkt $\boldsymbol{x}_0$ aus D differenzierbar, wenn alle partiellen Ableitungen von $\boldsymbol{f}$ in einer Umgebung von $\boldsymbol{x}_0$ existieren und in $\boldsymbol{x}_0$ stetig sind.

Beispiel 6.16:

$$\boldsymbol{f}(\boldsymbol{x}) = \begin{bmatrix} x_1^3 x_2^3 \\ x_1^2 + x_2^2 \end{bmatrix}, \quad \boldsymbol{x} = \begin{bmatrix} x_1 \\ x_2 \end{bmatrix} \in \mathbb{R}^2 \quad \Rightarrow \quad \boldsymbol{f}'(\boldsymbol{x}) = \begin{bmatrix} 3x_1^2 x_2^3 & 3x_1^3 x_2^2 \\ 2x_1 & 2x_2 \end{bmatrix}.$$

Die partiellen Ableitungen — sie stehen in der Ableitungsmatrix — sind offenbar alle stetig in $\mathbb{R}^2$. Nach Satz 6.6 ist $\boldsymbol{f}$ daher in ganz $\mathbb{R}^2$ differenzierbar.

Wählen wir z.B. $\boldsymbol{x}_0 = \begin{bmatrix} 2 \\ 1 \end{bmatrix}$ aus, so erlaubt (6.23) folgende Darstellungen von $\boldsymbol{f}(\boldsymbol{x})$:

$$\begin{aligned} \boldsymbol{f}(\boldsymbol{x}) &= \begin{bmatrix} 8 \\ 5 \end{bmatrix} + \begin{bmatrix} 12 & 24 \\ 4 & 2 \end{bmatrix} \begin{bmatrix} x_1 - 2 \\ x_2 - 1 \end{bmatrix} + \boldsymbol{k}(\boldsymbol{x}) \\ &= \begin{bmatrix} 8 + 12(x_1 - 2) + 24(x_2 - 1) + k_1(\boldsymbol{x}) \\ 5 + \ 4(x_1 - 2) + \ 2(x_2 - 1) + k_2(\boldsymbol{x}) \end{bmatrix}, \quad \text{mit} \quad \boldsymbol{k} = \begin{bmatrix} k_1 \\ k_2 \end{bmatrix} \end{aligned}$$

Da $|\boldsymbol{k}(\boldsymbol{x})|$ für $\boldsymbol{x}$-Werte, die genügend nahe bei $\boldsymbol{x}_0$ liegen, »sehr klein« ist, geben die Glieder der rechten Seite, ohne $\boldsymbol{k}(\boldsymbol{x})$, eine gute Approximation für $\boldsymbol{f}(\boldsymbol{x})$ in der Nähe von $\boldsymbol{x}_0$ an.

Die Abbildungen aller vorausgehender Beispiele in diesem und in dem vorigen Abschnitt (Beisp. 6.7 – 6.15) erfüllen die Voraussetzungen des Satzes 6.6, denn ihre partiellen Ableitungen sind offensichtlich überall stetig. Somit sind alle Abbildungen dieser Bereiche *differenzierbar*, und zwar in allen Punkten ihrer Definitionsbereiche.

Ein Beispiel einer Abbildung, die zwar *partiell differenzierbar* ist, aber *nicht differenzierbar*, findet man in Übung 6.18.

Veranschaulichung: Im Falle einer reellwertigen Funktion zweier Variabler läßt sich die Differenzierbarkeit mit Hilfe von *Tangentialebenen* veranschaulichen:

Es sei $f(x, y)$ dargestellt durch die in Fig. 6.11 skizzierte gebogene Fläche. f sei in $\boldsymbol{x}_0 = \begin{bmatrix} x_0 \\ y_0 \end{bmatrix}$ differenzierbar, d.h. es gilt nach (6.23):

$$\begin{aligned} f(x, y) &= f(x_0, y_0) + [f_x(x_0, y_0), f_y(x_0, y_0)] \begin{bmatrix} x - x_0 \\ y - y_0 \end{bmatrix} + k(x, y) \\ &= f(x_0, y_0) + f_x(x_0, y_0)(x - x_0) + f_y(x_0, y_0)(y - y_0) + k(x, y), \end{aligned}$$

wobei (6.24) erfüllt ist. Die Glieder der rechten Seite, ohne $k(x, y)$, bilden folgende Abbildung $g: \mathbb{R}^2 \to \mathbb{R}$:

$$g(x, y) = f(x_0, y_0) + f_x(x_0, y_0)(x - x_0) + f_y(x_0, y_0)(y - y_0).$$

Der Graph von g ist eine Ebene, die sich — wegen der »Kleinheit« von $k(x, y)$ — an den Graphen von f anschmiegt. Wir nennen diese Ebene die *Tangentialebene* an f in x_0. (Der Ausdruck

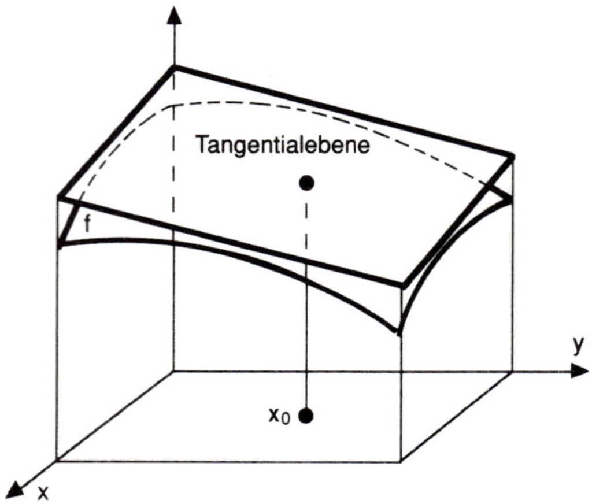

Fig. 6.11: Differenzierbarkeit von f in $\boldsymbol{x}_0$ und Tangentialebene

»Tangentialebene« wird auch für die Abbildung g selbst benutzt.)

Wir können daher kurz sagen:

$f(x, y)$ ist genau dann in $\boldsymbol{x}_0 = \begin{bmatrix} x_0 \\ y_0 \end{bmatrix}$ differenzierbar, wenn es eine Tangentialebene an f in $\boldsymbol{x}_0$ gibt.

Wir kehren noch einmal zur Definition 6.16 der Differenzierbarkeit allgemeiner Abbildungen $\boldsymbol{f} : D \to \mathbb{R}^m (D \subseteq \mathbb{R}^n)$ in $\boldsymbol{x}_0$ zurück. Wie in unserer zweidimensionalen Betrachtung faßt man die ersten Glieder auf der rechten Seite von (6.23) zu einer neuen Abbildung $\boldsymbol{g} : \mathbb{R}^n \to \mathbb{R}^m$ zusammen:

$$\boldsymbol{g}(\boldsymbol{x}) := \boldsymbol{f}(\boldsymbol{x}_0) + \boldsymbol{f}'(\boldsymbol{x}_0)(\boldsymbol{x} - \boldsymbol{x}_0)\,, \tag{6.25}$$

und nennt sie die *Tangentialabbildung* von $\boldsymbol{f}$ in $\boldsymbol{x}_0$. Es gilt also

$$\boldsymbol{f}(\boldsymbol{x}) = \boldsymbol{g}(\boldsymbol{x}) + \boldsymbol{k}(\boldsymbol{x}) \tag{6.26}$$

mit (6.25). $|\boldsymbol{k}(\boldsymbol{x})|$ ist — intuitiv gesprochen — »sehr klein« in der Nähe von $\boldsymbol{x}_0$. Man kann also $\boldsymbol{f}(\boldsymbol{x})$ in genügender Nähe von $\boldsymbol{x}_0$ durch $\boldsymbol{g}(\boldsymbol{x})$ ersetzen, ohne einen allzu großen Fehler zu machen. $\boldsymbol{g}(\boldsymbol{x})$ ist aber sehr einfach zu berechnen, meistens viel einfacher als $\boldsymbol{f}(\boldsymbol{x})$ selbst. Diese Approximation von $\boldsymbol{f}$ durch die viel einfachere Tangentialabbildung $\boldsymbol{g}$ ist der *Kern- und Angelpunkt der Differentialrechnung*.

Übung 6.17:

Schreibe für die folgenden Abbildungen und die angegebenen Punkte $\boldsymbol{x}_0$ die Gl. (6.23) hin, die die Approximation der Abbildung durch eine Tangentialabbildung beschreibt (vgl. Beisp. 6.16).

(a) $f(x, y) = x^2 - y^2, \qquad \boldsymbol{x}_0 = \begin{bmatrix} x_0 \\ y_0 \end{bmatrix} = \begin{bmatrix} 2 \\ -2 \end{bmatrix},$

(b) $\boldsymbol{f}(x, y) = \begin{bmatrix} xy \\ \mathrm{e}^x + \mathrm{e}^y \end{bmatrix}, \qquad \boldsymbol{x}_0 = \begin{bmatrix} x_0 \\ y_0 \end{bmatrix} = \begin{bmatrix} 1 \\ 2 \end{bmatrix},$

(c) $f(x_1, x_2, x_3) = x_1 x_2^2 x_3^3, \quad \boldsymbol{x}_0 = \begin{bmatrix} 3 \\ -2 \\ 1 \end{bmatrix}.$

Berechne für einige $\boldsymbol{x}$-Werte in der Nähe von $\boldsymbol{x}_0$ (z.B. mit $|\boldsymbol{x} - \boldsymbol{x}_0| \leq \frac{1}{2}$) die Werte $\boldsymbol{f}(\boldsymbol{x})$ und der Tangentialabbildung $\boldsymbol{g}(\boldsymbol{x})$ (s. (6.25)). Vergleiche $\boldsymbol{g}(\boldsymbol{x})$ und $\boldsymbol{f}(\boldsymbol{x})$. Berechne insbesondere ihren Abstand $|\boldsymbol{f}(\boldsymbol{x}) - \boldsymbol{g}(\boldsymbol{x})|$.

Übung 6.18:

Wo sind die folgenden Funktionen definiert und wo differenzierbar?

(a) $f(x, y) = \sqrt{1 - x^2 - y^2},$

(b) $f(x, y) = \ln(xy),$

(c) $f(x, y, z) = \dfrac{\sin(x)\sin(y)\cos(z)}{x^2 + y^2 + z^2}.$

(d) Zeige, daß die Funktion

$$f(x, y) = \begin{cases} y\left(1 + \cos\frac{\pi x}{y}\right), & \text{für } |y| > |x|, \\ 0, & \text{sonst} \end{cases}$$

stetig und partiell differenzierbar in $\mathbb{R}^2$ ist,

jedoch nicht differenzierbar in $\mathbf{0}$.

Übung 6.19:

Es sei $\boldsymbol{f} : D \to \mathbb{R}^m$ ($D \subset \mathbb{R}^m$) eine Abbildung, und $\boldsymbol{x}_0 \in \mathring{D}$.

Beweise: Kann man $\boldsymbol{f}$ in der Form

$$\boldsymbol{f}(\boldsymbol{x}) = \boldsymbol{f}(\boldsymbol{x}_0) + \boldsymbol{A}(\boldsymbol{x} - \boldsymbol{x}_0) + \boldsymbol{k}(\boldsymbol{x})$$

darstellen, wobei $\boldsymbol{A} = [a_{ik}]_{m,n}$ eine reelle Matrix ist und $\boldsymbol{k} : D \to \mathbb{R}^m$ eine Abbildung mit $|\boldsymbol{k}(\boldsymbol{x})|/|\boldsymbol{x} - \boldsymbol{x}_0| \to 0$ für $\boldsymbol{x} \to \boldsymbol{x}_0$, so ist $\boldsymbol{f}$ *partiell differenzierbar* in $\boldsymbol{x}_0$, und es gilt $\boldsymbol{A} = \boldsymbol{f}'(\boldsymbol{x}_0)$. ($\Rightarrow \boldsymbol{f}$ ist *differenzierbar* in $\boldsymbol{x}_0$). *Hinweis*: Beim Grenzübergang $\boldsymbol{x} \to \boldsymbol{x}_0$ wird $\boldsymbol{x}$ so gewählt, daß sich $\boldsymbol{x}$ nur in der k-ten Komponente x_k von $\boldsymbol{x}_0$ unterscheidet ($\Rightarrow a_{ik} = \partial f_i / \partial x_k$).

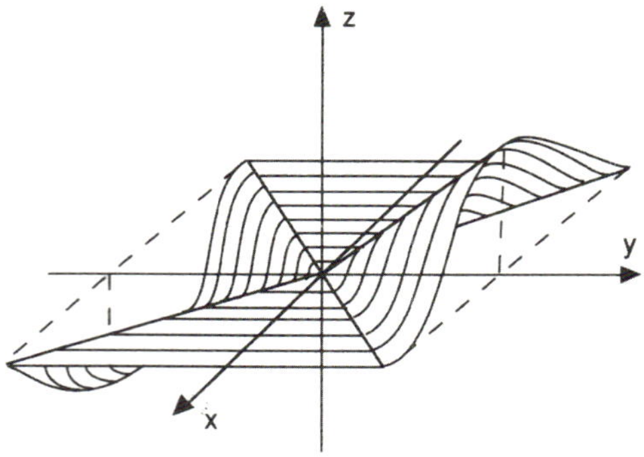

Fig. 6.12: Zu Übung 6.18d

6.3.3 Regeln für differenzierbare Abbildungen. Richtungsableitung

Satz 6.7:

Ist $\boldsymbol{f} : D \to \mathbb{R}^m$ ($D \subset \mathbb{R}^n$) differenzierbar in $\boldsymbol{x}_0$, so ist $\boldsymbol{f}$ auch stetig in $\boldsymbol{x}_0$. Mehr noch: Es gibt eine Umgebung U von $\boldsymbol{x}_0$ und eine Konstante $M > 0$ mit

$$|\boldsymbol{f}(\boldsymbol{x}) - \boldsymbol{f}(\boldsymbol{x}_0)| \leq M|\boldsymbol{x} - \boldsymbol{x}_0| \quad \text{für alle } \boldsymbol{x} \in U.$$

Beweis:

Aus (6.23) folgt nach Umstellung

$$|\boldsymbol{f}(\boldsymbol{x}) - \boldsymbol{f}(\boldsymbol{x}_0)| \leq |\boldsymbol{f}'(\boldsymbol{x}_0)||\boldsymbol{x} - \boldsymbol{x}_0| + \frac{|\boldsymbol{k}(\boldsymbol{x})|}{|\boldsymbol{x} - \boldsymbol{x}_0|}|\boldsymbol{x} - \boldsymbol{x}_0| \tag{6.27}$$

für alle $\boldsymbol{x} \in D$ mit $\boldsymbol{x} \neq \boldsymbol{x}_0$. Wegen $|\boldsymbol{k}(\boldsymbol{x})|/|\boldsymbol{x} - \boldsymbol{x}_0| \to 0$ für $\boldsymbol{x} \to \boldsymbol{x}_0$ gilt: Es gibt eine Umgebung U mit $|\boldsymbol{k}(\boldsymbol{x})|/|\boldsymbol{x} - \boldsymbol{x}_0| \leq 1$ für alle $\boldsymbol{x} \in U$. Mit $M := |\boldsymbol{f}'(\boldsymbol{x}_0)| + 1$ folgt aus (6.27) damit die Behauptung des Satzes. □

Satz 6.8:

(*Linearität*) Sind $\boldsymbol{f} : D \to \mathbb{R}^m$ und $\boldsymbol{h} : D \to \mathbb{R}^m$ ($D \subset \mathbb{R}^n$) differenzierbar in $\boldsymbol{x}_0$, so ist auch $\lambda \boldsymbol{f} + \mu \boldsymbol{h}$ (mit reellen λ, μ) in $\boldsymbol{x}_0$ differenzierbar, und es gilt

$$(\lambda \boldsymbol{f} + \mu \boldsymbol{h})'(\boldsymbol{x}_0) = \lambda \boldsymbol{f}'(\boldsymbol{x}_0) + \mu \boldsymbol{h}'(\boldsymbol{x}_0). \tag{6.28}$$

Der einfache Beweis bleibt dem Leser überlassen.

Satz 6.9:

(*Kettenregel*) Es sei $\boldsymbol{h} : C \to D$ (mit $C \subset \mathbb{R}^n$, $D \subset \mathbb{R}^p$) differenzierbar in $\boldsymbol{x}_0 \in C$ und $\boldsymbol{f} : D \to \mathbb{R}^m$ differenzierbar im Punkt $z_0 = \boldsymbol{h}(\boldsymbol{x}_0)$. Dann ist auch $\boldsymbol{f} \circ \boldsymbol{h} : C \to \mathbb{R}^m$

in $\boldsymbol{x}_0$ differenzierbar, und es gilt

$$(\boldsymbol{f} \circ \boldsymbol{h})'(\boldsymbol{x}_0) = \boldsymbol{f}'(\boldsymbol{z}_0)\boldsymbol{h}'(\boldsymbol{x}_0) \text{ [10]}. \tag{6.29}$$

Beweis:
Mit

$$\begin{aligned} \boldsymbol{f}(\boldsymbol{z}) &= \boldsymbol{f}(\boldsymbol{z}_0) + \boldsymbol{f}'(\boldsymbol{z}_0)(\boldsymbol{z} - \boldsymbol{z}_0) + \boldsymbol{k}(\boldsymbol{z}) \quad \text{und} \\ \boldsymbol{z} = \boldsymbol{h}(\boldsymbol{x}) &= \boldsymbol{h}(\boldsymbol{x}_0) + \boldsymbol{h}'(\boldsymbol{x}_0)(\boldsymbol{x} - \boldsymbol{x}_0) + \boldsymbol{m}(\boldsymbol{x}) \end{aligned}$$

folgt durch Einsetzen

$$\begin{aligned} (\boldsymbol{f} \circ \boldsymbol{h})(\boldsymbol{x}) &= \boldsymbol{f}(\boldsymbol{h}(\boldsymbol{x})) = \boldsymbol{f}(\boldsymbol{z}) = \boldsymbol{f}(\boldsymbol{z}_0) + \boldsymbol{f}'(\boldsymbol{z}_0)(\boldsymbol{h}(\boldsymbol{x}) - \boldsymbol{h}(\boldsymbol{x}_0)) + \boldsymbol{k}(\boldsymbol{z}) \\ &= \boldsymbol{f}(\boldsymbol{z}_0) + \boldsymbol{f}'(\boldsymbol{z}_0)(\boldsymbol{h}'(\boldsymbol{x}_0)(\boldsymbol{x} - \boldsymbol{x}_0) + \boldsymbol{m}(\boldsymbol{x})) + \boldsymbol{k}(\boldsymbol{z}) \\ &= \boldsymbol{f}(\boldsymbol{z}_0) + \boldsymbol{f}'(\boldsymbol{z}_0)\boldsymbol{h}'(\boldsymbol{x}_0)(\boldsymbol{x} - \boldsymbol{x}_0) + \boldsymbol{s}(\boldsymbol{x}) \qquad (6.30) \\ \text{mit} \quad \boldsymbol{s}(\boldsymbol{x}) &= \boldsymbol{f}'(\boldsymbol{z}_0)\boldsymbol{m}(\boldsymbol{x}) + \boldsymbol{k}(\boldsymbol{h}(\boldsymbol{x}))\,. \qquad (6.31) \end{aligned}$$

Wir setzen abkürzend

$$\boldsymbol{m}_0(\boldsymbol{x}) := \frac{\boldsymbol{m}(\boldsymbol{x})}{|\boldsymbol{x} - \boldsymbol{x}_0|}, \qquad \boldsymbol{k}_0(\boldsymbol{z}) := \frac{\boldsymbol{k}(\boldsymbol{z})}{|\boldsymbol{z} - \boldsymbol{z}_0|}$$

für $\boldsymbol{x} \neq \boldsymbol{x}_0$, $\boldsymbol{z} \neq \boldsymbol{z}_0$ sowie $\boldsymbol{m}_0(\boldsymbol{x}) := \boldsymbol{0}$, $\boldsymbol{k}_0(\boldsymbol{z}) := \boldsymbol{0}$, und erhalten aus (6.31)

$$\begin{aligned} |\boldsymbol{s}(\boldsymbol{x})| &\le |\boldsymbol{f}'(\boldsymbol{z}_0)||\boldsymbol{m}_0(\boldsymbol{x})||\boldsymbol{x} - \boldsymbol{x}_0| + |\boldsymbol{k}_0(\boldsymbol{z})||\boldsymbol{h}(\boldsymbol{x}) - \boldsymbol{h}(\boldsymbol{x}_0)| \\ &\le |\boldsymbol{f}'(\boldsymbol{z}_0)||\boldsymbol{m}_0(\boldsymbol{x})||\boldsymbol{x} - \boldsymbol{x}_0| + |\boldsymbol{k}_0(\boldsymbol{h}(\boldsymbol{x}))|M|\boldsymbol{x} - \boldsymbol{x}_0| \end{aligned}$$

für ein $M > 0$ und alle $\boldsymbol{x}$ aus einer Umgebung U von $\boldsymbol{x}_0$ (s. Satz 6.7). Wegen $m_0(\boldsymbol{x}_0) \to \boldsymbol{0}$ und $\boldsymbol{k}_0(\boldsymbol{h}(\boldsymbol{x})) \to \boldsymbol{0}$ für $\boldsymbol{x} \to \boldsymbol{x}_0$ folgt damit $|\boldsymbol{s}(\boldsymbol{x})|/|\boldsymbol{x} - \boldsymbol{x}_0| \to 0$ für $\boldsymbol{x} \to \boldsymbol{x}_0$. Somit liefert (6.30) die Behauptung des Satzes (vgl. Üb. 6.19). □

Für den häufig auftretenden Sonderfall, daß $\boldsymbol{h}$ nur von *einer* reellen Variablen abhängt, formulieren wir den Satz noch einmal ausführlicher.

Folgerung 6.5:
Durch $\boldsymbol{x} = \boldsymbol{h}(t)$, oder in Komponentenschreibweise

$$\begin{bmatrix} x_1 \\ x_2 \\ \vdots \\ x_n \end{bmatrix} = \begin{bmatrix} h_1(t) \\ h_2(t) \\ \vdots \\ h_n(t) \end{bmatrix},$$

10 Rechts werden zwei Matrizen multipliziert.

sei eine Abbildung von einem Intervall I in $D \subseteq \mathbb{R}^n$ gegeben. $\boldsymbol{h}$ sei in $t_0 \in I$ differenzierbar. Ferner sei durch

$$\boldsymbol{y} = \boldsymbol{f}(x_1, x_2, \dots, x_n), \quad \boldsymbol{x} = \begin{bmatrix} x_1 \\ \vdots \\ x_n \end{bmatrix},$$

eine Abbildung von D in $\mathbb{R}^m$ beschrieben, die in $\boldsymbol{x}_0 = \boldsymbol{h}(t_0)$ differenzierbar ist. Für die zusammengesetzte Abbildung

$$\boldsymbol{y}(t) = (\boldsymbol{f} \circ \boldsymbol{h})(t) = \boldsymbol{f}(h_1(t), \dots, h_n(t)), \quad t \in I,$$

gewinnt man nach Satz 6.9 folgende Ableitungen in t_0:

$$\frac{\mathrm{d}}{\mathrm{d}t}(\boldsymbol{f} \circ \boldsymbol{h})(t_0) = \boldsymbol{f}'(\boldsymbol{x}_0)\boldsymbol{h}'(t_0) = \sum_{k=1}^{n} \frac{\partial \boldsymbol{f}}{\partial x_k}(\boldsymbol{x}_0)\frac{\mathrm{d}h_k}{\mathrm{d}t}(t_0). \tag{6.32}$$

Mit den Bezeichnungen $\dfrac{\mathrm{d}x_k}{\mathrm{d}t} = \dfrac{\mathrm{d}h_k}{\mathrm{d}t}(t_0)$ und $\dfrac{\mathrm{d}\boldsymbol{y}}{\mathrm{d}t} := \dfrac{\mathrm{d}}{\mathrm{d}t}(\boldsymbol{f} \circ \boldsymbol{h})(t_0)$ erhält (6.32) die leicht zu merkende Kurzform:

$$\frac{\mathrm{d}\boldsymbol{y}}{\mathrm{d}t} = \sum_{k=1}^{n} \frac{\partial \boldsymbol{y}}{\partial x_k}\frac{\mathrm{d}x_k}{\mathrm{d}t}. \tag{6.33}$$

Beispiel 6.17:
Es sei

$$\begin{aligned} y &= f(x_1, x_2) = x_1^2 \sin x_2, \quad x_1, x_2 \in \mathbb{R} \\ \text{und} \quad x_1 &= h_1(t) = \cos t, \quad t \in \mathbb{R}, \\ x_2 &= h_2(t) = t^3. \end{aligned}$$

Damit wird die Ableitung von

$$y = f(h_1(t), h_2(t)) = \cos t \sin t^3 \tag{6.34}$$

nach t mit Hilfe von (6.33) folgendermaßen berechnet:

$$\begin{aligned} \frac{\mathrm{d}y}{\mathrm{d}t} &= \frac{\partial y}{\partial x_1}\frac{\mathrm{d}x_1}{\mathrm{d}t} + \frac{\partial y}{\partial x_2}\frac{\mathrm{d}x_2}{\mathrm{d}t} = 2x_1 \sin(x_2) \cdot (-\sin t) + x_1^2 \cos(x_2) \cdot 3t^2 \\ &= 2\cos t \sin(t^3)(-\sin t) + \cos t \cos(t^3)3t^2. \end{aligned}$$

Das »direkte« Differenzieren von (6.34) nach t mit der Produktregel liefert natürlich dasselbe.

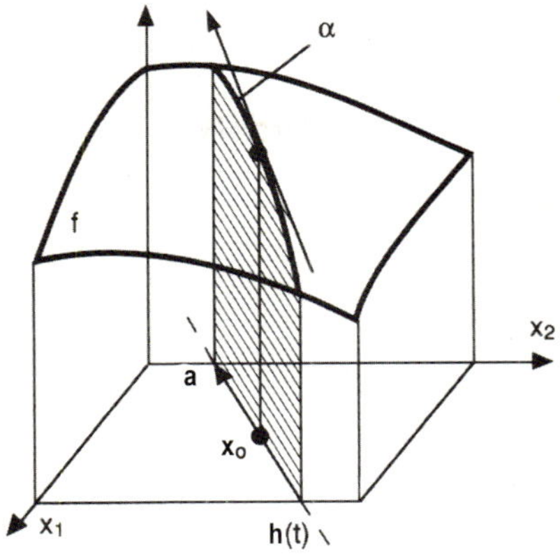

Fig. 6.13: Richtungsableitung $\frac{\partial}{\partial \boldsymbol{a}} f(\boldsymbol{x}_0) = \tan\alpha$

Richtungsableitung: Wir knüpfen noch einmal an Folgerung 6.5 an. Hat hierin $\boldsymbol{h}$ die Gestalt

$$\boldsymbol{h}(t) = \boldsymbol{x}_0 + t\boldsymbol{a} \quad \text{mit } |\boldsymbol{a}| = 1$$

($\boldsymbol{x}_0 \in \mathbb{R}^n$, $\boldsymbol{a} \in \mathbb{R}^n$, $t \in \mathbb{R}$), so ist zweifellos $\boldsymbol{h}'(t) = \boldsymbol{a}$ für alle $t \in \mathbb{R}$. Damit folgt aus (6.32) für $t_0 = 0$

$$\frac{\mathrm{d}}{\mathrm{d}t}(\boldsymbol{f} \circ \boldsymbol{h})(0) = \boldsymbol{f}'(\boldsymbol{x}_0)\boldsymbol{a}$$

$\boldsymbol{h}(t)$ beschreibt eine »Gerade« in $\mathbb{R}^n$, die für steigende t in Richtung $\boldsymbol{a}$ durchlaufen wird. (Man vergegenwärtige sich dies im $\mathbb{R}^2$ oder $\mathbb{R}^3$.) Aus diesem Grunde nennt man $\boldsymbol{f}'(\boldsymbol{x}_0)\boldsymbol{a}$ mit $|\boldsymbol{a}| = 1$ auch die *Richtungsableitung* von $\boldsymbol{f}$ in Richtung $\boldsymbol{a}$ und beschreibt sie durch

$$\frac{\partial}{\partial \boldsymbol{a}} \boldsymbol{f}(\boldsymbol{x}_0) := \boldsymbol{f}'(\boldsymbol{x}_0)\boldsymbol{a}\,. \tag{6.35}$$

Im Sonderfall einer *reellwertigen Funktion* f wird die senkrecht geschriebene Ableitungsmatrix $f'(\boldsymbol{x}_0)^{\mathrm{T}}$ auch der *Gradient* von f genannt, abgekürzt: grad $f(\boldsymbol{x})$, also

$$\operatorname{grad} f(\boldsymbol{x}) := f'(\boldsymbol{x})^{\mathrm{T}} = [f_{x_1}(\boldsymbol{x}), f_{x_2}(\boldsymbol{x}), f_{x_3}(\boldsymbol{x}), \ldots, f_{x_n}(\boldsymbol{x})]^{\mathrm{T}}.$$

Damit ist die Richtungsableitung von f in $\boldsymbol{x}_0$ in Richtung $\boldsymbol{a}$ ($|\boldsymbol{a}| = 1$) gleich

$$\frac{\partial}{\partial \boldsymbol{a}} f(\boldsymbol{x}_0) = \operatorname{grad} f(\boldsymbol{x}_0) \cdot \boldsymbol{a} = \sum_{k=1}^{n} f_{x_k}(\boldsymbol{x}_0) a_k\,, \tag{6.36}$$

wobei $a_1, \ldots, a_n$ die Komponenten von $\boldsymbol{a}$ sind. Die Richtungsableitung (6.36) wird maximal, wenn $\boldsymbol{a} = \operatorname{grad} f(\boldsymbol{x}_0)/|\operatorname{grad} f(\boldsymbol{x}_0)|$ ist ($\operatorname{grad} f(\boldsymbol{x}_0) \neq \boldsymbol{0}$ vorausgesetzt). Man sagt daher: *Der Gradient von f weist in die Richtung des stärksten Anstiegs* von f.

Übung 6.20*:

(a) Es seien $f : \mathbb{R}^2 \to \mathbb{R}$ und $\boldsymbol{h} : \mathbb{R} \to \mathbb{R}^2$ definiert durch

$$f(\boldsymbol{x}) = \mathrm{e}^{x_1} \sin x_2 , \quad \begin{bmatrix} x_1 \\ x_2 \end{bmatrix} = \boldsymbol{h}(t) = \begin{bmatrix} h_1(t) \\ h_2(t) \end{bmatrix} = \begin{bmatrix} t^3 \\ 1+t^2 \end{bmatrix}$$

also $(f \circ \boldsymbol{h})(t) = \mathrm{e}^{t^3} \sin(1+t^2)$. Differenziere diese Funktion auf zwei Weisen: einmal direkt und einmal mit (6.33).

(b) Bestimme die Richtungsableitung

$$\frac{\partial f}{\partial \boldsymbol{a}}(0{,}0) \quad \text{für} \quad \boldsymbol{a} = \frac{1}{\sqrt{2}} \begin{bmatrix} 1 \\ 1 \end{bmatrix} .$$

6.3.4 Das vollständige Differential

Wir gehen noch einmal von der Differenzierbarkeit einer gegebenen Abbildung $\boldsymbol{f} : D \to \mathbb{R}^m$ ($D \subset \mathbb{R}^n$) in $\boldsymbol{x}_0$ aus. Sie besagt, daß $\boldsymbol{f}(\boldsymbol{x})$ folgendermaßen geschrieben werden kann:

$$\boldsymbol{f}(\boldsymbol{x}) = \boldsymbol{f}(\boldsymbol{x}_0) + \boldsymbol{f}'(\boldsymbol{x})(\boldsymbol{x} - \boldsymbol{x}_0) + \boldsymbol{k}(\boldsymbol{x}) , \quad \boldsymbol{x} = \begin{bmatrix} x_1 \\ \vdots \\ x_n \end{bmatrix} \in D , \tag{6.37}$$

mit $\boldsymbol{k}(\boldsymbol{x})/|\boldsymbol{x} - \boldsymbol{x}_0| \to \boldsymbol{0}$ für $\boldsymbol{x} \to \boldsymbol{x}_0$. Ausgehend von der Funktionsgleichung $z = \boldsymbol{f}(\boldsymbol{x})$ schreiben wir abkürzend

$$\Delta z := \boldsymbol{f}(\boldsymbol{x}) - \boldsymbol{f}(\boldsymbol{x}_0)$$

und erhalten (6.37) in der Form

$$\Delta z = \boldsymbol{f}'(\boldsymbol{x}_0)(\boldsymbol{x} - \boldsymbol{x}_0) + \boldsymbol{k}(\boldsymbol{x})$$

Da $|\boldsymbol{k}(\boldsymbol{x})|$ für kleine $|\boldsymbol{x} - \boldsymbol{x}_0|$ sehr kleine Werte hat, gibt $\boldsymbol{f}'(\boldsymbol{x}_0)(\boldsymbol{x} - \boldsymbol{x}_0)$ in diesem Falle recht genau die Abweichung δz des Wertes $\boldsymbol{f}(\boldsymbol{x})$ von $\boldsymbol{f}(\boldsymbol{x}_0)$ an.

In Physik und Technik werden gerne die Bezeichnungen

$$\mathrm{d}\boldsymbol{x} := \boldsymbol{x} - \boldsymbol{x}_0 \quad \text{und} \quad \mathrm{d}z := \boldsymbol{f}'(\boldsymbol{x}_0)\,\mathrm{d}\boldsymbol{x} \tag{6.38}$$

gewählt. Beschreiben wir die Komponenten von $\boldsymbol{x} - \boldsymbol{x}_0$ mit $\mathrm{d}x_1, \mathrm{d}x_2, \ldots, \mathrm{d}x_n$, also

$$\mathrm{d}\boldsymbol{x} = \boldsymbol{x} - \boldsymbol{x}_0 = \begin{bmatrix} \mathrm{d}x_1 \\ \vdots \\ \mathrm{d}x_n \end{bmatrix} ,$$

so erhält man aus (6.38) ausführlicher:

$$\mathrm{d}z = \sum_{k=1}^{n} \frac{\partial f}{\partial x_k}(\boldsymbol{x}_0)\,\mathrm{d}x_k\,. \tag{6.39}$$

Die hierdurch beschriebene lineare Abbildung — wobei $\mathrm{d}x_1, \ldots, \mathrm{d}x_n$ die reellwertigen Variablen sind — heißen das *vollständige* (oder *totale*) *Differential* von f in $\boldsymbol{x}_0$. Diese Abbildung wird durch $\mathrm{d}f$ symbolisiert, genauer $\mathrm{d}f : \mathbb{R}^n \to \mathbb{R}^m$, mit der Funktionsgleichung

$$\mathrm{d}f(\mathrm{d}x_1, \ldots, \mathrm{d}x_n) := \sum_{k=1}^{n} \frac{\partial f}{\partial x_k}(\boldsymbol{x}_0)\,\mathrm{d}x_k\,. \tag{6.40}$$

Schreibt man für die linke Seite wieder $\mathrm{d}z$, und setzt man ferner abkürzend

$$\frac{\partial z}{\partial x_k} := \frac{\partial f}{\partial x_k}(\boldsymbol{x}_0)\,,$$

so wird das vollständige Differential von f in $\boldsymbol{x}_0$ durch folgende übersichtliche Gleichung angegeben:

$$\mathrm{d}z = \sum_{k=1}^{n} \frac{\partial z}{\partial x_k}\,\mathrm{d}x_k\,. \tag{6.41}$$

Diese Schreibweise ist in Physik und Technik sehr gebräuchlich (vgl. Beisp. 6.18 und 6.19).

Wie schon erwähnt, gibt das vollständige Differential (6.38) für kleine $|\mathrm{d}\boldsymbol{x}|$ mit guter Genauigkeit die Differenz der Funktionswerte $f(\boldsymbol{x}) - f(\boldsymbol{x}_0)$ an. Darin liegt seine Bedeutung.

Veranschaulichung: Im Falle einer reellwertigen Funktion wird das vollständige Differential $\mathrm{d}f$ in $\boldsymbol{x} = \begin{bmatrix} x_0 \\ y_0 \end{bmatrix}$ durch

$$\mathrm{d}z = \mathrm{d}f(\mathrm{d}x, \mathrm{d}y) = \frac{\partial f}{\partial x}(x_0, y_0)\,\mathrm{d}x + \frac{\partial f}{\partial y}(x_0, y_0)\,\mathrm{d}y$$

beschrieben. Sein Graph wird durch eine Ebene veranschaulicht. Dabei liegt ein parallel verschobenes Koordinatensystem mit $\mathrm{d}x$-, $\mathrm{d}y$- und $\mathrm{d}z$-Achse zugrunde, dessen Ursprung im x-y-z-System die Koordinaten x_0, y_0, $f(x_0, y_0)$ besitzt (s. Fig. 6.14).

Beispiel 6.18:

(Auswirkung von Meßfehlern) Die Schwingungsdauer eines *mathematischen Pendels* der Länge l (s. Fig. 6.15) ist

$$T = 2\pi\sqrt{\frac{l}{g}}\,.$$

Dabei ist g die Erdbeschleunigung. Wieviel % relativer Fehler hat man für T schlimmstenfalls zu erwarten, wenn l und g auf höchstens 0,1% genau gemessen sind?

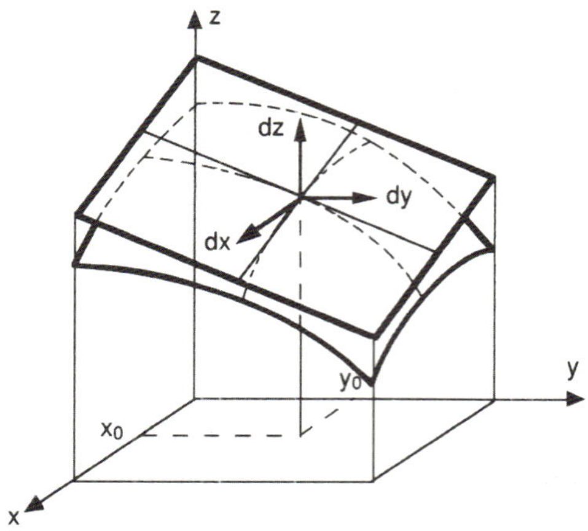

Fig. 6.14: Zum vollständigen Differential

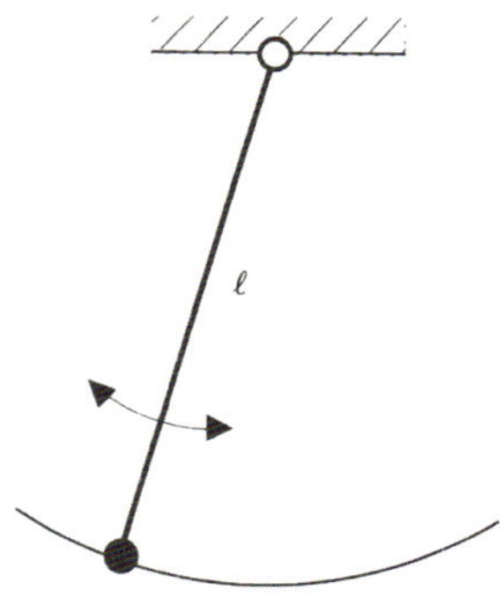

Fig. 6.15: Mathematisches Pendel

Zur angenäherten Berechnung benutzen wir das vollständige Differential

$$dT = \frac{\partial T}{\partial l}\,dl + \frac{\partial T}{\partial g}\,dg\,, \tag{6.42}$$

wobei dl und dg die Fehler für l und g sind. Es folgt

$$dT = 2\pi g^{-\frac{1}{2}} \cdot \frac{1}{2} l^{-\frac{1}{2}}\,dl + 2\pi l^{\frac{1}{2}}\left(-\frac{1}{2}\right) g^{-\frac{3}{2}}\,dg = 2\pi\sqrt{\frac{l}{g}} \cdot \frac{1}{2}\frac{dl}{l} - 2\pi\sqrt{\frac{l}{g}} \cdot \frac{1}{2} \cdot \frac{dg}{g}$$

$$\Rightarrow \frac{dT}{T} = \frac{1}{2}\left(\frac{dl}{l} - \frac{dg}{g}\right).$$

Da $\left|\frac{dl}{l}\right| \le 0{,}001$ und $\left|\frac{dg}{g}\right| \le 0{,}001$ vorausgesetzt ist, folgt $\left|\frac{dT}{T}\right| \le 0{,}001$. Der relative Fehler von T ist also höchstens $0{,}1\%$.

Fig. 6.16: Gas im Kolben. Zu Beisp. 6.19

Beispiel 6.19:

(Anwendung auf die *Gasdynamik*) Volumen V, Druck p und Temperatur T eines homogenen Gases (s. Fig. 6.16) — oder einer homogenen Flüssigkeit — hängen durch Gleichungen zusammen, z.B. durch

$$V = f(p, T) . \tag{6.43}$$

(Bei idealen Gasen lautet diese Gleichung $V = RT/p$, bei realen Gasen oder Flüssigkeiten anders.) Wir nehmen an, daß sich (6.43) nach p auflösen läßt, d.h. in die Gestalt

$$p = g(T, V)$$

umformen läßt (bei idealen Gasen $p = RT/V$). Die angegebenen Funktionen f und g dürfen wir als stetig differenzierbar voraussetzen. Dabei ist

$$\left.\begin{array}{ll} \alpha = \dfrac{1}{V}\dfrac{\partial V}{\partial T} & \text{der Ausdehnungskoeffizient} \\ \kappa = -\dfrac{1}{V}\dfrac{\partial V}{\partial p} & \text{die Kompressibilität} \end{array}\right\} \text{abhängig von } p \text{ und } T,$$

$$\beta = \frac{1}{p}\frac{\partial p}{\partial T} \quad \text{der Spannungskoeffizient, abhängig von } V \text{ und } T.$$

Zwischen diesen Größen besteht die folgende Beziehung:

$$\alpha = p\beta\kappa . \tag{6.44}$$

Wir wollen diese Gleichung herleiten und betrachten dazu zunächst das vollständige Differential von f:

$$\mathrm{d}V = \frac{\partial V}{\partial p}\,\mathrm{d}p + \frac{\partial V}{\partial T}\,\mathrm{d}T . \tag{6.45}$$

Nehmen wir für den Augenblick an, daß hier der Unterschied $\mathrm{d}V$ des Volumens exakt wiedergegeben wird und nicht nur angenähert, so ist bei konstant gehaltenem Volumen $\mathrm{d}V = 0$, und damit

$$0 = \frac{\partial V}{\partial p}\,\mathrm{d}p + \frac{\partial V}{\partial T}\,\mathrm{d}T \quad \Rightarrow \quad \frac{\partial V}{\partial p}\frac{\mathrm{d}p}{\mathrm{d}T} + \frac{\partial V}{\partial T} = 0 .$$

Da V konstant ist, $\mathrm{d}p/\mathrm{d}T$ durch $\partial p/\partial T$ ersetzbar und man erhält

$$\frac{\partial V}{\partial p}\frac{\partial p}{\partial T} + \frac{\partial V}{\partial T} = 0 . \tag{6.46}$$

Daraus folgt mit den Definitionen von α, κ und β sofort die behauptete Gleichung $\alpha = p\beta\kappa$.

Die obige Argumentation ist wegen der genannten Annahme nicht präzise. Bei einem exakten Beweis von (6.44) gehen wir daher so vor:

Wir setzen $p = g(T, V)$ in $V = f(p, T)$ ein:

$$V = f(g(T, V), T)$$

und halten nun $V = V_0$ konstant:

$$V_0 = f(g(T, V_0), T)\,.$$

Rechts steht eine Funktion von T, die nach Kettenregel (Folg. 6.5, Abschn. 6.3.3) abgeleitet werden kann. Die linke Seite hat die Ableitung 0, da V_0 konstant ist. Also folgt durch Differentiation nach T:

$$0 = \frac{\partial f}{\partial p}\frac{\partial g}{\partial T} + \frac{\partial f}{\partial T}\frac{\mathrm{d}T}{\mathrm{d}T}\,, \tag{6.47}$$

wobei die Variablenbezeichnungen weggelassen wurden. Wegen $\frac{\partial f}{\partial p} = \frac{\partial V}{\partial p}$, $\frac{\partial g}{\partial T} = \frac{\partial p}{\partial T}$ und $\frac{\mathrm{d}T}{\mathrm{d}T} = 1$ ist die Gl. (6.45) aber mit (6.46) identisch. Damit ist (6.44) bewiesen.

Bemerkung: (a) Die beschriebene Herleitung von $\alpha = p\beta\kappa$ ist für das Vorgehen in Naturwissenschaft und Technik typisch: Zuerst wird aus einer plausiblen vereinfachenden Annahme, die die Exaktheit nur geringfügig stört, eine Gleichung gewonnen (hier (6.45)). Gerade das vollständige Differential eignet sich für solches plausibles Schließen gut. In einem zweiten Schritt wird dann eine exakte Herleitung »nachgeliefert«. Solche mehrstufige Herleitung und Präzisierung ist ein gängiges und erfolgreiches Verfahren. Der berühmte Physiker E. Schrödinger hat das einmal so beschrieben:

Es dauert fünf Minuten, die Idee einer neuen Theorie zu entwickeln. Nach einer Stunde hat man die Gleichungen aufgestellt. Eine Woche dauert es, bis die Dimensionen aller Größen zusammenpassen, einen Monat, bis die Vorzeichen stimmen. Und nach einem Jahr entdeckt man, daß noch ein Faktor $\frac{1}{2}$ fehlt.

Übung 6.21:

(*Vereinfachte angenäherte Rechnung*) Berechne näherungsweise $2{,}02^{3{,}01}$. Führe dazu die Funktion $f(x, y) = x^y$ ein ($x > 0$, $y > 0$) und ermittle $f(2{,}02,\ 3{,}01)$ näherungsweise aus $f(2{,}3) + \mathrm{d}f$, wobei

$$\mathrm{d}f = \frac{\partial f}{\partial x}\mathrm{d}x + \frac{\partial f}{\partial y}\mathrm{d}y\,, \quad (\mathrm{d}x = 0{,}02\,,\ \ \mathrm{d}y = 0{,}01)\,.$$

Die partiellen Ableitungen werden für $x = 2$ und $y = 3$ gebildet.

6.3.5 Höhere partielle Ableitungen

Jede partielle Ableitung $\frac{\partial \boldsymbol{f}}{\partial x_i}$ einer Abbildung $\boldsymbol{f} : D \to \mathbb{R}^m$ ($D \subset \mathbb{R}^n$) ist wieder eine Abbildung von $\mathring{D}$ in $\mathbb{R}^m$. Es entsteht dadurch eine *zweite partielle Ableitung*, für die folgende Schreibweisen üblich sind:

$$\frac{\partial}{\partial x_k}\left(\frac{\partial \boldsymbol{f}}{\partial x_i}\right)(\boldsymbol{x}_0) =: \frac{\partial^2 \boldsymbol{f}}{\partial x_k \partial x_i}(\boldsymbol{x}_0) =: \boldsymbol{f}_{x_i x_k}(\boldsymbol{x}_0) =: \mathrm{D}_{ki}\boldsymbol{f}(\boldsymbol{x}_0)$$ [11]

Existiert diese Ableitung in jedem inneren Punkt von D und ist abermals ableitbar, etwa nach x_j, so entsteht entsprechend eine *dritte partielle Ableitung*

$$\frac{\partial^3 \boldsymbol{f}}{\partial x_j \partial x_k \partial x_i} = \boldsymbol{f}_{x_i x_k x_j} = \mathrm{D}_{jki} \boldsymbol{f} .$$

Auf diese Weise fährt man fort und gelangt zu beliebig hohen Ableitungen $\boldsymbol{f}_{x_{i_1} x_{i_2} \dots x_{i_p}}$. Wir erwähnen noch, daß man bei mehrmaligem Ableiten nach einer Variablen x_i abkürzend schreibt:

$$\frac{\partial^m \boldsymbol{f}}{\partial x_i^m} := \frac{\partial^m \boldsymbol{f}}{\partial x_i \partial x_i \dots \partial x_i} .$$

Wird $\boldsymbol{f}$ durch eine Funktionsgleichung beschrieben, z.B. $\boldsymbol{y} = \boldsymbol{f}(\boldsymbol{x})$, so werden die höheren partiellen Ableitungen auch durch

$$\frac{\partial^2 \boldsymbol{y}}{\partial x_1^2}, \quad \frac{\partial^2 \boldsymbol{y}}{\partial x_1 \partial x_2}, \quad \frac{\partial^3 \boldsymbol{y}}{\partial x_1 \partial x_2 \partial x_4}, \quad \text{usw.}$$

ausgedrückt. Diese Schreibweise wird in Naturwissenschaft und Technik viel benutzt, da man der abhängigen Variablen (hier $\boldsymbol{y}$) häufig ansieht, welche physikalische Größe sie darstellt.

Beispiel 6.20:
$f(x_1, x_2) = x_1^2 x_2$. Es folgt:

$$\begin{aligned} &f_{x_1}(x_1, x_2) = 2x_1x_2 , \quad f_{x_2}(x_1, x_2) = x_1^2 , \quad f_{x_1x_2}(x_1, x_2) = 2x_1 , \\ &f_{x_2x_2}(x_1, x_2) = 0 , \quad f_{x_1x_2}(x_1, x_2) = f_{x_2x_1}(x_1, x_2) = 2x_1 . \end{aligned}$$

Bei den folgenden Beispielen lassen wir der besseren Übersicht wegen die Variablenangabe bei den Ableitungsfunktionen links weg.

Beispiel 6.21:
$f(x, y) = x^3 + \mathrm{e}^{xy}$.

$$\begin{aligned} \Rightarrow \quad & f_x = 3x^2 + y\,\mathrm{e}^{xy} , \quad f_y = x\,\mathrm{e}^{xy} , \\ & f_{xx} = 6x + y^2\,\mathrm{e}^{xy} , \quad f_{yy} = x^2\,\mathrm{e}^{xy} , \quad f_{xy} = f_{yx} = (1 + xy)\,\mathrm{e}^{xy} . \end{aligned}$$

Beispiel 6.22:

$$\boldsymbol{f}(x_1, x_2, x_3) = \begin{bmatrix} x_1x_2x_3 \\ \sin(x_1 + 2x_2 + 3x_3) \end{bmatrix} \quad \Rightarrow \quad \boldsymbol{f}_{x_1} = \begin{bmatrix} x_2x_3 \\ \cos(x_1 + 2x_2 + 3x_3) \end{bmatrix} ,$$

$$\boldsymbol{f}_{x_2} = \begin{bmatrix} x_1x_3 \\ 2\cos(x_1 + 2x_2 + 3x_3) \end{bmatrix} , \quad \boldsymbol{f}_{x_1x_2} = \boldsymbol{f}_{x_2x_1} = \begin{bmatrix} x_3 \\ -2\sin(x_1 + 2x_2 + 3x_3) \end{bmatrix} .$$

11 Man beachte, daß in $\boldsymbol{f}_{x_i x_k}$ die Indizes i, k in umgekehrter Reihenfolge stehen, gegenüber den übrigen Schreibweisen.

Der Leser berechne zur Übung:

$$f_{x_3},\ f_{x_1x_3},\ f_{x_3x_1},\ f_{x_2x_3},\ f_{x_3x_2},\ f_{x_1x_2x_3},\ f_{x_3x_2x_1},\ f_{x_1x_1x_2},\ f_{x_2x_1x_1}\,.$$

Es fällt auf, daß in den Beispielen $f_{x_1x_2} = f_{x_2x_1}$ bzw. $f_{xy} = f_{yx}$ gilt.

Auf die Reihenfolge der Differentiation kommt es dabei nicht an. Dies gilt auch für höhere Ableitungen, wie im letzten Beispiel $f_{x_1x_2x_3} = f_{x_3x_2x_1}$, usw.

Hier liegt eine allgemeine Gesetzmäßigkeit vor, die in folgendem Satz formuliert ist. Dabei führen wir noch eine Bezeichnung ein: $f : D \to \mathbb{R}^m$ $(D \subset \mathbb{R}^n)$ heißt *p-mal stetig differenzierbar*, wenn alle partiellen Ableitungen von f, von der ersten bis zur p-ten, existieren und im Inneren von D stetig sind. Statt »einmal stetig differenzierbar« sagt man kurz *stetig differenzierbar*.

Satz 6.10:

(*Vertauschung partieller Ableitungen*) Ist eine Abbildung $f : D \to \mathbb{R}^m$ $(D \subset \mathbb{R}^n)$ p-mal stetig differenzierbar, so kann in allen partiellen Ableitungen

$$f_{x_{i_1}x_{i_2}\ldots x_{i_k}} \quad \text{mit } 1 \le k \le p$$

Die Reihenfolge der $x_{i_1}, \ldots, x_{i_k}$ beliebig geändert werden, ohne daß sich die partiellen Ableitungen selbst dabei ändern.

(Zum Beweis s. [56], Abschn. 6.2.4, S. 284 – 285)

6.3.6 Taylorformel und Mittelwertsatz

Wie im Eindimensionalen kann man auch differenzierbare Abbildungen im $\mathbb{R}^n$ mit Hilfe der Taylorformel entwickeln und damit leicht berechenbare Polynome annähern.

Wir setzen voraus, daß $f : D \to \mathbb{R}^m$ $(D \subset \mathbb{R}^n)$ eine $(p + 1)$-mal stetig differenzierbare Abbildung ist. p ist dabei eine nichtnegative ganze Zahl.

Zur Aufstellung der Taylorformeln benötigen wir einige Bezeichnungen, die sich als praktisch erweisen:

Mit

$$\nabla := \begin{bmatrix} \dfrac{\partial}{\partial x_1} \\ \dfrac{\partial}{\partial x_2} \\ \vdots \\ \dfrac{\partial}{\partial x_n} \end{bmatrix}$$

wird ein symbolischer Vektor bezeichnet, der die partiellen Differentiationen nach den Variablen $x_1, \ldots, x_n$ als Komponenten hat. Er heißt *Nabla-Operator*.

Wir »multiplizieren« ihn skalar mit einem beliebigen Vektor

$$\boldsymbol{h} = \begin{bmatrix} h_1 \\ h_2 \\ \vdots \\ h_n \end{bmatrix}$$

aus $\mathbb{R}^n$ und erhalten formal

$$\boldsymbol{h} \cdot \nabla := h_1 \frac{\partial}{\partial x_1} + \ldots + h_n \frac{\partial}{\partial x_n} = \sum_{i=1}^{n} h_i \frac{\partial}{\partial x_i}\,.$$

Angewandt auf eine differenzierbare Abbildung $\boldsymbol{f} : D \to \mathbb{R}^m$ ($D \subset \mathbb{R}^n$) schreiben wir

$$(\boldsymbol{h} \cdot \nabla)\boldsymbol{f}(\boldsymbol{x}) := \sum_{i=1}^{n} h_i \frac{\partial \boldsymbol{f}}{\partial x_i}(\boldsymbol{x})\,. \tag{6.48}$$

Es werden auch Potenzen von $\boldsymbol{h} \cdot \nabla$ betrachtet, die formal berechnet werden, z.B.

$$(\boldsymbol{h} \cdot \nabla)^2 = \left(\sum_{i=1}^{n} h_i \frac{\partial}{\partial x_i} \right)^2 = \sum_{i,j=1}^{n} h_i h_j \frac{\partial^2}{\partial x_i \partial x_j}\,.$$

Dabei laufen i und j unabhängig von 1 bis n, so daß die rechte Summe n^2 Glieder hat. Allgemein berechnet man mit beliebiger natürlicher Zahl k die Potenz

$$(\boldsymbol{h} \cdot \nabla)^k = \sum_{i_1, i_2, \ldots, i_k = 1}^{n} h_{i_1} h_{i_2} \cdot \ldots \cdot h_{ik} \frac{\partial^k}{\partial x_{i_1} \partial x_{i_2} \ldots \partial x_{i_k}}\,.$$

In der Summe wird über alle k-Tupel $(i_1, i_2, \ldots, i_k)$ mit $i_1, \ldots, i_k \in \{1,2, \ldots, n\}$ summiert. Die Summe hat daher n^k Glieder.

Der »Operator« $(\boldsymbol{h} \cdot \nabla)^k$ wird, wie in (6.48) auf $\boldsymbol{f}$ angewandt. Wir vereinbaren also:

$$(\boldsymbol{h} \cdot \nabla)^k \boldsymbol{f}(\boldsymbol{x}) := \sum_{i_1, \ldots, i_k = 1}^{n} h_{i_1} \cdot \ldots \cdot h_{i_k} \frac{\partial^k \boldsymbol{f}}{\partial x_{i_1} \ldots \partial x_{i_k}}(\boldsymbol{x})\,. \tag{6.49}$$

Noch eine weitere Vorbereitung: Sind $\boldsymbol{a}$ und $\boldsymbol{h}$ beliebige Vektoren aus $\mathbb{R}^n$, so bezeichnet man

$$[\boldsymbol{a}, \boldsymbol{a} + \boldsymbol{h}] = \{\boldsymbol{x} = \boldsymbol{a} + s\boldsymbol{h} \mid 0 \le s \le 1\}$$

als *Strecke mit den Endpunkten* $\boldsymbol{a}$ und $\boldsymbol{a} + \boldsymbol{h}$. (Der Leser überzeuge sich davon, daß dieses im $\mathbb{R}^2$ und $\mathbb{R}^3$ der üblichen geometrischen Vorstellung entspricht.)

Damit formulieren wir den folgenden Satz, der die Taylorformel samt Restglied für differenzierbare Abbildungen beschreibt. (Zum Beweis s. [56], Abschn. 6.2.6, S. 286 – 289.)

Satz 6.11:

(*Taylorformel im* $\mathbb{R}^n$) Die Abbildung $f : D \to \mathbb{R}^m$ ($D \subset \mathbb{R}^n$) sei $(p+1)$-mal stetig differenzierbar, und $[a, a+h]$ sei eine im Inneren von D liegende Strecke. Damit gilt die *Taylorformel*

$$f(a+h) = f(a) + \frac{1}{1!}(h \cdot \nabla) f(a) + \frac{1}{2!}(h \cdot \nabla)^2 f(a) + \ldots + \frac{1}{p!}(h \cdot \nabla)^p f(a) + R(a, h) \tag{6.50}$$

mit dem Restglied

$$R(a, h) = \int_0^1 \frac{(1-s)^p}{p!}(h \cdot \nabla)^{p+1} f(a + sh)\, \mathrm{d}s\,. \tag{6.51}$$

Daraus ergibt sich die *Restgliedabschätzung*

$$|R(a, h)| \le \frac{|h|^{p+1}}{(p+1)!} \sup_{0 \le s \le 1} \sqrt{\sum_{i_1, \ldots, i_{p+1}=1}^{n} \left| f_{x_{i_1} \ldots x_{i_{p+1}}}(a + sh) \right|^2}\,. \tag{6.52}$$

Bemerkung: In der Taylorformel ist $x = a + h$ die eigentliche unabhängige Variable, wobei a fest ist.

Für $p = 0$ folgt aus der Taylorformel

Satz 6.12:

(*Mittelwertsatz im* $\mathbb{R}^n$) Ist $f : D \to \mathbb{R}^m$ ($D \subset \mathbb{R}^n$) einmal stetig differenzierbar, und ist $[a, a+h]$ eine Strecke im Inneren von D, so gilt

$$f(a+h) - f(a) = \int_0^1 (h \cdot \nabla) f(a + sh)\, \mathrm{d}s \tag{6.53}$$

sowie

$$|f(a+h) - f(a)| \le |h| \sup_{0 \le s \le 1} \sqrt{\sum_{i=1}^{n} \left| f_{x_i}(a + sh) \right|^2}\,.$$

Die Wurzel rechts ist nichts anderes als die euklidische Norm der Ableitungsmatrix: $|f'(a + sh)|$.

Vom Mittelwertsatz abgesehen ($p = 0$), gibt es technische Anwendungen der Taylorformel hauptsächlich für $p = 1$ und $p = 2$, wobei f linear bzw. quadratisch angenähert wird.

Übung 6.22:

Schreibe für die Funktion $f : \mathbb{R}^2 \to \mathbb{R}$, definiert durch die Gleichung $f(x, y) = (x-1)^4(y-2)^3$, $\boldsymbol{x} = \begin{bmatrix} x \\ y \end{bmatrix} \in \mathbb{R}^2$, die Taylorformel für $\boldsymbol{a} = \boldsymbol{0}$ und $p = 2$ auf. Schätze das Restglied für $|\boldsymbol{h}| \leq 1$ ab.

6.4 Gleichungssysteme, Extremalprobleme, Anwendungen

6.4.1 Newton-Verfahren im $\mathbb{R}^n$

Gegeben sei ein Gleichungssystem von n Gleichungen mit n Unbekannten $x_1, \ldots, x_n$:

$$\begin{aligned} f_1(x_1, x_2, \ldots, x_n) &= 0 \\ f_2(x_1, x_2, \ldots, x_n) &= 0 \\ &\vdots \\ f_n(x_1, x_2, \ldots, x_n) &= 0 \end{aligned} \tag{6.54}$$

Mit

$$\boldsymbol{x} = \begin{bmatrix} x_1 \\ \vdots \\ x_n \end{bmatrix} \quad \text{und} \quad \boldsymbol{f} := \begin{bmatrix} f_1 \\ \vdots \\ f_n \end{bmatrix}$$

kann man das Gleichungssystem (6.54) kürzer so beschreiben

$$\boldsymbol{f}(\boldsymbol{x}) = \boldsymbol{0}\,. \tag{6.55}$$

Dabei sei $D \subset \mathbb{R}^n$ der Definitionsbereich von $\boldsymbol{f}$, d.h. $\boldsymbol{f}$ bildet D in $\mathbb{R}^n$ ab: $\boldsymbol{f} : D \to \mathbb{R}^n$. Wir setzen $\boldsymbol{f}$ als stetig differenzierbar voraus.

Gesucht sind Punkte $\boldsymbol{x} \in D$, die (6.55) erfüllen. Solche $\boldsymbol{x}$ heißen Lösungen der Gleichung $\boldsymbol{f}(\boldsymbol{x}) = \boldsymbol{0}$.

Hat man schon genügend gute Näherungslösungen, so kann man mit dem Newtonschen Verfahren versuchen, zu *beliebig genauen Lösungen* zu kommen. Das Newtonsche Verfahren für $\boldsymbol{f}(\boldsymbol{x}) = \boldsymbol{0}$ im $\mathbb{R}^n$ ist dem Newton-Verfahren für Funktionen einer Variablen nachgebildet (s. Abschn. 3.2.6) und zwar folgendermaßen: Liegt $\boldsymbol{x}_0 \in \mathring{D}$[12] in der Nähe einer Lösung von $\boldsymbol{x} = \overline{\boldsymbol{x}}$ von $\boldsymbol{f}(\boldsymbol{x}) = \boldsymbol{0}$, so bildet man die *Tangentialabbildung* von $\boldsymbol{f}$ in $\boldsymbol{x}_0$:

$$\boldsymbol{g}(\boldsymbol{x}) := \boldsymbol{f}(\boldsymbol{x}_0) + \boldsymbol{f}'(\boldsymbol{x}_0)(\boldsymbol{x} - \boldsymbol{x}_0)\,, \quad \boldsymbol{x} \in D\,,$$

und löst anstelle von $\boldsymbol{f}(\boldsymbol{x}) = \boldsymbol{0}$ die Gleichung $\boldsymbol{g}(\boldsymbol{x}) = \boldsymbol{0}$, d.h. man sucht eine Lösung $\boldsymbol{x}_1$ der Gleichung

$$\boldsymbol{g}(\boldsymbol{x}_1) = \boldsymbol{f}'(\boldsymbol{x}_0)(\boldsymbol{x}_1 - \boldsymbol{x}_0) = \boldsymbol{0}\,. \tag{6.56}$$

12 $\mathring{D}$ Inneres von D, s. Abschn. 6.1.4, Def. 6.7b

Es handelt sich dabei um ein lineares Gleichungssystem, für das es mehrere gute Lösungsmethoden gibt (z.B. den Gaußschen Algorithmus, s. Burg/Haf/Wille (Lineare Algebra) [9]). Da sich $\boldsymbol{g}$ und $\boldsymbol{f}$ in einer Umgebung von $\boldsymbol{x}_0$ nur wenig unterscheiden, ist zu hoffen, daß $\boldsymbol{x}_1$ recht nahe bei der Lösung $\overline{\boldsymbol{x}}$ von $\boldsymbol{f}(\boldsymbol{x}) = \boldsymbol{0}$ liegt, jedenfalls näher als $\boldsymbol{x}_0$.

Im Falle $\boldsymbol{x}_1 \in \mathring{D}$ führt man, von $\boldsymbol{x}_1$ ausgehend, den gleichen Rechenschritt abermals durch, d.h. man sucht ein $\boldsymbol{x}_2 \in \mathbb{R}^2$ mit

$$\boldsymbol{f}(\boldsymbol{x}_1) + \boldsymbol{f}'(\boldsymbol{x}_1)(\boldsymbol{x}_2 - \boldsymbol{x}_1) = \boldsymbol{0}.$$

Liegt $\boldsymbol{x}_2$ in $\mathring{D}$, so berechnet man anschließend $\boldsymbol{x}_3$ aus

$$\boldsymbol{f}(\boldsymbol{x}_2) + \boldsymbol{f}'(\boldsymbol{x}_2)(\boldsymbol{x}_3 - \boldsymbol{x}_2) = \boldsymbol{0},$$

usw. Allgemein: Ist $\boldsymbol{x}_k \in \mathring{D}$ berechnet, so ermittelt man $\boldsymbol{x}_{k+1}$ aus

$$\boldsymbol{f}(\boldsymbol{x}_k) + \boldsymbol{f}'(\boldsymbol{x}_k)(\boldsymbol{x}_{k+1} - \boldsymbol{x}_k) = \boldsymbol{0}, \quad k = 0,1,2,\ldots. \tag{6.57}$$

Auf diese Weise erhält man eine Folge $\boldsymbol{x}_0, \boldsymbol{x}_1, \boldsymbol{x}_2, \boldsymbol{x}_3, \ldots$, *Newtonfolge* genannt, vorausgesetzt, daß alle Matrizen $\boldsymbol{f}'(\boldsymbol{x}_k)$ regulär[13] sind und alle $\boldsymbol{x}_k$ in $\mathring{D}$ liegen. Dabei wird man von der berechtigten Hoffnung beflügelt, daß die Folge $\boldsymbol{x}_0, \boldsymbol{x}_1, \boldsymbol{x}_2, \ldots, \boldsymbol{x}_k, \ldots$ gegen eine Lösung $\overline{\boldsymbol{x}}$ von $\boldsymbol{f}(\boldsymbol{x}) = \boldsymbol{0}$ konvergiert.

Das beschriebene Verfahren heißt *Newton-Verfahren* im $\mathbb{R}^n$. Multipliziert man (6.57) von links mit $\boldsymbol{f}(\boldsymbol{x}_k)^{-1}$ und löst nach $\boldsymbol{x}_{k+1}$ auf, so erhält man die Rechenvorschrift des Newton-Verfahrens in der Form:

$$\begin{aligned} &\boldsymbol{x}_0 \quad \text{gegeben,} \\ &\boldsymbol{x}_{k+1} = \boldsymbol{x}_k - \boldsymbol{f}'(\boldsymbol{x}_k)^{-1}\boldsymbol{f}(\boldsymbol{x}_k) \quad \text{für} \quad k = 0,1,2,\ldots. \end{aligned} \tag{6.58}$$

Damit ist eine vollständige Analogie mit dem Newton-Verfahren bei einer reellen Unbekannten gegeben (Abschn. 3.2.6).

Bei praktischen Rechnungen geht man allerdings besser von (6.57) aus. Man setzt dabei zur Abkürzung $z_{k+1} := \boldsymbol{x}_{k+1} - \boldsymbol{x}_k$, berechnet z_{k+1} aus

$$\boldsymbol{f}'(\boldsymbol{x}_k)z_{k+1} = -\boldsymbol{f}(\boldsymbol{x}_k)$$

und bildet anschließend $\boldsymbol{x}_{k+1} = \boldsymbol{x}_k + z_{k+1}$. Wir fassen die Rechenvorschrift noch einmal zusammen:

Algorithmus des Newton-Verfahrens: Es sei $\boldsymbol{f} : D \subset \mathbb{R}^n \to \mathbb{R}^n$ *stetig differenzierbar*

(I) Man wählt einen Anfangswert $\boldsymbol{x}_0 \in \mathring{D}$.

(II) Man berechnet $\boldsymbol{x}_1, \boldsymbol{x}_2, \boldsymbol{x}_3, \ldots, \boldsymbol{x}_k, \ldots$, indem man nacheinander für $k = 0,1,2,\ldots$ das

13 Eine Matrix $\boldsymbol{A}$ heißt regulär, wenn ihre Inverse $\boldsymbol{A}^{-1}$ existiert (s. Abschn. 6.1.5).

Gleichungssystem

$$f'(\boldsymbol{x}_k) z_{k+1} = -f(\boldsymbol{x}_k) \tag{6.59}$$

nach z_{k+1} auflöst und $\boldsymbol{x}_{k+1} + \boldsymbol{x}_k + z_{k+1}$ bildet. Dabei wird $f'(\boldsymbol{x}_k)$ als regulär vorausgesetzt sowie $\boldsymbol{x}_k \in \mathring{D}$ für alle $k = 1,2,3,\ldots$.

(III) Das Verfahren wird abgebrochen, wenn die $\boldsymbol{x}_k$ sich innerhalb einer vorgegebenen Rechengenauigkeit nicht mehr ändern oder wenn k einen vorgegebenen Höchstwert erreicht hat (z.B. $k = 10$).

Wie dicht die zuletzt berechnete Näherungslösung $\boldsymbol{x}_k$ an der zu ermittelnden Lösung $\overline{\boldsymbol{x}}$ von $f(\boldsymbol{x}) = \boldsymbol{0}$ liegt, ist aufgrund einer Fehlerabschätzung (s. Satz 6.13) zu überprüfen. Natürlich kann man anstelle von (III) auch abbrechen, wenn eine Fehlerabschätzung anzeigt, daß eine gewünschte Genauigkeit erreicht ist.

Beispiel 6.23:
Es sei folgendes Gleichungssystem zu lösen:

$$x_1 - \frac{1}{3}x_2^2 - \frac{1}{8} = 0\,, \quad x_2 - \frac{1}{4}x_1^2 + \frac{1}{6} = 0\,.$$

Wir fassen die linken Seiten als Komponenten einer Abbildung $f : \mathbb{R}^2 \to \mathbb{R}^2$ auf, d.h.

$$f(\boldsymbol{x}) = \begin{bmatrix} f_1(x_1, x_2) \\ f_2(x_1, x_2) \end{bmatrix} = \begin{bmatrix} x_1 - \frac{1}{3}x_2^2 - \frac{1}{8} \\ x_2 - \frac{1}{4}x_1^2 + \frac{1}{6} \end{bmatrix}, \quad \boldsymbol{x} = \begin{bmatrix} x_1 \\ x_2 \end{bmatrix} \in \mathbb{R}^2\,.$$

Gesucht werden Lösungen von $f(\boldsymbol{x}) = \boldsymbol{0}$. Wir wollen dabei den Algorithmus des Newton-Verfahrens verwenden, ausgehend von $\boldsymbol{x}_0 = \begin{bmatrix} 0 \\ 0 \end{bmatrix}$. Die Newtonfolge $\boldsymbol{x}_0, \boldsymbol{x}_1, \boldsymbol{x}_2, \ldots$ ist definiert durch

$$f'(\boldsymbol{x}_k) z_{k+1} = -f(\boldsymbol{x}_k)\,, \quad \boldsymbol{x}_{k+1} := \boldsymbol{x}_k + z_{k+1}\,, \quad k = 0,1,2,\ldots$$

mit der Ableitungsmatrix

$$f'(\boldsymbol{x}) = \begin{bmatrix} 1 & -\frac{2}{3}x_2 \\ -\frac{1}{2}x_1 & 1 \end{bmatrix}.$$

Die Rechnung enstprechend dem Algorithmus des Newton-Verfahrens ergibt Tab. 6.1 (gerundet). Man erkennt, daß ab $k = 3$ im Rahmen der Rechengenauigkeit keine Änderung mehr eintritt. Bei Rechnung mit 9 Stellen nach dem Komma ergibt das Einsetzen von $\boldsymbol{x}_3$ (s. Tab. 6.1) in f folgendes: $f(\boldsymbol{x}_3) = \boldsymbol{0} + \varepsilon$ mit $|\varepsilon| \le 5 \cdot 10^{-10}$. $\boldsymbol{x}_3$ ist also im Rahmen der Rundungsfehlergenaugikeit eine Lösung von $\boldsymbol{f}(\boldsymbol{x}) = \boldsymbol{0}$.

Tabelle 6.1: Zum Newton-Verfahren für Gleichungssysteme, Beispiel 6.23

	Komponenten von $\boldsymbol{x}_k$	
k	$x_1^{(k)}$	$x_2^{(k)}$
0	0,000000000	0,000000000
1	0,125000000	-0,166666667
2	0,133764368	-1,162212644
3	0,133768871	-0,162193139
4	0,133768871	-0,162193139

Bemerkung: Man kann den Algorithmus, insbesondere bei großer Dimension n, dadurch vereinfachen, daß man statt $\boldsymbol{f}'(\boldsymbol{x}_k)$ einfach $\boldsymbol{f}'(\boldsymbol{x}_0)$ setzt, also von $\boldsymbol{x}_0 \in D$ ausgehend die Näherungslösungen $\boldsymbol{x}_1, \boldsymbol{x}_2, \boldsymbol{x}_3, \ldots$ aus den Gleichungssystemen

$$\boldsymbol{f}'(\boldsymbol{x}_0)(\boldsymbol{x}_{k+1} - \boldsymbol{x}_k) = -\boldsymbol{f}(\boldsymbol{x}_k)$$

für $k = 0,1,2,3,\ldots$ ermittelt. Man nennt dies ein *modifiziertes Newton-Verfahren*. Der Vorteil liegt darin, daß man bei Anwendung des Gaußschen Algorithmus die linke Seite $\boldsymbol{f}'(\boldsymbol{x}_0)z_{k+1}$ nur einmal auf Dreiecksform bringen muß. Der Nachteil dieses Verfahrens ist dagegen, daß es im allgemeinen langsamer konvergiert als das übliche Newton-Verfahren. Man hat also in jedem Fall zu überlegen, nach welcher Methode man vorgehen möchte.
Zur Konvergenz: Einen Konvergenzansatz über das Newton-Verfahren findet man z.B. in [56], Abschn. 6.3.2, S. 295 – 298. Dort werden recht allgemeine Voraussetzungen angegeben, unter denen das Newton-Verfahren konvergiert, und zwar quadratisch (also sehr schnell). Doch sind Konvergenzsätze dieser und verwandter Art nur von geringem praktischen Nutzen, da ihre Voraussetzungen nur schwer zu verifizieren sind. Aus diesem Grunde zitieren wir nur den folgenden einfachen Konvergenzsatz, der lediglich die grundsätzliche Berechtigung sichert, das Newtonsche Verfahren anzuwenden.

Satz 6.13:

$\boldsymbol{f} : D \subset \mathbb{R}^n \to \mathbb{R}^n$ sei zweimal stetig differenzierbar und besitze eine Nullstelle $\overline{\boldsymbol{x}} \in \mathring{D}$: $\boldsymbol{f}(\overline{\boldsymbol{x}}) = \boldsymbol{0}$. Ferner sei $\boldsymbol{f}'(\boldsymbol{x})$ für jedes $\boldsymbol{x} \in \mathring{D}$ regulär. Dann folgt: Es gibt eine Umgebung U von $\overline{\boldsymbol{x}}$, so daß die Newtonfolge $\boldsymbol{x}_0, \boldsymbol{x}_1, \boldsymbol{x}_2, \ldots$, von einem beliebigen $\boldsymbol{x}_0 \in U$ ausgehend, gegen die Nullstelle $\overline{\boldsymbol{x}}$ konvergiert.

Die Konvergenz ist quadratisch, d.h. es gilt für alle $k = 1,2,3,\ldots$

$$|\boldsymbol{x}_k - \overline{\boldsymbol{x}}| \le C|\boldsymbol{x}_{k-1} - \overline{\boldsymbol{x}}|^2 \quad \text{mit einem } C > 0.$$

Eine einfache Fehlerabschätzung lautet

$$|\boldsymbol{x}_k - \overline{\boldsymbol{x}}| \le |\boldsymbol{f}(\boldsymbol{x}_k)| \sup_{\boldsymbol{x}_0 \in \mathring{D}} |\boldsymbol{f}'(\boldsymbol{x})^{-1}|. \tag{6.60}$$

(Zum Beweis s. [56], S. 298, Folg. 6.7.)

Zur Näherungslösung: Näherungslösungen $\boldsymbol{x}_0$, mit denen man das Newton-Verfahren beginnt, ergeben sich bei technischen Problemen oft aus der Realität, d.h. aus gewissen Lagen einer technischen Konstruktion. Dazu

Beispiel 6.24:
Ein Körper der Masse m sei an zwei Federn aufgehängt, wie es Fig. 6.17 zeigt. Die Federkonstanten seien a und b genannt. Damit gelten für die Waagerechte und die Senkrechte folgende Kraftgleichgewichtsgleichungen:

$$\begin{aligned} -a \cdot (r_1 - R_1)\cos\alpha + b \cdot (r_2 - R_2)\cos\beta &= 0\,, \\ a \cdot (r_1 - R_1)\sin\alpha + b \cdot (r_2 - R_2)\sin\beta &= mg\,. \end{aligned}$$

wobei r_1, r_2 die Längen der gedehnten Federn sind und R_1, R_2 die entsprechenden Federlängen im unbelasteten Zustand. In dem Dreieck mit den Seitenlängen r_1, r_2 und s (= Abstand der oberen Aufhängungspunkte) gelten folgende geometrische Zusammenhänge:

$$\begin{aligned} r_1 \sin\alpha - r_2 \sin\beta &= 0\,, \\ r_1 \cos\alpha + r_2 \cos\beta &= s\,. \end{aligned}$$

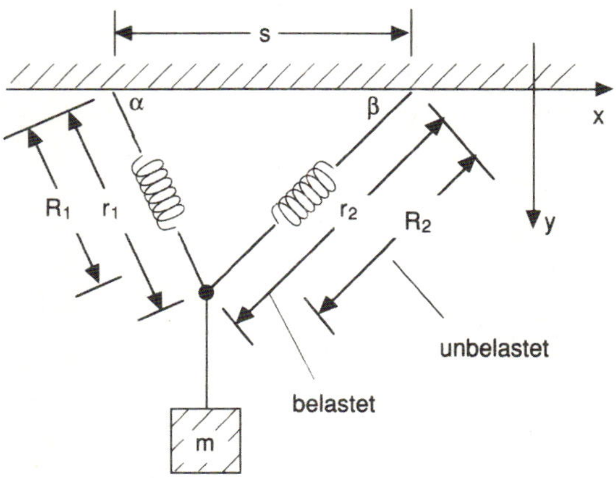

Fig. 6.17: Elastische Aufhängung eines Körpers

Die letzten beiden Gleichungen kann man nach r_1 und r_2 auflösen. Man erhält unter Beachtung von $\sin(\alpha+\beta) = \sin\alpha\cos\beta + \cos\alpha\sin\beta$:

$$r_1 = \frac{s \cdot \sin\beta}{\sin(\alpha+\beta)}\,, \qquad r_2 = \frac{s \cdot \sin\alpha}{\sin(\alpha+\beta)}\,.$$

Setzt man dies in die beiden Gleichgewichtsgleichungen ein, so erhält man ein System von zwei Gleichungen mit den zwei Unbekannten α und β. Dies kann man mit dem Newton-Verfahren lösen. Eine Näherungslösung ist dabei aus einer Skizze der Art der Fig. 6.17 schnell gefunden.

Übung 6.23:

Berechne mit dem Newton-Verfahren die Gleichgewichtslage der elastisch aufgehängten Masse in Beisp. 6.24 für $m = 2\,\text{kg}$, $s = 1\,\text{m}$, $R_1 = 0{,}9\,\text{m}$, $R_2 = 1{,}1\,\text{m}$, $a = 11\,\text{kg/m}$, $b = 9\,\text{kg/m}$. Gesucht sind α und β.

6.4.2 Satz über implizite Funktionen, Invertierungssatz

Es geht um folgendes Problem: Durch $z = f(x, y)$ sei eine Funktion in zwei Veränderlichen beschrieben. Unter welchen Voraussetzungen kann man

$$f(x, y) = 0$$

nach y »auflösen« so daß eine Funktion g mit $y = g(x)$ entsteht? Man sagt im Falle der Auflösbarkeit: g ist eine durch $f(x, y) = 0$ bestimmte *implizite Funktion*.

Beispiel 6.25:
Man betrachte die Gleichung

$$2x^2 + 3y = 0\,, \quad x, y \text{ reell.}$$

Auflösen nach y ergibt $y = -2x^2/3$, also die Gleichung einer Funktion g auf $\mathbb{R}$ der Gestalt $g(x) = -2x^2/3$. Die Funktion g ist durch die Gleichung $2x^2 + 3y = 0$ *implizit* gegeben, wie man sagt.

Beispiel 6.26:
Die Gleichung

$$x^2 - y^2 + 1 = 0\,, \quad x, y \in \mathbb{R}\,,$$

dagegen liefert $y = \sqrt{x^2 + 1}$ und $y = -\sqrt{x^2 + 1}$, also zwei Funktionen und damit keine eindeutig bestimmte Funktion.

Beispiel 6.27:
Schließlich läßt sich

$$x^2 + y^2 + 1 = 0\,, \quad x, y \in \mathbb{R}\,,$$

überhaupt nicht nach y auflösen, da es keine reellen Zahlen x, y gibt, welche die Gleichung erfüllen.

Der folgende Satz gibt Auskunft darüber, wann $f(x, y) = 0$ eine implizite Funktion beschreibt.

Satz 6.14:

(*über implizite Funktionen, zweidimensionaler Fall*) Es sei $f(x, y)$ eine stetig differenzierbare reelle Funktion zweier reeller Variabler. Ihr Definitionsbereich $D \subset \mathbb{R}^2$

sei eine offene Menge. Für einen Punkt $\begin{bmatrix} x_0 \\ y_0 \end{bmatrix} \in D$ sei

$$f(x_0, y_0) = 0 \quad \text{und} \quad \frac{\partial f}{\partial y}(x_0, y_0) \neq 0 \,. \tag{6.61}$$

Damit folgt:

(a) Es gibt ein Intervall U um x_0 und ein Intervall V um y_0 mit der Eigenschaft: Zu jedem $x \in U$ existiert genau ein $y \in V$ mit

$$f(x, y) = 0 \,.$$

Jedem $x \in U$ ist auf diese Weise genau ein $y \in V$ zugeordnet. Die dadurch definierte Abbildung $g : U \to V$, mit der Funktionsgleichung $y = g(x)$, erfüllt also

$$f(x, g(x)) = 0 \quad \text{für alle} \quad x \in U \,.$$

(b) g ist stetig differenzierbar, und es gilt für jedes $x \in U$:

$$g'(x) = -\frac{\dfrac{\partial f}{\partial x}(x, g(x))}{\dfrac{\partial f}{\partial y}(x, g(x))} \,. \tag{6.62}$$

Die entscheidende Voraussetzung in diesem Satz ist $\dfrac{\partial f}{\partial y}(x_0, y_0) \neq 0$. Anhand von Fig. 6.18 wird dies deutlich:

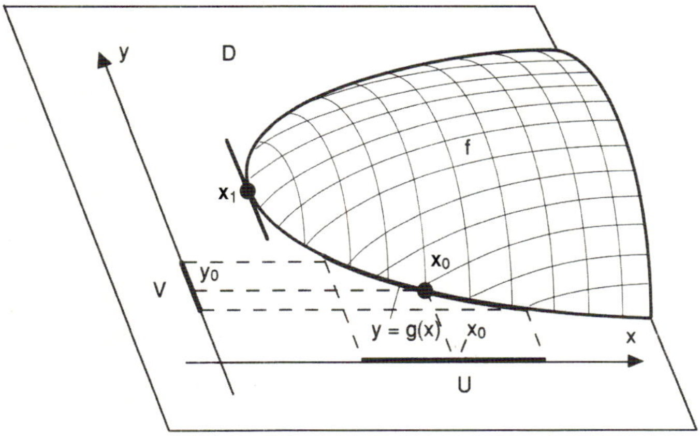

Fig. 6.18: Zum Satz über implizite Funktionen

Der Graph von f hat im skizzierten Beispiel eine gekrümmte Schnittkurve mit der x-y-Ebene. In $\boldsymbol{x}_0 = \begin{bmatrix} x_0 \\ y_0 \end{bmatrix}$, einem Punkt auf dieser Kurve, ist offenbar $\frac{\partial f}{\partial y}(x_0, y_0) \neq 0$, denn der Graph von f steigt hier in y-Richtung an (s. Fig. 6.18). Das Intervall U um x_0 und ein zugehöriges Intervall V um y_0 sind Definitions- und Bildbereich einer (eindeutigen) Funktion g, deren Graph auf der genannten Schnittlinie liegt. Geht man dagegen vom Punkt $\boldsymbol{x}_1 = \begin{bmatrix} x_1 \\ y_1 \end{bmatrix}$ aus (s. Fig. 6.18), der auch $f(x_1, y_1) = 0$ erfüllt, für den aber offenbar $\frac{\partial f}{\partial y}(x_1, y_1) = 0$ ist, so erkennt man, daß die Schnittkurve $f(x, y) = 0$ in keiner Umgebung von $\boldsymbol{x}_1$ eine eindeutige Funktion $y = g(x)$ liefert, da die Schnittkurve aufgrund ihrer Bogengestalt zu jedem x-Wert *zwei* y-Werte mit $f(x, y)$ besitzt.

Die Skizze macht klar, daß $\frac{\partial f}{\partial y}(x_0, y_0) \neq 0$ hinreichend für die eindeutige Auflösbarkeit von $f(x, y) = 0$ nach y ist. (Notwendig ist die Bedingung allerdings nicht!)

Der beschriebene Satz läßt sich nahezu wörtlich auf differenzierbare Abbildungen verallgemeinern:

Satz 6.15:

(*über implizite Funktionen, allgemeiner Fall*) Durch

$$\boldsymbol{f}(\boldsymbol{x}, \boldsymbol{y}) := \boldsymbol{f}(x_1, \ldots, x_m, y_1, \ldots, y_n) = \begin{bmatrix} f_1(x_1, \ldots, y_n) \\ \vdots \\ f_n(x_1, \ldots, y_n) \end{bmatrix}$$

sei eine stetig differenzierbare Abbildung von einer offenen Menge $D \subset \mathbb{R}^{m+n}$ in $\mathbb{R}^n$ beschrieben. Die Variablen werden zu folgenden Vektoren zusammengefaßt:

$$\boldsymbol{x} = \begin{bmatrix} x_1 \\ \vdots \\ x_m \end{bmatrix}, \qquad \boldsymbol{y} = \begin{bmatrix} y_1 \\ \vdots \\ y_n \end{bmatrix}, \qquad \begin{bmatrix} \boldsymbol{x} \\ \boldsymbol{y} \end{bmatrix} = \begin{bmatrix} x_1 \\ \vdots \\ x_m \\ y_1 \\ \vdots \\ y_n \end{bmatrix}.$$

Für einen Punkt $\begin{bmatrix} \boldsymbol{x}_0 \\ \boldsymbol{y}_0 \end{bmatrix} \in D$ gelte

$$\boldsymbol{f}(\boldsymbol{x}_0, \boldsymbol{y}_0) = \mathbf{0}.$$

Ferner sei die Matrix

$$\boldsymbol{f}_{\boldsymbol{y}}(\boldsymbol{x}_0, \boldsymbol{y}_0) := \left[\frac{\partial f_i}{\partial y_k}(\boldsymbol{x}_0, \boldsymbol{y}_0) \right]_{\substack{1 \leq i \leq n \\ 1 \leq k \leq n}} \tag{6.63}$$

regulär. Damit folgt:

(a) Es gibt eine Umgebung $U \subset \mathbb{R}^m$ von $\boldsymbol{x}_0$ und eine Umgebung $V \subset \mathbb{R}^n$ von $\boldsymbol{y}_0$ mit der Eigenschaft: Zu jedem $\boldsymbol{x} \in U$ existiert genau ein $\boldsymbol{y} \in V$ mit

$$\boldsymbol{f}(\boldsymbol{x}, \boldsymbol{y}) = \boldsymbol{0} .$$

Jedem $\boldsymbol{x} \in U$ ist auf diese Weise genau ein $\boldsymbol{y} \in V$ zugeordnet. Die dadurch definierte Abbildung $\boldsymbol{g} : U \to V$ erfüllt also

$$\boldsymbol{f}(\boldsymbol{x}, \boldsymbol{g}(\boldsymbol{x})) = \boldsymbol{0} \quad \text{für alle} \quad \boldsymbol{x} \in U ,$$

(b) $\boldsymbol{g}$ ist stetig differenzierbar, und es gilt für jedes $\boldsymbol{x} \in U$

$$\boldsymbol{g}'(\boldsymbol{x}) = -\boldsymbol{f}_{\boldsymbol{y}}(\boldsymbol{x}, \boldsymbol{y})^{-1} \boldsymbol{f}_{\boldsymbol{x}}(\boldsymbol{x}, \boldsymbol{y}) , \qquad \boldsymbol{y} = \boldsymbol{g}(\boldsymbol{x}) , \tag{6.64}$$

mit den Abkürzungen

$$\boldsymbol{f}_{\boldsymbol{y}}(\boldsymbol{x}, \boldsymbol{y}) = \left[\frac{\partial f_i}{\partial y_k}(\boldsymbol{x}, \boldsymbol{y}) \right]_{\substack{1 \le i \le n \\ 1 \le k \le n}} , \qquad \boldsymbol{f}_{\boldsymbol{x}}(\boldsymbol{x}, \boldsymbol{y}) = \left[\frac{\partial f_i}{\partial x_k}(\boldsymbol{x}, \boldsymbol{y}) \right]_{\substack{1 \le i \le n \\ 1 \le k \le m}} .$$

Zum Beweis des Satzes s. [56], Abschn. 6.3.3, S. 300 – 303. Unter der etwas stärkeren Voraussetzung, daß $\boldsymbol{f}$ zweimal stetig differenzierbar ist (was für technische Zwecke unerheblich ist), findet man einen eleganten Beweis des Satzes 6.14 in Burg/Haf/Wille/Meister (Band III) [10], Abschn. 1.2.4 (Satz 1.4).

Im Beispiel 6.25 ist die Auflösung nach y unproblematisch. Man überzeuge sich, daß z.B. für $x_0 = y_0 = 0$ die Voraussetzungen von Satz 6.14 erfüllt sind (zweifellos kann man hier $U = \mathbb{R}$ und $V = \mathbb{R}$ wählen).

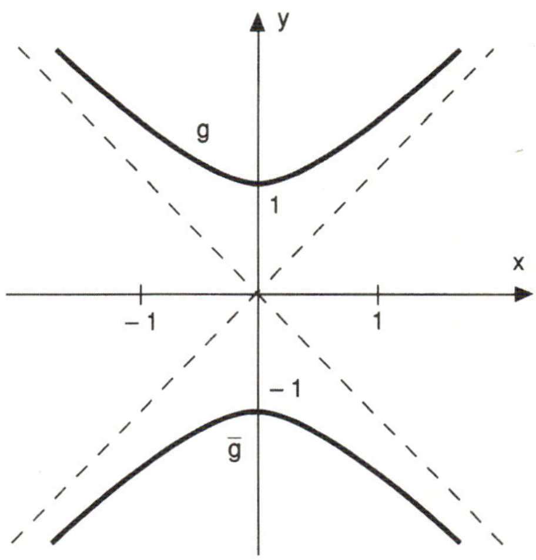

Fig. 6.19: Zum Beispiel 6.26

Fortsetzung von Beispiel 6.26: Hier ist $f(x, y) = x^2 - y^2 + 1$ ($D = \mathbb{R}^2$) und

$$\frac{\partial f}{\partial y} = -2y\,.$$

Für $x_0 = 0$, $y_0 = 1$, z.B. berechnet man $f(x_0, y_0) = 0$ und $\dfrac{\partial f}{\partial y}(x_0, y_0) = -2 \neq 0$, also sind die Voraussetzungen von Satz 6.14 erfüllt. Durch

$$y = g(x) = \sqrt{x^2 + 1}\,, \quad x \in U := \mathbb{R}\,, \quad V = [1, \infty)$$

wird eine implizite Funktion dazu beschrieben (s. Fig. 6.19).

Geht man von $x_0 = 0$, $y_0 = -1$ aus, so gelangt man entsprechend zu

$$y = \overline{g}(x) = -\sqrt{x^2 + 1}\,, \quad x \in U := \mathbb{R}\,, \quad V = [-1, -\infty)\,.$$

Auch in Fällen, in denen keine formelmäßige Auflösung von $f(x, y) = 0$ nach y möglich ist, kann der Satz die Existenz einer zugehörigen impliziten Funktion $y = g(x)$ sichern. Dazu

Beispiel 6.28:
Wir betrachten $f(x, y) = y + xy^2 - \mathrm{e}^{xy}$ für $x, y \in \mathbb{R}$ (d.h. Definitionsbereich D von f ist $\mathbb{R}^2$). Hier ist die Auflösung von

$$f(x, y) = y + xy^2 - \mathrm{e}^{xy} = 0 \tag{6.65}$$

durch elementare Umformung nicht möglich. Existiert trotzdem eine implizite Funktion $y = g(x)$ dazu, z.B. in einer Umgebung von $x_0 = 0$, $y_0 = 1$?

Zur Beantwortung berechnen wir zunächst

$$\frac{\partial f}{\partial y}(x, y) = 1 + 2xy - x\,\mathrm{e}^{xy} \quad \Rightarrow \quad \frac{\partial f}{\partial y}(0{,}1) = 1\,.$$

Satz 6.14 liefert damit die Existenz einer differenzierbaren impliziten Funktion $g : U \to V$ ($0 \in U$), die $f(x, g(x)) = 0$ in U erfüllt. Für $x \neq 0$ sind die Werte $y = g(x)$ aus (6.65) mit dem Newton-Verfahren (oder Bisektion, Regula falsi usw.) numerisch zu ermitteln. Z.B. errechnet man für $x = 0{,}2$ aus

$$f(0{,}2, y) = y + 0{,}2y^2 - \mathrm{e}^{0{,}2y} = 0$$

numerisch $y \doteq 1{,}018467$. Die Ableitung in diesem Punkt ergibt sich aus (6.62). Auch die maximale Größe des Definitionsintervalls U von g kann in unserem Beispiel nur numerisch ermittelt werden (z.B. indem man die Lösungen des Gleichungssystems $f(x, y) = 0$, $\dfrac{\partial f}{\partial y}(x, y) = 0$ mit dem Newton-Verfahren bestimmt).

Aus dem Satz 6.15 folgt als Spezialfall

Satz 6.16:

(*Invertierungssatz*) Es sei $f : X \to Y$ stetig differenzierbar, X, Y offen in $\mathbb{R}^n$ und $f'(x_0)$ regulär in einem Punkt $x_0 \in X$. Damit folgt

(a) Es gibt eine offene Umgebung U von x_0, die durch f umkehrbar eindeutig auf eine offene Umgebung V von $y_0 = f(x_0)$ abgebildet wird.

(b) Die dadurch bestimmte Umkehrabbildung $f^{-1} : V \to U$ ist stetig differenzierbar, und es gilt

$$\left(f^{-1}\right)'(y) = f'(x)^{-1} \quad \text{für alle } y = f(x) \in V.$$

Beweis:

Mit $F(y, x) := y - f(x)$ ist eine Funktion gewonnen, die die Voraussetzungen von Satz 6.15 erfüllt (wobei x und y ihre Rollen getauscht haben). Damit geht Satz 6.16 aus Satz 6.15 hervor, wobei lediglich zusätzlich gezeigt werden muß, daß $f^{-1}(V)$ offen ist. Wegen $f(f^{-1}(V)) = V$, V offen, folgt das aber aus der Stetigkeit von f. □

Übung 6.24:

Gibt es zu

$$f(x, y) = xy + \frac{1}{2} - \sin y = 0$$

eine explizite Funktion $y = g(x)$ in einer Umgebung von $x_0 = 0$, wobei $y_0 = \pi/6$ ist? $(f(x_0, y_0) = 0)$.

6.4.3 Extremalprobleme ohne Nebenbedingungen

Maxima und Minima von Funktionen mehrerer reeller Variabler lassen sich mit Mitteln der Differentialrechnung gewinnen — analog zum Fall einer Variablen. Zunächst benötigen wir eine saubere Begriffsbestimmung. Wir vereinbaren daher, völlig analog zu Def. 3.6 in Abschn. 3.2.7:

Definition 6.17:

Es sei $f : D \subset \mathbb{R}^n \to \mathbb{R}$ eine gegebene Funktion. Ist x_0 ein Punkt aus D, zu dem es eine Umgebung U gibt mit

$$f(x) \le f(x_0) \quad \text{für alle } x \in U \cap D,\, x \neq x_0,$$

so sagt man: f besitzt in x_0 ein *lokales Maximum*.

Der Punkt x_0 selbst heißt eine *lokale Maximalstelle von* f. Steht »<« anstelle von »$\le$«, so wird x_0 als *echte* lokale Maximalstelle von f bezeichnet. Entsprechend werden *lokale Minima*, *lokale Minimalstellen*, *echte* und *unechte*, erklärt. Alle diese Punkte nennen wir *Extremalstellen* oder *Extremalpunkte*.

Satz 6.17:

Ist $\boldsymbol{x}_0 \in \mathring{D}$ Extremalstelle einer partiell differenzierbaren Funktion $f : D \subset \mathbb{R}^n \to \mathbb{R}$, so gilt

$$f'(\boldsymbol{x}_0) = \boldsymbol{0}$$

oder gleichbedeutend grad $f(\boldsymbol{x}_0) = \boldsymbol{0}$ respektive $\nabla f(\boldsymbol{x}_0) = \boldsymbol{0}$, d.h. *sämtliche partiellen Ableitungen* 1. *Ordnung von f verschwinden in $\boldsymbol{x}_0$*.

Beweis:

Es sei $\boldsymbol{x}_0 = [x_1^{(0)}, x_2^{(0)}, \ldots, x_n^{(0)}]^{\mathrm{T}}$ die Komponentendarstellung der Extremstelle $\boldsymbol{x}_0$ von f. Damit definieren wir die Funktion

$$g(x_k) := f(x_1^{(0)}, \ldots, x_{k-1}^{(0)}, x_k, x_{k+1}^{(0)}, \ldots, x_n^{(0)}),$$

wobei $k \in \{1, \ldots, n\}$ beliebig, aber fest ist. g geht also aus f dadurch hervor, daß man nur eine Komponente variabel macht, nämlich x_k, die anderen aber festhält. Die reellwertige Funktion g hat in $x_k^{(0)}$ natürlich ein Extremum, also folgt

$$0 = g'(x_k^{(0)}) = \frac{\partial}{\partial x_k} f(\boldsymbol{x}_0), \qquad \square$$

Satz 6.17 besagt, daß die Extremalstellen aus $\mathring{D}$ in der Menge der $\boldsymbol{x}_0$ mit der Eigenschaft $f'(\boldsymbol{x}_0) = [f_{x_1}(\boldsymbol{x}_0), \ldots, f_{x_n}(\boldsymbol{x}_0)] = \boldsymbol{0}$ zu suchen sind. Es ist also das System der Gleichungen

$$f_{x_i}(\boldsymbol{x}_0) = 0 \quad \text{für alle } i = 1, \ldots, n \tag{6.66}$$

nach $\boldsymbol{x}_0 = (x_1^{(0)}, \ldots, x_n^{(0)})$ aufzulösen, etwa mit dem Newton-Verfahren.

Nicht jede Lösung von $f'(\boldsymbol{x}_0) = \boldsymbol{0}$ ist notwendig ein Extremalpunkt, was man sich an Funktionen einer reellen Variablen klar machen kann (waagerechte Wendetangente!). Wir beweisen daher folgenden Satz, der eine hinreichende Bedingung für Extremalpunkte liefert.

Satz 6.18:

Ist $f : D \subset \mathbb{R}^n \to \mathbb{R}$ zweimal stetig differenzierbar, so folgt: Ein Punkt $\boldsymbol{x}_0 \in \mathring{D}$ mit $f'(\boldsymbol{x}_0) = \boldsymbol{0}$ ist eine

$$\left.\begin{array}{ll} \textit{echte Maximalstelle}, & \text{falls } (\boldsymbol{z} \cdot \nabla)^2 f(\boldsymbol{x}_0) < 0\,, \\ \textit{echte Minimalstelle}, & \text{falls } (\boldsymbol{z} \cdot \nabla)^2 f(\boldsymbol{x}_0) > 0\,, \end{array}\right\} \quad \text{für alle } \boldsymbol{z} \neq \boldsymbol{0},\ \boldsymbol{z} \in \mathbb{R}^n.$$

Beweis:

Wir nehmen $(\boldsymbol{z} \cdot \nabla)^2 f(\boldsymbol{x}_0) > 0$ für alle $\boldsymbol{z} \neq \boldsymbol{0}$, $\boldsymbol{z} \in \mathbb{R}$ an. Nach der Taylorformel gilt für $m = 1$

$$f(\boldsymbol{x}_0 + \boldsymbol{z}) = f(\boldsymbol{x}_0) + f'(\boldsymbol{x}_0)\boldsymbol{z} + \frac{1}{2} \int_0^1 (1 - s)(\boldsymbol{z} \cdot \nabla)^2 f(\boldsymbol{x}_0 + s\boldsymbol{z})\, \mathrm{d}s\,,$$

wegen $f'(\boldsymbol{x}_0) = \boldsymbol{0}$ also

$$f(\boldsymbol{x}_0 + z) - f(\boldsymbol{x}_0) = \frac{1}{2} \int_0^1 (1-s)(z \cdot \nabla)^2 f(\boldsymbol{x}_0 + sz)\, \mathrm{d}s\,. \tag{6.67}$$

Aufgrund der Stetigkeit der zweiten partiellen Ableitung gibt es eine Kugelumgebung $U \subset D$ von $\boldsymbol{x}_0$ mit

$$(z \cdot \nabla)^2 f(\boldsymbol{x}_0 + sz) > 0 \quad \text{für } \boldsymbol{x}_0 + sz \in U,\, z \neq \boldsymbol{0},\, 0 \le s \le 1.$$

Wählt man z dabei fest, so nimmt $(z \cdot \nabla)^2 f(\boldsymbol{x}_0 + sz)$ für ein $s \in [0,1]$ sein Minimum $c > 0$ an (da $s \mapsto (z \cdot \nabla)^2 f(\boldsymbol{x}_0 + sz)$ eine stetige Funktion auf $[0,1]$ ist), also gilt

$$(z \cdot \nabla)^2 f(\boldsymbol{x}_0 + sz) \ge c > 0\,, \quad \text{für alle } s \in [0,1].$$

Damit gewinnt man aus (6.67)

$$f(\boldsymbol{x}_0 + z) - f(\boldsymbol{x}_0) \ge \frac{1}{2} \int_0^1 (1-s) c\, \mathrm{d}s = \frac{c}{4} > 0\,,$$

also $f(\boldsymbol{x}_0 + z) > f(\boldsymbol{x}_0)$ für jedes $\boldsymbol{x}_0 + z \in U$, $z \neq 0$. $\boldsymbol{x}_0$ ist damit eine echte Minimalstelle. Durch Übergang von f zu $-f$ erhält man die entsprechende Aussage für echte Maximalstellen, womit alles bewiesen ist. □

Bemerkung: Der Ausdruck $(z \cdot \nabla)^2 f(\boldsymbol{x}_0)$ in Satz 6.18 kann mit Hilfe der Matrix

$$f''(\boldsymbol{x}_0) := \begin{bmatrix} f_{x_1 y_1}(\boldsymbol{x}_0) & \cdots & f_{x_1 y_n}(\boldsymbol{x}_0) \\ \vdots & & \vdots \\ f_{x_n y_1}(\boldsymbol{x}_0) & \cdots & f_{x_n y_n}(\boldsymbol{x}_0) \end{bmatrix} \quad \text{sowie}$$

$$z = \begin{bmatrix} z_1 \\ \vdots \\ z_n \end{bmatrix}, \qquad z^{\mathrm{T}} = [z_1, z_2, \ldots, z_n]$$

in der Form

$$(z \cdot \nabla)^2 f(\boldsymbol{x}_0) = z^{\mathrm{T}} f''(\boldsymbol{x}_0) z = \sum_{i,k=1}^{n} z_i f_{x_i x_k} z_k \tag{6.68}$$

geschrieben werden.

Ohne Beweis sei angegeben, daß $(z \cdot \nabla)^2 f(\boldsymbol{x}_0) = z^{\mathrm{T}} f''(\boldsymbol{x}_0) z$ genau dann > 0 für alle $z \neq \boldsymbol{0}$ aus $\mathbb{R}^n$ ist, wenn *alle »Hauptdeterminanten« von $f''(\boldsymbol{x}_0)$ positiv* sind. (*Hauptdeterminanten* sind dabei die Determinanten derjenigen Matrizen, die durch Herausstreichen von Zeilen und entsprechenden Spalten aus $f''(\boldsymbol{x}_0)$ entstehen. Zu Determinanten s. Abschn. 7.2.3, Einschub, sowie Burg/Haf/Wille (Lineare Algebra) [9]) Um zu entscheiden, ob $(\boldsymbol{z} \cdot \nabla)^2 f(\boldsymbol{x}_0) < 0$ für alle $\boldsymbol{z} \neq \mathbf{0}$ aus $\mathbb{R}^n$ ist, hat man f durch $-f$ zu ersetzen und mit dem genannten Kriterium $(\boldsymbol{z} \cdot \nabla)^2(-f)(\boldsymbol{x}_0) > 0$ für $\boldsymbol{z} \neq \mathbf{0}$ zu prüfen.

Das Kriterium ist für die Anwendung in Satz 6.18 für große n sehr wenig griffig. Für kleine n ($n = 2,3,4$) ist es aber gut zu gebrauchen. Für $n = 2$ ergibt sich daraus

Folgerung 6.6:

Ist die reellwertige Funktion $f(x, y)$ zweimal stetig differenzierbar auf $D \subset \mathbb{R}^2$, so folgt:

Ein Punkt $\boldsymbol{x}_0 = \begin{bmatrix} x_0 \\ y_0 \end{bmatrix} \in \mathring{D}$ mit

$$\frac{\partial f}{\partial x}(x_0, y_0) = 0, \quad \frac{\partial f}{\partial y}(x_0, y_0) = 0 \quad \text{und} \quad f_{xx} f_{yy} - f_{xy}^2 > 0 \quad \text{in} \quad \begin{bmatrix} x_0 \\ y_0 \end{bmatrix} \tag{6.69}$$

ist eine

echte Maximalstelle, wenn $f_{xx}(x_0, y_0) < 0$ ist,
echte Minimalstelle, wenn $f_{xx}(x_0, y_0) > 0$ ist.

Dieses Kriterium ist für Funktionen von zwei Variablen sehr nützlich.

Übung 6.25:

Berechne die Extremalstellen der durch

$$f(x, y) = x^2 + y^2 + xy - 2x + 3y + 7, \quad \boldsymbol{x} = \begin{bmatrix} x \\ y \end{bmatrix} \in \mathbb{R}^2,$$

definierten Funktion $f : \mathbb{R} \to \mathbb{R}$ und entscheide, ob es sich um echte Maxima oder echte Minima handelt.

6.4.4 Extremalprobleme mit Nebenbedingungen

Oft ist nach den Extrema eine Funktion f gefragt, wobei noch eine Nebenbedingung

$$\boldsymbol{h}(\boldsymbol{x}) = \mathbf{0}$$

erfüllt sein muß.

Präziser geht es um folgende

Problemstellung: *Gegeben* sind zwei stetig differenzierbare Abbildungen $f : D \to \mathbb{R}$ und $\boldsymbol{h} : D \to \mathbb{R}^p$ auf einer offenen Menge $D \subset \mathbb{R}^n$, $n > p$. *Gesucht* sind die Maximal- und Minimalstellen der Einschränkung $f|_\mathrm{M}$ von f auf

$$M := \{\boldsymbol{x} \in D \mid \boldsymbol{h}(\boldsymbol{x}) = \boldsymbol{0}\} \subset D\,. \tag{6.70}$$

Eine Maximalstelle $\boldsymbol{x}_0$ von $f|_\mathrm{M}$ ist dabei ein Punkt aus M, zu dem es eine Umgebung $U \subset D$ gibt mit

$$f(\boldsymbol{x}) \leq f(\boldsymbol{x}_0) \quad \text{für alle } \boldsymbol{x} \in U \cap M.$$

Man nennt einen solchen Punkt $\boldsymbol{x}_0$ eine *Maximalstelle von f unter der Nebenbedingung $\boldsymbol{h}(\boldsymbol{x}) = \boldsymbol{0}$*. Entsprechendes vereinbart man für Minimalstellen. In beiden Fällen spricht man von *Extremalstellen von f unter der Nebenbedingung $\boldsymbol{h}(\boldsymbol{x}) = \boldsymbol{0}$*.

Alles in allem treten bei den Anwendungen Extremalprobleme mit Nebenbedingungen viel häufiger auf als »reine« Extremalprobleme ohne Nebenbedingungen. Schon bei einfachsten geometrischen Fragestellungen ist dies der Fall.

Beispiel 6.29:

Will man dasjenige Rechteck bestimmen, das unter allen Rechtecken gleichen Umfangs u_0 den größten Flächeninhalt hat, so ist $f(\boldsymbol{x}) = x_1 x_2$ zu maximieren, wobei x_1, x_2 die Seitenlängen des Rechtecks bedeuten.

Wegen $x_1 \geq 0, x_2 \geq 0$ ist $\boldsymbol{x} = \begin{bmatrix} x_1 \\ x_2 \end{bmatrix}$ dabei ein Punkt aus

$$D = \left\{ \begin{bmatrix} x_1 \\ x_2 \end{bmatrix} \middle| \; x_1, x_2 \geq 0 \right\}.$$

Die Nebenbedingung lautet $u_0 = 2(x_1 + x_2)$, d.h. $h(\boldsymbol{x}) = 0$ mit $h(\boldsymbol{x}) = u_0 - 2(x_1 + x_2)$, $h : D \to \mathbb{R}$.

Die Lösung ist in diesem Falle sehr einfach zu gewinnen: Man löst $h(\boldsymbol{x}) = 0$ nach x_2 auf: $x_2 = u_0/2 - x_1$, setzt dies in $f(\boldsymbol{x}) = x_1 x_2$ ein und erhält eine Funktion, die nur noch von x_1 abhängt: $F(x_1) := x_1(u_0/2 - x_1)$. Aus $F'(x_1) = u_0/2 - 2x_1 = 0$ berechnet man die Lösung $x_1 = u_0/4$, wobei $F''(x_1) = -2 < 0$ zeigt, daß ein Maximum vorliegt. Wie nicht anders zu erwarten, ist das gesuchte Rechteck mit maximalem Inhalt ein Quadrat.

In vorstehendem Beispiel konnte $h(\boldsymbol{x}) = 0$ nach einer Komponente von $\boldsymbol{x}$ aufgelöst werden und damit das Problem auf eine Extremalaufgabe ohne Nebenbedingungen zurückgeführt werden, die mit bekannten Methoden von Abschn. 3.2.7 gelöst werden konnte.

Häufig ist das jedoch nicht ohne weiteres möglich. Folgendes Beispiel macht dies deutlich:

Beispiel 6.30:

Es soll der kürzeste Abstand zweier implizit durch $G(x, y) = 0$, $H(\xi, \eta) = 0$ bestimmter Kurven der Ebene ermittelt werden. Es ist also

$$f(\boldsymbol{x}) = (x - \xi)^2 + (y - \eta)^2 \quad \text{mit } \boldsymbol{x} = \begin{bmatrix} x \\ y \\ \xi \\ \eta \end{bmatrix}$$

zu minimieren, unter der Nebenbedingung

$$\boldsymbol{h}(\boldsymbol{x}) = \begin{bmatrix} G(x, y) \\ H(\xi, \eta) \end{bmatrix} = \boldsymbol{0}\,.$$

Auch hier könnte man zunächst versuchen, $G(x, y) = 0$ und $H(\xi, \eta) = 0$ nach y bzw. η aufzulösen und die entstehenden Ausdrücke für y und η in $(x - \xi)^2 + (y - \eta)^2$ einzusetzen, um so eine von Nebenbedingungen freie Funktion der Variablen x und η zu minimieren. Bei etwas komplizierteren Gleichungen $G(x, y) = 0$ und $H(\xi, \eta) = 0$ ist das allerdings nicht mehr ohne weiteres durchführbar, schon allein deswegen, weil y bzw. η im allgemeinen nicht eindeutig von x bzw. ξ abhängen.

Es muß daher nach einer Methode gesucht werden, die ohne explizites Auflösen von $\boldsymbol{h}(\boldsymbol{x}) = \boldsymbol{0}$ nach einem Teil der Komponenten von $\boldsymbol{x}$ auskommt. Ein solches Verfahren ist das der *Lagrangeschen Multiplikatoren*, das auf folgendem Satz beruht.

Satz 6.19:

$f : D \to \mathbb{R}$ und $h : D \to \mathbb{R}^p$ seien stetig differenzierbare Abbildungen auf einer offenen Menge $D \subset \mathbb{R}^n$, $n > p$, wobei die Matrix $\boldsymbol{h}'(\boldsymbol{x})$ für jedes $\boldsymbol{x} \in D$ den Rang p[14] hat. Damit folgt: Ist $\boldsymbol{x}_0 \in D$ eine *Extremalstelle von f unter der Nebenbedingung* $\boldsymbol{h}(\boldsymbol{x}) = \boldsymbol{0}$, so existiert dazu eine Zeilenmatrix $\boldsymbol{L} = [\lambda_1, \lambda_2, \dots, \lambda_p]$ mit

$$f'(\boldsymbol{x}_0) + \boldsymbol{L}\boldsymbol{h}'(\boldsymbol{x}_0) = \boldsymbol{0}\,. \tag{6.71}$$

Die Zahlen $\lambda_1, \lambda_2, \dots, \lambda_p$ heißen dabei *Lagrangesche Multiplikatoren.*

Das Lösungsverfahren für Extremalprobleme mit Nebenbedingungen beruht nun, gestützt auf Satz 6.19 auf folgenden Überlegung: Jeder Extremalpunkt $\boldsymbol{x}_0$ von f unter der Nebenbedingung $\boldsymbol{h}(\boldsymbol{x}) = \boldsymbol{0}$ ist unter der Voraussetzung von Satz 6.19 eine Lösung der Gleichungen

$$f'(\boldsymbol{x}) + \boldsymbol{L}\boldsymbol{h}'(\boldsymbol{x}) = \boldsymbol{0} \quad \text{und} \quad \boldsymbol{h}(\boldsymbol{x}) = \boldsymbol{0}\,. \tag{6.72}$$

14 D.h. $\boldsymbol{h}'(\boldsymbol{x})$ enthält für jedes $\boldsymbol{x} \in D$ eine reguläre (quadratische) p-reihige Teilmatrix. (Eine Teilmatrix entsteht aus einer Matrix durch Herausstreichen von Spalten und/oder Zeilen.)

Mit den Komponentendarstellungen

$$\boldsymbol{x} = \begin{bmatrix} x_1 \\ x_2 \\ \vdots \\ x_n \end{bmatrix}, \quad \boldsymbol{h} = \begin{bmatrix} h_1 \\ h_2 \\ \vdots \\ h_p \end{bmatrix}, \quad \boldsymbol{L} = [\lambda_1, \lambda_2, \ldots, \lambda_p] \tag{6.73}$$

erhalten die Gleichungen in (6.72) die explizite Gestalt

$$\frac{\partial f}{\partial x_i}(\boldsymbol{x}) + \sum_{k=1}^{p} \lambda_k \frac{\partial h_k}{\partial x_i}(\boldsymbol{x}) = 0 \quad \text{für alle } i = 1, \ldots, n, \tag{6.74}$$

$$\text{und} \qquad h_k(\boldsymbol{x}) = 0 \quad \text{für alle } k = 1, \ldots, p. \tag{6.75}$$

Es liegen damit $n + p$ reelle Gleichungen für die $n + p$ reellen Unbekannten $x_1, x_2, \ldots, x_n$, $\lambda_1, \lambda_2, \ldots, \lambda_p$ vor, deren Lösbarkeit zu bestimmen ist. Unter den aus dieser Lösungsgesamtheit gewonnenen Punkten $\boldsymbol{x} = [x_1, x_2, \ldots, x_n]^{\mathrm{T}}$ sind alle Extremalpunkte mit den Nebenbedingungen $\boldsymbol{h}(\boldsymbol{x}) = \boldsymbol{0}$ zu finden.

Natürlich braucht nicht jeder dieser Lösungspunkte $\boldsymbol{x}$ ein Extremalpunkt zu sein. Da bleibt im einzelnen stets zu untersuchen.

Gelten die Voraussetzungen von Satz 6.19, so heißt jeder Lösungspunkt $\boldsymbol{x}$, der sich aus (6.74), (6.75) ergibt, ein *stationärer Punkt von f unter Nebenbedingungen $\boldsymbol{h}(\boldsymbol{x}) = \boldsymbol{0}$*. Bei physikalischen Untersuchungen sind diese Punkte auch dann interessant, wenn sie keine Extremalpunkte sind. Wir skizzieren dies kurz in folgendem Beispiel.

Beispiel 6.31:
Eine grundlegende Anwendung der *Lagrangeschen Multiplikatorenmethode* steht im Zusammenhang mit dem *d'Alembertschen*[15] *Prinzip in der Mechanik*. Betrachtet man nämlich ein System von Massenpunkten in einem Kraftpotentialfeld, so sind die Massenpunkte häufig geometrischen Bindungen unterworfen. (Abstände zwischen Massenpunkten sind konstant, die Massenpunkte befinden sich auf gewissen vorgeschriebenen Kurven oder Flächen usw.) Die geometrischen Bindungen schlagen sich dabei in Nebenbedingungen nieder, während das Kraftpotential eine Funktion liefert, deren stationäre Punkte unter Nebenbedingungen zu berechnen sind. Die stationären Punkte beschreiben dann Gleichgewichtslagen des Massenpunktsystems. Echte Minima ergeben dabei stabiles Gleichgewicht, während in den übrigen stationären Punkten labiles oder indifferentes Gleichgewicht herrscht.

Für einen ausführlichen Beweis des Satzes 6.19 sei auf [56], Satz 6.23, S. 305 – 308, verwiesen. Wir wollen den Sachverhalt hier am Falle zweier Dimensionen anschaulich und plausibel machen. Für diesen Fall formulieren wir Satz 6.19 nochmal:

Folgerung 6.7:
(*Zweidimensionaler Fall der Lagrangeschen Multiplikatorenmethode*)
Durch $u = f(x, y)$ und $v = h(x, y)$ seien zwei reellwertige Funktionen auf einer

15 Jean-Baptiste le Rond, genannt d'Alembert (1717 – 1783), französischer Mathematiker, Physiker und Philosoph

offenen Menge $D \subset \mathbb{R}^2$ beschrieben. Dabei sei $\operatorname{grad} h(\boldsymbol{x}) \neq \mathbf{0}$ für alle $\boldsymbol{x} \in D$.[16] Damit folgt:

Ist $\boldsymbol{x}_0 \in D$ eine Extremalstelle von f unter der Nebenbedingung $h(\boldsymbol{x}) = 0$, so gilt

$$\operatorname{grad} f(\boldsymbol{x}_0) + \lambda \operatorname{grad} h(\boldsymbol{x}_0) = \mathbf{0} \tag{6.76}$$

mit einer reellen Zahl λ.

Veranschaulichung: In Fig. 6.20 ist der Graph von f über seinem Definitionsbereich D skizziert. In D ist die durch $h(\boldsymbol{x}) = 0$ bestimmte Kurve zu sehen. Zum besseren Verständnis sind Höhenlinien und Fallinien in D eingezeichnet, wie auch ihre Entsprechungen auf dem Graphen von f. Wir erkennen: Das Maximum $f(\boldsymbol{x}_0)$ von f über der Kurve $h(\boldsymbol{x}_0) = 0$ hat die Eigenschaft, daß die Kurve $h(\boldsymbol{x}) = 0$ in der Maximalstelle $\boldsymbol{x}_0$ *rechtwinklig eine Fallinie schneidet*. Skizziert man $\operatorname{grad} f(\boldsymbol{x})$ und $\operatorname{grad} h(\boldsymbol{x})$ als Pfeile mit schwarzer oder weißer Spitze, so liegen sie im Maximalpunkt $\boldsymbol{x}_0$ parallel (denn der Vektor $\operatorname{grad} h(\boldsymbol{x})$ steht in jedem Kurvenpunkt $\boldsymbol{x}$ senkrecht auf der Kurve $h(\boldsymbol{x}) = \mathbf{0}$, und $\operatorname{grad} f(\boldsymbol{x})$ liegt stets in Richtung der Fallinien.) Parallelität von $\operatorname{grad} f(\boldsymbol{x}_0)$ und $\operatorname{grad} h(\boldsymbol{x}_0)$ bedeutet aber

$$\operatorname{grad} f(\boldsymbol{x}_0) + \lambda \operatorname{grad} h(\boldsymbol{x}_0) = \mathbf{0} \quad \text{für ein } \lambda \in \mathbb{R}\,.$$

Zum Verständnis ein simples Demonstrationsbeispiel.

Beispiel 6.32:
Gesucht sind die Extremalstellen von

$$f(x, y) = x^2 + y^2 + 3\,, \quad x, y \in \mathbb{R}\,, \tag{6.77}$$

unter der Nebenbedingung

$$h(x, y) = x^2 + y - 2 = 0\,, \quad x, y \in \mathbb{R}\,. \tag{6.78}$$

Mit

$$\operatorname{grad} f(x, y) = [2x, 2y]^{\mathrm{T}}\,, \qquad \operatorname{grad} h(x, y) = [2x, 1]^{\mathrm{T}}$$

ergibt $\operatorname{grad} f + \lambda \operatorname{grad} h = \mathbf{0}$ und $h(x, y) = 0$ das Gleichungssystem

$$2x = -\lambda 2x\,, \quad 2y = -\lambda\,, \quad y = 2 - x^2\,.$$

Die erste Gleichung ist z.B. für $x = 0$ erfüllt. Die übrigen Gleichungen liefern dann $y = 2$, $\lambda = -4$ und $f(0,2) = 7$.

Im Falle $x \neq 0$ ergibt die erste Gleichung nach Herauskürzen von x: $\lambda = -1$. Damit ist nach der zweiten Gleichung $y = 1/2$ und nach der dritten: $x = \pm\sqrt{6}/2$. Damit: $f(\pm\sqrt{6}/2, 1/2) = 4{,}75$.

16 Zur Erinnerung: $\operatorname{grad} h(\boldsymbol{x}) = h'(\boldsymbol{x})^{\mathrm{T}} = \left[\frac{\partial h}{\partial x_1}(\boldsymbol{x}), \frac{\partial h}{\partial x_2}(\boldsymbol{x})\right]^{\mathrm{T}}$.

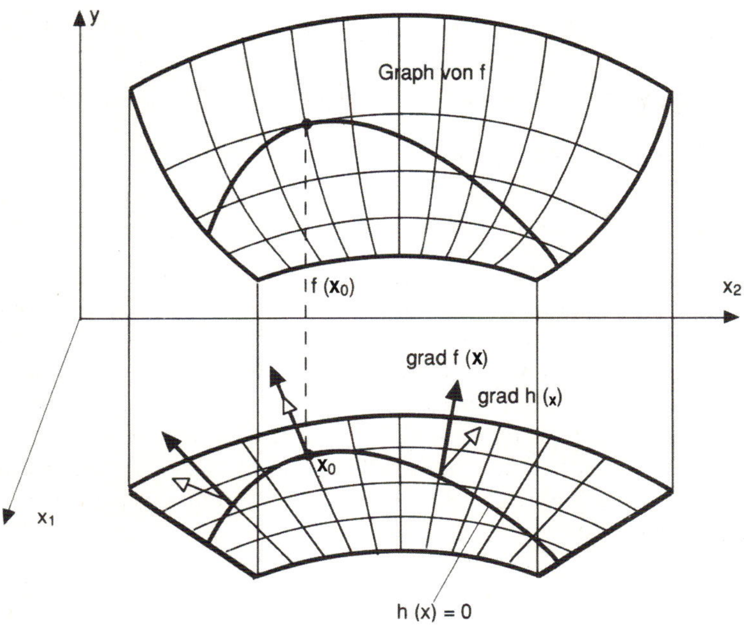

Fig. 6.20: Extrema mit Nebenbedingungen

Sämtliche Kandidaten für Extremstellen sind also

$$\boldsymbol{x}_0 = \begin{bmatrix} 0 \\ 2 \end{bmatrix}, \quad \boldsymbol{x}_1 = \begin{bmatrix} \sqrt{6}/2 \\ 1/2 \end{bmatrix}, \quad \boldsymbol{x}_2 = \begin{bmatrix} -\sqrt{6}/2 \\ 1/2 \end{bmatrix}.$$

Das Höhenlinienbild (Fig. 6.21) zeigt, daß $\boldsymbol{x}_0$ eine Maximalstelle ist und $\boldsymbol{x}_1$, $\boldsymbol{x}_2$ Minimalstellen sind.

Durch Einsetzen von $y = 2 - x^2$ in $f(x, y) = x^2 + y^2$ und Untersuchung von $\varphi(x) = x^2 + (2 - x^2)^2$ auf Extremalstellen kommt hier natürlich das Gleiche heraus. Wie aber schon erwähnt, ist das formelmäßige Eliminieren einer Variablen oft nicht möglich. Dann ist man auf die (numerische) Lösung der Lagrangeschen Gleichungen angewiesen.

Bemerkung: Die Frage, welche Lösungen der Lagrangeschen Multiplikatorenmethoden Maxima, Minima oder nichts dergleichen sind, ist allgemein schwer zu beantworten. Aus diesem Grund muß dies in jedem Einzelfall gesondert geprüft werden. (Durch Eliminieren der Nebenbedingung, durch numerische Rechnung oder durch Überlegungen aus der technischen Anwendung).

Eine Hilfe liefert der Satz, daß jede stetige reelle Funktion auf einem Kompaktum ihr Minimum und ihr Maximum annimmt.

Bei kompakter »Nebenbedingungsmenge«

$$M = \{\boldsymbol{x} \in D \mid \boldsymbol{h}(\boldsymbol{x}) = \boldsymbol{0}\}$$

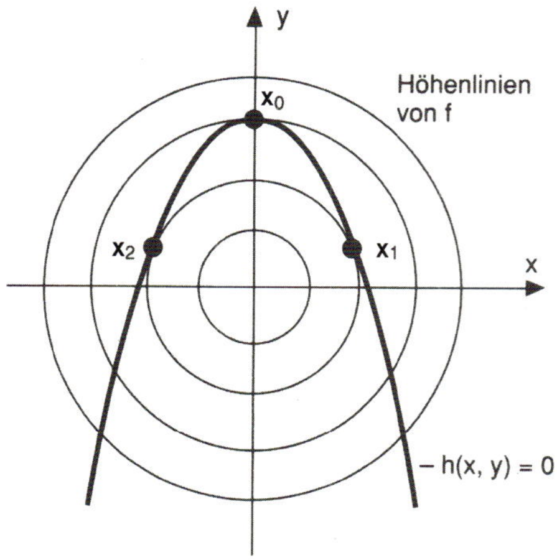

Fig. 6.21: Zu Beispiel 6.32

hat man daher unter den Lösungen der Lagrangemethode und den Randpunkten aus $M \cap \partial D$ diejenigen mit maximalem Funktionswert $f(\boldsymbol{x})$ herauszusuchen. Diese Punkte sind alle gesuchten absoluten Maximalstellen. Für Minimalstellen gilt Entsprechendes.

Fortsetzung von Beispiel 6.32: Wir wenden die vorangehende Überlegung auf unser Beispiel an. Die Funktionswerte der Kandidaten $\boldsymbol{x}_0, \boldsymbol{x}_1, \boldsymbol{x}_2$ für Extremalstellen sind

$$f(\boldsymbol{x}_0) = 7\,, \quad f(\boldsymbol{x}_1) = f(\boldsymbol{x}_2) = 4{,}75\,.$$

Wählen wir anstelle von $\mathbb{R}^2$ als Definitionsbereich ein Rechteck D, das die drei Punkte $\boldsymbol{x}_0$, $\boldsymbol{x}_1$, $\boldsymbol{x}_2$ knapp umfaßt, z.B.

$$D = \left\{ \begin{bmatrix} x \\ y \end{bmatrix} \mid -2 \le x \le 2\,,\ 0 \le y \le 3 \right\},$$

so schneidet die Kurve $h(x, y) = x^2 + y - 2 = 0$ den Rand von D genau in folgenden zwei Punkten:

$$\boldsymbol{x}_3 = \begin{bmatrix} \sqrt{2} \\ 0 \end{bmatrix}, \qquad \boldsymbol{x}_4 = \begin{bmatrix} -\sqrt{2} \\ 0 \end{bmatrix} \quad \text{mit } f(\boldsymbol{x}_3) = f(\boldsymbol{x}_4) = 5.$$

Da nach obiger Bemerkung nur $\boldsymbol{x}_0, \boldsymbol{x}_1, \boldsymbol{x}_2, \boldsymbol{x}_3$ und $\boldsymbol{x}_4$ für Maximal- und Minimalstellen in Frage kommen, ist $\boldsymbol{x}_0$ (wegen $f(\boldsymbol{x}_0) = 7$) Maximalstelle und es sind $\boldsymbol{x}_1, \boldsymbol{x}_2$ Minimalstellen.

Übung 6.26:

Bestimme mit der Lagrangeschen Multiplikatorenmethode die Extremalwerte von $f(x, y) = xy$ $(x, y \in \mathbb{R})$ unter der Nebenbedingung $x^2 + y^2 - 1 = 0$. Zeichne ein Höhenbild dazu.

7 Integralrechnung mehrerer reeller Variabler

Ausgangspunkt der Integralrechnung mehrerer Veränderlicher ist das Problem, Rauminhalte mehrdimensionaler Bereiche zu ermitteln — analog zur Integralrechnung einer reellen Variablen, die von Flächeninhaltsberechnungen ausgeht. Die Integralrechnung einer reellen Variablen ist im Mehrdimensionalen Richtschnur und Hilfsmittel.

Wir gelangen so zur Berechnung von Massen dreidimensionaler Körper, Schwerpunkten, Trägheitsmomenten, Zirkulationen, elektromagnetischen Feldenergien und vielem anderen mehr.

7.1 Integration bei zwei Variablen

Die Grundgedanken der mehrdimensionalen Integration werden zunächst am Fall zweier reeller Variabler erklärt. Alles Wesentliche wird dabei sichtbar, verständlich und einprägsam.

7.1.1 Anschauliche Einführung des Integrals zweier reeller Variabler

Gestützt auf *anschauliche Vorstellungen von Raum- und Flächeninhalt* werden in diesem Abschnitt Integrale zweier Variabler eingeführt und berechnet.

Wir beginnen unsere Betrachtungen mit einer reellwertigen stetigen Funktion f auf einem kompakten zweidimensionalen Bereich $B \subset \mathbb{R}^2$. f sei nicht negativ, d.h.

$$f(x, y) \geq 0 \quad \text{für alle} \quad \begin{bmatrix} x \\ y \end{bmatrix} \in B\,,$$

und B haben einen wohlbestimmten Flächeninhalt F.

Der Graph f und der Bereich B bilden »Deckel« und »Boden« einer dreidimensionalen Menge

$$M = \left\{ \begin{bmatrix} x \\ y \\ z \end{bmatrix} \in \mathbb{R}^3 \;\middle|\; \begin{bmatrix} x \\ y \end{bmatrix} \in B \text{ und } 0 \leq z \leq f(x, y) \right\} \tag{7.1}$$

(s. Fig. 7.1). Der *Rauminhalt* V dieser Menge M wird das *Integral von* f *über dem Bereich* B genannt und durch

$$V = \iint\limits_B f(x, y)\,\mathrm{d}x\,\mathrm{d}y \tag{7.2}$$

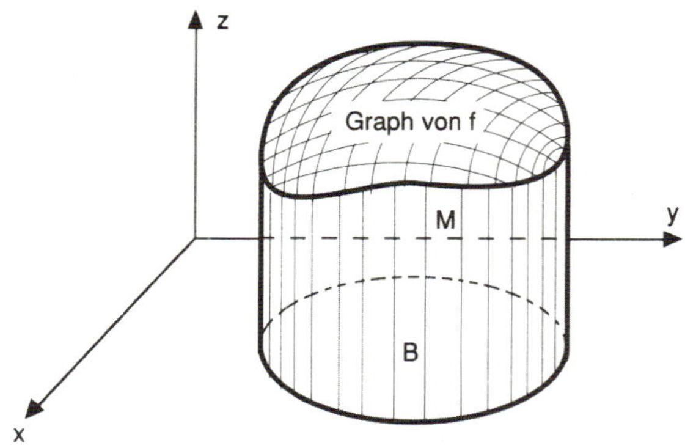

Fig. 7.1: Integral als Rauminhalt von M

beschrieben. Es sind auch folgende Schreibweisen dafür gebräuchlich:

$$V = \iint\limits_B f(x, y)\, \mathrm{d}F = \iint\limits_B f\, \mathrm{d}F$$

oder mit nur einem Integralzeichen

$$V = \int\limits_B f(x, y)\, \mathrm{d}x\, \mathrm{d}y = \int\limits_B f(x, y)\, \mathrm{d}F = \int\limits_B f\, \mathrm{d}F\,.$$

Mit der Vektorschreibweise $\boldsymbol{x} = \begin{bmatrix} x \\ y \end{bmatrix}$ schreibt man das Integral auch in der Form

$$\int\limits_B f(\boldsymbol{x})\, \mathrm{d}\boldsymbol{x}$$

(Doppelte Integralzeichen betonen das Zweidimensionale von B, einfache Integralzeichen weisen mehr auf die allgemeine Theorie hin.)

Bemerkung: Bei den Begriffen »Rauminhalt« und »Flächeninhalt« appellieren wir hier an anschauliche Vorstellungen des Lesers. Auf diese Weise können die Grundideen übersichtlich vermittelt werden. Die analytische Präzisierung folgt in den nächsten beiden Abschnitten.

Zur Beantwortung nehmen wir zunächst B als ein achsenparalleles Rechteck an,

$$B = \left\{ \begin{bmatrix} x \\ y \end{bmatrix} \middle| \; a \le x \le b\,, \quad x \le y \le d \right\}$$

und betrachten eine beliebige Zerlegung $Z = \{[y_0, y_1], [y_1, y_2], \ldots, [y_{n-1}, y_n]\}$ von $[c, d]$. Durch die Zerlegungspunkte y_i lege man zur x-z-Ebene parallele Ebenen, die die Menge M in »Scheiben zerschneiden«, wie es die Fig. 7.2 zeigt.

Das Volumen ΔV_i einer solchen Scheibe zwischen den Ebenen durch y_i und y_{i-1} ist etwa

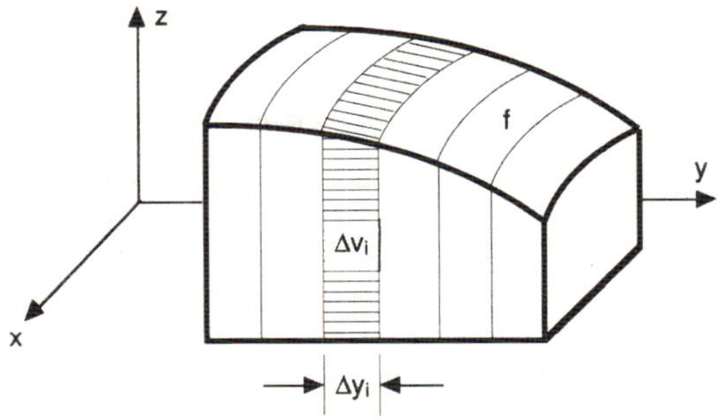

Fig. 7.2: Zur Volumenberechnung

gleich dem Produkt aus der Scheibenbreite $\Delta y_i := y_i - y_{i-1}$ und dem Flächeninhalt der senkrechten Schnittfläche bei y_i, d.h.

$$\Delta V_i \approx \Delta y_i \cdot \int_a^b f(x, y_i)\,\mathrm{d}x\,.$$

Summation über alle Scheiben liefert näherungweise den gesuchten Rauminhalt V von M

$$V \approx \sum_{i=1}^{n} \left(\int_a^b f(x, y_i)\,\mathrm{d}x \right) \Delta y_i\,.$$

Für $n \to \infty$, wobei $\max\limits_i \Delta y_i$ gegen Null geht, strebt die rechte Seite gegen das Integral

$$\int_c^d \left(\int_a^b f(x, y)\,\mathrm{d}x \right) \mathrm{d}y\,.$$ [1]

Die Klammer um das innere Integral wird auch weggelassen, da kein Irrtum dadurch entstehen kann.

Der Wert dieses »Doppelintegrals« entspricht zweifellos unserer Vorstellung vom Volumen V der Menge M, d.h.

$$V = \iint_B f(x, y)\,\mathrm{d}x\,\mathrm{d}y = \int_c^d \int_a^b f(x, y)\,\mathrm{d}x\,\mathrm{d}y\,. \qquad (7.3)$$

Da unsere Anschauung vom Rauminhalt sicherlich ergibt, daß es gleichgültig ist, in welcher

1 Die Funktion $\varphi(y) := \int_a^b f(x, y)\,\mathrm{d}x$ ist stetig in y, wie in Abschn. 7.3.1 gezeigt wird.

Achsenrichtung man die Menge M in Scheiben schneidet, können x und y auch ihre Rollen tauschen, d.h. es gilt:

$$\int_c^d \int_a^b f(x, y)\,\mathrm{d}x\,\mathrm{d}y = \int_a^b \int_c^d f(x, y)\,\mathrm{d}y\,\mathrm{d}x\,. \tag{7.4}$$

Diese *Vertauschungsformel* wird später als *Satz von Fubini* allgemeiner erörtert (s. Abschn. 7.1.3, Satz 7.3).

Beispiel 7.1:
Für $f(x, y) = 2 - xy$ auf

$$B = \left\{ \begin{bmatrix} x \\ y \end{bmatrix} \middle| \; 0 \le x \le 1\,,\; 0 \le y \le 2 \right\}$$

erhalten wir

$$V = \iint_B (2-xy)\,\mathrm{d}x\,\mathrm{d}y = \int_0^2 \int_0^1 (2-xy)\,\mathrm{d}x\,\mathrm{d}y = \int_0^2 \left[2x - \frac{x^2 y}{2}\right]_0^1 \mathrm{d}y = \int_0^2 \left(2 - \frac{y}{2}\right) \mathrm{d}y = 3$$

(s. Fig. 7.3).

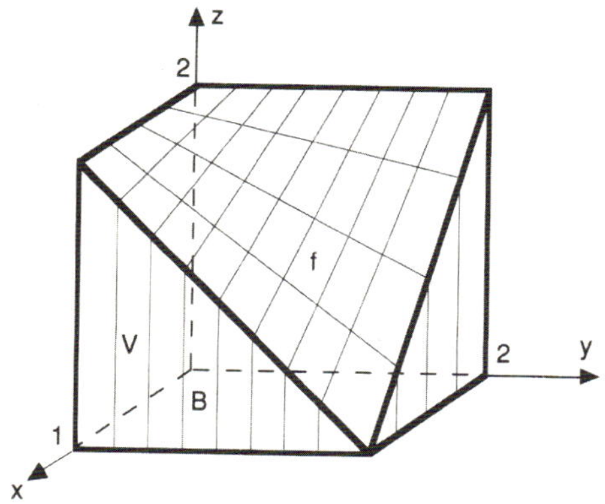

Fig. 7.3: Zu Beispiel 7.1

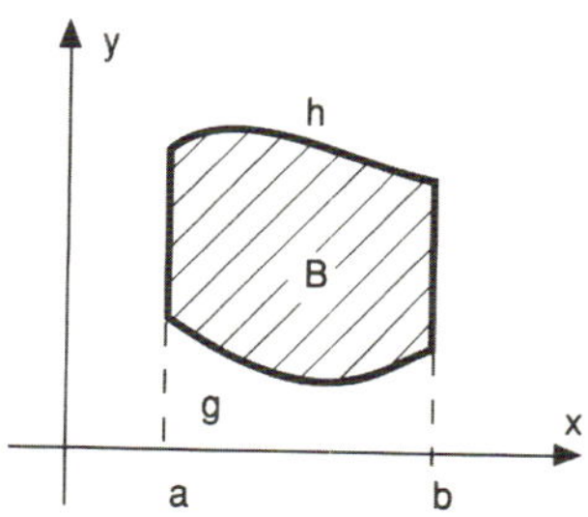

Fig. 7.4: Normalbereich

Der Leser rechne nach, daß bei Vertauschung von x und y dasselbe herauskommt, also

$$V = \int_0^1 \int_0^2 (2 - xy)\,\mathrm{d}y\,\mathrm{d}x = 3\,.$$

Wir wollen im Folgenden anstelle von Rechtecken allgemeinere, krummlinig berandete Bereiche B betrachten, und zwar solche, die »zwischen« den Graphen zweier stetiger Funktionen $h : [a, b] \to \mathbb{R}$ und $g : [a, b] \to \mathbb{R}$ (mit $h \geq g$) liegen, d.h.

$$B = \left\{ \begin{bmatrix} x \\ y \end{bmatrix} \middle| \; a \leq x \leq b \;\text{ und }\; g(x) \leq y \leq h(x) \right\}, \quad \text{s. Fig. 7.4.}$$

Einen solchen Bereich B nennen wir kurz einen *Normalbereich*. $f : B \to \mathbb{R}$ sei wieder stetig und nicht negativ. Durch analoge »Scheibenzerlegungen« wie im Rechteckfall erhalten wir das Volumen V von M wiederum als Doppelintegral (s. Fig. 7.5).

$$\iint_B f(x, y)\,\mathrm{d}x\,\mathrm{d}y = \int_a^b \int_{g(x)}^{h(x)} f(x, y)\,\mathrm{d}y\,\mathrm{d}x\,. \tag{7.5}$$

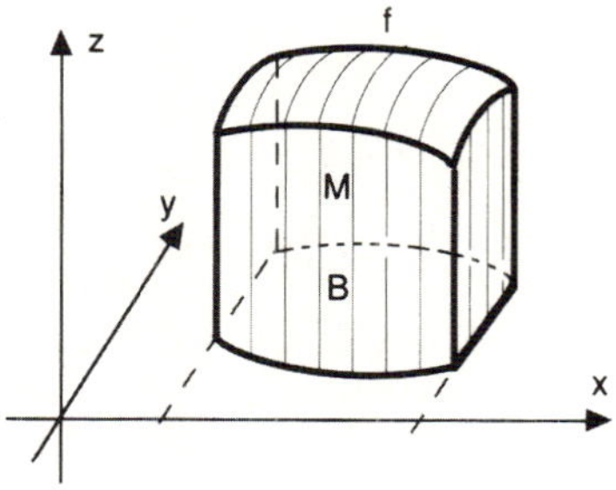

Fig. 7.5: Zum Integral über einen Normalbereich

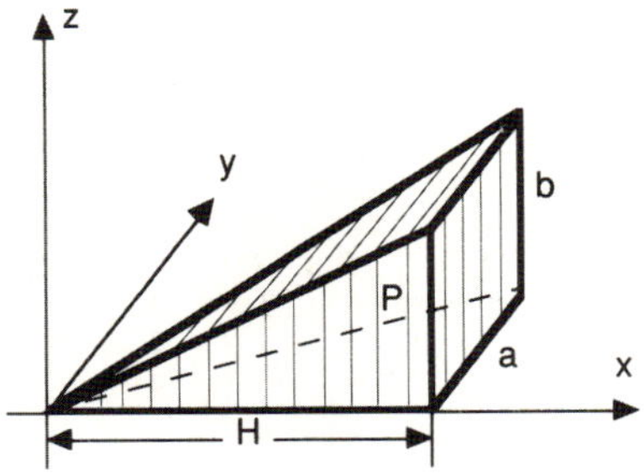

Fig. 7.6: Zum Volumen der Pyramide

Beispiel 7.2:
Die in Fig. 7.6 skizzierte schiefe Pyramide P ist die Menge aller Punkte

$$\begin{bmatrix} x \\ y \\ z \end{bmatrix} \quad \text{mit} \quad \begin{array}{l} 0 \leq x \leq H\,, \\ 0 \leq y \leq x \cdot a/H\,, \\ 0 \leq z \leq x \cdot b/H\,. \end{array}$$

Mit $f(x, y) := x \cdot b/H$ und $B = \left\{ \begin{bmatrix} x \\ y \end{bmatrix} \middle| \; 0 \leq x \leq H \text{ und } 0 \leq y \leq x \cdot a/H \right\}$ ist das Volumen der Pyramide damit

$$V = \iint_B f(x, y)\,\mathrm{d}x\,\mathrm{d}y = \frac{b}{H} \int_0^H \int_0^{x \cdot a/H} x\,\mathrm{d}y\,\mathrm{d}x$$

$$= \frac{b}{H} \int_0^H \Big[xy \Big]_0^{x \cdot a/H} \mathrm{d}x = \frac{ba}{H^2} \int_0^H x^2\,\mathrm{d}x = \frac{ba}{H^2} \left[\frac{x^3}{3} \right]_0^H = \frac{abH}{3}\,.$$

Beispiel 7.3:
Es soll

$$V = \iint\limits_B x^3 y^4 \,\mathrm{d}x\,\mathrm{d}y$$

berechnet werden, wobei B der in Fig. 7.7 skizzierte Viertelkreis ist. Da B ein Normalbereich ist, folgt:

$$V = \int\limits_0^r \left(\int\limits_0^{\sqrt{r^2-x^2}} x^3 y^4 \,\mathrm{d}y \right) \mathrm{d}x = \frac{1}{5} \int\limits_0^r x^3 (r^2 - x^2)^{\frac{5}{2}} \,\mathrm{d}x\,.$$

Mit $u = x^2$ und $v' = x(r^2 - x^2)^{\frac{5}{2}}$ (also $v = -\frac{1}{7}(r^2 - x^2)^{\frac{7}{2}}$) liefert die Produktintegration:

$$V = \underbrace{-\frac{1}{35}\left[x^2(r^2 - x^2)^{\frac{7}{2}}\right]_0^r}_{=0} + \frac{2}{35} \int\limits_0^r x(r^2-x^2)^{\frac{7}{2}} \,\mathrm{d}x = -\frac{2}{35}\left[\frac{1}{9}(r^2 - x^2)^{\frac{9}{2}}\right]_0^r = \frac{2}{315} r^9\,. \quad (7.6)$$

Vertauscht man die Rollen von x und y, so ergibt sich das Integral auf folgende Weise:

$$V = \int\limits_0^r \left(\int\limits_0^{\sqrt{r^2-x^2}} x^3 y^4 \,\mathrm{d}x \right) \mathrm{d}y = \frac{1}{4} \int\limits_0^r y^4 (r^2 - y^2)^2 \,\mathrm{d}y = \frac{1}{4} \int\limits_0^r (r^4 y^4 - 2r^2 y^6 + y^6) \,\mathrm{d}y = \frac{2r^9}{315}\,.$$

Dieser Weg ist etwas einfacher. Man sieht, daß man durch Vertauschen der Integrationsreihenfolge evtl. Rechenaufwand einsparen kann.

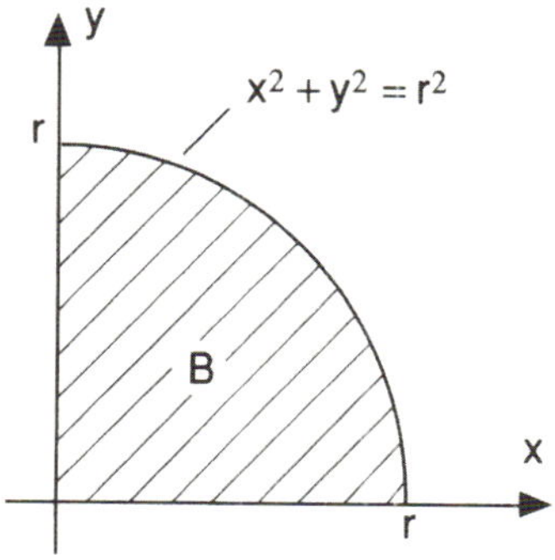

Fig. 7.7: Viertelkreis B

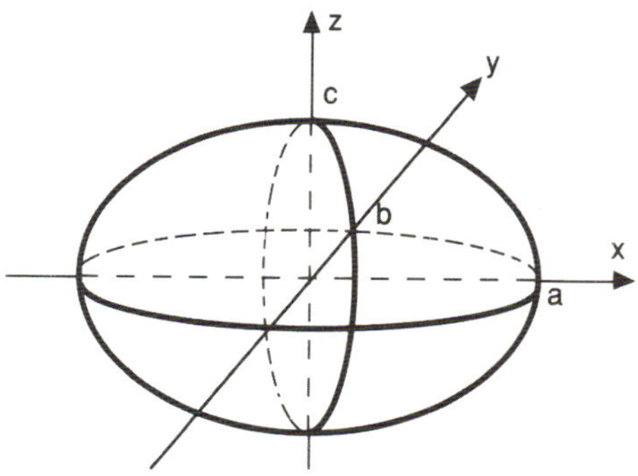

Fig. 7.8: Ellipsoid

Beispiel 7.4:
(*Volumen eines Ellipsoides*) Ein Ellipsoid, wie in Fig. 7.8 skizziert, besteht aus allen Punkten

$$\begin{bmatrix} x \\ y \\ z \end{bmatrix} \quad \text{mit} \quad \frac{x^2}{a^2} + \frac{y^2}{b^2} + \frac{z^2}{c^2} \le 1 ,$$

wobei die positiven Zahlen a, b, c die Hauptachsenlängen des Ellipsoides sind.

Wir berechnen das Volumen eines halben Ellipsoides, und zwar das Volumen der »oberen Hälfte« (d.h. $z \ge 0$). Der »obere Deckel« des Ellipsoides — d.h. der Teil des Ellipsoidrandes mit $z \ge 0$ — wird durch $x^2/a^2 + y^2/b^2 + z^2/c^2 = 1$ mit $z \ge 0$ beschrieben, also aufgelöst nach z durch

$$z = f(x, y) := c\sqrt{1 - \left(\frac{x}{a}\right)^2 - \left(\frac{y}{b}\right)^2}, \quad \text{wobei} \quad \left(\frac{x}{a}\right)^2 + \left(\frac{y}{b}\right)^2 \le 1 \tag{7.7}$$

gelten muß. Diese Ungleichung beschreibt eine Ellipse, und zwar die Schnittfläche zwischen dem Ellipsoid und der x-y-Ebene. Die Ellipse ist der Definitionsbereich B unserer Funktion f in (7.7). Damit ist das halbe Ellipsoidvolumen gleich

$$V = \iint_B c\sqrt{1 - \left(\frac{x}{a}\right)^2 - \left(\frac{y}{b}\right)^2}\, \mathrm{d}x\, \mathrm{d}y . \tag{7.8}$$

Die Ellipse B läßt sich offenbar einschließen von den Graphen der beiden Funktionen

$$h(x) := b\sqrt{1 - \left(\frac{x}{a}\right)^2}, \qquad g(x) = -h(x), \qquad \text{für } x \in [-a, a].$$

Nach (7.5) erhalten wir damit

$$V = \int_{-a}^{a} \left(\int_{-b\sqrt{1-(x/a)^2}}^{b\sqrt{1-(x/a)^2}} c\sqrt{1 - \left(\frac{x}{a}\right)^2 - \left(\frac{y}{b}\right)^2}\, \mathrm{d}y \right) \mathrm{d}x .$$

Zur Lösung des inneren Integrals faßt man $p := \sqrt{1 - (x/a)^2}$ als Konstante auf und bringt $\sqrt{1 - (x/a)^2 - (y/b)^2}$ durch die Substitution $y = bp \cdot t$ auf die Gestalt $p\sqrt{1 - t^2}$. Die Anwendung der Substitutionsregel und Verwendung von $2\int_{-1}^{1} \sqrt{1 - t^2}\, \mathrm{d}t = \pi$ (Inhalt des Einheitskreises, Abschn. 4.2.2) ergibt

$$V = \frac{cb\pi}{2} \int_{-a}^{a} \left(1 - \frac{x^2}{a^2}\right) \mathrm{d}x = \frac{2}{3} abc\pi .$$

Das Volumen des Ellipsoides ist das Doppelte hiervon, also

Volumen des Ellipsoides: $\frac{4}{3}abc\pi$. (7.9)

Speziell für $a = b = c =: r$ erhält man das

Kugelvolumen: $\frac{4}{3}r^3\pi$. (7.10)

Ist B kein Normalbereich, so versuche man ihn in endlich viele Normalbereiche $B_1, \ldots, B_m$ zu zerlegen (s. Fig. 7.9):

$$B = \bigcup_{i=1}^{m} B_i = 1 ,$$

$\mathring{B}_i \cap \mathring{B}_k = \emptyset$ für $i \neq k$.[2]

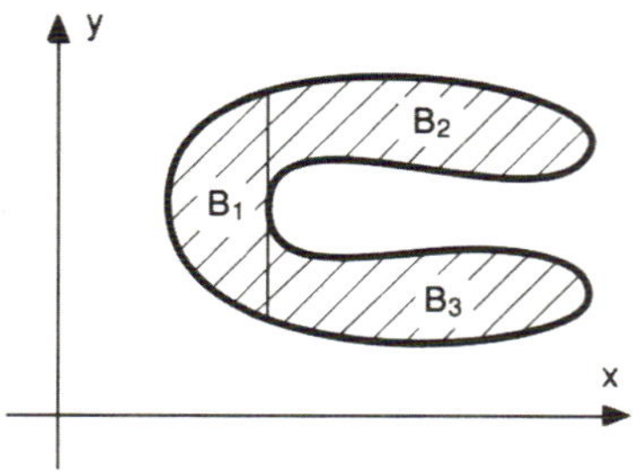

Fig. 7.9: Zerlegung in Normalbereiche

Ist dies möglich, so berechnet man das Integral von f über B als Summe der Integrale über $B_1, \ldots, B_m$, also

$$\iint\limits_B f(x, y)\,\mathrm{d}x\,\mathrm{d}y = \sum_{i=1}^{m} \iint\limits_{B_i} f(x, y)\,\mathrm{d}x\,\mathrm{d}y . \quad (7.11)$$

Dies steht sicherlich im Einklang mit unseren Vorstellungen vom Rauminhalt.

Die Berechnungsformeln (7.5) und (7.11) werden allgemein auf beliebige reellwertige stetige Funktionen auf B angewendet, also auch Funktionen mit negativen Werten. Damit ist das Integral auch für diese Fälle erklärt.

Mit den Formeln (7.5) und (7.11) lassen sich nahezu alle *praktisch auftretenden Bereichsintegrale* in zwei Variablen berechnen!

2 $\mathring{B}$ = Inneres von B

Beispiel 7.5:

Ein Werkstück (oder Puzzlestein oder modernes Verwaltungsgebäude) habe die in Fig. 7.10a skizzierte Form. Die Grundriß-Menge B geht aus Fig. 7.10b hervor. Das »Dach« sei parabolisch, genauer: Der skizzierte Körper ist im $\mathbb{R}^3$ die Punktmenge

$$K = \left\{ \begin{bmatrix} x \\ y \\ z \end{bmatrix} \middle| \begin{bmatrix} x \\ y \end{bmatrix} \in B \text{ und } 0 \le z \le 2 - x^2 \right\}$$

Frage: Wie groß ist sein Volumen?

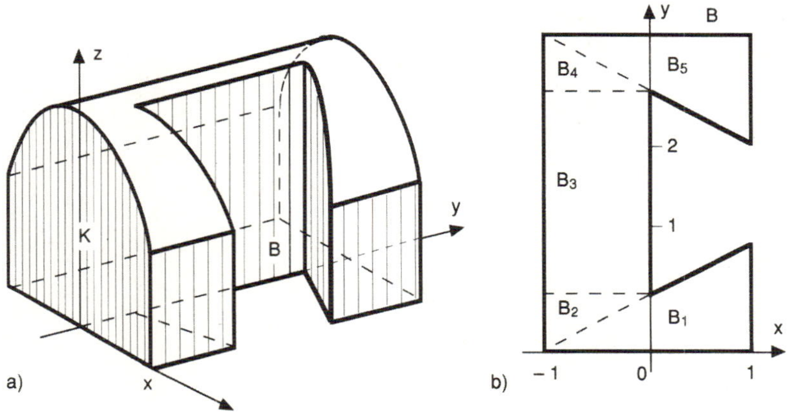

Fig. 7.10: Zur Volumenberechnung in Beispiel 7.5

Der Körper K wird »oben« durch den Graphen der Funktion $f(x, y) = 2 - x^2$ begrenzt. (f ist bezüglich y konstant). Sein Volumen ist damit

$$V = \iint\limits_B (2 - x^2)\,\mathrm{d}x\,\mathrm{d}y\,.$$

B ist kein Normalbereich, doch läßt sich B in Normalbereiche zerlegen, z.B. in die 5 Bereiche $B_1, \ldots, B_5$ der Fig. 7.10b. B_1 liegt zwischen der x-Achse und dem Graphen von $x \mapsto \frac{1}{2}(x + 1)$, über dem Intervall [-1, 1]; also folgt für das Teilintegral über B_1:

$$V_1 := \iint\limits_{B_1} (2 - x^2)\,\mathrm{d}x\,\mathrm{d}y = \int\limits_{-1}^{1} \left(\int\limits_{0}^{\frac{1}{2}(x+1)} (2 - x^2)\,\mathrm{d}y \right) \mathrm{d}x\,.$$

Der Integrand des inneren Integrals hängt nicht von y ab und kann somit vor das innere Integral gesetzt werden, also:

$$V_1 = \int_{-1}^{1} (2-x^2) \left(\int_{0}^{\frac{1}{2}(x+1)} \mathrm{d}y \right) \mathrm{d}x = \int_{-1}^{1} (2-x^2) \frac{1}{2}(x+1)\,\mathrm{d}x = \frac{1}{2} \int_{-1}^{1} (-x^3-x^2+2x+2)\,\mathrm{d}x = \frac{5}{3}\,.$$

Entsprechend ergibt sich für den Bereich B_2, der zwischen den Graphen von $x \mapsto \frac{1}{2}(x+1)$ und der Konstanten $y = \frac{1}{2}$ liegt (über [-1, 0]):

$$V_2 = \iint_{B_2} (2-x^2)\,\mathrm{d}x\,\mathrm{d}y = \int_{-1}^{1} \int_{\frac{1}{2}(x+1)}^{\frac{1}{2}} (2-x^2)\,\mathrm{d}y\,\mathrm{d}x$$

$$= \int_{-1}^{0} (2-x^2) \left(\int_{\frac{1}{2}(x+1)}^{\frac{1}{2}} \mathrm{d}y \right) \mathrm{d}x = \int_{-1}^{0} (2-x^2) \left(\frac{1}{2} - \frac{1}{2}(x+1) \right) \mathrm{d}x = \frac{3}{8}\,.$$

Ferner bezüglich B_3:

$$V_3 = \iint_{B_2} (2-x^2)\,\mathrm{d}x\,\mathrm{d}y = \int_{-1}^{0} \int_{\frac{1}{2}}^{\frac{5}{2}} (2-x^2)\,\mathrm{d}y\,\mathrm{d}x = \frac{10}{3}\,.$$

Aus Symmetriegründen ist das Integral V_4 (bzw. B_4) gleich V_2 und entsprechend V_5 (bzw. B_5) gleich V_1. Zusammen erhält man also das Volumen des Körpers folgendermaßen:

$$V = \iint_{B} (2-x^2)\,\mathrm{d}x\,\mathrm{d}y = V_1 + V_2 + V_3 + V_4 + V_5 = \frac{5}{3} + \frac{3}{8} + \frac{10}{3} + \frac{3}{8} + \frac{5}{3} = \frac{89}{12}\,.$$

Übungen: Berechne die folgenden Integrale

Übung 7.1:

$$\int_{0}^{3} \int_{0}^{2} x\,\mathrm{d}x\,\mathrm{d}y.$$

Übung 7.2:

$$\int_{-1}^{1} \int_{0}^{2} (x^2 + \mathrm{e}^y)\,\mathrm{d}y\,\mathrm{d}x.$$

Übung 7.3:

$$\int_0^2 \int_{-x}^{1+x} xy \, dy \, dx .$$

Übung 7.4:

$\iint_B (x^4 y + 3) \, dx \, dy$ mit $B = \left\{ \begin{bmatrix} x \\ y \end{bmatrix} \middle| -1 \le x \le 1 , \quad x^2 \le y \le 1 \right\}$. Skizziere den Bereich B!

Übung 7.5:

$\iint_B (5 - x^2 - y^2) \, dx \, dy$ mit $B = \left\{ \begin{bmatrix} x \\ y \end{bmatrix} \middle| \ |x| + |y| \le 1 \right\}$. Skizziere B! Wie lauten die Funktionen g und h zur Beschreibung von B als Normalbereich?

7.1.2 Analytische Einführung des Integrals zweier reeller Variabler

Die exakte analytische Einführung des Integrals im Zweidimensionalen — die in diesem und dem nächsten Abschnitt gegeben wird — verläuft analog zur Einführung des Integrals bei einer Variablen in Abschn. 4.1.1.

Als Ausgangspunkt betrachten wir eine beschränkte reellwertige Funktion $f : Q \to \mathbb{R}$ auf einem achsenparallelen Rechteck

$$Q = \left\{ \begin{bmatrix} x \\ y \end{bmatrix} \middle| \ a \le x \le b \ \text{ und } \ c \le y \le d \right\} . \tag{7.12}$$

Man beschreibt dies auch kürzer durch

$$Q = [a, b] \times [c, d] .$$

Sein *Flächeninhalt* ist

$$F_Q = (b - a)(d - c) .$$

Das Rechteck Q zerlegen wir in Teilrechtecke, wie es die Fig. 7.11 zeigt.

Das heißt wir wählen eine Zerlegung

$$Z_x = \{[x_0, x_1], \ldots, [x_{p-1}, x_p]\} \quad \text{von} \quad [a, b]$$

und eine Zerlegung

$$Z_y = \{[y_0, y_1], \ldots, [y_{q-1}, y_q]\} \quad \text{von} \quad [c, d] ,$$

und bilden daraus die Teilrechtecke

$$[x_{i-1}, x_i] \times [y_{k-1}, y_k]$$

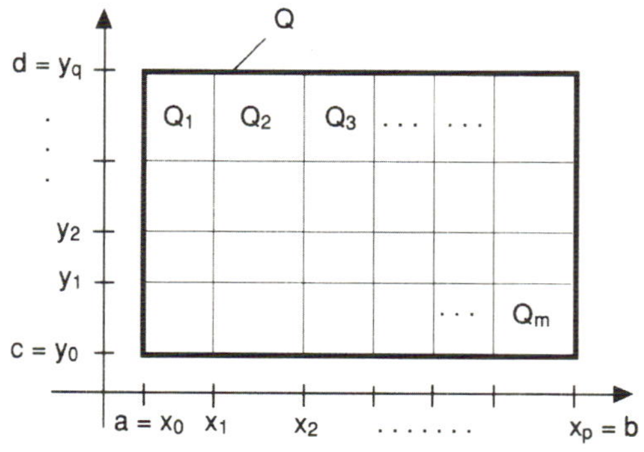

Fig. 7.11: Zerlegung eines Rechtecks

für alle $i = 1, \ldots, p$ und $k = 1, \ldots, q$. Diese Teilrechtecke numerieren wir (zeilenweise) von 1 bis $m = pq$ durch und nennen sie $Q_1, Q_2, \ldots, Q_m$. Die Menge $Z = \{Q_1, Q_2, \ldots, Q_m\}$ der Teilrechtecke nennt man eine *Zerlegung* von Q. Der maximale Durchmesser der Q_i heißt die *Feinheit* der Zerlegung Z. Je kleiner die Feinheit, desto *feiner* die Zerlegung.

Hierauf gestützt, schlagen wir heimlich Definition 4.1 in Abschn. 4.1.1 nach und übertragen sie analog auf das Zweidimensionale:

Definition 7.1:

Es sei f eine reelle beschränkte Funktion auf einem Rechteck Q.

(I) $Z = \{Q_1, Q_2, \ldots, Q_m\}$

sei eine beliebige Zerlegung von Q in Teilrechtecke Q_i. Die Flächeninhalte der Rechtecke werden mit F_Q bzw. F_{Q_i} bezeichnet.

(II) Mit $\quad M_i := \sup\limits_{x \in Q_i} f(\boldsymbol{x}), \qquad m_i := \inf\limits_{x \in Q_i} f(\boldsymbol{x}) \qquad$ (s. Fig. 7.12)

bildet man

$$S_f(Z) := \sum_{i=1}^{m} M_i F_{Q_i}, \quad \text{genannt } \textit{Obersumme} \text{ von } f \text{ bezüglich } Z,$$

$$s_f(Z) := \sum_{i=1}^{m} m_i F_{Q_i}, \quad \text{genannt } \textit{Untersumme} \text{ von } f \text{ bezüglich } Z$$

und

$$\overline{I}_f := \inf_Z S_f(Z), \quad \text{genannt } \textit{Oberintegral} \text{ von } f \text{ auf } Q,$$

$$\underline{I}_f := \sup_Z s_f(Z), \quad \text{genannt } \textit{Unterintegral} \text{ von } f \text{ auf } Q.$$

Infimum und Supremum werden dabei bezüglich sämtlicher denkbarer Zerlegungen Z von Q gebildet.

(III) Stimmen Ober- und Unterintegral von f auf Q überein, so heißt f integrierbar auf Q. In diesem Falle heißt der gemeinsame Wert $\overline{I}_f = \underline{I}_f$ das *Integral von f auf Q*, beschrieben durch

$$\iint_Q f(x, y)\,\mathrm{d}x\,\mathrm{d}y\,.$$

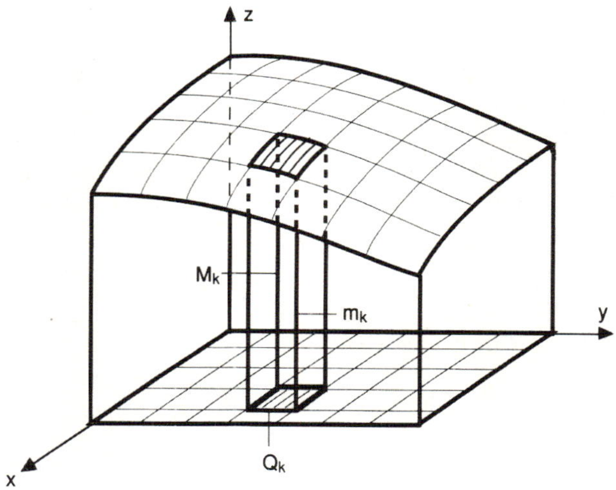

Fig. 7.12: Zum Riemannschen Integral

Bemerkung: (a) Bei dieser Definition mache man sich klar, daß jede Obersumme von $f \geq$ jeder Untersumme von f ist. Man überlegt sich dies ganz analog wie im eindimensionalen Fall. Es gilt somit stets $\overline{I}_f \geq \underline{I}_f$.

(b) Statt »integrierbar« sagt man auch ausführlicher »Riemann-integrierbar« zu Ehren von Bernhard Riemann, auf den diese Definition zurückgeht.

Wie schon erwähnt, sind auch folgende Schreibweisen für das Integral üblich:

$$\int_Q f(x, y)\,\mathrm{d}x\,\mathrm{d}y = \int_Q f(x, y)\,\mathrm{d}F = \int_Q f\,\mathrm{d}F = \int_Q f(\boldsymbol{x})\,\mathrm{d}\boldsymbol{x} \quad (\text{mit } \boldsymbol{x} = \begin{bmatrix} x \\ y \end{bmatrix}) \tag{7.13}$$

Ist nun der Definitionsbereich von f kein Rechteck, sondern eine beliebige kompakte Menge $B \subset \mathbb{R}^2$, geht man so vor:

Definition 7.2:

Es sei $f : B \to \mathbb{R}$ beschränkt und $B \subset \mathbb{R}^2$ kompakt. Ferner sei Q_B das kleinste achsenparallele Rechteck in $\mathbb{R}^2$, das B umfaßt (s. Fig. 7.13). f wird auf Q_B zu einer Funktion f^* erweitert durch Nullsetzen außerhalb von B.

$$f^*(\boldsymbol{x}) = \begin{cases} f(\boldsymbol{x}), & \text{für } \boldsymbol{x} \in B \\ 0, & \text{für } \boldsymbol{x} \in Q_B, \boldsymbol{x} \notin B. \end{cases} \tag{7.14}$$

f heißt *integrierbar auf* B, wenn f integrierbar auf Q_B ist; man setzt

$$\iint\limits_B f(x, y)\,\mathrm{d}x\,\mathrm{d}y := \iint\limits_{Q_B} f^*(x, y)\,\mathrm{d}x\,\mathrm{d}y\,. \tag{7.15}$$

Schreibweisen, analog zu (7.13), sind auch hier üblich.

Mit dem beschriebenen Integralbegriff können wir den *Flächeninhalt* einer ebenen Punktmenge B exakt definieren und berechnen. Die Idee dabei ist, daß ein dreidimensionaler Körper der Höhe 1, wie in Fig. 7.14 skizziert, einen Rauminhalt besitzt, der zahlenmäßig gleich ist dem Flächeninhalt F_B seiner Grundfläche B, also $F_B = \iint\limits_B 1\,\mathrm{d}x\,\mathrm{d}y$. Das führt uns zur

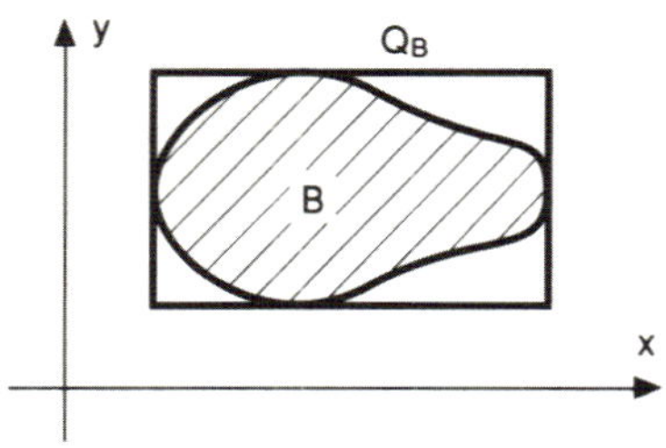

Fig. 7.13: Kleinstes Rechteck um B

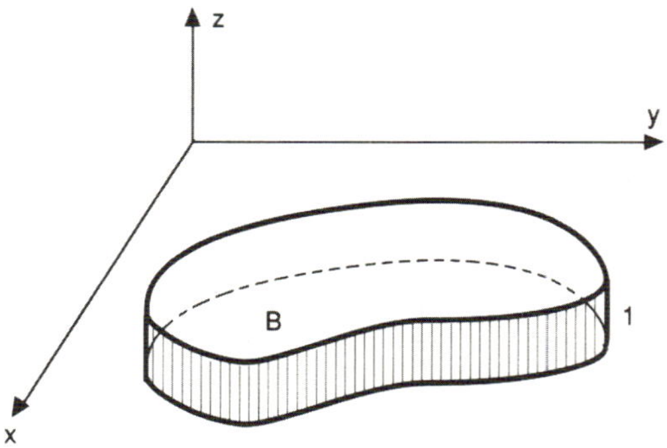

Fig. 7.14: Zum Flächeninhalt

Definition 7.3:

Eine kompakte Menge $B \subset \mathbb{R}^2$ heißt (*Jordan*[3])-*meßbar*, wenn das Integral

$$\iint\limits_B 1\,\mathrm{d}x\,\mathrm{d}y \tag{7.16}$$

existiert. Der Wert des Integrals ist der *Flächeninhalt* F_B der Menge B.

Die 1 im obigen Integral (7.16) läßt man auch weg, d.h. man schreibt

$$F_B = \iint\limits_B \mathrm{d}x\,\mathrm{d}y\,. \tag{7.17}$$

Ein Kompaktum aus $\mathbb{R}^2$ mit Flächeninhalt 0 nennt man kurz eine *Nullmenge*.

Satz 7.1:

Eine kompakte Menge $B \subset \mathbb{R}^2$ ist genau dann meßbar, wenn ihr Rand eine Nullmenge ist.

Beweis:

Obersumme $S_1(Z)$ und Untersumme $s_1(Z)$ zu Z (bezüglich Q_B) unterscheiden sich nur in Gliedern, die zu solchen Rechtecken Q_i gehören, die den Rand ∂B schneiden. Das heißt es ist

$$S_1(Z) - s_1(Z) = \sum_{Q_i \cap \partial B \neq \emptyset} F_{Q_i}\,.$$

Die rechte Summe ist eine Obersumme der Funktion $f(\boldsymbol{x}) \equiv 1$ auf dem Rande ∂B. ∂B ist genau dann eine Nullmenge, wenn diese Summe beliebig klein wird (für genügend feine Zerlegungen $Z = \{Q_1, \ldots, Q_m\}$), d.h. daß auch die linke Seite beliebig klein wird, d.h. daß das Integral (7.16) existiert, d.h. daß auch B meßbar ist. □

Nach dem Satz ist jeder *Normalbereich* $D = \left\{ \begin{bmatrix} x \\ y \end{bmatrix} \middle|\; a \leq x \leq b\,,\; g(x) \leq y \leq h(x) \right\}$ (g, h stetig) *meßbar*, denn sein Rand, bestehend aus den Graphen von g und h sowie evtl. zweier senkrechter Strecken ist sicherlich eine Nullmenge.

Die folgenden drei Sätze bilden das theoretische Fundament der zweidimensionalen Integration.

7.1.3 Grundlegende Sätze

Satz 7.2:

Jede stetige reellwertige Funktion auf einer meßbaren kompakten Menge B ist integrierbar.

Beweis:

Es sei Q_B das kleinste achsenparallele Rechteck, daß B umfaßt und $f^* : Q_B \to \mathbb{R}$ definiert durch (7.14). f ist gleichmäßig stetig, da B kompakt ist (Satz 6.5, Abschn. 6.2.3). Folglich gibt es zu beliebigem $\varepsilon > 0$ ein $\delta > 0$ mit

$$|f(\boldsymbol{x}_1) - f(\boldsymbol{x}_2)| < \varepsilon\,, \quad \text{falls} \quad |\boldsymbol{x}_1 - \boldsymbol{x}_2| \leq \delta\,.$$

3 Marie Ennemond Camille Jordan (1838 – 1922), französischer Mathematiker

Wählt man nun eine Zerlegung $Z = \{Q_1, \ldots, Q_m\}$ von Q_B, deren Feinheit kleiner als δ ist, so gilt

$$|f(\boldsymbol{x}_1) - f(\boldsymbol{x}_2)| < \varepsilon\,, \quad \text{für alle } \boldsymbol{x}_1, \boldsymbol{x}_2 \in Q_i \cap B,$$

wobei Q_i ein beliebiges Teilrechteck der Zerlegung Z ist. Damit gilt für die Differenz der Ober- und Untersumme von f bezüglich Z (vgl. Def. 7.1):

$$S_f(Z) - s_f(Z) = \sum_{i=1}^{m} (M_i - m_i) F_{Q_i} \quad \Rightarrow$$

$$\begin{aligned} S_f(Z) - s_f(Z) &= \sum_{Q_i \subset B} (M_i - m_i) F_{Q_i} + \sum_{Q_i \cap \partial B \neq \emptyset} (M_i - m_i) F_{Q_i} \\ &\le \sum_{Q_i \subset B} \varepsilon F_{Q_i} + \sum_{Q_i \cap \partial B \neq \emptyset} C F_{Q_i} \le \varepsilon F_B + C \sum_{Q_i \cap \partial B \neq \emptyset} F_{Q_i}\,, \end{aligned}$$

wobei $C = \sup\limits_{Q_B} f^*(\boldsymbol{x}) - \inf\limits_{Q_B} f^*(\boldsymbol{x})$ ist. Die rechts stehende Summe wird bei genügend feiner Zerlegung beliebig klein, da ∂B eine Nullmenge ist. Das Glied εF_B wird ebenfalls beliebig klein, wenn man ε genügend klein wählt. Damit unterschreitet $S_f(Z) - s_f(Z)$ jede noch so kleine positive Zahl, wenn man Z nur genügend fein wählt. Das heißt f ist integrierbar auf B.□

Satz 7.3:

(*Bereichsintegrale als Doppelintegrale*) Es sei $f : Q \to \mathbb{R}$ eine integrierbare Funktion auf dem Quader $Q = [a, b] \times [c, d]$.

Existieren die Integrale

$$F(x) := \int_c^d f(x, y)\,\mathrm{d}y \quad \text{für alle } x \in [a, b], \quad \text{und}$$

$$G(y) := \int_a^b f(x, y)\,\mathrm{d}x \quad \text{für alle } y \in [c, d],$$

so folgt

$$\iint_Q f(x, y)\,\mathrm{d}F = \int_a^b \int_c^d f(x, y)\,\mathrm{d}y\,\mathrm{d}x = \int_c^d \int_a^b f(x, y)\,\mathrm{d}x\,\mathrm{d}y\,. \tag{7.18}$$

Bemerkung: Die *Vertauschung der Integrationsreihenfolge* in (7.18) wird auch als *Satz von Fubini*[4] (für Riemannintegrale) bezeichnet.

4 Guido Fubini (1879 – 1943), italienischer Mathematiker

Beweis:

Wir setzen zur Abkürzung $I := \iint\limits_Q f(x, y)\,\mathrm{d}F$.

Zu jedem $\varepsilon > 0$ gibt es eine Zerlegung $Z = \{Q_1, \ldots, Q_m\}$ von Q mit

$$s_f(Z) > I - \varepsilon \quad \text{und} \quad S_f(Z) < I + \varepsilon\,.\ ^5 \tag{7.19}$$

Die Zerlegung Z wird durch zwei Zerlegungen Z_x und Z_y mit den Teilungspunkten

$$a = x_0 < x_1 < \ldots < x_p = b\,, \quad c = y_0 < y_1 < \ldots < y_q = d$$

erzeugt. Wir wollen die Teilrechtecke von Z daher mit

$$Q_{ik} := [x_{i-1}, x_i] \times [y_{k-1}, y_k]\,, \quad i = 1, \ldots, p\,,\ k = 1, \ldots, q$$

bezeichnen und die Suprema und Infima darauf mit

$$M_{ik} = \sup_{\boldsymbol{x} \in Q_{ik}} f(\boldsymbol{x})\,, \qquad m_{ik} = \inf_{\boldsymbol{x} \in Q_{ik}} f(\boldsymbol{x})\,.$$

Nun beginnt der eigentliche Beweis: Für alle $y \in [y_{k-1}, y_k]$ und ein beliebiges $\xi_i \in [x_{i-1}, x_i]$ gilt

$$m_{ik} \le f(\xi_i, y) \le M_{ik}\,, \tag{7.20}$$

nach Integration über $[y_{k-1}, y_k]$ also

$$m_{ik}(y_k - y_{k-1}) \le \int\limits_{y_{k-1}}^{y_k} f(\xi_i, y)\,\mathrm{d}y \le M_{ik}(y_k - y_{k-1})\,.$$

Multiplikation mit $(x_i - x_{i-1})$ und Summation über i und k liefert

$$s_f(Z) \le \sum_{i=1}^{p} \left[\int\limits_c^d f(\xi_i, y)\,\mathrm{d}y \right] (x_i - x_{i-1}) \le S_f(Z)\,.$$

Mit $F(x) = \int\limits_c^d f(x, y)\,\mathrm{d}y$ und (7.19) folgt

$$I - \varepsilon < \sum_{i=1}^{p} F(\xi_i)(x_i - x_{i-1}) < I + \varepsilon\,. \tag{7.21}$$

5 Es gibt zweifellos Zerlegungen Z_1, Z_2 von Q mit $s_f(Z_1) > I - \varepsilon$ und $S_f(Z_2) < I + \varepsilon$. Man wähle nun als Z die »gemeinsame Verfeinerung« von Z_1 und Z_2, bestehend aus allen Schnittmengen der Rechtecke aus Z_1 und Z_2. Für Z gilt dann (7.19).

Da die $\xi_i \in [x_{i-1}, x_i]$ frei gewählt werden können, kommt die mittlere Summe der Obersumme $S_F(Z_x)$ wie auch der Untersumme $s_F(Z_x)$ beliebig nahe. wenn man die ξ_i geeignet wählt. Damit erhält man aus (7.21)

$$I - \varepsilon \leq s_F(Z_x) \leq S_F(Z_x) \leq I + \varepsilon\,.$$

Weil $\varepsilon > 0$ beliebig ist, folgt $I = \int\limits_a^b F(x)\,\mathrm{d}x$.

Analog — durch Rollentausch von x und y — zeigt man $I = \int\limits_c^d G(y)\,\mathrm{d}y$. Damit ist der Satz bewiesen. □

Daraus ergibt sich unmittelbar der *entscheidende Satz für die praktische Berechnung*:

Satz 7.4:
(*Berechnung von Bereichsintegralen zweier Variabler*) Ist $f : B \to \mathbb{R}$ stetig auf dem Normalbereich

$$B = \left\{ \begin{bmatrix} x \\ y \end{bmatrix} \middle|\; a \leq x \leq b\,,\; g(x) \leq y \leq h(x) \right\}, \quad g, h \text{ stetig,} \tag{7.22}$$

so folgt

$$\iint\limits_B f(x, y)\,\mathrm{d}x\,\mathrm{d}y = \int\limits_a^b \left[\int\limits_{g(x)}^{h(x)} f(x, y)\,\mathrm{d}y \right] \mathrm{d}x\,. \tag{7.23}$$

(Die Klammer um das innere Integral, die hier zur Verdeutlichung gesetzt wurde, läßt man üblicherweise weg.)

Beweis:
Mit $f^*(\boldsymbol{x}) = f(\boldsymbol{x})$ für $\boldsymbol{x} \in B$ und $f^*(\boldsymbol{x}) = 0$ für $\boldsymbol{x} \in Q_B \backslash B$ ($Q_B = [a, b] \times [c, d]$ kleinstes Rechteck um B) gilt nach dem vorigen Satz 7.3:

$$\iint\limits_B f(x, y)\,\mathrm{d}F = \iint\limits_{Q_B} f^*(x, y)\,\mathrm{d}F = \int\limits_a^b \left[\int\limits_c^d f^*(x, y)\,\mathrm{d}y \right] \mathrm{d}x$$
$$= \int\limits_a^b \left[h(x) \int\limits_{g(x)}^{h(x)} f(x, y)\,\mathrm{d}y \right] \mathrm{d}x\,.$$ □

Dies ist die exakte Begründung der im Abschn. 7.1.1 anschaulich erläuterten Bereichsintegrale.

Der *Flächeninhalt* F_B eines Normalbereiches B, wie in (7.22) angegeben, ergibt sich nun aus

$$F_B = \int_a^b \int_{g(x)}^{h(x)} \mathrm{d}y \, \mathrm{d}x = \int_a^b (h(x) - g(x)) \, \mathrm{d}x \,. \tag{7.24}$$

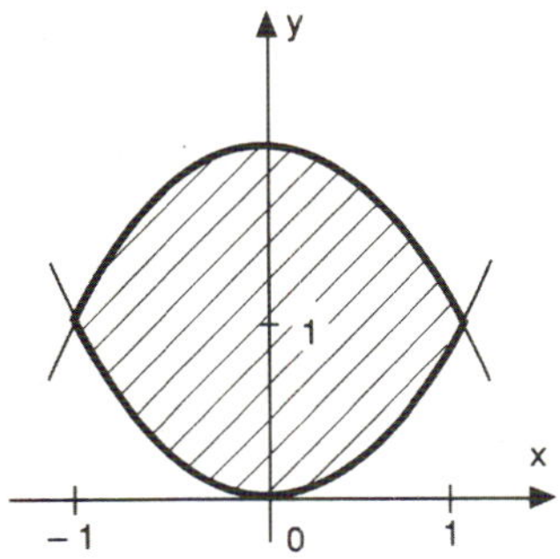

Fig. 7.15: Zu Beispiel 7.6

Beispiel 7.6:
Der Flächeninhalt der schraffierten Fläche in Fig. 7.15 zwischen den beiden Parabelbögen $h(x) = 2 - x^2$ und $g(x) = x^2$ für $-1 \le x \le 1$ ist gleich

$$F = \int_{-1}^{1} ((2 - x^2) - x^2) \, \mathrm{d}x = 2 \int_{-1}^{1} (1 - x^2) \, \mathrm{d}x = \frac{8}{3} \,.$$

Weitere Eigenschaften des Bereichsintegrals:

Satz 7.5:

(a) Es seien f und g integrierbare Funktionen auf dem Kompaktum $B \subseteq \mathbb{R}^2$. Dann sind auch $f + g$ und cf (c reell) integrierbar auf B, und es gilt:

$$\iint_B (f + g) \, \mathrm{d}F = \iint_B f \, \mathrm{d}F + \iint_B g \, \mathrm{d}F \,, \tag{7.25}$$

$$\iint cf \, \mathrm{d}F = c \iint_B f \, \mathrm{d}F \quad \text{für jedes reelle } c. \tag{7.26}$$

(b) Es sei f auf dem Kompaktum B definiert. B sei zerlegt in kompakte Teilbereiche $B_1, B_2, \ldots, B_m$. (d.h. $B = B_1 \cup B_2 \cup \ldots \cup B_m$ und $\mathring{B}_i \cap \mathring{B}_k = \emptyset$ für $i \neq k$.) Ist

f auf jedem B_i integrierbar, so auch auf B, und es gilt

$$\iint_B f\,\mathrm{d}F = \iint_{B_1} f\,\mathrm{d}F + \iint_{B_2} f\,\mathrm{d}F + \ldots + \iint_{B_m} f\,\mathrm{d}F\,. \tag{7.27}$$

Die einfachen Beweise können dem Leser überlassen bleiben. (Zum Beweis von (7.27) ist anzumerken, daß man zu jedem B_i eine Funktion f_i erklären kann mit $f_i(\boldsymbol{x}) = f(\boldsymbol{x})$ auf B_i und $f_i(\boldsymbol{x}) = 0$ sonst. Damit ist $f = f_1 + f_2 + \ldots + f_m$ auf B, und Regel (7.27) folgt sofort aus (7.25)).

Satz 7.6:

(*Mittelwertsatz für Bereichsintegrale*) Es sei f integrierbar auf dem meßbaren Kompaktum $B \subseteq \mathbb{R}^2$. F_B sei der Flächeninhalt von B. Dann folgt mit $m = \inf\limits_B f(\boldsymbol{x})$, $M = \sup\limits_B f(\boldsymbol{x})$:

$$m\,F_B \le \iint_B f\,\mathrm{d}F \le M\,F_B\,. \tag{7.28}$$

Ist B überdies wegweise zusammenhängend und f stetig, so existiert ein Punkt $\boldsymbol{x}_0 \in B$ mit

$$\iint_B f\,\mathrm{d}F = F_B \cdot f(\boldsymbol{x}_0)\,. \tag{7.29}$$

Bemerkung: B heißt *wegweise zusammenhängend*, wenn sich je zwei Punkte $\boldsymbol{x}_1$, $\boldsymbol{x}_2$ aus B durch einen *Weg* in B verbinden lassen. (D.h.: Es gibt eine stetige Abbildung $\boldsymbol{w} : [a, b] \to B$ mit $\boldsymbol{x}_1 = \boldsymbol{w}(a)$, $\boldsymbol{x}_2 = \boldsymbol{w}(b)$. Die Abbildung $\boldsymbol{w}$ heißt ein *Weg* in B. Man sagt: Der Weg verbindet $\boldsymbol{x}_1$ und $\boldsymbol{x}_2$.)

Beweis:

(I) Mit $m := \inf\limits_B(\boldsymbol{x})$, $M := \sup\limits_B f(\boldsymbol{x})$ gilt $m \le f(\boldsymbol{x}) \le M$ in B, also nach Integration

$$m \iint_B \mathrm{d}F \le \iint_B f\,\mathrm{d}F \le M \iint_B \mathrm{d}F\,;$$

wegen $F_B = \iint\limits_B \mathrm{d}F$ ist dies gerade die Beziehung (7.28).

Im Falle $F_B \neq 0$ folgt

$$m \le \frac{1}{F_B} \iint_B f\,\mathrm{d}F \le M\,. \tag{7.30}$$

(II) Es sei B wegweise zusammenhängend. Im Falle $F_B = 0$ folgt (7.29) sofort aus (7.28). Im Falle $F_B \neq 0$ wähle man einen Punkt $\boldsymbol{x}_1$ aus B mit $f(\boldsymbol{x}_1) = m$, und einen Punkt $\boldsymbol{x}_2 \in B$ mit $f(\boldsymbol{x}_2) = M$. $\boldsymbol{w} : [a, b] \to B$, beschrieben durch $\boldsymbol{x} = \boldsymbol{w}(t)$, sei ein Weg, der $\boldsymbol{x}_1$ und $\boldsymbol{x}_2$ verbindet. Damit nimmt $f(\boldsymbol{w}(t))$ jeden Wert zwischen m und M an, auch $c = \iint\limits_B f\,\mathrm{d}F / F_B$, s. (7.30). Es gibt somit einen Punkt $\boldsymbol{w}(t_0) = \boldsymbol{x}_0$ mit $f(\boldsymbol{x}_0) = c$, was zu beweisen war. □

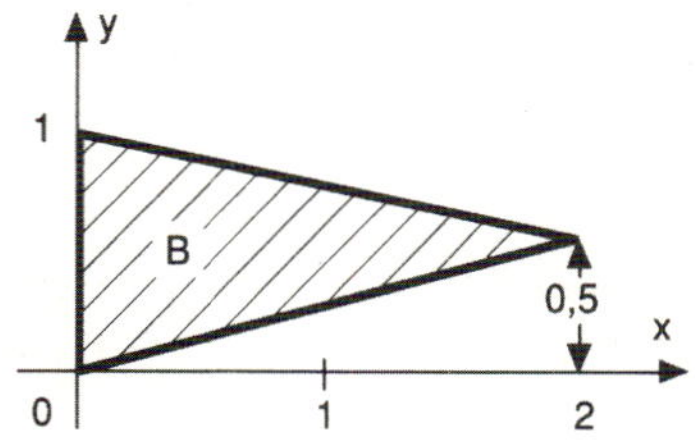

Fig. 7.16: Zu Übung 7.6

Übung 7.6*:

Berechne

$$\iint\limits_B (\mathrm{e}^x + \sin y)\,\mathrm{d}x\,\mathrm{d}y$$

für den in Fig. 7.16 skizzierten Bereich B.

Übung 7.7:

Berechne

$$\iint\limits_B 4xy\,\mathrm{d}x\,\mathrm{d}y \quad \text{für} \quad B = \left\{ \begin{bmatrix} x \\ y \end{bmatrix} \middle|\ 0 \leq x \leq 1\,,\ g(x) \leq y \leq h(x) \right\}$$

mit $g(x) = x^2$, $h(x) = 2 - x$. Skizziere B!

7.1.4 Riemannsche Summen

Es sei B ein meßbares Kompaktum aus $\mathbb{R}^2$, das in meßbare wegzusammenhängende Kompakta $\Delta B_1, \Delta B_2, \ldots, \Delta B_m$ zerlegt ist, wie es z.B. die Fig. 7.17 zeigt. ($B = \bigcup\limits_{i=1}^{m} \Delta \mathring{B}_i$, $\Delta \mathring{B}_i \cap \Delta \mathring{B}_k = \emptyset$ für $i \neq k$).

Die Menge

$$\hat{Z} = \{\Delta B_1, \Delta B_2, \ldots, \Delta B_m\}$$

heißt eine *allgemeine Zerlegung* von B. Der maximale Durchmesser der ΔB_i heißt die *Feinheit* $|\hat{Z}|$ der Zerlegung $\hat{Z}$.

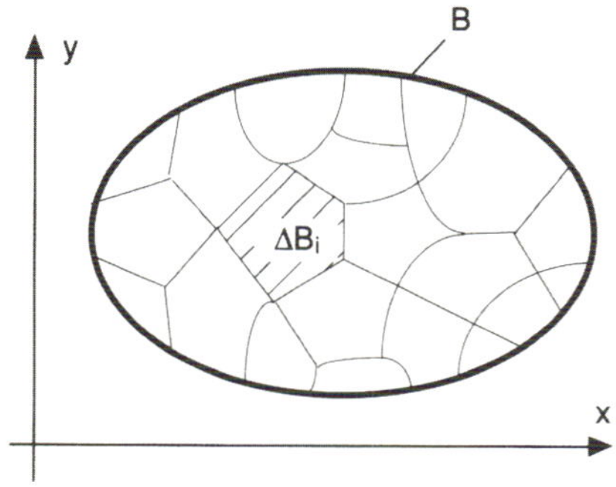

Fig. 7.17: Allgemeine Zerlegung

Ist f eine stetige reelle Funktion auf B, so wird die Summe

$$R = \sum_{i=1}^{m} f(\boldsymbol{x}_i) F_{\Delta B_i} \tag{7.31}$$

mit beliebigem $x_i \in \Delta B_i$ als eine *Riemannsche Summe* zu $\hat{Z}$ bezeichnet. Sie wird als Näherung für das Integral $\iint\limits_B f \, \mathrm{d}F$ angesehen, die umso besser ist, je kleiner die Feinheit von $\hat{Z}$ ist. Daß diese Vorstellung richtig ist, wird durch folgenden Satz ausgedrückt.

Satz 7.7:
(*über Riemannsche Summen*) Es sei $f : B \to \mathbb{R}$ stetig auf dem meßbaren Kompaktum $B \subseteq \mathbb{R}^2$. $\hat{Z}_1, \hat{Z}_2, \hat{Z}_3, \ldots$ sei eine Folge allgemeiner Zerlegungen von B, wobei die Folge der Feinheiten $|\hat{Z}_k|$ mit $k \to \infty$ gegen Null strebt. Wählt man zu jeder Zerlegung $\hat{Z}_k$ eine Riemannsche Summe R_k, so folgt

$$R_k \to \iint\limits_B f \, \mathrm{d}F \quad \text{für} \quad k \to \infty\,.$$

Beweis:
Da f gleichmäßig stetig auf B ist, gibt es zu beliebigem $\varepsilon > 0$ ein $k_0 > 0$, so daß für alle $\hat{Z}_k = \{\Delta B_1^k, \Delta B_2^k, \ldots, \Delta B_{m_k}^k\}$ mit $k > k_0$ folgt

$$|f(\boldsymbol{x}) - f(\tilde{\boldsymbol{x}})| < \varepsilon \quad \text{für alle } \boldsymbol{x}, \tilde{\boldsymbol{x}} \in \Delta B_i^k.$$

Ferner gilt nach dem Mittelwertsatz (7.29):

$$\iint\limits_B f \, \mathrm{d}F = \sum_{i=1}^{m_k} \iint\limits_{\Delta B_i^k} f \, \mathrm{d}F = \sum_{i=1}^{m_k} f(z_i) F_{\Delta B_i^k}\,, \quad z_i \in \Delta B_i^k\,.$$

Damit folgt

$$\left| R_k - \iint\limits_B f \,\mathrm{d}F \right| = \left| \sum_{i=1}^{m} f(\boldsymbol{x}_i^{(k)}) F_{\Delta B_i^k} - \sum_{i=1}^{m} f(z_i) F_{\Delta B_i^k} \right| \quad (\boldsymbol{x}_i^k \in \Delta B_i^k)$$

$$\leq \sum_{i=1}^{m} \left| f(\boldsymbol{x}_i^{(k)}) - f(z_i) \right| F_{\Delta B_i^k} \leq \sum_{i=1}^{m} \varepsilon F_{\Delta B_i^k} = \varepsilon F_B \quad \text{für } k > k_0 .$$

Daraus folgt die Behauptung des Satzes. □

Bemerkung: Beim Lösen technischer oder naturwissenschaftlicher Probleme stößt man immer wieder auf Ansätze, bei denen Naturvorgänge zunächst durch Riemannsche Summen angenähert beschrieben werden. Von den Riemannschen Summen geht man dann über verfeinerte Zerlegungen zu Integralen über. Für diese »mathematischen Modellierungen« der Natur liefert der vorstehende Satz die Rechtfertigung. Erste Beispiele dazu gibt der folgende Abschnitt an.

7.1.5 Anwendungen

Schwerpunkte: Den Schwerpunkt eines Systems von endlich vielen Massenpunkten berechnet man folgendermaßen: Haben die Massenpunkte die Massen $m_1, m_2, \ldots, m_n$ und sind die Punkte $\boldsymbol{x}_1, \boldsymbol{x}_2, \boldsymbol{x}_3, \ldots, \boldsymbol{x}_n$ ihre Orte im Raum $\mathbb{R}^3$, so ist der *Schwerpunkt* dieses Systems durch

$$\boldsymbol{x}_s = \frac{1}{M} \sum_{i=1}^{n} m_i \boldsymbol{x}_i \tag{7.32}$$

gegeben. Dabei ist $M = \sum_{i=1}^{n} m_i$ die Gesamtmasse des Systems. (Statt *Schwerpunkt* sagt man auch *Massenmittelpunkt*).

Bei einem realen Körper (mit nichtverschwindendem Volumen) knüpft man an die Massenpunktsysteme und damit an Formel (7.32) an. Man denkt sich nämlich den Körper in kleine Teilstücke zerlegt, die man wie Massenpunkte behandelt, d.h. man wendet auf sie die Formel (7.32) an. Damit bekommt man eine Näherung für den Schwerpunkt des Körpers. Läßt man den maximalen Durchmesser der Teile gegen Null gehen, so erhält man als Grenzfall den Schwerpunkt des Körpers.

Flächenschwerpunkte: Diese Idee wollen wir zunächst auf dünne ebene Platten anwenden. Wir idealisieren sie zu ebenen Flächenstücken der Dicke Null. Ein solches mit Masse belegtes Flächenstück B ist in Fig. 7.18 skizziert. B sei meßbar und kompakt.

Wir denken uns B in meßbare, wegweise zusammenhängende Teile ΔB_i $(i = 1, \ldots, n)$ zerlegt, etwa durch Rasterung, s. Fig. 7.18. Aus jedem ΔB_i wählen wir ein $\boldsymbol{x}_i$ aus.

Ist durch $\rho(\boldsymbol{x})$ die Flächendichte der Masse auf B gegeben (gemessen in g/cm^2, so können wir $\rho(\boldsymbol{x})$ auf jedem Teilstück ΔB_i als nahezu konstant annehmen. Die Masse von ΔB_i ist damit

$$\Delta m_i \approx \rho(\boldsymbol{x}_i) F_{\Delta B_i} \, .$$ [6]

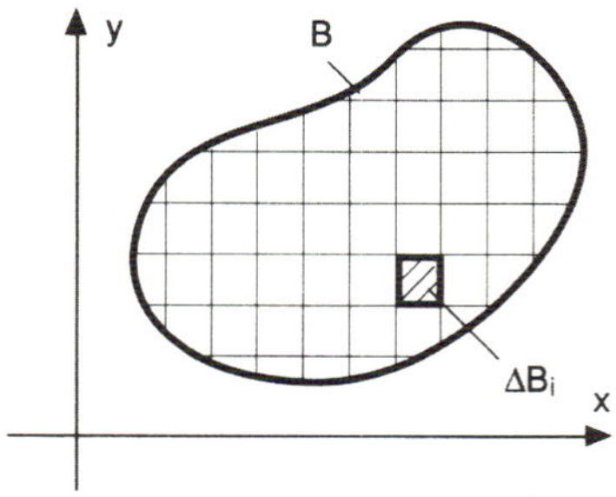

Fig. 7.18: Zum Flächenschwerpunkt

Mit der Gesamtmasse M unserer Platte erhalten wir den Schwerpunkt $\boldsymbol{x}_{\mathrm{s}}$ der Platte näherungsweise aus (7.32):

$$\boldsymbol{x}_{\mathrm{s}} \approx \frac{1}{M} \sum_{i=1}^{n} \Delta m_i \boldsymbol{x}_i \approx \frac{1}{M} \sum_{i=1}^{n} \rho(\boldsymbol{x}_i) \boldsymbol{x}_i F_{\Delta B_i}$$

Bei immer feiner werdender Rasterung, wobei der maximale Durchmesser der ΔB_i gegen Null gehen soll, erhalten wir schließlich für den *Schwerpunkt*

$$\boldsymbol{x}_{\mathrm{s}} = \frac{1}{M} \iint_B \rho(\boldsymbol{x}) \boldsymbol{x} \, \mathrm{d}F \,. \tag{7.33}$$

Die Gleichung besteht aus zwei Koordinatengleichungen. Das Integral ist dabei einzeln für jede Koordinate zu bilden.

Die Masse M selbst hängt mit $\rho(\boldsymbol{x})$ durch

$$M = \iint_B \rho(\boldsymbol{x}) \, \mathrm{d}F$$

zusammen, wie sich aus einer analogen Überlegung ergibt. Im Falle *konstanter Flächendichte* ρ_0 folgt daher $M = \rho_0 \int_B \mathrm{d}F = \rho_0 F_B$, und damit für den *Schwerpunkt* die Formel

$$\boldsymbol{x}_{\mathrm{s}} = \frac{1}{F_B} \iint_B \boldsymbol{x} \, \mathrm{d}F \,. \tag{7.34}$$

Mit $\boldsymbol{x}_{\mathrm{s}} = \begin{bmatrix} x_{\mathrm{s}} \\ y_{\mathrm{s}} \end{bmatrix}$, $\boldsymbol{x} = \begin{bmatrix} x \\ y \end{bmatrix}$, also in Koordinaten:

6 $F_{\Delta B_i}$ = Flächeninhalt von $\Delta B - I$.

$$x_s = \frac{1}{F_B} \iint\limits_B x \, dx \, dy \,, \quad y_s = \frac{1}{F_B} \iint\limits_B y \, dx \, dy \tag{7.35}$$

ist B ein Normalbereich:

$$B = \left\{ \begin{bmatrix} x \\ y \end{bmatrix} \middle| \; a \le x \le b \,, \; g(x) \le x \le f(x) \right\}$$

mit stetigen Funktionen g, f, so folgt

$$x_s = \frac{1}{F_B} \int_a^b \left(\int_{g(x)}^{f(x)} x \, dy \right) dx = \frac{1}{F_B} \int_a^b x(f(x) - g(x)) \, dx \,, \tag{7.36}$$

$$y_s = \frac{1}{F_B} \int_a^b \left(\int_{g(x)}^{f(x)} y \, dy \right) dx = \frac{1}{2F_B} \int_a^b (f^2(x) - g^2(x)) \, dx \,. \tag{7.37}$$

Mit diesen Formeln lassen sich die Flächenschwerpunkte oft leicht berechnen. Dazu ein Beispiel.

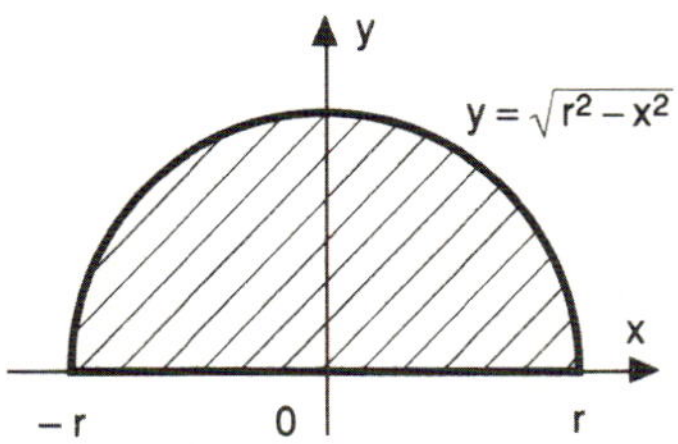

Fig. 7.19: Zum Schwerpunkt einer Halbkreisfläche

Beispiel 7.7:

(Schwerpunkt einer halbkreisförmigen Platte) Der Halbkreis H liege so, wie in Fig. 7.19 skizziert:

$$H = \left\{ \begin{bmatrix} x \\ y \end{bmatrix} \middle| \; -r \le x \le r \,, \; 0 \le y \le \sqrt{r^2 - x^2} \right\} , \quad r > 0 \,.$$

H ist ein Normalbereich. Die Flächendichte sei konstant. Nach (7.36) und (7.37) folgt damit für die Komponenten des Schwerpunktes:

$$x_s = \frac{2}{r^2 \pi} \int_{-r}^{r} x \sqrt{r^2 - x^2} \, dx = 0 \,,$$

da der Integrand eine ungerade Funktion ist, und

$$y_s = \frac{1}{r^2\pi} \int_{-r}^{r} (r^2 - x^2)\,\mathrm{d}x = \frac{4r}{3\pi}.$$

Kurvenschwerpunkte: Eine *glatte Kurve*[7] in der Ebene sei durch

$$x = g(t), \quad y = f(t), \quad (a \le t \le c)$$

gegeben. (f, g sind dabei stetig differenzierbare Funktionen auf $[a, b]$) und es ist $\dot{g}(t)^2 + \dot{f}(t)^2 \neq 0$ für alle $t \in [a, b]$.) Die Kurve stelle einen dünnen Draht, ein dünnes Seil oder ähnliches dar. ρ sei die konstante Massen-Kurvendichte, also $\rho = m/L$, wobei m die Masse des Drahtes (Seiles o.ä.) ist und L seine Länge. Es sei durch

$$a = t_0 < t_1 < t_2 < \ldots < t_n = b$$

eine äquidistante Zerlegung von $[a, b]$ gegeben, mit

$$\Delta t = t_i - t_{i-1} \quad \text{für alle} \quad i = 1, \ldots, n.$$

Wir schreiben mit $x_i = g(t_i)$, $y_i = f(t_i)$, entsprechend $\Delta x_i = x_i - x_{i-1}$, $\Delta y_i = y_i - y_{i-1}$ und

$$\Delta s_i = \sqrt{\Delta x_i^2 + \Delta y_i^2}.$$

Δs_i ist näherungsweise die Länge des Kurvenstückes zu $[t_{i-1}, t_i]$. Damit gilt für den *Schwerpunkt* des Drahtes (oder Seiles) nach (7.32) ungefähr:

$$x_s \approx \frac{1}{m} \sum_{i=1}^{n} x_i \rho \cdot \Delta s_i = \frac{1}{L} \sum_{i=1}^{n} x_i \frac{\Delta s_i}{\Delta t} \Delta t, \qquad y_s \approx \frac{1}{m} \sum_{i=1}^{n} y_i \rho \cdot \Delta s_i = \frac{1}{L} \sum_{i=1}^{n} y_i \frac{\Delta s_i}{\Delta t} \Delta t,$$

nach Grenzübergang entsprechend der anfangs skizzierten Idee also:

$$\left.\begin{aligned} x_s &= \frac{1}{L} \int_a^b x\sqrt{\dot{x}^2 + \dot{y}^2}\,\mathrm{d}t, \\ y_s &= \frac{1}{L} \int_a^b y\sqrt{\dot{x}^2 + \dot{y}^2}\,\mathrm{d}t, \end{aligned}\right\} \quad \text{mit} \begin{cases} x = g(t), \\ y = f(t). \end{cases} \tag{7.38}$$

Die *Kurvenlänge L* errechnet man dabei (n. Burg/Haf/Wille (Vektoranalysis) [7], Abschn. 1.2.1) aus

7 Die ausführliche Kurventheorie nebst vielen Beispielen findet der Leser in Burg/Haf/Wille (Vektoranalysis) [7], Abschn. 1. Ableitungen nach t werden hier mit einem Punkt markiert, z.B. $\dot{g}(t)$.

$$L = \int_a^b \sqrt{\dot{x}^2 + \dot{y}^2}\,\mathrm{d}t\,. \tag{7.39}$$

Im Spezialfall $x = t$, $y = f(t)$ können wir einfach t durch x ersetzen:

$$y = f(x)\,.$$

Wir haben es hier mit einer Kurve zu tun, die einfach durch den Funktionsgraphen von f gegeben ist. In diesem Falle ergibt sich der *Kurvenschwerpunkt* aus (7.38) folgendermaßen:

$$\left.\begin{aligned} x_s &= \frac{1}{L}\int_a^b x\sqrt{1+(y')^2}\,\mathrm{d}x\,, \\ y_s &= \frac{1}{L}\int_a^b y\sqrt{1+(y')^2}\,\mathrm{d}x\,, \end{aligned}\right\} \quad \text{mit } y = f(x). \tag{7.40}$$

Dabei ist die Kurvenlänge $L = \int_a^b \sqrt{1+(y')^2}\,\mathrm{d}x\,.$

Flächenmomente: In der Festigkeitslehre benötigt man zur Behandlung von Biegungen *Flächenmomente* von Querschnittsflächen. Ist B eine solche Querschnittsfläche, die in einer x-y-Ebene liegt (s. Fig. 7.20), so verwendet man folgende *Flächenmomente* (die auch *Momente zweiter Ordnung* heißen):

Axiales Flächenmoment bezüglich der y-Achse: $$I_y = \iint_B x^2\,\mathrm{d}x\,\mathrm{d}y\,,$$

Axiales Flächenmoment bezüglich der x-Achse: $$I_x = \iint_B y^2\,\mathrm{d}x\,\mathrm{d}y\,,$$

Gemischtes Flächenmoment bezüglich der x- und y-Achse: $$I_{xy} = \iint_B xy\,\mathrm{d}x\,\mathrm{d}y\,,$$

Polares Flächenmoment bezüglich des Koordinatenursprungs: $$I_p = \iint_B (x^2 + y^2)\,\mathrm{d}x\,\mathrm{d}y\,\text{[8]}.$$

Das gemischte Flächenmoment heißt auch *Deviationsmoment* oder *Zentrifugalmoment*. Das polare Flächenmoment (verwendbar bei Torsionsuntersuchungen) läßt sich durch die axialen Flä-

8 Statt x ist in der Technik hier auch der Buchstabe z häufig anzutreffen.

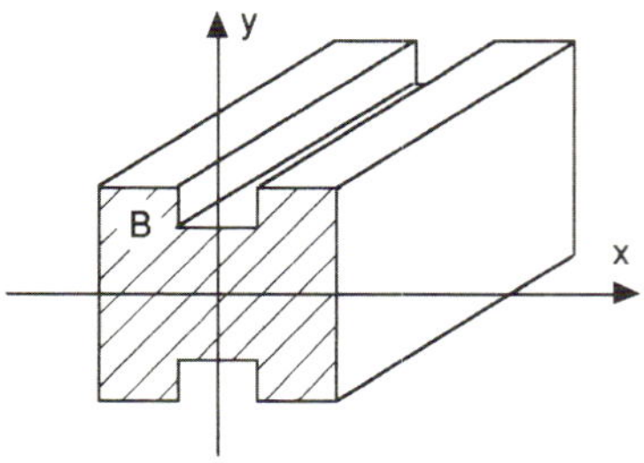

Fig. 7.20: Zum Flächenmoment

chenmomente ausdrücken:

$$I_p = I_y + I_x \, .$$

Beispiel 7.8:

(*Axiales Flächenmoment* I_y *eines gleichseitigen Dreiecks*) Aus Symmetriegründen brauchen wir nur über die rechte Dreieckshälfte B zu integrieren (Fig. 7.21) und das Integral doppelt zu nehmen:

$$I_y = 2 \iint\limits_B x^2 \, dx \, dy = 2 \int\limits_0^{a/2} \left(\int\limits_0^{(a-2x)\sqrt{3}/2} x^2 \, dy \right) dx = \sqrt{3} \int\limits_0^{a/2} x^2 (a - 2x) \, dx = \frac{\sqrt{3}}{96} a^4 \, .$$

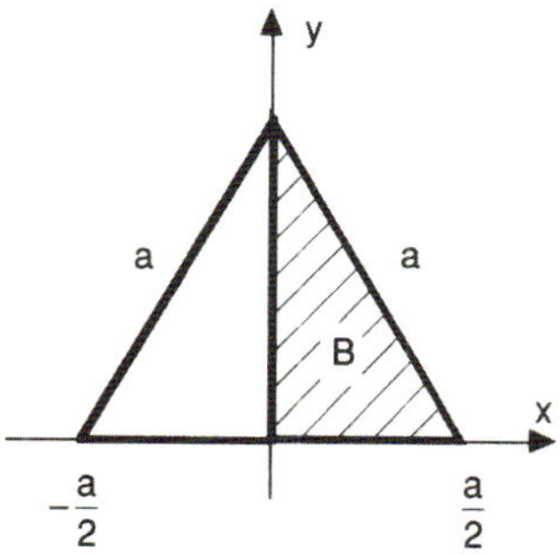

Fig. 7.21: Zum axialen Flächenmoment eines gleichseitigen Dreiecks

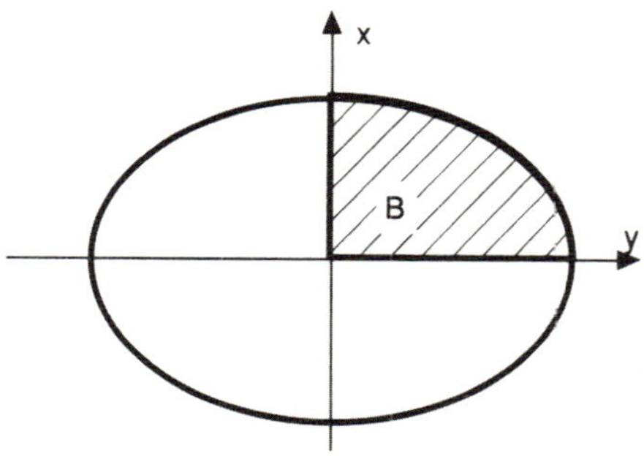

Fig. 7.22: Zum polaren Flächenmoment einer Ellipse

Beispiel 7.9:

(*Polares Flächenmoment* I_p *einer Ellipsenfläche* bezüglich des Mittelpunktes) Die Ellipse sei durch

$$\frac{x^2}{a^2} + \frac{y^2}{b^2} = 1$$

beschrieben. Aus Symmetriegründen braucht das polare Flächenmoment nur von der Viertelellipsenfläche B berechnet zu werden (s. Fig. 7.22) und dieses mit 4 multipliziert zu werden. Also insgesamt

$$I_{\text{p}} = 4 \iint_B (x^2 + y^2)\,\mathrm{d}x\,\mathrm{d}y = 4 \int_0^a \left[\int_0^{b\sqrt{1-x^2/a^2}} (x^2 + y^2)\,\mathrm{d}y \right] \mathrm{d}x$$

$$= 4 \int_0^a \left[x^2 b \left(1 - \frac{x^2}{a^2}\right)^{1/2} + \frac{b^3}{3}\left(1 - \frac{x^2}{a^2}\right)^{3/2} \right] \mathrm{d}x$$

Man substituiert $x = a \sin t$ und erhält

$$I_{\text{p}} = 4ab \int_0^{\pi/2} \left[a^2 \sin^2 t \cos t + \frac{b^2}{3} \cos^3 t \right] \cos t\,\mathrm{d}t$$

$$= 4ab \int_0^{\pi/2} \left[a^2 \cos^2 t + \left(\frac{b^2}{3} - a^2 \right) \cos^4 t \right] \mathrm{d}t$$

$$= a^3 b\pi + ab \left(\frac{b^2}{3} - a^2 \right) \frac{3\pi}{4} \quad \text{(s. Abschn. 4.2.3, (4.81))}$$

$$\Rightarrow \quad I_{\text{p}} = \frac{ab\pi}{4}(a^2 + b^2)\,. \tag{7.41}$$

Für den Spezialfall $a = b =: r$ erhalten wir daraus das *polare Flächenmoment* einer *Kreisscheibe bezüglich des Mittelpunktes*:

$$I_{\text{p}} = \frac{\pi}{2} r^4\,. \tag{7.42}$$

Durch Subtraktion zweier Flächenmomente dieser Art gewinnt man daraus das polare Flächenmoment eines ringförmigen *Rohrquerschnittes* bezüglich des Mittelpunktes (s. Fig. 7.23):

$$I_{\text{p}} = \frac{\pi}{2}(R^4 - r^4) \tag{7.43}$$

(R = äußerer Radius, r = innerer Radius des Kreisringes).

Übung 7.8:

Zeige, daß der Schwerpunkt einer dreieckigen ebenen Platte mit konstanter Flächendichte ρ_0 der Schnittpunkt der Seitenhalbierenden ist.

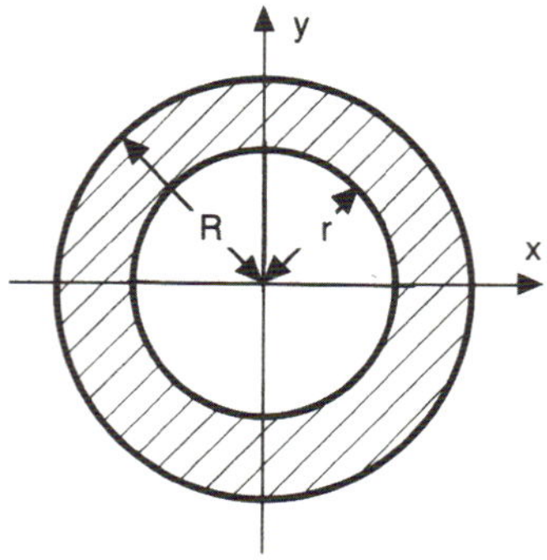

Fig. 7.23: Zum polaren Flächenmoment eines Ringes

Übung 7.9:

Berechne das polare Flächenmoment eines regelmäßigen Sechsecks bezüglich seines Mittelpunktes (a = Seitenlänge des Sechseckes).

Übung 7.10:

Berechne das axiale Flächenmoment I_y einer Kreisscheibe mit Radius $r > 0$. Dabei verlaufe die y-Achse durch den Mittelpunkt des Kreises.

7.1.6 Krummlinige Koordinaten, Transformationen, Funktionaldeterminanten

Das wichtigste Beispiel für krummlinige Koordinaten in der Ebene sind die uns geläufigen *Polarkoordinaten*.

Dabei wird bekanntlich jeder Punkt $\boldsymbol{x} = \begin{bmatrix} x \\ y \end{bmatrix}$ der Ebene durch seinen Abstand r vom Koordinatenursprung und den Winkel φ zwischen der x-Achse und der Strecke von $\mathbf{0}$ bis $\boldsymbol{x}$ beschrieben. Es gilt

$$\begin{aligned} x &= r\cos\varphi\,, \qquad & r &= \sqrt{x^2+y^2}\,,\ ^{9} \\ y &= r\sin\varphi\,, \qquad & \varphi &= \operatorname{arc}(x,y)\,, \end{aligned} \tag{7.44}$$

wobei $r \geq 0$ und $-\pi < \varphi \leq \pi$ ist.

Die Linien r = konstant sind konzentrische Kreise um den Punkt $\mathbf{0}$, die Linien φ = konstant dagegen Geraden durch $\mathbf{0}$. Einige sind in Fig. 7.24 skizziert. Sie bilden ein krummliniges Gitter, das sich über die Ebene erstreckt. Aus diesem Grunde spricht man hier von krummlinigen Koordinaten. Lassen wir den Punkt $\mathbf{0}$ einmal außer Acht, so beschreiben die Gleichungen $x = r\cos\varphi$

9 Dabei ist $\operatorname{arc}(x,y) = \begin{cases} \arccos(x/r)\,, & \text{für } y \geq 0, \\ -\arccos(x/r)\,, & \text{für } y < 0, \end{cases}$ s. Abschn. 2.3.4. Im Falle $x > 0$ gilt auch $\operatorname{arc}(x,y) = \arctan(y/x)$,

und $y = r \sin\varphi$ eine *eineindeutige* Abbildung des Streifens

$$G^* = \left\{ \begin{bmatrix} r \\ \varphi \end{bmatrix} \middle| \; r > 0 \,, \; -\pi < \varphi \le \pi \right\}$$

(s. Fig. 7.25) der (r, φ)-Ebene auf die x-y-Ebene ohne $\mathbf{0}$. Hieran orientieren wir uns im Folgenden.

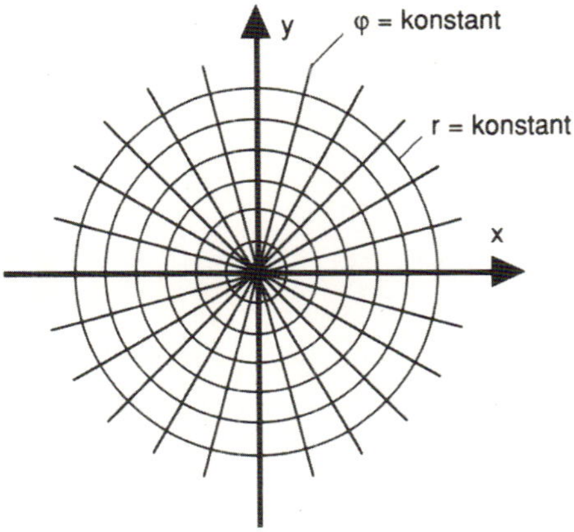

Fig. 7.24: Polarkoordinaten als typische »krummlinige« Koordinaten

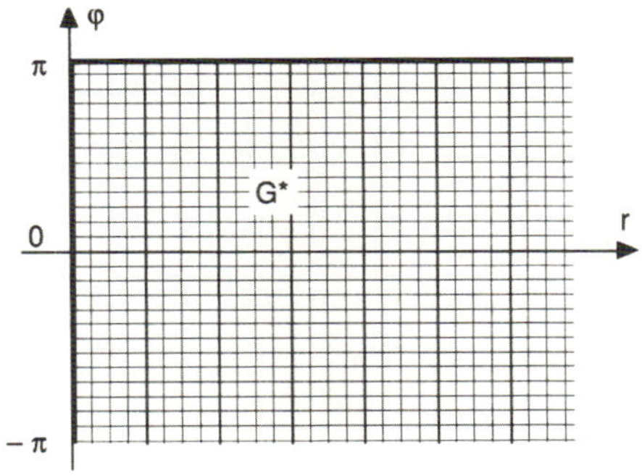

Fig. 7.25: Bereich G^* für die Punkte $\begin{bmatrix} x \\ \varphi \end{bmatrix}$

Allgemeiner Fall krummliniger Koordinaten in der Ebene

Durch

$$\begin{aligned} x &= g(u, v) \\ y &= h(u, v) \end{aligned}, \qquad \begin{bmatrix} u \\ v \end{bmatrix} \in G^* \,, \qquad \begin{bmatrix} x \\ y \end{bmatrix} \in \mathbb{R}^2 \,,$$

sei eine stetig differenzierbare Abbildung von G^* in $\mathbb{R}^2$ gegeben. Mit den Abkürzungen

$$\boldsymbol{x} := \begin{bmatrix} x \\ y \end{bmatrix}, \qquad \boldsymbol{u} := \begin{bmatrix} u \\ v \end{bmatrix}, \qquad \boldsymbol{T} := \begin{bmatrix} g \\ h \end{bmatrix}, \qquad \boldsymbol{T}(G^*) =: G \,,$$

beschreiben wir sie kürzer durch

$$\boldsymbol{x} = \boldsymbol{T}(\boldsymbol{u}) \,, \quad \boldsymbol{u} \in G^* \,,$$

oder: $\boldsymbol{T} : G^* \to G$.

Die *Ableitungsmatrix* von $\boldsymbol{T}$ — auch *Funktionalmatrix* genannt — hat die Form

$$\boldsymbol{T}' = \begin{bmatrix} g_u & g_v \\ h_u & h_v \end{bmatrix},$$

wobei g_u, g_v, h_u, h_v — wie üblich — die partiellen Ableitungen von h und g sind. Ihre Determinante[10]

$$\det \boldsymbol{T}' = \begin{bmatrix} g_u & g_v \\ h_u & h_v \end{bmatrix} = g_u h_v - g_v h_u \tag{7.45}$$

heißt die *Funktionaldeterminante* von $\boldsymbol{T}$. Mit Blick auf die Funktionsgleichungen $x = g(u, v)$, $y = h(u, v)$ bezeichnet man sie auch durch

$$\frac{\partial(x, y)}{\partial(u, v)}.$$

Diese Schreibweise ist in Naturwissenschaft und Technik beliebt, da ihre Symbolik an die partiellen Ableitungen erinnert, die in ihr stecken.

Für das Folgende setzen wir voraus

(a) G und G^* seien *Gebiete*, d.h. offene und zusammenhängende[11] Mengen (in $\mathbb{R}^2$).

(b) $\boldsymbol{T} : G^* \to G$ sei umkehrbar eindeutig und stetig differenzierbar.

(c) Die Funktionaldeterminante von $\boldsymbol{T}$ ist überall in $\boldsymbol{G}^*$ von Null verschieden:

$$\det \boldsymbol{T}'(\boldsymbol{u}) \neq 0 \quad \text{für alle } \boldsymbol{u} \in G^*.$$

Da G^* zusammenhängend ist, folgt, daß $\det \boldsymbol{T}'(\boldsymbol{u})$ entweder positiv in ganz G^* ist, oder negativ in ganz G^*.

Eine Abbildung $\boldsymbol{T} : G^* \to G$ dieser Art heißt eine *Transformation* von G^* auf G.

In Fig. 7.26 ist eine Transformation $\boldsymbol{T} : G^* \to G(\boldsymbol{u} \in G^*, \boldsymbol{x} \in G)$ bildlich dargestellt. Die Linien u = konstant und v = konstant sind in der u-v-Ebene achsenparallele Geraden; in der x-y-Ebene ergeben sie ein krummliniges Netz, das den Bildbereich G überzieht.

Zur *Veranschaulichung der Funktionaldeterminante* betrachten wir das schraffierte Rechteck ΔG^* in Fig. 7.26a. Seine Kantenlängen seien Δu und Δv, und der linke untere Eckpunkt habe die Koordinaten (u_0, v_0). Die vier Eckpunkte des Rechtecks ΔG^* sind damit

$$\boldsymbol{u}_0 = \begin{bmatrix} u_0 \\ v_0 \end{bmatrix}, \quad \boldsymbol{u}_1 = \begin{bmatrix} u_0 + \Delta u \\ v_0 \end{bmatrix}, \quad \boldsymbol{u}_2 = \begin{bmatrix} u_0 \\ v_0 + \Delta v \end{bmatrix}, \quad \boldsymbol{u}_3 = \begin{bmatrix} u_0 + \Delta u \\ v_0 + \Delta v \end{bmatrix}.$$

Durch $\boldsymbol{T}$ wird unser Rechteck ΔG^* auf den schraffierten Bereich ΔG in Fig. 7.26b abgebildet. ΔG hat nahezu Parallelogramm-Gestalt, wenn Δu und Δv klein genug sind. Dieses »Parallelogramm« wird aufgespannt von den Vektoren

$$\Delta \boldsymbol{T}_1 = \boldsymbol{T}(\boldsymbol{u}_1) - \boldsymbol{T}(\boldsymbol{u}_0) \approx \frac{\partial \boldsymbol{T}}{\partial u}(\boldsymbol{u}_0)\Delta u,$$

$$\Delta \boldsymbol{T}_2 = \boldsymbol{T}(\boldsymbol{u}_2) - \boldsymbol{T}(\boldsymbol{u}_0) \approx \frac{\partial \boldsymbol{T}}{\partial v}(\boldsymbol{u}_0)\Delta v.$$

10 Unter einer Determinante einer 2×2-Matrix $\boldsymbol{A} = \begin{bmatrix} a & b \\ c & d \end{bmatrix}$ versteht man die Zahl $\det \boldsymbol{A} := ad - bc$.

11 Eine offene Menge heißt zusammenhängend, wenn sie sich nicht in zwei offene Mengen zerlegen läßt.

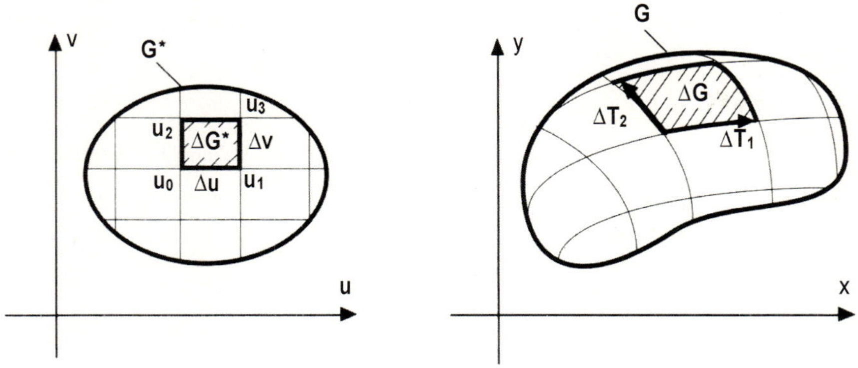

Fig. 7.26: Zur Transformation $\boldsymbol{T} : G^* \to G$.

Die lineare Algebra lehrt, daß der Flächeninhalt dieses Parallelogramms gleich dem Absolutbetrag der Determinante $\det(\Delta \boldsymbol{T}_1, \Delta \boldsymbol{T}_2)$ ist, deren Spalten die Vektoren $\Delta \boldsymbol{T}_1$ und $\Delta \boldsymbol{T}_2$ sind. Für den Flächeninhalt ΔF des Bereiches ΔG folgt damit

$$\Delta F \approx |\det(\Delta \boldsymbol{T}_1, \Delta \boldsymbol{T}_2)| \approx \left|\det\left(\frac{\partial \boldsymbol{T}}{\partial u}(\boldsymbol{u}_0), \frac{\partial \boldsymbol{T}}{\partial v}(\boldsymbol{v}_0)\right)\right| \Delta u \Delta v\,. \tag{7.46}$$

Die rechtsstehende Determinante ist die Funktionaldeterminante von $\boldsymbol{T}$, also

$$\Delta F \approx |\det \boldsymbol{T}'(\boldsymbol{u}_0)| \Delta u \Delta v \tag{7.47}$$

$$\approx \left|\frac{\partial(x, y)}{\partial(u, v)}\right|_{\boldsymbol{u}_0} \Delta u \Delta v\,. \text{ [12]} \tag{7.48}$$

Dividieren wir durch den Flächeninhalt $\Delta F^* = \Delta u \Delta v$ des Rechteckes ΔG^* im Urbildbereich, so folgt

$$\frac{\Delta F}{\Delta F^*} \approx \left|\frac{\partial(x, y)}{\partial(u, v)}\right|_{\boldsymbol{u}_0}\,. \tag{7.49}$$

Schließlich lassen wir den Durchmesser $D(\Delta F^*) := \sqrt{\Delta u^2 + \Delta v^2}$ von ΔF^* gegen Null streben und erhalten

$$\lim_{D(\Delta F^*) \to 0} \frac{\Delta F}{\Delta F^*} = \left|\frac{\partial(x, y)}{\partial(u, v)}\right|_{u_0}\,. \tag{7.50}$$

Den exakten Beweis dieser plausiblen Formel übergehen wir hier. (Die Formel folgt aus der allgemeineren Transformationsformel für Integrale, s. nächster Abschnitt.)

Formel (7.50) kann anschaulich so interpretiert werden:

12 Die Abhängigkeit von $\boldsymbol{u}_0$ wird bei $\dfrac{\partial(x, y)}{\partial(u, v)}$ — falls erforderlich — durch ein tiefgestelltes $\boldsymbol{u}_0$ angegeben.

Die Funktionaldeterminante einer ebenen Transformation ist betragsmäßig das lokale Flächeninhalts-Verhältnis zwischen Bild- und Urbildflächen.

Beispiel 7.10:

Die *Funktionaldeterminante* der Transformation auf *Polarkoordinaten* ergibt sich aus $x = r\cos\varphi$, $y = r\sin\varphi$:

$$\frac{\partial(x,y)}{\partial(r,\varphi)} = \begin{vmatrix} \frac{\partial x}{\partial r} & \frac{\partial x}{\partial \varphi} \\ \frac{\partial y}{\partial r} & \frac{\partial y}{\partial \varphi} \end{vmatrix} = \begin{vmatrix} \cos\varphi & -r\sin\varphi \\ \sin\varphi & r\cos\varphi \end{vmatrix} = r\cos 2\varphi + r\sin^2\varphi = r\,. \tag{7.51}$$

Wir erwähnen noch, daß die Koordinatenlinien $\varphi =$ konstant und $r =$ konstant in der x-y-Ebene rechtwinklig zueinander stehen. Dies spiegelt sich in $\boldsymbol{T}_u \cdot \boldsymbol{T}_v = 0$ wider. Die Polarkoordinaten fallen damit unter den Begriff der *orthogonalen Koordinaten*.

Komposition von Transformationen

Es seien $\boldsymbol{T} : G^* \to G$ und $\boldsymbol{S} : G \to H$ zwei ebene Transformationen. Für ihre Komposition $\boldsymbol{S} \circ \boldsymbol{T}$ folgt

$$\det(\boldsymbol{S} \circ \boldsymbol{T})'(\boldsymbol{x}) = \det \boldsymbol{S}'(\boldsymbol{y}) \det \boldsymbol{T}'(\boldsymbol{x})\,, \quad \text{mit} \quad \boldsymbol{y} = \boldsymbol{T}(\boldsymbol{x})\,. \tag{7.52}$$

Der Leser rechnet dies leicht explizit nach, wenn er Satz 6.9, Abschn. 6.3.3, betrachtet, d.h. $(\boldsymbol{S} \circ \boldsymbol{T})'(\boldsymbol{x}) = \boldsymbol{S}'(\boldsymbol{y})\boldsymbol{T}'(\boldsymbol{x})$. Mit den Funktionsgleichungen

$$\begin{bmatrix} z_1 \\ z_2 \end{bmatrix} = \begin{bmatrix} S_1(y_1, y_2) \\ S_2(y_1, y_2) \end{bmatrix}, \qquad \begin{bmatrix} y_1 \\ y_2 \end{bmatrix} = \begin{bmatrix} T_1(x_1, x_2) \\ T_2(x_1, x_2) \end{bmatrix}$$

für die Transformationen $\boldsymbol{S}$ und $\boldsymbol{T}$ bekommt (7.52) die leicht zu merkende Gestalt

$$\frac{\partial(z_1, z_2)}{\partial(x_1, x_2)} = \frac{\partial(z_1, z_2)}{\partial(y_1, y_2)} \cdot \frac{\partial(y_1, y_2)}{\partial(x_1, x_2)}\,. \tag{7.53}$$

Wir wenden diese Formel speziell auf die Umkehrabbildung $\boldsymbol{T}^{-1}$ von $\boldsymbol{T}$ an, bei der $\boldsymbol{T}^{-1} \circ \boldsymbol{T} = \boldsymbol{I}$ die identische Abbildung $\boldsymbol{x} = \boldsymbol{I}(\boldsymbol{x})$ ist. In obiger Gleichung (7.53) haben wir also $z_i = x_i$ einzusetzen. Wegen

$$\frac{\partial(x_1, x_2)}{\partial(x_1, x_2)} = \begin{vmatrix} 1 & 0 \\ 0 & 1 \end{vmatrix} = 1$$

folgt damit aus (7.51):

$$\frac{\partial(y_1, y_2)}{\partial(x_1, x_2)} = \frac{1}{\dfrac{\partial(x_1, x_2)}{\partial(y_1, y_2)}}\,, \tag{7.54}$$

wobei links das Argument $\boldsymbol{x} = \begin{bmatrix} x_1 \\ x_2 \end{bmatrix}$ einzusetzen ist und rechts das zugeordnete Argument $\boldsymbol{y} = \begin{bmatrix} y_1 \\ y_2 \end{bmatrix} = \boldsymbol{T}(\boldsymbol{x})$.

Übungen: Berechne die Funktionaldeterminante der folgenden Transformationen:

Übung 7.11:

$$\left.\begin{aligned} x &= au + bv\,, \\ y &= cu + dv\,, \end{aligned}\right\} \quad \begin{array}{l} \text{lineare Abbildung} \\ a, b, c, d \text{ reelle Konstanten mit } ad - bc \neq 0. \end{array}$$

Übung 7.12:

$$\left.\begin{aligned} x &= \rho \cosh \xi \cos \eta\,, \\ y &= \rho \sinh \xi \sin \eta\,, \end{aligned}\right\} \quad \begin{array}{l} \text{elliptische Koordinaten } \xi, \eta \\ (\rho > 0 \text{ konstant}). \end{array}$$

Skizziere die Linien $\xi =$ konstant und $\eta =$ konstant.

Übung 7.13:

$$\left.\begin{aligned} x &= \frac{1}{2}(u^2 - v^2) \\ y &= uv\,, \end{aligned}\right\} \quad \begin{array}{l} \text{parabolische Koordinaten} \\ (u^2 + v^2 \neq 0). \end{array}$$

7.1.7 Transformationsformel für Bereichsintegrale

Analog zur Substitutionsregel bei einer Variablen gilt die im Folgenden angegebene *Transformationsformel* für Integrale im $\mathbb{R}^2$ (und ganz entsprechend auch im $\mathbb{R}^n$.).

Satz 7.8:

Es sei $\boldsymbol{T} : G^* \to G$ eine *Transformation* des Gebietes $G^* \subset \mathbb{R}^2$ auf das Gebiet $G \subset \mathbb{R}^2$. (D.h.: $\boldsymbol{T}$ ist stetig differenzierbar, umkehrbar eindeutig, und die Funktionaldeterminante $\det \boldsymbol{T}'(\boldsymbol{u})$ ist für alle $\boldsymbol{u} \in G^*$ positiv oder für alle $\boldsymbol{u} \in G^*$ negativ). Ferner sei B^* eine kompakte meßbare Teilmenge von G^*, und f sei eine stetige reellwertige Funktion auf dem Bereich $B = \boldsymbol{T}(B^*)$.

B ist damit auch meßbar, und es gilt die *Transformationsformel*

$$\iint\limits_B f(\boldsymbol{x})\,\mathrm{d}\boldsymbol{x} = \iint\limits_{B^*} f(\boldsymbol{T}(\boldsymbol{u}))|\det \boldsymbol{T}'(\boldsymbol{u})|\,\mathrm{d}\boldsymbol{u}\,. \tag{7.55}$$

Mit der Koordinatenschreibweise

$$\boldsymbol{x} = \begin{bmatrix} x \\ y \end{bmatrix}, \quad \boldsymbol{u} = \begin{bmatrix} u \\ v \end{bmatrix}, \quad \begin{bmatrix} x \\ y \end{bmatrix} = \boldsymbol{T}(\boldsymbol{u}) = \begin{bmatrix} g(u, v) \\ h(u, v) \end{bmatrix}$$

und

$$\det \boldsymbol{T}'(\boldsymbol{u}) = \frac{\partial(x, y)}{\partial(u, v)}$$

erhält die *Transformationsformel* (7.53) die explizite Form

$$\iint_B f(x, y)\,\mathrm{d}x\,\mathrm{d}y = \iint_{B^*} f(g(u, v), h(u, v)) \left| \frac{\partial(x, y)}{\partial(u, v)} \right| \mathrm{d}u\,\mathrm{d}v\,. \tag{7.56}$$

Bemerkung: (a) Durch die Ähnlichkeit mit der Substitutionsregel bei einer Variablen läßt sich die Transformationsformel in dieser Form gut behalten: Die Zeichen $\mathrm{d}x\,\mathrm{d}y$ werden formal zu $\left| \frac{\partial(x, y)}{\partial(u, v)} \right| \mathrm{d}u\,\mathrm{d}v$ »erweitert«.

(b) Der Satz gilt auch, wenn $\det \boldsymbol{T}'(\boldsymbol{u}) = 0$ auf einer Nullmenge $N \subset B^*$ gilt oder die Eineindeutigkeit von $\boldsymbol{T}$ nur in $G^* \setminus N$ erfüllt ist. (Bei Transformation auf Polarkoordinaten brauchen wir daher den Punkt $\mathbf{0}$ nicht als Ausnahmepunkt zu betrachten.)

Der exakte *Beweis* der Transformationsformel ist sehr umfangreich. Der daran interessierte Leser wird deswegen auf [25], Abschn. 205, S. 473 – 485, verwiesen.

Allerdings läßt sich der Satz anschaulich sehr gut plausibel und glaubhaft machen. Dazu betrachten wir Fig. 7.27, die die Transformation $\boldsymbol{T}$ von B^* auf B veranschaulicht. B^* ist durch achsenparallele Geraden in endlich viele »Maschen« ΔB_k^* ($k = 1, 2, \ldots, m$) zerlegt. Ihre Bilder $\Delta B_k := \boldsymbol{T}(\Delta B_k^*)$ zerlegen $B = \boldsymbol{T}(B^*)$, wie z.B. im rechten Bild skizziert. Mit $\boldsymbol{u}_k$ sei ein beliebig ausgewählter Punkt aus ΔB_k^* bezeichnet und mit $\boldsymbol{x}_k = \boldsymbol{T}(\boldsymbol{u}_k)$ sein Bild in ΔB_k (für alle $k = 1, \ldots, m$). Den Flächeninhalt von ΔB_k^* nennen wir ΔF_k^*, den von ΔB_k entsprechend ΔF_k ($k = 1, \ldots, m$).

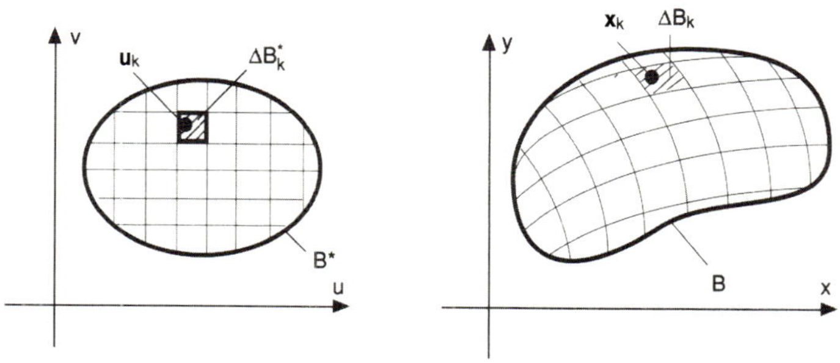

Fig. 7.27: Zur Transformationsformel

Nach den Überlegungen im letzten Abschnitt (s. (7.49)) gilt

$$\Delta F_k \approx |\det \boldsymbol{T}'(\boldsymbol{u}_k)| \Delta F_k^*\,.$$

Damit folgt für das Integral von f über B approximativ

$$\begin{aligned}\iint_B f(\boldsymbol{x})\,\mathrm{d}\boldsymbol{x} &\approx \sum_{k=1}^{m} f(\boldsymbol{x}_k)\Delta F_k \\ &\approx \sum_{k=1}^{m} f(\boldsymbol{T}(\boldsymbol{u}_k))|\det \boldsymbol{T}'(\boldsymbol{u}_k)|\Delta F_k^* \approx \iint_B f(\boldsymbol{T}(\boldsymbol{u}))|\det \boldsymbol{T}'(\boldsymbol{u})|\,\mathrm{d}\boldsymbol{u}\,.\end{aligned}$$

Strebt hierbei der maximale Durchmesser der Flächenstücke ΔF_k gegen Null, so ist es plausibel, daß für die entstehenden Grenzwerte Gleichheit eintritt, d.h. daß die Transformationsformel dabei entsteht.

Einige Beispiele sollen die Kraft der Transformationsformel beleuchten.

Beispiel 7.11:

(*Lineare Transformationen*) Eine lineare Transformation der Ebene $\mathbb{R}^2$ in sich ist durch

$$\begin{aligned} x &= a_{11}u + a_{12}v\,, \\ y &= a_{21}u + a_{22}v\,, \end{aligned} \quad \text{mit} \quad a_{11}a_{22} - a_{12}a_{21} \neq 0\,,$$

gegeben. Mit der Matrix

$$\boldsymbol{A} = \begin{bmatrix} a_{11} & a_{12} \\ a_{21} & a_{22} \end{bmatrix}, \qquad \text{sowie } \boldsymbol{x} = \begin{bmatrix} x \\ y \end{bmatrix} \quad \boldsymbol{u} = \begin{bmatrix} u \\ v \end{bmatrix}$$

lautet die Transformationsgleichung kürzer

$$\boldsymbol{x} = \boldsymbol{A}\boldsymbol{u}\,, \quad \text{mit} \quad \det \boldsymbol{A} \neq 0\,.$$

Damit folgt für beliebige ebene Bereichsintegrale stetiger Funktionen f (nach (7.53)):

$$\iint_B f(\boldsymbol{x})\,\mathrm{d}x\,\mathrm{d}y = |\det \boldsymbol{A}| \iint_B f(\boldsymbol{A}\boldsymbol{u})\,\mathrm{d}u\,\mathrm{d}v\,.$$

Für Drehungen und Spiegelungen ist $|\det \boldsymbol{A}| = 1$. Damit folgt: Bereichsintegrale sind gegen Drehungen und Spiegelungen des Koordinatenkreuzes invariant. Insbesondere gilt dies damit für Schwerpunkte und Trägheitsmomente von Körpern, was aus der Physik auch nicht anders zu erwarten ist.

Beispiel 7.12:

(*zu Polarkoordinaten*) Der Schwerpunkt einer ebenen Platte von der Form eines Kreissektors K soll bestimmt werden, s. Fig. 7.28. Die Massen-Flächendichte ρ_0 sei konstant auf K. α sei der Öffnungswinkel und R der Radius des Kreissektors. Die y-Komponente des Schwerpunktes von K ist aus Symmetriegründen 0. Die x-Komponente x_0 des Schwerpunktes ergibt sich nach (7.33) aus

$$x_0 = \frac{1}{\frac{\alpha}{2}R^2} \iint_K x \,\mathrm{d}x\,\mathrm{d}y\,.$$

Mit der Transformation $x = r\cos\varphi$, $y = r\sin\varphi$ auf Polarkoordinaten folgt aus der Transformationsformel (7.54):

$$x_0 = \frac{2}{\alpha R^2} \int_{-\alpha/2}^{\alpha/2} \int_0^R r\cos(\varphi)\cdot r\,\mathrm{d}r\,\mathrm{d}\varphi = \frac{2}{\alpha R^2} \int_{-\alpha/2}^{\alpha/2} \cos\varphi \left[\int_0^R r^2\,\mathrm{d}r\right] \mathrm{d}\varphi$$

$$= \frac{2R}{3\alpha} \int_{-\alpha/2}^{\alpha/2} \cos\varphi\,\mathrm{d}\varphi = \frac{4}{3} R \frac{\sin\frac{\alpha}{2}}{\alpha}\,.$$

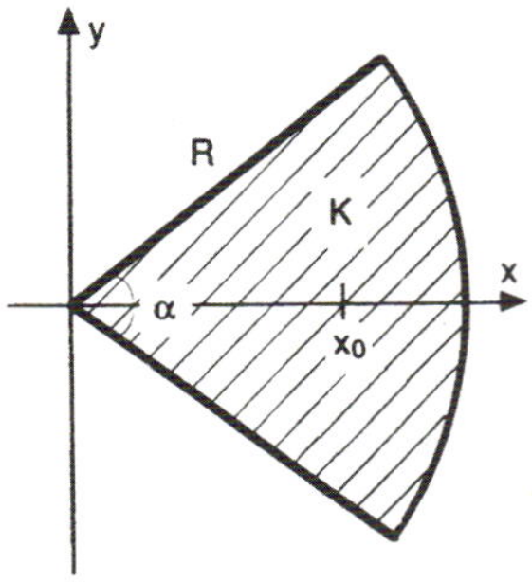

Fig. 7.28: Zum Schwerpunkt eines Kreissektors

Beispiel 7.13:
Der *Flächeninhalt* einer *Ellipse*

$$E = \left\{ \begin{bmatrix} x \\ y \end{bmatrix} \;\middle|\; \frac{x^2}{a^2} + \frac{y^2}{b^2} \le 1 \right\}, \quad a > 0,\ b > 0, \quad \text{ist } F_\mathrm{E} = \iint_E \mathrm{d}x\,\mathrm{d}y\,.$$

Zur bequemen Auswertung des Integrals benutzt man der Ellipse angepaßte λ, t, definiert durch die Transformation

$$x = a\lambda\cos t\,, \quad y = b\lambda\sin t\,. \tag{7.57}$$

Für $\lambda = 1$ und $0 \le t \le 2\pi$ beschreibt dies gerade den Rand der Ellipsenfläche. Die Funktionaldeterminante dazu ist

$$\begin{vmatrix} \frac{\partial x}{\partial \lambda} & \frac{\partial x}{\partial t} \\ \frac{\partial y}{\partial \lambda} & \frac{\partial y}{\partial t} \end{vmatrix} = \begin{vmatrix} a\cos t & -a\lambda\sin t \\ b\sin t & b\lambda\cos t \end{vmatrix} = ab\lambda\,.$$

Die Transformationsformel (7.54) ergibt für die Ellipsenfläche den Inhalt

$$F_{\mathrm{E}} = \int_0^1 \int_0^{2\pi} ab\lambda \,\mathrm{d}t\,\mathrm{d}\lambda = ab2\pi \int_0^1 \lambda\,\mathrm{d}\lambda = ab\pi\,.$$

Entsprechend wird das Trägheitsmoment eines elliptischen Zylinders berechnet. Ja, *für die meisten Integrale*

$$\iint_E f(x,y)\,\mathrm{d}x\,\mathrm{d}y$$

auf der Ellipsenfläche ist die Transformation auf die Koordinaten (7.57) *oder elliptische Koordinaten* (s. Abschn. 7.1.6, Üb. 7.12) *zweckmäßig*.

Beispiel 7.14:

Das *Gaußsche Fehlerintegral*

$$I = \int_{-\infty}^{\infty} \mathrm{e}^{-x^2}\,\mathrm{d}x$$

kann mit der zweidimensionalen Integrationstechnik elegant berechnet werden. (Mit Integrationsmethoden einer reellen Variablen ist es analytisch nicht berechenbar!)

Das Integral wird als Grenzwert

$$I = \lim_{n\to\infty} I_n\,, \quad \text{mit} \quad I_n = \int_{-n}^{n} \mathrm{e}^{-x^2}\,\mathrm{d}x\,,$$

geschrieben. (Der Grenzwert existiert, da $\mathrm{e}^{-x^2} \le \mathrm{e}^{-|x|}$ für $|x| \ge 1$ ist, und $\int_{-\infty}^{\infty} \mathrm{e}^{-|x|}\,\mathrm{d}x = 2\int_0^{\infty} \mathrm{e}^{-x}\,\mathrm{d}x = 2$ existiert.) Der »Pfiff« besteht darin, I_n^2 zu untersuchen und die Integrationsvariable einmal x und einmal y zu nennen:

$$I_n^2 = \int_{-n}^{n} \mathrm{e}^{-x^2}\,\mathrm{d}x \cdot \int_{-n}^{n} \mathrm{e}^{-y^2}\,\mathrm{d}y = \int_{-n}^{n}\int_{-n}^{n} \mathrm{e}^{-(x^2+y^2)}\,\mathrm{d}x\,\mathrm{d}y\,.$$

Dies ist ein Doppelintegral auf dem Quadrat

$$Q_n = [-n, n] \times [-n, n]\,.$$

Wir vergleichen es mit den entsprechenden Integralen über den Kreisscheiben K_n und $K_{\sqrt{2}n}$ um $\mathbf{0}$ mit den Radien n bzw. $\sqrt{2}n$: Wegen $K_n \subset Q_n \subset K_{\sqrt{2}n}$ (s. Fig. 7.29) gilt

$$\iint\limits_{k_n} \mathrm{e}^{-(x^2+y^2)}\,\mathrm{d}x\,\mathrm{d}y \le I_n^2 \le \iint\limits_{K_{\sqrt{2}n}} \mathrm{e}^{-(x^2+y^2)}\,\mathrm{d}x\,\mathrm{d}y\,.$$

Nun werden die beiden Integrale links und rechts auf Polarkoordinaten transformiert: $x = r\cos\varphi$, $y = r\sin\varphi$.

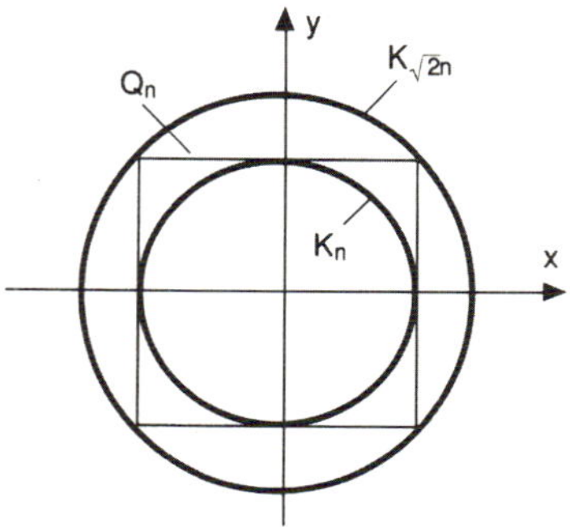

Fig. 7.29: Zum Fehlerintegral $\int\limits_{-\infty}^{\infty} \mathrm{e}^{-x^2}\,\mathrm{d}x$

Es folgt

$$\int\limits_0^{2\pi}\int\limits_0^{n} \mathrm{e}^{-r^2}\,r\,\mathrm{d}r\,\mathrm{d}\varphi \le I_n^2 \le \int\limits_0^{2\pi}\int\limits_0^{\sqrt{2}n} \mathrm{e}^{-r^2}\,r\,\mathrm{d}r\,\mathrm{d}\varphi\,.$$

Eine Stammfunktion von $r \mapsto \mathrm{e}^{-r^2}r$ ist offenbar $r \mapsto \frac{1}{2}\mathrm{e}^{-r^2}$ Damit lassen sich die Doppelintegrale rechts und links analytisch berechnen:

$$\pi(1 - \mathrm{e}^{-n^2}) \le I_n^2 \le \pi(1 \cdot - \mathrm{e}^{-2n^2})\,.$$

Rechte und linke Seite streben mit $n \to \infty$ gegen π, folglich auch I_n^2. Somit ergibt sich $I^2 = \pi$, also nach Wurzelziehen:

$$\int\limits_{-\infty}^{\infty} \mathrm{e}^{-x^2}\,\mathrm{d}x = \sqrt{\pi}\,. \qquad (7.58)$$

Diese Formel spielt insbesondere in der Wahrscheinlichkeitslehre eine wichtige Rolle.

Übung 7.14:

Berechne $\iint\limits_K \sqrt[4]{x^2+y^2}\,\mathrm{d}x\,\mathrm{d}y$ auf der Einheitskreisscheibe $K \subset \mathbb{R}^2$. *Anleitung*: Transformiere auf Polarkoordinaten.

Übung 7.15:

Berechne das Trägheitsmoment eines elliptischen Zylinders bezüglich seiner Mittelachse. Wähle dabei die Bezeichnungen aus Beisp. 7.9 in Abschn. 7.1.5. *Hinweis*: Benutze die Transformation auf elliptische Koordinaten (7.57).

Übung 7.16:

Zeige, daß der Schwerpunkt $\boldsymbol{x}_0$ einer ebenen Platte bei linearer Transformation $\boldsymbol{x} = A\boldsymbol{u}$ mittransformiert wird, also $\boldsymbol{x}_0 = A\boldsymbol{u}_0$ ($\boldsymbol{u}_0$ = Schwerpunkt nach Transformation).

7.2 Allgemeinfall: Integration bei mehreren Variablen

Die Behandlung von Integralen bei drei und mehr Variablen verläuft völlig analog zu dem beschriebenen zweidimensionalen Fall.

7.2.1 Riemannsches Integral im $\mathbb{R}^n$

Die Definition von Integralen mehrerer Variabler folgt nahezu wörtlich derjenigen, die in Abschn. 7.1.2 für zwei Variable gegeben wurde. Sie stützt sich lediglich auf Quader, den Analoga zu Rechtecken im Höherdimensionalen.

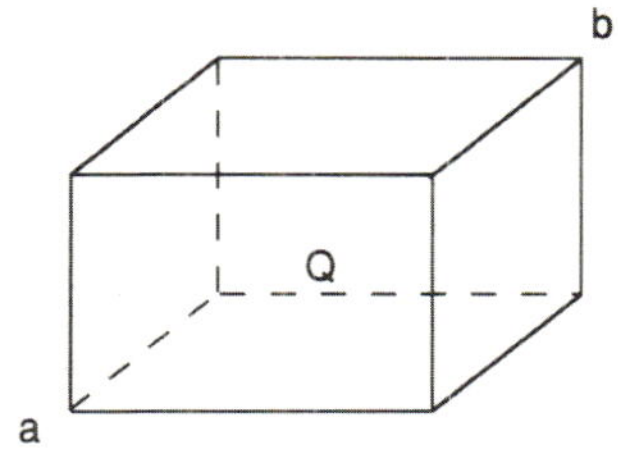

Fig. 7.30: Quader

Definition 7.4:

(a) Eine Menge der Form

$$Q = \left\{ \boldsymbol{x} = \begin{bmatrix} x_1 \\ \vdots \\ x_n \end{bmatrix} \;\middle|\; a_i \le x_i \le b_i \text{ für } i = 1, \ldots, n \right\}$$

heißt ein *n-dimensionaler Quader*. Dabei sind $a_1, \ldots, a_n, b_1, \ldots, b_n$ beliebige reelle Zahlen mit $a_i < b_i$ für alle i. Man beschreibt den Quader auch als kartesisches Produkt von Intervallen in der Form

$$Q = [a_1, b_1] \times [a_2, b_2] \times \ldots \times [a_n, b_n]\,. \tag{7.59}$$

(b) Die Zahl

$$V_Q := (b_1 - a_1)(b_2 - a_2) \ldots (b_n - a_n)$$

heißt *Inhalt* oder *Volumen* des Quaders Q. Faßt man die a_i bzw. die b_i in zwei Vektoren $\boldsymbol{a} = [a_1, \ldots, a_n]^{\mathrm{T}}$, $\boldsymbol{b} = [b_1, \ldots, b_n]^{\mathrm{T}}$ zusammen, so ist

$$\delta_Q := |\boldsymbol{b} - \boldsymbol{a}| \tag{7.60}$$

der *Durchmesser des Quaders* Q (s. Fig. 7.30).

(c) Für jedes Intervall $[a_i, b_i]$ in der Darstellung

$$Q = [a_1, b_1] \times \ldots \times [a_n, b_n]$$

des Quaders sei eine Zerlegung Z_i mit Teilungspunkten

$$a_i = x_0^{(i)} < x_1^{(i)} < x_2^{(i)} < \ldots < x_{m_i}^{(i)} = b_i$$

gegeben. Daraus werden alle möglichen Teilquader der Form

$$[x_{k_1-1}^{(1)}, x_{k_1}^{(1)}] \times [x_{k_2-1}^{(2)}, x_{k_2}^{(2)}] \times \ldots \times [x_{k_n-1}^{(n)}, x_{k_n}^{(n)}]$$

gebildet. Diese werden in irgendeiner Reihenfolge durchnumeriert und mit Q_1, Q_2, ..., Q_m bezeichnet. Die Menge

$$Z = \{Q_1, Q_2, \ldots, Q_m\}$$

heißt eine *Zerlegung* von Q.

Damit übertragen wir die Definition des (Riemann-) Integrals auf den n-dimensionalen Fall völlig entsprechend wie in Definition 7.1:

Definition 7.5:
(*Riemannsches Integral im* $\mathbb{R}^n$)

(I) Es sei f eine reelle beschränkte Funktion auf einem n-dimensionalen Quader Q.

$$Z = \{Q_1, \ldots, Q_m\}$$

sei eine beliebige Zerlegung von Q in Teilquader. Die Inhalte der Teilquader Q_i werden mit V_{Q_i} bezeichnet.

(II) Mit

$$M_i := \sup_{x \in Q_i} f(\boldsymbol{x}), \qquad m_i := \inf_{x \in Q_i} f(\boldsymbol{x}) \tag{7.61}$$

bildet man

$$S_f(Z) := \sum_{i=1}^{m} M_i V_{Q_i}, \quad \text{genannt } \textit{Obersumme} \text{ von } f \text{ bezüglich } Z,$$

$$s_f(Z) := \sum_{i=1}^{m} m_i V_{Q_i}, \quad \text{genannt } \textit{Untersumme} \text{ von } f \text{ bezüglich } Z \text{ [13] und}$$

$$\overline{I}_f := \inf_Z S_f(Z), \quad \text{genannt } \textit{Oberintegral} \text{ von } f \text{ auf } Q,$$

$$\underline{I}_f := \sup_Z s_f(Z), \quad \text{genannt } \textit{Unterintegral} \text{ von } f \text{ auf } Q.$$

Infimum und Supremum werden dabei bezüglich sämtlicher denkbarer Zerlegungen Z von Q gebildet.

(III) Stimmen Ober- und Unterintegral von f auf Q überein, so heißt f *(Riemann-)integrierbar* auf Q. In diesem Falle heißt der gemeinsame Wert $\overline{I}_f = \underline{I}_f$ das *(Riemannsche) Integral* von f auf Q, beschrieben durch

$$\int_Q f(\boldsymbol{x})\,\mathrm{d}\boldsymbol{x}.$$

Auch andere Schreibweisen, wie

$$\underbrace{\iint \ldots \int}_{Q} f(x_1, x_2, \ldots, x_n)\,\mathrm{d}x_1\,\mathrm{d}x_2 \ldots \mathrm{d}x_n = \int_Q f\,\mathrm{d}V \tag{7.62}$$

usw. sind üblich.

Für beliebige kompakte Integrationsbereiche von f wird das Integral auf den Quader-Fall wie folgt zurückgeführt (völlig analog zu Def. 7.2 in Abschn. 7.1.2).

Definition 7.6:

Es sei $f : B \to \mathbb{R}$ beschränkt und $B \subset \mathbb{R}^n$ kompakt. Ferner sei Q_B der kleinste Quader in $\mathbb{R}^n$, der B umfaßt. f wird auf Q_B erweitert zu

$$f^*(\boldsymbol{x}) = \begin{cases} f(\boldsymbol{x}), & \text{für } \boldsymbol{x} \in B, \\ 0, & \text{für } \boldsymbol{x} \in Q_B \setminus B. \end{cases}$$

13 Jede Obersumme von f ist $\geq$ jeder Untersumme von f, wie man sich leicht überlegt.

f heißt integrierbar auf B, wenn f^* integrierbar ist auf Q_B und man setzt

$$\int_B f(\boldsymbol{x})\,\mathrm{d}\boldsymbol{x} := \int_{Q_B} f^*(\boldsymbol{x})\,\mathrm{d}\boldsymbol{x}\,.$$

Auch hier sind andere Schreibweisen, wie in Abschn. 7.1.2, geläufig. Insbesondere im Falle dreier Variabler schreibt man die Variablen gern als x, y, z. Integrale in drei Variablen werden daher vielfach in der Form

$$\iiint_B f(x, y, z)\,\mathrm{d}x\,\mathrm{d}y\,\mathrm{d}z$$

beschrieben.

Definition 7.7:

(*Inhalt* einer Menge, auch *Volumen* genannt) Eine kompakte Menge $B \subset \mathbb{R}^n$ heißt (*Jordan-*) *meßbar*, wenn das Integral

$$\int_B 1\,\mathrm{d}\boldsymbol{x} \tag{7.63}$$

existiert. Sein Wert wird *Inhalt* (*Volumen*) V_B von B genannt.

Die 1 im Integral (7.63) wird auch weggelassen.

Im Falle dreier Variabler spricht man vom *Rauminhalt*. Ein Kompaktum mit Inhalt 0 nennt man eine *Nullmenge*, und man gewinnt wie im $\mathbb{R}^2$ den Satz:

Satz 7.9:

Eine kompakte Menge $B \subset \mathbb{R}^n$ ist genau dann meßbar, wenn ihr Rand eine Nullmenge ist.

Ganz entsprechend werden die Sätze 7.2 bis 7.7 auf den $\mathbb{R}^n$ übertragen, wobei die gleichen Beweisideen wie im $\mathbb{R}^2$ verwendet werden. Darum wird auf die Beweise auch nicht mehr eingegangen, sondern die Sätze werden im Folgenden hintereinander formuliert.

7.2.2 Grundlegende Sätze

Satz 7.10:

Jede stetige reellwertige Funktion auf einem meßbaren Kompaktum B in $\mathbb{R}^n$ ist integrierbar.

Satz 7.11:

(*Bereichsintegrale als Mehrfachintegrale*) Es sei $f : Q \to \mathbb{R}$ eine integrierbare Funktion auf dem Quader

$$Q = [a_1, b_1] \times [a_2, b_2] \times \ldots \times [a_n, b_n]$$

Existieren die Integrale innerhalb der Klammern in der folgenden Formel, so gilt

$$\int\limits_Q f(\boldsymbol{x})\,\mathrm{d}\boldsymbol{x} = \int\limits_{a_1}^{b_1}\left(\int\limits_{a_2}^{b_2}\left(\int\limits_{a_3}^{b_3}\left(\cdots\left(\int\limits_{a_n}^{b_n} f(x_1, x_2, \ldots, x_n)\,\mathrm{d}x_n\right)\cdots\right)\mathrm{d}x_3\right)\mathrm{d}x_2\right)\mathrm{d}x_1 \tag{7.64}$$

Die gleiche Aussage gilt bei beliebiger Vertauschung der Variablen $x_1, \ldots, x_n$ und entsprechender Vertauschung der Integrationsgrenzen a_i, b_i.

Bemerkung: (a) Die Klammern in der Schreibweise der *Mehrfachintegrale* (s. (7.64)) läßt man auch weg.

(b) Die Existenz der Integrale in den Klammern ist gesichert, wenn f stetig ist.

Da Quader als Integrationsgebiete zu speziell sind, definieren wir — wie im Zweidimensionalen — Normalbereiche.

Definition 7.8:

Unter einem *Normalbereich* in $\mathbb{R}^n$ verstehen wir eine Menge der Form

$$B = \left\{ \begin{bmatrix} x_1 \\ x_2 \\ x_3 \\ \vdots \\ x_n \end{bmatrix} \in \mathbb{R}^n \;\middle|\; \begin{array}{c} g_1 \leq x_1 \leq h_1 \\ g_2(x_1) \leq x_2 \leq h_2(x_1) \\ g_3(x_1, x_2) \leq x_3 \leq h_3(x_1, x_2) \\ \vdots \\ g_n(x_1, \ldots, x_{n-1}) \leq x_n \leq h_n(x_1, \ldots, x_{n-1}) \end{array} \right\}, \tag{7.65}$$

wobei $g_2, \ldots, g_n, h_2, \ldots, h_n$ stetige reellwertige Funktionen sind, und g_1, h_1 reellwertige Konstante. Dabei gilt $g_i \leq h_i$ für alle i.

Man spricht auch von einem Normalbereich B, wenn die Reihenfolge der Indizes $1, 2, \ldots, n$ in (7.65) beliebig umgestellt ist. Normalbereiche sind *meßbar*, was man ähnlich wie im Zweidimensionalen einsieht. Damit gilt der *für die praktische Integralberechnung entscheidende Satz*:

Satz 7.12:

Ist $f : B \to \mathbb{R}$ eine stetige Funktion auf einem Normalbereich B, wie er in Def. 7.8 angegeben ist, so gilt

$$\int\limits_B f(\boldsymbol{x})\,\mathrm{d}\boldsymbol{x} = \int\limits_{g_1}^{h_1}\left(\int\limits_{g_2(x_1)}^{h_2(x_1)}\left(\int\limits_{g_3(x_1,x_2)}^{h_3(x_1,x_2)}\left(\cdots\left(\int\limits_{g_n(x_1,\ldots,x_{n-1})}^{h_n(x_1,\ldots,x_{n-1})} f(x_1, \ldots, x_n)\,\mathrm{d}x_n\right)\cdots\right)\mathrm{d}x_3\right)\mathrm{d}x_2\right)\mathrm{d}x_1 . \tag{7.66}$$

Die Klammern werden auch weggelassen. Für andere Reihenfolgen der Indizes $1, 2, \ldots, n$ gilt natürlich entsprechendes.

Durch »Auflösen der Integrale von innen nach außen« kann man mit dieser Formel die Zahlenwerte von Integralen bestimmen.

Nützlich für die Integralberechnung sind ferner die Formeln des Satzes 7.5, (Abschn. 7.1.3), der völlig entsprechend auch im $\mathbb{R}^n$ gilt. Es handelt sich um Integrale bezüglich $f + g$, cg sowie über Zerlegungen von B. Man schlage dort nach.

Auch der Mittelwertsatz, Satz 7.6, überträgt sich ohne weiteres auf den mehrdimensionalen Fall, so daß auf seine erneute Formulierung hier verzichtet werden kann.

Schließlich gilt der gesamte Abschnitt über *Riemannsche Summen*, vor allem Satz 7.7 (nebst Beweis), ganz entsprechend im $\mathbb{R}^n$ für beliebige n. Insbesondere der dreidimensionale Fall kommt bei der Mathematisierung technischer Vorgänge (Strömungen, elastische Körper, elektromagnetische Felder) oft vor.

7.2.3 Krummlinige Koordinaten, Funktionaldeterminante, Transformationsformeln

Die Überlegungen der Abschn. 7.1.6 und 7.1.7 werden hier ohne wesentliche Änderungen auf den $\mathbb{R}^n$ ausgedehnt.

Eine Abbildung $\boldsymbol{T} : G^* \to G$ eines Gebietes[14] $G^* \subset \mathbb{R}^n$ auf ein Gebiet $G \subset \mathbb{R}^n$ nennen wir eine *Transformation*, wenn $\boldsymbol{T}$ umkehrbar eindeutig ist, ferner stetig differenzierbar, und wenn die *Funktionaldeterminante* $\det \boldsymbol{T}'(\boldsymbol{u})$ in G^* von Null verschieden ist:

$$\det \boldsymbol{T}'(\boldsymbol{u}) \neq 0 \quad \text{für alle } \boldsymbol{u} \in G^*. \text{ [15]}$$

Ausführlich geschrieben hat $\boldsymbol{x} = \boldsymbol{T}(\boldsymbol{u})$ die Form

$$\begin{bmatrix} x_1 \\ x_2 \\ \vdots \\ x_n \end{bmatrix} = \boldsymbol{T}(\boldsymbol{u}) = \begin{bmatrix} g_1(u_1, \ldots, u_n) \\ g_2(u_1, \ldots, u_n) \\ \vdots \\ g_n(u_1, \ldots, u_n) \end{bmatrix}.$$

Dabei nennt man $u_1, \ldots, u_n$ *krummlinige Koordinaten* in G (Beispiele sind Kugelkoordinaten, Zylinderkoordinaten u.a., die wir später betrachten).

Mit dieser Koordinatenschreibweise hat die Funktionaldeterminante die ausführliche Gestalt:

$$\det \boldsymbol{T}'(\boldsymbol{u}) = \begin{vmatrix} \dfrac{\partial g_1}{\partial u_1}(\boldsymbol{u}) & \cdots & \dfrac{\partial g_1}{\partial u_n}(\boldsymbol{u}) \\ \vdots & & \vdots \\ \dfrac{\partial g_n}{\partial u_1}(\boldsymbol{u}) & \cdots & \dfrac{\partial g_n}{\partial u_n}(\boldsymbol{u}) \end{vmatrix}. \tag{7.67}$$

14 Offen und zusammenhängend (letzteres heißt: nicht in zwei offene Mengen zerlegbar).

15 Zum Begriff der Determinante lese man den kurzen *Einschub* am Ende dieses Abschnittes oder Burg/Haf/Wille (Lineare Algebra) [9]

Für die Funktionaldeterminante $\det \boldsymbol{T}'(\boldsymbol{u})$ ist, insbesondere in Naturwissenschaft und Technik, auch folgende Schreibweise üblich

$$\det \boldsymbol{T}'(\boldsymbol{u}) =: \frac{\partial(x_1, x_2, \ldots, x_n)}{\partial(u_1, u_2, \ldots, u_n)}. \tag{7.68}$$

Wie im zweidimensionalen Fall gilt für die Komposition $\boldsymbol{z} = \boldsymbol{S}(\boldsymbol{T}(\boldsymbol{x}))$ der Transformationen $\boldsymbol{z} = \boldsymbol{S}(\boldsymbol{y})$, $\boldsymbol{y} = \boldsymbol{T}(\boldsymbol{x})$ die übersichtliche Gleichung

$$\frac{\partial(z_1, \ldots, z_n)}{\partial(x_1, \ldots, x_n)} = \frac{\partial(z_1, \ldots, z_n)}{\partial(y_1, \ldots, y_n)} \cdot \frac{\partial(y_1, \ldots, y_n)}{\partial(x_1, \ldots, x_n)}. \tag{7.69}$$

(Zum Beweis verwendet man die Kettenregel — Abschn. 6.3.3, Satz 6.9 — und den Determinanten-Multiplikationssatz, s. Burg/Haf/Wille (Lineare Algebra) [9]). Insbesondere folgt im Fall $\boldsymbol{S} = \boldsymbol{T}^{-1}$:

$$\frac{\partial(y_1, \ldots, y_n)}{\partial(x_1, \ldots, x_n)} = \frac{1}{\dfrac{\partial(x_1, \ldots, x_n)}{\partial(y_1, \ldots, y_n)}}.$$

Im folgenden Satz wird nun die *Transformationsformel* für Integrale im $\mathbb{R}^n$ angegeben. Der Satz entspricht vollkommen dem Satz 7.8 für den $\mathbb{R}^2$, den wir in Abschn. 7.1.7 kennen und lieben gelernt haben.

Satz 7.13:

Es beschreibe $\boldsymbol{T} : G^* \to G$ eine Transformation des Gebietes $G^* \subset \mathbb{R}^n$ auf das Gebiet $G \subset \mathbb{R}$. Ferner sei $B^* \subset G^*$ kompakt und f eine stetige reellwertige Funktion auf $B = \boldsymbol{T}(B^*)$. Der Bereich B ist damit auch meßbar, und es gilt die *Transformationsformel*:

$$\int\limits_B f(\boldsymbol{x})\,\mathrm{d}\boldsymbol{x} = \int\limits_{B^*} f(\boldsymbol{T}(\boldsymbol{u}))|\det \boldsymbol{T}'(\boldsymbol{u})|\,\mathrm{d}\boldsymbol{u}. \tag{7.70}$$

Mit der Schreibweise (7.68) erhält die Formel die ausführlichere Form:

Transformationsformel:

$$\int\limits_B f(x_1, \ldots, x_n)\,\mathrm{d}x_1 \ldots \mathrm{d}x_n = \int\limits_{B^*} f(\boldsymbol{T}(u_1, \ldots, u_n)) \left|\frac{\partial(x_1, \ldots, x_n)}{\partial(u_1, \ldots, u_n)}\right| \mathrm{d}u_1 \ldots \mathrm{d}u_n. \tag{7.71}$$

In dieser Gestalt läßt sich die Transformationsformel leicht merken, da man im rechten Integral den Ausdruck $\mathrm{d}u_1 \ldots \mathrm{d}u_n$ nur formal gegen $\partial(u_1, \ldots, u_n)$ zu kürzen (und f in Abhängigkeit von $x_1, \ldots, x_n$ zu schreiben) hat, um das linke Integral zu bekommen,

Für den (sehr langen) exakten Beweis verweisen wir wieder auf [25], Abschn. 205. Die Beweisidee ist die gleiche, wie im Falle von zwei Variablen im Abschn. 7.1.6 erläutert.

Die wichtigsten Beispiele krummliniger Raumkoordinaten in Naturwissenschaft und Technik sind *Zylinder-* und *Kugelkoordinaten*. Wir behandeln sie in den nächsten Beispielen. Vereinzelt treten auch »elliptische Gegenstücke« auf, die *elliptischen Zylinderkoordinaten* und die *rotationselliptischen Koordinaten*, wie auch parabolische Entsprechungen, nämlich die *parabolischen Zylinderkoordinaten* und die *rotationsparabolischen Koordinaten* (s. folgende Übungen sowie Burg/Haf/Wille (Vektoranalysis) [7], Abschn. 3.3.6). Der Zusammenhang dieser Koordinaten mit Schwingungsproblemen wird z.B. in [49] erläutert.

Beispiel 7.15:

(a) (*Zylinderkoordinaten*)

$$\left.\begin{aligned} x &= r\cos\varphi\,,\\ y &= r\sin\varphi\,,\\ z &= z\,. \end{aligned}\right\}\quad (r \geq 0, 0 \leq \varphi \leq 2\pi,\, z \in \mathbb{R})\,.$$

Diese Gleichungen beschreiben die Transformation von *Zylinderkoordinaten* r, φ, z auf die Koordinaten x, y, z des dreidimensionalen Raumes. Ihren Namen haben die Zylinderkoordinaten daher, daß für r = konstant > 0 und variable $\varphi \in [0, 2\pi]$ und $z \in \mathbb{R}$ die zugehörigen Punkte $[x, y, z]^{\mathrm{T}} \in \mathbb{R}^3$ einen Zylinder beschreiben, dessen Achse die z-Achse ist, und dessen Radius r ist. Die Funktionaldeterminante dieser Transformation ist

$$\frac{\partial(x,y,z)}{\partial(r,\varphi,z)} = \begin{vmatrix} \frac{\partial x}{\partial r} & \frac{\partial x}{\partial \varphi} & \frac{\partial x}{\partial z}\\ \frac{\partial y}{\partial r} & \frac{\partial y}{\partial \varphi} & \frac{\partial y}{\partial z}\\ \frac{\partial z}{\partial r} & \frac{\partial z}{\partial \varphi} & \frac{\partial z}{\partial z} \end{vmatrix} = \begin{vmatrix} \cos\varphi & -r\sin\varphi & 0\\ \sin\varphi & r\cos\varphi & 0\\ 0 & 0 & 1 \end{vmatrix} = r\,.$$

Folglich lautet die Transformationsformel für diesen Fall

$$\iiint\limits_{B} f(x,y,z)\,\mathrm{d}x\,\mathrm{d}y\,\mathrm{d}z = \iiint\limits_{B^*} f(r\cos\varphi, r\sin\varphi, z)r\,\mathrm{d}r\,\mathrm{d}\varphi\,\mathrm{d}z\,. \tag{7.72}$$

Häufig ist B dabei ein Zylinder oder Zylinderrohr oder ein Winkelausschnitt davon. D.h. B^* ist ein Quader

$$\begin{aligned} &B^* = [r_1, r_2] \times [\varphi_1, \varphi_2] \times [z_1, z_2] \quad \text{mit}\\ &\ 0 \leq r_1 < r_2\,,\quad 0 \leq \varphi_1 \leq \varphi_2 \leq 2\pi\,,\quad z_1 < z_2\,. \end{aligned}$$

Damit folgt explizit für ein stetiges f:

$$\iiint\limits_{B} f(x,y,z)\,\mathrm{d}x\,\mathrm{d}y\,\mathrm{d}z = \int_{z_1}^{z_2}\int_{\varphi_1}^{\varphi_2}\int_{r_1}^{r_2} f(r\cos\varphi, r\sin\varphi, z)r\,\mathrm{d}r\,\mathrm{d}\varphi\,\mathrm{d}z\,. \tag{7.73}$$

(b) (*Kugelkoordinaten*)

$$\left.\begin{aligned} x &= r\cos\varphi\cos\delta\,, \\ y &= r\sin\varphi\cos\delta\,, \\ z &= r\sin\delta\,, \end{aligned}\right\} \quad \left(r \geq 0\,,\ 0 \leq \varphi \leq 2\pi\,,\ -\frac{\pi}{2} \leq \delta \leq \frac{\pi}{2}\right).$$ [16]

Ein Punkt $\boldsymbol{P} = [x, y, z]^{\mathrm{T}}$ in $\mathbb{R}^3$ wird hiermit durch r, φ und δ beschrieben, wie es die Fig. 7.31 zeigt.

Die Funktionaldeterminante ist gleich

$$\frac{\partial(x, y, z)}{\partial(r, \varphi, \delta)} = \begin{vmatrix} \cos\varphi\cos\delta & -r\sin\varphi\cos\delta & -r\cos\varphi\sin\delta \\ \sin\varphi\cos\delta & r\cos\varphi\cos\delta & -r\sin\varphi\sin\delta \\ \sin\delta & 0 & r\cos\delta \end{vmatrix} = r^2\cos\delta\,. \tag{7.74}$$

Folglich gilt die Transformationsformel

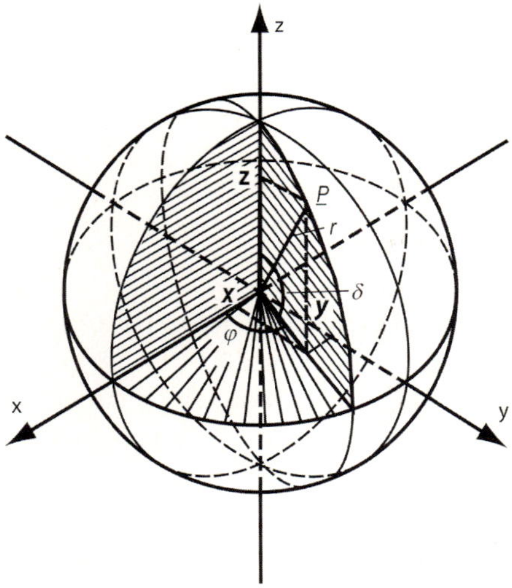

r = Abstand von $\mathbf{0}$,
φ = Längengrad,
δ = Breitengrad.

Fig. 7.31: Kugelkoordinaten

$$\iiint\limits_{B} f(x, y, z)\,\mathrm{d}x\,\mathrm{d}y\,\mathrm{d}z = \iiint\limits_{B^*} f(r\cos\varphi\cos\delta\,,\ r\sin\varphi\cos\delta\,,\ r\sin\delta)r^2\cos\delta\,\mathrm{d}r\,\mathrm{d}\varphi\,\mathrm{d}\delta\,.$$

Ist — wie vielfach — B eine Kugel, Hohlkugel oder ein Ausschnitt davon, beschrieben durch

$$B^* = [r_1, r_2] \times [\varphi_1, \varphi_2] \times [\delta_1, \delta_2]\,,$$

16 φ entspricht den »Längengraden« und δ den »Breitengraden« bei der Erdkugel. δ ist hier Null am Äquator. In der Physik ist es beliebter, $\delta = 0$ am »Nordpol« zu setzen und δ von 0 bis π laufen zu lassen ($\delta = \pi$: »Südpol«), vgl. Burg/Haf/Wille (Vektoranalysis) [7], Abschn. 3.3.6. In der Koordinatentransformation sind dabei nur $\sin\delta$ und $\cos\delta$ zu vertauschen.

so wird $\iiint\limits_{B^*}$ im letzten Integral ersetzt durch $\int\limits_{\delta_1}^{\delta_2}\int\limits_{\varphi_1}^{\varphi_2}\int\limits_{r_1}^{r_2}$.

Einschub: Zur *Berechnung einer Determinante*

$$D = \begin{vmatrix} a_{11} & a_{12} & \cdots & a_{1n} \\ a_{21} & a_{22} & \cdots & a_{2n} \\ \vdots & \vdots & & \vdots \\ a_{n1} & a_{n2} & \cdots & a_{nn} \end{vmatrix} =: \det \boldsymbol{A} \quad (\text{mit } \boldsymbol{A} = [a_{ik}]_{n,n})$$

kann man für kleine n die expliziten *Formeln* benutzen, d.h. für $n = 2$ und $n = 3$:

$$\begin{vmatrix} a_{11} & a_{12} \\ a_{21} & a_{22} \end{vmatrix} = a_{11}a_{22} - a_{12}a_{21}\,, \tag{7.75}$$

$$\begin{vmatrix} a_{11} & a_{12} & a_{13} \\ a_{21} & a_{22} & a_{23} \\ a_{31} & a_{32} & a_{33} \end{vmatrix} = a_{11}a_{22}a_{33} + a_{12}a_{23}a_{31} + a_{13}a_{21}a_{32} \\ - a_{11}a_{23}a_{32} - a_{12}a_{21}a_{33} - a_{13}a_{22}a_{31}\,. \tag{7.76}$$

Für beliebiges n gilt allgemein:

$$D = \sum_{(k_1,\ldots,k_n)} \operatorname{sign}(k_1, k_2, \ldots, k_n) a_{1k_1} a_{2k_2} \ldots a_{nk_n}\,. \tag{7.77}$$

Summiert wird dabei über alle Permutationen $(k_1, \ldots, k_n)$ des n-Tupels $(1, 2, \ldots, n)$, und es ist

$$\operatorname{sign}(k_1, \ldots, k_n) = \begin{cases} 1\,, & \text{wenn } (k_1, \ldots, k_n) \textit{ gerade } \text{Permutation,} \\ -1\,, & \text{wenn } (k_1, \ldots, k_n) \textit{ ungerade } \text{Permutation.} \end{cases}$$

Eine Permutation $(k_1, \ldots, k_n)$ heißt *gerade*, wenn sie durch eine *gerade Anzahl von Vertauschungen* zweier Elemente aus $(1, 2, \ldots, n)$ hervorgeht; andernfalls heißt sie *ungerade*.

Für $n \geq 4$ berechnet man Determinanten allerdings zweckmäßiger mit dem »Gaußschen Algorithmus«, s. Burg/Haf/Wille (Lineare Algebra) [9].

Übungen: Berechne die Funktionaldeterminanten der folgenden Transformationen auf krummlinige Koordinaten im $\mathbb{R}^3$.

Übung 7.17:

(Parabolische Zylinderkoordinaten)

$$\left.\begin{aligned} x &= -\frac{1}{2}(u^2 - v^2)\,, \\ y &= uv\,, \\ z &= z\,, \end{aligned}\right\} \quad (u, v, z \in \mathbb{R})\,.$$

Übung 7.18:

(*Rotationsparabolische Koordinaten*)

$$\left.\begin{aligned} x &= uv\cos\varphi\,, \\ y &= uv\sin\varphi\,, \\ z &= \frac{1}{2}(u^2 - v^2)\,, \end{aligned}\right\} \quad (u, v \in \mathbb{R}\,,\ \varphi \in [0,2\pi])\,.$$

Übung 7.19:

(*Elliptische Zylinderkoordinaten*) ($c > 0$ konstant)

$$\left.\begin{aligned} x &= c\cosh u\cos v\,, \\ y &= c\sinh u\sin v\,, \\ z &= z\,, \end{aligned}\right\} \quad (u, z \in \mathbb{R}\,,\ v \in [0,2\pi])\,.$$

Übung 7.20:

(*Rotationselliptische Koordinaten*) ($c > 0$ konstant)

(a) (*Gestreckt-rotationselliptisch*)

$$\left.\begin{aligned} x &= c\sqrt{(u^2-1)(1-v^2)}\cos\varphi\,, \\ y &= c\sqrt{(u^2-1)(1-v^2)}\sin\varphi\,, \\ z &= cuv\,, \end{aligned}\right\} \quad (|u| \ge 1\,, |v| \le 1\,, \varphi \in [0,2\pi])\,.$$

(b) (*Abgeplattet-rotationselliptisch*) ($c > 0$ konstant)

$$\left.\begin{aligned} x &= c\sqrt{(u^2+1)(1-v^2)}\cos\varphi\,, \\ y &= c\sqrt{(u^2+1)(1-v^2)}\sin\varphi\,, \\ z &= cuv\,, \end{aligned}\right\} \quad (u \in \mathbb{R}\,, |v| \le 1, \varphi \in [0,2\pi])\,.$$

Übung 7.21:

$K_R \subset \mathbb{R}^3$ sei eine Kugel um $\mathbf{0}$ mit Radius $R > 0$. Berechne mittels Kugelkoordinaten

(a) $\displaystyle\int\limits_{K_R} \sqrt{x^2+y^2+z^2}\,\mathrm{d}x\,\mathrm{d}y\,\mathrm{d}z\,,$ (b) $\displaystyle\lim_{R\to\infty} \int\limits_{K_R} \frac{1}{\sqrt{x^2+y^2+z^2}}\,\mathrm{d}x\,\mathrm{d}y\,\mathrm{d}z\,.$

Übung 7.22:

$K_{R,\rho}$ sei die Hohlkugel, bestimmt durch $\rho \leq \sqrt{x^2+y^2+z^2} \leq R$ in $\mathbb{R}$ ($\rho > 0$). Berechne

$$\lim_{\rho \to 0} \int\limits_{K_{R,\rho}} \frac{1}{\sqrt{x^2+y^2+z^2}} \, dx \, dy \, dz .$$

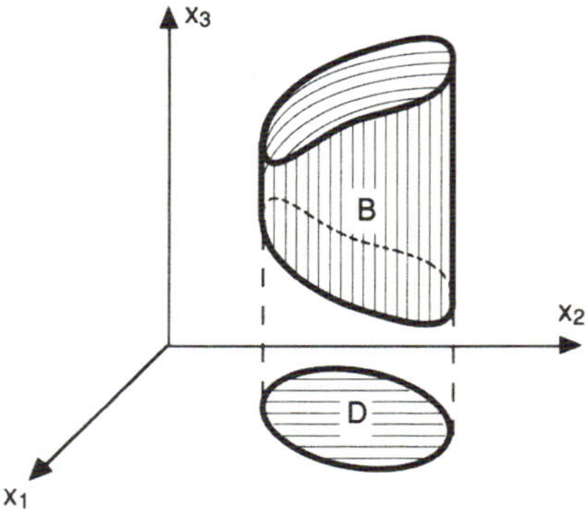

Fig. 7.32: Rauminhaltsberechnung

7.2.4 Rauminhalte

Es sei $D \subset \mathbb{R}^{n-1}$ ein Normalbereich, und es seien $g : D \to \mathbb{R}$, $h : D \to \mathbb{R}$ zwei stetige Funktionen mit $g(x_1, \ldots, x_{n-1}) \leq h(x_1, \ldots, x_{n-1})$ auf D.

g und h »schließen einen Bereich B ein«, wie es Fig. 7.32 im Falle des $\mathbb{R}^3$ zeigt:

$$B := \left\{ \boldsymbol{x} = \begin{bmatrix} x_1 \\ \vdots \\ x_n \end{bmatrix} \;\middle|\; \begin{bmatrix} x_1 \\ \vdots \\ x_{n-1} \end{bmatrix} \in D \text{ und } g(x_1, \ldots, x_{n-1}) \leq x_n \leq h(x_1, \ldots, x_{n-1}) \right\} .$$

B ist natürlich wiederum ein Normalbereich. Es gilt der naheliegende

Satz 7.14:

Unter den obigen Voraussetzungen ist das Volumen V_B des Bereichs $B \subset \mathbb{R}^n$ gleich

$$V_B = \int\limits_D (h - g) \, dx_1 \ldots dx_{n-1} . \quad [17] \qquad (7.78)$$

Bemerkung: Im einführenden Abschn. 7.1.1 wurde die Formel (7.78) schon zur Rauminhaltsberechnung von Ellipsoiden u.a. verwendet (Beispiele 7.2 bis 7.5). Der Beweis des Satzes folgt unmittelbar aus Definition 7.7 (Abschn. 7.2.1) und aus Satz 7.12 (Abschn. 7.2.2). Man hat in diesem Satz nur das innerste Integral (über dx_n) aufzulösen.

17 Das Argument $(x_1, \ldots, x_{n-1})$ wurde der Übersichtlichkeit wegen bei h und g weggelassen.

Faßt man dagegen die inneren $(n-1)$-Integrale in Satz 7.12 (7.64) zu einem Integral zusammen:

$$\varphi(x_1) := \int\limits_{g_2(x_1)}^{h_2(x_1)} \int\limits_{g_3(x_1,x_2)}^{h_3(x_1,x_2)} \ldots \int\limits_{g_n\ldots}^{h_n\ldots} f \, \mathrm{d}x_n \ldots \mathrm{d}x_2 \, \mathrm{d}x_2 \, ,$$

so folgt aus Satz 7.12 (mit $f(\boldsymbol{x}) \equiv 1$ auf B):

$$V_\mathrm{B} = \int\limits_a^b \varphi(x_1) \, \mathrm{d}x_1 \, . \tag{7.79}$$

Diese Formel ist der Kern des *Satzes von Cavalieri*[18] (auch Prinzip des Cavalieri genannt):

Satz 7.15:

(*Satz von Cavalieri*) Ist B ein Normalbereich, wie in Definition 7.8 (Abschn. 7.2.2) angegeben, und ist $\varphi(x_1)$ das $(n-1)$-dimensionale Volumen des *Schnittes* $\{\boldsymbol{x} \in B \mid x_1 = \text{konstant}\}$ durch B $(a \le x_1 \le b)$, so ergibt sich der Rauminhalt V_B *von* B aus obiger Formel (7.79).

Bemerkung: Eine etwas allgemeinere Formulierung, bei der B nur als meßbar vorausgesetzt wird, findet man bei [25], S. 468. Für Anwendungszwecke reicht es aber, B als Normalbereich vorauszusetzen.

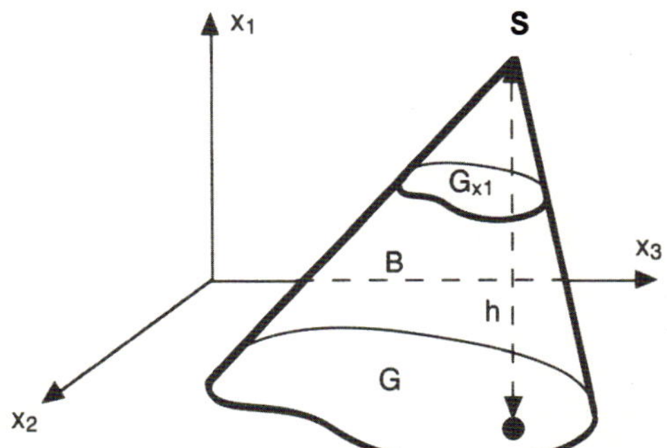

Fig. 7.33: Allgemeine Pyramide

Beispiel 7.16:

(*Allgemeine Pyramide*) Es sei ein Normalbereich G in der x_2-x_3-Ebene gegeben und ein Punkt $\boldsymbol{S} = [h, S_2, S_3]^\mathrm{T}$ mit $h > 0$ (s. Fig. 7.33). Die zugehörige *allgemeine Pyramide* besteht aus allen Punkten, die auf Verbindungsstrecken von G nach $\boldsymbol{S}$ liegen (s. Fig. 7.33). G ist die Grundfläche, $\boldsymbol{S}$ die Spitze der Pyramide und h ihre Höhe.

18 Bonaventura Francesco Cavalieri (1598 – 1647), italienischer Mönch, Mathematiker und Astronom

Ein Schnitt G_{x_1} in der Höhe von $x_1 \in [0, h]$ durch die Pyramide hat einen Flächeninhalt $\varphi(x_1)$, der quadratisch mit dem Abstand $h - x_1$ von der Spitze S zunimmt, also:

$$\varphi(x_1) = c(h - x_1)^2 \quad (c \geq 0)\,.$$

Für $x_1 = 0$ ergibt dies den Flächeninhalt F_G von G, also $\varphi(0) = ch^2 = F_\mathrm{G}$, somit $c = F_\mathrm{G}/h^2$, d.h.

$$\varphi(x_1) = \frac{(h - x_1)^2}{h^2} F_\mathrm{G}\,.$$

Mit (7.79) (Cavalieri) folgt damit für den Rauminhalt der Pyramide

$$\int\limits_0^h \frac{(h - x_1)^2}{h^2} F_\mathrm{G}\,\mathrm{d}x_1 = \frac{F_\mathrm{G}}{h^2} \int\limits_0^h (h - x_1)^2\,\mathrm{d}x_1 = \frac{F_\mathrm{G}}{3}\,, \tag{7.80}$$

d.h. »*Grundflächeninhalt mal Höhe durch 3*«.

Beispiel 7.17:

(Nach Wörle-Rumpf [57] Bd. III, S. 40) *Volumen einer* T-*Verbindung aus Zylindern* (s. Fig. 7.34a)

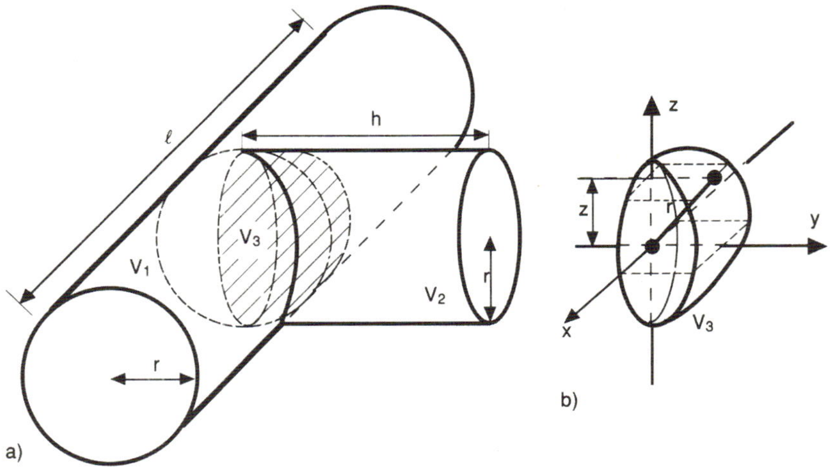

Fig. 7.34: T-Verbindung aus Zylindern

Das Volumen des Körpers in Fig. 7.34a besteht aus den Volumina $V_1 = r^2\pi l$ und $V_2 = r^2\pi h$, abzüglich des Volumens V_3 des Teiles, in dem sich die beiden Zylinder überschneiden (s. Fig. 7.34b). Dieser Teil hat als waagerechte Schnitte Rechtecke, und zwar in Höhe z ein Rechteck mit den Seitenlängen $\sqrt{r^2 - z^2}$ (in y-Richtung) und $2\sqrt{r^2 - z^2}$ (in x-Richtung). Nach dem Satz von Cavalieri ist damit

$$V_3 = \int_{-r}^{r} 2(r^2 - z^2)\,\mathrm{d}z = \frac{8}{3}r^3 .$$

Damit ist das Volumen der T-Verbindung

$$V = V_1 + V_2 - V_3 = \pi r^2(l + h) - \frac{8}{3}r^3 .$$

Übung 7.23:

Berechne den Rauminhalt einer Kugel um $\mathbf{0}$ mit Radius $r > 0$ nochmals, und zwar mit dem Satz des Cavalieri (im $\mathbb{R}^3$).

Hinweis: Die Formel für den Flächeninhalt eines Kreises darf als bekannt vorausgesetzt werden.

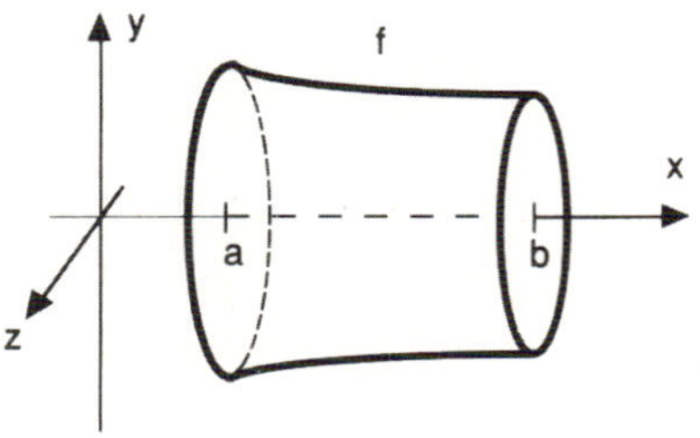

Fig. 7.35: Rotationskörper

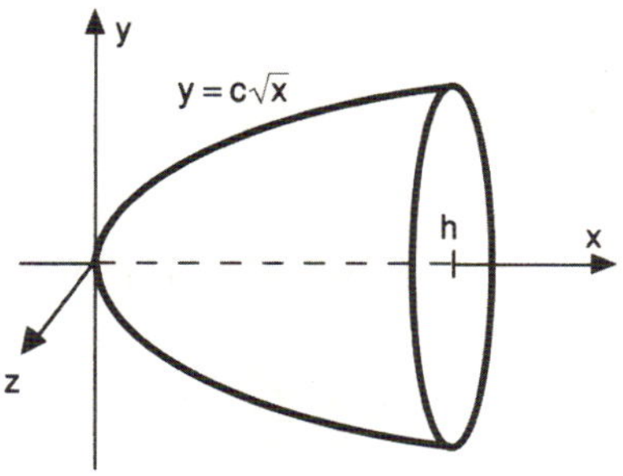

Fig. 7.36: Rotationsparaboloid

7.2.5 Rotationskörper

Rotationskörper kommen in der Technik besonders häufig vor. Sie lassen sich relativ einfach behandeln.

Definition 7.9:

Es sei $f : [a, b] \to \mathbb{R}$ eine nirgends negative, stetig differenzierbare Funktion. Die Menge B aller Punkte $[x, y, z]^{\mathrm{T}} \in \mathbb{R}^3$ mit $x \in [a, b]$ und $y^2 + z^2 \le f(x)^2$ nennt man einen *Rotationskörper* (s. Fig. 7.35). f heißt die *erzeugende Funktion des Rotationskörpers*. Seine *Mantelfläche* ist die Menge M der Punkte des Rotationskörpers, die $y^2 + z^2 = f(x)^2$ erfüllen.

Das Volumen V des beschriebenen Rotationskörpers ergibt sich unter Verwendung der Transformation $y = r\cos\varphi$, $z = r\sin\varphi$, $x = x$ aus der Transformationsformel:

$$V = \iiint\limits_B \mathrm{d}x\,\mathrm{d}y\,\mathrm{d}z = \int_a^b \int_0^{2\pi} \int_0^{f(x)} r\,\mathrm{d}r\,\mathrm{d}\varphi\,\mathrm{d}x = \int_a^b 2\pi\frac{f^2(x)}{2}\,\mathrm{d}x ,$$

also

$$\textit{Volumen des Rotationskörpers:} \quad V = \pi \int_a^b f^2(x)\,\mathrm{d}x\,. \tag{7.81}$$

Beispiel 7.18:

(*Volumen eines Rotationsparaboloids der Länge h*) (s. Fig. 7.36) Erzeugende Funktion ist

$y = f(x) = c\sqrt{x}\,, \quad (c > 0)\,.$ Damit ist das gefragte Volumen: $V = \pi \int_0^h c^2 x\,\mathrm{d}x = \frac{\pi}{2}c^2h^2\,.$

Bemerkung: Man kann den Rauminhalt eines Rotationskörpers auch direkt motivieren durch Riemannsche Summen

$$S = \sum_{k=1}^{n} \pi f(\xi_k)^2 \Delta x_k\,.$$

Die Summenglieder sind dabei die Volumina von (flachen) Zylindern (»Scheiben«), in die man den Rotationskörper näherungsweise zerschneidet.

Der *Flächeninhalt der Mantelfläche eines Rotationskörpers* — erzeugt von $f : [a, b] \to \mathbb{R}$ — wird durch folgende Formel berechnet:

$$F = 2\pi \int_a^b f(x)\sqrt{1 + f'(x)^2}\,\mathrm{d}x\,. \tag{7.82}$$

Bemerkung: Die Formel wird motiviert durch Riemannsche Summen

$$S = k\sum_{k=1}^{n} 2\pi f(\xi_k)\sqrt{\Delta x_k^2 + \Delta y_k^2}\,,$$

die das Integral approximieren. Die Summanden sind dabei die elementargeometrischen Flächeninhalte der Mantelflächen von Kegelstümpfen, in welche der Mantel sich (wie in dünne Ringe) zerschneiden läßt. Eine exakte Begründung wird im Rahmen der Flächeninhaltstheorie in Burg/-Haf/Wille (Vektoranalysis) [7], Abschn. 2.2.1, nachgeliefert.

Beispiel 7.19:

(*Kugeloberfläche*) Erzeugende Funktion der Kugel $K \subset \mathbb{R}^3$ um $\mathbf{0}$ mit Radius $r > 0$ ist $f(x) = \sqrt{r^2 - x^2}$, $x \in [-r, r]$. Damit ist der Flächeninhalt der Kugeloberfläche

$$F = 2\pi \int_{-r}^{r} \sqrt{r^2 - x^2}\sqrt{1 + \frac{x^2}{r^2 - x^2}}\,\mathrm{d}x = 2\pi r \int_{-r}^{r} \mathrm{d}x = 4\pi r^2\,.$$

Ist g eine reelle rotationssymmetrische Funktion auf einem Rotationskörper B (der von $f : [a, b] \to R$ erzeugt wird), so kann man g in der Form

$$g(r^2), \quad \text{mit} \quad r^2 = z^2 + y^2$$

schreiben. (g kann eine Temperatur, eine Ladungsdichte oder ähnliches beschreiben). Das Integral

$$I = \iiint_B g(z^2 + y^2)\,\mathrm{d}x\,\mathrm{d}y\,\mathrm{d}z$$

läßt sich stark vereinfachen und damit leichter berechnen, wenn man wieder die Transformation $y = r\cos\varphi$, $z = r\sin\varphi$, $x = x$ anwendet. Es folgt mit einer Stammfunktion G von g (d.h. $G' = g$), die $G(0) = 0$ erfüllt:

$$I = \int_a^b \int_0^{2\pi} \int_0^{f(x)} g(r^2) r\,\mathrm{d}r\,\mathrm{d}\varphi\,\mathrm{d}x = 2\pi \int_a^b \left[\frac{1}{2}G(r^2)\right]_0^{f(x)} \mathrm{d}x\,,$$

also

$$I = \pi \int_a^b G(f^2(x))\,\mathrm{d}x\,. \tag{7.83}$$

Guldinsche Regeln: Für Volumen V und Mantelflächeninhalt F_M eines Rotationskörpers gelten die folgenden *Guldinschen*[19] *Regeln*: Ist $f : [a, b] \to \mathbb{R} (f(x) \geq 0)$ die erzeugende Funktion des Rotationskörpers, so bezeichnet man die Fläche zwischen f und der x-Achse, d.h.

$$A = \left\{ \begin{bmatrix} x \\ y \end{bmatrix} \middle| \; a \leq x \leq b\,,\; 0 \leq y \leq f(x) \right\},$$

als die *erzeugende Fläche* des Rotationskörpers. $[x_\mathrm{s}, y_\mathrm{s}]^\mathrm{T}$ sei ihr Schwerpunkt.

Der Graph von f heißt die *erzeugende Kurve* des Rotationskörpers. Der Kurvenschwerpunkt sei $[\xi_\mathrm{s}, \eta_\mathrm{s}]^\mathrm{T}$. Damit erhalten wir:

1. *Guldinsche Regel* (für Rotationskörper): Das Volumen V eines Rotationskörpers erhält man als Produkt aus dem Flächeninhalt F_A der erzeugenden Fläche und der Länge ihres Schwerpunktweges bei einer vollen Drehung. In Formeln:

$$V = F_\mathrm{A} \cdot 2\pi y_\mathrm{s}\,.$$

19 Paul Guldin, ursprünglich Habakuk Guldin (1577 – 1643), österreichischer Astronom und Mathematiker

2. *Guldinsche Regel* (für Rotationskörper): Der Mantelflächeninhalt F eines Rotationskörpers ist das Produkt aus der Länge L der erzeugenden Kurve und der Länge ihres Schwerpunktweges bei einer vollen Drehung:

$$F = L \cdot 2\pi \eta_s .$$

Der *Beweis* der 1. Guldinschen Regel folgt unmittelbar aus (7.81) und

$$y_s = \frac{1}{2F_A} \int_a^b f^2(x)\,dx$$

(s. Abschn. 7.1.5, (7.37)). Die 2. Guldinsche Regel ergibt sich aus (7.82) und

$$\eta_s = \frac{1}{L} \int_a^b f(x)\sqrt{1 + f'(x)^2}\,dx$$

(s. Abschn. 7.1.5, (7.40)).

Übung 7.24:

Es sei K ein Kegelstumpf, erzeugt von $f(x) = 1 + 1/2, 0 \le x \le 1$. Berechne

$$\iiint_K r\,e^{r^2}\,dx\,dy\,dz\,, \quad \text{mit } r = \sqrt{y^2 + z^2}.$$

Hinweis: Benutze (7.83).

Übung 7.25:

Berechne den Flächeninhalt eines Parabolspiegels (Fahrradlampe), der als Mantelfläche eines Rotationskörpers mit der Erzeugenden $f(x) = 6\sqrt{x}$, $x \in [0,8]$, aufgefaßt werden kann.

Übung 7.26*:

Berechne den *Rauminhalt* und *Oberflächeninhalt eines Torus*, der durch Rotation einer Kreisscheibe um die x-Achse erzeugt wird, wie es die Fig. 7.37 zeigt. (*Hinweis*: Benutze die Guldinschen Regeln.)

7.2.6 Anwendungen: Schwerpunkte, Trägheitsmomente

Schwerpunkte: Den Schwerpunkt $\boldsymbol{s} \in \mathbb{R}^3$ eines realen Körpers errechnet man aus

$$\boldsymbol{s} = \frac{1}{m} \iiint_B \boldsymbol{r}\rho(\boldsymbol{r})\,dV\,. \qquad (7.84)$$

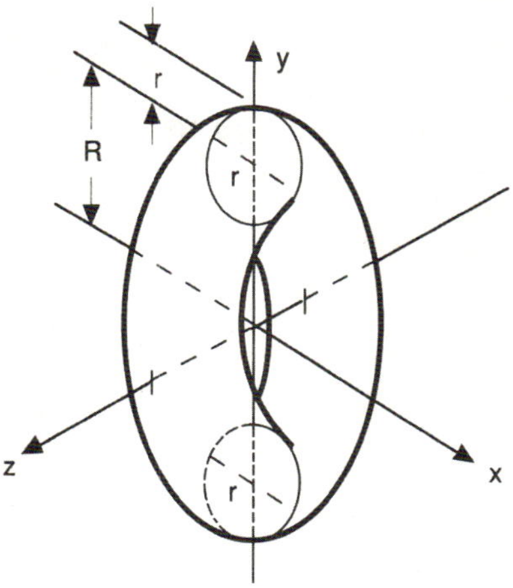

Fig. 7.37: Zum Volumen und Oberflächeninhalt des Torus

Dabei ist m die Masse des Körpers, $B \subset \mathbb{R}^3$ der räumliche Bereich, den er einnimmt, und $\rho(\boldsymbol{r})$ die Massendichte des Körpers an der Stelle $\boldsymbol{r} \in B$. ρ sei als integrierbar vorausgesetzt. Die Motivation der Formel verläuft völlig entsprechend wie die Überlegungen in Abschn. 7.1.5.

Das Integral (7.84) wird komponentenweise ausgewertet. Es beschreibt also eigentlich drei Bereichsintegrale:

$$x_0 = \frac{1}{m} \iiint\limits_B x\rho(\boldsymbol{r})\,\mathrm{d}V\,, \qquad y_0 = \frac{1}{m} \iiint\limits_B y\rho(\boldsymbol{r})\,\mathrm{d}V\,, \qquad z_0 = \frac{1}{m} \iiint\limits_B z\rho(\boldsymbol{r})\,\mathrm{d}V\,, \tag{7.85}$$

mit $\boldsymbol{s} = [x_0, y_0, z_0]^{\mathrm{T}}$ Für die Masse m gilt dabei

$$m = \iiint\limits_B \rho(\boldsymbol{r})\,\mathrm{d}V\,.$$

Ist die Dichte $\rho(\boldsymbol{r}) = \rho_0$ konstant und V das Volumen des Körpers, so folgt mit $V_{\rho_0} = m$ die einfachere Formel

$$\boldsymbol{s} = \frac{1}{V} \iiint\limits_B \boldsymbol{r}\,\mathrm{d}V\,. \tag{7.86}$$

Beispiel 7.20:

Eine *quadratische Pyramide* mit der Grundseitenlänge a und der Höhe h sei so in ein räumliches Koordinatensystem eingebettet, wie es die Fig. 7.38 zeigt. Wir nehmen konstante Dichte an. Der Bereich B, den die Pyramide ausfüllt, besteht aus allen Punkten $[x, y, z]^{\mathrm{T}}$ mit

$$0 \le x \le h\,, \quad -\frac{ax}{2h} \le y \le \frac{ax}{2h}\,, \quad -\frac{ax}{2h} \le z \le \frac{ax}{2h}\,.$$

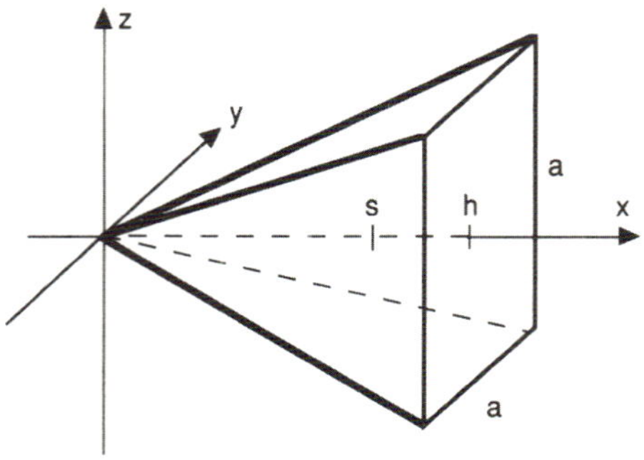

Fig. 7.38: Schwerpunkt einer Pyramide

Sein Volumen ist bekanntlich $V = a^2 h/3$. Damit gilt für die x-Komponente des Schwerpunktes

$$x_0 = \frac{1}{V} \iiint\limits_B x \, \mathrm{d}V = \frac{1}{V} \int\limits_0^h x \left(\int\limits_{-ax/(2h)}^{ax/(2h)} \left(\int\limits_{-ax/(2h)}^{ax/(2h)} \mathrm{d}z \right) \mathrm{d}y \right) \mathrm{d}x = \frac{3}{h^3} \int\limits_0^h x^3 \, \mathrm{d}x = \frac{3}{4} h \,.$$

Da aus Symmetriegründen $y = z = 0$ für die anderen Koordinaten des Schwerpunktes gilt, folgt $\boldsymbol{s} = \left[\frac{3}{4}h, 0, 0\right]^{\mathrm{T}}$. D.h.: Der Schwerpunkt der Pyramide liegt auf der Mittelachse in der Entfernung $\frac{3}{4}h$ von der Pyramidenspitze.

Trägheitsmomente: Das Trägheitsmoment eines Massenpunktes bezüglich einer Achse[20] im Raum ist $J = mr^2$. Dabei ist m die Masse des Massenpunktes und r sein Abstand von der Achse. Bei einem realen (ausgedehnten) Körper geht man so vor, daß man ihn in kleine Teilkörper zerlegt denkt und jeden Teilkörper als Massenpunkt auffaßt. Die Summe der Trägheitsmomente dieser Massenpunkte bezüglich einer Achse ist dann näherungsweise das Trägheitsmoment des Körpers. Durch verfeinerte Zerlegungen kommt man durch Grenzübergang wieder zu einem Integral. Dieses liefert das Trägheitsmoment des Körpers.

Rechnerisch sieht dies so aus: Bezeichnet man mit $\Delta m_i \,(i = 1, \ldots, n)$ die Massen der Teilkörper und mit r_i die zugehörigen Abstände von der Bezugsachse, so gilt für das Trägheitsmoment J des Körpers bezüglich der Achse:

$$J \approx \sum_{i=1}^{m} r_i^2 \Delta m_i$$

Dabei können wir $\Delta m_i \approx \rho(\boldsymbol{x}_i) \Delta V_i$ setzen, wobei ΔV_i das Volumen und $\boldsymbol{x}_i$ ein beliebiger Punkt

20 Achse=Gerade.

des i-ten Teilkörpers ist. $\rho(\boldsymbol{x})$ beschreibt die Massendichte. Es folgt

$$J \approx \sum_{i=1}^{m} \rho(\boldsymbol{x}_i) r_i^2 \Delta V_i \,.$$

Ersetzt man diese Summe durch das entsprechende Integral, so erhält man das *Trägheitsmoment*

$$J = \iiint\limits_B \rho(\boldsymbol{x}) r^2(\boldsymbol{x}) \,\mathrm{d}V \,. \tag{7.87}$$

Dabei ist $B \subset \mathbb{R}^3$ der Bereich, den der Körper im Raum einnimmt und $r(\boldsymbol{x})$ der Abstand des Punktes $\boldsymbol{x}$ von der Bezugsachse. Ist $\rho(\boldsymbol{x}) = \rho_0$ konstant — was am meisten vorkommt —, so erhält man

$$J = \rho_0 \iiint\limits_B r^2(\boldsymbol{x}) \,\mathrm{d}V \,. \tag{7.88}$$

Zur Behandlung von konkreten Beispielen wählen wir oft die x-Achse im $\mathbb{R}^3$ als Bezugsachse. Mit $\boldsymbol{x} = [x, y, z]^{\mathrm{T}}$ folgt damit $r(\boldsymbol{x}) = \sqrt{y^2 + z^2}$, also für das *Trägheitsmoment bezüglich der x-Achse*

$$J_{\mathrm{x}} = \rho_0 \iiint\limits_B (z^2 + y^2) \,\mathrm{d}x \,\mathrm{d}y \,\mathrm{d}z \,. \tag{7.89}$$

In analoger Weise werden die Trägheitsmomente J_{y} und J_{z} bezüglich der y- und z-Achse gebildet. Bezeichnet m die Masse des Körpers und V sein Volumen, so können wir für ρ_0 einsetzen:

$$\rho_0 = \frac{m}{V} \,.$$

Beispiel 7.21:

(*Trägheitsmoment eines Zylinders bezüglich einer Querachse*) Liegt der Zylinder so, wie es Fig. 7.39 zeigt, so ist sein Trägheitsmoment bezüglich der x-Achse gleich

$$J_{\mathrm{x}} = \rho_0 \int\limits_{-r}^{r} \left[\int\limits_{-\sqrt{r^2-x^2}}^{\sqrt{r^2-x^2}} \left[\int\limits_{-l/2}^{l/2} (y^2 + z^2) \,\mathrm{d}z \right] \mathrm{d}y \right] \mathrm{d}x$$

$$= \rho_0 \int\limits_{-r}^{r} \left[\int\limits_{-\sqrt{r^2-x^2}}^{\sqrt{r^2-x^2}} \left(y^2 l + \frac{l^3}{12} \right) \mathrm{d}y \right] \mathrm{d}x = \rho_0 \int\limits_{-r}^{r} \left[\frac{2}{3} \cdot l (r^2 - x^2)^{3/2} + \frac{l^3}{6} (r^2 - x^2)^{1/2} \right] \mathrm{d}x \,.$$

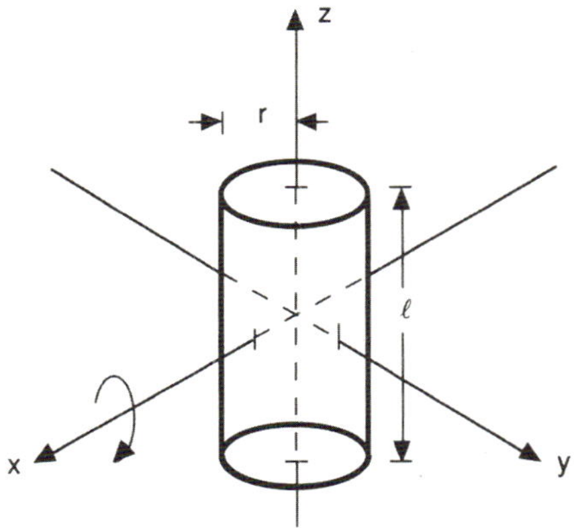

Fig. 7.39: Zum Trägheitsmoment J_x eines Zylinders

Mit der Substitution $x = r \sin t$ folgt

$$J_x = \rho_0 \left(\frac{2}{3} l r^4 \int_{-\pi/2}^{\pi/2} \cos^4 t \, dt + \frac{l^3}{6} \int_{-\pi/2}^{\pi/2} r^2 \cos^2 t \, dt \right) \Rightarrow J_x = \rho_{13} \frac{\pi l r^2}{12} [3r^2 + l^2] .$$

Zwei Sonderfälle sind hervorzuheben, in denen die Rechnungen einfacher sind: Erstens Trägheitsmomente von *Säulen*, wo nur ein Doppelintegral auszuwerten ist, und zweitens von *Rotationskörpern*, bei denen sich alles auf ein einfaches Integral reduziert.

Trägheitsmomente von Säulen: Unter einer *Säule* wollen wir hier einen Körper verstehen, dessen räumlicher Bereich B in jeder Schnittebene senkrecht zur x-Achse die gleiche Querschnittsfigur Q aufweist (s. Fig. 7.40). Das Trägheitsmoment J_x bezüglich der x-Achse ist dann bei konstanter Massendichte ρ_0:

$$J_x = \rho_0 \int_a^{a+h} \left(\iint_Q (y^2 + z^2) \, dz \, dy \right) dx \Rightarrow J_x = \rho_0 h \iint_Q (y^2 + z^2) \, dy \, dz . \tag{7.90}$$

Dabei ist h die Höhe der Säule und Q die Querschnittfläche in der y-z-Ebene. Wir sehen hier mit verhaltener Freude, daß das Integral rechts in (7.90) gerade das polare Flächenmoment I_p von 0 ist, wie in Abschn. 7.1.5 erläutert. Also gilt

$$J_x = \rho_0 h I_p . \tag{7.91}$$

Damit lassen sich alle Beispielrechnungen aus Abschn. 7.1.5 sofort verwenden. (Wir erwähnen aber, daß — physikalisch gesehen — das Flächenmoment der Biegungslehre mit dem Massenträgheitsmoment nichts zu tun hat. Lediglich mathematisch führt beides auf das gleiche Doppelintegral, was für uns natürlich kein Grund zur Trauer ist.)

Die Beispiele 7.9 und 7.10 aus Abschn. 7.1.5 liefern uns über (7.90) unmittelbar folgendes:

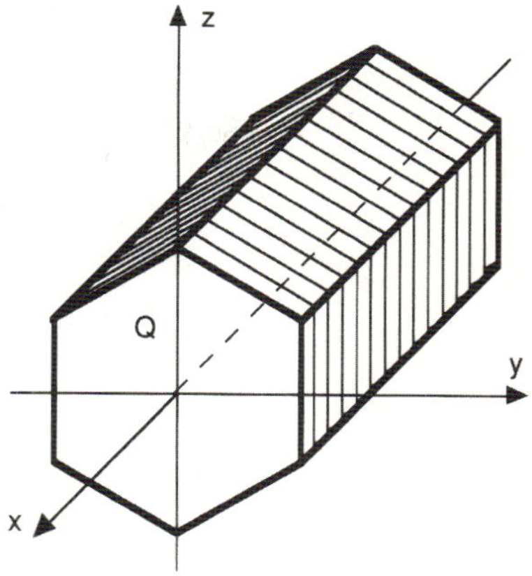

Fig. 7.40: Säule

Beispiel 7.22:
Trägheitsmomente (bezüglich der Mittelachse)

elliptischer Zylinder (a, b = Halbachsenlängen)		$J_x = \frac{\pi}{4}\rho_0 ab(a^2 + b^2)h$
Kreiszylinder (Radius r)		$J_x = \frac{\pi}{2}\rho_0 h r^4$
Rohr (r, R = innerer bzw. äußerer Radius)	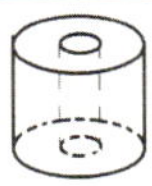	$J_x = \frac{\pi}{2}\rho_0 h(R^4 - r^4)$

Dabei: h = Höhe, ρ_0 = Massendichte

Das Trägheitsmoment einer sechseckigen Säule möge der Leser unter Benutzung von Übung 7.9 (Abschn. 7.1.5) berechnen.

Trägheitsmomente von Rotationskörpern können mit Formel (7.83) auf die Berechnung von einfachen Integralen reduziert werden. Ist $f : [a, b] \to \mathbb{R}$ die Erzeugende des Rotationskörpers, so ist sein *Trägheitsmoment bezüglich der Rotationsachse*:

$$J_x = \frac{\pi}{2}\rho_0 \int_a^b f^4(x)\,\mathrm{d}x \qquad \rho_0 = \frac{m}{V}. \tag{7.92}$$

Beispiel 7.23:
Mit (7.92) berechnet man leicht die folgenden Trägheitsmomente J_x bezüglich der Rotationsachsen:

Körper	Erzeugende	Trägheitsmoment
Kugel mit Radius r, Masse m, Volumen $V = \frac{4}{3} r^3 \pi$ 	$f(x) = \sqrt{r^2 - x^2}$, $-r \le x \le r$	$J_x = \frac{\pi\, m}{2\, V} \int\limits_{-r}^{r} (r^2 - x^2)\, \mathrm{d}x = \frac{2}{5} m r^2$
Kegel mit Höhe h und Radius r der Grundfläche, Masse m, Volumen $V = \frac{\pi}{3} r^2 h$ 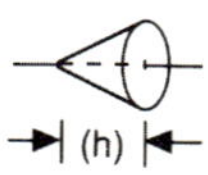	$f(x) = \frac{r}{h}$, $0 \le x \le h$	$J_x = \frac{\pi\, m}{2\, V} \int\limits_{0}^{h} \left(\frac{r}{h} x\right)^4 \mathrm{d}x = \frac{3}{10} m r^2$

Der Steinersche Satz: Bei allen vorangegangenen Beispielen verlief die Bezugsachse für das Trägheitsmoment durch den Schwerpunkt des jeweiligen Körpers. Will man das Trägheitsmoment bezüglich einer anderen, dazu parallelen Achse berechnen, braucht man nicht erneut zu integrieren, sondern kann mit dem folgenden Steinerschen[21] Satz die Berechnung auf den Fall der Achse durch den Schwerpunkt zurückführen:

Satz 7.16:

(*Steinerscher Satz*) Das Trägheitsmoment eines Körpers[22] bezüglich einer beliebigen Achse ist gleich der Summe des Trägheitsmoments bezüglich einer durch den Schwerpunkt gehenden parallelen Achse und des Trägheitsmomentes der im Schwerpunkt vereinigt gedachten Masse bezüglich der erstgenannten Achse.

Beweis:
Das Trägheitsmoment

$$J_x = \rho_0 \iiint\limits_B (y^2 + x^2)\, \mathrm{d}x\, \mathrm{d}y\, \mathrm{d}z$$

eines Körpers bezüglich der x-Achse wird umgeformt: Es seien x_s, y_s, z_s die Schwerpunktkoordinaten. Wir substituieren

$$x = x_s + u\,, \qquad y = y_s + v\,, \qquad z = z_s + w$$

21 Jakob Steiner (1796 – 1863), schweizerischer Mathematiker
22 Die Massendichte ρ_0 des Körpers sei dabei konstant.

und erhalten aus der Transformationsformel wegen $\dfrac{\partial(x, y, z)}{\partial(u, v, w)} = 1$:

$$J_x = \rho_0 \iiint\limits_{B^*} ((y_s + v)^2 + (z_s + w)^2)\, du\, dv\, dw\,,$$

wobei die Substitution B^* auf B abbildet. Es folgt nach Ausmultiplizieren der Klammern mit der Abkürzung $du\, dv\, dw = dV$:

$$J_x = \rho_0(y_s^2 + z_s^2) \iiint\limits_{B^*} dV + \rho_0 \left[2y_s \iiint\limits_{B^*} v\, dV + 2z_s \iiint\limits_{B^*} w\, dV \right] + \rho_0 \iiint\limits_{B^*} (v^2 + w^2)\, dV\,. \tag{7.93}$$

Die Integrale in der eckigen Klammer sind Null, da $\dfrac{1}{V_B} \iiint\limits_{B^*} v\, dV$ und $\dfrac{1}{V_B} \iiint\limits_{B^*} w\, dV$ die 2. und 3. Komponente des Schwerpunktes im u-v-w-System sind. In diesem System ist aber nach Konstruktion $[0, 0, 0,]^T$ der Schwerpunkt! Wegen $\rho_0 \iiint\limits_{B^*} dV = \rho_0 V_B = m$ (Masse des Körpers) und $\sqrt{y_s^2 + z_s^2} =: r$ (Abstand des Schwerpunktes von der x-Achse) ist das erste Glied in (7.93) gleich $r^2 m$. Das letzte Glied in (7.93) ist aber das Trägheitsmoment J_u bezüglich der u-Achse (= Parallele zur x-Achse durch den Schwerpunkt). Also folgt

$$J_x = J_u + r^2 m\,. \tag{7.94}$$

Das ist aber gerade die Aussage des Steinerschen Satzes. □

Beispiel 7.24:
Das Trägheitsmoment einer Kugel (mit Radius r und Masse m), deren Mittelpunkt von der Bezugsachse die Entfernung a hat, hat nach dem Steinerschen Satz den Wert $J = \frac{2}{5}mr^2 + ma^2$.

Übung 7.27*:

Berechne das Trägheitsmoment J_x des Torus aus der Übung 7.26 (ρ_0 = Dichte).

Übung 7.28*:

Berechne das Trägheitsmoment J_x eines Tetraeders

$$T = \left\{ \begin{bmatrix} x \\ y \\ z \end{bmatrix} \middle| \; x + y + z \le 1\,,\; x \ge 0\,,\; y \ge 0\,,\; z \ge 0 \right\}, \quad \rho_0 = 1\,\text{g/cm}^3\,.$$

Übung 7.29*:

Berechne den Schwerpunkt einer Halbkugel (Dichte konstant).

7.3 Parameterabhängige Integrale

Wir betrachten Funktionen der Form

$$F(t) := \int_a^b f(x,t)\,\mathrm{d}x\,, \quad t \in I\,,$$

wobei t ein Intervall ist und $f : [a,b] \times I \to \mathbb{R}$ eine Funktion, die für jedes festgewählte $t \in I$ bezüglich x integrierbar ist. Wir fragen nach Stetigkeit, Integrierbarkeit und Differenzierbarkeit von F. (Entsprechende Sätze für uneigentliche Integrale sind in Burg/Haf/Wille/Meister (Band III) [10], Anhang, angegeben. Sie stehen dort im Zusammenhang mit Integraltransformationen.)

7.3.1 Stetigkeit und Integrierbarkeit parameterabhängiger Integrale

Satz 7.17:
Ist $f : [a,b] \times I \to \mathbb{R}$ stetig, so ist auch F stetig auf I.

Beweis:
Es sei t_0 beliebig aus I. Wir haben

$$F(t) - F(t_0) = \int_a^b (f(x,t) - f(x,t_0))\,\mathrm{d}x\,, \quad t \in I\,, \tag{7.95}$$

abzuschätzen. Dazu wählen wir ein genügend kleines Intervall $[t_0 - \alpha, t_0 + \alpha]$ um t_0, so daß

$$R = [a,b] \times ([t_0 - \alpha, t_0 + \alpha] \cap I)$$

ein kompaktes Rechteck wird. F ist auf R gleichmäßig stetig (s. Satz 6.5, Abschn. 6.2.3), d.h. zu jedem $\varepsilon > 0$ existiert ein $\delta > 0$ ($\delta \le \alpha$), so daß

$$|f(x,t) - f(x,t_0)| < \varepsilon\,, \quad \text{für alle } t \in I \text{ mit } |t - t_0| < \delta \quad \text{und alle } x \in [a,b]$$

gilt. Damit ergibt sich für diese t aus (7.95) die nachfolgende Ungleichung, die unseren Satz beweist:

$$|F(t) - F(t_0)| < \varepsilon(b-a)\,. \qquad \square$$

Satz 7.18:
Ist $f : [a,b] \times [A,B] \to \mathbb{R}$ stetig, so folgt:

$$\int_A^B F(t)\,\mathrm{d}t = \int_A^B \int_a^b f(x,t)\,\mathrm{d}x\,\mathrm{d}t = \int_a^b \int_A^B f(x,t)\,\mathrm{d}t\,\mathrm{d}x\,.$$

Dieser Satz folgt unmittelbar aus den Sätzen 7.3 und 7.2 in Abschn. 7.1.3. Bemerkung. Beide Sätze gelten entsprechend auch für Bereichsintegrale

$$F(t) = \int_B f(\boldsymbol{x}, t)\,\mathrm{d}\boldsymbol{x}\,, \quad \boldsymbol{x} \in B \subset \mathbb{R}^n\,, \quad t \in I\,.$$

Die Beweise werden mit ganz analogen Überlegungen geführt.

7.3.2 Differentiation eines parameterabhängigen Integrals

Satz 7.19:

Es sei eine Funktion der Form

$$F(t) = \int_a^b f(x, t)\,\mathrm{d}x\,, \quad t \in I \text{ (Intervall)}\,,$$

gegeben, wobei die reellwertige Funktion f auf $[a, b] \times I$ stetig ist und dort eine stetige partielle Ableitung $\dfrac{\partial f(x,t)}{\partial t}$ besitzt. Damit ist F auf I differenzierbar, und es gilt

$$F'(t) = \int_a^b \frac{\partial f(x,t)}{\partial t}\,\mathrm{d}x\,. \tag{7.96}$$

Bemerkung: Man kann die Behauptung kurz so ausdrücken: »Es darf unter dem Integralzeichen differenziert werden.«

Beweis:

Da $f(x, t)$ nach f partiell differenzierbar ist, folgt aus dem Mittelwertsatz der Differentialrechnung (einer Variablen):

$$\frac{f(x,t) - f(x,t_0)}{t - t_0} = f_t(x, \tau_x)\,, \tag{7.97}$$

mit $x \in [a, b]$, $t \neq t_0 (\in I)$ und einem τ_x zwischen t und t_0.

f_t ist stetig, also gleichmäßig stetig auf jedem kompakten Rechteck $R = [a, b] \times ([t_0 - \alpha, t_0 + \alpha] \cap I)$. Somit gibt es zu jedem $\varepsilon > 0$ ein $\delta > 0$ $(\delta < \alpha)$ mit

$$|f_t(x, \tau_x) - f_t(x, t_0)| < \varepsilon\,, \quad \text{falls } |t - t_0| < \delta,$$

(Denn dann ist auch $|\tau_x - t_0| < \delta$) Gl. (7.97) liefert daher

$$\left|\frac{f(x,t) - f(x,t_0)}{t - t_0} - f_t(x, t_0)\right| < \varepsilon\,, \quad \text{falls } |t - t_0| < \delta,$$

woraus nach Integration über x folgt:

$$\left| \frac{F(t) - F(t_0)}{t - t_0} - \int_a^b f_t(x, t_0)\,\mathrm{d}x \right| \leq \varepsilon(b - a)$$

für $|t - t_0| < \delta$. Dies beweist unseren Satz. □

Bemerkung: Auch dieser Satz gilt entsprechend für Bereichsintegrale

$$F(t) = \int_B f(\boldsymbol{x}, t)\,\mathrm{d}\boldsymbol{x}\,,$$

wobei der Beweis nahezu gleichlautend ist.

Beispiel 7.25:
Das Integral

$$F(t) = \int_1^2 \frac{\mathrm{e}^{xt}}{x}\,\mathrm{d}x\,, \quad t \neq 0\,,$$

läßt sich nicht analytisch integrieren (doch sehr wohl numerisch). Die Ableitung jedoch ergibt sich als elementare Funktion durch »Differentiation unter dem Integralzeichen«:

$$F'(t) = \int_1^2 \frac{\partial}{\partial x}\frac{\mathrm{e}^{xt}}{x}\,\mathrm{d}x = \int_1^2 \mathrm{e}^{xt}\,\mathrm{d}x = \frac{1}{t}\Big[\mathrm{e}^{xt}\Big]_1^2 = \frac{\mathrm{e}^{2t} - \mathrm{e}^t}{t}\,.$$

Übung 7.30:

Differenziere nach t:

$$\int_\pi^{2\pi} \frac{\sin(xt)}{x}\,\mathrm{d}x\,, \qquad \int_2^4 \frac{\mathrm{e}^{x^2 t}}{x}\,\mathrm{d}x\,, \qquad \int_1^5 \frac{1}{x\sqrt{1 + x^2 t^2}}\,\mathrm{d}x\,.$$

7.3.3 Differentiation bei variablen Integrationsgrenzen

Allgemeiner als im vorigen Abschnitt sollen nun die Integrationsgrenzen des Parameterintegrals auch noch variabel sein:

$$F(t) := \int_{\varphi(t)}^{\psi(t)} f(x, t)\,\mathrm{d}x\,, \quad t \in I \text{ (Intervall)}.$$

Dabei seien φ und ψ stetig differenzierbare Funktionen auf I, und f nebst $\dfrac{\partial f}{\partial t}$ seien stetig auf einem Bereich $B \subset \mathbb{R}^2$, der die Graphen von φ und ψ enthält sowie jeden Punkt »zwischen den Graphen«, d.h. jeden Punkt $\begin{bmatrix} x \\ t \end{bmatrix}$ mit $t \in I$ und x zwischen $\varphi(t)$ und $\psi(t)$.

Die Differentiation von $F(t)$ ist ganz einfach — und läßt sich leicht merken — wenn man zunächst die untere und obere Grenze mit y und z bezeichnet und die entstehende Funktion von drei Variablen ins Auge faßt:

$$F^*(t, y, z) := \int\limits_y^z f(x, t)\,\mathrm{d}x\,.$$

Diese Funktion ist offenbar nach allen drei Variablen stetig partiell differenzierbar (nach z und y auf Grund des Hauptsatzes des Differential- und Integralrechnung, nach t wegen Satz 7.19).

Mit der Substitution

$$t = \tau\,, \qquad y = \varphi(\tau)\,, \qquad z = \psi(\tau)$$

differenziert man F^* nach der Kettenregel (Folg. 6.5, Abschn. 6.3.3):

$$\frac{\mathrm{d}F^*}{\mathrm{d}\tau} = \frac{\partial F^*}{\partial t}\frac{\mathrm{d}t}{\mathrm{d}\tau} + \frac{\partial F^*}{\partial y}\frac{\partial y}{\partial \tau} + \frac{\partial F^*}{\partial z}\frac{\partial z}{\partial \tau}\,.$$

Die Argumente $(\tau, \varphi(\tau), \psi(\tau))$ von F^* wurden der Übersichtlichkeit wegen weggelassen. Die letzte Gleichung liefert explizit

$$F'(\tau) = \int\limits_{\varphi(\tau)}^{\psi(\tau)} f_\tau(x, \tau)\,\mathrm{d}x \cdot 1 + \psi'(\tau) \cdot f(\psi(\tau), \tau) - \varphi'(\tau) \cdot f(\varphi(\tau), \tau)\,.$$

Ersetzen wir hier τ durch t, so erhalten wir die Ableitungsformel

$$F'(t) = \int\limits_{\varphi(t)}^{\psi(t)} f_t(x, t)\,\mathrm{d}x \cdot 1 + \psi'(t) \cdot f(\psi(t), t) - \varphi'(t) \cdot f(\varphi(t), t)\,. \qquad (7.98)$$

Beispiel 7.26:

(*zur Balkenbiegung*) Ein Balken, wie in Fig. 7.41 skizziert, besitzt im Schnitt bei x die *Querkraft*

$$Q(x) = A - \int\limits_0^x p(t)\,\mathrm{d}t\,.$$

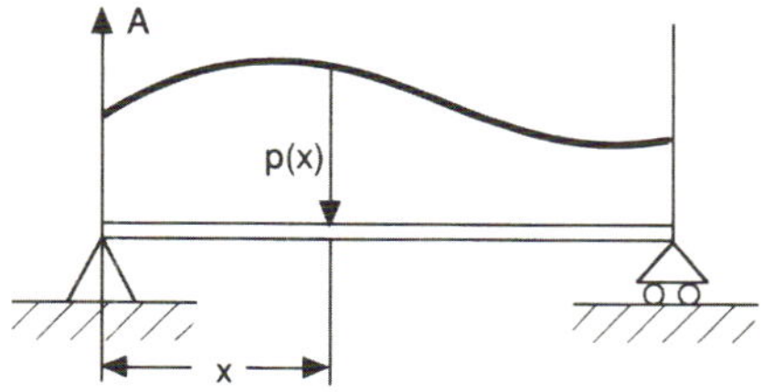

Fig. 7.41: Zur Balkenbiegung

Dabei beschreibt $p(t)$ die Belastung des Balkens pro Längeneinheit an der Stelle x, und A ist die *Auflage-Reaktionskraft* links. Das *Biegemoment* bei x ist

$$M(x) = Ax - \int_0^x (x-t)p(t)\,\mathrm{d}t\,.$$

Wir wollen zeigen, daß die Ableitung des Biegemoments gleich der Querkraft ist. Dies ergibt sich sofort aus Formel (7.98) (wobei x und t ihre Rollen getauscht haben):

$$M'(x) = A - \frac{\mathrm{d}}{\mathrm{d}x}\int_0^x (x-t)p(t)\,\mathrm{d}t = A - \int_0^x p(t)\,\mathrm{d}t - 1\cdot\underbrace{\big[(x-t)p(t)\big]_{t=x}}_{0} = Q(x)\,.$$

Übung 7.31:

Differenziere $F(t) = \int\limits_t^{1+t^2} \frac{\sin(xt)}{x}\,\mathrm{d}x,\ t \in \mathbb{R}$.

Anhang

A Lösungen zu den Übungen

Zu den mit $*$ versehenen Übungen werden Lösungswege skizziert oder Lösungen angegeben.[1]

Zu Kapitel 1

Zu Übung 1.4: Die Mindestprozentzahl x ergibt sich aus
$100 - x = (100 - 60) + (100 - 70) + (100 - 80)$. Der Leser überlege, warum.

Zu Übung 1.11: Schreibe die binomische Formel für $(1 + (-1))^n$ hin.

Zu Übung 1.12: $I_d = \frac{\pi}{32} d^4 \cdot (1 - (1 - \frac{2s}{d})^4) \approx \frac{\pi}{32} d^4 \cdot (1 - (1 - 4 \cdot \frac{2s}{d})) = \frac{\pi}{4} d^3 s.$

Zu Übung 1.14: Loch bedeute 1, Lochstelle ohne Loch bedeute 0.

Zu Übung 1.16: Es gibt $6 \cdot 5 \cdot 4 \cdot 3 = 360$ Möglichkeiten. Der Autofahrer erlebt das Ende seines Versuches nicht.

Zu Übung 1.23: Schreibe: $\frac{x^n}{n!} = \frac{x}{1} \frac{x}{2} \frac{x}{3} \ldots \frac{x}{n}$. Wähle n_0 so, daß $\left|\frac{x}{n_0}\right| < \frac{1}{2}$ ist. Für alle $x \geq n_0$ gilt dann:

$$\left|\frac{x^n}{n!}\right| = \left|\frac{x^{n_0}}{n_0!}\right| \cdot \left|\frac{x}{n_0 + 1}\right| \left|\frac{x}{n_0 + 2}\right| \cdots \left|\frac{x}{n}\right| \leq \left|\frac{x^{n_0}}{n_0!}\right| \cdot \left(\frac{1}{2}\right)^{n - n_0} \to 0 \quad \text{für } n \to \infty.$$

Zu Übung 1.25: Grundreihe R10 für Rohre:
|1,00|1,25|1,60|2,00|2,50|3,15|4,00|5,00|6,30|8,00|10,00|

Zu Übung 1.27: $\lim_{n \to \infty} a_n = -1/2$, $\lim_{n \to \infty} b_n = 1$

Zu Übung 1.29: Zur Beweisidee siehe Beispiel 1.39 (harmonische Reihe).

Zu Übung 1.31: Beweise zunächst $\frac{2^k}{k!} < (\frac{1}{2})^{k-4}$ für $k \geq 4$: vgl. 1.23

Zu Übung 1.33: Konvergenz liegt vor für alle $x \in (-1, 1]$.

Zu Übung 1.34: Stetigkeitsbereiche (a) $\mathbb{R} \setminus \{0\}$ (f ist stetig!), (b) $\mathbb{R} \setminus \{0\}$ (g ist unstetig in 0), (c) $\mathbb{R} \setminus \{-1, 1\}$, (d) $\mathbb{R}$.

Zu Übung 1.37: Gleichmäßig stetig sind f, h und k, da sie stetig auf [0, 1] fortgesetzt werden können (vgl. Satz 1.26). Ungleichmäßig stetig ist g (0 ist Pol!).

Zu Übung 1.38: Dividiere in (a), (b), (d) Zähler und Nenner mit dem Divisionsverfahren für Polynome (s. Abschn. 2.1.6). In (c) multipliziere Zähler und Nenner mit $(\sqrt{x} + 1)$.

---

1 Aufgaben werden durch gedruckte Lösungen oft entwertet. Daher wurde nur bei wenigen Aufgaben Lösungen und Hinweise gegeben

Zu Kapitel 2

Zu Übung 2.2: Volumengleichung $V_1 + V_2 = V$ und Massengleichungen $\rho_1 V_1 + \rho_2 V_2 = \rho V$ lassen sich als zwei Geraden im V_1-V_2-Koordinatensystem deuten. Gesucht: Schnittpunkt.

Zu Übung 2.12: Man berechne D, D_1 und, falls nötig, Da_{11} bzw. D_2, und entscheide nach dem vorangegangenen Schema.

Zu Übung 2.26: Es sei $a > 1$ und $x_1 < x_2$, wobei x_1, x_2 rational sind. Damit gilt $a^{x_2}/a^{x_1} = a^{x_2 - x_1} > 1$ (nach Abschn. 1.1.6, Folg. 1.9 und Übung 1.8b). Damit gilt $a^{x_2} > a^{x_1}$. Sind z_1, z_2 reell, also evtl. irrational, und gilt $z_1 > z_2$, so gibt es rationale x_1, x_2 mit $z_1 < x_1 < x_2 < z_2$. Nähert man z_1 und z_2 durch rationale Zahlen beliebig genau an, so folgt durch Grenzübergang jedenfalls

$$a^{z_1} \le a^{x_1} < a^{x_2} \le a^{z_2},$$

also $a^{z_1} < a^{z_2}$, was zu zeigen war. (Im Falle $0 < a < 1$ betrachte man zunächst $1/a^x$ und schließe analog.)

Zu Übung 2.28: (a) Mit $a_n = n/2^n$ folgert man $a_n = \dfrac{n}{2(n-1)} a_{n-1} \le 0{,}75 a_{n-1}$ für $n \ge 3$. Das liefert (induktiv) für $n \ge 3$: $a_n \le (0{,}75)^{n-2} a_2 \to 0$ (für $n \to \infty$).

(b) folgt wegen $x/\mathrm{e}^x < x/2^x$ $(x > 0)$, (c) folgt mit $y = \mathrm{e}^x$ aus (b). (d), (e) klar!

Zu Übung 2.34: Benutze Def. 2.16.

Zu Übung 2.36: Fasse die cos-Ausdrücke als Realteile komplexer Funktionen von t auf, wie in (2.149). Errechne damit A und φ analog zum vorangehenden Text.

Zu Kapitel 3

Zu Übung 3.1: Geschwindigkeit $= c$.

Zu Übung 3.7: Beschleunigung $= g$ bzw. $= 0$.

Zu Übung 3.8: Es sei (x_n) eine Folge aus I mit $x_n \to x_0$ für $n \to \infty$. Man bildet $\Delta_n := (f(x_n) - f(x_0))/(x_n - x_0)$. Gibt es nur endlich viele $x_n \le x_0$ (bzw. $x_n > x_0$), so strebt Δ_n offenbar gegen $f'(x_0+)$ (bzw. $f'(x_0-)$). Gibt es sowohl unendlich viele $x_n \le x_0$ wie auch unendlich viele $x_n > x_0$, so formieren diese zwei Teilfolgen von (Δ_n), deren eine gegen $f'(x_0-)$ und deren andere gegen $f'(x_0+)$ strebt. Wegen $f'(x_0-) = f'(x_0+)$ strebt damit (Δ_n) auch gegen diesen gemeinsamen Wert, der somit $f'(x_0)$ genannt werden darf.

Zu Übung 3.13: Implizites Differenzieren liefert $2yy' - 2x = 0$, also $yy' = x$. Für $y' = 1$ folgt $y = x$. Dies beschreibt die Winkelhalbierende der positiven Koordinatenachsen; usw.

Zu Übung 3.16: Für beliebige $x_1, x_2 \in I$ mit $x_1 < x_2$ gilt nach dem Mittelwertsatz (Satz 3.5): $f(x_2) - f(x_1) = f'(\xi)(x_1 - x_2)$ mit einem $\xi \in (x_1, x_2)$. Im Falle (a) ist die rechte Seite $= 0$, im Falle (b) ist sie stets ≥ 0 (bzw. > 0, ≤ 0, < 0). Daraus folgen die Behauptungen.

Zu Übung 3.21: Benutze Satz 3.14.

Zu Übung 3.29: Verwende $\ln \dfrac{1}{a} = -\ln a$.

Zu Übung 3.37: Lösungen $x_1 \doteq 0{,}80706937$, $x_2 \doteq 1{,}24143200$.

Zu Übung 3.38: Wende das Newtonverfahren auf $f(x) = x^3 - a$ an.

Zu Übung 3.40: Volumen $V = x(50 - 2x)(80 - 2x)$. Suche das Maximum dieser Funktion von x, und zwar im Intervall $[0, 50/2]$.

Zu Kapitel 4

Zu Übung 4.3: Es sei $\varepsilon > 0$ beliebig (klein) und Z eine Zerlegung von $[0, \pi]$, deren erstes Teilintervall $[\pi, \varepsilon/4]$ ist, und für die folgendes gilt: Die durch Z erzeugte Zerlegung Z' von $[\varepsilon/4, \pi]$ sei so, daß $S_f(Z') - s_f(Z') < \varepsilon/2$ ist. (Das ist erreichbar, da f auf $[\varepsilon/4, \pi]$ stetig, also auch integrierbar ist.) Für die Zerlegung Z von $[0, \pi]$ ist aber sicherlich

$$M_1 = \max_{[0,\varepsilon/4]} f(x) = 1\,, \qquad m_1 = \min_{[0,\varepsilon/4]} f(x) = -1\,, \quad also$$

$$S_f(Z) - s_f(Z) = M_1 \frac{\varepsilon}{4} + S_f(Z') - \left(m_1 \frac{\varepsilon}{4} + s_f(Z')\right) = \frac{\varepsilon}{2} + S_f(Z') - s_f(Z') < \varepsilon\,.$$

Da $\varepsilon > 0$ beliebig (klein) ist, folgt $\inf\limits_Z S_f(Z) = \sup\limits_Z s_f(Z)$, d.h. f ist integrierbar auf $[0, \pi]$.

Zu Übung 4.14: (a), (c), (d) existieren, (b) nicht.

Zu Übung 4.15: $f(x) \leq \int\limits_{x-1}^{x} f(x)\,\mathrm{d}x \leq \int\limits_{x-1}^{\infty} f(x)\,\mathrm{d}x \to 0$ für $x \to \infty$.

Zu Übung 4.16: (b) konvergiert, da $\int\limits_{0+}^{1} \frac{\mathrm{d}x}{\sqrt{x}}$, $\int_{-1}^{0-} \frac{\mathrm{d}x}{\sqrt{-x}}$ konvergieren.

Mit dem Grenzwertkriterium (Satz 4.15) erkennt man:

(a) konvergiert, da $\sqrt{x}/\sqrt{\sin x} \to 1$ für $x \to 0+$,

(b) konvergiert nicht, da $\left(\frac{1}{x}\right)^2 / \left(\cosh(\frac{1}{x}) - 1\right) \to 2$ für $x \to \infty_t$,

(c) konvergiert nicht, da $\mathrm{e}^{1/x} / \left(\cosh(\frac{1}{x}) - 1\right) \to 2$ für $x \to 0+$.

(d) konvergiert, da $(\ln x/\sqrt{x})/x^{-\cdot 3/4} = x^{1/4} \ln x \to 0$ für $x \to 0+$, und da $\int\limits_{0+}^{1} x^{-3/4}\mathrm{d}x$ konvergiert.

Zu Übung 4.17: Benutze Satz 4.15.

Zu Übung 4.18: Benutze Satz 4.16.

Zu Kapitel 5

Zu Übung 5.1: (a), (b) konvergieren gleichmäßig, (c), (d) nicht. ((c), (d) konvergieren aber punktweise!)

Zu Übung 5.6: Für jede Partialsumme $s_n(x)$ der rechten Seite gilt offenbar $s_n(x) < \arcsin x < \arcsin 1$, falls $|x| < 1$. Also folgt $s_n(1) = \lim\limits_{x \to 1-} s_n(x) \leq \arcsin 1$ für alle $n \in \mathbb{N}$. Die Folge $s_n(1)$ ist also beschränkt und monoton, folglich konvergent. Entsprechendes gilt für $s_n(-1)$. Mit dem Abelschen Grenzwertsatz (Satz 5.15) folgt damit die in der Aufgabe behauptete Reihendarstellung.

Zu Kapitel 6

Zu Übung 6.3: $\lim\limits_{k\to\infty} \boldsymbol{a}_k = \begin{bmatrix}1\\0\end{bmatrix}, \lim\limits_{k\to\infty} \boldsymbol{b}_k = \begin{bmatrix}1/5\\1\end{bmatrix}, \lim\limits_{k\to\infty} \boldsymbol{c}_k = \begin{bmatrix}0\\1\\3/4\end{bmatrix}.$

Zu Übung 6.4: A und C abgeschlossen, B offen, D nichts dergleichen.

Zu Übung 6.7: $(\boldsymbol{B}^{-1}\boldsymbol{A}^{-1})\boldsymbol{A}\boldsymbol{B} = \boldsymbol{B}^{-1}(\boldsymbol{A}^{-1}\boldsymbol{A})\boldsymbol{B} = \boldsymbol{B}^{-1}\boldsymbol{E}\boldsymbol{B} = \boldsymbol{B}^{-1}\boldsymbol{B} = \boldsymbol{E} \Rightarrow (\boldsymbol{B}^{-1}\boldsymbol{A}^{-1}) = (\boldsymbol{A}\boldsymbol{B})^{-1}$.

Zu Übung 6.13: Zur Beantwortung betrachte die Geraden im $\mathbb{R}^2$, die durch die Gleichungen $x_1 = 0$, $x_2 = 0$ bzw. $x_1 = x_2$ gegeben sind. Untersuche $\lim\limits_{\boldsymbol{x}\to 0} f(\boldsymbol{x})$ auf jeder dieser Geraden!

Zu Übung 6.20: (a) Man orientiere sich an Beispiel 6.17.

(b) $f'(\boldsymbol{x}) = \left[\frac{\partial f}{\partial x_1}(\boldsymbol{x}), \frac{\partial f}{\partial x_2}(\boldsymbol{x})\right] = \left[e^{x_1}\sin x_2, e^{x_1}\cos x_2\right] \Rightarrow \frac{\partial f}{\partial \boldsymbol{a}} = f'(0,0)\boldsymbol{a} = [0,\ 1]\begin{bmatrix}1/\sqrt{2}\\1/\sqrt{2}\end{bmatrix} = \frac{1}{\sqrt{2}}.$

Zu Kapitel 7

Zu Übung 7.6:

$$\iint\limits_B (e^x + \sin y)\,dx\,dy = \int_0^2 \left[\int_{x/4}^{1-x/4} (e^x + \sin y)\,dy\right] dx$$
$$= \int_0^2 \left[\left| e^x y - \cos y \right|\right]_{x/4}^{1-x/4} dx = \int_0^2 \left[e^x - \frac{x}{2}e^x - \cos\left(1 - \frac{x}{4}\right) + \cos\frac{x}{4}\right] dx$$
$$= \left[e^x - \frac{1}{2}(x-1)e^x + 4\sin x\left(1 - \frac{1}{4}\right) + 4\sin\frac{x}{4}\right]_0^2$$
$$= \frac{1}{2}e^2 + 8\sin\frac{1}{2} - 4\sin 1 - \frac{3}{2}.$$

Zu Übung 7.26: *Torus*: Volumen $V = F_A \cdot 2\pi R = r^2\pi \cdot 2\pi R = 2r^2R\pi^2$, Oberflächeninhalt $F = L \cdot 2\pi R = 2\pi r \cdot 2\pi R = 4rR\pi^2$.

Zu Übung 7.27: Benutze Formel (7.88) mit $f(x) = R + \sqrt{r^2 - x^2}$ und $g(x) = r - \sqrt{r^2 - x^2}$, d.h. berechne:

$$J_x = \frac{\pi}{2}\rho_0 \int_{-r}^{r} [f^4(x) - g^4(x)]\,dx\,.$$

Es ergibt sich

$$J_x = \rho_0 \cdot 2\pi^2 r R^2 \left(R^2 + \frac{3}{4}r^2\right).$$

Mit der Masse $m = \rho_0 V = \rho_0 \cdot 2\pi^2 R r^2$ erhält man das *Trägheitsmoment des Torus* in der Form

$$J_x = m\left(R^2 + \frac{3}{4}r^2\right)$$

Zu Übung 7.28: $J_x = \iiint\limits_T (y^2 + x^2)\,dx\,dy\,dz = \int\limits_0^1 \left[\int\limits_0^{1-z} \left[\int\limits_0^{1-y-z} (y^2 + z^2)\,dx \right] dy \right] dz$

$= \frac{1}{30}$ [g cm²].

Zu Übung 7.29: R Radius der Halbkugel. Der Schwerpunkt liegt auf der Symmetrieachse, um $\frac{3}{8}R$ vom Kugelmittelpunkt entfernt, in der Halbkugel.

Zu Übung 7.31:

$$F'(t) = \int\limits_t^{1+t^2} \underbrace{\frac{\partial}{\partial t}\frac{\sin(xt)}{x}}_{\cos(xt)}\,dx + 2t\,\frac{\sin((1+t^2)t)}{1+t^2} - 1 \cdot \frac{\sin t^2}{t} \Rightarrow F'(t) = \frac{1+3t^2}{t+t^3}\sin(t+t^3) - \frac{2}{t}\sin t^2\,.$$

Symbole

Einige Zeichen, die öfters verwendet werden, sind hier zusammengestellt.

$A \Rightarrow B$ aus A folgt B
$A \Leftrightarrow B$ A gilt genau dann, wenn B gilt
$x :=$ x ist definitionsgemäß gleich
Zur Mengenschreibweise s. Abschn. 1.1.4
$x \in M$ x ist Element der Menge M, kurz: »x aus M«
$x \notin M$ x ist nicht Element der Menge M
$\{x_1, x_2, \ldots, x_n\}$ Menge der Elemente $x_1, x_2, \ldots, x_n$
$\{x \mid x \text{ hat die Eigenschaft } E\}$ Menge aller Elemente x mit Eigenschaft E
$\{x \in N \mid x \text{ hat die Eigenschaft } E\}$ Menge aller Elemente $x \in N$ mit Eigenschaft E
$M \subset N$, $N \supset M$ M ist Teilmenge von N (d.h. $x \in M \Rightarrow x \in N$)
$M \cup N$ Vereinigungsmenge von M und N
$M \cap N$ Schnittmenge von M und N
$M \backslash A$ Restmenge von A in M
$\emptyset$ leere Menge
$A \times B$ cartesisches Produkt aus A und B
$A_1 \times A_2 \times \ldots \times A_n$ cartesisches Produkt aus $A_1, A_2, \ldots, A_n$

$\mathbb{N}$ Menge der natürlichen Zahlen $1, 2, 3, \ldots$
$\mathbb{Z}$ Menge der ganzen Zahlen
$\mathbb{Q}$ Menge der rationalen Zahlen
$\mathbb{R}$ Menge der reellen Zahlen
$\mathbb{R}^+$ Menge der positiven reellen Zahlen
$\mathbb{R}^-$ Menge der negativen reellen Zahlen
$\mathbb{R}_0^+$ Menge der nicht negativen reellen Zahlen
$\mathbb{R}_0^-$ Menge der nicht positiven reellen Zahlen
$(x_1, \ldots, x_n)$ n-Tupel
$[a, b]$, (a, b), $[a, b)$, $(a, b]$ beschränkte Intervalle
$[a, \infty)$, (a, ∞), $(-\infty, a]$, $(-\infty, a)$, $\mathbb{R}$ unbeschränkte Intervalle
$\mathbb{C}$ Menge der komplexen Zahlen (Abschn. 2.5.2)
$\begin{bmatrix} x_1 \\ \vdots \\ x_n \end{bmatrix}$ Spaltenvektor der Dimension n (Abschn. 6.1.1)
$\mathbb{R}^n$ Menge aller Spaltenvektoren der Dimension n (wobei $x_1, x_2, \ldots, x_n \in \mathbb{R}$) (Abschn. 6.1.1)

Weitere Bezeichungen

$|x|$ (für $x \in \mathbb{R}$) 1.1.6
$\sum_{k=0}^{n} a_k$ 1.1.7
$n!$ 1.1.7
$\binom{n}{k}$ 1.1.7
$f : A \to B$ 1.3.2, 1.3.5
f^{-1}, $f \circ g$ 1.3.4
$(a_n)_{n \in \mathbb{N}}$ 1.4.1
$\lim_{n \to \infty} a_n$ 1.4.3
$U_\varepsilon(a)$ 1.4.3
$\lim_{x \to x_0}$ 1.6.7, 1.6.8
$f(x_0+)$, $f(x_0-)$ 1.6.9
$\sup_{x \in A} f(x)$, $\inf_{x \in A} f(x)$ 1.6.5
π 2.3.1
e 2.4.2
i 2.5.1, 2.5.2
$\overline{z}$, $|z|$ (für $z \in \mathbb{C}$) 2.5.2
f', $\frac{\mathrm{d} f}{\mathrm{d} x}$ 3.1.2
$\int_a^b f(x)\,\mathrm{d}x$ 4.1.1
$\big[F(x)\big]_a^b$ 4.1.5
$\int f(x)\,\mathrm{d}x$ 4.2.1
C. H. $\int f(x)\,\mathrm{d}x$ 4.3.2
$\|f\|_\infty$ 5.1.1
$\lim_{n \to \infty} f_n$ 5.1.1
$\overline{\lim}$ 5.2.1
Π_n 5.4.1
$\mathrm{Mat}(n+1, \mathbb{R})$ 5.4.1
$\det \boldsymbol{V}$ 5.4.1
$\mathcal{O}(\,.\,)$ 5.4.1
$\boldsymbol{x} + \boldsymbol{y}$, $\lambda \boldsymbol{x}$ 6.1.2
$\boldsymbol{x} \cdot \boldsymbol{y}$, $|\boldsymbol{x}|$ 6.1.2
$\boldsymbol{x} \times \boldsymbol{y}$ 6.1.2
$\vec{AB}$ 6.1.2
$K_{\boldsymbol{a},r}$, $\overline{K}_{\boldsymbol{a},r}$ 6.1.4
∂M, $\mathring{M}$, $\overline{M}$ 6.1.4
$(a_{ik})_{\substack{1 \le i \le m \\ 1 \le k \le n}}$, $(a_{ik})_{m,n}$ 6.1.5

Literaturverzeichnis

[1] Aumann, G.: *Höhere Mathematik I – III.* Bibl. Inst., Mannheim, 1970 – 71.

[2] Bartsch, H.: *Taschenbuch Mathematischer Formeln.* Fachbuchverlag, Leipzig, 21 Aufl., 2007.

[3] Böhmer, K.: *Spline-Funktionen, Theorie und Andwendungen.* Teubner, Stuttgart, 1974.

[4] Brauch, W., Dreyer, H. und Haacke, W.: *Beispiele und Aufgaben zur Ingenieurmathematik.* Teubner, Stuttgart, 1965.

[5] Brauch, W., Dreyer, H. und Haacke, W.: *Mathematik für Ingenieure.* Vieweg+Teubner, Wiesbaden, 11 Aufl., 2006.

[6] Brenner, J.: *Mathematik für Ingenieure und Naturwissenschaftler I – IV.* Akad. Verlagsges., Wiesbaden, 2 Aufl., 1978.

[7] Burg, C., Haf, H. und Wille, F.: *Höhere Mathematik für Ingenieure*, Bd. Vektoranalysis. Teubner, Wiesbaden, 3 Aufl., 2004.

[8] Burg, C., Haf, H. und Wille, F.: *Höhere Mathematik für Ingenieure*, Bd. Funktionentheorie. Teubner, Wiesbaden, 1 Aufl., 2004.

[9] Burg, C., Haf, H. und Wille, F.: *Höhere Mathematik für Ingenieure*, Bd. 2. Teubner, Wiesbaden, 6 Aufl., 2008.

[10] Burg, C., Haf, H., Wille, F. und Meister, A.: *Höhere Mathematik für Ingenieure*, Bd. 3. Vieweg+Teubner, Wiesbaden, 5 Aufl., 2009.

[11] Courant, R.: *Vorlesungen über Differential und Integralrechnung 1 – 2.* Springer, Berlin, 1955.

[12] Dallmann, H. und Elster, K.-H.: *Einführung in die Höhere Mathematik 1 – 3.* Braunschweig, Vieweg, 1980 – 83.

[13] Doerfling, R.: *Mathematik für Ingenieure und Techniker.* Oldenbourg, München, 1965.

[14] Dreszer, J. (Hrsg.): *Mathematik-Handbuch für Technik und Naturwissenschaften.* Harri Deutsch, Zürich, 1975.

[15] Duschek, A.: *Vorlesungen über Höhere Mathematik 1 – 2, 4.* Springer, Wien, 1961 – 65.

[16] Endl, K. und Luh, W.: *Analysis I – III.* Akad. Verlagsges., Wiesbaden, 1976 – 77.

[17] Engeln-Müllges, G. und Reutter, F.: *Formelsammlung zur numerischen Mathematik mit Standard-FORTRAN-Programmen.* Bibl. Inst., Mannheim, 7 Aufl., 1988.

[18] Fetzer, A. und Fränkel, H.: *Mathematik 1 – 2.* Schroedel, Hannover, 1977.

[19] Freund, R. und Hoppe, R.: *Stoer/Burlisch: Numerische Mathematik I.* Springer, Berlin, 10 Aufl., 2007.

[20] Grosche, G., Ziegler, V., Ziegler, D. und Zeidler, E. (Hrsg.): *Teubner-Taschenbuch der Mathematik*, Bd. 2. Teubner, Wiesbaden, 8 Aufl., 2003.

[21] Haacke, W., Hirle, M. und Maas, O.: *Mathematik für Bauingenieure.* Teubner, Stuttgart, 1980.

[22] Hainzl, J.: *Mathematik für Naturwissenschaftler.* Teubner, Stuttgart, 4 Aufl., 1985.

[23] Heinhold, J., Behringer, F., Gaede, K. und Riedmüller, B.: *Einführung in die Höhere Mathematik 1 – 4*. Hanser, München, 1976.

[24] Henrici, P. und Jeltsch, R.: *Komplexe Analysis für Ingenieure 1 – 2*. Birkhäuser, Basel, 1987.

[25] Heuser, H.: *Lehrbuch der Analysis*, Bd. 2. Vieweg+Teubner, Wiesbaden, 14 Aufl., 2008.

[26] Heuser, H.: *Lehrbuch der Analysis*, Bd. 1. Vieweg+Teubner, Wiesbaden, 17 Aufl., 2009.

[27] Jahnke, E., Emde, F. und Lösch, F.: *Tafeln höherer Funktionen*. Teubner, Stuttgart, 7 Aufl., 1966.

[28] Jeffrey, A.: *Mathematik für Naturwissenschaftler und Ingenieure 1 – 2*. Verlag Chemie, Weinheim, 1973 – 1980.

[29] Joos, G.: *Lehrbuch der theoretischen Physik*. Aula, Wiesbaden, 15 Aufl., 1998.

[30] Jordan-Engeln, G. und Reutter, F.: *Numerische Mathematik für Ingenieure*. Bibl. Inst., Mannheim, 1984.

[31] Jänich, K.: *Analysis für Physiker und Ingenieure*. Springer, Berlin, 4 Aufl., 2001.

[32] Kühnlein, T.: *Differentialrechnung II, Anwendungen*. Mentor-Verlag, München, 11 Aufl., 1975.

[33] Kühnlein, T.: *Integralrechnung II, Anwendungen*. Mentor-Verlag, München, 12 Aufl., 1977.

[34] Laugwitz, D.: *Ingenieur-Mathematik I – V*. Bibl. Inst., Mannheim, 1964 – 67.

[35] Martensen, E.: *Analysis I – IV*. Spektrum, Heidelberg, 1992 – 1995.

[36] Meinardus, G. und Merz, G.: *Praktische Mathematik I – II*. Bibl. Inst., Mannheim, 1979 – 82.

[37] Meister, A.: *Numerik linearer Gleichungssysteme*. Vieweg, Wiesbaden, 3 Aufl., 2008.

[38] Morgenstern, D. und Szabó, I.: *Vorlesungen über Theoretische Mechanik*. Springer, Berlin, 1961.

[39] Müller, M.: *Approximationstheorie*. Akad. Verlagsges., Wiesbaden, 1978.

[40] Neunzert, H.: *Mathematik für Physiker und Ingenieure. Analysis 1 – 2*. Springer, Berlin, 1993 – 96.

[41] Nickel, K.: *Die numerische Berechnung eines Polynoms*. Numerische Math., 9:80 – 98, 1966.

[42] Nickel, K.: *Algorithmus 5: Die Nullstellen eines Polynoms*. Computing, 2:284 – 288, 1967.

[43] Nickel, K.: *Fehlerschranken zu Näherungswerten von Polynomwurzeln*. Computing, 6:9 – 29, 1970.

[44] Oberschelp, A.: *Aufbau des Zahlensystems*. Vandenhoek u. Ruprecht, Göttingen, 2 Aufl., 1971.

[45] Plato, R.: *Numerische Mathematik kompakt*. Vieweg+Teubner, Wiesbaden, 4 Aufl., 2009.

[46] Rothe, R.: *Höhere Mathematik für Mathematiker, Physiker und Ingenieure*. Teubner, Stuttgart, 1960 – 65.

[47] Ryshik, I. und Gradstein, I.: *Summen-, Produkt- und Integraltafeln*. VEB Dt. Verl. d. Wiss., Berlin, 1963.

[48] Sauer, R.: *Ingenieurmathematik 1 – 2*. Springer, Berlin, 1968 – 69.

[49] Schaefke, F.: *Einführung in die Theorie der speziellen Funktionen der mathematischen Physik*. Springer, Berlin, 1963.

[50] Schwarz, H. und Köckler, N.: *Numerische Mathematik*. Vieweg+Teubner, Wiesbaden, 7 Aufl., 2008.

[51] Smirnow, W.: *Lehrgang der höheren Mathematik I – V*. VEB Dt. Verl. d. Wiss., Berlin, 1971 – 77.

[52] Sonar, T.: *Angewandte Mathematik, Modellbildung und Informatik*. Vieweg, Wiesbaden, 2001.

[53] Stiefel, E. und Schwarz, H.-R.: *Einführung in die numerische Mathematik*. Teubner, Stuttgart, 5 Aufl., 1976.

[54] Stoer, J. und Burlisch, R.: *Numerische Mathematik II*. Springer, Berlin, 5 Aufl., 2005.

[55] Strubecker, K.: *Einführung in die Höhere Mathematik I – IV*. Oldenbourg, München, 1966 – 84.

[56] Wille, F.: *Analysis*. Teubner, Stuttgart, 1976.

[57] Wörle, H. und Rumpf, H.: *Ingenieur-Mathematik in Beispielen I – IV*. Oldenbourg, München, 1992 – 95.

[58] Zeidler, E. (Hrsg.): *Teubner-Taschenbuch der Mathematik. Begr. v. I.N. Bronstein und K.A. Semendjajew. Weitergef. v. G. Grosche, V. Ziegler und D. Ziegler*. Teubner, Wiesbaden, 2 Aufl., 2003.

Stichwortverzeichnis

Q

R

T

U